Hans Jörg Dirschmid

Tensoren
und
Felder

Springer-Verlag Wien GmbH

Ao. Univ.-Prof. Dr. techn. Hans Jörg Dirschmid
Institut für Analysis, Technische Mathematik und Versicherungsmathematik
Technische Universität Wien, Österreich

Ursprünglich erschienen bei Springer-Verlag Wien New York 1996

Satz: Reproduktionsfertige Vorlage des Autors

Graphisches Konzept: Ecke Bonk

Gedruckt auf säurefreiem, chlorfrei gebleichtem Papier – TCF

Mit 26 Abbildungen

ISBN 978-3-211-82754-3 ISBN 978-3-7091-6589-8 (eBook)
DOI 10.1007/978-3-7091-6589-8

Vorwort

Als Hochschullehrer, der auch mit der mathematischen Ausbildung von Ingenieur-Studenten befaßt ist, bin ich immer wieder mit einem nachhaltigen Interesse konfrontiert, das in das weite und reiche Gebiet der Relativitätstheorie hineinführt und am Wunsch nach Verständnis des elektromagnetischen Feldes ansetzt. Es besteht kein Zweifel, daß über dieses Thema ausgezeichnete Texte zur Verfügung stehen, doch werden in diesen zumeist nur Interessenten angesprochen, die über ein gehöriges mathematisches Vorwissen verfügen. Indes, der mathematische Grundkurs für Ingenieurfächer hat nun einmal Schwerpunkte zu setzen, die den praktischen Bedürfnissen gerecht werden; mathematisches Gedankengut, das vom Instrumentarium der Differential- und Integralrechnung abstrahiert, hat kaum einen Platz. Aus dem Bestreben, dem bestehenden Interesse Befriedigendes entgegenzusetzen, entsprang der Gedanke, eine Vorlesung zum mathematischen Thema des Relativitätsprinzips zu konzipieren, die auch mit den üblichen Kenntnissen der Differential- und Integralrechnung sowie der Vektor- und Matrizenrechnung zugänglich ist. Wohl wissend um die nicht immer leicht zu entscheidenden Fragen der Darstellung und Hinführung, war die pädagogische Herausforderung ebenso wie meine persönliche Faszination von der vollendeten Harmonie, von der „erstaunlichen Leistungsfähigkeit der Mathematik in den Naturwissenschaften“ in einem der schönsten und aufregendsten Kapitel der Mathematik und der Physik stets leitende Kraft.

Viele der einführenden Lehrbücher zum Thema der Relativitätstheorie befassen sich nur einleitend und in groben Zügen mit den mathematischen Begriffsbildungen und Objekten, während mathematische Literatur zu deren Theorie das Physikalische meist nur streift. Freilich, sich in die inneren Zusammenhänge zu vertiefen, erfordert viel Platz und Zeit. Dennoch ist die Befassung mit den mathematischen und physikalischen Fundamenten ungemein wertvoll, sie fördert das Verständnis der Theorie auf eine Weise, die, indem sie ihre Schönheit offenbart, den Weg in die Tiefe freilegt. Mit dem vorliegenden Text habe ich mir das Ziel gesetzt, mit dem Begriff des Raumes und seiner Geometrie vertraut zu machen, sowie mit den mathematischen Objekten, die man *Tensoren* nennt und die in der Physik zur Darstellung von *Feldern* herangezogen werden.

Die Mathematik des 20. Jhdts. hat sich vom Denken in Koordinaten losgelöst, indem sie die Gesetze der Physik in Form von Beziehungen zwischen geometrischen Objekten auf Räumen mit entsprechender Geometrie koordinatenfrei formuliert. Dieser Entwicklung Rechnung tragend ist es mir ein Anliegen, den Leser in sanfter Weise der Koordinaten, mit denen zu arbeiten er vielleicht seit seinem ersten Einstieg in die Physik erzogen ist, zu entwöhnen und ihn zu geometrischer Denkweise hinüberzuführen. Und so wird es ihm ein Leichtes sein, zur Einsicht zu gelangen, daß die Gesetze der Physik den Raum und seine Geometrie bestimmen und dieser nicht, wie es fürs erste aussehen mag, die Szene, die Kulisse des Geschehens bildet, starr und unveränderlich, weitgehend ohne Einfluß auf die Physik, die nach ihren Regeln in ihm herrscht. Des weiteren mag er sich schließlich der philosophischen Ansicht nähern, daß erst das vollständige Durchdringen der physikalischen Gesetzmäßigkeiten zu Gleichungen mit klarem und anschaulichem Sinn führt, die in ihrer Einfachheit Ausdruck für die Harmonie in dieser Welt sind. Die Gesetze des elektromagnetischen Feldes in der speziellen Relativitätstheorie, ebenso das Gravitationsgesetz Einsteins in der Gegenüberstellung mit der Newtonschen Theorie legen hierüber auf beredte Weise Zeugnis ab.

In den beiden ersten Kapiteln werden die Grundtatsachen der linearen Algebra und der Tensoralgebra entwickelt, wie sie für das Weitere benötigt werden. Kap. 3 befaßt sich mit den affinen Räumen und soll einleitend mit den Tensorfeldern und den Differentialformen vertraut machen. Didaktische wie physikalisch-historische Erwägungen sind die Gründe für die separate Behandlung der Tensorfelder im affinen Raum, dem absoluten Raum der Newtonschen Welt und der speziellen Relativitätstheorie. Die Mathematik der Maxwellschen Gleichungen des elektromagnetischen Feldes, die tiefgehenden Unterschiede zwischen der Fernwirkung und der Feldwirkung leiten in Kap. 4 zur speziellen Relativitätstheorie über. Kap. 5 führt, den Raumbegriff verallgemeinernd, in die Theorie der differenzierbaren Mannigfaltigkeiten und in die Analysis der Tensorfelder ein; differentialgeometrische Methoden und der Begriff des Riemannschen Raumes schaffen schließlich die Voraussetzungen für das Verständnis der Einsteinschen Theorie der Gravitation, die in Kap. 6 vom mathematischen Standpunkt zur Sprache kommt.

Im Anschluß an jedes einzelne Kapitel werden dem Leser Beispiele zur Einübung der mathematischen Objekte empfohlen. Die Lösungen sind, gegebenenfalls auch mit Hinweisen versehen, in einem Anhang zusammengestellt. In einem weiteren Anhang findet der Leser eine Zusammenfassung diverser für das Verständnis notwendiger algebraischer Begriffsbildungen, die nicht immer Bestandteil von Kursen zur Differential- und Integralrechnung sowie der Vektor- und Matrizenrechnung sind, zu denen der Leser Kenntnisse mitbringen muß.

Zu großem Dank verpflichtet bin ich Herrn G. Wessely, der mir in Fragen der Textverarbeitung immer wieder hilfreich zur Seite stand. Danken möchte ich auch Frau Dipl.-Ing. P. Lutter sowie meinen Studenten, die durch ihr reges Interesse und durch so manchen Ratschlag fördernd eingewirkt haben. Schließlich sage ich meinen Dank auch dem Verlag für die schöne Ausstattung des Buches.

Wien, im September 1995 Hans Jörg Dirschmid

Inhaltsverzeichnis

1 Die linearen Strukturen

Die Begriffsbildungen und Methoden der linearen Algebra gehören zum grundlegenden Instrumentarium der Analysis. Ausgangspunkt ist der lineare Vektorraum, eine Menge von Objekten, genannt Vektoren, versehen mit einer algebraischen Struktur. Diese Struktur, die „Linearität", tritt in der physikalischen Welt im „Superpositionsprinzip" zutage. Die Wirkung mehrerer in einem Punkt angreifender Kräfte manifestiert sich in einer Resultierenden, der „Summe" dieser Kräfte, eine Einzelkraft, in ihrer Wirkung abgeschwächt oder verstärkt, macht sich in einem entsprechenden „Vielfachen" dieser Einzelkraft bemerkbar.

Die Linearität ist nicht nur eine mathematische Abstraktion des physikalischen Prinzips der Superposition. Im folgenden ersten Kapitel sollen die Grundzüge der linearen Algebra entwickelt werden, soweit sie für das Weitere erforderlich sind. Die Darstellung ist dabei bewußt eher abstrakt gehalten, einerseits um die Objekte mit den zugrundeliegenden Strukturen und nicht Größen wie Koordinaten, die sie zahlenmäßig repräsentieren, in den Vordergrund treten zu lassen, andererseits mit Hinblick auf eine Form der Abstraktion, die für das Spätere nicht bloß dienlich, sondern auch notwendig ist. Gewisse algebraische Grundbegriffe, die für den Aufbau benötigt werden, sind für den in diesen Dingen unkundigen Leser in einem Anhang zusammengestellt.

1.1 Der lineare Vektorraum

Unter einem *linearen Vektorraum* $\mathcal{V}$ über einem Zahlenkörper $\mathbb{K}$[1] versteht man eine Menge von Objekten — die man *Vektoren* nennt —, für welche zwei Rechenoperationen erklärt sind, eine Addition $c = a + b$ zweier Vektoren a und b und eine Multiplikation $d = \lambda \cdot a$ eines Vektors a mit einer Zahl λ aus dem Körper $\mathbb{K}$; der Vektor c heißt die *Summe* der Vektoren a und b, der Vektor d das *λ-fache* des Vektors a. Die Addition ist eine binäre Operation $+ : \mathcal{V} \times \mathcal{V} \to \mathcal{V}$, die Multiplikation mit einer Zahl eine Abbildung $\cdot : \mathbb{K} \times \mathcal{V} \to \mathcal{V}$. Für diese beiden Operationen gelten die folgenden Gesetze:

---

[1] Für das Folgende sei stillschweigend vorausgesetzt, daß der Zahlenkörper $\mathbb{K}$ die Charakteristik Null habe; damit wird verlangt, daß die mit einem beliebigen von 0 verschiedenen Körperelement x gebildete n-fache Summe $nx = x + \cdots + x$ stets ungleich 0 ist (siehe Anhang).

Die Addition ist

(i) kommutativ: $a, b \in \mathcal{V} \Rightarrow a + b = b + a$,

(ii) assoziativ: $a, b, c \in \mathcal{V} \Rightarrow a + (b + c) = (a + b) + c$

(iii) und umkehrbar, d.h. es besteht die Möglichkeit der *Subtraktion*: Sind $a, b \in \mathcal{V}$ beliebige Vektoren, so gibt es *genau* einen Vektor $x \in \mathcal{V}$ mit $a + x = b$. Diesen Vektor nennt man die *Differenz* von b und a und schreibt $x = b - a$.

Aus der dritten Forderung ergibt sich für $b = a$, daß es genau einen Vektor $o \in \mathcal{V}$ gibt, für den $a + o = a$ für jeden Vektor a gilt, und weiter für $b = o$, daß es zu jedem Vektor $a \in \mathcal{V}$ genau einen Vektor $a^{(-1)}$ gibt, der die Gleichung $a + a^{(-1)} = o$ erfüllt. Der Vektor o heißt der *Nullvektor* in $\mathcal{V}$ (er ist das *neutrale* Element bezüglich der Addition), der Vektor $a^{(-1)}$ heißt das *inverse* Element von a und wird mit $-a$ bezeichnet. Man sagt, die Menge $\mathcal{V}$ ist bezüglich der so erklärten Addition eine *kommutative* oder *abelsche Gruppe*.

Die Multiplikation erfüllt (der „Malpunkt" · wird im folgenden unterdrückt)

(iv) das assoziative Gesetz: $\lambda, \mu \in \mathbb{K},\ a \in \mathcal{V} \Rightarrow \lambda(\mu a) = (\lambda\mu)a$,

(v) das 1. distributive Gesetz: $\lambda, \mu \in \mathbb{K},\ a \in \mathcal{V} \Rightarrow (\lambda + \mu)a = \lambda a + \mu a$,

(vi) das 2. distributive Gesetz: $\lambda \in \mathbb{K},\ a, b \in \mathcal{V} \Rightarrow \lambda(a + b) = \lambda a + \lambda b$,

(vii) $a \in \mathcal{V} \Rightarrow 1a = a$.

In dieser letzten Forderung ist die Zahl $1 \in \mathbb{K}$ das neutrale Element bezüglich der Multiplikation in $\mathbb{K}$. Aus (v) ergibt sich durch die Setzung $\mu = 0$ die Gleichung $\lambda a = (\lambda + 0)a = \lambda a + 0a$, aus der $0a = o$ für jeden Vektor $a \in \mathcal{V}$ folgt. Für $\lambda = 1$, $\mu = -1$ liefert die Forderung (v) $o = 0a = [1 + (-1)]a = a + (-1)a$, woraus hervorgeht, daß das inverse Element $-a$ als Produkt $(-1)a$ angeschrieben werden kann, die Differenz $a - b$ erscheint als Summe $a + [(-1)b]$. Setzt man schließlich in (vi) für $b = -a$, so erhält man unter Berücksichtigung des eben gewonnenen Ergebnisses $\lambda o = \lambda(a - a) = \lambda a - \lambda a = o$, d.h. es ist $\lambda o = o$ für jede Zahl $\lambda \in \mathbb{K}$.

Ist $\mathbb{K} = \mathbb{R}$ der Körper der reellen Zahlen, so spricht man von einem *reellen* Vektorraum, ist $\mathbb{K} = \mathbb{C}$ der Körper der komplexen Zahlen, so nennt man $\mathcal{V}$ einen *komplexen* Vektorraum. Wenn im folgenden nicht eigens anderes vermerkt ist, sollen griechische Buchstaben λ, μ, ... Zahlen des Grundkörpers $\mathbb{K}$ bezeichnen, während lateinische Buchstaben x, y, ... für Vektoren aus $\mathcal{V}$ stehen.

Sind $x_1, x_2, \ldots, x_n$ beliebige Vektoren in $\mathcal{V}$ und $\lambda_1, \lambda_2, \ldots, \lambda_n$ Zahlen des Grundkörpers $\mathbb{K}$, so wird die Summe

$$\lambda_1 x_1 + \lambda_2 x_2 + \cdots + \lambda_n x_n$$

eine *Linearkombination* der Vektoren $x_i \in \mathcal{V}$ genannt; die Zahlen $\lambda_i \in \mathbb{K}$ heißen die *Koeffizienten*. Für $\lambda_1 = \lambda_2 = \cdots = \lambda_n = 0$ ist

$$\begin{aligned}\lambda_1 x_1 + \lambda_2 x_2 + \cdots + \lambda_n x_n &= 0\, x_1 + 0\, x_2 + \cdots + 0\, x_n \\ &= o + o + \cdots + o = o\,.\end{aligned}$$

Eine Linearkombination, deren Koeffizienten *sämtlich* gleich Null sind, wird *trivial* genannt; ist *wenigstens* ein Koeffizient von Null verschieden, so spricht man von einer *nicht-trivialen* Linearkombination.

Ein endliches Vektorsystem $\mathcal{S} = \{x_1, x_2, \ldots, x_n\} \subseteq \mathcal{V}$ heißt *linear abhängig*, wenn der Nullvektor o durch eine nicht-triviale Linearkombination von Vektoren aus $\mathcal{S}$ dargestellt werden kann, d.h. wenn es Zahlen $\lambda_i \in \mathbb{K}$ gibt, von denen wenigstens eine von Null verschieden ist, sodaß gilt

$$\lambda_1 x_1 + \lambda_2 x_2 + \cdots + \lambda_n x_n = o\,. \tag{1.1}$$

Ist ein endliches Vektorsystem $\mathcal{S}$ nicht linear abhängig, so heißt es *linear unabhängig*. Aus einer Gleichung (1.1), in der die Vektoren x_1, x_2, ..., x_n linear unabhängig sind, folgt demnach zwingend $\lambda_1 = \lambda_2 = \cdots = \lambda_n = 0$.

Ist $\mathcal{S} \subseteq \mathcal{V}$ eine unendliche Menge von Vektoren, so heißt $\mathcal{S}$ linear abhängig, wenn in $\mathcal{S}$ *endlich* viele linear abhängige Vektoren enthalten sind. Wenn eine unendliche Menge $\mathcal{S}$ von Vektoren nicht linear abhängig ist, so wird sie linear unabhängig genannt; da es kein endliches linear abhängiges Teilsystem gibt, besteht für endlich viele Vektoren x_1, x_2, ..., x_n aus $\mathcal{S}$ eine Gleichung (1.1) nur für $\lambda_1 = \lambda_2 = \cdots = \lambda_n = 0$.

Sind $\mathcal{S}_1 \subseteq \mathcal{S}_2 \subseteq \mathcal{V}$ zwei Teilmengen von $\mathcal{V}$, so ist $\mathcal{S}_2$ linear abhängig, wenn $\mathcal{S}_1$ linear abhängig ist, es ist $\mathcal{S}_1$ linear unabhängig, wenn $\mathcal{S}_2$ linear unabhängig ist. Wegen $1o = o$ kann die Gleichung $\lambda o = o$ stets in nicht-trivialer Weise erfüllt werden, weshalb die allein aus dem Nullvektor bestehende Teilmenge $\{o\} \subseteq \mathcal{V}$ linear abhängig ist. Gilt demnach für ein beliebiges Vektorsystem $\mathcal{S} \subseteq \mathcal{V}$ die Inklusion $\{o\} \subseteq \mathcal{S}$, also $o \in \mathcal{S}$, so ist die Menge $\mathcal{S}$ jedenfalls linear abhängig: *jede Menge von Vektoren, die den Nullvektor enthält, ist linear abhängig.*

Eine Teilmenge $\mathcal{E} \subseteq \mathcal{V}$ heißt ein *Erzeugendensystem* für $\mathcal{V}$, wenn jeder Vektor $x \in \mathcal{V}$ als Linearkombination von Vektoren aus $\mathcal{E}$ dargestellt werden kann,

$$x = \lambda_1 x_1 + \lambda_2 x_2 + \cdots + \lambda_n x_n\,, \qquad \lambda_i \in \mathbb{K},\ x_i \in \mathcal{E}\,. \tag{1.2}$$

Ist $\mathcal{E}_1$ ein Erzeugendensystem für $\mathcal{V}$ und $\mathcal{E}_1 \subseteq \mathcal{E}_2 \subseteq \mathcal{V}$, so ist klarerweise auch $\mathcal{E}_2$ ein Erzeugendensystem für $\mathcal{V}$; insbesondere ist $\mathcal{V}$ selbst ein (triviales) Erzeugendensystem.

Eine Darstellung (1.2) ist in keiner Weise eindeutig, ein und derselbe Vektor $x \in \mathcal{V}$ kann unter Umständen auch mit Hilfe anderer Vektoren aus $\mathcal{E}$ dargestellt werden. Ist jedoch ein Erzeugendensystem $\mathcal{E}$ linear unabhängig, so kann ein beliebiger Vektor aus $\mathcal{V}$ auf genau eine Weise als Linearkombination von Vektoren aus $\mathcal{E}$ dargestellt werden. Würde nämlich für n

Vektoren $x_i \in \mathcal{E}$ und für m Vektoren $y_j \in \mathcal{E}$ die Gleichung

$$x = \lambda_1 x_1 + \lambda_2 x_2 + \cdots + \lambda_n x_n = \mu_1 y_1 + \mu_2 y_2 + \cdots + \mu_m y_m$$

auch nur für einen einzigen Vektor $x \in \mathcal{V}$, $x \neq o$, bestehen, so wäre das System $\mathcal{S} = \{x_1, \ldots, x_n\} \cup \{y_1 \ldots, y_m\} \subseteq \mathcal{E}$ linear abhängig und nach dem oben Gesagten folglich auch $\mathcal{E}$. Also ist nur mehr die Situation

$$x = \lambda_1 x_1 + \lambda_2 x_2 + \cdots + \lambda_n x_n = \mu_1 x_1 + \mu_2 x_2 + \cdots + \mu_n x_n$$

denkbar. Durch Subtraktion ergibt sich zunächst

$$(\lambda_1 - \mu_1)x_1 + (\lambda_2 - \mu_2)x_2 + \cdots + (\lambda_n - \mu_n)x_n = o\,,$$

und daraus schließlich $\lambda_i = \mu_i$ für $i = 1, 2, \ldots, n$, da angenommen wurde, daß das Erzeugendensystem $\mathcal{E}$ linear unabhängig ist. Ein System $\mathcal{B}$ von Vektoren aus $\mathcal{V}$, welches einerseits linear unabhängig, andererseits ein Erzeugendensystem für $\mathcal{V}$ ist, heißt eine *Basis* für $\mathcal{V}$. Existiert ein *endliches* Erzeugendensystem für $\mathcal{V}$, d.h. ein Erzeugendensystem bestehend aus endlich vielen Vektoren, so heißt der Vektorraum $\mathcal{V}$ *endlichdimensional.* In diesem Fall hat jede Basis endlich viele Elemente; es läßt sich weiter zeigen, daß jede Basis aus der selben Anzahl von Vektoren besteht. Diese Zahl heißt die *Dimension* von $\mathcal{V}$, symbolisch $\dim \mathcal{V}$.

Ist $\mathcal{V} = \{o\}$ der „triviale“ Vektorraum, der nur aus dem Nullvektor besteht, so vereinbart man $\dim \mathcal{V} = 0$. Gibt es kein endliches Erzeugendensystem für $\mathcal{V}$, so heißt der Vektorraum $\mathcal{V}$ *unendlichdimensional.* Solche Vektorräume führen aus der linearen Algebra hinaus. Da sie später auch nicht benötigt werden, soll im folgenden das Augenmerk auf die endlichdimensionalen Vektorräume gerichtet werden, obwohl viele der im weiteren zu besprechenden Begriffsbildungen und Konstruktionen auch für unendlichdimensionale Vektorräume grundlegend sind.

Ist $\mathcal{B} = \{e_1, e_2, \ldots, e_N\}$ eine Basis des N-dimensionalen Vektorraumes $\mathcal{V}$, so läßt sich jeder Vektor $x \in \mathcal{V}$ eindeutig in der Form

$$x = X^1 e_1 + X^2 e_2 + \cdots + X^N e_N$$

darstellen. Die Zahlen X^1, X^2, ..., X^N heißen die *Koordinaten*[2)] des Vektors x (in Bezug auf die zugrundeliegende Basis $\mathcal{B}$), der Vektor $X^i e_i$ wird *Komponente* von x in der Richtung e_i genannt.

Ist $\mathcal{E}$ ein endliches Erzeugendensystem für einen nicht-trivialen Vektorraum $\mathcal{V}$ und $\mathcal{S} \subseteq \mathcal{E}$ ein System linear unabhängiger Vektoren, so läßt sich das Vektorsystem $\mathcal{S}$ durch Hinzunahme geeigneter Vektoren aus $\mathcal{E}$ zu einer Basis $\mathcal{B}$ für $\mathcal{V}$ ergänzen. Da $\mathcal{V}$ nicht-trivial ist, muß jedes Erzeugendensystem $\mathcal{E}$ wenigstens einen linear unabhängigen Vektor enthalten, denn andernfalls wäre $\mathcal{E} = \{o\}$ und somit $\mathcal{V}$ ein trivialer Vektorraum. Sei also $\mathcal{E}$ ein aus m Vektoren bestehendes Erzeugendensystem für $\mathcal{V}$ und

---

[2)] Im folgenden werden die Koordinaten eines Vektors in Bezug auf eine gewisse Basis mit hochgestelltem Index geschrieben; als „Grundsymbol“ für die Koordinaten eines Vektors wird stets der dem Vektor-Symbol entsprechende Großbuchstabe verwendet.

$\mathcal{S} = \{x_1, \ldots, x_n\} \subseteq \mathcal{E}$ ein System linear unabhängiger Vektoren aus $\mathcal{E}$. Betrachtet man jetzt die Gesamtheit aller Teilmengen von $\mathcal{E}$, welche einerseits linear unabhängige Vektorsysteme sind, anderseits aber die Vektoren $x_1, x_2, \ldots, x_n$ enthalten, so befindet sich unter diesen, da sie ja alle höchstens m Elemente haben können, ein System $\mathcal{E}_o = \{x_1, \ldots, x_N\} \supseteq \mathcal{S}$ mit maximaler Elementezahl N; offenbar ist dabei $n \leq N \leq m$. Ein solches Vektorsystem mit maximaler Elementezahl ist aber eine das System $\mathcal{S}$ enthaltende Basis für $\mathcal{V}$. Hiefür ist nur mehr der Nachweis zu erbringen, daß $\mathcal{E}_o$ ein Erzeugendensystem ist. Wäre dies — in indirekter Schlußweise — nicht der Fall, so müßte es in $\mathcal{E}$ einen Vektor x_o geben, der nicht als Linearkombination der Vektoren in $\mathcal{E}_o$ dargestellt werden kann, da sonst jeder Vektor aus $\mathcal{E}$ — und damit auch jeder Vektor in $\mathcal{V}$ — eine Linearkombination der Vektoren aus $\mathcal{E}_o$ ist; klarerweise ist $x_o \notin \mathcal{E}_o$. Dies führt aber auf einen Widerspruch zur Maximaleigenschaft von $\mathcal{E}_o$, denn das System $\mathcal{E}_o \cup \{x_o\}$ wäre linear unabhängig, es enthält das Vektorsystem $\mathcal{S}$, die Anzahl der Vektoren ist aber um 1 größer als jene von $\mathcal{E}_o$.

Berücksichtigt man jetzt, daß jeder Vektorraum ein Erzeugendensystem für sich selbst ist, so erhält man den sogenannten *Ergänzungssatz*:

Jedes endliche System $\mathcal{S}$ linear unabhängiger Vektoren, das kein Erzeugendensystem und somit keine Basis für $\mathcal{V}$ ist, läßt sich durch Hinzunahme weiterer Vektoren zu einer Basis $\mathcal{B}$ von $\mathcal{V}$ ergänzen.

In einem Vektorraum ist keine Basis gegenüber einer anderen ausgezeichnet. Es ist daher von Interesse, wie sich die Koordinaten eines Vektors bei einem Wechsel der Basis verhalten.

Sind $\mathcal{B} = \{e_1, e_2, \ldots, e_N\}$ und $\bar{\mathcal{B}} = \{\bar{e}_1, \bar{e}_2, \ldots, \bar{e}_N\}$ zwei beliebige Basen von $\mathcal{V}$, so läßt sich jeder Vektor der einen Basis als Linearkombination der Vektoren der jeweils anderen Basis ausdrücken,

$$\bar{e}_i = \sum_{j=1}^{N} a_i^j \, e_j \,, \qquad i = 1, 2, \ldots, N \,. \tag{1.3}$$

Ist $x \in \mathcal{V}$ ein beliebiger Vektor, der in Bezug auf die Basis $\mathcal{B}$ die Koordinaten X^i, in Bezug auf die Basis $\bar{\mathcal{B}}$ die Koordinaten $\bar{X}^i$ hat, so erhält man aus der Gleichung

$$x = \sum_{j=1}^{N} X^j e_j = \sum_{i=1}^{N} \bar{X}^i e_i \,,$$

wenn man darin aus (1.3) einsetzt,

$$x = \sum_{j=1}^{N} X^j e_j = \sum_{i=1}^{N} \sum_{j=1}^{N} \bar{X}^i a_i^j e_j = \sum_{j=1}^{N} \Big(\sum_{i=1}^{N} a_i^j \bar{X}^i \Big) e_j \,;$$

infolgedessen ist

$$\sum_{j=1}^{N} \Big(\sum_{i=1}^{N} a_i^j \bar{X}^i - X^j \Big) e_j = o$$

und somit, da Basisvektoren linear unabhängig sind,

$$X^j = \sum_{i=1}^{N} a^j_i \bar{X}^i\,, \qquad j = 1, 2, \ldots, N\,. \tag{1.4}$$

Dies sind die Transformationsformeln für die Koordinaten eines Vektors bei einem Basiswechsel (1.3). Die Matrix $\{a^j_i\}$ heißt die *Transformationsmatrix.*[3] Natürlich lassen sich auch die Vektoren der Basis $\mathcal{B}$ durch die Vektoren der Basis $\bar{\mathcal{B}}$ ausdrücken,

$$e_i = \sum_{j=1}^{N} \breve{a}^j_i \bar{e}_j\,, \qquad i = 1, 2, \ldots, N\,.$$

Aus diesen Gleichungen erhält man durch eine analoge Rechnung die Transformationsformeln

$$\bar{X}^j = \sum_{i=1}^{N} \breve{a}^j_i X^i\,, \qquad j = 1, 2, \ldots, N\,. \tag{1.5}$$

Die N-reihigen Transformationsmatrizen $\{a^j_i\}$ und $\{\breve{a}^j_i\}$ sind regulär und zueinander invers.

1.2 Teilräume und Faktorräume

Eine nichtleere Teilmenge $\mathcal{U} \subseteq \mathcal{V}$ eines linearen Vektorraumes $\mathcal{V}$ über dem Körper $\mathbb{K}$ heißt ein *Unterraum* oder *Teilraum*, wenn die beiden „Grundrechnungsarten" in Vektorräumen, die Vektoraddition und die Multiplikation mit einer Zahl aus $\mathbb{K}$, nicht aus $\mathcal{U}$ „hinausführen", d.h. wenn die Summe zweier beliebiger Vektoren aus $\mathcal{U}$ stets ein Vektor in $\mathcal{U}$ ist,

$$u_1, u_2 \in \mathcal{U} \;\Rightarrow\; u_1 + u_2 \in \mathcal{U}\,,$$

und wenn jedes Vielfache eines beliebigen Vektors in $\mathcal{U}$ ebenfalls in $\mathcal{U}$ liegt,

$$u \in \mathcal{U},\; \lambda \in \mathbb{K} \;\Rightarrow\; \lambda u \in \mathcal{U}\,.$$

Gleichwertig damit ist offenbar die Forderung, daß jede Linearkombination von Vektoren aus $\mathcal{U}$ ein Vektor in $\mathcal{U}$ ist; also kann man die beiden obigen Bedingungen in einer einzigen zusammenfassen, nämlich in

$$u_1, u_2 \in \mathcal{U},\; \lambda_1, \lambda_2 \in \mathbb{K} \;\Rightarrow\; \lambda_1 u_1 + \lambda_2 u_2 \in \mathcal{U}\,.$$

Der Nullvektor $o \in \mathcal{V}$ ist offenbar in jedem Teilraum enthalten, da mit einem Vektor x auch der Vektor $0x = o$ dem Teilraum angehören muß. Die allein aus dem Nullvektor bestehende Teilmenge $\{o\}$ von $\mathcal{V}$ ist klarerweise ein Teilraum, desgleichen der ganze Vektorraum $\mathcal{V}$ selbst. Diese beiden Teilräume werden die *trivialen Teilräume* genannt.

[3] Der hochgestellte Index steht für die Zeilennummer, der tiefgestellte Index für die Spaltennummer.

In einem Teilraum $\mathcal{U} \subseteq \mathcal{V}$ können nicht mehr linear unabhängige Vektoren enthalten sein als in $\mathcal{V}$ selbst. Hat also der Vektorraum $\mathcal{V}$ endliche Dimension, so gibt es in $\mathcal{V}$ eine Maximalzahl linear unabhängiger Vektoren und damit erst recht in einem Teilraum $\mathcal{U}$; die Maximalzahl linear unabhängiger Vektoren in $\mathcal{U}$ wird die *Dimension* des Teilraumes $\mathcal{U}$ genannt, symbolisch $\dim \mathcal{U}$. Ein maximales System linear unabhängiger Vektoren aus $\mathcal{U}$ heißt eine *Basis* für $\mathcal{U}$. Ist $\mathcal{U}$ ein nicht-trivialer Teilraum von $\mathcal{V}$, so gilt $0 < \dim \mathcal{U} < \dim \mathcal{V}$. Sinngemäß vereinbart man $\dim\{o\} = 0$ für den trivialen Teilraum $\{o\}$, da dieser keinen linear unabhängigen Vektor enthält.

Ist $\mathcal{S} = \{x_1, x_2, \ldots, x_n\} \subseteq \mathcal{V}$ eine endliche Menge von Vektoren, so bildet die Menge aller Linearkombinationen $\sum_i \lambda_i x_i$ der Vektoren $x_i \in \mathcal{S}$ einen Unterraum, der die *lineare Hülle* von $\mathcal{S}$ genannt wird, symbolisch $\langle \mathcal{S} \rangle = \langle x_1, x_2, \ldots, x_n \rangle$. Die Ausdehnung dieses Begriffs auf unendliche Vektorsysteme liegt auf der Hand.

Sind $\mathcal{U}_1$ und $\mathcal{U}_2$ zwei Teilräume von $\mathcal{V}$, so ist der Durchschnitt $\mathcal{U}_1 \cap \mathcal{U}_2$ ein Teilraum von $\mathcal{V}$. Sind nämlich x_1 und x_2 zwei Vektoren aus $\mathcal{U}_1 \cap \mathcal{U}_2$, so sind beide Vektoren sowohl in $\mathcal{U}_1$ als auch in $\mathcal{U}_2$ enthalten; deshalb ist eine Linearkombination $\lambda_1 x_1 + \lambda_2 x_2$ ein Vektor in $\mathcal{U}_1$ wie auch in $\mathcal{U}_2$ und folglich im Durchschnitt $\mathcal{U}_1 \cap \mathcal{U}_2$ enthalten.

Hingegen ist die Vereinigung $\mathcal{U}_1 \cup \mathcal{U}_2$ zweier Teilräume von $\mathcal{V}$ i.a. kein Teilraum von $\mathcal{V}$. Durch die Vereinigung zweier Teilräume wird jedoch ein Unterraum ausgezeichnet, nämlich die lineare Hülle der Vereinigung, die der „kleinste" die Teilmenge $\mathcal{U}_1 \cup \mathcal{U}_2$ enthaltende Teilraum von $\mathcal{V}$ ist und die *Summe* der Teilräume $\mathcal{U}_1$ und $\mathcal{U}_2$ genannt wird, symbolisch

$$\mathcal{U}_1 + \mathcal{U}_2 := \langle \mathcal{U}_1 \cup \mathcal{U}_2 \rangle .$$

Ist speziell $\mathcal{U}_1 \cap \mathcal{U}_2 = \{o\}$, so nennt man die Summe *direkt* und verwendet zur Kennzeichnung dieses Sachverhalts an Stelle des Summenzeichens $+$ das Symbol $\oplus$,

$$\mathcal{U}_1 \oplus \mathcal{U}_2 .$$

Ist $x \in \mathcal{U}_1 + \mathcal{U}_2$, so ist x eine Linearkombination von Vektoren aus $\mathcal{U}_1$ und $\mathcal{U}_2$. Folglich gibt es einen Vektor $x_1 \in \mathcal{U}_1$ und einen Vektor $x_2 \in \mathcal{U}_2$, sodaß $x = x_1 + x_2$ gilt. Diese Darstellung ist aber i.a. nicht eindeutig, nur wenn die Summe direkt ist, gibt es *genau* ein Paar solcher Vektoren. Wäre nämlich $x = x_1 + x_2 = y_1 + y_2$, so hieße dies $x_1 - y_1 = y_2 - x_2$; die linke Seite dieser Gleichung ist ein Vektor in $\mathcal{U}_1$, die rechte ein Vektor in $\mathcal{U}_2$, also sind beide Seiten im Durchschnitt $\mathcal{U}_1 \cap \mathcal{U}_2$ enthalten. Wenn dieser aber nur aus dem Nullvektor besteht, ist $x_1 = y_1$ und $x_2 = y_2$.

Allgemein gilt für zwei beliebige Teilräume $\mathcal{U}_1$ und $\mathcal{U}_2$ eines endlichdimensionalen Vektorraumes

$$\dim(\mathcal{U}_1 + \mathcal{U}_2) + \dim(\mathcal{U}_1 \cap \mathcal{U}_2) = \dim \mathcal{U}_1 + \dim \mathcal{U}_2 . \tag{1.6}$$

Um diese Beziehung zwischen den Dimensionen zweier Teilräume und den Dimensionen ihres Durchschnitts bzw. ihrer Summe zu beweisen, geht man am besten von einer Basis $x_1, \ldots, x_r$ des Durchschnitts $\mathcal{U}_1 \cap \mathcal{U}_2$ aus, im Fall, daß $\mathcal{U}_1 + \mathcal{U}_2 \neq \{o\}$ ist. Diese läßt sich durch Vektoren $y_1, \ldots, y_p$ zu einer Basis von $\mathcal{U}_1$ und durch Vektoren $z_1, \ldots, z_q$ zu einer Basis von $\mathcal{U}_2$ ergänzen, d.h. es ist $\dim \mathcal{U}_1 = r + p$, $\dim \mathcal{U}_2 = r + q$. Die Gültigkeit von (1.6) ist dann erwiesen, wenn feststeht, daß die $r + p + q$ Vektoren

$$x_1, x_2, \ldots, x_r, y_1, y_2, \ldots, y_p, z_1, z_2, \ldots, z_q$$

linear unabhängig sind — sie bilden dann eine Basis der Summe $\mathcal{U}_1 + \mathcal{U}_2$. Wäre nun

$$\lambda_1 x_1 + \cdots + \lambda_r x_r + \mu_1 y_1 + \cdots + \mu_p y_p + \nu_1 z_1 + \cdots + \nu_q z_q = o$$

eine nicht-triviale Linearkombination dieser Vektoren, so muß wenigstens ein Koeffizient $\nu_k \neq 0$ sein, da andernfalls alle Koeffizienten λ_i und alle Koeffizienten μ_j gleich Null sein müßten — die Vektoren $x_1, \ldots, x_r, y_1, \ldots, y_p$ sind ja als Basisvektoren linear unabhängig —, was einen Widerspruch zur Annahme ergibt, daß die obige Linearkombination eine nicht-triviale ist. Aus dem gleichen Grund muß einer der Koeffizienten $\mu_j \neq 0$ sein. Es folgt daraus, daß der Vektor

$$\lambda_1 x_1 + \cdots + \lambda_r x_r + \mu_1 y_1 + \cdots + \mu_p y_p = -\nu_1 z_1 - \cdots - \nu_q z_q$$

einerseits vom Nullvektor verschieden ist, andererseits sowohl im Teilraum $\mathcal{U}_1$ als auch im Teilraum $\mathcal{U}_2$ enthalten ist, also dem Durchschitt $\mathcal{U}_1 \cap \mathcal{U}_2$ angehört und somit durch die Basisvektoren x_i dargestellt werden kann,

$$-\nu_1 z_1 - \cdots - \nu_q z_q = \kappa_1 x_1 + \cdots + \kappa_r x_r ;$$

diese Gleichung kann aber, da die Basisvektoren $x_1, \ldots, x_r, z_1, \ldots, z_p$ des Teilraumes $\mathcal{U}_2$ linear unabhängig sind, nur bestehen, wenn alle Koeffizienten ν_i und alle Koeffizienten κ_j gleich Null sind, was neuerlich ein Widerspruch zur Annahme ist. Analog ist der Fall $\mathcal{U}_1 \cap \mathcal{U}_2 = \{o\}$ zu behandeln.

Sind $\mathcal{U}_1$ und $\mathcal{U}_2$ zwei Teilräume von $\mathcal{V}$ mit der Eigenschaft

$$\mathcal{U}_1 \oplus \mathcal{U}_2 = \mathcal{V} ,$$

so heißt der Teilraum $\mathcal{U}_1$ ***komplementär*** zum Teilraum $\mathcal{U}_2$ und umgekehrt der Teilraum $\mathcal{U}_2$ komplementär zum Teilraum $\mathcal{U}_1$. Zu jedem Teilraum in $\mathcal{V}$ gibt es stets einen komplementären Teilraum. Für einen trivialen Teilraum ist diese Aussage selbstverständlich, denn für $\mathcal{U} = \{o\}$ ist $\mathcal{W} = \mathcal{V}$, für $\mathcal{U} = \mathcal{V}$ ist $\mathcal{W} = \{o\}$ ein komplementärer Teilraum. Sei also $\mathcal{U}$ ein nicht-trivialer Teilraum des N-dimensionalen Vektorraumes $\mathcal{V}$ und $\{x_1, \ldots, x_r\}$ eine Basis von $\mathcal{U}$. Diese Basis läßt sich durch Hinzunahme von $N - r$ weiteren Vektoren $x_{r+1}, \ldots, x_N$ zu einer Basis von $\mathcal{V}$ ergänzen. Sei jetzt $\mathcal{W}$ die lineare Hülle der hinzugekommenen Basisvektoren,

$$\mathcal{W} = \langle x_{r+1}, x_{r+2}, \ldots, x_N \rangle .$$

Die beiden Teilräume $\mathcal{U}$ und $\mathcal{W}$ haben nur den Nullvektor gemeinsam, denn gäbe es einen vom Nullvektor verschiedenen Vektor x, der sowohl in $\mathcal{U}$ als auch in $\mathcal{W}$ enthalten ist, so wäre x einerseits die nicht-triviale Linearkombination

$$x = \lambda_1 x_1 + \lambda_2 x_2 + \cdots + \lambda_r x_r ,$$

andererseits aber auch die gleichfalls nicht-triviale Linearkombination

$$x = \lambda_{r+1}x_{r+1} + \lambda_{r+2}x_{r+2} + \cdots + \lambda_N x_N .$$

Dies hätte weiter die Gleichung

$$\lambda_1 x_1 + \lambda_2 x_2 + \cdots + \lambda_r x_r - \lambda_{r+1}x_{r+1} - \lambda_{r+2}x_{r+2} - \cdots - \lambda_N x_N = o$$

zur Folge, die aber in nicht-trivialer Weise nicht erfüllt werden kann, da die Vektoren $x_1, \ldots, x_N$ als Basisvektoren linear unabhängig sind. Also ist $\mathcal{U} \cap \mathcal{W} = \{o\}$. Ist jetzt $x \in \mathcal{V}$ ein beliebiger Vektor,

$$x = \mu_1 x_1 + \mu_2 x_2 + \cdots + \mu_r x_r + \mu_{r+1}x_{r+1} + \mu_{r+2}x_{r+2} + \cdots + \mu_N x_N ,$$

so ist der Vektor

$$x' = \mu_1 x_1 + \mu_2 x_2 + \cdots + \mu_r x_r \in \mathcal{U} ,$$

der Vektor

$$x'' = \mu_{r+1}x_{r+1} + \mu_{r+2}x_{r+2} + \cdots + \mu_N x_N \in \mathcal{W} ,$$

also $x = x' + x''$ mit $x' \in \mathcal{U}$, $x'' \in \mathcal{W}$. Damit ist jeder Vektor $x \in \mathcal{V}$ auch in $\mathcal{U} \oplus \mathcal{W}$ enthalten und folglich $\mathcal{U} \oplus \mathcal{W} = \mathcal{V}$. —

Unter dem *Faktorraum* eines Vektorraumes $\mathcal{V}$ bezüglich eines Teilraumes $\mathcal{U} \subseteq \mathcal{V}$ versteht man einen Vektorraum, der aus disjunkten Teilmengen von $\mathcal{V}$ gebildet wird, welche folgendermaßen konstruiert werden.

Zwei Vektoren $x \in \mathcal{V}$, $y \in \mathcal{V}$ heißen *äquivalent modulo* des Teilraumes $\mathcal{U}$, in Zeichen

$$x \equiv y \pmod{\mathcal{U}} ,$$

wenn $x - y \in \mathcal{U}$ ist. Man faßt äquivalente Vektoren zu einer sogenannten *Äquivalenzklasse* zusammen; ist x in einer gewissen Äquivalenzklasse enthalten, so nennt man x einen *Vertreter* derselben und schreibt $[x]$ für diese Äquivalenzklasse. Die Äquivalenzklassen sind disjunkt, jeder Vektor von $\mathcal{V}$ liegt in genau einer Äquivalenzklasse. Die Addition von Äquivalenzklassen und die Multiplikation mit Zahlen aus dem Grundkörper $\mathbb{K}$ von $\mathcal{V}$ werden nun folgendermaßen erklärt. Die Summe zweier Äquivalenzklassen $[x]$ und $[y]$ ist jene Klasse, in der die Summe $x + y$ enthalten ist,

$$[x] + [y] := [x + y] ,$$

das λ-fache einer Äquivalenzklasse $[x]$ ist jene Klasse, in welcher das λ-fache des Vektors x liegt,

$$\lambda[x] := [\lambda x] .$$

Diese Definitionen sind unabhängig von der Auswahl der jeweiligen Vertreter. Der Teilraum $\mathcal{U} = [o]$ ist das Nullelement bezüglich der Addition, die Äquivalenzklasse $[-x]$ ist das inverse Element von $[x]$. Da die Addition offensichtlich kommutativ und assoziativ ist, erhält auf diese Weise die Gesamtheit der Äquivalenzklassen modulo eines Teilraumes $\mathcal{U}$ eine Vektorraumstruktur; man nennt diesen Vektorraum den *Faktorraum* von $\mathcal{V}$ nach $\mathcal{U}$, symbolisch $\mathcal{V}/\mathcal{U}$.

Sind $[x_1]$, $[x_2]$, ..., $[x_n]$ beliebige Äquivalenzklassen, so ist eine Linearkombination jene Äquivalenzklasse, in der die entsprechende Linearkombination ihrer Vertreter enthalten ist,

$$\lambda_1[x_1] + \lambda_2[x_2] + \cdots + \lambda_n[x_n] = [\lambda_1 x_1 + \lambda_2 x_2 + \cdots + \lambda_n x_n] .$$

Daraus geht hervor, daß Äquivalenzklassen $[x_i]$ genau dann linear abhängig sind, wenn es eine nicht-triviale Linearkombination der Vektoren x_i gibt, die im Teilraum $\mathcal{U}$ enthalten ist,

$$\lambda_1 x_1 + \lambda_2 x_2 + \cdots + \lambda_n x_n \in \mathcal{U} .$$

Nur im Falle $\mathcal{U} = \{o\}$ sind Äquivalenzklassen $[x_i] \in \mathcal{V}/\mathcal{U}$ genau dann linear abhängig, wenn die Vektoren x_i linear abhängig sind.

Ist $\mathcal{V}$ ein endlichdimensionaler Vektorraum, so gilt die Dimensionsbeziehung

$$\dim \mathcal{U} + \dim \mathcal{V}/\mathcal{U} = \dim \mathcal{V} . \tag{1.7}$$

Ist $\mathcal{U} = \{o\}$ der eine triviale Teilraum von $\mathcal{V}$, so enthält jede Äquivalenzklasse $[x]$ genau ein Element, nämlich den Vektor x. Wäre x' ein zweiter Vertreter, also $x \equiv x'$ modulo $\mathcal{U}$, so ist $x - x' \in \mathcal{U}$ und somit $x = x'$. Sind die N Vektoren e_i eine Basis von $\mathcal{V}$, so sind die N Äquivalenzklassen $[e_i]$ eine Basis von $\mathcal{V}/\mathcal{U}$, denn aus $x = \sum_i \lambda_i e_i$ folgt $[x] = \left[\sum_i \lambda_i e_i\right] = \sum_i \lambda_i [e_i]$. Also gilt $\dim \mathcal{V}/\mathcal{U} = N = \dim \mathcal{V}$ und (1.7) ist wegen $\dim\{o\} = 0$ erfüllt. Ist $\mathcal{U} = \mathcal{V}$ der andere triviale Teilraum, so ist $\mathcal{V}/\mathcal{U} = \{[o]\}$, der Faktorraum besteht in diesem Fall nur aus einer Äquivalenzklasse, nämlich $[o] = \mathcal{V}$, er ist somit ein trivialer Vektorraum, dem die Dimension 0 zugeordnet wird. Sei schließlich $\mathcal{U} \subset \mathcal{V}$ ein nicht-trivialer Teilraum. Ist $n = \dim \mathcal{U}$ und $\mathcal{B}_\mathcal{U} = \{u_1, u_2 \ldots, u_n\}$ eine Basis von $\mathcal{U}$, so kann diese durch Hinzunahme von $m = N - n$ weiteren Vektoren v_1 ,..., v_m zu einer Basis von $\mathcal{V}$ ergänzt werden; die Basisvektoren u_i von $\mathcal{U}$ liegen dabei alle in der Äquivalenzklasse $[o] = \mathcal{U}$, die Vektoren v_j liegen in separaten Äquivalenzklassen $[v_j]$, $j = 1, 2, \ldots, m$. Diese m Äquivalenzklassen sind klarerweise linear unabhängig, denn wäre $\lambda_1[v_1] + \cdots + \lambda_m[v_m] = [o]$, so würde der Vektor $\lambda_1 v_1 + \cdots + \lambda_m v_m$ in $\mathcal{U}$ liegen, was aber nicht der Fall sein kann, da sonst die Vektoren $u_1, \ldots, u_n, v_1, \ldots, v_m$ keine Basis von $\mathcal{V}$ sein könnten. Ist dann $[x]$ eine beliebige Äquivalenzklasse in $\mathcal{V}/\mathcal{U}$, so kann der Vertreter x in der Form $x = \sum_i \lambda_i u_i + \sum_j \mu_j v_j$ dargestellt werden; dies wiederum bedeutet $[x] = \sum_i \lambda_i [u_i] + \sum_j \mu_j [v_j]$, also ist wegen $\sum_i \lambda_i u_i \in \mathcal{U}$

$$\sum_{i=1}^{n} \lambda_i [u_i] = \left[\sum_{i=1}^{n} \lambda_i u_i\right] = [o] ,$$

somit

$$[x] = \sum_{j=1}^{m} \mu_j [v_j] ,$$

d.h. die $m = N - n$ Äquivalenzklassen $[v_1]$, ..., $[v_m]$ bilden eine Basis des Faktorraumes $\mathcal{V}/\mathcal{U}$. Daher ist $\dim \mathcal{V}/\mathcal{U} = N - n = \dim \mathcal{V} - \dim \mathcal{U}$.

1.3 Lineare Abbildungen

Sind $\mathcal{A}$ und $\mathcal{B}$ zwei Mengen, so heißt eine Funktion (Abbildung) $f : \mathcal{A} \to \mathcal{B}$ *injektiv*, wenn die Gleichung $f(x') = f(x'')$ nur für $x' = x''$ möglich ist; offenbar hat nur dann die Gleichung $y = f(x)$ für *beliebiges* $y \in \mathcal{B}$ *höchstens* eine Lösung $x \in \mathcal{A}$. Die Funktion f heißt dagegen *surjektiv*, wenn *jedes* Element in $\mathcal{B}$ *wenigstens* ein Urbild in $\mathcal{A}$ hat, d.h. die Gleichung $y = f(x)$ hat für *jedes* $y \in \mathcal{B}$ *mindestens* eine Lösung $x \in \mathcal{A}$. Die Funktion f heißt schließlich *bijektiv*, wenn sie sowohl injektiv als auch surjektiv ist.

Um eine Funktion $f : \mathcal{A} \to \mathcal{B}$ umkehren zu können, muß durch die Vorschrift f jedem Element von $\mathcal{B}$ genau ein Element von $\mathcal{A}$ entsprechen, oder anders ausgedrückt, die Gleichung $y = f(x)$ muß für *jedes* $y \in \mathcal{B}$ *genau* eine Lösung $x \in \mathcal{A}$ haben. Damit diese Gleichung für jedes $y \in \mathcal{B}$ überhaupt eine Lösung in $\mathcal{A}$ besitzt, muß die Funktion f surjektiv sein, damit sie nicht mehr als eine Lösung in $\mathcal{A}$ hat, muß f injektiv sein — also ist eine Funktion $f : \mathcal{A} \to \mathcal{B}$ genau dann umkehrbar, wenn sie bijektiv ist. Die Umkehrung $f^{-1} : \mathcal{B} \to \mathcal{A}$ ist dann ebenfalls eine bijektive Funktion.

Eine Abbildung $f : \mathcal{A} \to \mathcal{B}$ heißt *linear*, wenn $\mathcal{A}$ und $\mathcal{B}$ lineare Vektorräume über einem gemeinsamen Körper $\mathbb{K}$ sind und f die Eigenschaft der *Additivität*

$$f(x + y) = f(x) + f(y)\,, \qquad x, y \in \mathcal{A}\,, \tag{1.8}$$

sowie der *Homogenität*

$$f(\lambda x) = \lambda f(x)\,, \qquad \lambda \in \mathbb{K},\, x \in \mathcal{A}\,, \tag{1.9}$$

besitzt. Mit anderen Worten, eine Abbildung ist linear, wenn die Funktionsvorschrift mit den beiden „Grundrechnungsarten“ in linearen Vektorräumen — Addition und Multiplikation mit einer Zahl — vertauschbar ist.

Die Forderung, daß Definitions- und Bildbereich lineare Vektorräume sind, ist wesentlicher Bestandteil des Begriffs der linearen Abbildung. Nur wenn der Definitionsbereich ein linearer Vektorraum ist, hat die jeweils linke Seite von (1.8) und (1.9) einen Sinn, und damit dies auch für die rechte Seite zutrifft, muß auch der Bildbereich ein linearer Vektorraum sein.

Eine lineare Abbildung $\tau : \mathcal{A} \to \mathcal{A}$ eines Vektorraumes in sich heißt auch eine *lineare Transformation*. Eine lineare Abbildung $\tau : \mathcal{A} \to \mathbb{K}$, deren Bildraum der Grundkörper $\mathbb{K}$ des Vektorraumes $\mathcal{A}$ ist, nennt man ein *lineares Funktional* oder eine *Linearform* auf $\mathcal{A}$.

Ersetzt man in (1.8) den Vektor x durch das Vielfache λx, desgleichen y durch μy, so erhält man unter Heranziehung von (1.9) die Gleichung

$$f(\lambda x + \mu y) = \lambda f(x) + \mu f(y)\,, \qquad \lambda, \mu \in \mathbb{K},\; x, y \in \mathcal{A}\,, \tag{1.10}$$

die mit den beiden Forderungen (1.8) und (1.9) äquivalent ist; sie wird in der Regel zum Nachweis der Linearitätseigenschaft einer Abbildung herangezogen. Wegen $0x = o$ ist $f(o) = f(0x) = 0f(x) = o$.

Im folgenden stehen die Symbole $\mathcal{U}$, $\mathcal{V}$, ... für lineare Vektorräume, griechische Buchstaben τ, σ, ... für lineare Abbildungen. Das Bild eines Vektors x unter einer linearen Abbildung τ schreibt man üblicherweise in der Form τx an Stelle von $\tau(x)$.

Sind $\sigma, \tau : \mathcal{U} \to \mathcal{V}$ lineare Abbildungen zweier Vektorräume mit gemeinsamem Grundkörper, so ist die Summe

$$(\sigma + \tau)x := \sigma x + \tau x$$

eine lineare Abbildung von $\mathcal{U}$ in $\mathcal{V}$, ebenso das Vielfache

$$(\lambda\tau)x := \lambda\tau x\,.$$

Mit dieser Addition und Multiplikation hat die Gesamtheit aller linearen Abbildungen von $\mathcal{U}$ in $\mathcal{V}$ die Struktur eines Vektorraumes.

Sind $\sigma : \mathcal{U} \to \mathcal{V}$ und $\tau : \mathcal{V} \to \mathcal{W}$ zwei lineare Abbildungen, so ist auch die Zusammensetzung $\tau\sigma : \mathcal{U} \to \mathcal{W}$ eine lineare Abbildung,

$$\tau\sigma(\lambda x + \mu y) = \tau(\lambda\sigma x + \mu\sigma y) = \lambda\tau\sigma x + \mu\tau\sigma y\,.$$

Ist $\tau : \mathcal{U} \to \mathcal{V}$ eine bijektive lineare Abbildung, so ist $\imath_{\mathcal{U}} = \tau^{-1}\tau$ die identische Abbildung auf $\mathcal{U}$ und $\imath_{\mathcal{V}} = \tau\tau^{-1}$ die identische Abbildung auf $\mathcal{V}$. Die Umkehrung $\tau^{-1} : \mathcal{V} \to \mathcal{U}$ einer bijektiven linearen Abbildung $\tau : \mathcal{U} \to \mathcal{V}$ ist wieder eine lineare Abbildung. Sind $x, y \in \mathcal{U}$ zwei beliebige Vektoren, so gibt es zwei eindeutig bestimmte Vektoren $u, v \in \mathcal{V}$, für welche $\tau u = x, \tau v = y$ gilt; infolgedessen ist

$$\tau^{-1}(\lambda x + \mu y) = \tau^{-1}\tau(\lambda u + \mu v) = \lambda u + \mu v = \lambda\tau^{-1}x + \mu\tau^{-1}y\,.$$

Sind $\sigma : \mathcal{U} \to \mathcal{V}$ und $\tau : \mathcal{V} \to \mathcal{W}$ zwei bijektive lineare Abbildungen, so ist auch das Produkt $\tau\sigma$ bijektiv. Die Inverse eines Produktes ist das Produkt der Inversen der Faktoren in umgekehrter Reihenfolge,

$$(\tau\sigma)^{-1} = \sigma^{-1}\tau^{-1}\,.$$

Von Bedeutung ist der Einfluß, den die Linearitätseigenschaft (1.10) einer Abbildung $\tau : \mathcal{U} \to \mathcal{V}$ auf die Überprüfung der Injektivität nimmt, weil eine Gleichung $\tau x_1 = \tau x_2$ für lineare Abbildungen auch in der Form $\tau(x_1 - x_2) = o$ geschrieben werden kann. Deshalb ist die Forderung, daß aus einer Gleichung $\tau x_1 = \tau x_2$ zwingend $x_1 = x_2$ folgt, indem man $x = x_1 - x_2$ setzt, gleichbedeutend damit, daß die Gleichung

$$\tau x = \tau(x_1 - x_2) = \tau x_1 - \tau x_2 = o$$

nur durch $x = o$ erfüllt werden kann. Da hievon auch die Umkehrung gilt, ist erwiesen: *Eine lineare Abbildung τ ist genau dann injektiv, wenn aus der Gleichung $\tau x = o$ notwendig $x = o$ folgt.*

Eine injektive lineare Abbildung $\tau : \mathcal{U} \to \mathcal{V}$ bildet ein System $\mathcal{S} \subseteq \mathcal{U}$ linear unabhängiger Vektoren aus $\mathcal{U}$ auf ein System $\mathcal{S}' \subseteq \mathcal{V}$ linear unabhängiger Vektoren aus $\mathcal{V}$ ab. Sind nämlich die Vektoren $x_1, x_2, \ldots, x_n$ linear unabhängig, so ist infolge der Injektivität von τ genau dann

$$\lambda_1\tau x_1 + \lambda_2\tau x_2 + \cdots + \lambda_n\tau x_n = \tau\big(\lambda_1 x_1 + \lambda_2 x_2 + \cdots + \lambda_n x_n\big) = o\,,$$

wenn $\lambda_1 x_1 + \lambda_2 x_2 + \cdots + \lambda_n x_n = o$ ist; also zieht die lineare Unabhängigkeit der Vektoren $x_1, x_2, \ldots, x_n$ die lineare Unabhängigkeit der Bildvektoren $\tau x_1, \tau x_2, \ldots, \tau x_n$ nach sich. Im Bildraum existieren daher mindestens genausoviele linear unabhängige Vektoren wie im Urbildraum. Auf Grund dessen ist $\dim \mathcal{U} \leq \dim \mathcal{V}$, sofern zwei Vektorräume $\mathcal{U}$ und $\mathcal{V}$ endliche Dimension haben und eine injektive lineare Abbildung von $\mathcal{U}$ in $\mathcal{V}$ existiert.

Eine surjektive lineare Abbildung $\tau : \mathcal{U} \to \mathcal{V}$ bildet ein Erzeugendensystem $\mathcal{E} \subseteq \mathcal{U}$ auf ein Erzeugendensystem $\mathcal{E}' \subseteq \mathcal{V}$ ab. Auf Grund der Surjektivität von τ hat jedes Element $y \in \mathcal{V}$ ein Urbild $x \in \mathcal{U}$; da $\mathcal{E}$ ein Erzeugendensystem für $\mathcal{U}$ ist, kann der Vektor x durch eine Linearkombination $x = \sum_i \lambda_i x_i$ von Vektoren $x_i \in \mathcal{E}$ ausgedrückt werden; infolgedessen ist $y = \tau x = \sum_i \lambda_i \tau x_i$, d.h. der Vektor $y \in \mathcal{V}$ ist als Linearkombination von Vektoren τx_i des Bildes $\mathcal{E}'$ von $\mathcal{E}$ unter τ dargestellt — also ist $\mathcal{E}'$ ein Erzeugendensystem für $\mathcal{V}$. Somit gilt $\dim \mathcal{U} \geq \dim \mathcal{V}$, wenn $\mathcal{U}$ und $\mathcal{V}$ endlichdimensionale Vektorräume sind und eine surjektive lineare Abbildung von $\mathcal{U}$ auf $\mathcal{V}$ existiert.

Eine bijektive lineare Abbildung $\tau : \mathcal{U} \to \mathcal{V}$ heißt ein *Isomorphismus*.[4]

Ein Isomorphismus $\tau : \mathcal{U} \to \mathcal{V}$, also eine injektive und surjektive lineare Abbildung, führt eine Basis $\mathcal{B}$ in $\mathcal{U}$ in eine Basis $\mathcal{B}'$ in $\mathcal{V}$ über. Als Basis ist nämlich $\mathcal{B}$ ein Erzeugendensystem für $\mathcal{U}$, sodaß durch die Surjektivität von τ sichergestellt wird, daß $\mathcal{B}'$ ein Erzeugendensystem für $\mathcal{V}$ ist. Die Injektivität von τ zieht nach sich, daß die Vektoren in $\mathcal{B}'$ linear unabhängig sind, weil es die Urbildvektoren in $\mathcal{B}$ sind. Man sagt, die Vektorräume $\mathcal{U}$ und $\mathcal{V}$ sind *isomorph*. *Sind zwei endlichdimensionale Vektorräume $\mathcal{U}$ und $\mathcal{V}$ isomorph, so haben sie dieselbe Dimension*: $\dim \mathcal{U} = \dim \mathcal{V}$.

Zwei Vektorräume $\mathcal{U}$ und $\mathcal{V}$ heißen (algebraisch) äquivalent, $\mathcal{U} \cong \mathcal{V}$, wenn es einen Isomorphismus $\sigma : \mathcal{U} \to \mathcal{V}$ gibt. Die identische Abbildung $\imath_{\mathcal{U}} : \mathcal{U} \to \mathcal{U}$ ist ein Isomorphismus, und dies bedeutet $\mathcal{U} \cong \mathcal{U}$. Da die Inverse eines Isomorphismus wieder ein Isomorphismus ist, folgt $\mathcal{V} \cong \mathcal{U}$ aus $\mathcal{U} \cong \mathcal{V}$. Sind schließlich $\sigma : \mathcal{U} \to \mathcal{V}$ und $\tau : \mathcal{V} \to \mathcal{W}$ zwei Isomorphismen, so ist $\tau\sigma : \mathcal{U} \to \mathcal{W}$ ein Isomorphismus, sodaß $\mathcal{U} \cong \mathcal{V}$ und $\mathcal{V} \cong \mathcal{W}$ die Äquivalenz $\mathcal{U} \cong \mathcal{W}$ nach sich zieht. Daher stellt der Begriff des Isomorphismus eine Äquivalenzrelation unter den linearen Vektorräumen dar.

Sei $\tau : \mathcal{U} \to \mathcal{V}$ eine beliebige lineare Abbildung zweier endlichdimensionaler Vektorräume $\mathcal{U}$ und $\mathcal{V}$. Die Gesamtheit aller Vektoren aus $\mathcal{U}$, die durch τ auf den Nullvektor in $\mathcal{V}$ abgebildet werden, stellt einen Teilraum von $\mathcal{U}$ dar. Ist nämlich $\tau x = \tau y = o$, so gilt mit beliebigen Zahlen λ und μ

$$\tau(\lambda x + \mu y) = \lambda \tau x + \mu \tau y = \lambda o + \mu o = o\,,$$

d.h. mit x und y wird auch die Linearkombination $\lambda x + \mu y$ auf den Nullvektor in $\mathcal{V}$ abgebildet. Diesen Teilraum, der symbolisch[5] in der Form

$$\tau^{-1}\{o\} := \{\, x \mid x \in \mathcal{U},\ \tau x = o \,\}$$

---

[4] Griech. ἴσος (ísos), gleich, ähnlich; μορφή (morphé), Form, Gestalt.

[5] Ist $f : \mathcal{A} \to \mathcal{B}$ eine beliebige Funktion, so bezeichnet $f^{-1}(\mathcal{B}')$, $\mathcal{B}' \subseteq \mathcal{B}$, jene Teilmenge von $\mathcal{A}$, deren Elemente durch die Funktion f auf $\mathcal{B}'$ abgebildet werden.

geschrieben wird, nennt man den *Kern* der Abbildung τ, die Dimension dieses Teilraumes heißt der *Defekt* von τ, symbolisch $\operatorname{def}\tau := \dim\tau^{-1}\{o\}$. *Eine lineare Abbildung* $\tau : \mathcal{U} \to \mathcal{V}$ *ist genau dann injektiv, wenn ihr Kern der triviale Teilraum* $\{o\}$ *ist.*

Die Gesamtheit aller Bildvektoren τx mit $x \in \mathcal{U}$ bildet einen Teilraum in $\mathcal{V}$, der das *Bild* von $\mathcal{U}$ unter τ genannt wird, symbolisch[6)]

$$\tau\mathcal{U} := \{\, y \mid y \in \mathcal{V},\ y = \tau x,\ x \in \mathcal{U}\,\}.$$

Die Dimension dieses Teilraumes wird der *Rang* der Abbildung τ genannt, in Zeichen $\operatorname{rg}\tau := \dim\tau\mathcal{U}$. Da nämlich jeder Vektor in $\tau\mathcal{U}$ wenigstens ein Urbild in $\mathcal{U}$ besitzt, gibt es für zwei beliebige Vektoren $x, y \in \tau\mathcal{U}$ stets zwei Vektoren $u, v \in \mathcal{U}$ mit $\tau u = x$, $\tau v = y$; sind dann λ und μ zwei beliebige Zahlen aus dem Grundkörper, so ist

$$\lambda x + \mu y = \lambda\tau u + \mu\tau v = \tau(\lambda u + \mu v)\,,$$

d.h. sind x und y zwei Bilder unter der linearen Abbildung τ, so ist auch jede Linearkombination dieser Vektoren ein Bild unter τ. Daher ist das Bild $\tau\mathcal{U}$ ein Teilraum von $\mathcal{V}$. *Eine lineare Abbildung* $\tau : \mathcal{U} \to \mathcal{V}$ *ist genau dann surjektiv, wenn* $\tau\mathcal{U} = \mathcal{V}$ *ist.*

Sind $\mathcal{U}$ und $\mathcal{V}$ zwei endlichdimensionale Vektorräume und ist $\tau : \mathcal{U} \to \mathcal{V}$ eine lineare Abbildung, so gilt

$$\dim\tau\mathcal{U} + \dim\tau^{-1}\{o\} = \dim\mathcal{U} \tag{1.11}$$

beziehungsweise

$$\operatorname{rg}\tau + \operatorname{def}\tau = \dim\mathcal{U}\,.$$

Zum Nachweis dieser Dimensionsbeziehung betrachtet man den Faktorraum $\mathcal{U}/\tau^{-1}\{o\}$ und konstruiert die Abbildung $\sigma : \mathcal{U}/\tau^{-1}\{o\} \to \tau\mathcal{U}$, durch welche eine Äquivalenzklasse $[x]$ mit dem Vertreter x auf den Vektor $\sigma[x] := \tau x$ abgebildet wird. Diese Definition der Abbildung σ ist unabhängig von der Auswahl des Vertreters der Äquivalenzklasse. Ist $x' \in [x]$ ein beliebiger anderer Vertreter, so ist $x' \equiv x$, also $x' - x \in \tau^{-1}\{o\}$ und somit $\tau(x' - x) = o$ bzw. $\tau x' = \tau x$. Die Abbildung σ ist linear, denn für zwei Äquivalenzklassen $[x]$ und $[y]$ gilt auf Grund der Linearitätseigenschaft der Abbildung τ

$$\sigma[\lambda x + \mu y] = \tau\big(\lambda x + \mu y\big) = \lambda\tau x + \mu\tau y = \lambda\sigma[x] + \mu\sigma[y]\,.$$

Die lineare Abbildung σ ist surjektiv. Ist $y \in \tau\mathcal{U}$ ein beliebiger Vektor, so gibt es einen Vektor $x \in \mathcal{U}$ mit $\tau x = y$, d.h. es ist $\sigma[x] = y$ und die Klasse $[x]$ ist das Urbild von y unter σ. Schließlich ist σ injektiv. Aus $\sigma[x] = o$ folgt nämlich $\tau x = \sigma[x] = o$, also $x \in \tau^{-1}\{o\} = [o]$ bzw. $[x] = [o]$. Die lineare Abbildung $\sigma : \mathcal{U}/\tau^{-1}\{o\} \to \tau\mathcal{U}$ ist also ein Isomorphismus, die beiden Vektorräume $\mathcal{U}/\tau^{-1}\{o\}$ und $\tau\mathcal{U}$ sind isomorph und haben folglich dieselbe Dimension; dann ergibt sich aber mit Hilfe von (1.7)

$$\dim\tau\mathcal{U} = \dim\mathcal{U}/\tau^{-1}\{o\} = \dim\mathcal{U} - \dim\tau^{-1}\{o\}\,.$$

---

6) Ist $f : \mathcal{A} \to \mathcal{B}$ eine beliebige Funktion, so bezeichnet man mit $f(\mathcal{A}')$, wenn $\mathcal{A}' \subseteq \mathcal{A}$ ist, jene Teilmenge von $\mathcal{B}$, deren Urbilder in $\mathcal{A}'$ liegen.

Sind $\mathcal{U}$ und $\mathcal{V}$ endlichdimensionale Vektorräume gleicher Dimension und ist $\tau : \mathcal{U} \to \mathcal{V}$ eine surjektive bzw. injektive lineare Abbildung, so ist, wie die Gleichung (1.11) für $\tau\mathcal{U} = \mathcal{V}$ bzw. $\tau^{-1}\{o\} = \{o\}$ lehrt, die Abbildung τ automatisch injektiv bzw. surjektiv, also bijektiv und daher ein Isomorphismus der Vektorräume $\mathcal{U}$ und $\mathcal{V}$.

Ist $\tau : \mathcal{U} \to \mathcal{V}$ eine lineare Abbildung zweier endlichdimensionaler Vektorräume, $\mathcal{B}_\mathcal{U} = \{e_1, e_2, \ldots, e_N\}$ eine Basis für $\mathcal{U}$, $\mathcal{B}_\mathcal{V} = \{f_1, f_2, \ldots, f_M\}$ eine Basis für $\mathcal{V}$, so können die Bilder τe_i der Basisvektoren e_i in $\mathcal{U}$ durch Linearkombinationen der Basisvektoren f_j in $\mathcal{V}$ ausgedrückt werden,

$$\tau e_i = \sum_{j=1}^{M} t^j_i f_j\,, \qquad i = 1, 2, \ldots, N\,. \tag{1.12}$$

Die Koeffizienten t^j_i dieser Linearkombinationen lassen sich in einer Matrix $\{t^j_i\}$ zusammenfassen; sie heißt die *Matrix der Abbildung τ bezüglich der Basen $\mathcal{B}_\mathcal{U}$ und $\mathcal{B}_\mathcal{V}$*. Ist $x = \sum_i X^i e_i$ ein beliebiger Vektor in $\mathcal{U}$, so erhält man für das Bild von x unter τ

$$\tau x = \sum_{i=1}^{N} X^i \tau e_i = \sum_{i=1}^{N} X^i \sum_{j=1}^{M} t^j_i f_j = \sum_{j=1}^{M} \Big(\sum_{i=1}^{N} t^j_i X^i \Big) f_j\,,$$

also, wenn $y = \tau x = \sum_j Y^j f_j$ gesetzt wird,

$$Y^j = \sum_{i=1}^{N} t^j_i X^i\,, \qquad j = 1, 2, \ldots, M\,. \tag{1.13}$$

1.4 Duale Vektorräume

Es seien $\mathcal{U}$ und $\mathcal{V}$ zwei endlichdimensionale Vektorräume über einem gemeinsamen Zahlenkörper $\mathbb{K}$. Eine Funktion $\varphi : \mathcal{U} \times \mathcal{V} \to \mathbb{K}$ heißt eine *bilineare Funktion* oder *Bilinearform*, wenn φ in jedem der beiden Argumente die Linearitätseigenschaft (1.10) hat, d.h. wenn

$$\varphi(\lambda x + \mu y, z) = \lambda\varphi(x, z) + \mu\varphi(y, z)$$

für alle Vektoren $z \in \mathcal{V}$ beziehungsweise

$$\varphi(x, \lambda y + \mu z) = \lambda\varphi(x, y) + \mu\varphi(x, z)$$

für alle Vektoren $x \in \mathcal{U}$ gilt. Klarerweise ist $\varphi(o, y) = 0$ für alle $y \in \mathcal{V}$; gibt es in $\mathcal{U}$ weitere Vektoren x und y, sodaß $\varphi(x, z) = \varphi(y, z) = 0$ für alle $z \in \mathcal{V}$ gilt, so trifft dies auf Grund der Linearitätseigenschaft auch auf jede Linearkombination dieser Vektoren zu. Jeder Bilinearform ist daher ein Teilraum

$$\mathcal{U}_o = \{\, x \mid x \in \mathcal{U},\ \forall y \in \mathcal{V} \ \Rightarrow\ \varphi(x, y) = 0 \,\}$$

in $\mathcal{U}$ und analog ein Teilraum

$$\mathcal{V}_o = \{ y \mid y \in \mathcal{V},\ \forall x \in \mathcal{U} \ \Rightarrow\ \varphi(x,y) = 0 \}$$

in $\mathcal{V}$ zugeordnet. Ist $\mathcal{U}_o = \mathcal{U}$ oder $\mathcal{V}_o = \mathcal{V}$, so ist die Bilinearform φ konstant gleich Null, ein Fall, der natürlich ausgeschlossen sein soll. Sind $\mathcal{U}_o \subset \mathcal{U}$ und $\mathcal{V}_o \subset \mathcal{V}$ echte Teilräume und enthält entweder $\mathcal{U}_o$ oder $\mathcal{V}_o$ einen vom jeweiligen Nullvektor verschiedenen Vektor, ist also $\{o\} \subset \mathcal{U}_o \subset \mathcal{U}$ oder $\{o\} \subset \mathcal{V}_o \subset \mathcal{V}$, so heißt die Bilinearform φ *ausgeartet*. Die letzte Möglichkeit ist $\mathcal{U}_o = \{o\}$ und $\mathcal{V}_o = \{o\}$; in diesem Fall spricht man von einer *nichtausgearteten* Bilinearform und nennt φ ein ***Skalarprodukt*** der Vektorräume $\mathcal{U}$ und $\mathcal{V}$. Es ist üblich, ein Skalarprodukt zweier Vektorräume $\mathcal{U}$ und $\mathcal{V}$ mit dem Symbol $\langle \square,\square \rangle : \mathcal{U} \times \mathcal{V} \to \mathbb{K}$ zu belegen,

$$\langle x,y \rangle := \varphi(x,y)\,.$$

Die Vektorräume $\mathcal{U}$ und $\mathcal{V}$ werden zueinander *dual* (bezüglich des Skalarproduktes $\langle \square,\square \rangle$) genannt.

Der *Dualraum* schlechthin eines Vektorraumes $\mathcal{V}$, der symbolisch mit $\mathcal{V}^*$ bezeichnet wird, ist der Vektorraum der linearen Abbildungen $\alpha{:}\mathcal{V} \to \mathbb{K}$. Die linearen Funktionale oder Linearformen, wie solche Abbildungen auch genannt werden, bilden mit den üblichen Verknüpfungen von zahlenwertigen Funktionen, der Addition und der Multiplikation mit einer Zahl, einen Vektorraum, denn sind α und β zwei Linearformen auf $\mathcal{V}$, so ist die Summe

$$(\alpha + \beta)(x) := \alpha(x) + \beta(x)\,, \qquad x \in \mathcal{V}\,,$$

eine Linearform auf $\mathcal{V}$, denn es ist

$$\begin{aligned}(\alpha + \beta)(\lambda x + \mu y) &= \alpha(\lambda x + \mu y) + \beta(\lambda x + \mu y)\\ &= \lambda\alpha(x) + \mu\alpha(y) + \lambda\beta(x) + \mu\beta(y)\\ &= \lambda\big[(\alpha(x) + \beta(x)\big] + \mu\big[(\alpha(y) + \beta(y)\big]\\ &= \lambda(\alpha + \beta)(x) + \mu(\alpha + \beta)(y)\,.\end{aligned}$$

Ebenso zeigt man, daß das Produkt einer Linearform mit einer Zahl aus dem Grundkörper $\mathbb{K}$,

$$(\lambda\alpha)(x) := \lambda\alpha(x)\,, \qquad x \in \mathcal{V}\,,$$

wiederum eine Linearform ist. Deshalb ist $\varphi : \mathcal{V}^* \times \mathcal{V} \to \mathbb{K}$,

$$\varphi(\alpha, x) := \alpha(x)\,, \qquad \alpha \in \mathcal{V}^*,\ x \in \mathcal{V}\,, \tag{1.14}$$

eine Bilinearform. Der Teilraum $\mathcal{V}_o$ besteht aus allen Vektoren $x \in \mathcal{V}$, für die

$$\alpha(x) = 0$$

gilt für alle $\alpha \in \mathcal{V}_o^*$ — eine Gleichung, die nur der Nullvektor in $\mathcal{V}^*$ erfüllt. Analog hat nur die identisch verschwindende Linearform o die Eigenschaft

$$o(x) = 0$$

für alle $x \in \mathcal{V}$. Die Bilinearform (1.14) ist demnach nicht-ausgeartet und somit ein Skalarprodukt $\langle \square, \square \rangle$ der dualen Vektorräume $\mathcal{V}^*$ und $\mathcal{V}$. Ist $\mathcal{V}$ endlichdimensional, so ist auch $\mathcal{V}^*$ endlichdimensional, die beiden Vektorräume haben dieselbe Dimension,

$$\dim \mathcal{V}^* = \dim \mathcal{V} . \tag{1.15}$$

Zum Beweis dieser Dimensionsbeziehung sei zunächst der Vektorraum $\mathcal{V}$ auf eine feste Basis $\mathcal{B} = \{e_1, e_2, \ldots, e_N\}$ bezogen. Sodann betrachtet man für $i = 1, 2, \ldots, N$ die Abbildungen $\varepsilon^i : \mathcal{V} \to \mathbb{K}$,

$$\varepsilon^i(x) := X^i . \tag{1.16}$$

Die Abbildung ε^i ordnet jedem Vektor $x \in \mathcal{V}$ seine i-te Koordinate X^i bezüglich der Basis $\mathcal{B}$ zu. Da $\lambda X^i + \mu Y^i$ die i-te Koordinate des Vektors $\lambda x + \mu y$ ist, sind diese Abbildungen linear,

$$\varepsilon^i(\lambda x + \mu y) = \lambda X^i + \mu Y^i = \lambda \varepsilon^i(x) + \mu \varepsilon^i(y) ,$$

und damit Vektoren in $\mathcal{V}^*$. Wendet man die Linearform ε^i auf den Basisvektor e_j an, dessen Koordinaten alle Null sind bis auf die j-te Koordinate, welche gleich 1 ist, so erhält man

$$\varepsilon^i(e_j) = \langle \varepsilon^i, e_j \rangle = \delta^i_j = \begin{cases} 0 & \text{für } i \neq j, \\ 1 & \text{für } i = j. \end{cases} \tag{1.17}$$

Aus der Definition (1.16) geht übrigens auch hervor, daß die Linearformen ε^i durch die Basis $\mathcal{B}$ in $\mathcal{V}$ eindeutig bestimmt sind. Sie sind ferner linear unabhängig, denn wäre nämlich

$$\lambda_1 \varepsilon^1 + \lambda_2 \varepsilon^2 + \cdots + \lambda_N \varepsilon^N = o$$

und darin z.B. $\lambda_i \neq 0$, so erhielte man den Widerspruch

$$\begin{aligned} 0 = o(e_i) &= \big(\lambda_1 \varepsilon^1 + \lambda_2 \varepsilon^2 + \cdots + \lambda_N \varepsilon^N\big)(e_i) \\ &= \lambda_1 \varepsilon^1(e_i) + \lambda_2 \varepsilon^2(e_i) + \cdots + \lambda_N \varepsilon^N(e_i) = \lambda_i . \end{aligned}$$

Also ist $\dim \mathcal{V}^* \geq N$. Bildet man nun mit einer beliebigen Linearform $\alpha \in \mathcal{V}^*$ die Linearform $\beta = \alpha - \sum_i \alpha(e_i)\, \varepsilon^i$, so erhält man

$$\begin{aligned} \beta(x) = \alpha(x) - \sum_{i=1}^{N} \alpha(e_i)\, \varepsilon^i(x) &= \alpha(x) - \sum_{i=1}^{N} X^i \alpha(e_i) \\ = \alpha(x) - \alpha\Big(\sum_{i=1}^{N} X^i e_i\Big) &= \alpha\Big(x - \sum_{i=1}^{N} X^i e_i\Big) = 0 \end{aligned}$$

für alle $x \in \mathcal{V}$, d.h. die $N + 1$ Linearformen ε^1, ε^2, ..., ε^N, α sind linear abhängig. Somit ist $\dim \mathcal{V}^* \leq N$, da $\alpha \in \mathcal{V}^*$ beliebig war. Die Linearformen ε^i sind folglich eine — durch die Basis $\mathcal{B}$ in $\mathcal{V}$ eindeutig bestimmte — Basis in $\mathcal{V}^*$; sie heißt die zu $\mathcal{B}$ *duale* Basis $\mathcal{B}^*$ in $\mathcal{V}^*$. —

Mit Hilfe der Gleichung (1.15) läßt sich leicht der Nachweis erbringen, daß duale Vektorräume stets dieselbe Dimension haben. Sind $\mathcal{U}$ und $\mathcal{V}$ dual bezüglich des Skalarproduktes $\langle \square, \square \rangle$, so ist die Abbildung $\iota : \mathcal{U} \to \mathcal{V}^*$, die dem Vektor $x \in \mathcal{U}$ die Linearform

$$\iota x(y) := \langle x, y \rangle\,, \qquad y \in \mathcal{V}\,, \tag{1.18}$$

aus $\mathcal{V}^*$ zuordnet, ein Isomorphismus. Infolge der Bilinearität des Skalarproduktes ist diese Abbildung linear,

$$\iota(\lambda x + \mu y)(z) = \langle \lambda x + \mu y, z \rangle = \lambda \langle x, z \rangle + \mu \langle y, z \rangle = \lambda \iota x(z) + \mu \iota y(z)\,.$$

Sie ist ferner injektiv, denn aus $\iota x = o$ folgt

$$\langle x, y \rangle = \iota x(y) = o(y) = 0$$

für alle $y \in \mathcal{V}$, was aber für $x \neq o$ nicht möglich ist, da ein Skalarprodukt nicht ausgeartet ist. Die Injektivität der Abbildung ι hat nun $\dim \mathcal{U} \le \dim \mathcal{V}^*$ und damit wegen (1.15) die Ungleichung $\dim \mathcal{U} \le \dim \mathcal{V}$ zur Folge. Dieselbe Schlußweise mit vertauschten Rollen von $\mathcal{U}$ und $\mathcal{V}$ führt zur Ungleichung $\dim \mathcal{V} \le \dim \mathcal{U}$, womit die Gleichheit der Dimensionen dualer Vektorräume nachgewiesen ist. Da eine injektive Abbildung von Vektorräumen gleicher (endlicher) Dimension wegen (1.11) automatisch auch surjektiv ist, ist ι ein Isomorphismus. Es gilt also: *Sind $\mathcal{U}$ und $\mathcal{V}$ ein Paar dualer Vektorräume, so besteht Dimensionsgleichheit,*

$$\dim \mathcal{U} = \dim \mathcal{V}\,.$$

Sind $\mathcal{U}$ und $\mathcal{V}$ zueinander duale Vektorräume bezüglich eines Skalarproduktes $\langle \square, \square \rangle$, so nennt man zwei Vektoren $x \in \mathcal{U}$, $y \in \mathcal{V}$ *orthogonal*, wenn

$$\langle x, y \rangle = 0\,.$$

Ist $\mathcal{B}_{\mathcal{U}} = \{e_1, e_2, \ldots, e_N\}$ eine Basis von $\mathcal{U}$, $\mathcal{B}_{\mathcal{V}} = \{f_1, f_2, \ldots, f_N\}$ eine Basis von $\mathcal{V}$ mit der Eigenschaft

$$\langle e_i, f_j \rangle = \delta_{ij} = \begin{cases} 0 & \text{für } i \neq j\,, \\ 1 & \text{für } i = j\,, \end{cases} \tag{1.19}$$

so nennt man die Basen $\mathcal{B}_{\mathcal{U}}$ und $\mathcal{B}_{\mathcal{V}}$ *dual*. Ist eine Basis in $\mathcal{U}$ gegeben, so ist ihre duale Basis in $\mathcal{V}$ eindeutig bestimmt und umgekehrt.

Ist $\mathcal{U}$ und $\mathcal{V}$ ein Paar dualer Vektorräume und $\mathcal{W} \subseteq \mathcal{U}$ ein Teilraum von $\mathcal{U}$, so versteht man unter dem *orthogonalen Komplement* dieses Teilraumes den Teilraum $\mathcal{W}^\perp \subseteq \mathcal{V}$, der aus denjenigen Vektoren aus $\mathcal{V}$ besteht, die zu allen Vektoren aus $\mathcal{W}$ orthogonal sind,

$$\mathcal{W}^\perp := \{\, y \mid y \in \mathcal{V},\ \forall x \in \mathcal{W} \ \Rightarrow\ \langle x, y \rangle = 0 \,\}\,. \tag{1.20}$$

Der Nachweis, daß $\mathcal{W}^\perp$ ein Teilraum ist, darf jetzt dem Leser überlassen werden. Es gilt

$$\dim \mathcal{W} + \dim \mathcal{W}^\perp = \dim \mathcal{U} = \dim \mathcal{V}\,. \tag{1.21}$$

Zum Beweis dieser Dimensionsbeziehung faßt man das orthogonale Komplement $\mathcal{W}^\perp$ des Teilraums $\mathcal{W}$ als eigenständigen Vektorraum auf und konstruiert die Abbildung $\Phi : \mathcal{U}/\mathcal{W} \times \mathcal{W}^\perp \to \mathbb{K}$,

$$\Phi\big([x], y\big) := \langle x, y \rangle\,.$$

Diese Definition ist eindeutig. Mit einem anderen Vertreter $x' \equiv x$ der Äquivalenzklasse $[x]$ erhält man nämlich

$$\Phi\big([x],y\big) - \Phi\big([x'],y\big) = \langle x',y\rangle - \langle x,y\rangle = \langle x'-x,y\rangle = 0\,,$$

denn die Vektoren $x'-x \in \mathcal{W}$ und $y \in \mathcal{W}^\perp$ sind orthogonal. Die Abbildung Φ ist ferner bilinear, es ist einerseits

$$\begin{aligned}\Phi\big(\lambda[x]+\mu[y],z\big) &= \Phi\big([\lambda x+\mu y],z\big) = \langle \lambda x+\mu y,z\rangle = \lambda\langle x,z\rangle + \mu\langle y,z\rangle \\ &= \lambda\Phi\big([x],z\big) + \mu\Phi\big([y],z\big)\end{aligned}$$

und andererseits

$$\begin{aligned}\Phi\big([x],\lambda y+\mu z\big) &= \langle x,\lambda y+\mu z\rangle = \lambda\langle x,y\rangle + \mu\langle x,z\rangle \\ &= \lambda\Phi\big([x],y\big) + \mu\Phi\big([x],z\big)\,.\end{aligned}$$

Die Bilinearform Φ ist schließlich nicht ausgeartet, weil das Skalarprodukt $\langle\square,\square\rangle$ der Vektorräume $\mathcal{U}$ und $\mathcal{V}$ nicht-ausgeartet ist. Aus $\Phi\big([x],y\big) = 0$ für alle $y \in \mathcal{W}^\perp$ folgt ja $\langle x,y\rangle = 0$ für alle $y \in \mathcal{W}^\perp$, also $x \in \mathcal{W}$ und damit $[x] = [o]$; wenn anders $\Phi\big([x],y\big) = 0$ für alle $[x] \in \mathcal{U}/\mathcal{W}$ gilt, so muß $\langle x,y\rangle = 0$ für alle $x \in \mathcal{U}$ gelten, was wiederum nur für $y = 0$ möglich ist. Damit ist Φ eine nicht-ausgeartete bilineare Funktion und somit ein Skalarprodukt der Vektorräume $\mathcal{U}/\mathcal{W}$ und $\mathcal{W}^\perp$, die Vektorräume $\mathcal{U}/\mathcal{W}$ und $\mathcal{W}^\perp$ sind zueinander dual und haben folglich die gleiche Dimension; mit Rücksicht auf (1.7) erhält man dann

$$\dim\mathcal{U}/\mathcal{W} = \dim\mathcal{U} - \dim\mathcal{W} = \dim\mathcal{W}^\perp\,.$$

Wie jeden Vektorraum $\mathcal{V}$ der Dualraum $\mathcal{V}^*$ der Linearformen auf $\mathcal{V}$ begleitet, gehört zu einer linearen Transformation $\tau : \mathcal{V} \to \mathcal{V}$ eine lineare Transformation $\tau^*{:}\mathcal{V}^* \to \mathcal{V}^*$. Ist $\alpha \in \mathcal{V}^*$ eine beliebige Linearform, so stellt

$$\beta(x) := \alpha(\tau x)\,, \qquad x \in \mathcal{V}\,, \tag{1.22}$$

eine wohlbestimmte Linearform aus dem Dualraum $\mathcal{V}^*$ dar, denn es ist

$$\begin{aligned}\beta(\lambda x+\mu y) &= \alpha\big(\tau(\lambda x+\mu y)\big) = \alpha(\lambda\tau x+\mu\tau y) \\ &= \lambda\alpha(\tau x) + \mu\alpha(\tau y) = \lambda\beta(x) + \mu\beta(y)\,.\end{aligned}$$

Diese Zuordnung $\alpha \to \beta = \tau^*\alpha$ ist eine lineare Transformation $\tau^*{:}\mathcal{V}^* \to \mathcal{V}^*$, es gilt nämlich für zwei beliebige Linearformen α und β

$$\begin{aligned}\tau^*(\lambda\alpha+\mu\beta)(x) &= (\lambda\alpha+\mu\beta)(\tau x) = \lambda\alpha(\tau x) + \mu\beta(\tau x) \\ &= \lambda\tau^*\alpha(x) + \mu\tau^*\beta(x)\end{aligned}$$

für alle $x \in \mathcal{V}$. Die durch die lineare Transformation τ im Dualraum *induzierte* lineare Transformation τ^* wird die *duale* oder *adjungierte* Transformation genannt. In der Notation des Skalarproduktes schreibt sich die Gleichung (1.22) in der Form

$$\langle \tau^*\alpha, x\rangle = \langle \alpha, \tau x\rangle\,, \qquad \alpha \in \mathcal{V}^*,\ x \in \mathcal{V}\,. \tag{1.23}$$

Da das Skalarprodukt nicht-ausgeartet ist, gibt es nur eine lineare Transformation τ^* im Dualraum, die diese Gleichung erfüllt.

Ist $\{t_i^j\}$ die (quadratische) Matrix der Transformation τ bezüglich einer Basis $\mathcal{B}$ in $\mathcal{V}$ (vgl. (1.12) mit $f_j = e_j$), so erhält man für die rechte Seite von (1.23), wenn man für $\alpha = \varepsilon^i$ einen Vektor der dualen Basis $\mathcal{B}^*$ von $\mathcal{V}^*$ und für $x = e_j$ einen Vektor der Basis $\mathcal{B}$ von $\mathcal{V}$ einsetzt,

$$\langle \varepsilon^i, \tau e_j \rangle = \left\langle \varepsilon^i, \sum_{k=1}^{N} t_j^k e_k \right\rangle = \sum_{k=1}^{N} t_j^k \langle \varepsilon^i, e_k \rangle = \sum_{k=1}^{N} t_j^k \delta_k^i = t_j^i \,.$$

Ist $\{(t^*)_i^j\}$ die Matrix der dualen Transformation τ^* bzüglich der zu $\mathcal{B}$ dualen Basis $\mathcal{B}^*$ in $\mathcal{V}^*$,

$$\tau^* \varepsilon^i = \sum_{k=1}^{N} (t^*)_k^i \varepsilon^k \,,$$

so findet man für die linke Seite

$$\langle \tau^* \varepsilon^i, e_j \rangle = \sum_{k=1}^{N} (t^*)_k^i \langle \varepsilon^k, e_j \rangle = \sum_{k=1}^{N} (t^*)_k^i \delta_j^k = (t^*)_j^i \,,$$

d.h. es ist $(t^*)_i^j = t_i^j$.

Geht man von einer Basis $\mathcal{B}$ eines N-dimensionalen Vektorraumes $\mathcal{V}$ zu einer Basis $\bar{\mathcal{B}}$ über, gleichzeitig im Dualraum $\mathcal{V}^*$ von der zu $\mathcal{B}$ dualen Basis $\mathcal{B}^*$ zur dualen Basis $\bar{\mathcal{B}}^*$ von $\mathcal{B}^*$, so wird der Zusammenhang zwischen den alten und den neuen Basisvektoren durch Gleichungen

$$\bar{e}_i = \sum_{j=1}^{N} a_i^j e_j \,, \qquad \bar{\varepsilon}^i = \sum_{j=1}^{N} \breve{a}_j^i \varepsilon^j \tag{1.24}$$

beschrieben, worin $\{a_i^j\}$ und $\{\breve{a}_i^j\}$ reguläre Matrizen sind. Aus den Darstellungen

$$a_i^j = \sum_{k=1}^{N} a_i^k \delta_k^j \,, \qquad \breve{a}_i^j = \sum_{k=1}^{N} \breve{a}_k^j \delta_i^k$$

ergibt sich dabei, wenn man für δ_i^j aus (1.17) einsetzt,

$$a_i^j = \sum_{k=1}^{N} a_i^k \langle \varepsilon^j, e_k \rangle = \left\langle \varepsilon^j, \sum_{k=1}^{N} a_i^k e_k \right\rangle, \quad \breve{a}_i^j = \sum_{k=1}^{N} \breve{a}_k^j \langle \varepsilon^k, e_i \rangle = \left\langle \sum_{k=1}^{N} \breve{a}_k^j \varepsilon^k, e_i \right\rangle$$

und weiter unter Berücksichtigung von (1.24)

$$a_i^j = \langle \varepsilon^j, \bar{e}_i \rangle \,, \qquad \breve{a}_i^j = \langle \bar{\varepsilon}^j, e_i \rangle \,. \tag{1.25}$$

Die beiden Matrizen $\{a_i^j\}$ und $\{\breve{a}_i^j\}$ sind zueinander invers, denn es gilt

$$\sum_{k=1}^{N} a_i^k \breve{a}_k^j = \sum_{k=1}^{N} a_i^k \langle \bar{\varepsilon}^j, e_k \rangle = \left\langle \bar{\varepsilon}^j, \sum_{k=1}^{N} a_i^k e_k \right\rangle = \langle \bar{\varepsilon}^j, \bar{e}_i \rangle = \delta_i^j \,.$$

Vertauscht man in (1.25) die Rollen der Basisvektoren von $\mathcal{B}$ und $\bar{\mathcal{B}}$ bzw. $\mathcal{B}^*$ und $\bar{\mathcal{B}}^*$, so erhält man die Umkehrformeln zu (1.24),

$$e_j = \sum_{i=1}^{N} \breve{a}^i_j \bar{e}_i \,, \qquad \varepsilon^j = \sum_{i=1}^{N} a^j_i \bar{\varepsilon}^i \,. \tag{1.26}$$

Da jeder Vektorraum $\mathcal{V}$ von seinem Dualraum $\mathcal{V}^*$ begleitet wird, ist auch dem Dualraum $\mathcal{V}^*$ ein Dualraum $(\mathcal{V}^*)^* = \mathcal{V}^{**}$ zugeordnet. Die Vektoren von $\mathcal{V}^{**}$ sind die Linearformen auf $\mathcal{V}^*$. Betrachtet man für einen festen Vektor $x \in \mathcal{V}$ die Gesamtheit der Zahlen $\langle \alpha, x \rangle$, wenn α in $\mathcal{V}^*$ variiert, so ist eine — offensichtlich lineare — Zuordnung gegeben, die jeder Linearform $\alpha \in \mathcal{V}^*$ die Zahl $\langle \alpha, x \rangle$ aus dem Grundkörper $\mathbb{K}$ zuweist, d.h. der feste Vektor $x \in \mathcal{V}$ bestimmt eine Linearform f auf $\mathcal{V}^*$, also einen Vektor aus $\mathcal{V}^{**}$. Diese lineare Zuordnung $x \to f$ ist injektiv, da das Skalarprodukt der Vektorräume $\mathcal{V}$ und $\mathcal{V}^*$ nicht-ausgeartet ist; wegen $\dim \mathcal{V} = \dim \mathcal{V}^* = \dim \mathcal{V}^{**}$ ist sie daher ein Isomorphismus. Dieser Isomorphismus der beiden Vektorräume $\mathcal{V}$ und $\mathcal{V}^{**}$ ist keine willkürliche Konstruktion, er ist gewissermaßen auf „natürliche" Weise durch das Skalarprodukt der Vektorräume $\mathcal{V}$ und $\mathcal{V}^*$ gegeben, was Anlaß dafür ist, die beiden Vektorräume $\mathcal{V}$ und $\mathcal{V}^{**}$ zu identifizieren: jeder Vektor aus $\mathcal{V}$ repräsentiert eine Linearform auf $\mathcal{V}^*$. Die durch einen Vektor $x \in \mathcal{V}$ bestimmte Linearform auf $\mathcal{V}^*$ schreibt man in der Form

$$x(\alpha) = \langle x, \alpha \rangle_* = \langle \alpha, x \rangle \,, \tag{1.27}$$

worin $\langle \square,\square \rangle_* : \mathcal{V}^{**} \times \mathcal{V}^* \to \mathbb{K}$ das Skalarprodukt der Vektorräume $\mathcal{V}^*$ und $\mathcal{V}^{**}$ ist.

Wenn im folgenden vom Dualraum eines Vektorraumes $\mathcal{V}$ gesprochen wird, so ist damit stets der Vektorraum $\mathcal{V}^*$ der Linearformen auf $\mathcal{V}$ gemeint. Das Symbol $\langle \square,\square \rangle$ ist dabei dem Skalarprodukt der Vektorräume $\mathcal{V}$ und $\mathcal{V}^*$ vorbehalten, wobei das erste Argument eine Linearform aus $\mathcal{V}^*$, das zweite ein Vektor aus $\mathcal{V}$ ist.

1.5 Determinantenfunktionen

Es seien $\mathcal{V}_1, \mathcal{V}_2, \ldots, \mathcal{V}_n$ und $\mathcal{U}$ endlichdimensionale Vektorräume über einem gemeinsamen Grundkörper $\mathbb{K}$. Eine Abbildung $\alpha : \mathcal{V}_1 \times \cdots \times \mathcal{V}_n \to \mathcal{U}$, die jedem geordneten Vektor-n-tupel $(x_1, x_2, \ldots, x_n)$ mit $x_i \in \mathcal{V}_i$ einen Vektor $\alpha(x_1, x_2, \ldots, x_n) \in \mathcal{U}$ zuordnet, heißt *multilinear*, wenn sie in Bezug auf jedes Argument die Linearitätseigenschaft (1.10) hat, d.h. wenn

$$\alpha(\ldots, \lambda x + \mu y, \ldots) = \lambda \alpha(\ldots, x, \ldots) + \mu \alpha(\ldots, y, \ldots)$$

für jede Stelle der Argumentliste von α gilt. Im Falle $n = 2$ spricht man von einer *bilinearen* Abbildung. Ist $\mathcal{U} = \mathbb{K}$, so heißt α auch eine multilineare Funktion; für $n = 1$ ist α eine Linearform, für $n = 2$ eine Bilinearform.

Von besonderem Interesse sind jene multilinearen Abbildungen, für die $\mathcal{V}_1 = \cdots = \mathcal{V}_n = \mathcal{V}$ ist. Ist dabei $\mathcal{U} = \mathbb{K}$, so spricht man auch von einer *n-linearen Funktion* auf $\mathcal{V}$. Unter diesen nimmt eine gewisse Klasse eine Sonderstellung ein, nämlich die Klasse der alternierenden oder schiefsymmetrischen Funktionen.

Ist $\delta : \mathcal{V}^n \to \mathbb{K}$ eine multilineare Funktion mit der Eigenschaft, daß die Vertauschung zweier Argumente sich nur in einem Vorzeichenwechsel auswirkt,

$$\delta(\ldots, x, \ldots, y, \ldots) = -\delta(\ldots, y, \ldots, x, \ldots), \tag{1.28}$$

so heißt δ *alternierend* oder *schiefsymmetrisch*. Einer Linearform, für die ja die Forderung (1.28) hinfällig ist, wird die Eigenschaft der schiefen Symmetrie per definitionem zugesprochen. Die identisch verschwindende Funktion $\delta = 0$ heißt die *triviale* alternierende Funktion.

Setzt man in (1.28) für $y = x$, so folgt

$$\delta(\ldots, x, \ldots, x, \ldots) = 0. \tag{1.29}$$

Sind demnach zwei Argumente einer alternierenden Funktion identisch, so hat sie den Wert Null. Dieser Sachverhalt ist jedoch nur ein Spezialfall eines allgemeineren Zusammenhangs: *Eine alternierende Funktion hat den Wert Null, wenn ihre Argumentvektoren linear abhängig sind.* Da sich dann einer der Argumentvektoren, z.B. der Vektor x_n, als Linearkombination $x_n = \lambda_1 x_1 + \cdots + \lambda_{n-1} x_{n-1}$ der übrigen darstellen läßt, wird

$$\delta(x_1, \ldots, x_n) = \delta\Big(x_1, \ldots, x_{n-1}, \sum_{i=1}^{n-1} \lambda_i x_i\Big) = \sum_{i=1}^{n-1} \lambda_i \delta(x_1, \ldots, x_{n-1}, x_i) = 0.$$

Da in einem N-dimensionalen Vektorraum $\mathcal{V}$ mehr als N Vektoren stets linear abhängig sind, ist für $n > N$ jede alternierende Funktion $\alpha : \mathcal{V}^n \to \mathbb{K}$ identisch Null.

Bezeichnet π eine beliebige Permutation[7] der natürlichen Zahlen von 1 bis n und ist $\operatorname{sign}(\pi)$ ihr Vorzeichen,[8] so erhält man aus (1.28)

$$\delta\big(x_{\pi(1)}, x_{\pi(2)}, \ldots, x_{\pi(n)}\big) = \operatorname{sign}(\pi)\, \delta(x_1, x_2, \ldots, x_n). \tag{1.30}$$

Stellt man nämlich die Reihenfolge $\pi(1)\pi(2)\ldots\pi(n)$ durch k Vertauschungen aus der Reihenfolge $12\ldots n$ her, so bedingt dies k-mal einen Vorzeichenwechsel, also eine Änderung des Vorzeichens entsprechend $\operatorname{sign}(\pi) = (-1)^k$.

[7] Eine Permutation von n (unterscheidbaren!) Elementen ist eine bijektive Abbildung von $\{1, 2, \ldots, n\}$ in die Menge dieser Elemente (siehe Anhang).

[8] Das Vorzeichen einer Permutation ist $+1$, wenn die Permutation durch eine gerade Anzahl von Vertauschungen aus der „natürlichen" Reihenfolge $12\ldots n$ hervorgeht, und -1, wenn sie durch eine ungerade Anzahl von Vertauschungen entsteht. Diese Vorzeichendefinition ist sinnvoll, weil eine Permutation entweder nur durch eine gerade oder nur durch eine ungerade Anzahl von Vertauschungen aus einer gegebenen Permutation, z.B. der natürlichen Reihenfolge, erzeugt werden kann.

Eine alternierende Funktion $\Delta : \mathcal{V}^N \to \mathbb{K}$ auf dem N-dimensionalen Vektorraum $\mathcal{V}$ heißt eine *Determinantenfunktion.* Ist $\mathcal{B} = \{e_1, \dots, e_N\}$ eine Basis in $\mathcal{V}$, so erhält man für N Vektoren $x_i = \sum_j X_i^j e_j$ auf Grund der Multilinearität zunächst

$$\Delta(x_1, x_2, \dots, x_N) = \sum_{j_1=1}^{N} \sum_{j_2=1}^{N} \cdots \sum_{j_N=1}^{N} X_1^{j_1} X_2^{j_2} \dots X_N^{j_N} \Delta(e_{j_1}, e_{j_2}, \dots, e_{j_N}) .$$

Wegen (1.29) liefert die N-fache Summe rechts nur dann einen Beitrag, wenn keine zwei der N voneinander unabhängig von 1 bis N laufenden Indizes $j_1, \dots, j_N$ übereinstimmen, sodaß ein Summand rechts nur dann von Null verschieden sein kann, wenn die Indizes $j_1, \dots, j_N$ eine Permutation der natürlichen Zahlen $12\dots N$ sind. Infolgedessen ist die N-fache Summe rechts in Wirklichkeit eine Summe über alle Permutationen der natürlichen Zahlen $12\dots N$; berücksichtigt man noch (1.30), so gelangt man zu

$$\Delta(x_1, x_2, \dots, x_N) = \Delta(e_1, e_2, \dots, e_N) \sum_{\pi} \operatorname{sign}(\pi) X_1^{\pi(1)} X_2^{\pi(2)} \dots X_N^{\pi(N)} . \tag{1.31}$$

Aus dieser Darstellung läßt sich der folgende wichtige Schluß ziehen: *Eine nicht-triviale Determinantenfunktion hat genau dann den Wert Null, wenn ihre Argumentvektoren linear abhängig sind.* Daß diese Bedingung hinreichend ist, wurde weiter oben schon nachgewiesen; daß sie auch notwendig ist, zeigt folgende Überlegung. Angenommen, es würde N linear unabhängige Vektoren geben, für die Δ den Wert Null hat. Diese Vektoren können, da sie voraussetzungsgemäß linear unabhängig sind, als Basisvektoren e_i in (1.31) fungieren; unter diesen Umständen wäre aber die rechte Seite von (1.31) gleich Null und folglich $\Delta(x_1, \dots, x_N) = 0$ für jedes Vektorsystem — dann muß aber Δ die triviale Determinantenfunktion sein.

Die Gleichung (1.31) zeigt noch einen weiteren bedeutsamen Sachverhalt auf: *Zwei nicht-triviale Determinantenfunktionen Δ_1 und Δ_2 sind proportional*, d.h. es gibt eine Konstante λ, sodaß

$$\Delta_1 = \lambda \Delta_2$$

gilt. Diese Konstante, die durch den Quotienten

$$\lambda = \frac{\Delta_1(e_1, e_2, \dots, e_N)}{\Delta_2(e_1, e_2, \dots, e_N)}$$

gegeben ist, hängt nur scheinbar von den Basisvektoren des Vektorraumes ab, denn eine Determinantenfunktion ist eindeutig bestimmt, wenn man ihren Wert auf einer Basis vorgibt. Aus diesem Grund ist auch der Quotient

$$\frac{\Delta(x_1, x_2, \dots, x_N)}{\Delta(e_1, e_2, \dots, e_N)} = \sum_{\pi} \operatorname{sign}(\pi) X_1^{\pi(1)} X_2^{\pi(2)} \dots X_N^{\pi(N)}$$

nur von den Argumentvektoren x_i abhängig; üblicherweise wird er mit dem

Determinantensymbol

$$\begin{vmatrix} X_1^1 & X_2^1 & \dots & X_N^1 \\ X_1^2 & X_2^2 & \dots & X_N^2 \\ \vdots & \vdots & \ddots & \vdots \\ X_1^N & X_2^N & \dots & X_N^N \end{vmatrix} := \sum_\pi \operatorname{sign}(\pi)\, X_1^{\pi(1)} X_2^{\pi(2)} \dots X_N^{\pi(N)}$$

belegt.

Eine Rechnung, die der Ableitung von (1.31) völlig analog ist, ergibt für eine alternierende Funktion $\delta : \mathcal{V}^n \to \mathbb{K}$ mit $n < \dim \mathcal{V}$

$$\delta(x_1, x_2, \dots, x_n) = \sum_{j_1 < \dots < j_n} \begin{vmatrix} X_1^{j_1} & X_2^{j_1} & \dots & X_n^{j_1} \\ X_1^{j_2} & X_2^{j_2} & \dots & X_n^{j_2} \\ \vdots & \vdots & \ddots & \vdots \\ X_1^{j_n} & X_2^{j_n} & \dots & X_n^{j_n} \end{vmatrix} \delta(e_{j_1}, e_{j_2}, \dots, e_{j_n}), \tag{1.32}$$

worin die Summe über alle *Kombinationen* $1 \leq j_1 < \dots < j_n \leq N$ der Summations-Indizes $j_1, \dots, j_n$ zu erstrecken ist. Die Anzahl der Summanden in (1.32) ist deshalb der Binomialkoeffizient $\binom{N}{n}$. —

Sei Δ eine nicht-triviale Determinantenfunktion in $\mathcal{V}$ und $\tau : \mathcal{V} \to \mathcal{V}$ eine lineare Transformation. Dann ist mit Δ auch die Summe

$$\Delta^\tau(x_1, \dots, x_N) := \sum_{i=1}^N \Delta(x_1, \dots, \tau x_i, \dots, x_N)$$

eine Determinantenfunktion auf $\mathcal{V}$. Da zwei Determinantenfunktionen proportional sind, gibt es eine Zahl λ mit der Eigenschaft $\Delta^\tau = \lambda\Delta$; dieser Proportionalitätsfaktor ist nur von der linearen Transformation τ abhängig und wird die *Spur* von τ genannt, symbolisch $\operatorname{spur}\tau$. Somit ist

$$\sum_{i=1}^N \Delta(x_1, \dots, \tau x_i, \dots, x_N) = \operatorname{spur}\tau\, \Delta(x_1, x_2, \dots, x_N). \tag{1.33}$$

Man sagt, die Spur einer linearen Transformation ist eine *Invariante*, und bringt damit zum Ausdruck, daß die Spur allein von der linearen Transformation abhängt und nicht etwa von einer Basis, die dem Vektorraum zugrundegelegt ist.

Sind σ und τ zwei beliebige lineare Transformationen, so gilt

$$\operatorname{spur}(\lambda\sigma + \mu\tau) = \lambda \operatorname{spur}\sigma + \mu \operatorname{spur}\tau, \tag{1.34}$$

wie aus (1.33) unter Berücksichtigung der Multilinearität einer Determinantenfunktion abgeleitet werden kann.

Eine lineare Transformation $\tau : \mathcal{V} \to \mathcal{V}$ definiert eine zweite Determinantenfunktion,

$$\Delta_\tau(x_1, x_2, \dots, x_N) := \Delta(\tau x_1, \tau x_2, \dots, \tau x_N).$$

Auch die beiden Determinantenfunktionen Δ und Δ_τ sind proportional, der Proportionalitätsfaktor ist wieder nur von der linearen Transformation τ abhängig und wird die *Determinante* von τ genannt, symbolisch $\det \tau$. Es gilt also

$$\Delta_\tau(x_1, x_2, \dots, x_N) = \det \tau\, \Delta(x_1, x_2, \dots, x_N)$$

beziehungsweise

$$\Delta(\tau x_1, \tau x_2, \dots, \tau x_N) = \det \tau\, \Delta(x_1, x_2, \dots, x_N)\,. \tag{1.35}$$

Wie die Spur ist auch die Determinante einer linearen Transformation eine Invariante. Sind σ und τ zwei beliebige lineare Transformationen von $\mathcal{V}$, so ergibt sich aus

$$\begin{aligned}\Delta(\sigma\tau x_1, \sigma\tau x_2, \dots, \sigma\tau x_N) &= \det \sigma\, \Delta(\tau x_1, \tau x_2, \dots, \tau x_N)\\ &= \det \sigma\, \det \tau\, \Delta(x_1, x_2, \dots, x_N)\\ &= \det(\sigma\tau)\Delta(x_1, x_2, \dots, x_N)\end{aligned}$$

der *Multiplikationssatz* für Determinanten,

$$\det(\sigma\tau) = \det \sigma\, \det \tau\,. \tag{1.36}$$

Ist $\{t_i^j\}$ die Matrix der linearen Transformation τ bezüglich einer Basis $\mathcal{B} = \{e_1, \dots, e_N\}$, so erhält man, wenn in (1.33) die Vektoren dieser Basis als Argumente eingesetzt werden,

$$\begin{aligned}\sum_{i=1}^{N} \Delta(e_1, \dots, \tau e_i, \dots e_N) &= \sum_{i=1}^{N}\sum_{j=1}^{N} t_i^j \Delta(e_1, \dots, e_j, \dots, e_N)\\ &= \sum_{i=1}^{N} t_i^i\, \Delta(e_1, e_2, \dots, e_N)\,,\end{aligned}$$

da die Doppelsumme wegen (1.29) nur für $i = j$ einen Beitrag liefert. Infolgedessen ist

$$\operatorname{spur} \tau = \sum_{i=1}^{N} t_i^i\,, \tag{1.37}$$

d.h. die Spur einer linearen Transformation ist die Summe der Hauptdiagonalelemente der Matrix der linearen Transformation τ bezüglich einer *beliebigen* Basis — bei einem Wechsel der Basis ändert sich wohl die Matrix der linearen Transformation τ, nicht aber die Summe der Hauptdiagonalelemente. Darin kommt wieder zum Ausdruck, daß die Spur einer linearen Transformation eine Invariante ist.

Ähnlich verhält es sich mit der Determinante einer linearen Transformation. Eine den obigen Betrachtungen analoge Rechnung führt zu

$$\det \tau = \det\{t_i^j\} = \begin{vmatrix} t_1^1 & t_2^1 & \dots & t_N^1 \\ t_1^2 & t_2^2 & \dots & t_N^2 \\ \vdots & \vdots & \ddots & \vdots \\ t_1^N & t_2^N & \dots & t_N^N \end{vmatrix}\,. \tag{1.38}$$

Somit ist die Determinante einer linearen Transformation gleich der Determinante ihrer Matrix bezüglich irgendeiner Basis, im Einklang damit, daß diese ihren Wert bei einem Basiswechsel nicht ändert.

Die Gleichung (1.35) lehrt, daß eine lineare Transformation genau dann bijektiv ist, wenn $\det \tau \neq 0$ gilt. Da die Elemente der Matrix der identischen Transformation $\imath = \tau^{-1}\tau$ auf $\mathcal{V}$ — und zwar bezüglich jeder Basis — die Zahlen δ_i^j in (1.17) sind, ist $\det \imath = \det\{\delta_i^j\} = 1$ und deshalb $1 = \det \tau \det \tau^{-1}$ auf Grund des Multiplikationssatzes (1.36), also

$$\det \tau^{-1} = \frac{1}{\det \tau}\,.$$

1.6 Orientierte Vektorräume

Eine dem Leser aus der ebenen und räumlichen analytischen Geometrie her vertraute Begriffsbildung ist das „positiv orientierte" kartesische Koordinatensystem. Einem zweidimensionalen Raum liegt ein positiv orientiertes kartesisches Koordinatensystem zugrunde, wenn der erste Maßvektor durch eine Drehung entgegen dem Uhrzeigersinn in den zweiten übergeführt werden kann. Den Drehsinn entgegen der Uhrzeigerdrehung bezeichnet man dabei als „positiv". Im dreidimensionalen Raum spricht man von einem positiv orientierten kartesischen Koordinatensystem, wenn die drei Maßvektoren in der Reihenfolge, in der sie numeriert sind, ein sogenanntes „Rechtssystem" bilden. Damit ist gemeint, daß eine Drehung des ersten Maßvektors in den zweiten, und zwar um den kleineren Winkel, den die beiden Vektoren miteinander einschließen, zusammen mit einer Fortbewegung in Richtung des dritten Maßvektors eine Rechtsschraubung ergibt. Ebenso wie der Drehsinn in der Ebene ist diese Forderung willkürlich aus den beiden bestehenden Möglichkeiten — Rechtsschraubung und Linksschraubung — herausgegriffen. Um orientierte Koordinatensysteme in affinen und allgemeineren Räumen einführen zu können, muß der Begriff der „Orientierung" eines Vektorraumes sowie der daraus abgeleitete Begriff der „orientierten Basis" zur Verfügung stehen. Allerdings kommen für eine Orientierung nur solche Vektorräume in Betracht, deren Grundkörper $\mathbb{K}$ „angeordnet", d.h. mit einer Ordnungsstruktur $\leq$ versehen ist. Da der Körper $\mathbb{R}$ der reellen Zahlen eine solche besitzt, sollen der Einfachheit halber die folgenden Betrachtungen auf reelle Vektorräume beschränkt bleiben.

Auf Grund des Umstandes, daß sich zwei nicht-triviale Determinantenfunktionen auf einem reellen Vektorraum $\mathcal{V}$ um einen von Null verschiedenen Faktor unterscheiden, können die Determinantenfunktionen auf $\mathcal{V}$ in zwei Klassen eingeteilt werden. Nennt man zwei Determinantenfunktionen Δ_1 und Δ_2 äquivalent, wenn ihr Proportionalitätsfaktor positiv ist,

$$\Delta_1 \equiv \Delta_2 \iff \Delta_1 = \lambda\Delta_2\,,\ \lambda > 0\,,$$

so ist eine Äquivalenzrelation gegeben, welche die nicht-trivialen Determinantenfunktionen auf $\mathcal{V}$ in zwei Äquivalenzklassen $[\Delta]_0$ und $[\Delta]_1$ einteilt. Man sagt, jede dieser beiden Äquivalenzklassen repräsentiert eine *Orientierung* des Vektorraumes $\mathcal{V}$. Indem man eine Orientierung von $\mathcal{V}$ durch Auswahl einer dieser beiden Äquivalenzklassen festlegt, greift man in entsprechenden Zusammenhängen stets auf Determinantenfunktionen der die Orientierung repräsentierenden Klasse zurück.

Ist eine Orientierung von $\mathcal{V}$ gewählt, so lassen sich jetzt auch die Basen von $\mathcal{V}$ in zwei Klassen einteilen. Zwei beliebige Basen $\mathcal{B}'$ und $\mathcal{B}''$, deren Vektoren durch Gleichungen

$$e_i'' = \sum_{j=1}^{N} a_i^j e_j'$$

miteinander verknüpft sind, bestimmen eine bijektive lineare Transformation $\tau : \mathcal{V} \to \mathcal{V}$, durch welchen die Basisvektoren e_i' von $\mathcal{B}'$ in die Vektoren $e_i'' = \tau e_i'$ der Basis $\mathcal{B}''$ übergeführt werden; die Matrix der Transformation τ ist die Transformationsmatrix $\{a_i^j\}$. Daher ist nach (1.35) und (1.38)

$$\Delta(e_1'', \dots, e_N'') = \det\{a_i^j\}\, \Delta(e_1', \dots, e_N')$$

für jede Determinantenfunktion Δ. Man nennt jetzt zwei Basen $\mathcal{B}'$ und $\mathcal{B}''$ äquivalent, wenn die Determinante ihrer Transformationsmatrix $\{a_i^j\}$ positiv ist,

$$\mathcal{B}' \equiv \mathcal{B}'' \iff \det\{a_i^j\} > 0\,.$$

Durch diese Äquivalenzrelation wird die Gesamtheit aller Basen von $\mathcal{V}$ in zwei Klassen $[\mathcal{B}]_+$ und $[\mathcal{B}]_-$ eingeteilt, wobei — für eine feste Determinantenfunktion Δ — das Vorzeichen von $\Delta(e_1, \dots, e_N)$ für alle Basen aus jeweils einer der beiden Klassen stets dasselbe ist. Ist Δ eine orientierungsgerechte Determinantenfunktion, so sei $\Delta(e_1, \dots, e_N) > 0$ für die Basen in $[\mathcal{B}]_+$ und $\Delta(e_1, \dots, e_N) < 0$ für die Basen in $[\mathcal{B}]_-$ vereinbart. Die Auswahl einer der beiden Äquivalenzklassen stellt eine *Orientierung* der Basen in $\mathcal{V}$ dar; man nennt die Basen in $[\mathcal{B}]_+$ *positiv orientiert*, die Basen in $[\mathcal{B}]_-$ *negativ orientiert*.

Eine Orientierung des Vektorraumes $\mathcal{V}$ und seiner Basen ist insofern unvollständig, als der mit $\mathcal{V}$ innig zusammenhängende Dualraum $\mathcal{V}^*$ davon nicht betroffen wird. Es liegt deshalb nahe, mit $\mathcal{V}$ auch den Dualraum $\mathcal{V}^*$ zu orientieren, wofür der Begriff der dualen Determinantenfunktion benötigt wird.

Die Abbildung $\delta : \mathcal{V}^{*N} \times \mathcal{V}^N \to \mathbb{R}$,

$$\delta(\alpha^1, \dots, \alpha^N, x_1, \dots, x_N) = \begin{vmatrix} \langle \alpha^1, x_1 \rangle & \langle \alpha^1, x_2 \rangle & \dots & \langle \alpha^1, x_N \rangle \\ \langle \alpha^2, x_1 \rangle & \langle \alpha^2, x_2 \rangle & \dots & \langle \alpha^2, x_N \rangle \\ \vdots & \vdots & \ddots & \vdots \\ \langle \alpha^N, x_1 \rangle & \langle \alpha^N, x_2 \rangle & \dots & \langle \alpha^N, x_N \rangle \end{vmatrix}, \tag{1.39}$$

ist auf Grund der wohlbekannten Determinanteneigenschaften multilinear, schiefsymmetrisch in den ersten N Argumenten α^i und ebenso in den zweiten N Argumenten x_i. Daher ist δ für jedes System von Linearformen α^i eine Determinantenfunktion auf $\mathcal{V}$. Wenn dann Δ eine beliebige Determinantenfunktion auf $\mathcal{V}$ ist, so gibt es eine nur von den Linearformen α^i abhängige Zahl μ, sodaß $\delta = \mu\Delta$ ist. Da aber δ für jedes Vektorsystem x_i auch eine Determinantenfunktion auf $\mathcal{V}^*$ ist, muß μ als Funktion der Linearformen α^i selbst eine Determinantenfunktion auf $\mathcal{V}^*$ sein. Ist demnach Δ^* eine beliebige Determinantenfunktion auf $\mathcal{V}^*$, so ist $\mu = \lambda\Delta^*$ mit einer gewissen Zahl λ und somit

$$\delta(\alpha^1, \dots, \alpha^N, x_1, \dots, x_N) = \lambda\Delta^*(\alpha^1, \dots, \alpha^N)\Delta(x_1, \dots, x_N) .$$

Man nennt zwei Determinantenfunktionen Δ^* und Δ *dual*, wenn ihr Produkt der Gleichung

$$\Delta^*(\alpha^1, \dots, \alpha^N)\Delta(x_1, \dots, x_N) = \det\{\langle\alpha^i, x_j\rangle\} \tag{1.40}$$

genügt, worin die rechte Seite die Determinante in (1.39) ist. Die zu einer Determinantenfunktion Δ auf $\mathcal{V}$ duale Determinantenfunktion Δ^* auf $\mathcal{V}^*$ ist daher durch Δ eindeutig bestimmt; sind nämlich $x_1, \dots, x_N$ beliebige linear unabhängige Vektoren in $\mathcal{V}$, so ist für

$$\Delta^*(\alpha^1, \dots, \alpha^N) = \frac{1}{\Delta(x_1, \dots, x_N)} \det\{\langle\alpha^i, x_j\rangle\}$$

zu setzen. Teilt man jetzt die Determinatenfunktionen auf $\mathcal{V}$ in zwei Äquivalenzklassen $[\Delta]_0$ und $[\Delta]_1$ ein, ebenso die Determinantenfunktionen auf $\mathcal{V}^*$ in zwei Klassen $[\Delta^*]_0$ und $[\Delta^*]_1$, so bewirkt die Orientierung von $\mathcal{V}$ automatisch die Auswahl einer der beiden Äquivalenzklassen für $\mathcal{V}^*$, wenn man Begriff der dualen Determinantenfunktion heranzieht. Sind nämlich Δ_1 und Δ_2 zwei äquivalente Determinantenfunktionen auf $\mathcal{V}$, so liegen auch die eindeutig bestimmten dualen Determinantenfunktionen Δ_1^* und Δ_2^* in ein und derselben Äquivalenzklasse, einerseits wegen $\Delta_2 = \lambda\Delta_1$, worin $\lambda > 0$ ist, andererseits wegen

$$\begin{aligned} \det\{\langle\alpha^i, e_j\rangle\} &= \Delta_1^*(\alpha^1, \dots, \alpha^N)\Delta_1(x_1, \dots, x_N) \\ &= \Delta_2^*(\alpha^1, \dots, \alpha^n)\Delta_2(x_1, \dots, x_N) \\ &= \lambda\Delta_2^*(\alpha^1, \dots, \alpha^N)\Delta_1(x_1, \dots, x_N) , \end{aligned}$$

denn aus der letzten dieser Gleichungen folgt in Verbindung mit der ersten

$$\Delta_1^* = \lambda\Delta_2^* .$$

Dies bedeutet, daß eine Orientierung von $\mathcal{V}$ automatisch eine Orientierung von $\mathcal{V}^*$ induziert.

Ist eine Orientierung für $\mathcal{V}$ und damit auch für $\mathcal{V}^*$ gewählt, so legt eine Orientierung der Basen in $\mathcal{V}$ auch eine Orientierung der jeweils dualen Basen in $\mathcal{V}^*$ fest. Ist z.B. $\mathcal{B} \in [\mathcal{B}]_+$ eine Basis für $\mathcal{V}$, so liegt die eindeutig bestimmte duale Basis $\mathcal{B}^*$ auch in der Äquivalenzklasse $[\mathcal{B}^*]_+$, denn wegen

$$\Delta^*(\varepsilon^1, \dots, \varepsilon^N)\Delta(e_1, \dots, e_N) = \det\{\langle\varepsilon^i, e_j\rangle\} = \det\{\delta^i_j\} = 1$$

(vgl. (1.17)) ist mit $\Delta(e_1,\ldots,e_N) > 0$ auch

$$\Delta^*(\varepsilon^1,\ldots,\varepsilon^N) > 0$$

und somit $\mathcal{B}^* \in [\mathcal{B}^*]_+$.

Eine Orientierung des Vektorraumes $\mathcal{V}$ induziert also eine Orientierung des Dualraumes $\mathcal{V}^*$, eine Orientierung der Basen in $\mathcal{V}$ legt eine Orientierung der jeweiligen dualen Basen in $\mathcal{V}^*$ fest. Wenn eine Orientierung für einen Vektorraum benötigt wird und im Zusammenhang damit von einer Determinantenfunktion die Rede ist, so ist stillschweigend immer eine orientierungsgerechte gemeint; was die Basen anlangt, so wird stets auf gleichartig orientierte zurückgegriffen. Solche sind daran zu erkennen, daß die Determinante ihrer Transformationsmatrix positiv ist. Eine die Orientierung des Vektorraumes repräsentierende Determinantenfunktion ist für die Vektoren einer positiv bzw. negativ orientierten Basis nur positiver bzw. negativer Werte fähig.

1.7 Euklidische Vektorräume

Ein Fundament der analytischen Geometrie ist die Längen- und Winkelmessung. Beiden Maßen, jenem für die Länge eines Vektors und jenem für den Winkel, den zwei Vektoren miteinander einschließen, liegt das *innere Produkt* zugrunde. Um Längen und Winkel in Punkträumen messen zu können, müssen — in gewissem Sinn „begleitende" — Vektorräume mit der Struktur eines inneren Produktes ausgestattet sein. Da dies zur Voraussetzung hat, daß der Grundkörper mit einer Ordnungsrelation versehen ist, sollen im folgenden nur reelle Vektorräume in Betracht gezogen werden.

Sei also $\mathcal{V}$ ein endlichdimensionaler reeller Vektorraum. Eine bilineare Funktion $\varphi : \mathcal{V} \times \mathcal{V} \to \mathbb{R}$ heißt *symmetrisch*, wenn

$$\varphi(x,y) = \varphi(y,x)$$

für alle x, $y \in \mathcal{V}$ gilt; man spricht auch von einer *symmetrischen Bilinearform* auf $\mathcal{V}$. Jeder symmetrischen Bilinearform φ ist der Teilraum

$$\mathcal{A} := \{\, x \mid x \in \mathcal{V},\ \forall y \in \mathcal{V} \ \Rightarrow\ \varphi(x,y) = 0 \,\}$$

zugeordnet. Als Teilmenge von $\mathcal{V}$ ist $\mathcal{A} \neq \emptyset$, denn $\mathcal{A}$ enthält den Nullvektor o. Sind x, $y \in \mathcal{A}$, $z \in \mathcal{V}$ beliebige Vektoren, so gilt $\varphi(x,z) = 0$, $\varphi(y,z) = 0$ und folglich $\varphi(\lambda x + \mu y, z) = \lambda\varphi(x,z) + \mu\varphi(y,z) = 0$ für jeden Vektor $z \in \mathcal{V}$; also ist auch $\lambda x + \mu y \in \mathcal{A}$ und daher $\mathcal{A}$ ein Teilraum von $\mathcal{V}$. Der Teilraum $\mathcal{A}$ heißt *Ausartungsraum* der Bilinearform φ. Im Falle $\mathcal{A} = \mathcal{V}$ ist die Bilinearform φ auf $\mathcal{V}$ identisch Null — schließt man diesen trivialen Fall aus, so ist $\mathcal{A}$ ein echter Teilraum von $\mathcal{V}$. Enthält $\mathcal{A}$ einen linear unabhängigen Vektor, d.h. ist $\dim \mathcal{A} > 0$, so heißt die Bilinearform φ *ausgeartet*, für $\mathcal{A} = \{o\}$ nennt man die Bilinearform φ *nicht-ausgeartet*. Eine nicht-ausgeartete symmetrische Bilinearform φ wird ein ***inneres Produkt*** in $\mathcal{V}$ genannt, symbolisch

$$(x,y) := \varphi(x,y)\,.$$

Es kann die Gleichung $(x,y)=0$ für alle $y\in\mathcal{V}$ nur bestehen, wenn $x=o$ ist.

Durch ein inneres Produkt wird in $\mathcal{V}$ eine quadratische Funktion

$$\psi(x) := (x,x)$$

definiert. Die Funktion ψ heißt ***definit***, wenn sie für $x \neq o$ von Null verschieden ist und stets dasselbe Vorzeichen hat; ist dieses gleich $+1$, so nennt man ψ ***positiv definit***, ist es -1, so heißt ψ ***negativ definit***. In Abschwächung der Definitheit nennt man ψ positiv (bzw. negativ) ***semidefinit***, wenn $\psi(x) \geq 0$ (bzw. $\psi(x) \leq 0$) ist. Nimmt die Funktion ψ beide Vorzeichen an, so nennt man ψ ***indefinit***. Sinngemäß ist diese Klassifizierung bei einer Einschränkung von ψ bzw. φ auf einen Teilraum $\mathcal{U} \subseteq \mathcal{V}$ vorzunehmen.

Ein Vektorraum mit positiv definitem inneren Produkt wird ein ***euklidischer Vektorraum*** genannt,[9] ein Vektorraum mit indefinitem inneren Produkt heißt ein ***pseudo-euklidischer Vektorraum***. Mit dem Symbol $\mathcal{E}$ soll künftig darauf hingewiesen werden, daß der in Betracht stehende Vektorraum euklidisch oder pseudo-euklidisch ist. Sofern nicht die Besonderheiten pseudo-euklidischer Vektorräume Gegenstand der Untersuchungen sind, sondern der Vektorraum mit der Struktur des inneren Produktes im Vordergrund steht, soll kurz von einem euklidischen Vektorraum die Rede sein.

Ist die quadratische Form ψ auf einem Teilraum $\mathcal{U}$ des euklidischen Vektorraumes $\mathcal{E}$ semidefinit, so gilt auf $\mathcal{U}$ die sogenannte ***Schwarzsche Ungleichung***

$$(x,y)^2 \leq \psi(x)\psi(y)\,, \qquad x,y \in \mathcal{U}\,. \tag{1.41}$$

Ist z.B. ψ auf $\mathcal{U} \subseteq \mathcal{E}$ positiv semidefinit, so gilt für jedes Paar von Vektoren $x,\ y \in \mathcal{U}$

$$\psi(x+\lambda y) = \varphi(x+\lambda y, x+\lambda y) = \psi(x) + 2\lambda(x,y) + \lambda^2\psi(y) \geq 0$$

für alle Zahlen $\lambda \in \mathbb{R}$. Die Diskriminante des rechterhand stehenden quadratischen Polynoms in λ kann folglich nicht positiv sein. Der Unterschied zwischen definitem und semidefinitem Fall besteht allein darin, daß im definiten Fall das Gleichheitszeichen in (1.41) genau dann eintritt, wenn die Vektoren x und y linear abhängig sind, was im semidefiniten Fall nicht zuzutreffen braucht.

Ist die quadratische Form ψ indefinit, so gilt die Schwarzsche Ungleichung (1.41) offensichtlich nicht mehr. —

---

[9] Ist $\varphi(x,y)$ eine nicht-ausgeartete symmetrische bilineare Funktion und die quadratische Funktion $\psi(x) = \varphi(x,x)$ negativ definit, so ist $-\varphi$ eine gleichfalls symmetrische und nicht-ausgeartete Bilinearform, deren zugeordnete quadratische Funktion jetzt positiv definit ist. Ein inneres Produkt, für das ψ negativ definit ist, kann daher durch bloße Vorzeichenänderung in ein solches mit positiv definiter quadratischer Funktion ψ verwandelt werden.

Ein euklidischer Vektorraum $\mathcal{E}$ ist auf „natürliche“ Weise zu seinem Dualraum $\mathcal{E}^*$ isomorph. Ist $a \in \mathcal{E}$ ein fester Vektor, so ist auf Grund der Bilinearität des inneren Produktes die Funktion

$$\alpha(x) := (a, x) \tag{1.42}$$

eine Linearform auf $\mathcal{E}$ und damit ein Vektor aus $\mathcal{E}^*$. Damit ist eine Abbildung $\iota : \mathcal{E} \to \mathcal{E}^*$ definiert, die dem Vektor $a \in \mathcal{E}$ die Linearform $\alpha = \iota a \in \mathcal{E}^*$ zuordnet. Diese Abildung ist offensichtlich linear, denn sind $a, b \in \mathcal{E}$, so gilt für beliebige Zahlen λ, $\mu \in \mathbb{R}$

$$\iota(\lambda a + \mu b)(x) = (\lambda a + \mu b, x) = \lambda(a, x) + \mu(b, x) = \lambda\, \iota a(x) + \mu\, \iota b(x)\,.$$

Die Abbildung ι ist ferner injektiv, denn wäre $\iota a = o$, aber $a \neq o$, so würde dies wegen

$$(a, x) = \iota a(x) = o(x) = 0$$

einen Widerspruch zur Voraussetzung ergeben, daß ein inneres Produkt nicht-ausgeartet ist. Da die Vektorräume $\mathcal{E}$ und $\mathcal{E}^*$ gleiche Dimension haben, ist ι auf Grund der Dimensionsbeziehung (1.11) auch surjektiv und damit als bijektive lineare Abbildung ein Isomorphismus. Den Zusammenhang des inneren Produktes in $\mathcal{E}$ mit dem Skalarprodukt der Vektorräume $\mathcal{E}$ und $\mathcal{E}^*$ stellt die Gleichung

$$\langle \iota a, x \rangle = (a, x) \tag{1.43}$$

her. Dieser natürliche Isomorphismus ι der Vektorräume $\mathcal{E}$ und $\mathcal{E}^*$ wird noch eine wichtige Rolle spielen.

Das innere Produkt $(\square,\square)$ in $\mathcal{E}$ induziert ein inneres Produkt $(\square,\square)_*$ im Dualraum $\mathcal{E}^*$,

$$(\alpha, \beta)_* := (\iota^{-1}\alpha, \iota^{-1}\beta)\,. \tag{1.44}$$

Die zugeordnete quadratische Funktion ψ^* hat deshalb dieselben Merkmale wie die quadratische Funktion ψ. Daher sind die Vektorräume $\mathcal{E}$ und $\mathcal{E}^*$ entweder beide euklidisch oder beide pseudo-euklidisch.

Eine lineare Transformation τ eines Vektorraumes wird stets von der dualen Transformation τ^* des Dualraumes begleitet. Handelt es sich dabei um einen euklidischen Vektorraum $\mathcal{E}$, so ergibt die linke Seite von (1.23) für $\alpha = \iota y$ wegen (1.43)

$$\langle \tau^* \iota y, x \rangle = (\iota^{-1} \tau^* \iota y, x)\,,$$

die rechte Seite ist das innere Produkt der Vektoren y und τx. Folglich kann in euklidischen Vektorräumen die Gleichung (1.23) mit Hilfe des natürlichen Isomorphismus ι der dualen Vektorräume $\mathcal{E}$ und $\mathcal{E}^*$ in der Form

$$(\iota^{-1} \tau^* \iota y, x) = (y, \tau x)$$

geschrieben werden. Das Zustandekommen der linearen Transformation $\iota^{-1}\tau^*\iota$ veranschaulicht das nachfolgende Diagramm.

$$\begin{array}{ccc} \mathcal{V} & \xrightarrow{\tau} & \mathcal{V} \\ {\scriptstyle \iota}\big\downarrow & & \big\uparrow{\scriptstyle \iota^{-1}} \\ \mathcal{V}^* & \xrightarrow{\tau^*} & \mathcal{V}^* \end{array}$$

Eine lineare Transformation $\tau:\mathcal{E} \to \mathcal{E}$ heißt *zu sich selbst dual* oder *selbstadjungiert*, wenn

$$\iota^{-1}\tau^*\iota = \tau$$

gilt und folglich die Gleichung

$$(\tau y, x) = (y, \tau x) \tag{1.45}$$

für alle Vektoren x, $y \in \mathcal{E}$ gültig ist. Man nennt dann das obige Diagramm *kommutativ*. —

Zwei Vektoren x, $y \in \mathcal{E}$ werden *orthogonal* genannt, wenn ihr inneres Produkt verschwindet,

$$(x, y) = 0\,.$$

Ist $\mathcal{U} \subseteq \mathcal{E}$ ein Teilraum von $\mathcal{E}$, so stellt $\mathcal{U}^\perp \subseteq \mathcal{E}$ jenen Teilraum von $\mathcal{E}$ dar, dessen Vektoren allesamt orthogonal zu allen Vektoren aus $\mathcal{U}$ sind,

$$\mathcal{U}^\perp := \{\, x \mid x \in \mathcal{E},\ \forall y \in \mathcal{U} \ \Rightarrow\ (x,y) = 0 \,\}\,.$$

Der Teilraum $\mathcal{U}^\perp$ heißt *orthogonales Komplement* von $\mathcal{U}$ in $\mathcal{E}$. Es gilt i.a. nur

$$\mathcal{U} + \mathcal{U}^\perp \subseteq \mathcal{E}\,, \tag{1.46}$$

und zwar ist die Summe $\mathcal{U} + \mathcal{U}^\perp$ genau dann ein echter Teilraum von $\mathcal{E}$, wenn der Teilraum $\mathcal{U} \cap \mathcal{U}^\perp$ keinen linear unabhängigen Vektor enthält und somit der triviale Teilraum $\{o\}$ ist. Es ist nämlich einerseits nach (1.6)

$$\dim(\mathcal{U} + \mathcal{U}^\perp) + \dim \mathcal{U} \cap \mathcal{U}^\perp = \dim \mathcal{U} + \dim \mathcal{U}^\perp\,,$$

andererseits nach (1.7)

$$\dim \mathcal{U}^\perp = \dim \mathcal{E} - \dim \mathcal{U}\,,$$

denn die Abbildung $\Phi : \mathcal{E}/\mathcal{U} \times \mathcal{U}^\perp \to \mathbb{R}$,

$$\Phi\big([x], y\big) := (x, y)\,,$$

ist ein Skalarprodukt der Vektorräume $\mathcal{E}/\mathcal{U}$ und $\mathcal{U}^\perp$. Der Beweis für diese Behauptung darf dem Leser überlassen werden — er ist analog der Beweisführung für die Gleichung (1.21) in §4 zu erbringen. Also ist

$$\dim(\mathcal{U} + \mathcal{U}^\perp) + \dim \mathcal{U} \cap \mathcal{U}^\perp = \dim \mathcal{E}$$

und somit

$$\mathcal{U} \oplus \mathcal{U}^\perp = \mathcal{E} \iff \mathcal{U} \cap \mathcal{U}^\perp = \{o\}\,.$$

Ist $x \in \mathcal{U} \cap \mathcal{U}^\perp$, so ist x als Vektor des Teilraumes $\mathcal{U}^\perp$ orthogonal zu allen Vektoren in $\mathcal{U}$, und deshalb, da x ja auch in $\mathcal{U}$ enthalten ist, orthogonal zu sich selbst, d.h. es ist $\psi(x) = 0$. Ist $\mathcal{E}$ ein euklidischer Vektorraum im eigentlichen Sinn, so kommt aber als Lösung der Gleichung $\psi(x) = 0$ wegen der Definitheit von ψ nur $x = o$ in Frage. Ist daher $\mathcal{U}$ ein beliebiger Teilraum eines im eigentlichen Sinn euklidischen Vektorraumes $\mathcal{E}$, so ist stets

$$\mathcal{U} \oplus \mathcal{U}^\perp = \mathcal{E}\,. \tag{1.47}$$

Der Teilraum $\mathcal{U}$ ist, da auch die Einschränkung von ψ auf $\mathcal{U}$ definit ist, selbst wieder ein euklidischer Vektorraum. Für einen pseudo-euklidischen Vektorraum gilt dies uneingeschränkt nicht mehr. Ein Unterraum eines pseudo-euklidischen Vektorraumes ist genau dann euklidisch oder pseudo-euklidisch, wenn die Einschränkung der Bilinearform φ, die in $\mathcal{E}$ ein inneres Produkt ist, auf dem Teilraum $\mathcal{U}$ nicht ausgeartet ist. Sinngemäß versteht man unter dem Ausartungsraum der Einschränkung von φ auf den Teilraum $\mathcal{U}$ den Unterraum

$$\mathcal{A}_{\mathcal{U}} = \{ x \mid x \in \mathcal{U},\ \forall y \in \mathcal{U} \ \Rightarrow\ \varphi(x,y) = 0 \}.$$

Ist also $x \in \mathcal{A}_{\mathcal{U}}$, so liegt x einerseits in $\mathcal{U}$, andererseits im orthogonalen Komplement $\mathcal{U}^{\perp}$, und deshalb ist $\mathcal{A}_{\mathcal{U}} \subseteq \mathcal{U} \cap \mathcal{U}^{\perp}$. Umgekehrt ist ein Vektor in $\mathcal{U} \cap \mathcal{U}^{\perp}$ zu allen Vektoren in $\mathcal{U}$ orthogonal und folglich, da er auch in $\mathcal{U}$ enthalten ist, ein Vektor des Ausartungsraumes, sodaß $\mathcal{U} \cap \mathcal{U}^{\perp} \subseteq \mathcal{A}_{\mathcal{U}}$ gelten muß. Da dies aber nur dann möglich ist, wenn

$$\mathcal{A}_{\mathcal{U}} = \mathcal{U} \cap \mathcal{U}^{\perp}$$

gilt, ist bewiesen: *ein Teilraum $\mathcal{U} \subseteq \mathcal{E}$ eines pseudo-euklidischen Vektorraumes ist genau dann pseudo-euklidisch, wenn $\mathcal{U} \cap \mathcal{U}^{\perp} = \{o\}$ bzw. (1.47) gilt.* Der Unterraum $\mathcal{U}$ kann dann durchaus ein euklidischer Teilraum im eigentlichen Sinn sein.

In einem euklidischen Vektorraum ist nur der Nullvektor zu sich selbst orthogonal. In einem pseudo-euklidischen Vektorraum gibt es wenigstens einen Vektor x^+ mit $\psi(x^+) > 0$, wenigstens einen Vektor x^- mit $\psi(x^-) < 0$ und wenigstens einen Vektor $x_o \neq o$ mit $\psi(x_o) = 0$. Aus der Anwendung pseudo-euklidischer Vektorräume in der speziellen und allgemeinen Relativitätstheorie stammen folgende Bezeichnungen: ein Vektor $x \in \mathcal{E}$, $x \neq o$, heißt

- *zeitartig*, wenn $\psi(x) > 0$,
- *lichtartig*, wenn $\psi(x) = 0$ und
- *raumartig*, wenn $\psi(x) < 0$ ist.

Die besondere Struktur pseudo-euklidischer Vektorräume zeigt sich nun in folgendem

Satz. *Ein pseudo-euklidischer Vektorraum $\mathcal{E}$ kann in zwei Teilräume $\mathcal{E}_+$ und $\mathcal{E}_-$, deren direkte Summe $\mathcal{E}$ ist, zerlegt werden,*

$$\mathcal{E}_+ \oplus \mathcal{E}_- = \mathcal{E}. \tag{1.48}$$

Darin ist stets $\psi(x) > 0$ für $x \in \mathcal{E}_+$ und $\psi(x) < 0$ für $x \in \mathcal{E}_-$ und $x \neq o$. Die Darstellung (1.48) ist nicht eindeutig; ist durch zwei Teilräume $\mathcal{E}'_+$ und $\mathcal{E}'_-$ eine zweite Zerlegung dieser Art gegeben, so gilt aber

$$\dim \mathcal{E}_+ = \dim \mathcal{E}'_+ \qquad \dim \mathcal{E}_- = \dim \mathcal{E}'_- .$$

Da die Dimensionen der Vektorräume $\mathcal{E}_+$ und $\mathcal{E}_-$ bei jeder derartigen Zerlegung gleich sind, hängt $\dim \mathcal{E}_+$ und $\dim \mathcal{E}_-$ nur vom inneren Produkt in $\mathcal{E}$ ab. Die natürliche Zahl $r = \dim \mathcal{E}_+$ heißt der *Index* des inneren Produktes bzw. kurz des pseudo-euklidischen Vektorraumes $\mathcal{E}$, die Differenz $s = \dim \mathcal{E}_+ - \dim \mathcal{E}_-$ wird die *Signatur* genannt.

Da die quadratische Form ψ indefinit ist, gibt es einen Vektor $x^+ \in \mathcal{E}$ mit $\psi(x^+) > 0$; die lineare Hülle des Vektors x^+ bildet somit einen eindimensionalen Unterraum von $\mathcal{E}$ derart, daß ψ auf $\langle x^+ \rangle$ positiv definit ist. Es gibt folglich einen $\langle x^+ \rangle$ enthaltenden Teilraum $\mathcal{E}_+$ in $\mathcal{E}$ mit *maximaler* Dimension, sodaß ψ positiv definit ist auf $\mathcal{E}_+$. Sei dann $\mathcal{E}_- = \mathcal{E}_+^\perp$ das orthogonale Komplement von $\mathcal{E}_+$ in $\mathcal{E}$. Dann ist zunächst $\mathcal{E}_+ \cap \mathcal{E}_- = \{o\}$. Enthielte nämlich $\mathcal{E}_+ \cap \mathcal{E}_-$ einen vom Nullvektor verschiedenen Vektor x_o, so gilt wegen $x_o \in \mathcal{E}_+$ einerseits $\psi(x_o) > 0$, andererseits $(x_o, y) = 0$ für alle $y \in \mathcal{E}_-$, also auch für $y = x_o$; daher müßte $\psi(x_o) = 0$ sein, ein Widerspruch, der nur durch $x_o = o$ aufgelöst werden kann. Also ist nach (1.47) die Summe in (1.48) direkt.

Es bleibt zu zeigen, daß $\psi(x) < 0$ für $x \in \mathcal{E}_-$ und $x \neq o$ ist. Um den Nachweis hiefür zu erbringen, sei in indirekter Beweisführung zunächst angenommen, daß ein Vektor $x_o \in \mathcal{E}_-$ existiert, für den $\psi(x_o) > 0$ ist. Dieser Vektor kann dann nicht in $\mathcal{E}_+$ enthalten sein, da, wie eben gezeigt wurde, diese beiden Teilräume nur den Nullvektor gemeinsam haben. Folglich wäre $\langle x_o \rangle \oplus \mathcal{E}_+$ ein Teilraum von $\mathcal{E}$, auf welchem die quadratische Form ψ positiv definit ist. Man sieht dies durch folgende Überlegung. Ist $y \in \langle x_o \rangle \oplus \mathcal{E}_+$ ein beliebiger Vektor, so läßt sich dieser eindeutig in der Form $y = \mu x_o + z$ mit einem gewissen Vektor $z \in \mathcal{E}_+$ zerlegen; dabei ist $(x_o, z) = 0$ wegen $x_o \in \mathcal{E}_-$. Infolgedessen muß gelten

$$\psi(y) = (\mu x_o + z, \mu x_o + z) = \mu^2 \psi(x_o) + 2\mu(x_o, z) + \psi(z) = \mu^2 \psi(x_o) + \psi(z) > 0 .$$

Dann kann aber $\mathcal{E}_+$ kein Teilraum mit maximaler Dimension sein, auf dem die quadratische Funktion ψ positiv definit ist, es muß $\psi(x) \leq 0$ für $x \in \mathcal{E}_-$ gelten. Wäre nun für einen gewissen Vektor $x_o \in \mathcal{E}_-$, $x_o \neq o$ die Gleichung $\psi(x_o) = 0$ erfüllt, so hätte dies zur Folge, indem man die Schwarzsche Ungleichung (1.41), die ja wegen $\psi(x) \leq 0$ für $x \in \mathcal{E}_-$ auf dem Teilraum $\mathcal{E}_-$ angewendet werden kann, daß die Ungleichung

$$(x_o, y)^2 \leq \psi(x_o)\psi(y) = 0$$

für alle $y \in \mathcal{E}_-$ gültig ist. Da von vornherein $(x_o, y) = 0$ für alle $y \in \mathcal{E}_+$ gilt, müßte dann $(x_o, y) = 0$ für alle $y \in \mathcal{E}$ gelten, was im Widerspruch dazu steht, daß das innere Produkt in $\mathcal{E}$ nicht ausgeartet ist. Also ist die quadratische Form ψ negativ definit auf $\mathcal{E}_-$ und die Existenz der Zerlegung (1.48) bewiesen.

Um den zweiten Teil der Behauptung zu beweisen, sei $\mathcal{E} = \mathcal{E}'_+ \oplus \mathcal{E}'_-$ eine beliebige andere Zerlegung dieser Art. Klarerweise ist

$$\mathcal{E}'_+ \cap \mathcal{E}_- = \{o\}, \qquad \mathcal{E}_+ \cap \mathcal{E}'_- = \{o\} .$$

Die direkten Summen $\mathcal{E}'_+ \oplus \mathcal{E}_-$ und $\mathcal{E}_+ \oplus \mathcal{E}'_-$ sind Teilräume von $\mathcal{E}$; es gilt daher einerseits

$$\dim \mathcal{E}'_+ + \dim \mathcal{E}_- \leq \dim \mathcal{E} , \qquad \dim \mathcal{E}_+ + \dim \mathcal{E}'_- \leq \dim \mathcal{E} ,$$

andererseits aber auch

$$\dim \mathcal{E}_+ + \dim \mathcal{E}_- = \dim \mathcal{E} = \dim \mathcal{E}'_+ + \dim \mathcal{E}'_- \,;$$

diese Gleichungen sind mit den beiden obigen Ungleichungen aber nur dann verträglich, wenn die Beziehungen

$$\dim \mathcal{E}'_+ = \dim \mathcal{E}_+ \,, \qquad \dim \mathcal{E}'_- = \dim \mathcal{E}_-$$

bestehen. —

Ist $\mathcal{E}$ ein N-dimensionaler euklidischer Vektorraum, so heißt $\mathcal{B}$ eine ***orthogonale Basis***, wenn die Vektoren x_i dieser Basis paarweise orthogonal sind,

$$(x_i, x_j) = 0 \quad \text{für} \quad i \neq j \,.$$

Ist $\mathcal{E}$ ein euklidischer Vektorraum im eigentlichen Sinn, so kann man von einer orthogonalen Basis durch die Setzungen

$$e_i = \frac{x_i}{\sqrt{\psi(x_i)}} \,, \qquad i = 1, 2, \ldots, N \,,$$

zu einer ***orthonormalen Basis*** übergehen; eine orthonormale Basis liegt vor, wenn die Vektoren e_i dieser Basis die Gleichungen

$$(e_i, e_j) = \delta_{ij} = \begin{cases} 1 & \text{für } i = j \\ 0 & \text{für } i \neq j \end{cases}$$

erfüllen. Ist $\{y_1, \ldots, y_N\}$ ein System linear unabhängiger Vektoren und somit auch eine Basis, so kann durch ein *Orthogonalisierungsverfahren* aus diesen Vektoren eine orthogonale Basis $\mathcal{B} = \{x_1, \ldots, x_N\}$ hergestellt werden. Hiefür setzt man $x_1 = y_1$ und unterwirft, nachdem man die paarweise orthogonalen Vektoren $x_1, \ldots, x_{i-1}$ bereits bestimmt hat, den Vektor

$$x_i = \alpha_{i1} x_1 + \alpha_{i2} x_2 + \cdots + \alpha_{i\,i-1} x_{i-1} + y_i \tag{1.49}$$

den Orthogonalitätsbedingungen $(x_i, x_j) = 0$ für $j = 1, 2, \ldots, i-1$; auf diese Weise erhält man die Koeffizienten

$$\alpha_{ij} = -\frac{(x_i, x_j)}{(x_j, x_j)} \quad \text{für } j = 1, 2, \ldots, i-1 \,.$$

In pseudo-euklidischen Vektorräumen ist mit Rücksicht auf die Indefinitheit der quadratischen Funktion ψ etwas anders vorzugehen. Nachdem man eine Zerlegung von $\mathcal{E}$ entsprechend (1.48) vorgenommen hat, wählt man Basisvektoren y_1, y_2, …, y_r — darin ist r der Index des pseudo-euklidischen Vektorraumes — für den Teilraum $\mathcal{E}_+$ und Basisvektoren $y_{r+1}, \ldots, y_N$ für den Teilraum $\mathcal{E}_-$. Da das Orthogonalisierungsverfahren (1.49), angewendet auf die Vektoren y_1, y_2, …, y_r, aus dem Teilraum $\mathcal{E}_+$ nicht hinausführt, kann von diesen Vektoren zu einer orthogonalen Basis $\{x_1, \ldots, x_r\}$ von $\mathcal{E}_+$ übergegangen werden; ebenso kann aus den Basisvektoren $y_{r+1}, \ldots, y_N$ des Teilraumes $\mathcal{E}_-$ eine orthogonale Basis $\{x_{r+1}, \ldots, x_N\}$

für $\mathcal{E}_-$ erzeugt werden. Auf Grund der Konstruktion von $\mathcal{E}_-$ als orthogonales Komplement des Teilraums $\mathcal{E}_+$ bilden jetzt die Vektoren $x_1, x_2, \ldots, x_N$ eine orthogonale Basis von $\mathcal{E}$. Geht man nun in $\mathcal{E}_+$ zu den Vektoren

$$e_i = \frac{x_i}{\sqrt{\psi(x_i)}}, \qquad i = 1, 2, \ldots, r,$$

und wegen $\psi(x_i) < 0$ in $\mathcal{E}_-$ zu den Vektoren

$$e_i = \frac{x_i}{\sqrt{-\psi(x_i)}} = \frac{x_i}{\sqrt{|\psi(x_i)|}}, \qquad i = r+1, \ldots, N,$$

über, so erhält man eine Basis von $\mathcal{E}$, für welche

$$(e_i, e_j) = \eta_i \delta_{ij}, \tag{1.50}$$

gilt, wenn darin für

$$\eta_i = \begin{cases} 1 & \text{für } i = 1, 2, \ldots, r \\ -1 & \text{für } i = r+1, \ldots, N \end{cases}$$

gesetzt wird. Eine solche Basis wird eine ***orthonormale Basis*** des pseudoeuklidischen Vektorraumes $\mathcal{E}$ genannt. Nachdem es auf die Numerierung der Basisvektoren nicht ankommt, heißt jede Basis eine orthonormale Basis von $\mathcal{E}$, wenn ihre Vektoren e_i Gleichungen der Art (1.50) genügen, worin die Zahlen $\eta_i = \pm 1$ sind. Ist r der Index von $\mathcal{E}$, so sind stets r dieser Zahlen gleich $+1$, die übrigen $N - r$ sind gleich -1. In diesbezüglichen Zusammenhängen ist der Spezialfall des eigentlichen euklidischen Vektorraumes für $r = N$ enthalten. —

Seien jetzt $\mathcal{B} = \{e_1, e_2, \ldots, e_N\}$ und $\mathcal{B}^* = \{\varepsilon^1, \varepsilon^2, \ldots, \varepsilon^N\}$ duale Basen in $\mathcal{E}$ und $\mathcal{E}^*$,

$$\varepsilon^i(e_j) = \langle \varepsilon^i, e_j \rangle = \delta^i_j$$

(vgl (1.17)). Der natürliche Isomorphismus $\iota : \mathcal{E} \to \mathcal{E}^*$ bestimmt zwei symmetrische Matrizen $\{g_{ij}\}$ und $\{g^{ij}\}$ mit den Elementen,

$$g_{ij} = \iota e_i(e_j) = \langle \iota e_i, e_j \rangle = (e_i, e_j) \tag{1.51}$$

(vgl. (1.43)) und

$$g^{ij} = \varepsilon^i(\iota^{-1}\varepsilon^j) = \langle \varepsilon^i, \iota^{-1}\varepsilon^j \rangle = (\iota^{-1}\varepsilon^i, \iota^{-1}\varepsilon^j) = (\varepsilon^i, \varepsilon^j)_* . \tag{1.52}$$

Darin wird für beide Matrizen dasselbe Buchstabensymbol — g — verwendet, unterschieden werden diese Matrizen durch die obere bzw. untere Stellung der Spalten- und Zeilenindizes. Aus den Orthogonalitätsbedingungen (1.17) folgt

$$\langle \iota e_i, e_j \rangle = \sum_{l=1}^{N} \langle \iota e_i, e_l \rangle \langle \varepsilon^l, e_j \rangle = \Big\langle \sum_{l=1}^{N} \langle \iota e_i, e_l \rangle \varepsilon^l, e_j \Big\rangle = \Big\langle \sum_{l=1}^{N} g_{il} \varepsilon^l, e_j \Big\rangle$$

und daraus

$$\iota e_i = \sum_{j=1}^{N} g_{ij} \varepsilon^j . \tag{1.53}$$

Eine analoge Rechnung

$$\langle \varepsilon^i, \iota^{-1}\varepsilon^j\rangle = \sum_{k=1}^{N} \langle \varepsilon^k, \iota^{-1}\varepsilon^j\rangle\langle \varepsilon^i, e_k\rangle = \Big\langle \varepsilon^i, \sum_{k=1}^{N} \langle \varepsilon^k, \iota^{-1}\varepsilon^j\rangle e_k\Big\rangle = \Big\langle \varepsilon^i, \sum_{k=1}^{N} g^{jk} e_k\Big\rangle$$

zeigt den Zusammenhang

$$\iota^{-1}\varepsilon^i = \sum_{j=1}^{N} g^{ij} e_j \tag{1.54}$$

auf. Mit Hilfe der Orthogonalitätsbedingungen (1.17) findet man weiter

$$\begin{aligned} \delta^i_j &= \langle \varepsilon^i, e_j\rangle = (\iota^{-1}\varepsilon^i, e_j) = (\varepsilon^i, \iota e_j)_* \\ &= \sum_{k=1}^{N} g^{ik}(e_k, e_j) = \sum_{k=1}^{N} g_{jk}(\varepsilon^i, \varepsilon^k)_* = \sum_{k=1}^{N} g_{jk} g^{ik} , \end{aligned}$$

woraus folgt, daß die Matrizen $\{g_{ij}\}$ und $\{g^{ij}\}$ zueinander invers sind,

$$\sum_{k=1}^{N} g_{jk} g^{ik} = \delta^i_j . \tag{1.55}$$

Ist nun $x = \sum_j X^j e_j \in \mathcal{E}$ ein beliebiger Vektor, so erhält man aus den Gleichungen (1.53) unter Berücksichtigung der Symmetrien

$$\iota x = \sum_{i=1}^{N} X^i \iota e_i = \sum_{i=1}^{N} X^i \sum_{j=1}^{N} g_{ij}\varepsilon^j = \sum_{j=1}^{N}\Big(\sum_{i=1}^{N} g_{ji} X^i\Big)\varepsilon^j .$$

Setzt man für

$$X_j = \sum_{i=1}^{N} g_{ji} X^i , \tag{1.56}$$

so ist das Bild des Vektors x unter dem Isomorphismus ι der Vektor

$$\iota x = \sum_{j=1}^{N} X_j \varepsilon^j . \tag{1.57}$$

Man nennt die Größen X^i mit hochgestelltem Index die ***kontravarianten*** Koordinaten, die Größen X_i mit tiefgestelltem Index die ***kovarianten*** Koordinaten des Vektors $x \in \mathcal{E}$. Multipliziert man die Gleichungen (1.56) mit g^{jk} und summiert über den Index j auf, so erhält man unter Berücksichtigung von (1.55) und den Symmetrieeigenschaften der Matrizen $\{g_{ij}\}$ und $\{g^{ij}\}$

$$\sum_{j=1}^{N} g^{jk} X_j = \sum_{j=1}^{N}\sum_{i=1}^{N} g^{jk} g_{ji} X^i = \sum_{i=1}^{N}\Big(\sum_{j=1}^{N} g_{ji} g^{jk}\Big) X^i = \sum_{k=1}^{N} \delta^k_i X^i .$$

Also beschreiben die Gleichungen

$$X^i = \sum_{j=1}^{N} g^{ij} X_j \tag{1.58}$$

den Übergang von den kovarianten zu den kontravarianten Koordinaten. Aus den Beziehungen

$$(e_j, x) = \langle \iota e_j, x \rangle = \left\langle \iota e_j, \sum_{k=1}^{N} X^k e_k \right\rangle = \sum_{k=1}^{N} X^k \langle \iota e_j, e_k \rangle$$

und

$$\langle \varepsilon^j, x \rangle = \left\langle \varepsilon^j, \sum_{k=1}^{N} X^k e_k \right\rangle = \sum_{k=1}^{N} X^k \langle \varepsilon^j, e_k \rangle$$

ergeben sich mit (1.17), (1.51) und (1.56) schließlich die Zusammenhänge

$$X_j = (e_j, x) \tag{1.59}$$

und

$$X^j = \langle \varepsilon^j, x \rangle \,. \tag{1.60}$$

In Abb. 1.1 sind die kontravarianten und kovarianten Koordinaten eines Vektors veranschaulicht. Zwischen ihnen ist begrifflich streng zu unterscheiden. Genau genommen sind die kontravarianten Koordinaten eines Vektors x seine Koordinaten — im Sinne von Koeffizienten einer Linearkombination der Basisvektoren — bezüglich einer Basis $\mathcal{B}$, die kovarianten Koordinaten hingegen sind die Koordinaten des Vektors ιx in Bezug auf die zu $\mathcal{B}$ duale Basis $\mathcal{B}^*$, wie die Gleichung (1.57) zeigt. Indem man von den kontravarianten Koordinaten X^i und den kovarianten Koordinaten X_i eines Vektors spricht, identifiziert man die beiden Vektoren $x \in \mathcal{E}$ und $\iota x \in \mathcal{E}^*$ im Sinne einer Familie zweier durch den Isomorphismus ι „assoziierter Vektoren". Innerhalb dieser zweigliedrigen Familie unterscheidet man aber, indem man vom *kontravarianten Vektor* x und vom *kovarianten Vektor* ιx spricht.

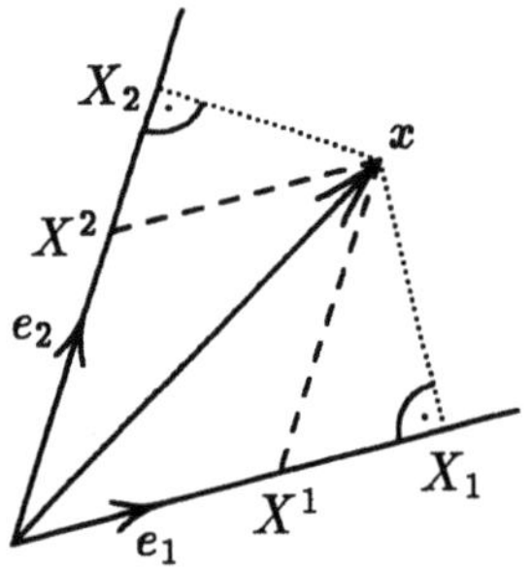

Abb. 1.1

Die kontravarianten Koordinaten X^i eines beliebigen Vektors $x \in \mathcal{E}$ stimmen mit den kovarianten Koordinaten X_i genau dann überein, wenn

$$g_{ij} = (e_i, e_j) = \delta_{ij}$$

gilt, was voraussetzt, daß $\mathcal{E}$ ein euklidischer auf eine orthonormale Basis bezogener Vektorraum ist. In einem euklidischen Vektorraum kann also die Unterscheidung zwischen kontravarianten und kovarianten Koordinaten entfallen, wenn man sich auf orthonormale Basen beschränkt. Für einen pseudo-euklidischen Vektorraum gilt dies aber nicht mehr, selbst wenn eine orthonormale Basis zugrundegelegt wird. Die Matrix $\{g_{ij}\}$ hat dann zwar Diagonalgestalt — wie stets, wenn die Basis orthogonal ist —, die Elemente in der Hauptdiagonale aber sind +1 und −1, wobei die Anzahl der Elemente, welche gleich +1 sind, durch den Index des inneren Produktes vorgegeben und für jede orthonormale Basis dieselbe ist.

Ist $\mathcal{B}$ eine orthogonale Basis in $\mathcal{E}$, so ist die duale Basis $\mathcal{B}^*$ eine orthogonale Basis in $\mathcal{E}^*$. Die Orthogonalität der Basis $\mathcal{B}$ bedingt, daß die Matrix $\{g_{ij}\}$ Diagonalgestalt hat, weshalb auch ihre Inverse $\{g^{ij}\}$ Diagonalgestalt hat. Dies wiederum bedeutet

$$(\varepsilon^i, \varepsilon^j)_* = g^{ij} = 0 \quad \text{für} \quad i \neq j\,.$$

Die Beziehungen zwischen den kontravarianten und kovarianten Koordinaten eines Vektors vereinfachen sich dann zu

$$X_i = g_{ii} X^i \qquad \text{und} \qquad X^i = g^{ii} X_i\,, \tag{1.61}$$

denn aus den Gleichungen (1.55) folgt $g_{ii} g^{ii} = 1$, da beide Matrizen Diagonalgestalt haben. Für eine orthonormale Basis $\mathcal{B}$ gilt $|g_{ii}| = 1$, weshalb dann auch die duale Basis $\mathcal{B}^*$ eine orthonormale Basis in $\mathcal{E}^*$ ist.

Die Forderung, daß ein inneres Produkt nicht-ausgeartet ist, bedingt die Regularität der Matrizen $\{g_{ij}\}$ und $\{g^{ij}\}$, daß sie symmetrisch sind, ist eine Konsequenz aus der Symmetrie des inneren Produktes. Beide Matrizen haben wegen ihrer Regularität und ihrer Symmetrie nur von Null verschiedene reelle Eigenwerte. Diese sind, was ihre Zahlenwerte anlangt, von der Wahl der Basis abhängig, *aber die Anzahl der positiven und negativen Eigenwerte wird vom Index des inneren Produktes bestimmt und ist daher in jeder Basis dieselbe.* Als symmetrische Matrix hat $\{g_{ij}\}$ insbesondere orthogonale Eigenvektoren X_1^i, X_2^i, ..., X_N^i zu den reellen Eigenwerten λ_1, λ_2, ..., λ_N,

$$\sum_{j=1}^{N} g_{ij} X_k^j = \lambda_k X_k^i\,, \qquad \sum_{j=1}^{N} X_k^j X_l^j = \begin{cases} \eta_k > 0\,, & k = l\,, \\ 0\,, & k \neq l\,. \end{cases}$$

Setzt man

$$\bar{e}_k = \sum_{j=1}^{N} X_k^j e_j\,, \qquad k = 1, 2, \ldots, N\,,$$

so ist die Basis $\bar{\mathcal{B}} = \{\bar{e}_1, \bar{e}_2, \ldots, \bar{e}_N\}$ orthogonal,

$$(\bar{e}_k, \bar{e}_l) = \sum_{i,j=1}^{N} X_k^i X_l^j (e_i, e_j) = \sum_{i,j=1}^{N} X_k^i X_l^j g_{ij} = \lambda_l \sum_{i=1}^{N} X_k^i X_l^i = 0\,, \quad k \neq l\,.$$

Wegen

$$(\bar{e}_k, \bar{e}_k) = \eta_k \lambda_k$$

und $\eta_k > 0$ müssen daher genau r Eigenwerte der Matrix $\{g_{ij}\}$ positiv sein, wenn r der Index des inneren Produktes ist.

Im Zusammenhang mit orthonormalen Basen sei für alles Folgende die Symbolik

$$\eta_i = (e_i, e_i) = g_{ii}\,, \quad \eta^i = (\varepsilon^i, \varepsilon^i)_* = g^{ii} = \frac{1}{g_{ii}} = \frac{1}{\eta_i} = \eta_i \tag{1.62}$$

vereinbart. Numeriert man die Vektoren einer Basis immer so, daß die inneren Produkte der ersten r Vektoren positiv sind, so gilt $\bar{\eta}_i = \eta_i$ bei einem Basiswechsel $\mathcal{B} \to \bar{\mathcal{B}}$.

Bildet man das innere Produkt zweier Vektoren x und y mit den (kontravarianten) Koordinaten X^i und Y^i bezüglich einer Basis $\mathcal{B}$ in $\mathcal{E}$, so erhält man mit (1.51)

$$(x,y) = \Big(\sum_{i=1}^{N} X^i e_i, \sum_{j=1}^{N} Y^j e_j\Big) = \sum_{i,j=1}^{N} X^i Y^j (e_i, e_j) = \sum_{i,j=1}^{N} g_{ij} X^i Y^j\,. \tag{1.63}$$

Indem man die Summe über den Index i mit Hilfe von (1.56) auswertet, wird daraus

$$(x,y) = \sum_{j=1}^{N} X_j Y^j\,. \tag{1.64}$$

Andere Formen der Darstellung des inneren Produktes, die man alle mit Hilfe der Umrechnungsformeln (1.56) und (1.58) erhält, sind

$$(x,y) = \sum_{i=1}^{N} X^i Y_i = \sum_{i=1}^{N} Y_i \sum_{j=1}^{N} g^{ij} X_j = \sum_{i,j=1}^{N} g^{ij} X_j Y_i\,. \tag{1.65}$$

Bei einem Basiswechsel (1.24) in $\mathcal{E}$ und $\mathcal{E}^*$ ändern sich die kontravarianten und die kovarianten Koordinaten eines Vektors. Aus den Gleichungen

$$x = \sum_{i=1}^{N} X^i e_i = \sum_{i,j=1}^{N} \breve{a}_i^j X^i \bar{e}_j = \sum_{i=1}^{N} \bar{X}^i \bar{e}_i = \sum_{i,j=1}^{N} a_i^j \bar{X}^i e_j$$

(vgl. (1.24) und (1.26)) lassen sich die Transformationsformeln für die kontravarianten Koordinaten leicht ablesen,

$$X^j = \sum_{i=1}^{N} a_i^j \bar{X}^i\,, \quad \bar{X}^j = \sum_{i=1}^{N} \breve{a}_i^j X^i\,. \tag{1.66}$$

Um das Transformationsgesetz für die kovarianten Koordinaten herzustellen, ist von den Darstellungen

$$\iota x = \sum_{j=1}^{N} X_j \varepsilon^j = \sum_{i,j=1}^{N} a_i^j X_j \bar{\varepsilon}^i = \sum_{i=1}^{N} \bar{X}_i \bar{\varepsilon}^i = \sum_{i,j=1}^{N} \bar{X}_i \breve{a}_j^i \varepsilon^j$$

auszugehen,

$$X_j = \sum_{i=1}^{N} \breve{a}_j^i \bar{X}_i\,, \quad \bar{X}_j = \sum_{i=1}^{N} a_j^i \bar{X}_i\,. \tag{1.67}$$

Bei einem Basiswechsel in $\mathcal{E}$ und $\mathcal{E}^*$ ändern sich auch die Elemente der Matrizen $\{g_{ij}\}$ und $\{g^{ij}\}$. Setzt man aus (1.24) und (1.26) in (1.51) ein, so erhält man

$$\bar{g}_{ij} = (\bar{e}_i, \bar{e}_j) = \sum_{k,l=1}^{N} a_i^k a_j^l (e_k, e_l) = \sum_{k,l=1}^{N} a_i^k a_j^l g_{kl}\,; \tag{1.68}$$

in der Matrizensymbolik[10)] schreiben sich diese Gleichungen in der Form

$$\{\bar{g}_{ij}\} = \{a_i^j\}^\dagger \cdot \{g_{ij}\} \cdot \{a_i^j\}\,, \tag{1.69}$$

worin mit dem hochgestellten Zeichen † das Transponieren von Matrizen angedeutet wird. Analog transformiert sich die Matrix $\{g^{ij}\}$,

$$\bar{g}^{ij} = (\bar{\varepsilon}^i, \bar{\varepsilon}^j)_* = \sum_{k,l=1}^{N} \breve{a}_k^i \breve{a}_l^j (\varepsilon^k, \varepsilon^l)_* = \sum_{k,l=1}^{N} \breve{a}_k^i \breve{a}_l^j g^{kl}\,, \tag{1.70}$$

beziehungsweise

$$\{\bar{g}^{ij}\} = \{\breve{a}_i^j\} \cdot \{g^{ij}\} \cdot \{\breve{a}_i^j\}^\dagger\,. \tag{1.71}$$

Aus diesen Transformationsformeln ergibt sich das wichtige Transformationsgesetz für die Determinante der Matrix $\{g_{ij}\}$. Da die Determinantenbildung mit dem Transponieren einer Matrix vertauschbar ist, liefert der Multiplikationssatz für Determinanten aus der Gleichung (1.69)

$$\det\{\bar{g}_{ij}\} = \left(\det\{a_i^j\}\right)^2 \det\{g_{ij}\}\,. \tag{1.72}$$

Die Determinante der Matrix $\{g_{ij}\}$ hat in *jeder* Basis dasselbe Vorzeichen, entsprechend dem Umstand, daß die Determinante einer Matrix das Produkt ihrer Eigenwerte ist, von denen im gegenständlichen Fall stets r positiv und die übrigen $N-r$ negativ sind. In einem pseudo-euklidischen Vektorraum $\mathcal{E}$ ist deshalb in alleiniger Abhängigkeit vom Index r des inneren Produktes stets

$$\operatorname{sign}\left(\det\{g_{ij}\}\right) = (-1)^{N-r}\,. \tag{1.73}$$

Liegt speziell eine orthonormale Basis zugrunde, so ist

$$\det\{g_{ij}\} = \eta_1\eta_2\ldots\eta_N = (-1)^{N-r}\,.$$

Eine besondere Rolle spielen pseudo-euklidische Vektorräume $\mathcal{E}$ mit dem Index $r=1$. Ist speziell $\dim\mathcal{E}=4$, so wird $\mathcal{E}$ ein *Lorentz-Raum* genannt und symbolisch mit $\mathcal{L}^4$ bezeichnet. Die Vektoren eines Lorentz-Raumes werden auch *Vierer-Vektoren* genannt. Es ist üblich, die Koordinaten mit $0,1,2,3$ zu indizieren und dementsprechend auch die Basisvektoren zu numerieren.

Ist e_0, e_1, e_2, e_3 eine orthonormale Basis des $\mathcal{L}^4$,

$$g_{ij} = (e_i, e_j) = \eta_j\,\delta_{ij}\,, \qquad \eta_0 = 1,\ \eta_1 = \eta_2 = \eta_3 = -1\,, \tag{1.74}$$

---

10) Der obere Index im Matrix-Symbol $\{a_i^j\}$ kennzeichnet die Zeilennummer, der untere die Spaltennummer. Sind beide Indizes tiefgestellt wie in $\{a_{ij}\}$ oder beide hochgestellt, so steht der erste Index für die Zeilennummer, der zweite für die Spaltennummer.

so ist $g_{ij} = g^{ij}$, die beiden Matrizen mit den Elementen g_{ij} und g^{ij} haben Diagonalgestalt,

$$\{g_{ij}\} = \{g^{ij}\} = \begin{pmatrix} 1 & 0 & 0 & 0 \\ 0 & -1 & 0 & 0 \\ 0 & 0 & -1 & 0 \\ 0 & 0 & 0 & -1 \end{pmatrix} . \tag{1.75}$$

Sind X^0, X^1, X^2, X^3 die kontravarianten Koordinaten des Vektors $x \in \mathcal{L}^4$, so sind

$$X_0 = X^0 , \; X_i = -X^i , \quad i = 1, 2, 3 ,$$

die kovarianten Koordinaten des Vektors x (vgl. (1.61)). Das innere Produkt zweier Vektoren $x, y \in \mathcal{L}^4$ ist nach (1.63) bzw. (1.64) bzw. (1.65)

$$\begin{aligned}(x, y) &= X_0 Y^0 + X_1 Y^1 + X_2 Y^2 + X_3 Y^3 \\ &= X^0 Y_0 + X^1 Y_1 + X^2 Y_2 + X^3 Y_3 \\ &= X^0 Y^0 - X^1 Y^1 - X^2 Y^2 - X^3 Y^3 \\ &= X_0 Y_0 - X_1 Y_1 - X_2 Y_2 - X_3 Y_3 .\end{aligned}$$

Ist $\mathcal{E}$ ein euklidischer Vektorraum, so nennt man eine lineare Transformation $\tau : \mathcal{E} \to \mathcal{E}$ mit der Eigenschaft

$$(\tau x, \tau y) = (x, y) \tag{1.76}$$

ein *orthogonale* Transformation; ist $\mathcal{E}$ pseudo-euklidisch, so spricht man von einer *pseudo-euklidischen Drehung*.

Eine orthogonale Transformation in $\mathcal{E}$ ist bijektiv. Wäre nämlich $\tau x_o = o$ für $x_o \neq o$, so müßte $0 = (\tau x_o, \tau y) = (x_o, y)$ für alle $y \in \mathcal{E}$ gelten, was aber nicht möglich ist, da das innere Produkt in $\mathcal{E}$ nicht-ausgeartet ist. Daher ist eine orthogonale Transformation injektiv und wegen (1.11) auch surjektiv. Das Bild einer Basis unter einer orthogonalen Transformation ist daher wieder eine Basis; insbesondere werden die Vektoren e_i einer orthogonalen bzw. orthonormalen Basis auf orthogonale bzw. orthonormale Basisvektoren $\bar{e}_i = \tau e_i$ abgebildet.

Sind $\sigma, \tau : \mathcal{E} \to \mathcal{E}$ zwei orthogonale Transformationen, so ist auch die Zusammensetzung $\sigma\tau$ eine orthogonale Transformation,

$$(\sigma\tau x, \sigma\tau y) = (\tau x, \tau y) = (x, y) .$$

Da die Zusammensetzung von Funktionen assoziativ ist, bilden die orthogonalen Transformationen bzw. die pseudo-euklidischen Drehungen bezüglich der Hintereinanderausführung eine Gruppe; das neutrale Element dieser Gruppe ist die identische Transformation, welche trivialerweise orthogonal ist.

Eine orthogonale Transformation $\tau : \mathcal{L}^4 \to \mathcal{L}^4$ des Lorentz-Raumes $\mathcal{L}^4$ heißt auch eine *Lorentz-Transformation*.

Ist $\{t_i^j\}$ die Matrix einer orthogonalen Transformation, so folgt aus (1.76) für $x = e_i$, $y = e_j$ mit der üblichen Bedeutung für das δ-Symbol

$$\delta_{ij} = (e_i, e_j) = (\tau e_i, \tau e_j) = \sum_{k,l=1}^{N} t_i^k t_j^l (e_k, e_l) = \sum_{k=1}^{N} t_i^k t_j^k . \tag{1.77}$$

In der Matrizensymbolik schreibt sich diese Gleichung in der Form

$$\{t_i^j\} \cdot \{t_i^j\}^\dagger = \{\delta_i^j\} \quad \text{bzw.} \quad \{t_i^j\}^\dagger = \{t_i^j\}^{-1} ,$$

d.h. die Inverse der Matrix $\{t_i^j\}$ ist gleich ihrer Transponierten, was sich mit Hilfe der Matrixelemente durch

$$\check{t}_i^j = t_j^i \tag{1.78}$$

ausdrücken läßt, wenn die Zahlen $\check{t}_i^j$ die Elemente der Inversen sind. Eine solche Matrix heißt *orthogonal*. Eine pseudo-euklidische Drehung τ führt die Vektoren e_i einer orthonormalen Basis in die Vektoren $\bar{e}_i = \tau e_i$ einer gleichfalls orthonormalen Basis über. Wegen

$$\bar{\eta}_i \delta_{ij} = (\bar{e}_i, \bar{e}_j) = (e_i, e_j) = \eta_i \delta_{ij}$$

gilt dabei $\bar{\eta}_i = \eta_i$, an die Stelle der Gleichung (1.77) tritt jetzt

$$\eta_i \delta_{ij} = \sum_{k=1}^{N} t_i^k t_j^k \eta_k ,$$

d.h. die Größen

$$\check{t}_i^j = \eta_j \eta_i t_j^i \tag{1.79}$$

sind die Elemente der Inversen $\{\check{t}_i^j\}$ der Transformationsmatrix $\{t_i^j\}$.

Ist ein pseudo-euklidischer Vektorraum $\mathcal{E}$ entsprechend (1.48) in zwei Teilräume $\mathcal{E}_+$ und $\mathcal{E}_-$ zerlegt, so führt eine pseudo-euklidische Drehung $\tau : \mathcal{E} \to \mathcal{E}$ zu einer zweiten Zerlegung dieser Art,

$$\tau\mathcal{E}_+ \oplus \tau\mathcal{E}_- = \mathcal{E} . \tag{1.80}$$

Ist nämlich $x \in \tau\mathcal{E}_+$, so ist $x = \tau y$ mit $y \in \mathcal{E}_+$ und folglich $\psi(x) = \psi(\tau y) = \psi(y) > 0$; ebenso ist $\psi(x) < 0$ für $x \in \tau\mathcal{E}_-$. Daher ist $\tau\mathcal{E}_+ \cap \tau\mathcal{E}_- = \{o\}$. Ist $x \in \tau\mathcal{E}_+$, $y \in \tau\mathcal{E}_-$, so folgt mit $x = \tau u$, $u \in \mathcal{E}_+$ und $y = \tau v$, $v \in \mathcal{E}_-$ wegen $(x, y) = (u, v)$ die Orthogonalität der Vektoren x und y, wenn $\mathcal{E}_+ = \mathcal{E}_-^\perp$ und $\mathcal{E}_- = \mathcal{E}_+^\perp$ ist; dann ist auch $\tau\mathcal{E}_+ = (\tau\mathcal{E}_-)^\perp$ und $\tau\mathcal{E}_- = (\tau\mathcal{E}_+)^\perp$. Ist schließlich $x \in \mathcal{E}$, so gibt es genau einen Vektor $y \in \mathcal{E}$ mit $x = \tau y$; für diesen besteht die eindeutige Darstellung $y = y_+ + y_-$ mit $y_+ \in \mathcal{E}_+$ und $y \in \mathcal{E}_-$. Folglich ist $x = \tau y_+ + \tau y_-$, d.h. der Vektorraum $\mathcal{E}$ ist die Summe der Teilräume $\tau\mathcal{E}_+$ und $\tau\mathcal{E}_-$. Damit ist (1.80) bewiesen.

Sind $\mathcal{E}'$ und $\mathcal{E}''$ zwei euklidische Räume, so heißt eine lineare Abbildung $\tau : \mathcal{E}' \to \mathcal{E}''$ eine *Isometrie* oder *isometrische* Abbildung, wenn für x, $y \in \mathcal{E}'$ stets

$$(\tau x, \tau y) = (x, y) \tag{1.81}$$

gilt. Darin steht auf der linken Seite das innere Produkt in $\mathcal{E}''$, auf der rechten Seite das innere Produkt in $\mathcal{E}'$.

Jede Isometrie ist ein Isomorphismus.

Im dreidimensionalen euklidischen Vektorraum erhält man beim Übergang von einer orthonormalen Basis e_1, e_2, e_3 auf eine ebenfalls orthonormale Basis $\bar{e}_1, \bar{e}_2, \bar{e}_3$ die Transformationsformeln

$$\begin{aligned} X^1 &= \bar{X}^1 \cos\alpha - \bar{X}^2 \sin\alpha\,, \\ X^2 &= \bar{X}^1 \sin\alpha + \bar{X}^2 \cos\alpha\,, \\ X^3 &= \bar{X}^3\,, \end{aligned}$$

wenn $e_3 = \bar{e}_3$ ist, d.h. wenn eine Drehung um die 3-Achse angenommen wird; dabei ist α der Drehwinkel. Im pseudo-euklidischen Lorentz-Raum $\mathcal{L}^4$ erhält man beim Übergang von einer orthonormalen Basis e_0, e_1, e_2, e_3 auf die orthonormale Basis $\bar{e}_0, \bar{e}_1, e_2, e_3$, bei welchem die Koordinaten bezüglich der 2- und 3-Achse unverändert bleiben,

$$\begin{aligned} X^0 &= \bar{X}^0 \cosh\tau + \bar{X}^1 \sinh\tau\,, \\ X^1 &= \bar{X}^0 \sinh\tau + \bar{X}^1 \cosh\tau\,, \\ X^2 &= \bar{X}^2\,, \\ X^3 &= \bar{X}^3\,. \end{aligned} \tag{1.82}$$

Dabei wurde — im Einklang mit (1.80) — davon ausgegangen, daß die Vektoren der Basis $\bar{\mathcal{B}}$ eine Zerlegung des $\mathcal{L}^4$ entsprechend (1.48) bestimmen, wobei der Basisvektor $\bar{e}_0$ den Teilraum $\mathcal{L}^4_+$ bestimmt, während die übrigen drei Basisvektoren den Teilraum $\mathcal{L}^4_-$ aufspannen. Da das innere Produkt von einem Basiswechsel nicht berührt wird, gilt

$$\bar{X}^0\bar{Y}^0 - \bar{X}^1\bar{Y}^1 - \bar{X}^2\bar{Y}^2 - \bar{X}^3\bar{Y}^3 = X^0Y^0 - X^1Y^1 - X^2Y^2 - X^3Y^3\,,$$

also

$$\bar{X}^0\bar{Y}^0 - \bar{X}^1\bar{Y}^1 = X^0Y^0 - X^1Y^1\,.$$

Zieht man jetzt die Gleichungen (1.66) heran, durch welche die kontravarianten Koordinaten eines Vektors in zwei beliebigen Basen in Zusammenhang gebracht werden, und macht man für die Transformationsmatrix $\{a^j_i\}$ den Ansatz

$$\begin{pmatrix} a^0_0 & a^0_1 & 0 & 0 \\ a^1_0 & a^1_1 & 0 & 0 \\ 0 & 0 & 1 & 0 \\ 0 & 0 & 0 & 1 \end{pmatrix},$$

so erhält man zunächst

$$\begin{aligned} (x, y) &= X^0Y^0 - X^1Y^1 - X^2Y^2 - X^3Y^3 \\ &= (a^0_0\bar{X}^0 + a^0_1\bar{X}^1)(a^0_0\bar{Y}^0 + a^0_1\bar{Y}^1) - (a^1_0\bar{X}^0 + a^1_1\bar{X}^1)(a^1_0\bar{Y}^0 + a^1_1\bar{Y}^1) \\ &\quad - \bar{X}^2\bar{Y}^2 - \bar{X}^3\bar{Y}^3 \\ &= \left[(a^0_0)^2 - (a^1_0)^2\right]\bar{X}^0\bar{Y}^0 - \left[(a^1_1)^2 - (a^0_1)^2\right]\bar{X}^1\bar{Y}^1 \\ &\quad + (a^0_0 a^0_1 - a^1_0 a^1_1)\bar{X}^0\bar{Y}^1 + (a^0_1 a^0_0 - a^1_1 a^1_0)\bar{X}^1\bar{Y}^0 - \bar{X}^2\bar{Y}^2 - \bar{X}^3\bar{Y}^3 \\ &= \bar{X}^0\bar{Y}^0 - \bar{X}^1\bar{Y}^1 - \bar{X}^2\bar{Y}^2 - \bar{X}^3\bar{Y}^3 \end{aligned}$$

und daraus durch Vergleich

$$(a^0_0)^2 - (a^1_0)^2 = 1\,, \quad (a^1_1)^2 - (a^0_1)^2 = 1\,, \quad a^0_0 a^0_1 - a^1_0 a^1_1 = 0\,.$$

Diese drei Gleichungen werden durch die Setzungen

$$a^0_0 = \cosh\tau\,, \quad a^1_0 = \sinh\tau = a^0_1\,, \quad a^1_1 = \cosh\tau\,,$$

erfüllt, in denen τ ein beliebiger reeller Parameter ist.

1.8 Übungsbeispiele

1. Man zeige, daß die Menge $\mathbb{R}^N$ aller geordneten N-Tupel mit der Addition

$$(x_1, \ldots, x_N) + (y_1, \ldots, y_N) := (x_1 + y_1, \ldots, x_N + y_N)$$

und der Multiplikation

$$\lambda(x_1, \ldots, x_N) := (\lambda x_1, \ldots, \lambda x_N)$$

ein reeller N-dimensionaler Vektorraum ist.

2. Die Menge aller (reellen bzw. komplexen) Matrizen mit m Zeilen und n Spalten bildet bezüglich Addition von Matrizen und der Multiplikation von Matrizen mit Zahlen (aus $\mathbb{R}$ bzw. $\mathbb{C}$) einen (reellen bzw. komplexen) Vektorraum $\mathcal{M}_m^n$.

3. Die Gesamtheit aller auf einem Intervall I der Zahlengeraden stetigen reellen Funktionen bildet mit den üblichen Operationen mit Funktionen (Addition und Multiplikation mit reellen Zahlen) einen reellen Vektorraum, der gewöhnlich mit $C(I)$ bezeichnet wird. Worauf stützt sich diese Aussage?

4. Die Gesamtheit aller auf einem Intervall I n-mal differenzierbaren reellen Funktionen mit auf I stetiger n-ter Ableitung bildet einen reellen Vektorraum, der mit $C^n(I)$ bezeichnet wird. Worauf stützt sich diese Behauptung?

5. Welche der folgenden Vektorsysteme des $\mathbb{R}^3$ sind linear abhängig, welche linear unabhängig?

(i) $S = \{(1,2,3),(4,5,6),(7,8,9)\}$

(ii) $S = \{(1,0,-1),(1,-1,0),(0,-1,1),(1,1,1)\}$

(iii) $S = \{(1,1,1),(0,1,1),(0,0,1)\}$

(iv) $S = \{(1,1,0),(1,2,3)\}$

6. Handelt es sich bei den folgenden Vektorsystemen

(i) $S = \{(1,1,2),(1,-1,1),(1,0,1),(2,1,2)\}$

(ii) $S = \{(1,2,3),(4,5,6),(7,8,9),(5,7,9),(2,2,2)\}$

um Erzeugendensysteme für den Vektorraum $\mathbb{R}^3$?

7. Man zeige, daß die Menge aller Polynome mit reellen Koeffizienten und maximalem Grad $N-1$ ein reeller N-dimensionaler Vektorraum ist, wenn die Addition und die Multiplikation mit Zahlen auf die übliche Weise für reellwertige Funktionen erklärt ist. Man gebe eine Basis dieses Vektorraumes an!

8. Sei $\mathcal{M}_m^n$ der Vektorraum der Matrizen von Bsp. 2. Was ist die Dimension dieses Vektorraumes? Man gebe eine Basis an!

9. Sei $\mathcal{M}_n^n$ der Vektorraum der quadratischen n-reihigen Matrizen mit reellen Elementen. Man bilde alle symmetrischen Matrizen $\mathbf{A}$, deren Elemente Null sind bis auf das in der i-ten Zeile/Spalte und j-ten Spalte/Zeile,

$$A_{ij} = A_{ji} = 1\,, \quad \text{für } 1 \leq i \leq j \leq n\,,$$

und alle schiefsymmetrischen Matrizen $\mathbf{B}$, deren Elemente Null sind bis auf das in der i-ten Zeile/Spalte und j-ten Spalte/Zeile,

$$B_{ij} = -B_{ji} = 1\,, \quad \text{für } 1 \leq i < j \leq n\,.$$

Schließlich zeige man, daß diese insgesamt $\frac{n(n+1)}{2}$ symmetrischen Matrizen und die insgesamt $\frac{n(n-1)}{2}$ schiefsymmetrischen Matrizen eine Basis des Vektorraumes $\mathcal{M}_n^n$ bilden.

Im Falle $n = 3$ sind dies die 6 symmetrischen

$$\begin{pmatrix} 1 & 0 & 0 \\ 0 & 0 & 0 \\ 0 & 0 & 0 \end{pmatrix}, \begin{pmatrix} 0 & 0 & 0 \\ 0 & 1 & 0 \\ 0 & 0 & 0 \end{pmatrix}, \begin{pmatrix} 0 & 0 & 0 \\ 0 & 0 & 0 \\ 0 & 0 & 1 \end{pmatrix}, \begin{pmatrix} 0 & 1 & 0 \\ 1 & 0 & 0 \\ 0 & 0 & 0 \end{pmatrix}, \begin{pmatrix} 0 & 0 & 1 \\ 0 & 0 & 0 \\ 1 & 0 & 0 \end{pmatrix}, \begin{pmatrix} 0 & 0 & 0 \\ 0 & 0 & 1 \\ 0 & 1 & 0 \end{pmatrix}$$

und die drei schiefsymmetrischen Matrizen

$$\begin{pmatrix} 0 & 1 & 0 \\ -1 & 0 & 0 \\ 0 & 0 & 0 \end{pmatrix}, \begin{pmatrix} 0 & 0 & 1 \\ 0 & 0 & 0 \\ -1 & 0 & 0 \end{pmatrix}, \begin{pmatrix} 0 & 0 & 0 \\ 0 & 0 & 1 \\ 0 & -1 & 0 \end{pmatrix}.$$

Man stelle eine beliebige dreireihige Matrix in dieser Basis dar!

10. Bildet die Gesamtheit aller Vektoren des $\mathbb{R}^n$ mit $x_1 = a$ einen Teilraum des $\mathbb{R}^n$?

11. Man berechne Summe und Durchschnitt der beiden Teilräume

$$\mathcal{U} = \langle (1,0,1,0), (1,1,1,1) \rangle, \quad \mathcal{V} = \langle (0,1,0,1), (1,-1,1,1) \rangle$$

des $\mathbb{R}^4$ durch Angabe einer Basis für diese Teilräume.

12. Seien $\mathcal{U}$ und $\mathcal{V}$ Teilräume des $\mathbb{R}^3$. Man überprüfe, ob $\mathcal{U} + \mathcal{V} = \mathbb{R}^4$ gültig ist, gegebenenfalls, ob die Summe direkt ist. Trifft dies nicht zu, so bestimme man — durch Angabe einer Basis — den Durchschnitt $\mathcal{U} \cap \mathcal{V}$.

(i) $\mathcal{U} = \langle (1,0,1,2), (-1,2,0,1) \rangle$, $\mathcal{V} = \langle (0,1,1,0), (-1,1,2,-1) \rangle$

(ii) $\mathcal{U} = \langle (1,1,0,1), (1,-1,1,0) \rangle$, $\mathcal{V} = \langle (2,0,1,1), (1,0,1,0) \rangle$

(iii) $\mathcal{U} = \langle (0,1,1,1), (1,0,1,1) \rangle$, $\mathcal{V} = \langle (1,1,0,1), (1,1,1,0), (1,0,1,0) \rangle$

13. Man zeige, daß die Menge der Vektoren des $\mathbb{R}^4$, deren Koordinaten den Bedingungen

$$x_1 + 2x_2 - x_3 + x_4 = 0\,, \quad 2x_1 - x_2 + x_3 = 0$$

genügen, einen Unterraum $\mathcal{U}$ des $\mathbb{R}^4$ bildet. Man bestimme die Dimension dieses Unterraumes und gebe eine Basis an! Man bestimme ferner den Faktorraum $\mathbb{R}^4/\mathcal{U}$ durch Angabe einer Basis (Hinweis: Man ergänze eine Basis von $\mathcal{U}$ zu einer Basis des $\mathbb{R}^4$). Welche Beziehungen bestehen zwischen verschiedenen Basisvektoren des Faktorraumes $\mathbb{R}^4/\mathcal{U}$ infolge unterschiedlicher Wahl der Ergänzung der Basis von $\mathcal{U}$ zu einer Basis des $\mathbb{R}^4$?

14. Man zeige, daß die Menge aller Polynome (mit der Addition und der Multiplikation von Funktionen mit einer Zahl) ein unendlichdimensionaler Vektorraum ist. Bilden die Potenzen $1, x, x^2, \ldots, x^n, \ldots$ eine Basis?

15. Welche der folgenden Abbildungen $\varphi : \mathbb{R}^n \to \mathbb{R}^m$ ist linear?

(i) $f(\mathbf{x}) = (x_1 - x_2, x_2 - x_3, x_3 - x_1)$, $(n = m = 3)$

(ii) $f(\mathbf{x}) = (x_1 x_2, x_1 + 2x_2, 2x_1 - x_2)$, $(n = 2, m = 3)$

(iii) $f(\mathbf{x}) = (x_1, x_2, x_1 + x_2, x_1 x_2)$, $(n = 2, m = 4)$

(iv) $f(\mathbf{x}) = (x_1 + x - 2, x_2 + x_3, x_3 + x_4, x_4 + x_1)$, $(n = m = 4)$

16. Welche der folgenden Abbildungen $\tau : \mathbb{R}^n \to \mathbb{R}^m$ ist injektiv, surjektiv und bijektiv?

(i) $\tau\mathbf{x} = (x_1 + 2x_2 - x_3 + x_4, x_1 - 3x_3 - 2x_4, 3x_1 + 4x_2 - 5x_3 + 6x_4)$

(ii) $\tau\mathbf{x} = (x_1 + 2x_2 + x_3 + 3x_4 + x_5, x_1 + x_2 + x_4 + x_5, x_2 + x_3 + 2x_4)$

(iii) $\tau\mathbf{x} = (x_1 + 2x_2 + x_3, 3x_1 + 2x_2 - 2x_3, 4x_1 - 3x_2 - x_3, 2x_1 + 4x_2 + 2x_3)$

(iv) $\tau\mathbf{x} = (x_1 + 2x_2 - x_3 + 3x_4, x_1 + 2x_4, x_1 + x_2 + 3x_4, x_2 - x_3, x_1 - x_3 + x_4)$

(v) $\tau\mathbf{x} = (x_1 + x_2, -x_1 + 2x_2 + x_3, -x_2 + 3x_3 + x_4, -x_3 + 4x_4)$

Hinweis: Soll die Abbildung τ injektiv sein, so darf das lineare Gleichungssystem $\tau\mathbf{x} = \mathbf{o}$ nur die Lösung $\mathbf{x} = \mathbf{o}$ haben, soll τ surjektiv sein, so muß das lineare Gleichungssystem $\tau\mathbf{x} = \mathbf{y}$ für jeden Vektor $\mathbf{y} \in \mathbb{R}^m$ lösbar sein!

17. Sei $\tau : \mathbb{R}^n \to \mathbb{R}^m$ eine lineare Abbildung. Man bestimme den Rang und den Defekt von τ für

(i) $\tau\mathbf{x} = (x_2 + x_3, x_1 + x_3, x_1 + x_2)$, $n = m = 3$

(ii) $\tau\mathbf{x} = (x_2 + x_3, x_1 + x_3, x_1 + x_2, x_1 + x_2 + x_3)$, $n = 3, m = 4$

(iii) $\tau\mathbf{x} = (x_1 + 2x_2 - x_3, 2x_1 - x_2 + 2x_3 - x_4, x_1 - 3x_2 + 3x_3 - x_4)$, $n = 4, m = 3$

18. Sei $\tau : \mathcal{U} \to \mathcal{V}$ eine lineare Abbildung endlichdimensionaler Vektorräume. Ist $\mathbf{T} = \{t_i^j\}$ die Matrix von τ bezüglich zweier Basen in $\mathcal{U}$ bzw. $\mathcal{V}$, so ist der Rang von τ gleich dem Rang der Matrix $\mathbf{T}$.

19. Seien $\mathcal{U}$ und $\mathcal{V}$ lineare Vektorräume endlicher Dimension und $\tau : \mathcal{U} \to \mathcal{V}$ eine lineare Abbildung. Man zeige:

(i) ist τ injektiv, so gibt es eine surjektive Abbildung $\sigma : \mathcal{V} \to \mathcal{U}$ mit $\sigma\tau = \imath_{\mathcal{U}}$ (die Abbildung σ ist eine „Linksinverse“ der Abbildung τ);

(ii) ist τ surjektiv, so gibt es eine injektive Abbildung $\rho : \mathcal{V} \to \mathcal{U}$ mit $\tau\rho = \imath_{\mathcal{V}}$ (die Abbildung ρ ist eine „Rechtsinverse“ der Abbildung τ).

Hinweis: Für (i) gehe man von einer Basis x_i für $\mathcal{U}$ aus, ergänze die Vektoren $y_i = \tau x_i$ durch Hinzunahme von Vektoren z_j zu einer Basis $\{y_i, z_j\}$ von $\mathcal{V}$ und lege durch $\sigma y_i := x_i$, $\sigma z_j := o$ die Abbildung σ fest; für (ii) wähle man eine Basis x_i für $\mathcal{V}$, zeige die lineare Unabhängigkeit der Vektoren y_i in $\tau y_i = x_i$, ergänze sie durch Vektoren z_j zu einer Basis von $\mathcal{U}$ und setze $\rho x_i := y_i$.

20. Seien $\tau:\mathcal{U} \to \mathcal{V}$, $\sigma:\mathcal{V} \to \mathcal{U}$ zwei lineare Abbildungen mit der Eigenschaft

$$\tau\sigma = \imath_{\mathcal{V}} .$$

Dann ist σ injektiv und τ surjektiv (eine Linksinverse ist surjektiv, eine Rechtsinverse ist injektiv).

21. Ist eine Linksinverse bzw. eine Rechtsinverse einer linearen Abbildung $\tau : \mathcal{U} \to \mathcal{V}$ eindeutig? Unter welchen Umständen kann dies nur zutreffen?

22. Seien σ und τ zwei lineare Transformationen und $\sigma\tau = o$. Man zeige:

(i) ist σ injektiv $\Rightarrow \quad \tau = o$;

(ii) ist τ surjektiv $\Rightarrow \quad \sigma = o$.

23. Sei $\tau : \mathcal{U} \to \mathcal{V}$ eine lineare Abbildung. Man zeige, daß es nur eine Abbildung $\sigma : \mathcal{V} \to \mathcal{U}$ geben kann, für welche $\tau\sigma = \imath_{\mathcal{V}}$ und $\sigma\tau = \imath_{\mathcal{U}}$ gilt (Eindeutigkeit der Inversen einer linearen Abbildung).

24. Seien $\mathcal{U}$ und $\mathcal{V}$ zwei Vektorräume, $\dim \mathcal{U} = \dim \mathcal{V} = N$. Dann gibt es eine bijektive lineare Abbildung $\tau : \mathcal{U} \to \mathcal{V}$ (zwei endlichdimensionale Vektorrräume gleicher Dimension sind isomorph).

Hinweis: Man wähle eine Basis $\{e_1, \ldots, e_N\}$ in $\mathcal{U}$, eine Basis $\{f_1, \ldots, f_N\}$ in $\mathcal{V}$ und setze $\tau e_i = f_i$ für $i = 1, \ldots, N$. Schließlich erweitere man τ zu einer linearen Abbildung der beiden Vektorräume.

25. Sei $\mathcal{M}_1^n$ der Vektorraum der 1-zeiligen Matrizen mit n Spalten, $\mathcal{M}_n^1$ der Vektorraum der 1-spaltigen Matrizen mit n Zeilen (vgl. Bsp. 2) und

$$\varphi(\mathbf{a}, \mathbf{b}) := \mathbf{a} \cdot \mathbf{b}, \qquad \mathbf{a} \in \mathcal{M}_1^n, \ \mathbf{b} \in \mathcal{M}_n^1,$$

worin der Malpunkt die Matrizenmultiplikation symbolisiert. Man zeige, daß φ ein skalares Produkt ist, mithin die beiden Vektorräume $\mathcal{M}_1^n$ und $\mathcal{M}_n^1$ dual sind („Vektoren" sind Spalten, „Linearformen" sind Zeilen). Man bestimme die duale Basis von

$$e_1 = \begin{pmatrix} 1 \\ 0 \\ \vdots \\ 0 \end{pmatrix}, \ e_2 = \begin{pmatrix} 0 \\ 1 \\ \vdots \\ 0 \end{pmatrix}, \ldots, \ e_n = \begin{pmatrix} 0 \\ 0 \\ \vdots \\ 1 \end{pmatrix}.$$

26. Seien $\mathcal{M}_1^3$ und $\mathcal{M}_3^1$ die dualen Vektorräume von Bsp. 25 für $n = 3$. Man berechne das orthogonale Komplement des Teilraumes

$$\mathcal{U} = \left\langle \begin{pmatrix} 1 \\ 1 \\ 0 \end{pmatrix}, \begin{pmatrix} 0 \\ 1 \\ 1 \end{pmatrix} \right\rangle$$

von $\mathcal{M}_3^1$.

27. Man beweise allgemein: Faßt man die n Spalten einer Basis des $\mathcal{M}_n^1$ zu einer Matrix $\mathbf{X}$ („Zeile von Spalten") zusammen, so ist $\mathbf{X}$ regulär, die Zeilen der Inversen $\mathbf{X}^{-1}$ sind die Vektoren der dualen Basis für $\mathcal{M}_1^n$ ($\mathbf{X}^{-1}$ als „Spalte von Zeilen").

28. Sei $\mathcal{M}^n_m$ der Vektorraum der reellen Matrizen mit m Zeilen und n Spalten. Man zeige, daß $\Phi : \mathcal{M}^m_n \times \mathcal{M}^n_m \to \mathbb{R}$,

$$\Phi(\mathbf{A}, \mathbf{B}) := \operatorname{spur} \mathbf{A} \cdot \mathbf{B}\,, \quad \mathbf{A} \in \mathcal{M}^m_n\,,\ \mathbf{B} \in \mathcal{M}^n_m\,,$$

bilinear, nicht-ausgeartet und somit ein Skalarprodukt der beiden Vektorräume $\mathcal{M}^m_n$ und $\mathcal{M}^n_m$ ist, die solcherart dual sind.

29. Man bestimme die duale Basis zu den drei linear unabhängigen Vektoren

$$\bar{e}_1 = e_2 + e_3\,, \quad \bar{e}_2 = e_1 + e_3\,, \quad \bar{e}_3 = e_1 + e_2$$

unter der Annahme, daß $\varepsilon^1, \varepsilon^2, \varepsilon^3$ die zu den drei linear unabhängigen Vektoren e_1, e_2, e_3 duale Basis ist.

30. Sei $\mathcal{M}^1_n$, $\mathcal{M}^n_1$ das Paar dualer Vektorräume von Bsp. 25 und $\tau\mathbf{a} := \mathbf{T} \cdot \mathbf{a}$ eine lineare Transformation des $\mathcal{M}^1_n$, wobei $\mathbf{T}$ eine n-reihige Matrix ist. Man bestimme die duale Transformation $\tau^*\mathbf{b}$ für $\mathbf{b} \in \mathcal{M}^n_1$.

31. Seien $\mathcal{B}$ und $\mathcal{B}^*$ duale Basen in einem N-dimensionalen Vektorraum $\mathcal{V}$ und seinem Dualraum $\mathcal{V}^*$. Für $i = 1, 2, \ldots, n$ ist

$$\pi_i x := \langle \varepsilon^i, x \rangle e_i\,, \quad x \in \mathcal{V}\,,$$

gesetzt. Man zeige, daß $\pi_i : \mathcal{V} \to \mathcal{V}$ eine lineare Transformation mit der Eigenschaft $\operatorname{spur} \pi_i = 1$ ist und beweise ferner

$$\text{(i)}\ \pi_i^2 = \pi_i \pi_i = \pi_i\,, \qquad \text{(ii)}\ \pi_i \pi_j = o\,,\ i \neq j\,, \qquad \text{(iii)}\ \sum_{i=1}^{N} \pi_i = \imath_{\mathcal{V}}\,.$$

Die Transformationen π_i werden „Projektoren" genannt. Man berechne die dualen Transformationen $\pi_i^* : \mathcal{V}^* \to \mathcal{V}^*$.

32. Seien σ und τ zwei lineare Transformationen auf dem endlichdimensionalen Vektorraum $\mathcal{V}$. Man zeige

$$(\sigma\tau)^* = \tau^*\sigma^*\,.$$

33. Sei $\tau : \mathcal{V} \to \mathcal{V}$ eine bijektive lineare Transformation. Man zeige

$$\left(\tau^*\right)^{-1} = \left(\tau^{-1}\right)^*\,.$$

34. Seien $\mathcal{U}_1$, $\mathcal{U}_2$ Teilräume eines endlichdimensionalen Vektorraumes $\mathcal{V}$. Gilt $\mathcal{U}_1 \subseteq \mathcal{U}_2$ und $\dim \mathcal{U}_1 = \dim \mathcal{U}_2$, so ist $\mathcal{U}_1 = \mathcal{U}_2$.

35. Sei $\mathcal{U}$, $\mathcal{V}$ ein Paar dualer (endlichdimensionaler) Vektorräume und $\mathcal{W}$ ein Teilraum von $\mathcal{U}$ (oder $\mathcal{V}$). Man zeige

$$\mathcal{W}^{\perp\perp} = \left(\mathcal{W}^{\perp}\right)^{\perp} = \mathcal{W}\,.$$

36. Sei $\mathcal{V}$ ein endlichdimensionaler Vektorraum und $\tau : \mathcal{V} \to \mathcal{V}$ eine lineare Transformation. Man zeige

(i) $(\tau\mathcal{V})^{\perp} = \tau^{*-1}\{o\}$, $(\tau^*\mathcal{V}^*)^{\perp} = \tau^{-1}\{o\}$

(ii) $\left(\tau^{-1}\{o\}\right)^{\perp} = \tau^*\mathcal{V}^*$, $\left(\tau^{*-1}\{o\}\right)^{\perp} = \tau\mathcal{V}$.

37. Sei $\mathcal{V}$ ein linearer Vektorraum endlicher Dimension und $\tau : \mathcal{V} \to \mathcal{V}$ eine lineare Transformation. Man beweise, daß die Bedingung

$$\forall \alpha \in \mathcal{V}^*, \ \tau^* \alpha = o \ \Rightarrow \ \langle \alpha, b \rangle = 0$$

notwendig und hinreichend für die Lösbarkeit der linearen Gleichung $\tau x = b$ ist.

38. Man zeige: Eine lineare Transformation $\tau : \mathcal{V} \to \mathcal{V}$, $\dim \mathcal{V} = N$, ist genau dann bijektiv, wenn $\det \tau \neq 0$ ist.

39. Sei $\mathbf{B}$ eine positiv definite n-reihige Matrix. Man zeige, daß durch die nach den Regeln der Matrizenrechnung auszuführenden Operationen (das hochgesetzte Zeichen † kennzeichnet das Transponieren von Matrizen, also die Vertauschung der Rolle von Zeilen und Spalten) über

$$\varphi(\mathbf{x}, \mathbf{y}) := \mathbf{x}^\dagger \cdot \mathbf{B} \cdot \mathbf{y}$$

ein inneres Produkt auf dem Vektorraum $\mathbb{R}^n$ eingeführt ist. Man zeige, daß der $\mathbb{R}^n$ mit diesem inneren Produkt ein euklidischer Vektorraum im eigentlichen Sinn ist.

40. Sei $\mathbf{B}$ eine reguläre und symmetrische n-reihige Matrix. Dann ist auch

$$\varphi(\mathbf{x}, \mathbf{y}) := \mathbf{x}^\dagger \cdot \mathbf{B} \cdot \mathbf{y}$$

ein inneres Produkt auf dem Vektorraum $\mathbb{R}^n$. Unter welchen Voraussetzungen über die Matrix $\mathbf{B}$ handelt es sich um einen euklidischen, unter welchen Voraussetzungen um einen pseudo-euklidischen Vektorraum? Man berechne Index und Signatur des inneren Produktes im Falle $n = 3$ und

$$\mathbf{B} = \begin{pmatrix} 3 & 2 & -4 \\ 2 & 0 & -2 \\ -4 & -2 & 3 \end{pmatrix}.$$

41. Sei $\mathbf{B}$ die dreireihige Matrix in Bsp. 40 und $\varphi(\mathbf{x}, \mathbf{y})$ das von ihr induzierte innere Produkt im $\mathbb{R}^3$. Man gebe eine orthonormale Basis an!

42. Sei $\mathcal{M}_n = \mathcal{M}_n^n$ der Vektorraum der n-reihigen Matrizen. Man zeige, daß

$$\varphi(\mathbf{A}, \mathbf{B}) := \operatorname{spur} \mathbf{A}^\dagger \cdot \mathbf{B}$$

ein definites inneres Produkt ist.

43. Sei $\mathcal{M}_n = \mathcal{M}_n^n$ der Vektorraum der quadratischen n-reihigen Matrizen. Man zeige, daß

$$\varphi(\mathbf{A}, \mathbf{B}) := \operatorname{spur} \mathbf{A} \cdot \mathbf{B}$$

ein indefinites inneres Produkt ist. Man beweise, daß $r = \frac{n(n+1)}{2}$ der Index dieses inneren Produktes ist.

44. Sei (a, b, c) das Koordinatentripel eines Vektors v in einem dreidimensionalen euklidischen Vektorraum $\mathcal{E}$ bezüglich einer Basis $\{e_1, e_2, e_3\}$, (α, β, γ) das Koordinatentripel des assoziierten kovarianten Vektors $\varphi = \iota v$ bezüglich der dualen Basis $\{\varepsilon^1, \varepsilon^2, \varepsilon^3\}$. Man bestimme die Koordinatentripel beider Vektoren bei einem Basiswechsel

$$\bar{e}_1 = e_2 + e_3 \,, \quad \bar{e}_2 = e_1 + e_3 \,, \quad \bar{e}_3 = e_1 + e_2 \,.$$

2 Tensoralgebra

Tensoren[1] sind multilineare Funktionen mehrerer Veränderlicher. Insofern als ihre Argumente Vektoren und Linearformen sind, werden sie in die Theorie der linearen Vektorräume eingebunden. Aus den verschiedenen Verknüpfungen von Tensoren, der Addition und namentlich der Multiplikation, entwickelt sich die Tensoralgebra.

2.1 Tensoren

Für das Folgende sei $\mathcal{V}$ ein N-dimensionaler reeller Vektorraum, $\mathcal{V}^*$ bezeichne wie üblich den Dualraum. Basen in $\mathcal{V}$ werden mit $\mathcal{B} = \{e_1, \ldots, e_N\}$, $\bar{\mathcal{B}} = \{\bar{e}_1, \ldots, \bar{e}_N\}, \ldots$ bezeichnet, die zugehörigen dualen Basen in $\mathcal{V}^*$ erhalten als Kennzeichen das hochgestellte Symbol $*$ wie in $\mathcal{B}^* = \{\varepsilon^1, \ldots, \varepsilon^N\}$ und $\bar{\mathcal{B}}^* = \{\bar{\varepsilon}^1, \ldots, \bar{\varepsilon}^N\}$. Den Beziehungen zwischen den Vektoren zweier Basen $\mathcal{B}$ und $\bar{\mathcal{B}}$ bzw. ihrer dualen Basen $\mathcal{B}^*$ und $\bar{\mathcal{B}}^*$ liegen die Gleichungen (1.24) und (1.26) zugrunde. Wenn im folgenden von einem Basiswechsel die Rede ist, soll stets der Übergang $\mathcal{B} \to \bar{\mathcal{B}}$ in $\mathcal{V}$ und gleichzeitig der Übergang $\mathcal{B}^* \to \bar{\mathcal{B}}^*$ in $\mathcal{V}^*$ gemeint sein.

Eine multilineare Funktion $\alpha : \mathcal{V}^n \to \mathbb{R}$ heißt ein *kovarianter Tensor n-ter Stufe*. Sind $x_1, x_2, \ldots, x_n$ beliebige Vektoren in $\mathcal{V}$ mit den Koordinaten $X_1^i, X_2^i, \ldots, X_n^i$, so gilt auf Grund der Multilinearität

$$\alpha(x_1, x_2, \ldots, x_n) = \sum_{i_1=1}^{N} \sum_{i_2=1}^{N} \cdots \sum_{i_n=1}^{N} X_1^{i_1} X_2^{i_2} \ldots X_n^{i_n} \alpha(e_{i_1}, e_{i_2}, \ldots, e_{i_n}) .$$

Die N^n reellen Zahlen

$$A_{i_1 i_2 \ldots i_n} = \alpha(e_{i_1}, e_{i_2}, \ldots, e_{i_n})$$

heißen die *Koordinaten des Tensors α bezüglich der Basis $\mathcal{B}$*. Da diese sich bei einem Basiswechsel analog dem Transformationsgesetz (1.67) wie

[1] Die Bezeichnung „Tensor" kommt aus dem Lateinischen — es bedeutet „tendo" (tetendi, tentus od. *tensus*) soviel wie spannen, straff anziehen, dehnen. Das erstmalige Auftreten dieses Begriffs in der Kontinuumsmechanik, nämlich der sogenannte *Spannungstensor* im Dehnungs-Spannungsgesetz, hat zur Namensgebung *Tensor* für alle Objekte dieser Art geführt.

kovariante Koordinaten, nämlich nach der Vorschrift

$$\alpha(\bar{e}_{j_1}, \bar{e}_{j_2}, \ldots, \bar{e}_{j_n}) = \sum_{i_1=1}^{N} \sum_{i_2=1}^{N} \cdots \sum_{i_n=1}^{N} a_{j_1}^{i_1} a_{j_2}^{i_2} \ldots a_{j_n}^{i_n} \, \alpha(e_{i_1}, e_{i_2}, \ldots, e_{i_n})$$

beziehungsweise

$$\bar{A}_{j_1 j_2 \ldots j_n} = \sum_{i_1=1}^{N} \sum_{i_2=1}^{N} \cdots \sum_{i_n=1}^{N} a_{j_1}^{i_1} a_{j_2}^{i_2} \ldots a_{j_n}^{i_n} \, A_{i_1 i_2 \ldots i_n} \tag{2.1}$$

transformieren, nennt man α einen „kovarianten" Tensor. Man sagt, die (tiefgestellten) Koordinaten-Indizes eines kovarianten Tensors transformieren sich *kogredient* und spricht auch von *kovarianten Indizes.*

Eine multilineare Funktion $\beta : \mathcal{V}^{*m} \to \mathbb{R}$ heißt ein *kontravarianter Tensor m-ter Stufe*. Sind $\xi^1, \xi^2, \ldots, \xi^m$ beliebige Vektoren in $\mathcal{V}^*$ mit den Koordinaten $\Xi_i^1, \Xi_i^2, \ldots, \Xi_i^m$, so gilt

$$\beta(\xi^1, \xi^2, \ldots, \xi^m) = \sum_{i_1=1}^{N} \sum_{i_2=1}^{N} \cdots \sum_{i_m=1}^{N} \Xi_{i_1}^1 \Xi_{i_2}^2 \ldots \Xi_{i_m}^m \beta(\varepsilon^{i_1}, \varepsilon^{i_2}, \ldots, \varepsilon^{i_m}) .$$

Die N^m Zahlen

$$B^{i_1 i_2 \ldots i_m} = \beta(\varepsilon^{i_1}, \varepsilon^{i_2}, \ldots, \varepsilon^{i_m})$$

heißen die *Koordinaten des Tensors β bezüglich der Basis $\mathcal{B}^*$*; sie transformieren sich bei einem Basiswechsel analog dem Transformationsgesetz (1.66) für kontravariante Koordinaten,

$$\beta(\bar{\varepsilon}^{j_1}, \bar{\varepsilon}^{j_2}, \ldots, \bar{\varepsilon}^{j_m}) = \sum_{i_1=1}^{N} \sum_{i_2=1}^{N} \cdots \sum_{i_m=1}^{N} \breve{a}_{i_1}^{j_1} \breve{a}_{i_2}^{j_2} \ldots \breve{a}_{i_m}^{j_m} \, \beta(\varepsilon^{i_1}, \varepsilon^{i_2}, \ldots, \varepsilon^{i_m})$$

beziehungsweise

$$\bar{B}^{j_1 j_2 \ldots j_m} = \sum_{i_1=1}^{N} \sum_{i_2=1}^{N} \cdots \sum_{i_m=1}^{N} \breve{a}_{i_1}^{j_1} \breve{a}_{i_2}^{j_2} \ldots \breve{a}_{i_m}^{j_m} \, B^{i_1 i_2 \ldots i_m} . \tag{2.2}$$

Man sagt, die (hochgestellten) Koordinaten-Indizes des Tensors β transformieren sich *kontragredient* und spricht auch von *kontravarianten Indizes.*

Sind n und m natürliche Zahlen, so nennt man eine multilineare Funktion $\gamma : \mathcal{V}^{*m} \times \mathcal{V}^n \to \mathbb{R}$ einen *gemischten Tensor $(n+m)$-ter Stufe*, und zwar einen *n-fach kovarianten* und *m-fach kontravarianten Tensor.* Sind $\xi^1, \xi^2, \ldots, \xi^m \in \mathcal{V}^*$ und $x_1, x_2, \ldots, x_n \in \mathcal{V}$ beliebige $n+m$ Vektoren, so ist

$$\gamma(\xi^1, \ldots, \xi^m, x_1, \ldots, x_n) = \sum_{i_1, \ldots, i_m=1}^{N} \sum_{j_1, \ldots, j_n=1}^{N} \Xi_{i_1}^1 \ldots \Xi_{i_m}^m X_1^{j_1} \ldots X_n^{j_n} \times \gamma(\varepsilon^{i_1}, \ldots, \varepsilon^{i_m}, e_{j_1}, \ldots, e_{j_n}) .$$

Die N^{n+m} Größen

$$C^{i_1\dots i_m}_{j_1\dots j_n} = \gamma\big(\varepsilon^{i_1},\dots,\varepsilon^{i_m},e_{j_1},\dots,e_{j_n}\big)$$

heißen die Koordinaten des Tensors γ; sie transformieren sich bei einem Basiswechsel gemäß

$$\begin{aligned}\bar{C}^{i_1\dots i_m}_{j_1\dots j_n} &= \gamma\big(\bar{\varepsilon}^{i_1},\dots,\bar{\varepsilon}^{i_m},\bar{e}_{j_1},\dots,\bar{e}_{j_n}\big)\\ &= \sum_{k_1,\dots,k_m=1}^{N}\ \sum_{l_1,\dots,l_n=1}^{N} \breve{a}^{i_1}_{k_1}\dots\breve{a}^{i_m}_{k_m}a^{l_1}_{j_1}\dots a^{l_n}_{j_n}\,C^{k_1\dots k_m}_{l_1\dots l_n}\,.\end{aligned} \tag{2.3}$$

Bezüglich der ersten m (hochgestellten) Indizes transformieren sich die Koordinaten des Tensors γ kontragredient, bezüglich der letzten n (tiefgestellten) Indizes transformieren sie sich kogredient.

Gemischte Tensoren dieser Art sind gewissermaßen der „Standard-Typ"; neben diesem gibt es eine Vielzahl anderer Typen gemischter Tensoren. Als „Definitionsbereich" tritt jedesmal ein kartesisches Produkt der Vektorräume $\mathcal{V}$ und $\mathcal{V}^*$ auf wie in

$$\gamma:\underbrace{\mathcal{V}^*\times\dots\times\mathcal{V}^*}_{m_1\text{ mal}}\times\underbrace{\mathcal{V}\times\dots\times\mathcal{V}}_{n_1\text{ mal}}\times\dots\times\underbrace{\mathcal{V}^*\times\dots\times\mathcal{V}^*}_{m_p\text{ mal}}\times\underbrace{\mathcal{V}\times\dots\times\mathcal{V}}_{n_p\text{ mal}}\to\mathbb{R}\,;$$

dies ist ein $m_1+\dots+m_p=m$-fach kontravarianter und $n_1+\dots+n_p=n$-fach kovarianter gemischter Tensor mit den Koordinaten

$$\gamma\big(\varepsilon^{i_1},\dots,\varepsilon^{i_{m_1}},e_{j_1}\dots,e_{j_{n_1}},\dots,\varepsilon^{k_1},\dots,\varepsilon^{k_{m_p}},e_{l_1}\dots,e_{l_{n_p}}\big)\,.$$

Gemischte Tensoren dieser allgemeinen Bauart lassen sich jedoch in den Standard-Typ verwandeln, indem man zum Tensor $\hat{\gamma}:\mathcal{V}^{*m}\times\mathcal{V}^n\to\mathbb{R}$ übergeht, der durch die Festsetzung

$$\hat{\gamma}(\xi^1,\dots,\xi^m,x_1,\dots,x_n) := \gamma(\xi^1,\dots,\xi^{m_1},x_1,\dots,\xi^m,\dots,x_n)$$

eingeführt wird. Er entsteht gewissermaßen durch „Umordnung" der Faktoren im Definitionsbereich von γ, und er hat auch dieselben Werte wie der Tensor γ, wenn auf die Reihenfolge der Argumente bei dieser Umordnung Rücksicht genommen wird. Man kann sich daher, wenn von einem gemischten Tensor die Rede ist, auf den Standard-Typ beschränken, was im folgenden auch geschehen soll. Gelegentlich ist es aber dennoch erforderlich, auf einen speziellen Typus Rücksicht zu nehmen; in derartigen Fällen soll durch eine adäquate Indizierung der Koordinaten auf den jeweiligen Typus hingewiesen werden.

So ist eine Funktion $\alpha:\mathcal{V}\times\mathcal{V}^*\times\mathcal{V}\to\mathbb{R}$ ein *zweifach kovarianter* und *einfach kontravarianter* Tensor dritter Stufe; seine Koordinaten sind die Zahlen $A_i{}^j{}_k=\alpha(e_i,\varepsilon^j,e_k)$ in

$$\alpha(x,\xi,y)=\sum_{i=1}^{N}\sum_{j=1}^{N}\sum_{k=1}^{N}A_i{}^j{}_kX^i\Xi_jY^k\,.$$

In $A_i{}^j{}_k$ ist der erste Index tiefgestellt und damit als „kovarianter" Index ausgewiesen, entsprechend dem ersten „Faktor" $\mathcal{V}$ im Definitionsbereich von α, der zweite hingegen hochgestellt und damit „kontravariant“, weil der zweite Faktor der Dualraum $\mathcal{V}^*$ ist; der dritte Index ist wieder tiefgestellt und daher kovariant, womit auf den dritten Faktor $\mathcal{V}$ im Definitionsbereich hingewiesen wird. Damit folgt man der Übereinkunft, mit tiefgestellten kovarianten Indizes auf die Basisvektoren in $\mathcal{V}$ — entsprechend der Art ihrer Numerierung — hinzuweisen, und mit hochgestellten kontravarianten Indizes auf die Basisvektoren in $\mathcal{V}^*$. Bezüglich der kontravarianten Indizes transformieren sich die Koordinaten kontragredient, bezüglich der kovarianten Indizes transformieren sie sich kogredient,

$$\bar{A}_i{}^j{}_k = \alpha(\bar{e}_i, \bar{\varepsilon}^j, \bar{e}_k) = \sum_{h=1}^N \sum_{l=1}^N \sum_{m=1}^N a_i^h \check{a}_l^j a_k^m A_h{}^l{}_m .$$

Der Übergang zum Standard-Typus führt zum Tensor $\hat{\alpha} : \mathcal{V}^* \times \mathcal{V}^2 \to \mathbb{R}$ mit den Koordinaten A^j_{ik}, die sich nach der Vorschrift

$$\bar{A}^j_{ik} = \sum_{h=1}^N \sum_{l=1}^N \sum_{m=1}^N \check{a}_l^j a_i^h a_k^m A^l_{hm}$$

transformieren. Die Werte des Tensors $\hat{\alpha}$ sind

$$\hat{\alpha}(\xi, x, y) = \alpha(x, \xi, y) = \sum_{i=1}^N \sum_{j=1}^N \sum_{k=1}^N A^j_{ik} \Xi_j X^i Y^k .$$

Eine lineare Funktion $\alpha : \mathcal{V} \to \mathbb{R}$, also ein Element $\alpha \in \mathcal{V}^*$, ist ein *kovarianter Tensor erster Stufe*. Seine Kordinaten

$$A_i = \alpha(e_i) = \langle \alpha, e_i \rangle$$

transformieren sich nach der Regel (1.67) für die kovarianten Koordinaten eines Vektors. Ein *kontravarianter Tensor erster Stufe* ist eine Linearform auf $\mathcal{V}^*$, also ein Vektor in $\mathcal{V}^{**}$. Da die Vektorräume $\mathcal{V}$ und $\mathcal{V}^{**}$ auf Grund des zwischen ihnen bestehenden natürlichen Isomorphismus identifiziert werden, repräsentiert jeder Vektor $b \in \mathcal{V}$ einen kontravarianten Tensor erster Stufe. Seine Koordinaten sind (vgl. (1.27))

$$B^i = b(\varepsilon^i) = \langle b, \varepsilon^i \rangle_* = \langle \varepsilon^i, b \rangle ;$$

sie transformieren sich nach der Regel (1.66). Man nennt daher die Vektoren in $\mathcal{V}$ *kontravariante Tensoren erster Stufe*; die kovarianten Tensoren erster Stufe sind die Linearformen in $\mathcal{V}^*$.[2)]

Die Elemente des Grundkörpers $\mathbb{R}$ der Vektorräume $\mathcal{V}$ und $\mathcal{V}^*$ bezeichnet man als Tensoren *nullter* Stufe. Sie werden auch *Invarianten* genannt, da sie sich bei einem Basiswechsel nicht ändern, im Gegensatz zu den Koordinaten eines Tensors mit einer Stufe, die größer als Null ist.

Die Koordinaten eines Tensors n-ter Stufe sind die Werte des Tensors auf den geordneten n-tupeln von Basisvektoren in $\mathcal{V}$, wenn es sich um einen kovarianten Tensor handelt, bzw. in $\mathcal{V}^*$ im Falle eines kontravarianten Tensors, bzw. in $\mathcal{V}$ und $\mathcal{V}^*$, wenn der in Rede stehende Tensor vom gemischten

2) Die Bezeichnungen „kontravarianter Vektor“ und „kontravarianter Tensor erster Stufe“ haben also dieselbe Bedeutung. Ebenso ist der „kovariante Vektor“ ein Synoym für den „kovarianten Tensor erster Stufe“.

Typ ist. Selbstverständlich beinhaltet die Angabe des Definitionsbereiches und der Werte der multilinearen Funktion alle Informationen hinsichtlich seiner Merkmale als kovarianter bzw. kontravarianter bzw. gemischter Tensor. Eine Alternative zu derartigen Angaben, die mitunter etwas schleppend sein können, ist die folgende — nicht ganz exakte — Sprechweise, deren Bündigkeit manchmal die Übersicht erhöht. Man spricht vom Tensor $A_{i_1 \ldots i_n}$ anstelle von $\alpha : \mathcal{V}^n \to \mathbb{R}$ und meint mit den Zahlen $A_{i_1 \ldots i_n}$ die Koordinaten des Tensors α unter Bezugnahme auf eine gerade aktuelle Basis $\mathcal{B}$ in $\mathcal{V}$ — an die Stelle des Funktionssymbols tritt also die Angabe der Koordinaten bezüglich einer festen Basis. Die Stufe des Tensors wird dabei durch die Anzahl der Indizes ausgewiesen, auch kann der Hinweis darauf entfallen, daß es sich um einen kovarianten Tensor handelt, denn dieses Merkmal kann daran abgelesen werden, daß die Koordinaten-Indizes *tiefgestellt* sind. Bezüglich der Vektoren der festen Basis $\mathcal{B}$ sind also die Größen

$$\alpha(e_{i_1}, e_{i_2}, \ldots, e_{i_n}) = A_{i_1 i_2 \ldots i_n}$$

die Werte des Tensors α auf den Basisvektoren von $\mathcal{B}$ in $\mathcal{V}$. Sind jetzt x_1, $x_2, \ldots, x_n$ beliebige Vektoren in $\mathcal{V}$, die bezüglich der Basis $\mathcal{B}$ die Koordinaten $X_1^{i_1}, X_2^{i_2}, \ldots, X_n^{i_n}$ haben, so findet man, weil eben die Funktion α multilinear ist,

$$\alpha(x_1, x_2, \ldots, x_n) = \sum_{i_1, \ldots, i_n = 1}^{N} A_{i_1 i_2 \ldots i_n} X_1^{i_1} X_2^{i_2} \ldots X_n^{i_n} .$$

Diese Übereinkunft läßt sich auf kontravariante Tensoren ausdehnen. Man spricht einfach vom Tensor mit den Koordinaten $B^{j_1 j_2 \ldots j_m}$ und meint damit die Werte eines Tensors $\beta : \mathcal{V}^{*m} \to \mathbb{R}$ auf den geordneten m-tupeln der Vektoren einer festgewählten Basis $\mathcal{B}^*$ in $\mathcal{V}^*$. Die Stufe des Tensors liefert wieder die Anzahl der Indizes; daß es sich dabei um einen kontravarianten Tensor handelt, ist jetzt an den *hochgestellten* Koordinaten-Indizes zu erkennen. Den Wert des Tensors β für ein System von Vektoren $\xi^1, \xi^2, \ldots, \xi^m$ in $\mathcal{V}^*$, die bezüglich der Basis $\mathcal{B}^*$ die Koordinaten $\Xi^1_{j_1}, \Xi^2_{j_2}, \ldots, \Xi^m_{j_m}$ haben, liefert

$$\beta(\xi^1, \xi^2, \ldots, \xi^m) = \sum_{j_1, \ldots, j_m = 1}^{N} B^{j_1 j_2 \ldots j_m} \, \Xi^1_{j_1} \Xi^2_{j_2} \ldots \Xi^m_{j_m} .$$

Sinngemäß weist die Angabe $C^{j_1 \ldots j_m}_{i_1 \ldots i_n}$ auf einen n-fach kovarianten und m-fach kontravarianten gemischten Tensor $\gamma : \mathcal{V}^{*m} \times \mathcal{V}^n \to \mathbb{R}$ vom Standard-Typus hin. Der Typus gemischter Tensoren wie $\alpha : \mathcal{V}^* \times \mathcal{V}^2 \times \mathcal{V}^* \to \mathbb{R}$ oder $\beta : \mathcal{V}^2 \times \mathcal{V}^{*2} \to \mathbb{R}$ wird durch die Position und die Stellung der Indizes in $A^i{}_{jk}{}^l$ und $B_{ij}{}^{kl}$ kenntlich gemacht.

Abschließend sei darauf hingewiesen, daß ein Tensor durch seine Koordinaten, bezogen auf ein Paar dualer Basen in $\mathcal{B}$ und $\mathcal{B}^*$, vollständig festgelegt ist — die Koordinaten sind ja die Werte des Tensors für ein System von Basisvektoren in $\mathcal{V}$ und $\mathcal{V}^*$. Deshalb ist durch jedes Schema von Zahlen, wenn diese als Werte eines Tensors auf einem System von Basisvektoren aufgefaßt werden, ein Tensor vollständig bestimmt, solange hinzugefügt wird, *welche* Basis dabei zugrundegelegt worden ist. Wenn z.B. N^2 Zahlen $A_i{}^j$ gegeben sind, deren Indizierung im Hiblick auf einen gemischten Tensor zweiter Stufe vorgenommen wurde, so wird durch die Setzung

$$\alpha(e_i, \varepsilon^j) := A_i{}^j$$

auch wirklich ein gemischter Tensor zweiter Stufe definiert. Da erst durch die Fixierung einer Basis $\mathcal{B}$, welche der Definition des Tensors zugrundegelegt wird, der Übergang zu einer anderen Basis $\bar{\mathcal{B}}$ vollzogen werden kann, sind

$$\bar{A}_i{}^j = \sum_{h,k=1}^{N} a_i^h \breve{a}_k^j A_h{}^k$$

die Koordinaten des Tensors α bezüglich der Basis $\bar{\mathcal{B}}$. Ohne die Bezugnahme auf eine feste Basis ist es sinnlos, von N^2 Zahlen eines gegebenen Schemas als den Koordinaten eines Tensors zu sprechen, genauso wie die Feststellung: „Diese drei Zahlen sind die Koordinaten eines Vektors" ohne die Ergänzung, auf welche Basis dabei Bezug genommen wird, keinen Informationsgehalt hat.

2.2 Addition und Multiplikation

Funktionen mit demselben Definitionsbereich und Werten in einem Zahlenkörper können addiert werden. Dies gilt notabene für Tensoren gleicher Art und gleicher Stufe. Sind $\alpha : \mathcal{V}^n \to \mathbb{R}$ und $\beta : \mathcal{V}^n \to \mathbb{R}$ zwei kovariante Tensoren n-ter Stufe, so ist ihre *Summe* $\gamma = \alpha + \beta$ der kovariante Tensor

$$(\alpha + \beta)(x_1, x_2, \ldots, x_n) := \alpha(x_1, x_2, \ldots, x_n) + \beta(x_1, x_2, \ldots, x_n)\,,$$

dessen Koordinaten durch elementweise Addition aus den Koordinaten der Summanden hervorgehen,

$$C_{i_1 i_2 \ldots i_n} = A_{i_1 i_2 \ldots i_n} + B_{i_1 i_2 \ldots i_n}\,.$$

Analoges gilt für kontravariante Tensoren $\alpha : \mathcal{V}^{*n} \to \mathbb{R}$ und $\beta : \mathcal{V}^{*n} \to \mathbb{R}$, deren Summe $\gamma = \alpha + \beta$ der kontravariante Tensor n-ter Stufe

$$(\alpha + \beta)(\xi^1, \xi^2, \ldots, \xi^n) := \alpha(\xi^1, \xi^2, \ldots, \xi^n) + \beta(\xi^1, \xi^2, \ldots, \xi^n)$$

mit den Koordinaten

$$C^{i_1 i_2 \ldots i_n} = A^{i_1 i_2 \ldots i_n} + B^{i_1 i_2 \ldots i_n}$$

ist. Sind schließlich α und β zwei gemischte Tensoren vom Standard-Typus, die in ihrer kovarianten und kontravarianten Stufe übereinstimmen, so ist ihre Summe der gemischte Tensor

$$\begin{aligned}(\alpha + \beta)(\xi^1, \ldots, \xi^m, x_1, \ldots, x_n) :&\\ = \alpha(\xi^1, \ldots, \xi^m, x_1, \ldots, x_n) &+ \beta(\xi^1, \ldots, \xi^m, x_1, \ldots, x_n)\end{aligned}$$

mit den Koordinaten

$$A^{j_1\ldots j_m}_{i_1\ldots i_n} + B^{j_1\ldots j_m}_{i_1\ldots i_n} .$$

Was die gemischten Tensoren mit speziellem Typus anlangt, so genügt jetzt nicht die Gleichheit der kovarianten und kontravarianten Stufen, es muß auch der Definitionsbereich übereinstimmen. So können die beiden gemischten Tensoren dritter Stufe $\alpha : \mathcal{V} \times \mathcal{V}^* \times \mathcal{V} \to \mathbb{R}$ und $\beta : \mathcal{V} \times \mathcal{V}^* \times \mathcal{V} \to \mathbb{R}$ addiert werden, der Summentensor $\gamma = \alpha + \beta$ hat die Koordinaten

$$C_i{}^j{}_k = A_i{}^j{}_k + B_i{}^j{}_k .$$

Hingegen ist die Summenbildung von α oder β mit dem gemischten Tensor $\delta : \mathcal{V}^* \times \mathcal{V}^2 \to \mathbb{R}$, dessen Koordinaten entsprechend $D^i{}_{jk}$ zu indizieren sind, nicht möglich, obwohl δ, wie die beiden Tensoren α und β, ein einfach kontravarianter und zweifach kovarianter Tensor ist. Geht man aber zum Standard-Typus über, so sind

$$A^j_{ik} + D^j_{ik}$$

die Koordinaten des Summentensors.

Die Addition und die Multiplikation mit Zahlen aus dem Grundkörper sind die elementaren Rechenoperationen in linearen Vektorräumen. Das Produkt eines beliebigen Tensors α mit einer Zahl $\lambda \in \mathbb{R}$ ist der Tensor

$$(\lambda\alpha)(\ldots) := \lambda\alpha(\ldots)$$

gleicher Stufe und Art wie der Tensor α. Die Koordinaten des Produkttensors $\lambda\alpha$ sind einfach die Produkte der Koordinaten des Tensors α mit der Zahl λ. Wenn z.B. α der gemischte Tensor $\alpha : \mathcal{V}^{*m} \times \mathcal{V}^n \to \mathbb{R}$ mit den Koordinaten $A^{j_1\ldots j_m}_{i_1\ldots i_n}$ ist, so sind die Größen $\lambda A^{j_1\ldots j_m}_{i_1\ldots i_n}$ die Koordinaten des Produkttensors $\lambda\alpha$.

Die gleichartigen Tensoren, für die auf diese Weise eine Addition und eine Multiplikation mit Zahlen aus dem Grundkörper eingeführt ist, haben damit die Struktur eines Vektorraumes. Der Vektorraum der gemischten n-fach kovarianten und m-fach kontravarianten Tensoren auf einem Vektorraum $\mathcal{V}$ werde mit $\mathcal{T}^m_n(\mathcal{V})$ bezeichnet; für $m = 0$ ist $\mathcal{T}_n(\mathcal{V})$ der Vektorraum der n-fach kovarianten, für $n = 0$ ist $\mathcal{T}^m(\mathcal{V})$ der Vektorraum der m-fach kontravarianten Tensoren. Man kommt dabei überein, mit $\mathcal{T}^0_0(\mathcal{V})$ den Grundkörper des Vektorraumes $\mathcal{V}$ zu bezeichnen. Auch die gemischten Tensoren von speziellem Typus haben Vektorraumstruktur.

Im Gegensatz zur Addition, die nur für gleichartige Tensoren definiert ist, läßt sich ein Produkt für Tensoren erklären, und zwar ohne Einschränkung der Faktoren hinsichtlich ihrer Stufe und Art. Sind $\alpha \in \mathcal{T}^m_n(\mathcal{V})$ und $\beta \in \mathcal{T}^q_p(\mathcal{V})$ zwei gemischte Tensoren, so heißt der Tensor $\gamma \in \mathcal{T}^{m+q}_{n+p}(\mathcal{V})$,

$$\begin{aligned}&\gamma(\xi^1, \ldots, \xi^{m+q}, x_1, \ldots x_{n+p}) :\\ &\quad = \alpha(\xi^1, \ldots, \xi^m, x_1, \ldots, x_n)\beta(\xi^{m+1}, \ldots, \xi^{m+q}, x_{n+1}, \ldots, x_{n+p}) ,\end{aligned}$$

das *Produkt* der Tensoren α und β, symbolisch

$$\gamma = \alpha \otimes \beta .$$

Die Koordinaten dieses Tensors sind die Produkte

$$C^{j_1\ldots j_m l_1\ldots l_q}_{i_1\ldots i_n k_1\ldots k_p} = A^{j_1\ldots j_m}_{i_1\ldots i_n} B^{l_1\ldots l_q}_{k_1\ldots k_p}\,.$$

Für $m = q = 0$ sind darin die Produkte kovarianter, für $n = p = 0$ die Produkte kontravarianter Tensoren enthalten. Das Produkt kovarianter Tensoren ist wieder ein kovarianter Tensor, ebenso ist das Produkt kontravarianter Tensoren wieder ein kontravarianter Tensor.

Das Produkt eines Tensors n-ter Stufe mit einem Tensor m-ter Stufe, das auch *Tensorprodukt* oder *tensorielles Produkt* genannt wird, ist ein Tensor $(n+m)$-ter Stufe. Das tensorielle Produkt ist assoziativ und distributiv gegenüber der Tensor-Addition, es ist aber nicht kommutativ. Sind z.B. $\alpha : \mathcal{V} \to \mathbb{R}$ und $\beta : \mathcal{V} \to \mathbb{R}$ zwei kovariante Tensoren erster Stufe, so ist das Produkt $\alpha \otimes \beta$ der kovariante Tensor, dessen Werte

$$(\alpha \otimes \beta)(x, y) = \alpha(x)\beta(y)$$

von denen des Tensor $\beta \otimes \alpha$,

$$(\beta \otimes \alpha)(x, y) = \beta(x)\alpha(y)\,,$$

i.a. verschieden sind.

Das Produkt eines kontravarianten Tensors α mit einem kovarianten Tensor β ist der gemischte Tensor

$$(\alpha \otimes \beta)(\xi^1, \ldots, \xi^m, x_1 \ldots, x_n) = \alpha(\xi^1, \ldots, \xi^m)\beta(x_1, \ldots, x_n)\,,$$

und in umgekehrter Reihenfolge

$$(\beta \otimes \alpha)(\xi^1, \ldots, \xi^m, x_1, \ldots, x_n) = \beta(x_1, \ldots, x_n)\alpha(\xi^1, \ldots, \xi^m)\,.$$

Wenn daher in einem Produkt $\alpha\otimes\beta$ einer der Faktoren ein kontravarianter und der andere ein kovarianter Tensor ist, so gilt

$$\alpha \otimes \beta = \beta \otimes \alpha\,, \qquad \alpha \in \mathcal{T}_n(\mathcal{V}),\ \beta \in \mathcal{T}^m(\mathcal{V})\,, \tag{2.4}$$

im Sinne der Überführung gemischter Tensoren in den Standard-Typ.

Das Produkt $\lambda\alpha$ eines Tensors $\alpha : \mathcal{V}' \to \mathbb{R}$ mit einer Zahl $\lambda \in \mathbb{R}$ erscheint auf diese Weise als das Tensorprodukt $\lambda \otimes \alpha : \mathcal{V}' \to \mathbb{R}$ des Tensors nullter Stufe λ und des Tensors α. Dieses Produkt ist kommutativ.

2.3 Darstellung der Tensoren

Die Vektoren e_i einer Basis $\mathcal{B}$ in $\mathcal{V}$ sind kontravariante Tensoren erster Stufe. Ihre Werte für die Vektoren ε^j der dualen Basis $\mathcal{B}^*$ in $\mathcal{V}^*$ sind die Skalarprodukte (vgl. (1.17) und (1.27))

$$e_i(\varepsilon^j) = \langle e_i, \varepsilon^j \rangle_* = \langle \varepsilon^j, e_i \rangle = \delta_i^j = \begin{cases} 1 & \text{für } i = j, \\ 0 & \text{für } i \neq j. \end{cases} \tag{2.5}$$

Aus diesen Beziehungen ergibt sich für einen beliebigen Vektor $\xi \in \mathcal{V}^*$

$$e_i(\xi) = \sum_{j=1}^{N} \Xi_j e_i(\varepsilon^j) = \sum_{j=1}^{N} \Xi_j \delta_i^j = \Xi_i \,, \tag{2.6}$$

d.h. der kontravariante Tensor e_i ordnet einem Vektor in $\mathcal{V}^*$ seine i-te Koordinate bezüglich der dualen Basis $\mathcal{B}^*$ zu. Man beachte dabei, daß kontravariante Tensoren erster Stufe, wie der Basisvektor e_i, eigentlich Linearformen auf $\mathcal{V}^*$, d.h. Elemente des Vektorraumes $\mathcal{V}^{**}$ sind, der mit dem Vektorraum $\mathcal{V}$ identifiziert wird.

Die Vektoren ε^j der dualen Basis $\mathcal{B}^*$ sind dagegen kovariante Tensoren erster Stufe. Ihre Werte auf der Basis $\mathcal{B}$ von $\mathcal{V}$ bestimmen sich zu

$$\varepsilon^j(e_i) = \langle \varepsilon^j, e_i \rangle = \delta_i^j \,.$$

Der Tensor ε^j ordnet somit einem Vektor $x \in \mathcal{V}$ seine i-te Koordinate bezüglich der Basis $\mathcal{B}$ zu,

$$\varepsilon^j(x) = \sum_{i=1}^{N} X^i \varepsilon^j(e_i) = \sum_{i=1}^{N} X^i \delta_i^j = X^j \,. \tag{2.7}$$

Bildet man jetzt mit Hilfe der Vektoren der Basis $\mathcal{B}$ das tensorielle Produkt

$$e_{i_1} \otimes e_{i_2} \otimes \cdots \otimes e_{i_n} \,,$$

das ein kontravarianter Tensor n-ter Stufe ist, so erhält man für ein Vektorsystem ξ^1, ξ^2, ..., ξ^n in $\mathcal{V}^*$

$$(e_{i_1} \otimes e_{i_2} \otimes \cdots \otimes e_{i_n})(\xi^1, \xi^2, \ldots, \xi^n) = \prod_{k=1}^{n} e_{i_k}(\xi^k) = \Xi^1_{i_1} \Xi^2_{i_2} \ldots \Xi^n_{i_n} \,.$$

Ist dann α ein kontravarianter Tensor n-ter Stufe mit den Koordinaten $A^{i_1 \ldots i_n}$ bezüglich der Basis $\mathcal{B}^*$ und

$$\alpha(\xi^1, \xi^2, \ldots, \xi^n) = \sum_{i_1, \ldots, i_n = 1}^{N} A^{i_1 \ldots i_n} \, \Xi^1_{i_1} \Xi^2_{i_2} \ldots \Xi^n_{i_n} \,,$$

so erhält man durch Einsetzen aus der darüberstehenden Gleichung

$$\alpha(\xi^1, \xi^2, \ldots, \xi^n) = \sum_{i_1, \ldots, i_n = 1}^{N} A^{i_1 \ldots i_n} (e_{i_1} \otimes e_{i_2} \otimes \cdots \otimes e_{i_n})(\xi^1, \xi^2, \ldots, \xi^n)$$

und somit, da diese Gleichung für alle Vektorsysteme ξ^1, ξ^2, ..., ξ^n gültig ist, die Darstellung

$$\alpha = \sum_{i_1, \ldots, i_n = 1}^{N} A^{i_1 \ldots i_n} \, e_{i_1} \otimes \cdots \otimes e_{i_n} \,. \tag{2.8}$$

Bei einem Basiswechsel (1.24), (1.26) ergibt sich

$$\begin{aligned}\alpha &= \sum_{i_1,\dots,i_n=1}^{N} A^{i_1\dots i_n} \sum_{j_1,\dots,j_n=1}^{N} \breve{a}^{j_1}_{i_1}\dots\breve{a}^{j_n}_{i_n}\,\bar{e}_{j_1}\otimes\dots\otimes\bar{e}_{j_n}\\ &= \sum_{j_1,\dots,j_n=1}^{N}\Big(\sum_{i_1,\dots,i_n=1}^{N}\breve{a}^{j_1}_{i_1}\dots\breve{a}^{j_n}_{i_n}A^{i_1\dots i_n}\Big)\bar{e}_{j_1}\otimes\dots\otimes\bar{e}_{j_n}\\ &= \sum_{j_1,\dots,j_n=1}^{N}\bar{A}^{j_1\dots j_n}\,\bar{e}_{j_1}\otimes\dots\otimes\bar{e}_{j_n}\end{aligned}$$

und damit neuerlich das Transformationsgesetz (2.2) für kontravariante Tensoren.

Aus den Gleichungen (2.6) folgt durch eine analoge Betrachtung, daß ein kovarianter Tensor m-ter Stufe β, der bezüglich der Basis $\mathcal{B}$ die Koordinaten $B_{j_1\dots j_m}$ hat, in der Form

$$\beta = \sum_{j_1,\dots,j_m=1}^{N} B_{j_1\dots j_m}\,\varepsilon^{j_1}\otimes\dots\otimes\varepsilon^{j_m} \tag{2.9}$$

dargestellt werden kann. Wie oben für kontravariante Tensoren findet man jetzt für kovariante Tensoren

$$\begin{aligned}\beta &= \sum_{j_1,\dots,j_m=1}^{N} B_{j_1\dots j_m}\sum_{i_1,\dots,i_m=1}^{N} a^{j_1}_{i_1}\dots a^{j_m}_{i_m}\,\bar{\varepsilon}^{i_1}\otimes\dots\otimes\bar{\varepsilon}^{i_m}\\ &= \sum_{i_1,\dots,i_m=1}^{N}\Big(\sum_{j_1,\dots,j_m=1}^{N} a^{j_1}_{i_1}\dots a^{j_m}_{i_m}B_{j_1\dots j_m}\Big)\bar{\varepsilon}^{i_1}\otimes\dots\otimes\bar{\varepsilon}^{i_m}\\ &= \sum_{i_1,\dots,i_m=1}^{N}\bar{B}_{i_1\dots i_m}\,\bar{\varepsilon}^{i_1}\otimes\dots\otimes\bar{\varepsilon}^{i_m}\,.\end{aligned}$$

Dies ist wieder das Transformationsgesetz (2.1) für kovariante Tensoren.

Darstellungen dieser Art gibt es natürlich auch für gemischte Tensoren. Für solche vom Standard-Typus findet man auf dieselbe Weise

$$\gamma = \sum_{i_1,\dots,i_n=1}^{N}\sum_{j_1,\dots,j_m=1}^{N} C^{j_1\dots j_m}_{i_1\dots i_n}\,e_{j_1}\otimes\dots\otimes e_{j_m}\otimes\varepsilon^{i_1}\otimes\dots\otimes\varepsilon^{i_n}\,. \tag{2.10}$$

Das Produkt zweier gemischter Tensoren führt auf diese Weise wieder zu einem gemischten Tensor. Sind $A^{j_1\dots j_m}_{i_1\dots i_n}$ und $B^{k_1\dots k_q}_{l_1\dots l_p}$ zwei gemischte Tensoren und setzt man für den Augenblick zur Abkürzung

$$e_{k_1\dots k_m} = e_{k_1}\otimes\dots\otimes e_{k_m}\,,\qquad \varepsilon^{i_1\dots i_n} = \varepsilon^{i_1}\otimes\dots\otimes\varepsilon^{i_n}\,,$$

so ist wegen (2.4)

$$\varepsilon^{i_1\dots i_n}\otimes e_{k_1\dots k_q} = e_{k_1\dots k_q}\otimes\varepsilon^{i_1\dots i_n}$$

und folglich

$$\alpha \otimes \beta = \sum_{\substack{i_1,\ldots,i_n=1\\ j_1,\ldots,j_m=1}}^{N} A^{j_1\ldots j_m}_{i_1\ldots i_n} e_{j_1\ldots j_m} \otimes \varepsilon^{i_1\ldots i_n} \otimes \sum_{\substack{k_1,\ldots,k_p=1\\ l_1,\ldots,l_q=1}}^{N} B^{l_1\ldots l_q}_{k_1\ldots k_p} e_{l_1\ldots l_q} \otimes \varepsilon^{k_1\ldots k_p}$$

$$= \sum_{\substack{i_1,\ldots,i_n=1\\ j_1,\ldots,j_m=1}}^{N} \sum_{\substack{k_1,\ldots,k_p=1\\ l_1,\ldots,l_q=1}}^{N} A^{j_1\ldots j_m}_{i_1\ldots i_n} B^{l_1\ldots l_q}_{k_1\ldots k_p} e_{j_1\ldots j_m} \otimes \varepsilon^{i_1\ldots i_n} \otimes e_{l_1\ldots l_q} \otimes \varepsilon^{k_1\ldots k_p}$$

$$= \sum_{\substack{i_1,\ldots,i_n=1\\ j_1,\ldots,j_m=1}}^{N} \sum_{\substack{k_1,\ldots,k_p=1\\ l_1,\ldots,l_q=1}}^{N} A^{j_1\ldots j_m}_{i_1\ldots i_n} B^{l_1\ldots l_q}_{k_1\ldots k_p} e_{j_1\ldots j_m} \otimes e_{l_1\ldots l_q} \otimes \varepsilon^{i_1\ldots i_n} \otimes \varepsilon^{k_1\ldots k_p} .$$

Was die speziellen Typen gemischter Tensoren anlangt, so möge aus Gründen der Vielfalt an Hand eines Beispiels auf die denkbaren Fälle hingewiesen werden. Jedes der insgesamt 3^N Produkte

$$e_i \otimes \varepsilon^j \otimes e_k$$

ist ein zweifach kontravarianter und einfach kovarianter Tensor

$$\big(e_i \otimes \varepsilon^j \otimes e_k\big)(\xi, x, \eta) = e_i(\xi)\varepsilon^j(x)e_k(\eta) = \Xi_i X^j \mathrm{H}_k \,;$$

ist $\alpha : \mathcal{V}^* \times \mathcal{V} \times \mathcal{V}^* \to \mathbb{R}$ ein gemischter Tensor mit den Koordinaten $A^{i}{}_{j}{}^{k}$ bezüglich der dualen Basen $\mathcal{B}$ und $\mathcal{B}^*$, so erhält man

$$\alpha(\xi, x, \eta) = \sum_{i,j,k=1}^{N} A^{i}{}_{j}{}^{k}\, \Xi_i X^j \mathrm{H}_k = \sum_{i,j,k=1}^{N} A^{i}{}_{j}{}^{k} \big(e_i \otimes \varepsilon^j \otimes e_k\big)(\xi, x, \eta) ,$$

also die Darstellung

$$\alpha = \sum_{i,j,k=1}^{N} A^{i}{}_{j}{}^{k}\, e_i \otimes \varepsilon^j \otimes e_k .$$

Die Gleichungen (2.8), (2.9) und (2.10) lassen erkennen, daß die Vektorräume $\mathcal{T}^m(\mathcal{V})$, $\mathcal{T}_n(\mathcal{V})$ und $\mathcal{T}^m_n(\mathcal{V})$ endlichdimensional sind, denn es bilden die Tensorprodukte der Basisvektoren e_i bzw. ε^j eine Basis des jeweiligen Vektorraumes. Die Darstellungen (2.8) bis (2.10) sind Linearkombinationen dieser Basisvektoren, deren Koeffizienten die Koordinaten des jeweiligen Tensors sind. Da es insgesamt $(\dim \mathcal{V})^m$ Produkte $e_{j_1} \otimes \cdots \otimes e_{j_m}$ und $(\dim \mathcal{V})^n$ Produkte $\varepsilon^{i_1} \otimes \cdots \otimes \varepsilon^{i_n}$ gibt, ist $\dim \mathcal{T}^m_n(\mathcal{V}) = (\dim \mathcal{V})^{n+m}$. Darin ist für $n = 0$ die Dimension des Vektorraumes der kontravarianten und für $m = 0$ die Dimension des Vektorraumes der kovarianten Tensoren enthalten.

Anschließend an die Bemerkungen am Ende des §1 sei diesen ergänzend hinzugefügt, daß die Vorgabe eines Paares dualer Basen $\mathcal{B}$ und $\mathcal{B}^*$ sowie eines (beliebigen) Systems indizierter Größen A^j_i einen gemischten Tensor

$$\alpha = \sum_{i,j=1}^{N} A^j_i e_j \otimes \varepsilon^i$$

auf eindeutige Weise festlegt.

2.4 Tensoren in euklidischen Vektorräumen

Ein linearer Vektorraum erhält durch ein inneres Produkt eine zusätzliche Struktur. Dies ist nicht ohne Einfluß auf die Algebra der Tensoren.

Ist in einem Vektorraum $\mathcal{E}$ durch eine symmetrische nicht-ausgeartete bilineare Funktion $\mathsf{g} : \mathcal{E} \times \mathcal{E} \to \mathbb{R}$ ein inneres Produkt $(x, y) = \mathsf{g}(x, y)$ gegeben, so ist g definitionsgemäß ein kovarianter Tensor zweiter Stufe. Seine Koordinaten sind die in (1.51) eingeführten Größen

$$g_{ij} = \mathsf{g}(e_i, e_j) = (e_i, e_j).$$

Sie transformieren sich bei einem Basiswechsel (1.24) gemäß dem Transformationsgesetz (2.1) für kovariante Tensoren zweiter Stufe (vgl. (1.68))

$$\bar{g}_{ij} = \sum_{k,l=1}^{N} a_i^k a_j^l g_{kl}.$$

Das in $\mathcal{E}^*$ induzierte innere Produkt (vgl. (1.44)) bestimmt eine bilineare Funktion $\breve{\mathsf{g}} : \mathcal{E}^{*2} \to \mathbb{R}$,

$$\breve{\mathsf{g}}(\xi, \eta) := (\xi, \eta)_* = (\iota^{-1}\xi, \iota^{-1}\eta),$$

worin $\iota : \mathcal{E} \to \mathcal{E}^*$ der natürliche Isomorphismus der Vektorräume $\mathcal{E}$ und $\mathcal{E}^*$ ist. Deshalb ist $\breve{\mathsf{g}}$ als bilineare Funktion auf dem Produkt $\mathcal{E}^* \times \mathcal{E}^*$ ein kontravarianter Tensor zweiter Stufe mit den Koordinaten (vgl. (1.52))

$$g^{ij} = (\varepsilon^i, \varepsilon^j)_*.$$

Diese transformieren sich bei einem Basiswechsel gemäß dem Transformationsgesetz (2.2) für kontravariante Tensoren zweiter Stufe (vgl. (1.70))

$$\bar{g}^{ij} = \sum_{k,l=1}^{N} \breve{a}_k^i \breve{a}_l^j g^{kl}.$$

Auch das Skalarprodukt $\langle \square, \square \rangle$ der Vektorräume $\mathcal{E}^*$ und $\mathcal{E}$ ist eine bilineare Funktion, demnach ein gemischter Tensor zweiter Stufe mit den Koordinaten

$$g^i{}_j = \langle \varepsilon^i, e_j \rangle = \delta_j^i = \begin{cases} 1 & \text{für } i = j, \\ 0 & \text{für } i \neq j. \end{cases}$$

Wechselt man die Basis, so transformieren sich die Koordinaten dieses Tensors nach dem Transformationsgesetz (2.3),

$$\bar{g}^i{}_j = \sum_{k,l=1}^{N} \breve{a}_k^i a_j^l g^k{}_l = \sum_{k=1}^{N} \breve{a}_k^i a_j^k = \delta_j^i = g^i{}_j.$$

Sie ändern sich bei einem Basiswechsel nicht, und zwar deshalb, weil die Transformationsmatrizen $\{a_i^j\}$ und $\{\breve{a}_i^j\}$ zueinander invers sind. Schließlich ist auch das Skalarprodukt $\langle \square, \square \rangle_*$ der Vektorräume $\mathcal{E}^{**}$ und $\mathcal{E}^*$ ein gemischter Tensor zweiter Stufe, dessen Koordinaten bezüglich der Basen $\mathcal{B}$ und $\mathcal{B}^*$ durch

$$g_i{}^j = \langle e_i, \varepsilon^j \rangle_* = \langle \varepsilon^j, e_i \rangle = g^j{}_i$$

gegeben sind. Auch diese bleiben von einem Basiswechsel unberührt.

In einem euklidischen oder pseudo-euklidischen Vektorraum $\mathcal{E}$ besteht auf Grund des Isomorphismus ι ein enger Zusammenhang zwischen einem Vektor $x \in \mathcal{E}$ und dem Vektor $\iota x \in \mathcal{E}^*$. Diese Verwandtschaft war Anlaß dafür, die beiden Vektoren in einer Familie zueinander (durch den Isomorphismus ι) assoziierter Vektoren zusammenzufassen. Innerhalb dieser Familie unterscheidet man sie, indem man vom kontravarianten Vektor x und vom kovarianten Vektor ιx spricht, nach außen erhalten sie einen gemeinsamen „Familiennamen", indem man ihren Koordinaten ein und dasselbe Grundsymbol zuweist und sie nur durch die Stellung der Indizes auseinanderhält; so sind X^i die kontravarianten Koordinaten (die Koordinaten des Vektors x bezüglich der Basis $\mathcal{B}$) und X_i die kovarianten Koordinaten (die Koordinaten des Vektors ιx bezüglich der zu $\mathcal{B}$ dualen Basis $\mathcal{B}^*$). Vor einer ähnlichen Situation steht man nun angesichts der vier durch das innere Produkt in $\mathcal{E}$ hervorgehen Tensoren

$$\begin{aligned} \mathfrak{g}(x,y) &= (x,y)\,, \\ \breve{\mathfrak{g}}(\xi,\eta) &= (\xi,\eta)_* = (\iota^{-1}\xi,\iota^{-1}\eta) = \mathfrak{g}(\iota^{-1}\xi,\iota^{-1}\eta)\,, \\ \hat{\mathfrak{g}}(\xi,y) &= \langle \xi,y\rangle = (\iota^{-1}\xi,y) = \mathfrak{g}(\iota^{-1}\xi,y)\,, \\ \tilde{\mathfrak{g}}(x,\xi) &= \langle x,\xi\rangle_* = (x,\iota^{-1}\xi) = \mathfrak{g}(x,\iota^{-1}\xi)\,. \end{aligned}$$

Man faßt diese vier Tensoren zu einer Familie assoziierter Tensoren zusammen, unterscheidet den kovarianten Tensor $\mathfrak{g}$, den kontravarianten Tensor $\breve{\mathfrak{g}}$ und die gemischten Tensoren $\hat{\mathfrak{g}}$ und $\tilde{\mathfrak{g}}$. Ihren Koordinaten liegt ein gemeinsames Symbol — der Buchstabe g — zugrunde, man spricht vom kovarianten Tensor mit den Koordinaten g_{ij}, vom kontravarianten Tensor mit den Koordinaten g^{ij} und von den beiden gemischten Tensoren mit den Koordinaten $g^i{}_j = g_i{}^j = g^j_i$. Dieser aus dem inneren Produkt in $\mathcal{E}$ hervorgehende zweistufige Tensor $\mathfrak{g}$ heißt der *Fundamentaltensor* auf $\mathcal{E}$.

Die Beziehungen zwischen den Koordinaten des Fundamentaltensors sind analog denen eines Tensors erster Stufe. Es gilt auf Grund der Gleichungen (1.53) und (1.54)

$$g^i_j = \mathfrak{g}(\iota^{-1}\varepsilon^i, e_j) = \sum_{k=1}^{N} g^{ik}\mathfrak{g}(e_k, e_j) = \sum_{k=1}^{N} g^{ik} g_{kj}$$

(vgl. (1.55)); ferner ist

$$g_{ij} = \mathfrak{g}(e_i, e_j) = \hat{\mathfrak{g}}(\iota e_i, e_j) = \sum_{k=1}^{N} g_{ik}\hat{\mathfrak{g}}(\varepsilon^k, e_j) = \sum_{k=1}^{N} g_{ik} g^k_j$$

und

$$g_{ij} = \breve{\mathfrak{g}}(\iota e_i, \iota e_j) = \sum_{h,k=1}^{N} g_{ih} g_{jk} \breve{\mathfrak{g}}(\varepsilon^h, \varepsilon^k) = \sum_{h,k=1}^{N} g_{ih} g_{jk} g^{hk}\,.$$

Umgekehrt erhält man

$$g^{ij} = \mathfrak{g}(\iota^{-1}\varepsilon^i, \iota^{-1}\varepsilon^j) = \sum_{h,k=1}^{N} g^{ih} g^{jk} \mathfrak{g}(e_h, e_k) = \sum_{h,k=1}^{N} g^{ih} g^{jk} g_{hk}$$

und

$$g^{ij} = \hat{g}(\varepsilon^i, \iota^{-1}\varepsilon^j) = \sum_{k=1}^{N} g^{jk}\hat{g}(\varepsilon^i, e_k) = \sum_{k=1}^{N} g^{jk} g_k^i .$$

Eine ähnliche Situation findet man nun auch bei beliebigen Tensoren vor. So ist beispielsweise durch einen zweifach kontravarianten und einfach kovarianten Tensor $\alpha : \mathcal{E}^{*2} \times \mathcal{E} \to \mathbb{R}$ der Stufe drei mit den Koordinaten $A^{ij}{}_k = \alpha(\varepsilon^i, \varepsilon^j, e_k)$ ein rein kontravarianter Tensor dritter Stufe

$$\tilde{\alpha}(\xi, \eta, \zeta) := \alpha(\xi, \eta, \iota^{-1}\zeta)$$

bestimmt; seine Koordinaten sind die Zahlen

$$\begin{aligned} A^{ijk} &= \tilde{\alpha}(\varepsilon^i, \varepsilon^j, \varepsilon^k) = \alpha(\varepsilon^i, \varepsilon^j, \iota^{-1}\varepsilon^k) = \alpha\Big(\varepsilon^i, \varepsilon^j, \sum_{l=1}^{N} g^{kl} e_l\Big) \\ &= \sum_{l=1}^{N} g^{kl} \alpha(\varepsilon^i, \varepsilon^j, e_l) = \sum_{l=1}^{N} g^{kl} A^{ij}{}_l . \end{aligned}$$

Dem Tensor α ist aber auch der zweifach kovariante und einfach kontravariante Tensor $\hat{\alpha} : \mathcal{E}^* \times \mathcal{E}^2 \to \mathbb{R}$,

$$\hat{\alpha}(\xi, x, y) := \alpha(\xi, \iota x, y),$$

zugeordnet. Dessen Koordinaten bestimmen sich aus denen des Tensors α zu

$$A^i{}_{jk} = \hat{\alpha}(\varepsilon^i, e_j, e_k) = \alpha\Big(\varepsilon^i, \sum_{l=1}^{N} g_{jl}\varepsilon^l, e_k\Big) = \sum_{l=1}^{N} g_{jl} A^{il}{}_k .$$

Ein hinsichtlich der kovarianten und kontravarianten Stufe gleichartiger Tensor wie α, der ebenfalls aus dem Tensor α hervorgeht, ist der Tensor $\breve{\alpha} : \mathcal{E} \times \mathcal{E}^{*2} \to \mathbb{R}$,

$$\breve{\alpha}(x, \xi, \eta) := \alpha(\iota x, \xi, \iota^{-1}\eta)$$

mit den Koordinaten

$$\begin{aligned} A_i{}^{jk} &= \breve{\alpha}(e_i, \varepsilon^j, \varepsilon^k) = \alpha(\iota e_i, \varepsilon^j, \iota^{-1}\varepsilon^k) \\ &= \sum_{h,l=1}^{N} g_{ih} g^{kl} \alpha(\varepsilon^h, \varepsilon^j, e_l) = \sum_{h,l=1}^{N} g_{ih} g^{kl} A^{hj}{}_l . \end{aligned}$$

Schließlich kann dem Tensor α auch der rein kovariante Tensor

$$\check{\alpha}(x, y, z) := \alpha(\iota x, \iota y, z)$$

zugeordnet werden; seine Koordinaten berechnen sich aus denen des Tensors α zu

$$A_{ijk} = \check{\alpha}(e_i, e_j, e_k) = \alpha(\iota e_i, \iota e_j, e_k) = \sum_{h=1}^{N} \sum_{l=1}^{N} g_{ih} g_{jl} A^{hl}{}_k .$$

Alle diese Tensoren bilden eine Familie zueinander „assoziierter" Tensoren; sie haben einen gemeinsamen „Familiennamen", indem ihren Koordinaten dasselbe Buchstabensymbol zugeordnet wird, ohne daß deshalb aber auf ihre Individualität verzichtet wird. Die Größen A_{ijk} sind die Koordinaten des kovarianten, die Größen A^{ijk} die Koordinaten des kontravarianten Familienmitgliedes; neben diese treten die gemischten Tensoren $A_i{}^{jk}$,$A^i{}_j{}^k$, $A^{ij}{}_k$, $A_{ij}{}^k$, $A_i{}^j{}_k$ und $A^i{}_{jk}$. Die Umrechnung vom Tensor $A^{ij}{}_k$ auf den Tensor $A^i{}_{jk}$ ist nach der Formel

$$A^i{}_{jk} = \sum_{l=1}^{N} g_{jl} A^{il}{}_k$$

zu bewerkstelligen, man spricht vom *Herunterziehen* des zweiten Index. Formal ist dabei folgendermaßen vorzugehen: Ist l das Symbol für den herunterzuziehenden kontravarianten Index, so ist mit g_{jl} zu multiplizieren und über l zu summieren; dadurch wird der Index l heruntergezogen und gleichzeitig auf j umbenannt. Um zurückzurechnen ist in $A^i{}_{jk}$ der kovariante Index j *hinaufzuziehen*: Dies geschieht durch Multiplikation mit g^{lj} und anschließende Summation über j,

$$A^{il}{}_k = \sum_{j=1}^{N} g^{lj} A^i{}_{jk} \, ;$$

der hinaufzuziehende Index wird dabei zu l umbenannt. Der Übergang von den Koordinaten $A_i{}^{jk}$ zu den Koordinaten $A^i{}_j{}^k$ erfolgt durch Hinaufziehen des ersten und Herunterziehen des zweiten Index, erfordert also die Multiplikation mit g^{ih} (Hinaufziehen des ersten Index i und Umbenennung auf h) und g_{jl} (Herunterziehen des zweiten Index j und Umbenennung auf l) und Summation über i und j,

$$A^h{}_l{}^k = \sum_{i,j=1}^{N} g^{ih} g_{jl} A_i{}^{jk} \, .$$

Das Hinauf- und Herunterziehen von Indizes erfordert es, auf die Individualität des jeweiligen Tensors einzugehen, namentlich dann, wenn der in Rede stehende Tensor ein gemischter Tensor vom Standard-Typ ist. Sei

$$\alpha = \sum_{i,j,k,l=1}^{N} A^{ij}_{kl} e_i \otimes e_j \otimes \varepsilon^k \otimes \varepsilon^l$$

ein solcher Tensor mit den Koordinaten A^{ij}_{kl}. Das Herunterziehen des Index j verlangt, die Stelle anzugeben, die von diesem Index eingenommen werden soll. Hiefür ist der Tensor α als Standardisierung eines gemischten Tensors, z.B.

$$\tilde{\alpha} = \sum_{i,j,k,l=1}^{N} A^i{}_k{}^j{}_l e_i \otimes \varepsilon^k \otimes e_j \otimes \varepsilon^l \, ,$$

anzusehen, sofern die wahre Natur des Tensors α nicht von vornherein feststeht. Jetzt führt das Herunterziehen des Index j auf den Tensor

$$\hat{\alpha}(\xi, x, y, z) = \tilde{\alpha}(x, \iota y, z)$$

mit den Koordinaten

$$A^i{}_{kjl} = \sum_{h=1}^{N} g_{jh} A^i{}_k{}^h{}_l .$$

Dabei kann natürlich auch die Reihenfolge der Argumente verändert werden, wie im Falle

$$\breve{\alpha}(\xi, x, y, z) = \tilde{\alpha}(\xi, y, \iota x, z) .$$

Dies hat die Wirkung, daß die betroffenen Indizes vertauscht werden, denn die Koordinaten des Tensora $\breve{\alpha}$ sind die Zahlen $\breve{A}^i{}_{jkl} = A^i{}_{kjl}$.

Der Bedeutung des Hinauf- und Herunterziehen von Indizes als Tensoroperation möge die folgende Zusammenfassung gerecht werden.

Der Übergang von Koordinaten $A^{\cdots i \cdots}_{\cdots\;\cdots}$ zu $A^{\cdots\;\cdots}_{\cdots j \cdots}$ wird durch Multiplikation mit g_{ji} und Summation über den nunmehr doppelt — einmal hochgestellt, einmal tiefgestellt — auftretenden Index i erreicht,

$$A^{\cdots\;\cdots}_{\cdots j \cdots} = \sum_i g_{ji} A^{\cdots i \cdots}_{\cdots\;\cdots} , \tag{2.11}$$

wobei er auf j umbenannt wird. Beim Hinaufziehen eines Index i ist mit g^{ij} zu multiplizieren und über den nummehr doppelt auftretenden Index, der dann einmal hochgestellt und einmal tiefgestellt aufscheint, zu summieren,

$$A^{\cdots j \cdots}_{\cdots\;\cdots} = \sum_i g^{ji} A^{\cdots\;\cdots}_{\cdots i \cdots} \tag{2.12}$$

Zu beachten ist dabei, wie wohl aus den obigen Betrachtungen auch hervorgeht, daß beim Hinauf- und Herunterziehen von Indizes die Position der betroffenen Indizes erhalten bleibt, verändert wird nur ihre Stellung.

2.5 Verjüngung

Neben dem Hinauf- und Herunterziehen von Indizes innerhalb einer Familie zueinander assoziierter Tensoren ist eine weitere Tensoroperation grundlegender Bestandteil der Tensoralgebra, nämlich die *Verjüngung* von Tensoren. Der zugrundeliegende Vektorraum kann dabei beliebig sein, ein inneres Produkt wird für den Prozeß der Verjüngung von Tensoren nicht benötigt.

Sei $\alpha: \mathcal{V}^{*m} \times \mathcal{V}^n \to \mathbb{R}$ ein m-fach kontravarianter und n-fach kovarianter gemischter Tensor $(n+m)$-ter Stufe mit den Koordinaten

$$A^{i_1 \ldots i_m}_{j_1 \ldots j_n} = \alpha(\varepsilon^{i_1}, \ldots, \varepsilon^{i_m}, e_{j_1}, \ldots, e_{j_n}) .$$

Greift man eine kontravariante Position heraus, z.B. die m-te, desgleichen eine kovariante Position, z.B. die n-te, so entsteht, wenn in

$$\alpha(\xi^1, \xi^2, \dots, \xi^m, x_1, x_2, \dots, x_n)$$

die Argumente $\xi^1, \dots, \xi^{m-1}$ und $x_1, \dots, x_{n-1}$ festgehalten werden, $\xi^m = \xi$ und $x_n = x$ gesetzt wird, eine bilineare Funktion $\chi : \mathcal{V}^* \times \mathcal{V} \to \mathbb{R}$, nämlich

$$\chi(\xi, x) = \alpha(\xi^1, \dots, \xi^{m-1}, \xi, x_1, \dots, x_{n-1}, x)\,.$$

Diese Bilinearform läßt sich nun mit Hilfe des Skalarproduktes ausdrücken,

$$\chi(\xi, x) = \langle \xi, y \rangle\,,$$

worin der Vektor $y \in \mathcal{V}$ eindeutig durch das Argument $x \in \mathcal{V}$ bestimmt ist. Folglich definiert die bilineare Funktion χ eine Abbildung $\tau : \mathcal{V} \to \mathcal{V}$, die eine vom Tensor α und den festgehaltenen Argumenten $\xi^1, \dots, \xi^{m-1}$ und $x_1, \dots, x_{n-1}$ abhängige lineare Transformation ist. Die Spur der linearen Transformation τ ist offenbar eine multilineare Funktion auf $\mathcal{V}^{*m-1} \times \mathcal{V}^{n-1}$ und deshalb ein $(m-1)$-fach kontravarianter und $(n-1)$-fach kovarianter Tensor der Stufe $n + m - 2$. Ist $\{t_i^j\}$ die Matrix der Transformation τ bezüglich einer Basis $\mathcal{B}$, so ist

$$\begin{aligned}
\chi(\xi, x) &= \alpha(\xi^1, \dots, \xi^{m-1}, \xi, x_1, \dots, x_{n-1}, x) \\
&= \sum_{\substack{i_1, \dots, i_{m-1}=1 \\ j_1, \dots, j_{n-1}=1}}^{N} \sum_{i,j=1}^{N} A^{i_1 \dots i_{m-1} i}_{j_1 \dots j_{n-1} j}\, \Xi^1_{i_1} \dots \Xi^{m-1}_{i_{m-1}} \Xi_i X^{j_1}_1 \dots X^{j_{n-1}}_{n-1} X^j \\
&= \langle \xi, \tau x \rangle = \sum_{i,j,k=1}^{N} \Xi_i X^j t^k_j \langle \varepsilon^i, e_k \rangle = \sum_{i,j=1}^{N} t^i_j \Xi_i X^j
\end{aligned}$$

(vgl. (1.13)) und somit

$$t^i_j = \sum_{\substack{i_1, \dots, i_{m-1}=1 \\ j_1, \dots, j_{n-1}=1}}^{N} A^{i_1 \dots i_{m-1} i}_{j_1 \dots j_{n-1} j}\, \Xi^1_{i_1} \dots \Xi^{m-1}_{i_{m-1}} X^{j_1}_1 \dots X^{j_{n-1}}_{n-1}\,.$$

Daher ist

$$\operatorname{spur} \tau = t^i_i = \sum_{\substack{i_1, \dots, i_{m-1}=1 \\ j_1, \dots, j_{n-1}=1}}^{N} \sum_{i=1}^{N} A^{i_1 \dots i_{m-1} i}_{j_1 \dots j_{n-1} i}\, \Xi^1_{i_1} \dots \Xi^{m-1}_{i_{m-1}} X^{j_1}_1 \dots X^{j_{n-1}}_{n-1}$$

(vgl. (1.37)) ein Tensor $\hat{\alpha}$ der Stufe $n + m - 2$ mit den Koordinaten

$$\hat{A}^{i_1 \dots i_{m-1}}_{j_1 \dots j_{n-1}} = \sum_{i=1}^{N} A^{i_1 \dots i_{m-1}\, i}_{j_1 \dots j_{n-1}\, i}\,. \tag{2.13}$$

Der Tensor $\hat{\alpha}$ entsteht aus dem Tensor α, indem man in den Koordinaten $A^{i_1 \dots i_m}_{j_1 \dots j_n}$ des Tensors α den *kontravarianten* Index i_m mit dem *kovarianten* Index j_n identifiziert, d.h. *gleichsetzt, und über diesen Index summiert.*

Man sagt, der Tensor $\hat{\alpha}$ entsteht durch *Verjüngung* des Tensors α in der kontravarianten Stelle ξ^m und der kovarianten Stelle x_n.

Die Verjüngung von Tensoren ist also eine Vorschrift V, die einem p-fach kovarianten und q-fach kontravarianten gemischten Tensor α einen Tensor $\mathsf{V}\alpha$ zuordnet, der $(p-1)$-fach kovariant und $(q-1)$-fach kontravariant ist. Wegen (1.34) ist eine Verjüngung V mit der Addition von Tensoren und der Multiplikation mit Zahlen aus dem Grundkörper vertauschbar,

$$\mathsf{V}(\lambda\alpha + \mu\beta) = \lambda\mathsf{V}\alpha + \mu\mathsf{V}\beta\,. \tag{2.14}$$

Wie die obige Ableitung zeigt, kann die Operation der Verjüngung eines Tensors nur an gemischten Tensoren ausgeführt werden; sie liefert dann stets einen Tensor mit einer um 2 verminderten Stufenzahl. Aus einem einfach kontravarianten Tensor einer Stufe größer als 2 entsteht durch Verjüngung ein rein kovarianter Tensor, aus einem einfach kovarianten Tensor, dessen Stufe größer als zwei ist, geht durch Verjüngung ein rein kontravarianter Tensor hervor. Die Verjüngung eines gemischten Tensors α der Stufe 2 führt auf einen Tensor nullter Stufe, d.h. auf eine Invariante. Sind $A_i^{\,j}$ die Koordinaten dieses Tensors, so ist

$$\mathsf{V}\alpha = \sum_{i=1}^{N} A_i^{\,i}$$

diese durch Verjüngung entstehende Invariante. Sind dagegen A_{ij} die Koordinaten eines kovarianten Tensors zweiter Stufe, so kann wohl der Ausdruck

$$\sum_{i=1}^{N} A_{ii}$$

gebildet werden, er stellt jedoch *keine* Invariante dar, denn ein Basiswechsel ergibt

$$\sum_{i=1}^{N} A_{ii} = \sum_{i=1}^{N} \alpha(e_i, e_i) = \sum_{i,j,k=1}^{N} \breve{a}_i^{\,j}\breve{a}_i^{\,k}\,\bar{A}_{jk} \neq \sum_{j=1}^{N} \bar{A}_{jj}\,.$$

Einen Tensor nullter Stufe erhält man aber, wenn man zunächst einen Index hinaufzieht (hiefür wird allerdings ein euklidischer Vektorraum benötigt),

$$A_j^{\,i} = \sum_{k=1}^{N} g^{ik} A_{kj}\,,$$

und anschließend verjüngt,

$$\sum_{i=1}^{N} A_i^{\,i} = \sum_{i,k=1}^{N} g^{ik} A_{ki}\,.$$

Jedem Index in den Koordinaten eines gemischten Tensors kommt eine gewisse Stellung und Positionsnummer zu. Im Zusammenhang mit dem Prozeß der Verjüngung besteht aber doch eine gewisse Bewegungsfreiheit, was die Positionen der zur Verjüngung kommenden Argumente anlangt.

In einem gemischten Tensor kann ein kovarianter Index hinaufgezogen und gleichzeitig ein kontravarianter Index heruntergezogen werden. Am Beispiel eines gemischten Tensors dritter Stufe mit den Koordinaten $A_i{}^j{}_k$ sieht dies folgendermaßen aus. Hinaufziehen des ersten Index liefert

$$A^{ij}{}_k = \sum_{h=1}^{N} g^{ih} A_h{}^j{}_k ,$$

Herunterziehen des zweiten

$$A^i{}_{lk} = \sum_{j=1}^{N} g_{lj} A^{ij}{}_k = \sum_{j,h=1}^{N} g_{lj} g^{ih} A_h{}^j{}_k .$$

Durch Verjüngung in den ersten beiden Indizes entsteht jetzt der kovariante Tensor erster Stufe mit den Koordinaten

$$\sum_{i=1}^{N} A^i{}_{ik} = \sum_{i,j,h=1}^{N} g_{ij} g^{ih} A_h{}^j{}_k = \sum_{j,h=1}^{N} g_j^h A_h{}^j{}_k = \sum_{j=1}^{N} A_j{}^j{}_k .$$

Verjüngt man also $A_i{}^j{}_k$ in den ersten beiden Indizes, so ist das Ergebnis dasselbe, wenn man den Tensor $A^i{}_{jk}$ in den ersten beiden Indizes verjüngt.

Beim Prozeß der Verjüngung kann also einer der beiden Indizes hinaufgezogen werden, wenn gleichzeitig der andere heruntergezogen wird,

$$\sum_i A^{\cdots i \cdots\ \cdots}_{\cdots\ \cdots i \cdots} = \sum_i A^{\cdots\ \cdots i \cdots}_{\cdots i \cdots\ \cdots} , \tag{2.15}$$

koordinatenfrei ausgedrückt

$$\mathsf{V}\alpha(\ldots,\xi,\ldots,x,\ldots) = \mathsf{V}\alpha(\ldots,\iota^{-1}\xi,\ldots,\iota x,\ldots) .$$

Die Verjüngung eines Tensors ist auch in mehreren Positionen möglich, indem eine Reihe einzelner Verjüngungen in einem Schritt vollzogen wird. Sind A^{ij}_{hkl} die Koordinaten eines Tensors fünfter Stufe, so sind in einer ersten Verjüngung

$$B^i_{hk} = \sum_{j=1}^{N} A^{ij}_{hkj}$$

die Koordinaten eines gemischten Tensors dritter Stufe und und in einer zweiten

$$C_h = \sum_{i=1}^{N} B^i_{hi} = \sum_{i,j=1}^{N} A^{ij}_{hij}$$

die Koordinaten eines kovarianten Tensors erster Stufe.

Die Produktbildung zweier Tensoren mit anschließender Verjüngung nennt man *Überschiebung*. Z.B. entsteht aus dem kovarianten Tensor α mit den Koordinaten A_{ij} und dem gemischten Tensor β mit den Koordinaten B^k_{hl} durch Multiplikation der Tensor $\gamma = \alpha \otimes \beta$ mit den Koordinaten

$C^k_{ijhl} = A_{ij}B^k_{hl}$, durch Verjüngung der Tensor dritter Stufe $\delta = \mathbf{V}(\alpha \otimes \beta)$ mit den Koordinaten

$$D_{ihl} = \sum_{j=1}^{N} A_{ij}B^j_{hl}\,.$$

2.6 Tensorkoordinaten und indizierte Größen

Viele der fundamentalen Gesetze der Physik werden in Form von „Tensorgleichungen" formuliert, z.B. in einer Gleichung $\mathcal{G} = \kappa\mathcal{T}$, worin $\mathcal{G}$ und $\mathcal{T}$ Tensoren gleicher Art sind und κ eine Invariante ist. Da der Tensor $\mathcal{G}$ und ebenso der Tensor $\mathcal{T}$ bekannt ist, wenn seine Koordinaten bezüglich irgendeiner Basis vorliegen, kann man eine solche Tensorgleichung genausogut in der Form $G_{ij} = \kappa T_{ij}$ schreiben, was mitunter bequemer ist, z.B. wenn aus den Koordinaten G_{ij} gewisse Größen herauszurechnen sind; in einer anderen Basis lautet die Tensorgleichung dann eben $\bar{G}_{ij} = \kappa\bar{T}_{ij}$. Genau darin liegt nun ein wesentlicher Unterschied zu indizierten Zahlensystemen, die einem gewissen Transformationsgesetz unterliegen mögen, bei denen es sich aber *nicht* um die Koordinaten von Tensoren handelt. In diesem Fall nämlich braucht die Gleichung $G_{ij} = \kappa T_{ij}$ in einer anderen Basis *nicht* zu gelten! Oder anders ausgedrückt: Ist A_{ij} nicht das Koordinatenschema eines Tensors α bezüglich einer festen Basis, so folgt aus den in dieser Basis für alle Indizes-Paare gültigen Gleichungen $A_{ij} = 0$ nicht notwendigerweise die Gültigkeit aller Gleichungen $\bar{A}_{ij} = 0$ in einer anderen Basis. Handelt es sich aber um die Koordinaten eines Tensors, so gilt $A_{ij} = 0$ in *allen* Basen, wenn die Gleichungen $A_{ij} = 0$ in *einer einzigen* Basis gültig sind — es bedeutet ja $A_{ij} = 0$ dasselbe wie $\alpha = 0$.

Die Frage, ob es sich bei einem gegebenen System von Zahlen um die Koordinaten eines Tensors handelt, ist sinnlos, solange nicht auf Basen Bezug genommen wird, genauso wie eine *Variable* nicht der *Wert* einer Funktion sein kann. Entweder man *definiert* durch ein System indizierter Größen einen Tensor, indem man die Zahlen dieses Systems als Werte des Tensors auf einer an sich beliebigen, aber fest gewählten Basis erklärt und dann die Werte des Tensors bezüglich einer anderen Basis über das entsprechende Transformationsgesetz bestimmt, oder es liegt überhaupt ein Transformationsgesetz für dieses System indizierter Größen vor, in welchem Fall es sich um eines der Transformationsgesetze für Tensoren handeln muß, um die Frage positiv beantworten zu können. Andernfalls handelt es sich mit Sicherheit nicht um einen Tensor.

Sehr oft steht man vor der Situation, daß indizierte Größen in Form von Gleichungen mit Koordinaten von Tensoren verknüpft sind. In solchen Fällen kann die Entscheidung, ob es sich bei dem fraglichen System um die Koordinaten eines Tensors handelt, nur auf Grund einer Untersuchung über die Gültigkeit des entsprechenden Transformationsgesetzes herbeigeführt werden.

Um mit dem einfachsten Fall zu beginnen: Zahlenschemata, die durch Summation, Subtraktion und Multiplikation der Koordinaten von Tensoren hervorgehen, sind Koordinaten von Tensoren, denn Summe, Differenz und Produkt von Tensoren sind Tensoren. In weiterer Folge ist alles, was daraus durch Verjüngung entsteht, ein Tensor.

Hievon gilt die Umkehrung i.a. nicht. Sind z.B. $A(i)$ und $B(i)$ indizierte Größen und steht von der Summe $A(i)+B(i)$ fest, daß es sich um die Koordinaten C^i eines z.B. kontravarianten Tensors γ handelt, so kann daraus nicht der Schluß gezogen werden, daß auch die Größen $A(i)$ und $B(i)$ die Koordinaten von Tensoren sind. Damit die Frage nach dem Tensorcharakter der beiden Systeme überhaupt Substanz hat, muß feststehen, welche Werte diese Systeme in welcher Basis annehmen. Wenn also die auf eine Basis $\mathcal{B}$ bezogenen Größen $A(i)$ und $B(i)$ in einer anderen Basis $\bar{\mathcal{B}}$ die Werte $\bar{A}(i)$ und $\bar{B}(i)$ annehmen, so gilt auf Grund des Transformationsgesetzes

$$\begin{aligned}\bar{C}^i &= \sum_{j=1}^{N} \breve{a}^i_j C^j = \sum_{j=1}^{N} \breve{a}^i_j \,[A(j) + B(j)] = \sum_{j=1}^{N} \breve{a}^i_j A(j) + \sum_{j=1}^{N} \breve{a}^i_j B(j) \\ &= \bar{A}(i) + \bar{B}(i)\,,\end{aligned}$$

doch kann daraus keineswegs auf die Gültigkeit der Gleichungen

$$\bar{A}(i) = \sum_{j=1}^{N} \breve{a}^i_j A(j), \quad \bar{B}(i) = \sum_{j=1}^{N} \breve{a}^i_j B(j)$$

geschlossen werden, was zur Erkennung des Tensorcharakters erforderlich wäre. Erst wenn eines der beiden Systeme als Tensor erkannt ist, wenn also z.B. feststeht, daß die Größen $A(i)$ die Koordinaten eines Tensors α sind, so ist auch der Tensorcharakter des anderen Systems gesichert, denn die Zahlen $B(i)$ sind ja dann die Koordinaten der Differenz von γ und α.

Ähnlich verhält es sich, wenn von einem Produkt zweier indizierter Größen feststeht, daß es sich um die Koordinaten $C^{ij} = A(i)B(j)$ eines z.B. kontravarianten Tensors γ handelt. Ohne weitere Informationen kann kein Rückschluß dahingehend gezogen werden, daß es sich bei den „Faktoren" um die Koordinaten von Tensoren handelt, denn aus der Gleichung

$$\begin{aligned}\bar{C}^{ij} &= \sum_{k,l=1}^{N} \breve{a}^i_k \breve{a}^j_l C^{kl} = \sum_{k,l=1}^{N} \breve{a}^i_k \breve{a}^j_l A(k)B(l) = \sum_{k=1}^{N} \breve{a}^i_k A(k) \sum_{l=1}^{N} \breve{a}^j_l B(l) \\ &= \bar{A}(i)\bar{B}(j)\,,\end{aligned}$$

kann auf die Tensor-Transformationsgesetze

$$\bar{A}(i) = \sum_{k=1}^{N} \breve{a}^i_k A(k), \quad \bar{B}(j) = \sum_{l=1}^{N} \breve{a}^j_l B(l)$$

nicht geschlossen werden. Wenn allerdings die Gültigkeit eines dieser beiden Gleichungssysteme feststeht, dann folgt automatisch auch die Gültigkeit des anderen, beide Faktoren sind als kontravariante Tensoren erkannt.

Wenn jedoch eine Verjüngung mit im Spiel ist, so gilt auch diese Regel nicht mehr. Es möge z.B. $A(i,j)$ ein zweifach indiziertes System von Größen sein, von dem bekannt ist, daß die mit einen *gewissen* kontravarianten Tensor B^i gebildeten Summen

$$C_i = \sum_{j=1}^{N} A(i,j)B^j \tag{2.16}$$

die Koordinaten eines kovarianten Tensors bezüglich einer gewissen Basis $\mathcal{B}$ sind, wobei ein Basiswechsel diese Beziehungen in

$$\bar{C}_i = \sum_{j=1}^{N} \bar{A}(i,j)\bar{B}^j$$

überführt. Da C_i und B^j die Koordinaten von Tensoren sind, genügen sie einem Transformationsgesetz,

$$\bar{C}_i = \sum_{k=1}^{N} a_i^k C_k\,, \quad \bar{B}^i = \sum_{l=1}^{N} \breve{a}_l^i B^l\,.$$

Setzt man daraus oben ein, so erhält man

$$\bar{C}_i = \sum_{k=1}^{N} a_i^k C_k = \sum_{k,l=1}^{N} a_i^k A(k,l)B^l = \sum_{j,l=1}^{N} \bar{A}(i,j)\breve{a}_l^j B^l\,,$$

also

$$\sum_{k,l=1}^{N} a_i^k A(k,l)B^l = \sum_{j,l=1}^{N} \bar{A}(i,j)\breve{a}_l^j B^l$$

oder

$$\sum_{l=1}^{N} B^l \Big(\sum_{k=1}^{N} a_i^k A(k,l) - \sum_{j=1}^{N} \bar{A}(i,j)\breve{a}_l^j \Big) = 0\,. \tag{2.17}$$

Um aus dieser Gleichung auf den Tensorcharakter der Größen $A(i,j)$ schließen zu können, müßte feststehen, daß die Klammerausdrücke in der obigen Summe verschwinden, denn dann würde man unter Berücksichtigung des Umstandes, daß die Matrizen $\{a_i^j\}$ und $\{\breve{a}_i^j\}$ reziprok sind, die Gleichung

$$\bar{A}(i,j) = \sum_{k,l=1}^{N} a_i^k a_j^l A(k,l)$$

erhalten, also das Transformationsgesetz für einen kovarianten Tensor zweiter Stufe. Dieses Transformationsgesetz, auf das es allein ankommt, geht aber aus der Gleichung (2.17) i.a. nicht hervor; erst wenn die Gültigkeit der Gleichung (2.16) für *jeden* kontravarianten Tensor B^i verlangt wird, müssen die Klammerausdrücke verschwinden. Dies bedeutet also, daß die Größen $A(i,j)$ in (2.16) die Koordinaten eines kovarianten Tensors zweiter Stufe sind, wenn durch die Summen (2.16) für jeden beliebigen kontravarianten Tensor B^i ein kovarianter Tensor C_i hervorgehen soll.

Wenn aber von dem in doppelter Verjüngung gebildeten Ausdruck

$$\sum_{i,j=1}^{N} A(i,j)A^iA^j \tag{2.18}$$

selbst für einen *beliebigen* Vektor A^i feststeht, daß es sich dabei um eine Invariante handelt, so ist der Tensorcharakter des Größensystems $A(i,j)$ trotzdem keineswegs gesichert. Hat dieses z.B. die Symmetrieeigenschaft $A(i,j) = -A(j,i)$, so führt die Umformung

$$\sum_{i,j=1}^{N} A(i,j)A^iA^j = -\sum_{i,j=1}^{N} A(j,i)A^iA^j = -\sum_{i,j=1}^{N} A(i,j)A^iA^j$$

auf

$$\sum_{i,j=1}^{N} A(i,j)A^iA^j = 0\,.$$

Da diese Gleichung für *jedes* Größensystem $A(i,j)$ mit der angenommenen Symmetrie erfüllt ist, kann nicht zwingend geschlossen werden, daß $A(i,j)$ Tensorcharakter hat, da anders dann jedes solche Größensystem ein Tensor sein müßte. Wenn hingegen die Größen $A(i,j)$ die Symmetriebeziehung $A(i,j) = A(j,i)$ erfüllen, so folgt, da es sich um eine Invariante handeln soll,

$$\begin{aligned}\sum_{i,j=1}^{N} \bar{A}(i,j)\bar{A}^i\bar{A}^j &= \sum_{i,j=1}^{N}\sum_{k,l=1}^{N} \breve{a}^i_k\breve{a}^j_l\bar{A}(i,j)A^kA^l = \sum_{i,j=1}^{N}\sum_{k,l=1}^{N} \breve{a}^i_l\breve{a}^j_k\bar{A}(i,j)A^kA^l \\ &= \sum_{k,l=1}^{N} A(k,l)A^kA^l\end{aligned}$$

bzw. durch Umformung der Summe über k und l

$$\begin{aligned}&\sum_{k<l}\Big(\sum_{i,j=1}^{N} \breve{a}^i_l\breve{a}^j_k\,[\bar{A}(i,j) + \bar{A}(j,i)] - [A(k,l) + A(l,k)]\Big)A^kA^l \\ &\qquad + \sum_{k=1}^{N}\Big(\sum_{i,j=1}^{N} \breve{a}^i_k\breve{a}^j_k\bar{A}(i,j) - A(k,k)\Big)A^kA^k = 0\,.\end{aligned}$$

Da diese Gleichung für beliebige Zahlen A^i nur dann bestehen kann, wenn die Klammerausdrücke verschwinden, folgt das Transformationsgesetz

$$A(k,l) = \sum_{i,j=1}^{N} \breve{a}^i_l\breve{a}^j_k\bar{A}(i,j)$$

für einen kovarianten Tensor zweiter Stufe im Falle $A(i,j) = A(j,i)$. Berücksichtigt man, daß die Invariante (2.18) wegen

$$\sum_{i,j=1}^{N} A(i,j)A^iA^j = \sum_{i,j=1}^{N} \frac{A(i,j) + A(j,i)}{2}\,A^iA^j$$

auch mit Hilfe des der obigen Symmetriebeziehung genügenden Größensystems $\frac{1}{2}\left[A(i,j)+A(j,i)\right]$ ausgedrückt werden kann, so läßt sich aus der Invarianz der Summe (2.18) i.a. nur der Schluß ziehen, daß sich die Größen

$$\frac{A(i,j)+A(j,i)}{2}$$

wie die Koordinaten eines kovarianten Tensors zweiter Stufe transformieren.

Wenn allerdings

$$\sum_{i,j=1}^{N} A(i,j)A^i B^j$$

eine Invariante für beliebige Tensoren A^i und B^i ist, so steht auch der Tensorcharakter des Größensystems $A(i,j)$ fest.

2.7 Symmetrieeigenschaften von Tensoren

Tensoren, die Symmetrieeigenschaften aufweisen, kommt naturgemäß eine gewichtige Rolle zu. Bemerkenswert ist, daß es nicht die symmetrischen Tensoren sind, wie man annehmen möchte, sondern die schiefsymmetrischen Tensoren, die dabei eine Sonderstellung einnehmen. Unter diesen ist den kovarianten Tensoren die größere Bedeutung beizumessen.

Ein kovarianter Tensor $\alpha : \mathcal{V}^{*n} \to \mathbb{K}$ heißt *symmetrisch*, wenn die Vertauschung zweier Argumentvektoren keinen Einfluß auf den Wert des Tensors hat,

$$\alpha(\ldots,x_i,\ldots,x_j,\ldots)=\alpha(\ldots,x_j,\ldots,x_i,\ldots)\,.$$

An den Koordinaten $A_{i_1\ldots i_n}$ zeigt sich die Symmetrie in den Gleichungen

$$A_{\ldots i\ldots j\ldots}=A_{\ldots j\ldots i\ldots}\,.$$

Führt man eine Serie von Vertauschungen durch, d.h. permutiert man die Vektoren in der Argumentliste, so gelangt man zu

$$\alpha\big(x_{\pi(1)},x_{\pi(2)},\ldots,x_{\pi(n)}\big)=\alpha(x_1,x_2,\ldots,x_n)$$

für eine beliebige Permutation π der natürlichen Zahlen von 1 bis n. Völlig gleichlautend ist die Definition des symmetrischen kontravarianten Tensors n-ter Stufe. Auf gemischte Tensoren läßt sich der Begriff der Symmetrie sinnvoll nicht übertragen, was nicht bedeutet, daß in gemischten Tensoren keine Symmetriebeziehungen auftreten können. Sie werden nur nicht namentlich ausgezeichnet, wie z.B. im Fall des gemischten Tensors

$$\alpha(\xi,x,y)=\alpha(\xi,y,x)\,,\qquad \xi\in\mathcal{V}^*,\ x,y\in\mathcal{V}\,;$$

in den Koordinaten zeigt sich diese Symmetrie in den kovarianten Indizes,

$$A^i_{jk}=A^i_{kj}\,.$$

Symmetrische Tensoren treten in der Physik im Zusammenhang mit Energiebetrachtungen bei Feldern auf. Die Bedeutung der symmetrischen Tensoren unterstreicht auch der Fundamentaltensor in euklidischen Vektorräumen.

Vor einer ganz anderen Situation steht man, wenn die Vertauschung zweier Vektoren in der Argumentliste eines kovarianten (oder kontravarianten) Tensors n-ter Stufe zu einem Vorzeichenwechsel führt,

$$\alpha(\ldots,x_i,\ldots,x_j,\ldots) = -\alpha(\ldots,x_j,\ldots,x_i,\ldots).$$

An den Koordinaten läßt sich diese Symmetrieeigenschaft aus dem Bestehen der Gleichungen

$$A_{\ldots i \ldots j \ldots} = -A_{\ldots j \ldots i \ldots}$$

ablesen. Solche Tensoren sind allgemein gekennzeichnet durch

$$\alpha\big(x_{\pi(1)},x_{\pi(2)},\ldots,x_{\pi(n)}\big) = \operatorname{sign}(\pi)\,\alpha\big(x_1,x_2,\ldots,x_n\big)$$

und werden *schiefsymmetrisch*, *antisymmetrisch* oder *alternierend* genannt. Auch diese Symmetrieeigenschaft ist nur für nicht-gemischte Tensoren sinnvoll, gleichwie derartige Symmetrien auch bei gemischten Tensoren auftreten können, wie z.B. im Falle des Tensors mit der Eigenschaft

$$\alpha(\xi,\eta,x) = -\alpha(\eta,\xi,x), \qquad \xi,\eta \in \mathcal{V}^*,\ x \in \mathcal{V},$$

eine Antisymmetrie, die in den Koordinaten in der Form

$$A^{ij}_k = -A^{ji}_k$$

zum Ausdruck kommt.

Die obigen Bedingungen für Symmetrie und Antisymmetrie von Tensoren erfordern die Mindeststufe 2 der in Betracht gezogenen Tensoren. Man kommt überein, Tensoren nullter und erster Stufe beide Symmetrieeigenschaften — je nach Bedarf — zuzusprechen.

Eine besonders wichtige Klasse schiefsymmetrischer kovarianter Tensoren sind die Determinantenfunktionen in einem Vektorraum $\mathcal{V}$ (vgl. hiezu Kap. 1, §5); ihre Stufe ist gleich der Dimensionszahl des Vektorraumes $\mathcal{V}$. Die Dimension des Vektorraumes $\mathcal{V}$ ist übrigens die maximale Stufe, die ein schiefsymmetrischer Tensor haben kann, denn eine alternierende Funktion ist identisch Null, wenn die Vektoren der Argumentliste linear abhängig sind, was für mehr als N Vektoren in einem N-dimensionalen Vektorraum immer zutrifft.

Sind a und b zwei kontravariante Tensoren erster Stufe, so ist das Tensorprodukt $a \otimes b$ ein kontravarianter Tensor zweiter Stufe mit den Koordinaten $a(\varepsilon^i)b(\varepsilon^j) = A^iB^j$, desgleichen der Tensor $b \otimes a$, dessen Koordinaten die Produkte $b(\varepsilon^i)a(\varepsilon^j) = B^iA^j$ sind. Die Differenz $c = a \otimes b - b \otimes a$ ist daher auch ein kontravarianter Tensor zweiter Stufe, der wegen

$$\begin{aligned} c(\xi,\eta) &= (a \otimes b)(\xi,\eta) - (b \otimes a)(\xi,\eta) \\ &= a(\xi)b(\eta) - b(\xi)a(\eta) = -c(\eta,\xi) \end{aligned}$$

ein schiefsymmetrischer Tensor mit den Koordinaten $C^{ij} = A^iB^j - A^jB^i$ ist. Schreibt man die Koordinaten dieses Tensors im Falle $N = \dim \mathcal{V} = 3$ in einem quadratischen Schema als Matrix an,

$$\begin{pmatrix} 0 & C^{12} & -C^{31} \\ -C^{12} & 0 & C^{23} \\ C^{31} & -C^{23} & 0 \end{pmatrix},$$

so sind in diesem nur drei Elemente unabhängig, nämlich C^{23}, C^{31}, C^{12}. Diesen drei Größen ordnet man im Hinblick auf die Geometrie im dreidimensionalen Raum, dem dann ein kartesisches Koordinatensystem zugrundegelegt werden muß, den Vektor mit den Koordinaten

$$D^1 = C^{23},\ D^2 = C^{31},\ D^3 = C^{12}$$

zu und nennt diesen das „äußere Produkt" der Vektoren A^i und B^i. Diese Konstruktion ist aber *nur* im dreidimensionalen Raum möglich. Den insgesamt 6 Koordinaten des Tensors C^{ij}, die im Falle $N = 4$ unabhängig sind, läßt sich auf vernünftige Weise kein Vektor des *vier*dimensionalen Raumes zuordnen.

2.8 Schiefsymmetrische Tensoren

Der Bedeutung der schiefsymmetrischen kovarianten Tensoren Rechnung tragend, stehen diese jetzt im Vordergrund der Betrachtungen. Die erforderlichen Abänderungen beim Übergang zu schiefsymmetrischen kontravarianten Tensoren sind evident, weshalb darauf nur ergänzend eingegangen wird. Zugrunde liegt ein reeller N-dimensionaler Vektorraum $\mathcal{V}$.

Die schiefsymmetrischen Tensoren haben die Struktur eines Vektorraumes, denn die Summe zweier schiefsymmetrischer Tensoren gleicher Stufe ist ein schiefsymmetrischer Tensor derselben Stufe, ebenso das Produkt eines schiefsymmetrischen Tensors mit einer Zahl aus dem Grundkörper $\mathbb{R}$. Man bezeichnet mit $\wedge^n\mathcal{V}^*$ den Vektorraum der schiefsymmetrischen kovarianten Tensoren, mit $\wedge^n\mathcal{V}$ den Vektorraum der schiefsymmetrischen kontravarianten Tensoren n-ter Stufe, eine Symbolik, die später verständlich werden wird. Für $n = 1$ ist $\wedge\mathcal{V}^*$ der Dualraum $\mathcal{V}^*$, $\wedge\mathcal{V}$ ist im Sinne der Identifikation der Vektorräume $\mathcal{V}$ und $\mathcal{V}^{**}$ der Vektorraum $\mathcal{V}$; die Symbole $\wedge^0\mathcal{V}^*$ und $\wedge^0\mathcal{V}$ stehen für den Grundkörper $\mathbb{R}$. Da ein schiefsymmetrischer Tensor identisch verschwindet, wenn seine Stufe größer ist als die Dimension des Vektorraumes $\mathcal{V}$, ist $\wedge^n\mathcal{V}^* = \{o\}$ und $\wedge^n\mathcal{V} = \{o\}$ für $n > N = \dim \mathcal{V}$. Um eine allzu schleppende Schreibweise zu vermeiden, soll in diesem Paragraphen, wenn von einem Tensor die Rede ist, stillschweigend immer ein schiefsymmetrischer Tensor gemeint sein. Griechische Buchstaben α, β, ... stehen dabei für kovariante Tensoren, lateinische Buchstaben a, b, ... für kontravariante Tensoren.

Eine Determinantenfunktion δ in $\mathcal{V}$ ist ein kovarianter Tensor der Stufe $N = \dim \mathcal{V}$. Die Koordinaten einer Determinantenfunktion können nur drei Werte annehmen. Sind die Indizes $i_1, i_2, \ldots, i_N$ alle voneinander verschieden und somit eine Permutation π der natürlichen Zahlen 1, 2, ..., N, so ist (vgl. (1.30))

$$\delta(e_{i_1}, e_{i_2}, \ldots, e_{i_N}) = \operatorname{sign}(\pi)\, \delta(e_1, e_2, \ldots, e_N)\,;$$

alle Koordinaten, in denen mindestens zwei Indizes gleiche Werte haben, verschwinden. Setzt man

$$\Delta = \delta(e_1, e_2, \ldots, e_N)\,,$$

so nehmen die Koordinaten der Determinantenfunktion δ nur die Werte Δ, 0 und $-\Delta$ an. Führt man das schiefsymmetrisch indizierte Symbol

$$\epsilon_{i_1 i_2 \ldots i_N} = \begin{cases} \operatorname{sign}(\pi) & \text{für } i_k = \pi(k), \\ 0 & \text{sonst} \end{cases} \tag{2.19}$$

ein, so können die Koordinaten einer Determinantenfunktion δ in der Form

$$\delta(e_{i_1}, e_{i_2}, \ldots, e_{i_N}) = \Delta\, \epsilon_{i_1 i_2 \ldots i_N} \tag{2.20}$$

geschrieben werden. Da diese sich bei einem Basiswechsel wie

$$\delta(\bar{e}_{i_1}, \ldots, \bar{e}_{i_N}) = \sum_{j_1, \ldots, j_N = 1}^{N} a_{i_1}^{j_1} \ldots a_{i_N}^{j_N}\, \delta(e_{j_1}, \ldots, e_{j_N})$$

transformieren (vgl. (2.1)), ist

$$\operatorname{sign}(\pi)\bar{\Delta} = \sum_{\sigma} \operatorname{sign}(\sigma)\, a_{\pi(1)}^{\sigma(1)} \cdots a_{\pi(N)}^{\sigma(N)}\, \Delta$$

und folglich[3)]

$$\bar{\Delta} = \sum_{\sigma} \operatorname{sign}(\pi\sigma)\, a_{\pi\sigma(1)}^{1} \cdots a_{\pi\sigma(N)}^{N}\, \Delta\,.$$

Wenn darin σ alle Permutationen durchläuft, so tut dies auch das Produkt $\pi\sigma$, sodaß

$$\bar{\Delta} = \det\{a_i^j\}\, \Delta \tag{2.21}$$

gilt, woraus erhellt, daß die Größe Δ *keine* Invariante ist; deshalb sind auch die schiefsymmetrisch indizierten Größen (2.19) *nicht* die Koordinaten eines Tensors. Das ϵ-Symbol (2.19) erweist sich aber für viele Betrachtungen als sehr nützlich.

Das tensorielle Produkt

$$(\alpha \otimes \beta)(x_1, \ldots, x_n, y_1, \ldots y_m) = \alpha(x_1, \ldots, x_n)\beta(y_1, \ldots, y_m) \tag{2.22}$$

zweier Tensoren α und β mit den Stufen n und m ist i.a. kein schiefsymmetrischer Tensor, aber immer noch ein kovarianter Tensor $(n+m)$-ter Stufe.

---

3) Ist π eine Permutation und π^{-1} ihre Inverse, so ist $\operatorname{sign}(\pi^{-1}) = \operatorname{sign}(\pi)$; für zwei Permutationen π und σ gilt $\operatorname{sign}(\pi\sigma) = \operatorname{sign}(\pi)\operatorname{sign}(\sigma)$ (siehe Anhang).

Hingegen ist die über alle Permutationen π der Zahlen 1, 2, ..., $n+m$ erstreckte Summe

$$\sum_{\pi} \operatorname{sign}(\pi)\,(\alpha \otimes \beta)(x_{\pi(1)}, x_{\pi(2)}, \ldots, x_{\pi(n+m)})$$

sehr wohl ein schiefsymmetrischer Tensor. Man nennt den Tensor $(n+m)$-ter Stufe

$$(\alpha \wedge \beta)(x_1, \ldots, x_{n+m}) := \frac{1}{n!\,m!} \sum_{\pi} \operatorname{sign}(\pi)\,(\alpha \otimes \beta)(x_{\pi(1)}, \ldots, x_{\pi(n+m)}) \tag{2.23}$$

das *alternierende* oder *äußere* Produkt der schiefsymmetrischen kovarianten Tensoren α und β. Eine äquivalente Darstellung ist

$$(\alpha \wedge \beta)(x_1, \ldots, x_{n+m}) := \sum_{\pi}^{*} \operatorname{sign}(\pi)\,(\alpha \otimes \beta)(x_{\pi(1)}, \ldots, x_{\pi(n+m)}), \tag{2.24}$$

worin mit dem hochgestellten Stern im Summenzeichen angedeutet werden soll, daß diese Summenbildung nur über die insgesamt $\frac{(n+m)!}{n!\,m!}$ „geordneten" Permutationen π der Form $\pi(1) < \cdots < \pi(n)$, $\pi(n+1) < \cdots < \pi(n+m)$ zu erstrecken ist. Damit werden in (2.24) alle $n!\,m!$ identischen Beiträge in (2.23), die denjenigen Permutationen entsprechen, welche aus einer Permutation $\pi(1) < \cdots < \pi(n)$, $\pi(n+1) < \cdots < \pi(n+m)$ durch Permutieren der ersten n und der letzten m Zahlen entstehen, nur einmal berücksichtigt.

Das äußere Produkt zweier Tensoren erster Stufe berechnet sich zu

$$\begin{aligned}(\alpha \wedge \beta)(x_1, x_2) &= \sum_{\pi} \operatorname{sign}(\pi)\,(\alpha \otimes \beta)(x_{\pi(1)}, x_{\pi(2)}) \\ &= (\alpha \otimes \beta)(x_1, x_2) - (\alpha \otimes \beta)(x_2, x_1) \\ &= \alpha(x_1)\beta(x_2) - \alpha(x_2)\beta(x_1) \\ &= \begin{vmatrix} \alpha(x_1) & \alpha(x_2) \\ \beta(x_1) & \beta(x_2) \end{vmatrix}.\end{aligned}$$

In einem dreidimensionalen Vektorraum $\mathcal{V}$ ist

$$\begin{aligned}\alpha \wedge \beta &= (A_1\varepsilon^1 + A_2\varepsilon^2 + A_3\varepsilon^3) \wedge (B_1\varepsilon^1 + B_2\varepsilon^2 + B_3\varepsilon^3) \\ &= \begin{vmatrix} A_2 & A_3 \\ B_2 & B_3 \end{vmatrix} \varepsilon^2 \wedge \varepsilon^3 + \begin{vmatrix} A_1 & A_3 \\ B_1 & B_3 \end{vmatrix} \varepsilon^1 \wedge \varepsilon^3 + \begin{vmatrix} A_1 & A_2 \\ B_1 & B_2 \end{vmatrix} \varepsilon^1 \wedge \varepsilon^2 .\end{aligned}$$

Für zwei Tensoren erster bzw. zweiter Stufe α und β erhält man

$$(\alpha \wedge \beta)(x_1, x_2, x_3) = \alpha(x_1)\beta(x_2, x_3) - \alpha(x_2)\beta(x_1, x_3) + \alpha(x_3)\beta(x_1, x_2),$$

also den schiefsymmetrischen kovarianten Tensor mit den Koordinaten

$$A_i B_{jk} + A_j B_{ki} + A_k B_{ij} .$$

Speziell im Fall $\dim \mathcal{V} = 3$ ist

$$\begin{aligned}\alpha \wedge \beta &= (A_1\varepsilon^1 + A_2\varepsilon^2 + A_3\varepsilon^3) \wedge (B_{23}\varepsilon^2 \wedge \varepsilon^3 + B_{13}\varepsilon^1 \wedge \varepsilon^3 + B_{12}\varepsilon^1 \wedge \varepsilon^2) \\ &= (A_1 B_{23} + A_2 B_{31} + A_3 B_{12})\,\varepsilon^1 \wedge \varepsilon^2 \wedge \varepsilon^3 .\end{aligned}$$

Das äußere Produkt $\alpha \wedge \beta$ ist assoziativ und distributiv gegenüber der Addition, jedoch i.a. nicht kommutativ, denn es gilt

$$\alpha \wedge \beta = (-1)^{nm} \beta \wedge \alpha . \tag{2.25}$$

Vertauscht man nämlich in (2.23) die Rollen von α und β und bringt man unter Berücksichtigung von (2.22) durch nm Vertauschungen die letzten m Argumentvektoren der Reihe nach an die ersten n Stellen, so erhält man (2.23) zurück. Für eine beliebige reelle Zahl λ gilt ferner

$$(\lambda\alpha) \wedge \beta = \alpha \wedge (\lambda\beta) = \lambda(\alpha \wedge \beta).$$

Das äußere Produkt eines Tensors 0-ter Stufe λ mit einem beliebigen Tensor α ist das Produkt des Tensors α mit der Zahl λ,

$$\lambda \wedge \alpha = \alpha \wedge \lambda = \lambda\alpha.$$

Ist α ein Tensor ungerader Stufe, so ist stets

$$\alpha \wedge \alpha = 0. \tag{2.26}$$

Nach (2.25) gilt für derartige Tensoren α und β stets $\alpha \wedge \beta = -\beta \wedge \alpha$, also ist, wenn für $\beta = \alpha$ gesetzt wird, $\alpha \wedge \alpha = -\alpha \wedge \alpha$, d.h. $\alpha \wedge \alpha = 0$.

Das äußere Produkt von n kovarianten Vektoren $\alpha^1, \alpha^2, \ldots, \alpha^n$ ist

$$(\alpha^1 \wedge \alpha^2 \wedge \cdots \wedge \alpha^n)(x_1, x_2, \ldots, x_n) = \begin{vmatrix} \alpha^1(x_1) & \alpha^1(x_2) & \ldots & \alpha^1(x_n) \\ \alpha^2(x_1) & \alpha^2(x_2) & \ldots & \alpha^2(x_n) \\ \vdots & \vdots & \ddots & \vdots \\ \alpha^n(x_1) & \alpha^n(x_2) & \ldots & \alpha^n(x_n) \end{vmatrix}. \tag{2.27}$$

Die Koordinaten dieses Tensors sind demnach die Determinanten

$$A_{j_1 \ldots j_n} = \det\{\langle\alpha^i, e_{j_k}\rangle\}. \tag{2.28}$$

An dieser Stelle sei noch auf das äußere Produkt zweier kontravarianter Tensoren erster Stufe, also zweier Vektoren a und b hingewiesen. Es ist dies der kontravariante Tensor zweiter Stufe $c = a \wedge b$, der für ξ^1, $\xi^2 \in \mathcal{V}^*$ die Werte

$$c(\xi^1, \xi^2) = (a \wedge b)(\xi^1, \xi^2) = a(\xi^1)b(\xi^2) - a(\xi^2)b(\xi^1)$$

annimmt und dessen Koordinaten die Größen

$$C^{ij} = (a \wedge b)(\varepsilon^i, \varepsilon^j) = a(\varepsilon^i)b(\varepsilon^j) - a(\varepsilon^j)b(\varepsilon^i) = A^iB^j - B^iA^j$$

sind. Im Falle $\dim \mathcal{V} = 3$ sind nur 3 dieser 9 Koordinaten unabhängig, die dann als das „klassische“ äußere Produkt zu einem Vektor c zusammengefaßt werden, was aber nichts daran ändert, daß das äußere Produkt zweier Tensoren erster Stufe ein schiefsymmetrischer Tensor zweiter Stufe ist.

Ist α ein Tensor n-ter Stufe und sind $x_1, x_2, \ldots, x_n$ beliebige Vektoren mit den Koordinaten $X_1^i, X_2^i, \ldots, X_n^i$ bezüglich der Vektoren e_i einer Basis $\mathcal{B}$, so gilt

$$\begin{aligned} \alpha(x_1, x_2, \ldots, x_n) &= \sum_{k_1=1}^{N} \sum_{k_2=1}^{N} \cdots \sum_{k_n=1}^{N} X_1^{k_1} X_2^{k_2} \ldots X_n^{k_n}\, \alpha(e_{k_1}, e_{k_2}, \ldots e_{k_n}) \\ &= \sum_{\substack{k_1, \ldots, k_n = 1 \\ k_i \neq k_j}}^{N} X_1^{k_1} X_2^{k_2} \ldots X_n^{k_n}\, \alpha(e_{k_1}, e_{k_2}, \ldots e_{k_n}), \end{aligned}$$

worin in der letzten Summe über alle n-tupel verschiedener natürlicher Zahlen $1 \leq k_i \leq N$ zu summieren ist, da für alle anderen die Koordinaten des Tensors α gleich Null sind und somit kein Beitrag zur Summe geliefert wird. Je $n!$ solcher Summationszeiger-n-tupel bestehen aus allen Permutationen $\pi(l_1)\pi(l_2)\ldots\pi(l_n)$ einer Kombination $1 \leq l_1 < l_2 < \cdots < l_n \leq N$. Infolgedessen ist, wenn man

$$\alpha(e_{\pi(l_1)}, e_{\pi(l_2)}, \ldots, e_{\pi(l_n)}) = \operatorname{sign}(\pi)\, \alpha(e_{l_1}, e_{l_2}, \ldots, e_{l_n})$$

berücksichtigt,

$$\begin{aligned}
&\alpha(x_1, x_2, \ldots, x_n) \\
&= \sum_{l_1 < l_2 < \cdots < l_n} \alpha(e_{l_1}, e_{l_2}, \ldots, e_{l_n}) \sum_{\pi} \operatorname{sign}(\pi)\, X_1^{\pi(l_1)} X_2^{\pi(l_2)} \ldots X_n^{\pi(l_n)} \\
&= \sum_{l_1 < l_2 < \cdots < l_n} \begin{vmatrix} X_1^{l_1} & X_2^{l_1} & \ldots & X_n^{l_1} \\ X_1^{l_2} & X_2^{l_2} & \ldots & X_n^{l_2} \\ \vdots & \vdots & \ddots & \vdots \\ X_1^{l_n} & X_2^{l_n} & \ldots & X_n^{l_n} \end{vmatrix} \alpha(e_{l_1}, e_{l_2}, \ldots, e_{l_n}).
\end{aligned}$$

Zieht man jetzt die Gleichung (2.27) mit den Vektoren ε^i der Basis von $\mathcal{V}^*$ an Stelle der Linearformen α^i heran,

$$(\varepsilon^{l_1} \wedge \varepsilon^{l_2} \wedge \cdots \wedge \varepsilon^{l_n})(x_1, x_2, \ldots, x_n) = \begin{vmatrix} X_1^{l_1} & X_2^{l_1} & \ldots & X_n^{l_1} \\ X_1^{l_2} & X_2^{l_2} & \ldots & X_n^{l_2} \\ \vdots & \vdots & \ddots & \vdots \\ X_1^{l_n} & X_2^{l_n} & \ldots & X_n^{l_n} \end{vmatrix},$$

so gelangt man schließlich zu

$$\alpha = \sum_{l_1 < l_2 < \cdots < l_n} \alpha(e_{l_1}, e_{l_2}, \ldots, e_{l_n})\, \varepsilon^{l_1} \wedge \varepsilon^{l_2} \wedge \cdots \wedge \varepsilon^{l_n}.$$

Daraus geht hervor, daß sich jeder schiefsymmetrische kovariante Tensor n-ter Stufe mit den Koordinaten $A_{l_1 l_2 \ldots l_n}$ als Summe n-facher äußerer Produkte darstellen läßt,

$$\alpha = \sum_{l_1 < l_2 < \cdots < l_n} A_{l_1 l_2 \ldots l_n}\, \varepsilon^{l_1} \wedge \varepsilon^{l_2} \wedge \cdots \wedge \varepsilon^{l_n}. \tag{2.29}$$

Man nennt (2.29) die *kanonische* Darstellung des Tensors α. Für $n = N$ ist α eine Determinantenfunktion,

$$\alpha = A\, \varepsilon^1 \wedge \varepsilon^2 \wedge \cdots \wedge \varepsilon^N \tag{2.30}$$

mit den Koordinaten

$$A_{i_1 i_2 \ldots i_N} = A\, \epsilon_{i_1 i_2 \ldots i_N}, \tag{2.31}$$

worin ϵ das schiefsymmetrisch indizierte Symbol (2.19) ist.

In die kanonische Darstellung eines schiefsymmetrischen kovarianten Tensors gehen nur die insgesamt $\binom{N}{n}$ *unabhängigen* Koordinaten ein, nach wie vor ist

$$\sum_{l_1<l_2<\cdots<l_n} A_{l_1 l_2 \ldots l_n} \varepsilon^{l_1} \wedge \varepsilon^{l_2} \wedge \cdots \wedge \varepsilon^{l_n} = \sum_{i_1,\ldots,i_n=1}^{N} A_{i_1 i_2 \ldots i_n} \varepsilon^{i_1} \otimes \varepsilon^{i_2} \otimes \cdots \otimes \varepsilon^{i_n} .$$

Auf Grund der Schiefsymmetrie liefert die Summe rechts nur dann einen Beitrag, wenn die Summations-Indizes sämtlich voneinander verschieden sind; sie besteht deshalb aus allen Kombinationen $1 \leq l_1 < l_2 < \cdots < l_n \leq N$ und deren Permutationen. Ist $l_1 < l_2 < \cdots < l_n$ eine solche Kombination, so ist ihr Beitrag zur obigen Summe

$$A_{l_1 l_2 \ldots l_n} \sum_{\pi} \operatorname{sign}(\pi)\, \varepsilon^{\pi(l_1)} \otimes \varepsilon^{\pi(l_2)} \otimes \cdots \otimes \varepsilon^{\pi(l_n)} .$$

Die Summe darin ist aber gerade das äußere Produkt $\varepsilon^{l_1} \wedge \varepsilon^{l_2} \wedge \cdots \wedge \varepsilon^{l_n}$.

Die Darstellung (2.29) eines Tensors n-ter Stufe α zeigt ferner, daß der Vektorraum $\wedge^n \mathcal{V}^*$ endliche Dimension hat, und zwar ist $\dim \wedge^n \mathcal{V}^* = \binom{N}{n}$, denn es bilden die $\binom{N}{n}$ kovarianten Tensoren

$$\varepsilon^{l_1 l_2 \ldots l_n} := \varepsilon^{l_1} \wedge \varepsilon^{l_2} \wedge \cdots \wedge \varepsilon^{l_n} , \quad 1 \leq l_1 < l_2 < \cdots < l_n \leq N , \tag{2.32}$$

nicht nur ein Erzeugendensystem, sondern auf Grund ihrer linearen Unabhängigkeit auch eine Basis für $\wedge^n \mathcal{V}^*$. Der Vektorraum $\wedge^N \mathcal{V}^*$ der Determinantenfunktionen ist eindimensional, ein Basisvektor ist das N-fache Produkt

$$\varepsilon := \varepsilon^1 \wedge \varepsilon^2 \wedge \cdots \wedge \varepsilon^N . \tag{2.33}$$

Ähnliches gilt für den Vektorraum $\wedge^n \mathcal{V}$ der kontravarianten schiefsymmetrischen Tensoren n-ter Stufe. Es gilt $\dim \wedge^n \mathcal{V} = \binom{N}{n}$, jeder schiefsymmetrische kontravariante Tensor b mit den Koordinaten $B^{j_1 j_2 \ldots j_n}$ hat die kanonische Darstellung

$$b = \sum_{j_1<j_2<\cdots<j_n} B^{j_1 j_2 \ldots j_n} e_{j_1} \wedge e_{j_2} \wedge \cdots \wedge e_{j_n} . \tag{2.34}$$

Die Tensoren

$$e_{j_1 j_2 \ldots j_n} := e_{j_1} \wedge e_{j_2} \wedge \cdots \wedge e_{j_n} , \quad 1 \leq j_1 < j_2 < \cdots < j_n \leq N , \tag{2.35}$$

sind eine Basis für den Vektorraum $\wedge^n \mathcal{V}$ der schiefsymmetrischen kontravarianten Tensoren n-ter Stufe.

Sind n kovariante Vektoren $\alpha^1, \alpha^2, \ldots, \alpha^n$ mit den Koordinaten A^1_k, $A^2_k, \ldots, A^n_k$ gegeben, so ist ihr äußeres Produkt der Tensor n-ter Stufe

$$\alpha^1 \wedge \alpha^2 \wedge \cdots \wedge \alpha^n = \sum_{l_1<l_2<\cdots<l_n} A_{l_1 l_2 \ldots l_n} \varepsilon^{l_1 l_2 \ldots l_n} ,$$

worin für

$$A_{l_1 l_2 \ldots l_n} = \begin{vmatrix} A^1_{l_1} & A^1_{l_2} & \ldots & A^1_{l_n} \\ A^2_{l_1} & A^2_{l_2} & \ldots & A^2_{l_n} \\ \vdots & \vdots & \ddots & \vdots \\ A^n_{l_1} & A^n_{l_2} & \ldots & A^n_{l_n} \end{vmatrix} , \quad 1 \leq l_1 < l_2 < \cdots < l_n \leq N ,$$

gesetzt wurde; speziell ist für $n = N$

$$\alpha^1 \wedge \alpha^2 \wedge \cdots \wedge \alpha^N = \begin{vmatrix} A^1_{l_1} & A^1_{l_2} & \dots & A^1_{l_N} \\ A^2_{l_1} & A^2_{l_2} & \dots & A^2_{l_N} \\ \vdots & \vdots & \ddots & \vdots \\ A^N_{l_1} & A^N_{l_2} & \dots & A^N_{l_N} \end{vmatrix} \varepsilon^1 \wedge \varepsilon^2 \wedge \cdots \wedge \varepsilon^N \qquad (2.36)$$

eine durch die N Linearformen α^i bestimmte Determinantenfunktion.

Ein schiefsymmetrischer kovarianter Tensor α der Stufe $n > 1$ heißt *zerlegbar*, wenn er als äußeres Produkt von kovarianten Vektoren dargestellt werden kann,

$$\alpha = \alpha^1 \wedge \alpha^2 \wedge \cdots \wedge \alpha^n .$$

Die kanonische Darstellung eines schiefsymmetrischen Tensors zeigt, daß die zerlegbaren Vektoren ein Erzeugendensystem des Vektorraumes $\wedge^n \mathcal{V}^*$ bilden, denn durch (2.29) ist jeder schiefsymmetrische kovariante Tensor n-ter Stufe als Linearkombination der zerlegbaren Tensoren (2.32) dargestellt. Gleichlautend ist der Begriff des zerlegbaren schiefsymmetrischen kontravarianten Tensors.

Die Vektorräume $\wedge^n \mathcal{V}$ und $\wedge^n \mathcal{V}^*$ sind duale Vektorräume. Seien

$$\alpha = \alpha^1 \wedge \alpha^2 \wedge \cdots \wedge \alpha^n , \qquad a = a_1 \wedge a_2 \wedge \cdots \wedge a_n$$

zwei zerlegbare Tensoren in $\wedge^n \mathcal{V}^*$ und $\wedge^n \mathcal{V}$ und

$$\langle \alpha, a \rangle := \begin{vmatrix} \langle \alpha^1, a_1 \rangle & \langle \alpha^1, a_2 \rangle & \dots & \langle \alpha^1, a_n \rangle \\ \langle \alpha^2, a_1 \rangle & \langle \alpha^2, a_2 \rangle & \dots & \langle \alpha^n, a_n \rangle \\ \vdots & \vdots & \ddots & \vdots \\ \langle \alpha^n, a_1 \rangle & \langle \alpha^n, a_2 \rangle & \dots & \langle \alpha^n, a_n \rangle \end{vmatrix} . \qquad (2.37)$$

Erklärt man für zerlegbare schiefsymmetrische Tensoren α, β und a, b

$$\langle \lambda\alpha + \mu\beta, a \rangle := \lambda \langle \alpha, a \rangle + \mu \langle \beta, a \rangle$$

beziehungsweise

$$\langle \alpha, \lambda a + \mu b \rangle := \lambda \langle \alpha, a \rangle + \mu \langle \alpha, b \rangle ,$$

so ist durch (2.37) eine bilineare Funktion auf dem Produkt der linearen Hülle der kovarianten und der kontravarianten zerlegbaren Tensoren n-ter Stufe eingeführt. Da diese Teilräume von $\wedge^n \mathcal{V}$ bzw. $\wedge^n \mathcal{V}^*$ einerseits ein Erzeugendensystem für den jeweiligen Vektorraum sind, andererseits die so konstruierte Bilinearform auf Grund der diesbezüglichen Eigenschaft des Skalarproduktes der Vektorräume $\mathcal{V}$ und $\mathcal{V}^*$ nicht-ausgeartet ist, sind die beiden Vektorräume $\wedge^n \mathcal{V}$ und $\wedge^n \mathcal{V}^*$ dual; es ist $\wedge^n \mathcal{V}^*$ der Dualraum $(\wedge^n \mathcal{V})^*$ von $\wedge^n \mathcal{V}$. Sind $\mathcal{B}$ und $\mathcal{B}^*$ duale Basen von $\mathcal{V}$ und $\mathcal{V}^*$, so bilden die aus den Vektoren e_i bzw. ε^j gebildeten Basisvektoren (2.32) und (2.35) duale Basen von $\wedge^n \mathcal{V}$ und $\wedge^n \mathcal{V}^*$, denn für $\alpha^i = \varepsilon^i$, $x_j = e_j$ ergibt (2.27)

$$\langle \varepsilon^{i_1 i_2 \dots i_n}, e_{j_1 j_2 \dots j_n} \rangle = \det\{\langle \varepsilon^{i_l}, e_{j_k} \rangle\} = \delta^{i_1 \dots i_n}_{j_1 \dots j_n} = \begin{cases} 1 & \text{für } i_k = j_k, \\ 0 & \text{sonst,} \end{cases} \qquad (2.38)$$

in Verallgemeinerung von (1.17), worin für

$$\delta^{i_1\dots i_n}_{j_1\dots j_n} = \delta^{i_1}_{j_1}\delta^{i_2}_{j_2}\dots\delta^{i_n}_{j_n}$$

zu setzen ist. Für $n = 1$ ist $\langle\square,\square\rangle$ das Skalarprodukt der Vektorräume $\mathcal{V}$ und $\mathcal{V}^*$, für $n = 0$ die Multiplikation im Grundkörper $\mathbb{R}$.

Ist $\mathcal{E}$ und damit auch $\mathcal{E}^*$ ein euklidischer oder pseudo-euklidischer Vektorraum, so induziert das innere Produkt in $\mathcal{E}$ bzw. $\mathcal{E}^*$ ein inneres Produkt in $\wedge^n\mathcal{E}$ bzw. $\wedge^n\mathcal{E}^*$, und zwar in $\wedge^n\mathcal{E}^*$ für zerlegbare Tensoren

$$(\alpha^1\wedge\dots\wedge\alpha^n,\beta^1\wedge\dots\wedge\beta^n)_* := \begin{vmatrix} (\alpha^1,\beta^1)_* & (\alpha^1,\beta^2)_* & \dots & (\alpha^1,\beta^n)_* \\ (\alpha^2,\beta^1)_* & (\alpha^2,\beta^2)_* & \dots & (\alpha^2,\beta^n)_* \\ \vdots & \vdots & \ddots & \vdots \\ (\alpha^n,\beta^1)_* & (\alpha^n,\beta^2)_* & \dots & (\alpha^n,\beta^1)_* \end{vmatrix},$$

und nach dem Muster der Konstruktion des Skalarproduktes für beliebige Tensoren α und β der Stufe n

$$\begin{aligned}(\alpha,\beta)_* &= \Big(\sum_{l_1<\dots<l_n} A_{l_1\dots l_n}\varepsilon^{l_1\dots l_n}, \sum_{k_1<\dots<k_n} B_{k_1\dots k_n}\varepsilon^{k_1\dots k_n}\Big)_* \\ &= \sum_{\substack{l_1<\dots<l_n\\ k_1<\dots<k_n}} A_{l_1\dots l_n}B_{k_1\dots k_n}(\varepsilon^{l_1\dots l_n},\varepsilon^{k_1\dots k_n})_*\,.\end{aligned} \tag{2.39}$$

Ist $\mathcal{B}$ und damit auch $\mathcal{B}^*$ eine orthonormale Basis in $\mathcal{E}$ bzw. $\mathcal{E}^*$, so bilden die Tensoren $\varepsilon^{k_1k_2\dots k_n}$ eine orthonormale Basis in $\wedge^n\mathcal{V}^*$,

$$\begin{aligned}(\varepsilon^{k_1\dots k_n},\varepsilon^{l_1\dots l_n})_* &= (\varepsilon^{k_1}\wedge\dots\wedge\varepsilon^{k_n},\varepsilon^{l_1}\wedge\dots\wedge\varepsilon^{l_n})_* \\ &= \det\{(\varepsilon^{k_i},\varepsilon^{l_j})_*\} = \begin{cases}\eta_{k_1}\cdots\eta_{k_n} & \text{für } k_i = l_i, 1\le i\le n,\\ 0 & \text{sonst.}\end{cases}\end{aligned} \tag{2.40}$$

Ebenso sind die mit orthonormalen Basisvektoren e_i in $\mathcal{E}$ gebildeten Basisvektoren (2.35) eine orthonormale Basis von $\wedge^n\mathcal{E}$.

Sind $\mathcal{B}$ und $\mathcal{B}^*$ ein beliebiges Paar dualer Basen in $\mathcal{E}$ und $\mathcal{E}^*$ und setzt man (vgl. (1.51) und (1.52))

$$g^{i_1\dots i_n,j_1\dots j_n} = (\varepsilon^{i_1}\wedge\dots\wedge\varepsilon^{i_n},\varepsilon^{j_1}\wedge\dots\wedge\varepsilon^{j_n})_* = \det\{(\varepsilon^{i_k},\varepsilon^{j_l})_*\} \tag{2.41}$$

beziehungsweise

$$g_{i_1\dots i_n,j_1\dots j_n} = (e_{i_1}\wedge\cdots e_{i_n},e_{j_1}\wedge\dots\wedge e_{j_n}) = \det\{(e_{i_k},e_{j_l})\}\,, \tag{2.42}$$

so stellen diese Größen die kontravarianten bzw. kovarianten Koordinaten des durch das innere Produkt im Vektorraum $\wedge^n\mathcal{E}$ bzw. $\wedge^n\mathcal{E}^*$ gegebenen Maßtensors dar. Es gilt analog (1.55)

$$\sum_{k_1<\dots<k_n} g^{i_1\dots i_n,k_1\dots k_n}g_{k_1\dots k_n,j_1\dots j_n} = \delta^{i_1\dots i_n}_{j_1\dots j_n}\,. \tag{2.43}$$

Die Größen (2.41) bzw. (2.42) sind Unterdeterminanten der Koordinaten-Matrix $\{g_{ij}\}$ bzw. $\{g^{ij}\}$ des kovarianten bzw. kontravarianten Maßtensors,

$$g_{i_1 i_2 \ldots i_n, j_1 j_2 \ldots j_n} = \begin{vmatrix} g_{i_1 j_1} & g_{i_1 j_2} & \cdots & g_{i_1 j_n} \\ g_{i_2 j_1} & g_{i_2 j_2} & \cdots & g_{i_2 j_n} \\ \vdots & \vdots & \ddots & \vdots \\ g_{i_n j_1} & g_{i_n j_2} & \cdots & g_{i_n j_n} \end{vmatrix},$$

analog für (2.41).

Der natürliche Isomorphismus ι der euklidischen Vektorräume $\mathcal{E}$ und $\mathcal{E}^*$ induziert den natürlichen Isomorphismus $\iota_n : \wedge^n \mathcal{E} \to \wedge^n \mathcal{E}^*$, und zwar für zerlegbare Tensoren durch

$$\begin{aligned} \langle \alpha^1, \ldots, \alpha^n, a_1, \ldots, a_n \rangle &= \det\{\langle \alpha^i, a_j \rangle\} = \det\{(\iota^{-1}\alpha^i, a_j)\} \\ &= (\iota^{-1}\alpha^1 \wedge \cdots \wedge \iota^{-1}\alpha^n, a_1 \wedge \cdots \wedge a_n) \\ &= (\alpha^1 \wedge \cdots \wedge \alpha^n, \iota a_1 \wedge \cdots \wedge \iota a_n)_*\,, \end{aligned}$$

sodaß ι_n durch die Setzung

$$\iota_n(a_1 \wedge \cdots \wedge a_n) := \iota a_1 \wedge \cdots \wedge \iota a_n \tag{2.44}$$

auf einem Erzeugendensystem erklärt ist. An die Stelle der Gleichungen (1.53) und (1.54) treten jetzt

$$\iota_n(e_{i_1} \wedge \cdots \wedge e_{i_n}) = \sum_{j_1 < \cdots < j_n} g_{i_1 \ldots i_n, j_1 \ldots j_n} \varepsilon^{j_1} \wedge \cdots \wedge \varepsilon^{j_n} \tag{2.45}$$

beziehungsweise

$$\iota_n^{-1}(\varepsilon^{j_1} \wedge \cdots \wedge \varepsilon^{j_n}) = \sum_{i_1 < \cdots < i_n} g^{j_1 \ldots j_n, i_1 \ldots i_n} e_{i_1} \wedge \cdots \wedge e_{i_n}\,. \tag{2.46}$$

Ist α ein Tensor mit den kovarianten Koordinaten $A_{i_1 \ldots i_n}$, so sind die Größen (vgl. (1.58))

$$A^{i_1 \ldots i_n} = \sum_{k_1 < \cdots < k_n} g^{i_1 \ldots i_n, k_1 \ldots k_n} A_{k_1 \ldots k_n} \tag{2.47}$$

seine kontravarianten Koordinaten; ist b ein kontravarianter Tensor mit den Koordinaten $B^{j_1 \ldots j_n}$, so sind (vgl. (1.56))

$$B_{i_1 \ldots i_n} = \sum_{k_1 < \cdots < k_n} g_{i_1 \ldots i_n, k_1 \ldots k_n} B^{k_1 \ldots k_n} \tag{2.48}$$

seine kovarianten Koordinaten. Das innere Produkt zweier kovarianter Tensoren α und β ist

$$(\alpha, \beta)_* = \sum_{\substack{i_1 < \cdots < i_n \\ j_1 < \cdots < j_n}} g^{i_1 \ldots, i_n, j_1 \ldots j_n} A_{i_1 \ldots i_n} B_{j_1 \ldots j_n} = \sum_{i_1 < \cdots < i_n} A_{i_1 \ldots i_n} B^{i_1 \ldots i_n}\,; \tag{2.49}$$

sinngemäß ist die Darstellung des inneren Produktes im Vektorraum $\wedge^n \mathcal{E}$ der kontravarianten schiefsymmetrischen Tensoren, entsprechend den Formen (1.63) und (1.65), zu übertragen.

2.9 Duale Tensoren

Ist $\mathcal{E}$ ein N-dimensionaler euklidischer oder pseudo-euklidischer Vektorraum, so haben für $m = N - n$ die Vektorräume $\wedge^n \mathcal{E}^*$ und $\wedge^m \mathcal{E}^*$ auf Grund der Symmetrie der Binomialkoeffizienten dieselbe Dimension. Es zeigt sich nun, daß $\wedge^n \mathcal{E}^*$ und $\wedge^m \mathcal{E}^*$ ein Paar dualer Vektorräume sind. Hiefür ist allerdings vorauszusetzen, daß der Vektorraum $\mathcal{E}$ und sein Dualraum $\mathcal{E}^*$ sowie die Basen *orientiert* sind.

Für das Folgende sei also $\mathcal{E}$ ein N-dimensionaler orientierter euklidischer oder pseudo-euklidischer Vektorraum mit dem Index r; wenn $\mathcal{E}$ ein im eigentlichen Sinn euklidischer Vektorraum ist, so gilt $r = N$. Der Vektorraum $\mathcal{E}$ sei auf eine beliebige Basis $\mathcal{B}$ bezogen; wird die Determinante der Koordinatenmatrix des Maßtensors $\mathfrak{g}$ mit $g = \det\{g_{ij}\}$ bezeichnet, so ist deren Vorzeichen $\operatorname{sign}(g) = (-1)^{N-r}$ (vgl. (1.73)); für eine orthonormale Basis $\mathcal{B}$ ist $|g| = 1$. In diesem Paragraphen soll die ganze Zahl m für $0 \le n \le N$ durchgehend die Bedeutung $m = N - n$ haben. Hinsichtlich der Sprechweise sowie der verwendeten Symbolik bleiben die im vorangegangenen Paragraphen getroffenen Vereinbarungen aufrecht.

Sind $\alpha \in \wedge^n \mathcal{E}^*$ und $\beta \in \wedge^m \mathcal{E}^*$ zwei beliebige Tensoren, so ist ihr äußeres Produkt

$$\alpha \wedge \beta = \Delta(\alpha, \beta)\, \varepsilon^1 \wedge \varepsilon^2 \wedge \cdots \wedge \varepsilon^N$$

ein Tensor N-ter Stufe, also eine Determinantenfunktion auf $\mathcal{E}$. Da das äußere Produkt distributiv gegenüber der Addition ist, hängt die Koordinate Δ linear von den beiden Tensoren α und β ab. Auf Grund der Transformationsgesetze, einerseits (2.21) für die Koordinaten einer Determinantenfunktion, andererseits (1.72) für die Determinante g der Matrix der Koordinaten des kovarianten Maßtensors, ist — und jetzt geht die Forderung ein, daß die Basen in $\mathcal{E}$ und damit auch jene im Dualraum $\mathcal{E}^*$ (vgl. Kap. 1, §6) orientiert sind —

$$\frac{\Delta}{\sqrt{|g|}} \quad \text{und auch} \quad \operatorname{sign}(g)\, \frac{\Delta}{\sqrt{|g|}}$$

eine Invariante, denn bei einem Basiswechsel erhält man, da die Transformationsmatrix eine *positive* Determinante hat,

$$\frac{\bar{\Delta}}{\sqrt{|\bar{g}|}} = \frac{\det\{a_i^j\}}{|\det\{a_i^j\}|}\, \frac{\Delta}{\sqrt{|g|}} = \frac{\Delta}{\sqrt{|g|}}\,.$$

Infolgedessen ist der Quotient

$$\varphi(\alpha, \beta) := (-1)^{N-r}\, \frac{\Delta(\alpha, \beta)}{\sqrt{|g|}} \tag{2.50}$$

eine Bilinearform auf $\wedge^n \mathcal{E}^* \times \wedge^m \mathcal{E}^*$. Wie unschwer zu sehen ist, kann φ nicht ausgeartet sein, weshalb $\wedge^n \mathcal{E}^*$ und $\wedge^m \mathcal{E}^*$ duale Vektorräume sind, verbunden durch das Skalarprodukt φ. Insbesondere ist φ für jeden Tensor $\alpha \in \wedge^n \mathcal{E}^*$ eine Linearform auf $\wedge^m \mathcal{E}^*$, die sich mit Hilfe des inneren Produktes $(\square,\square)_*$ in $\wedge^m \mathcal{E}^*$ in der Form

$$\varphi(\alpha,\beta) = (*\alpha,\beta)_*$$

darstellen läßt, worin der Tensor $*\alpha \in \wedge^m \mathcal{E}^*$ durch den Tensor $\alpha \in \wedge^n \mathcal{E}^*$ eindeutig bestimmt ist. Es ist also jedem Tensor $\alpha \in \wedge^n \mathcal{E}^*$ ein Tensor $*\alpha \in \wedge^m \mathcal{E}^*$ eindeutig zugeordnet, sodaß die Gleichung

$$\alpha \wedge \beta = (-1)^{N-r}\sqrt{|g|}\,(*\alpha,\beta)_*\,\varepsilon^1 \wedge \cdots \wedge \varepsilon^N = (-1)^{N-r}(*\alpha,\beta)_*\,\epsilon \tag{2.51}$$

für alle $\beta \in \wedge^m \mathcal{E}^*$ besteht; darin ist zur Abkürzung

$$\epsilon = \sqrt{|g|}\,\varepsilon^1 \wedge \varepsilon^2 \wedge \cdots \wedge \varepsilon^N = \sqrt{|g|}\,\varepsilon \tag{2.52}$$

gesetzt. Diese Zuordnung $\alpha \to *\alpha$ ist eine offensichtlich lineare Abbildung

$$* : \wedge^n \mathcal{E}^* \to \wedge^m \mathcal{E}^*\,, \tag{2.53}$$

der sie vermittelnde Operator $*$ wird ***Stern-Operator*** oder ***Hodge-Operator*** genannt, der Tensor $*\alpha$ heißt der zu α ***adjungierte*** oder ***duale*** Tensor.

Für den Spezialfall $n = N$ erhält man mit dem Ansatz $\alpha = \epsilon \in \wedge^N \mathcal{E}^*$, $\beta = 1 \in \wedge^0 \mathcal{E}^* = \mathbb{R}$ und $*\alpha = *\epsilon = X \in \mathbb{R}$

$$\alpha \wedge \beta = \epsilon \wedge 1 = \epsilon = (-1)^{N-r}(*\epsilon,1)_*\,\epsilon = (-1)^{N-r}X\,\epsilon$$

und somit

$$*\epsilon = \operatorname{sign}(g)\,. \tag{2.54}$$

Für $n = 0$ und $\alpha = 1$, $\beta = \epsilon$ und $*\alpha = *1 = X\,\epsilon$ ist zunächst

$$\alpha \wedge \beta = 1 \wedge \epsilon = \epsilon = (-1)^{N-r}\,(*1,\epsilon)_*\,\epsilon = (-1)^{N-r}X\,(\epsilon,\epsilon)_*\,\epsilon\,;$$

mit Hilfe von (2.41) sowie unter Berücksichtigung der Reziprozität der Matrizen $\{g_{ij}\}$ und $\{g^{ij}\}$ erhält man weiter

$$(\epsilon,\epsilon)_* = |g|(\varepsilon,\varepsilon)_* = |g|\det\{g^{ij}\} = \frac{|g|}{g} = (-1)^{N-r}$$

und somit

$$*1 = \epsilon\,. \tag{2.55}$$

Um die Koordinaten des zu $\alpha \in \wedge^n \mathcal{E}^*$ dualen Tensors $*\alpha$ für eine Stufe $1 < n < N$ zu bestimmen, ermittelt man am besten zunächst die dualen Tensoren $*\varepsilon^{l_1 \ldots l_n}$ der Basisvektoren in $\wedge^n \mathcal{E}^*$, sodaß für einen beliebigen Tensor

$$\beta = \sum_{i_1 < \cdots < i_m} B_{i_1 \ldots i_m}\varepsilon^{i_1 \ldots i_m}$$

der Stufe m die Gleichung

$$\varepsilon^{l_1 \ldots l_n} \wedge \Big(\sum_{i_1 < \cdots < i_m} B_{i_1 \ldots i_m}\varepsilon^{i_1 \ldots i_m}\Big) = \frac{g}{\sqrt{|g|}}\Big(*\varepsilon^{l_1 \ldots l_n}, \sum_{i_1 < \cdots < i_m} B_{i_1 \ldots i_m}\varepsilon^{i_1 \ldots i_m}\Big)_* \varepsilon$$

für alle Zahlensysteme $B_{i_1\dots i_m}$ erfüllt ist. Wertet man die linke Seite aus, so erhält man wegen (2.26) einen von Null verschiedenen Beitrag zur Summe nur von jener eindeutig bestimmten Kombination $k_1 < \cdots < k_m$, die „komplementär" zur Kombination $l_1 < \cdots < l_n$ ist;[4] bezeichnet dann π die Permutation $l_1 \dots l_n, k_1, \dots k_m$, so ist die linke Seite der obigen Gleichung

$$B_{k_1\dots k_m}\varepsilon^{l_1\dots l_n} \wedge \varepsilon^{k_1\dots k_m} = \operatorname{sign}(\pi)\, B_{k_1\dots k_m}\, \varepsilon\,.$$

Um die rechte Seite auszuwerten, macht man am besten den Ansatz

$$*\varepsilon^{l_1\dots l_n} = \sum_{j_1<\cdots<j_m} E_{j_1\dots j_m}\varepsilon^{j_1\dots j_m}$$

und findet mit Hilfe von (2.41) und (2.49)

$$\frac{g}{\sqrt{|g|}}\sum_{\substack{j_1<\cdots<j_m\\ i_1<\cdots<i_m}} E_{j_1\dots j_m} B_{i_1\dots i_m} g^{j_1\dots j_m, i_1\dots i_m} = \frac{g}{\sqrt{|g|}}\sum_{i_1<\cdots<i_m} E^{i_1\dots i_m} B_{i_1\dots i_m}\,.$$

Daher ist mit der Symbolik $\delta^{i_1\dots i_n}_{j_1\dots j_n} = \delta^{i_1}_{j_1}\cdots\delta^{i_n}_{j_n}$

$$\begin{aligned}\frac{g}{\sqrt{|g|}}\sum_{i_1<\cdots<i_m} E^{i_1\dots i_m} B_{i_1\dots i_m} &= \operatorname{sign}(\pi) B_{k_1\dots k_m}\\ &= \operatorname{sign}(\pi)\sum_{i_1<\cdots<i_m} B_{i_1\dots i_m}\delta^{i_1\dots i_m}_{k_1\dots k_m}\,,\end{aligned}$$

d.h. es sind

$$E^{i_1\dots i_m} = \frac{(-1)^{N-r}}{\sqrt{|g|}}\operatorname{sign}(\pi)\,\delta^{i_1\dots i_m}_{k_1\dots k_m}$$

die kontravarianten Koordinaten des Tensors $*\varepsilon^{i_1\dots i_n}$. Infolgedessen sind, wenn $k_1 < \cdots < k_m$ die zu $l_1 < \cdots < l_n$ komplementäre Kombination ist,

$$E_{j_1\dots j_m} = \frac{(-1)^{N-r}}{\sqrt{|g|}}\operatorname{sign}(\pi)\, g_{j_1\dots j_m, k_1\dots k_m}$$

seine kovarianten Koordinaten. Somit folgt mit Hilfe von (2.48)

$$*\varepsilon^{l_1\dots l_n} = \frac{(-1)^{N-r}}{\sqrt{|g|}}\operatorname{sign}(\pi)\sum_{j_1<\cdots<j_m} g_{k_1\dots k_m, j_1\dots j_m}\,\varepsilon^{j_1\dots j_m}\,. \tag{2.56}$$

Der natürliche Isomorphismus ι_m der Vektorräume $\wedge^m\mathcal{E}$ und $\wedge^m\mathcal{E}^*$ bringt, wie die Gleichung (2.45) zeigt, die Basisvektoren in $\wedge^m\mathcal{E}$ mit den dualen Vektoren der Basis in $\wedge^n\mathcal{E}^*$ in den Zusammenhang

$$*\varepsilon^{l_1 l_2\dots l_n} = \frac{(-1)^{N-r}}{\sqrt{|g|}}\operatorname{sign}(\pi)\,\iota_m e_{k_1 k_2\dots k_m}\,, \tag{2.57}$$

worin π die Permutation $l_1 \dots l_n k_1 \dots k_m$ ist.

---

[4] D.h. die Zahlen k_1, k_2, ..., k_m ergänzen die Zahlen l_1, l_2, ..., l_n zu einer Permutation der natürlichen Zahlen von 1 bis N.

Das Ergebnis (2.56) ist nun die Grundlage, die Koordinaten des zu

$$\alpha = \sum_{l_1<\ldots< l_n} A_{l_1\ldots l_n} \varepsilon^{l_1\ldots l_n}$$

dualen Tensors $*\alpha$ zu bestimmen. Wenn π wieder abkürzend für die Permutation $l_1 \ldots l_n k_1 \ldots k_m$ steht, so folgt aus dem obigen Resultat auf Grund der Linearität des $*$-Operators

$$\begin{aligned} *\alpha &= \frac{(-1)^{N-r}}{\sqrt{|g|}} \sum_{l_1<\cdots<l_n} \operatorname{sign}(\pi)\, A_{l_1\ldots l_n} \sum_{j_1<\cdots<j_m} g_{k_1\ldots k_m, j_1\ldots j_m} \varepsilon^{j_1\ldots j_m} \\ &= \frac{(-1)^{N-r}}{\sqrt{|g|}} \sum_{j_1<\cdots<j_m} \Bigl(\sum_{l_1<\cdots<l_n} \operatorname{sign}(\pi)\, A_{l_1\ldots l_n} g_{k_1\ldots k_m, j_1\ldots j_m} \Bigr) \varepsilon^{j_1\ldots j_m} , \end{aligned}$$

d.h. es sind

$$*A_{j_1\ldots j_m} = \frac{(-1)^{N-r}}{\sqrt{|g|}} \sum_{l_1<\cdots<l_n} \operatorname{sign}(\pi)\, A_{l_1\ldots l_n} g_{k_1\ldots k_m, j_1\ldots j_m} \tag{2.58}$$

die kovarianten Koordinaten des dualen Tensors $*\alpha$. Multipliziert man diese Gleichungen mit $g^{j_1\ldots j_m, i_1\ldots i_m}$ und summiert man über alle Kombinationen $j_1 < \cdots < j_m$ auf, so erhält man auf der linken Seite die kontravarianten Koordinaten des Tensors $*\alpha$, für die rechte Seite ergibt sich dabei wegen (2.43)

$$\begin{aligned} &\frac{(-1)^{N-r}}{\sqrt{|g|}} \sum_{\substack{l_1<\cdots<l_n \\ j_1<\cdots<j_m}} \operatorname{sign}(\pi) A_{l_1\ldots l_n} g_{k_1\ldots k_m, j_1\ldots j_m} g^{j_1\ldots j_m, i_1\ldots i_m} \\ &\qquad = \frac{(-1)^{N-r}}{\sqrt{|g|}} \sum_{l_1<\cdots<l_n} \operatorname{sign}(\pi) A_{l_1\ldots l_n} \delta^{i_1\ldots i_m}_{k_1\ldots k_m} . \end{aligned}$$

Daher sind — wenn wieder π für die Permutation $l_1 \ldots l_n k_1 \ldots k_m$ steht —,

$$*A^{k_1\ldots k_m} = \frac{(-1)^{N-r}}{\sqrt{|g|}} \operatorname{sign}(\pi)\, A_{l_1\ldots l_n} \tag{2.59}$$

die kontravarianten Koordinaten des Tensors $*\alpha$ und somit

$$\widetilde{*\alpha} = \frac{(-1)^{N-r}}{\sqrt{|g|}} \sum_{k_1<\cdots<k_m} \operatorname{sign}(\pi)\, A_{l_1\ldots l_n}\, e_{k_1} \wedge \cdots \wedge e_{k_m} \tag{2.60}$$

der $*\alpha$ assoziierte kontravariante Tensor in $\bigwedge^m \mathcal{E}$. Ein solcher Zusammenhang war natürlich zu erwarten. Die Bilinearform (2.50), die für $\alpha \in \bigwedge^n \mathcal{E}^*$ eine Linearform auf $\bigwedge^m \mathcal{E}^*$ definiert, bestimmt einen kontravarianten Tensor aus dem Dualraum $\bigwedge^m \mathcal{E}$ von $\bigwedge^m \mathcal{E}^*$, nämlich den Tensor (2.60).

Setzt man umgekehrt auf der rechten Seite von (2.58) mit Hilfe der Gleichungen (2.48) die kontravarianten Koordinaten des Tensors α ein, so erhält man

$$\frac{(-1)^{N-r}}{\sqrt{|g|}} \sum_{\substack{l_1<\cdots<l_n \\ i_1<\cdots<i_n}} \operatorname{sign}(\pi)\, g_{l_1\ldots l_n, i_1\ldots i_n} A^{i_1\ldots i_n} g_{k_1\ldots k_m, j_1\ldots j_m}$$

$$= \frac{(-1)^{N-r}}{\sqrt{|g|}} \sum_{i_1<\cdots<i_n} A^{i_1\ldots i_n} \sum_{l_1<\cdots<l_n} \operatorname{sign}(\pi)\, g_{l_1\ldots l_n, i_1\ldots i_n} g_{k_1\ldots k_m, j_1\ldots j_m} .$$

Auf Grund des Laplaceschen Entwicklungssatzes für Determinanten[5] liefert die innere Summe nur dann einen von Null verschiedenen Beitrag, wenn die Indizes $i_1, \ldots, i_n, j_1, \ldots, j_m$ eine Permutation bilden, und zwar gilt

$$\sum_{l_1<\cdots<l_n} \operatorname{sign}(\pi) g_{l_1\ldots l_n, i_1\ldots i_n} g_{k_1\ldots k_m, j_1\ldots j_m} = g \epsilon_{i_1\ldots i_n j_1\ldots j_m} , \tag{2.61}$$

worin ϵ das Symbol (2.19) ist; infolgedessen ist

$$*A_{k_1\ldots k_m} = \sqrt{|g|}\, \operatorname{sign}(\pi)\, A^{l_1\ldots l_n} . \tag{2.62}$$

Diese Darstellung der Koordinaten von $*\alpha$ läßt jetzt noch folgende Lesart zu. Ist

$$\tilde{\alpha} = \sum_{l_1<\cdots<l_n} A^{l_1\ldots l_n} e_{l_1} \wedge \cdots \wedge e_{l_n} = \sum_{i_1=1}^{N} \cdots \sum_{i_n=1}^{N} A^{i_1\ldots i_n} e_{i_1} \oplus \cdots \oplus e_{i_n}$$

der α assoziierte kontravariante Tensor und ϵ die Determinantenfunktion (2.52), deren Koordinaten sich mit Hilfe des ϵ-Symbols in der Form

$$\epsilon_{i_1 i_2\ldots i_N} = \sqrt{|g|}\, \epsilon_{i_1 i_2\ldots i_N} = \sqrt{|g|}\, \operatorname{sign}(i_1 i_2 \ldots i_N)$$

schreiben lassen, so ist das Tensorprodukt

$$\xi = \tilde{\alpha} \otimes \epsilon$$

ein n-fach kontravarianter und N-fach kovarianter Tensor mit den Koordinaten

$$\mathrm{X}^{i_1\ldots i_n}_{j_1\ldots j_N} = \sqrt{|g|}\, A^{i_1\ldots i_n} \epsilon_{j_1\ldots j_N} .$$

Verjüngt man den Tensor ξ in den ersten n kovarianten Indizes $j_1 \ldots j_n$, so geht ein kovarianter schiefsymmetrischer Tensor $\eta = \mathbf{V}(\tilde{\alpha} \otimes \beta)$ mit den Koordinaten

$$\mathrm{H}_{k_1\ldots k_m} = \sqrt{|g|} \sum_{l_1=1}^{N} \cdots \sum_{l_n=1}^{N} A^{l_1\ldots l_n} \epsilon_{l_1\ldots l_n k_1\ldots k_m} = n! \sqrt{|g|}\, \operatorname{sign}(\pi)\, A^{l_1\ldots l_n}$$

hervor, worin wieder π die Bedeutung der Permutation $l_1 \ldots l_n k_1 \ldots k_m$ hat. Dies heißt also, wie ein Blick auf die Gleichung (2.62) zeigt,

$$*\alpha = \frac{1}{n!} \mathbf{V}(\tilde{\alpha} \otimes \epsilon) . \tag{2.63}$$

---

[5] Vgl. das Übungsbeispiel 71 zu diesem Kapitel.

Der duale Tensor $*(*\alpha) = **\alpha$ des Tensors $*\alpha$ unterscheidet sich vom Tensor α allenfalls durch das Vorzeichen. Wendet man auf (2.56) nochmals den Operator $*$ an, so erhält man unter Berücksichtigung von (2.61)

$$\begin{aligned} **\varepsilon^{l_1\dots l_n} &= \frac{\operatorname{sign}(l_1\dots l_n k_1\dots k_m)}{|g|}\, g \operatorname{sign}(k_1\dots k_m l_1\dots l_n)\, \varepsilon^{l_1\dots l_n} \\ &= \operatorname{sign}(g)(-1)^{nm}\left[\operatorname{sign}(l_1\dots l_n k_1\dots k_m)\right]^2 \varepsilon^{l_1\dots l_n} \\ &= (-1)^{nm+N-r}\varepsilon^{l_1\dots l_n}\,. \end{aligned}$$

Also gilt für einen beliebigen Tensor $\alpha \in \wedge^n \mathcal{E}^*$

$$**\alpha = (-1)^{n(N-n)+N-r}\alpha\,. \tag{2.64}$$

Diese Gleichung lehrt darüber hinaus, daß der $*$-Operator ein Isomorphismus der Vektorräume $\wedge^n\mathcal{E}^*$ und $\wedge^m\mathcal{E}^*$ ist. Aus $*\xi = 0$ folgt nämlich $0 = **\xi = (-1)^{n(N-n)+N-r}\xi$, also $\xi = 0$; da die beiden Vektorräume $\wedge^n\mathcal{E}^*$ und $\wedge^m\mathcal{E}^*$ dieselbe Dimension haben, ist der $*$-Operator auch surjektiv und damit ein Isomorphismus. Setzt man in (2.64) für $\alpha = *^{-1}\beta$, so wird

$$*^{-1}\beta = (-1)^{n(N-n)+N-r}*\beta\,,$$

d.h. es ist

$$*^{-1} = (-1)^{n(N-n)+N-r}* \tag{2.65}$$

der inverse Operator zu (2.53). Ist $\alpha \in \wedge^n\mathcal{E}^*$, $\beta \in \wedge^n\mathcal{E}^*$, so folgt aus (2.51), (2.64) und (2.25)

$$\begin{aligned} *\alpha\wedge\beta &= (-1)^{N-r}(**\alpha,\beta)_*\,\epsilon = (-1)^{n(N-n)}(\alpha,\beta)_*\,\epsilon \\ &= (-1)^{n(N-n)}\beta\wedge *\alpha = (-1)^{n(N-n)+N-r}(*\beta,*\alpha)_*\,\epsilon \end{aligned}$$

und schließlich aus der Symmetrie des inneren Produktes

$$(*\alpha,*\beta)_* = (-1)^{N-r}(\alpha,\beta)_*\,. \tag{2.66}$$

Aus dieser Gleichung ergibt sich weiter

$$\begin{aligned} \alpha\wedge *\beta &= (-1)^{N-r}(*\alpha,*\beta)_*\,\epsilon = (\alpha,\beta)_*\,\epsilon \\ &= (-1)^{n(N-n)+N-r}(**\alpha,\beta)_*\,\epsilon = (-1)^{n(N-n)}*\alpha\wedge\beta\,, \end{aligned}$$

also

$$\alpha\wedge *\beta = \beta\wedge *\alpha \tag{2.67}$$

und

$$\alpha\wedge *\beta = (\alpha,\beta)_*\epsilon\,. \tag{2.68}$$

Die Dinge vereinfachen sich erheblich, wenn die Basisvektoren e_i in $\mathcal{E}$ orthonormal sind. In diesem Fall sind auch die Basisvektoren $e_{i_1\dots i_n}$ (vgl. (2.35)) in $\wedge^n\mathcal{E}$ und die dualen Basisvektoren $\varepsilon^{i_1\dots i_n}$ in $\wedge^n\mathcal{E}^*$ orthonormal. Setzt man, wie in (1.62) vereinbart wurde, $\eta_i = (e_i, e_i) = g_{ii}$, so gilt, da die Matrix der Koordinaten des kovarianten Fundamentaltensors jetzt Diagonalgestalt mit Zahlen η_i auf der Hauptdiagonale hat,

$$g_{i_1\dots i_m, j_1\dots j_m} = \begin{cases} \eta_{i_1}\cdots\eta_{i_m} & \text{für } i_k = j_k,\ k = 1,2,\dots,m, \\ 0 & \text{sonst,} \end{cases}$$

und aus (2.56) folgt wegen $|g| = 1$ und $(-1)^{N-r}\eta_{k_1}\cdots\eta_{k_m} = \eta_{l_1}\cdots\eta_{l_n}$

$$*\varepsilon^{l_1\dots l_n} = \operatorname{sign}(\pi)\,\eta_{l_1}\cdots\eta_{l_n}\varepsilon^{k_1\dots k_m}\,, \tag{2.69}$$

worin wieder π die Bedeutung der Permutation $l_1\dots l_n k_1\dots k_m$ hat. Die kovarianten Koordinaten des zu α dualen Tensors $*\alpha$ bestimmen sich dann mit Hilfe der Gleichung (2.58) zu

$$*A_{k_1\dots k_m} = \operatorname{sign}(\pi)\,A_{l_1\dots l_n}\eta_{l_1}\cdots\eta_{l_n}\,.$$

Sind

$$\alpha = A_1\varepsilon^1 + A_2\varepsilon^2 + A_3\varepsilon^3\,,\quad \beta = B_1\varepsilon^1 + B_2\varepsilon^2 + B_3\varepsilon^3$$

zwei Tensoren erster Stufe in einem dreidimensionalen euklidischen Vektorraum, der auf eine beliebige Basis bezogen ist, so erhält man aus (2.62)

$$*\beta = \sqrt{g}\,(B^1\varepsilon^2\wedge\varepsilon^3 + B^2\varepsilon^3\wedge\varepsilon^1 + B^3\varepsilon^2\wedge\varepsilon^2)\,,$$

weiter durch äußere Multiplikation mit α

$$\begin{aligned}\alpha\wedge *\beta &= \sqrt{g}\,(A_1\varepsilon^1 + A_2\varepsilon^2 + A_3\varepsilon^1)\wedge(B^1\varepsilon^2\wedge\varepsilon^3 + B^2\varepsilon^3\wedge\varepsilon^1 + B^3\varepsilon^1\wedge\varepsilon^2)\\ &= \sqrt{g}\,(A_1B^1 + A_2B^2 + A_3B^3)\,\varepsilon^1\wedge\varepsilon^2\wedge\varepsilon^3\end{aligned}$$

und schließlich unter Berücksichtigung von (2.54)

$$*(\alpha\wedge *\beta) = (A_1B^1 + A_2B^2 + A_3B^3)\,. \tag{2.70}$$

Dagegen ergibt

$$\begin{aligned}*(\alpha\wedge\beta) &= *[(A_2B_3 - A_3B_2)\varepsilon^2\wedge\varepsilon^3 + (A_3B_1 - A_1B_3)\varepsilon^3\wedge\varepsilon^1\\ &\qquad + (A_1B_2 - A_2B_1)\varepsilon^1\wedge\varepsilon^2]\\ &= \iota\Big(\frac{A_2B_3 - A_3B_2}{\sqrt{g}}e_1 + \frac{A_1B_3 - A_3B_1}{\sqrt{g}}e_2 + \frac{A_1B_2 - A_2B_1}{\sqrt{g}}e_3\Big)\end{aligned} \tag{2.71}$$

(vgl. (2.57)), d.h. die Größen

$$C^1 = \frac{A_2B_3 - A_3B_2}{\sqrt{g}}\,,\quad C^2 = \frac{A_3B_1 - A_1B_3}{\sqrt{g}}\,,\quad C^3 = \frac{A_1B_2 - A_2B_1}{\sqrt{g}} \tag{2.72}$$

sind die kontravarianten Koordinaten des Tensors $\gamma = *(\alpha\wedge\beta)$. Das Produkt $*(\alpha\wedge *\beta)$ liefert also das innere Produkt der kontravarianten Vektoren $a = \iota^{-1}\alpha$ und $b = \iota^{-1}\beta$, der Vektor $\iota^{-1}[*(\alpha\wedge\beta)]$ liefert ihr klassisches äußeres Produkt der analytischen Geometrie im dreidimensionalen Raum.

Im pseudo-euklidischen Lorentz-Raum $\mathcal{L}^4$, der auf eine orthonormale Basis $\{e_0, e_1, e_2, e_3\}$ bezogen ist, für welche wieder die Vereinbarungen (1.74) in Kraft gesetzt werden, erhält man aus (2.69) der Reihe nach

$$\begin{aligned}*\varepsilon^0 &= \operatorname{sign}(0123)\,\eta_0\,\varepsilon^1\wedge\varepsilon^2\wedge\varepsilon^3 = \varepsilon^1\wedge\varepsilon^2\wedge\varepsilon^3\,,\\ *\varepsilon^1 &= \operatorname{sign}(1023)\,\eta_1\,\varepsilon^0\wedge\varepsilon^2\wedge\varepsilon^3 = \varepsilon^0\wedge\varepsilon^2\wedge\varepsilon^3\,,\\ *\varepsilon^2 &= \operatorname{sign}(2013)\,\eta_2\,\varepsilon^0\wedge\varepsilon^1\wedge\varepsilon^3 = \varepsilon^0\wedge\varepsilon^3\wedge\varepsilon^1\,,\\ *\varepsilon^3 &= \operatorname{sign}(3012)\,\eta_3\,\varepsilon^0\wedge\varepsilon^1\wedge\varepsilon^2 = \varepsilon^0\wedge\varepsilon^1\wedge\varepsilon^2\,;\end{aligned}$$

daher bestimmt sich der zum kovarianten Vektor

$$\alpha = A_0\varepsilon^0 + A_1\varepsilon^1 + A_2\varepsilon^2 + A_3\varepsilon^3$$

duale Tensor dritter Stufe zu

$$\begin{aligned}*\alpha &= *[A_0\varepsilon^0 + A_1\varepsilon^1 + A_2\varepsilon^2 + A_3\varepsilon^3]\\ &= A_0\varepsilon^1\wedge\varepsilon^2\wedge\varepsilon^3 + \varepsilon^0\wedge(A_1\varepsilon^2\wedge\varepsilon^3 + A_2\varepsilon^3\wedge\varepsilon^1 + A_3\varepsilon^1\wedge\varepsilon^2)\,.\end{aligned} \tag{2.73}$$

Die 4 unabhängigen kovarianten Koordinaten dieses Tensors sind der Reihe nach

$$*A_{123} = A_0\,, \quad *A_{023} = A_1\,, \quad *A_{031} = A_2\,, \quad *A_{012} = A_3\,,$$

die kontravarianten Kordinaten lauten dagegen

$$*A^{123} = -A_0\,, \quad *A^{023} = A_1\,, \quad *A^{031} = A_2\,, \quad *A^{012} = A_3\,.$$

Um den dualen Tensor des zweistufigen Tensors

$$\beta = \varepsilon^0 \wedge (B_1\varepsilon^1 + B_2\varepsilon^2 + B_3\varepsilon^3) + (C_1\varepsilon^2 \wedge \varepsilon^3 + C_2\varepsilon^3 \wedge \varepsilon^1 + C_3\varepsilon^1 \wedge \varepsilon^2)$$

zu ermitteln, benötigt man

$$\begin{aligned}
*(\varepsilon^0 \wedge \varepsilon^1) &= \mathrm{sign}(0123)\,\eta_0\eta_1\,\varepsilon^2 \wedge \varepsilon^3 = -\varepsilon^2 \wedge \varepsilon^3\,,\\
*(\varepsilon^0 \wedge \varepsilon^2) &= \mathrm{sign}(0213)\,\eta_0\eta_2\,\varepsilon^1 \wedge \varepsilon^3 = -\varepsilon^3 \wedge \varepsilon^1\,,\\
*(\varepsilon^0 \wedge \varepsilon^3) &= \mathrm{sign}(0312)\,\eta_0\eta_3\,\varepsilon^1 \wedge \varepsilon^2 = -\varepsilon^1 \wedge \varepsilon^2\,,\\
*(\varepsilon^2 \wedge \varepsilon^3) &= \mathrm{sign}(2301)\,\eta_2\eta_3\,\varepsilon^0 \wedge \varepsilon^1 = \varepsilon^0 \wedge \varepsilon^1\,,\\
*(\varepsilon^3 \wedge \varepsilon^1) &= \mathrm{sign}(3102)\,\eta_1\eta_3\,\varepsilon^0 \wedge \varepsilon^2 = \varepsilon^0 \wedge \varepsilon^2\,,\\
*(\varepsilon^1 \wedge \varepsilon^2) &= \mathrm{sign}(1203)\,\eta_1\eta_2\,\varepsilon^0 \wedge \varepsilon^3 = \varepsilon^0 \wedge \varepsilon^3
\end{aligned}$$

und erhält damit den zweistufigen Tensor

$$*\beta = \varepsilon^0 \wedge (C_1\varepsilon^1 + C_2\varepsilon^2 + C_3\varepsilon^3) - (B_1\varepsilon^2 \wedge \varepsilon^3 + B_2\varepsilon^3 \wedge \varepsilon^1 + B_3\varepsilon^1 \wedge \varepsilon^2)\,. \tag{2.74}$$

Wegen $(N-n)n + N - r = 8 - 3 = 5$ gilt

$$**\beta = -\beta$$

für einen Tensor zweiter Stufe im Lorentz-Raum $\mathcal{L}^4$. Ordnet man die Koordinaten des Tensors β in einer Matrix

$$\begin{pmatrix} 0 & B_1 & B_2 & B_3 \\ -B_1 & 0 & C_3 & -C_2 \\ -B_2 & -C_3 & 0 & C_1 \\ -B_3 & C_2 & -C_1 & 0 \end{pmatrix}$$

an, so lautet die Koordinaten-Matrix des dualen Tensors $*\beta$

$$\begin{pmatrix} 0 & C_1 & C_2 & C_3 \\ -C_1 & 0 & -B_3 & B_2 \\ -C_2 & B_3 & 0 & -B_1 \\ -C_3 & -B_2 & B_1 & 0 \end{pmatrix}.$$

Schließlich erhält man für einen Tensor

$$\gamma = C_0\varepsilon^1 \wedge \varepsilon^2 \wedge \varepsilon^3 + \varepsilon^0 \wedge (C_1\varepsilon^2 \wedge \varepsilon^3 + C_2\varepsilon^3 \wedge \varepsilon^1 + C_3\varepsilon^1 \wedge \varepsilon^2)$$

der Stufe 3 im $\mathcal{L}^4$ aus den Beziehungen

$$\begin{aligned}
*(\varepsilon^1 \wedge \varepsilon^2 \wedge \varepsilon^3) &= \mathrm{sign}(1230)\,\eta_1\eta_2\eta_3\,\varepsilon^0 = \varepsilon^0\,,\\
*(\varepsilon^0 \wedge \varepsilon^2 \wedge \varepsilon^3) &= \mathrm{sign}(0231)\,\eta_0\eta_2\eta_3\,\varepsilon^1 = \varepsilon^1\,,\\
*(\varepsilon^0 \wedge \varepsilon^3 \wedge \varepsilon^1) &= \mathrm{sign}(0312)\,\eta_0\eta_1\eta_3\,\varepsilon^2 = \varepsilon^2\,,\\
*(\varepsilon^0 \wedge \varepsilon^1 \wedge \varepsilon^2) &= \mathrm{sign}(0123)\,\eta_0\eta_1\eta_2\,\varepsilon^3 = \varepsilon^3
\end{aligned}$$

den Tensor erster Stufe

$$*\gamma = C_0\varepsilon^0 + C_1\varepsilon^1 + C_2\varepsilon^2 + C_3\varepsilon^3\,. \tag{2.75}$$

Wendet man nochmals den $*$-Operator an, so erhält man unter Berücksichtigung des obigen Ergebnisses

$$**\gamma = \gamma$$

in Übereinstimmung mit (2.64).

2.10 Übungsbeispiele

45. Sei

$$\begin{pmatrix} 1 & 0 & -1 \\ 0 & -1 & 1 \\ -1 & 1 & 1 \end{pmatrix}$$

die Matrix der Koordinaten A^i_j eines gemischten zweistufigen Tensors α bezüglich einer Basis $\{e_1, e_2, e_3\}$ und der dualen Basis $\{\varepsilon^1, \varepsilon^2, \varepsilon^3\}$ (die Zeilennummer möge dabei dem kontravarianten, die Spaltennummer dem kovarianten Index entsprechen). Man berechne die Koordinaten des Tensors α bei einem Basiswechsel

$$\bar{e}_1 = e_2 + e_3\,, \quad \bar{e}_2 = e_1 + e_3\,, \quad \bar{e}_3 = e_1 + e_2\,.$$

46. Sei α ein kontravarianter Tensor zweiter Stufe mit den Koordinaten A^{ij}. Wie transformiert sich die Größe

$$\sum_{i=1}^{N} A^{ii}\ ?$$

Handelt es sich um eine Invariante?

47. Sei A_{ij} ein kovarianter symmetrischer Tensor zweiter Stufe. Man zeige, daß dann auch der kontravariante Tensor A^{ij} symmetrisch ist (man zeige dies sowohl an Hand von Koordinaten als auch koordinatenunabhängig!).

48. Sei $A(i,j)$ ein zweifach indiziertes Zahlensystem. Wenn für jeden Vektor B^i die Gleichung

$$\sum_{i,j=1}^{N} A(i,j) B^i B^j = 0$$

gilt, so ist $A(i,j) = -A(j,i)$.

49. Sei $A(i;j,k)$ ein System dreifach indizierter Größen. Es möge feststehen, daß sich die Summen

$$C^k = \sum_{i,j=1}^{N} A(k;i,j) B^i B^j$$

für jeden kontravarianten Vektor mit den Koordinaten B_i wie die Koordinaten eines kontravarianten Vektors transformieren. Was folgt daraus hinsichtlich des tensoriellen Charakters der $A(i;j,k)$?

50. Sei $A(i,j)$ ein zweifach indiziertes Zahlensystem. Was läßt sich über dieses System hinsichtlich eines tensoriellen Charakters aussagen, wenn für jeden symmetrischen Tensor B^{ij} der Ausdruck

$$\sum_{i,j=1}^{N} A(i,j) B^{ij} = I$$

eine Invariante ist? Was läßt sich aussagen, wenn dieser Sachverhalt für einen beliebigen schiefsymmetrischen Tensor B^{ij} eintritt?

51. Seien A_{ij} und B^{ij} Tensoren zweiter Stufe, der eine symmetrisch, der andere schiefsymmetrisch: $A_{ij} = A_{ji}$ und $B^{ij} = -B^{ji}$. Dann gilt

$$\sum_{i,j=1}^{N} A_{ij} B^{ij} = 0 .$$

52. Sei $A(i,j,k,l)$ ein vierfach indiziertes Zahlensystem. Aus dem Umstand, daß für je zwei Vektoren mit Koordinaten B^i und C^i stets

$$\sum_{i,j,k,l=1}^{N} A(i,j,k,l) B^i B^k C^j C^l = 0$$

gilt, folgt

$$A(i,j,k,l) + A(k,j,i,l) + A(i,l,k,j) + A(k,l,i,j) = 0 .$$

53. Seien A_i, B_j, C_{kl} kovariante Tensoren, wobei $C_{kl} = C_{lk}$ gelten möge, und λ eine Invariante. Dann bestehen für den dreistufigen kovarianten Tensor mit den Koordinaten

$$D_{ijk} = \lambda A_j B_i B_k + \lambda^2 B_i C_{jk}$$

die Beziehungen

$$D_{ijk} - D_{ikj} + D_{jki} - D_{jik} + D_{kij} - D_{kji} = 0 .$$

Hinweis: Man bilde die Differenzen $D_{ijk} - D_{ikj}$ und nehme eine zyklische Vertauschung der Indizes vor: $ijk \to jki \to kij$.

54. Sei $A(i,j,k)$ ein System dreifach indizierter Größen, schiefsymmetrisch in den beiden ersten Indizes und symmetrisch in den beiden letzten Indizes: $A(i,j,k) = A(i,k,j)$, $A(i,j,k) = -A(j,i,k)$. Dann ist $A(i,j,k) = 0$.

55. Seien $v_1, \ldots, v_m$ Vektoren aus $\mathcal{V}$ und $\alpha^1, \ldots, \alpha^n$ Linearformen aus $\mathcal{V}^*$. Verjüngt man das Tensorprodukt

$$\varphi = \bigotimes_{i=1}^{n} \alpha^i \otimes \bigotimes_{j=1}^{m} v_j$$

im k-ten kovarianten und l-ten kontravarianten Argument, so entsteht der Tensor

$$\psi = \mathbf{V}\phi = \langle \alpha^k, v_l \rangle \bigotimes_{\substack{i=1 \\ i \neq k}}^{n} \alpha^i \otimes \bigotimes_{\substack{j=1 \\ j \neq l}}^{m} v_j .$$

56. Sei φ ein n-fach kovarianter und m-fach kontravarianter Tensor. Sind $\alpha^1, \ldots, \alpha^m$ beliebige Linearformen aus $\mathcal{V}^*$ und $v_1, \ldots, v_n$ beliebige Vektoren aus $\mathcal{V}$, so gilt

$$\mathbf{V}\big(\varphi \otimes \alpha^1 \otimes \cdots \otimes \alpha^m \otimes v_1 \otimes \cdots \otimes v_n\big) = \varphi(\alpha^1, \ldots, \alpha^m, v_1, \ldots, v_n) ,$$

wenn $\mathbf{V}$ die Verjüngung in allen Argumenten bedeutet.

57. Sei

$$\{g_{ij}\} = \begin{pmatrix} -1 & 1 & 0 \\ 1 & 0 & 1 \\ 0 & 1 & -1 \end{pmatrix}$$

die Matrix des Fundamentaltensors bezüglich einer Basis $\{e_1, e_2, e_3\}$ eines dreidimensionalen euklidischen Vektorraumes $\mathcal{E}$. Man suche eine Basis, in welcher die Matrix des Fundamentaltensors Diagonalgestalt mit Hauptdiagonalelementen ± 1 hat. Welchen Index hat das innere Produkt in $\mathcal{E}$?

Hinweis: Man betrachte das Eigenwertproblem für die Matrix $\{g_{ij}\}$.

58. Sei

$$\{A^i_j\} = \begin{pmatrix} 1 & 1 & 2 \\ 3 & 1 & 0 \\ 0 & 1 & 4 \end{pmatrix}$$

die Matrix der Koordinaten eines zweistufigen gemischten Tensors α bezüglich der dualen Basen $\{e_1, e_2, e_3\}$ und $\{\varepsilon^1, \varepsilon^2, \varepsilon^3\}$ (die Zeilennumer entspreche dem kontravarianten, die Spaltennummer dem kovarianten Index). Man schreibe diesen Tensor als Summe von Produkten $e_i \otimes \varepsilon^j$ an!

59. Sei $\{g_{ij}\}$ wie in Bsp. 57 die Matrix der Koordinaten des Fundamentaltensors bezüglich einer Basis $\{e_1, e_2, e_3\}$ mit der dualen Basis $\{\varepsilon^1, \varepsilon^2, \varepsilon^3\}$; ferner sei

$$\alpha = e_1 \otimes \varepsilon^1 - e_1 \otimes \varepsilon^3 - e_2 \otimes \varepsilon^2 + e_2 \otimes \varepsilon^3 - e_3 \otimes \varepsilon^1 + e_3 \otimes \varepsilon^2 + e_3 \otimes \varepsilon^3$$

ein gemischter zweistufiger Tensor. Man bestimme den assoziierten kovarianten Tensor $\tilde{\alpha}(x, y) = \alpha(\iota y, x)$ und den assoziierten kontravarianten Tensor $\breve{\alpha}(\xi, \eta) = \alpha(\xi, \iota^{-1}\eta)$.

60. Sei α ein kovarianter schiefsymmetrischer Tensor der Stufe 2, dessen Koordinaten in einer festen Basis die Elemente der Matrix

$$\{A_{ij}\} = \begin{pmatrix} 0 & 1 & -1 & 2 \\ -1 & 0 & 1 & 3 \\ 1 & -1 & 0 & 0 \\ -2 & -3 & 0 & 0 \end{pmatrix}$$

sind; dabei möge die Zeilennummer dem ersten Index in A_{ij}, die Spaltennummer dem zweiten Index entsprechen. Man schreibe diesen Tensor in der kanonischen Darstellung an und bilde das Produkt $\alpha \wedge \alpha$.

61. Sei $\mathcal{E}$ ein pseudo-euklidischer Vektorraum mit dem Index 1, $\dim \mathcal{E} = 4$. Bezüglich einer orthonormalen Basis e_0, e_1, e_2, e_3 $(\eta_0 = 1, \eta_1 = \eta_2 = \eta_3 = -1)$ sei

$$\{A^i_j\} = \begin{pmatrix} 0 & A & B & C \\ A & 0 & F & -E \\ B & -F & 0 & D \\ C & E & -D & 0 \end{pmatrix}$$

die Matrix der Koordinaten eines gemischten Tensors $\alpha(\xi, x)$, wobei die von 0 bis 3 laufenden Zeilennummern/Spaltennummern den kontravarianten/ kovarianten Indizes entsprechen mögen. Man zeige, daß der kovariante Tensor $\tilde{\alpha}(x, y) = \alpha(\iota y, x)$ und der kontravariante Tensor $\breve{\alpha}(\xi, \eta) = \alpha(\eta, \iota^{-1}\xi)$ schiefsymmetrisch ist. Man gebe die kanonische Darstellung des kovarianten Tensors $\tilde{\alpha}$ an!

62. Sei $\mathcal{E}$ ein euklidischer Vektorraum, $\dim \mathcal{E} = N$. Ein vierstufiger kovarianter Tensor α habe folgende Symmetrien:

(i) $\alpha(x,y,u,v) = -\alpha(x,y,v,u)$ bzw. $A_{ijkl} = -A_{ijlk}$

(ii) $\alpha(x,y,u,v) = -\alpha(y,x,u,v)$ bzw. $A_{ijkl} = -A_{jikl}$

(iii) $\alpha(x,u,v,w)+\alpha(x,v,w,u)+\alpha(x,w,u,v)=0$ bzw. $A_{ijkl}+A_{iklj}+A_{iljk}=0$

(Eigenschaft der „zyklischen" Symmetrie). Dann gilt

$$\alpha(x,y,u,v) = \alpha(u,v,x,y) \quad \text{bzw.} \quad A_{ijkl} = A_{klij} .$$

Ferner ist die Verjüngung des gemischten Tensors $A^{i}{}_{jkl}$ ein symmetrischer Tensor β mit den Koordinaten

$$B_{ij} = \sum_{l=1}^{N} A^{l}{}_{ilj} .$$

63. Man beweise, daß in einer Verjüngung der hochgestellte Index, über den zu summieren ist, heruntergezogen werden kann, wenn dabei der tiefgestellte Index hinaufgezogen wird,

$$\sum_{i=1}^{N} A^{\cdots i \cdots}_{\cdots\ \cdots} B^{\cdots\ \cdots}_{\cdots i \cdots} = \sum_{i=1}^{N} A^{\cdots\ \cdots}_{\cdots i \cdots} B^{\cdots i \cdots}_{\cdots\ \cdots} .$$

64. Man gebe die kanonische Darstellung der folgenden Tensorprodukte an:

(i) $(\varepsilon^1 \wedge \varepsilon^2 + \varepsilon^1 \wedge \varepsilon^3 + \varepsilon^2 \wedge \varepsilon^3) \wedge (\varepsilon^1 - 2\varepsilon^2 + \varepsilon^3)$

(ii) $(2\varepsilon^1 + \varepsilon^2 + \varepsilon^3) \wedge (\varepsilon^1 - \varepsilon^2) \wedge (\varepsilon^2 + \varepsilon^3)$

(iii) $(\varepsilon^1 \wedge \varepsilon^2 - \varepsilon^3 \wedge \varepsilon^4) \wedge (\varepsilon^1 \wedge \varepsilon^2 \wedge \varepsilon^3 + \varepsilon^2 \wedge \varepsilon^3 \wedge \varepsilon^4)$

65. Sei $\mathcal{E}$ ein euklidischer Vektorraum. Man berechne für $\alpha, \beta \in \mathcal{E}^*$ die Invariante $I = *(\alpha \wedge *\beta)$.

66. Sei $\mathcal{E}$ ein euklidischer Vektorraum. Man zeige für $\alpha \in \Lambda^2\mathcal{E}^*$, $\beta, \gamma \in \mathcal{E}^*$ die Darstellung $*(*\alpha \wedge \beta \wedge \gamma) = (-1)^{N-r}\alpha(\iota^{-1}\beta, \iota^{-1}\gamma)$.

67. Seien α, β und γ Linearformen auf $\mathcal{E}$. Man beweise

$$\begin{aligned} *\big[*(\alpha \wedge \beta) \wedge \gamma\big] &= \big[*(\alpha \wedge *\gamma)\big]\beta - \big[*(\beta \wedge *\gamma)\big]\alpha \\ &= (-1)^{N-r}\big[(\alpha,\gamma)_*\beta - (\beta,\gamma)_*\alpha\big] . \end{aligned}$$

68. Seien α, β, γ und δ Linearformen auf $\mathcal{E}$. Man vereinfache

(i) $*\big(\alpha \wedge *(\beta \wedge \gamma)\big)$ (vgl. $a \times (b \times c)$)

(ii) $*\big(*(\alpha \wedge \beta) \wedge \gamma \wedge \delta\big)$ (vgl. $(a \times b) \cdot (c \times d)$)

69. In einem euklidischen Vektorraum $\mathcal{E}$ der Dimension $\dim \mathcal{E} = 2n$ sei ein System $\alpha^1, \ldots, \alpha^n$, $\beta^1, \ldots, \beta^n$ linear unabhängiger Linearformen gegeben und mit diesen der zweistufige Tensor

$$\zeta = \alpha^1 \wedge \beta^1 + \alpha^2 \wedge \beta^2 + \cdots + \alpha^n \wedge \beta^n .$$

gebildet. Man berechne das n-fache äußere Produkt $\xi = \zeta \wedge \zeta \wedge \cdots \wedge \zeta$.

70. Sei $\mathcal{V}$ ein linearer Vektorraum, $\dim \mathcal{V} = 4$. Man berechne für zwei Tensoren $\alpha, \beta \in \wedge^2 \mathcal{V}^*$ die kanonische Darstellung des Produktes $\alpha \wedge \beta$.

71. Seien $\alpha^1, \alpha^2, \ldots, \alpha^N \in \mathcal{V}^*$ beliebige Linearformen mit den Koordinaten $A^1_i, A^2_i, \ldots, A^N_i$ bezüglich einer festen Basis $\{\varepsilon^1, \ldots, \varepsilon^N\}$ für $\mathcal{V}^*$. Man berechne für eine natürliche Zahl $n < N$

(i) das Produkt $\beta = \alpha^1 \wedge \cdots \wedge \alpha^n$,

(ii) das Produkt $\gamma = \alpha^{n+1} \wedge \cdots \wedge \alpha^N$,

(ii) das Produkt $\delta = \beta \wedge \gamma$.

Was läßt sich daraus über die Determinante $\det\{A^j_i\}$ angesichts des Umstandes aussagen, daß $\delta = \alpha^1 \wedge \cdots \wedge \alpha^N = \det\{A^i_j\}\, \varepsilon^1 \wedge \cdots \wedge \varepsilon^N$ ist? (Für $n = 1$ handelt es sich um den Entwicklungssatz für Determinanten, für $n > 1$ um den sogenannten Laplaceschen Entwicklungssatz). Siehe (1.32)!

72. Sei $\mathcal{E}$ ein vierdimensionaler euklidischer Vektorraum, dessen Fundamentaltensor bezüglich einer festen Basis $\{e_1, e_2, e_3, e_4\}$ die Koordinatenmatrix

$$\begin{pmatrix} 2 & 1 & 0 & 0 \\ 1 & 2 & 1 & 0 \\ 0 & 1 & 2 & 1 \\ 0 & 0 & 1 & 2 \end{pmatrix}$$

habe. Man berechne die Tensoren

(i) $*\sqrt{5}\left(2\varepsilon^1 - \varepsilon^4\right)$

(ii) $*\sqrt{5}\left(\varepsilon^1 \wedge \varepsilon^3 + 2\varepsilon^3 \wedge \varepsilon^4\right)$

(iii) $*\sqrt{5}\left(\varepsilon^1 \wedge \varepsilon^2 \wedge \varepsilon^3 - 2\varepsilon^2 \wedge \varepsilon^3 \wedge \varepsilon^4\right)$.

73. Sei $\mathcal{E}$ der euklidische Vektorraum von Bsp. 72. Man berechne die kontravarianten Koordinaten des Tensors

$$\alpha = *\sqrt{5}\left(\varepsilon^1 \wedge \varepsilon^2 + 2\varepsilon^2 \wedge \varepsilon^3 - \varepsilon^3 \wedge \varepsilon^4\right).$$

74. Sei $\mathcal{V}$ ein N-dimensionaler linearer Vektorraum. Man zeige, daß $n \le N$ Vektoren $v_1, v_2, \ldots, v_n$ Vektoren genau dann linear abhängig sind, wenn

$$v_1 \wedge v_2 \wedge \cdots \wedge v_n = o\,.$$

Hinweis: Man ziehe hiefür die Gleichung (1.32) heran und benütze den Satz, daß eine Matrix genau dann den Rang r hat, wenn es eine von Null verschiedene r-reihige Unterdeterminante gibt, aber alle Unterdeterminanten höherer Reihenzahl (so es welche gibt) gleich Null sind!

75. Sei $\mathcal{V}$ ein linearer Vektorraum, $\dim \mathcal{V} = N$. Sind $v_1, v_2, \ldots, v_{n-1}$ linear unabhängige Vektoren $(1 < n \le N)$ und $a = v_1 \wedge \cdots \wedge v_{n-1}$, so ist durch

$$\tau x := x \wedge a$$

eine lineare Abbildung $\tau : \mathcal{V} \to \wedge^n \mathcal{V}$ gegeben. Man bestimme den Kern dieser linearen Abbildung. Was ist der Bildbereich? Man zeige, daß die Abbildung $\sigma : \mathcal{V}/\tau^{-1}\{o\} \to \tau\mathcal{V}$,

$$\sigma[x] := x \wedge a\,,$$

ein Isomorphismus ist.

76. Sei $\alpha \in \wedge^n \mathcal{V}^*$ $(1 < n \leq N)$, $\xi \in \mathcal{V}^*$ eine Linearform und $\xi \wedge \alpha = o$. Dann gibt es einen Tensor $\beta \in \wedge^{n-1}\mathcal{V}^*$, für den

$$\alpha = \xi \wedge \beta$$

gilt.

Hinweis: Man ergänze die Linearform $\xi = \xi^1$ durch $N-1$ Linearformen $\xi^2, \ldots, \xi^N$ zu einer Basis für $\mathcal{V}^*$ und stelle α in dieser Basis dar. Für die Koordinaten von α in Bezug auf diese Basis muß $A_{i_1 i_2 \ldots i_n} = 0$ gelten, wenn $i_1 \neq 1$ ist.

77. Man beweise allgemein: Seien $\xi^1, \xi^2, \ldots, \xi^m$ linear unabhängige Linearformen, $\alpha \in \wedge^n \mathcal{V}^*$ $(n + m \leq N)$ und

$$\alpha \wedge \xi^1 \wedge \xi^2 \wedge \cdots \wedge \xi^m = o\,.$$

Dann gibt es Tensoren $\beta^1, \ldots, \beta^m \in \wedge^{n-1}\mathcal{V}^*$, sodaß gilt

$$\alpha = \xi^1 \wedge \beta^1 + \xi^2 \wedge \beta^2 + \cdots + \xi^m \wedge \beta^m\,.$$

78. Sei $\mathcal{V}$ ein linearer Vektorraum, $\dim \mathcal{V} = N$ und $\tau : \mathcal{V} \to \mathcal{V}$ eine lineare Transformation. Setzt man für zerlegbare Vektoren in $\wedge^n \mathcal{V}$ $(1 < n \leq N)$

$$\tau^{(n)}(v_1 \wedge v_2 \wedge \cdots \wedge v_n) := \tau v_1 \wedge \tau v_2 \wedge \cdots \wedge \tau v_n\,,$$

so gibt es genau eine lineare Transformation $\tau^{(n)} : \wedge^n \mathcal{V} \to \wedge^n \mathcal{V}$, welche für zerlegbare Vektoren auf diese Definition zurückführt. Man zeige:

(i) $(\tau\sigma)^{(n)} = \tau^{(n)}\sigma^{(n)}$,

(ii) $(\tau^{-1})^{(n)} = \left(\tau^{(n)}\right)^{-1}$, wenn τ bijektiv ist,

(iii) $(\tau^*)^{(n)} = \left(\tau^{(n)}\right)^*$,

(iv) $\operatorname{spur} \tau^{(N)} = \det \tau$.

79. Sei $\dim \mathcal{V} = N$. Man zeige, daß jeder Tensor $\alpha \in \wedge^{N-1}\mathcal{V}^*$ zerlegbar ist.

Hinweis: Man setze

$$\alpha = A_N\, \varepsilon^1 \wedge \cdots \wedge \varepsilon^{N-1} + \cdots + A_1\, \varepsilon^2 \wedge \cdots \wedge \varepsilon^N\,,$$

konstruiere $N-1$ linear unabhängige Lösungen der Gleichung

$$A_1\Xi_1 - A_2\Xi_2 + A_3\Xi_3 - + \cdots + (-1)^{N-1} A_N \Xi_N = 0$$

und bilde mit jeder solchen Lösung die Linearform $\xi = \Xi_1 \varepsilon^1 + \cdots + \Xi_N \varepsilon^N$. Numeriert man diese von 1 bis $N-1$ durch und bildet man das Produkt

$$\zeta = \xi^1 \wedge \cdots \wedge \xi^{N-1} = Z_N\, \varepsilon^1 \wedge \cdots \wedge \varepsilon^{N-1} + \cdots + Z_1\, \varepsilon^2 \wedge \cdots \wedge \varepsilon^N\,,$$

so gelten die Beziehungen

$$\sum_{j=1}^{N} (A_j)^2 Z_i = D A_i\,,$$

worin D die Determinante ist (für $\sum_j A_j^2 \neq 0$ ist $D \neq 0$), in deren ersten Spalte der Reihe nach die Größen $A_1, -A_2, A_3, \ldots, (-1)^{N-1} A_N$ stehen, in der zweiten die Koordinaten $\Xi_1^1, \ldots, \Xi_N^1$ der Linearform ξ^1 usw.

3 Tensoren in ebenen Räumen

Dem Begriff des *Raumes* kommt in der Physik eine grundlegende Bedeutung zu. Der Raum ist aber nicht die Bühne und die Physik das Schauspiel auf ihr, es ist vielmehr die Physik, die den Raum und seine Geometrie bestimmt.

Das Bild der Welt, wie es sich einem darbietet, wird geprägt von den Größenordnungen, in denen man es sich zu verschaffen sucht. Obwohl die Kugelgestalt der Erde für jedermann eine unumstößliche Tatsache ist, verleitet die Erfahrung dennoch dazu, das nähere Umfeld im täglichen Leben als Teil einer „ebenen“ Welt anzusehen. Man nimmt damit intuitiv zur Kenntnis, daß die im Verhältnis zur Größenordnung der Erdkugel kleinen Bereiche, die sich durch die Sinneswahrnehmung erfassen lassen, unmerkliche Abweichungen von der Kugelgestalt haben, man ersetzt gewissermaßen gedanklich in diesen kleinen Weltbezirken die Erdoberfläche durch ihre Tangentialebene und legt, gestützt auf die (vermeintlich) wohlvertrauten Begriffe wie geradlinig und eben, auch dem räumlichen Denken einen „ebenen“ Raum zugrunde. Die Geometrie in diesem ebenen Raum, deren Elemente die Geraden und Ebenen sind, führt zum Satz von PYTHAGORAS und zu anderen Aussagen der *euklidischen* Geometrie wie z.B. zu jener, daß die Winkelsumme in einem Dreieck 180° ist. In einem „gekrümmten“ Raum haben diese Begriffe entweder keinen Sinn oder diesbezügliche Aussagen verlieren ihre Gültigkeit. Aber der ebene Raum liegt auf jedem Weg zu einem Verständnis der Welt.

3.1 Der affine Raum

Es sei $\mathfrak{A}$ eine Menge, deren Elemente P, Q, ... „Punkte“ heißen mögen, und $\mathcal{T}$ ein N-dimensionaler reeller Vektorraum. Zwischen den Punkten von $\mathfrak{A}$ und den Vektoren in $\mathcal{T}$ mögen folgende Beziehungen bestehen:

(i) Zu je zwei Punkten P und Q gibt es einen Vektor, dessen „Fußpunkt“ P und dessen „Endpunkt“ Q ist: Jedem geordneten Paar (P, Q) von Punkten in $\mathfrak{A}$ wird ein Vektor $x = \overrightarrow{PQ} \in \mathcal{T}$ zugeordnet.

(ii) Die *Parallelverschiebung* — jedem Vektor kann jeder Punkt als Fußpunkt zugeordnet werden: Zu jedem Punkt $P \in \mathfrak{A}$ und zu jedem Vektor $x \in \mathcal{T}$ gibt es genau einen Punkt $Q \in \mathfrak{A}$, sodaß $x = \overrightarrow{PQ}$ ist.

(iii) Das *Vektorparallelogramm*: Sind P, Q und R drei beliebige Punkte in $\mathfrak{A}$, so gelte

$$\overrightarrow{PQ} + \overrightarrow{QR} = \overrightarrow{PR} \,. \tag{3.1}$$

Sind solche Beziehungen zwischen den Punkten in $\mathfrak{A}$ und den Vektoren des N-dimensionalen Vektorraumes $\mathcal{T}$ gegeben, so heißt $\mathfrak{A}$ ein N-dimensionaler *affiner Raum* über $\mathcal{T}$, in Zeichen $\dim \mathfrak{A} = N$. Der Vektorraum $\mathcal{T}$ wird auch *Tangentialraum* von $\mathfrak{A}$ genannt, sein Dualraum $\mathcal{T}^*$ heißt *Kotangentialraum*. Mit der Schreibweise $\mathfrak{A}^N$ soll auf die Dimension N eines affinen Raumes hingewiesen werden.

Erste Folgerungen aus den drei Grundgesetzen des affinen Raumes sind

$$\overrightarrow{PP} = o \,, \tag{3.2}$$

worin o der Nullvektor in $\mathcal{T}$ ist, und

$$\overrightarrow{PQ} = -\overrightarrow{QP} \,. \tag{3.3}$$

Setzt man nämlich in die Forderung (3.1) für $Q = P$ ein, so erhält man die Gleichung $\overrightarrow{PP} + \overrightarrow{PR} = \overrightarrow{PR}$, aus der nun folgt, daß $\overrightarrow{PP}$ der Nullvektor im Tangentialraum $\mathcal{T}$ ist. Mit diesem Ergebnis und der Setzung $R = P$ führt (3.1) jetzt auf die zu (3.3) äquivalente Gleichung $\overrightarrow{PQ} + \overrightarrow{QP} = o$.

Die Punkte eines affinen Raumes $\mathfrak{A}$ können wie die Vektoren eines linearen Vektorraumes mit Hilfe von Koordinaten charakterisiert werden. Ein *Koordinatensystem* in $\mathfrak{A}$ besteht aus einem beliebigen Punkt $O \in \mathfrak{A}$, der *Koordinatenursprung* genannt wird, und aus einer Basis $\mathcal{B} = \{e_1, \ldots, e_N\}$ des Tangentialraumes $\mathcal{T}$. Nach Wahl des Ursprungs O ist jedem Punkt P durch die Forderung (ii) in eindeutiger Weise der Vektor $x = \overrightarrow{OP}$ aus dem Tangentialraum zugeordnet; man nennt diesen auch den „Ortsvektor" zum Punkt P. Seine Koordinaten x_1, x_2, $\ldots$, x_N bezüglich der Basis $\mathcal{B}$ in

$$\overrightarrow{OP} = \sum_{i=1}^{N} x_i e_i$$

heißen die *affinen Koordinaten* des Punktes P in Bezug auf das duch den Koordinatenursprung O und die Basis $\mathcal{B}$ eingeführte — und somit durch das Paar $\mathcal{K} = \{O, \mathcal{B}\}$ repräsentierte — Koordinatensystem in $\mathfrak{A}$. Für alles Folgende sei vereinbart, die Koordinaten eines Punktes P mit demselben Grundsymbol zu belegen, das auch für den Ortsvektor $x = \overrightarrow{OP}$ verwendet wird; die Numerierung erfolgt dabei durch einen tiefgestellten Index. Einem Koordinaten-N-tupel $(x_1, \ldots, x_N)$ eines Punktes P wird ferner das entsprechende Symbol $\mathbf{x}$ in Fettdruck zugewiesen.

Jedes Koordinatensystem $\mathcal{K}$ in $\mathfrak{A}$ bestimmt eine Funktion $\kappa : \mathbb{R}^N \to \mathfrak{A}$, welche dem N-tupel $\mathbf{x} = (x_1, \ldots, x_N) \in \mathbb{R}^N$ den Punkt $P \in \mathfrak{A}$ mit den affinen Koordinaten x_i bezüglich $\mathcal{K}$ zuordnet. Diese Funktion ist sowohl injektiv als auch surjektiv und somit bijektiv. Man nennt die durch ein

Koordinatensystem $\mathcal{K}$ eindeutig bestimmte Funktion κ eine *Karte* für den affinen Raum $\mathfrak{A}$ und sagt, der affine Raum $\mathfrak{A}$ ist durch das Koordinatensystem $\mathcal{K}$ bzw. durch die Karte κ *parametrisiert.*[1)]

In einem affinen Raum sind alle Koordinatensysteme gleichberechtigt. Daher ist es wichtig, das Verhalten der Koordinaten von Punkten und Vektoren bei einem Wechsel des Koordinatensystems zu studieren. Sind x_i die Koordinaten eines Punktes P in Bezug auf ein Koordinatensystem $\mathcal{K} = \{O, \mathcal{B}\}$ und $\bar{x}_i$ die Koordinaten desselben Punktes bezogen auf ein Koordinatensystem $\bar{\mathcal{K}} = \{\bar{O}, \bar{\mathcal{B}}\}$, so leistet die Funktion $\bar{\kappa}^{-1} \circ \kappa : \mathbb{R}^N \to \mathbb{R}^N$ den Übergang vom Koordinatensystem $\mathcal{K}$ zum Koordinatensystem $\bar{\mathcal{K}}$, die Umkehrfunktion $\kappa^{-1} \circ \bar{\kappa} : \mathbb{R}^N \to \mathbb{R}^N$ dagegen den Übergang vom Koordinatensystem $\bar{\mathcal{K}}$ zum Koordinatensystem $\mathcal{K}$. Um diese Funktionen angeben zu können, benötigt man Beziehungen wie (1.24) und (1.26) zwischen den Vektoren von $\mathcal{B}$ und $\bar{\mathcal{B}}$; sind b_i die Koordinaten des neuen Ursprungs $\bar{O}$ im alten Koordinatensystem $\mathcal{K}$, so erhält man mit Hilfe von (3.1) die Gleichung

$$\sum_{i=1}^{N} x_i e_i = \overrightarrow{OP} = \overrightarrow{O\bar{O}} + \overrightarrow{\bar{O}P} = \sum_{i=1}^{N} b_i e_i + \sum_{i=1}^{N} \bar{x}_i \bar{e}_i$$

$$= \sum_{i=1}^{N} b_i e_i + \sum_{i,j=1}^{N} a_i^j \bar{x}_i e_j = \sum_{j=1}^{N} \Big(b_j + \sum_{i=1}^{N} a_i^j \bar{x}_i \Big) e_j ,$$

aus welcher der Zusammenhang zwischen den Koordinaten x_i und $\bar{x}_i$, den die Funktion $\kappa^{-1} \circ \bar{\kappa}$ beschreibt, direkt abgelesen werden kann,

$$x_j = \sum_{i=1}^{N} a_i^j \bar{x}_i + b_j , \quad \text{symbolisch} \quad \mathbf{x} = \kappa^{-1} \circ \bar{\kappa}(\bar{\mathbf{x}}) . \tag{3.4}$$

Um zur Funktion $\bar{\kappa}^{-1} \circ \kappa$ zu gelangen, mit der die Umrechnung vom Koordinatensystem $\mathcal{K}$ auf das Koordinatensystem $\bar{\mathcal{K}}$ berwerkstelligt wird, braucht man nur die Rollen der Koordinaten x_i und $\bar{x}_i$ zu vertauschen und die Transformationsmatrix $\{a_i^j\}$ durch ihre Inverse $\{\breve{a}_i^j\}$ zu ersetzen,

$$\bar{x}_i = \sum_{j=1}^{N} \breve{a}_j^i x_j + \bar{b}_i , \quad \text{symbolisch} \quad \bar{\mathbf{x}} = \bar{\kappa}^{-1} \circ \kappa(\mathbf{x}) . \tag{3.5}$$

Darin sind die Zahlen $\bar{b}_i$ die Koordinaten des alten Ursprungs O im neuen Koordinatensystem $\bar{\mathcal{K}}$. Geht man vom Koordinatensystem $\mathcal{K} = \{O, \mathcal{B}\}$ ohne Wechsel der Basis im Tangentialraum zu einem Koordinatensystem $\bar{\mathcal{K}} = \{\bar{O}, \mathcal{B}\}$ über, so ist $a_i^j = \delta_i^j$ für die Koeffizienten in (3.5) zu setzen,

$$\bar{x}_i = x_i + b_i .$$

---

1) Da durch die Konstruktion eines Koordinatensystems einem Raumpunkt seine Koordinaten zugeordnet werden, wäre eine Karte sinngemäß durch eine Abbildung $\kappa : \mathfrak{A} \to \mathbb{R}^N$ einzuführen. Es wird aber überwiegend die Umkehrfunktion benötigt, weshalb mit Rücksicht auf größere Übersichtlichkeit der Formelbilder die Notation $\kappa : \mathbb{R}^N \to \mathfrak{A}$ gewählt wird.

Sind $\mathbf{x}$ und $\mathbf{y}$ die Koordinaten-N-tupel zweier Punkte P und Q und ist $a = \overrightarrow{PQ} = \sum_i A^i e_i$, so folgt aus (3.1) und (3.3)

$$a = \overrightarrow{PQ} = -\overrightarrow{OP} + \overrightarrow{OQ} = \sum_{i=1}^{N} y_i e_i - \sum_{i=1}^{N} x_i e_i = \sum_{i=1}^{N} (y_i - x_i) e_i \,,$$

d.h. es sind

$$A^i = y_i - x_i \tag{3.6}$$

die Koordinaten des Vektors $a = \overrightarrow{PQ}$. Da die Koordinaten eines Vektors bei einem Wechsel des Koordinatensystems in $\mathfrak{A}$ nur vom Basiswechsel im Tangentialraum beeinflußt werden, transformieren sich die Koordinaten eines Vektors nach der Regel (1.66). —

Ist $\mathfrak{A}_o \subseteq \mathfrak{A}$ eine Teilmenge von $\mathfrak{A}$ mit der Eigenschaft, daß die Gesamtheit aller Vektoren $\overrightarrow{PQ}$ mit $P \in \mathfrak{A}_o$ und $Q \in \mathfrak{A}_o$ einen Teilraum $\mathcal{T}_o \subseteq \mathcal{T}$ von $\mathcal{T}$ bildet, so nennt man $\mathfrak{A}_o$ einen *affinen Teilraum* von $\mathfrak{A}$. Ein affiner Teilraum $\mathfrak{A}_o \subseteq \mathfrak{A}$ ist demnach durch einen Punkt $P_o \in \mathfrak{A}_o$ und einen Teilraum $\mathcal{T}_o \subseteq \mathcal{T}$ eindeutig bestimmt: Ein Punkt $P \in \mathfrak{A}$ gehört dem affinen Teilraum $\mathfrak{A}_o$ genau dann an, wenn es einen Vektor $a \in \mathcal{T}_o$ gibt, für den $a = \overrightarrow{P_oP}$ ist. Der Teilraum $\mathcal{T}_o \subseteq \mathcal{T}$ ist der Tangentialraum von $\mathfrak{A}_o$, die Dimension dieses Teilraumes heißt die Dimension von $\mathfrak{A}_o$.

Ist $\mathfrak{A}_o$ ein n-dimensionaler Teilraum des N-dimensionalen affinen Raumes $\mathfrak{A}$, so ist

$$\jmath : \begin{cases} \mathfrak{A}_o \to \mathfrak{A} \\ \jmath(P) = P \end{cases} \tag{3.7}$$

eine injektive Abbildung: sie ordnet jedem Punkt von $\mathfrak{A}_o$ denselben Punkt als Punkt von $\mathfrak{A}$ zu und wird die *Inklusionsabbildung* genannt. Ist der Raum $\mathfrak{A}$ auf ein Koordinatensystem $\mathcal{K}$ mit der Karte $\kappa(\mathbf{y})$, der Teilraum $\mathfrak{A}_o$ auf ein Koordinatensystem $\mathcal{K}_o$ mit der Karte $\kappa_o(\mathbf{x})$ bezogen, so lassen sich mit Hilfe der Funktion $\kappa^{-1} \circ \jmath \circ \kappa_o : \mathbb{R}^n \to \mathbb{R}^N$ die Koordinaten y_i eines Punktes $P \in \mathfrak{A}_o$ als Punkt von $\mathfrak{A}$ durch dessen Koordinaten x_i als Punkt von $\mathfrak{A}_o$ ausdrücken. Man erhält diese Funktion, wenn man die Basisvektoren f_j von $\mathcal{K}_o$ durch die Basisvektoren e_i von $\mathcal{K}$ ausdrückt,

$$f_j = \sum_{i=1}^{N} a^i_j e_i$$

(vgl. (1.12)), und den Vektor $a = \overrightarrow{P_oP} \in \mathcal{T}_o \subseteq \mathcal{T}$ in beiden Basen darstellt,

$$\begin{aligned} \overrightarrow{P_oP} &= \sum_{j=1}^{n} (x_j - x_j^\circ) f_j = \sum_{j=1}^{n} (x_j - x_j^\circ) \sum_{i=1}^{N} a^i_j e_i = \sum_{i=1}^{N} \Big(\sum_{j=1}^{n} a^i_j (x_j - x_j^\circ) \Big) e_i \\ &= \sum_{i=1}^{N} (y_i - y_i^\circ) e_i \,. \end{aligned}$$

Daher ist, wie sich durch Vergleich beider Darstellungen ergibt,

$$y_i = y_i^\circ + \sum_{j=1}^{n} a_j^i (x_j - x_j^\circ)\,, \qquad i = 1, 2, \ldots, N\,. \tag{3.8}$$

Diese Gleichungen können symbolisch in der Form $\mathbf{y} = \kappa^{-1} \circ \jmath \circ \kappa_o(\mathbf{x})$ geschrieben werden.

Ein eindimensionaler affiner Teilraum $\mathfrak{A}_o \subseteq \mathfrak{A}$ heißt eine *Gerade*, ein Teilraum der Dimension $N-1$ wird eine *Hyperebene* genannt; im Fall $N = 3$ folgt man der anschaulichen Vorstellung und spricht von einer *Ebene*. Für $n = 1$ ist (3.8) die *Parameterdarstellung* einer Geraden, für $n = N - 1$ die Parameterdarstellung einer Hyperebene.

Zwei affine Teilräume $\mathfrak{A}_1$ und $\mathfrak{A}_2$ von $\mathfrak{A}$ heißen *parallel*, wenn für ihre Tangentialräume $\mathcal{T}_1$ bzw. $\mathcal{T}_2$ eine der beiden Inklusionen $\mathcal{T}_1 \subseteq \mathcal{T}_2$ oder $\mathcal{T}_2 \subseteq \mathcal{T}_1$ besteht. Haben zwei parallele affine Teilräume $\mathfrak{A}_1$ und $\mathfrak{A}_2$ auch nur einen Punkt gemeinsam, so ist $\mathfrak{A}_1 \subseteq \mathfrak{A}_2$ oder $\mathfrak{A}_2 \subseteq \mathfrak{A}_1$ oder $\mathfrak{A}_1 = \mathfrak{A}_2$.

Im dreidimensionalen Raum sind die Ebenen die affinen Teilräume der Dimension 2, die Geraden sind affine Teilräume der Dimension 1. Haben zwei Ebenen oder zwei Geraden keinen Punkt gemeinsam, so sind sie parallel, andernfalls sind sie identisch. Durchsetzt eine Gerade eine gewisse Ebene in keinem Punkt, so verläuft die Gerade parallel zur Ebene; hat eine Gerade, die zu einer Ebene parallel ist, mit dieser auch nur einen Punkt gemeinsam, so liegt sie in dieser Ebene.

Jede lineare Transformation $\tau : \mathcal{T} \to \mathcal{T}$ im Tangentialraum eines affinen Raumes $\mathfrak{A}$ bestimmt eine Schar von Selbstabbildungen $\sigma : \mathfrak{A} \to \mathfrak{A}$. Verlangt man, daß zwei bestimmte Punkte P_o und $Q_o = \sigma(P_o)$ einander bei der Abbildung σ entsprechen, so wird durch die lineare Transformation τ die Abbildung σ auf folgendem Weg eindeutig festgelegt. Ist $P \in \mathfrak{A}$ ein beliebiger Punkt, so ist dem Paar (P_o, P) ein wohlbestimmter Vektor $x \in \mathcal{T}$ zugeordnet und diesem ein Vektor $\tau x \in \mathcal{T}$; durch den Vektor τx ist dann ein Punkt Q, für den $\tau x = \overrightarrow{Q_o Q}$ ist, eindeutig bestimmt: Dieser ist das Bild von P unter der Abbildung σ (Abb. 3.1). Eine solche Abbildung σ heißt eine *affine Transformation*. Bei einer affinen Transformation bleiben die *affinen Grundbeziehungen*, die Beziehungen zwischen Punkten und Vektoren, wie sie in den Axiomen des affinen Raumes verlangt werden, erhalten, denn die Konstruktion der Transformation σ ist so konzipiert, daß für beliebige Punkte P und Q stets

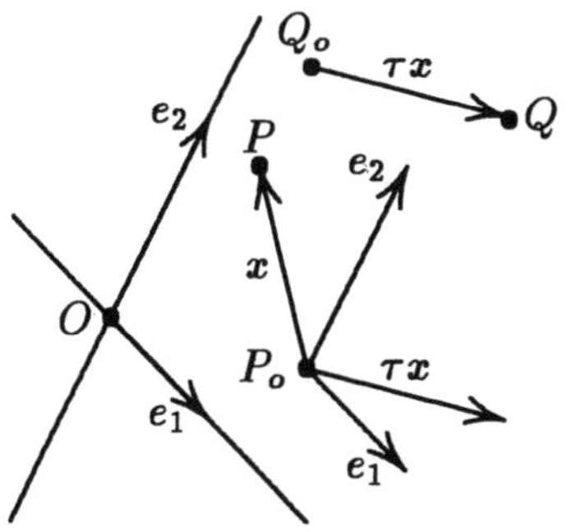

Abb. 3.1

$$\tau(\overrightarrow{PQ}) = \overrightarrow{\sigma(P)\sigma(Q)} \tag{3.9}$$

gilt. Sind nämlich P und Q zwei beliebige Punkte, so folgt aus (3.1) und (3.3) sowie aus der Linearitätseigenschaft der Transformation τ

$$\begin{aligned}\tau(\overrightarrow{PQ}) &= \tau(\overrightarrow{PP_o} + \overrightarrow{P_oQ}) = \tau(\overrightarrow{PP_o}) + \tau(\overrightarrow{P_oQ}) = -\tau(\overrightarrow{P_oP}) + \tau(\overrightarrow{P_oQ}) \\ &= -\overrightarrow{\sigma(P_o)\sigma(P)} + \overrightarrow{\sigma(P_o)\sigma(Q)} = \overrightarrow{\sigma(P)\sigma(P_o)} + \overrightarrow{\sigma(P_o)\sigma(Q)} \\ &= \overrightarrow{\sigma(P)\sigma(Q)}\,.\end{aligned}$$

Eine affine Transformation σ ist genau dann injektiv bzw. surjektiv bzw. bijektiv, wenn die lineare Transformation τ im Tangentialraum injektiv bzw. surjektiv bzw. bijektiv ist. Der einfache Beweis für diese Behauptungen sei dem Leser zur Übung überlassen.

Die Beziehungen zwischen den Koordinaten zweier Punkte, die einander bei einer affinen Transformation σ entsprechen, findet man auf folgende Weise. Durch die Transformation τ im Tangentialraum werden die Basisvektoren e_i des Koordinatensystems in $\mathfrak{A}$ auf Vektoren τe_i abgebildet, die sich mit Hilfe einer Transformationsmatrix $\{t_i^j\}$ darstellen lassen, $\tau e_i = \sum_j t_i^j e_j$ (vgl. (1.12)). Ist κ eine Karte für $\mathfrak{A}$ und sind x_i bzw. y_i die Koordinaten der Punkte P bzw. $Q = \sigma(P)$, so folgt aus (3.6) und (3.9)

$$\begin{aligned}\tau(\overrightarrow{P_oP}) &= \sum_{i=1}^{N}(x_i - \overset{\circ}{x}_i)\tau e_i = \sum_{i=1}^{N}(x_i - \overset{\circ}{x}_i)\sum_{j=1}^{N} t_i^j e_j = \sum_{j=1}^{N}\Big(\sum_{i=1}^{N} t_i^j (x_i - \overset{\circ}{x}_i)\Big) e_j \\ &= \overrightarrow{\sigma(P_o)\sigma(P)} = \sum_{j=1}^{N}(y_j - \overset{\circ}{y}_j)e_j\,.\end{aligned}$$

Daraus findet man jetzt durch Vergleich

$$y_j = \overset{\circ}{y}_j + \sum_{i=1}^{N} t_i^j (x_i - \overset{\circ}{x}_i)$$

beziehungsweise

$$y_j = \sum_{i=1}^{N} t_i^j x_i + b_j\,, \quad b_j = \overset{\circ}{y}_j - \sum_{i=1}^{N} t_i^j \overset{\circ}{x}_i\,. \tag{3.10}$$

Gleichungen der Form (3.10) können also auf zweierlei Arten interpretiert werden, einerseits als *Koordinatentransformation*, indem die Größen x_i bzw. y_i als die affinen Koordinaten ein und desselben Punktes, nur bezogen auf zwei verschiedene Koordinatensysteme, aufgefaßt werden, andererseits als *Punkttransformation*, bei der dem Punkt mit den Koordinaten x_i der Punkt mit den Koordinaten y_i bezüglich eines festen Koordinatensystems zugeordnet wird. In der Deutung als Koordinatentransformation muß die Transformationsmatrix $\{t_i^j\}$ allerdings regulär sein, da man von einer Koordinatentransformation die Umkehrbarkeit verlangt. Beschreiben die Gleichungen (3.10) eine affine Transformation σ, so braucht die Matrix

$\{t_i^j\}$ nicht regulär zu sein; wenn sie es aber ist, so ist die Transformation σ bijektiv und somit umkehrbar. Es ist dann auch die Umkehrung σ^{-1} eine affine Transformation, sie wird beschrieben durch die Gleichungen

$$x_i = \sum_{j=1}^{N} \check{t}_j^i y_j + c_i\,, \qquad c_i = \overset{\circ}{x}_i - \sum_{j=1}^{N} \check{t}_j^i \overset{\circ}{y}_j\,,$$

worin die Matrix $\{\check{t}_i^j\}$ die Inverse der Matrix $\{t_i^j\}$ ist.

Eine Selbstabbildung $\sigma{:}\mathfrak{A} \to \mathfrak{A}$ ist natürlich nur dann eine affine Transformation, wenn durch sie eine lineare Transformation τ im Tangentialraum gegeben ist. Hiefür muß σ einerseits der Bedingung

$$\overrightarrow{PQ} = \overrightarrow{RS} \;\Rightarrow\; \overrightarrow{\sigma(P)\sigma(Q)} = \overrightarrow{\sigma(R)\sigma(S)}$$

genügen, anderseits muß die über die Gleichung (3.9) einzuführende Transformation $\tau{:}\mathcal{T} \to \mathcal{T}$ des Tangentialraumes linear sein. Additiv ist sie jedenfalls, denn sind $a = \overrightarrow{PP'}$ und $b = \overrightarrow{QQ'}$ beliebige Vektoren im Tangentialraum von $\mathfrak{A}$, so gibt es einerseits nach der Forderung (ii) einen Punkt R, sodaß $b = \overrightarrow{QQ'} = \overrightarrow{P'R}$ ist, andererseits gilt wegen

$$\overrightarrow{\sigma(P)\sigma(R)} = \overrightarrow{\sigma(P)\sigma(P')} + \overrightarrow{\sigma(P')\sigma(R)}$$

die Gleichung

$$\begin{aligned}\tau(a+b) &= \tau(\overrightarrow{PP'} + \overrightarrow{QQ'}) = \tau(\overrightarrow{PP'} + \overrightarrow{P'R}) = \tau(\overrightarrow{PR}) = \overrightarrow{\sigma(P)\sigma(R)} \\ &= \overrightarrow{\sigma(P)\sigma(P')} + \overrightarrow{\sigma(P')\sigma(R)} = \overrightarrow{\sigma(P)\sigma(P')} + \overrightarrow{\sigma(Q)\sigma(Q')} \\ &= \tau a + \tau b\,.\end{aligned}$$

Die durch (3.9) definierte Transformation τ ist somit automatisch additiv, ihre Homogenität muß jedoch eigens gefordert werden.

Die identische Transformation $\imath$ in $\mathcal{T}$, deren Transformationsmatrix die Elemente $t_i^j = \delta_i^j$ hat, bestimmt eine affine Transformation, die man eine *Translation* nennt.

Sind $\mathfrak{A}_1$ und $\mathfrak{A}_2$ zwei affine Räume mit den Tangentialräumen $\mathcal{T}_1$ und $\mathcal{T}_2$, so induziert eine lineare Abbildung $\tau : \mathcal{T}_1 \to \mathcal{T}_2$ der Tangentialräume eine Abbildung $\sigma : \mathfrak{A}_1 \to \mathfrak{A}_2$, welche eindeutig bestimmt ist durch die Forderung, daß zwei gewisse Punkte einander bei der Abbildung entsprechen. Wenn die Abbildung σ wieder so konstruiert wird, daß die Gleichung (3.9) uneingeschränkt gültig ist, bleiben die affinen Grundbeziehungen zwischen Punkten und Vektoren erhalten; deshalb heißt σ eine *affine Abbildung* der Räume $\mathfrak{A}_1$ und $\mathfrak{A}_2$. Ist κ_1 eine Karte für den N-dimensionalen affinen Raum $\mathfrak{A}_1$, κ_2 eine Karte für den M-dimensionalen affinen Raum $\mathfrak{A}_2$, so stellt die Funktion $\kappa_2^{-1} \circ \sigma \circ \kappa_1 : \mathbb{R}^N \to \mathbb{R}^M$ die Beziehungen zwischen den Koordinaten der Punkte in $\mathfrak{A}_1$ bzw. $\mathfrak{A}_2$ her. Um diese Funktion anzugeben, ist zunächst davon auszugehen, daß durch die lineare Transformation

$\tau : \mathcal{T}_1 \to \mathcal{T}_2$ der Tangentialräume die Basisvektoren e_i in $\mathcal{T}_1$ auf Vektoren $\tau e_i \in \mathcal{T}_2$ abgebildet werden. Drückt man diese durch die Basisvektoren f_j des Koordinatensystems in $\mathfrak{A}_2$ aus (vgl. (1.12)), so erhält man für zwei beliebige Punkte P und P_o in $\mathfrak{A}_1$, wenn x_i die Koordinaten der Punkte in $\mathfrak{A}_1$ und y_i die Koordinaten der Punkte in $\mathfrak{A}_2$ sind,

$$\tau(\overrightarrow{P_oP}) = \sum_{i=1}^{N}(x_i - x_i^{\circ})\tau e_i = \sum_{i=1}^{N}(x_i - x_i^{\circ})\sum_{j=1}^{M} t_i^j f_j = \sum_{j=1}^{M}\Big(\sum_{i=1}^{N} t_i^j (x_i - x_i^{\circ})\Big) f_j$$

$$= \overrightarrow{\sigma(P_o)\sigma(P)} = \sum_{j=1}^{M}(y_j - y_j^{\circ}) f_j ,$$

somit

$$y_j = \sum_{i=1}^{N} t_i^j x_i + b_j , \quad b_j = y_j^{\circ} - \sum_{i=1}^{N} t_i^j x_i^{\circ} , \qquad j = 1, 2, \ldots, M. \tag{3.11}$$

Diese Gleichungen lassen sich symbolisch in der Form $\mathbf{y} = \kappa_2^{-1} \circ \sigma \circ \kappa_1(\mathbf{x})$ schreiben.

Eine affine Transformation $\sigma : \mathfrak{A}_1 \to \mathfrak{A}_2$ ist genau dann injektiv bzw. surjektiv bzw. bijektiv, wenn die lineare Abbildung $\tau : \mathcal{T}_1 \to \mathcal{T}_2$ der Tangentialräume injektiv bzw. surjektiv bzw. bijektiv ist. Ist σ eine injektive affine Abbildung, so ist $\dim \mathfrak{A}_1 \leq \dim \mathfrak{A}_2$, ist σ surjektiv, so gilt $\dim \mathfrak{A}_1 \geq \dim \mathfrak{A}_2$.

Die lineare Abbildung $\tau : \mathcal{T}_1 \to \mathcal{T}_2$ der Tangentialräume zweier affiner Räume $\mathfrak{A}_1$ und $\mathfrak{A}_2$ wird *Ableitung* oder *Differential* der affinen Abbildung $\sigma : \mathfrak{A}_1 \to \mathfrak{A}_2$ genannt, symbolisch $\tau = d\sigma$.

In den folgenden Paragraphen wird den Vektor- und Tensorfeldern in der Regel der ganze Raum als „Definitionsbereich" zugrundegelegt werden. Gelegentlich ist es aber dennoch zweckdienlicher, derartige Größen nur in gewissen Teilbereichen zu untersuchen, in denen sie besondere Merkmale aufweisen. Im Hinblick darauf ist es erforderlich, einige topologische Begriffsbildungen vorauszuschicken. Eine mehr ins Detail gehende Behandlung soll in Kap. 5 nachgeholt werden.

Man nennt eine Teilmenge $\mathfrak{O} \subseteq \mathfrak{A}$ *offen* im affinen Raum $\mathfrak{A}$, wenn das Urbild $\kappa^{-1}(\mathfrak{O}) \subseteq \mathbb{R}^N$, also die Menge aller Punkte $\mathbf{x} \in \mathbb{R}^N$ mit $\kappa(\mathbf{x}) \in \mathfrak{O}$, eine in $\mathbb{R}^N$ offene Menge ist. Diese Definition ist unabhängig von der Karte κ und damit vom Koordinatensystem $\mathcal{K}$ in $\mathfrak{A}$. Ist nämlich $\bar{\mathcal{K}}$ ein anderes Koordinatensystem mit der Karte $\bar{\kappa}$, so bildet κ^{-1} die Teilmenge $\mathfrak{O}$ auf eine Menge $\mathcal{O} \subseteq \mathbb{R}^N$ ab, $\bar{\kappa}^{-1}$ auf eine Teilmenge $\bar{\mathcal{O}} \subseteq \mathbb{R}^N$. Die stetige bijektive Funktion $\bar{\kappa}^{-1} \circ \kappa$, deren Koordinaten durch die Gleichungen (3.5) gegeben sind, bildet dann $\mathcal{O}$ auf $\bar{\mathcal{O}}$ ab. Da eine offene Menge durch eine bijektive stetige Funktion stets auf eine offene Menge abgebildet wird, ist unter diesen Umständen die Menge $\mathcal{O} \subseteq \mathbb{R}^N$ genau dann offen in $\mathbb{R}^N$, wenn die Menge $\bar{\mathcal{O}}$ offen in $\mathbb{R}^N$ ist.

Eine in $\mathbb{R}^N$ offene Menge $\mathcal{G}$ heißt ein *Gebiet*, wenn $\mathcal{G}$ zusammenhängend ist, d.h. wenn zwei beliebige Punkte in $\mathcal{G}$ durch einen ganz in $\mathcal{G}$ verlaufenden Polygonzug verbunden werden können. Man nennt diese Art des

Zusammenhanges auch „bogenzusammenhängend". Dies veranlaßt nun, eine offene Menge $\mathfrak{G} \subseteq \mathfrak{A}$ ein *Gebiet* in $\mathfrak{A}$ zu nennen, wenn $\kappa^{-1}(\mathfrak{G}) \subseteq \mathbb{R}^N$ ein Gebiet in $\mathbb{R}^N$ ist. Diese Definition ist wieder unabhängig von der Karte κ. Ist $\mathcal{G} = \kappa^{-1}(\mathfrak{G})$ und $\bar{\mathcal{G}} = \bar{\kappa}^{-1}(\mathfrak{G})$, so bildet die bijektive stetige Funktion $\bar{\kappa}^{-1} \circ \kappa$ die offenen Mengen $\mathcal{G}$ und $\bar{\mathcal{G}}$ umkehrbar eindeutig aufeinander ab. Da eine stetige Funktion eine zusammenhängende Menge auf eine zusammenhängende Menge abbildet, ist folglich $\mathcal{G}$ genau dann zusammenhängend, wenn $\bar{\mathcal{G}}$ zusammenhängend ist.

3.2 Skalar- und Vektorfelder

Wird jedem Punkt eines N-dimensionalen affinen Raumes $\mathfrak{A}$ mit dem Tangentialraum $\mathcal{T}$ eine Zahl aus dem Grundkörper von $\mathcal{T}$ — im folgenden stets der Körper $\mathbb{R}$ der reellen Zahlen — zugeordnet, so spricht man von einem *Skalarfeld* auf $\mathfrak{A}$. Ein Skalarfeld ist demnach eine Funktion $\omega : \mathfrak{A} \to \mathbb{R}$. Mittels der durch ein Koordinatensystem $\mathcal{K}$ in $\mathfrak{A}$ bestimmten Karte κ kann das Skalarfeld $\omega(P)$ durch die zusammengesetzte Funktion $\omega \circ \kappa$ als reelle Funktion der Koordinaten x_i beschrieben werden. Einem Skalarfeld $\omega : \mathfrak{A} \to \mathbb{R}$ wird eine Eigenschaft dann zugesprochen, wenn sie die Zusammensetzung $\omega \circ \kappa$ als reelle Funktion von N unabhängigen Veränderlichen für jede beliebige Karte κ besitzt.

So nennt man ein Skalarfeld ω stetig auf $\mathfrak{A}$, wenn die Funktion $\omega \circ \kappa$ stetig auf $\mathbb{R}^N$ ist, und differenzierbar, wenn $\omega \circ \kappa$ auf $\mathbb{R}^N$ differenzierbar ist. Die Differenzierbarkeit ist dabei gewährleistet, wenn die partiellen Ableitungen der Funktion $\omega \circ \kappa$ existieren und stetig sind. Wenn alle partiellen Ableitungen bis einschließlich einer gewissen Ordnung $k \geq 1$ existieren und auf $\mathbb{R}^N$ stetige Funktionen sind, so spricht man von einem Skalarfeld der *Klasse* C^k, wobei in der Klasse C^∞ die beliebig oft differenzierbaren Skalarfelder zusammengefaßt werden. Im folgenden sollen Skalarfelder stillschweigend immer als differenzierbare Funktionen verstanden werden, zugehörig einer gewissen Klasse C^k von hinreichend hoher Ordnung. Ferner soll an Stelle der korrekten Schreibweise $\frac{\partial(\omega \circ \kappa)}{\partial x_i}$ für die ersten — und analog für die höheren — partiellen Ableitungen vielfach $\frac{\partial \omega}{\partial x_i}$ geschrieben werden.

Aus zwei Skalarfeldern läßt sich durch Addition und Multiplikation ein drittes Skalarfeld ableiten. Erklärt man Summe und Produkt zweier Skalarfelder auf die übliche Art, so bilden die Skalarfelder bezüglich der Addition eine abelsche Gruppe, denn die Addition reellwertiger Funktionen ist assoziativ, kommutativ und umkehrbar. Da auch die Multiplikation assoziativ und kommutativ ist und das distributive Gesetz erfüllt, bilden die Skalarfelder auf $\mathfrak{A}$ einen assoziativen und kommutativen Ring mit Einselement, der fortan mit $\mathbb{F}(\mathfrak{A})$ bzw. kurz $\mathbb{F}$ bezeichnet werden soll. Dieser Ring wird im folgenden jene Rolle übernehmen, die der Zahlenkörper für lineare Vektorräume innehat.

Eine durch ein Skalarfeld $\omega : \mathfrak{A} \to \mathbb{R}$ gegebene reelle Größe wird auch ein *Skalar* oder eine *Invariante* genannt. Damit soll zum Ausdruck gebracht werden, daß $\omega(P)$ unabhängig vom Koordinatensystem ist, also unverändert aus einer Koordinatentransformation hervorgeht, im Gegensatz zur Funktion $\omega \circ \kappa$, die bei einem Koordinatenwechsel $\mathcal{K} \to \bar{\mathcal{K}}$ in

$$\omega \circ \bar{\kappa} = \omega \circ \kappa \circ (\kappa^{-1} \circ \bar{\kappa})$$

verwandelt wird; darin beschreibt die Funktion $\kappa^{-1} \circ \bar{\kappa}$ den Übergang von den Koordinaten $\bar{x}_i$ auf die Koordinaten x_i (vgl. (3.4) und (3.5)).

Eine Zuordnung v, durch die in jedem Raumpunkt $P \in \mathfrak{A}$ ein Vektor $v(P) = \overrightarrow{PQ} \in \mathcal{T}$ angesetzt wird, heißt ein *Vektorfeld* auf $\mathfrak{A}$. Ist der affine Raum $\mathfrak{A}$ auf ein Koordinatensystem $\mathcal{K} = \{O, \mathcal{B}\}$ bezogen, so sind die Koordinaten des Vektorfeldes v reelle Funktionen $V^i : \mathfrak{A} \to \mathbb{R}$,

$$v(P) = \sum_{i=1}^{N} V^i(P)\, e_i\,.$$

Ist κ die zum Koordinatensystem $\mathcal{K}$ gehörige Karte, so kann man die Ortsabhängigkeit der Koordinaten $V^i(P)$ durch die Funktionen $V^i \circ \kappa$ ausdrücken. Bei einem Wechsel des Koordinatensystems verändern sich die Koordinaten eines Vektorfeldes, sofern es sich nicht um eine bloße Verlegung des Koordinatenursprungs handelt. Ist der Übergang $\mathcal{K} \to \bar{\mathcal{K}}$ mit einem Basiswechsel $\mathcal{B} \to \bar{\mathcal{B}}$ im Tangentialraum verbunden, der durch die Gleichungen (1.24) und (1.26) beschrieben wird, so transformieren sich die Koordinaten eines Vektorfeldes nach der Regel (1.66),

$$\bar{V}^i(P) = \sum_{j=1}^{N} \breve{a}^i_j V^j(P)\,, \qquad V^i(P) = \sum_{j=1}^{N} a^i_j \bar{V}^j(P)\,.$$

Um bei einem Wechsel des Koordinatensystems (3.4) bzw. (3.5) die Koordinaten der jeweiligen Bezugssysteme hervorzuheben, sollen in Hinkunft an Stelle der (konstanten!) Matrixelemente a^j_i bzw. $\breve{a}^j_i$ in (3.4) und (3.5), die in die Transformationsgesetze eingehen, die partiellen Differentialquotienten

$$a^j_i = \frac{\partial x_j}{\partial \bar{x}_i}\,, \quad \breve{a}^j_i = \frac{\partial \bar{x}_j}{\partial x_i}\,, \tag{3.12}$$

die Matrixelemente der Ableitungen der zueinander inversen Funktionen $\bar{\mathbf{x}} = \bar{\kappa}^{-1} \circ \kappa(\mathbf{x})$ und $\mathbf{x} = \kappa^{-1} \circ \bar{\kappa}(\bar{\mathbf{x}})$ zur Formulierung der Transformationsgesetze für Vektoren, Linearformen usw. herangezogen werden,

$$\bar{V}^i(P) = \sum_{j=1}^{N} \frac{\partial \bar{x}_i}{\partial x_j} V^j(P)\,, \quad V^i(P) = \sum_{j=1}^{N} \frac{\partial x_i}{\partial \bar{x}_j} \bar{V}^j(P)\,. \tag{3.13}$$

Die Reziprozität der Transformationsmatrizen tritt dabei in den einprägsamen Beziehungen

$$\sum_{k=1}^{N} \frac{\partial \bar{x}_i}{\partial x_k}\frac{\partial x_k}{\partial \bar{x}_j} = \frac{\partial \bar{x}_i}{\partial \bar{x}_j} = \delta^i_j, \quad \sum_{k=1}^{N} \frac{\partial x_i}{\partial \bar{x}_k}\frac{\partial \bar{x}_k}{\partial x_j} = \frac{\partial x_i}{\partial x_j} = \delta^i_j \tag{3.14}$$

zutage. Darüberhinaus erweist sich die Gewöhnung an diese Notation schon mit Rücksicht auf spätere Verallgemeinerungen als vorteilhaft.

Ein Vektor aus dem Tangentialraum von $\mathfrak{A}$ ordnet einem Skalarfeld in jedem Punkt eine Invariante zu. Ist $v = \overrightarrow{PQ} \in \mathcal{T}$ und sind V^i die Koordinaten dieses Vektors im Koordinatensystem einer Karte κ für $\mathfrak{A}$, so heißt

$$v(\omega)(P) := \sum_{i=1}^{N} V^i(P) \left.\frac{\partial(\omega \circ \kappa)}{\partial x_i}\right|_{\kappa^{-1}(P)} \tag{3.15}$$

die *Ableitung von ω in Richtung von v* oder kurz die *Richtungsableitung* von ω im Punkt P. Der Wert der Summe rechts ist unabhängig vom Koordinatensystem in $\mathfrak{A}$, denn bezüglich einer Karte $\bar{\kappa}$ ist einerseits auf Grund der Kettenregel

$$\frac{\partial \omega}{\partial \bar{x}_i} = \frac{\partial(\omega \circ \bar{\kappa})}{\partial \bar{x}_i} = \sum_{j=1}^{N} \frac{\partial(\omega \circ \kappa)}{\partial x_j} \frac{\partial x_j}{\partial \bar{x}_i} = \sum_{j=1}^{N} \frac{\partial x_j}{\partial \bar{x}_i} \frac{\partial \omega}{\partial x_j},$$

andererseits auf Grund des Transformationsgesetzes (3.13) für die Koordinaten eines Vektorfeldes

$$\sum_{i=1}^{N} \bar{V}^i \frac{\partial \omega}{\partial \bar{x}_i} = \sum_{i=1}^{N} \bar{V}^i \frac{\partial(\omega \circ \bar{\kappa})}{\partial \bar{x}_i} = \sum_{i,j,k=1}^{N} V^k \frac{\partial \bar{x}_i}{\partial x_k} \frac{\partial x_j}{\partial \bar{x}_i} \frac{\partial(\omega \circ \kappa)}{\partial x_j}$$
$$= \sum_{j,k=1}^{N} \delta^j_k V^k \frac{\partial(\omega \circ \kappa)}{\partial x_j} = \sum_{j=1}^{N} V^j \frac{\partial \omega}{\partial x_j},$$

worin (3.14) verwendet wurde. Somit ist die Richtungsableitung eines Skalarfeldes eine Invariante.

Ist nun v ein Vektorfeld auf $\mathfrak{A}$ und ω ein Skalarfeld, so wird durch (3.15) dem Skalarfeld ω in jedem Punkt von $\mathfrak{A}$ ein Skalar zugeordnet, d.h. das Vektorfeld v ordnet dem Skalarfeld ω eine reelle Funktion zu, die man mit $v(\omega)$ bezeichnet und die *Richtungsableitung des Skalarfeldes ω bezüglich des Vektorfeldes v* nennt. Diese Funktion ist linear, d.h. für reelle Zahlen λ_1 und λ_2 gilt

$$v(\lambda_1\omega_1 + \lambda_2\omega_2) = \lambda_1 v(\omega_1) + \lambda_2 v(\omega_2), \tag{3.16}$$

und sie genügt der *Produktregel*

$$v(\omega_1\omega_2) = v(\omega_1)\omega_2 + \omega_1 v(\omega_2). \tag{3.17}$$

Sind nämlich ω_1 und ω_2 beliebige Skalarfelder, so ist

$$\frac{\partial\big[(\omega_1\omega_2)\circ\kappa\big]}{\partial x_i} = \frac{\partial\big[(\omega_1\circ\kappa)(\omega_2\circ\kappa)\big]}{\partial x_i} = \frac{\partial(\omega_1\circ\kappa)}{\partial x_i}(\omega_2\circ\kappa) + (\omega_1\circ\kappa)\frac{\partial(\omega_2\circ\kappa)}{\partial x_i}$$

und deshalb

$$v(\omega_1\omega_2) = \sum_{i=1}^{N} V^i \frac{\partial(\omega_1\omega_2)}{\partial x_i} = \sum_{i=1}^{N} V^i \frac{\partial\omega_1}{\partial x_i}\omega_2 + \omega_1 \sum_{i=1}^{N} V^i \frac{\partial\omega_2}{\partial x_i}$$
$$= v(\omega_1)\omega_2 + \omega_1 v(\omega_2).$$

Ein Vektorfeld ist also auch eine Funktion, die einem Skalarfeld eine reelle Funktion auf $\mathfrak{A}$ zuordnet. Ob es sich bei dieser wieder um ein Skalarfeld handelt, hängt von der Differenzierbarkeit der reellen Funktion $v(\omega)$ und damit vom Vektorfeld v ab. Dies führt zum Begriff des *differenzierbaren Vektorfeldes*, und zwar auf eine von Koordinaten unabhängige Weise: Ein Vektorfeld v auf $\mathfrak{A}$ wird differenzierbar (einer Klasse C^k zugehörig) genannt, wenn für jedes Skalarfeld ω (aus der Klasse C^k) das Skalarfeld $v(\omega)$ differenzierbar (der Klasse C^k zugehörig) ist.[2)] Die Differenzierbarkeit von Vektorfeldern soll im folgenden, wie es auch für Skalarfelder vereinbart wurde, stillschweigend Voraussetzung sein.

Die durch ein differenzierbares Vektorfeld gegebene Funktion $v:\mathbb{F} \to \mathbb{F}$ ist linear, hinsichtlich der Addition im Ring $\mathbb{F}$ gilt (3.16), was die Multiplikation anlangt, so gilt die Produktregel (3.17).

Wird jedem Punkt $P \in \mathfrak{A}$ eine Linearform $\alpha(P)$ aus dem Kotangentialraum $\mathcal{T}^*$ zugeordnet, so spricht man von einer *Linearform* auf $\mathfrak{A}$. Ist $\mathcal{K} = \{O, \mathcal{B}\}$ ein Koordinatensystem in $\mathfrak{A}$ und $\mathcal{B}^* = \{\varepsilon^1, \dots, \varepsilon^N\}$ die zu $\mathcal{B}$ duale Basis im Kotangentialraum $\mathcal{T}^*$, so ist

$$\alpha(P) = \sum_{i=1}^{N} A_i(P)\,\varepsilon^i .$$

Die Koordinaten der Linearform α sind reelle Funktionen $A_i : \mathfrak{A} \to \mathbb{R}$, deren Ortsabhängigkeit durch die reellen Funktionen $A_i \circ \kappa$ beschrieben wird. Beim Übergang $\mathcal{K} \to \bar{\mathcal{K}}$ zu einem anderen Koordinatensystem in $\mathfrak{A}$ transformieren sich die Koordinaten A_i einer Linearform α nach der Regel (1.67); macht man von der Notation (3.12) Gebrauch, so lautet dieses Transformationsgesetz

$$A_i(P) = \sum_{j=1}^{N} \frac{\partial \bar{x}_j}{\partial x_i}\,\bar{A}_j(P)\,, \quad \bar{A}_i(P) = \sum_{j=1}^{N} \frac{\partial x_j}{\partial \bar{x}_i}\,A_j(P)\,. \tag{3.18}$$

Eine Linearform α auf $\mathfrak{A}$ ordnet einem Vektorfeld v auf $\mathfrak{A}$ im Punkt P die reelle Größe

$$\langle \alpha(P), v(P) \rangle = \sum_{i,j=1}^{N} A_i V^j \langle \varepsilon^i, e_j \rangle = \sum_{i,j=1}^{N} \delta^i_j A_i V^j = \sum_{i=1}^{N} A_i V^i \tag{3.19}$$

zu, die unabhängig von der Wahl des Koordinatensystems in $\mathfrak{A}$ ist, denn sie ändert sich nicht bei einem Wechsel des Koordinatensystems $\mathcal{K} \to \bar{\mathcal{K}}$,

$$\sum_{i=1}^{N} \bar{A}_i \bar{V}^i = \sum_{i,j,k=1}^{N} \frac{\partial x_j}{\partial \bar{x}_i} A_j \frac{\partial \bar{x}_i}{\partial x_k} V^k = \sum_{j,k=1}^{N} \delta^j_k A_j V^k = \sum_{j=1}^{N} A_j V^j ,$$

---

2) Drückt man dies in Koordinaten aus, so ist ein Vektorfeld genau dann differenzierbar, wenn die Koordinaten $V^i \circ \kappa$ für jede Karte von $\mathfrak{A}$ differenzierbare Funktionen sind (wobei es offenbar auch genügt, die Differenzierbarkeit für eine einzige Karte zu fordern).

wie es für das Skalarprodukt selbstverständlich ist. Diese Invarianz bedeutet, daß durch (3.19) ein Skalarfeld gegeben ist. Damit erscheint eine Linearform α als Funktion, die einem Vektorfeld v das Skalarfeld $\alpha(v) = \langle\alpha, v\rangle$ zuordnet. Es liegt nahe, die *differenzierbare Linearform* über die Differenzierbarkeit dieses Skalarfeldes einzuführen: Eine Linearform α heißt differenzierbar auf $\mathfrak{A}$ (einer Klasse C^k zugehörig), wenn das Skalarfeld $\alpha(v)$ für jedes differenzierbare (der Klasse C^k zugehörige) Vektorfeld v differenzierbar (der Klasse C^k zugehörig) ist.[3] Auch Linearformen werden im folgenden stets als differenzierbar vorausgesetzt.

Jedes Skalarfeld $\omega \in \mathbb{F}$ bestimmt eine Linearform $d\omega$ auf $\mathfrak{A}$, nämlich

$$d\omega(v) = \langle d\omega, v\rangle := \sum_{i=1}^{N} V^i \frac{\partial\omega}{\partial x_i} = v(\omega) \tag{3.20}$$

für jedes Vektorfeld v. Diese Linearform heißt das *Differential* des Skalarfeldes ω. Der Wert des Differentials eines Skalarfeldes im Punkt $P \in \mathfrak{A}$ ist die Ableitung von ω in Richtung des Vektors $v(P) \in \mathcal{T}$. Die Koordinaten des Differentials eines Skalarfeldes ω sind die partiellen Differentialquotienten $\frac{\partial\omega}{\partial x_i}$, deren Transformationsgesetz

$$\frac{\partial\omega}{\partial\bar{x}_i} = \sum_{j=1}^{N} \frac{\partial x_j}{\partial\bar{x}_i}\frac{\partial\omega}{\partial x_j}$$

(vgl. (3.18)) nichts anderes als die Kettenregel ist.

Das Differential eines Skalarfeldes ist wie die Richtungsableitung eines Vektorfeldes eine lineare Operation, denn bezüglich der Addition im Ring $\mathbb{F}$ gilt (vgl. (3.16)).

$$d(\lambda_1\omega_1 + \lambda_2\omega_2) = \lambda_1 d\omega_1 + \lambda_2 d\omega_2$$

für beliebige reelle Zahlen λ_1 und λ_2, hinsichtlich der Multiplikation im Ring $\mathbb{F}$ gilt die *Produktregel* (vgl. (3.17))

$$d(\omega_1\omega_2) = (d\omega_1)\omega_2 + \omega_1(d\omega_2)\,.$$

Spezielle konstante Linearformen auf $\mathfrak{A}$ sind die Basisvektoren ε^i im Kotangentialraum $\mathcal{T}^*$. Wegen

$$\varepsilon^i(v) = \langle\varepsilon^i, v\rangle = \sum_{j=1}^{N} V^j\langle\varepsilon^i, e_j\rangle = \sum_{j=1}^{N} V^j\delta^i_j = V^i$$

(vgl. (1.16)) ordnet die Linearform ε^i jedem Vektor in P seine i-te Koordinate zu. Dies leisten aber auch, wenn mit ϕ_i die i-te Koordinate der

[3] Offenbar ist ist eine Linearform α genau dann differenzierbar auf $\mathfrak{A}$, wenn die Koordinatenfunktionen $A_i \circ \kappa$ in jedem Koordinatensystem für $\mathfrak{A}$ differenzierbare (einer Klasse C^k zugehörige) Funktionen sind.

Funktion κ^{-1} bezeichnet wird, die Differentiale der Koordinatenfunktionen $(\phi_i \circ \kappa)(\mathbf{x}) = x_i$,

$$dx_i(v) = \sum_{k=1}^{N} \frac{\partial(\phi_i \circ \kappa)}{\partial x_k} V^k = \sum_{k=1}^{N} \frac{\partial x_i}{\partial x_k} V^k = \sum_{k=1}^{N} \delta^i_k V^k = V^i \,, \tag{3.21}$$

sodaß die Basisvektoren ε^i im Kotangentialraum $\mathcal{T}^*$ mit den Linearformen dx_i zu identifizieren sind; sie werden die *Koordinatendifferentiale* genannt[4]. Setzt man daher aus (3.21) in (3.20) ein, so erhält das Differential eines Skalarfeldes die Form

$$d\omega = \sum_{i=1}^{N} \frac{\partial \omega}{\partial x_i} dx_i \,. \tag{3.22}$$

Ist $\Delta x = \overrightarrow{PQ}$ ein „Ortszuwachs" mit den Koordinaten Δx_i, so ist die Ableitung eines Skalarfeldes ω in Richtung des Ortszuwachses Δx der Wert des Differentials $d\omega$ für den Ortszuwachs Δx,

$$d\omega(\Delta x) = \sum_{i=1}^{N} \frac{\partial \omega}{\partial x_i} \Delta x_i \,. \tag{3.23}$$

Diese Größe nähert die Differenz $\Delta\omega = \omega(Q) - \omega(P)$ von höherer als erster Ordnung an, d.h. $\Delta\omega - d\omega(\Delta x)$ geht mit $Q \to P$ schneller gegen Null als die Koordinaten des Ortszuwachses $\overrightarrow{PQ}$, denn die Funktion $\varepsilon(\Delta \mathbf{x})$ in

$$\Delta\omega = \omega(Q) - \omega(P) = d\omega(\Delta x) + \sqrt{(\Delta x_1)^2 + \cdots + (\Delta x_N)^2}\; \varepsilon(\Delta \mathbf{x})$$

hat den Grenzwert 0 für $Q \to P$. Beim Übergang zu „infinitesimal kleinen" Ortszuwächsen ersetzt man das „Differenzensymbol" Δ durch das „Differentialsymbol" d, aus den Differenzen Δx_i in (3.23) werden die Differentiale dx_i in (3.22), welche dann gern als die Koordinaten eines infinitesimalen Ortszuwachses dx angesehen werden, im Einklang damit, daß sich die Koordinatendifferentiale dx_i bei einem Wechsel $\mathcal{K} \to \bar{\mathcal{K}}$ des Koordinatensystems wie die Koordinaten eines Vektors, also nach (3.13) transformieren,

$$d\bar{x}_i = \sum_{j=1}^{N} \frac{\partial \bar{x}_i}{\partial x_j} dx_j \,. \tag{3.24}$$

---

[4] Es wurde vereinbart, die Basisvektoren im Tangentialraum durch tiefgestellte, die Basisvektoren im Kotangentialraum durch hochgestellte Indizes zu numerieren. Im Rahmen dieser Übereinkunft werden Indizes von Größen — Koordinaten- wie Numerierungsindizes —, die sich ***kontragredient***, also wie ein Vektor transformieren, hochgestellt, Koordinaten- und Numerierungsindizes von Größen, die sich ***kogredient***, also wie eine Linearform transformieren, tiefgestellt. Die *einzige* Ausnahme von dieser Regel bilden die Koordinatendifferentiale. Dazu kommt es durch die Art der Numerierung der Koordinaten durch tiefgestellte Indizes (was eigentlich nicht in der Natur der Sache liegt, denn Koordinaten von Punkten sind im Grunde Koordinaten von Vektoren); würde man die Koordinaten durch hochgestellte Indizes numerieren, was auch gewisse Nachteile hat, so würde es dieser Ausnahmeregelung nicht bedürfen.

Diese Interpretation der Gleichung (3.22) mag zwar der Anschaulichkeit dienen, der im Beiwort „infinitesimal“ oder „differentiell“ versteckte Begriff des unendlich Kleinen ist aber mathematisch nicht haltbar. Diese Ungereimtheit beseitigt man, indem man Differentiale als Linearformen einführt, die Koordinatendifferentiale dx_i als jene, die einem Orstzuwachs (einem Vektor) seine Koordinaten bezüglich des zugrundegelegten Koordinatensystems zuordnen. Differentiale sind also grundsätzlich Linearformen und damit *Funktionen* und keine Zahlen wie die Differenzen Δx_i. Die Gleichung (3.22) bringt zum Ausdruck, wie das Differential $d\omega$ als Linearkombination der Basisformen darzustellen ist. Damit wird auf saubere Art und Weise die Klippe, die das unendlich Kleine schafft, umfahren. Solange man sich dessen bewußt ist, kann es aus Gründen der Anschaulichkeit durchaus dienlich sein, Differentiale als infinitesimale Zuwächse anzusehen. —

Die Vektorfelder und Linearformen auf einem affinen Raum $\mathfrak{A}$ haben eine algebraische Struktur, die derjenigen des linearen Vektorraumes formal zwar sehr ähnlich ist, aber eine schwächere Voraussetzung hat. Erklärt man als Summe $u + v$ zweier Vektorfelder u und v jenes Vektorfeld, dessen Feldvektor im Punkt $P \in \mathfrak{A}$ durch

$$(u + v)(P) := u(P) + v(P)$$

gegeben ist, und als Produkt eines Vektorfeldes v mit einem Skalarfeld ω aus dem Funktionenring $\mathbb{F}$ das Vektorfeld ωv,

$$(\omega v)(P) := \omega(P)v(P)\,,$$

so erfüllen diese Operationen formal zwar die Forderungen (i) bis (vii) des linearen Vektorraumes, nur mit dem Unterschied, daß an die Stelle des Grundkörpers $\mathbb{K}$, in dem die Multiplikation umkehrbar ist, der *Ring* $\mathbb{F}$ der Skalarfelder getreten ist, in dem die Multiplikation *nicht* umkehrbar ist[5]. Eine solche algebraische Struktur nennt man einen *Modul*; mit $\mathfrak{v}(\mathfrak{A})$ bzw. kurz $\mathfrak{v}$ sei fortan der Modul der Vektorfelder auf $\mathfrak{A}$ bezeichnet. Durch analoge Definitionen wird die Gesamtheit aller Linearformen auf $\mathfrak{A}$ zu einem Modul, dem sinngemäß das Symbol $\mathfrak{v}^*(\mathfrak{A})$ bzw. kurz $\mathfrak{v}^*$ zugewiesen wird.

3.3 Tensorfelder

Die Skalar- und Vektorfelder sind die elementaren und auch anschaulichsten Vertreter des physikalischen Feldbegriffs. Durch sie lassen sich Feldgrößen mathematisch beschreiben, deren physikalischer Natur es entspricht, durch Maßzahlen bzw. durch Stärke und Richtung ausgemessen zu werden. Doch nicht alle physikalischen Größen lassen sich mathematisch durch Skalare

[5] In einem linearen Vektorraum folgt aus einer Gleichung $\lambda a = o$ entweder $a = o$ oder $\lambda = 0$, denn die Annahme $a \neq o$ und $\lambda \neq 0$ führt auf den Widerspruch $a = 1a = (\lambda^{-1}\lambda)a = \lambda^{-1}(\lambda a) = \lambda^{-1}o = o$. Gehört aber λ einem Ring an, so kann dieser Schluß offenbar nicht gezogen werden (siehe Anhang).

und Vektoren erfassen, auch wenn es, wie z.B. beim Kraftbegriff, noch so naheliegend erscheint. Obwohl man damit, wenigstens formal, durchaus in gewisse Tiefen vordringen kann, so sind dem Bestreben, zu einem umfassenderen Verständnis zu gelangen, doch gewisse Grenzen gesetzt, wenn man auf die wahre physikalische Natur der Feldgrößen nicht eingeht. Einen Zugang hiefür bietet der Begriff des Tensorfeldes. Die Feldgröße eines Tensorfeldes ist ein Tensor, also eine multilineare von Punkt zu Punkt sich ändernde Funktion im Raum, deren Argumente Vektoren aus dem begleitenden Tangentialraum und seines Dualraumes sind.

Der Raum sei im folgenden ein N-dimensionaler affiner Raum $\mathfrak{A}$ mit dem Tangentialraum $\mathcal{T}$; $\mathbb{F}$ ist der Ring der Skalarfelder auf $\mathfrak{A}$, $\mathfrak{v}$ der Modul der Vektorfelder, $\mathfrak{v}^*$ der Modul der Linearformen auf $\mathfrak{A}$.

Ein Skalarfeld $\omega \in \mathbb{F}$ heißt ein *Tensorfeld nullter Stufe.*

Ist $n \geq 1$ eine natürliche Zahl, so heißt eine multilineare Abbildung

$$\varphi : \mathfrak{v}^n \to \mathbb{F}$$

ein *kovariantes Tensorfeld* oder ein *kovarianter Tensor n-ter Stufe auf* $\mathfrak{A}$.

Ein kovariantes Tensorfeld φ ist also eine multilineare Funktion, die n Vektorfeldern $v_1, v_2, \ldots, v_n$ das Skalarfeld $\varphi(v_1, v_2, \ldots, v_n) \in \mathbb{F}$ zuordnet. Sind $V_1^i, V_2^i, \ldots, V_n^i$ die Koordinaten dieser Vektorfelder bezüglich einer Karte κ für $\mathfrak{A}$, so erhält man auf Grund der Multilinearität

$$\varphi(v_1, v_2, \ldots, v_n) = \sum_{i_1=1}^{N} \sum_{i_2=1}^{N} \cdots \sum_{i_n=1}^{N} V_1^{i_1} V_2^{i_2} \ldots V_n^{i_n} \varphi(e_{i_1}, e_{i_2}, \ldots, e_{i_n}) .$$

Die ortsabhängigen Größen

$$\Phi_{i_1 i_2 \ldots i_n}(P) := \varphi(e_{i_1}, e_{i_2}, \ldots, e_{i_n})$$

heißen die *Koordinaten des kovarianten Tensorfeldes* φ bezüglich des Koordinatensystems $\mathcal{K}$ in $\mathfrak{A}$; diese transformieren sich bei einem Wechsel $\mathcal{K} \to \bar{\mathcal{K}}$ des Koordinatensystems nach der Vorschrift (vgl. (2.1) und (3.12))

$$\bar{\Phi}_{i_1 i_2 \ldots i_n}(P) = \sum_{j_1=1}^{N} \sum_{j_2=1}^{N} \cdots \sum_{j_n=1}^{N} \frac{\partial x_{j_1}}{\partial \bar{x}_{i_1}} \frac{\partial x_{j_2}}{\partial \bar{x}_{i_2}} \cdots \frac{\partial x_{j_n}}{\partial \bar{x}_{i_n}} \Phi_{j_1 j_2 \ldots j_n}(P) , \quad (3.25)$$

wie eine einfache und ihrem Gang nach schon mehrfach vorgeführte Rechnung zeigt.

Eine Linearform α auf $\mathfrak{A}$ ist ein kovariantes Tensorfeld erster Stufe auf $\mathfrak{A}$. Man spricht auch von einem *kovarianten Vektorfeld* auf $\mathfrak{A}$.

Ist $m \geq 1$ eine natürliche Zahl, so heißt eine multilineare Abbildung

$$\psi : \mathfrak{v}^{*m} \to \mathbb{F}$$

ein *kontravariantes Tensorfeld* oder ein *kontravarianter Tensor m-ter Stufe auf* $\mathfrak{A}$.

Ein kontravariantes Tensorfeld ψ der Stufe m ordnet m Linearformen $\alpha^1, \alpha^2, \ldots, \alpha^m$ auf $\mathfrak{A}$ das Skalarfeld $\psi(\alpha^1, \alpha^2, \ldots, \alpha^m) \in \mathbb{F}$ zu: Sind A_i^1,

$A_i^2, \ldots, A_i^m$ die Koordinaten dieser Linearformen bezüglich einer Karte κ für $\mathfrak{A}$, so ist

$$\psi(\alpha^1, \alpha^2, \ldots, \alpha^m) = \sum_{j_1=1}^{N} \sum_{j_2=1}^{N} \cdots \sum_{j_m=1}^{N} A_{j_1}^1 A_{j_2}^2 \ldots A_{j_m}^m \psi(\varepsilon^{j_1}, \varepsilon^{j_2}, \ldots, \varepsilon^{j_m});$$

die Größen

$$\Psi^{j_1 j_2 \ldots j_m}(P) := \psi(\varepsilon^{j_1}, \varepsilon^{j_2}, \ldots, \varepsilon^{j_m})$$

heißen die *Koordinaten des kontravarianten Tensorfeldes* ψ bezüglich des Koordinatensystems $\mathcal{K}$ in $\mathfrak{A}$. Bei einem Wechsel des Koordinatensystems transformieren sie sich nach der Regel (vgl. (2.2) und (3.12))

$$\bar{\Psi}^{j_1 j_2 \ldots j_m}(P) = \sum_{i_1=1}^{N} \sum_{i_2=1}^{N} \cdots \sum_{i_m=1}^{N} \frac{\partial \bar{x}_{j_1}}{\partial x_{i_1}} \frac{\partial \bar{x}_{j_2}}{\partial x_{i_2}} \cdots \frac{\partial \bar{x}_{j_m}}{\partial x_{i_m}} \Psi^{i_1 i_2 \ldots i_m}(P). \quad (3.26)$$

Ein Vektorfeld v ist ein kontravariantes Tensorfeld erster Stufe auf $\mathfrak{A}$.

Aus dem Begriff des gemischten Tensors geht das Konzept des gemischten Tensorfeldes hervor. Eine multilineare Abbildung

$$\chi : \mathfrak{v}^{*m} \times \mathfrak{v}^n \to \mathbb{F}$$

heißt ein *gemischtes Tensorfeld* oder ein *gemischter Tensor* $(n+m)$*-ter Stufe auf* $\mathfrak{A}$, und zwar ein m-fach kontravarianter und n-fach kovarianter Tensor. Seine Koordinaten sind die Funktionen

$$\mathrm{X}_{j_1 \ldots j_n}^{i_1 \ldots i_m}(P) := \chi(\varepsilon^{i_1}, \ldots, \varepsilon^{i_m}, e_{j_1}, \ldots e_{j_n}).$$

Sie transformieren sich bei einem Wechsel des Koordinatensystems gemäß

$$\bar{\mathrm{X}}_{j_1 \ldots j_n}^{i_1 \ldots i_m}(P) = \sum_{h_1, \ldots, h_m=1}^{N} \sum_{k_1, \ldots, k_n=1}^{N} \frac{\partial \bar{x}_{i_1}}{\partial x_{h_1}} \cdots \frac{\partial \bar{x}_{i_m}}{\partial x_{h_m}} \frac{\partial x_{k_1}}{\partial \bar{x}_{j_1}} \cdots \frac{\partial x_{k_n}}{\partial \bar{x}_{j_n}} \mathrm{X}_{k_1 \ldots k_n}^{h_1 \ldots h_m}(P). \quad (3.27)$$

Tensoren sind multilineare Funktionen, die einem System von Vektoren und Linearformen eine reelle Zahl zuordnen. Dieser „Funktionswert" ändert sich nicht, wenn man zu einer anderen Basis im Vektorraum übergeht, weshalb der Funktionswert eines Tensors auch eine *Invariante* genannt wird. Bei Tensor*feldern* treten an die Stelle der Vektoren in $\mathcal{T}$ und der Linearformen im Dualraum $\mathcal{T}^*$ die Vektorfelder aus dem Modul $\mathfrak{v}$ und die Linearformen aus dem Modul $\mathfrak{v}^*$. Durch die Funktionswerte des Tensorfeldes für ein System von Vektorfeldern bzw. Linearformen wird daher ein Skalarfeld bestimmt. Dessen Ortsabhängigkeit ist einerseits darin begründet, daß die Argumente von Punkt zu Punkt variieren, andererseits ist sie eine Folge der von Punkt zu Punkt sich ändernden Funktionsvorschrift — letztere bewirkt die Ortsabhängigkeit der Koordinaten eines Tensorfeldes.

Sinngemäß sind die Verknüpfungen von Tensoren auf Tensorfelder zu übertragen. Die Summe $\varphi + \psi$ zweier Tensorfelder φ und ψ ist wieder nur für Tensorfelder gleicher Stufe und Art erklärt. Sind $\Phi_{i_1 \ldots i_n}(P)$ die

Koordinaten des kovarianten Tensorfeldes φ der Stufe n, $\Psi_{i_1 \ldots i_n}(P)$ die Koordinaten des gleichfalls n-stufigen kovarianten Tensorfeldes ψ, so ist

$$(\varphi + \psi)(v_1, v_2, \ldots, v_n) := \varphi(v_1, v_2, \ldots, v_n) + \psi(v_1, v_2, \ldots, v_n)$$

die Summe der Tensorfelder φ und ψ; die Koordinaten dieses Tensorfeldes sind durch Addition der Koordinaten der Summanden zu berechnen,

$$\Phi_{i_1 i_2 \ldots i_n}(P) + \Psi_{i_1 i_2 \ldots i_n}(P) .$$

Analoge Definitionen erklären die Summe kontravarianter und die Summe gemischter Tensorfelder.

An die Stelle der Multiplikation eines Tensors mit einer Zahl aus dem Grundkörper von $\mathcal{T}$ tritt jetzt die Multiplikation eines Tensorfeldes mit einem *Skalarfeld.* Ist $\omega \in \mathbb{F}$ ein solches und $\varphi : \mathfrak{v}^n \to \mathbb{F}$ ein kovariantes Tensorfeld der Stufe n, so ist $\psi = \omega\varphi : \mathfrak{v}^n \to \mathbb{F}$ ein kovariantes Tensorfeld derselben Stufe, dessen Koordinaten durch Multiplikation der Koordinaten von φ mit ω hervorgehen,

$$\Psi_{i_1 i_2 \ldots i_n}(P) = \omega(P)\Phi_{i_1 i_2 \ldots i_n}(P) .$$

Das Produkt kontravarianter sowie gemischter Tensorfelder mit einem Skalarfeld wird durch gleichlautende Definitionen erklärt. Damit haben die Tensorfelder auf $\mathfrak{A}$, wenn sie von derselben Art sind und auch in ihrer Stufe übereinstimmen, die Struktur eines Moduls über dem Ring der Skalarfelder. Mit Rücksicht auf eine kurze und bündige Sprechweise sollen für das Folgende die Symbole $\mathfrak{t}_n(\mathfrak{A})$ für den Modul der kovarianten, $\mathfrak{t}^m(\mathfrak{A})$ für den Modul der kontravarianten und $\mathfrak{t}_n^m(\mathfrak{A})$ für den Modul der gemischten Tensorfelder auf $\mathfrak{A}$ Verwendung finden, wobei der Hinweis auf den affinen Raum $\mathfrak{A}$, wenn keine Mißverständnisse entstehen können, entfallen kann. Sinngemäß ist $\mathfrak{t}_0^0 = \mathbb{F}$ der Modul der Skalarfelder, $\mathfrak{t}_1 = \mathfrak{t}_1^0 = \mathfrak{v}^*$ der Modul der Linearformen und $\mathfrak{t}^1 = \mathfrak{t}_0^1 = \mathfrak{v}$ der Modul der Vektorfelder.

Die Multiplikation von Tensorfeldern erfordert wieder keinerlei Einschränkung hinsichtlich Stufe und Art der Faktoren. Sind $\varphi \in \mathfrak{t}_n^m$ und $\psi \in \mathfrak{t}_p^q$ zwei gemischte Tensorfelder, so ist ihr Produkt $\chi = \varphi \otimes \psi \in \mathfrak{t}_{n+p}^{m+q}$ das gemischte Tensorfeld mit den Koordinaten

$$X_{i_1 \ldots i_n k_1 \ldots k_p}^{j_1 \ldots j_m l_1 \ldots l_q}(P) = \Phi_{i_1 \ldots i_n}^{j_1 \ldots j_m}(P)\Psi_{k_1 \ldots k_p}^{l_1 \ldots l_q}(P) .$$

In dieser Produktbildung sind für $n = 0$, $m = 0$, $p = 0$ und $q = 0$ die verschiedenen Tensorprodukte mit kovarianten und kontravarianten Faktoren enthalten, ebenso die Tensorprodukte mit Skalarfeldern, die mit der Multiplikation von Tensorfeldern und Skalarfeldern zusammenfallen. Das Produkt kovarianter Tensorfelder ist wieder ein kovariantes Tensorfeld, ebenso ist das Produkt kontravarianter Tensorfelder ein kontravariantes Tensorfeld. Ist $\omega \in \mathbb{F}$ ein Skalarfeld und φ ein beliebiges Tensorfeld, so ist

$$\omega\varphi = \omega \otimes \varphi = \varphi \otimes \omega .$$

Das Produkt von Tensorfeldern ist i.a. nicht kommutativ; ist aber φ ein kovariantes und ψ ein kontravariantes Tensorfeld, so gilt (vgl. (2.4))

$$\varphi \otimes \psi = \psi \otimes \varphi , \qquad \varphi \in \mathfrak{t}_n, \ \psi \in \mathfrak{t}^m .$$

Die Darstellung von Tensoren, wie sie in Kap. 2, §3 skizziert wurde, läßt sich ohne weiteres auf Tensorfelder übertragen. Ist $\mathcal{K}$ ein Koordinatensystem für $\mathfrak{A}$, so ordnen die konstanten kovarianten Linearformen $\varepsilon^j : \mathfrak{v} \to \mathbb{F}$ einem Vektorfeld v dessen Koordinaten bezüglich der Basis des Tangentialraumes zu,

$$\varepsilon^i(v) = V^i(P)$$

(vgl. (2.7)), die konstanten kontravarianten Tensorfelder $e_i : \mathfrak{v}^* \to \mathbb{F}$ haben auf einer Linearform $\alpha \in \mathfrak{v}^*$ die Werte

$$e_i(\alpha) = A_i(P)$$

(vgl. (2.6)). Ein Produkt

$$e_{i_1} \otimes e_{i_2} \otimes \cdots \otimes e_{i_m}$$

ist daher ein kontravariantes Tensorfeld m-ter Stufe, welches für ein System von m Linearformen α^1, α^2, ..., α^m die Werte

$$(e_{i_1} \otimes e_{i_2} \otimes \cdots \otimes e_{i_m})(\alpha^1, \alpha^2, \ldots, \alpha^m) = A^1_{i_1} A^2_{i_2} \ldots A^m_{i_m}$$

annimmt; infolgedessen ist

$$\psi(\alpha^1, \ldots, \alpha^m) = \sum_{i_1, \ldots, i_m = 1}^{N} \Psi^{i_1 \ldots i_m}(P)\,(e_{i_1} \otimes \cdots \otimes e_{i_m})(\alpha^1, \ldots, \alpha^m),$$

also (vgl. (2.8))

$$\psi = \sum_{i_1, i_2, \ldots, i_m = 1}^{N} \Psi^{i_1 i_2 \ldots i_m}(P)\, e_{i_1} \otimes e_{i_2} \otimes \cdots \otimes e_{i_m}\,.$$

Durch eine analoge Betrachtung findet man

$$\varphi = \sum_{i_1, i_2, \ldots, i_n = 1}^{N} \Phi_{i_1 i_2 \ldots i_n}(P)\, \varepsilon^{i_1} \otimes \varepsilon^{i_2} \otimes \cdots \otimes \varepsilon^{i_n}$$

für ein kovariantes Tensorfeld der Stufe n (vgl. (2.9)) und

$$\chi = \sum_{\substack{i_1, \ldots, i_n = 1 \\ j_1, \ldots, j_m = 1}} X^{j_1 \ldots j_m}_{i_1 \ldots i_n}(P)\, e_{j_1} \otimes \cdots \otimes e_{j_m} \otimes \varepsilon^{i_1} \otimes \cdots \otimes \varepsilon^{i_n}$$

für ein n-fach kovariantes und m-fach kontravariantes gemischtes Tensorfeld (vgl. (2.10)).

Die Operation der Verjüngung von Tensoren kann ohne Schwierigkeiten auf Tensorfelder übertragen werden. Hält man in einem gemischten Tensorfeld χ alle Argumente fest bis auf einen kovarianten Vektor $\alpha \in \mathfrak{v}^*$ und einen kontravarianten Vektor $v \in \mathfrak{v}$, so definiert die Bilinearform

$$\chi(\ldots, \alpha, \ldots, v, \ldots) = \langle \alpha, \tau_P v \rangle$$

in jedem Punkt $P \in \mathfrak{A}$ eine lineare Transformation $\tau_P : \mathcal{T} \to \mathcal{T}$ im Tangentialraum des Punktes P, deren Spur einerseits eine Invariante ist, andererseits linear von den übrigen zunächst festgehaltenen Argumenten abhängt. Daher ist $\hat{\chi} = \operatorname{spur} \tau$ ein Tensorfeld mit einer um 2 verminderten Stufe, dessen Koordinaten durch die Summen

$$\hat{\mathrm{X}}^{\cdots}_{\cdots} = \sum_{i=1}^{N} \mathrm{X}^{\cdots i \cdots\cdots}_{\cdots\cdots i \cdots}$$

gegeben sind. Man sagt, das Tensorfeld $\hat{\chi}$ entsteht durch *Verjüngung* aus dem gemischten Tensorfeld χ.

Aus der Tatsache, daß die Verjüngung von Tensoren mit den beiden Grundrechnungsarten im Vektorraum $\mathfrak{T}_n^m$ der gemischten Tensoren vertauschbar ist (vgl. (2.14)), läßt sich nun ohne weiteres der Schluß ziehen, daß die Verjüngung mit den beiden Grundrechnungsarten im Modul $\mathfrak{t}_n^m(\mathfrak{A})$ der gemischten Tensorfelder vertauschbar ist, d.h. es gilt für zwei gleichartige gemischte Tensorfelder φ_1 und φ_2, wenn mit V wieder die Operation der Verjüngung symbolisiert wird,

$$\mathsf{V}(\omega_1\varphi_1 + \omega_2\varphi_2) = \omega_1\mathsf{V}\varphi_1 + \omega_2\mathsf{V}\varphi_2 \tag{3.28}$$

für zwei beliebige Skalarfelder ω_1 und ω_2. Die ausführliche Beweisführung darf dem Leser überlassen werden.

Eine Verjüngung in einem Tensorprodukt $\varphi \otimes \psi$ durch Auswahl eines kovarianten und eines kontravarianten Argumentes in jeweils einem der beiden Faktoren φ und ψ nennt man eine *Überschiebung* von φ mit ψ bzw. ψ mit φ. Ein Beispiel hiefür ist das Skalarprodukt einer Linearform α und eines Vektorfeldes v, durch welches ein Skalarfeld gegeben ist,

$$\alpha(v) = \langle \alpha, v \rangle = \sum_{i,j=1}^{N} A_i V^j \langle \varepsilon^i, e_j \rangle = \sum_{i=1}^{N} A_i V^i .$$

Betrachtet man das Tensorprodukt $\alpha \otimes v$ mit den Koordinaten $A_i V^j$, so entsteht durch Verjüngung das Skalarfeld

$$\mathsf{V}(\alpha \otimes v) = \langle \alpha, v \rangle . \tag{3.29}$$

Ist φ ein m-fach kontravariantes und n-fach kovariantes gemischtes Tensorfeld, so ergibt sich durch vollständige Verjüngung des Produktes von φ mit m Linearformen α^i und n Vektorfeldern v_j das Skalarfeld

$$\mathsf{V}(\varphi \otimes \alpha^1 \otimes \cdots \otimes \alpha^m \otimes v_1 \otimes \cdots \otimes v_n) = \varphi(\alpha^1, \ldots, \alpha^m, v_1, \ldots, v_n) . \tag{3.30}$$

Abschließend sei auf die Symmetrieeigenschaften von Tensorfeldern hingewiesen, im besonderen auf jene, welche sich aus dem Konzept der symmetrischen und schiefsymmetrischen Tensoren entwickeln. Ein kovariantes Tensorfeld φ heißt ***symmetrisch***, wenn die Vertauschung zweier Vektorfelder in der Argumentliste am Funktionswert des Tensorfeldes nichts ändert, sodaß für eine beliebige Permutation π stets

$$\varphi(v_{\pi(1)}, v_{\pi(2)}, \ldots, v_{\pi(n)}) = \varphi(v_1, v_2, \ldots, v_n)$$

gilt. Für die Koordinaten bedeutet dies die Symmetriebeziehungen

$$\Phi_{\ldots i \ldots j \ldots} = \Phi_{\ldots j \ldots i \ldots} .$$

Bei einem *schiefsymmetrischen* oder *alternierenden Tensorfeld* ψ der Stufe $n > 1$ bewirkt die Vertauschung zweier Argumente einen Wechsel des Vorzeichens. Dies zieht wiederum die für eine beliebige Permutation gültige Gleichung

$$\psi(v_{\pi(1)}, v_{\pi(2)}, \ldots, v_{\pi(n)}) = \operatorname{sign}(\pi)\psi(v_1, v_2, \ldots, v_n)$$

nach sich. Aus den Beziehungen der schiefen Symmetrie

$$\Psi_{\ldots i \ldots j \ldots} = -\Psi_{\ldots j \ldots i \ldots}$$

zwischen den Koordinaten kann die Schiefsymmetrie eines kovarianten Tensorfeldes erkannt werden. Gleichlautendes gilt für kontravariante Tensorfelder; für gemischte Tensorfelder werden solche Symmetrieeigenschaften natürlich hinfällig. Skalarfeldern und Tensorfeldern erster Stufe wird die Eigenschaft der Symmetrie oder der Schiefsymmetrie — je nach Bedarf — per definitionem zugesprochen.

Ausschließlich auf schiefsymmetrische Tensoren beschränkt ist die äußere Multiplikation (2.23). Sie läßt sich ohne weiteres auf Tensorfelder übertragen. Sind φ und ψ schiefsymmetrische kovariante Tensorfelder der Stufen n und m, so heißt das schiefsymmetrische Tensorfeld der Stufe $n+m$ (vgl. (2.23))

$$(\varphi \wedge \psi)(v_1, \ldots, v_{n+m}) = \frac{1}{n!\,m!} \sum_{\pi} \operatorname{sign}(\pi)(\varphi \otimes \psi)(v_{\pi(1)}, \ldots, v_{\pi(n+m)})$$

das *äußere Produkt* der Tensorfelder φ und ψ. Sind speziell α^1, α^2, ..., α^n kovariante Tensorfelder erster Stufe, so ist (vgl (2.27))

$$(\alpha^1 \wedge \alpha^2 \wedge \cdots \wedge \alpha^n)(v_1, v_2, \ldots, v_n) = \det\{\langle \alpha^i, v_j \rangle\}\,. \tag{3.31}$$

Sämtliche Rechenregeln, die in Kap. 2, §8 bezüglich des äußeren Produktes von Tensoren abgeleitet wurden, gelten mutatis mutandis auch für schiefsymmetrische Tensorfelder. Von Bedeutung für das Folgende ist die ***kanonische*** Darstellung

$$\psi = \sum_{i_1 < i_2 < \cdots < i_n} \Psi_{i_1 i_2 \ldots i_n}(P)\, \varepsilon^{i_1} \wedge \varepsilon^{i_2} \wedge \cdots \wedge \varepsilon^{i_n} \tag{3.32}$$

eines schiefsymmetrischen kovarianten Tensorfeldes n-ter Stufe.

Zur Illustration möge das äußere Produkt zweier kovarianter schiefsymmetrischer Tensorfelder $\varphi : \mathfrak{v} \to \mathbb{F}$ und $\psi : \mathfrak{v}^2 \to \mathbb{F}$ dienen, das ein schiefsymmetrisches Tensorfeld

$$\chi(v_1, v_2, v_3) = (\varphi \wedge \psi)(v_1, v_2, v_3) = \frac{1}{1!\,2!} \sum_{\pi} \operatorname{sign}(\pi)\, \varphi(v_{\pi(1)}) \otimes \psi(v_{\pi(2)}, v_{\pi(3)})$$

mit den Koordinaten

$$\mathrm{X}_{ijk}(P) = \frac{1}{2} \sum_{\pi} \operatorname{sign}(\pi)\, \Phi_{\pi(i)}(P) \Psi_{\pi(j)\pi(k)}(P)\,,$$

ist. Die kanonische Darstellung lautet

$$\chi = \sum_{i<j<k} \mathrm{X}_{ijk}(P)\, \varepsilon^i \wedge \varepsilon^j \wedge \varepsilon^k\,;$$

in diese gehen nur die unabhängigen Koordinaten ein.

Gleichlautende Definitionen erklären das äußere Produkt schiefsymmetrischer kontravarianter Tensorfelder. Man hat einfach die Koordinatenindizes hochzustellen und die kovarianten Basisvektoren ε^i im Kotangentialraum durch die kontravarianten Basisvektoren e_i im Tangentialraum zu ersetzen.

3.4 Differentiation der Tensorfelder

Eine Differential- und Integralrechnung läßt sich für beliebige Tensorfelder nicht aufbauen. Nur für die schiefsymmetrischen kovarianten Tensorfelder läßt sich ein Differential und ein mit diesem in engem Zusammenhang stehendes Integral einführen, wodurch ihre mathematische Sonderstellung im Rahmen der Tensoranalysis begründet wird. Der Aufbau der Analysis der schiefsymmetrischen kovarianten Tensorfelder soll im nächsten Paragraphen begonnen werden.

Einzelne Tensorfelder können wohl in *festen* Punkten des Raumes miteinander verknüpft und in Beziehung gebracht werden, es ergibt aber wenig Sinn, die Koordinaten eines Tensorfeldes in *unterschiedlichen* Raumpunkten miteinander zu vergleichen. Ausgenommen hievon sind die Skalarfelder, aber auch die Vektorfelder, und zwar deshalb, weil Vektoren im Raum parallel verschoben werden können. Damit ist ein Zugang zur Differentiation beliebiger Tensorfelder gegeben, da durch Parallelverschiebung ein Vergleich von Vektoren in verschiedenen Punkten des Raumes möglich wird. Für das Folgende sei $\mathfrak{A}$ ein N-dimensionaler affiner Raum mit dem Tangentialraum $\mathcal{T}$.

Sei v ein Vektorfeld in $\mathfrak{A}$ mit den Koordinaten V^i bezüglich einer Karte κ für $\mathfrak{A}$,

$$v = \sum_{i=1}^{N} V^i e_i .$$

Der Feldvektor in einem beliebigen, aber festen Punkt P mit den Koordinaten x_i ist $v(P) = \overrightarrow{PX}$, in einem Nachbarpunkt Q mit den Koordinaten $x_i + \Delta x_i$ ist der Feldvektor $v(Q) = \overrightarrow{QY}$ angeheftet. Um den Feldvektor im Nachbarpunkt Q mit dem Feldvektor im Punkt P vergleichen zu können, muß zunächst der Vektor $v(P)$ in den Punkt Q parallel verschoben werden. Auf Grund des zweiten Axioms für affine Räume ist durch den Punkt Q und den Vektor $v(P) \in \mathcal{T}$ ein Punkt Z eindeutig bestimmt, sodaß $v(P) = \overrightarrow{QZ}$ ist — damit ist der Vektor $v(P)$ parallel in den Punkt Q verschoben. Die beiden Vektoren $v(P)$ und $v(Q)$ mit dem gemeinsamen Fußpunkt Q lassen sich jetzt vergleichen, ihre Differenz ist der Vektor $\Delta v = v(Q) - v(P)$, dem P als Fußpunkt zugeordnet sei. Die vom Ortszuwachs $\Delta x = \overrightarrow{PQ}$ abhängigen Koordinaten

$$\Delta V^i = V^i \circ \kappa(\mathbf{x}+\Delta\mathbf{x}) - V^i \circ \kappa(\mathbf{x})$$

des Vektors Δv verändern sich, wenn der Punkt Q in einer Umgebung des festgehaltenen Punktes P variiert. Man kann sich nun fragen, unter welchen Umständen diese Abhängigkeit vom Ortszuwachs in erster Näherung eine *lineare* ist, sodaß die Differenzen ΔV^i in erster Näherung linear von den Koordinaten Δx_i des Ortszuwachses abhängen. Wie die Differentialrechnung von Funktionen in mehreren Veränderlichen lehrt, fällt die Antwort auf diese Frage positiv aus, wenn die Funktionen $V^i \circ \kappa(\mathbf{x})$ stetige partielle Ableitungen erster Ordnung haben, und zwar ist dann

$$\Delta V^i = \sum_{j=1}^{N} \frac{\partial(V^i \circ \kappa)}{\partial x_j} \Delta x_j + \cdots ,$$

wobei der durch die Punkte angedeutete Fehler von höherer als erster Ordnung gegen Null geht. Nun ist unschwer zu sehen, daß sich die Größen

$$\sum_{j=1}^{N} \frac{\partial V^i}{\partial x_j} \Delta x_j \tag{3.33}$$

wie die Koordinaten eines kontravarianten Tensors erster Stufe transformieren. Das Transformationsgesetz für die partiellen Differentialquotienten $\frac{\partial V^i}{\partial x_j}$ findet man aus dem Transformationsgesetz (3.13) für die Koordinaten eines Vektorfeldes durch Bildung der partiellen Ableitungen,

$$\frac{\partial \bar{V}^i}{\partial \bar{x}_j} = \frac{\partial}{\partial \bar{x}_j} \sum_{l=1}^{N} \frac{\partial \bar{x}_i}{\partial x_l} V^l = \sum_{h=1}^{N} \frac{\partial x_h}{\partial \bar{x}_j} \frac{\partial}{\partial x_h} \sum_{l=1}^{N} \frac{\partial \bar{x}_i}{\partial x_l} V^l = \sum_{h,l=1}^{N} \frac{\partial x_h}{\partial \bar{x}_j} \frac{\partial \bar{x}_i}{\partial x_l} \frac{\partial V^l}{\partial x_h},$$

wofür zu beachten ist, daß die partiellen Differentialquotienten (3.12) konstant sind. Da sich die Koordinatendifferenzen Δx_i wie

$$\Delta \bar{x}_j = \sum_{k=1}^{N} \breve{a}^j_k \Delta x_k = \sum_{k=1}^{N} \frac{\partial \bar{x}_j}{\partial x_k} \Delta x_k$$

transformieren, findet man schließlich in

$$\sum_{j=1}^{N} \frac{\partial \bar{V}^i}{\partial \bar{x}_j} \Delta \bar{x}_j = \sum_{h,j,k,l=1}^{N} \frac{\partial \bar{x}_j}{\partial x_k} \frac{\partial x_h}{\partial \bar{x}_j} \frac{\partial \bar{x}_i}{\partial x_l} \frac{\partial V^l}{\partial x_h} \Delta x_k = \sum_{l=1}^{N} \frac{\partial \bar{x}_i}{\partial x_l} \Big(\sum_{k=1}^{N} \frac{\partial V^l}{\partial x_k} \Delta x_k \Big)$$

das Transformationsgesetz für die Größen (3.33), welches zeigt, daß sich diese wie die Koordinaten eines Vektors transformieren. Dieser Vektor, der auf lineare Weise vom Ortszuwachs $\Delta x = \overrightarrow{PQ}$ abhängt, ist gewissermaßen die „Korrektur“, die dem Feldvektor $v(P)$ hinzugefügt werden muß, um, parallel in den Nachbarunkt Q verschoben, den dortigen Feldvektor $v(Q)$ von höherer als erster Ordnung anzunähern, er gibt die Änderung des Vektorfeldes v im Punkt P in der Richtung zum Nachbarpunkt Q an. Man beschreibt diese Situation, indem man in (3.33) für $\Delta x_i = \varepsilon^i(\Delta x) = dx_i(\Delta x)$

einsetzt und solcherart zu den Linearformen

$$dV^i = \sum_{j=1}^{N} \frac{\partial V^i}{\partial x_j}\, dx_j \tag{3.34}$$

übergeht. Diese ordnen, angewendet auf einen durch den Vektor Δx gegebenen Ortszuwachs, der jeweiligen Koordinate des Vektors $v(P)$ jene Änderung zu, die zur Approximation des Feldvektors im Nachbarpunkt Q herangezogen werden muß. Die Linearformen dV^i werden die *Koordinatendifferentiale* des Vektorfeldes v genannt.

Der Vektor (3.33) kann daher als *Ableitung des Vektorfeldes v in Richtung des Vektors* Δx im Punkt P aufgefaßt werden. Genauso wie die Richtungsableitung eines Skalars,

$$\Delta x(\omega) = d\omega(\Delta x) = \sum_{i=1}^{N} \frac{\partial \omega}{\partial x_i}\, \Delta x_i\,,$$

die Änderung des Skalarfeldes ω bei Voranschreiten in Richtung des Vektors Δx liefert, ist die Richtungsableitung (3.33) eines Vektorfeldes v die Änderung des Vektorfeldes in der Richtung des Vektors Δx. Ist u ein beliebiges Vektorfeld mit den Koordinaten U^i und schreibt man für die Änderung in der Richtung von u symbolisch

$$\nabla_u v := \sum_{j=1}^{N} \Big(\sum_{i=1}^{N} \frac{\partial V^j}{\partial x_i}\, U^i \Big) e_j\,, \tag{3.35}$$

so hat die vom Vektorfeld u abhängige Operationsvorschrift ∇_u, die einem Vektorfeld v in jedem Raumpunkt P die Änderung in Richtung des Vektors $u(P)$ und somit ein Vektorfeld zuordnet, die Eigenschaft der Linearität,

$$\nabla_u(\lambda v + \mu w) = \lambda \nabla_u v + \mu \nabla_u w\,,$$

ferner ist

$$\nabla_{\omega u} v = \omega \nabla_u v$$

für ein beliebiges Skalarfeld ω. Schließlich ergibt sich aus der Produktregel der partiellen Differentiation

$$\sum_{i=1}^{N} \frac{\partial(\omega V^j)}{\partial x_i}\, U^i = \sum_{i=1}^{N} \frac{\partial \omega}{\partial x_i}\, V^j U^i + \omega \sum_{i=1}^{N} \frac{\partial V^j}{\partial x_i}\, U^i$$

und somit für die Ableitung eines Produktes ωv in Richtung von u der Ausdruck

$$\nabla_u(\omega v) = (\nabla_u \omega) v + \omega \nabla_u v\,,$$

wenn für Skalarfelder in Angleichung an die Symbolik für die Richtungsableitung

$$\nabla_u \omega := u(\omega)$$

geschrieben wird.

Die Richtungsableitung, wie sie für Skalarfelder und jetzt auch für Vektorfelder eingeführt wurde, läßt sich auf beliebige Tensorfelder übertragen und führt zu einer eindeutig bestimmten Operationsvorschrift, wenn man zusätzlich die Vertauschbarkeit mit Verjüngungen verlangt.

Ist u ein Vektorfeld auf $\mathfrak{A}$, so gibt es eine eindeutig bestimmte Abbildung

$$\nabla_u : \mathfrak{t}^m_n(\mathfrak{A}) \to \mathfrak{t}^m_n(\mathfrak{A}),$$

welche einem Tensor $\varphi \in \mathfrak{t}^n_m(\mathfrak{A})$ den Tensor $\nabla_u\varphi \in \mathfrak{t}^n_m(\mathfrak{A})$ mit derselben ko- und kontravarianten Stufe zuordnet und folgende Eigenschaften hat:

Für ein Skalarfeld ω, also für ein Tensorfeld 0-ter Stufe gilt

$$\nabla_u\omega = u(\omega) = d\omega(u) = \sum_{i=1}^{N} \frac{\partial\omega}{\partial x_i} U^i\,, \tag{3.36}$$

ist v ein beliebiges Vektorfeld, so ist

$$\nabla_u v = \sum_{j=1}^{N}\Big(\sum_{i=1}^{N} \frac{\partial V^j}{\partial x_i} U^i\Big) e_j \tag{3.37}$$

die Richtungsableitung (3.35) eines Vektorfeldes; für beliebige reelle Zahlen λ und μ gilt

$$\nabla_u(\lambda\varphi + \mu\psi) = \lambda\nabla_u\varphi + \mu\nabla_u\psi\,, \tag{3.38}$$

für ein Skalarfeld ω ist

$$\nabla_{\omega u}\varphi = \omega\nabla_u\varphi\,; \tag{3.39}$$

ferner gilt die Produktregel

$$\nabla_u(\varphi\otimes\psi) = (\nabla_u\varphi)\otimes\psi + \varphi\otimes(\nabla_u\psi) \tag{3.40}$$

und ∇_u ist mit Verjüngungen vertauschbar,

$$\mathbf{V}\nabla_u\varphi = \nabla_u\mathbf{V}\varphi\,. \tag{3.41}$$

Durch diese Forderungen ist der Tensor $\nabla_u\varphi$ eindeutig bestimmt, und zwar ist für $\varphi \in \mathfrak{t}^m_n(\mathfrak{A})$

$$\begin{aligned}(\nabla_u\varphi)(\alpha^1,\dots,\alpha^m,v_1,\dots,v_n) &= \nabla_u\varphi(\alpha^1,\dots,\alpha^m,v_1,\dots,v_n)\\ &- \varphi(\nabla_u\alpha^1,\dots,\alpha^m,v_1,\dots,v_n) - \dots - \varphi(\alpha^1,\dots,\nabla_u\alpha^m,v_1,\dots,v_n)\\ &- \varphi(\alpha^1,\dots,\alpha^m,\nabla_u v_1,\dots,v_n) - \dots - \varphi(\alpha^1,\dots,\alpha^m,v_1,\dots,\nabla_u v_n)\,.\end{aligned} \tag{3.42}$$

Dieser Tensor heißt die *Ableitung des Tensorfeldes φ in Richtung des Vektorfeldes u.* Seine Darstellung im Koordinatensystem einer Karte κ für $\mathfrak{A}$ lautet[6)]

$$\nabla_u\varphi = \sum_{\substack{i_1,\dots,i_n=1\\ j_1,\dots,j_m=1}}^{N} \sum_{k=1}^{N} \frac{\partial\Phi^{j_1\dots j_m}_{i_1\dots i_n}}{\partial x_k} U^k\, e_{j_1}\otimes\dots\otimes e_{j_m}\otimes\varepsilon^{i_1}\otimes\dots\otimes\varepsilon^{i_n}\,. \tag{3.43}$$

6) Unter den Differentialquotienten $\frac{\partial\Phi^{\dots}_{\dots}}{\partial x_k}$ sind natürlich die partiellen Ableitungen der reellen Funktionen $\Phi^{\dots}_{\dots}\circ\kappa$ zu verstehen.

Man beachte, daß die Differenzierbarkeit des Vektorfeldes u für die Ableitung $\nabla_u \varphi$ eines Tensorfeldes φ nicht benötigt wird!

Ein Tensorfeld φ heißt *konstant* auf $\mathfrak{A}$, wenn die Ableitung $\nabla_u \varphi$ für jedes Vektorfeld $u \in \mathfrak{v}(\mathfrak{A})$ verschwindet. Offenbar trifft dies genau dann zu, wenn sämtliche Koordinaten bezüglich einer einzigen — und damit jeder — Karte konstante Funktionen auf $\mathfrak{A}$ sind.

Die Linearformen

$$d\Phi^{j_1 \dots j_m}_{i_1 \dots i_n} = \sum_{k=1}^{N} \frac{\partial \Phi^{j_1 \dots j_m}_{i_1 \dots i_n}}{\partial x_k} \, dx_k \tag{3.44}$$

heißen die *Koordinatendifferentiale* des Tensors φ. Sie transformieren sich auf Grund des Umstandes, daß die Elemente der Transformationsmatrizen konstant sind, wie die Koordinaten des Tensors φ,

$$d\bar{\Phi}^{j_1 \dots j_m}_{i_1 \dots i_n} = \sum_{\substack{h_1, \dots, h_n = 1 \\ k_1, \dots, k_m = 1}}^{N} \frac{\partial \bar{x}_{j_1}}{\partial x_{k_1}} \cdots \frac{\partial \bar{x}_{j_m}}{\partial x_{k_m}} \frac{\partial x_{h_1}}{\partial \bar{x}_{i_1}} \cdots \frac{\partial x_{h_n}}{\partial \bar{x}_{i_n}} \, d\Phi^{k_1 \dots k_m}_{h_1 \dots h_n} . \tag{3.45}$$

Zum Beweis der Eindeutigkeit konstruiert man zunächst die Ableitung einer Linearform α. Ist v ein beliebiges Vektorfeld, so läßt sich das Skalarfeld $\alpha(v)$ mit Hilfe von (3.29) als Verjüngung des Tensorproduktes $\alpha \otimes v$ darstellen,

$$\alpha(v) = \langle \alpha, v \rangle = \mathsf{V}(\alpha \otimes v) .$$

Da es sich dabei um ein Skalarfeld handelt, ergibt die Anwendung von ∇_u auf der linken Seite wegen der Forderung (3.36) die Richtungsableitung

$$\nabla_u \alpha(v) = u\big(\alpha(v)\big) .$$

Die Anwendung von ∇_u auf der rechten Seite führt auf Grund der beiden Forderungen (3.40) und (3.41) sowie der Vertauschbarkeit von Verjüngungen mit der Addition (vgl. (3.28)) auf

$$\begin{aligned} \nabla_u \mathsf{V}(\alpha \otimes v) &= \mathsf{V}\big(\nabla_u(\alpha \otimes v)\big) = \mathsf{V}(\nabla_u \alpha \otimes v + \alpha \otimes \nabla_u v) \\ &= \mathsf{V}(\nabla_u \alpha \otimes v) + \mathsf{V}(\alpha \otimes \nabla_u v) . \end{aligned}$$

Da nun wegen (3.29)

$$\mathsf{V}(\nabla_u \alpha \otimes v) = \langle \nabla_u \alpha, v \rangle = (\nabla_u \alpha)(v)$$

und wegen (3.37)

$$\mathsf{V}(\alpha \otimes \nabla_u v) = \langle \alpha, \nabla_u v \rangle = \alpha(\nabla_u v)$$

gilt, ergibt die obige Gleichung

$$(\nabla_u \alpha)(v) = \nabla_u \alpha(v) - \alpha(\nabla_u v) .$$

Es ist unschwer zu sehen, daß die rechte Seite dieser Gleichung eine Linearform darstellt. Die Additivität folgt aus (3.38),

$$\begin{aligned}(\nabla_u\alpha)(v+w) &= \nabla_u\alpha(v+w) - \alpha(\nabla_u(v+w))\\ &= \nabla_u\big(\alpha(v)+\alpha(w)\big) - \alpha(\nabla_u v + \nabla_u w)\\ &= \nabla_u\alpha(v) + \nabla_u\alpha(w) - \alpha(\nabla_u v) - \alpha(\nabla_u w)\\ &= (\nabla_u\alpha)(v) + (\nabla_u\alpha)(w)\,;\end{aligned}$$

ist ω ein beliebiges Skalarfeld, so gilt auf Grund der Eigenschaften von ∇_u für Skalar- und Vektorfelder

$$\nabla_u\alpha(\omega v) = \nabla_u\big(\omega\alpha(v)\big) = \nabla_u\omega\,\alpha(v) + \omega\nabla_u\alpha(v)$$

und

$$\alpha\big(\nabla_u(\omega v)\big) = \alpha(\nabla_u\omega\, v + \omega\nabla_u v) = \nabla_u\omega\,\alpha(v) + \omega\alpha(\nabla_u v)\,,$$

also $(\nabla_u\alpha)(\omega v) = \omega(\nabla_u\alpha)(v)$. Damit ist jetzt erwiesen, daß die Ableitung einer Linearform durch die genannten Forderungen eindeutig bestimmt ist. Sind A_i die Koordinaten von α und V^i die Koordinaten von v bezüglich einer Karte κ für $\mathfrak{A}$, so ist $\alpha(v) = A_i V^i$; daher lautet wegen

$$\alpha(\nabla_u v) = \sum_{i,k=1}^{N} \frac{\partial V^i}{\partial x_k} A_i U^k$$

die Invariante $\nabla_u\alpha(v) - \alpha(\nabla_u v)$ in Koordinaten

$$\sum_{i,k=1}^{N} \frac{\partial(A_i V^i)}{\partial x_k} U^k - \sum_{i,k=1}^{N} \frac{\partial V^i}{\partial x_k} A_i U^k = \sum_{i,k=1}^{N} \frac{\partial A_i}{\partial x_k} V^i U^k\,.$$

Dies bedeutet, daß

$$\sum_{k=1}^{N} \frac{\partial A_i}{\partial x_k} U^k$$

die Koordinaten der Ableitung $\nabla_u\alpha$ bezüglich der Karte κ sind.

Sei nun φ ein kovariantes Tensorfeld zweiter Stufe. Sind v und w zwei beliebige Vektorfelder, so ist $\varphi(v,w)$ ein Skalarfeld; dieses ist auch die (zweifache) Verjüngung des Tensorproduktes $\varphi\otimes v\otimes w$,

$$\varphi(v,w) = \mathbf{V}(\varphi\otimes v\otimes w)$$

(vgl. (3.30)). Nun ergibt die Anwendung von ∇_u auf die linke Seite wieder die Richtungsableitung des Skalarfeldes $\varphi(v,w)$,

$$\nabla_u\varphi(v,w) = u\big(\varphi(v,w)\big)\,;$$

auf der rechten Seite führt sie mit den Forderungen (3.40) und (3.41) zu

$$\begin{aligned}\nabla_u\mathbf{V}(\varphi\otimes v\otimes w) &= \mathbf{V}\big(\nabla_u(\varphi\otimes v\otimes w)\big)\\ &= \mathbf{V}(\nabla_u\varphi\otimes v\otimes w + \varphi\otimes\nabla_u v\otimes w + \varphi\otimes v\otimes\nabla_u w)\\ &= \mathbf{V}(\nabla_u\varphi\otimes v\otimes w) + \mathbf{V}(\varphi\otimes\nabla_u v\otimes w) + \mathbf{V}(\varphi\otimes v\otimes\nabla_u w)\\ &= (\nabla_u\varphi)(v,w) + \varphi(\nabla_u v, w) + \varphi(v,\nabla_u w)\,.\end{aligned}$$

Somit ist

$$(\nabla_u\varphi)(v,w) = \nabla_u\varphi(v,w) - \varphi(\nabla_u v, w) - \varphi(v, \nabla_u w).$$

Der Ausdruck auf der rechten Seite ist eine multilineare Abbildung von $\mathfrak{v}^2$ in $\mathbb{F}$ und somit ein kovarianter Tensor zweiter Stufe. Die Additivität ist leicht zu sehen; ist ω ein beliebiges Skalarfeld, so ist einerseits

$$\nabla_u\varphi(\omega v, w) = \nabla_u\bigl(\omega\varphi(v,w)\bigr) = \nabla_u\omega\varphi(v,w) + \omega\nabla_u\varphi(v,w),$$

andererseits

$$\varphi\bigl(\nabla_u(\omega v), w\bigr) = \varphi(\nabla_u\omega v + \omega\nabla_u v, w) = \nabla_u\omega\varphi(v,w) + \omega\varphi(\nabla_u v, w),$$

also $(\nabla_u\varphi)(\omega v, w) = \omega(\nabla_u\varphi)(v,w)$. Eine entsprechende Gleichung erhält man, wenn das zweite Argument w durch ein Produkt ωw ersetzt wird. Dies zeigt, daß die gestellten Bedingungen zu einem eindeutig bestimmten kovarianten Tensor zweiter Stufe führen. Sind Φ_{ij} die Koordinaten von φ bezüglich einer Karte κ für $\mathfrak{A}$, V^i und W^i die Koordinaten der beiden Vektorfelder v und w, so ist

$$\varphi(v,w) = \sum_{i,j=1}^{N} \Phi_{ij}V^iW^j, \quad \nabla_u\varphi(v,w) = \sum_{i,j,k=1}^{N} \frac{\partial(\Phi_{ij}V^iW^j)}{\partial x_k}U^k;$$

damit ergibt sich für die rechte Seite der obigen Gleichung unter Verwendung von (3.37)

$$\begin{aligned}\sum_{i,j,k=1}^{N} \frac{\partial(\Phi_{ij}V^iW^j)}{\partial x_k}U^k - \sum_{i,j,k=1}^{N} \Phi_{ij}\frac{\partial V^i}{\partial x_k}W^jU^k - \sum_{i,j,k=1}^{N} \Phi_{ij}V^i\frac{\partial W^j}{\partial x_k}U^k \\ = \sum_{i,j,k=1}^{N} \frac{\partial\Phi_{ij}}{\partial x_k}V^iW^jU^k,\end{aligned}$$

sodaß

$$\sum_{k=1}^{N} \frac{\partial\Phi_{ij}}{\partial x_k}U^k$$

die Koordinaten des kovarianten Tensorfeldes $\nabla_u\varphi$ im Koordinatensystem der Karte κ sind.

Nach dem Muster dieser Konstruktionen erhält man die Ableitungen kontravarianter und gemischter Tensorfelder zweiter Stufe. So lautet für ein zweistufiges gemischtes Tensorfeld φ die Ableitung

$$(\nabla_u\varphi)(\alpha,v) = \nabla_u\varphi(\alpha,v) - \varphi(\nabla_u\alpha, v) - \varphi(\alpha, \nabla_u v).$$

Den Nachweis, daß es sich dabei auch wirklich um ein Tensorfeld handelt, erbringt man mit Hilfe der Eigenschaften von ∇_u hinsichtlich Skalarfelder sowie ko- und kontravarianter Vektorfelder. Unter Verwendung der Regeln für die Ableitung eines Vektorfeldes und einer Linearform erhält man nach obigem Muster

$$(\nabla_u\varphi)(\alpha,v)=\sum_{i,j,k=1}^{N}\frac{\partial(\Phi_i^j A_j V^i)}{\partial x_k}U^k-\sum_{i,j,k=1}^{N}\Phi_i^j V^i\frac{\partial A_j}{\partial x_k}U^k-\sum_{i,j,k=1}^{N}\Phi_i^j A_j\frac{\partial V^i}{\partial x_k}U^k$$

$$=\sum_{i,j,k=1}^{N}\frac{\partial\Phi_i^j}{\partial x_k}A_jV^iU^k$$

und daraus die Koordinaten von $\nabla_u\varphi$,

$$\sum_{i,j,k=1}^{N}\frac{\partial\Phi_i^j}{\partial x_k}U^k\,.$$

So fortfahrend bestimmt man die Ableitungen von Tensorfeldern höherer Stufe. Dabei wird man in jedem Fall notwendig auf (3.42) und (3.43) geführt, womit der Eindeutigkeitsbeweis erbracht ist.

Zum Nachweis der Existenz ist zu überprüfen, ob durch (3.42) bzw. (3.43) auch sämtliche Forderungen (3.36) bis (3.41) erfüllt werden. Für die Bedingungen (3.36) bis (3.39) ist dies evident. Der Beweis der Produktregel läßt sich natürlich unabhängig von Koordinaten führen; sind φ und ψ zwei Tensorfelder mit den Koordinaten $\Phi_{j_1\ldots j_m}^{i_1\ldots i_n}$ und $\Psi_{l_1\ldots l_q}^{h_1\ldots h_p}$ bezüglich eines Koordinatensystems für $\mathfrak{A}$, so stellen die Produkte $\Phi_{j_1\ldots j_m}^{i_1\ldots i_n}\Psi_{l_1\ldots l_q}^{h_1\ldots h_p}$ der Koordinaten von φ und ψ die Koordinaten des Tensorproduktes $\varphi\otimes\psi$ dar, die Koordinaten der Ableitung $\nabla_u(\varphi\otimes\psi)$ lauten

$$\sum_{k=1}^{N}\frac{\partial(\Phi_{j_1\ldots j_m}^{i_1\ldots i_n}\Psi_{l_1\ldots l_q}^{h_1\ldots h_p})}{\partial x_k}U^k$$

$$=\Big(\sum_{k=1}^{N}\frac{\partial\Phi_{j_1\ldots j_m}^{i_1\ldots i_n}}{\partial x_k}U^k\Big)\Psi_{l_1\ldots l_q}^{h_1\ldots h_p}+\Phi_{j_1\ldots j_m}^{i_1\ldots i_n}\Big(\sum_{k=1}^{N}\frac{\partial\Psi_{l_1\ldots l_q}^{h_1\ldots h_p}}{\partial x_k}U^k\Big)\,.$$

Hier stehen auf der rechten Seite die Koordinaten von $\nabla_u\varphi\otimes\psi+\varphi\otimes\nabla_u\psi$. Die Ableitung ∇_u eines Tensorfeldes ist also so konzipiert, daß der Produktregel (3.40) die Produktregel der partiellen Differentiation entspricht.

Die Vertauschbarkeit des Operators ∇_u mit Verjüngungen ist ebenso unschwer zu sehen. Ist φ ein beliebiges gemischtes Tensorfeld mit den Koordinaten $\Phi_{\cdots j\cdots}^{\cdots i\cdots}$, so führt die Verjüngung in den hervorgehobenen Indizes auf den Tensor $\mathbf{V}\varphi$ mit den Koordinaten $\sum_i\Phi_{\cdots i\cdots}^{\cdots i\cdots}$; seine Ableitung $\nabla_u\mathbf{V}\varphi$ hat die Koordinaten

$$\sum_{k=1}^{N}\frac{\partial}{\partial x_k}\Big(\sum_{i=1}^{N}\Phi_{\cdots i\cdots}^{\cdots i\cdots}\Big)U^k=\sum_{i=1}^{N}\Big(\sum_{k=1}^{N}\frac{\partial\Phi_{\cdots i\cdots}^{\cdots i\cdots}}{\partial x_k}U^k\Big)\,.$$

In dieser Gleichung stehen auf der rechten Seite die Koordinaten des Tensors $\mathbf{V}\nabla_u\varphi$.

3.5 Differentialformen

Auf die Sonderstellung der schiefsymmetrischen kovarianten Tensorfelder wurde im vorangegangenen Paragraphen einleitend schon hingewiesen. Sie erstreckt sich sich aber nicht nur auf die mathematische Sicht der Dinge, sie ist auch in weiten Bereichen der theoretischen Physik gegeben, denn viele Feldgrößen sind kovariante schiefsymmetrische Tensorfelder. Im folgenden soll zunächst der Aufbau der Differentialrechnung der schiefsymmetrischen kovarianten Tensorfelder in Angriff genommen werden; zugrunde liegt ein N-dimensionaler affiner Raum $\mathfrak{A}$ mit dem Tangentialraum $\mathcal{T}$.

Da die Koordinatendifferentiale dx_i einer Karte κ des affinen Raumes $\mathfrak{A}$ die Basisformen des Kotangentialraumes sind, kann ein kovariantes schiefsymmetrisches Tensorfeld n-ter Stufe mit Bezug auf das Koordinatensystem der Karte κ in der Form

$$\varphi = \sum_{i_1<i_2<\cdots<i_n} \Phi_{i_1 i_2 \ldots i_n} \, dx_{i_1} \wedge dx_{i_2} \wedge \cdots \wedge dx_{i_n} \tag{3.46}$$

geschrieben werden. Man nennt deshalb ein kovariantes schiefsymmetrisches Tensorfeld n-ter Stufe auch eine *Differentialform n-ten Grades* oder kurz eine *n-Form* auf $\mathfrak{A}$. Ein Skalarfeld ω heißt eine *0-Form* auf $\mathfrak{A}$, eine 1-Form ist eine Linearform und wird auch eine *Pfaffsche Form* genannt. Von den Tensoroperationen führen nur die Addition, die Multiplikation mit einem Skalarfeld und die äußere Multiplikation $\wedge$ wieder zu schiefsymmetrischen kovarianten Tensorfeldern, weshalb sie die grundlegenden Verknüpfungen von Differentialformen sind. Die Multiplikation einer Differentialform φ mit einem Skalarfeld ω kann über das äußere Produkt $\omega\varphi = \omega \wedge \varphi = \varphi \wedge \omega$ erklärt werden.

Die Differentialform (3.46) läßt sich auf Grund der Schiefsymmetrie der Koordinaten und der äußeren Produkte der Koordinatendifferentiale auch als n-fache Summe

$$\varphi = \frac{1}{n!} \sum_{i_1,\ldots,i_n=1}^{N} \Phi_{i_1\ldots i_n} \, dx_{i_1} \wedge \cdots \wedge dx_{i_n} \tag{3.47}$$

schreiben, die für manche Betrachtung etwas bequemer ist. Ferner transformieren sich die Differentiale $d\Phi_{i_1\ldots i_n}$ wie die Koordinaten $\Phi_{i_1\ldots i_n}$ selbst,

$$d\bar{\Phi}_{i_1\ldots i_n} = \sum_{k_1,\ldots,k_n=1}^{n} \frac{\partial x_{k_1}}{\partial \bar{x}_{i_1}} \cdots \frac{\partial x_{k_n}}{\partial \bar{x}_{i_n}} \, d\Phi_{k_1\ldots k_n}$$

(vgl. (3.45)), sodaß

$$d\bar{\Phi}_{i_1\ldots i_n} \wedge d\bar{x}_{i_1} \wedge \cdots \wedge d\bar{x}_{i_n}$$
$$= \sum_{\substack{k_1,\ldots,k_n=1 \\ j_1,\ldots,j_n=1}}^{N} \frac{\partial x_{k_1}}{\partial \bar{x}_{i_1}} \cdots \frac{\partial x_{k_n}}{\partial \bar{x}_{i_n}} \frac{\partial \bar{x}_{i_1}}{\partial x_{j_1}} \cdots \frac{\partial \bar{x}_{i_n}}{\partial x_{j_n}} \, d\Phi_{k_1\ldots k_n} \wedge dx_{j_1} \wedge \cdots \wedge dx_{j_n}$$

gilt. Summiert man diese Gleichungen, so erhält man

$$\begin{aligned}
&\sum_{i_1,\ldots,i_n=1}^{N} d\bar{\Phi}_{i_1\ldots i_n} \wedge d\bar{x}_{i_1} \wedge \cdots \wedge d\bar{x}_{i_n} \\
&= \sum_{\substack{k_1,\ldots,k_n=1\\ j_1,\ldots,j_n=1}}^{N} \sum_{i_1=1}^{N} \frac{\partial x_{k_1}}{\partial \bar{x}_{i_1}} \frac{\partial \bar{x}_{i_1}}{\partial x_{j_1}} \cdots \sum_{i_n=1}^{N} \frac{\partial x_{k_n}}{\partial \bar{x}_{i_n}} \frac{\partial \bar{x}_{i_n}}{\partial x_{j_n}} \, d\Phi_{k_1\ldots k_n} \wedge dx_{j_1} \wedge \cdots \wedge dx_{j_n} \\
&= \sum_{\substack{k_1,\ldots,k_n=1\\ j_1,\ldots,j_n=1}}^{N} \delta^{k_1}_{j_1} \ldots \delta^{k_n}_{j_n} \, d\Phi_{k_1\ldots k_n} \wedge dx_{j_1} \wedge \cdots \wedge dx_{j_n} ,
\end{aligned}$$

also

$$\sum_{i_1,\ldots,i_n=1}^{N} d\bar{\Phi}_{i_1\ldots i_n} \wedge d\bar{x}_{i_1} \wedge \cdots \wedge d\bar{x}_{i_n} = \sum_{j_1,\ldots,j_n=1}^{N} d\Phi_{j_1\ldots j_n} \wedge dx_{j_1} \wedge \cdots \wedge dx_{j_n} .$$

Berücksichtigt man darin wieder die Schiefsymmetrie der äußeren Produkte und der Differentiale $d\Phi_{k_1\ldots k_n}$, so kann man zu

$$\sum_{i_1<\cdots<i_n} d\bar{\Phi}_{i_1\ldots i_n} \wedge d\bar{x}_{i_1} \wedge \cdots \wedge d\bar{x}_{i_n} = \sum_{j_1<\cdots<j_n} d\Phi_{j_1\ldots j_n} \wedge dx_{j_1} \wedge \cdots \wedge dx_{j_n}$$

übergehen und daraus den Schluß ziehen, daß durch diese Summen ein schiefsymmetrischer kovarianter Tensor aus (3.46) abgeleitet ist. Man nennt die $(n+1)$-Form

$$\begin{aligned}
d\varphi &:= \sum_{i_1<\cdots<i_n} d\Phi_{i_1\ldots i_n} \wedge dx_{i_1} \wedge \cdots \wedge dx_{i_n} \\
&= \sum_{i_1<\cdots<i_n} \sum_{k=1}^{N} \frac{\partial \Phi_{i_1\ldots i_n}}{\partial x_k} dx_k \wedge dx_{i_1} \wedge \cdots \wedge dx_{i_n}
\end{aligned} \tag{3.48}$$

das *äußere Differential* bzw. die *äußere Ableitung* der n-Form (3.46). Das äußere Differential einer 0-Form ω ist

$$d\omega = \sum_{i=1}^{N} \frac{\partial \omega}{\partial x_i} dx_i , \tag{3.49}$$

also das Differential des Skalarfeldes ω. Ist φ eine N-Form, so ist $d\varphi = 0$, denn in einem N-dimensionalen Raum ist jeder schiefsymmetrische Tensor einer Stufe größer als N identisch Null. In Analogie zur Darstellung (3.47) für (3.46) kann (3.48) auch in der Form

$$d\varphi = \frac{1}{n!} \sum_{k_0,k_1,\ldots,k_n=1}^{N} \frac{\partial \Phi_{k_1\ldots k_n}}{\partial x_{k_0}} dx_{k_0} \wedge dx_{k_1} \wedge \cdots \wedge dx_{k_n}$$

geschrieben werden. Sortiert man diese $(n+1)$-fache Summe nach den insgesamt $\binom{N+1}{n+1}$ Indizes-Kombinationen, von denen ein von Null verschiedener

Beitrag zur Summe herrührt, so gelangt man zur kanonischen Darstellung

$$d\varphi = \sum_{k_0<k_1<\cdots<k_n} \Big(\sum_{i=0}^{n}(-1)^i \frac{\partial \Phi_{k_0\ldots\widehat{k_i}\ldots k_n}}{\partial x_{k_i}}\Big) dx_{k_0} \wedge dx_{k_1} \wedge \cdots \wedge dx_{k_n} \quad (3.50)$$

der äußeren Ableitung, wobei mit dem Hütchen $\widehat{\ }$ über dem Index k_i angedeutet werden soll, daß dieser fortzulassen ist.

Ist z.B. $\varphi = \sum_i \Phi_i dx_i$ eine 1-Form, so wird

$$\begin{aligned}\sum_{i=1}^{N} d\Phi_i \wedge dx_i &= \sum_{i,j=1}^{N} \frac{\partial \Phi_i}{\partial x_j} dx_j \wedge dx_i = \sum_{i<j} \frac{\partial \Phi_i}{\partial x_j} dx_j \wedge dx_i + \sum_{j<i} \frac{\partial \Phi_i}{\partial x_j} dx_j \wedge dx_i \\ &= -\sum_{i<j} \frac{\partial \Phi_i}{\partial x_j} dx_i \wedge dx_j + \sum_{i<j} \frac{\partial \Phi_j}{\partial x_i} dx_i \wedge dx_j ,\end{aligned}$$

also

$$d\varphi = \sum_{i<j} \Big(\frac{\partial \Phi_j}{\partial x_i} - \frac{\partial \Phi_i}{\partial x_j}\Big) dx_i \wedge dx_j . \quad (3.51)$$

Die äußere Ableitung einer 2-Form

$$\varphi = \sum_{i<j} \Phi_{ij}\, dx_i \wedge dx_j$$

ist die 3-Form

$$d\varphi = \sum_{i<j} d\Phi_{ij} \wedge dx_i \wedge dx_j = \sum_{i<j}\sum_{k=1}^{N} \frac{\partial \Phi_{ij}}{\partial x_k} dx_k \wedge dx_i \wedge dx_j ,$$

die durch eine entsprechende Umordnung in die kanonische Form

$$d\varphi = \sum_{i<j<k} \Big(\frac{\partial \Phi_{jk}}{\partial x_i} - \frac{\partial \Phi_{ik}}{\partial x_j} + \frac{\partial \Phi_{ij}}{\partial x_k}\Big) dx_i \wedge dx_j \wedge dx_k \quad (3.52)$$

gebracht werden kann.

In einem dreidimensionalen Raum wird aus (3.51)

$$d\varphi = \Big(\frac{\partial \Phi_3}{\partial x_2} - \frac{\partial \Phi_2}{\partial x_3}\Big) dx_2 \wedge dx_3 + \Big(\frac{\partial \Phi_1}{\partial x_3} - \frac{\partial \Phi_3}{\partial x_1}\Big) dx_3 \wedge dx_1 + \Big(\frac{\partial \Phi_2}{\partial x_1} - \frac{\partial \Phi_1}{\partial x_2}\Big) dx_1 \wedge dx_2 . \quad (3.53)$$

Schreibt man — was nur in einem dreidimensionalen Raum möglich ist! — eine 2-Form in der Gestalt

$$\varphi = \Phi_1 dx_2 \wedge dx_3 + \Phi_2 dx_3 \wedge dx_1 + \Phi_3 dx_1 \wedge dx_2 ,$$

so wird

$$d\varphi = \Big(\frac{\partial \Phi_1}{\partial x_1} + \frac{\partial \Phi_2}{\partial x_2} + \frac{\partial \Phi_3}{\partial x_3}\Big) dx_1 \wedge dx_2 \wedge dx_3 . \quad (3.54)$$

Diese Formeln erinnern an die Rotation und die Divergenz eines Vektorfeldes Φ_i in einem dreidimensionalen auf ein kartesisches Koordinatensystem bezogenen Raum, wie sie dem Leser von der gewöhnlichen Vektoranalysis her vertraut sind. Tatsächlich besteht ein enger Zusammenhang, doch sind diese Begriffsbildungen, was mit dem nachdrücklichen Hinweis auf den dreidimensionalen Raum angedeutet werden soll, in dieser Form nicht auf Räume höherer Dimension übertragbar. Eine eingehende Diskussion muß im Augenblick verschoben werden, da hiefür noch nicht alle Mittel zur Verfügung stehen.

Da die Bildung des Differentials reeller Funktionen mit der Addition und der Multiplikation mit reellen Zahlen vertauschbar ist,

$$d(\lambda\Phi_{i_1\dots i_n} + \mu\Psi_{i_1\dots i_n}) = \lambda d\Phi_{i_1\dots i_n} + \mu d\Psi_{i_1\dots i_n} ,$$

hat die Operation d der äußeren Differentiation die Linearitätseigenschaft, es gilt

$$d(\lambda\varphi + \mu\psi) = \lambda d\varphi + \mu d\psi \tag{3.55}$$

für beliebige reelle Zahlen λ und μ. Die Übertragung der Regel zur Bildung des Differentials eines Produktes von 0-Formen führt zur *Produktregel* der äußeren Differentiation, und zwar ist für eine n-Form φ und eine beliebige m-Form ψ

$$d(\varphi \wedge \psi) = d\varphi \wedge \psi + (-1)^n \varphi \wedge d\psi . \tag{3.56}$$

Anders als sonst tritt hier in jenem Summanden, in den die Ableitung des rechten Faktors eingeht, immer dann ein Vorzeichenwechsel auf, wenn der linke Faktor eine *ungerade* Stufe hat. Ist $\varphi = \omega$ eine 0-Form, so wird

$$d(\omega\varphi) = d(\omega \wedge \varphi) = d\omega \wedge \varphi + \omega d\varphi . \tag{3.57}$$

Zum Beweis der Produktregel sei φ eine n-Form und ψ eine m-Form. Sind $\Phi_{i_1\dots i_n}$ bzw. $\Psi_{j_1\dots j_m}$ die Koordinaten von φ bzw. ψ, so erhält man aus

$$\varphi \wedge \psi = \sum_{\substack{i_1<\dots<i_n \\ j_1<\dots<j_m}} \Phi_{i_1\dots i_n}\Psi_{j_1\dots j_m} dx_{i_1} \wedge \dots \wedge dx_{i_n} \wedge dx_{j_1} \wedge \dots \wedge dx_{j_m}$$

unter Anwendung der Regel $d(uv) = u\,dv + v\,du$

$$\begin{aligned} d(\varphi\wedge\psi) = &\sum_{\substack{i_1<\dots<i_n \\ j_1<\dots<j_m}} \Psi_{j_1\dots j_m} d\Phi_{i_1\dots i_n} \wedge dx_{i_1} \wedge\dots\wedge dx_{i_n} \wedge dx_{j_1} \wedge\dots\wedge dx_{j_m} \\ &+ \sum_{\substack{i_1<\dots<i_n \\ j_1<\dots<j_m}} \Phi_{i_1\dots i_n} d\Psi_{j_1\dots j_m} \wedge dx_{i_1} \wedge\dots\wedge dx_{i_n} \wedge dx_{j_1} \wedge\dots\wedge dx_{j_m} . \end{aligned}$$

Formt man die zweite Summe rechts mit Hilfe von

$$\begin{aligned} &dx_{i_1} \wedge \dots \wedge dx_{i_n} \wedge dx_{j_1} \wedge \dots \wedge dx_{j_m} \\ &\quad = (-1)^{nm} dx_{j_1} \wedge \dots \wedge dx_{j_m} \wedge dx_{i_1} \wedge \dots \wedge dx_{i_n} \end{aligned}$$

(vgl. (2.25)) um,

$$\begin{aligned} &\sum_{\substack{i_1<\dots<i_n \\ j_1<\dots<j_m}} \Phi_{i_1\dots i_n} d\Psi_{j_1\dots j_m} \wedge dx_{i_1} \wedge\dots\wedge dx_{i_n} \wedge dx_{j_1} \wedge\dots\wedge dx_{j_m} \\ &= (-1)^{nm} \sum_{j_1<\dots<j_m} d\Psi_{j_1\dots j_m} \wedge dx_{j_1} \wedge\dots\wedge dx_{j_m} \wedge \sum_{i_1<\dots<i_n} \Phi_{i_1\dots i_n} \wedge dx_{i_1} \wedge\dots\wedge dx_{i_n} , \end{aligned}$$

so gelangt man, da die erste Summe gleich dem äußeren Produkt $d\varphi \wedge \psi$ ist, unter Berücksichtigung von (2.25) zu

$$\begin{aligned} d(\varphi \wedge \psi) &= d\varphi \wedge \psi + (-1)^{nm} d\psi \wedge \varphi \\ &= d\varphi \wedge \psi + (-1)^{nm}(-1)^{n(m+1)} \varphi \wedge d\psi \\ &= d\varphi \wedge \psi + (-1)^n \varphi \wedge d\psi . \end{aligned}$$

Bildet man das zweite äußere Differential einer n-Form, so erhält man

$$d(d\varphi) = d^2\varphi = \sum_{i_1<\cdots<i_n} \sum_{k,l=1}^{N} \frac{\partial^2 \Phi_{i_1\ldots i_n}}{\partial x_k \partial x_l} dx_k \wedge dx_l \wedge dx_{i_1} \wedge \cdots \wedge dx_{i_n} .$$

Auf Grund der Symmetrie

$$\frac{\partial^2 \Phi_{i_1\ldots i_n}}{\partial x_k \partial x_l} = \frac{\partial^2 \Phi_{i_1\ldots i_n}}{\partial x_l \partial x_k}$$

der gemischten partiellen Ableitungen ändert sich beim Vertauschen der Indizes k und l in den zweiten partiellen Differentialquotienten nichts, es führt dies aber wegen

$$dx_k \wedge dx_l \wedge \cdots = -dx_l \wedge dx_k \wedge \cdots$$

zu einem Vorzeichenwechsel. Folglich ist für festgehaltene Indizes $i_1 \ldots i_n$

$$\begin{aligned} \sum_{k,l=1}^{N} \frac{\partial^2 \Phi_{i_1\ldots i_n}}{\partial x_k \partial x_l} dx_k \wedge dx_l &= \sum_{k,l=1}^{N} \frac{\partial^2 \Phi_{i_1\ldots i_n}}{\partial x_l \partial x_k} dx_l \wedge dx_k \\ &= - \sum_{k,l=1}^{N} \frac{\partial^2 \Phi_{i_1\ldots i_n}}{\partial x_k \partial x_l} dx_k \wedge dx_l \end{aligned}$$

und deshalb

$$\sum_{k,l=1}^{N} \frac{\partial^2 \Phi_{i_1\ldots i_n}}{\partial x_k \partial x_l} dx_k \wedge dx_l = 0 .$$

Daraus folgt jetzt aber das Verschwinden der zweiten äußeren Ableitung: *Für jede Differentialform φ gilt*

$$d^2\varphi = 0 . \tag{3.58}$$

Das Fundament dieser Aussage ist, worauf besonders hingewiesen sei, der vertraute Satz von SCHWARZ über die Gleichheit der gemischten partiellen Differentialquotienten reeller Funktionen. Die Gleichung (3.58) wird deshalb auch *Schwarzsche Gleichung* genannt. Sie besagt insbesondere das Verschwinden des äußeren Differentials einer Differentialform, wenn diese selbst ein äußeres Differential ist,

$$\varphi = d\psi \;\Rightarrow\; d\varphi = 0 .$$

Für das Folgende erweist es sich als notwendig, Differentialformen auf einem Teilgebiet $\mathfrak{G}$ des Raumes $\mathfrak{A}$ zu betrachten. Eine besondere Rolle werden dabei die *sternförmigen* Gebiete spielen — darunter versteht man ein Gebiet $\mathfrak{G} \subseteq \mathfrak{A}$, das einen Punkt P_o enthält, dessen Verbindungsstrecke mit jedem andern Punkt des Gebietes $\mathfrak{G}$ diesem vollständig angehört. Man nennt das Gebiet dann *sternförmig in Bezug auf den Punkt P_o*. Jedes konvexe[7] Gebiet ist sternförmig, und zwar bezüglich jedes Punktes.

[7] Ein Gebiet $\mathfrak{G}$ heißt *konvex*, wenn die Verbindungsstrecke zweier beliebiger Punkte in $\mathfrak{G}$ zur Gänze in diesem Gebiet verläuft.

Eine Differentialform, deren äußeres Differential auf einem Gebiet $\mathfrak{G}$ verschwindet, wird *geschlossen* genannt. Wie die Produktregel (3.56) zeigt, ist das äußere Produkt geschlossener Differentialformen wieder eine geschlossene Differentialform. Ist eine Differentialform auf $\mathfrak{G}$ ein Differential, so heißt sie *exakt* oder *integrabel* auf $\mathfrak{G}$. Die Gleichung (3.58) besagt dann, *daß jede exakte Differentialform auch geschlossen ist.*

Von Bedeutung ist nun die Frage, ob hievon auch die Umkehrung gilt, d.h. ob aus dem Verschwinden des äußeren Differentials einer n-Form der Schluß gezogen werden kann, daß diese das äußere Differential einer $(n-1)$-Form ist. Eindeutig kann eine solche Darstellung einer Differentialform n-ten Grades als äußeres Differential einer $(n-1)$-Form jedenfalls nicht sein. Ist $d\varphi = 0$ und $\varphi = d\psi$, so gilt, wenn man zu ψ das Differential einer $(n-2)$-Form χ hinzuaddiert, auch $d(\psi + d\chi) = d\psi + d^2\chi = \varphi$.

Die Frage, ob eine geschlossene Differentialform auch exakt ist, hängt eng mit dem Potentialbegriff der gewöhnlichen Vektoranalysis zusammen. Ist ein Vektorfeld in einem bestimmten Gebiet des Raumes wirbelfrei, so kann es unter gewissen das Gebiet der Wirbelfreiheit betreffenden Voraussetzungen als Gradient eines „skalaren Potentials" dargestellt werden. Ist das Vektorfeld im fraglichen Gebiet quellenfrei, so kann, wieder unter gewissen Voraussetzungen über das Gebiet, in dem Quellenfreiheit herrscht, der Feldvektor als Rotation eines „vektoriellen Potentials" dargestellt werden. Diese klassischen Ergebnisse zeigen schon, daß es nicht auf die Differentialform ankommt, sondern auf das Gebiet, in dem sie geschlossen ist.

Es gilt nun das sogenannte

Lemma von Poincaré. *Ist φ eine n-Form auf einem Gebiet $\mathfrak{G} \subseteq \mathfrak{A}$ und gilt $d\varphi = 0$ auf $\mathfrak{G}$, so gibt es zu jedem Punkt $P_o \in \mathfrak{G}$ eine Umgebung $\mathfrak{U}_o \subseteq \mathfrak{G}$ und eine $(n-1)$-Form ψ auf $\mathfrak{U}_o$, sodaß*

$$\varphi = d\psi$$

auf $\mathfrak{U}_o$ gilt. Ist das Gebiet $\mathfrak{G}$ sternförmig, so existiert auf dem ganzen Gebiet $\mathfrak{G}$ eine $(n-1)$-Form ψ, für die $\varphi = d\psi$ auf $\mathfrak{G}$ ist.

Ist $P_o \in \mathfrak{G}$ ein beliebiger Punkt, so gibt es eine bezüglich des Punktes $P_o = \kappa(\mathbf{x}_o)$ sternförmige Umgebung $\mathfrak{U}_o \subseteq \mathfrak{G}$, z.B. die Menge aller Punkte

$$\mathfrak{U}_o = \{ P \mid P = \kappa(\mathbf{x}),\ |\mathbf{x} - \mathbf{x}_o| < \eta \},$$

worin η eine hinlänglich kleine positive Zahl ist. Denn ist $P = \kappa(\mathbf{x}) \in \mathfrak{U}_o$ und $0 \le t \le 1$, so ist auch $|\mathbf{x}_o + t(\mathbf{x} - \mathbf{x}_o) - \mathbf{x}_o| = t|\mathbf{x} - \mathbf{x}_o| \le |\mathbf{x} - \mathbf{x}_o| < \eta$, und dies bedeutet, daß die Punkte mit den Koordinaten $\mathbf{x}_o + t(\mathbf{x} - \mathbf{x}_o)$, die für $0 \le t \le 1$ auf der Verbindungsstrecke der Punkte P_o und P liegen, in $\mathfrak{U}_o$ enthalten sind. Ist eine Differentialform auf dem ganzen Raum geschlossen, so ist sie global integrabel, da der ganze Raum sternförmig in Bezug auf jeden Punkt ist.

Der Grundgedanke der folgenden Beweisführung besteht darin, einer beliebigen n-Form φ $(n > 0)$ eine $(n-1)$-Form $\mathfrak{J}\varphi$ zuzuordnen, für welche die Gleichung

$$d\mathfrak{J}\varphi + \mathfrak{J}d\varphi = \varphi \qquad (3.59)$$

Gültigkeit hat. Für $d\varphi = 0$ geht diese Gleichung mit $\psi = \mathfrak{I}\varphi$ über in

$$\varphi = d\psi\,,$$

womit der Schluß

$$d\varphi = 0 \;\Rightarrow\; \varphi = d\psi\,, \tag{3.60}$$

zulässig wird. Da jeder Punkt eines Gebietes eine in diesem Gebiet enthaltene sternförmige Umgebung besitzt, ist die lokale Aussage des Lemmas von POINCARÉ bewiesen, wenn der Beweis der globalen Aussage für ein sternförmiges Gebiet $\mathfrak{G}$ erbracht ist. Mit Rücksicht auf verminderte Schreibarbeit sei angenommen, daß die Sternförmigkeit von $\mathfrak{G}$ in Bezug auf den Koordinatenursprung gilt, was ja durch eine Translation stets erreicht werden kann.

Ist φ eine beliebige n-Form ($n \geq 1$) mit den Koordinaten $\Phi_{i_1\ldots i_n}$, so sei zur Abkürzung

$$\Psi_{i_1\ldots i_n}(\mathbf{x}) = \int_0^1 t^{n-1}\Phi_{i_1\ldots i_n}(t\mathbf{x})\,dt$$

gesetzt; dann ist durch

$$\sum_{i_1<\cdots<i_n}\sum_{\mu=1}^{n}(-1)^{\mu-1}\Psi_{i_1\ldots i_n}(\mathbf{x})\,x_{i_\mu}\,dx_{i_1}\wedge\cdots\wedge\widehat{dx_{i_\mu}}\wedge\cdots\wedge dx_{i_n}$$

eine $(n-1)$-Form gegeben, wobei mit dem Hütchen über dem Differential dx_{i_μ} angedeutet werden soll, daß dieses fortzulassen ist. Ordnet man diese Summe nach Indizes-Kombinationen, so erhält man die kanonische Darstellung dieser $(n-1)$-Form. Nach einer mehr oder weniger mühevollen Rechnung findet man dabei

$$\mathfrak{I}\varphi := \sum_{i_1<\cdots<i_{n-1}}\Big(\sum_{k=1}^{N}x_k\Psi_{ki_1\ldots i_{n-1}}(\mathbf{x})\Big)dx_{i_1}\wedge\cdots\wedge dx_{i_{n-1}}\,; \tag{3.61}$$

im Falle $n = 1$ ist dies die 0-Form

$$\mathfrak{I}\varphi := \sum_{i=1}^{N}x_i\Psi_i(\mathbf{x})\,. \tag{3.62}$$

Daß es sich dabei auch wirklich um eine Differentialform handelt, folgt aus der leicht zu verifizierenden Tatsache, daß sich die Größen

$$\sum_{k=1}^{N}x_k\Psi_{ki_1\ldots i_{n-1}}(\mathbf{x})$$

wie die Koordinaten eines kovarianten schiefsymmetrischen Tensors $(n-1)$-ter Stufe transformieren. Die Differentialform (3.61) bzw. (3.62) erfüllt, wie jetzt gezeigt werden soll, die Gleichung (3.59). Schreibt man abkürzend

$$\Phi^*_{i_1\ldots i_{n-1}}(\mathbf{x}) = \sum_{k=1}^{N}x_k\Psi_{ki_1\ldots i_{n-1}}(\mathbf{x}) = \sum_{k=1}^{N}x_k\int_0^1 t^{n-1}\Phi_{ki_1\ldots i_{n-1}}(t\mathbf{x})\,dt \tag{3.63}$$

für die Koordinaten der $(n-1)$-Form $\mathfrak{J}\varphi$, so berechnet sich ihre Ableitung zu

$$d\mathfrak{J}\varphi = \sum_{i_1<\cdots<i_n} \sum_{\mu=1}^{n} (-1)^{\mu-1} \frac{\partial \Phi^*_{i_1\dots\widehat{i_\mu}\dots i_n}}{\partial x_{i_\mu}} dx_{i_1} \wedge \cdots \wedge dx_{i_n} .$$

Nun ergibt

$$\frac{\partial \Phi^*_{i_1\dots\widehat{i_\mu}\dots i_n}}{\partial x_{i_\mu}} = (-1)^{\mu-1}\Psi_{i_1\dots i_n} + \sum_{k=1}^{N} x_k \frac{\partial \Psi_{ki_1\dots\widehat{i_\mu}\dots i_n}}{\partial x_{i_\mu}} ,$$

sodaß

$$n\Psi_{i_1\dots i_n} + \sum_{\mu=1}^{n} (-1)^{\mu-1} \Big(\sum_{k=1}^{N} x_k \frac{\partial \Psi_{ki_1\dots\widehat{i_\mu}\dots i_n}}{\partial x_{i_\mu}} \Big)$$

die Koordinaten der n-Form $d\mathfrak{J}\varphi$ sind. Berechnet man dagegen zuerst die Ableitung $d\varphi$ mit den Koordinaten

$$\Phi'_{i_1\dots i_{n+1}} = \sum_{\mu=1}^{n+1} (-1)^{\mu-1} \frac{\partial \Phi_{i_1\dots\widehat{i_\mu}\dots i_{n+1}}}{\partial x_{i_\mu}}$$

und bildet im Anschluß daran die n-Form $\mathfrak{J}d\varphi$, indem man in der Darstellung für $\mathfrak{J}\varphi$ die Größen $\Psi_{i_1\dots i_n}$ durch die adäquaten Integrale der Koordinaten $\Phi'_{i_1\dots i_{n+1}}$ ersetzt,

$$\begin{aligned}
&\sum_{k=1}^{N} x_k \int_0^1 t^n \Phi'_{ki_1\dots i_n}(t\mathbf{x})\, dt \\
&= \sum_{k=1}^{N} x_k \int_0^1 t^n \Big(\frac{\partial \Phi_{i_1\dots i_n}}{\partial x_k} + \sum_{\mu=1}^{n} (-1)^{\mu} \frac{\partial \Phi_{ki_1\dots\widehat{i_\mu}\dots i_n}}{\partial x_{i_\mu}} \Big) dt \\
&= \sum_{k=1}^{N} x_k \frac{\partial \Psi_{i_1\dots i_n}}{\partial x_k} + \sum_{\mu=1}^{n} (-1)^{\mu} \sum_{k=1}^{N} x_k \frac{\partial \Psi_{ki_1\dots\widehat{i_\mu}\dots i_n}}{\partial x_{i_\mu}} ,
\end{aligned}$$

so erhält man aus dem obigen Ergebnis durch Addition schließlich die Koordinaten der n-Form $d\mathfrak{J}\varphi + \mathfrak{J}d\varphi$,

$$\begin{aligned}
n\Psi_{i_1\dots i_n} + \sum_{k=1}^{N} x_k \frac{\partial \Psi_{i_1\dots i_n}}{\partial x_k} &= \int_0^1 n t^{n-1} \Phi_{i_1\dots i_n}\, dt + \sum_{k=1}^{N} x_k \int_0^1 t^n \frac{\partial \Phi_{i_1\dots i_n}}{\partial x_k}\, dt \\
&= \int_0^1 \frac{d}{dt} \Big(t^n \Phi_{i_1\dots i_n}(t\mathbf{x}) \Big) dt = \Phi_{i_1\dots i_n}(\mathbf{x}) ,
\end{aligned}$$

womit die Gleichung (3.59) bewiesen ist.

Sei $\mathfrak{G}$ ein Gebiet des dreidimensionalen Raumes $\mathfrak{A}^3$, welches sternförmig in Bezug auf Koordinatenursprung ist. Erfüllt die 1-Form

$$\varphi = \Phi_1 dx_1 + \Phi_2 dx_2 + \Phi_3 dx_3$$

auf dem Gebiet $\mathfrak{G}$ die Bedingung $d\varphi = 0$, d.h. ist

$$\frac{\partial \Phi_3}{\partial x_2} - \frac{\partial \Phi_2}{\partial x_3} = \frac{\partial \Phi_1}{\partial x_3} - \frac{\partial \Phi_3}{\partial x_1} = \frac{\partial \Phi_2}{\partial x_1} - \frac{\partial \Phi_1}{\partial x_2} = 0$$

auf $\mathfrak{G}$ (vgl. (3.53)), so erhält man aus (3.62)

$$\mathfrak{J}\varphi = \int_0^1 \left[\Phi_1(t\mathbf{x})x_1 + \Phi_2(t\mathbf{x})x_2 + \Phi_3(t\mathbf{x})x_3\right] dt\,.$$

Das Integral auf der rechten Seite ist nichts anderes als das Kurvenintegral

$$\int_{\mathfrak{C}} \boldsymbol{\Phi} \cdot dx\,,$$

worin $\mathfrak{C}$ die geradlinige Verbindung des Koordinatenursprungs mit dem „Aufpunkt" P ist. Das Skalarfeld $U = \mathfrak{J}\varphi$ ist in der gewöhnlichen Vektoranalysis das *skalare Potential* des wirbelfreien Vektorfeldes $\boldsymbol{\Phi}$ mit den Koordinaten

$$\Phi_i = \frac{\partial U}{\partial x_i}\,.$$

Ist für eine 2-Form

$$\varphi = \Phi_1 dx_2 \wedge dx_3 + \Phi_2 dx_3 \wedge dx_1 + \Phi_3 dx_1 \wedge dx_2$$

die Bedingung $d\psi = 0$ erfüllt, d.h. gilt

$$\frac{\partial \Phi_1}{\partial x_1} + \frac{\partial \Phi_2}{\partial x_2} + \frac{\partial \Phi_3}{\partial x_3} = 0$$

auf dem Gebiet $\mathfrak{G}$ (vgl. (3.54)), so erhält man, wenn berücksichtigt wird, daß eigentlich Φ_{23} an Stelle von Φ_1, Φ_{31} an Stelle von Φ_2 und Φ_{12} an Stelle von Φ_3 zu schreiben wäre,

$$\mathfrak{J}\varphi = (x_3\Psi_2 - x_2\Psi_3)dx_1 + (x_1\Psi_3 - x_3\Psi_1)dx_2 + (x_2\Psi_1 - x_1\Psi_2)dx_3\,,$$

worin für

$$\Psi_i(\mathbf{x}) = \int_0^1 t\,\Phi_i(t\mathbf{x})\,dt$$

einzusetzen ist. Führt man das Vektorfeld

$$v(\mathbf{x}) = \int_0^1 t\left[\boldsymbol{\Phi}(t\mathbf{x}) \times \mathbf{x}\right] dt \tag{3.64}$$

ein, worin $\boldsymbol{\Phi}$ der Vektor mit den Koordinaten Φ_i ist, so kann dann die 1-Form $\mathfrak{J}\varphi$ in der Form

$$\mathfrak{J}\varphi = V_1 dx_1 + V_2 dx_2 + V_3 dx_3$$

geschrieben werden. Das Vektorfeld (3.64) mit den Koordinaten V_i ist das von der gewöhnlichen Analysis her bekannte *Vektorpotential* des quellenfreien Vektorfeldes $\boldsymbol{\Phi}$,

$$\Phi_i = \operatorname{sign}(ijk)\left(\frac{\partial V_k}{\partial x_j} - \frac{\partial V_j}{\partial x_k}\right).$$

Das Lemma von POINCARÉ läßt sich noch eine andere Fassung geben. Ist $\mathfrak{G} \subseteq \mathfrak{A}$ ein sternförmiges Gebiet in Bezug auf einen Punkt P_o, so wird jede Halbgerade durch den Punkt P_o in zwei Teile geteilt, nämlich in einen, der sich ins Unendliche erstreckt und außerhalb von $\mathfrak{G}$ liegt, und in einen endlichen, der innerhalb von $\mathfrak{G}$ liegt; der Teilungspunkt selbst ist ein „Randpunkt" von $\mathfrak{G}$ und liegt, da er $\mathfrak{G}$ nicht angehören kann, auf dem unendlich ausgedehnten Teil der jeweiligen Halbgeraden. So wird also jeder Richtung durch den Punkt P_o ein Randpunkt von $\mathfrak{G}$ zugeordnet. Man kann dabei von der Vorstellung ausgehen, daß die Gesamtheit aller Randpunkte von $\mathfrak{G}$ eine „geschlossene“ Hyperfläche bildet, deren Inneres das sternförmige Gebiet $\mathfrak{G}$ ist. Wenn der Punkt Q mit den Koordinaten y_i ein solcher Randpunkt ist, so liegen die Punkte Q_t mit den Koordinaten $x_i^\circ + t(y_i - x_i^\circ)$ für $0 \le t < 1$ im Gebiet $\mathfrak{G}$, für $t = 1$ ist $Q_t = Q$. Betrachtet man jetzt die geschlossenen Hyperflächen, welche für $0 < t < 1$ durch die Punkte Q_t gebildet werden, und verkleinert man t unbegrenzt gegen Null, so ziehen sich, anschaulich gesprochen, diese Hyperflächen auf den Punkt P_o zusammen. Man sagt, das Gebiet $\mathfrak{G}$ läßt sich auf den Punkt P_o zusammenziehen und nennt es *kontrahierbar auf den Punkt P_o*. Mathematisch wird der Begriff der Kontrahierbarkeit eines Gebietes, der weitreichender ist als die Sternförmigkeit, folgendermaßen eingeführt: Ein Gebiet $\mathfrak{G} \subseteq \mathfrak{A}$ heißt kontrahierbar auf den Punkt P_o, wenn eine stetige Abbildung $\jmath : [0,1] \times \mathfrak{G} \to \mathfrak{G}$ mit der Eigenschaft

$$\jmath(0, P) = P_o\,, \quad \jmath(1, P) = P$$

existiert. Ersetzt man nun im Lemma von POINCARÉ die Voraussetzung der Sternförmigkeit in Bezug auf einen Punkt durch die Voraussetzung der Kontrahierbarkeit auf einen Punkt, so bleibt seine Aussage gültig.

Das Lemma von POINCARÉ gibt hinreichende Bedingungen an, die es erlauben, aus dem Verschwinden der äußeren Ableitung einer Differentialform auf deren Darstellbarkeit als äußeres Differential zu schließen. *Lokal*, d.h. unter Beschränkung auf hinlänglich kleine Umgebungen, ist dies stets möglich, *global* hängt dies von den Eigenschaften des jeweiligen Gebietes ab, in dem das äußere Differential verschwindet. Die Voraussetzungen der Sternförmigkeit und der Kontrahierbarkeit gewährleisten jedenfalls die Richtigkeit der Schlußfolgerung (3.60). —

Die Differentialrechnung der kovarianten schiefsymmetrischen Tensorfelder in einem affinen Raum benötigt nur die Parametrisierung des Raumes durch ein Koordinatensystem. Anders als die „gewöhnliche“ Ableitung eines Tensorfeldes wird die äußere Ableitung einer Differentialform ohne die Struktur der Parallelverschiebung eingeführt, die für die Differentiation eines Vektorfeldes benötigt wurde. Der Begriff des Integrals hingegen kommt ohne ein „Inhaltsmaß“ für den Raum nicht aus. Solche Inhaltsmaße, auch „Volumelemente“ genannt, werden durch gewisse N-Formen definiert, die in jedem Punkt des Raumes eine Determinantenfunktion im Tangentialraum festlegen. Die Einführung von Volumelementen über die Determinantenfunktionen im Tangentialraum erfordert es, den Tangentialraum zu orientieren, weshalb der Begriff des Integrals einer Differentialform die Orientierung des affinen Raumes zur Voraussetzung hat.

Integrale über Differentialformen sind mehrdimensionale Verallgemeinerungen des bestimmten Integrals einer reellen Funktion und sind dem Leser als Bereichsintegrale sowie in Form von Kurven- und Flächenintegralen schon begegnet. Die Konzeption des Integrals einer Differentialform wird in § 7 vorgestellt werden; als Vorbereitung hiefür dient die folgende

Untersuchung über das Verhalten von Differentialformen bei affinen Abbildungen des Raumes.

Es seien $\mathfrak{A}_1$ bzw. $\mathfrak{A}_2$ zwei affine Räume mit den Dimensionen N bzw. M. Der Raum $\mathfrak{A}_1$ ist durch ein Koordinatensystem $\mathcal{K}_1 = \{O_1, \mathcal{B}_1\}$ mit der Basis $\mathcal{B}_1 = \{e_1, \ldots, e_N\}$ parametrisiert, der Raum $\mathfrak{A}_2$ durch ein Koordinatensystem $\mathcal{K}_2 = \{O_2, \mathcal{B}_2\}$ mit der Basis $\mathcal{B}_2 = \{f_1, \ldots, f_M\}$; sind x_i die Koordinaten in $\mathfrak{A}_1$ und y_j die Koordinaten in $\mathfrak{A}_2$, so seien $\kappa_1(\mathbf{x})$ bzw. $\kappa_2(\mathbf{y})$ die diesbezüglichen Karten für $\mathfrak{A}_1$ bzw. $\mathfrak{A}_2$.

Der Raum $\mathfrak{A}_1$ werde durch $\sigma : \mathfrak{A}_1 \to \mathfrak{A}_2$ affin auf den Raum $\mathfrak{A}_2$ abgebildet. Die durch σ bestimmte lineare Abbildung $d\sigma = \tau : \mathcal{T}_1 \to \mathcal{T}_2$ der Tangentialräume ist das Differential der affinen Abbildung σ (vgl. S. 106); die Matrix der linearen Abbildung $\tau = d\sigma$ bezüglich der Basen $\mathcal{B}_1$ bzw. $\mathcal{B}_2$ in $\mathcal{T}_1$ bzw. $\mathcal{T}_2$ werde mit $\{t_i^j\}$ bezeichnet. Die Elemente dieser Matrix sind die Koeffizienten der Koordinaten der Funktion $\hat{\sigma} = \kappa_2^{-1} \circ \sigma \circ \kappa_1 : \mathbb{R}^N \to \mathbb{R}^M$, welche dem Koordinaten-N-Tupel $\mathbf{x}$ des Punktes $P \in \mathfrak{A}_1$ das M-Tupel $\mathbf{y}$ des Bildpunktes $Q = \sigma(P) \in \mathfrak{A}_2$ von P unter der Abbildung σ zuordnet. Die Koordinatenfunktionen der Abbildung $\hat{\sigma}$ sind durch die Gleichungen (3.11) gegeben; für das Folgende erweist es sich als zweckdienlich, die Koeffizienten durch die partiellen Differentialquotienten

$$t_i^j = \frac{\partial y_j}{\partial x_i}$$

auszudrücken. In dieser Notation ist (vgl. (1.12))

$$d\sigma(e_i) = \sum_{j=1}^{M} \frac{\partial y_j}{\partial x_i} f_j \,.$$

Jeder n-Form auf $\mathfrak{A}_2$ wird durch die affine Abbildung $\sigma : \mathfrak{A}_1 \to \mathfrak{A}_2$ eine wohlbestimmte n-Form $\sigma^*\varphi$ auf $\mathfrak{A}_1$ zugeordnet, und zwar für $n = 0$ durch die zusammengesetzte Funktion

$$\sigma^*\varphi := \varphi \circ \sigma \,, \tag{3.65}$$

für $n > 0$ durch

$$\sigma^*\varphi(a_1, a_2, \ldots, a_n) := \varphi\big(d\sigma(a_1), d\sigma(a_2), \ldots, d\sigma(a_n)\big) \,, \tag{3.66}$$

worin a_1, a_2, …, a_n beliebige Vektoren im Tangentialraum $\mathcal{T}_1$ von $\mathfrak{A}_1$ sind. Diese Zuordnung $\varphi \to \sigma^*\varphi$ ist offensichtlich linear, d.h. es gilt

$$\sigma^*(\lambda\varphi + \mu\psi) = \lambda\sigma^*\varphi + \mu\sigma^*\psi \tag{3.67}$$

für beliebige reelle Zahlen λ und μ, sie ist mit der äußeren Multiplikation vertauschbar,

$$\sigma^*(\varphi \wedge \psi) = \sigma^*\varphi \wedge \sigma^*\psi \,, \tag{3.68}$$

und mit der äußeren Differentiation,

$$d\sigma^*\varphi = \sigma^* d\varphi \,. \tag{3.69}$$

Um (3.68) zu beweisen, greift man am besten auf die Definition des äußeren Produktes zurück. Sind φ und ψ Differentialformen auf $\mathfrak{A}_2$, φ eine p-Form und ψ eine q-Form, so gilt mit $n = p + q \leq M = \dim \mathfrak{A}_2$ (vgl. (2.23))

$$\begin{aligned}
\sigma^*(\varphi \wedge \psi)(a_1, \ldots, a_n) &= (\varphi \wedge \psi)\big(d\sigma(a_1), \ldots, d\sigma(a_n)\big) \\
&= \frac{1}{p!\,q!} \sum_\pi \operatorname{sign}(\pi)\,(\varphi \otimes \psi)\big(d\sigma(a_{\pi(1)}), \ldots, d\sigma(a_{\pi(n)})\big) \\
&= \frac{1}{p!\,q!} \sum_\pi \operatorname{sign}(\pi)\,\varphi\big(d\sigma(a_{\pi(1)}), \ldots, d\sigma(a_{\pi(p)})\big) \\
&\qquad\qquad \times \psi\big(d\sigma(a_{\pi(p+1)}), \ldots, d\sigma(a_{\pi(n)})\big) \\
&= \frac{1}{p!\,q!} \sum_\pi \operatorname{sign}(\pi)\,\sigma^*\varphi(a_{\pi(1)}, \ldots, a_{\pi(p)})\sigma^*\psi(a_{\pi(p+1)}, \ldots, a_{\pi(n)}) \\
&= \frac{1}{p!\,q!} \sum_\pi \operatorname{sign}(\pi)\,(\sigma^*\varphi \otimes \sigma^*\psi)(a_{\pi(1)}, \ldots, a_{\pi(n)}) \\
&= (\sigma^*\varphi \wedge \sigma^*\psi)(a_1, \ldots, a_n)\,.
\end{aligned}$$

Die Beweisführung für (3.69) erfordert zunächst, den Fall $n = 0$ gesondert zu betrachten. Ist φ eine 0-Form, so ist

$$d\varphi = \sum_{j=1}^{M} \frac{\partial(\varphi \circ \kappa_2)}{\partial y_j}\, dy_j$$

und wegen (3.65) und (3.67)

$$\sigma^* d\varphi = \sum_{j=1}^{M} \Big(\frac{\partial(\varphi \circ \kappa_2)}{\partial y_j} \circ \hat{\sigma}\Big)\sigma^* dy_j\,.$$

Aus der Gleichung

$$\begin{aligned}
d\sigma(a) = d\sigma\Big(\sum_{j=1}^{N} A^j e_j\Big) &= \sum_{j=1}^{N} A^j d\sigma(e_j) = \sum_{j=1}^{N} A^j \sum_{k=1}^{M} \frac{\partial y^k}{\partial x_j} f_k \\
&= \sum_{k=1}^{M} \Big(\sum_{j=1}^{N} \frac{\partial y_k}{\partial x_j} A^j\Big) f_k
\end{aligned}$$

ergeben sich dann unter Berücksichtigung von $A^i = dx_i(a)$ (vgl. (3.21)) und $dy_j(f_k) = \delta^j_k$ die Beziehungen

$$\sigma^* dy_i(a) = dy_i\big(d\sigma(a)\big) = \sum_{j=1}^{N} dx_j(a) \sum_{k=1}^{M} \frac{\partial y_k}{\partial x_j}\,\delta^i_k = \sum_{j=1}^{N} \frac{\partial y_i}{\partial x_j}\, dx_j(a)\,,$$

also

$$\sigma^* dy_i = \sum_{j=1}^{N} \frac{\partial y_i}{\partial x_j}\, dx_j\,. \tag{3.70}$$

Daraus folgt nun weiter mit Hilfe der Produktregel der partiellen Differentiation

$$\sigma^* d\varphi = \sum_{j=1}^{M} \Big(\frac{\partial(\varphi\circ\kappa_2)}{\partial y_j}\circ\hat{\sigma}\Big) \sum_{k=1}^{N} \frac{\partial y_j}{\partial x_k}\, dx_k = \sum_{k=1}^{N} \frac{\partial(\varphi\circ\sigma\circ\kappa_1)}{\partial x_k}\, dx_k = d\sigma^*\varphi\,.$$

Beim Beweis von (3.69) für eine Differentialform beliebigen Grades genügt es wegen (3.65) und der Linearitätseigenschaft (3.67), sich auf den Spezialfall

$$\varphi = f\, dy_{i_1} \wedge \cdots \wedge dy_{i_n}$$

zu beschränken. Aus der Ableitung

$$d\varphi = \sum_{j=1}^{M} \frac{\partial(f\circ\kappa_2)}{\partial y_j}\, dy_j \wedge dy_{i_1} \wedge \cdots \wedge dy_{i_n}$$

erhält man mit (3.68) und (3.70) für die rechte Seite der Gleichung (3.69)

$$\begin{aligned}\sigma^* d\varphi &= \sum_{j=1}^{M} \Big(\frac{\partial(f\circ\kappa_2)}{\partial y_j}\circ\hat{\sigma}\Big)\sigma^* dy_j \wedge \sigma^* dy_{i_1} \wedge \cdots \wedge \sigma^* dy_{i_n}\\ &= \sum_{j=1}^{M}\sum_{k=1}^{N} \Big(\frac{\partial(f\circ\kappa_2)}{\partial y_j}\circ\hat{\sigma}\Big)\frac{\partial y_j}{\partial x_k}\, dx_k \wedge \sigma^* dy_{i_1} \wedge \cdots \wedge \sigma^* dy_{i_n}\\ &= \sum_{k=1}^{N} \frac{\partial(f\circ\sigma\circ\kappa_1)}{\partial x_k}\, dx_k \wedge \sigma^* dy_{i_1} \wedge \cdots \wedge \sigma^* dy_{i_n}\,.\end{aligned}$$

Um die linke Seite zu berechnen, bestimmt man zunächst

$$\sigma^*\varphi = (f\circ\sigma)\,\sigma^* dy_{i_1} \wedge \cdots \wedge \sigma^* dy_{i_n}\,,$$

wofür wieder (3.68) herangezogen wurde, und bildet die äußere Ableitung

$$d\sigma^*\varphi = \sum_{k=1}^{N} \frac{\partial(f\circ\sigma\circ\kappa_1)}{\partial x_k}\, dx_k \wedge \sigma^* dy_{i_1} \wedge \cdots \wedge \sigma^* dy_{i_n} = \sigma^* d\varphi\,.$$

Der Mechanismus zur Bestimmung der n-Form $\sigma^*\varphi$ besteht darin, einerseits die Koordinaten der n-Form φ mit der Abbildung σ zusammenzusetzen, andererseits für die Basisformen dy_i aus (3.70) einzusetzen; nach entsprechender Umformung erhält man dann die kanonische Darstellung der n-Form $\sigma^*\varphi$.

Ist $\mathfrak{A}_1 = \mathfrak{A}_2 = \mathfrak{A}$ und σ bijektiv, so ist (3.66) das Transformationsgesetz für die Koordinaten eines kovarianten Tensors beim Übergang von einer Basis $\{e_1, \ldots, e_N\}$ auf die Basis $\{d\sigma(e_1), \ldots, d\sigma(e_N)\}$.

Ist $\mathfrak{A}$ ein N-dimensionaler affiner Raum und $\mathfrak{A}_o$ ein n-dimensionaler Teilraum, so ist die Inklusionsabbildung $\jmath{:}\mathfrak{A}_o \to \mathfrak{A}$, die jedem Punkt $P \in \mathfrak{A}_o$ den Punkt $\jmath(P) = P$ als Punkt von $\mathfrak{A}$ zuordnet, klarerweise affin (vgl. (3.7) und (3.8)); die lineare Abbildung $d\jmath : \mathcal{T}_o \to \mathcal{T}$ bildet jeden Vektor in $\mathcal{T}_o$ auf sich — als Vektor von $\mathcal{T}$ — ab. Ist $\kappa(\mathbf{y})$ eine Karte für $\mathfrak{A}$, $\kappa_o(\mathbf{x})$ eine solche für $\mathfrak{A}_o$, so liefern die Gleichungen (3.8), die jetzt an die Stelle von (3.11) treten, den Zusammenhang zwischen den Koordinaten x_i und y_i eines Punktes als Punkt von $\mathfrak{A}_o$ und als Punkt von $\mathfrak{A}$.

Sei also $\jmath$ die Inklusionsabbildung von $\mathfrak{A}_o$ in $\mathfrak{A}$. Dann wird durch $\jmath$ einer n-Form

$$\varphi = \sum_{i_1<\cdots<i_n} \Phi_{i_1\ldots i_n}\, dy_{i_1} \wedge \cdots \wedge dy_{i_n}$$

auf $\mathfrak{A}$ die n-Form

$$\jmath^*\varphi = \sum_{i_1<\cdots<i_n} (\Phi_{i_1\ldots i_n} \circ \jmath)\, \jmath^* dy_{i_1} \wedge \cdots \wedge \jmath^* dy_{i_n}$$

auf dem Teilraum $\mathfrak{A}_o$ zugeordnet. Setzt man darin aus (3.70) ein, so erhält man nach einer kurzen Rechnung

$$\jmath^*\varphi = f\, dx_1 \wedge dx_2 \wedge \cdots \wedge dx_n\,, \tag{3.71}$$

worin abkürzend für

$$f = \sum_{i_1<\cdots<i_n} (\Phi_{i_1\ldots i_n} \circ \jmath) \begin{vmatrix} \frac{\partial y_{i_1}}{\partial x_1} & \cdots & \frac{\partial y_{i_n}}{\partial x_1} \\ \vdots & \ddots & \vdots \\ \frac{\partial y_{i_1}}{\partial x_n} & \cdots & \frac{\partial y_{i_n}}{\partial x_n} \end{vmatrix} \tag{3.72}$$

gesetzt wurde; die partiellen Differentialquotienten $\frac{\partial y_i}{\partial x_j}$ sind dabei aus den Gleichungen (3.8) zu übernehmen.

Ist $\mathfrak{A}$ ein dreidimensionaler affiner Raum und $\mathfrak{A}_o$ ein eindimensionaler Teilraum, also eine Gerade, so lauten die Gleichungen (3.8), welche in diesem Fall eine Parameterdarstellung dieser Geraden sind,

$$y_i = a_i x + b_i\,,$$

wenn hiefür $\kappa(y_1, y_2, y_3)$ eine Karte für $\mathfrak{A}$ und $\kappa_o(x)$ eine Karte für $\mathfrak{A}_o$ ist. Der Vektor $a_1 e_1 + a_2 e_2 + a_3 e_3$ liegt im Tangentialraum $\mathcal{T}_o$ und gibt die Richtung der Geraden $\mathfrak{A}_o$ an. Einer 1-Form

$$\varphi = \Phi_1\, dy_1 + \Phi_2\, dy_2 + \Phi_3\, dy_3$$

auf $\mathfrak{A}$ wird durch die Abbildung $\jmath : \mathfrak{A}_o \to \mathfrak{A}$ wegen $\frac{dy_i}{dx} = a_i$ die 1-Form

$$\jmath^*\varphi = \left[(\Phi_1 \circ \jmath)a_1 + (\Phi_2 \circ \jmath)a_2 + (\Phi_3 \circ \jmath)a_3\right] dx \tag{3.73}$$

auf $\mathfrak{A}_o$ zugeordnet.

Ist $\mathfrak{A}_o$ ein zweidimensionaler Teilraum, also eine Ebene, so führen die Gleichungen (3.8) zu einer Parameterdarstellung dieser Ebene,

$$y_i = a_i x_1 + b_i x_2 + c_i\,,$$

wenn $\kappa(x_1, x_2)$ eine Karte für $\mathfrak{A}_o$ ist; die beiden Vektoren $a_1 e_1 + a_2 e_2 + a_3 e_3$ und $b_1 e_1 + b_2 e_2 + b_3 e_3$ liegen im Tangentialraum $\mathcal{T}_o$ und spannen die Ebene auf. Ist

$$\varphi = \Phi_{23}\, dy_2 \wedge dy_3 + \Phi_{31}\, dy_3 \wedge dy_1 + \Phi_{12}\, dy_1 \wedge dy_2$$

eine 2-Form auf $\mathfrak{A}$, so benötigt man die partiellen Differentialquotienten

$$\frac{\partial y_i}{\partial x_1} = a_i\,, \quad \frac{\partial y_i}{\partial x_2} = b_i$$

und die Produkte

$$dy_2 \wedge dy_3 = (a_2 dx_1 + b_2 dx_2) \wedge (a_3 dx_1 + b_3 dx_2) = \begin{vmatrix} a_2 & b_2 \\ a_3 & b_3 \end{vmatrix} dx_1 \wedge dx_2 \quad \text{usw.},$$

um die 2-Form

$$\jmath^* \varphi = \left\{ (\Phi_{23} \circ \jmath) \begin{vmatrix} a_2 & b_2 \\ a_3 & b_3 \end{vmatrix} + (\Phi_{31} \circ \jmath) \begin{vmatrix} a_3 & b_3 \\ a_1 & b_1 \end{vmatrix} + (\Phi_{12} \circ \jmath) \begin{vmatrix} a_1 & b_1 \\ a_2 & b_2 \end{vmatrix} \right\} dx_1 \wedge dx_2 \quad (3.74)$$

auf $\mathfrak{A}_o$ zu bestimmen.

3.6 Euklidische Räume

In den Axiomen des linearen Vektorraumes und des affinen Raumes werden die grundlegenden Objekte, die Punkte und die Vektoren, miteinander in Beziehung gebracht, und zwar auf der Grundlage der beiden elementaren Vektoroperationen sowie der Zuordnung von Punktepaaren zu Vektoren. Alle daraus hervorgehenden Konstruktionen wie Gerade, Ebene usw. sowie Beziehungen zwischen solchen, die sich aus den Axiomen als Sätze ableiten lassen, bilden den Gegenstand der *affinen Geometrie*. Figuren, die einander bei einer affinen Transformation entsprechen, werden deshalb *affin* genannt. Die affine Geometrie ist jedoch keine *messende* Geometrie. Strecken als Stücke von Geraden durch zwei Punkte lassen lassen sich hinsichtlich ihrer Länge mit parallelen Strecken vergleichen, aber eine Maßzahl legt die affine Geometrie nicht fest. Die Einführung einer solchen leistet der Übergang von der affinen zur *euklidischen Geometrie*.

Ein affiner Raum $\mathfrak{A}$, in dessen Tangentialraum $\mathcal{T}$ ein inneres Produkt, also eine nicht-ausgeartete symmetrische Bilinearform $\mathsf{g} : \mathcal{T} \times \mathcal{T} \to \mathbb{R}$ eingeführt ist, heißt ein *euklidischer Raum*. Ist die zugehörige quadratische Funktion $\psi : \mathcal{T} \to \mathbb{R}$,

$$\psi(\overrightarrow{PQ}) = \mathsf{g}(\overrightarrow{PQ}, \overrightarrow{PQ}),$$

definit, so heißt $\mathfrak{A}$ ein *euklidischer Raum im eigentlichen Sinn*, ist ψ indefinit, so wird $\mathfrak{A}$ ein *pseudo-euklidischer Raum* genannt.[8]. Wenn ψ eine negativ definite Funktion ist, so kann durch einen Vorzeichenwechsel $\mathsf{g} \to -\mathsf{g}$ stets erreicht werden, daß die zugehörige quadratische Funktion ψ positiv definit ist, sodaß ψ ohne Beschränkung der Allgemeinheit stets als positiv definit angenommen werden kann. Euklidischen und pseudo-euklidischen Räumen sei für das Folgende das Symbol $\mathfrak{E}$ bzw. $\mathfrak{E}^N$ mit dem Hinweis auf die Dimension N des Raumes vorbehalten; an Stelle von g soll wieder die Notation $(\square,\square)$ für das innere Produkt verwendet werden. Mit Rücksicht auf eine kürzere Sprechweise ist im folgenden unter „euklidisch“ stets auch „pseudo-euklidisch“ gemeint, solange Definitheitseigenschaften des inneren Produktes keinen Einfluß auf die gegenständlichen Untersuchungen haben.

[8] An Stelle der Bezeichnung „pseudo-euklidisch“ ist auch „semi-euklidisch“ gebräuchlich.

Ist $\mathfrak{E}$ ein euklidischer Raum im eigentlichen Sinn, also ψ eine definite quadratische Funktion, so wird durch

$$\rho(P,Q) := \sqrt{\psi(\overrightarrow{PQ})}$$

eine *Abstandsfunktion* in $\mathfrak{E}$ erklärt und damit $\mathfrak{E}$ zu einem *metrischen Raum* gemacht. Die Zahl $\rho(P,Q)$ heißt der *Abstand* der Punkte P und Q. Diese Abstandsfunktion genügt den Forderungen

(i) der *Definitheit*: es ist $\rho(P,Q) \geq 0$ und $\rho(P,Q) = 0 \iff P = Q$,

(ii) der *Symmetrie*: es ist $\rho(P,Q) = \rho(Q,P)$ und

(iii) sie erfüllt die *Dreiecksungleichung*: $\rho(P,Q) \leq \rho(P,R) + \rho(R,Q)$.

Die ersten beiden Forderungen werden allein dadurch erfüllt, daß das innere Produkt nicht-ausgeartet und symmetrisch ist, die dritte ist eine Konsequenz aus der Schwarzschen Ungleichung (1.41), denn aus dieser folgt

$$-\sqrt{\psi(x)}\,\sqrt{\psi(y)} \leq (x,y) \leq \sqrt{\psi(x)}\,\sqrt{\psi(y)}$$

und durch Multiplikation mit dem Faktor 2 und anschließende Addition von $\psi(x)$ und $\psi(y)$

$$\left(\sqrt{\psi(x)} - \sqrt{\psi(y)}\right)^2 \leq \psi(x+y) \leq \left(\sqrt{\psi(x)} + \sqrt{\psi(y)}\right)^2 ;$$

zieht man jetzt die Quadratwurzel und setzt man für $x = \overrightarrow{PR}$, $y = \overrightarrow{RQ}$, so erhält man die Dreiecksungleichung.

Durch die Funktion $\sqrt{\psi}$ ist ein Maß für die Länge eines Vektors aus dem Tangentialraum von $\mathfrak{E}$ gegeben. Man nennt den Abstand eines Punktes P von einem Punkt Q die *Länge* des Vektors $x = \overrightarrow{PQ}$, symbolisch

$$\|x\| := \sqrt{\psi(x)}\,.$$

Dabei gilt auf Grund der Eigenschaften der Abstandsfunktion ρ

(i) es ist $\|x\| \geq 0$ und $\|x\| = 0 \iff x = o$,

(ii) für $\lambda \in \mathbb{R}$ ist $\|\lambda x\| = |\lambda|\,\|x\|$ und

(iii) $\|x+y\| \leq \|x\| + \|y\|$.

Das durch die bilineare Funktion $\mathfrak{g}$ gegebene innere Produkt ermöglicht es auch, ein Maß für den Winkel einzuführen, den zwei in einem Raumpunkt angeheftete Vektoren miteinander einschließen. Grundlage hiefür ist wieder die Schwarzsche Ungleichung, da sie der Doppelungleichung

$$-1 \leq \frac{(x,y)}{\|x\|\,\|y\|} \leq 1$$

äquivalent ist. Aus dieser geht nämlich hervor, daß es genau eine Zahl α mit $0 \leq \alpha \leq \pi$ gibt mit der Eigenschaft

$$\cos\alpha := \frac{(x,y)}{\|x\|\,\|y\|}\,.$$

Die Zahl α heißt der *Winkel*, den die Vektoren x und y miteinander bilden.

In einem pseudo-euklidischen Vektorraum hat die Schwarzsche Ungleichung keine Gültigkeit, weshalb ein pseudo-euklidischer Raum durch das innere Produkt nicht zu einem metrischen Raum wird; auch ein Winkelmaß kann über das innere Produkt nicht eingeführt werden. Abgesehen davon, daß nur Punkten P und Q mit $\psi(\overrightarrow{PQ}) > 0$ ein Abstand im euklidischen Sinn zugewiesen werden könnte, gibt es in einem pseudo-euklidischen Raum immer verschiedene Punkte, für die $\psi(\overrightarrow{PQ}) = 0$ ist. Man nennt $\psi(\overrightarrow{PQ})$ den ***pseudo-euklidischen Abstand*** der Punkte P und Q. Ist der pseudo-euklidische Abstand eines Punktes P von einem Punkt P_o gleich Null, so liegt der Punkt P auf einem Doppelkegel mit der Spitze in P_o. In einem Koordinatensystem mit orthonormalen Basisvektoren lautet die Gleichung dieses Doppelkegels, wenn x_i° die Koordinaten des Punktes P_o sind,

$$\sum_{i=1}^{N} \eta_i (x_i - x_i^\circ)^2 = 0 ,$$

worin die Bedeutung der Zahlen η_i den Vereinbarungen (1.62) zu entnehmen ist. Dieser Kegel heißt *Nullkegel* oder *Lichtkegel* im Punkt P_o. Ein Vektor $a = \overrightarrow{P_oP} \in \mathcal{T}$, $a \neq o$, heißt *zeitartig*, wenn $\psi(a) > 0$ ist, und *raumartig*, wenn $\psi(a) < 0$ ist; im Falle $\psi(a) = 0$ wird a ein *lichtartiger* Vektor genannt. Ein Vektor $\overrightarrow{P_oP}$ ist also genau dann lichtartig, wenn der Punkt P auf dem Lichtkegel im Punkt P_o liegt, er ist zeitartig, wenn er im Inneren des Lichtkegels liegt, und raumartig, wenn er im Äußeren liegt.

Der dreidimensionale affine Raum mit dem intuitiven Entfernungs- und Winkelbegriff als Form der Anschauung für die Erscheinungen der Welt ist wohl das anschaulichste Exemplar eines euklidischen Raumes im eigentlichen Sinn. Durch eine orthonormale Basis $\mathcal{B}$ des Tangentialraumes wird in einem euklidischen Raum ein Koordinatensystem eingeführt, welches man ***kartesisch*** nennt. Kartesische Koordinaten haben den Vorzug, in ihrer Handhabung besonders einfach zu sein. Einer direkten Vorstellung naturgemäß weniger zugänglich ist der vierdimensionale pseudo-euklidische Raum, dessen inneres Produkt im Tangentialraum den Index 1 hat. Dieser für die spezielle Relativitätstheorie wichtige Raum wird ***Minkowski-Raum*** genannt und mit $\mathfrak{W}^4$ — für *vierdimensionale Welt* — bezeichnet. Der Tangentialraum des Minkowski-Raumes $\mathfrak{W}^4$ ist der 4-dimensionale Lorentz-Raum $\mathcal{L}^4$. Eine Basis $\mathcal{B} = \{e_0, e_1, e_2, e_3\}$ des Lorentz-Raumes $\mathcal{L}^4$ mit der Besonderheit $\eta_0 = 1 = -\eta_1 = -\eta_2 = -\eta_3$ (vgl. (1.74)) bestimmt ein spezielles Koordinatensystem im Minkowski-Raum $\mathfrak{W}^4$, das man ein *Galileisches Koordinatensystem* nennt. Galileische Koordinaten im $\mathfrak{W}^4$ übernehmen in gewissem Sinne die Rolle, die kartesische Koordinaten im euklidischen Raum $\mathfrak{E}^3$ innehaben.

Eine affine Transformation $\sigma : \mathfrak{E} \to \mathfrak{E}$, deren Ableitung $d\sigma : \mathcal{T} \to \mathcal{T}$ eine orthogonale Transformation im Tangentialraum ist (vgl. (1.76)), führt kartesische Koordinaten für einen euklidischen Raum in kartesische, Galileische Koordinaten für den vierdimensionalen Minkowski-Raum $\mathfrak{W}^4$ in Galileische

Koordinaten über. Die Tatsache, daß die orthogonalen Transformationen eines euklidischen Vektorraumes bezüglich der Hintereinanderausführung eine Gruppe bilden, zieht nach sich, daß die affinen Transformationen eines euklidischen Raumes mit orthogonaler Ableitung eine Gruppe bilden. Die Geometrie, die zu dieser Transformationsgruppe gehört, ist die euklidische bzw. pseudo-euklidische Geometrie.

Das innere Produkt im Tangentialraum eines euklidischen oder pseudo-euklidischen Raumes ist als bilineare Funktion $\mathfrak{g}$ ein kovariantes ***konstantes*** Tensorfeld $\mathfrak{g} : \mathfrak{v}^2 \to \mathbb{F}$ der Stufe 2 mit den Koordinaten

$$g_{ij} = (e_i, e_j)$$

bezüglich der Basis $\mathcal{B}$ in $\mathcal{T}$. Durch $\mathfrak{g}$ wird eine bilineare Funktion $\breve{\mathfrak{g}}$ im Kotangentialraum $\mathcal{T}^*$ induziert, welche ihrerseits ein kontravariantes Tensorfeld $\breve{\mathfrak{g}} : \mathfrak{v}^{*2} \to \mathbb{F}$ zweiter Stufe mit den gleichfalls ortsunabhängigen Koordinaten

$$g^{ij} = \breve{\mathfrak{g}}(\varepsilon^i, \varepsilon^j) = (\iota^{-1}\varepsilon^i, \iota^{-1}\varepsilon^j)$$

bestimmt; darin ist ι der durch das innere Produkt in $\mathcal{T}$ gegebene natürliche Isomorphismus der Vektorräume $\mathcal{T}$ und $\mathcal{T}^*$. Über das Skalarprodukt $\langle \square, \square \rangle$ der Vektorräume $\mathcal{T}^*$ und $\mathcal{T}$ gelangt man zu dem gemischten Tensorfeld $\hat{\mathfrak{g}} : \mathfrak{v}^* \times \mathfrak{v} \to \mathbb{F}$ mit den Koordinaten

$$g^i{}_j = \langle \varepsilon^i, e_j \rangle = \delta^i_j$$

bzw. über das Skalarprodukt $\langle \square, \square \rangle_*$ der Vektorräume $\mathcal{T}^{**}$ und $\mathcal{T}^*$ zu dem gemischten Tensorfeld $\tilde{\mathfrak{g}} : \mathfrak{v} \times \mathfrak{v}^* \to \mathbb{F}$ mit den Koordinaten

$$g_i{}^j = \langle e_i, \varepsilon^j \rangle_* = \langle \varepsilon^j, e_i \rangle = \delta^j_i \,,$$

wobei für diese beiden gemischten Tesoren stets $g^i{}_j = g_i{}^j = g^j_i$ geschrieben werden kann. Diese vier Tensorfelder werden, da sie alle auseinander hervorgehen, identifiziert, man spricht vom *metrischen Fundamentaltensor* auf dem euklidischen bzw. pseudo-euklidischen Raum $\mathfrak{E}$; seine kovarianten Koordinaten sind die konstanten Größen g_{ij}, g^{ij} sind seine kontravarianten Koordinaten und g^j_i seine gemischten Koordinaten. Der metrische Fundamentaltensor ist auf Grund der Symmetrie des inneren Produktes ein symmetrischer Tensor

$$\mathfrak{g} = \sum_{i,j=1}^{N} g_{ij}\, dx_i \otimes dx_j \,. \tag{3.75}$$

Sind $\Delta x'$ und $\Delta x''$ zwei Ortszuwächse in einem euklidischen Raum im eigentlichen Sinn, so ist $(\Delta x', \Delta x'') = \sum_{ij} g_{ij} \Delta x'_i \Delta x''_j$ ihr inneres Produkt, während $(\Delta x, \Delta x) = \sum_{ij} g_{ij} \Delta x_i \Delta x_j$ das Quadrat der Länge Δs des Ortszuwachses Δx ist. Ersetzt man die Zuwächse Δx_i durch die Differentiale dx_i, indem man zu infinitesimalen Ortszuwächsen übergeht, so wird man auf die quadratische Form

$$ds^2 = (dx, dx) = \sum_{i,j=1}^{N} g_{ij}\, dx_i dx_j \tag{3.76}$$

geführt, die als das Quadrat der Länge ds eines infinitesimalen Ortszuwachses dx zu deuten ist. Die quadratische Form (3.76) wird *metrische Fundamentalform* auf $\mathfrak{E}$ genannt. Im euklidischen Raum $\mathfrak{E}^3$, der auf kartesische Koordinaten bezogen ist, lautet sie

$$ds^2 = dx_1^2 + dx_2^2 + dx_3^2 \,. \tag{3.77}$$

Im Minkowski-Raum $\mathfrak{W}^4$, in dem ein Galileisches Koordinatensystem errichtet ist, hat (3.76) die spezielle Form

$$ds^2 = dx_0^2 - dx_1^2 - dx_2^2 - dx_3^3 \,. \tag{3.78}$$

Hiezu sei aber angemerkt, daß die Notation (3.76) zwar sehr bequem ist und deshalb vielfach Verwendung findet, doch angesichts der Differentiale, bei denen es sich ja um Linearformen handelt, mathematisch nicht exakt ist. Sie hat ja letztlich nur dann einen Sinn, wenn die Differentiale dx_i als infinitesimale Zuwächse angesehen werden. Der präzise mathematische Untergrund der metrischen Fundamentalform ist die Darstellung (3.75) des Maßtensors.

Ebenso wie gewisse Tensoren in einem Vektorraum mit innerem Produkt, die allesamt auseinander hervorgehen, eine Familie assoziierter Tensoren bilden, können auch Tensorfelder auf einem euklidischen bzw. pseudo-euklidischen Raum identifiziert werden. So sind z.B. die beiden gemischten dreistufigen Tensorfelder $\hat{\psi} ; \mathfrak{v}^2 \times \mathfrak{v}^* \to \mathbb{F}$ und $\tilde{\psi} : \mathfrak{v} \times \mathfrak{v}^{*2} \to \mathbb{F}$ mit den Koordinaten

$$\Psi_{ij}{}^k(P) = \hat{\psi}(e_i, e_j, \varepsilon^k) \quad \text{und} \quad \Psi_i{}^{jk}(P) = \tilde{\psi}(e_i, \varepsilon^j, \varepsilon^k)$$

durch das kovariante Tensorfeld $\psi : \mathfrak{v}^3 \to \mathbb{F}$ bestimmt, indem man sie durch

$$\hat{\psi}(a, b, \alpha) = \psi(a, b, \iota^{-1}\alpha), \qquad \tilde{\psi}(a, \alpha, \beta) = \psi(a, \iota^{-1}\alpha, \iota^{-1}\beta)$$

in Beziehung setzt. In den Koordinaten der beiden Tensorfelder tritt diese Verwandtschaft im Hinauf- bzw. Herunterziehen der Indizes zutage. So lassen sich die Gleichungen

$$\hat{\psi}(a, b, \alpha) = \tilde{\psi}(a, \iota b, \alpha) \quad \text{und} \quad \tilde{\psi}(a, \alpha, \beta) = \hat{\psi}(a, \iota^{-1}\alpha, \beta)$$

mit Hilfe der Koordinaten der beiden Tensorfelder in der Form

$$\Psi_{ij}{}^k(P) = \sum_{l=1}^N g_{jl} \Psi_i{}^{lk}(P) \quad \text{und} \quad \Psi_i{}^{jk}(P) = \sum_{l=1}^N g^{jl} \Psi_{il}{}^k(P)$$

ausdrücken. Sind $\Psi_{ijk}(P)$ die Koordinaten des Tensorfeldes ψ, so erhält man

$$\Psi_{ij}{}^k(P) = \sum_{l=1}^N g^{kl} \Psi_{ijl}(P) \quad \text{und} \quad \Psi_i{}^{jk}(P) = \sum_{h,l=1}^N g^{jh} g^{kl} \Psi_{ihl}(P) \,.$$

Durch Herunterziehen von Indizes wie in

$$\sum_{h,l=1}^N g_{jh} g_{kl} \Psi_i{}^{hl}(P) = \sum_{l=1}^N g_{kl} \Psi_{ij}{}^l(P) = \Psi_{ijk}(P)$$

gelangt man von den Koordinaten der Tensorfelder $\hat{\psi}$ und $\tilde{\psi}$ zu den Koordinaten des kovarianten Tensorfeldes ψ. Man spricht von einem Tensorfeld ψ mit den kovarianten Koordinaten $\Psi_{ijk}(P)$, den kontravarianten Koordinaten $\Psi^{ijk}(P)$, den gemischten Koordinaten $\Psi_i{}^{jk}(P)$ usf.

3.7 Integration der Differentialformen

Die Geometrie in euklidischen Räumen wird durch das innere Produkt im Tangentialraum begründet. Die auf diese Weise eingeführte Längen- und Winkelmessung ist noch durch ein Maß für den Inhalt räumlicher Figuren zu ergänzen. Für das Folgende seien dem Leser die Begriffsbildungen von Kap. 1, §6 in Erinnerung gerufen.

In der analytischen Geometrie des dreidimensionalen Raumes wird das Volumen eines von drei Vektoren a_1, a_2, a_3 aufgespannten Parallelepipeds durch das Spatprodukt $a_1 \cdot (a_2 \times a_3)$ der drei Vektoren gemessen. Dieses Inhaltsmaß für Parallelepipeda ist eine multilineare und schiefsymmetrische Funktion der drei Vektoren und damit eine Determinantenfunktion. Genügen drei Vektoren der Forderung der Rechtsschraubregel, so ist ihr Spatprodukt positiv, wenn — wovon in der Regel stillschweigend ausgegangen wird — das kartesische Koordinatensystem, auf das Bezug genommen wird, ein Rechtssystem ist. Trifft dies nicht zu, wie immer dann, wenn drei Vektoren nicht derselben Schraubregel genügen wie jene der Maßvektoren des Koordinatensystems, so ist das Spatprodukt nur negativer Werte fähig. Den Wert Null kann es dabei nur dann annehmen, wenn die drei Vektoren linear abhängig, also entweder komplanar oder kollinear sind und somit kein dreidimensionales Gebilde im Raum aufspannen. Dem Einheitswürfel, der von den drei Maßvektoren e_1, e_2, e_3 der Koordinatenachsen gebildet wird, ordnet das Spatprodukt den Inhalt 1 zu und erfüllt damit eine „Normierungsbedingung"; doch nicht nur dem von den Maßvektoren gebildeten Einheitswürfel wird der Inhalt 1 zugewiesen, jeder von drei orthonormalen Einheitsvektoren aufgespannte Einheitswürfel hat danach den Inhalt ± 1, je nachdem, ob die drei Vektoren der Rechtsschraubregel genügen oder nicht. Das Spatprodukt dreier Vektoren ist daher als ein „Volumelement" für den dreidimensionalen Raumes aufzufassen.

Bei der Einführung eines Volumelementes in euklidischen und pseudoeuklidischen Räumen orientiert man sich an diesen elementaren Begriffsbildungen. Deshalb muß zunächst der Raum durch Auswahl einer Äquivalenzklasse von Determinantenfunktionen im Tangentialraum orientiert werden, um auf N-dimensionale euklidische Räume zu übertragen, was man als „Drehsinn in der Ebene" und als „Schraubsinn im dreidimensionalen Raum" verstanden wissen will. Man tut dies durch Auswahl einer Äquivalenzklasse von Determinantenfunktionen auf dem Tangentialraum. Einem Parallelepipedon, das N in einem Raumpunkt P angeheftete Vektoren aufspannen, wird folgerichtig durch eine Determinantenfunktion, und zwar eine solche, welche jener durch die Wahl der Orientierung ausgezeichneten Äquivalenzklasse angehört, ein Inhalt zugeordnet. Ein Volumelement im N-dimensionalen Raum $\mathfrak{E}^N$ ist demnach durch eine N-Form

$$\epsilon := \gamma\, dx_1 \wedge dx_2 \wedge \cdots \wedge dx_N \tag{3.79}$$

einzuführen, worin die reelle Größe γ natürlich vom Koordinatensystem in

$\mathfrak{E}^N$ abhängig ist; sie transformiert sich nach der Vorschrift[9] (2.21),

$$\bar{\gamma} = \det\left\{\frac{\partial x_j}{\partial \bar{x}_i}\right\}\gamma\,. \tag{3.80}$$

Geht man davon aus, daß Inhalte von Figuren bei Parallelverschiebung ungeändert bleiben, so muß γ als reelle Funktion im Raum konstant sein. Da die triviale Determinantenfunktion keiner Orientierungsklasse angehört, muß $\gamma \neq 0$ sein — offenbar ist dann die Koordinate γ in jedem Koordinatensystem von Null verschieden. Die Wahl des Vorzeichens von γ entspricht in Verbindung mit dem für die Darstellung (3.79) gewählten Koordinatensystem den beiden Orientierungsmöglichkeiten, mit dem Betrag von γ wird das eigentliche „Inhaltsmaß" festgelegt. Mit anderen Worten, es kann jede beliebige nicht-triviale N-Form mit konstanten Koordinaten als Volumelement (in affinen Räumen) herangezogen werden.

Orientiert man die Basen, so hat die Koordinate γ, wie (3.80) zeigt, in jeder zulässigen Basis dasselbe Vorzeichen; liegt der Darstellung (3.79) eine positiv orientierte Basis zugrunde, so ist $\gamma > 0$ zu verlangen, denn es ist $\epsilon(e_1, \ldots, e_N) = \gamma$ auf Grund von $\det\{dx_i(e_j)\} = 1$ (vgl. (2.27)). Will man aber — und jetzt geht ein, daß der Raum euklidisch ist — dem N-dimensionalen Einheitswürfel, den orthonormale Vektoren aufspannen, durch das Volumelement (3.79) den Inhalt ± 1 zuordnen, so wird γ dem Betrag nach festgelegt. Die Forderung, daß durch (3.79) dem von einer positiv orientierten orthonormalen Basis aufgespannten Einheitswürfel der Inhalt $+1$ zugeordnet wird, während sich für die negativ orientierten orthonormalen Basen immer der Wert -1 einstellen soll, legt das Volumelement schließlich eindeutig fest.

Sei also $\mathcal{B} = \{e_1, \ldots, e_N\}$ eine orientierungsgerechte Basis im Tangentialraum von $\mathfrak{E}^N$; die Vektoren der dualen Basis im Kotangentialraum sind die Koordinatendifferentiale $dx_i = \varepsilon^i$. Sind jetzt f_1, f_2, …, f_N beliebige paarweise orthonormale Vektoren mit den Koordinaten F_1^i, F_2^i, …, F_N^i bezüglich der Basis $\mathcal{B}$, so gilt

$$\begin{aligned}\epsilon(f_1, \ldots, f_N) &= \sum_\pi \operatorname{sign}(\pi)\, F_1^{\pi(1)} \ldots F_N^{\pi(N)}\, \epsilon(e_1, \ldots, e_N) \\ &= \gamma \det\{F_i^j\} \det\{\langle \varepsilon^i, e_j\rangle\} = \gamma \det\{F_i^j\}\end{aligned}$$

und deshalb, wenn $\epsilon(f_1, \ldots, f_N) = \pm 1$ gefordert wird,

$$|\gamma|\,\left|\det\{F_i^j\}\right| = 1\,.$$

Aus der Orthonormalität der Vektoren f_1, f_2, …, f_N folgt unter sinngemäßer Verwendung der Notation in (1.62) zunächst

$$(f_i, f_j) = \eta_i \delta_{ij} = \sum_{h,k=1}^{N} F_i^h F_j^k (e_h, e_k) = \sum_{h,k=1}^{N} F_i^h F_j^k g_{hk}$$

[9] Es sei daran erinnert, daß $\gamma\epsilon_{i_1 \ldots i_N}$, worin ϵ das Symbol (2.19) ist, die Koordinaten der N-Form (3.79) sind.

und daraus durch Bildung der Determinante

$$\det\{(f_i, f_j)\} = \eta_1\eta_2\cdots\eta_N = (-1)^{N-r} = \left(\det\{F_i^j\}\right)^2 \det\{g_{ij}\},$$

also

$$\left|\det\{F_i^j\}\right|\sqrt{|g|} = 1,$$

worin für

$$g = \det\{g_{ij}\}$$

gesetzt wurde. Infolgedessen ist in (3.79) für

$$\gamma = \sqrt{|g|}$$

zu nehmen, da die Basis $\mathcal{B}$ als positiv orientiert vorausgesetzt wurde. Man nennt

$$\epsilon = \sqrt{|g|}\, dx_1 \wedge dx_2 \wedge \cdots \wedge dx_N \tag{3.81}$$

das *euklidische Volumelement* im N-dimensionalen euklidischen Raum $\mathfrak{E}^N$.

Über das Volumelement läßt sich nun räumlichen Bereichen in $\mathfrak{E}^N$ ein Inhalt zuordnen. Sind $a_1 = \overrightarrow{P_0P_1}, \ldots, a_N = \overrightarrow{P_0P_N}$ beliebige linear unabhängige Vektoren, so wird durch sie ein *Parallelepipedon* Π aufgespannt. Diesem wird durch das Volumelement (3.81)

$$\begin{aligned} \imath(\Pi) := \epsilon(a_1, \ldots, a_N) &= \sqrt{|g|}\left(\varepsilon^1 \wedge \cdots \wedge \varepsilon^N\right)(a_1, \ldots, a_N) \\ &= \sqrt{|g|}\, \det\{\langle \varepsilon^i, a_j\rangle\} \end{aligned} \tag{3.82}$$

als Inhalt zugeordnet. Dieser Inhalt ist positiv, wenn die Vektoren a_i eine orientierungsgerechte Basis des Tangentialraumes $\mathcal{T}$ sind, andernfalls negativ. Wird dem Papallelepiedon Π durch (3.82) ein positiver Inhalt zugeordnet, so sagt man, Π ist positiv orientiert; andernfalls nennt man Π negativ orientiert. Diese Definitionen sind natürlich unabhängig von der Karte κ des euklidischen Raumes $\mathfrak{E}^N$, denn bezüglich einer Basis $\bar{\mathcal{B}}$ in $\mathcal{T}$ ist

$$\begin{aligned} \imath(\Pi) = \sqrt{|\bar{g}|}\, \det\{\langle \bar{\varepsilon}^i, a_j\rangle\} &= \det\left\{\frac{\partial x_i}{\partial \bar{x}_j}\right\}\sqrt{|g|}\det\left\{\frac{\partial \bar{x}_h}{\partial x_k}\right\}\det\{\langle \varepsilon^i, a_j\rangle\} \\ &= \sqrt{|g|}\, \det\{\langle \varepsilon^i, a_j\rangle\}. \end{aligned}$$

Hat man auf diese Weise den einfachsten räumlichen Bereichen in $\mathfrak{E}^N$ einen Inhalt zugeordnet, so ist der Übergang zur Inhaltsmessung allgemeiner kompakter[10] räumlicher Bereiche $\mathfrak{B}$ durch Zerlegung in kleine Parallelepipeda zu vollziehen. Zerlegt man $\mathfrak{B}$ in kleine Parallelepipeda $\Delta\Pi_i$, deren Kanten parallel zu den Koordinatenrichtungen e_i verlaufen und die Längen Δx_i haben, so ist

$$\begin{aligned} \imath(\Delta\Pi) = \sqrt{|g|}\, \det\{\langle \varepsilon^i, \Delta x_j e_j\rangle\} &= \sqrt{|g|}\, \Delta x_1 \ldots \Delta x_N \det\{\langle \varepsilon^i, e_j\rangle\} \\ &= \sqrt{|g|}\, \Delta x_1 \ldots \Delta x_N \end{aligned}$$

[10] In einem euklidischen Raum sind die *kompakten* Bereiche jene, welche sowohl *abgeschlossen* als auch *beschränkt* sind.

der Inhalt eines solchen kleinen Parallelepipedons und angenähert

$$\imath(\mathfrak{B}) \approx \sum_i \imath(\Delta\Pi_i)$$

der Inhalt des Bereiches $\mathfrak{B}$. Bei unbeschränkter Verfeinerung der Zerlegung des Bereiches $\mathfrak{B}$ in Parallelepipeda durch eine sogenannte „ausgezeichnete Zerlegungsfolge" streben die Summen rechts gegen ein Bereichsintegral im $\mathbb{R}^N$, dessen Wert dem Bereich $\mathfrak{B}$ als Inhalt zugeordnet wird,

$$\imath(\mathfrak{B}) := \int\limits_{\kappa^{-1}(\mathfrak{B})} \sqrt{|g|}\, dx_1 \ldots dx_N \,. \tag{3.83}$$

Der Integrationsbereich darin ist das Urbild des kompakten Bereiches $\mathfrak{B}$ im $\mathbb{R}^N$ bezüglich der Karte κ. Das Integral (3.83) ist dabei unabhängig von der Wahl der Karte κ, denn für ein Koordinatensystem $\bar{\mathcal{K}}$ mit der Karte $\bar{\kappa}$ erhält man einerseits auf Grund der Transformationsvorschrift für $\sqrt{|g|}$, die wegen (1.72) dieselbe ist wie für die Größe γ in (3.79), andererseits auf Grund der Forderung, daß nur positiv orientierte Basen zugelassen sind, unter Heranziehung der Substitutionsregel für Bereichsintegrale

$$\begin{aligned}\int\limits_{\bar{\kappa}^{-1}(\mathfrak{B})} \sqrt{|\bar{g}|}\, d\bar{x}_1 \ldots d\bar{x}_N &= \int\limits_{\kappa^{-1}(\mathfrak{B})} \det\left\{\frac{\partial x_i}{\partial \bar{x}_j}\right\} \sqrt{|g|} \det\left\{\frac{\partial \bar{x}_h}{\partial x_k}\right\} dx_1 \ldots dx_N \\ &= \int\limits_{\kappa^{-1}(\mathfrak{B})} \sqrt{|g|}\, dx_1 \ldots dx_N \,.\end{aligned}$$

Die Variablensubstitution wird darin durch die Funktion $\bar{\mathbf{x}} = \bar{\kappa}^{-1} \circ \kappa(\mathbf{x})$ vermittelt, durch welche der Bereich $\bar{\kappa}^{-1}(\mathfrak{B}) \subseteq \mathbb{R}^N$ umkehrbar eindeutig auf den Bereich $\kappa^{-1}(\mathfrak{B}) \subseteq \mathbb{R}^N$ abgebildet wird. Zu beachten ist, daß die Funktionaldeterminante dieser Transformation, nämlich die Determinante der Matrix der partiellen Differentialquotienten, positiv ist, wenn nur gleichartig orientierte Basen zugelassen werden; deshalb kann auf die Betragsbildung, wie sie allgemein verlangt werden muß, verzichtet werden.

Das Integral (3.83) ist auch unabhängig von der Art der Zerlegung in kleine Parallelepipeda, allerdings unter einer Einschränkung. Die obige Herleitung erfolgte über eine Zerlegung in Parallelepipeda $\Delta\Pi$, die von Vektoren $\Delta x_1 e_1, \ldots, \Delta x_N e_N$ aufgespannt werden, welche, da sie eine orientierungsgerechte Basis bilden, jedem Parallelepipedon $\Delta\Pi$ eine positive Orientierung zuordnen. Mit anderen Worten, der räumliche Bereich $\mathfrak{B}$ wurde in positiv orientierte Parallelepipeda zerlegt. Der Möglichkeit, den Bereich $\mathfrak{B}$ in lauter positiv oder negativ orientierte Parallelepipeda zu zerlegen, trägt man durch eine *Orientierung des Bereiches* $\mathfrak{B}$ Rechnung. Wird dem Bereich $\mathfrak{B}$ eine positive Orientierung gegeben, so sind nur Zerlegungen in positiv orientierte Parallelepipeda zulässig, sein Inhalt ist positiv; wenn andernfalls $\mathfrak{B}$ negativ orientiert wird, so hat eine Zerlegung aus negativ orientierten Parallelepipeda zu bestehen, weshalb $\mathfrak{B}$ in diesem Fall ein negativer Inhalt zugeordnet wird.

Ein eindimensionaler euklidischer Raum wird durch eine Zahlengerade repräsentiert. Ihre Orientierung wird durch einen Durchlaufsinn vorgegeben, in der Regel von kleineren zu größeren Werten. Ein „räumlicher" Bereich auf der Zahlengeraden ist im einfachsten Fall ein Intervall. Dieses Intervall ist sinngemäß durch einen Durchlaufsinn zu orientieren; man nennt es positiv orientiert, wenn sein Durchlaufsinn mit dem der Zahlengeraden übereinstimmt, also ebenfalls von kleineren zu größeren Werten führt. Eine Ebene ist ein zweidimensionaler Raum, dem eine Orientierung durch einen Drehsinn zugewiesen wird. Ein Bereich in dieser orientierten Ebene wird gleichfalls durch einen Drehsinn orientiert; stimmt dieser mit dem Drehsinn der Ebene überein, so nennt man seine Orientierung positiv. Der dreidimensionale Raum wird schließlich durch einen Schraubsinn orientiert; räumliche Bereiche werden orientiert, indem man ihnen einen Schraubsinn zuordnet. Stimmt der Schraubsinn eines Teilbereiches mit jenem des Raumes überein, so sagt man, der räumliche Bereich ist positiv orientiert. Üblicherweise wird räumlichen Bereichen eines euklidischen Raumes stillschweigend die positive Orientierung mitgegeben.

Die feldtheoretische Auffassung der mathematischen Physik geht davon aus, daß der Zustand des Raumes — das *Feld* — seinen Ursprung in gewissen im Raum verteilten Substanzen hat, wie z.B. Kraftwirkungen, hervorgerufen durch die Anwesenheit von Massen. Bei einer kontinuierlichen Verteilung der felderzeugenden Substanzen bedient man sich einer reellen Funktion $\rho : \mathfrak{E}^N \to \mathbb{R}$, der *Dichtefunktion*, zur Beschreibung der Verteilung der Substanzen. In einem Koordinatensystem $\mathcal{K}$ mit der Karte κ ist die Dichte wie bei einem Skalarfeld durch eine Funktion $\rho \circ \kappa : \mathbb{R}^N \to \mathbb{R}$ zu beschreiben, die dann kurz mit dem Funktionssymbol ρ belegt werden soll. Mathematisch gesehen ist eine Dichte ein Skalarfeld, vom physikalischen Standpunkt hat eine Dichte die Dimension „Quantität pro Volumen", und darin unterscheidet sie sich von den Skalarfeldern.

Die Dichtefunktion einer Substanzverteilung ist eine Art Differentialquotient, ihre Herleitung wird gelegentlich auch als *Gebietsdifferentiation* bezeichnet. Man geht davon aus, daß eine Substanz (Massen, Ladungen u.ä.) stetig oder kontinuierlich im Raum verteilt ist, worunter folgendes zu verstehen ist. Die Verteilung der Substanz bestimmt eine sogenannte „Mengenfunktion" q, die einem räumlichen Bereich $\mathfrak{X} \subseteq \mathfrak{E}^N$ die in ihr verteilte Substanzmenge $q(\mathfrak{X})$ zuordnet. Unter einer *stetigen* oder *kontinuierlichen* Verteilung versteht man nun eine solche, bei der in — hinsichtlich des Inhalts — *hinreichend kleinen* Bereichen *beliebig wenig* dieser Substanz enthalten ist, d.h. es gibt zu jeder positiven Zahl $\varepsilon > 0$ eine von ε abhängige Zahl $\delta > 0$, sodaß

$$\imath(\Delta\mathfrak{X}) < \delta \;\Rightarrow\; |q(\Delta\mathfrak{X})| < \varepsilon$$

gilt. Ist eine Substanz in diesem Sinne stetig im Raum verteilt, so betrachtet man einen kleinen Bereich $\Delta\mathfrak{X}$, bestimmt die Substanzmenge in diesem Bereich und dividiert durch den Inhalt des Bereiches; dieser Quotient, der als Differenzenquotient aufgefaßt werden kann, heißt die *mittlere Dichte* in dem Bereich $\Delta\mathfrak{X}$. Wenn bei unbeschränkter Verkleinerung des Bereiches — man spricht von „Zusammenziehen" auf einen Punkt P — die mittlere Dichte einem Grenzwert zustrebt, so heißt dieser die *Dichte* der Verteilung im Punkt P. Ist dieser Grenzwert in jedem Punkt des Raumes $\mathfrak{E}^N$ vorhanden, so wird auf $\mathfrak{E}^N$ ein Skalarfeld, die Dichte der Substanzverteilung, definiert.

Ist ρ die Dichte einer im Raum stetig verteilten Substanz, so führt die Bestimmung der Substanzmenge q in einem kompakten räumlichen Bereich $\mathfrak{B} \subseteq \mathfrak{E}^N$ auf ein Integral. Der Bereich $\mathfrak{B}$ muß dabei orientiert werden, wobei üblicherweise die positive Orientierung zugrundegelegt wird. Entsprechend einer (orientierungsgerechten) Zerlegung des Bereiches $\mathfrak{B}$ in Parallelepipeda ist, wenn mit P ein beliebiger Punkt in einem solchen von den Vektoren $\Delta x_1 e_1, \ldots, \Delta x_N e_N$ aufgespannten Parallelepipedon gewählt wird,

$$\rho(P)\,\epsilon(\Delta x_1 e_1, \ldots, \Delta x_N e_N) = \rho(P)\,\sqrt{|g|}\,\Delta x_1 \ldots \Delta x_N$$

näherungsweise die in diesem Parallelepipedon enthaltene Substanzmenge. Durch Summation und unbeschränkte Verfeinerung der Zerlegung des Bereiches $\mathfrak{B}$ wird man in der Grenze auf das Bereichsintegral

$$q = \int\limits_{\kappa^{-1}(\mathfrak{B})} \rho \circ \kappa(\mathbf{x})\sqrt{|g|}\,dx_1 \ldots dx_N$$

geführt, durch welches jetzt die im Bereich $\mathfrak{B}$ konzentrierte Substanzmenge zu erklären ist. Solange nur bei der Wahl des Koordinatensystems auf die Orientierung des Bereiches $\mathfrak{B}$ Rücksicht genommen wird, ist der Wert des Bereichsintegrales unabhängig von der Karte für $\mathfrak{E}^N$, sodaß zur Auswertung des Integrals eine beliebige Karte herangezogen werden kann. Bei einem die Orientierung nicht ändernden Kartenwechsel $\kappa \to \bar{\kappa}$, den die Funktion $\kappa^{-1} \circ \bar{\kappa} : \mathbb{R}^N \to \mathbb{R}^N$ beschreibt, durch welche der Bereich $\mathcal{B} = \kappa^{-1}(\mathfrak{B}) \subseteq \mathbb{R}^N$ auf den Bereich $\bar{\mathcal{B}} = \bar{\kappa}^{-1}(\mathfrak{B}) \subseteq \mathbb{R}^N$ abgebildet wird, transformiert sich das Bereichsintegral gemäß

$$\int\limits_{\bar{\mathcal{B}}} (\rho \circ \kappa) \circ (\kappa^{-1} \circ \bar{\kappa})\sqrt{|g|}\det\left\{\frac{\partial x_i}{\partial \bar{x}_j}\right\} d\bar{x}_1 \ldots d\bar{x}_N = \int\limits_{\bar{\mathcal{B}}} \rho \circ \bar{\kappa}(\bar{\mathbf{x}})\sqrt{|\bar{g}|}\,d\bar{x}_1 \ldots d\bar{x}_N,$$

worin wieder das Transformationsgesetz (3.80) verwendet wurde.

Sein nun

$$\varphi = \Phi\,dx_1 \wedge dx_2 \wedge \cdots \wedge dx_N$$

eine N-Form auf $\mathfrak{E}^N$. Sie transformiert sich bei einem Kartenwechsel $\kappa \to \bar{\kappa}$ gemäß

$$\varphi = \bar{\Phi}\,d\bar{x}_1 \wedge d\bar{x}_2 \wedge \cdots \wedge d\bar{x}_N\,,$$

worin

$$\bar{\Phi} = \det\left\{\frac{\partial x_i}{\partial \bar{x}_j}\right\}\Phi \tag{3.84}$$

ist; die Koordinate Φ transformiert sich also wie $\sqrt{|g|}$ (vgl. (2.21)). Daher ist

$$\rho = \frac{\Phi}{\sqrt{|g|}}$$

eine Invariante und die N-Form φ erscheint als das Produkt des Skalars ρ mit dem euklidischen Volumelement im $\mathfrak{E}^N$,

$$\varphi = \rho\sqrt{|g|}\, dx_1 \wedge dx_2 \wedge \cdots \wedge dx_N\,.$$

Darin kommt übrigens zum Ausdruck, daß zwei Determinantenfunktionen im Tangentialraum proportional sind. Es liegt nahe, durch das Integral der Invariante ρ das Integral der N-Form φ einzuführen,

$$\int_{\mathfrak{B}} \varphi := \int_{\kappa^{-1}(\mathfrak{B})} \Phi \circ \kappa(\mathbf{x})\, dx_1 dx_2 \dots dx_N\,. \tag{3.85}$$

Das Bereichsintegral rechts transformiert sich bei einer Variablensubstitution $\mathbf{x} = f(\bar{\mathbf{x}}) = \kappa^{-1} \circ \bar{\kappa}(\bar{\mathbf{x}})$ gemäß

$$\int_{\mathcal{B}} \Phi \circ \kappa(\mathbf{x})\, dx_1 \dots dx_N = \int_{\bar{\mathcal{B}}} \Phi \circ \bar{\kappa}(\bar{\mathbf{x}}) \left|\det\left\{\frac{\partial x_i}{\partial \bar{x}_j}\right\}\right| d\bar{x}_1 \dots d\bar{x}_N\,,$$

wobei $\mathcal{B} = \kappa^{-1}(\mathfrak{B})$ bzw. $\bar{\mathcal{B}} = \bar{\kappa}^{-1}(\mathfrak{B})$ die Integrationsbereiche im $\mathbb{R}^N$ sind. Der Tensor φ dagegen hat bezüglich der Karte $\bar{\kappa}$ die Koordinate $\bar{\Phi}$, die dem Transformationsgesetz (3.84) unterliegt. Deshalb ist

$$\int_{\mathcal{B}} \Phi \circ \kappa(\mathbf{x})\, dx_1 \dots dx_N = \operatorname{sign}\left(\det\left\{\frac{\partial x_i}{\partial \bar{x}_i}\right\}\right) \int_{\bar{\mathcal{B}}} \bar{\Phi} \circ \bar{\kappa}(\bar{\mathbf{x}})\, d\bar{x}_1 \dots d\bar{x}_N\,.$$

Ist jetzt $\det\left\{\frac{\partial x_i}{\partial \bar{x}_i}\right\} > 0$, so bringt diese Gleichung die Unabhängigkeit des Integrals der N-Form φ über den Bereich $\mathfrak{B}$ zum Ausdruck, *wenn gleichartig orientierte Koordinatensysteme herangezogen werden.* Ist aber $\det\left\{\frac{\partial x_i}{\partial \bar{x}_i}\right\} < 0$, so bedeutet der Übergang vom Koordinatensystem der Karte κ auf das Koordinatensystem der Karte $\bar{\kappa}$ eine Änderung der Orientierung der Basen, sodaß die Karte $\bar{\kappa}$ nicht der Orientierung des Bereichs $\mathfrak{B}$, sondern der Orientierung des Bereichs $-\mathfrak{B}$ gerecht wird. Das Integral rechts ist dann das Integral der N-Form φ über den Bereich $-\mathfrak{B}$, d.h. es gilt

$$\int_{\mathfrak{B}} \varphi = -\int_{-\mathfrak{B}} \varphi \tag{3.86}$$

für eine beliebige N-Form φ auf $\mathfrak{E}^N$.

Es ist wichtig festzuhalten, daß in die Definition (3.85) des Integrals einer N-Form das euklidische Volumelement (3.81), das zur Herleitung Pate stand, nicht mehr eingeht. Der Grund hiefür liegt einfach darin, daß sich die Koordinaten einer N-Form wie $\sqrt{|g|}$ transformieren. Die Integration von Differentialformen benötigt daher *nicht* die euklidische Raumstruktur, die Einführung des Integrals einer Differentialform verlangt nur die Struktur des affinen Raumes. Dieser muß allerdings, ebenso wie die Basen, orientiert werden, um ein Volumelement einführen zu können, mit welchem räumlichen Bereichen ein Inhalt zugeordnet werden kann. Ein solches Volumelement ist durch jede N-Form (3.79) gegeben, sofern sie in keinem Punkt des Raumes die triviale Determinantenfunktion auf dem Tangentialraum ist. Es muß also in (3.79) die Koordinate γ von Null verschieden sein. Will man, daß der Inhalt von Figuren bei Parallelverschiebung erhalten bleibt, so muß γ eine von Null verschiedene *konstante* Größe sein. Diese Größe γ und damit die N-Form ϵ bestimmt ein „Inhaltsmaß" auf einem affinen Raum.

Ist φ eine beliebige N-Form mit der Koordinate Φ, so gibt es, da zwei Determinantenfunktionen stets proportional sind, ein Skalarfeld ρ, sodaß $\varphi = \rho\,\epsilon$ ist. Das Integral (3.85) ist dann das Integral des Skalars ρ bezüglich des durch die N-Form ϵ eingeführten Inhaltsmaßes. Im folgenden sei also $\mathfrak{A}^N$ ein N-dimensionaler affiner Raum, orientiert durch das Volumelement (3.79).

Das Integral einer n-Form auf $\mathfrak{A}^N$ wird für $n < N$ als Integral über „räumliche" Bereiche in n-dimensionalen affinen Teilräumen von $\mathfrak{A}^N$ eingeführt.

Sei $\mathfrak{A}_o \subseteq \mathfrak{A}^N$ ein n-dimensionaler affiner Teilraum von $\mathfrak{A}^N$. Die Koordinaten bezüglich einer Karte κ in $\mathfrak{A}^N$ seien jetzt y_i, die Koordinaten in $\mathfrak{A}_o$ bezüglich einer Karte κ_o werden mit x_i bezeichnet. Durch die Inklusionsabbildung $\jmath : \mathfrak{A}_o \to \mathfrak{A}^N$ (vgl. (3.7) und (3.8)) wird der Zusammenhang zwischen den Koordinaten x_i und y_i der Punkte von $\mathfrak{A}_o$ als solche von $\mathfrak{A}_o$ bzw. $\mathfrak{A}^N$ hergestellt. Durch die Abbildung $\jmath$ wird der n-Form φ auf $\mathfrak{A}^N$ die n-Form $\jmath^*\varphi$ (vgl. (3.66) und (3.71)) auf $\mathfrak{A}_o$ zugeordnet. Da das Integral einer Differentialform, deren Grad gleich der Raumdimension ist, durch (3.85) bereits erklärt ist, führt man das Integral der n-Form φ über einen n-dimensionalen Bereich $\mathfrak{B} \subset \mathfrak{A}_o$, nachdem man den Teilraum $\mathfrak{A}_o$ und den Bereich $\mathfrak{B}$ orientiert hat, durch

$$\int\limits_{\mathfrak{B}} \varphi := \int\limits_{\mathfrak{B}} \jmath^*\varphi = \int\limits_{\kappa_o^{-1}(\mathfrak{B})} f \circ \kappa_o(\mathrm{x})\, dx_1 dx_2 \ldots dx_n \tag{3.87}$$

ein, worin die in (3.72) gewählte Notation übernommen wurde. Auch dieses Integral ist unabhängig von der Karte κ_o für den Teilraum $\mathfrak{A}_o$ und ändert bei einem Wechsel der Orientierung von $\mathfrak{B}$ das Vorzeichen.

Die Integration der 1-, 2- und 3-Formen in einem dreidimensionalen affinen Raum $\mathfrak{A}^3$ führt auf den von der gewöhnlichen Vektoranalysis her vertrauten Begriff des Kurvenintegrales, des Flächenintegrales und des Bereichsintegrales. Die Integrationsbereiche sind dabei Stücke von Geraden, Bereiche in Ebenen und räumliche Bereiche im üblichen Sinn.

Ein eindimensionaler orientierter Teilraum $\mathfrak{A}_o \subseteq \mathfrak{A}^3$ ist eine mit einem Durchlaufsinn versehene Gerade im $\mathfrak{A}^3$. Der Teilraum $\mathfrak{A}_o$ sei auf eine Karte $\kappa_o(x)$ bezogen. Ist φ eine 1-Form im $\mathfrak{A}^3$ und $\mathfrak{J}$ ein orientiertes Intervall auf $\mathfrak{A}_o$, so ist (vgl. (3.71), (3.72) und (3.73))

$$\int\limits_{\mathfrak{J}} \varphi = \int\limits_{\mathfrak{J}} \jmath^*\varphi = \int\limits_{\kappa_o^{-1}(\mathfrak{J})} \left[(\Phi_1(x)a_1 + \Phi_2(x)a_2 + \Phi_3(x)a_3\right] dx = \int\limits_{\kappa_o^{-1}(\mathfrak{J})} f(x)\, dx\,,$$

worin die Funktionen $\Phi_i(x)$ für die Zusammensetzungen $\Phi_i \circ \jmath \circ \kappa_o(x)$ stehen. Das Integral rechts ist ein bestimmtes Integral über das orientierte Intervall $\kappa_o^{-1}(\mathfrak{J})$

auf der Zahlengeraden. Der Durchlaufsinn von $\mathfrak{J}$ zeichnet einen der beiden Randpunkte als Anfangspunkt, den anderen als Endpunkt aus. Sind dies die Punkte P bzw. Q und ist $a = \kappa_o^{-1}(P)$ bzw. $b = \kappa_o^{-1}(Q)$, so führt das Integral von φ über $\mathfrak{J}$ auf das bestimmte Integral

$$\int_{\mathfrak{J}} \varphi = \int_{\kappa_o^{-1}(\mathfrak{J})} f(x)\, dx = \int_a^b f(x)\, dx .$$

Das Integral einer 1-Form im $\mathfrak{A}^3$ ist das von der gewöhnlichen Vektoranalysis her geläufige Kurvenintegral, der „Integrationsweg" ist dabei ein orientiertes Geradenstück des $\mathfrak{A}^3$.

Ein zweidimensionaler orientierter Teilraum $\mathfrak{A}_o \subseteq \mathfrak{A}^3$ ist eine mit einem Drehsinn versehene Ebene[11] im $\mathfrak{A}^3$. Es sei $\kappa_o(x_1, x_2)$ eine Karte für diese Ebene. Ist φ eine 2-Form auf $\mathfrak{A}^3$, so ist (vgl. (3.71), (3.72) und(3.74))

$$\jmath^* \varphi = f(x_1, x_2)\, dx_1 \wedge dx_2 ,$$

worin abkürzend für

$$f(x_1, x_2) = \Phi_{23}(x_1, x_2) \begin{vmatrix} a_2 & b_2 \\ a_3 & b_3 \end{vmatrix} + \Phi_{31}(x_1, x_2) \begin{vmatrix} a_3 & b_3 \\ a_1 & b_1 \end{vmatrix} + \Phi_{12}(x_1, x_2) \begin{vmatrix} a_1 & b_1 \\ a_2 & b_2 \end{vmatrix}$$

gesetzt ist und $\Phi_{ij}(x_1, x_2)$ für die Zusammensetzung $\Phi_{ij} \circ \jmath \circ \kappa_o(x_1, x_2)$ steht. Ist $\mathfrak{B}$ ein orientierter Bereich auf der Ebene $\mathfrak{A}_o$, so ist

$$\int_{\mathfrak{B}} \varphi = \int_{\mathfrak{B}} \jmath^* \varphi = \int_{\kappa_o^{-1}(\mathfrak{B})} f(x_1, x_2)\, dx_1 dx_2 .$$

Das Integral einer 2-Form im $\mathfrak{A}^3$ ist das von der gewöhnlichen Vektoranalysis her bekannte Flächenintegral, der Integrationsbereich ist dabei ein orientiertes Ebenenstück des $\mathfrak{A}^3$.

Das Integral einer 3-Form führt auf ein dreidimensionales Bereichsintegral, wie es dem Leser von der Differential- und Integralrechnung von Funktionen in mehreren Veränderlichen her vertraut ist. Es ist allerdings über einen *orientierten* räumlichen Bereich zu erstrecken.

Mit den beiden Definitionen (3.85) bzw. (3.87) ist das Integral einer Differentialform als Begriff eingeführt. Es bleibt noch zu klären, welcher Art die Integrationsbereiche sein sollen. Das Integral einer N-Form ist über einen räumlichen Bereich zu erstrecken, der von einer Punktmenge berandet wird, welche als $(N-1)$-dimensionales Gebilde anzusehen ist. Ähnliches gilt für das Integral von n-Formen im Falle $n < N$. Das Integral einer n-Form ist über einen n-dimensionalen Teilbereich des Raumes zu erstrecken, der in einem n-dimensionalen Teilraum liegt und von einem $(n-1)$-dimensionalen Gebilde berandet wird. Es liegt also der Integrationsbereich in Teilräumen; auf dessen Berandung aber trifft dies ohne weitere Annahmen nicht zu.

Die natürlichen geometrischen Gebilde des affinen Raumes — Punkt, Gerade, Ebene, Hyperebene — legen Bereiche nahe, die auch durch solche Elemente „berandet" werden. Ein wichtiger Vertreter eines solchen Bereiches ist das *Simplex*.

---

[11] In einem euklidischen Raum kann der Drehsinn durch eine Normale auf die Ebene ausgezeichnet werden, indem man die Normale auf jener „Seite" der Ebene anheftet, sodaß der Drehsinn auf der Ebene zusammen mit einer Fortbewegung in Richtung dieser Normalen eine Rechtsschraubung ergibt.

Ein einzelner Punkt P_0 heißt ein 0-*dimensionales Simplex* $\mathfrak{S}_0 = \langle P_0 \rangle$ oder kurz ein 0-*Simplex*.

Ein geordnetes Punktepaar (P_0, P_1) bestimmt ein 1-dimensionales *Simplex* $\mathfrak{S}$ oder kurz ein 1-*Simplex*, das aus allen Punkten der Strecke von P_0 nach P_1 besteht. Sind x_i^0, x_i^1 die Koordinaten der Punkte P_0 und P_1, so liegt ein Punkt P mit den Koordinaten x_i genau dann auf dieser Strecke, wenn

$$x_i = x_i^0 + t(x_i^1 - x_i^0) = (1-t)x_i^0 + tx_i^1 , \qquad 0 \le t \le 1 ,$$

gilt. Da die Bedingung $0 \le t \le 1$ die Ungleichung $0 \le 1 - t \le 1$ zur Folge hat, können diese Gleichungen mit Hilfe der Setzungen $t_0 = t$, $t_1 = 1 - t$ auch in der Form

$$x_i = t_0 x_i^0 + t_1 x_i^1 , \qquad 0 \le t_0, t_1 \le 1 , \ t_0 + t_1 = 1$$

geschrieben werden. Man drückt diesen Sachverhalt auch durch die formale Summe

$$P = t_0 P_0 + t_1 P_1 , \qquad 0 \le t_0, t_1 \le 1 , \ t_0 + t_1 = 1 ,$$

aus und schreibt symbolisch

$$\mathfrak{S} = \langle P_0, P_1 \rangle .$$

Dem eindimensionalen Simplex $\mathfrak{S} = \langle P_0, P_1 \rangle$ wird durch den Durchlaufsinn der Strecke, d.h. durch die Kennzeichnung des Punktes P_0 als Anfangspunkt und des Punktes P_1 als Endpunkt der Strecke eine *Orientierung* mitgegeben, die aus dem *geordneten* Punktepaar (P_0, P_1) abgelesen werden kann. Das Simplex $\langle P_1, P_0 \rangle$ besteht geometrisch aus denselben Punkten wie $\langle P_0, P_1 \rangle$, doch ist nun der Punkt P_1 der Anfangspunkt und der Punkt P_0 der Endpunkt, sodaß die Änderung der Reihenfolge der das Simplex festlegenden Punkte einer Umkehrung der Orientierung gleichkommt. Man drückt dies durch ein „negatives Vorzeichen“ aus, indem man sich der Symbolik

$$\mathfrak{S} = \langle P_0, P_1 \rangle = -\langle P_1, P_0 \rangle = -\mathfrak{S}$$

bedient. Der *Rand* des 1-dimensionalen Simplex $\mathfrak{S} = \langle P_0, P_1 \rangle$, der mit dem Symbol $\partial\mathfrak{S}$ belegt wird, besteht aus den beiden Punkten P_0 und P_1, dem Anfangspunkt und dem Endpunkt, die als 0-dimensionale Simplizes aufzufassen sind. Dem Merkmal von P_0 als Anfangspunkt bzw. P_1 als Endpunkt des Simplex $\mathfrak{S}$ trägt man durch eine unterschiedliche Orientierung der 0-dimensionalen Simplizes $\langle P_0 \rangle$ und $\langle P_1 \rangle$ Rechnung und schreibt symbolisch

$$\partial\mathfrak{S} = \langle P_1 \rangle - \langle P_0 \rangle .$$

Auf diese Weise induziert die Orientierung von $\mathfrak{S}$ eine Orientierung des Randes $\partial\mathfrak{S}$.

Ein 2-dimensionales Simplex (2-Simplex) $\mathfrak{S}$ wird durch ein geordnetes Tripel (P_0, P_1, P_2) bestimmt, wenn die Vektoren $\overrightarrow{P_0P_1}$ und $\overrightarrow{P_0P_2}$ linear unabhängig sind. Es besteht aus allen Punkten, die sich in der Form

$$P = t_0 P_0 + t_1 P_1 + t_2 P_2 , \qquad 0 \le t_0, t_1, t_2 \le 1 , \ t_0 + t_1 + t_2 = 1 ,$$

darstellen lassen, was man symbolisch durch die Schreibweise

$$\mathfrak{S} = \langle P_0, P_1, P_2 \rangle$$

zum Ausdruck bringt. Ist $\dim \mathfrak{A} = 2$, so ist das Simplex $\mathfrak{S} = \langle P_0, P_1, P_2 \rangle$ ein räumlicher Bereich in $\mathfrak{A}$, nämlich das Dreieck mit den Eckpunkten P_0, P_1 und P_2, einschließlich der Punkte auf den das Dreieck berandenden Strecken, die als 1-dimensionale Simplizes $\langle P_0, P_1 \rangle$, $\langle P_1, P_2 \rangle$ und $\langle P_2, P_0 \rangle$ aufzufassen sind. Ist $\dim \mathfrak{A} = 3$, so ist $\mathfrak{S}$ ein Dreieck in einer Ebene, also ein räumlicher Bereich in einem affinen Teilraum von $\mathfrak{A}$, dessen Tangentialraum die lineare Hülle der linear unabhängigen Vektoren $\overrightarrow{P_0P_1}$ und $\overrightarrow{P_0P_2}$ ist. Dem 2-dimensionalen Simplex $\mathfrak{S} = \langle P_0, P_1, P_2 \rangle$ wird durch den Durchlaufsinn $P_0 \to P_1 \to P_2$, der aus der Reihenfolge der Punkte abzulesen ist, eine Orientierung in Form eines „Drehsinns" zugeordnet (Abb. 3.2). Ändert man die Reihenfolge ab, indem man die Position zweier Punkte vertauscht, so wird dieser Drehsinn und damit die Orientierung umgekehrt. So ist das Simplex $\langle P_1, P_0, P_2 \rangle$ geometrisch dasselbe Dreieck wie $\langle P_0, P_1, P_2 \rangle$, doch ist der Drehsinn andersherum, was durch

$$\langle P_0, P_1, P_2 \rangle = -\langle P_0, P_1, P_2 \rangle$$

angedeutet wird. Eine zweimalige Vertauschung der Rolle der Punkte in der angegebenen Reihenfolge bedingt eine zweimalige Änderung des Drehsinns und führt somit zum ursprünglichen Drehsinn zurück, sodaß z.B. $\langle P_0, P_1, P_2 \rangle$ und $\langle P_1, P_2, P_0 \rangle$ dieselben Simplizes sind, und zwar einschließlich ihrer Orientierung. Der Rand des zweidimensionalen Simplex $\mathfrak{S} = \langle P_0, P_1, P_2 \rangle$, symbolisch als $\partial\mathfrak{S}$ geschrieben, besteht aus den drei 1-Simplizes $\langle P_0, P_1 \rangle$, $\langle P_1, P_2 \rangle$ und $\langle P_2, P_0 \rangle$; diese werden durch die Orientierung von $\mathfrak{S}$ automatisch mitorientiert. Man drückt diesen Sachverhalt symbolisch durch die formale Summenbildung

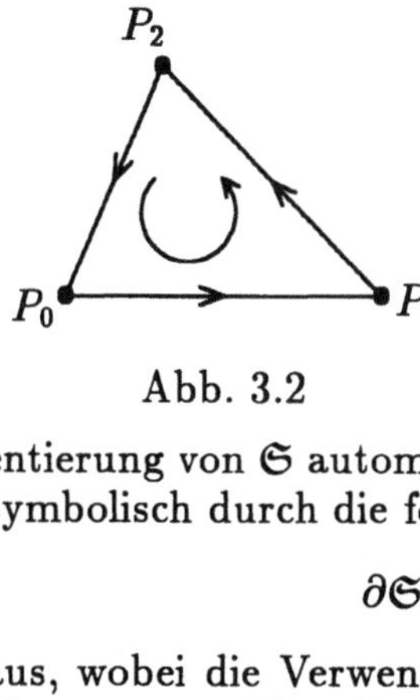

Abb. 3.2

$$\partial\mathfrak{S} = \langle P_0, P_1 \rangle + \langle P_1, P_2 \rangle + \langle P_2, P_0 \rangle$$

aus, wobei die Verwendung des +-Zeichens gegenüber dem Zeichen $\cup$ für die mengenmäßige Vereinigung bevorzugt wird, da durch ein Vorzeichen $\pm$ im Hinblick auf die Zusammensetzung von Simplizes besser auf die Orientierung eingegangen werden kann. Jeder der drei Punkte erscheint in dieser Darstellung des Randes genau einmal als Anfangspunkt und genau einmal als Endpunkt eines der drei Randsimplizes.

Ein geordnetes $(n+1)$-Tupel $(P_0, P_1, \dots, P_n)$ von Punkten eines N-dimensionalen affinen Raumes $\mathfrak{A}$ $(n \leq N)$ bestimmt ein *n-dimensionales Simplex (n-Simplex)*

$$\mathfrak{S} = \langle P_0, P_1, \dots, P_n \rangle$$

in $\mathfrak{A}$, wenn die n Vektoren $\overrightarrow{P_0P_i}$, $i = 1, 2, \dots, n$, linear unabhängig sind. Man sagt dann, die $n+1$ Punkte P_i sind *linear unabhängig*. Jeder Punkt

$P \in \mathfrak{S}$ kann als formale Summe

$$P = t_0 P_0 + t_1 P_1 + \cdots + t_n P_n\,, \qquad 0 \le t_i \le 1\,,\ \sum_{i=0}^{n} t_i = 1\,,$$

dargestellt werden. Diese Darstellung der Punkte von $\mathfrak{S}$ durch die Zahlen t_i ist eindeutig, sodaß jedem Punkt von $\mathfrak{S}$ genau ein $(n+1)$-Tupel $(t_0, t_1, \ldots, t_n)$, $0 \le t_i \le 1$, $\sum_i t_i = 1$, zugeordnet wird. Man nennt die Zahlen t_i die *baryzentrischen Koordinaten* des Punktes P. Diese Bezeichnung rührt davon her, daß der Punkt P der Schwerpunkt jenes Massensystems ist, wenn in den Punkten P_i die Massen t_i konzentriert werden. Durch die angegebene Reihenfolge der Punkte wird dem Simplex $\mathfrak{S}$ eine Orientierung zugeordnet. Ein 3-dimensionales Simplex $\mathfrak{S}$ in einem dreidimensionalen affinen Raum $\mathfrak{A}$ ist ein Tetraeder. Es wird von 4 Dreiecken berandet, nämlich von den Simplizes $\langle P_1, P_2, P_3\rangle$, $-\langle P_0, P_1, P_2\rangle$, $\langle P_0, P_1, P_3\rangle$ und $-\langle P_0, P_2, P_3\rangle$. Diese Orientierung des Randes ist so gewählt, daß eine Kante $\langle P_i, P_j\rangle$ des Tetraeders, längs der zwei dieser vier 2-Simplizes zusammenstoßen, einmal in der Richtung $P_i \to P_j$, das andere mal in der Richtung $P_j \to P_i$ durchlaufen wird. Hiefür gibt es an sich zwei Möglichkeiten. Die obige Wahl trägt dem Rechts-Schraubsinn Rechnung, sofern das Tetraeder als räumlicher Bereich positiv orientiert ist: Diese Rechtsschraubung setzt sich zusammen aus einem Drehsinn $P_1 \to P_2 \to P_3$ und einer Fortbewegung in Richtung P_0. Durch diesen Schraubungssinn wird die Orientierung jedes der vier Randsimplizes in der oben angegebenen Weise festgelegt, wenn der affine Raum $\mathfrak{A}$ orientiert ist und die drei Vektoren $\overrightarrow{P_0P_1}$, $\overrightarrow{P_0P_2}$ und $\overrightarrow{P_0P_3}$ in dieser Reihenfolge eine positiv orientierte Basis des Tangentialraumes bilden. In Abb. 3.3 ist zur Veranschaulichung dieses Sachverhalts ein Tetraeder aufgeklappt dargestellt; der dritte Eckpunkt P_0 liegt dabei oberhalb der der Zeichenebene.

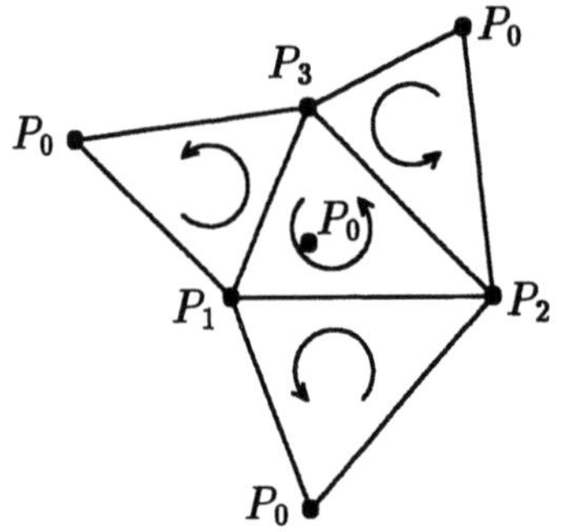

Abb. 3.3

Der Rand $\partial\mathfrak{S}$ eines n-dimensionalen Simplex $\mathfrak{S} = \langle P_0, P_1, \ldots, P_n\rangle$ in $\mathfrak{A}$ besteht aus $(n+1)$ Simplizes der Dimension $(n-1)$; je n der $n+1$ das Simplex $\mathfrak{S}$ definierenden Punkte P_i bestimmen ein *Randsimplex*. Den Randsimplizes wird durch die Orientierung von $\mathfrak{S}$ eine Orientierung mitgegeben, und zwar erhält das Simplex, welches den Punkt P_k nicht enthält, die Orientierung $(-1)^k\langle P_0, \ldots, \widehat{P}_k, \ldots, P_n\rangle$, wobei mit dem Hütchen über dem jeweiligen Punkt zum Ausdruck kommen soll, daß dieser in der Reihenfolge auszulassen ist. Im Sinne einer Zusammenfassung aller $n+1$ Randsimplizes zum *Rand* von $\mathfrak{S}$ schreibt man als formale Summe

$$\partial\mathfrak{S} = \sum_{k=0}^{n} (-1)^k \langle P_0, \ldots, \widehat{P}_k, \ldots, P_n\rangle\,. \tag{3.88}$$

Im Falle $n = 1$ ist

$$\partial\mathfrak{S} = \langle P_1 \rangle - \langle P_0 \rangle ,$$

für $n = 2$ erhält man

$$\partial\mathfrak{S} = \langle P_1, P_2 \rangle - \langle P_0, P_2 \rangle + \langle P_0, P_1 \rangle$$

und für $n = 3$

$$\partial\mathfrak{S} = \langle P_1, P_2, P_3 \rangle - \langle P_0, P_2, P_3 \rangle + \langle P_0, P_1, P_3 \rangle - \langle P_0, P_1, P_2 \rangle ,$$

in Übereinstimmung mit den obigen einleitenden Betrachtungen.

Ist $\mathfrak{S} = \langle P_0, \ldots, P_n \rangle$ ein n-Simplex, so lassen sich aus den $n+1$ Punkten P_i insgesamt $\binom{n+1}{2}$ Simplizes $\langle P_i, P_j \rangle$ der Dimension 1, $\binom{n+1}{3}$ Simplizes $\langle P_i, P_j, P_k \rangle$ der Dimension 2 bilden usw. Jedes dieser $2^{n+1} - 1$ Simplizes, einschließlich der $n+1$ nulldimensionalen Simplizes $\langle P_i \rangle$, heißt ein *Randsimplex*. Ein nulldimensionales Randsimplex $\langle P_i \rangle$ heißt eine *Ecke* oder ein *Eckpunkt* von $\mathfrak{S}$, ein 1-dimensionales Randsimplex wird eine *Kante*, ein $(n-1)$-dimensionales Randsimplex eine *Seite* von $\mathfrak{S}$ genannt.

Zwei Simplizes $\mathfrak{S}_1$ und $\mathfrak{S}_2$, die eine Seite gemeinsam haben, welche aber durch $\mathfrak{S}_1$ bzw. $\mathfrak{S}_2$ unterschiedlich orientiert wird, können zu einem *Polyeder* oder Vieleck $\boldsymbol{\Pi}$ zusammengesetzt werden, symbolisch

$$\boldsymbol{\Pi} = \mathfrak{S}_1 + \mathfrak{S}_2 .$$

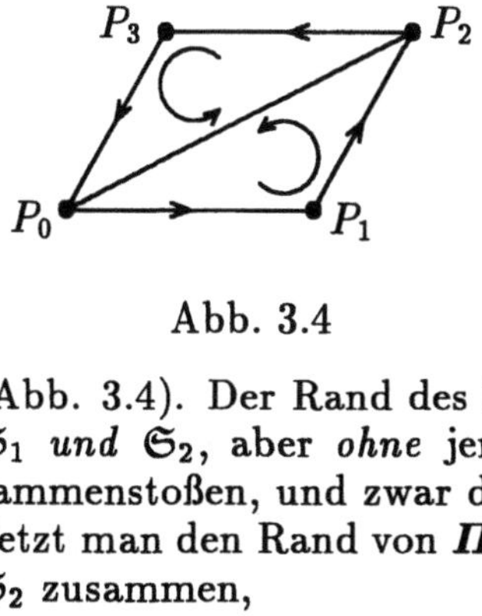

Abb. 3.4

Sind z.B. $\mathfrak{S}_1$ und $\mathfrak{S}_2$ die zweidimensionalen Simplizes $\langle P_0, P_1, P_2 \rangle$ bzw. $\langle P_0, P_2, P_3 \rangle$, so ist $\boldsymbol{\Pi}$ das Parallelogramm, das von den beiden Vektoren $\overrightarrow{P_0P_1}$ und $\overrightarrow{P_0P_3}$ aufgespannt wird (Abb. 3.4). Der Rand des Polyeders $\boldsymbol{\Pi}$ besteht dann aus allen Seiten von $\mathfrak{S}_1$ *und* $\mathfrak{S}_2$, aber *ohne* jene beiden Seiten, längs denen $\mathfrak{S}_1$ und $\mathfrak{S}_2$ zusammenstoßen, und zwar deshalb, weil sie entgegengesetzt orientiert sind. Setzt man den Rand von $\boldsymbol{\Pi}$ aus den Rändern der beiden Simplizes $\mathfrak{S}_1$ und $\mathfrak{S}_2$ zusammen,

$$\partial\boldsymbol{\Pi} = \partial\mathfrak{S}_1 + \partial\mathfrak{S}_2 ,$$

so fallen in dieser formalen Summe die gemeinsamen Seiten auf Grund ihrer entgegengesetzten Orientierung heraus. So ist

$$\begin{aligned} \partial\big[\langle P_0, P_1, P_2 \rangle + \langle P_0, P_2, P_3 \rangle\big] &= \partial\langle P_0, P_1, P_2 \rangle + \partial\langle P_0, P_2, P_3 \rangle \\ &= \langle P_1, P_2 \rangle - \langle P_0, P_2 \rangle + \langle P_0, P_1 \rangle + \langle P_2, P_3 \rangle - \langle P_0, P_3 \rangle + \langle P_0, P_2 \rangle \\ &= \langle P_0, P_1 \rangle + \langle P_1, P_2 \rangle + \langle P_2, P_3 \rangle + \langle P_3, P_0 \rangle . \end{aligned}$$

Ein konvexes Polyeder $\boldsymbol{\Pi}$ kann immer in Simplizes $\mathfrak{S}_1, \ldots, \mathfrak{S}_n$ zerlegt werden derart, daß je zwei Teilsimplizes, $\mathfrak{S}_i$ bzw. $\mathfrak{S}_j$, längs einer Seite zusammenstoßen, die durch $\mathfrak{S}_i$ bzw. $\mathfrak{S}_j$ aber unterschiedlich orientiert wird (Abb. 3.5). Man drückt eine solche Zerlegung symbolisch durch die Summe

$$\boldsymbol{\Pi} = \mathfrak{S}_1 + \mathfrak{S}_2 + \cdots + \mathfrak{S}_n$$

aus. Das Polyeder $\boldsymbol{\Pi}$ erhält durch die Orientierung der Simplizes selbst eine Orientierung, sein Rand

$$\partial\boldsymbol{\Pi} = \partial\mathfrak{S}_1 + \partial\mathfrak{S}_2 + \cdots + \partial\mathfrak{S}_n$$

besteht aus allen Seiten von $\mathfrak{S}_1$, …, $\mathfrak{S}_n$, die nicht im „Inneren“ des Polyeders $\boldsymbol{\Pi}$ liegen, da diese — mit entgegengesetzter Orientierung — zweifach in der Gesamtheit aller Seiten vorkommen und sich in der obigen Summe gegenseitig wegheben.

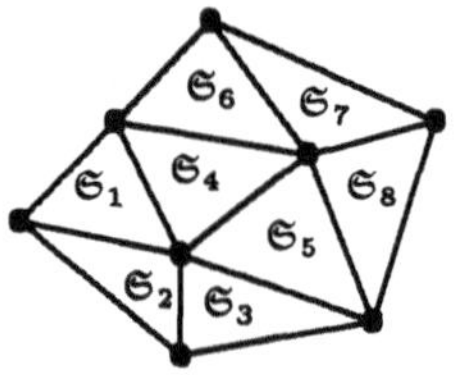

Abb. 3.5

Ein Parallelogramm im zweidimensionalen Raum ist die Summe zweier 2-Simplizes, ein Parallelepipedon im dreidimensionalen Raum besteht aus sechs 3-Simplizes. Ein Parallelepipedon im N-dimensionalen affinen Raum $\mathfrak{A}$ kann als Summe von $N!$ kongruenten Simplizes der Dimension N dargestellt werden.

Die Zusammensetzung beliebiger Simplizes $\mathfrak{S}_1, \ldots, \mathfrak{S}_n$, auch solcher, die nicht paarweise längs einer Seite zusammenstoßen, nennt man eine *Kette* und schreibt hiefür

$$\mathfrak{K} = \mathfrak{S}_1 + \mathfrak{S}_2 + \cdots + \mathfrak{S}_n\,. \tag{3.89}$$

Der *Rand* einer Kette (3.89) ist die Kette

$$\partial\mathfrak{K} = \partial\mathfrak{S}_1 + \partial\mathfrak{S}_2 + \cdots + \partial\mathfrak{S}_n\,. \tag{3.90}$$

Ist $\mathfrak{S} = \langle P_0, P_1, \ldots, P_N\rangle$ ein N-dimensionales Simplex des N-dimensionalen affinen Raumes $\mathfrak{A}$, so gibt es eine Karte κ_o für $\mathfrak{A}$, die dem Punkt P_k das Koordinaten-N-tupel $(0, \ldots, 1, \ldots, 0)$ zuordnet, in dem die Eins die k-te Position innehat, dem Punkt P_0 den Ursprung $\mathbf{o}$ des $\mathbb{R}^N$. Diese Karte bildet das Simplex $\mathfrak{S}$ auf das sogenannte *Standardsimplex* S des $\mathbb{R}^N$ ab: ein Punkt P gehört dem Simplex $\mathfrak{S}$ genau dann an, wenn seine Koordinaten x_i bezüglich der Karte κ_o den Ungleichungen

$$x_i \geq 0\,,\ x_1 + x_2 + \cdots + x_N \leq 1$$

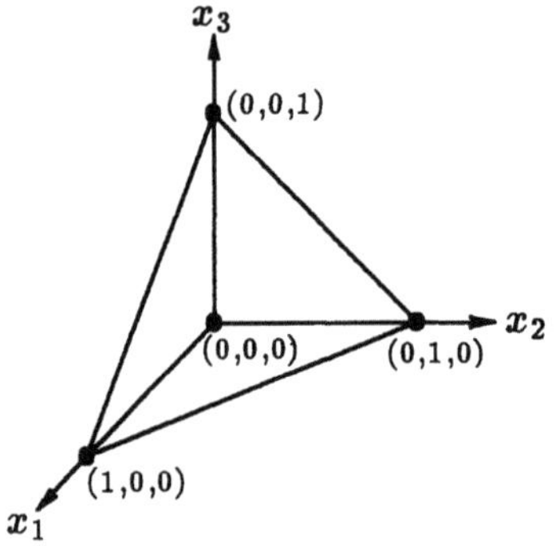

Abb. 3.6

genügen. Die Eckpunkte des Standardsimplex S sind die Punkte $\mathbf{e}_i = (0, \ldots, 1, \ldots, 0)$ auf den Koordinatenachsen des $\mathbb{R}^N$ im Abstand 1 vom Ursprung $\mathbf{o}$ (Abb. 3.6). Dies legt für S die Notation $S = \langle \mathbf{o}, \mathbf{e}_1, \ldots, \mathbf{e}_N\rangle$ nahe, analog für die $N+1$ Seiten $\langle \mathbf{e}_1, \ldots, \mathbf{e}_N\rangle$ und $(-1)^i\langle \mathbf{o}, \mathbf{e}_1 \ldots, \widehat{\mathbf{e}}_i, \ldots, \mathbf{e}_N\rangle$ des Randes ∂S, wobei letztere in den Koordinatenebenen liegen. Das Standardsimplex erhält die positive Orientierung durch die übliche (positive) Orientierung des $\mathbb{R}^N$.

Der Rand eines n-Simplex ist ein aus $n+1$ Simplizes zusammengesetztes Gebilde, das — aus der Sicht des n-dimensionalen affinen Teilraumes

$\mathfrak{A}_o$, in welchem es einen „räumlichen“ Bereich abgrenzt — intuitiv als „geschlossenes Gebilde“ anzusehen ist. Im Falle $n = 2$ handelt es sich um eine „geschlossene Kurve“, bestehend aus drei Geradenstücken, im Falle $n = 3$ um eine „geschlossene Fläche“, die aus vier Dreiecken zusammengesetzt ist. Der Rand eines n-Simplex im n-dimensionalen Teilraum $\mathfrak{A}_o \subseteq \mathfrak{A}^N$ wird aus $n+1$ Simplizes auf Hyperebenen des Teilraumes $\mathfrak{A}_o$ zu einem geschlossenen das Simplex $\mathfrak{S}$ berandenden Gebilde zusammengefügt. Dieses Merkmal des Randes, ein geschlossenes Gebilde zu sein, drückt sich darin aus, daß der Rand $\partial(\partial\mathfrak{S})$ des Randes $\partial\mathfrak{S}$ leer ist,

$$\partial(\partial\mathfrak{S}) = \partial^2\mathfrak{S} = \emptyset . \tag{3.91}$$

Bei der Beweisführung ist der Regel (3.88) zur Bildung des Randes zu folgen. Der Rand (3.88) eines n-Simplex $\mathfrak{S} = \langle P_0, P_1, \dots, P_n\rangle$ ist eine Kette, dessen Rand durch Zusammenfügen der Ränder der Teilsimplizes entsprechend der Regel (3.90) zu bilden ist. Bezeichnet man abkürzend mit

$$\mathfrak{S}_k = \langle P_0, \dots, \widehat{P}_k, \dots, P_n\rangle$$

die Seiten von $\mathfrak{S}$ und mit

$$\mathfrak{S}_{kl} = \langle P_0, \dots, \widehat{P}_k, \dots, \widehat{P}_l, \dots, P_n\rangle = \mathfrak{S}_{lk}\,, \qquad k \neq l\,,$$

die Seiten von $\mathfrak{S}_k$, so wird

$$\begin{aligned}
\partial(\partial\mathfrak{S}) &= \sum_{k=0}^{n}(-1)^k\partial\mathfrak{S}_k = \sum_{k=0}^{n}(-1)^k\partial\langle P_0, \dots, \widehat{P}_k, \dots, P_n\rangle \\
&= \sum_{k=0}^{n}\Big(\sum_{l=0}^{k-1}(-1)^{k+l}\mathfrak{S}_{lk} + \sum_{l=k+1}^{n}(-1)^{k+l-1}\mathfrak{S}_{kl}\Big) \\
&= \sum_{l<k}(-1)^{k+l}\mathfrak{S}_{lk} + \sum_{k<l}(-1)^{k+l-1}\mathfrak{S}_{kl} \\
&= \sum_{l<k}(-1)^{k+l}\big[\mathfrak{S}_{lk} - \mathfrak{S}_{lk}\big] = \emptyset .
\end{aligned}$$

Die exakte Fassung des Integralbegriffs für Differentialformen erfolgt nun in mehreren Schritten. Zunächst wird einem N-dimensionalen Simplex $\mathfrak{S} = \langle P_0, \dots, P_N\rangle$ im $\mathfrak{A}^N$ ein Inhalt zugeordnet. Da sich ein von N linear unabhängigen Vektoren $\overrightarrow{P_0P_1}, \dots, \overrightarrow{P_0P_N}$ aufgespanntes Parallelepipedon in $N!$ kongruente — also inhaltsgleiche — Simplizes zerlegen läßt, erklärt man

$$\imath(\mathfrak{S}) := \frac{1}{N!}\,\epsilon\big(\overrightarrow{P_0P_1}, \overrightarrow{P_0P_2}, \dots, \overrightarrow{P_0P_N}\big)\,, \tag{3.92}$$

worin ϵ das Volumelement (3.79) im affinen Raum $\mathfrak{A}^N$ ist.

Der nächste Schritt besteht in einer Zerlegung des Simplex $\mathfrak{S}$ in Teilsimplizes: Jedes N-Simplex im $\mathfrak{A}^N$ läßt sich in N-dimensionale Simplizes

$\Delta\mathfrak{S}_i$ zerlegen, wobei der Durchschnitt $\Delta\mathfrak{S}_i \cap \Delta\mathfrak{S}_j$ entweder leer ist oder aus einer gemeinsamen Seite der beiden Simplizes besteht,

$$\mathfrak{S} = \Delta\mathfrak{S}_1 + \Delta\mathfrak{S}_2 + \cdots + \Delta\mathfrak{S}_k\,; \tag{3.93}$$

eine solche Zerlegung nennt man eine ***simpliziale Zerlegung*** (Abb. 3.7). Die Zerlegung (3.93) kann dabei so „fein" gemacht werden, daß der Inhalt jedes Teilsimplex $\Delta\mathfrak{S}_i$ kleiner als eine vorgegebene positive Zahl ε wird,

$$\imath(\Delta\mathfrak{S}_i) < \varepsilon\,.$$

Sei nun κ eine beliebige Karte und $\varphi = \Phi\, dx_1 \wedge \cdots \wedge dx_N$ eine N-Form auf $\mathfrak{A}^N$. Bezeichnet $\kappa(\widehat{\mathbf{x}}_i) = Q_i \in \Delta\mathfrak{S}_i$ beliebig ausgewählte Punkte in den Teilsimplizes, so heißt (man beachte $\varphi = \frac{\Phi}{\gamma}\,\epsilon$)

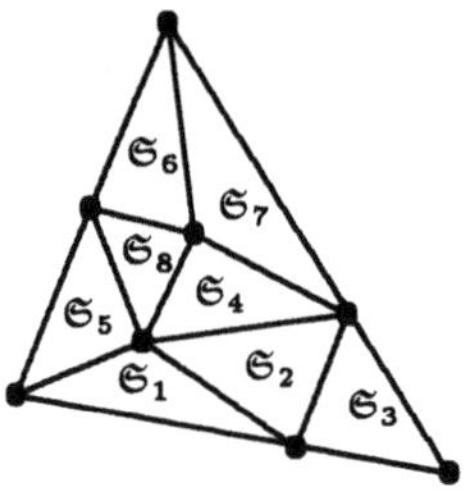

Abb. 3.7

$$\frac{1}{\gamma}\sum_{i=1}^{k} \Phi \circ \kappa(\widehat{\mathbf{x}}_i)\,\imath(\Delta\mathfrak{S}_i) \tag{3.94}$$

eine *Riemannsche Summe* zur simplizialen Zerlegung von $\mathfrak{S}$. Ist die Funktion $\Phi \circ \kappa$ stetig auf $\mathfrak{S}$, so streben diese Summen unabhängig davon, wie die Punkte Q_i ausgewählt werden, bei unbegrenzter Verfeinerung der simplizialen Zerlegung stets gegen ein und denselben Grenzwert, den man das Integral der N-Form φ über $\mathfrak{S}$ nennt,

$$\int\limits_{\mathfrak{S}} \varphi = \int\limits_{\mathfrak{S}} \Phi \circ \kappa(\mathbf{x})\, dx_1 \wedge \cdots \wedge dx_N := \frac{1}{\gamma}\lim \sum_i \Phi \circ \kappa(\widehat{\mathbf{x}}_i)\,\imath(\Delta\mathfrak{S}_i)\,.$$

Die Riemannschen Summen (3.94) streben andererseits gegen das Bereichsintegral der Funktion $\Phi \circ \kappa : \mathbb{R}^N \to \mathbb{R}$ über $\kappa^{-1}(\mathfrak{S}) \subseteq \mathbb{R}^N$,

$$\lim \frac{1}{\gamma}\sum_i \Phi \circ \kappa(\widehat{\mathbf{x}}_i)\,\imath(\Delta\mathfrak{S}_i) = \int\limits_{\kappa^{-1}(\mathfrak{S})} \Phi \circ \kappa(\mathbf{x})\, dx_1 \ldots dx_N\,,$$

denn die simpliziale Zerlegung von $\mathfrak{S}$ induziert eine adäquate Zerlegung

$$\kappa^{-1}(\mathfrak{S}) = \kappa^{-1}(\Delta\mathfrak{S}_1) + \kappa^{-1}(\Delta\mathfrak{S}_2) + \cdots + \kappa^{-1}(\Delta\mathfrak{S}_k)$$

von $\kappa^{-1}(\mathfrak{S})$, wobei der Inhalt des N-dimensionalen Simplex $\kappa^{-1}(\Delta\mathfrak{S}_i)$ im $\mathbb{R}^N$ proportional $\imath(\Delta\mathfrak{S}_i)$ ist. Also erklärt man durch

$$\int\limits_{\mathfrak{S}} \varphi := \int\limits_{\kappa^{-1}(\mathfrak{S})} \Phi \circ \kappa(\mathbf{x})\, dx_1 \ldots dx_N \tag{3.95}$$

das Integral der N-Form φ über das N-Simplex $\mathfrak{S}$. Das Bereichsintegral rechts ist, wie a.a.O. schon gezeigt wurde, unabhängig von der Wahl der Karte κ für $\mathfrak{A}^N$. Wählt man speziell jene Karte κ_o, die das Simplex $\mathfrak{S}$ orientierungsgerecht auf das Standardsimplex S im $\mathbb{R}^N$ abbildet, so wird

$$\int\limits_{\mathfrak{S}} \varphi = \int\limits_0^1 dx_1 \int\limits_0^{1-x_1} dx_2 \ldots \int\limits_0^{1-x_1-\cdots-x_{N_1}} \Phi \circ \kappa_o(x_1,\ldots,x_N)\, dx_N\,.$$

Setzt man für φ das Volumelement (3.79) ein, so erhält man, wenn γ_o die Koordinate von ϵ bezüglich der Karte κ_o ist, durch

$$\int_{\mathfrak{S}} \epsilon = \gamma_o \int_{S} dx_1 \ldots dx_N = \frac{\gamma_o}{N!}$$

den Inhalt des Simplex $\mathfrak{S}$, denn das Standardsimplex S im $\mathbb{R}^N$ hat den Inhalt $\frac{1}{N!}$. Für eine beliebige Karte κ ergibt sich, wenn $X_j^1, X_j^2, \ldots, X_j^N$ die Koordinaten der Vektoren $\overrightarrow{P_0 P_k}$ sind und γ die Koordinate von ϵ ist,

$$\int_{\mathfrak{S}} \epsilon = \gamma \int_{\kappa^{-1}(\mathfrak{S})} dx_1 \ldots dx_N = \frac{\gamma}{N!} \det\{X_i^j\},$$

entsprechend dem Transformationsgesetz (3.80) für die Koordinate γ des Volumelementes ϵ.

Das Integral einer n-Form φ im $\mathfrak{A}^N$ wird über ein n-Simplex $\mathfrak{S}$ erstreckt, das in einem n-dimensionalen Teilraum $\mathfrak{A}_o$ liegt,

$$\int_{\mathfrak{S}} \varphi = \int_{\mathfrak{S}} \jmath^* \varphi = \int_{\kappa^{-1}(\mathfrak{S})} f(x_1, \ldots, x_n)\, dx_1 \ldots dx_n\,. \tag{3.96}$$

Darin ist für die Funktion f aus (3.71) bzw. (3.72) einzusetzen.

Die Erweiterung des Integrals von Differentialformen über allgemeinere Bereiche folgt nun den üblichen Richtlinien. Sind $\mathfrak{S}_1$ und $\mathfrak{S}_2$ zwei beliebige Simplizes, die nicht unbedingt eine Seite gemeinsam haben, so wird das Integral über die Kette $\mathfrak{K} = \mathfrak{S}_1 + \mathfrak{S}_2$ durch

$$\int_{\mathfrak{S}_1 + \mathfrak{S}_2} \varphi := \int_{\mathfrak{S}_1} \varphi + \int_{\mathfrak{S}_1} \varphi$$

erklärt. Damit wird für eine beliebige Kette $\mathfrak{K} = \sum_i \mathfrak{S}_i$

$$\int_{\mathfrak{K}} \varphi = \int_{\sum_i \mathfrak{S}_i} \varphi = \sum_i \int_{\mathfrak{S}_i} \varphi\,.$$

Da die Summe $\mathfrak{K}_1 + \mathfrak{K}_2$ zweier Ketten $\mathfrak{K}_1$ und $\mathfrak{K}_2$ wieder eine Kette ist, gilt auf Grund dessen

$$\int_{\mathfrak{K}_1 + \mathfrak{K}_2} \varphi = \int_{\mathfrak{K}_1} \varphi + \int_{\mathfrak{K}_2} \varphi\,. \tag{3.97}$$

Die letzte wichtige Regel betrifft die Orientierungsänderung. Vertauscht man im N-Simplex $\mathfrak{S} = \langle P_0, \ldots, P_N \rangle$ zwei Punkte, etwa P_i mit P_j, so wird die Orientierung von $\mathfrak{S}$ geändert. Das Simplex $-\mathfrak{S}$, das solcherart aus $\mathfrak{S}$ hervorgeht, wird durch die Karte $\bar{\kappa}_o = \kappa_o \circ \pi$ auf das Standardsimplex S abgebildet; dabei ist κ_o jene Karte für $\mathfrak{A}^N$, die $\mathfrak{S}$ auf das

Standardsimplex S abbildet, und $\pi : \mathbb{R}^N \to \mathbb{R}^N$ jene Abbildung, welche die Rollen der Koordinaten x_i und x_j vertauscht. Da beim Koordinatenwechsel $\kappa_o \to \bar{\kappa}_o = \kappa_o \circ \pi$ wegen $\det\left\{\frac{\partial x_i}{\partial \bar{x}_j}\right\} = -1$

$$\bar{\Phi} = -\Phi$$

gilt, erhält man durch die Variablensubstitution $\mathbf{x} = \pi(\bar{\mathbf{x}})$

$$\int_{\mathfrak{S}} \varphi = \int_{S} \Phi \circ \kappa_o(\mathbf{x})\, dx_1 \ldots dx_N = -\int_{S} \bar{\Phi} \circ \bar{\kappa}_o(\bar{\mathbf{x}})\, d\bar{x}_1 \ldots d\bar{x}_N = -\int_{-\mathfrak{S}} \varphi\,,$$

weil die Transformation π das Standardsimplex S auf sich selbst abbildet. Eine Orientierungsänderung des Simplex $\mathfrak{S}$ bewirkt also einen Vorzeichenwechsel des Integrals,

$$\int_{-\mathfrak{S}} \varphi = -\int_{\mathfrak{S}} \varphi\,,$$

in Übereinstimmung mit (3.86). Damit ergibt sich für eine beliebige Kette $\mathfrak{K}$ die Regel

$$\int_{-\mathfrak{K}} \varphi = -\int_{\mathfrak{K}} \varphi\,. \tag{3.98}$$

Schließlich sei noch die Linearitätseigenschaft

$$\int_{\mathfrak{K}} (\lambda\varphi + \mu\psi) = \lambda \int_{\mathfrak{K}} \varphi + \mu \int_{\mathfrak{K}} \psi \tag{3.99}$$

des Integrals von Differentialformen vermerkt.

Die Differential- und Integralrechnung von Funktionen in einer unabhängigen Veränderlichen geht von den Begriffen Funktion und Ableitung oder besser Differential einer Funktion aus, entwickelt das bestimmte Integral, das unbestimmte Integral bzw. die Stammfunktion und bringt schließlich über den Fundamentalsatz der Differential- und Integralrechnung das bestimmte Integral mit dem unbestimmten Integral, also das Integral mit dem Differential in Zusammenhang. Der Aufbau der Differential- und Integralrechnung für Differentialformen in affinen — und allgemeineren Räumen — verallgemeinert diese Begriffsbildungen und ihre Zusammenhänge. An die Stelle der reellen Funktionen reeller Veränderlicher treten die Differentialformen, aus dem bestimmten Integral einer reellen Funktion wird das Integral einer Differentialform über eine Kette. Die Rolle der Ableitung einer reellen Funktion übernimmt das äußere Differential. Ob eine Differentialform integrabel ist, also eine Stammfunktion besitzt, wird durch das Lemma von POINCARÉ beantwortet. Damit ist auch das unbestimmte Integral auf Differentialformen übertragen; es bleibt noch, den Zusammenhang zwischen dem Integral einer Differentialform und seinem unbestimmten Integral herzustellen, wie ihn der Fundamentalsatz der Differential- und Integralrechnung für reelle Funktionen zum Ausdruck bringt.

In einem eindimensionalen auf eine gewisse Karte κ bezogenen affinen Raum $\mathfrak{A}$, den eine orientierte Gerade repräsentiert, wird jedes 1-Simplex $\mathfrak{S} = \langle P, Q\rangle$ durch κ^{-1} auf ein (durch den Durchlaufsinn) orientiertes Intervall der Zahlengeraden $\mathbb{R}$ abgebildet. Ist φ eine 0-Form auf $\mathfrak{A}$, so definiert das Integral von φ über den Rand $\partial\mathfrak{S} = \langle Q\rangle - \langle P\rangle$ von $\mathfrak{S}$ eine 1-Form

$$\psi(\overrightarrow{PQ}) = \int\limits_{\partial\mathfrak{S}} \varphi = \int\limits_{\langle Q\rangle} \varphi + \int\limits_{-\langle P\rangle} \varphi = \int\limits_{\langle Q\rangle} \varphi - \int\limits_{\langle P\rangle} \varphi = f(b) - f(a),$$

worin für $a = \kappa^{-1}(P)$, $b = \kappa^{-1}(Q)$ und $f(x) = \varphi \circ \kappa(x)$ gesetzt wurde. Ist ε eine von Null verschiedene Zahl, so gibt es einen wohlbestimmten Punkt Q_ε, für den $\varepsilon\overrightarrow{PQ} = \overrightarrow{PQ_\varepsilon}$ gilt; setzt man noch für $h = b - a$, so ist $\kappa^{-1}(Q_\varepsilon) = a + \varepsilon h$. Wenn dann $\mathfrak{S}_\varepsilon = \langle P, Q_\varepsilon\rangle$ das durch die beiden Punkte P und Q_ε bestimmte Simplex ist, so gilt

$$\psi(\varepsilon\overrightarrow{PQ}) = \int\limits_{\partial\langle P, Q_\varepsilon\rangle} \varphi = \int\limits_{\langle Q_\varepsilon\rangle} \varphi - \int\limits_{\langle P\rangle} \varphi = f(a + \varepsilon h) - f(a).$$

Das Differential $d\varphi = f'(a)\,dx$ nähert diese Differenz von höherer als erster Ordnung an, d.h. es ist

$$\psi(\varepsilon\overrightarrow{PQ}) = d\varphi(\varepsilon\overrightarrow{PQ}) + \cdots = f'(a)\,dx(\varepsilon\overrightarrow{PQ}) + \cdots = \varepsilon f'(a)h + \cdots,$$

wobei die Punkte für jene Terme stehen, die mit ε von höherer als erster Ordnung gegen Null gehen.

Dieser Zusammenhang zwischen Integral und Differential läßt sich auf affine Räume beliebiger Dimension übertragen, indem man an Stelle des Simplex auf der Zahlengeraden Parallelepipeda betrachtet. Sei φ eine $(n-1)$-Form auf $\mathfrak{A}^N$ und Π das n-dimensionale Parallelepipedon, das von n beliebigen in einem Punkt P angesetzten Vektoren $\overrightarrow{PP_1}, \ldots, \overrightarrow{PP_n}$ aufgespannt wird. Dann bestimmen φ und Π eine n-Form auf $\mathfrak{A}^N$,

$$\psi(\overrightarrow{PP_1}, \ldots, \overrightarrow{PP_n}) = \int\limits_{\partial\Pi} \varphi. \tag{3.100}$$

Daß es sich dabei um eine schiefsymmetrische Funktion im Punkt P handelt, hat seine Ursache in der Regel (3.98): Das Vertauschen von zwei Vektoren in der Argumentliste von ψ bedeutet eine Änderung der Orientierung von Π und damit seines Randes $\partial\Pi$, was sich in einer Vorzeichenänderung des Integrals auf der rechten Seite von (3.100) auswirkt. Die n-Form (3.100) übernimmt jetzt die Rolle der Differenz der Funktionswerte. Bezeichnet $P_{i,\varepsilon}$ jene eindeutig bestimmten Punkte, für die $\varepsilon\overrightarrow{PP_i} = \overrightarrow{PP_{i,\varepsilon}}$ gilt und ist Π_ε das von den Vektoren $\overrightarrow{PP_{1,\varepsilon}}, \ldots, \overrightarrow{PP_{n,\varepsilon}}$ aufgespannte Parallelogramm, so gilt im Punkt P

$$\psi(\varepsilon\overrightarrow{PP_1}, \ldots, \varepsilon\overrightarrow{PP_n}) = \int\limits_{\partial\Pi_\varepsilon} \varphi = \varepsilon^n d\varphi + \cdots, \tag{3.101}$$

worin mit den Punkten jene Terme angedeutet sind, die mit ε von höherer als n-ter Ordnung gegen Null gehen. In diesem Sinn verallgemeinert das äußere Differential einer Differentialform den Begriff des Differentials einer reellen Funktion einer reellen Veränderlichen.

Der Einfachheit halber sei (3.101) für den Fall $n = N = 2$ bewiesen, womit das Wesentliche bereits zutage tritt. Es seien y_i die Koordinaten im Raum $\mathfrak{A}^2$ bezüglich einer Karte $\kappa(\mathrm{y})$ und Π ein Parallelogramm, aufgespannt von den beiden Vektoren $a = \overrightarrow{PP_1}$ und $b = \overrightarrow{PP_2}$; der Punkt P habe bezüglich κ die Koordinaten y_i°, der Punkt P_3 sei der vierte Eckpunkt von Π, sodaß $\overrightarrow{P_1P_3} = b$ und $\overrightarrow{P_2P_3} = a$ gilt. Die beiden Vektoren a und b haben bezüglich der Karte κ die Koordinaten A^1, A^2 bzw. B^1, B^2. Dann bildet die Karte $\kappa_o(x_1, x_2) = \kappa \circ f(x_1, x_2)$, worin $f : \mathbb{R}^2 \to \mathbb{R}^2$ die Transformation mit den Koordinaten

$$y_1 = y_1^\circ + A^1 x_1 + B^1 x_2 \,,$$
$$y_2 = y_2^\circ + A^2 x_1 + B^2 x_2$$

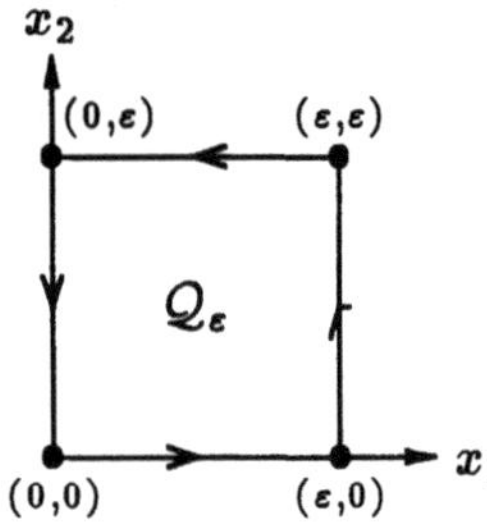

Abb. 3.8

ist, das Quadrat mit den Eckpunkten $(0,0)$, $(1,0)$, $(1,1)$ und $(0,1)$, welches von den vier Simplizes

$$\langle(0,0),(1,0)\rangle,\ \langle(1,0),(1,1)\rangle,\ \langle(1,1),(0,1)\rangle,\ \langle(0,1),(0,0)\rangle$$

berandet wird, auf das Parallelogramm Π ab. Eine 1-Form

$$\varphi = \Phi_1(y_1, y_2)\, dy_1 + \Phi_2(y_1, y_2)\, dy_2$$

auf $\mathfrak{A}^2$ wird dann durch die Transformation f in

$$\varphi = \phi_1\, dx_1 + \phi_2\, dx_2$$

übergeführt, wenn abkürzend für

$$\phi_1 = (A^1 \Phi_1 + A^2 \Phi_2) \circ f \,, \quad \phi_2 = (B^1 \Phi_1 + B^2 \Phi_2) \circ f$$

gesetzt wird. Nun gilt

$$\phi_i(x_1, x_2) = \phi_i(0,0) + \frac{\partial \phi_i}{\partial x_1} x_1 + \frac{\partial \phi_i}{\partial x_2} x_2 + \cdots \,, \qquad i = 1, 2, \qquad (3.102)$$

worin die partiellen Differentialquotienten an der Stelle $(0,0)$ zu nehmen sind und durch die Punkte die Glieder höherer Ordnung der Entwicklung von $\phi_i(x_1, x_2)$ angedeutet werden sollen.

Das achsenparallele Quadrat Q_ε wird durch κ_o auf das Parallelogramm $\Pi_\varepsilon$abgebildet (Abb. 3.8); dabei entsprechen dem Rand

$$\partial \Pi_\varepsilon = \langle P, P_{1,\varepsilon}\rangle + \langle P_{1,\varepsilon}, P_{2,\varepsilon}\rangle + \langle P_{2,\varepsilon}, P_{3,\varepsilon}\rangle + \langle P_{3,\varepsilon}, P\rangle$$

des Parallelogramms Π_ε durch κ_o die Seiten des Quadrates Q_ε. Ist nun $\mathfrak{A}_o$ der Teilraum von $\mathfrak{A}^2$, in dem das Randsimplex $\langle P, P_{1,\varepsilon}\rangle$ liegt, so ist

$\kappa_o \circ f(x_1, 0)$ eine Karte für $\mathfrak{A}_o$, die das Simplex $\langle P, P_{1,\varepsilon}\rangle$ auf die Kante $\big\langle(0,0),(\varepsilon,0)\big\rangle$ von Q_ε abbildet; übernimmt wieder $\jmath : \mathfrak{A}_o \to \mathfrak{A}^2$ die Rolle der Inklusionsabbildung (3.7), so wird bezüglich dieser Karte

$$\jmath^*\varphi = \phi_1(x_1, 0)\, dx_1$$

und

$$\int\limits_{\langle P,P_{1,\varepsilon}\rangle} \varphi = \int\limits_{\langle P,P_{1,\varepsilon}\rangle} \jmath^*\varphi = \int\limits_{\langle(0,0),(\varepsilon,0)\rangle} \phi_1(x_1,0)\, dx_1 = \int\limits_0^\varepsilon \phi_1(x_1,0)\, dx_1 \,.$$

Auf Grund der Entwicklung (3.102) wird daraus in zweiter Näherung

$$\int\limits_{\langle P,P_{1,\varepsilon}\rangle} \varphi = \varepsilon\phi_1(0,0) + \frac{\partial \phi_1}{\partial x_1}\int\limits_0^\varepsilon x_1\, dx_1 + \cdots = \varepsilon\phi_1(0,0) + \frac{\varepsilon^2}{2}\frac{\partial\phi_1}{\partial x_1} + \cdots \,.$$

Durch analoge Rechnungen erhält man

$$\int\limits_{\langle P_{1,\varepsilon},P_{3,\varepsilon}\rangle} \varphi = \varepsilon\phi_2(0,0) + \varepsilon^2\frac{\partial\phi_2}{\partial x_1} + \frac{\varepsilon^2}{2}\frac{\partial\phi_2}{\partial x_2} + \cdots,$$

$$\int\limits_{\langle P_{3,\varepsilon},P_{2,\varepsilon}\rangle} \varphi = -\varepsilon\phi_1(0,0) - \varepsilon^2\frac{\partial\phi_1}{\partial x_2} - \frac{\varepsilon^2}{2}\frac{\partial\phi_1}{\partial x_1} + \cdots,$$

$$\int\limits_{\langle P_{2,\varepsilon},P\rangle} \varphi = -\varepsilon\phi_2(0,0) - \frac{\varepsilon^2}{2}\frac{\partial\phi_2}{\partial x_2} + \cdots,$$

also insgesamt

$$\int\limits_{\partial\Pi_\varepsilon} \varphi = \varepsilon^2\Big(\frac{\partial\phi_2}{\partial x_1} - \frac{\partial\phi_1}{\partial x_2}\Big) + \cdots \,.$$

Nun ist

$$\frac{\partial\phi_2}{\partial x_1} = A^1B^1\frac{\partial\Phi_1}{\partial y_1} + A^2B^1\frac{\partial\Phi_1}{\partial y_2} + A^1B^2\frac{\partial\Phi_2}{\partial y_1} + A^2B^2\frac{\partial\Phi_2}{\partial y_2}$$

und

$$\frac{\partial\phi_1}{\partial x_2} = A^1B^1\frac{\partial\Phi_1}{\partial y_1} + A^1B^2\frac{\partial\Phi_1}{\partial y_2} + A^2B^1\frac{\partial\Phi_2}{\partial y_1} + A^2B^2\frac{\partial\Phi_2}{\partial y_2}\,,$$

worin die partiellen Differentialquotienten an der Stelle (y_1°, y_2°) zu nehmen sind. Setzt man daraus oben ein, so erhält man schließlich

$$\begin{aligned}\int\limits_{\partial\Pi_\varepsilon} \varphi &= \varepsilon^2\Big(\frac{\partial\Phi_2}{\partial y_1} - \frac{\partial\Phi_1}{\partial y_2}\Big)(A^1B^2 - A^2B^1) + \cdots \\ &= \varepsilon^2\Big(\frac{\partial\Phi_2}{\partial y_1} - \frac{\partial\Phi_1}{\partial y_2}\Big)\big[dy_1(a)dy_2(b) - dy_2(a)dy_1(b)\big] + \cdots \\ &= \varepsilon^2\Big(\frac{\partial\Phi_2}{\partial y_1} - \frac{\partial\Phi_1}{\partial y_2}\Big)(dy_1\wedge dy_2)(a,b) + \cdots = \varepsilon^2 d\varphi(a,b) + \cdots \,.\end{aligned}$$

Der Fundamentalsatz der Differential- und Integralrechnung für Differentialformen ist nun der

Satz von Stokes. *Sei $\mathfrak{K}$ eine beliebige n-dimensionale Kette in dem affinen Raum $\mathfrak{A}^N$ und φ eine $(n-1)$-Form auf $\mathfrak{A}^N$. Dann gilt*

$$\int_{\mathfrak{K}} d\varphi = \int_{\partial\mathfrak{K}} \varphi . \tag{3.103}$$

Auf Grund der Eigenschaften (3.97) und (3.99) des Integrales und der Linearitätseigenschaft (3.53) der äußeren Ableitung genügt es, den Satz von STOKES für ein Simplex $\mathfrak{S}$ und ein Monom, d.h. für eine $(n-1)$-Form der Gestalt

$$\varphi = \Phi\, dx_{i_1} \wedge \cdots \wedge dx_{i_{n-1}}$$

zu zeigen, wenn wieder mit x_i die Koordinaten in $\mathfrak{A}^N$ bezeichnet werden. Ferner kann ohne Beschränkung der Allgemeinheit $n = N$ angenommen werden. Ist nämlich ein n-dimensionales Simplex $\mathfrak{S}$ in dem n-dimensionalen Teilraum $\mathfrak{A}_o$ von $\mathfrak{A}^N$ enthalten, so folgt, wenn die Gültigkeit der Gleichung (3.103) für den Spezialfall $n = N$ bereits erwiesen ist und für den Augenblick $\mathfrak{A}_o$ an die Stelle von $\mathfrak{A}^N$ tritt,

$$\int_{\mathfrak{S}} d\jmath^*\varphi = \int_{\partial\mathfrak{S}} \jmath^*\varphi ,$$

wenn darin wieder $\jmath : \mathfrak{A}_o \to \mathfrak{A}^N$ die Abbildung (3.7) ist; mit Hilfe von (3.69) schließt man daraus

$$\int_{\mathfrak{S}} d\varphi = \int_{\mathfrak{S}} \jmath^* d\varphi = \int_{\mathfrak{S}} d\jmath^*\varphi = \int_{\partial\mathfrak{S}} \jmath^*\varphi = \int_{\partial\mathfrak{S}} \varphi .$$

Sei also $n = N$ und zur weiteren Vereinfachung der Schreibarbeit

$$\varphi = \Phi\, dx_1 \wedge \cdots \wedge dx_{N-1} .$$

Ferner sei $\mathfrak{S}$ ein beliebiges N-Simplex im $\mathfrak{A}^N$ und κ jene Karte, die das Simplex $\mathfrak{S}$ in das Standardsimplex im $\mathbb{R}^N$ überführt. Ist unter diesen Annahmen die Gültigkeit der Gleichung (3.103) gezeigt, so ist der Satz von Stokes in voller Allgemeinheit bewiesen.

Der Rand ∂S des Standardsimplex $S \subseteq \mathbb{R}^N$ setzt sich aus $N+1$ Simplizes der Dimension $N-1$ zusammen, nämlich aus den Urbildern

$$(-1)^i \langle \mathbf{o}, \mathbf{e}_1, \ldots, \widehat{\mathbf{e}}_i, \ldots, \mathbf{e}_N \rangle$$

der Seiten von $\mathfrak{S}$ unter der Abbildung κ; darin bezeichnet $\mathbf{o}$ den Ursprung im $\mathbb{R}^N$ und $\mathbf{e}_i$ die Punkte auf den Koordinatenachsen im Abstand 1 vom Ursprung. Von diesen $(N+1)$ Seiten sind N durch $dx_i = 0$ gekennzeichnet, die letzte wird durch die Gleichung $x_1 + \cdots + x_N = 1$ beschrieben. Auf Grund der vereinfachten Annahme für φ verschwinden bei der Berechnung des Integrals von φ über den Rand des Simplex $\mathfrak{S}$ die Beiträge von jenen $N-1$ Seiten von ∂S, die in den Koordinatenebenen $x_1 = \cdots = x_{N-1} = 0$ liegen. Deshalb ist

$$\int_{\partial\mathfrak{S}} \varphi = \int_{\langle \mathbf{e}_1,\dots,\mathbf{e}_N\rangle} f\, dx_1 \dots dx_{N-1} + \int_{(-1)^N\langle \mathbf{o},\mathbf{e}_1,\dots,\mathbf{e}_{N-1}\rangle} f\, dx_1 \dots dx_{N-1}\,,$$

worin für $f = \Phi \circ \kappa$ gesetzt wurde. Schreibt man abkürzend S' für das Standardsimplex im $\mathbb{R}^{N-1}$,

$$\left\{(x_1,\dots,x_{N-1}) \,\middle|\, 0 \le x_1 \le 1,\ 0 \le x_2 \le 1-x_1, \dots, 0 \le x_{N-1} \le 1 - \sum_{i=1}^{N-2} x_i \right\},$$

so gilt, da auf der Seite $\langle \mathbf{e}_1,\dots,\mathbf{e}_N\rangle$ von ∂S für $x_N = 1 - \sum_{i=1}^{N-1} x_i$ einzusetzen ist,

$$\int_{\langle \mathbf{e}_1,\dots,\mathbf{e}_N\rangle} f\, dx_1 \dots dx_{N-1} = (-1)^{N-1} \int_{S'} f\Big(x_1,\dots,x_{N-1}, 1 - \sum_{i=1}^{N-1} x_i\Big) dx_1 \dots dx_{N-1}$$

und, da auf der Seite $(-1)^N\langle \mathbf{o},\mathbf{e}_1,\dots,\mathbf{e}_{N-1}\rangle$ von ∂S für $x_N = 0$ zu nehmen ist,

$$\int_{(-1)^N\langle \mathbf{o},\mathbf{e}_1,\dots,\mathbf{e}_{N-1}\rangle} f\, dx_1 \dots dx_{N-1} = (-1)^N \int_{S'} f(x_1,\dots,x_{N-1},0)\, dx_1 \dots dx_{N-1}.$$

Um die linke Seite von (3.103) für das Simplex $\mathfrak{S}$ zu berechnen, ist zunächst die äußere Ableitung der $(N-1)$-Form φ zu bilden,

$$d\varphi = \frac{\partial f}{\partial x_N}\, dx_N \wedge dx_1 \wedge \cdots \wedge dx_{N-1} = (-1)^{N-1} \frac{\partial f}{\partial x_N}\, dx_1 \wedge \cdots \wedge dx_N\,.$$

Damit erhält man

$$\begin{aligned}\int_{\mathfrak{S}} d\varphi &= (-1)^{N-1} \int_S \frac{\partial f}{\partial x_N}\, dx_1 \dots dx_{N-1} dx_N \\ &= (-1)^{N-1} \int_{S'} \Big(\int_0^{1-x_1-\cdots-x_{N-1}} \frac{\partial f}{\partial x_N}\, dx_N \Big) dx_1 \dots dx_{N-1}\,.\end{aligned}$$

Führt man im Integral rechts die Integration über x_N aus, so erhält man den Ausdruck

$$(-1)^{N-1} \int_{S'} \Big[f\Big(x_1,\dots,x_{N-1}, 1 - \sum_{i=1}^{N-1} x_i\Big) - f(x_1,\dots,x_{N-1},0)\Big] dx_1 \dots dx_{N-1}\,,$$

auf den sich die Berechnung der rechten Seite von (3.103) in Form der beiden obigen Integrale reduziert hat.

Eine orientierte Gerade ist ein eindimensionaler orientierter affiner Raum $\mathfrak{A}$. Ist κ eine Karte für $\mathfrak{A}$ und φ eine 0-Form auf $\mathfrak{A}$, so gilt, wenn $f(x) = \varphi \circ \kappa(x)$ gesetzt wird, $d\varphi = f'(x)\,dx$. Dann besagt der Stokessche Integralsatz (3.103) für ein Simplex $\langle P, Q\rangle$, welches ein orientiertes Intervall ist, wenn $a = \kappa^{-1}(P)$, $b = \kappa^{-1}(Q)$ gesetzt wird,

$$\int\limits_{\langle P,Q\rangle} d\varphi = \int\limits_{\langle P,Q\rangle} f'(x)\,dx = \int_a^b f'(x)dx$$

$$= \int\limits_{\partial\langle P,Q\rangle} \varphi = \int\limits_{\langle Q\rangle} \varphi + \int\limits_{-\langle P\rangle} \varphi = \varphi(Q) - \varphi(P) = f(b) - f(a)\,,$$

d.h. für $N = 1$ ist (3.103) der Fundamentalsatz der Differential- und Integralrechnung für reelle Funktionen einer reellen Veränderlichen.

Im Fall $N = 3$ und $n = 2$ ist (3.103) der von der gewöhnlichen Vektoranalysis her bekannte Integralsatz von STOKES, erstreckt über ein in einer Ebene $\mathfrak{A}_o$ liegendes Polyeder Π mit der geschlossenen Randkurve $\partial\Pi$. Ist nämlich

$$\varphi = f_1\,dx_1 + f_2\,dx_2 + f_3\,dx_3$$

eine 1-Form, so erhält man für die äußere Ableitung

$$d\varphi = \left(\frac{\partial f_3}{\partial x_2} - \frac{\partial f_2}{\partial x_3}\right) dx_2 \wedge dx_3 + \left(\frac{\partial f_1}{\partial x_3} - \frac{\partial f_3}{\partial x_1}\right) dx_3 \wedge dx_1 + \left(\frac{\partial f_2}{\partial x_1} - \frac{\partial f_1}{\partial x_2}\right) dx_1 \wedge dx_2$$

und (3.103) nimmt in der Notation der Vektoranalysis die Gestalt

$$\int\limits_{\Pi} \operatorname{rot} f \cdot do = \int\limits_{\partial\Pi} f \cdot ds$$

an, in welcher der Integralsatz von STOKES üblicherweise angeschrieben wird.

Ist schließlich

$$\varphi = g_1\,dx_2 \wedge dx_3 + g_2\,dx_3 \wedge dx_1 + g_3\,dx_1 \wedge dx_2\,,$$

eine 2-Form, so ist ihr äußeres Differential

$$d\varphi = \left(\frac{\partial g_1}{\partial x_1} + \frac{\partial g_2}{\partial x_2} + \frac{\partial g_3}{\partial x_3}\right) dx_1 \wedge dx_2 \wedge dx_3$$

und (3.103) geht in den Integralsatz von GAUSS

$$\int\limits_{\Pi} \operatorname{div} g\, d\tau = \int\limits_{\partial\Pi} g \cdot do$$

über. Die Integralsätze der Vektoranalysis sind also aufs engste verwandt mit dem Fundamentalsatz der Differential- und Integralrechnung von Funktionen einer reellen Veränderlichen.

Der Satz von STOKES steht in enger Beziehung mit dem Verschwinden des zweiten äußeren Differentials einer Differentialform. Ist nämlich φ eine $(n-1)$-Form und $\mathfrak{K}$ eine $(n+1)$-dimensionale Kette, so gilt

$$\int\limits_{\mathfrak{K}} d(d\varphi) = \int\limits_{\partial\mathfrak{K}} d\varphi = \int\limits_{\partial(\partial\mathfrak{K})} \varphi = \int\limits_{\emptyset} \varphi = 0\,,$$

denn der Rand des Randes eines Simplex und damit einer beliebigen Kette ist die leere Menge.

3.8 Das Kodifferential

In einem orientierten euklidischen oder pseudoeuklidischen Raum $\mathfrak{E}^N$ kann jedem schiefsymmetrischen kovarianten Tensorfeld ein duales Tensorfeld zugeordnet werden. Sind φ und ψ schiefsymmetrische kovariante Tensorfelder der Stufen n bzw. $m = N - n$, so ist

$$\varphi \wedge \psi = \Delta(\varphi, \psi)\, dx_1 \wedge dx_2 \wedge \cdots \wedge dx_N$$

eine N-Form auf $\mathfrak{E}^N$. Ihre Koordinate $\Delta(\varphi, \psi)$, welche auf Grund der Rechenregeln für das äußere Produkt in linearer Weise von den beiden Differentialformen φ und ψ abhängt, transformiert sich wie die Koordinate γ in (3.80) bzw. wie die Größe $\sqrt{|g|}$, welche als Koordinate im euklidischen Volumelement (3.81) auftritt. Daher ist für eine feste n-Form φ und eine feste m-Form ψ der Ausdruck

$$\frac{(-1)^{N-r}}{\sqrt{|g|}}\, \Delta(\varphi, \psi)$$

in jedem Punkt von $\mathfrak{E}^N$ eine Invariante und somit ein Skalarfeld auf $\mathfrak{E}^N$ (vgl. (2.50)). Weil diese Invariante im Punkt $P \in \mathfrak{E}^N$ linear vom Tensor $\psi(P)$ abhängt, gibt es im Punkt P einen eindeutig bestimmten Tensor $*\varphi \in \wedge^m \mathcal{T}^*$ mit der Eigenschaft

$$\frac{(-1)^{N-r}}{\sqrt{|g|}}\, \Delta(\varphi, \psi) = (*\varphi, \psi)_*\,,$$

worin $(\square, \square)_*$ das innere Produkt (2.39) im euklidischen Vektorraum $\wedge^m \mathcal{T}^*$ ist. Da φ und ψ differenzierbare Tensorfelder sind, ist $*\varphi$ ein differenzierbares schiefsymmetrisches kovariantes Tensorfeld m-ter Stufe und somit eine m-Form auf $\mathfrak{E}^N$. Es wird das zu φ *duale* oder *adjungierte* Tensorfeld genannt und erfüllt für alle m-Formen ψ die Gleichung

$$\varphi \wedge \psi = (-1)^{N-r}(*\varphi, \psi)_* \sqrt{|g|}\, dx_1 \wedge \cdots \wedge dx_N = (-1)^{N-r}(*\varphi, \psi)_* \epsilon\,,$$

worin ϵ das euklidische Volumelement (3.81) ist.

Alle Rechenregeln, die in Kap. 2, §9 bezüglich des Operierens mit dem $*$-Operator aufgestellt wurden, behalten mutatis mutandis ihre Gültigkeit, weshalb auf eine eigene Darstellung hier verzichtet werden kann. Da die Beziehungen zwischen den kovarianten und kontravarianten Koordinaten einer n-Form φ und ihrer dualen m-Form $*\varphi$ im folgenden benötigt werden, seien insbesondere die Zusammenhänge

$$*\Phi^{k_1 \ldots k_m}(\mathbf{x}) = \frac{(-1)^{N-r}}{\sqrt{|g|}}\, \operatorname{sign}(\pi)\, \Phi_{l_1 \ldots l_n}(\mathbf{x}) \tag{3.104}$$

(vgl. (2.59)) beziehungsweise

$$*\Phi_{k_1 \ldots k_m}(\mathbf{x}) = \sqrt{|g|}\, \operatorname{sign}(\pi)\, \Phi^{l_1 \ldots l_n}(\mathbf{x}) \tag{3.105}$$

(vgl. (2.62)), worin beide Male π die Permutation $l_1 \ldots l_n k_1 \ldots k_m$ ist, in Erinnerung gerufen.

Der $*$-Operator tritt mit dem äußeren Differential d sehr oft in folgendem Zusammenhang auf. Ist φ eine n-Form, so ist $*\varphi$ eine $(N-n)$-Form, $d*\varphi$ eine $(N-n+1)$-Form und schließlich $*d*\varphi$ eine $(n-1)$-Form. Der Operator

$$\delta := (-1)^n *^{-1} d* = (-1)^{Nn+r+1} *d* \,, \tag{3.106}$$

der einer n-Form φ die $(n-1)$-Form $\psi = \delta\varphi$ zuordnet, heißt das *Kodifferential* von φ. Darin ist $*^{-1}$ der „inverse" $*$-Operator (2.65). Zu beachten ist, daß in die Definition des Kodifferentials der Grad jener Form eingeht, auf welche diese Operation angewendet wird.

Für eine 0-Form ω ist $\delta\omega = 0$, denn $*\omega$ ist eine N-Form und infolgedessen $d*\omega = 0$. Für eine 1-Form $\varphi = \sum_i \Phi_i dx_i$ ist nach (3.105)

$$\begin{aligned} *\varphi &= \sqrt{|g|} \sum_{j_1 < \cdots < j_{N-1}} \operatorname{sign}(i\, j_1 \ldots j_{N-1}) \Phi^i \, dx_{j_1} \wedge \cdots \wedge dx_{j_{N-1}} \\ &= \sqrt{|g|} \sum_{i=1}^{N} (-1)^{i-1} \Phi^i \, dx_1 \wedge \cdots \wedge \widehat{dx_i} \wedge \cdots \wedge dx_N \,, \end{aligned}$$

worin mit dem Zeichen $\widehat{\ }$ — auch für das Folgende — angedeutet werden soll, daß die darunterstehende Größe auszulassen ist. Die äußere Ableitung dieser $(N-1)$-Form ist die N-Form

$$d*\varphi = \sqrt{|g|} \sum_{i=1}^{N} \frac{\partial \Phi^i}{\partial x_i} dx_1 \wedge \cdots \wedge dx_N = \sum_{i=1}^{N} \frac{\partial \Phi^i}{\partial x_i} \epsilon \,;$$

wendet man auf sie den $*$-Operator an, so folgt mit (2.54) unter Berücksichtigung von $\operatorname{sign}(g) = (-1)^{N-r}$

$$*d*\varphi = (-1)^{N-r} \sum_{i=1}^{N} \frac{\partial \Phi^i}{\partial x_i}$$

und somit

$$\delta\varphi = -\sum_{i=1}^{N} \frac{\partial \Phi^i}{\partial x_i} = -\sum_{i,j=1}^{N} g^{ij} \frac{\partial \Phi_j}{\partial x_i} \,. \tag{3.107}$$

Ist $\varphi = \Phi \, dx_1 \wedge \cdots \wedge dx_N$ eine N-Form, so liefert (2.54) zunächst

$$*\varphi = \frac{(-1)^{N-r}}{\sqrt{|g|}} \Phi \,,$$

woraus durch Bildung der äußeren Ableitung

$$d*\varphi = \frac{(-1)^{N-r}}{\sqrt{|g|}} \sum_{j=1}^{N} \frac{\partial \Phi}{dx_j} dx_j$$

folgt. Mit Hilfe von (3.104) schließt man daraus auf die kontravarianten Koordinaten

$$\Psi^{l_1 \ldots l_{N-1}} = \frac{1}{|g|} \operatorname{sign}(j\, l_1 \ldots l_{N-1}) \frac{\partial \Phi}{\partial x_j}$$

der $(N-1)$-Form $\psi = *d*\varphi$; die kovarianten Koordinaten sind folglich (vgl. (2.48))

$$\Psi_{k_1\ldots k_{N-1}} = \frac{1}{|g|} \sum_{l_1<\cdots<l_{N-1}} g_{k_1\ldots k_{N-1},l_1\ldots l_{N-1}} \operatorname{sign}(j\, l_1 \ldots l_{N-1}) \frac{\partial \Phi}{\partial x_j}\,.$$

Ergänzen nun die beiden Zahlen l bzw. k die beiden Indizes-Kombinationen $l_1 < \cdots < l_{N-1}$ bzw. $k_1 < \cdots < k_{N-1}$ zu einer Permutation der natürlichen Zahlen von 1 bis N, so erhält man unter Berücksichtigung dessen, daß die Matrizen $\{g_{ij}\}$ und $\{g^{ij}\}$ reziprok sind und folglich die Determinante $(-1)^{k+l} g_{k_1\ldots k_{N-1},l_1\ldots l_{N-1}}$ das algebraische Komplement der k-ten Zeile und der l-ten Spalte der Matrix $\{g^{ij}\}$ ist,

$$\begin{aligned}
&\sum_{k_1<\cdots<k_{N-1}} \Psi_{k_1\ldots k_{N-1}}\, dx_{k_1} \wedge \cdots \wedge dx_{k_{N-1}} \\
&= \frac{1}{|g|} \sum_{\substack{k_1<\cdots<k_{N-1}\\ l_1<\cdots<l_{N-1}}} g_{k_1\ldots k_{N-1},l_1\ldots l_{N-1}} \operatorname{sign}(l\, l_1 \ldots l_{N-1}) \frac{\partial \Phi}{\partial x_l}\, dx_{k_1} \wedge \cdots \wedge dx_{k_{N-1}} \\
&= \frac{g}{|g|} \sum_{k,l=1}^{N} (-1)^{k-1} g^{kl} \frac{\partial \Phi}{\partial x_l}\, dx_1 \wedge \cdots \wedge \widehat{dx_k} \wedge \cdots \wedge dx_N\,,
\end{aligned}$$

also

$$\delta\varphi = -\sum_{k,l=1}^{N} (-1)^{k-1} g^{kl} \frac{\partial \Phi}{\partial x_l}\, dx_1 \wedge \cdots \wedge \widehat{dx_k} \wedge \cdots \wedge dx_N\,. \tag{3.108}$$

Um endlich das Kodifferential für eine beliebige n-Form

$$\varphi = \sum_{i_1<\cdots<i_n} \Phi_{i_1\ldots i_n}\, dx_{i_1} \wedge \cdots \wedge dx_{i_n}$$

mit $1 < n < N$ zu berechnen, sei mit $m = N - n$ abkürzend

$$\begin{aligned}
*\varphi &= \sum_{j_1<\cdots<j_m} *\Phi_{j_1\ldots j_m}\, dx_{j_1} \wedge \cdots \wedge dx_{j_m}\,, \\
\psi = d*\varphi &= \sum_{k_0<\cdots<k_m} \Psi_{k_0\ldots k_m}\, dx_{k_0} \wedge \cdots \wedge dx_{k_m}\,, \\
\chi = *\psi = *d*\varphi &= \sum_{l_1<\cdots<l_{n-1}} *\Psi_{l_1\ldots l_{n-1}}\, dx_{l_1} \wedge \cdots \wedge dx_{l_{n-1}}
\end{aligned}$$

gesetzt. Dann ist nach (3.104) und (3.105)

$$\begin{aligned}
*\Psi^{l_1\ldots l_{n-1}} &= \frac{(-1)^{N-r}}{\sqrt{|g|}} \operatorname{sign}(k_0 \ldots k_m l_1 \ldots l_{n-1}) \Psi_{k_0\ldots k_m}\,, \\
*\Phi_{j_1\ldots j_m} &= \sqrt{|g|}\, \operatorname{sign}(i_1 \ldots i_n j_1 \ldots j_m) \Phi^{i_1\ldots i_n}\,,
\end{aligned}$$

während sich aus (3.48) der Zusammenhang

$$\Psi_{k_0\dots k_m} = \sum_{\nu=0}^{m}(-1)^{\nu}\frac{\partial(*\Phi_{k_0\dots\widehat{k_\nu}\dots k_m})}{\partial x_{k_\nu}}$$

ergibt. Faßt man zusammen, so erhält man zunächst

$$*\Psi^{l_1\dots l_{n-1}} = (-1)^{N-r}\sum_{\nu=0}^{m}(-1)^{\nu}\operatorname{sign}(k_0\dots k_m l_1\dots l_{n-1})$$

$$\times\operatorname{sign}(i_1\dots i_n k_0\dots\widehat{k_\nu}\dots k_m)\frac{\partial\Phi^{i_1\dots i_n}}{\partial x_{k_\nu}}.$$

Nun bestimmt jeder Index ν $(0 \le \nu \le m)$ genau einen Index μ $(1 \le \mu \le n)$, sodaß $k_\nu = i_\mu$ ist, da sonst $i_1\dots i_n k_0\dots\widehat{k_\nu}\dots k_m$ keine Permutation ist. Hält man den Index ν fest, so bekommt man

$$\begin{aligned}&\operatorname{sign}(i_1\dots i_{\mu-1}k_\nu i_{\mu+1}\dots i_n k_0\dots\widehat{k_\nu}\dots k_m)\\ &\quad= (-1)^{n-\mu+\nu}\operatorname{sign}(i_1\dots\widehat{i_\mu}\dots i_n k_0\dots k_m)\\ &\quad= (-1)^{mn-m-\mu+\nu-1}\operatorname{sign}(k_0\dots k_m i_1\dots\widehat{i_\mu}\dots i_n).\end{aligned}$$

Daraus folgt jetzt zwingend

$$i_1 = l_1,\dots,i_{\mu-1} = l_{\mu-1},\, i_{\mu+1} = l_\mu,\dots i_n = l_{n-1}\,,$$

da die Kombination $l_1 < \dots < l_{n-1}$ die Kombination $k_0 < \dots < k_m$ zu einer Permutation ergänzt. Infolgedessen ist

$$\begin{aligned}*\Psi^{l_1\dots l_{n-1}} &= (-1)^{Nn-r}\sum_{\nu=0}^{m}(-1)^{\mu-1}\frac{\partial\Phi^{l_1\dots l_{\mu-1}k_\nu l_\mu\dots l_{n-1}}}{\partial x_{k_\nu}}\\ &= (-1)^{Nn-r}\sum_{\nu=0}^{N-n}\frac{\partial\Phi^{k_\nu l_1\dots l_{n-1}}}{\partial x_{k_\nu}}.\end{aligned}$$

Diese Gleichung ist jetzt folgendermaßen zu verstehen. Ist die Kombination $l_1 < \dots < l_{n-1}$ einmal gewählt, so gibt es genau $N - n + 1$ Koordinaten von φ, deren Indizes einerseits eine Kombination bilden und andererseits die Indizes $l_1,\dots,l_{n-1}$ enthalten, während der verbleibende Index $k = k_\nu$ der zu $l_1 < \dots < l_{n-1}$ komplementären Kombination $k_0 < \dots < k_{N-n}$ angehört. Mit der Summation über ν ist dann gemeint, daß der Index k_ν der Reihe nach die Werte k_0, ..., k_{N-n} annimmt. Beachtet man aber $\Phi^{kl_1\dots l_{n-1}} = 0$ für $k = l_1$, ..., l_{n-1}, so vereinfacht sich diese Summation zu

$$*\Psi^{l_1\dots l_{n-1}} = (-1)^{Nn-r}\sum_{k=1}^{N}\frac{\partial\Phi^{kl_1\dots l_{n-1}}}{\partial x_k}. \tag{3.109}$$

Damit ergeben sich jetzt die kovarianten Koordinaten der $(n-1)$-Form $\chi = \delta\varphi$ durch Herunterziehen der Indizes l_1, ..., l_{n-1},

$$\mathrm{X}_{l_1\dots l_{n-1}} = -\sum_{k=1}^{N}\frac{\partial\Phi^{k}{}_{l_1\dots l_{n-1}}}{\partial x_k} = -\sum_{j,k=1}^{N}g^{jk}\frac{\partial\Phi_{jl_1\dots l_{n-1}}}{\partial x_k}.$$

Aus diesem Resultat erhält man schließlich

$$\delta\varphi = -\sum_{l_1<\cdots<l_{n-1}} \sum_{j,k=1}^{N} g^{jk} \frac{\partial \Phi_{jl_1\ldots l_{n-1}}}{\partial x_k} dx_{l_1} \wedge \cdots \wedge dx_{l_{n-1}} . \tag{3.110}$$

Bemerkt sei zu dieser Darstellung, daß durch die zweimalige Anwendung des $*$-Operators die Größe $\sqrt{|g|}$ herausgefallen ist. Dies bedeutet, daß das Kodifferential unabhängig von der Orientierung des Raumes $\mathfrak{E}^N$ ist.

Speziell erhält man für eine 1-Form

$$\varphi = \Phi_1 dx_1 + \Phi_2 dx_2 + \Phi_3 dx_3$$

im euklidischen Raum $\mathfrak{E}^3$, der auf ein kartesisches Koordinatensystem bezogen ist,

$$\delta\varphi = -\Big(\frac{\partial\Phi^1}{\partial x_1} + \frac{\partial\Phi^2}{\partial x_2} + \frac{\partial\Phi^3}{\partial x_3}\Big) . \tag{3.111}$$

Für eine 2-Form

$$\varphi = \Phi_{12} dx_1 \wedge dx_2 + \Phi_{13} dx_1 \wedge dx_3 + \Phi_{23} dx_2 \wedge dx_3$$

findet man unter Berücksichtigung der Schiefsymmetrie der Koordinaten

$$\begin{aligned}\delta\varphi &= -\sum_{k,l=1}^{3} \frac{\partial\Phi_{kl}}{\partial x_k} dx_l \\ &= -\Big(\frac{\partial\Phi_{21}}{\partial x_2} + \frac{\partial\Phi_{31}}{\partial x_3}\Big)dx_1 - \Big(\frac{\partial\Phi_{12}}{\partial x_1} + \frac{\partial\Phi_{32}}{\partial x_3}\Big)dx_2 - \Big(\frac{\partial\Phi_{13}}{\partial x_1} + \frac{\partial\Phi_{23}}{\partial x_2}\Big)dx_3 \\ &= \Big(\frac{\partial\Phi_{12}}{\partial x_2} - \frac{\partial\Phi_{31}}{\partial x_3}\Big)dx_1 + \Big(\frac{\partial\Phi_{23}}{\partial x_3} - \frac{\partial\Phi_{12}}{\partial x_1}\Big)dx_2 + \Big(\frac{\partial\Phi_{31}}{\partial x_1} - \frac{\partial\Phi_{23}}{\partial x_2}\Big)dx_3 .\end{aligned}$$

Für eine 1-Form

$$\varphi = \Phi_0 dx_0 + \Phi_1 dx_1 + \Phi_2 dx_2 + \Phi_3 dx_3$$

im vierdimensionalen Raum $\mathfrak{W}^4$, der auf ein Galileisches Koordinatensystem bezogen ist, erhält man

$$\delta\varphi = -\Big(\frac{\partial\Phi^0}{\partial x_0} + \frac{\partial\Phi^1}{\partial x_1} + \frac{\partial\Phi^2}{\partial x_2} + \frac{\partial\Phi^3}{\partial x_3}\Big) = -\Big(\frac{\partial\Phi_0}{\partial x_0} - \frac{\partial\Phi_1}{\partial x_1} - \frac{\partial\Phi_2}{\partial x_2} - \frac{\partial\Phi_3}{\partial x_3}\Big) . \tag{3.112}$$

Das Kodifferential einer 2-Form

$$\chi = dx_0 \wedge (\Phi_1 dx_1 + \Phi_2 dx_2 + \Phi_3 dx_3) + \Psi_1 dx_2 \wedge dx_3 + \Psi_2 dx_3 \wedge dx_1 + \Psi_3 dx_1 \wedge dx_2$$

bestimmt sich zu

$$\delta\chi = -\sum_{k,l=0}^{3} \eta_k \frac{\partial \mathrm{X}_{kl}}{\partial x_l} ;$$

in der Notation $\mathrm{X}_{0i} = \Phi_i$, $\mathrm{X}_{23} = \Psi_1$, $\mathrm{X}_{31} = \Psi_2$ und $\mathrm{X}_{12} = \Psi_3$ für die Koordinaten ist

$$\begin{aligned}\delta\chi = \Big(\frac{\partial\Phi_1}{\partial x_1} + \frac{\partial\Phi_2}{\partial x_2} + \frac{\partial\Phi_3}{\partial x_3}\Big)dx_0 - \Big(\frac{\partial\Phi_1}{\partial x_0} + \frac{\partial\Psi_3}{\partial x_2} - \frac{\partial\Psi_2}{\partial x_3}\Big)dx_1 \\ - \Big(\frac{\partial\Phi_2}{\partial x_0} - \frac{\partial\Psi_3}{\partial x_1} + \frac{\partial\Psi_1}{\partial x_3}\Big)dx_2 - \Big(\frac{\partial\Phi_3}{\partial x_0} + \frac{\partial\Psi_2}{\partial x_1} - \frac{\partial\Psi_1}{\partial x_2}\Big)dx_3 .\end{aligned} \tag{3.113}$$

Das Kodifferential einer Differentialform 4-ten Grades ist

$$\delta\varphi = -\frac{\partial\Phi}{\partial x_0} dx_1 \wedge dx_2 \wedge dx_3 - dx_0 \wedge \Big(\frac{\partial\Phi}{\partial x_1} dx_2 \wedge dx_3 + \frac{\partial\Phi}{\partial x_2} dx_3 \wedge dx_1 + \frac{\partial\Phi}{\partial x_3} dx_1 \wedge dx_2\Big) .$$

Bildet man für eine beliebige Differentialform φ mit einem Grad $n > 1$ das zweite Kodifferential, so erhält man

$$\delta^2\varphi = \delta\delta\varphi = -*^{-1}d**^{-1}d*\varphi = -*^{-1}d^2*\varphi\,,$$

d.h. es gilt auch für das Kodifferential

$$\delta^2\varphi = 0\,. \tag{3.114}$$

Unmittelbar aus der Definition (3.106) folgt

$$*\delta\varphi = (-1)^n**^{-1}d*\varphi = (-1)^n d*\varphi\,. \tag{3.115}$$

Bildet man dagegen das Kodifferential einer dualen Form, so ist zunächst zu beachten, daß die duale Form $*\varphi$ einer n-Form φ eine $(N-n)$-Form ist; berücksichtigt man ferner (2.64), so findet man

$$\delta*\varphi = (-1)^{N-n}*^{-1}d**\varphi = (-1)^{(N-n)(n+1)+N-r}*^{-1}d\varphi$$

und daraus mit Hilfe von (2.65), weil $d\varphi$ eine $(n+1)$-Form ist,

$$\delta*\varphi = (-1)^{n+1}*d\varphi\,. \tag{3.116}$$

Wegen

$$d*\delta\varphi = (-1)^n d**^{-1}d*\varphi = (-1)^n d^2*\varphi = 0$$

und

$$\begin{aligned}\delta*d\varphi &= (-1)^{(N-n-1)(n+1)+N-r}\delta*^{-1}d\varphi = (-1)^{N-1}\delta*^{-1}d**\varphi\\ &= (-1)^{n+1}\delta^2*\varphi\,,\end{aligned}$$

worin wieder (2.64) und (2.65) verwendet wurde, ist

$$d*\delta\varphi = \delta*d\varphi = 0\,. \tag{3.117}$$

Aus der Gleichung

$$*\delta d\varphi = (-1)^{n+1}**^{-1}d*d\varphi = (-1)^{N-n}d*^{-1}d**\varphi$$

folgt

$$*\delta d\varphi = d\delta*\varphi\,; \tag{3.118}$$

ebenso zeigt man

$$*d\delta\varphi = \delta d*\varphi\,. \tag{3.119}$$

Auch das Lemma von POINCARÉ läßt sich auf das Kodifferential übertragen. Sind dessen Voraussetzungen, das Definitionsgebiet $\mathfrak{G}$ betreffend, erfüllt, um aus einer auf $\mathfrak{G}$ gültigen Gleichung $d\varphi = 0$ auf die Darstellbarkeit $\varphi = d\psi$ in $\mathfrak{G}$ schließen zu können, so gilt das gleiche auch für das Kodifferential. Ist φ eine n-Form und besteht in $\mathfrak{G}$ die Gleichung $\delta\varphi = 0$, so ist auch $d*\varphi = 0$ in $\mathfrak{G}$, d.h. es gibt eine $(n+1)$-Form ψ, durch welche in $\mathfrak{G}$ die Gleichung $*\varphi = d*\psi$ erfüllt wird. Infolgedessen ist

$$\varphi = *^{-1}d*\psi = (-1)^{n+1}\delta\psi\,.$$

Da der Operator δ einer n-Form eine $(n-1)$-Form zuordnet, ist das Ergebnis der Hintereinanderausführung $d\delta$ wieder eine n-Form. Ist ω eine

0-Form, so ist $\delta\omega = 0$ und folglich $d\delta\omega = 0$. Ist φ eine 1-Form, so ergibt die Anwendung von d auf (3.107)

$$d\delta\varphi = -\sum_{i,j=1}^{N} \frac{\partial^2 \Phi^i}{\partial x_j \partial x_i} dx_j \,. \tag{3.120}$$

Für eine N-Form φ findet man durch Bildung des äußeren Differentials der $(N-1)$-Form (3.108)

$$d\delta\varphi = -\sum_{i,j=1}^{N} g^{ij} \frac{\partial^2 \Phi}{\partial x_i \partial x_j} dx_1 \wedge \cdots \wedge dx_N \,. \tag{3.121}$$

Ist φ eine n-Form mit $0 < n < N$, so bestimmen sich unter Berücksichtigung von (3.110) sowie unter Berufung auf (3.48) die Koordinaten der n-Form $\psi = d\delta\varphi$ zu

$$\Psi_{l_1 \ldots l_n} = -\sum_{\mu=1}^{n} \sum_{j,k=1}^{N} (-1)^{\mu-1} g^{jk} \frac{\partial^2 \Phi_{j l_1 \ldots \widehat{l_\mu} \ldots l_n}}{\partial x_{l_\mu} \partial x_k} \,. \tag{3.122}$$

Da das Ergebnis der Anwendung des Operators δ auf eine $(n+1)$-Form eine n-Form ist, führt auch die Hintereinanderausführung δd, angewendet auf eine n-Form, wieder auf eine n-Form. Für eine 0-Form ω ist dabei

$$d\omega = \sum_{i=1}^{N} \frac{\partial \omega}{\partial x_i} dx_i$$

und (3.107) ergibt mit der Setzung $\Phi_i = \frac{\partial \omega}{\partial x_i}$

$$\delta d\omega = -\sum_{i,j=1}^{N} g^{ij} \frac{\partial^2 \omega}{\partial x_i \partial x_j} \,. \tag{3.123}$$

Ist φ eine N-Form, so ist $d\varphi = 0$, also auch $\delta d\varphi = 0$. Ist φ eine n-Form und $0 < n < N$, so sind die Koordinaten der $(n+1)$-Form $\psi = d\varphi$ durch

$$\Psi_{l_0 \ldots l_n} = \sum_{\mu=0}^{n} (-1)^{\mu} \frac{\partial \Phi_{l_0 \ldots \widehat{l_\mu} \ldots l_n}}{\partial x_{l_\mu}}$$

gegeben, die Koordinaten von $\chi = \delta\psi$ sind nach (3.110) die Größen

$$\mathrm{X}_{l_1 \ldots l_n} = -\sum_{j,k=1}^{N} g^{jk} \frac{\partial \Psi_{j l_1 \ldots l_n}}{\partial x_k} .$$

Setzt man aus dieser Gleichung in die darüberstehende ein, so gelangt man zu den Koordinaten

$$\mathrm{X}_{l_1 \ldots l_n} = -\sum_{j,k=1}^{N} g^{jk} \Big(\frac{\partial^2 \Phi_{l_1 \ldots l_n}}{\partial x_k \partial x_j} + \sum_{\mu=1}^{n} (-1)^{\mu} \frac{\partial^2 \Phi_{j l_1 \ldots \widehat{l_\mu} \ldots l_n}}{\partial x_k \partial x_{l_\mu}} \Big) \tag{3.124}$$

der n-Form $\chi = \delta d\varphi$.

Da beide Operatoren $d\delta$ und δd einer n-Form wieder eine n-Form zuordnen, leistet dies auch der Operator

$$\boldsymbol{\Delta} := d\delta + \delta d\,. \tag{3.125}$$

Für eine 0-Form ω ist wegen $\delta\omega = 0$ und (3.123)

$$\boldsymbol{\Delta}\omega = \delta d\omega = -\sum_{i,j=1}^{N} g^{ij}\frac{\partial^2\omega}{\partial x_i \partial x_j}\,, \tag{3.126}$$

für eine N-Form $\varphi = \Phi\, dx_1 \wedge \cdots dx_N$ ist wegen $d\varphi = 0$ und (3.121)

$$\boldsymbol{\Delta}\varphi = d\delta\varphi = -\sum_{i,j=1}^{n} g^{ij}\frac{\partial^2\Phi}{\partial x_i \partial x_j}\, dx_1 \wedge \cdots \wedge dx_N\,. \tag{3.127}$$

Ist φ eine beliebige n-Form mit $0 < n < N$, so sind wegen (3.122) und (3.124), bedingt durch die Gleichheit der gemischten partiellen Differentialquotienten,

$$\Psi_{l_1\dots l_n} = -\sum_{i,j=1}^{N} g^{ij}\frac{\partial^2\Phi_{l_1\dots l_n}}{\partial x_i \partial x_j}$$

die Koordinaten der n-Form $\psi = \boldsymbol{\Delta}\varphi$. Somit ist für eine beliebige Differentialform φ mit dem Grad n

$$\boldsymbol{\Delta}\varphi = -\sum_{l_1<\dots<l_n}\sum_{i,j=1}^{N} g^{ij}\frac{\partial^2\Phi_{l_1\dots l_n}}{\partial x_i \partial x_j}\, dx_{l_1} \wedge \cdots \wedge dx_{l_n}\,. \tag{3.128}$$

Der Differentialoperator (3.125) heißt *Laplace-Beltrami-Operator.* Im euklidischen Raum $\mathfrak{E}^3$, der auf ein kartesisches Koordinatensystem bezogen ist, entspricht ihm der mit negativem Vorzeichen versehene *Laplace-Operator*[12)]

$$\triangle = \frac{\partial^2}{\partial x_1^2} + \frac{\partial^2}{\partial x_2^2} + \frac{\partial^2}{\partial x_3^2}\,. \tag{3.129}$$

Im Minkowski-Raum $\mathfrak{M}^4$, der auf Galileische Koordinaten bezogen ist, hat der Laplace-Beltrami-Operator die Form $\boldsymbol{\Delta} = -\Box$, wobei

$$\Box := \frac{\partial^2}{\partial x_0^2} - \frac{\partial^2}{\partial x_1^2} - \frac{\partial^2}{\partial x_2^2} - \frac{\partial^2}{\partial x_3^2} \tag{3.130}$$

der *D'Alembert-Operator* genannt wird. Dieser tritt im Minkowski-Raum $\mathfrak{M}^4$ an die Stelle des Operators $-\triangle$ im euklidischen Raum $\mathfrak{E}^3$.

---

12) Der Laplace-Operator $\triangle$ tritt in den Gleichungen der mathematischen Physik nahezu ausnahmslos in der Form $-\triangle\omega = \rho$ auf. Dies ist nicht eine bloße Vorzeichenkonvention, der Operator $-\triangle$ ist auch in manch anderer Hinsicht gegenüber dem Operator $\triangle$ ausgezeichnet.

3.9 Übungsbeispiele

80. Sei $\mathfrak{A}^4$ ein affiner Raum mit dem Tangentialraum $\mathcal{T}$ und $\kappa(\mathbf{x})$ die Karte bei Bezugnahme auf ein Koordinatensystem mit dem Ursprung O und der Basis $\{e_1, e_2, e_3, e_4\}$ des Tangentialraumes. Durch einen Punkt $P_o \in \mathfrak{A}$ und einen Teilraum $\mathcal{T}_o \subseteq \mathcal{T}$ ist ein affiner Teilraum $\mathfrak{A}_o$ von $\mathfrak{A}$ eindeutig bestimmt. Man gebe die Karte $\kappa_o(\mathbf{y})$ zu jenem Koordinatensystem für $\mathfrak{A}_o$ an, dessen Ursprung der Punkt P_o ist und dessen Tangentialraum von den Vektoren des Systems $\mathcal{B}_o \subseteq \mathcal{T}$ aufgespannt wird:

(i) $\kappa^{-1}(P_o) = (1,2,0,-1)$, $\mathcal{B}_o = \{e_1 + e_2 - 2e_3, e_2 + e_3 + e_4\}$

(ii) $\kappa^{-1}(P_o) = (1,0,-1,1)$, $\mathcal{B}_o = \{e_2 + e_3 + e_4, e_1 + e_3 + e_4, e_1 + e_2 + e_3\}$

(iii) $\kappa^{-1}(P_o) = (2,-1,1,2)$, $\mathcal{B}_o = \{e_1 + 2e_2 + e_3 - 3e_4\}$.

81. Man beweise, daß eine affine Transformation $\sigma : \mathfrak{A} \to \mathfrak{A}$ genau dann injektiv/surjektiv ist, wenn die Ableitung $\sigma' : \mathcal{T} \to \mathcal{T}$ injektiv/surjektiv ist.

82. Sei $\mathfrak{A}^3$ ein affiner Raum, $\mathcal{T}$ der Tangentialraum und $\kappa(\mathbf{x})$ die zu dem Koordinatensystem mit dem Ursprung O und der Basis $\{e_1, e_2, e_3\}$ von $\mathcal{T}$ gehörige Karte. Man berechne die Ableitung $v(\omega)$ des Skalarfeldes ω in Richtung des Vektorfeldes v für $\omega \circ \kappa(\mathbf{x}) = x_1^2 + 2x_1x_2 + x_2x_3 + x_1x_3$ und $v = (x_1 - x_2)e_1 - (x_1 + x_2)e_2 + (x_3 - 2x_2)e_3$.

83. Sei $\mathfrak{A}^3$ ein affiner Raum und κ die Karte für ein Koordinatensystem. Man leite das Skalarfeld $\omega_1 \circ \kappa(\mathbf{x}) = x_1x_2x_3$ in Richtung des Vektorfeldes $v = (x_2 + x_3)e_1 + (x_1 + x_3)e_2 + (x_1 + x_2)e_3$ ab und das Ergebnis $\omega_2 = v(\omega_1)$ in Richtung des Vektorfeldes $u = x_2x_3e_1 + x_1x_3e_2 + x_1x_2e_3$, bilde also $\omega = u(\omega_2) = u\big(v(\omega_1)\big) = u \circ v(\omega_1)$.

84. Sei ω ein Skalarfeld auf einem affinen Raum $\mathfrak{A}$. Besteht die Gleichung $v(\omega) = 0$ für jedes Vektorfeld v, so ist ω konstant.

85. Seien

$$v_1 = x_1e_1 + x_2e_2\,, \quad v_2 = x_2e_1 - x_1e_2$$

zwei Vektorfelder auf einem affinen Raum $\mathfrak{A}^2$. Man bestimme zwei Linearformen ξ^1 und ξ^2, sodaß in jedem Punkt (mit Ausnahme des Koordinatenursprungs) die Gleichungen $\langle \xi^i, v_j \rangle = \delta^i_j$ Gültigkeit haben.

86. Es seien N Vektorfelder $v_1, v_2, \ldots, v_N$ auf einem Gebiet $\mathfrak{G} \subseteq \mathfrak{A}^N$ gegeben. Sind für jeden Punkt $P \in \mathfrak{G}$ die Vektoren $v_1(P), v_2(P), \ldots, v_N(P) \in \mathcal{T}$ linear unabhängig, so gibt es N Linearformen $\xi^1, \xi^2, \ldots, \xi^N$ auf $\mathfrak{G}$, die in jedem Punkt $P \in \mathfrak{G}$ linear unabhängig sind und auf $\mathfrak{G}$ den Gleichungen $\langle \xi^i, v_j \rangle = \delta^i_j$ genügen.

87. Seien u und v zwei Vektorfelder in einem affinen Raum $\mathfrak{A}^3$; bezüglich einer Karte $\kappa(\mathbf{x})$ möge

$$u = x_1^2e_1 + x_2x_3e_2 + 2x_3^2e_3\,, \quad v = x_2^2e_1 + 2x_1x_2e_2 + x_1x_3e_3$$

gelten. Man berechne die Vektorfelder $\nabla_u v$ und $\nabla_v u$.

88. Seien u und v zwei Vektorfelder auf einem affinen Raum $\mathfrak{A}$. Man bestimme — unter Bezugnahme auf eine Karte $\kappa(\mathbf{x})$ für $\mathfrak{A}$ — die Koordinaten des Vektorfeldes $w = \nabla_u v - \nabla_v u$. Man verifiziere die Gültigkeit der Gleichung

$$w(\omega) = u\big(v(\omega)\big) - v\big(u(\omega)\big)$$

für jedes Skalarfeld ω.

89. Sei $\varphi \in \mathfrak{t}_1^1(\mathfrak{A}^3)$ das Tensorfeld

$$\varphi = x_1^2 x_2\, e_1 \otimes \varepsilon^1 + x_2^2 x_3\, e_1 \otimes \varepsilon^3 + x_1 x_2\, e_2 \otimes \varepsilon^1 + x_2 x_3^2\, e_3 \otimes \varepsilon^2 .$$

Man berechne die Ableitung $\nabla_v \varphi$ für das Vektorfeld $v = x_1^2 e_1 + x_2 x_3 e_3$.

90. Sei $\varphi \in \mathfrak{t}_1^1(\mathfrak{A}^3)$ das Tensorfeld von Bsp. 89. Die Ableitung $\nabla_v \varphi$ für das Vektorfeld $v = x_2 e_1 - x_1 e_2$ ist ein Tensorfeld $\psi = \nabla_v \varphi \in \mathfrak{t}_1^1(\mathfrak{A}^3)$. Man berechne die Ableitung von ψ in Richtung des Vektorfeldes $u = x_3 e_1 - x_1 e_2$, also das Tensorfeld

$$\nabla_u \nabla_v \varphi \in \mathfrak{t}_1^1(\mathfrak{A}^3) .$$

91. Seien u und v zwei beliebige Vektorfelder in dem affinen Raum $\mathfrak{A}^N$ und $\varphi \in \mathfrak{t}_n^m(\mathfrak{A}^N)$ ein Tensorfeld. Man berechne die Koordinaten des Tensorfeldes

$$\psi = \nabla_u \nabla_v \varphi - \nabla_v \nabla_u \varphi$$

bezüglich einer Karte $\kappa(\mathbf{x})$ für $\mathfrak{A}^N$. Man zeige ferner, daß ψ die Ableitung von φ in Richtung eines gewissen Vektorfeldes w ist: $\psi = \nabla_w \varphi$. Man bestimme die Koordinaten dieses Vektorfeldes.

92. Sei φ eine Differentialform auf dem affinen Raum $\mathfrak{A}^4$. Man berechne $d\varphi$ für

(i) $\varphi = x_1 x_2\, dx_1 + x_3 x_4\, dx_2 + x_1^2\, dx_3 + (x_2 x_4 - x_3^2) dx_4$

(ii) $\varphi = x_2 x_4\, dx_1 \wedge dx_3 + x_1 x_3\, dx_2 \wedge dx_4 + x_1 x_2\, dx_3 \wedge dx_4$

(iii) $\varphi = x_3^2 x_4^2 (x_1^2 + x_2^2) dx_2 \wedge dx_3 \wedge dx_4 + x_1 x_2^2 x_3 x_4^2\, dx_1 \wedge dx_2 \wedge dx_4$

(iv) $\varphi = \frac{1}{2} \sum_{i<j} \big(x_1^2 + \cdots + \widehat{x_i^2} + \cdots + \widehat{x_j^2} + \cdots + x_N^2\big) dx_i \wedge dx_j .$

93. Im affinen Raum $\mathfrak{A}^3$ (mit Koordinaten x, y und z) seien drei Skalarfelder gegeben:

$$f(x,y,z) = x + y + z , \quad g(x,y,z) = xy + xz + yz , \quad h(x,y,z) = xyz .$$

Man berechne die Produkte (i) $df \wedge dg$, (ii) $df \wedge dh$, (iii) $dg \wedge dh$.

94. Sei

$$\varphi = f(x,y,z) dx \wedge dy + (x^2 + z^2) dz dx - xyz\, dy dz$$

eine 2-Form auf dem affinen Raum $\mathfrak{A}^3$ (mit Koordinaten x, y und z). Man bestimme die Funktion $f(x,y,z)$ so, daß $d\varphi = dx dy dz$ ist.

95. Sei

$$\varphi = (r^2 - x_1^2) dx_1 + (r^2 - x_2^2) dx_2 + \cdots + (r^2 - x_N^2) dx_N , r^2 = x_1^2 + x_2^2 + \cdots + x_N^2 ,$$

ein 1-Form auf dem affinen Raum $\mathfrak{A}^N$ $(N \geq 3)$. Man berechne $\varphi \wedge d\varphi$.

96. Sei φ eine Differentialform ersten Grades. Man verifiziere $d\varphi = 0$ für:

(i) $\varphi = (x^2 + y^2)dx + 2xy\,dy$

(ii) $\varphi = (y + x^3 + xy^2)dx + (x + x^2y + y^3)dy$

(iii) $\varphi = \big[(2x+y)\sin xy + xy(x+y)\cos xy\big]dx + \big[x \sin xy + x^2(x+y)\cos xy\big]dy$

(iv) $\varphi = (1 + 3y - z)dx + (2 + 3x + 2z)dy - (1 + x - 2y)dz$

(v) $\varphi = (e^z - yz)dx + (2y - xz)dy + (xe^z - xy)dz$.

97. Man bestimme die Funktion $f(x, y, z)$ so, daß die Ableitung der 1-Form

$$\varphi = f(x, y, z)dx + (x^2 - 3y + z)dy + (x^3 + y - 3z)dz$$

verschwindet.

98. Unter welcher Bedingung, betreffend die Funktionen f, g und h, ist die 1-Form

$$\varphi = f\big(y^2 + z^2\big)x\,dx + g\big(x^2 + z^2\big)y\,dy + h\big(x^2 + y^2\big)z\,dz$$

exakt?

99. Man bestimme für die Differentialformen von Bsp. 96 ein Skalarfeld ω, für welches $d\omega = \varphi$ gilt.

100. Sei

$$\varphi = \frac{x}{x^2 + y^2}\,dx + \frac{y}{x^2 + y^2}\,dy$$

eine 1-Form auf einem zweidimensionalen affinen Raum bezüglich einer Karte $\kappa(x, y)$, definiert auf dem Gebiet $\mathfrak{G} = \{(x, y) \mid x^2 + y^2 > 0\}$. Man bestätige $d\varphi = 0$. Gibt es ein Skalarfeld ω auf $\mathfrak{G}$ mit $\varphi = d\omega$?

101. Sei

$$\varphi = -\frac{y}{x^2 + y^2}\,dx + \frac{x}{x^2 + y^2}\,dy$$

eine 1-Form auf dem Gebiet $\mathfrak{G} = \{(x, y) \mid x^2 + y^2 > 0\}$ eines zweidimensionalen affinen Raumes bezüglich einer Karte $\kappa(x, y)$. Man bestätige $d\varphi = 0$. Gibt es ein Skalarfeld ω auf $\mathfrak{G}$ mit $\varphi = d\omega$?

102. Es seien $f_i(x_1, x_2, \ldots, x_N) = \sum_{j=1}^{N} A_{ij}x_j$ ganze lineare Funktionen der Koordinaten in einem affinen Raum $\mathfrak{A}^N$ bezüglich einer Karte $\kappa(\mathbf{x})$. Welche Vorausetzungen müssen die Koeffizienten A_{ij} erfüllen, damit das äußere Differential der 1-Form

$$\varphi = f_1 dx_1 + f_2 dx_2 + \cdots + f_N dx_N$$

verschwindet? Man berechne für geeignete Koeffizienten A_{ij} alle 0-Formen ω, welche die Gleichung $\varphi = d\omega$ erfüllen.

103. Sei

$$\varphi = (x^2 + y^2 + z^2)dx \wedge dy + yz\,dx \wedge dz + (yz - xz)dy \wedge dz\,.$$

Man bestätige die Gleichung $d\varphi = 0$ und gebe alle 1-Formen ψ an, für welche $\varphi = d\psi$ gilt.

104. Man beweise: Gelten für gewisse auf einem sternförmigen Gebiet $\mathfrak{G}$ eines affinen Raumes $\mathfrak{A}$ gegebene Größen Φ_i die Beziehungen

$$\frac{\partial \Phi_i}{\partial x_j} = \frac{\partial \Phi_j}{\partial x_i},$$

so gibt es auf $\mathfrak{G}$ eine reelle Funktion f, sodaß gilt

$$\Phi_i = \frac{\partial f}{\partial x_i}.$$

105. Man beweise: Sind Φ_{ij} symmetrisch indizierte Größen ($\Phi_{ij} = \Phi_{ji}$) auf einem sternförmigen Gebiet $\mathfrak{G}$ des affinen Raumes $\mathfrak{A}$ und bestehen auf diesem Gebiet die Beziehungen

$$\frac{\partial}{\partial x_k}\left(\frac{\partial \Phi_{il}}{\partial x_j} - \frac{\partial \Phi_{jl}}{\partial x_i}\right) = \frac{\partial}{\partial x_l}\left(\frac{\partial \Phi_{ik}}{\partial x_j} - \frac{\partial \Phi_{jk}}{\partial x_i}\right),$$

so existieren auf $\mathfrak{G}$ reelle Funktionen f_i, sodaß gilt

$$\Phi_{ij} = \frac{\partial f_i}{\partial x_j} + \frac{\partial f_j}{\partial x_i}.$$

Hievon gilt auch die Umkehrung.

Hinweis: Man zeige zunächst die Existenz schiefsymmetrisch indizierter Funktionen Ψ_{kl}, für welche

$$\frac{\partial \Psi_{kl}}{\partial x_i} = \frac{\partial \Phi_{il}}{\partial x_k} - \frac{\partial \Phi_{ik}}{\partial x_l}$$

gilt. Mit diesen Funktionen bilde man die 2-Form $\psi = \sum_{k<l} \Psi_{kl} dx_k \wedge dx_l$ und beweise $d\psi = 0$. Daher gilt $\psi = d\sum_i f_i dx_i$.

106. Sei in einem (in Bezug auf den Ursprung) sternförmigen Gebiet $\mathfrak{G} \subseteq \mathfrak{A}^4$ die 3-Form

$$\varphi = dx_1 \wedge \left[f(x_1, x_2, x_3, x_4) dx_2 \wedge dx_3 + g(x_1, x_2, x_3, x_4) dx_2 \wedge dx_4\right]$$

gegeben. Wie lautet die Bedingung für $d\varphi = 0$? Man stelle unter der Annahme, daß die fragliche Bedingung erfüllt ist, die 3-Form φ als Ableitung einer 2-Form ψ dar.

107. Eine Differentialgleichung

$$y' = -\frac{f(x,y)}{g(x,y)} \quad \text{oder} \quad f(x,y)dx + g(x,y)dy = 0$$

($f(x,y)$ und $g(x,y)$ stetig in einem Gebiet $\mathfrak{G} \subseteq \mathbb{R}^2$, $f^2 + g^2 \neq 0$ in $\mathfrak{G}$) wird „exakt“ genannt, wenn die Gleichung $f_y = g_x$ in $\mathfrak{G}$ erfüllt ist. Wenn es dann in $\mathfrak{G}$ eine stetig differenzierbare Funktion $F(x,y)$ mit $F_x = f$, $F_y = g$ gibt, so ist $F(x,y) = \text{const.}$ das allgemeine Integral. Ist $f_y \neq g_x$ in $\mathfrak{G}$, so heißt eine Funktion $\lambda(x,y)$ „integrierender Faktor“, wenn $(\lambda f)_y = (\lambda g)_x$ in $\mathfrak{G}$ gilt (ist jetzt $F_x = \lambda f$, $F_y = \lambda g$, so stellt wieder $F(x,y) = \text{const.}$ das allgemeine Integral dar). Unter welchen Voraussetzungen folgt aus der Gleichung $f_y = g_x$ die Existenz einer in $\mathfrak{G}$ stetig differenzierbaren Funktion F mit $f = F_x$, $g = F_y$?

Sei $\varphi = f\,dx + g\,dy$ und $\varphi \neq 0$ in $\mathfrak{G}$. Man zeige, daß die Existenz eines integrierenden Faktors für die Differentialgleichung $\varphi = 0$ gleichbedeutend ist mit der Darstellbarkeit $\varphi = \psi\,d\omega$ mittels zweier 0-Formen ψ und ω, sodaß $\varphi = 0$ die Gleichung $\omega = \text{const.}$ zur Folge hat. Zeige weiters, daß unter diesen Umständen eine 1-Form χ existiert, für welche $d\varphi = \chi \wedge \varphi$ gilt.

108. Es seien $\psi^1, \psi^2, \ldots, \psi^m$ linear unabhängige 1-Formen auf einem affinen Raum $\mathfrak{A}^N$, φ eine n-Form $(n + m \leq N)$ und

$$\varphi \wedge \psi^1 \wedge \cdots \wedge \psi^m = 0\,.$$

Dann gibt es m Differentialformen $\chi^1, \chi^2, \ldots, \chi^m$ mit dem Grad $n-1$, sodaß

$$\varphi = \psi^1 \wedge \chi^1 + \psi^2 \wedge \chi^2 + \ldots + \psi^m \wedge \chi^m$$

gilt (vgl. Bsp. 77).

109. Sei $\mathfrak{E}^3$ ein pseudo-euklidischer Raum. In einem gewissen Koordinatensystem $\mathcal{K} = \{O, \mathcal{B}\}$, $\mathcal{B} = \{e_1, e_2, e_3\}$, möge der Fundamentaltensor $\mathfrak{g}$ die Form

$$\mathfrak{g} = \varepsilon^1 \otimes \varepsilon^1 + \varepsilon^2 \otimes \varepsilon^1 + \varepsilon^1 \otimes \varepsilon^2 + \varepsilon^2 \otimes \varepsilon^3 + \varepsilon^3 \otimes \varepsilon^2 + \varepsilon^3 \otimes \varepsilon^3$$

haben. Man bestimme den Index des inneren Produktes und führe ein orthonormales Koordinatensystem ein.

110. Sei $\mathfrak{E}^4$ ein pseudo-euklidischer Raum. In einem gewissen Koordinatensystem $\mathcal{K} = \{O, \mathcal{B}\}$, $\mathcal{B} = \{e_1, e_2, e_3, e_4\}$, möge der Fundamentaltensor $\mathfrak{g}$ durch

$$\mathfrak{g} = \varepsilon^1 \otimes \varepsilon^2 + \varepsilon^2 \otimes \varepsilon^1 + \varepsilon^3 \otimes \varepsilon^3 + \varepsilon^4 \otimes \varepsilon^4$$

gegeben sein. Man bestimme den Index des inneren Produktes und führe ein orthonormales Koordinatensystem ein.

111. Sei $\mathfrak{A}^2$ ein affiner Raum, $\kappa(x_1, x_2)$ die Karte für ein Koordinatensystem $\mathcal{K} = \{O, \mathcal{B}\}$, $\mathcal{B} = \{e_1, e_2\}$. Man berechne das Integral der 1-Form

$$\varphi = (2x_1 - x_2)dx_1 + (4x_1 + 3x_2)dx_2$$

über das eindimensionale Simplex $\mathfrak{S} = \langle \kappa(1,0), \kappa(3,1) \rangle$.

112. Sei $\mathfrak{A}^2$ ein affiner Raum, $\kappa(x_1, x_2)$ die Karte für ein Koordinatensystem $\mathcal{K} = \{O, \mathcal{B}\}$, $\mathcal{B} = \{e_1, e_2\}$. Man berechne das Integral der 2-Form

$$\varphi = (x_1^2 + x_2^2)dx_1 \wedge dx_2$$

über das zweidimensionale Simplex $\mathfrak{S} = \langle \kappa(1,1), \kappa(3,2), \kappa(2,3) \rangle$.

113. Sei $\mathfrak{A}^3$ ein affiner Raum, $\kappa(\mathrm{x})$ die Karte für ein Koordinatensystem $\mathcal{K} = \{O, \mathcal{B}\}$, $\mathcal{B} = \{e_1, e_2, e_3\}$, und

$$\varphi = e^{-x_1 - x_2 - x_3} dx_1 \wedge dx_2 \wedge dx_3$$

eine 3-Form. Man gebe ein Karte $\bar{\kappa}(\bar{\mathrm{x}})$ an, in welcher den Eckpunkten des Simplex

$$\mathfrak{S} = \langle \kappa(1,-1,2), \kappa(1,1,-1), \kappa(2,0,1), \kappa(2,-1,0) \rangle$$

die Eckpunkte des Standardsimplex S entsprechen, und berechne das Integral der 3-Form φ über das Simplex $\mathfrak{S}$.

114. Sei $\mathfrak{A}^3$ ein affiner Raum, $\mathcal{K} = \{O, \mathcal{B}\}$ ein Koordinatensystem und $\kappa(\mathbf{x})$ die zugehörige Karte. Durch die drei Punkte

$$P = \kappa(1,2,0)\,, \quad Q = \kappa(2,-1,1)\,, \quad R = \kappa(1,1,-1)$$

ist ein affiner Teilraum $\mathfrak{A}_o$ (eine Ebene) bestimmt. Man berechne das Integral des äußeren Differentials der 1-Form

$$\varphi = \tfrac{1}{2}\big(x_2^2 + x_3^2\big)dx_1 + \tfrac{1}{2}\big(x_1^2 + x_3^2\big)dx_2 + \tfrac{1}{2}\big(x_1^2 + x_2^2\big)dx_3$$

über das Simplex $\mathfrak{S} = \langle P, Q, R\rangle$ sowie das Integral der 1-Form φ über den Rand $\partial\mathfrak{S}$.

115. Sei $\mathfrak{A}^4$ ein affiner Raum, $\kappa(\mathbf{x})$ die Karte zu einem Koordinatensystem $\mathcal{K} = \{O, \mathcal{B}\}$, $\mathcal{B} = \{e_1, e_2, e_3, e_4\}$, und $\mathfrak{A}_o$ der dreidimensionale affine Teilraum durch den Punkt O, dessen Tangentialraum der Teilraum $\langle e_1{+}e_2, e_1{+}e_3{-}e_4, e_2{+}e_3{+}e_4\rangle$ des Tangentialraumes von $\mathfrak{A}^4$ ist. Man berechne das Integral der 3-Form

$$\varphi = (5x_2x_4 + 3x_1x_3)dx_1 \wedge dx_2 \wedge dx_3 + (2x_1x_4 - 3x_2x_3)dx_1 \wedge dx_3 \wedge dx_4$$

über das von den Vektoren $e_1 + e_2, e_1 + e_3 - e_4, e_2 + e_3 + e_4$ im Ursprung der Karte κ aufgespannte Parallelogramm Π.

116. Sei $\mathfrak{E}^3$ ein euklidischer Raum, $\kappa(\mathbf{x})$ die Karte für ein Koordinatensystem $\mathcal{K} = \{O, \mathcal{B}\}$. Die Matrix $\{g_{ij}\}$ der Koordinaten des Fundamentaltensors in diesem Koordinatensystem sei wie in Bsp. 109. Man berechne das Kodifferential der folgenden Differentialformen:

(i) $\varphi = x_2^2x_3^2\,dx_1 + x_1^2x_3^2\,dx_2 + x_1^2x_2^2\,dx_3$

(ii) $\varphi = x_1x_2\,dx_1 \wedge dx_2 + x_1x_3\,dx_3 \wedge dx_1 + x_2x_3\,dx_2 \wedge dx_3$

(iii) $\varphi = (x_1x_2 + x_1x_3 + x_2x_3)dx_1 \wedge dx_2 \wedge dx_3$.

117. Sei $\mathfrak{E}^3$ ein pseudo-euklidischer Raum und $\mathcal{K}$ das Koordinatensystem von Bsp. 109. Man berechne $\boldsymbol{\Delta}\varphi$ für folgende Differentialformen:

(i) $\varphi = \frac{1}{6}\big(x_1^2 + x_3^2\big) + \frac{1}{3}\big(x_1x_2 + x_2x_3\big)$

(ii) $\varphi = x_2^2x_3^2\,dx_1 + x_1^2x_3^2\,dx_2 + x_1^2x_2^2\,dx_3$

(iii) $\varphi = (x_1^3 + 3x_1x_2^2 - 3x_2^2x_3 - x_3^3)dx_1 \wedge dx_2$.

118. Sei $\mathfrak{E}^4$ ein pseudo-euklidischer Raum; die Koordinaten des Fundamentaltensors im Koordinatensystem einer Karte κ mögen durch die Elemente der Matrix von Bsp. 110 gegeben sein. Man berechne $\delta\varphi$ und $\boldsymbol{\Delta}\varphi$ für:

(i) $\varphi = x_2x_1^2\,dx_1 + x_1x_2^2\,dx_2 + x_3x_4^2\,dx_3 + x_4x_3^2\,dx_4$

(ii) $\varphi = (x_1^2 + x_2^2)dx_1 \wedge dx_3 + (x_1^2 + x_4^2)dx_2 \wedge dx_3 + (x_2^2 + x_3^2)dx_1 \wedge dx_4$

(iii) $\varphi = (x_1^2 + x_1x_2 + x_2^2 + x_3x_4 + x_3x_4^2 + x_4x_3^2)dx_1 \wedge dx_2 \wedge dx_4$.

4 Spezielle Relativitätstheorie

ISAAC NEWTON entwickelte die Prinzipien der Mechanik auf dem Fundament des „absoluten Raumes“ und der „absoluten Zeit“. Der absolute Raum — das *Sensorium Dei*[1] — bleibt „ ... vermöge seiner Natur und ohne Beziehung auf einen äußeren Gegenstand stets gleich und unbeweglich“, die absolute, wahre Zeit „ ... verfließt an sich und vermöge ihrer Natur gleichförmig und ohne Beziehung auf einen äußeren Gegenstand“. Der Geometrie EUKLIDS, die seit dem Altertum unumschränkt gottgleich herrschte und NEWTONS Raumvorstellung prägen mußte, wurde damit ein axiomatisch-deduktives naturwissenschaftliches Lehrgebäude zur Seite gestellt. Auf den Zeitbegriff wirkten dabei seit jeher die vielfältigen Erscheinungen am Himmel, weshalb das Maß der Zeit seinen Ursprung in anderen Sinneswahrnehmungen hatte. Setzt man Raum- und Zeitbegriff zusammen, so entsteht ein vierdimensionaler Raum von „Weltpunkten“, die eine Orts- und Zeitangabe der „Ereignisse“ — *hier* und *jetzt* — beinhalten. Im Trägheitsgesetz, demzufolge Massenkörpern bei Nichtvorhandensein äußerer Kräfte eine *geradlinige* und *gleichförmige* Bewegung aufgenötigt wird, kommt dabei auf indirekte Weise zum Ausdruck, daß diese vierdimensionale Raum-Zeit-Welt ein *affiner* Raum ist, der durch die strikte Trennung von Ort und Zeit zusätzlich noch mit einer besonderen Struktur versehen ist.

Obgleich der Absolutheit von Raum und Zeit etwas Geheimnisvolles anhaftet, erfuhr die Mechanik als Wissenschaft einen enormen Aufschwung, ihre glänzenden Erfolge wirkten befruchtend auf andere Zweige der Naturwissenschaften ein. Die Optik entstand als wissenschaftlicher Teil der Physik, trotz zweier unterschiedlicher Auffassungen, der von dem Holländer CHRISTIAAN HUYGENS vertretenen *Wellentheorie* und der NEWTON zugeschriebenen *Korpuskeltheorie*. Daß man in der Fortpflanzung des Lichtes jedenfalls einen Vorgang mit *endlicher* Geschwindigkeit sah, wie es für beide Theorien unumgänglich war, beweist schon der Versuch GALILEO GALILEIS zur Messung der Lichtgeschwindigkeit am Beginn des 17. Jhdts. Doch terrestrische Meßanordnungen, wie GALILEI sie hiefür benützte, waren zum damaligen Zeitpunkt angesichts der Größenordnung der Lichtgeschwindigkeit noch zum Scheitern verurteilt. Erst OLAF RÖMER, der sich der astronomischen Distanz Erde – Jupiter hiefür bediente, kam dem heute bekannten Wert schon sehr nahe. Vor allem die Astronomie, die sich von der im Mystischen beheimateten Astrologie längst abgesondert hatte, verzeichnete eine Vielzahl von Entdeckungen, welche die Newtonsche Mechanik immer

[1] Lat. das „Sinnesorgan Gottes“.

wieder aufs Neue bestätigten. So manche Legende legt Zeugnis darüber ab, welches Aufsehen die Kometen erregten, in denen NEWTON Angehörige des Sonnensystems sah, die sich auf Parabeln oder langgestreckten Ellipsen um die Sonne bewegen. Sein nicht minder berühmter Zeitgenosse E. HALLEY, der die Methode zur Bahnbestimmung verbesserte, erkannte in den Erscheinungen der Jahre 1531, 1607 und 1682 denselben Kometen, dessen Wiederkehr er präzise für das Jahr 1758 voraussagte. Nur eine Erscheinung im Sonnensystem, die Perihelverschiebung des sonnennächsten Planeten Merkur, die nach den Berechnungen des Astronomen LEVERRIER um die Mitte des 19. Jhdt. schließlich zweifelsfrei feststand, blieb unerklärbar. Da die Newtonsche Mechanik voraussagt, daß die Achsen der Bahnellipsen und damit auch das *Perihel*, jener der Sonne am nächsten kommende Punkt der Bahn, für alle Zeiten unbeweglich im absoluten Raum sind, mußte das am innersten Planeten Merkur festgestellte Vorrücken des Perihels um ungefähr 43″ in einem Zeitraum von 100 Jahren ein Rätsel bleiben. Man ließ es zwar nicht an Versuchen zur Klärung dieser Erscheinung fehlen, doch waren alle damit einhergehenden Abänderungen eigens hiefür eingeführt worden und sonst durch nichts belegbar, weshalb sie auch wenig Überzeugungskraft besaßen.

Elektrische und magnetische Kräfte waren schon seit dem klassischen Altertum bekannt, doch nahm die Befassung mit diesen Erscheinungen erst im 18. Jhdt. konkrete Gestalt an. Dieser sich nunmehr stetig entwickelnde Zweig der Physik erhielt sein erstes Merkmal einer Objektivierung durch das Gesetz der Kraftwirkungen zwischen elektrisch geladenen Körpern, das von PRIESTLEY und CAVENDISH unabhängig voneinander ausgesprochen wurde und schließlich durch CH. A. COULOMB, nach dem es benannt ist, eine experimentelle Bestätigung erhielt. Die formale Identität mit dem Gesetz der Massenanziehung — und wohl auch die Autorität NEWTONS — dürfte die Ursache dafür gewesen sein, daß man elektrische und magnetische Kräfte genauso in die Ferne wirken sah, wie jene Anziehungskräfte, die ihren Sitz in Massen haben. Diese *fernwirkungstheoretische* Sicht der Dinge, die den Raum und seine Struktur in die Erklärung nicht einbezog, als würden die Wirkungen den Raum zeitlos überspringen und in der Ferne in eingeprägten Kräften in Erscheinung treten, schlug sich in der mathematischen Formulierung der in dichter Fülle aufeinanderfolgenden Entdeckungen nieder.

Während man auf der Suche nach einem Rahmen für die Elektrodynamik war, wie ihn die Mechanik durch NEWTON bereits erhalten hatte, versuchte MICHAEL FARADAY die Erscheinungen des Elektromagnetismus durch eine gänzlich andere Auffassung von den Dingen zu erklären. Für ihn erfährt der Raum eine physikalische „Zustandsänderung“, er sieht den Raum von „Kraftlinien“ durchzogen, welche diesen Raumzustand phänomenologisch zutage treten lassen. Damit wurde der große Experimentator FARADAY zum Begründer des modernen *Feldbegriffs*. Als die Newtonsche Fernwirkung die Grenzen des jungen Wissenschaftszweiges des Elektromagnetismus bereits aufzuzeigen schien, griff JAMES CLERK MAXWELL die Ideen FARADAYS auf und legte in seinem berühmten Werk *A Treatise of*

Electricity and Magnetism eine mathematische Formulierung vor, in der er einen Satz von Gleichungen an die Spitze der Theorie des Elektromagnetismus stellte. In seiner Methode liegt jedoch ein grundsätzlicher Unterschied zur Denkweise jener in der Auffassung der Fernwirkung verhafteten Mathematiker und Physiker, die über eine formelmäßige Fassung einzelner im Experiment erschlossener Gesetze durch *Synthese* das Lehrgebäude des Elektromagnetimus zu errichten trachteten. MAXWELL übersetzte die *feldwirkungstheoretischen* Gedanken FARADAYS in die mathematische Sprache und faßte die Erscheinungen des Elektromagnetismus in den nach ihm benannten Gleichungen zusammen, aus denen er durch *mathematische Analyse* jedes damals bekannte Detail herausarbeiten konnte. Aber die Theorie MAXWELLS brachte mehr, denn in einem Punkt unterscheiden sich die beiden Auffassungen grundlegend: Die Feldgleichungen MAXWELLS ergeben, daß sich elektromagnetische Wirkungen mit *endlicher* Geschwindigkeit ausbreiten. Davon konnte in den Fernwirkungsgesetzen naturgemäß nicht die Rede sein.

Wie fremdartig dieser Zugang den Zeitgenossen MAXWELLS erschien, wird durch so manche Anekdote belegt. Es dauerte deshalb noch eine geraume Weile, bis sich die *Feldwirkung* FARADAYS und MAXWELLS gegenüber der *Fernwirkung* NEWTONS durchsetzte. Der Durchbruch war erst geschafft, als HEINRICH HERTZ den Nachweis der von MAXWELL vorausgesagten elektromagnetischen Wellen im Experiment erbrachte und die — von MAXWELL gleichfalls angekündigte — Übereinstimmung ihrer endlichen Ausbreitungsgeschwindigkeit mit jener des Lichtes feststand, welche erstmalig im Gesetz von KOHLRAUSCH und WEBER in Form einer Proportionalitätskonstanten in eine geheimnisvolle Beziehung mit den elektromagnetischen Erscheinungen getreten war. Durch die Theorie MAXWELLS war die Elektrodynamik mit der Optik, deren wellentheoretische Auffassung schon längst den Sieg davongetragen hatte, zu einer Einheit verschmolzen.

Der Vorläufer der elektromagnetischen Theorie des Lichtes war eine „elastische" Lichttheorie, die sich an Vorbildern aus der Mechanik orientierte. Ähnlich wie die athmosphärische Luft als Träger der Schallwellen auftritt, sollte ein feiner, unwägbarer den Raum ausfüllender Stoff der Träger der Lichtschwingungen sein. Anders als der Schall, dessen Schwingungen longitudinal sind, schwingt das Licht transversal, weshalb dieser Stoff die elastischen Eigenschaften eines Festkörpers haben mußte, da nur in einem solchen auch transversale mechanische Schwingungen auftreten können. Über die Eigenschaften dieses Mediums, das man den „Lichtäther" nannte, sollten alle Erscheinungen der Optik erklärt werden. Die Physik dieses hypothetischen Lichtäthers wurde durch die weitere Entwicklung in zunehmendem Maße komplizierter und verwickelter, man mußte immer wieder korrigierend eingreifen, um Widersprüchlichkeiten mit der weiteren Entwicklung zu beseitigen. Als die elektromagnetische Natur des Lichtes schließlich feststand, mußte der Äther als Träger aller elektromagnetischen Erscheinungen herhalten, seine Gesetze waren fortan die Feldgleichungen MAXWELLS. Auf dieses geheimnisvolle Medium sich stützend entwarf der holländische Physiker HENDRIK ANTOON LORENTZ eine Elektronentheorie der Elektrizität und des Magnetismus. Er ging dabei davon aus, daß sich elektromagnetische Wellen relativ zum Äther, den er ruhend im absoluten Raum sah, mit der konstanten Geschwindigkeit des Lichtes fortpflanzen. Damit mußte der Äther in der Elektrodynamik MAXWELLS die Rolle des absoluten Raumes in der Mechanik NEWTONS übernehmen. Am Höhepunkt dieser Entwicklung leitet das berühmte Experiment von MICHELSON und MORLEY den Sturz des Äthers ein. Wenn der Äther im absoluten Raum ruht, so müßte sich dies auf der Erde, die sich auf ihrem Weg um die Sonne gegen den Äther bewegt, in einem „Ätherwind" bemerkbar machen, einem in der Bewegungsrichtung abgegebenen Lichtblitz würde die Erde nachlaufen, während sie in der entgegengesetzten Richtung zurückbliebe. Daher müßte die Geschwindigkeit des Lichtes in Richtung der Erdbewegung um die Erdgeschwindigkeit verringert sein, in der umgekehrten Richtung um dieselbe vergrößert. Dieser Versuch, die Abhängigkeit der Lichtgeschwindigkeit von der Erdbewegung nachzuweisen, schlug — nach Meinung der Experimentatoren MICHELSON und MORLEY — fehl, ein Ätherwind war nicht nachweisbar, das Licht breitet sich nach allen Richtungen hin mit der gleichen konstanten Geschwindigkeit aus. LORENTZ, der von der Existenz des Äthers nicht abging, stellte zu seiner Rettung die Hypothese auf, daß jeder Körper in der Bewegungsrichtung gegen den Äther eine Kontraktion erfährt. Dadurch konnte er zwar den Ausgang des MICHELSON-MORLEY-Experimentes erklären, um aber die offenkundig gewordene Unabhängigkeit der Fortpflanzungsgeschwindigkeit des Lichtes vom Bewegungszustand der Lichtquelle mit der elektromagnetischen Theorie in Einklang zu bringen, müßten die Feldgleichungen MAXWELLS in relativ zum Äther bewegten Systemen dieselbe Form aufweisen wie in Bezug auf den Äther selbst. Auf der Suche nach den Transformationsgleichungen solcher gegen den Äther bewegter Bezugssysteme greift er den schon früher ausgesprochenen Gedanken auf, auch das Zeitmaß abzuändern. Durch Einführung einer „Ortszeit" in bewegten Systemen gelang ihm auch ein teilweiser Erfolg. Die Lücken, die er ließ, schloß der französische Mathematiker HENRI POINCARÉ, der u.a. den Gruppencharakter dieser Transformationen forderte, die er — wie unabhängig von ihm auch ALBERT EINSTEIN — nach LORENTZ benannte.

Von einem völlig neuen Gesichtspunkt, der schließlich zu einer Revision der Vorstellungen von Raum und Zeit führte, trat ALBERT EINSTEIN an diese Fragen heran. Die vergeblichen Versuche, eine Bewegung der Erde relativ zum Lichtäther festzustellen, bestärkten ihn in der Vermutung, daß dem Begriff der absoluten Ruhe keine Eigenschaft physikalischer Erscheinungen entspricht, weshalb es möglich sein müßte, die Messung von Raum und Zeit so einzurichten, daß es prinzipiell unmöglich ist, eine unbeschleunigte Translationsbewegung festzustellen. In allen Bezugssystemen, in denen die Grundgesetze der Mechanik gelten, sollen auch die Grundgesetze der Elektrodynamik ihre Gültigkeit haben, alle Naturgesetze unterliegen der gleichen Transformation, wenn von einem Bezugssystem auf ein anderes relativ zu diesem in gleichförmiger Translation befindliches übergegangen wird. Dies ist, wie EINSTEIN es nannte, das *Prinzip der Relativität.*[2] Den Lichtäther verwirft EINSTEIN als überflüssig, da sich seine Auffassung nicht auf die Existenz eines absolut ruhenden Raumes zu berufen braucht; schließlich ergibt es auch keinen Sinn, von einer Bewegung relativ zum Äther zu sprechen, wenn sich dieser beharrlich einem Nachweis entzieht. EINSTEIN erhebt ferner ins *Prinzip*, daß sich das Licht unabhängig von der Geschwindigkeit der Lichtquelle stets mit einer bestimmten Geschwindigkeit fortpflanzt. Wie die weitere Entwicklung ergab, ist sie überdies die größte in der Natur vorkommende Geschwindigkeit.

Das empirische Postulat der Konstanz der Lichgeschwindigkeit war aber mit dem Additionstheorem der Geschwindigkeiten und solcherart mit den Prinzipien der klassischen Mechanik nun einmal nicht in Einklang zu bringen. Wenn die Welt der Mechanik dieselbe sein sollte wie die des Elektromagnetismus, so mußten die sich aus dieser Unvereinbarkeit ergebenden Schwierigkeiten in der Mechanik NEWTONS ihre Wurzeln haben. EINSTEIN erkannte, daß diese in den nach NEWTON streng getrennten Begriffen des Raumes und der Zeit liegen. Er setzt den Hebel am Begriff der *Gleichzeitigkeit* an und zeigte auf, daß diesem Begriff keine *absolute* Bedeutung beigemessen werden dürfe, insofern als zwei Ereignisse, welche von einem bestimmten Koordinatensystem aus betrachtet gleichzeitig sind, von einem relativ zu diesem bewegten System aus gesehen nicht mehr als gleichzeitige Ereignisse aufzufassen sind. Redewendungen wie „gleichzeitig“, „jetzt“, „früher“ und „später“ sind aber nur eine sprachliche Ausdrucksform für das Fließen der Zeit ohne Beziehung auf einen äußeren Gegenstand, wovon sich NEWTON leiten ließ. So war es denn für EINSTEIN eine Denknotwendigkeit, der Zeit das Newtonsche Merkmal der Absolutheit abzusprechen. Diese Analyse des Zeitbegriffs machte ihm den Weg zu seiner speziellen Relativitätstheorie frei. Ausgehend vom Postulat der Konstanz der Lichtgeschwindigkeit leitete er jene Transformation ab, der LORENTZ ein Jahr zuvor schon ziemlich nahe gekommen war. Daß der Zeit dabei eine entscheidende Rolle zukommt, dürfte LORENTZ, indem er die Ortszeit einführte, wohl grundsätzlich erkannt haben, er versuchte aber, mit mathematischen Kunstgriffen und ad hoc eingeführten Hypothesen zum Ziel zu kommen, während dieses EINSTEIN aus einem übergeordneten Prinzip durch Deduktion erreichte.

Damit fällt die Newtonsche vierdimensionale Welt mit ihrer durch die Trennung von Raum und Zeit besonderen Struktur, sie macht Platz einer vierdimensionalen Welt, deren Wesen die Untrennbarkeit von Raum und Zeit ist. Nach HERMANN MINKOWSKI ist diese Welt ein vierdimensionaler pseudo-euklidischer — im Sinne NEWTONS immer noch absoluter — Raum, in dem die notwendig gewordene *Synthese von Raum und Zeit* vollzogen wird.

---

[2] Dieses Prinzip hat zur gleichen Zeit wie EINSTEIN auch POINCARÉ ausgesprochen; beide Arbeiten erschienen im Juni des Jahres 1905. Die Einsteinsche Arbeit geht aber tiefer, sie enthält u.a. das Additionstheorem der Geschwindigkeiten und die Dynamik des Elektrons.

4.1 Gradient, Divergenz und Rotation

MAXWELLS Grundgleichungen des elektromagnetischen Feldes bekommen eine strukturierte und daher sehr einprägsame Form, wenn man sich gewisser Differentialausdrücke der Vektoranalysis zu ihrer Formulierung bedient. Es sind dies der *Gradient* eines Skalarfeldes, die *Divergenz* und die *Rotation* eines Vektorfeldes. Formal werden diese Differentialausdrücke mit Hilfe eines symbolischen Vektors ∇ dargestellt, der wegen der Ähnlichkeit des für ihn reservierten Zeichensymbols mit einem phönizischen Saiteninstrument den Namen „Nabla-Vektor" trägt, und zwar der Gradient als „Anwendung" $\nabla\omega$ des Operators ∇ auf den Skalar ω, die Divergenz als „inneres Produkt" $\nabla\cdot v$, die Rotation als „äußeres Produkt" $\nabla\times v$. Diese symbolische Schreibweise ist zwar sehr bequem und hat für einen ersten Einstieg den Vorzug der Übersichtlichkeit, man gelangt aber bei näherer Befassung mit der Theorie sehr bald an ihre Grenzen. Da sie ein kartesisches Koordinatensystem zur Voraussetzung hat, wird die wahre Natur der genannten Begriffsbildungen verdeckt, was durch den Vorteil einfacherer Formeln nicht aufgewogen werden kann. Im folgenden soll die physikalische Bedeutung dieser Differentialausdrücke mit den Mitteln der Tensoranalysis untersucht werden.

I. *Der Gradient.*

In der gewöhnlichen Vektoranalysis versteht man unter dem Gradienten einen Vektor, der aus einem Skalarfeld abgeleitet wird. Es setzt dies voraus, daß auf ein kartesisches Koordinatensystem im dreidimensionalen euklidischen Raum $\mathfrak{E}^3$ Bezug genommen wird.

Ist ω ein Skalarfeld auf $\mathfrak{E}^3$, so ist

$$d\omega = \frac{\partial\omega}{\partial x_1}dx_1 + \frac{\partial\omega}{\partial x_2}dx_2 + \frac{\partial\omega}{\partial x_3}dx_3 \tag{4.1}$$

das Differential des Skalarfeldes ω. Interpretiert man Differentiale als infinitesimale Zuwächse, so besagt diese Gleichung, daß die Änderung des Skalars ω bei einer infinitesimalen Ortsänderung dx gleich dem inneren Produkt des Ortszuwachses dx und des Vektors mit den Koordinaten $\frac{\partial\omega}{\partial x_i}$ ist. Diesen Vektor nennt man den *Gradienten* des Skalarfeldes ω und schreibt für ihn symbolisch $\operatorname{grad}\omega$. Ist ds die Länge des Ortszuwachses dx, $\|\operatorname{grad}\omega\|$ die Länge des Gradienten von ω und ϕ der Winkel, den diese beiden Vektoren einschließen, so kann die Gleichung (4.1) in der Form

$$d\omega = \|\operatorname{grad}\omega\|\, ds\cos\phi$$

geschrieben werden, in welcher sie zu erkennen gibt, daß der Zuwachs $d\omega$ bei fester Länge ds des Ortszuwachses dx seinen größten Wert für $\phi = 0$ und seinen kleinsten Wert für $\phi = \pi$ hat. Dies bedeutet, daß der Skalar ω seinen größten Zuwachs erfährt, wenn der Ortszuwachs dx die Richtung und die Orientierung des Gradienten hat, und am stärksten abnimmt, wenn der Ortszuwachs dx zwar die Richtung des Gradienten hat, aber mit entgegengesetzter Orientierung. In dieser Deutung des Vektors $\operatorname{grad}\omega$, dessen

Koordinaten die partiellen Differentialquotienten des Skalars ω sind, liegt die Rechtfertigung für die Bezeichnung „Gradient".[3] Die Länge des Gradienten ist dabei ein Maß für die Stärke der Zu- oder Abnahme der Größe ω.

Legt man dem dreidimensionalen Raum ein beliebiges Koordinatensystem zugrunde, so sind die partiellen Differentialquotienten eines Skalarfeldes die Koordinaten einer Linearform, also eines ***kovarianten*** Vektors, der einem Ortszuwachs die Änderung des Skalars in dieser Richtung zuordnet. Sein assoziierter kontravarianter Vektor gibt jene charakteristischen Richtungen an, in welchen der Skalar am stärksten zunimmt bzw. abnimmt. Will man das Symbol $\operatorname{grad}\omega$ auch für beliebige Koordinatensysteme beibehalten, so ist es, auch aus physikalischen Gründen, dem kovarianten Vektor zuzuordnen, wenngleich es dann sein „kontravariantes Merkmal" als charakteristische Richtung verliert.

Zur physikalischen Begründung für die Einführung des Gradienten als kovarianten Vektor ist folgendes anzuführen. Es ist zunächst wichtig festzuhalten, daß der physikalische Kraftbegriff ein typischer ***kovarianter*** Vektor ist. Ein Kraftfeld k wird ausgemessen, indem man die Kraftwirkung in vorgegebenen Richtungen bestimmt. Gibt man eine solche z.B. durch einen Einsvektor e vor, so mißt man die „Komponente der Kraft k in Richtung von e", welche mathematisch durch das innere Produkt (k, e) beschrieben wird. So gesehen ordnet ein Kraftfeld jeder Richtung im Raum eine reelle Zahl zu. Diese Zuordnung ist auf Grund des für Kräfte gültigen Superpositionsprinzips eine lineare Funktion und somit ein kovarianter Tensor erster Stufe.[4] Von Bedeutung ist ferner, daß die Koordinaten vieler Kraftfelder die partiellen Differentialquotienten eines Skalarfeldes sind, welches dann ein *Potential* des Kraftfeldes genannt wird; das Kraftfeld selbst heißt in diesem Fall ***konservativ***. Will man daher an der vielfach gepflogenen Schreibweise $k = \operatorname{grad}\omega$ zur Kennzeichnung dieser besonderen Situation festhalten, so muß der Gradient eines Skalars als kovarianter Vektor eingeführt werden.

Der Gradient eines Skalarfeldes ist dessen Differential und daher eine Linearform,

$$\operatorname{grad}\omega := d\omega\,,$$

also ein kovarianter Vektor.

II. *Die Divergenz.*

Die Divergenz ist ein Skalarfeld, das aus einem Vektorfeld abgeleitet ist. Mit Rücksicht auf die physikalische Bedeutung und den mathematischen Formalismus ist es jetzt besser, dem dreidimensionalen euklidischen Raum $\mathfrak{E}^3$ ein beliebiges Koordinatensystem zugrundezulegen. Der Anschaulichkeit halber mögen Differentiale als infinitesimale Zuwächse aufgefaßt werden.

---

[3] Lat. *gradior*, schreiten, voranschreiten.

[4] Wäre dagegen eine physikalische Feldgröße durch das Skalarprodukt auszumessen, so handelt es sich bei dieser um ein kontravariantes Tensorfeld erster Stufe, also um ein Vektorfeld (vgl. (1.59) und (1.60)).

Ist $v = \sum_i V^i e_i$ ein Vektorfeld auf $\mathfrak{E}^3$, so transformieren sich die Koordinatendifferentiale

$$dV^i = \frac{\partial V^i}{\partial x_1} dx_1 + \frac{\partial V^i}{\partial x_2} dx_2 + \frac{\partial V^i}{\partial x_3} dx_3$$

wie die Koordinaten eines kontravarianten Vektors. Da sie die Zuwächse der Koordinaten bei einer Argumentänderung beschreiben, ist der Vektor $dv = \sum_i dV^i e_i$ die Änderung des Feldvektors v bei einer infinitesimalen Ortsänderung dx. Bildet man das innere Produkt des Feldzuwachses dv mit dem Ortszuwachs dx, so erhält man

$$\begin{aligned}(dv, dx) &= \sum_{i,j=1}^{3} g_{ij} dV^i dx_j = \sum_{i,j,k=1}^{3} g_{ij} \frac{\partial V^i}{\partial x_k} dx_k dx_j \\ &= \sum_{j,k=1}^{3} \frac{\partial V_j}{\partial x_k} dx_k dx_j = \sum_{j,k=1}^{3} \frac{\partial V_k}{\partial x_j} dx_j dx_k\end{aligned}$$

und durch Vertauschung der Rollen der Summationsindizes in der letzten Summe auf der rechten Seite dieser Gleichung schließlich die invariante quadratische Form

$$(dv, dx) = \sum_{i,j=1}^{3} V_{jk}\, dx_j dx_k\,, \tag{4.2}$$

worin abkürzend für

$$V_{jk} = \frac{1}{2}\left(\frac{\partial V_j}{\partial x_k} + \frac{\partial V_k}{\partial x_j}\right) \tag{4.3}$$

gesetzt ist. Die Größen (4.3) transformieren sich dabei wie die Koordinaten eines symmetrischen kovarianten Tensors zweiter Stufe.

Ist die Invariante (4.2) für jeden Ortszuwachs dx positiv, so schließen die Vektoren dv und dx einen Winkel kleiner als 90° an, weshalb die Feldzuwächse dv sämtlich aus dem Kreis hinauszeigen, auf dessen Peripherie die Endpunkte der Ortszuwächse dx liegen. Es entsteht das Bild einer „Quelle", die Feldzuwächse weisen vom Punkt P weg, es entspringen Feldlinien in diesem Punkt, verursacht durch felderzeugende Substrate, die in diesem Punkt konzentriert sind (Abb. 4.1). Ist der Ausdruck (4.2) für jeden Ortszuwachs negativ, so weisen die Feldzuwächse alle ins Innere des Kreises zum Zentrum P hin, man spricht von einer „Senke", in der Feldlinien enden. Wenn hingegen die Invariante (4.1) für einzelne Ortszuwächse positive, für andere aber negative Werte annimmt, so befindet sich im Punkt P sowohl eine Quelle als auch eine Senke, es entspringen Feldlinien, während gleichzeitig andere

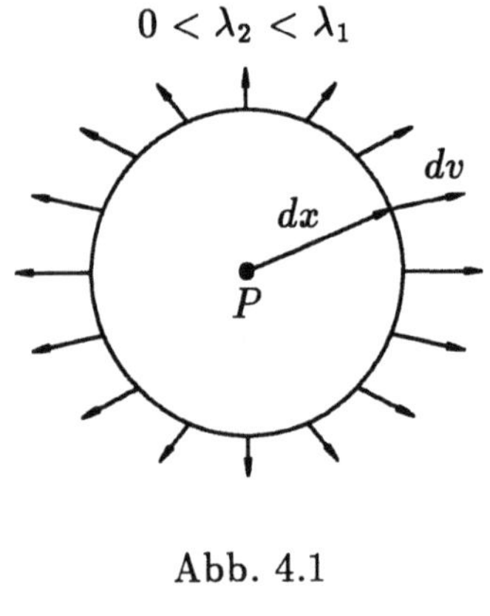

Abb. 4.1

Feldlinien enden (Abb. 4.2); ob die Quelle oder die Senke überwiegt, das entscheidet jetzt ein Maß für die Stärke einer Quelle und einer Senke.

Die Entscheidung, welche Situation nun vorliegt, läuft jetzt darauf hinaus, die positive bzw. negative Definitheit bzw. die Indefinitheit der quadratischen Form (4.2) festzustellen. Die Theorie der quadratischen Formen lehrt, daß diese Frage an Hand des Vorzeichens der Eigenwerte der Koeffizientenmatrix $\{V_{ij}\}$ einer Beantwortung zugeführt werden kann. Genau genommen ist nur die *Semidefinitheit* der quadratischen Form (4.2) ($(dv, dx) \leq 0$ bzw. $(dv, dx) \geq 0$) bzw. Indefinitheit zu entscheiden, da eine symmetrische Matrix, deren Eigenwerte alle gleich Null sind, nur die Nullmatrix sein kann. Ist nämlich die quadratische Form positiv semidefinit, so schließen die Vektoren dv und dx einen Winkel von höchstens 90° ein, und wenigstens in einem Fall ist der Winkel kleiner als 90°; ein analoges Bild findet man vor, wenn die quadratische Form (4.2) negativ semidefinit ist. Sind die reellen Zahlen λ_i die Eigenwerte der symmetrischen Matrix Matrix $\{V_{ij}\}$ und gilt $\lambda_i \geq 0$ bzw $\lambda_i \leq 0$, so ist die quadratische Form (4.2) positiv bzw. negativ semidefinit, andernfalls gibt es positive und negative Eigenwerte und die quadratische Form (4.2) ist indefinit.

Mit Hilfe der Eigenwerte der Koeffizientenmatrix in (4.2) kann aber nur ein qualitatives Bild erstellt werden. Ob es sich um eine Quelle, um eine Senke oder um beides handelt, kann mit Hilfe der Eigenwerte der Koeffizientenmatrix $\{V_{ij}\}$ zwar beurteilt werden, ein quantitatives Maß für die Quellstärke liefern diese Eigenwerte aber nicht, weil sie *keine* Invarianten sind — sie ändern sich bei einem Wechsel des Koordinatensystems. Invarianten hingegen sind die Eigenwerte des sogenannten „allgemeinen Eigenwertproblems"

$$\sum_{j=1}^{3} V_{ij}dx_j = \lambda \sum_{j=1}^{3} g_{ij}dx_j \,, \tag{4.4}$$

denn die Summen auf beiden Seiten sind die Koordinaten eines kovarianten Tensors erster Stufe. Die Gleichung (4.4) verlangt die Proportionalität dieser kovarianten Vektoren für gewisse Ortszuwächse dx_i, weshalb die Proportionalitätskonstante λ eine Invariante sein muß. Überschiebt man die Eigenwertgleichung (4.4) mit g^{ki}, so erhält man die zu (4.4) äquivalente „spezielle" Eigenwertgleichung

$$\sum_{i,j=1}^{3} g^{ki}V_{ij}dx_j = \sum_{j=1}^{3} V_j^k dx_j = \lambda dx_k \,. \tag{4.5}$$

Die Matrix in (4.5) ist jetzt aber i.a. nicht symmetrisch, weshalb Aussagen über ihre Eigenwerte und Eigenrichtungen nur mit Hilfe des allgemeinen Eigenwertproblems (4.4) gemacht werden können. Nun bezieht sich eines der Hauptergebnisse der Theorie des allgemeinen Eigenwertproblems gerade auf den vorliegenden Fall symmetrischer Matrizen auf beiden Seiten, wobei jene auf der rechten Seite mit dem Eigenwert als Faktor, die auch

„Belegungsmatrix" genannt wird, nur positive Eigenwerte hat.[5] In diesem Fall sind alle Eigenwerte λ_k reell, die zugehörigen drei Eigenrichtungen E_1^i, E_2^i, E_3^i,

$$\sum_{j=1}^{3} V_{ij} E_k^j = \lambda_k \sum_{j=1}^{3} g_{ij} E_k^j ,$$

sind „orthogonal bezüglich der Belegungsmatrix" $\{g_{ij}\}$, womit gemeint ist, daß diese den Gleichungen

$$\sum_{i,j=1}^{3} g_{ij} E_h^i E_k^j = 0 \quad \text{für} \quad h \neq k$$

genügen. Der Orthogonalität der Eigenrichtungen des Eigenwertproblems (4.4) bezüglich der Belegungsmatrix $\{g_{ij}\}$ entspricht damit die Orthogonalität der drei Vektoren $\bar{e}_i = \sum_j E_i^j e_j$. Da die Eigenwertprobleme (4.4) und (4.5) äquivalent sind, haben sie dieselben Eigenwerte und Eigenrichtungen,

$$\sum_{i,j=1}^{3} V_j^k E_l^j = \lambda_l E_l^k .$$

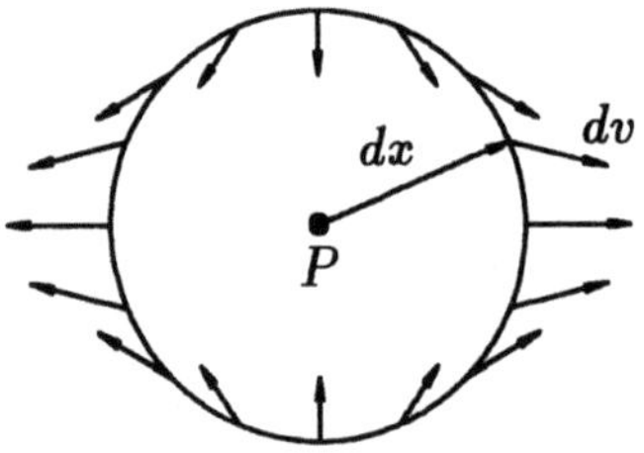

Abb. 4.2

Schreibt man jetzt (4.2) in der Form

$$(dv, dx) = \sum_{i,j,k=1}^{3} g_{ik} V_j^k dx_i dx_j \tag{4.6}$$

und rechnet man über die Transformation $x_i = \sum_j E_j^i \bar{x}_j$ auf das durch die Eigenrichtungen $\bar{e}_i$ gegebene Koordinatensystem $\bar{\mathcal{K}}$ um, so nimmt (4.6) die Gestalt

$$(dv, dx) = \sum_{i=1}^{3} \lambda_i d\bar{x}_i d\bar{x}_i \tag{4.7}$$

an, wenn die neuen Basisvektoren $\bar{e}_1$, $\bar{e}_2$ und $\bar{e}_3$ des Koordinatensystems $\bar{\mathcal{K}}$ auf die Länge 1 normiert werden und dadurch ein kartesisches Koordinatensystem in $\mathfrak{E}^3$ errichtet wird. Die Gleichung (4.7) lehrt nun, daß $(dv, dx) \geq 0$ gilt, wenn alle drei Eigenwerte $\lambda_i \geq 0$ sind, daß $(dv, dx) \leq 0$ ist, wenn die drei Eigenwerte $\lambda_i \leq 0$ sind, und schließlich, daß (dv, dx) beide Vorzeichen annimmt, wenn positive und negative Eigenwerte vorhanden sind. Da das innere Produkt eine Invariante ist, muß die quadratische Form (4.2) in jedem Koordinatensystem semidefinit bzw. indefinit sein, wenn sie ein solches Merkmal in einem bestimmten Koordinatensystem besitzt.

Das Vorzeichen der Eigenwerte gibt also an, ob es sich um eine Quelle oder um eine Senke oder um beides handelt. Die Stärke der Änderung dv

[5] Vgl. z.B. W. GRÖBNER, *Matrizenrechnung*, Bibliographisches Institut·Mannheim, B·I-Hochschultaschenbücher, Bd. 103/103a, Mannheim 1966.

des Feldvektors in den einzelnen Richtungen dx hängt von den Größenverhältnissen der Eigenwerte ab. Es liegt deshalb nahe, durch die Summe der Eigenwerte, welche eine Invariante ist, also durch

$$\lambda_1 + \lambda_2 + \lambda_3$$

die „Ergiebigkeit" des Vektorfeldes v im Punkt P zu messen: Ist die Summe der Eigenwerte positiv, so liegt *netto* eine Quelle vor — es heißt dies ja nur, daß die positiven Eigenwerte gegenüber den negativen überwiegen —, ist diese Summe negativ, so liegt netto eine Senke vor, ist sie gleich Null, so liegt sowohl eine Quelle als auch eine Senke vor, die einander aber kompensieren.

Da die Summe der Eigenwerte einer Matrix gleich deren Spur und damit gleich der Summe ihrer Hauptdiagonalglieder ist (vgl. (1.37)), wird

$$\lambda_1 + \lambda_2 + \lambda_3 = \sum_{i=1}^{3} V_i^i = \sum_{i=1}^{3} \frac{\partial V^i}{\partial x_i} .$$

Man nennt diese Invariante, auf das „Auseinanderströmen" des Feldes hinweisend, die *Divergenz* des Vektorfeldes[6] v im Punkt P und schreibt symbolisch

$$\operatorname{div} v := \frac{\partial V^1}{\partial x_1} + \frac{\partial V^2}{\partial x_2} + \frac{\partial V^3}{\partial x_3} . \tag{4.8}$$

Die Divergenz eines Vektorfeldes heißt auch die *Quellstärke*.

Es ist evident, wie die Divergenz eines Vektorfeldes in euklidischen Räumen höherer Dimension einzuführen ist. Bezeichnet ∇v den gemischten Tensor mit den Koordinaten $\frac{\partial V^i}{\partial x_j}$, so ist die Divergenzbildung die Verjüngung von ∇v,

$$\operatorname{div} v = \mathsf{V} \nabla v .$$

Davon hat man auszugehen, will man die Divergenzbildung auf Tensorfelder übertragen. Da die Verjüngung den durch die Differentiation hinzukommenden kovarianten Index betrifft, läßt sich die Divergenzbildung nur auf Tensorfelder mit einer kontravarianten Stufe ausdehnen. Ist z.B. φ ein gemischtes Tensorfeld mit den Koordinaten Φ_{kl}^{hij}, so geht durch Verjüngung des Tensors $\nabla\varphi$ mit einem beliebigen kontravarianten Index ein Tensorfeld $\psi = \mathsf{V}\nabla\varphi$ hervor, dessen kontravariante Stufe um 1 kleiner ist, z.B.

$$\Psi_{kl}^{hj} = \sum_{i=1}^{N} \frac{\partial \Phi_{kl}^{hij}}{\partial x_i} .$$

Aus einer Familie zueinander assoziierter Tensorfelder läßt sich durch Auswahl kontravarianter und durch Hinaufziehen kovarianter Indizes auf diese Weise eine Vielzahl von Tensorfeldern ableiten, die jedoch i.a. alle voneinander verschieden sind. Nur wenn es sich um symmetrische Tensorfelder

[6] MAXWELL führt in seinem „*Treatise*" die negative Divergenz, das Bild des „Zusammenströmens" vor Augen, als *convergence* ein.

handelt, ist das Ergebnis der Verjüngung stets dasselbe. Sind z.B. Φ_{ij} die Koordinaten eines kovarianten symmetrischen Tensorfeldes φ der Stufe 2, so ist auf Grund der Konstanz der Koordinaten des Maßtensors

$$\sum_{k=1}^{N} \frac{\partial \Phi^k{}_j}{\partial x_k} = \sum_{k,l=1}^{N} g^{kl} \frac{\partial \Phi_{lj}}{\partial x_k} = \sum_{k,l=1}^{N} g^{kl} \frac{\partial \Phi_{jl}}{\partial x_k} = \sum_{k=1}^{N} \frac{\partial \Phi_j{}^k}{\partial x_k} .$$

Dies gibt Anlaß, die *Divergenz* eines *symmetrischen* Tensorfeldes ψ mit den Koordinaten $\Psi_{i_1 i_2 \dots i_n}$ über das Tensorfeld

$$\operatorname{div} \psi := \sum_{i_1,\dots,i_{n-1}=1}^{N} \sum_{k=1}^{N} \frac{\partial \Psi^k_{j_1 \dots j_{n-1}}}{\partial x_k} \varepsilon^{j_1} \otimes \dots \otimes \varepsilon^{j_{n-1}}$$

einzuführen; dabei ist es irrelevant, welcher Index hinaufgezogen wird. Die Divergenz eines symmetrischen Tensorfeldes ist ein symmetrisches Tensorfeld, dessen Stufe um 1 kleiner ist. Die kontravarianten Koordinaten der Divergenz des kovarianten Tensorfeldes sind die Koordinaten der Divergenz des kontravarianten Tensorfeldes,

$$\operatorname{div} \psi := \sum_{i_1,\dots,i_{n-1}=1}^{N} \sum_{k=1}^{N} \frac{\partial \Psi^{k j_1 \dots j_{n-1}}}{\partial x_k} e_{j_1} \otimes \dots \otimes e_{j_{n-1}} .$$

Ist $\varphi = \sum_i \Phi_j dx_j$ ein kovariantes Vektorfeld und $v = \iota\varphi = \sum_i \Phi^i e_i$ das assoziierte kontravariante Vektorfeld, so ist nach Gleichung (3.107)

$$\delta\varphi = -\sum_{k=1}^{N} \frac{\partial \Phi^k}{\partial x_k} = -\operatorname{div} v , \qquad (4.9)$$

die negative Divergenz eines Vektorfeldes ist das Kodifferential des assoziierten kovarianten Vektorfeldes. Man nennt aus diesem Grund das Kodifferential auch den *Divergenzoperator*. Ist φ eine beliebige n-Form im euklidischen Raum $\mathfrak{E}^N$, so heißt die $(n-1)$-Form

$$\operatorname{div} \varphi := -\delta\varphi$$

die Divergenz der n-Form φ.

III. *Die Rotation.*

Während sich die Differentialausdrücke Gradient und Divergenz auf euklidische Räume höherer Dimension ohne Schwierigkeiten übertragen lassen, ist der aus der Vektoranalysis im dreidimensionalen Raum her bekannte Begriff der Rotation oder Wirbelstärke eines Vektorfeldes eine Konstruktion, die zwar anschaulich ein charakteristisches Verhalten der Feldgrößen aufzuzeigen gestattet, aber die wahre mathematische Natur der Rotation verschleiert und somit die Einführung in Räumen höherer Dimension in dieser Form unmöglich macht.

Um dieses Bild zu entwerfen, muß jetzt der dreidimensionale euklidische Raum $\mathfrak{E}^3$ auf ein kartesisches Koordinatensystem bezogen werden, da sonst das äußere Produkt $\times$ der analytischen Geometrie im dreidimensionalen Raum in der weiter unten verwendeten Form keinen Sinn hat. Formal wird damit die Unterscheidung zwischen kovarianten und kontravarianten Koordinaten hinfällig; obwohl an die Vorstellung eines Vektorfeldes als Größe mit Betrag und Richtung appelliert wird, werden die Koordinatenindizes im folgenden tiefgestellt, da die Feldgrößen, auf welche die Rotation in den grundlegenden Gleichungen der mathematischen Physik angewendet wird, ihrer Natur nach kovariant sind.

Ist φ ein Vektorfeld mit den Koordinaten Φ_1, Φ_2, Φ_3, so beschreiben die drei linearen Gleichungen

$$d\Phi_i = \frac{\partial \Phi_i}{\partial x_1}\, dx_1 + \frac{\partial \Phi_i}{\partial x_2}\, dx_2 + \frac{\partial \Phi_i}{\partial x_3}\, dx_3$$

bzw. in Matrizenschreibweise

$$\begin{pmatrix} d\Phi_1 \\ d\Phi_2 \\ d\Phi_3 \end{pmatrix} = \begin{pmatrix} \frac{\partial \Phi_1}{\partial x_1} & \frac{\partial \Phi_1}{\partial x_2} & \frac{\partial \Phi_1}{\partial x_3} \\ \frac{\partial \Phi_2}{\partial x_1} & \frac{\partial \Phi_2}{\partial x_2} & \frac{\partial \Phi_2}{\partial x_3} \\ \frac{\partial \Phi_3}{\partial x_1} & \frac{\partial \Phi_3}{\partial x_2} & \frac{\partial \Phi_3}{\partial x_3} \end{pmatrix} \cdot \begin{pmatrix} dx_1 \\ dx_2 \\ dx_3 \end{pmatrix} \tag{4.10}$$

die Änderung $d\varphi$ des Feldvektors φ in der Richtung des Ortszuwachses dx. Die Matrix in (4.10) mit den Elementen $\frac{\partial \Phi_i}{\partial x_j}$ läßt sich in einen symmetrischen Anteil, dessen Elemente die Größen (4.3) (mit Φ_i an Stelle von V_i) sind, und in einen antisymmetrischen Anteil mit den Elementen

$$\frac{1}{2}\Big(\frac{\partial \Phi_i}{\partial x_j} - \frac{\partial \Phi_j}{\partial x_i}\Big) \tag{4.11}$$

zerlegen. Wie oben dargelegt wurde, enthält der symmetrische Anteil $\{\frac{1}{2}(\frac{\partial \Phi_i}{\partial x_j} + \frac{\partial \Phi_j}{\partial x_i})\}$ der Matrix in (4.10) die Informationen über die Quellen des Feldes. Der Feldzuwachs $d\varphi$ läßt sich daher in einen Zuwachs aufspalten, der von den Quellen herrührt, und in einen Zuwachs, der durch den antisymmetrischen Anteil (4.11) bestimmt wird. Um dessen Bedeutung aufzeigen, sei der Einfachheit halber angenommen, daß die Matrix in (4.10) von vornherein antisymmetrisch ist. Dann stellt

$$\begin{pmatrix} d\Phi_1 \\ d\Phi_2 \\ d\Phi_3 \end{pmatrix} = \frac{1}{2} \begin{pmatrix} 0 & \frac{\partial \Phi_1}{\partial x_2} - \frac{\partial \Phi_2}{\partial x_1} & \frac{\partial \Phi_1}{\partial x_3} - \frac{\partial \Phi_3}{\partial x_1} \\ \frac{\partial \Phi_2}{\partial x_1} - \frac{\partial \Phi_1}{\partial x_2} & 0 & \frac{\partial \Phi_2}{\partial x_3} - \frac{\partial \Phi_3}{\partial x_2} \\ \frac{\partial \Phi_3}{\partial x_1} - \frac{\partial \Phi_1}{\partial x_3} & \frac{\partial \Phi_3}{\partial x_2} - \frac{\partial \Phi_2}{\partial x_3} & 0 \end{pmatrix} \cdot \begin{pmatrix} dx_1 \\ dx_2 \\ dx_3 \end{pmatrix},$$

eine äquivalente Umformung der Gleichung (4.10) dar. Das Charakteristische des Zusammenhangs von $d\varphi$ und dx tritt nun zutage, wenn man der in dieser Gleichung auftretenden schiefsymmetrischen Koeffizientenmatrix, die nur drei unabhängige Elemente enthält, einen Vektor r zuordnet, dessen Koordinaten R_i gerade diese drei unabhängigen Matrixelemente sind,

$$R_1 = \frac{\partial \Phi_3}{\partial x_2} - \frac{\partial \Phi_2}{\partial x_3}, \quad R_2 = \frac{\partial \Phi_1}{\partial x_3} - \frac{\partial \Phi_3}{\partial x_1}, \quad R_3 = \frac{\partial \Phi_2}{\partial x_1} - \frac{\partial \Phi_1}{\partial x_2}. \tag{4.12}$$

Der Sinn dieser Setzungen liegt darin, den Gleichungen (4.10) mit Hilfe des Vektors r die äquivalente Form

$$d\varphi = \tfrac{1}{2} r \times dx \tag{4.13}$$

zu geben, worin das Zeichen $\times$ das äußere Produkt der analytischen Geometrie im dreidimensionalen Raum ist. In der Form (4.13) gibt die Gleichung (4.10) zu erkennen, daß der Feldzuwachs $d\varphi$ für jeden Ortszuwachs dx immer senkrecht zur Richtung des Vektors r ist, sodaß diesem das Merkmal einer „Achse" zuzuerkennen ist. Ferner entnimmt man der Gleichung (4.13), daß der Feldzuwachs $d\varphi$ in der Richtung des Ortszuwachses dx auf diesen senkrecht steht. Es zeigt dies also ein Feldverhalten, wie es in Abb. 4.3 dargestellt ist. Das Charakteristische daran ist, daß das Feld gewissermaßen eine „Drehbewegung" um eine Achse ausführt, was nun die Bezeichnung *Rotor*, *Rotation* bzw. *Wirbelstärke* für den Vektor r mit den Koordinaten (4.12) rechtfertigt; man schreibt symbolisch für diesen Vektor[7)]

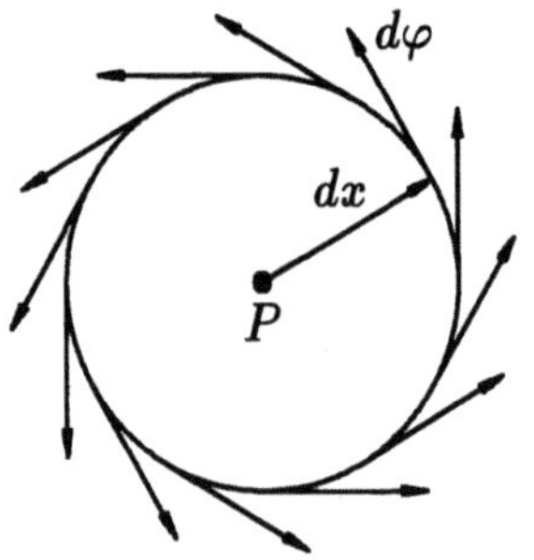

Abb. 4.3

$$r = \operatorname{rot} \varphi\,.$$

Es bedarf wohl keines weiteren Hinweises, daß sich die Konstruktion dieses Vektors auf Räume höherer Dimension nicht übertragen läßt. Der antisymmetrische Anteil (4.11) der Koeffizientenmatrix in (4.10) hat in einem N-dimensionalen Raum $\frac{N(N-1)}{2}$ unabhängige Elemente, denen sich — außer eben im Fall $N = 3$ — kein Vektor des N-dimensionalen Raumes zuordnen läßt. Um der Bedeutung des antisymmetrischen Anteils (4.11) der Matrix in (4.10) im Hinblick auf jenes charakteristische Verhalten Rechnung zu tragen, sind daher alle $\frac{N(N-1)}{2}$ Größen (4.11) heranzuziehen, und dies kann sinnvoll nur in Form eines Tensors geschehen. Es liegt nahe, zumal sich die Größen (4.11) wie die Koordinaten eines kovarianten schiefsymmetrischen Tensorfeldes zweiter Stufe transformieren, die in ihnen enthaltene Information in einem schiefsymmetrischen kovarianten Tensorfeld

$$\sum_{i<j} \left(\frac{\partial \Phi_i}{\partial x_j} - \frac{\partial \Phi_j}{\partial x_i} \right) dx_i \wedge dx_j$$

zusammenzufassen. Dieser Tensor ist die äußere Ableitung des kovarianten Vektorfeldes φ, was Anlaß zur Definition der *Rotation* durch

$$\operatorname{rot} \varphi := d\varphi \tag{4.14}$$

gibt. Da die äußere Ableitung nur für Differentialformen erklärt ist, wird durch (4.14) die Rotation für ein *kovariantes* Vektorfeld eingeführt. Ist φ

7) MAXWELL nennt diesen Vektor „with great diffidence" die *rotation* des Vektorfeldes v.

eine beliebige n-Form, so wird ihre äußere Ableitung auch die Rotation der n-Form genannt.

Die Bildung des Gradienten und der Rotation sind Differentialoperationen, die nur für Differentialformen erklärt sind — der Gradient für ein Skalarfeld, die Rotation für ein beliebiges schiefsymmetrisches kovariantes Tensorfeld mit einer Stufe $n \geq 1$. Der Operator ist dabei die äußere Differentiation, weshalb eine weitere, insbesondere euklidische Raumstruktur *nicht* benötigt wird. Anders verhält es sich mit der Divergenz, deren Bildung nicht ausschließlich auf Differentialformen beschränkt ist; sie wird allerdings nur für symmetrische und schiefsymmetrische Tensorfelder eingeführt. In beiden Fällen ist jedoch eine euklidische Raumstruktur erforderlich. Was die schiefsymmetrischen Tensorfelder anlangt, so erfordert dies die Bildung des Kodifferentials, für die symmetrischen muß es möglich sein, Indizes hinaufzuschieben. Die für das Kodifferential geforderte Orientierbarkeit des Raumes ist für euklidische Räume immer gegeben, die Divergenz selbst hängt aber nicht von der Orientierung ab, da durch das zweimalige Auftreten des $*$-Operators im Kodifferential die Orientierung herausfällt, weshalb im Zusammenhang mit der Divergenzbildung von einer Orientierung des Raumes nicht eigens gesprochen werden muß.

IV. *Vektoranalysis im* $\mathfrak{E}^3$ *und* $\mathfrak{W}^4$.

So vorteilhaft die Differentialausdrücke grad, div und rot sowie der aus ihnen abgeleitete Laplace-Operator (3.129),

$$\triangle = \operatorname{div}\operatorname{grad}\,,$$

im Hinblick auf die Lesbarkeit von Beziehungen zwischen Feldgrößen auch ist, das Rechnen mit ihnen gestaltet sich äußerst mühsam. Die Formeln der Vektoranalysis, in denen diese Differentialoperationen mit den algebraischen Operationen des dreidimensionalen Raumes verknüpft werden, im besonderen mit dem inneren und dem äußeren Produkt, lassen sich aber ohne viel Aufwand mit dem Kalkül der Differentialformen ableiten. Hiefür muß allerdings das Konzept der Rotation modifiziert werden, will man die Rotation eines Vektorfeldes als Vektor interpretieren. Die Anwendung des Kalküls der Differentialformen verlangt dabei, die Feldgrößen als kovariante Vektoren aufzufassen. Der euklidische dreidimensionale Raum $\mathfrak{E}^3$ sei rechtswendig orientiert und auf ein beliebiges Koordinatensystem bezogen.

Ist φ eine 1-Form,

$$\varphi = \Phi_1 dx_1 + \Phi_2 dx_2 + \Phi_3 dx_3\,,$$

so ist die äußere Ableitung

$$d\varphi = \Big(\frac{\partial\Phi_3}{\partial x_2} - \frac{\partial\Phi_2}{\partial x_3}\Big)dx_2 \wedge dx_3 + \Big(\frac{\partial\Phi_1}{\partial x_3} - \frac{\partial\Phi_3}{\partial x_1}\Big)dx_3 \wedge dx_1 + \Big(\frac{\partial\Phi_2}{\partial x_1} - \frac{\partial\Phi_1}{\partial x_2}\Big)dx_1 \wedge dx_2$$

die Rotation im tensoriellen Sinn. Wendet man auf diese 2-Form den $*$-Operator an, so erhält man wieder eine 1-Form; nimmt man Bezug auf

(2.57), so lautet diese

$$*d\varphi = \frac{1}{\sqrt{g}}\Big[\Big(\frac{\partial\Phi_3}{\partial x_2} - \frac{\partial\Phi_2}{\partial x_3}\Big)\iota e_1 + \Big(\frac{\partial\Phi_1}{\partial x_3} - \frac{\partial\Phi_3}{\partial x_1}\Big)\iota e_2 + \Big(\frac{\partial\Phi_2}{\partial x_1} - \frac{\partial\Phi_1}{\partial x_2}\Big)\iota e_3\Big]$$
$$= \frac{1}{\sqrt{g}}\iota\Big[\Big(\frac{\partial\Phi_3}{\partial x_2} - \frac{\partial\Phi_2}{\partial x_3}\Big)e_1 + \Big(\frac{\partial\Phi_1}{\partial x_3} - \frac{\partial\Phi_3}{\partial x_1}\Big)e_2 + \Big(\frac{\partial\Phi_2}{\partial x_1} - \frac{\partial\Phi_1}{\partial x_2}\Big)e_3\Big].$$

Dies zeigt, daß die drei Größen

$$R^1 = \frac{\frac{\partial\Phi_3}{\partial x_2} - \frac{\partial\Phi_2}{\partial x_3}}{\sqrt{g}}, \quad R^2 = \frac{\frac{\partial\Phi_1}{\partial x_3} - \frac{\partial\Phi_3}{\partial x_1}}{\sqrt{g}}, \quad R^3 = \frac{\frac{\partial\Phi_2}{\partial x_1} - \frac{\partial\Phi_1}{\partial x_2}}{\sqrt{g}}$$

die kontravarianten Koordinaten der 1-Form $*d\varphi$ sind. Es liegt daher auf der Hand, durch die 1-Form

$$\operatorname{rot}\varphi = *d\varphi$$

den *Vektor* der Wirbelstärke im dreidimensionalen euklidischen Raum $\mathfrak{E}^3$ einzuführen.

Wendet man auf die 1-Form φ zuerst den $*$-Operator an, so erhält man mit (2.62) die 2-Form

$$*\varphi = \sqrt{g}\,(\Phi^1 dx_2 \wedge dx_3 + \Phi^2 dx_3 \wedge dx_1 + \Phi^3 dx_1 \wedge dx_2),$$

d.h. die mit $\sqrt{g}$ multiplizierten kontravarianten Koordinaten der 1-Form φ sind die kovarianten Koordinaten des Tensors $*\varphi$; bildet man weiter die äußere Ableitung, so wird man auf eine 3-Form geführt,

$$d{*}\varphi = \sqrt{g}\Big(\frac{\partial\Phi^1}{\partial x_1} + \frac{\partial\Phi^2}{\partial x_2} + \frac{\partial\Phi^3}{\partial x_3}\Big)dx_1 \wedge dx_2 \wedge dx_3$$
$$= \Big(\frac{\partial\Phi^1}{\partial x_1} + \frac{\partial\Phi^2}{\partial x_2} + \frac{\partial\Phi^3}{\partial x_3}\Big)(\sqrt{g}\,dx_1 \wedge dx_2 \wedge dx_3),$$

welche als „Quelldichte mal Volumelement“ zu lesen ist. Die nochmalige Anwendung des $*$-Operators liefert dann mit (2.54)

$$\operatorname{div}\varphi = *d{*}\varphi = -\delta\varphi.$$

Ist das Koordinatensystem im $\mathfrak{E}^3$ kartesisch, so ist die Divergenz des Gradienten eines Skalarfeldes ω der Laplacesche Differentialausdruck $\triangle\omega$. Dem negativ genommenen Laplace-Operator $\triangle$ entspricht der Laplace-Beltrami-Operator $\boldsymbol{\Delta}$ (vgl. (3.125)), der für 0-Formen wegen $\delta\omega = 0$ die doppelte Anwendung des Operators $*d$ ist,

$$\boldsymbol{\Delta}\omega = (d\delta + \delta d)\omega = *d{*}d\omega = -\operatorname{div}\operatorname{grad}\omega = -\triangle\omega.$$

Die Anwendung des Operators $\boldsymbol{\Delta}$ auf ein Vektorfeld φ hingegen führt (in kartesischen Koordinaten) auf ein Vektorfeld, dessen Koordinaten sich durch Anwendung des Operators $-\triangle$ auf die Koordinaten von φ bestimmen,

$$\boldsymbol{\Delta}\varphi = d\delta\varphi + \delta d\varphi = -d{*}d{*}\varphi + *d{*}d\varphi$$
$$= -(\triangle\Phi_1 dx_1 + \triangle\Phi_2 dx_2 + \triangle\Phi_3 dx_3).$$

Faßt man zusammen, so erhält man folgende Korrespondenzen zu den vier Differentialoperatoren grad, div, rot und $\triangle$ der gewöhnlichen Vektoranalysis im dreidimensionalen euklidischen Raum $\mathfrak{E}^3$:

(i) der Operation grad entspricht die äußere Differentiation d,

(ii) der Operation div entspricht $*d*$,

(iii) der Operation rot entspricht $*d$,

(iv) dem Operator $\triangle$ für ein Skalarfeld entspricht $*d*d$ und

(v) dem Operator $\triangle$ für ein Vektorfeld entspricht $d*d* - *d*d$.

Mit diesem Formalismus lassen sich die Formeln der gewöhnlichen Vektoranalysis ohne Mühe herleiten. Man hat hiefür nur noch das innere und das äußere Produkt im dreidimensionalen Raum mittels der algebraischen Operationen für n-Formen darzustellen. Dem inneren Produkt $\varphi \cdot \psi$ entspricht nach (2.70) der Ausdruck

$$*(\varphi \wedge *\psi), \tag{4.15}$$

dem äußeren Produkt $\varphi \times \psi$ nach (2.71)

$$*(\varphi \wedge \psi). \tag{4.16}$$

Will man z.B. den Ausdruck $\operatorname{div}(\varphi \times \psi)$ vereinfachen, so hat man den Operator $*d*$ auf (4.16) anzuwenden. Unter Berücksichtigung von (2.64) sowie der Produktregel (3.56) führt dies zunächst zu

$$*d*\left[*(\varphi \wedge \psi)\right] = *d(\varphi \wedge \psi) = *[d\varphi \wedge \psi - \varphi \wedge d\psi] = *(d\varphi \wedge \psi) - *(\varphi \wedge d\psi).$$

Da $d\varphi$ und $d\psi$ Tensoren zweiter Stufe sind, kann die Form (4.15) für das äußere Produkt auf die beiden letzten Terme nicht unmittelbar angewendet werden — die Darstellungen (4.15) und (4.16) für das innere und äußere Produkt setzen ja voraus, daß darin φ und ψ Vektoren sind. Mit Hilfe der Regeln (2.25) und (2.64) lassen sie sich aber umformen,

$$*(d\varphi \wedge \psi) = *(\psi \wedge d\varphi) = *\left[\psi \wedge *(*d\varphi)\right],$$

womit jetzt ein äquivalenter Ausdruck, der dem Produkt $\psi \cdot \operatorname{rot}\varphi$ entspricht, gegeben ist. Indem man den zweiten Term auf die gleiche Weise behandelt, erhält man schließlich die bekannte Formel

$$\operatorname{div}(\varphi \times \psi) = \psi \cdot \operatorname{rot}\varphi - \varphi \cdot \operatorname{rot}\psi.$$

Die beiden allgemein gültigen Gleichungen

$$\operatorname{rot}\operatorname{grad}\omega = 0 \quad \text{bzw.} \quad *d(d\omega) = *d^2\omega = 0$$

und

$$\operatorname{div}\operatorname{rot}\varphi = 0 \quad \text{bzw.} \quad *d*(*d\varphi) = *d^2\varphi = 0$$

sind einfache Folgerungen aus dem Verschwinden des zweiten äußeren Differentials.

Im vierdimensionalen Minkowski-Raum $\mathfrak{M}^4$ ist zwischen den kovarianten und kontravarianten Koordinaten eines Tensors immer zu unterscheiden, auch dann, wenn ein orthonormales Koordinatensystem errichtet ist.

Die Rotation eines (kovarianten) Vektorfeldes ist eine 2-Form, die Rotation einer 2-Form ist eine 3-Form usw. Den Differentialoperationen grad und rot bzw. div entspricht das äußere Differential d bzw. das Kodifferential δ; die Divergenzbildung eines Gradienten führt jetzt (in Galileischen Koordinaten) auf den D'Alembert-Operator (3.130),

$$\Box = \operatorname{div}\operatorname{grad} .$$

Ist im $\mathfrak{W}^4$ ein Galileisches Koordinatensystem errichtet, so erhält man für ein Skalarfeld ω

$$\Box\,\omega = -\boldsymbol{\Delta}\omega = -(d\delta + \delta d)\omega = -\delta d\omega = \frac{\partial^2\omega}{\partial x_0^2} - \frac{\partial^2\omega}{\partial x_1^2} - \frac{\partial^2\omega}{\partial x_2^2} - \frac{\partial^2\omega}{\partial x_3^2}$$

wegen $\delta\omega = 0$; für eine kovariantes Vektorfeld φ ist

$$\begin{aligned}\Box\,\varphi = -\boldsymbol{\Delta}\varphi &= \Box\,\Phi_0 dx_0 + \Box\,\Phi_1 dx_1 + \Box\,\Phi_2 dx_2 + \Box\,\Phi_3 dx_3\\ &= \Box\,\Phi^0 dx_0 - \Box\,\Phi^1 dx_1 - \Box\,\Phi^2 dx_2 - \Box\,\Phi^3 dx_3 .\end{aligned}$$

Bemerkenswerte Zusammenhänge ergeben sich im Hinblick auf die im nächsten Paragraphen zu besprechenden Maxwellschen Differentialgleichungen des elektromagnetischen Feldes. Zur Einübung des mathematischen Formalismus seien einige für später benötigte Beziehungen an dieser Stelle hergeleitet. Der Minkowski-Raum $\mathfrak{W}^4$ sei hiefür auf Galileische Koordinaten bezogen.

Die Rotation eines kovarianten Vektorfeldes

$$\begin{aligned}\varphi &= \Phi_0 dx_0 + \Phi_1 dx_1 + \Phi_2 dx_2 + \Phi_3 dx_3\\ &= \Phi^0 dx_0 - \Phi^1 dx_1 - \Phi^2 dx_2 - \Phi^3 dx_3\end{aligned}$$

ist die 2-Form

$$\begin{aligned}d\varphi = &\Big[\Big(\frac{\partial\Phi_3}{\partial x_2} - \frac{\partial\Phi_2}{\partial x_3}\Big)dx_2\wedge dx_3 + \Big(\frac{\partial\Phi_1}{\partial x_3} - \frac{\partial\Phi_3}{\partial x_1}\Big)dx_3\wedge dx_1\\ &+ \Big(\frac{\partial\Phi_2}{\partial x_1} - \frac{\partial\Phi_1}{\partial x_2}\Big)dx_1\wedge dx_2\Big]\\ &- dx_0\wedge\Big[\Big(\frac{\partial\Phi_0}{\partial x_1} - \frac{\partial\Phi_1}{\partial x_0}\Big)dx_1 + \Big(\frac{\partial\Phi_0}{\partial x_2} - \frac{\partial\Phi_2}{\partial x_0}\Big)dx_2 + \Big(\frac{\partial\Phi_0}{\partial x_3} - \frac{\partial\Phi_3}{\partial x_0}\Big)dx_3\Big].\end{aligned}$$

Bildet man die zu φ duale Form (vgl. (2.64) und (2.73))

$$\begin{aligned}*\varphi = &\,\Phi^0 dx_1\wedge dx_2\wedge dx_3\\ &- dx_0\wedge\big(\Phi^1 dx_2\wedge dx_3 + \Phi^2 dx_3\wedge dx_1 + \Phi^3 dx_1\wedge dx_2\big) ,\end{aligned}$$

so ist ihre äußere Ableitung die 4-Form

$$d{*\varphi} = \Big(\frac{\partial\Phi^0}{\partial x_0} + \frac{\partial\Phi^1}{\partial x_1} + \frac{\partial\Phi^2}{\partial x_2} + \frac{\partial\Phi^3}{\partial x_3}\Big)dx_0\wedge dx_1\wedge dx_2\wedge dx_3 .$$

Aus ihr erhält man durch Anwendung des $*$-Operators unter Berücksichtigung von (2.54) und $g = -1$ die Divergenz des Vektorfeldes φ,

$$\operatorname{div}\varphi = -\delta\varphi = -{*d{*\varphi}} = \frac{\partial\Phi^0}{\partial x_0} + \frac{\partial\Phi^1}{\partial x_1} + \frac{\partial\Phi^2}{\partial x_2} + \frac{\partial\Phi^3}{\partial x_3} .$$

Die Bestimmung der Rotation einer 2-Form

$$\chi = dx_0 \wedge \big(\Phi_1 dx_1 + \Phi_2 dx_2 + \Phi_3 dx_3\big) + \big(\Psi_1 dx_2 \wedge dx_3 + \Psi_2 dx_3 \wedge dx_1 + \Psi_3 dx_1 \wedge dx_2\big)$$

führt auf die 3-Form

$$d\chi = dx_0 \wedge \left[\left(\frac{\partial \Phi_2}{\partial x_3} - \frac{\partial \Phi_3}{\partial x_2} + \frac{\partial \Psi_1}{\partial x_0}\right) dx_2 \wedge dx_3 + \left(\frac{\partial \Phi_3}{\partial x_1} - \frac{\partial \Phi_1}{\partial x_3} + \frac{\partial \Psi_2}{\partial x_0}\right) dx_3 \wedge dx_1 + \left(\frac{\partial \Phi_1}{\partial x_2} - \frac{\partial \Phi_2}{\partial x_1} + \frac{\partial \Psi_3}{\partial x_0}\right) dx_1 \wedge dx_2\right] + \left(\frac{\partial \Psi_1}{\partial x_1} + \frac{\partial \Psi_2}{\partial x_2} + \frac{\partial \Psi_3}{\partial x_3}\right) dx_1 \wedge dx_2 \wedge dx_3 \,;$$

da die duale Form der 2-Form χ wieder eine 2-Form ist,

$$*\chi = dx_0 \wedge \big(\Psi_1 dx_1 + \Psi_2 dx_2 + \Psi_3 dx_3\big) - \big(\Phi_1 dx_2 \wedge dx_3 + \Phi_2 dx_3 \wedge dx_1 + \Phi_3 dx_1 \wedge dx_2\big)$$

(vgl. (2.74)), erhält man durch Bildung der äußeren Ableitung gleichfalls eine 3-Form

$$d{*}\chi = dx_0 \wedge \left[\left(\frac{\partial \Psi_2}{\partial x_3} - \frac{\partial \Psi_3}{\partial x_2} - \frac{\partial \Phi_1}{\partial x_0}\right) dx_2 \wedge dx_3 + \left(\frac{\partial \Psi_3}{\partial x_1} - \frac{\partial \Psi_1}{\partial x_3} - \frac{\partial \Phi_2}{\partial x_0}\right) dx_3 \wedge dx_1 + \left(\frac{\partial \Psi_1}{\partial x_2} - \frac{\partial \Psi_2}{\partial x_1} - \frac{\partial \Phi_3}{\partial x_0}\right) dx_1 \wedge dx_2\right] - \left(\frac{\partial \Phi_1}{\partial x_1} + \frac{\partial \Phi_2}{\partial x_2} + \frac{\partial \Phi_3}{\partial x_3}\right) dx_1 \wedge dx_2 \wedge dx_3 \,.$$

Interpretiert man die Koordinaten Φ_i und Ψ_i der 2-Form χ als Koordinaten eines Vektorfeldes $\varphi = \sum_i \Phi_i dx_i$ und eines Vektorfeldes $\psi = \sum_j \Psi_j dx_j$ im dreidimensionalen euklidischen Raum und setzt man weiter im Sinne der Vektoranalysis des dreidimensionalen Raumes

$$\alpha = \operatorname{rot}\varphi - \frac{\partial \psi}{\partial x_0}\,, \quad \beta = \operatorname{rot}\psi + \frac{\partial \varphi}{\partial x_0}\,, \quad \rho = \operatorname{div}\varphi\,, \quad \sigma = \operatorname{div}\psi\,, \tag{4.17}$$

so schreiben sich die 3-Formen $d\chi$ und $d{*}\chi$ in der Form

$$d\chi = -\, dx_0 \wedge \big(A_1 dx_2 \wedge dx_3 + A_2 dx_3 \wedge dx_1 + A_3 dx_1 \wedge dx_2\big) + \sigma\, dx_1 \wedge dx_2 \wedge dx_3 \tag{4.18}$$

beziehungsweise

$$d{*}\chi = -\, dx_0 \wedge \big(B_1 dx_2 \wedge dx_3 + B_2 dx_3 \wedge dx_1 + B_3 dx_1 \wedge dx_2\big) - \rho\, dx_1 \wedge dx_2 \wedge dx_3 \,. \tag{4.19}$$

Verschwindet in einem Gebiet $\mathfrak{G}$ des dreidimensionalen Raumes, das Eigenschaften besitzt, wie sie für das Lemma von POINCARÉ vorauszusetzen sind, die Rotation eines (kovarianten) Vektorfeldes v, so ist dieses in dem fraglichen Gebiet die äußere Ableitung eines Skalarfeldes, d.h. es gibt ein Skalarfeld U, dessen Gradient das Vektorfeld v ist. Aus $\operatorname{rot} v = *dv = 0$ folgt nämlich $dv = 0$ und damit $v = dU = \operatorname{grad} U$, worin U ein Skalarfeld ist, das man ein ***skalares Potential*** des Vektorfeldes v nennt. Sind U_1 und U_2 zwei skalare Potentiale für v, so ist

$$\operatorname{grad}(U_1 - U_2) = d(U_1 - U_2) = dU_1 - dU_2 = v - v = 0\,,$$

woraus folgt, daß sich zwei Potentiale U_1 und U_2 nur um eine Konstante unterscheiden können. In der Vektoranalysis des dreidimensionalen Raumes wird der Nachweis der Existenz eines skalaren Potentials gewöhnlich unter der Voraussetzung erbracht, daß sich in jede geschlossene ganz im Gebiet $\mathfrak{G}$ verlaufende Kurve ein Fläche einspannen läßt, welche ihrerseits vollständig in $\mathfrak{G}$ liegt. Ein Gebiet mit dieser Eigenschaft wird auch *flächenzusammenhängend* genannt.

Hingegen läßt sich aus dem Verschwinden der Divergenz eines (kovarianten) Vektorfeldes v in einem Gebiet $\mathfrak{G}$ des dreidimensionalen Raumes der Schluß ziehen, daß sich das Vektorfeld v als Rotation eines Vektorfeldes V darstellen läßt, sofern das Gebiet $\mathfrak{G}$ Voraussetzungen erfüllt, welche die Schlußfolgerung (3.60) gewährleisten. Aus $\operatorname{div} v = *d*v = 0$ folgt zunächst wieder $d*v = 0$, also $*v = dV$ und damit $v = *dV = \operatorname{rot} V$. Ein solches Vektorfeld V heißt ein *Vektorpotential* oder *vektorielles Potential* für v. Sind V_1 und V_2 zwei Vektorpotentiale für v, so ist

$$\operatorname{rot}(V_1 - V_2) = *d(V_1 - V_2) = *dV_1 - *dV_2 = v - v = 0\,,$$

also $V_1 - V_2 = dU = \operatorname{grad} U$, d.h. zwei Vektorpotentiale eines Vektorfeldes unterscheiden sich um den Gradienten eines Skalarfeldes. Mit den an das Gebiet $\mathfrak{G}$ zu stellenden Voraussetzungen wird dabei verlangt, daß das Innere jeder geschlossenen ganz in $\mathfrak{G}$ liegenden Fläche nur aus Punkten von $\mathfrak{G}$ besteht.

Dem Lemma von POINCARÉ läßt sich also für die Vektoranalysis im dreidimensionalen euklidischen Raum $\mathfrak{E}^3$ folgende Fassung geben:

Ist $\mathfrak{G}$ ein sternförmiges oder kontrahierbares Gebiet des euklidischen dreidimensionalen Raumes, so hat jedes in $\mathfrak{G}$ wirbelfreie Vektorfeld ein skalares Potential, jedes in $\mathfrak{G}$ quellenfreie Vektorfeld ein vektorielles Potential.

4.2 Die Maxwellschen Gleichungen

Die Gleichungen MAXWELLS, die an der Spitze der Theorie des elektromagnetischen Feldes stehen, sind eines der faszinierendsten Themen der mathematischen Physik. In ihnen verschmelzen die physikalischen Strukturen mit der mathematischen Begriffswelt auf wundervolle Weise, ihre geheimnisvoll-anziehende Symmetrie fördert dem zergliedernden und auf

Ästhetik ansprechenden Verstand in vollendeter mathematischer Harmonie einen Teil des großen Planes der Natur zutage, dessen Einfachheit und Schönheit sich einer direkten Wahrnehmung durch die begrenzten menschlichen Sinne entzieht. Sie gaben schließlich den Anstoß zu einer Entwicklung, die zu einem tieferen Verständnis von Raum und Zeit führte.

Der nachfolgenden kurzen Vorstellung der Maxwellschen Gleichungen des elektromagnetischen Feldes liegt der dreidimensionale euklidische Raum zugrunde, der auf ein kartesisches Koordinatensystem mit der Karte κ bezogen sei. Die Stellung der Indizes in den Koordinaten der einzelnen Feldgrößen ist daher irrelevant, es soll aber dennoch durch tief- bzw. hochgesetzte Indizes von vornherein auf den kovarianten bzw. kontravarianten Charakter der verschiedenen Feldgrößen hingewiesen werden. Vektorielle physikalische Größen werden durch Fettdruck hervorgehoben, als Symbole für die Größen des elektromagnetischen Feldes stehen fortan in diesem Text: **E** für die elektrische Feldstärke, **D** für die dielektrische Verschiebung, **H** für die magnetische Feldstärke, **B** für die magnetische Induktion, **S** für die Stromdichte und ϱ für die elektrische Ladungsdichte. Von Bedeutung sind ferner zwei Größen, die *Influenzkonstante* $\varepsilon_0 = 8.854187 \times 10^{-12}\,[\frac{As}{Vm}]$ für das elektrische Feld und die *Induktionskonstante* $\mu_0 = 4\pi \times 10^{-7}\,[\frac{Vs}{Am}]$ für das magnetische Feld; diese beiden Größen sind mit der Lichtgeschwindigkeit $c = 299792458\,[\frac{m}{s}]$ über die Gleichung

$$\varepsilon_0 \mu_0 c^2 = 1 \tag{4.20}$$

verknüpft.

I. *Das elektrostatische Feld.*

Das elektrostatische Feld macht sich in den Kräften bemerkbar, die elektrisch geladene Körper auf andere elektrische Ladungsträger ausüben. Die Kraftwirkungen im einfachsten Fall, nämlich zwischen zwei punktförmigen Ladungsträgern, beschreibt das nach COULOMB benannte Gesetz, demzufolge sich zwei im Abstand r voneinander befindliche Ladungen q und Q mit der Kraft

$$K = \frac{qQ}{4\pi\varepsilon_0 r^2} \tag{4.21}$$

abstoßen oder anziehen, je nachdem, ob es sich um gleichnamige oder ungleichnamige Ladungen handelt. Ist $P = \kappa(\mathbf{x})$ bzw. $P_o = \kappa(\mathbf{y})$ der Sitz der Ladungen q bzw. Q, so zeigt der Einheitsvektor $\frac{\partial r}{\partial x_i}$ in jene Richtung, in welche die im Punkt P konzentrierte Ladung q abgestoßen wird, wenn $qQ > 0$ ist; der Einsvektor $-\frac{\partial r}{\partial x_i}$ gibt die Richtung an, in der die Ladung q von der Ladung Q angezogen wird, wenn $qQ < 0$ ist. Folglich sind

$$k_i = \frac{qQ}{4\pi\varepsilon_0 r^2}\frac{\partial r}{\partial x_i}\,, \qquad r^2 = \sum_{i=1}^{3}(x_i - y_i)^2\,,$$

die Koordinaten der Kraft **k**, die auf die Ladung q im Punkt P einwirkt.

Wegen

$$\frac{1}{r^2}\frac{\partial r}{\partial x_i} = -\frac{\partial \frac{1}{r}}{\partial x_i}$$

kann dann (4.21) in der Form

$$k_i = -\frac{qQ}{4\pi\varepsilon_0}\frac{\partial}{\partial x_i}\frac{1}{r} \tag{4.22}$$

geschrieben werden.

Das Coulombsche Gesetz ist ein typisches Fernwirkungsgesetz. Die Kraftwirkungen überspringen den Raum zwischen den Ladungen gewissermaßen zeitlos, von einem „Raumzustand" ist in solchen Gesetzen nicht die Rede. Charakteristisch an den Fernwirkungsgesetzen ist, daß in sie die physikalischen Quantitäten, wie Ladungen usw. eingehen, sowie geometrische Größen wie Abstände und Winkel. Da Kraftwirkungen überhaupt erst auftreten, wenn sich mindestens zwei Ladungsträger im Raum befinden, kommt einer einzelnen Ladung keine Bedeutung zu. Die Abkehr von dieser Form der Beschreibung physikalischer Wirkungen und die Zuwendung zu der Auffassung, daß bereits eine *einzelne* Ladung eine Zustandsänderung des Raumes, ein *Feld* hervorruft, das durch Hineinbringen einer „Probeladung" phänomenologisch zutage tritt, diese Auffassung, die man als *Feldwirkung*[8)] bezeichnet, da ihr zufolge die Feldgrößen das Primäre sind, während die Ladungen in den Hintergrund treten, erwies sich für die weitere Entwicklung als ungeheuer fruchtbar.[9)]

Dem Coulombschen Gesetz (4.21) in der vektoriellen Fassung (4.22) kann man ohne weiteres entnehmen, daß sich die Kraft **k** auf eine Probeladung q im elektrischen Feld der Ladung Q aufspalten läßt, und zwar in einen Teil, der nur von den Merkmalen des ins Feld gebrachten Ladungsträgers, also von dessen Ladung q abhängt, und in einen Teil **E**, der allein durch die Feldwirkung der Ladung Q zu begründen ist,

$$\mathbf{k} = q\mathbf{E}\,. \tag{4.23}$$

Die Feldgröße **E** mit den Koordinaten

$$E_i = -\frac{Q}{4\pi\varepsilon_0}\frac{\partial}{\partial x_i}\frac{1}{r} \tag{4.24}$$

heißt die *elektrische Feldstärke* im Punkt P. Da sich Kraftwirkungen superponieren, überlagern sich die von m diskret verteilten Ladungen Q_k

8) An Stelle von Feldwirkung spricht man vielfach auch von einer *Nahewirkung*.

9) MAXWELL hebt im Vorwort zu seinem *„Treatise"* den Unterschied zwischen den Auffassungen der Feldwirkung und der Fernwirkung mit treffenden Worten hervor, indem er sagt „ ... FARADAY, in his mind's eye, saw lines of force traversing all space where the mathematicians saw centres of force attracting at a distance: FARADAY sought the seat of the phenomena in real actions going on in the medium, they were satisfied that they had found it in a power of action at a distance impressed on the electric fluids".

erzeugten Felder zu einem resultierenden Feld mit der Feldstärke

$$E_i = -\frac{1}{4\pi\varepsilon_0}\frac{\partial}{\partial x_i}\sum_{k=1}^{m}\frac{Q_k}{r_k},$$

worin r_k die Abstände des Punktes P von den Punkten P_k sind, in denen die Ladungen Q_k konzentriert sind. Geht man zu stetig verteilten Ladungen mit der räumlichen Dichte ϱ über, die einen im Endlichen befindlichen räumlichen Bereich ausfüllen, so erhält man

$$E_i = -\frac{1}{4\pi\varepsilon_0}\frac{\partial}{\partial x_i}\int\frac{\varrho}{r}\,d\tau, \tag{4.25}$$

worin das Integral über jenen Bereich zu erstrecken ist, in dem die Ladungen verteilt sind. Die Größe

$$U = \frac{1}{4\pi\varepsilon_0}\int\frac{\varrho}{r}\,d\tau \tag{4.26}$$

heißt das *Potential* des elektrischen Feldes, das in den Ladungen mit der Dichte ϱ seinen Ursprung hat. Das Potential einer Einzelladung Q ist, wie man der Gleichung (4.24) entnehmen kann, der einfache Ausdruck

$$U = \frac{Q}{4\pi\varepsilon_0}\frac{1}{r}.$$

Sind Ladungen flächenhaft mit der Dichte σ verteilt, so tritt an die Stelle von (4.26) das Flächenintegral

$$U = \frac{1}{4\pi\varepsilon_0}\int\frac{\sigma}{r}\,do. \tag{4.27}$$

Welcher Art auch immer die Verteilung der Ladungen ist, ob räumlich, flächenhaft oder punktförmig, es gilt

$$\mathbf{E} = -\operatorname{grad} U; \tag{4.28}$$

die Kraftwirkung, die eine ins Feld gebrachte Probeladung erfährt, ist durch (4.23) gegeben.

Vom mathematischen Standpunkt bedeutet die Existenz eines Potentials die Wirbelfreiheit des elektrischen Feldes,

$$\operatorname{rot}\mathbf{E} = 0, \tag{4.29}$$

physikalisch ergibt sie sich aus einer energetischen Betrachtung. Die Quellstärke des elektrischen Feldes einer räumlichen Ladungsverteilung mit der Dichte ϱ ist

$$\operatorname{div}\mathbf{E} = \frac{\varrho}{\varepsilon_0}, \tag{4.30}$$

wie sich durch Anwendung des Divergenz-Operators auf das Integral der rechten Seite von (4.26) durch eine nicht unbedingt elementare Rechnung ergibt. Sind auf einer Fläche Ladungen mit der Dichte σ verteilt, so verschwindet die Divergenz in jedem Punkt, der nicht auf der Fläche liegt, sofern keine räumlich verteilten Ladungen vorhanden sind. Untersucht man das Integral (4.27) genauer, so stellt man fest, daß das Potential auf der Fläche zwar stetig, aber nicht mehr differenzierbar ist, denn es zeigt sich, daß die Normalkomponente $n \cdot \operatorname{grad} U$ des Gradienten beim Durchgang durch die Fläche einen Sprung erfährt. Der Divergenz-Operator ist daher auf den Gradienten des Integrals (4.27) nicht anwendbar, seine Konzeption, wie sie im vorangegangenen Paragraphen gegeben wurde, entspricht aber auch nicht der physikalischen Gegebenheit, daß Ladungen auf einer Fläche verteilt sind, sie hat vielmehr eine stetige räumliche Ladungsverteilung zur Voraussetzung. Untersucht man das Sprungverhalten des Gradienten von (4.27) genauer, so zeigt sich, daß der Sprung der Normalkomponente beim Durchgang durch die Fläche gerade die Dichte der Ladungen ist. Wählt man also nach Belieben eine Orientierung des Flächennormalenvektors n, wodurch die Fläche orientiert wird, und bezeichnet $\Delta\mathbf{E}$ den Sprung der elektrischen Feldstärke beim Durchgang durch die Fläche in Richtung der Normalen n, so ist $\sigma = n \cdot \Delta\mathbf{E}$. Dies gibt Anlaß, das Maß für die Quellstärke einer beliebigen Feldgröße $\mathbf{f}$, deren Ursprung eine flächenhaft verteilte felderzeugende Substanz ist, durch die sogenannte ***Flächendivergenz***

$$\operatorname{Div} \mathbf{f} := n \cdot \Delta\mathbf{f} \tag{4.31}$$

einzuführen. Demnach sitzen auf einer Fläche genau dann Ladungen, wenn sich die Normalkomponente $(n \cdot \mathbf{E})n$ der elektrischen Feldstärke beim Durchgang durch die Fläche sprunghaft ändert. Die Stetigkeit der Normalkomponente beim Durchgang durch eine Fläche bedeutet aber keineswegs die Stetigkeit der Feldgröße $\mathbf{E}$ selbst, da sich ja auch die Tangentialkomponente $(n \times \mathbf{E}) \times n$ unstetig ändern könnte. Nun zeigt sich aber, daß die Tangentialkomponente des Gradienten von (4.27) stetig durch die Quellfläche hindurchgeht, weshalb eine Unstetigkeit der elektrischen Feldstärke nur durch eine unstetige Normalkomponente zustandekommen kann. Wie weiter unten bei der Besprechung des magnetostatischen Feldes näher ausgeführt werden soll, ist der Sprung der Tangentialkomponente einer Feldgröße $\mathbf{f}$ charakteristisch für das Auftreten von ***Flächenwirbeln.*** Über das äußere Produkt des Normalenvektors n mit der Tangentialkomponente von $\mathbf{f}$, d.h. durch

$$\operatorname{Rot} \mathbf{f} := n \times \Delta\mathbf{f} \tag{4.32}$$

führt man die ***Flächenrotation*** der Feldgröße $\mathbf{f}$ ein. Spricht man von einer quellenfreien Feldgröße $\mathbf{f}$, so tritt neben $\operatorname{div} \mathbf{f} = 0$ sinngemäß auch die Forderung $\operatorname{Div} \mathbf{f} = 0$, ebenso ist eine wirbelfreie Feldgröße $\mathbf{f}$ durch die beiden Bedingungen $\operatorname{rot} \mathbf{f} = 0$ und $\operatorname{Rot} \mathbf{f} = 0$ zu kennzeichnen.

Die beiden Gleichungen (4.29) und (4.30), die also bei Anwesenheit von Quellflächen noch durch die Forderungen

$$\operatorname{Rot} \mathbf{E} = 0\,, \quad \operatorname{Div} \mathbf{E} = \frac{\sigma}{\varepsilon_0} \tag{4.33}$$

zu ergänzen sind, stellen in der Auffassung der Feldwirkung die Grundgleichungen des elektrostatischen Feldes im leeren Raum dar.

Die Kraftwirkungen des elektrischen Feldes werden, wie FARADAY im Experiment nachgewiesen hat, durch materielle Substanzen im Raum beeinflußt. Bringt man Materie in den Raum zwischen zwei Ladungen, so schwächen sich die Kraftwirkungen ab. Man erklärt diese Erscheinung durch *Polarisation.*

Stellt man sich auf den Standpunkt der Elektronentheorie der Elektrizität, so ist jedes Atom eine „Doppelquelle" mit verschwindender Ergiebigkeit und daher elektrisch neutral, denn die Elektronen, welche die Träger der negativen Ladung sind, kompensieren im Zeitmittel durch ihre Bewegung auf kreisförmigen Bahnen um den Kern dessen positives Ladungsäquivalent. Bringt man ein solches Atom in ein elektrisches Feld, so werden sich auf Grund der Kraftwirkungen die Bahnen der kreisenden Elektronen nach dem Felde ausrichten und etwa die Form langgestreckter Ellipsen um den Kern in einem der beiden Brennpunkte annehmen. Damit entsteht eine *Verschiebung* der beiden entgegengesetzten Ladungen, das Atom wird zu einer Doppelquelle, welche elektrisch nicht mehr neutral ist. Denkt man sich einen materiellen Körper aus Atomen aufgebaut, so wird sein elektrisch neutraler Zustand aufgehoben, wenn er in ein elektrisches Feld gebracht wird, da alle Atome in der oben beschriebenen Weise dem Felde folgen werden. Diesen Vorgang nennt man *Polarisation.* Ein Isolator, d.h. ein materieller nichtleitender Körper, kann hinsichtlich seiner elektrischen Eigenschaften als ein Kontinuum von Doppelquellen aufgefaßt werden.

Befinden sich in zwei benachbarten Punkten entgegengesetzt gleiche Ladungen, so spricht man von einem *Dipol.* Ist P_1 bzw. P_2 der Sitz der Ladungen $-q$ bzw. $+q$ und bezeichnet r_1 bzw. r_2 den Abstand der beiden Punkte P_1 und P_2 vom Aufpunkt P, so ist

$$U = \frac{1}{4\pi\varepsilon_0}\left(\frac{q}{r_2} - \frac{q}{r_1}\right)$$

das Potential des Dipols. Läßt man die beiden Ladungen in einen Punkt P_o auf der Verbindungslinie zusammenrücken, wobei die Ladungen derart anwachsen, daß das Produkt $\mathbf{P} = q\overrightarrow{P_1P_2}$ dabei konstant bleibt, so erhält man in der Grenze[10)]

$$U = -\frac{1}{4\pi\varepsilon_0}\mathbf{P}\cdot\operatorname{grad}\frac{1}{r}\,. \tag{4.34}$$

Eine solche *Doppelquelle* nennt man einen *mathematischen Dipol*, der Vektor $\mathbf{P}$ heißt das *Moment* des Dipols. Ist ein Kontinuum mit solchen Dipolen der Dichte $\mathbf{P}$ ausgefüllt, so ist das Potential des resultierenden elektrischen Feldes der Dipole

$$U = \frac{1}{4\pi\varepsilon_0}\int \mathbf{P}\cdot\operatorname{grad}'\frac{1}{r}\,d\tau\,.$$

---

10) Die Bildung des Gradienten ist im folgenden immer bezüglich der Koordinaten des Aufpunktes zu verstehen, mit grad′ wird die Gradientenbildung bezüglich der Koordinaten des Quellpunktes bezeichnet. Man beachte $\operatorname{grad}' r = -\operatorname{grad} r$!

Auf Grund der Formel

$$\mathbf{P}\cdot\operatorname{grad}'\frac{1}{r}=\operatorname{div}\Big(\frac{1}{r}\mathbf{P}\Big)-\frac{1}{r}\operatorname{div}\mathbf{P}$$

erhält man daraus unter Verwendung des Gaußschen Integralsatzes

$$U=-\frac{1}{4\pi\varepsilon_0}\int\frac{1}{r}\operatorname{div}\mathbf{P}\,d\tau+\frac{1}{4\pi\varepsilon_0}\oint\frac{1}{r}\mathbf{P}\cdot n\,do\,, \tag{4.35}$$

worin das Integral rechts über die geschlossene Randfläche des materiellen Körpers zu erstrecken ist. Das Feld eines Kontinuums von Dipolen ist also von außen nicht zu unterscheiden von dem Feld, das von Ladungen im Inneren mit der Dichte $\varrho'=-\operatorname{div}\mathbf{P}$ und Ladungen auf der Randfläche mit der Dichte $\sigma'=\mathbf{P}\cdot n=-\operatorname{Div}\mathbf{P}$ hervorgerufen wird, worin n die ins Äußere des Dipolkontinuums weisende Normale der Randfläche ist. Befindet sich also im Raum zwischen Ladungen der Dichte ϱ ein materieller Körper von Dipolen mit der Dichte $\mathbf{P}$, so ist

$$U=\frac{1}{4\pi\varepsilon_0}\int\frac{\varrho}{r}\,d\tau+\frac{1}{4\pi\varepsilon_0}\int\frac{\varrho'}{r}\,d\tau+\frac{1}{4\pi\varepsilon_0}\oint\frac{\sigma'}{r}\,do \tag{4.36}$$

das Potential des resultierenden Feldes. Demnach ist

$$\varepsilon_0\operatorname{div}\mathbf{E}=\varrho+\varrho'\,,\quad \varepsilon_0\operatorname{Div}\mathbf{E}=\sigma'$$

die Dichte der räumlichen Ladungen im Inneren bzw. der flächenhaft verteilten Ladungen auf der Berandung des materiellen Körpers, welche sich durch fehlende Kompensation durch das Äußere bilden. Führt man die Feldgröße

$$\mathbf{D}=\varepsilon_0\mathbf{E}+\mathbf{P}$$

ein, so gilt für diese

$$\operatorname{div}\mathbf{D}=\varepsilon_0\operatorname{div}\mathbf{E}+\operatorname{div}\mathbf{P}=\varrho\,,\qquad \operatorname{Div}\mathbf{D}=0\,.$$

Die Feldgröße $\mathbf{D}$ heißt *dielektrische Verschiebung.*[11] Geht man davon aus, daß sich in isotroper Materie die Dipolmomente nach dem elektrische Feld ausrichten, so ist

$$\mathbf{P}=\chi\varepsilon_0\mathbf{E}$$

mit einem gewissen durch die Eigenschaften der Materie bestimmten Feldfaktor χ; dann ist

$$\mathbf{D}=\varepsilon\mathbf{E}\,, \tag{4.37}$$

worin $\varepsilon=\varepsilon_0(1+\chi)$, die sogenannte *Dielektrizitätskonstante* des materiellen Körpers, ein Maß für dessen Polarisierbarkeit ist.[12] Für einen nicht polarisierbaren Körper wie z.B. das Vakuum ist $\mathbf{P}=0$ und damit auch $\chi=0$, also $\varepsilon=\varepsilon_0$.

---

[11] MAXWELL nennt diese Feldgröße *„displacement"*.

[12] Die dimensionslose Größe $1+\chi$ wird auch die *relative* Dielektrizitätskonstante genannt.

Das elektrostatische Feld ist also bei Anwesenheit von Materie durch ein *Doppelfeld* zu beschreiben, bestehend aus der elektrischen Feldstärke **E** und der dielektrischen Verschiebung **D**; zwischen diesen beiden Feldgrößen besteht die Proportionalität (4.37), worin die Dielektrizitätskonstante ε des umgebenden Mediums als *Feldfaktor* auftritt. Das elektrische Feld ist wirbelfrei, während die Quellen der dielektrischen Verschiebung die felderzeugenden Ladungen sind,

$$\operatorname{div} \mathbf{D} = \varrho\,, \quad \operatorname{Div} \mathbf{D} = \sigma\,, \quad \operatorname{rot} \mathbf{E} = \operatorname{Rot} \mathbf{E} = 0\,. \tag{4.38}$$

Es braucht nicht eigens hervorgehoben zu werden, daß diese Gleichungen, zusammen mit der „Materialgleichung“ (4.37), nur Näherungen sind, die durch das Experiment allerdings sehr gut gestützt werden. Dies liegt zum einen daran, daß die Auffassung von Materie als Kontinuum elektrischer Dipole nur ein Modell zur Erklärung des Einflusses materieller Körper auf elektrische Felder ist, zum anderen in der Gleichung (4.37), die der denkbar einfachste Zusammenhang zwischen der elektrischen Feldstärke und der Polarisationsdichte ist. Für den leeren Raum sind die Gleichungen (4.37) und (4.38) äquivalent den beiden Gleichungen (4.29) und (4.30), die als *exakte* Naturgesetze gelten.

Die mathematische Formulierung der Feldgleichungen mit Hilfe von Differentialausdrücken ist charakteristisch für die Konzeption der Feldwirkung nach FARADAY und MAXWELL. Durch die Gleichungen (4.37) werden die unter den Differentialoperatoren stehenden Feldgrößen in den Vordergrund gerückt, während den Ladungen die Rolle felderzeugender Substrate zugewiesen wird. Trotz der unterschiedlichen Formulierungen sind die Gleichungen in der Auffassung der Fernwirkung, das Coulombsche Gesetz (4.21) und seine Folgerungen, mit jenen der Feldwirkung, den Gleichungen (4.38), vollkommen äquivalent. Macht man zur Integration der Gleichungen (4.38) für das Vakuum den Ansatz (4.28), wozu man auf Grund der Wirbelfreiheit des elektrischen Feldes berechtigt ist, und geht man mit diesem in die erste Gleichung (4.38), so erhält man die *Poissonsche Differentialgleichung*

$$-\triangle U = \frac{\varrho}{\varepsilon_0}\,, \tag{4.39}$$

welche durch die Funktion (4.26) gelöst wird, und zwar eindeutig, wenn man das Verschwinden des Potentials U im Unendlichen verlangt. Die zweite Gleichung (4.38) wird dabei erfüllt, wenn man zur Lösung (4.26) das Integral (4.27) hinzuzählt.

Ein elektrisches Feld **E** übt auf die Ladungen, welche das Feld erzeugen, Kräfte aus, deren Dichte gleich $\varrho\mathbf{E}$ ist. Sie sind die Folge eines „Spannungszustandes“, der mit Hilfe eines kovarianten symmetrischen Tensors zweiter Stufe beschrieben werden kann. Um diesen herzuleiten, formt man die Kraftdichte $\mathbf{p} = \varrho\mathbf{E}$ unter Berücksichtigung der Wirbelfreiheit des Feldes um, benützt also

$$E_i \frac{\partial E_j}{\partial x_j} = \frac{\partial (E_i E_j)}{\partial x_j} - E_j \frac{\partial E_i}{\partial x_j} = \frac{\partial (E_i E_j)}{\partial x_j} - E_j \frac{\partial E_j}{\partial x_i}$$

und erhält auf Grund dessen zunächst

$$E_i \sum_{j=1}^{3} \frac{\partial E_j}{\partial x_j} = \sum_{j=1}^{3} \left(\frac{\partial (E_i E_j)}{\partial x_j} - E_j \frac{\partial E_j}{\partial x_i} \right) = \sum_{j=1}^{3} \frac{\partial (E_i E_j)}{\partial x_j} - \frac{1}{2} \frac{\partial}{\partial x_i} \sum_{j=1}^{3} (E_j)^2 .$$

Mit den Setzungen

$$W = \tfrac{1}{2}(E_1 D_1 + E_2 D_2 + E_3 D_3)$$

für die Energiedichte des elektrostatischen Feldes und

$$S_{ij} = E_i D_j - W \delta_{ij} = \begin{pmatrix} E_1 D_1 - W & E_1 D_2 & E_1 D_3 \\ E_2 D_1 & E_2 D_2 - W & E_2 D_3 \\ E_3 D_1 & E_3 D_2 & E_3 D_3 - W \end{pmatrix} ,$$

gelangt man schließlich zur Darstellung

$$p_i = \varrho E_i = E_i \operatorname{div} \mathbf{D} = \frac{\partial S_{i1}}{\partial x_1} + \frac{\partial S_{i2}}{\partial x_2} + \frac{\partial S_{i3}}{\partial x_3} .$$

Die Größen S_{ij} sind die Koordinaten eines symmetrischen Tensors, den man den *Maxwellschen Spannungstensor* nennt. Da die Kraftdichte durch Differentiation aus dem Spannungstensor hervorgeht, ist der Spannungstensor das Primäre; da er von Punkt zu Punkt nur von den Feldgrößen an der betreffenden Stelle abhängt, beschreibt er die physikalische Zustandsänderung des Raumes, vergleichbar mit dem Wesen des Spannungstensors in der Elastomechanik, ein Bild, das schon FARADAY vor Augen hatte.

Will man die Gleichungen des elektrostatischen Feldes für ein beliebiges Koordinatensystem formulieren, so hat man zunächst davon auszugehen, daß die elektrische Feldstärke $\mathbf{E}$, die aus einer Kraft abgeleitet wird, ein kovariantes Vektorfeld ist. Die Wirbelfreiheit besagt, daß die Koordinaten des Tensors $d\mathbf{E}$ verschwinden,

$$\frac{\partial E_i}{\partial x_j} - \frac{\partial E_j}{\partial x_i} = 0 .$$

Damit folgt aus dem Lemma von POINCARÉ die Darstellung

$$\mathbf{E} = -dU \quad \text{bzw.} \quad E_i = -\frac{\partial U}{\partial x_i}$$

der elektrischen Feldstärke als negativer Gradient eines skalaren Potentials U. Die Quellstärke ist

$$*d*\mathbf{E} = \operatorname{div} \mathbf{E} = \sum_{i=1}^{3} \frac{\partial E^i}{\partial x_i} ,$$

die Kraftdichte

$$p_i = \sum_{j=1}^{3} \frac{\partial S_i^j}{\partial x_j}$$

ist die Divergenz des Maxwellschen Spannungstensors

$$S_{ij} = E_i D_j - g_{ij} W ,$$

worin

$$W = \tfrac{1}{2}\left(E_1 D^1 + E_2 D^2 + E_3 D^3\right)$$

die Energiedichte im Feld ist.

II. *Das magnetostatische Feld.*

In der klassischen Theorie wird das elektrostatische Feld mit dem inneren Produkt beschrieben, zur Formulierung der Gleichungen des magnetostatischen Feldes ist das äußere Produkt heranzuziehen.

Bringt man in die Umgebung einer Stromröhre, die von einem Strom mit der Dichte $\mathbf{S}$ durchflossen ist, eine Magnetnadel, so erfährt diese ein Drehmoment $\mathbf{N}$. Genau wie beim Coulombschen Gesetz der Elektrostatik läßt sich diese Kraftwirkung aufspalten, und zwar in einen Teil, der nur von den Merkmalen der Magnetnadel abhängt, sowie in einen Teil, der allein von der Wirkung der stromdurchflossenen Röhre herrührt. Da das physikalische Merkmal einer Magnetnadel deren *Moment* $\mathbf{J}$ ist, die Polstärke mal dem Abstand vom Südpol zum Nordpol, ist

$$\mathbf{N} = \mathbf{J} \times \mathbf{H}\,, \tag{4.40}$$

worin das Auftreten der Feldgröße $\mathbf{H}$ allein durch die Anwesenheit der stromdurchflossenen Röhre zu begründen ist. Sie ist durch das über die Stromröhre zu erstreckende Integral

$$\mathbf{H} = -\frac{1}{4\pi}\int \mathbf{S} \times \operatorname{grad}\frac{1}{r}\,d\tau \tag{4.41}$$

gegeben und wird die *magnetische Feldstärke* genannt. Die Gleichungen (4.40) und (4.41) stellen das nach BIOT und SAVART benannte Gesetz des Magnetfeldes eines stationären elektrischen Stromes dar. Sie sind das genaue Gegenstück zum Coulombschen Gesetz und wie dieses ein typisches Fernwirkungsgesetz, es entsprechen einander die Gleichungen (4.23) und (4.40) sowie (4.25) und (4.41).

Neben der stromdurchflossenen Röhre kommen noch andere Fälle in Betracht. Analog dem Auftreten von Flächenladungen kann Strom auf einer Fläche fließen, z.B. auf einer „unendlich“ dünnen Kreisplatte oder auf einem Zylindermantel, es müssen aber die „Stromlinien“ immer geschlossene Kurven sein. In solchen Fällen tritt an die Stelle von (4.41) das Flächenintegral

$$\mathbf{H} = -\frac{1}{4\pi}\int \mathbf{\Sigma} \times \operatorname{grad}\frac{1}{r}\,do\,, \tag{4.42}$$

worin $\mathbf{\Sigma}$ die Dichte des Flächenstromes ist.

Die strukturellen Analogien zum elektrostatischen Feld werden vollständig, wenn man unter Heranziehung der für ein beliebiges Vektorfeld $\mathbf{f}$ gültigen Gleichung

$$\int \mathbf{f} \times \operatorname{grad}\frac{1}{r}\,d\tau = -\operatorname{rot}\int \frac{\mathbf{f}}{r}\,d\tau$$

die magnetische Feldstärke $\mathbf{H}$ als Wirbelstärke eines Vektorfeldes darstellt. Setzt man

$$\mathbf{U} = \frac{1}{4\pi} \int \frac{\mathbf{S}}{r} \, d\tau \tag{4.43}$$

bzw. im Falle von Flächenströmen

$$\mathbf{U} = \frac{1}{4\pi} \int \frac{\mathbf{\Sigma}}{r} \, do \,, \tag{4.44}$$

so erhält man in Analogie zu (4.28)

$$\mathbf{H} = \operatorname{rot} \mathbf{U} \,. \tag{4.45}$$

Die magnetische Felstärke stationärer elektrischer Ströme ist also durch ein *Vektorpotential* darstellbar, welches an die Stelle des skalaren Potentials der elektrischen Feldstärke tritt. Da die Existenz eines Vektorpotentials die Quellenfreiheit der Feldgröße zur Voraussetzung hat, gilt

$$\operatorname{div} \mathbf{H} = 0 \,. \tag{4.46}$$

Was die Wirbel der magnetischen Feldstärke betrifft, so zeigt eine direkte Rechnung analog jener, die vom Potential (4.26) der elektrischen Feldstärke zur Differentialgleichung (4.30) führte, daß die Rotation der magnetischen Feldstärke gerade die Stromdichte im Raum ist,

$$\operatorname{rot} \mathbf{H} = \mathbf{S} \,. \tag{4.47}$$

Da die Divergenz einer Rotation verschwindet, ergibt sich aus der letzten Gleichung

$$\operatorname{div} \mathbf{S} = 0 \,. \tag{4.48}$$

Darin kommt zum Ausdruck, daß die Stromlinien entweder geschlossene Kurven sind oder sich im Unendlichen verlieren, da sie nirgendwo im Raum entspringen oder enden können.

Fließt auf einer Fläche ein Strom, so verschwindet in allen Punkten des Raumes, jedoch mit Ausnahme der Punkte auf der Fläche, die Rotation der magnetischen Feldstärke. Eine nähere Untersuchung zeigt, daß sich jetzt beim Durchgang durch die stromdurchflossene Fläche die Normalkomponente von (4.42) stetig ändert, während die Tangentialkomponente einen Sprung erfährt, der gerade gleich der Flächendichte $\mathbf{\Sigma}$ des Stromes ist; mit anderen Worten, die Normalkomponente der magnetischen Feldstärke geht stetig durch eine stromdurchflossene Fläche hindurch, anders als die Tangentialkomponente, welche sich sprunghaft ändert. Deshalb sind bei Anwesenheit stromdurchflossener Flächen die Forderungen

$$\operatorname{Div} \mathbf{H} = 0 \,, \quad \operatorname{Rot} \mathbf{H} = \mathbf{\Sigma} \tag{4.49}$$

den beiden Gleichungen (4.46) und (4.47) hinzuzufügen. Die vier Gleichungen (4.46), (4.47) und (4.49) sind in der Auffassung der Feldwirkung die Grundgleichungen des magnetostatischen Feldes im leeren Raum.

Ebenso wie Materie auf elektrische Felder Einfluß nimmt, wirken materielle Körper auch auf magnetische Felder ein.

Trotz weitgehender formaler Analogien besteht zwischen elektrischen und magnetischen Mengen der markante Unterschied, daß sich magnetische Mengen, anders als elektrische, *nicht* trennen lassen. Zerbricht man eine Magnetnadel in zwei Teile, so erhält man wieder zwei Magnetnadeln, deren Moment jeweils die Hälfte der ursprünglichen ist. Durch fortgesetzte Zerstückelung einer Magnetnadel ergeben sich immer wieder magnetische Dipole, was die Unmöglichkeit der Trennung magnetischer Mengen augenscheinlich macht, aber zwangsläufig auch zu der Frage führt, ob es überhaupt magnetische Mengen gibt. Gestützt wird die Existenz magnetischer Mengen jedenfalls durch die Kraftwirkungen, welche die Pole langgestreckter Magnetnadeln aufeinander ausüben — sie sind formal identisch mit dem Coulombschen Gesetz der Kraftwirkung elektrischer Ladungen. Dies hat schon früh zu der *mengentheoretischen* Auffassung des Magnetismus geführt, welche davon ausgeht, daß magnetisierbare Materie aus magnetischen Dipolen aufgebaut ist, die in chaotischer Anordnung keine Wirkung nach außen zeigen, in einem magnetischen Feld aber ausgerichtet werden und damit auf das vorhandene Magnetfeld einen meßbaren Einfluß ausüben.

Geht man von der Existenz magnetischer Mengen aus, so kann man die Erscheinungen der Magnetisierung in vollkommener Analogie zur elektrischen Polarisation mathematisch erklären; man braucht hiefür nur an Stelle der elektrischen Polarisation die *magnetische Polarisation* $\mathbf{J}$ einzuführen und die Influenzkonstante durch die Induktionskonstante zu ersetzen. Demnach bewirkt ein magnetischer Dipol mit dem Moment $\mathbf{J}$ das Feld

$$\mathbf{H} = -\operatorname{grad} U \tag{4.50}$$

mit dem Potential

$$U = -\frac{1}{4\pi\mu_0}\,\mathbf{J}\cdot\operatorname{grad}\frac{1}{r} \tag{4.51}$$

(vgl. (4.34)), und ein Kontinuum magnetischer Dipole mit der Dichte $\mathbf{J}$ ruft ein Magnetfeld mit dem Potential

$$U = -\frac{1}{4\pi\mu_0}\int\frac{1}{r}\operatorname{div}\mathbf{J}\,d\tau - \frac{1}{4\pi\mu_0}\oint\frac{1}{r}\operatorname{Div}\mathbf{J}\,do \tag{4.52}$$

hervor (vgl. (4.35)). Das Feld (4.50) mit dem Potential (4.52) überlagert sich einem von Leitungsströmen erzeugten Magnetfeld $\mathbf{H}_l$ zu einem resultierenden Feld

$$\mathbf{H} = \mathbf{H}_l - \operatorname{grad} U\,, \tag{4.53}$$

dessen Wirbel die Dichte der das Magnetfeld $\mathbf{H}_l$ erzeugenden Leitungsströme sind,

$$\operatorname{rot}\mathbf{H} = \mathbf{S}\,,\qquad \operatorname{Rot}\mathbf{H} = \mathbf{\Sigma}\,, \tag{4.54}$$

und dessen Quellen in der magnetischen Polarisation $\mathbf{J}$ liegen,

$$\operatorname{div}\mathbf{H} = -\frac{1}{\mu_0}\operatorname{div}\mathbf{J}\,,\qquad \operatorname{Div}\mathbf{H} = -\frac{1}{\mu_0}\operatorname{Div}\mathbf{J}\,. \tag{4.55}$$

Es gibt aber auch noch eine andere Auffassung vom Magnetismus, welche die Existenz magnetischer Mengen negiert. Eine kreisförmige in einer Ebene liegende dünne Stromröhre werde von einem Strom der Stärke I durchflossen, dessen Flußrichtung der Normalenvektor n der Ebene rechtswendig zugeordnet sei. Diese Anordnung bewirkt ein Magnetfeld mit dem Vektorpotential

$$\mathbf{U} = \frac{1}{4\pi} I \oint \frac{1}{r} t \, ds \,,$$

wie aus (4.43) hervorgeht, wenn man darin das Volumelement $d\tau$ der Integration in den Inhalt do eines Querschnittes und in das Wegelement ds, z.B. der Mittellinie der Stromröhre mit dem Tangentenvektor t, aufspaltet und die Stromröhre auf die Mittellinie zusammenzieht, wobei man die Stromdichte derart anwachsen läßt, daß ihr Fluß durch einen Querschnitt konstant gleich I bleibt. Zieht man sodann den Ringstrom auf den Kreismittelpunkt zusammen, wobei das Produkt M aus der Stromstärke und dem Flächeninhalt des vom Ringstrom berandeten Kreises konstant gehalten wird, so erhält man in der Grenze

$$\mathbf{U} = -\frac{1}{4\pi} \mathbf{M} \times \operatorname{grad} \frac{1}{r} \,, \tag{4.56}$$

worin der Vektor $\mathbf{M} = Mn$ das *Moment* des Ringstromes genannt wird. Betrachtet man ein Kontinuum solcher *infinitesimaler Ringströme* mit der Dichte $\mathbf{M}$, so ruft dieses ein Magnetfeld mit dem Vektorpotential

$$\mathbf{U} = \frac{1}{4\pi} \int \mathbf{M} \times \operatorname{grad}' \frac{1}{r} \, d\tau$$

hervor, welches unter Berücksichtigung der elementaren Formel

$$\mathbf{m} \times \operatorname{grad}' \frac{1}{r} = \frac{1}{r} \operatorname{rot} \mathbf{M} - \operatorname{rot} \Big(\frac{1}{r} \mathbf{M} \Big)$$

und mit Hilfe des Gaußschen Integralsatzes in der Fassung

$$\int \operatorname{rot} \mathbf{f} \, d\tau = \oint n \times \mathbf{f} \, do$$

auf die Gestalt

$$\mathbf{U} = \frac{1}{4\pi} \int \frac{1}{r} \operatorname{rot} \mathbf{M} \, d\tau + \frac{1}{4\pi} \oint \frac{1}{r} \operatorname{Rot} \mathbf{M} \, do \tag{4.57}$$

gebracht werden kann, welche ein vollständiges Analogon zu (4.52) ist. Die Größe $\mathbf{M}$ wird die *Magnetisierung* genannt.

Das Bemerkenswerte ist nun, daß zwischen dem Feld eines magnetischen Dipols und dem Feld eines Ringstromes kein Unterschied besteht, denn der negative Gradient des Skalars (4.51) stimmt mit dem Rotor des Vektorfeldes (4.56) überein,

$$-\operatorname{grad} U = \operatorname{rot} \mathbf{U} \,, \tag{4.58}$$

sofern das Moment des Dipols mit dem des Ringstromes in der Beziehung

$$\mathbf{J} = \mu_0 \mathbf{M} \tag{4.59}$$

steht. Setzt man abkürzend für $\mathbf{f} = \frac{1}{4\pi}\mathbf{M} = \frac{1}{4\pi\mu_0}\mathbf{J}$, so ist

$$U = -*\big(\mathbf{f} \wedge *d\tfrac{1}{r}\big) = -*\big(d\tfrac{1}{r} \wedge *\mathbf{f}\big) = -*d\big(\tfrac{1}{r} \wedge *\mathbf{f}\big) = -*d*\big(\mathbf{f}\tfrac{1}{r}\big)$$

und analog

$$\mathbf{U} = -*\big(\mathbf{f} \wedge d\tfrac{1}{r}\big) = *d\big(\mathbf{f} \wedge \tfrac{1}{r}\big) = *d\big(\mathbf{f}\tfrac{1}{r}\big)\,,$$

somit

$$\operatorname{grad} U = -d*d*\big(\mathbf{f}\tfrac{1}{r}\big) = d\delta\big(\mathbf{f}\tfrac{1}{r}\big)$$

und

$$\operatorname{rot} \mathbf{U} = *d*d\big(\mathbf{f}\tfrac{1}{r}\big) = \delta d\big(\mathbf{f}\tfrac{1}{r}\big)\,.$$

Addiert man die beiden letzten Gleichungen, so erhält man aus der bekannten Formel $\triangle\frac{1}{r} = 0$ $(r \neq 0)$ schließlich

$$\operatorname{rot} \mathbf{U} + \operatorname{grad} U = \big(\delta d + d\delta\big)\big(\mathbf{f}\tfrac{1}{r}\big) = \mathbf{\Delta}\big(\mathbf{f}\tfrac{1}{r}\big) = -\mathbf{f}\triangle\tfrac{1}{r} = 0\,.$$

Die Bedeutung der Gleichung (4.58) liegt darin, daß das Feld eines magnetischen Dipols durch nichts von jenem eines Ringstromes unterschieden werden kann. Diese Entdeckung geht auf AMPÈRE zurück. Das Feld eines mit magnetischen Dipolen der Dichte $\mathbf{J}$ ausgefüllten materiellen Körpers, dessen Potential durch (4.52) gegeben ist, übt nach außen *dieselbe* Wirkung aus wie jenes mit dem Potential (4.57), wenn in demselben Körper Ringströme der Dichte $\mathbf{M}$ fließen und die Dichten $\mathbf{J}$ und $\mathbf{M}$ miteinander in der Beziehung (4.59) stehen. Dies gilt aber, wohlgemerkt, nur für das Äußere des materiellen Körpers, im Inneren zeigt sich eine unterschiedliche Feldwirkung. Wegen

$$-\triangle\tfrac{1}{r} = 4\pi\delta(x_1)\delta(x_2)\delta(x_3)\,, \qquad r^2 = x_1^2 + x_2^2 + x_3^2\,,$$

worin $\delta(x)$ die symbolische Delta-Funktion ist, unterscheiden sich dort die beiden Feldgrößen um die Momentendichte der Ringströme,

$$\operatorname{rot} \mathbf{U} + \operatorname{grad} U = \mathbf{M}\,.$$

Aus dieser Gleichung folgt

$$\operatorname{rot}\operatorname{rot} \mathbf{U} = \operatorname{rot} \mathbf{M}\,, \quad \operatorname{div}\operatorname{grad} U = \operatorname{div} \mathbf{M} \tag{4.60}$$

und

$$\operatorname{Rot}\operatorname{rot} \mathbf{U} = \operatorname{Rot} \mathbf{M}\,, \quad \operatorname{Div}\operatorname{grad} U = \operatorname{Div} \mathbf{M}\,. \tag{4.61}$$

Im Äußeren des materiellen Körpers sind beide Feldgrößen quellen- und wirbelfrei. Der Gradient des Potentials (4.52) ist auch im Inneren wirbelfrei, es gibt weder räumliche noch flächenhafte Wirbel,

$$\operatorname{rot}\operatorname{grad} U = 0\,, \quad \operatorname{Rot}\operatorname{grad} U = 0\,;$$

im Inneren und am Rande des Körpers befinden sich die Quellen des Feldes. Dagegen ist das Feld des Potentials (4.57) auch im Inneren quellenfrei, es gibt weder räumliche noch flächenhaft verteilte Quellen,

$$\operatorname{div}\operatorname{rot} \mathbf{U} = 0\,, \quad \operatorname{Div}\operatorname{rot} \mathbf{U} = 0\,,$$

das Feld entsteht durch Wirbel im Inneren und am Rande des Körpers.

Am klarsten tritt diese Situation hervor, wenn man sich einen konstant magnetisierten Zylinder vorstellt. Denkt man sich diesen mit magnetischen Dipolen parallel zur Achse des Zylinders ausgefüllt, so kompensieren einander die Dipole im Inneren, wodurch die die Stirnflächen zum Sitz magnetischer Mengen werden, da vom Äußeren keine Kompensation erfolgt. Die Stirnflächen sind also Quellflächen mit entgegengesetzter Ergiebigkeit, während der Mantel quellenfrei bleibt. Dies bedeutet, daß der Gradient von (4.52) stetig durch den Zylindermantel hindurchgeht, wohingegen seine Normalkomponente beim Durchgang durch die Stirnflächen einen Sprung erfährt. Ersetzt man dagegen die Dipole durch Ringströme, so kompensieren sich diese im Inneren und kommen in Form eines Flächenstromes auf dem Zylindermantel zur Wirkung, während jetzt von den Stirnflächen keine Feldwirkung herrührt. Deshalb geht die Feldgröße mit dem Potential (4.57) stetig durch die Stirnflächen hindurch, aber auf dem Zylindermantel erleidet ihre Tangentialkomponente einen Sprung.

Zur Klärung der Erscheinungen des Magnetismus sowie des Einflusses materieller Körper auf magnetische Felder erscheint doch die zweite der oben beschriebenen Theorien des Magnetismus als die natürlichere. Diese Auffassung, die man als *Elementarstromtheorie* des Magnetismus bezeichnet, wurde schon von AMPÈRE geäußert. Natürlich können für sie nur physikalische Argumente den Ausschlag geben, es hat aber sicherlich auch die vollendete Harmonie in den mathematischen Formeln, der Dualismus der Quellen- und Wirbelfelder, ein gewisses Gewicht. Die Erscheinungen des Magnetismus werden damit einheitlich durch bewegte Elektrizität erklärt, der fraglichen Existenz magnetischer Mengen braucht nicht weiter nachgegangen zu werden, es gibt in Wahrheit nur die Elektrizität, welche ruhend das elektrostatische Feld und strömend das magnetische Feld erzeugt.

Schließt man sich dieser Auffassung an, so wird das magnetische Feld durch Leitungsströme mit der Dichte $\mathbf{S}$ bzw. $\mathbf{\Sigma}$ und Ringströme mit der Dichte $\operatorname{rot}\mathbf{M}$ bzw. $\operatorname{Rot}\mathbf{M}$ im Inneren eines Mediums bzw. auf dessen Rand hervorgerufen. Zur Beschreibung dieses Sachverhalts bedient man sich einer Feldgröße $\mathbf{B}$, für welche also, da von Strömen hervorgerufen,

$$\operatorname{div}\mathbf{B} = 0\,, \quad \operatorname{Div}\mathbf{B} = 0 \tag{4.62}$$

und

$$\operatorname{rot}\mathbf{B} = \mu_0(\mathbf{S} + \operatorname{rot}\mathbf{M})\,, \quad \operatorname{Rot}\mathbf{B} = \mu_0(\mathbf{\Sigma} + \operatorname{Rot}\mathbf{M}) \tag{4.63}$$

zu gelten hat. Die Größe $\operatorname{rot}\mathbf{M}$ bzw. $\operatorname{Rot}\mathbf{M}$ heißt die *Magnetisierungsstromdichte*. Den beiden Gleichungspaaren (4.62) und (4.63) genügt formal die Feldgröße

$$\mathbf{B} = \mu_0(\mathbf{H} + \mathbf{M})\,, \tag{4.64}$$

worin $\mathbf{H}$ die magnetische Feldstärke (4.53) ist, denn es gilt wegen (4.55) bzw. (4.60) unter Berücksichtigung von (4.59)

$$\operatorname{div}\mathbf{B} = \mu_0(\operatorname{div}\mathbf{H} + \operatorname{div}\mathbf{M}) = \mu_0(-\operatorname{div}\operatorname{grad}U + \operatorname{div}\mathbf{M}) = 0$$

und wegen (4.54)

$$\operatorname{rot}\mathbf{B} = \mu_0(\operatorname{rot}\mathbf{H} + \operatorname{rot}\mathbf{M}) = \mu_0(\mathbf{S} + \operatorname{rot}\mathbf{M})\,;$$

analoge Gleichungen bestehen für die Flächenquellen und Flächenwirbel der Feldgröße $\mathbf{B}$. Die magnetische Feldstärke $\mathbf{H}$ wird in dieser Auffassung über die Quellen des Magnetfeldes zu einer Hilfsgröße, deren Wirbelstärke die „wahre" Stromdichte ist, ähnlich wie die dielektrische Verschiebung $\mathbf{D}$, deren Quellstärke die „wahre" Ladungsdichte ist. Die eigentlichen Feldgrößen sind dann die elektrische Feldstärke $\mathbf{E}$ und die Feldgröße $\mathbf{B}$, die man die *magnetische Induktion* nennt.

Die atomistische Auffassung vom Aufbau der Materie legt von vornherein nahe, die Bausteine der Materie, die Atome, wegen der um den Kern rotierenden Elektronen als Ringströme anzusehen. Ungeordnet werden sie keinerlei Wirkung zeigen, unter dem Einfluß eines äußeren Magnetfeldes werden sie sich nach diesem ausrichten und über ihr Eigenfeld zur Wirkung kommen. Nun werden sich in isotroper Materie die Ringströme unter dem Einfluß des Magnetfeldes $\mathbf{H}$ so stellen, daß ihre Momente in jedem Punkt die Richtung der Feldgröße $\mathbf{H}$ haben,

$$\mathbf{M} = \kappa \mathbf{H}\,.$$

Dann ist

$$\mathbf{B} = \mu \mathbf{H}\,, \tag{4.65}$$

worin $\mu = \mu_0(1+\kappa)$ die *Permeabilitätskonstante* genannt wird, die ein Maß für die magnetische „Durchdringbarkeit" ist.[13] In nicht magnetisierbarer Materie ist $\kappa = 0$, also $\mathbf{M} = 0$ und $\mu = \mu_0$.

Ebenso wie das elektrostatische Feld ist auch das magnetostatische Feld in Materie durch ein Doppelfeld zu beschreiben. Die beiden Feldgrößen sind die magnetische Feldstärke $\mathbf{H}$ und die magnetische Induktion $\mathbf{B}$, welche durch die Materialgleichung (4.65) verknüpft sind, in der die Permeabilität μ als Feldfaktor auftritt. Die magnetische Induktion ist quellenfrei, die magnetische Feldstärke ist ein Wirbelfeld,

$$\operatorname{rot} \mathbf{H} = \mathbf{S}\,, \quad \operatorname{Rot} \mathbf{H} = \mathbf{\Sigma}\,, \quad \operatorname{div} \mathbf{B} = \operatorname{Div} \mathbf{B} = 0\,. \tag{4.66}$$

Die Gleichungen (4.66) zusammen mit der Materialgleichung (4.65) sind, wie auch die Feldgleichungen (4.38) des elektrostatischen Feldes bei Anwesenheit von Materie, natürlich nur näherungsweise gültig. Der Einfluß magnetischer Felder auf Materie ist einigermaßen kompliziert und kann hier nicht zur Diskussion stehen. Für den leeren Raum sind die Gleichungen (4.65) und (4.66) natürlich gleichbedeutend mit (4.46) und (4.47), weshalb sie für $\mu = \mu_0$ als die *exakten* Feldgleichungen des magnetischen Feldes stationärer Ströme aufzufassen sind. Sie sind mit dem Biot-Savartschen Gesetz (4.41) vollkommen äquivalent. Da die magnetische Feldstärke bei Anwesenheit magnetisierbarer Körper i.a. nicht mehr quellenfrei ist, setzt man die stets quellenfreie magnetische Induktion $\mathbf{B}$ als Rotation eines Vektorpotentials $\mathbf{V}$ an,

$$\mathbf{B} = \operatorname{rot} \mathbf{V}\,, \tag{4.67}$$

[13] Die dimensionslose Größe $1+\kappa$ heißt auch die *relative Permeabilitätskonstante*, die Größe κ nennt man die *magnetische Suszeptibilität*.

und erfüllt auf diese Weise die beiden letzten Gleichungen (4.66); geht man mit diesem Ansatz in die erste Gleichung (4.66), so erhält man mit Hilfe der Formel rot rot = grad div − △ unter der Nebenbedingung div $\mathbf{V} = 0$ für das Vektorpotential $\mathbf{V}$ die vektorielle Poissonsche Differentialgleichung

$$-\triangle \mathbf{V} = \mu_0 \mathbf{S}\,, \tag{4.68}$$

welche durch das Integral

$$\mathbf{V} = \frac{\mu_0}{4\pi} \int \frac{\mathbf{S}}{r}\, d\tau \tag{4.69}$$

eindeutig gelöst wird, wenn man noch verlangt, daß die Feldwirkungen im Unendlichen abklingen. Um allfälligen Flächenwirbeln der magnetischen Feldstärke $\mathbf{H}$ im Hinblick auf die zweite Gleichung (4.66) Genüge zu tun, wäre dieser Lösung noch ein adäquater Term (4.44) hinzuzufügen.

Auf AMPÈRE geht auch die Entdeckung zurück, daß Magnetfelder auf Leitungsströme Kräfte ausüben, deren Dichte gleich

$$\mathbf{p} = \mathbf{S} \times \mathbf{B}$$

ist. Sie läßt sich, wie die Kraftdichte im elektrischen Feld, aus einem symmetrischen Spannungstensor ableiten. Man erhält diesen in vollkommener Analogie aus dem Spannungstensor im elektrischen Feld, wenn man darin die elektrischen Feldgrößen $\mathbf{E}$ und $\mathbf{D}$ durch die magnetischen Feldgrößen $\mathbf{H}$ und $\mathbf{B}$ ersetzt, wobei

$$W = \tfrac{1}{2}\big(H_1B_1 + H_2B_2 + H_3B_3\big)$$

die Energiedichte im magnetischen Feld ist.

Um das Magnetfeld eines stationären elektrischen Stromes in einem beliebigen Koordinatensystem formulieren zu können, ist zunächst die wahre Natur der Feldgrößen festzustellen. Ein Geschwindigkeitsvektor v ist als „Wegstrecke mit Richtung pro Zeiteinheit" ein typischer kontravarianter Vektor, weshalb die Stromdichte $\mathbf{S}$ — als bewegte Elektrizität — gleichfalls ein kontravarianter Vektor ist. Völlig anders verhält es sich mit der magnetischen Feldstärke $\mathbf{H}$, die ein schiefsymmetrischer kovarianter Tensor zweiter Stufe ist, und zwar aus folgendem Grund. Ein Magnetfeld übt auf eine Magnetnadel im Raum ein Drehmoment aus, weshalb Magnetfelder über ihre Wirkung auf eine Magnetnadel ausgemessen werden können. Die physikalischen und geometrischen Merkmale einer Magnetnadel werden dabei im magnetischen Moment $\mathbf{J}$ der Nadel, dem Vektor vom Südpol zum Nordpol mal der Polstärke, zusammengefaßt; dieses magnetische Moment ist ein typischer kontravarianter Vektor. Die Angabe des Drehmomentes erfordert jetzt noch die Bezugnahme auf eine Achse n, sodaß zur Messung der magnetischen Feldstärke *zwei* Vektoren, das Moment $\mathbf{J}$ und die Richtung n, benötigt werden. Je zwei solchen Vektoren wird als Meßergebnis das Drehmoment der Nadel zugeordnet. Diese Funktion ist aus physikalischen Gründen linear und schiefsymmetrisch. Mit Rücksicht auf diese gänzlich andere Natur der Größen des magnetischen Feldes formulieren sich die Gleichungen des magnetischen Feldes stationärer Ströme in beliebigen Koordinaten doch auf andere Weise als jene des elektrostatischen Feldes.

Die magnetische Feldstärke ist also ihrer Natur nach ein schiefsymmetrischer kovarianter Tensor zweiter Stufe mit den Koordinaten H_{ij}. Von diesen 9 Koordinaten sind 3 gleich Null, die übrigen 6 bilden zwei Gruppen von Koordinaten, die sich durch ihr Vorzeichen unterscheiden, sodaß insgesamt nur drei Koordinaten H_{23}, H_{31}, H_{12}, die an die Stelle der Größen H_1, H_2, H_3, den Koordinaten von $\mathbf{H}$, treten, unabhängig sind; Analoges gilt für die magnetische Induktion. Die Gleichung (4.67) ist äquivalent zu

$$\mathbf{B} = d\mathbf{V}$$

beziehungsweise

$$B_{ij} = \frac{\partial V_j}{\partial x_i} - \frac{\partial V_i}{\partial x_j};$$

die Quellenfreiheit der magnetischen Induktion ist durch die Gleichung

$$\frac{\partial B_{23}}{\partial x_1} + \frac{\partial B_{31}}{\partial x_2} + \frac{\partial B_{12}}{\partial x_3} = 0$$

auszudrücken, die Gleichung rot $\mathbf{H} = \mathbf{S}$ in der Form

$$\sum_{j=1}^{3} \frac{\partial H^{ij}}{\partial x_j} = S^i$$

anzuschreiben, in der zum Ausdruck kommt, daß die Quellen des Magnetfeldes die Ströme sind. Die Koordinaten

$$p_i = \sum_{j=1}^{3} B_{ij} S^j = \sum_{j=1}^{3} \frac{\partial S_i^j}{\partial x_j},$$

der Kraftdichte $\mathbf{p}$ leiten sich aus dem symmetrischen Spannungstensor zweiter Stufe mit den gemischten Koordinaten

$$S_i^j = \sum_{k=1}^{3} H_{ik} B^{jk} - \delta_i^j W$$

ab, worin

$$W = \frac{1}{4} \sum_{i,j=1}^{3} H_{ij} B^{ij}$$

die Energiedichte des Feldes ist.

III. *Das elektromagnetische Feld.*

Ein elektrisches Feld stationär verteilter Ladungen kann neben einem Magnetfeld stationärer Ströme existieren, ohne daß eine Wechselwirkung auftritt und umgekehrt. Anders verhält es sich, wenn sich Ladungs- und

Stromdichte mit der Zeit ändern. Dann wirken die Felder gegenseitig aufeinander ein — bewegte Ladungen bilden einen Strom, der seinerseits wieder ein Magnetfeld hervorruft, und zeitlich veränderliche Ströme haben ein instationäres Magnetfeld zur Folge, welches wiederum eine elektrische Feldstärke induziert. Das elektrische Feld wird auf diese Weise mit dem magnetischen Feld gekoppelt. Grundlage für diese Koppelung ist das von FARADAY entdeckte *Induktionsgesetz* und der von MAXWELL eingeführte *Verschiebungsstrom.*

Die Entdeckung der Kraftwirkung eines Magnetfeldes auf stromdurchflossene Leiter mußte natürlich zu der Auffassung führen, daß stationäre Magnetfelder auf bewegte Elektrizität Einfluß nehmen. FARADAY ging nun der Frage nach, ob Magnetfelder nicht auch ruhende Elektrizität in Bewegung setzen können. Seine Experimente fielen jedoch alle negativ aus, eine Beeinflussung elektrostatischer Felder durch magnetostatische Felder war nicht feststellbar. Er entdeckte aber, indem er einen Permanentmagneten über einem geschlossenen Leiter bewegte, daß in diesem ein Strom fließt, solange die Bewegung andauerte. Damit trat zutage, daß zeitlich veränderliche Magnetfelder Elektrizität in Bewegung setzen und auf diese Weise in geschlossenen Leitern einen Stromfluß hervorrufen, d.h. ein elektrisches Feld in diesem Leiter *induzieren.* MAXWELL gab der Gesetzmäßigkeit dieser Erscheinung die mathematische Fassung der Feldwirkung in Form der Gleichung

$$\operatorname{rot}\mathbf{E} = -\frac{\partial\mathbf{B}}{\partial t}, \tag{4.70}$$

welche nun die dritte Gleichung (4.38) ersetzt. Ändert sich die magnetische Induktion mit der Zeit, so treten Wirbel im elektrischen Feld auf, es gibt geschlossene Linien der elektrischen Feldstärke, längs denen, wenn Leiter im Feld sind, ein Strom fließt. Das negative Vorzeichen in dieser Feldgleichung bringt zum Ausdruck, daß sich fließende Elektrizität dem Abbau des Magnetfeldes entgegenstemmt.

Die zweite Entdeckung betrifft die „offenen" Stromkreise, die von den Fernwirkungsgesetzen nicht erfaßt wurden. Einen solchen offenen Stromkreis bildete MAXWELL, als er zwei leitende parallel einander gegenüberstehende Platten an die Klemmen eines galvanischen Elementes anschloß. Solange sich die Platten aufluden, floß in den Verbindungsdrähten ein Strom, der sich über die beiden Platten schloß, indem Elektrizität von der einen Platte *durch den Raum* auf die andere Platte strömte. Dieser Strom, den MAXWELL *Verschiebungsstrom* nannte, ruft genauso ein Magnetfeld hervor, wie es beim Fluß der Elektrizität durch die Verbindungsdrähte der Platten mit den Klemmen des galvanischen Elementes der Fall ist. MAXWELL erfaßte diesen Stromfluß durch den Raum zwischen den Platten quantitativ mit der zeitlichen Änderung

$$\frac{\partial\mathbf{D}}{\partial t}$$

der dielektrischen Verschiebung. Da dieser Strom durch seine magnetischen

Wirkungen vom Strom durch einen Leiter nicht zu unterscheiden ist, liegt die Ursache für die Wirbel der magnetischen Feldstärke im Auftreten eines Leitungsstromes *und* eines Verschiebungsstromes. Beide überlagern sich zu einem resultierenden Strom mit der Dichte

$$\operatorname{rot} \mathbf{H} = \mathbf{S} + \frac{\partial \mathbf{D}}{\partial t} . \tag{4.71}$$

Diese Gleichung tritt jetzt an die Stelle der ersten Gleichung (4.66). Da die Quellen der dielektrischen Verschiebung nach wie vor die Ladungen im Raum sind und die magnetische Induktion als ein von Strömen erzeugtes Magnetfeld auch im instationären Fall quellenfrei ist, lauten daher die Maxwellschen Gleichungen des elektromagnetischen Feldes, wenn nur räumliche Ladungs- und Stromdichten vorhanden sind,

$$\begin{aligned} \operatorname{rot} \mathbf{E} &= -\frac{\partial \mathbf{B}}{\partial t} , \qquad & \operatorname{rot} \mathbf{H} &= \mathbf{S} + \frac{\partial \mathbf{D}}{\partial t} , \\ \operatorname{div} \mathbf{D} &= \varrho , & \operatorname{div} \mathbf{B} &= 0 . \end{aligned} \tag{4.72}$$

Das elektromagnetische Feld wird also durch zwei Doppelfelder, bestehend aus dem Paar **E**, **D** für das elektrische Feld und dem Paar **H**, **B** für das magnetische Feld, beschrieben. Hinzu kommen noch die Materialgleichungen

$$\mathbf{D} = \varepsilon \mathbf{E} , \quad \mathbf{B} = \mu \mathbf{H} \tag{4.73}$$

und das *Ohmsche Gesetz*

$$\mathbf{S} = \sigma \mathbf{E} , \tag{4.74}$$

mit welchem ausgedrückt wird, daß in Leitern auftretende elektrische Feldstärken Elektrizität in Bewegung bringen und damit einen Leitungsstrom hervorrufen. Der Feldfaktor σ wird die *Leitfähigkeit* des Materials genannt. In (idealen) Nichtleitern ist $\sigma = 0$.

Die Kraftdichte im elektromagnetischen Feld setzt sich aus der Kraftdichte des elektrischen und magnetischen Feldes zusammen,

$$\mathbf{p} = \varrho \mathbf{E} + \mathbf{S} \times \mathbf{B} . \tag{4.75}$$

Da die Divergenz einer Rotation verschwindet, liefert die Anwendung des Divergenzoperators auf die Gleichung (4.71)

$$\operatorname{div} \mathbf{S} + \frac{\partial}{\partial t} \operatorname{div} \mathbf{D} = 0 ,$$

also, da die elektrischen Ladungen die Quellen der Verschiebung sind,

$$\operatorname{div} \mathbf{S} + \frac{\partial \varrho}{\partial t} = 0 . \tag{4.76}$$

Diese Gleichung wird die *Kontinuitätsgleichung* genannt. In ihr kommt zum Ausdruck, daß der Strom aus bewegter Elektrizität besteht.

Der Ein-Fluidum-Theorie des Elektromagnetismus zufolge wird das elektromagnetische Feld durch ruhende und bewegte Elektrizität erzeugt.

Dementsprechend sind die primären physikalischen Feldgrößen die elektrische Feldstärke **E** und die magnetische Induktion **B**. Die Maxwellschen Feldgleichungen (4.72) nehmen daher für den leeren Raum unter Berücksichtigung von $\varepsilon = \varepsilon_0$ und $\mu = \mu_0$ sowie der Beziehung (4.20) die Form

$$\operatorname{rot}\mathbf{E} + \frac{\partial \mathbf{B}}{\partial t} = 0\,, \quad \operatorname{div}\mathbf{E} = \frac{\varrho}{\varepsilon_0} \tag{4.77}$$

für das elektrische Feld und

$$\operatorname{rot}\mathbf{B} - \frac{1}{c^2}\frac{\partial \mathbf{E}}{\partial t} = \mu_0 \mathbf{S}\,, \quad \operatorname{div}\mathbf{B} = 0 \tag{4.78}$$

für das magnetische Feld an. Ist die Verteilung der Ladungen und des Stromes bekannt, so lassen sich diese Gleichungen integrieren. Die Quellenfreiheit der magnetischen Induktion ermöglicht die Erfüllung der zweiten Gleichung (4.78) mit Hilfe eines Vektorpotentials durch den Ansatz

$$\mathbf{B} = \operatorname{rot}\mathbf{V}\,. \tag{4.79}$$

Geht man damit in die erste Gleichung (4.77), so erhält man

$$\operatorname{rot}\left(\mathbf{E} + \frac{\partial \mathbf{V}}{\partial t}\right) = 0\,;$$

also läßt sich zur weiteren Integration

$$\mathbf{E} + \frac{\partial \mathbf{V}}{\partial t} = -\operatorname{grad} U \tag{4.80}$$

mit Hilfe eines skalaren Potentials U ansetzen. Unterwirft man das Vektorpotential **V** der Bedingung

$$\frac{1}{c^2}\frac{\partial U}{\partial t} + \operatorname{div}\mathbf{V} = 0\,, \tag{4.81}$$

so führt die zweite Gleichung (4.77) auf die partielle Differentialgleichung

$$\frac{1}{c^2}\frac{\partial^2 U}{\partial t^2} - \triangle U = \frac{\varrho}{\varepsilon_0} \tag{4.82}$$

für das skalare Potential U. Wegen $\operatorname{rot}\operatorname{rot} = \operatorname{grad}\operatorname{div} - \triangle$ folgt schließlich aus der ersten Gleichung (4.78)

$$\frac{1}{c^2}\frac{\partial^2 \mathbf{V}}{\partial t^2} - \triangle \mathbf{V} = \mu_0 \mathbf{S}\,. \tag{4.83}$$

Die Potentiale U und **V** genügen also, ebenso wie die Potentiale des elektrostatischen Feldes (vgl. (4.39)) und des magnetostatischen Feldes (vgl. (4.68)), derselben partiellen Differentialgleichung; der Unterschied zu den Differentialgleichungen der Elektrostatik und Magnetostatik ist nur, daß jetzt auch die zweiten partiellen Ableitungen nach der Zeit hinzukommen, und daraus ergibt sich eine bedeutsame Konsequenz.

Sie liegt in der Natur des Differentialoperators

$$\frac{1}{v^2}\frac{\partial^2}{\partial t^2} - \frac{\partial^2}{\partial x_1^2} - \frac{\partial^2}{\partial x_2^2} - \frac{\partial^2}{\partial x_3^2}\,, \tag{4.84}$$

der den Gleichungen (4.82) und (4.83) zugrundeliegt. Die lineare inhomogene partielle Differentialgleichung vom Typ

$$\frac{1}{v^2}\frac{\partial^2 \varphi}{\partial t^2} - \triangle\varphi = s \tag{4.85}$$

wird *Wellengleichung* genannt. Ihre Lösungen beschreiben einen Ausbreitungsvorgang mit der Geschwindigkeit v. Darin zeigt sich nun, daß sich das elektromagnetische Feld im leeren Raum mit der Geschwindigkeit des Lichtes fortpflanzt.[14)] Man sieht, welche wichtige Rolle der Verschiebungsstrom hiefür spielt, denn ohne diesen würden die zweiten partiellen Differentialquotienten nach der Zeit nicht auftreten, die Differentialgleichungen (4.82) bzw. (4.83) würden in jene für das elektrostatische bzw. magnetostatische Feld übergehen. Übrigens genügen auch die Feldgrößen der Wellengleichung (4.85), die elektrische Feldstärke der Gleichung

$$\frac{1}{c^2}\frac{\partial^2 \mathbf{E}}{\partial t^2} - \triangle\mathbf{E} = -\mu_0\frac{\partial \mathbf{S}}{\partial t} - \frac{1}{\varepsilon_0}\operatorname{grad}\varrho\,,$$

die magnetische Induktion erfüllt die Gleichung

$$\frac{1}{c^2}\frac{\partial^2 \mathbf{B}}{\partial t^2} - \triangle\mathbf{B} = \mu_0\operatorname{rot}\mathbf{S}\,.$$

Die Fortpflanzung des elektromagnetischen Feldes mit Lichtgeschwindigkeit drückt sich in einer charakteristischen Zeitabhängigkeit der Lösungen der Wellengleichung aus. Die Gleichung (4.82) wird durch das Potential

$$U = \frac{1}{4\pi\varepsilon_0}\int\frac{\varrho\left(t-\frac{r}{c}\right)}{r}\,d\tau \tag{4.86}$$

gelöst, das jetzt das Potential (4.26) für das elektrostatische Feld ersetzt, die Gleichung (4.83) durch das Vektorpotential

$$\mathbf{V} = \frac{\mu_0}{4\pi}\int\frac{\mathbf{S}\left(t-\frac{r}{c}\right)}{r}\,d\tau\,, \tag{4.87}$$

welches nun an die Stelle von (4.69) für das magnetische Feld stationärer Ströme tritt. Der Unterschied liegt allein in den Argumenten von Ladungs- und Stromdichte unter dem Integral, an Stelle der Zeit t ist $t-\frac{r}{c}$, worin r der Abstand zum Aufpunkt ist, als Argument in Ladungs- und Stromdichte einzusetzen. Es bedeutet dies, daß die Feldgrößen im Aufpunkt zu einem gewissen Zeitpunkt t nicht von der Ladungs- und Stromdichte im gleichen Augenblick abhängen, sondern von dem um die Zeitspanne $\frac{r}{c}$ zurückliegenden Zeitpunkt: Diese Zeitspanne benötigt das Feld, um sich vom Quellpunkt zum Aufpunkt fortzupflanzen. Man nennt deshalb (4.86) bzw. (4.87) *retardierte* Potentiale.

[14)] In Isolatoren, d.h. in Nichtleitern, in welchen die Materialgleichungen (4.73) Gültigkeit haben, beträgt die Fortpflanzungsgeschwindigkeit $v = 1/\sqrt{\varepsilon\mu}$. Sie ist wegen $\varepsilon > \varepsilon_0$ und $\mu > \mu_0$ kleiner als die Geschwindigkeit des Lichtes.

4.3 Relativistische Mechanik

Die Welt ist ein vierdimensionaler Raum, dessen Struktur durch die Grundgesetze der Physik festgelegt wird. Der Newtonsche Weltuntergrund, der absolute Raum und die absolute Zeit, die auf einer für das ganze Weltall maßgeblichen Normaluhr irgendwo in den Tiefen des Raumes abzulesen ist, stellt eine fürs erste naheliegende Form der Anschauung von Raum und Zeit dar. Auf der Grundlage dieses Zeit- und Raumbegriffes stellte NEWTON drei Gesetze axiomatisch an die Spitze des Lehrgebäudes der Mechanik. Das erste, das sogenannte *Trägheitsgesetz*, demzufolge die Bewegung eines Massenpunktes gleichförmig und auf gerader Linie im Raum erfolgt, solange keine äußeren Kräfte wirken, prägt der Newtonschen Welt die Struktur eines affinen Raumes auf. Durch die Trennung von Raum und Zeit erhält dieser vierdimensionale affine Raum, der im folgenden mit $\mathfrak{A}^4$ bezeichnet sei, noch eine zusätzliche Struktur.

Dem absoluten Gang der Zeit wird durch ein Skalarfeld $f : \mathfrak{A}^4 \to \mathbb{R}$ entsprochen, es ist $t = f(P)$ der Zeitpunkt eines Ereignisses $P \in \mathfrak{A}^4$. Das Differential df der Zeit ist eine *konstante* Linearform auf $\mathfrak{A}^4$ und bestimmt daher ein lineares Funktional $\tau : \mathcal{T} \to \mathbb{R}$ auf dem Tangentialraum $\mathcal{T}$ von $\mathfrak{A}^4$. Auf Grund der Konstanz von df ist $f(Q) - f(P) = \tau(\overrightarrow{PQ})$ für zwei beliebige Weltpunkte P und Q, sodaß $\tau(\overrightarrow{PQ})$ die Zeitspanne zwischen diesen beiden Ereignissen ist. Zwei Ereignisse P und Q heißen *gleichzeitig*, wenn $\tau(\overrightarrow{PQ}) = 0$ ist. Der Kern $\tau^{-1}(0)$ des Funktionals τ ist ein dreidimensionaler Teilraum $\mathcal{E}$ von $\mathcal{T}$ (vgl. (1.11)), der durch ein inneres Produkt φ zu einem euklidischen Vektorraum wird. Ist P ein beliebiger Weltpunkt und $t = f(P)$, so bildet die Gesamtheit aller Punkte $Q \in \mathfrak{A}^4$, für welche $\overrightarrow{PQ} \in \mathcal{E}$ gilt, einen dreidimensionalen affinen Teilraum von $\mathfrak{A}^4$, dem somit zwei Weltpunkte genau dann angehören, wenn die betreffenden Ereignisse gleichzeitig sind. Diese Teilräume von $\mathfrak{A}^4$, die im folgenden mit $\mathfrak{E}_t$ bezeichnet werden, sind alle parallel und durch das innere Produkt in $\mathcal{E}$ euklidische Teilräume von $\mathfrak{A}^4$. Der euklidische Raum $\mathfrak{E}_t$ ist gewissermaßen eine „Momentanaufnahme" der Welt zum Zeitpunkt t. Zwei gleichzeitigen Ereignissen P und Q wird

$$\rho(P,Q) = \sqrt{\varphi(\overrightarrow{PQ}, \overrightarrow{PQ})}$$

ein *räumlicher* Abstand zugeordnet. Mit den euklidischen Räumen $\mathfrak{E}_t$ wird man der Absolutheit des Raumes im Sinne NEWTONS gerecht.

Ein affiner Raum $\mathfrak{A}^4$ mit einer derartigen Raum-Zeit-Struktur wird ein *Galileischer Raum* genannt.

Eine affine Transformation $\sigma : \mathfrak{A}^4 \to \mathfrak{A}^4$ der Raum-Zeit-Welt $\mathfrak{A}^4$ heißt eine *Galilei-Transformation*, wenn sie die Struktur von $\mathfrak{A}^4$ nicht ändert, d.h. wenn das Zeitintervall zwischen zwei beliebigen Ereignissen erhalten bleibt,

$$\tau\big(\overrightarrow{\sigma(P)\sigma(Q)}\big) = \tau\big(\overrightarrow{PQ}\big)\,, \tag{4.88}$$

ebenso der Abstand zwischen zwei gleichzeitigen Ereignissen,

$$P, Q \in \mathfrak{E}_t \;\Rightarrow\; \rho\big(\sigma(P), \sigma(Q)\big) = \rho(P, Q)\,. \tag{4.89}$$

Der ersten Forderung (4.88) kann man ohne weiteres entnehmen, daß die Zeitspanne zwischen einem Ereignis und seinem Bild unter einer Galilei-Transformation stets dieselbe ist,

$$\tau\big(\overrightarrow{P\sigma(P)}\big) = \tau\big(\overrightarrow{Q\sigma(Q)}\big)\,. \tag{4.90}$$

Berücksichtigt man nämlich die für zwei beliebige Weltpunkte P und Q gültige Gleichung

$$\overrightarrow{P\sigma(P)} = \overrightarrow{PQ} + \overrightarrow{Q\sigma(Q)} + \overrightarrow{\sigma(Q)\sigma(P)}\,,$$

so erhält man aus (4.88)

$$\begin{aligned}\tau\big(\overrightarrow{P\sigma(P)}\big) &= \tau\big(\overrightarrow{PQ}\big) + \tau\big(\overrightarrow{Q\sigma(Q)}\big) + \tau\big(\overrightarrow{\sigma(Q)\sigma(P)}\big)\\ &= \tau\big(\overrightarrow{PQ}\big) + \tau\big(\overrightarrow{Q\sigma(Q)}\big) + \tau\big(\overrightarrow{QP}\big) = \tau\big(\overrightarrow{Q\sigma(Q)}\big)\,.\end{aligned}$$

Die Ableitung $d\sigma = \sigma'$ einer Galilei-Transformation σ ist eine lineare Transformation des Tangentialraumes $\mathcal{T}$ von $\mathfrak{A}^4$. Ihre Einschränkung auf den euklidischen Teilraum $\mathcal{E}$ ist eine lineare Transformation auf $\mathcal{E}$. Schreibt man nämlich die Gleichung (4.88) mit Hilfe von (3.9) in der Form

$$\tau\sigma' x = \tau x\,, \tag{4.91}$$

so folgt für $x \in \mathcal{E}$ bzw. $\tau x = 0$ auch $\tau\sigma' x = 0$ und somit $\sigma' x \in \mathcal{E}$. Man sagt, der Teilraum $\mathcal{E}$ von $\mathcal{T}$ ist *invariant* unter der Transformation $\sigma' : \mathcal{T} \to \mathcal{T}$. Aber es gilt noch mehr: Die Einschränkung von σ' auf $\mathcal{E}$ ist eine *orthogonale* Transformation auf $\mathcal{E}$, und zwar auf Grund der Forderung (4.89). Schreibt man für $x \in \mathcal{E}$ die Bedingung (4.89) in der Form

$$\varphi(x, x) = \varphi(\sigma' x, \sigma' x) \tag{4.92}$$

an, so gilt

$$\varphi(\sigma' x, \sigma' y) = \varphi(x, y) \tag{4.93}$$

für beliebige Vektoren $x, y \in \mathcal{E}$. Hat nämlich eine symmetrische bilineare Funktion φ die Eigenschaft (4.92), so besteht für beliebige Vektoren x und y auch die Gleichung (4.93). Man braucht hiefür nur von zwei beliebigen Vektoren x und y auszugehen; bezeichnet dann $z = x + y$ deren Summe, so ist, da (4.92) für alle Vektoren gelten soll, also auch für $z = x + y$,

$$\begin{aligned}\varphi(z, z) &= \varphi(x, x) + 2\varphi(x, y) + \varphi(y, y)\\ &= \varphi(\sigma' z, \sigma' z) = \varphi(\sigma' x, \sigma' x) + 2\varphi(\sigma' x, \sigma' y) + \varphi(\sigma' y, \sigma' y)\\ &= \varphi(x, x) + 2\varphi(\sigma' x, \sigma' y) + \varphi(y, y)\,.\end{aligned}$$

Schließlich ist eine Galilei-Transformation stets bijektiv. Angenommen nämlich, und zwar im Hinblick den Nachweis der Injektivität einer Galilei-Transformation σ, es wäre $\sigma(P) = \sigma(Q)$ für zwei verschiedene Weltpunkte P und Q. Wegen (3.9) zieht diese Annahme die Gleichung $\sigma'\big(\overrightarrow{PQ}\big) = 0$

nach sich, weshalb, wie ein Blick auf die Gleichung (4.91) zeigt, die beiden Ereignisse P und Q gleichzeitig sein müssen. Sie können aber auch nicht an verschiedenen Orten stattfinden, denn aus der Forderung (4.89) in der Fassung (4.92) würde $\varphi(x,x) = 0$ folgen, was nur für $x = 0$ möglich ist. Also muß $P = Q$ sein im Widerspruch zur obigen Voraussetzung. Damit ist erwiesen, daß eine Galilei-Transformation notwendigerweise injektiv ist. Deshalb muß ihre Ableitung $d\sigma$ injektiv sein; diese ist dann aber als lineare Transformation eines vierdimensionalen Raumes automatisch surjektiv und somit bijektiv. Daher gilt dies auch für die affine Transformation σ.

Die Raum-Zeit-Welt NEWTONS *ist ein vierdimensionaler affiner Raum mit einer Galileischen Struktur. Die affinen Transformationen des Raumes, welche dessen Struktur erhalten, sind die Galilei-Transformationen. Eine solche Transformation erhält die Zeitspanne zwischen zwei beliebigen Ereignissen, ebenso den räumlichen Abstand zweier gleichzeitiger Ereignisse; die Zeitspanne zwischen einem Ereignis und seinem Bild unter einer Galilei-Transformation ist stets dieselbe.*

Bei der Einführung von Koordinaten in $\mathfrak{A}^4$ wird man auf die strikte Trennung von Ort und Zeit und namentlich auf die Rolle Rücksicht nehmen, welche beide für die Beschreibung des Ablaufes physikalischer Vorgänge spielen. Da diese Trennung von Raum und Zeit auch in der Zerlegung

$$\mathcal{T} = \mathcal{E} \oplus \mathcal{S}$$

des Tangentialraumes von $\mathfrak{A}^4$ zum Ausdruck kommt, in der $\mathcal{S}$ ein komplementärer Teilraum von $\mathcal{E}$ in $\mathcal{T}$ ist, wird man eine Basis $\{e_1, e_2, e_3\}$ von $\mathcal{E}$ mit Hilfe eines Vektors $e_0 \in \mathcal{S}$ zu einer Basis von $\mathcal{T}$ ergänzen. Eine solche Basis des Tangentialraumes wird durch die Ableitung einer Galilei-Transformation wieder in eine Basis dieser Art übergeführt. Sind P und Q zwei Weltpunkte und ist $x = \overrightarrow{PQ}$, so läßt sich x in eindeutiger Weise als Summe $x = x_{\mathrm{r}} + x_{\mathrm{t}}$ mit $x_{\mathrm{r}} \in \mathcal{E}$, $x_{\mathrm{t}} \in \mathcal{S}$ darstellen; dann ist

$$\tau x = \tau x_{\mathrm{r}} + \tau x_{\mathrm{t}} = \tau x_{\mathrm{t}}$$

wegen $\tau e_i = \langle \tau, e_i \rangle = 0$ die Zeitspanne zwischen den Ereignissen P und Q. Stellt man die in $\mathcal{S}$ liegende Komponente von x mit Hilfe des Basisvektors e_0 von $\mathcal{S}$ in der Form $x_{\mathrm{t}} = \Delta x_0\, e_0$ dar, so ist die Zeitspanne zwischen den beiden Ereignissen P und Q gleich

$$\tau x = \Delta x_0\, \tau e_0 = \Delta x_0 \langle \tau, e_0 \rangle \,.$$

Wählt man als Basis für $\mathcal{E}$ ein Orthonormalsystem, so ist in jedem der euklidischen Teilräume $\mathfrak{E}_{\mathrm{t}}$ ein kartesisches Koordinatensystem errichtet. Ist κ die Karte für das Koordinatensystem mit der Basis $\{e_0, e_1, e_2, e_3\}$ und dem Ursprung O, der auch den Beginn der Zeitrechnung festlegt, so ist x_0 die „Zeitkoordinate“, x_1, x_2, x_3 sind die „räumlichen“ Koordinaten. Die Wahl des Basisvektors e_0 legt die Einheit fest, mit der x_0 die absolute Zeit t mißt. In einem solchen Bezugssystem ist $f \circ \kappa(x_0, x_1, x_2, x_3) = x_0 \langle \tau, e_0 \rangle + f(O)$ wegen $\frac{\partial f}{\partial x_i} = \langle \tau, e_i \rangle$. Ist der Basisvektor e_0 so gewählt, daß $\langle \tau, e_0 \rangle = 1$ gilt, so ist $x_0 = t - f(O)$ die absolute Zeit.

Ist die Raum-Zeit-Welt $\mathfrak{A}^4$ auf ein Koordinatensystem der eben besprochenen Art bezogen, so bestehen zwischen den Koordinaten x_i eines Weltpunktes P und den Koordinaten $\bar{x}_i$ seines Bildes $\sigma(P)$ unter einer Galilei-Transformation σ Beziehungen der Art (3.10). Die Transformationsmatrix hat allerdings wegen der die Raum-Zeit-Struktur erhaltenden Eigenschaften einer Galilei-Transformation eine besondere Gestalt. Bezeichnet wieder σ' die Ableitung einer Galilei-Transformation σ, so ist wegen $\sigma'\mathcal{E} \subseteq \mathcal{E}$

$$\sigma' e_i = \sum_{j=1}^{3} a_i^j e_j\,, \qquad i = 1,2,3, \tag{4.94}$$

und daher $a_i^0 = 0$ für $i = 1,2,3$. Das Bild $\sigma' e_0$ des „zeitlichen" Basisvektors e_0 hat eine Komponente im Komplement $\mathcal{S}$ von $\mathcal{E}$,

$$\sigma' e_0 = \sum_{j=0}^{3} a_0^j e_j\,.$$

Wegen (4.91) und $\tau e_i = 0$ für $i = 1,2,3$ ist

$$\tau e_0 = \tau\sigma' e_0 = a_0^0\, \tau e_0\,,$$

sodaß $a_0^0 = 1$ sein muß; insbesondere ist auch $\sigma'(\mathcal{S})$ ein Komplement von $\mathcal{E}$. Die Bedingung (4.93) verlangt ferner, daß die dreireihige Matrix $\{a_i^j\}$ in (4.94) orthogonal ist, d.h. die Bildvektoren $\sigma' e_i$ sind räumlich und orthonormal. Somit hat die Koeffizientenmatrix einer Galilei-Transformation notwendig die Gestalt

$$\begin{pmatrix} 1 & 0 & 0 & 0 \\ a_0^1 & a_1^1 & a_2^1 & a_3^1 \\ a_0^2 & a_1^2 & a_2^2 & a_3^2 \\ a_0^3 & a_1^3 & a_2^3 & a_3^3 \end{pmatrix}. \tag{4.95}$$

Setzt man $a_0^i = -v_i$ und schreibt man t an Stelle von x_0 für die Koordinate der Zeit, so ist

$$\left\{\begin{aligned} \bar{t} &= t + t_o\,, \\ \bar{x}_i &= \sum_{j=1}^{3} a_j^i x_j - v_i t + b_i\,, \quad i = 1,2,3, \end{aligned}\right. \tag{4.96}$$

worin $\{a_i^j\}$ eine dreireihige orthogonale Matrix ist, die allgemeine Galilei-Transformation der vierdimensionalen Raum-Zeit-Welt $\mathfrak{A}^4$. Sie erhält das Merkmal kartesischer Ortskoordinaten und die Einheit des Zeitmaßes.

Die Gleichungen (4.96) lassen nun folgende Deutung zu. Im euklidischen Raum $\mathfrak{E}^3$ seien zwei kartesische Bezugssysteme $\mathcal{K}$ und $\bar{\mathcal{K}}$ mit der Zeitmessung t bzw. $\bar{t}$ gegeben. Läßt man das System $\bar{\mathcal{K}}$ eine relativ zum System $\mathcal{K}$ gleichförmige Translationsbewegung ausführen, wobei der Geschwindigkeitsvektor für einen Beobachter im ruhenden System $\mathcal{K}$ die Koordinaten v_i hat, so bestehen zwischen den Koordinaten x_i und $\bar{x}_i$ in den beiden Bezugssystemen gerade solche Beziehungen, wie sie in den letzten drei Gleichungen

(4.96) formuliert sind; mit der Größe t_o in der ersten Gleichung wird die Möglichkeit eines unterschiedlichen Beginns der Zeitmessung in beiden Systemen offen gelassen. Zwei Beobachter in den beiden Systemen stellen eine gleichförmige translatorische Bewegung des Koordinatenursprungs des jeweils anderen Systems fest, während die Koordinatenachsen ihre Richtung im Raum beibehalten. Am klarsten tritt dies hervor, wenn man sich auf den Spezialfall beschränkt, daß zum Zeitpunkt $t = \bar{t} = 0$ die beiden Bezugssysteme zusammenfallen, sodaß $\bar{\mathcal{K}}$ durch eine gleichförmige Translation von $\mathcal{K}$ entsteht. Dann ist in (4.96) für $a_i^j = \delta_i^j$, $b_i = 0$ und $t_o = 0$ zu setzen, wodurch sich die Gleichungen der Galilei-Transformation (4.96) zu

$$\bar{t} = t\,, \quad \bar{x}_i = x_i - v_i t \tag{4.97}$$

vereinfachen. Ein Beobachter im ruhenden System registriert ein Ereignis im Punkt P zum Zeitpunkt t mit den für ihn maßgeblichen Koordinaten x_i, ein Beobachter im bewegten System stellt dieses Ereignis nach derselben Zeitspanne $\bar{t} = t$ fest, die er auf seiner mitbewegten Uhr abliest, nur gibt er, da er sich auf das Koordinatensystem $\bar{\mathcal{K}}$ bezieht, für die Koordinaten des Ortes P des Ereignisses die Maßzahlen $\bar{x}_i$ an. Da für den Beobachter im ruhenden System die Größen $v_i t$ die Koordinaten des Ursprungs des bewegten Systems sind, müssen nach den Gesetzen des affinen Raumes die Zahlen $\bar{x}_i = x_i - v_i t$ die Koordinaten des Punktes P im bewegten System sein. Die erste Gleichung (4.97) schließlich bringt das gleichzeitige Erleben des Ereignisses im Punkt P seitens der beiden Beobachter zum Ausdruck, im ruhenden wie im bewegten System wird die Zeit mit demselben Maß gemessen. Finden aus der Sicht des Beobachters im ruhenden System in den Punkten P und Q zwei Ereignisse gleichzeitig statt, so erscheinen sie wegen (4.91) auch dem Beobachter im bewegten System als gleichzeitig. In der Newton-Galileischen Auffassung der Welt hat die Zeit ein absolutes Maß, sie vergeht für einen Beobachter im bewegten System auf die gleiche Weise wie für einen Beobachter im ruhenden System.

Jede Matrix der Form (4.95) kann als Produkt

$$\begin{pmatrix} 1 & \mathbf{o} \\ \mathbf{v} & \mathbf{E} \end{pmatrix} \cdot \begin{pmatrix} 1 & \mathbf{o} \\ \mathbf{o} & \mathbf{A} \end{pmatrix},$$

geschrieben werden, worin die dreireihige „Untermatrix" $\mathbf{A}$ orthogonal und $\mathbf{E}$ die dreireihige Einheitsmatrix ist. Der linke Faktor steht für relativ zueinander gleichförmig bewegte Systeme, der rechte Faktor beschreibt den Übergang zu einem anderen kartesischen Koordinatensystem im Raum $\mathfrak{E}_t$ der Ereignisse zum Zeitpunkt t. Da durch eine Koordinatentransformation in $\mathfrak{A}^4$ i.a. auch ein neuer Koordinatenursprung festgelegt wird, was einer Verlegung des Ursprungs im Ortsraum und einer Abänderung des Beginns der Zeitmessung entspricht, läßt sich jede Galilei-Transformation aus

(i) einer Parallelverschiebung $\bar{t} = t + t_o$, $\bar{x}_i = x_i + b_i$,

(ii) einer gleichförmigen Bewegung $\bar{t} = t$, $\bar{x}_i = x_i - v_i t$ und

(iii) einer Drehung der Koordinatenachsen $\bar{t} = t$, $\bar{x}_i = \sum_j a_j^i x_j$

zusammensetzen.

Die Formulierung der Newtonschen Gesetze der Mechanik verlangt ein Bezugssystem, in dem das Trägheitsgesetz in voller Strenge gültig ist. Ein solches Bezugssystem wird ein *Inertialsystem*[15] genannt. Die Existenz eines Inertialsystems kann man allerdings nur mit Erfahrungstatsachen begründen. Weder die Erde noch die Sonne, die sich beide erwiesenermaßen gegenüber dem Zentrum der Milchstraße in beschleunigter Bewegung befinden, ist im strengen Sinn ein Inertialsystem. Da eine reine Trägheitsbewegung in einem Inertialsystem geradlinig und gleichförmig vor sich geht, beschreiben die Gleichungen

$$x_i = x_i^\circ + c_i t$$

die momentane Lage einer sich auf Grund seiner Trägheit bewegenden Masse, wenn sich diese zum Zeitpunkt $t = 0$ im Punkt P_o mit den Koordinaten x_i° befunden hat. Durch Bildung der Ableitung erhält man die Geschwindigkeit[16]

$$\dot{x}_i = c_i .$$

Durch nochmalige Differentiation findet man

$$\ddot{x}_i = 0 , \tag{4.98}$$

worin zum Ausdruck kommt, daß eine geradlinig gleichförmige Bewegung unbeschleunigt ist. Damit ist die Gleichung (4.98) die Formulierung des Trägheitsgesetzes in einem Inertialsystem.

Ist $\mathcal{K}$ ein Inertialsystem und $\bar{\mathcal{K}}$ ein relativ zu $\mathcal{K}$ gleichförmig mit der Geschwindigkeit v_i bewegtes zweites Bezugssystem, dessen Koordinaten mit denen für $\mathcal{K}$ somit durch eine Galilei-Transformation (4.96) verknüpft sind, so ist in $\bar{\mathcal{K}}$

$$\dot{\bar{x}}_i = \sum_{j=1}^{3} a_i^j c_i - v_i .$$

Dies ist das Additionstheorem der Geschwindigkeiten. Die Summe rechts stellt die Koordinaten des Geschwindigkeitsvektors der Trägheitsbewegung im unbewegten System bezüglich der Koordinatenachsen des bewegten Systems dar. Nochmalige Differentiation ergibt

$$\ddot{\bar{x}}_i = 0 ,$$

also gilt die Gleichung (4.98) auch im relativ zu $\mathcal{K}$ bewegten System. Deshalb ist

$$\bar{x}_i = \bar{x}_i^\circ + (\bar{c}_i - v_i)t ,$$

d.h. die Trägheitsbewegung erfolgt auch für einen Beobachter im System $\bar{\mathcal{K}}$ gleichförmig auf gerader Linie. Das bedeutet aber, daß auch das relativ zu $\mathcal{K}$ in gleichförmiger Translation befindliche System $\bar{\mathcal{K}}$ ein Inertialsystem ist. Infolgedessen ist jedes gegenüber einem Inertialsystem unbeschleunigte

[15] Lat. *inertia*, Trägheit.

[16] Die Kennzeichnung der Ableitung nach der Zeit durch einen über die betreffende Variable gesetzten Punkt geht auf NEWTON zurück.

Bezugssystem selbst ein Inertialsystem. Oder anders ausgedrückt: Die Gleichung (4.98) einer Trägheitsbewegung ist *invariant* unter einer Galilei-Transformation.

NEWTONS zweites Gesetz legt die Ursachen der Abweichung einer Bewegung von einer reinen Trägheitsbewegung fest. Es lautet: *Die Änderung der Bewegungsgröße ist der Einwirkung der bewegenden Kraft proportional und erfolgt in der Richtung, in der diese Kraft einwirkt.* Dabei versteht NEWTON unter der Bewegungsgröße das Produkt aus der Geschwindigkeit und der trägen Masse, die er als die *„quantitas materiae"* einführt, die keinen Bezug auf Koordinatensysteme nimmt, sondern eine jedem materiellen Körper eigentümliche Größe ist. Das zweite Newtonsche Gesetz lautet dann in Differentialform

$$dp_i = K_i \, dt \,, \quad p_i = mv_i \,, \tag{4.99}$$

worin m die träge Masse und v_i der Vektor der Geschwindigkeit ist. Der Vektor mit den Koordinaten p_i ist die Bewegungsgröße, die man heute den *Impuls* nennt. Führt man durch $v_i = \dot{x}_i$ und $b_i = \dot{v}_i = \ddot{x}_i$ die Geschwindigkeit als Änderung des Ortes und die Beschleunigung als Änderung der Geschwindigkeit in der Zeiteinheit ein, so nimmt (4.99) die Gestalt

$$m\ddot{x}_i = mb_i = K_i \tag{4.100}$$

an. Selbstverständlich verlangt diese Art der Formulierung des zweiten Newtonschen Gesetzes die Bezugnahme auf ein Inertialsystem.

Das dritte Newtonsche Gesetz ist das Prinzip von Wirkung und Gegenwirkung.

Von der Bedeutung der Newtonschen Gleichung (4.100) in der Ingenieurmechanik soll hier nicht die Rede sein. Faßt man sie als mathematische Formulierung eines Naturgesetzes auf, so ist die Abhängigkeit der auf einen Massenkörper wirksamen eingeprägten Kraft von der Zeit sowie vom Ort und der Geschwindigkeit des Massenkörpers eine ganz spezielle. Der Willkürlichkeit in der Wahl des Beginns der Zeitmessung kann nur entsprochen werden, wenn die Kraft selbst von der Zeit nicht abhängt, weshalb bei Bezugnahme auf ein Inertialsystem nur eine Abhängigkeit vom Ort und von der Geschwindigkeit herrschen kann. Da auch die Wahl des Koordinatenursprungs beliebig vorgenommen werden kann, ist eine Abhängigkeit vom Ort nur relativ zu anderen Punkten möglich, z.B. dem Sitz anderer Massen. Damit erweist sich die Gleichung (4.100) als invariant gegenüber der weiter oben unter (i) angeführten Parallelverschiebung der Raum-Zeit-Welt $\mathfrak{A}^4$, die zu den elementaren Galilei-Transformationen gehört. Diese Invarianz bedeutet, daß der Raum in allen seinen Punkten dieselben Eigenschaften besitzt, was man die *Homogenität* des Raumes nennt.

Die Koordinaten der Kraft sind schließlich invariant gegenüber einer gleichförmigen translatorischen Bewegung. Mechanische Experimente haben, wie die Erfahrung zeigt, in relativ zueinander gleichförmig bewegten Systemen stets denselben Ausgang. So läßt sich durch keinen mechanischen Versuch in einem gleichmäßig auf gerader Schiene fahrenden Zug dessen Bewegungszustand relativ zur Erde nachweisen. Kein noch so scharfsinniges

Experiment kann einen schlüssigen Beweis dafür liefern, ob ein System relativ zu einem anderen gleichförmig bewegt ist oder nicht. Aus diesem Grunde kann die wirksame Kraft auf einen Massenkörper nur von den Relativgeschwindigkeiten abhängig sein. Schreibt man der besseren Übersicht wegen symbolisch $\mathbf{x}$, $\mathbf{x}_i$ usw. an Stelle der Koordinaten der diversen Punkte, so stellt sich die Kraft als Funktion

$$\mathbf{k} = f(\mathbf{x} - \mathbf{x}_i, \dot{\mathbf{x}} - \dot{\mathbf{x}}_j)$$

dar. Damit erweist sich die Bewegungsgleichung (4.100) nun auch als invariant gegenüber der weiter oben unter (ii) notierten speziellen Galilei-Transformation (4.97).

Schließlich bleibt noch die Freiheit bei der Einführung der Richtungen der Koordinatenachsen zu berücksichtigen. Um diese zu gewährleisten, muß die Funktion f in allen ihren Argumenten der Bedingung

$$f(\mathbf{A} \cdot \mathbf{x}, \mathbf{A} \cdot \mathbf{y}, \mathbf{A} \cdot \mathbf{z}, \ldots) = \mathbf{A} \cdot f(\mathbf{x}, \mathbf{y}, \mathbf{z}, \ldots)$$

für jede orthogonale Matrix $\mathbf{A}$ genügen. Diese letzte Forderung macht die Gleichung (4.100) invariant gegenüber den unter (iii) angeführten Faktoren einer Galilei-Transformation. Diese Invarianz bedeutet, daß es keinerlei ausgezeichnete Richtungen im Raum gibt, was man die *Isotropie* des Raumes nennt.

Ist also in einem Inertialsystem

$$m\ddot{\mathbf{x}} = f(\mathbf{x} - \mathbf{x}_i, \dot{\mathbf{x}} - \dot{\mathbf{x}}_j)$$

die Bewegungsgleichung eines Massenpunktes, so ist sie in jedem anderen Inertialsystem von gleicher Bauart

$$m\ddot{\bar{\mathbf{x}}} = f(\bar{\mathbf{x}} - \bar{\mathbf{x}}_i, \dot{\bar{\mathbf{x}}} - \dot{\bar{\mathbf{x}}}_j),$$

d.h. aber, die Gleichung (4.100) ist invariant gegenüber der allgemeinen Galilei-Transformation (4.96).

Sind m und M zwei Massen mit dem Sitz in Punkten P und Q mit den Koordinaten $\mathbf{x}$ bzw. $\mathbf{y}$, so wirkt auf die Masse m die von der Masse M herrührende Anziehungskraft

$$\mathbf{k} = -\gamma \frac{mM}{|\mathbf{x} - \mathbf{y}|^3} (\mathbf{x} - \mathbf{y}) \tag{4.101}$$

ein, worin γ eine positive Konstante und $|\mathbf{x} - \mathbf{y}|$ der Abstand der beiden Punkte P und Q ist. Ihr Betrag ist proportional den beiden Massen und umgekehrt proportional dem Quadrat ihres Abstandes, genau wie beim Coulombschen Gesetz. Es ist also für

$$f(\mathbf{x}) = -\gamma \frac{mM}{|\mathbf{x}|^3} \mathbf{x}$$

zu setzen, da die Kraftwirkung auf die Masse m von deren Bewegungszustand relativ zum Sitz der Masse M unabhängig ist. Diese Funktion erfüllt die obige Bedingung, denn es ist $f(\mathbf{A} \cdot \mathbf{x}) = \mathbf{A} \cdot f(\mathbf{x})$. Nach dem Prinzip von Wirkung und Gegenwirkung übt die Masse m auf die Masse M die Anziehungskraft

$$-\mathbf{k} = -\gamma \frac{mM}{|\mathbf{y} - \mathbf{x}|^3} (\mathbf{y} - \mathbf{x})$$

aus.

NEWTON hat mit dem absoluten Raum die Existenz eines Bezugssystems verbunden, welches im absoluten Raum ruht. Unter allen sich gleichförmig gegenüber dem absoluten Raum bewegenden Intertialsystemen befindet sich eines, welches absolut gesehen in Ruhe ist. Die Invarianz der Newtonschen Gleichungen (4.98) bzw. (4.100) gegenüber den Galilei-Transformationen (4.96) bedeutet aber vom Standpunkt der Mechanik einerseits die Gleichwertigkeit zweier Bezugssysteme, wenn diese durch eine Galilei-Transformation miteinander verknüpft sind, also gegeneinander eine gleichförmige translatorische Bewegung ausführen, andererseits die Unmöglichkeit, Ruhe von gleichförmiger Translation zu unterscheiden. Damit entzieht sich der Begriff der Ruhe im absoluten Raum einer Objektivierung durch die Mechanik, physikalische Wirklichkeit haben nur relative Orte und relative Bewegungen. Dies ist der Kern des Relativitätsprinzips der klassischen Mechanik, auch *Newton-Galileisches Relativitätsprinzip* genannt: *Die Gesetze der Mechanik sind invariant gegenüber Galilei-Transformationen.*

Ein solches Invarianzprinzip hat Substanz aber nur dann, wenn die Hintereinanderausführung, d.h. die Zusammensetzung zweier Transformationen wieder eine Transformation derselben Art ist. Da diese Zusammensetzung aus naheliegenden Gründen assoziativ und umkehrbar sein muß, ist folglich zu verlangen, daß diese Transformationen bezüglich der Hintereinanderausführung eine *Gruppe* bilden. Dies trifft für die Galilei-Transformationen, wie unschwer zu sehen ist, auch zu. Diese Gruppe von Transformationen wird *Galilei-Gruppe* genannt. Dann lautet das Relativitätsprinzip der Newtonschen Mechanik: *Die Gesetze der Mechanik sind invariant gegenüber den Transformationen der Galilei-Gruppe.*

Die Welt der Elektrodynamik, an deren Spitze die Feldgleichungen MAXWELLS stehen, scheint aber eine andere zu sein, als die der Mechanik. Mathematisch zeigt sich dies darin, daß die Maxwellschen Gleichungen *nicht* invariant unter Galilei-Transformationen sind. Der physikalische Grund hiefür ist die einwandfrei gesicherte Konstanz der Lichtgeschwindigkeit: *Das Licht breitet sich in allen Systemen stets mit derselben Geschwindigkeit aus.* Die Tatsache, daß die Geschwindigkeit des Lichtes vom Bewegungszustand der Lichtquelle unabhängig ist, steht aber in klarem Widerspruch zur Newtonschen Mechanik. Dieser zufolge addieren einander Geschwindigkeiten zu einer resultierenden Geschwindigkeit, weshalb es eine *endliche* Grenzgeschwindigkeit, als welche sich die Lichtgeschwindigkeit erweist, *nicht* geben kann. Um die Maxwellschen Gleichungen invariant gegenüber Galilei-Transformationen zu machen, müßte man die in ihnen versteckt auftretende Lichtgeschwindigkeit c durch ∞ ersetzen, im Endeffekt also die Ableitungen der Feldgrößen nach der Zeit herausstreichen. Dann aber werden die Maxwellschen Gleichungen entkoppelt, sie beschreiben voneinander getrennt ein elektrisches und ein magnetisches Feld, es gäbe kein *elektromagnetisches* Feld mit den fundamentalen Erscheinungsformen des Lichtes und der Induktion. Deshalb steckt der Widerspruch des Newtonschen Welt-Systems zu den Erscheinungen der Elektrodynamik im Phänomen der Ausbreitung der Feldwirkungen mit der *endlichen*

Geschwindigkeit des Lichtes und deren Unabhängigkeit vom Bewegungszustand des jeweiligen Bezugssystems. Eine Fortpflanzung von Wirkungen mit endlicher Geschwindigkeit kennt die Newtonsche Mechanik in dieser Form jedenfalls nicht, Kraftwirkungen, wie beispielsweise jene der Gravitation, treten in ihr *instantan*, d.h. als *eingeprägte* Kräfte auf.

EINSTEIN erkannte, daß dieser Widerspruch nur durch eine Revision des Zeitbegriffs aufgelöst werden kann. Die Idee der absoluten Zeit ist unvereinbar mit dem Prinzip von der Konstanz der Lichtgeschwindigkeit, ein absolutes, für den ganzen Raum und für jedes Bezugssystem verbindliches Maß der Zeit ist mit einer Ausbreitung von Feldwirkungen mit endlicher Geschwindigkeit, die in allen relativ zueinander gleichförmig translatorisch bewegten Systemen dieselbe ist, nicht in Einklang zu bringen. Die Revision des Zeitbegriffs muß darin bestehen, ihr das absolute Maß abzuerkennen. Die Zeit muß wie der Ort einer Relativierung unterworfen werden, in je zwei zueinander in gleichförmiger Translation befindlichen Bezugssystemen haben die Uhren ihren eigenen unterschiedlichen Gang. Da weder mechanische noch elektrodynamische Experimente durch ihren Ausgang einen Rückschluß auf den Bewegungszustand des jeweiligen Bezugssystems zulassen, erhebt EINSTEIN ins Prinzip, daß dies auch in der mathematischen Formulierung — mit Rücksicht auf eine einheitliche Welt — *aller* Naturgesetze, sowohl die der Mechanik als auch die der Elektrodynamik und der Optik, zum Ausdruck kommen muß, und zwar in der Invarianz der Grundgleichungen der Physik gegenüber gewissen Transformationen, denen er den Namen des Physikers LORENTZ gab. Er nennt dies das „Prinzip der Relativität".

Das Prinzip von der Konstanz der Lichtgeschwindigkeit wird jetzt zur Grundlage der Zeitmessung. Dem vierdimensionalen Charakter der Welt entsprechend wird den drei Ortskoordinaten eines Raumpunktes in einem beliebigen Bezugssystem eine Uhr zur zeitlichen Angabe eines Ereignisses in diesem Punkt beigegeben. Diese in allen Raumpunkten angebracht zu denkenden Uhren werden „einreguliert", indem sie von einem im jeweiligen Punkt befindlichen Beobachter relativ zur Zeitangabe in einem festen Punkt um jene Zeitspanne vorgestellt werden, die das Licht auf seinem geradlinigen Weg zu diesem Punkt benötigt. Zwei Ereignisse in zwei verschiedenen Punkten werden dann gleichzeitig genannt, wenn die dort angebrachten Uhren dieselbe Zeit anzeigen. Die Länge eines auf einer geraden Linie gleichförmig bezüglich des Ganges der Uhren in diesem System bewegten Maßstabes wird durch gleichzeitige Ereignisse gemessen, nämlich durch den Abstand zweier Beobachter, die zur gleichen Zeit auf ihren Uhren, der eine den Anfang, der andere das Ende des Maßstabes an ihrem Ort befindlich feststellen.

Sind auf diese Weise die Uhren in zwei zueinander in gleichförmiger Translation befindlichen Bezugssystemen $\mathcal{K}$ und $\bar{\mathcal{K}}$ einreguliert,[17] so bestehen auf Grund der nach wie vor zu verlangenden Homogenitätseigenschaft

[17] Die Gleichförmigkeit bedeutet, daß sich der Ursprung des Bezugssystems $\bar{\mathcal{K}}$ bezüglich des Gangs der Uhren im System $\mathcal{K}$ gleichförmig bewegt, ebenso der

der Zeit und des (immer noch absoluten) Raumes — der Raum hat in allen seinen Punkten die gleichen Eigenschaften — lineare Beziehungen zwischen dem Zeit- und Ortsmaß in beiden Systemen. Nimmt man der Einfachheit halber an, daß sich das System $\bar{\mathcal{K}}$ parallel zur x_1-Achse des Systems $\mathcal{K}$ aus diesem herausbewegt, wobei das Zusammenfallen beider Systeme zum Zeitpunkt $t = \bar{t} = 0$ stattgefunden hat, so ist

$$\bar{t} = \alpha_0 t + \alpha_1 x_1 , \quad \bar{x}_1 = \beta_0 t + \beta_1 x_1 , \quad \bar{x}_2 = \gamma x_2 , \quad \bar{x}_3 = \delta x_3 .$$

Zunächst muß $\gamma = \delta = 1$ sein. Wäre nämlich z.B. $\gamma > 1$, so würde ein Maßstab auf der x_2-Achse in $\mathcal{K}$ vom System $\bar{\mathcal{K}}$ aus um den Faktor γ gestreckt, ein Maßstab auf der $\bar{x}_2$-Achse vom System $\mathcal{K}$ aus um den Faktor $\frac{1}{\gamma}$ gestaucht sein. Dieses widerspricht aber dem Prinzip, daß zwischen den beiden Systemen kein objektiver Unterschied bestehen darf. Da sich der Ursprung des Systems $\bar{\mathcal{K}}$ gleichförmig mit einer Geschwindigkeit v längs der x_1-Achse bewegt, muß $\bar{x}_1 = 0$ gleichbedeutend mit $x_1 - vt = 0$ sein, d.h. es muß $\beta_1 = -\beta_0 v = \beta$ gelten und somit

$$\bar{x}_1 = \beta(x_1 - vt) , \quad \bar{x}_2 = x_2 , \quad \bar{x}_3 = x_3 .$$

Zur Bestimmung der verbleibenden drei Koeffizienten ist jetzt das Prinzip von der Konstanz der Lichtgeschwindigkeit heranzuziehen. Ein zum Zeitpunkt $t = \bar{t} = 0$ im gemeinsamen Koordinatenursprung abgegebener Lichtblitz erreicht einen Punkt P mit den für einen Beobachter im System $\mathcal{K}$ maßgeblichen Koordinaten x_i nach der Zeitspanne t, die dieser auf seiner Uhr abliest, sodaß für ihn die Gleichung

$$c^2 t^2 = x_1^2 + x_2^2 + x_3^2$$

besteht. Ein Beobachter im System $\bar{\mathcal{K}}$ mißt dagegen nach dem Gang seiner Uhr die Zeitspanne $\bar{t}$, sodaß aus seiner Sicht das Licht die Wegstrecke

$$c^2 \bar{t}^2 = \bar{x}_1^2 + \bar{x}_2^2 + \bar{x}_3^2$$

zurückgelegt hat, wenn $\bar{x}_i$ die für ihn gültigen Koordinaten des Punktes P sind. Es gilt daher

$$c^2 t^2 - x_1^2 - x_2^2 - x_3^2 = c^2 \bar{t}^2 - \bar{x}_1^2 - \bar{x}_2^2 - \bar{x}_3^2 . \tag{4.102}$$

Führt man an Stelle der Zeit t bzw. $\bar{t}$ die Variable $x_0 = ct$ bzw. $\bar{x}_0 = c\bar{t}$ ein, so folgt aus dieser Gleichung

$$\bar{x}_0^2 - \bar{x}_1^2 = x_0^2 - x_1^2 .$$

Wie in Kap. 1, §7 abgeleitet wurde, ist dann notwendigerweise (vgl. (1.82))

$$\bar{x}_0 = x_0 \cosh \tau + x_1 \sinh \tau$$

$$\bar{x}_1 = x_0 \sinh \tau + x_1 \cosh \tau$$

mit einem reellen Parameter τ. Der Vergleich mit den bisherigen Ergebnissen liefert nun

$$\alpha_0 = \cosh \tau = \beta , \quad c\alpha_1 = \sinh \tau = -\frac{v}{c}\beta .$$

Ursprung des Systems $\mathcal{K}$ bezüglich des Gangs der Uhren im System $\bar{\mathcal{K}}$. Da keines der beiden Systeme gegenüber dem jeweils anderen ausgezeichnet sein darf, muß die Maßzahl dieser Geschwindigkeit für beide Systeme dieselbe sein.

Mit Hilfe der Formeln

$$\cosh\tau = \frac{1}{\sqrt{1-\tanh^2\tau}} = \frac{1}{\sqrt{1-\frac{v^2}{c^2}}}\,, \qquad \sinh\tau = -\frac{\frac{v}{c}}{\sqrt{1-\frac{v^2}{c^2}}}$$

findet man dann, wenn wieder t als Symbol für die Zeit eingeführt wird,

$$\bar{t} = \frac{t-\frac{v}{c^2}x_1}{\sqrt{1-\frac{v^2}{c^2}}}\,, \quad \bar{x}_1 = \frac{-vt+x_1}{\sqrt{1-\frac{v^2}{c^2}}}\,, \quad \bar{x}_2 = x_2\,, \quad \bar{x}_3 = x_3\,. \tag{4.103}$$

Diese Transformation heißt nach einem Vorschlag EINSTEINs die *spezielle Lorentz-Transformation.* Vertauscht man die Rollen der beiden Bezugssysteme $\mathcal{K}$ und $\bar{\mathcal{K}}$ und ändert man das Vorzeichen der Relativgeschwindigkeit v, so erhält man die Umkehrung

$$t = \frac{\bar{t}+\frac{v}{c^2}\bar{x}_1}{\sqrt{1-\frac{v^2}{c^2}}}\,, \quad x_1 = \frac{v\bar{t}+\bar{x}_1}{\sqrt{1-\frac{v^2}{c^2}}}\,, \quad x_2 = \bar{x}_2\,, \quad x_3 = \bar{x}_3\,. \tag{4.104}$$

Auf Grund der für $|v| < c$ gültigen Entwicklung

$$\frac{1}{\sqrt{1-\frac{v^2}{c^2}}} = 1 + \frac{v^2}{2c^2} + \frac{3v^4}{8c^4} + \cdots$$

ist

$$\frac{1}{\sqrt{1-\frac{v^2}{c^2}}} \approx 1$$

für Relativgeschwindigkeiten v, die klein gegenüber der Lichtgeschwindigkeit c sind, und infolgedessen

$$\bar{t} \approx t\,, \quad \bar{x}_1 \approx x_1 - vt\,, \quad \bar{x}_2 = x_2\,, \quad \bar{x}_3 = x_3\,,$$

d.h. die Transformation (4.103) ist unter solchen Umständen in erster Näherung eine Galilei-Transformation. Diese Näherung ist offenbar umso besser, je kleiner die Geschwindigkeit v im Verhältnis zur Lichtgeschwindigkeit c ist. Anders ausgedrückt: Die spezielle Galilei-Transformation

$$\bar{t} = t\,, \quad \bar{x}_1 = x_1 - vt\,, \quad \bar{x}_2 = x_2\,, \quad \bar{x}_3 = x_3$$

ist der Grenzfall von (4.103) für $c \to \infty$. Darin zeigt sich wieder, daß ein absolutes Zeitmaß nur mit einer unendlich großen Fortpflanzungsgeschwindigkeit, also nur mit einer unmittelbar erfolgenden Übertragung von Wirkungen verträglich ist.

Für das Folgende sei β stets die Bedeutung der Größe

$$\beta = \frac{1}{\sqrt{1-\frac{v^2}{c^2}}} \tag{4.105}$$

zugewiesen.

Aus der speziellen Lorentz-Transformation ergeben sich einige bemerkenswerte Schlußfolgerungen, die den Ausgangspunkt der Betrachtungen EINSTENS bildeten. Die Gleichzeitigkeit zweier Ereignisse an verschiedenen Orten auf der x_1-Achse des ruhenden Systems $\mathcal{K}$ bedeutet, daß die Uhren zweier Beobachter am jeweiligen Ort der Ereignisse dieselbe Zeit anzeigen. Findet daher zur Zeit t auf deren Uhr ein Ereignis am Ort x_1 gleichzeitig mit einem Ereignis am Ort $x_1 + \Delta x_1$ statt, so ist diese zeitliche Koinzidenz für einen Beobachter im relativ zu $\mathcal{K}$ bewegten System $\bar{\mathcal{K}}$ nicht mehr gegeben. Im System $\bar{\mathcal{K}}$ ist

$$\bar{x}_1 = \beta(x_1 - vt) \quad \text{bzw.} \quad \bar{x}_1 + \Delta\bar{x}_1 = \beta(x_1 + \Delta x_1 - vt)$$

der Ort der beiden Ereignisse, welche ein Beobachter zu den unterschiedlichen Zeiten

$$\bar{t} = \left(t - \tfrac{v}{c^2}\,x_1\right) \quad \text{bzw.} \quad \bar{t} + \Delta\bar{t} = \beta\left[t - \tfrac{v}{c^2}(x_1 + \Delta x_1)\right] ,$$

also mit dem zeitlichen Abstand

$$\Delta\bar{t} = -\tfrac{v}{c^2}\,\beta\Delta x_1$$

registriert. Die Gleichzeitigkeit zweier Ereignisse in einem Bezugssystem ist in einem relativ zu diesem bewegten System nicht mehr gegeben.

Die Länge eines im bewegten System $\bar{\mathcal{K}}$ ruhenden Maßstabes wird durch die Gleichzeitigkeit der Ereignisse „Das Ende des Stabes ist in $\bar{x}_1$" und „Der Anfang des Stabes ist in $\bar{x}_1 + \Delta\bar{x}_1$" zu $\Delta\bar{x}_1$ gemessen. Betrachtet ein Beobachter im ruhenden System diesen Maßstab, so ist mißt er seine Länge mit Δx_1, wenn sich zum gleichen Zeitpunkt t das Ende in x_1 und der Anfang in $x_1 + \Delta x_1$ befindet,

$$\bar{x}_1 = \beta(x_1 - vt) , \quad \bar{x}_1 + \Delta\bar{x}_1 = \beta(x_1 + \Delta x_1 - vt) ;$$

das bedeutet aber, daß die Länge des Maßstabes im System $\mathcal{K}$ mit

$$\Delta x_1 = \frac{1}{\beta}\,\Delta\bar{x}_1 = \Delta\bar{x}_1\sqrt{1 - \tfrac{v^2}{c^2}}$$

gemessen wird. Dies ist die *Lorentzsche Längenkontraktion*: Bewegte Maßstäbe erscheinen verkürzt.

Zur Messung des Ganges der Uhr im bewegten System mit dem Zeitmaß des ruhenden Systems ist von zwei Ereignissen am selben Ort zu zwei verschiedenen Zeitpunkten $\bar{t}$ und $\bar{t} + \Delta\bar{t}$ im System $\bar{\mathcal{K}}$ auszugehen. Ein Beobachter im ruhenden System stellt diese Ereignisse an verschiedenen Orten x_1 und $x_1 + \Delta x_1$ zu verschiedenen Zeiten t und $t + \Delta t$ fest,

$$\bar{t} = \beta\left(t - \tfrac{v}{c^2}x_1\right) , \quad \bar{t} + \Delta\bar{t} = \beta\left[t + \Delta t - \tfrac{v}{c^2}(x_1 + \Delta x_1)\right] .$$

Da die beiden Ereignisse im System $\bar{\mathcal{K}}$ am gleichen Ort $\bar{x}_1$ stattfinden, ist $\Delta\bar{x}_1 = 0$, also $\Delta x_1 = v\Delta t$ und folglich

$$\Delta\bar{t} = \beta\left(\Delta t - \tfrac{v}{c^2}\Delta x_1\right) = \beta\Delta t\left(1 - \tfrac{v^2}{c^2}\right) = \Delta t\sqrt{1 - \tfrac{v^2}{c^2}} .$$

Dies ist die sogenannte *Zeitdilatation*: Der Gang der Uhren eines bewegten Systems erscheint von einem ruhenden System aus verlangsamt.

Bewegt sich ein Körper längs der 1-Achse, so mißt ein Beobachter im bewegten System die Geschwindigkeit $v' = d\bar{x}_1/d\bar{t}$, ein Beobachter im ruhenden System $\mathcal{K}$ konstatiert dagegen die Geschwindigkeit $v'' = dx_1/dt$. Bildet man daher den Quotienten der Differentiale

$$d\bar{x}_1 = \beta(dx_1 - v\,dt)\,, \quad d\bar{t} = \beta\big(dt - \tfrac{v}{c^2}dx_1\big)\,,$$

so erhält man

$$v' = \frac{d\bar{x}_1}{d\bar{t}} = \frac{dx_1 - v\,dt}{dt - \frac{v}{c^2}\,dx_1} = \frac{v'' - v}{1 - \frac{vv''}{c^2}}$$

und somit

$$v'' = \frac{v + v'}{1 + \frac{vv'}{c^2}}\,.$$

Dies ist das *Additionstheorem der Geschwindigkeiten.* Ein Beobachter im ruhenden System mißt also nicht die Geschwindigkeit $v + v'$, wie es die Newtonsche Mechanik fordert, sondern eine offenbar kleinere Geschwindigkeit! Auf Grund der allgemein gültigen Ungleichung

$$|v_1| < c,\ |v_2| < c \ \Rightarrow\ \left|\frac{v_1 + v_2}{1 + \frac{v_1 v_2}{c^2}}\right| < c$$

ist ausgeschlossen, auch bei noch so großer Relativgeschwindigkeit, daß eine Bewegung in $\bar{\mathcal{K}}$ aus der Sicht eines Beobachters in $\mathcal{K}$ mit Überlichtgeschwindigkeit erfolgt, denn die obige Ungleichung besagt, daß die Zusammensetzung von Unterlichtgeschwindigkeiten stets wieder eine Unterlichtgeschwindigkeit ergibt. Für $v = c$ oder $v' = c$ erhält man in $\mathcal{K}$ gleichfalls die Lichtgeschwindigkeit $v'' = c$, wie es das Prinzip von der Konstanz der Lichtgeschwindigkeit verlangt.[18)]

Die Relativierung der Zeit in der Auffassung EINSTEINs bedeutet, daß die Galileische Struktur der Newtonschen Raum-Zeit-Welt $\mathfrak{A}^4$ nicht aufrecht erhalten werden kann. Durch die Forderung der Homogenität von Raum und Zeit behält die Welt zwar ihre affine Struktur bei, doch die Galileische Struktur, die das absolute Maß der Zeit dem Raum aufprägt, muß durch eine andere ersetzt werden.

Das Einsteinsche Prinzip von der Konstanz der Lichtgeschwindigkeit, das die Grundlage zur Ableitung der Lorentz-Transformation bildete, verlangt, daß die Gültigkeit der Gleichung

$$c^2t^2 - x_1^2 - x_2^2 - x_3^2 = 0$$

stets auch jene der Gleichung

$$c^2\bar{t}^2 - \bar{x}_1^2 - \bar{x}_2^2 - \bar{x}_3^2 = 0$$

---

18) Was geschieht, wenn man dem Licht nachläuft? Die Antwort auf diese Frage, die EINSTEIN gestellt hat, rüttelt einfach am Zeitbegriff: Wie schnell man dem Licht auch immer nachläuft, es bewegt sich stets mit der Geschwindigkeit c vor einem her.

zur Folge hat und umgekehrt. Dadurch wird man zur Gleichung (4.102) geführt, in der aber jetzt nicht mehr aufscheint, daß beide Seiten gleich Null sind. Für die Ableitung der Lorentz-Transformation ist nur die *Gleichheit* beider Seiten maßgebend, und dies bedeutet, daß der Ausdruck

$$c^2t^2 - x_1^2 - x_2^2 - x_3^2$$

invariant ist gegenüber der speziellen Lorentz-Transformation (4.104). Davon ausgehend entwarf MINKOWSKI den mathematischen Rahmen für das Einsteinsche Weltsystem. Die Invarianz der indefiniten quadratischen Form

$$x_0^2 - x_1^2 - x_2^2 - x_3^2 \tag{4.106}$$

mit $x_0 = ct$ weist auf eine pseudo-euklidische Maßbestimmung hin, die jetzt an die Stelle der euklidischen des Newtonschen Ortsraumes tritt, unter welcher die definite quadratische Form

$$x_1^2 + x_2^2 + x_3^2 \tag{4.107}$$

invariant ist. Dies bedeutet:

Die Raum-Zeit-Welt EINSTEINS *ist ein vierdimensionaler affiner Raum mit pseudo-euklidischer Struktur, der Tangentialraum ist ein pseudo-euklidischer Vektorraum mit dem Index 1, der Lorentz-Raum $\mathcal{L}^4$. Diese Welt verkörpert der pseudo-euklidische Minkowski-Raum $\mathfrak{W}^4$.*

Die affinen Transformationen des euklidischen Raumes $\mathfrak{E}^3$, deren Ableitungen orthogonale Transformationen des Tangentialraumes sind (vgl. (1.76)), bilden die Gruppe derjenigen Transformationen, welche den Abstand zweier Punkte des Raumes erhalten; sie beschreiben den Übergang von einem kartesischen Koordinatensystem auf ein anderes dieser Art, weshalb die quadratische Form (4.107) invariant ist unter (homogenen) orthogonalen Transformationen. Für die Newtonsche Welt $\mathfrak{A}^4$ mit ihrer Galileischen Struktur sind es die Transformationen der Galilei-Gruppe, welche die Zeitspanne zwischen zwei Ereignissen und den Abstand gleichzeitiger Ereignisse erhalten. In der Minkowskischen Welt $\mathfrak{W}^4$ übernehmen diese Rolle die Lorentz-Transformationen, für welche die quadratische Form (4.106) eine Invariante ist. Der wesentliche Unterschied zu den Galilei-Transformationen besteht darin, daß jetzt die Zeit auch vom Bewegungszustand abhängig ist, es gilt nicht mehr $\bar{t} = t$, die Zeit wird relativiert und tritt gleichberechtigt neben die Koordinaten des Ortes. Aus dieser Auffassung der Welt entwickelt sich die *spezielle Relativitätstheorie.*

Eine affine Transformation $\sigma : \mathfrak{W}^4 \to \mathfrak{W}^4$ des Minkowski-Raumes $\mathfrak{W}^4$ heißt eine *Lorentz-Transformation,* wenn ihre Ableitung $\sigma' = d\sigma$ eine orthogonale Transformation oder, wie man mit Rücksicht auf die pseudo-euklidische Struktur in diesem Fall auch sagt, eine pseudo-euklidische Drehung im Tangentialraum $\mathcal{L}^4$ ist (vgl. (1.76)), wenn also

$$\mathrm{g}(\sigma' x, \sigma' y) = \mathrm{g}(x, y)$$

gilt, wobei g die das innere Produkt im $\mathcal{L}^4$ definierende symmetrische Bilinearform ist. Man kann diese Eigenschaft auch in der Form aussprechen, daß der pseudo-euklidische Abstand zweier Ereignisse P und Q in der Minkowski-Welt $\mathfrak{W}^4$

$$\psi(\overrightarrow{PQ}) = \mathrm{g}(\overrightarrow{PQ}, \overrightarrow{PQ}),$$

der auch auch *raum-zeitlicher Abstand* genannt wird, bei einer Lorentz-Transformation erhalten bleibt, also (vgl. (3.9))

$$\psi(\overrightarrow{\sigma(P)\sigma(Q)}) = \psi(\overrightarrow{PQ})$$

ist. Wie a.a.O. schon dargelegt wurde, wird durch eine Lorentz-Transformation des Minkowski-Raumes $\mathfrak{W}^4$ ein Orthonormalsystem im Tangentialraum wiederum auf ein Orthonormalsystem abgebildet, genau wie dies die affinen Transformationen des euklidischen Raumes $\mathfrak{E}^3$ mit orthogonaler Ableitung leisten. Deshalb beschreiben die Lorentz-Transformationen des Minkowski-Raumes $\mathfrak{W}^4$ den Übergang von Galileischen Koordinaten zu Galileischen Koordinaten. Auf Grund der Zerlegung (1.80) entspricht dabei der „Zeitkoordinate" wieder das Maß der Zeit im jeweils anderen Koordinatensystem.

In der Welt NEWTONS lassen sich zwei beliebige Ereignisse $P \in \mathfrak{A}^4$ und $Q \in \mathfrak{A}^4$ immer vergleichen in dem Sinn, daß entweder beide Ereignisse gleichzeitig sind oder das eine vor dem anderen stattgefunden hat. Diese Relation $P \preceq Q$ („P findet vor Q statt oder ist mit Q gleichzeitig") ist reflexiv, antisymmetrisch und transitiv, die Ereignisse sind hinsichtlich „früher", „später" und „gleichzeitig" vollständig geordnet. In EINSTEINS Welt $\mathfrak{W}^4$ gilt dies nicht mehr, und die Ursache hiefür ist die endliche Ausbreitungsgeschwindigkeit des Lichtes, die auch eine Grenzgeschwindigkeit für alle Vorgänge ist. Wird in einem Raumpunkt ein Lichtblitz gezündet, so stellt ein Beobachter in einem benachbarten Punkt, da die Uhren einreguliert sind, das Eintreffen des Lichtblitzes nach seiner Uhr mit einer Zeitdifferenz Δt zur Mitteilung des Absenders fest, für welche der Ausdruck

$$c^2\Delta t^2 - \Delta x_1^2 - \Delta x_2^2 - \Delta x_3^2 \tag{4.108}$$

verschwindet, wobei $\Delta t = \frac{l}{c}$ die Zeitspanne ist, die das Licht für die Strecke $l = \sqrt{\Delta x_1^2 + \Delta x_2^2 + \Delta x_3^2}$ zwischen beiden Raumpunkten mit den Koordinatendifferenzen Δx_i benötigt. Für zwei Ereignisse $P, Q \in \mathfrak{W}^4$, die das Licht solcherart verbindet, ist $\overrightarrow{PQ}$ ein lichtartiger Vektor, also $\psi(\overrightarrow{PQ}) = 0$; der Punkt Q liegt auf dem Lichtkegel des Punktes P und umgekehrt. Startet in einem Raumpunkt eine gleichförmige Bewegung mit Unterlichtgeschwindigkeit, so wird nach einer gewissen Zeitspanne ein benachbarter Raumpunkt erreicht. Ein Beobachter in diesem stellt jetzt auf seiner Uhr eine größere Zeitdifferenz zwischen dem Eintreffen und der Zeitangabe des Beobachters im Startpunkt fest, als das Licht für den Weg benötigen würde, der Ausdruck (4.108) ist jetzt positiv, denn die vom Licht benötigte Zeitspanne $\frac{l}{c}$ ist um den Unterschied $\Delta t'$ in den Zeitmessungen vergrößert, also $\Delta t = \frac{l}{c} + \Delta t'$. Dies bedeutet, wenn P und Q die beiden Ereignisse sind, daß der Vektor $\overrightarrow{PQ}$ zeitartig ist, der Punkt Q liegt jetzt im *Inneren* des Lichtkegels im Punkt P, und zwar in der Hälfte für die „Zukunft", der Punkt P liegt im Lichtkegel des Punktes Q, aber in der Hälfte für die „Vergangenheit". Folgen in diesem Sinne zwei Ereignisse P und Q aufeinander, symbolisch $P \prec Q$ oder $Q \prec P$ („P ist im Vergangenheits-Lichtkegel des Punktes Q und Q im Zukunfts-Lichtkegel des Punktes P" oder umgekehrt), so trifft dies genau dann zu, wenn $\overrightarrow{PQ}$ ein zeitartiger Vektor ist, also $\psi(\overrightarrow{PQ}) > 0$ gilt. Zwischen zwei Ereignissen P und Q, für welche $\overrightarrow{PQ}$ ein raumartiger Vektor ist, besteht *kein* kausaler Zusammenhang, weil die Geschwindigkeit des Lichtes nicht überschritten werden kann. In der Minkowski-Welt $\mathfrak{W}^4$ lassen sich also zwei Ereignisse hinsichtlich ihrer zeitlichen Aufeinanderfolge nicht immer vergleichen, die Relation $P \preceq Q$ ist nur eine Halbordnung. —

Die Mechanik NEWTONS war, in Anbetracht der glänzenden Dienste, die sie geleistet hat, zwei Jahrhunderte lang unangefochten. Dies darf im Grunde nicht verwundern, auch wenn man sich auf den Standpunkt EINSTEINS stellt, denn die erreichbaren Geschwindigkeiten mit Massen sind im Verhältnis zur Lichtgeschwindigkeit verschwindend klein, weshalb eine auch noch so feine Experimentierkunst keinen Unterschied zwischen der Geschwindigkeit des Lichtes und ∞ feststellen kann. Da sich für Relativgeschwindigkeiten $v \ll c$ die Lorentz-Transformation (4.104) von der Galilei-Transformation (4.97) kaum unterscheidet, bestätigt die Newtonsche Mechanik in den kleinen Abmessungen des Raumes und der Zeit auch die physikalische Wirklichkeit, es mußte die absolute Zeit die natürliche Form der Anschauung vom Zeitbegriff sein. Eine Erscheinung allerdings entzog sich jedwedem Erklärungsversuch, das schon in der Einleitung erwähnte Vorrücken des Merkurperihels.

Anders verhält es sich mit der Elektrodynamik. Im Gegensatz zur Mechanik bietet sie die Möglichkeit zur Beobachtung von Geschwindigkeiten, die im Verhältnis zu jener des Lichtes keineswegs klein sind, ja mit ihr sogar übereinstimmen. Deshalb konnte nur durch das Verständnis der Welt des Elektromagnetismus die Notwendigkeit zur Relativierung der Zeit aufgedeckt werden. EINSTEIN hat den Nachweis der Invarianz der Feldgleichungen MAXWELLS gegenüber den auf seinen Vorschlag hin nach LORENTZ benannten Transformationen erbracht und gab damit den Anstoß zu einem Verständnis von Raum und Zeit, die in der Raum-Zeit-Welt des Minkowski-Raumes $\mathfrak{W}^4$ ihren mathematischen Ausdruck findet.

Die Lorentz-Transformationen des $\mathfrak{W}^4$ bilden eine Gruppe, die man die *Poincaré-Gruppe* nennt; die Untergruppe der homogenen Lorentz-Transformationen heißt *Lorentz-Einstein-Gruppe*. Die Invarianz der Grundgesetze der Elektrodynamik besteht gegenüber den Transformationen der Poincaré-Gruppe. Somit sind zwei verschiedene Transformationsgruppen Abbild der physikalischen Welt, die Galilei-Gruppe für die Mechanik und die Poincaré-Gruppe für die Elektrodynamik. Beide Gruppen haben ihre Wurzeln in der Erkenntnis, daß es prinzipiell unmöglich ist, gleichförmige Bewegung physikalisch von Ruhe zu unterscheiden, was bei der mathematischen Formulierung der Naturgesetze in einem Invarianzprinzip zum Ausdruck kommt. Um die durch die beiden Relativitätsprinzipien hervorgerufene Diskrepanz zu beseitigen, sind die Gesetze sowohl der Mechanik als auch der Elektrodynamik *einem* Relativitätsprinzip zu unterwerfen. Da sich die Galilei-Transformationen als Grenzfall der Lorentz-Transformationen für $c \to \infty$ entpuppen, muß der Ansatzpunkt eine Korrektur der Mechanik NEWTONs sein. Die Newtonschen Gleichungen können nicht in voller Strenge gültig sein, sie sind der Grenzfall für eine unendliche Ausbreitungsgeschwindigkeit des Lichtes, die der Idee der absoluten Zeit nicht widerspricht. Dahingehend hat EINSTEIN die Grundgesetze der Mechanik modifiziert, um ihre Invarianz gegenüber den Transformationen der Poincaré-Gruppe herbeizuführen. Die Invarianz der Grundgesetze der Mechanik und der Elektrodynamik gegenüber den Transformationen der Poincaré-Gruppe nennt man das *Lorentz-Einsteinsche Relativitätsprinzip*.

Im folgenden soll eine Skizze der Einsteinschen Dynamik gegeben werden. Die mathematisch tiefgründigere Fassung der Grundgesetze der Elektrodynamik in der vierdimensionalen Minkowski-Welt $\mathfrak{W}^4$ ist dem nächsten Paragraphen vorbehalten.

Die Bewegung eines punktförmig zu denkenden Massenkörpers in der vierdimensionalen Raum-Zeit-Welt $\mathfrak{W}^4$, die für alles Folgende stillschweigend auf Galileische Koordinaten bezogen sei, wird durch drei Funktionen $x_i(t)$ beschrieben, welche die räumliche Lage des Massenkörpers zum Zeitpunkt $t = \frac{x_0}{c}$ angeben. Somit durchläuft der Massenkörper eine Kurve der $\mathfrak{W}^4$, die durch die vier Koordinatenfunktionen $x_0 = ct$, $x_i = x_i(t)$ parametrisiert wird. Diese Kurve wird die *Weltlinie* des punktförmigen Massenkörpers genannt. Die drei Ableitungen $v^i = \dot{x}_i(t)$ sind die Geschwindigkeitskoordinaten aus der Sicht des dreidimensionalen Ortsraumes, sie können jedoch nicht als Koordinaten der Geschwindigkeit aus der Sicht der Raum-Zeit-Welt $\mathfrak{W}^4$ angesehen werden, da in diesem die Zeit t ein Koordinate und damit keine invariante Größe ist. Ein Invariante ist hingegen

$$ds^2 = \sum_{i,j=0}^{3} g_{ij}\dot{x}_i\dot{x}_j dt^2 = (c^2 - v^2)dt^2 ,$$

wenn darin für $v^2 = \dot{x}_1^2 + \dot{x}_2^2 + \dot{x}_3^2$ gesetzt wird. Man führt daher durch

$$\tau = \frac{1}{c}\int_{t_o}^{t} \sqrt{c^2 - v^2}\, dt = \int_{t_o}^{t} \sqrt{1 - \tfrac{v^2}{c^2}}\, dt \qquad (4.109)$$

die sogenannte *Eigenzeit* τ des Massenkörpers im Zeitintervall $[t_o, t]$ ein. Man kann sie als jene Zeitangabe auffassen, die ein mit dem Teilchen mitbewegter Beobachter auf seiner Uhr abliest — dessen Zeitmaß bleibt ja hinter dem des ruhenden Beobachters zurück. Da die Eigenzeit eine Invariante ist, kann sie zur Parametrisierung der Weltlinie des Massenkörpers herangezogen werden. Bezeichnet $t(\tau)$ die Umkehrfunktion von (4.109), so wird durch die vier Funktionen $x_0 = c\,t(\tau)$, $x_i = x_i\big(t(\tau)\big)$ die Weltlinie geometrisch genauso beschrieben. Die Ableitung ist der Vierer-Vektor

$$w^0 = \frac{dx_0}{d\tau} = c\beta\,, \quad w^i = \frac{dx_i}{d\tau} = v^i\beta\,, \qquad (4.110)$$

worin β wieder die in (4.105) vereinbarte Bedeutung hat. Der Vierer-Vektor w^i heißt die *Vierer-Geschwindigkeit* des Massenkörpers auf seiner Weltlinie im $\mathfrak{W}^4$. Das Quadrat seiner Länge ist

$$\sum_{i,j=0}^{3} g_{ij} w^i w^j = c^2\beta^2 - v^2\beta^2 = c^2 ,$$

d.h. die Vierer-Geschwindigkeit ist ein zeitartiger Vektor, im Einklang damit, daß die Weltlinie aus aufeinanderfolgenden Ereignissen besteht.

Die träge Masse m eines Körpers ist ein Maß für dessen Widerstand, den er einer Beschleunigung durch einwirkende Kräfte entgegensetzt. Aus der trägen Masse und der Geschwindigkeit setzt sich die Bewegungsgröße, der Impuls, zusammen. Den Vierer-Vektor

$$p^0 = mw^0 = m\,\frac{dx_0}{d\tau} = mc\beta\,, \quad p^i = mw^i = m\,\frac{dx_i}{d\tau} = m\beta\,\frac{dx_i}{dt} \tag{4.111}$$

nennt man den *Vierer-Impuls* des Massenkörpers. Dieser hängt jetzt nicht mehr linear von der Geschwindigkeit ab, wie es die Newtonsche Mechanik verlangt, vielmehr kann der Trägheitswiderstand beliebig groß werden, wenn die „räumliche" Geschwindigkeit v der Lichtgeschwindigkeit hinlänglich nahe kommt. Dies bedeutet, daß es mit endlichen Kräften unmöglich ist, einen Massenkörper auf Lichtgeschwindigkeit zu bringen. Hält man am Begriff der trägen Masse als Ausdruck des Trägheitswiderstandes nach wie vor fest, so ist das Grundgesetz der Newtonschen Dynamik dahingehend zu modifizieren, daß in (4.99) an Stelle der „klassischen" Impulse $p^i = m\dot{x}_i$ die relativistischen Impulse (4.111) einzusetzen sind,

$$\frac{d}{dt}\left(\frac{m}{\sqrt{1-\frac{v^2}{c^2}}}\,\frac{dx_i}{dt}\right) = K_i\,, \quad i = 1,2,3\,. \tag{4.112}$$

Führt man die Eigenzeit τ ein, so erhalten diese Gleichungen die Gestalt

$$\frac{d}{d\tau}\left(m\,\frac{dx_i}{d\tau}\right) = F_i = \beta K_i\,, \quad i = 1,2,3\,. \tag{4.113}$$

Darin sind die Größen $F_i = \beta K_i$ die (räumlichen) Koordinaten der *relativistischen Kraft*. Den Gleichungen (4.113) fügt man, da alle vektoriellen Größen Vierer-Vektoren sind, eine vierte hinzu,

$$\frac{d}{d\tau}\left(m\,\frac{dx_0}{d\tau}\right) = F_0\,. \tag{4.114}$$

Um die Bedeutung der Größe F_0 zu erhellen, bildet man am besten das innere Produkt der relativistischen Impulsänderung mit dem Vektor der Vierer-Geschwindigkeit. Dann erhält man auf der rechten Seite

$$\sum_{i=0}^{3} w^i F_i = F_0\,\frac{dx_0}{d\tau} - \beta^2 \sum_{i=1}^{3} K_i v^i\,,$$

auf der linken dagegen

$$\sum_{i,j=0}^{3} g_{ij} w^i p^j = \frac{m}{2} \frac{d}{d\tau} \left[\left(\frac{dx_0}{d\tau} \right)^2 - \sum_{i=1}^{3} \left(\frac{dx_i}{d\tau} \right)^2 \right] = \frac{m}{2} \frac{d}{d\tau} [\beta^2 (c^2 - v^2)] = 0 .$$

Auf Grund dessen ist wegen (4.110)

$$F_0 = \frac{\beta}{c} \sum_{i=1}^{3} K_i v^i = \frac{\beta}{c} \frac{dA}{dt} . \qquad (4.115)$$

Abgesehen vom Faktor $\frac{\beta}{c}$ ist die rechte Seite die in der Zeiteinheit von den Kräften geleistete Arbeit. Setzt man für F_0 aus (4.114) ein, so folgt

$$F_0 = \frac{d}{d\tau} \left(m \frac{dx_0}{d\tau} \right) = mc\beta \frac{d\beta}{dt} = \frac{\beta}{c} \frac{dA}{dt}$$

beziehungsweise

$$\frac{d(mc^2\beta)}{dt} = \frac{dA}{dt} . \qquad (4.116)$$

Somit ist

$$E = mc^2 \beta = mc^2 \frac{1}{\sqrt{1 - \frac{v^2}{c^2}}} = mc^2 + \frac{1}{2} mv^2 + \frac{3}{8} m \frac{v^4}{c^2} + \cdots \qquad (4.117)$$

die *Energie* der bewegten Masse. In dieser Entwicklung ist der zweite Term $\frac{m}{2}v^2$ die gewöhnliche kinetische Energie, die nachfolgenden stellen die Korrektur der relativistischen kinetischen Energie dar. Der erste Term, den man für $v = 0$ erhält, ist die Energie des ruhenden Massenkörpers,

$$E_0 = mc^2 . \qquad (4.118)$$

Dies ist das berühmte Gesetz der *Äquivalenz von träger Masse und Energie*, das zu den fundamentalen Gesetzen der Physik zählt.

Das Grundgesetz der Mechanik in relativistischer Fassung besteht also aus den vier Gleichungen

$$\frac{dp^i}{d\tau} = \frac{d}{d\tau} \left(m \frac{dx_i}{d\tau} \right) = F_i , \qquad (4.119)$$

von denen die erste den Satz von der Erhaltung der Energie zum Inhalt hat. Natürlich muß dabei auf ein Inertialsystem Bezug genommen werden, also auf ein solches, in dem das Trägheitsgesetz

$$dp^0 = mc\, d\beta = 0 , \quad dp^i = m\, dw^i = 0$$

in voller Strenge Gültigkeit hat. Von der Existenz eines Inertialsystems geht auch die Einsteinsche Dynamik aus.

Mit der Bestimmung der Bahn eines Himmelskörpers im Schwerefeld eines Zentralgestirns, wie eines Planeten bei seinem Umlauf um die Sonne, befaßt sich das sogenannte *Zweikörperproblem* der Himmelsmechanik. Über die Art der Planetenbewegung unter Zugrundelegung der Newtonschen Mechanik geben die drei Keplerschen Gesetze erschöpfende Auskunft:

Lex I: Die Planeten bewegen sich auf Kegelschnittslinien um die Sonne, welche ihren festen Sitz in einem Brennpunkt hat;

Lex II: Der Radiusvektor von der Sonne zum Planeten überstreicht in gleichen Zeiten gleiche Flächen;

Lex III: Die Quadrate der Halbachsen elliptischer Bahnen verhalten sich wie die Kuben der Umlaufszeiten der Planeten.

Bezeichnet m die Masse des Planeten, M die Masse der im Koordinatenursprung angenommenen Sonne, so ist im Sinne der Newtonschen Mechanik die auf den Planeten wirksame Gravitationskraft (vgl. (4.101))

$$K_i = -\gamma m M \frac{x_i}{r^3}, \tag{4.120}$$

worin $\gamma = 6.668 \times 10^{-8} \left[\frac{cm^3}{gs^2}\right]$ die Newtonsche *Gravitationskonstante* und r der Abstand des Planeten von der Sonne ist. Die Bewegungsgleichungen lauten daher nach Division durch die träge Masse des Planeten[19])

$$\ddot{x}_i = -\gamma M \frac{x_i}{r^3}. \tag{4.121}$$

Um die Bahn des Planeten eindeutig festzulegen, sind noch Anfangsbedingungen $x_i(0) = x_i^\circ$, $\dot{x}_i(0) = \dot{x}_i^\circ$ zu stellen. Multipliziert man die Gleichungen (4.121) der Reihe nach mit den Koordinaten $\dot{x}_i$ der Geschwindigkeit, so folgt

$$\frac{dE_{\text{kin}}}{dt} = \frac{d}{dt}\left(\frac{m}{2}v^2\right) = -\gamma M m \sum_{i=1}^{3} \frac{x_i \dot{x}_i}{r^3} = \frac{d}{dt}\left(\frac{\gamma m M}{r}\right),$$

d.h. die Änderung der kinetischen Energie ist gleich der von der Gravitationskraft in der Zeiteinheit geleisteten Arbeit, die in Form von *potentieller* Energie gespeichert wird: Dies ist der Satz von der Erhaltung der Energie. Führt man an Stelle der kartesischen Koordinaten Kugelkoordinaten r, ϑ, φ ein, so geht die dritte Gleichung (4.121) über in

$$\left(\ddot{r} - r\dot{\vartheta}^2 + \frac{\gamma M}{r^2}\right)\cos\vartheta + (2\dot{r}\dot{\vartheta} - r\ddot{\vartheta})\sin\vartheta = 0.$$

Ihr kann man zunächst entnehmen, daß $\dot{\vartheta}(t) = 0$ und somit $\vartheta(t) = \text{const.}$ für alle Zeiten ist, wenn $\vartheta(t_o) = \frac{\pi}{2}$, $\dot{\vartheta}(t_o) = 0$ zu einem einzigen Zeitpunkt t_o gilt, da dann alle Ableitungen von $\vartheta(t)$ an der Stelle t_o verschwinden. Gibt man folglich für $\vartheta(t)$ die Anfangsbedingungen $\vartheta(0) = \frac{\pi}{2}$ und $\dot{\vartheta}(0) = 0$ vor, so verläuft die Bewegung des Planeten in der (x_1, x_2)-Ebene, seine Geschwindigkeit ist

$$v = \sqrt{\dot{r}^2 + r^2\dot{\varphi}^2}.$$

Damit ist nun die dritte Gleichung (4.121) integriert. Die beiden ersten lauten dann wegen $\vartheta = \frac{\pi}{2}$, $\dot{\vartheta} = 0$

$$\ddot{r} - r\dot{\varphi}^2 + \frac{\gamma M}{r^2} = 0, \quad r\ddot{\varphi} + 2\dot{r}\dot{\varphi} = 0. \tag{4.122}$$

Die Lösung der zweiten Gleichung rechts läßt sich sofort angeben,

$$r^2\dot{\varphi} = C. \tag{4.123}$$

19) Bemerkenswert daran ist, daß die Bahn eines Planeten nicht von seiner trägen Masse abhängt!

Dies ist das zweite Keplersche Gesetz, denn es ist

$$\frac{1}{2}\int_{t}^{t+\Delta t} r^2\dot{\varphi}\,dt = \frac{1}{2C}\,\Delta t \qquad (4.124)$$

die in der Zeitspanne Δt vom Radiusvektor überstrichene Fläche. Setzt man zur Integration der ersten Gleichung (4.121) für $r(t) = r(\varphi(t))$ und führt man den reziproken Abstand $u = \frac{1}{r}$ ein, so folgt mit (4.123)

$$\dot{\varphi} = Cu^2, \quad \dot{r} = \frac{dr}{d\varphi}\,Cu^2 = -C\,\frac{du}{d\varphi}, \quad \ddot{r} = -C\,\frac{d}{dt}\frac{du}{d\varphi} = -C^2u^2\,\frac{d^2u}{d\varphi^2},$$

sodaß der Kehrwert u des Abstandes r der Gleichung

$$\frac{d^2u}{d\varphi^2} + u = \frac{\gamma M}{C^2} \qquad (4.125)$$

genügt. Aus ihr ergibt sich schließlich, wenn für

$$p = \frac{C^2}{\gamma M}$$

gesetzt wird, als Lösung die Gleichung eines Kegelschnittes in Polarkoordinaten, wobei ein Brennpunkt im Ursprung des Koordinatensystems liegt,

$$r(\varphi) = \frac{p}{1 + e\cos(\varphi - \psi)}\,. \qquad (4.126)$$

Dies ist das erste Keplersche Gesetz. Darin sind e und ψ die beiden Integrationskonstanten, wobei $e \geq 0$ angenommen werden kann. Für $e = 0$ ist (4.126) die Gleichung eines Kreises, für $e < 1$ die einer Ellipse, für $e > 1$ die einer Hyperbel, wobei die Größe e ihre Exzentrizität ist; im Fall $e = 1$ stellt (4.126) die Gleichung einer Parabel dar. Mit den obigen Setzungen ist also

$$a = \frac{p}{|1 - e^2|}, \quad b = \frac{p}{\sqrt{|1 - e^2|}}$$

die große und die kleine Halbachse einer elliptischen oder hyperbolischen Bahn. Handelt es sich um eine elliptische Bahn $(0 \leq e < 1)$, so ist $ab\pi$ der Flächeninhalt der Bahnellipse, und der Flächensatz (4.124) ergibt, wenn T die Zeitspanne eines vollen Umlaufes ist,

$$T = \int_0^T dt = \frac{1}{C}\int_0^T r^2\dot{\varphi}\,dt = \frac{1}{C}\int_0^{2\pi} r^2 d\varphi = \frac{2ab\pi}{C} = 2\pi\,\frac{p^2}{C(\sqrt{1 - e^2}\,)^3}\,. \qquad (4.127)$$

Durch die Anfangswerte $\dot{r}_o = \varphi_o = 0$, r_o und $\dot{\varphi}_o$ beliebig, wird die Anfangslage zu einem Scheitel des Kegelschnitts. Es sind dann in

$$r(\varphi) = \frac{p}{1 + e\cos\varphi} \qquad (4.128)$$

für die Integrationskonstanten C und e bzw. für p die Werte

$$C = r_o^2\dot{\varphi}_o\,, \quad e = \frac{r_o^3\dot{\varphi}_o^2}{\gamma M} - 1\,, \quad p = \frac{C^2}{\gamma M} = \frac{r_o^4\dot{\varphi}_o^2}{\gamma M}$$

einzusetzen. Ist $r_o^3\dot{\varphi}_o^2 > 2\gamma M$, so ist die Bahn eine Hyperbel, für $r_o^3\dot{\varphi}_o^2 < 2\gamma M$ ist die Bahn eine Ellipse. Die Bedingung $r_o^3\dot{\varphi}_o^2 > \gamma M$ führt auf $e > 0$ und stellt damit sicher, daß die Anfangslage des Planeten ein *Perihel* ist, jener der Sonne am nächsten gelegene Punkt der Bahn und somit der Ellipsenscheitel mit dem kleineren Abstand zu jenem Brennpunkt, in dem sich die Sonne befindet. Die Bedingung $r_o^3\dot{\varphi}_o^2 < \gamma M$ macht die Anfangslage zu einem *Aphel*, dem von der Sonne am weitesten entfernt liegenden Punkt der Bahn.

Da der Quotient

$$\frac{a^3}{T^2} = \frac{\gamma M}{4\pi^2}$$

unabhängig von der Merkmalen eines Planeten und den Daten seiner elliptischen Bahn um die Sonne ist, stellt er eine universelle Konstante des Sonnensystems dar. Dies ist schließlich das dritte Keplersche Gesetz.

Geht man zur relativistischen Bewegung über, so treten an die Stelle von (4.121) die Gleichungen

$$\frac{d}{dt}\left(\frac{m}{\sqrt{1-\frac{v^2}{c^2}}}\frac{dx_i}{dt}\right) = -\gamma\frac{mM}{r^3}x_i\,, \tag{4.129}$$

zu denen wieder entsprechende Anfangsbedingungen hinzukommen. Eine analoge Betrachtung wie vorhin läßt erkennen, daß die Bahn des Planeten in einer Ebene durch den Koordinatenursprung verläuft, die durch die Forderung $x_3(t_o) = \dot{x}_3(t_o) = 0$ in die (x_1, x_2)-Ebene zu liegen kommt. Führt man Polarkoordinaten r, φ ein, so gehen die Gleichungen (4.129) über in

$$\dot{\beta}\dot{r} + \beta\ddot{r} - \beta r\dot{\varphi}^2 = -\frac{\gamma M}{r^2}\,, \quad \dot{\beta}r\dot{\varphi} + \beta(2\dot{r}\dot{\varphi} + r\ddot{\varphi}) = 0\,, \tag{4.130}$$

worin β wieder die Bedeutung (4.105) hat. Zu beachten ist, daß β nicht konstant ist, weil sich die Geschwindigkeit v des Planeten auf seiner Bahn ändert. Da die Gleichung rechts in die Form

$$\frac{d}{dt}\left(\beta r^2\dot{\varphi}\right) = 0$$

gebracht werden kann, ergibt sich jetzt

$$r^2\dot{\varphi}\beta = \hat{C} \tag{4.131}$$

an Stelle von (4.123). Der Satz von der Erhaltung der Energie liefert die Gleichung

$$\frac{dE_{\text{kin}}}{dt} = mc^2\frac{d\beta}{dt} = \gamma mM\frac{d}{dt}\frac{1}{r}\,,$$

aus der schließlich

$$\beta = \frac{\gamma M}{c^2}\frac{1}{r} + K \tag{4.132}$$

folgt, wobei für

$$K = \beta_o - \frac{\gamma M}{c^2}\frac{1}{r_o} = 1 + \frac{1}{c^2}\left(\frac{v_o^2}{2} - \frac{\gamma M}{r_o}\right) + \cdots\,, \quad v_o^2 = \dot{r}_o^2 + r_o^2\dot{\varphi}_o^2\,,$$

gesetzt ist. Substituiert man jetzt wie vorhin für $r = \frac{1}{u}$, so erhält man

$$\dot{\varphi} = \frac{\hat{C}}{\beta}u^2,\quad \frac{dr}{dt} = u^2\frac{\hat{C}}{\beta}\frac{dr}{d\varphi} = -\frac{\hat{C}}{\beta}\frac{du}{d\varphi},\quad \frac{d}{dt}\left(\beta\frac{dr}{dt}\right) = -\hat{C}\frac{d}{dt}\frac{du}{d\varphi} = -\frac{\hat{C}^2}{\beta}\frac{d^2u}{d\varphi^2}u^2,$$

weshalb der Kehrwert $u(\varphi)$ die Gleichung

$$\frac{d^2u}{d\varphi^2} + u = \frac{\gamma M}{\hat{C}^2}\beta$$

erfüllen muß. Sie tritt im relativistischen Fall an die Stelle von (4.125). Setzt man darin noch für β aus (4.132) ein, so gelangt man schließlich, wenn

$$\omega = \sqrt{1 - \left(\frac{\gamma M}{c\hat{C}}\right)^2}$$

gesetzt wird, zu der linearen Differentialgleichung

$$\frac{d^2u}{d\varphi^2} + \omega^2 u = \frac{\gamma M}{\hat{C}^2} K\,, \tag{4.133}$$

welche bei relativistischer Betrachtung die Gleichung (4.125) ersetzt. Aus ihrer allgemeinen Lösung erhält man mit den Setzungen

$$\frac{1}{\hat{p}} = \frac{\gamma M K}{\hat{C}^2} = \frac{\gamma M}{\hat{C}^2}\beta_o + \frac{\omega^2 - 1}{r_o}\,, \qquad \hat{e} = \frac{\hat{p}}{r_o} - 1$$

die Lösung der Gleichung (4.133) zu den Anfangsbedingungen $\dot{r}_o = 0$, $\varphi_o = 0$

$$r(\varphi) = \frac{\hat{p}}{1 + \hat{e}\cos\omega\varphi}\,, \tag{4.134}$$

wobei durch $K > 0$, $\hat{p} < 2r_o$ gewährleistet ist, daß die Bewegung im Endlichen verläuft; die Bedingung $r_0 < \hat{p}$ stellt dann sicher, daß die Anfangslage des Planeten ein Perihel ist.

Die Funktion (4.134) ist, und zwar wegen des Auftretens des Faktors ω, *nicht* mehr die Gleichung eines Kegelschnittes. Der Abstand r vom Zentralgestirn ist periodisch, sein Kehrwert ist aber immer noch eine harmonische Funktion, und zwar mit der Periode

$$f = \frac{2\pi}{\omega} = \frac{2\pi}{\sqrt{1 - \left(\frac{\gamma M}{c\hat{C}}\right)^2}} > 2\pi\,.$$

Jene Winkel, für die der Planet im Perihel ist und damit den kürzesten Abstand zum Zentralgestirn auf seiner Bahnkurve hat, sind die Argumente der relativen Minima der Funktion $u(\varphi)$, also die Lösungen der Gleichung

$$u' = -\frac{\omega\hat{e}}{\hat{p}}\sin\omega\varphi = 0\,.$$

Für $\varphi = 0$ trifft dies auf Grund der gewählten Anfangsbedingungen zu, das nächste Minimum wird für

$$\varphi_1 = \frac{2\pi}{\omega} > 2\pi$$

angenommen. Dies bedeutet, daß der Planet erst *nach* einem vollen Umlauf um das Zentralgestirn wieder ins Perihel kommt, denn dieses hat sich in der Bewegungsrichtung um den Winkel

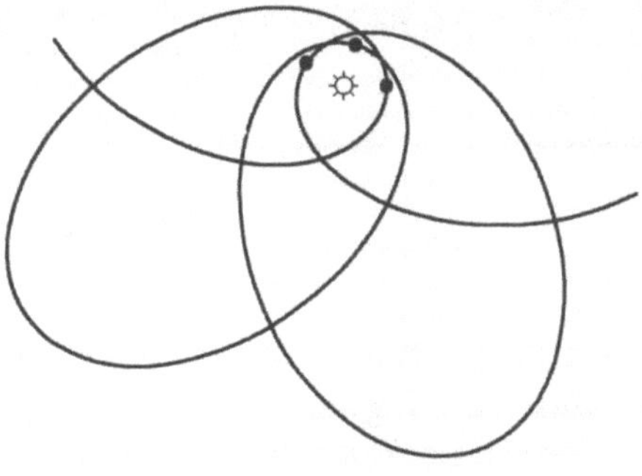

Abb. 4.4

$$\delta = 2\pi\left(\frac{1}{\omega} - 1\right) \approx \pi\left(\frac{\gamma M}{c\hat{C}}\right)^2 \approx \pi\,\frac{\hat{C}^2}{c^2\hat{p}^2} \tag{4.135}$$

verschoben. Der Planet bewegt sich also nicht auf einer Ellipsenbahn, sondern auf einer *Rosettenbahn*, welche man sich durch eine Drehung der Hauptachse einer Keplerschen Ellipse entstanden denken kann (Abb. 4.4). In der Einsteinschen Dynamik der speziellen Relativitätstheorie kommt die Verschiebung des Perihels zustande, weil die träge Masse des Planeten mit der Geschwindigkeit anwächst, weshalb der Effekt auch umso merkbarer sein wird, je größer die Relativgeschwindigkeit des Planeten gegenüber der Sonne ist. Daher ist ein meßbares Vorrücken des Perihels am ehesten beim innersten Planeten des Sonnensystems, dem Merkur, zu erwarten, da dieser von allen Planeten die größte Geschwindigkeit[20] relativ zur Sonne hat und übrigens auch — wenn man vom Planeten Pluto absieht, der möglicherweise ein Mond des Neptun war — die größte Bahnexzentrizität aufweist.

Um die Periheldrehung (4.135) numerisch zu ermitteln, benötigt man die Konstanten $\hat{C}$ und $\hat{p}$. Wegen

$$\hat{C} = C + \frac{1}{c^2}\Big(\cdots\Big)\,, \quad \hat{p} = p + \frac{1}{c^2}\Big(\cdots\Big)\,, \quad \hat{e} = e + \frac{1}{c^2}\Big(\cdots\Big)\,,$$

worin die Konstanten C, p und e die jeweiligen Größen der nicht-relativistischen Bewegung auf Keplerschen Ellipsen sind, kann man diese zu einer Näherung für (4.135) heranziehen. Setzt man die Werte für die Bahnelemente des Planeten Merkur ein,

$$a = 5.786 \times 10^{12}\,[cm]\,, \quad e = 0.2056\,, \quad T = 87.969 \text{ Erdentage} = 7.6 \times 10^{6}\,[s]\,,$$

so erhält man für die Perihelverschiebung in 100 Erdenjahren den Wert von

$$\delta = \pi\,\frac{4\pi^2 a^2}{c^2 T^2(1-e^2)} \cdot \frac{365.26}{87.969} \cdot 100 \cdot \frac{180}{\pi} \cdot 3600 = 7.156''\,.$$

Dieses Ergebnis zeigt, daß die spezielle Relativitätstheorie die Perihelverschiebung grundsätzlich erklären kann, wenn auch nicht quantitativ, denn die Beobachtung ergibt den ungefährt 6-fachen Wert von ca. 43 Bogensekunden. Dieses stark abweichende Ergebnis scheint doch auf einen prinzipiellen Mangel der Einsteinschen Dynamik bei der Behandlung kosmischer Probleme hinzuweisen.

In der klassischen Mechanik wird die Bewegung von Materie, wenn keinerlei Spannungen auftreten, durch die *Navier-Stokesschen Gleichungen*

$$\mu\Big(\frac{\partial v^i}{\partial t} + \sum_{j=1}^{3} v^j \frac{\partial v^i}{\partial x_j}\Big) = K_i \tag{4.136}$$

beschrieben, zu denen die *Kontinuitätsgleichung*

$$\frac{\partial \mu}{\partial t} + \sum_{j=1}^{3} \frac{\partial(\mu v^j)}{\partial x_j} = 0 \tag{4.137}$$

hinzukommt. Darin ist μ die Massendichte und v^i das Geschwindigkeitsfeld der Massenbewegung. Um die relativistische Fassung zu finden, formt man die Gleichungen am besten vorher um, indem man die Kontinuitätsgleichung mit den Koordinaten v^i des Geschwindigkeitsvektors multipliziert und zur jeweiligen Gleichung (4.136) hinzuzählt,

$$\begin{aligned} K_i &= \mu\Big(\frac{\partial v^i}{\partial t} + \sum_{j=1}^{3} v^j \frac{\partial v^i}{\partial x_j}\Big) + v^i\frac{\partial \mu}{\partial t} + v^i \sum_{j=1}^{3} \frac{\partial(\mu v^j)}{\partial x_j} \\ &= \frac{\partial(\mu v^i)}{\partial t} + \sum_{j=1}^{3} \frac{\partial(\mu v^i v^j)}{\partial x_j}\,. \end{aligned}$$

[20] Die durchschnittliche Geschwindigkeit der Erde auf ihrer Bahn relativ zur Sonne beträgt ungefähr 30 km/s, die des Planeten Merkur immerhin 48 km/s, das zehnfache jener des äußersten Planeten Pluto.

Die Funktion μ als eine Dichte ist der Quotient aus Masse und Volumen. Da einerseits die Masse mit dem Faktor β zu multiplizieren ist, andererseits das bewegte Volumen infolge der Lorentz-Kontraktion um den Faktor $\sqrt{1-\frac{v^2}{c^2}}$ verkleinert wird, ist $\mu\beta^2$ die relativistische Massendichte. Die Koordinaten v^i des Vektors der Geschwindigkeit sind durch die Koordinaten $w^i = \beta v^i$ der Vierer-Geschwindigkeit zu ersetzen, wodurch man

$$\frac{\partial(\mu\beta w^i)}{\partial t} + \sum_{j=1}^{3} \frac{\partial(\mu w^i w^j)}{\partial x_j} = K_i$$

und

$$\frac{\partial(\mu\beta^2)}{\partial t} + \sum_{j=1}^{3} \frac{\partial(\mu\beta w^j)}{\partial x_j} = 0$$

erhält. Setzt man ferner $w^0 = c\beta$ und führt man die Variable $x_0 = ct$ ein, so schreiben sich diese Gleichungen in der Form

$$\sum_{j=0}^{3} \frac{\partial(\mu w^i w^j)}{\partial x_j} = K_i\,, \qquad i = 1,2,3.$$

Aus der Kontinuitätsgleichung folgt schließlich

$$\frac{\partial(\mu c\beta^2)}{\partial x_0} + \sum_{j=1}^{3} \frac{\partial(\mu\beta w^j)}{\partial x_j} = 0$$

beziehungsweise nach Multiplikation mit der Lichtgeschwindigkeit c

$$\frac{\partial(\mu w^0 w^0)}{\partial x_0} + \sum_{j=1}^{3} \frac{\partial(\mu w^0 w^j)}{\partial x_j} = 0\,.$$

Setzt man daher

$$T^{ij} = \mu\,\frac{dx_i}{ds}\frac{dx_j}{ds} = \frac{\mu}{c^2}\,w^i w^j\,, \tag{4.138}$$

so lauten die relativistischen Gleichungen bewegter Materie

$$c^2 \sum_{j=0}^{3} \frac{\partial T^{ij}}{\partial x_j} = K_i\,, \quad K_0 = 0\,. \tag{4.139}$$

Der symmetrische Tensor $\boldsymbol{T}$ mit den Koordinaten (4.138) heißt der *Massentensor*, der Tensor mit $c^2\boldsymbol{T}$ den Koordinaten

$$c^2 T^{ij} = \mu\, w^i w^j = \mu\,\frac{dx_i}{d\tau}\frac{dx_j}{d\tau} \tag{4.140}$$

wird *Energie-Impuls-Tensor* der Materie genannt. Seine Divergenz ist nach Gleichung (4.139) die Dichte der eingeprägten Kräfte.

4.4 Relativistische Elektrodynamik

Eine Formulierung der Grundgleichungen des elektromagnetischen Feldes in allgemeinen Koordinaten anläßlich der Besprechung der Feldgleichungen MAXWELLS, wie sie für das elektrostatische Feld und von diesem getrennt für das magnetostatische Feld gegeben wurde, mußte unterbleiben. Die Gründe hiefür sind historisch die Wurzeln der speziellen Relativitätstheorie. Die Felder ruhender Elektrizität und stationärer Ströme sind nur Spezialfälle einer viel tiefer liegenden physikalischen Welt. Durch Hinzunahme der Zeit beeinflussen einander Elektrizität und Magnetismus, es entsteht eine Wechselwirkung, deren mathematische Beschreibung zwar durch die Maxwellschen Gleichungen geleistet wird, die aber mit dem Weltbild NEWTONS von Raum und Zeit nicht verstanden werden kann, weil die Maxwellschen Gleichungen gegenüber den Galilei-Transformationen nicht invariant sind. Wie EINSTEIN in seiner ersten grundlegenden Arbeit zur Relativitätstheorie und gleichzeitig POINCARÉ nachgewiesen haben, sind sie invariant gegenüber den Lorentz-Transformationen des vierdimensionalen Minkowski-Raumes $\mathfrak{W}^4$. MAXWELLS Feldgleichungen erweisen sich als *Bestandteile* eines Zusammenhangs, die nur in der pseudo-euklidischen Welt $\mathfrak{W}^4$ zu einem Ganzen zusammengefügt werden können.

Durch Einführung der Variablen $x_0 = ct$ nehmen die Maxwellschen Gleichungen (4.77) und (4.78) für den leeren Raum, wo sie als exakte Naturgesetze gelten, die Form

$$\frac{1}{c}\operatorname{rot}\mathbf{E} + \frac{\partial \mathbf{B}}{\partial x_0} = 0\,, \quad \operatorname{div}\mathbf{E} = \frac{\varrho}{\varepsilon_0} \tag{4.141}$$

für das elektrische Feld und

$$\operatorname{rot}\mathbf{B} - \frac{1}{c}\frac{\partial \mathbf{E}}{\partial x_0} = \mu_0 \mathbf{S}\,, \quad \operatorname{div}\mathbf{B} = 0 \tag{4.142}$$

für das magnetische Feld an. Sie geben aber auch in dieser Formulierung keine unmittelbare Auskunft darüber, was als Feldgröße des *elektromagnetischen* Feldes im $\mathfrak{W}^4$ verstanden werden soll. Es liegt jedoch auf der Hand, die insgesamt 6 Größen, die drei Koordinaten E_1, E_2, E_3 der elektrischen Feldstärke und die drei Koordinaten B_1, B_2, B_3 der magnetischen Induktion, als *Koordinaten* der Feldgröße des elektromagnetischen Feldes anzusehen. Grundsätzlich lassen sie sich in einem schiefsymmetrischen Tensor zweiter Stufe zusammenfassen, und dafür liefert auch die Erkenntnis, daß die magnetische Induktion ein schiefsymmetrischer kovarianter Tensor zweiter Stufe ist, einen Hinweis. Die vierdimensionale Raum-Zeit-Welt $\mathfrak{W}^4$ ist dabei wieder auf Galileische Koordinaten zu beziehen, da die Formulierung der Maxwellschen Gleichungen im dreidimensionalen euklidischen Raum ein kartesisches Koordinatensystem zur Voraussetzung hat.

Es liegt nahe, über die mechanischen Kraftwirkungen des elektromagnetischen Feldes auf elektrische Ladungsträger die Verbindung mit der relativistischen Mechanik herzustellen. Ein Ladungsträger q erfährt in einem elektrischen Feld $\mathbf{E}$ die Kraft $q\mathbf{E}$, in einem magnetischen Feld die sogenannte *Lorentz-Kraft* $q(\mathbf{v} \times \mathbf{B})$, wenn $\mathbf{v}$ die Momentangeschwindigkeit des

Ladungsträgers ist. Folglich ist die Impulsänderung des Ladungsträgers in einem elektromagnetischen Feld

$$\frac{d\mathbf{p}}{dt} = \mathbf{k} = q(\mathbf{E} + \mathbf{v} \times \mathbf{B})$$

(vgl. (4.75)). Führt man die Eigenzeit τ ein, so geht diese Gleichung über in

$$\frac{d\mathbf{p}}{d\tau} = q\beta(\mathbf{E} + \mathbf{v} \times \mathbf{B}) .$$

Diesen drei Gleichungen ist entsprechend (4.114) und (4.116) eine vierte hinzuzufügen,

$$\frac{dp^0}{d\tau} = \frac{\beta}{c}\frac{dA}{dt} = \frac{\beta}{c}\mathbf{k} \cdot \mathbf{v} = q\frac{\beta}{c}(\mathbf{E} + \mathbf{v} \times \mathbf{B}) \cdot \mathbf{v} = \frac{q}{c}\sum_{i=1}^{3} E_i w^i ,$$

worin mit $w^0 = \beta c$ und $w^i = \beta v^i$ die Koordinaten der Vierer-Geschwindigkeit eingeführt wurden. Damit ist der Zusammenhang

$$\frac{dp^i}{d\tau} = q\sum_{j=0}^{3} F^i{}_j w^j , \qquad i = 0, 1, 2, 3, \tag{4.143}$$

zwischen der Vierer-Geschwindigkeit und der Änderung des Vierer-Impulses hergestellt, worin für

$$\{F^i{}_j\} = \begin{pmatrix} 0 & \frac{1}{c}E_1 & \frac{1}{c}E_2 & \frac{1}{c}E_3 \\ \frac{1}{c}E_1 & 0 & B_3 & -B_2 \\ \frac{1}{c}E_2 & -B_3 & 0 & B_1 \\ \frac{1}{c}E_3 & B_2 & -B_1 & 0 \end{pmatrix} \tag{4.144}$$

gesetzt ist.[21)] Da p^i und w^i Vektoren sind, stellt (4.144) die Koordinatenmatrix eines gemischten Tensors zweiter Stufe dar. Zieht man den kontravarianten Index herunter, so geht der rein kovariante schiefsymmetrische Tensor $\mathcal{F}$ mit der Koordinatenmatrix

$$\{F_{ij}\} = \begin{pmatrix} 0 & \frac{1}{c}E_1 & \frac{1}{c}E_2 & \frac{1}{c}E_3 \\ -\frac{1}{c}E_1 & 0 & -B_3 & B_2 \\ -\frac{1}{c}E_2 & B_3 & 0 & -B_1 \\ -\frac{1}{c}E_3 & -B_2 & B_1 & 0 \end{pmatrix} \tag{4.145}$$

hervor. Er trägt den Namen *Faraday-Tensor* und ist der *Feldtensor* des elektromagnetischen Feldes. In ihm stehen die Koordinaten der magnetischen Induktion jetzt auch an der richtigen Stelle. Der Tensor $\mathcal{F}$ läßt sich als 2-Form

$$\begin{aligned} \mathcal{F} = {} & \frac{dx_0}{c} \wedge \big(E_1 dx_1 + E_2 dx_2 + E_3 dx_3\big) \\ & - \big(B_1 dx_2 \wedge dx_3 + B_2 dx_3 \wedge dx_1 + B_3 dx_1 \wedge dx_2\big) \end{aligned} \tag{4.146}$$

21) Der hochgestellte Index korrespondiert mit der Zeilennummer.

schreiben, die der *duale Feldtensor*

$$*\mathcal{F} = -\frac{1}{c}\big(E_1 dx_2 \wedge dx_3 + E_2 dx_3 \wedge dx_1 + E_3 dx_1 \wedge dx_2\big) \\ - dx_0 \wedge \big(B_1 dx_1 + B_2 dx_2 + B_3 dx_3\big) \tag{4.147}$$

mit der Koordinatenmatrix

$$\{*F_{ij}\} = \begin{pmatrix} 0 & -B_1 & -B_2 & -B_3 \\ B_1 & 0 & -\frac{1}{c}E_3 & \frac{1}{c}E_2 \\ B_2 & \frac{1}{c}E_3 & 0 & -\frac{1}{c}E_1 \\ B_3 & -\frac{1}{c}E_2 & \frac{1}{c}E_1 & 0 \end{pmatrix}. \tag{4.148}$$

begleitet. Bildet man die Rotation des Feldtensors $\mathcal{F}$, so erhält man unter Berücksichtigung der ersten Gleichung (4.141) und der zweiten Gleichung (4.142)

$$\operatorname{rot}\mathcal{F} = d\mathcal{F} = 0 \tag{4.149}$$

(vgl. (4.17) und (4.18) mit $\mathbf{E}/c$ und $-\mathbf{B}$ an Stelle von φ und ψ). Die Rotation des dualen Feldtensors $*\mathcal{F}$ aber bestimmt sich auf Grund der ersten Gleichung (4.142) und der zweiten Gleichung (4.141) zu

$$\operatorname{rot} *\mathcal{F} = d*\mathcal{F} = \mu_0 dx_0 \wedge (S^1 dx_2 \wedge dx_3 + S^2 dx_3 \wedge dx_1 + S^3 dx_1 \wedge dx_2) \\ - \frac{\varrho}{c\varepsilon_0} dx_1 \wedge dx_2 \wedge dx_3 \tag{4.150}$$

(vgl. (4.17) und (4.19)), wobei S^1, S^2, S^3 die Koordinaten der Stromdichte $\mathbf{S}$ sind, die, worauf schon hingewiesen wurde, ihrer Natur nach ein kontravariantes Vektorfeld ist. Durch Anwendung des $*$-Operators bzw. durch Bildung des Kodifferentials des Feldtensors $\mathcal{F}$ erhält man weiter

$$\operatorname{div}\mathcal{F} = -\delta\mathcal{F} = \frac{\varrho}{c\varepsilon_0} dx_0 - \mu_0(S^1 dx_1 + S^2 dx_2 + S^3 dx_3)\,; \tag{4.151}$$

dagegen verschwindet wegen (4.149) und $**\mathcal{F} = -\mathcal{F}$ die Divergenz des dualen Feldtensors,

$$\operatorname{div} *\mathcal{F} = -\delta*\mathcal{F} = -*d**\mathcal{F} = *d\mathcal{F} = 0\,. \tag{4.152}$$

Faßt man jetzt die Größen $\varrho c = S^0$, S^1, S^2, S^3 zu einem kontravarianten Vierer-Vektor s zusammen — man nennt ihn den *Vierer-Strom* —, so ist ihm der kovariante Vektor

$$\sigma = c\varrho\, dx_0 - (S^1 dx_1 + S^2 dx_2 + S^3 dx_3) \tag{4.153}$$

assoziiert. Auf Grund des obigen Ergebnisses ist deshalb

$$\begin{cases} \operatorname{rot}\mathcal{F} = d\mathcal{F} = 0\,, \\ \operatorname{div}\mathcal{F} = -\delta\mathcal{F} = \mu_0\sigma\,. \end{cases} \tag{4.154}$$

Dies sind die Gleichungen des elektromagnetischen Feldes in relativistischer Fassung. Die erste Gleichung drückt aus, daß es weder „Ladungen" noch „Leitungsströme" des Magnetismus gibt, die zweite Gleichung besagt, daß die Quellen des Feldes die vorhandenen elektrischen Ladungen und Ströme sind.

Die beiden Gleichungen (4.154) sind als exakte Naturgesetze aufzufassen. Sie nehmen keinen Bezug mehr auf Koordinatensysteme und stellen eine koordinatenunabhängige Formulierung der Gesetze des elektromagnetischen Feldes dar. Da eine Tensorgleichung in jedem Koordinatensystem Gültigkeit hat, wenn sie in einem einzigen richtig ist, kann den Gleichungen (4.154) für eine Beschreibung der Beziehungen zwischen den Koordinaten jedes beliebige Bezugssystem zugrundegelegt werden.

Zur Invarianz der Feldgleichungen MAXWELLS gegenüber Lorentz-Transformationen ist folgendes zu bemerken. Sind E_i und B_i die Koordinaten der elektrischen Feldstärke und der magnetischen Induktion in einem Bezugssystem $\mathcal{K}$, entsprechend $\bar{E}_i$ und $\bar{B}_i$ in einem Bezugssystem $\bar{\mathcal{K}}$, das sich relativ zu $\mathcal{K}$ mit der konstanten Geschwindigkeit v parallel zur 1-Achse bewegt, wie es den Ausgangspunkt zur Ableitung der speziellen Lorentz-Transformation (4.103) bildete, so stehen die Koordinaten der Feldgrößen zueinander in der Beziehung

$$\bar{E}_1 = E_1\,, \quad \bar{E}_2 = \beta(E_2 - vB_3)\,, \quad \bar{E}_3 = \beta(E_3 + vB_2)$$

und

$$\bar{B}_1 = B_1\,, \quad \bar{B}_2 = \beta\Big(B_2 + \frac{v}{c^2}\,E_3\Big), \quad \bar{B}_3 = \beta\Big(B_3 - \frac{v}{c^2}\,E_2\Big)\,.$$

Diese Transformationsgleichungen sind von EINSTEIN aufgestellt worden; sie stimmen natürlich mit dem Transformationsgesetz des Feldtensors unter der speziellen Lorentz-Transformation (4.103) überein. Unterwirft man die Koordinaten der Feldgrößen in den Maxwellschen Gleichungen für das System $\mathcal{K}$ der obigen Transformation bei gleichzeitiger Einführung des für das System $\bar{\mathcal{K}}$ maßgeblichen Zeit- und Ortsmaßes, so gehen die Maxwellschen Gleichungen in unveränderter Gestalt für das System $\bar{\mathcal{K}}$ hervor.

Um das elektromagnetische Feld nicht gänzlich der Vorstellung zu entrücken, möge ein Beispiel die Bedeutung des Feldtensors $\mathcal{F}$ veranschaulichen.

Ein kartesisches Koordinatensystem $\bar{\mathcal{K}}$ des dreidimensionalen Raumes bewege sich gegenüber einem zweiten Koordinatensystem $\mathcal{K}$ parallel zur 1-Achse mit der konstanten Geschwindigkeit v; zum Zeitpunkt $t = \bar{t} = 0$ mögen beide Koordinatensysteme zusammenfallen. Der Zusammenhang zwischen dem Zeitmaß und den örtlichen Koordinaten in den beiden Systemen ist dann durch die spezielle Lorentz-Transformation (4.103) gegeben,

$$\bar{t} = \beta\Big(t - \frac{v}{c^2}x_1\Big)\,, \quad \bar{x}_1 = \beta(x_1 - vt)\,, \quad \bar{x}_2 = x_2\,, \quad \bar{x}_3 = x_3\,.$$

Verwendet man diese Koordinaten für die beiden Bezugssysteme, so sind die raum-zeitlichen Koordinaten des Feldtensors durch das c-fache zu ersetzen, wie die Darstellung (4.146) zeigt, wenn man darin an Stelle von x_0 die Zeit t einführt. Die Koordinate g_{00} des kovarianten Maßtensors ändert sich dabei zu c^2.

Im Ursprung des Koordinatensystems $\bar{\mathcal{K}}$ möge eine elektrische Ladung q ruhen. Ein Beobachter im System $\bar{\mathcal{K}}$ konstatiert deshalb ein elektrisches Feld mit den Koordinaten

$$\bar{E}_i = \frac{q}{4\pi\varepsilon_0}\,\frac{\bar{x}_i}{\big(\sqrt{\bar{x}_1^2 + \bar{x}_2^2 + \bar{x}_3^2}\,\big)^3}\,.$$

Da von einem magnetischen Feld für ihn nicht die Rede ist, stellt deshalb

$$\{\bar{F}_{ij}\} = \begin{pmatrix} 0 & \bar{E}_1 & \bar{E}_2 & \bar{E}_3 \\ -\bar{E}_1 & 0 & 0 & 0 \\ -\bar{E}_2 & 0 & 0 & 0 \\ -\bar{E}_3 & 0 & 0 & 0 \end{pmatrix} \tag{4.155}$$

aus seiner Sicht die Matrix der Koordinaten des Feldtensors $\mathcal{F}$ dar.

Für einen Beobachter im Koordinatensystem $\mathcal{K}$ ergibt sich allerdings ein anderes Bild. Die im Ursprung von $\bar{\mathcal{K}}$ ruhende Ladung, welche sich mit der Geschwindigkeit v längs der x_1-Achse gleichförmig bewegt, ist für ihn bewegte Elektrizität und somit ein Stromfluß, welcher von einem Magnetfeld begleitet sein muß. Rechnet man die Koordinaten des Feldtensors $\mathcal{F}$ auf das Koordinatensystem $\mathcal{K}$ um, so erhält man aus den Transformationsgleichungen

$$F_{ij} = \sum_{k,l=0}^{3} \frac{\partial \bar{x}_k}{\partial x_i} \frac{\partial \bar{x}_l}{\partial x_j} \bar{F}_{kl}$$

die Matrix der Koordinaten von $\mathcal{F}$ im Bezugssystem $\mathcal{K}$,

$$\{F_{ij}\} = \frac{1}{c} \begin{pmatrix} 0 & c\bar{E}_1 & c\beta\bar{E}_2 & c\beta\bar{E}_3 \\ -c\bar{E}_1 & 0 & -\frac{v}{c}\beta\bar{E}_2 & -\frac{v}{c}\beta\bar{E}_3 \\ -c\beta\bar{E}_2 & \frac{v}{c}\beta\bar{E}_2 & 0 & 0 \\ -c\beta\bar{E}_3 & \frac{v}{c}\beta\bar{E}_3 & 0 & 0 \end{pmatrix}, \tag{4.156}$$

wobei die Elemente auf die Koordinaten des Systems $\mathcal{K}$ umzurechnen sind. Daher mißt der Beobachter im Koordinatensystem $\mathcal{K}$ ein elektrisches Feld

$$E_1 = \bar{E}_1\,, \quad E_2 = \beta\bar{E}_2\,, \quad E_3 = \beta\bar{E}_3$$

und ein magnetisches Feld

$$B_1 = 0\,, \quad B_2 = -\frac{v}{c^2}\beta\bar{E}_3\,, \quad B_3 = \frac{v}{c^2}\beta\bar{E}_2\,,$$

welches in der Ebene senkrecht zur Stromrichtung liegt und sich in Form einer Rechtsschraubung um die Flußrichtung des Stromes herumwindet.

Der Beobachter im System $\bar{\mathcal{K}}$ schreibt den Vierer-Strom σ in seinen Koordinaten an,

$$\sigma = c^2\bar{\varrho}\,d\bar{t}\,,$$

denn für ihn existiert ja nur eine im Ursprung ruhende Ladung; mit Hilfe der symbolischen δ-Funktion kann er dabei die Dichte der Einzelladung in der Form

$$\bar{\varrho} = q\,\delta(\bar{x}_1)\delta(\bar{x}_2)\delta(\bar{x}_3)$$

ausdrücken. Dagegen ist für den Beobachter im System $\mathcal{K}$

$$\sigma = c^2\bar{\varrho}\beta\left(dt - \frac{v}{c^2}\,dx_1\right).$$

Er stellt also die um den Faktor β vergrößerte Ladungsdichte $\bar{\varrho}\beta$ fest. Dies wird auch verständlich, wenn man einerseits beachtet, daß Ladungen Invarianten sind, andererseits aber berücksichtigt, daß ein in der x_1-Richtung bewegtes räumliches Volumen auf Grund der Längenkontraktion um den Faktor $1/\beta$ verkleinert erscheint; deshalb ist die invariante Gesamtladung auf das um $1/\beta$ verkleinerte Volumen zu beziehen, was eine um β vergrößerte Dichte zur Folge hat. Da es sich um eine in einem Punkt konzentrierte Ladung handelt, ist für den Beobachter im ruhenden System $\mathcal{K}$ die Ladungsdichte gleich

$$\varrho = q\,\delta(x_1 - vt)\delta(x_2)\delta(x_3)\,,$$

wenn er sie durch Einsetzen seiner Koordinaten in die Dichtefunktion des Beobachters in $\bar{\mathcal{K}}$ bestimmt, im Einklang mit der Rechenregel

$$\delta(ax+b) = \frac{1}{|a|}\,\delta\Big(x+\frac{b}{a}\Big)$$

für die symbolische δ-Funktion. Ferner registriert der Beobachter in $\mathcal{K}$ eine Stromdichte $S^1 = v\bar{\varrho}\beta$ in der x_1-Richtung; im gegenständlichen Fall ist aus den eben dargelegten Gründen

$$S^1 = vq\delta(x_1 - vt)\delta(x_2)\delta(x_3)\,, \quad S^2 = 0\,, \quad S^3 = 0$$

infolge der gleichförmigen Bewegung der Punktladung q längs der x_1-Achse.

Der Beobachter in $\mathcal{K}$ stellt die Gültigkeit der Maxwellschen Feldgleichungen in seiner Orts- und Zeitmessung fest. Für ihn ergibt sich

$$\begin{aligned}\operatorname{div}\mathbf{E} &= \frac{\partial E_1}{\partial x_1} + \frac{\partial E_2}{\partial x_2} + \frac{\partial E_3}{\partial x_3} = \frac{\partial \bar{E}_1}{\partial \bar{x}_1}\frac{\partial \bar{x}_1}{\partial x_1} + \beta\,\frac{\partial \bar{E}_2}{\partial \bar{x}_2}\frac{\partial \bar{x}_2}{\partial x_1} + \beta\,\frac{\partial \bar{E}_3}{\partial \bar{x}_3}\frac{\partial \bar{x}_3}{\partial x_3}\\ &= \beta\Big(\frac{\partial \bar{E}_1}{\partial \bar{x}_1} + \frac{\partial \bar{E}_2}{\partial \bar{x}_2} + \frac{\partial \bar{E}_3}{\partial \bar{x}_3}\Big) = \frac{q}{\varepsilon_0}\,\beta\,\delta(\bar{x}_1)\delta(\bar{x}_2)\delta(\bar{x}_3)\\ &= \frac{q}{\varepsilon_0}\,\delta(x_1 - vt)\delta(x_2)\delta(x_3)\,,\end{aligned}$$

denn für den Beobachter im bewegten System ist

$$\operatorname{div}\bar{\mathbf{E}} = \frac{\partial \bar{E}_1}{\partial \bar{x}_1} + \frac{\partial \bar{E}_2}{\partial \bar{x}_2} + \frac{\partial \bar{E}_3}{\partial \bar{x}_3} = \frac{\bar{\varrho}}{\varepsilon_0} = \frac{q}{\varepsilon_0}\,\delta(\bar{x}_1)\delta(\bar{x}_2)\delta(\bar{x}_3)\,.$$

Ferner findet er

$$\begin{aligned}\frac{\partial B_3}{\partial x_2} - \frac{\partial B_2}{\partial x_3} &= \frac{v\beta}{c^2}\Big(\frac{\partial \bar{E}_2}{\partial \bar{x}_2}\frac{\partial \bar{x}_2}{\partial x_2} + \frac{\partial \bar{E}_3}{\partial \bar{x}_3}\frac{\partial \bar{x}_3}{\partial x_3}\Big)\\ &= \frac{v\beta}{c^2}\Big(\frac{\partial \bar{E}_2}{\partial \bar{x}_2} + \frac{\partial \bar{E}_3}{\partial \bar{x}_3}\Big) = \frac{v\beta}{c^2}\Big(\frac{q}{\varepsilon_0}\,\delta(\bar{x}_1)\delta(\bar{x}_2)\delta(\bar{x}_3) - \frac{\partial \bar{E}_1}{\partial \bar{x}_1}\Big)\,;\end{aligned}$$

wegen

$$\frac{\partial E_1}{\partial t} = \frac{\partial \bar{E}_1}{\partial \bar{x}_1}\frac{\partial \bar{x}_1}{\partial t} = -v\beta\frac{\partial \bar{E}_1}{\partial \bar{x}_1}$$

ist folglich unter Berücksichtigung von Gleichung (4.20)

$$\frac{\partial B_3}{\partial x_2} - \frac{\partial B_2}{\partial x_3} = \mu_0 vq\delta(x_1 - vt)\delta(x_2)\delta(x_3) + \frac{1}{c^2}\frac{\partial E_1}{\partial t} = \frac{1}{c^2}\frac{\partial E_1}{\partial t} + \mu_0 S^1\,.$$

Die zweite Koordinate der Rotation der magnetischen Induktion berechnet er zu

$$\frac{\partial B_1}{\partial x_3} - \frac{\partial B_3}{\partial x_1} = -\frac{v\beta}{c^2}\frac{\partial \bar{E}_2}{\partial \bar{x}_1}\frac{\partial \bar{x}_1}{\partial x_1} = -\frac{v\beta^2}{c^2}\frac{\partial \bar{E}_2}{\partial \bar{x}_1}\,;$$

auf Grund von

$$\frac{\partial E_2}{\partial t} = \beta\,\frac{\partial \bar{E}_2}{\partial \bar{x}_1}\frac{\partial \bar{x}_1}{\partial t} = -v\beta^2\frac{\partial \bar{E}_2}{\partial \bar{x}_1}$$

ist somit für ihn

$$\frac{\partial B_3}{\partial x_2} - \frac{\partial B_2}{\partial x_3} = \frac{1}{c^2}\frac{\partial E_2}{\partial t}$$

und als Ergebnis einer analogen Rechnung

$$\frac{\partial B_2}{\partial x_1} - \frac{\partial B_1}{\partial x_2} = \frac{1}{c^2}\frac{\partial E_3}{\partial t}\,.$$

Die magnetische Induktion ist unter Berücksichtigung der evidenten Beziehungen

$$\frac{\partial \bar{E}_i}{\partial \bar{x}_j} = \frac{\partial \bar{E}_j}{\partial \bar{x}_i}, \qquad i \neq j,$$

auch für den Beobachter in $\mathcal{K}$ quellenfrei,

$$\operatorname{div} \mathbf{B} = \frac{v\beta}{c^2}\left(\frac{\partial \bar{E}_2}{\partial \bar{x}_3} - \frac{\partial \bar{E}_3}{\partial \bar{x}_2}\right) = 0 .$$

Die Koordinate der Rotation der elektrischen Feldstärke in der x_1-Richtung berechnet er zu

$$\frac{\partial E_3}{\partial x_2} - \frac{\partial E_2}{\partial x_3} = \beta\left(\frac{\partial \bar{E}_3}{\partial \bar{x}_2} - \frac{\partial \bar{E}_3}{\partial \bar{x}_2}\right) = 0 ;$$

dagegen findet er

$$\frac{\partial E_1}{\partial x_3} - \frac{\partial E_3}{\partial x_1} = \frac{\partial \bar{E}_1}{\partial \bar{x}_3}\frac{\partial \bar{x}_3}{\partial x_3} - \beta\,\frac{\partial \bar{E}_3}{\partial \bar{x}_1}\frac{\partial \bar{x}_1}{\partial x_1} = \frac{\partial \bar{E}_1}{\partial \bar{x}_3} - \beta^2\frac{\partial \bar{E}_3}{\partial \bar{x}_1} = \left(1 - \beta^2\right)\frac{\partial \bar{E}_3}{\partial \bar{x}_1}$$

und wegen

$$\frac{\partial B_2}{\partial t} = -\frac{v\beta}{c^2}\,\frac{\partial \bar{E}_3}{\partial \bar{x}_1}\frac{\partial \bar{x}_1}{\partial t} = \frac{v^2\beta^2}{c^2}\,\frac{\partial \bar{E}_3}{\partial \bar{x}_1} = \left(\beta^2 - 1\right)\frac{\partial \bar{E}_3}{\partial \bar{x}_1}$$

den Zusammenhang

$$\frac{\partial E_1}{\partial x_3} - \frac{\partial E_3}{\partial x_1} = -\frac{\partial B_2}{\partial t} ;$$

die Koordinate der Rotation der elektrischen Feldstärke in Richtung der x_3-Achse berechnet er schließlich zu

$$\frac{\partial E_2}{\partial x_1} - \frac{\partial E_1}{\partial x_2} = -\frac{\partial B_3}{\partial t} .$$

Der Beobachter im ruhenden System $\mathcal{K}$ stellt also die Gültigkeit der Maxwellschen Feldgleichungen fest, ebenso der Beobachter im bewegten System $\bar{\mathcal{K}}$, für den sie einfach

$$\operatorname{rot} \bar{\mathbf{E}} = 0 , \quad \operatorname{div} \bar{\mathbf{E}} = \frac{q}{\varepsilon_0}\,\delta(\bar{x}_1)\delta(\bar{x}_2)\delta(\bar{x}_3)$$

und

$$\operatorname{rot} \bar{\mathbf{B}} = 0 , \quad \operatorname{div} \bar{\mathbf{B}} = 0$$

lauten.

Sind für das in Betracht kommende Gebiet $\mathfrak{G} \subseteq \mathfrak{W}^4$ die Voraussetzungen des Lemmas von POINCARÉ erfüllt, so kann aus dem Verschwinden der Rotation des Feldtensors der Schluß gezogen werden, daß sich dieser als Ableitung eines kovarianten Tensors erster Stufe darstellen läßt,

$$\mathcal{F} = \operatorname{rot} \varphi = d\varphi . \tag{4.157}$$

Setzt man, unter Benützung Galileischer Koordinaten,

$$\varphi = \tfrac{1}{c}\,U dx_0 - \left(V^1 dx_1 + V^2 dx_2 + V^3 dx_3\right) \tag{4.158}$$

als kovarianten Vektor an, dem der kontravariante Vektor mit den Koordinaten $V^0 = \frac{1}{c}U$, V^1, V^2, V^3 assoziiert ist — auch das klassische Vektorpotential ist seiner Natur nach kontravariant —, so wird durch den Ansatz (4.157) die erste Gleichung (4.154) gelöst, zur Erfüllung der zweiten Gleichung (4.154) erhält man

$$\delta d\varphi = *d{*}d\varphi = -\mu_0\sigma . \tag{4.159}$$

In dieser linearen Gleichung ist die „Störfunktion“ σ der kovariante Vierer-Strom, die gesuchte Lösung φ ist das *elektromagnetische Vierer-Potential*, das aus einem skalaren Potential $\Phi_0 = \Phi^0 = \frac{U}{c}$ und aus einem Vektorpotential mit den Koordinaten $\Phi_i = -V^i$ zusammengesetzt wird. Die Gleichung (4.159) lautet unter Bezugnahme auf Koordinaten (vgl. (3.124))

$$\sum_{j,k=0}^{3} g^{jk} \frac{\partial}{\partial x_k}\left(\frac{\partial \Phi_i}{\partial x_j} - \frac{\partial \Phi_j}{\partial x_i}\right) = \mu_0 \Sigma_i\,, \tag{4.160}$$

worin $\Sigma_0 = c\varrho$, $\Sigma_i = -S^i$ die Koordinaten des kovarianten Vierer-Stromes und $\Phi_0 = \frac{U}{c}$, $\Phi_i = -V^i$ die Koordinaten des kovarianten Vierer-Potentials sind. Der ersten dieser vier Gleichungen entspricht

$$\frac{\varrho}{\varepsilon_0} = -\frac{\partial}{\partial t}\operatorname{div}\mathbf{V} - \triangle U\,, \tag{4.161}$$

die drei übrigen lassen sich in der Gleichung

$$\mu_0 \mathbf{S} = \operatorname{grad}\left(\frac{1}{c^2}\frac{\partial U}{\partial t} + \operatorname{div}\mathbf{V}\right) + \frac{1}{c^2}\frac{\partial^2 \mathbf{V}}{\partial t^2} - \triangle \mathbf{V} \tag{4.162}$$

zusammenfassen. Bildet man die rechte Seite von (4.157) und vergleicht man das Ergebnis mit dem Feldtensor (4.145), so erhält man

$$\mathbf{E} = -\operatorname{grad} U - \frac{\partial \mathbf{V}}{\partial t}\,, \qquad \mathbf{B} = \operatorname{rot}\mathbf{V}\,.$$

Dies sind die Ansätze (4.79) und (4.80) zur Integration der Maxwellschen Gleichungen. Legt man durch die Bedingung (4.81) die Quellen des Vektorpotentials $\mathbf{V}$ fest, so geht die Gleichung (4.161) über in die Wellengleichung (4.82), die jetzt mit Hilfe des D'Alembert-Operators (3.130) in der Form

$$\Box U = \frac{\varrho}{\varepsilon_0} \tag{4.163}$$

zu schreiben ist. Die Koordinaten des Vektorpotentials genügen ebenfalls der Wellengleichung (vgl. (4.83)),

$$\Box V^i = \mu_0 S^i\,, \qquad i = 1,2,3. \tag{4.164}$$

Da das zweite Kodifferential einer Differentialform identisch verschwindet, folgt aus der zweiten Gleichung (4.154),

$$0 = \delta^2 \mathcal{F} = -\mu_0 \delta\sigma = \mu_0 \left(\frac{\partial(c\varrho)}{\partial x_0} + \frac{\partial S^1}{\partial x_1} + \frac{\partial S^2}{\partial x_2} + \frac{\partial S^3}{\partial x_3}\right) = \mu_0 \operatorname{div} s\,.$$

Dies ist die Kontinuitätsgleichung (4.76), welche jetzt die invariante Form

$$\operatorname{div} s = \sum_{i=0}^{3} \frac{\partial S^i}{\partial x_i} = \frac{\partial S^0}{\partial x_0} + \frac{\partial S^1}{\partial x_1} + \frac{\partial S^2}{\partial x_2} + \frac{\partial S^3}{\partial x_3} = 0 \tag{4.165}$$

erhält. In dieser Fassung kommt zum Ausdruck, daß Elektrizität nicht *entstehen* kann.

Die Gleichung (4.159) ist wegen

$$\mu_0 \delta\sigma = \delta^2 d\varphi = 0$$

nur dann lösbar, wenn die rechte Seite quellenfrei ist. Diese Bedingung ist jedenfalls erfüllt, denn der Vierer-Strom ist, wie die Kontinuitätsgleichung (4.165) zeigt, quellenfrei. Sucht man quellenfreie Lösungen der Gleichung (4.159), d.h. solche, für die

$$\operatorname{div}\varphi = -\delta\varphi = 0$$

ist, so werden die Gleichungen (4.160) entkoppelt, denn unter diesen Umständen ist

$$\sum_{j,k=0}^{3} g^{jk} \frac{\partial \Phi_j}{\partial x_k} = 0\,, \tag{4.166}$$

und (4.160) vereinfacht sich zu

$$\sum_{j,k=0}^{3} g^{jk} \frac{\partial^2 \Phi_i}{\partial x_j \partial x_k} = \mu_0 \Sigma_i\,. \tag{4.167}$$

In Galileischen Koordinaten besagt die Forderung (4.166) nach Quellenfreiheit der Lösungen von (4.159) nichts anders als

$$\frac{1}{c^2}\frac{\partial U}{\partial t} + \operatorname{div}\mathbf{V} = 0\,,$$

also gerade die Gleichung (4.81). Ist φ eine quellenfreie Lösung der Gleichung (4.159), so genügt sie wegen $d\delta\varphi = 0$ der Gleichung

$$-\mathbf{\Delta}\varphi = \mu_0\sigma\,, \tag{4.168}$$

worin $\mathbf{\Delta}$ der Laplace-Beltrami-Operator (3.125) ist. Schreibt man diese Gleichung in Galileischen Koordinaten an, so erhält man die vier Gleichungen (4.163) und (4.164) zurück.

Für den Beobachter im System $\bar{\mathcal{K}}$, um zu dem obigen Beispiel zurückzukehren, ist

$$\bar{U}(\bar{x}_1,\bar{x}_2,\bar{x}_3) = \frac{q}{4\pi\varepsilon_0}\frac{1}{\sqrt{\bar{x}_1^2+\bar{x}_2^2+\bar{x}_3^2}}$$

das Potential des von ihm festgestellten elektrischen Feldes und folglich bezüglich seiner Orts- und Zeitmessung

$$\varphi = \bar{U}\,d\bar{t} \tag{4.169}$$

das Vierer-Potential, dessen Rotation der Feldtensor (4.155) ist. Für den Beobachter im System $\mathcal{K}$ ergibt sich dagegen

$$\varphi = \beta\bar{U}\Big(dt - \frac{v}{c^2}\,dx_1\Big)\,, \tag{4.170}$$

wobei er in $\bar{U}$ seine Koordinaten einzusetzen hat,

$$\bar{U}\big(\beta(x_1 - vt), x_2, x_3\big) = U(t,x_1,x_2,x_3) = \frac{q}{4\pi\varepsilon_0}\frac{1}{\sqrt{\beta^2(x_1-vt)^2+x_2^2+x_3^2}}\,.$$

Bezüglich seiner Koordinaten ist (4.156) die Koordinatenmatrix der Rotation des Vektors (4.170). Er zieht daraus den Schluß, daß ein Magnetfeld vorhanden ist, dessen Vektorpotential die Koordinaten

$$V^1 = \frac{\beta v}{c^2} U \,, \quad V^2 = V^3 = 0$$

hat; dabei findet er durch Bildung der Rotation

$$B_1 = 0 \,, \quad B_2 = \frac{\beta v}{c^2} \frac{\partial U}{\partial x_3} \,, \quad B_3 = -\frac{\beta v}{c^2} \frac{\partial U}{\partial x_2} \,.$$

Aus der Gleichung (4.81) wird mit βU an Stelle von U

$$\begin{aligned} \frac{\beta}{c^2} \frac{\partial U}{\partial t} + \operatorname{div} \mathbf{V} &= \frac{\beta}{c^2} \frac{\partial U}{\partial t} + \frac{\beta v}{c^2} \frac{\partial U}{\partial x_1} = \frac{\beta}{c^2} \frac{\partial \bar{U}}{\partial \bar{x}_1} \frac{\partial \bar{x}_1}{\partial t} + \frac{\beta v}{c^2} \frac{\partial \bar{U}}{\partial \bar{x}_1} \frac{\partial \bar{x}_1}{\partial x_1} \\ &= -\beta v \frac{\beta}{c^2} \frac{\partial \bar{U}}{\partial \bar{x}_1} + \beta \frac{\beta v}{c^2} \frac{\partial \bar{U}}{\partial \bar{x}_1} = 0 \,. \end{aligned}$$

Bringt man im Ursprung des bewegten Systems $\bar{\mathcal{K}}$ einen infinitesimalen Ringstrom mit dem Moment M an, dessen Richtung in die $\bar{x}_1$-Achse fällt, so stellt ein Beobachter im System $\bar{\mathcal{K}}$ ein stationäres Magnetfeld mit dem Vektorpotential

$$\bar{V}^1 = 0 \,, \quad \bar{V}^2 = \frac{\partial \bar{U}}{\partial \bar{x}_3} \,, \quad \bar{V}^3 = -\frac{\partial \bar{U}}{\partial \bar{x}_2}$$

fest (vgl. (4.56)), worin für die Funktion $\bar{U}$ aus

$$\bar{U}(\bar{x}_1, \bar{x}_2, \bar{x}_3) = \frac{\mu_0 M}{4\pi} \frac{1}{\sqrt{\bar{x}_1^2 + \bar{x}_2^2 + \bar{x}_3^2}}$$

einzusetzen ist. Wegen $-\triangle \bar{V}^i = \mu_0 \bar{S}^i$ und

$$\frac{\partial^2 \bar{U}}{\partial \bar{x}_1^2} + \frac{\partial^2 \bar{U}}{\partial \bar{x}_2^2} + \frac{\partial^2 \bar{U}}{\partial \bar{x}_3^2} = -\mu_0 M \, \delta(\bar{x}_1)\delta(\bar{x}_2)\delta(\bar{x}_3)$$

sind die Koordinaten der Stromdichte symbolisch

$$\bar{S}^2 = M \frac{\partial}{\partial \bar{x}_3} \delta(\bar{x}_1)\delta(\bar{x}_2)\delta(\bar{x}_3) \,, \quad \bar{S}^3 = -M \frac{\partial}{\partial \bar{x}_2} \delta(\bar{x}_1)\delta(\bar{x}_2)\delta(\bar{x}_3) \,.$$

Da im Raum keine Ladungen vorhanden sind, lautet der Vierer-Strom

$$\sigma = -\bar{S}^2 d\bar{x}_2 - \bar{S}^3 d\bar{x}_3 \,.$$

Das magnetische Feld, das diesen Strom begleitet, hat die Koordinaten

$$\bar{B}_1 = -\Big(\frac{\partial^2 \bar{U}}{\partial \bar{x}_2^2} + \frac{\partial^2 \bar{U}}{\partial \bar{x}_3^2} \Big) \,, \quad \bar{B}_2 = \frac{\partial^2 \bar{U}}{\partial \bar{x}_1 \partial \bar{x}_2} \,, \quad \bar{B}_3 = \frac{\partial^2 \bar{U}}{\partial \bar{x}_1 \partial \bar{x}_3} \,.$$

Ein Beobachter im System $\mathcal{K}$ stellt ein elektromagnetisches Feld mit der elektrischen Feldstärke

$$E_1 = 0 \,, \quad E_2 = v\beta \bar{B}_3 = v \frac{\partial^2 U}{\partial x_1 \partial x_3} \,, \quad E_3 = -v\beta \bar{B}_2 = -v \frac{\partial^2 U}{\partial x_1 \partial x_2}$$

und der magnetischen Induktion

$$B_1 = \bar{B}_1 = -\Big(\frac{\partial^2 U}{\partial x_2^2} + \frac{\partial^2 U}{\partial x_3^2} \Big) \,, \quad B_2 = \beta \bar{B}_2 = \frac{\partial^2 U}{\partial x_1 \partial x_2} \,, \quad B_3 = \beta \bar{B}_3 = \frac{\partial^2 U}{\partial x_1 \partial x_3}$$

fest, wobei für U die Funktion von oben, nur mit $\mu_0 M$ an Stelle von q/ε_0 zu nehmen ist,

$$U(t, x_1, x_2, x_3) = \frac{\mu_0 M}{4\pi} \frac{1}{\sqrt{\beta^2 (x_1 - vt)^2 + x_2^2 + x_3^2}} \,.$$

Schließlich mißt er den Vierer-Strom

$$\sigma = -S^2 dx_2 - S^3 dx_3$$

mit den Koordinaten

$$S^2 = \frac{M}{\beta}\frac{\partial}{\partial x_3}\delta(x_1 - vt)\delta(x_2)\delta(x_3)\,, \quad S^3 = -\frac{M}{\beta}\frac{\partial}{\partial x_2}\delta(x_1 - vt)\delta(x_2)\delta(x_3)\,.$$

Die Stromdichte ist in $\mathcal{K}$ nur dort von Null verschieden, wo sich der Ringstrom gerade befindet. Das Auftreten der Größe β ist dabei wieder eine Folge der Längenkontraktion.

Im System $\mathcal{K}$ gilt, da keine elektrischen Ladungen vorhanden sind,

$$\operatorname{div}\mathbf{E} = v\Big(\frac{\partial^3 U}{\partial x_2 \partial x_1 \partial x_3} - \frac{\partial^3 U}{\partial x_3 \partial x_1 \partial x_2}\Big) = 0\,.$$

Auf Grund von

$$\frac{\partial E_3}{\partial x_2} - \frac{\partial E_2}{\partial x_3} = -v\Big(\frac{\partial^3 U}{\partial x_1 \partial x_2^2} + \frac{\partial^3 U}{\partial x_1 \partial x_3^2}\Big) = -v\frac{\partial}{\partial x_1}\Big(\frac{\partial^2 U}{\partial x_2^2} + \frac{\partial^2 U}{\partial x_3^2}\Big)$$

$$= \frac{\partial}{\partial t}\Big(\frac{\partial^2 U}{\partial x_2^2} + \frac{\partial^2 U}{\partial x_3^2}\Big) = -\frac{\partial B_1}{\partial t}$$

sowie den über analoge Rechnungen zu gewinnenden Gleichungen

$$\frac{\partial E_1}{\partial x_3} - \frac{\partial E_3}{\partial x_1} = -\frac{\partial B_2}{\partial t}\,, \quad \frac{\partial E_2}{\partial x_1} - \frac{\partial E_1}{\partial x_2} = -\frac{\partial B_3}{\partial t}$$

ist

$$\operatorname{rot}\mathbf{E} = -\frac{\partial \mathbf{B}}{\partial t}\,.$$

Die magnetische Induktion ist natürlich auch im System $\mathcal{K}$ quellenfrei,

$$\operatorname{div}\mathbf{B} = -\frac{\partial}{\partial x_1}\Big(\frac{\partial^2 U}{\partial x_2^2} + \frac{\partial^2 U}{\partial x_3^2}\Big) + \frac{\partial^3 U}{\partial x_1 \partial x_2^2} + \frac{\partial^3 U}{\partial x_1 \partial x_3^2} = 0\,,$$

die Koordinate der Rotation in der x_1-Richtung verschwindet,

$$\frac{\partial B_3}{\partial x_2} - \frac{\partial B_2}{\partial x_3} = \frac{\partial^3 U}{\partial x_2 \partial x_1 \partial x_3} - \frac{\partial^3 U}{\partial x_3 \partial x_1 \partial x_2} = 0\,.$$

Wegen

$$\frac{\partial^2 U}{\partial x_1^2} + \frac{\partial^2 U}{\partial x_2^2} + \frac{\partial^2 U}{\partial x_3^2} = \frac{\partial^2 \bar{U}}{\partial \bar{x}_1^2} + \frac{\partial^2 \bar{U}}{\partial \bar{x}_2^2} + \frac{\partial^2 \bar{U}}{\partial \bar{x}_3^2} + (\beta^2 - 1)\frac{\partial^2 \bar{U}}{\partial \bar{x}_1^2}$$

$$= -\mu_0 M\,\delta(\bar{x}_1)\delta(\bar{x}_2)\delta(\bar{x}_3) + \frac{v^2\beta^2}{c^2}\frac{\partial^2 \bar{U}}{\partial \bar{x}_1^2}$$

$$= -\frac{\mu_0 M}{\beta}\,\delta(x_1 - vt)\delta(x_2)\delta(x_3) - \frac{v}{c^2}\frac{\partial^2 U}{\partial t \partial x_1}$$

ist dagegen

$$\frac{\partial B_1}{\partial x_3} - \frac{\partial B_3}{\partial x_1} = -\frac{\partial}{\partial x_3}\Big(\frac{\partial^2 U}{\partial x_2^2} + \frac{\partial^2 U}{\partial x_3^2}\Big) - \frac{\partial^3 U}{\partial x_1^2 \partial x_3} = -\frac{\partial}{\partial x_3}\Big(\frac{\partial^2 U}{\partial x_1^2} + \frac{\partial^2 U}{\partial x_2^2} + \frac{\partial^2 U}{\partial x_3^2}\Big)$$

$$= \frac{1}{c^2}\frac{\partial E_2}{\partial t} + \frac{\mu_0 M}{\beta}\frac{\partial}{\partial x_3}\delta(x_1 - vt)\delta(x_2)\delta(x_3) = \frac{1}{c^2}\frac{\partial E_2}{\partial t} + \mu_0 S^2$$

und analog

$$\frac{\partial B_2}{\partial x_1} - \frac{\partial B_1}{\partial x_2} = \frac{1}{c^2}\frac{\partial E_3}{\partial t} - \frac{\mu_0 M}{\beta}\frac{\partial}{\partial x_2}\delta(x_1 - vt)\delta(x_2)\delta(x_3) = \frac{1}{c^2}\frac{\partial E_3}{\partial t} + \mu_0 S^3\,,$$

also

$$\operatorname{rot} \mathbf{B} = \frac{1}{c^2} \frac{\partial \mathbf{E}}{\partial t} + \mu_0 \mathbf{S} .$$

Zu den gleichen Verhältnissen für den Beobachter im ruhenden System $\mathcal{K}$ wäre man gekommen, wenn ein magnetischer Dipol gleichförmig bewegt wird. Im Auftreten eines elektrischen Feldes zeigt sich die Erscheinung der Induktion. Die beiden Beispiele, die bewegte Ladung und der bewegte Ringstrom oder Dipol machen deutlich, daß die Beurteilung eines *„elektro-magnetischen"* Feldes vom Bewegungszustand des Beobachters abhängig ist. Einer Aussage, ein Feld sei „elektrisch" oder „magnetisch", kommt deshalb keine absolute Bedeutung zu.

Ergänzend sei schließlich noch ein Blick auf die energetischen Verhältnisse im elektromagnetischen Feld geworfen. Um dabei den Zusammenhang mit der Maxwellschen Theorie besser hervortreten zu lassen, sei jetzt an Stelle von $x_0 = ct$ die Zeit $x_0 = t$ als Koordinate eingeführt.

Wie im Falle des elektrostatischen und magnetostatischen Feldes läßt sich die Kraftdichte im Feld, deren räumliche Koordinaten durch (4.75) gegeben sind, als Divergenz eines symmetrischen Tensors darstellen. Dabei ist zunächst die Koordinate p_0 des Vierer-Vektors p_i der Kraftdichte zu klären. Aus den Gleichungen (4.75) folgt für $i = 1, 2, 3$ durch Vergleich

$$p_i = \sum_{j=0}^{3} F_{ij} S^j ,$$

worin $S^0 = c^2 \varrho$, S^1, S^2, S^3 die kontravarianten Koordinaten des Vierer-Stromes σ bezeichnen. Für $i = 0$ ergibt sich dann

$$p_0 = E_1 S^1 + E_2 S^2 + E_3 S^3 = \mathbf{E} \cdot \mathbf{S} ,$$

d.h. p_0 ist die *Leistungsdichte*, die Arbeit pro Zeit- und Volumeinheit.

Der Tensor $\boldsymbol{S}$ mit den Koordinaten

$$S_{ij} = \frac{1}{\mu_0} \Big(\sum_{k=0}^{3} F_{ik} F^k{}_j - \tfrac{1}{4} g_{ij} \sum_{h,l=0}^{3} F_{lh} F^{hl} \Big) \tag{4.171}$$

ist wegen

$$\sum_{k=0}^{3} F_{ik} F^k{}_j = - \sum_{h,k=0}^{3} g^{kh} F_{ki} F_{hj} = - \sum_{h,k=0}^{3} g^{hk} F_{hi} F_{kj} = \sum_{k=0}^{3} F_{jk} F^k{}_i$$

symmetrisch; er heißt der *Energie-Impuls-Tensor* oder kurz *Energietensor* des elektromagnetischen Feldes. Seine negative Divergenz ist die Kraftdichte im Feld,

$$p_i = - \sum_{j=0}^{3} \frac{\partial S_i^j}{\partial x_j} . \tag{4.172}$$

Um den Nachweis hiefür zu erbringen, bildet man

$$-\mu_0 \sum_{j=0}^{3} \frac{\partial S_i^j}{\partial x_j} = \sum_{j,k=0}^{3} \frac{\partial F_{ki}}{\partial x_j} F^{kj} + \sum_{j,k=0}^{3} \frac{\partial F^{kj}}{\partial x_j} F_{ki} - \frac{1}{2} \sum_{j,k=0}^{3} \frac{\partial F_{jk}}{\partial x_i} F^{jk} .$$

Der mittlere Term rechts ist auf Grund der zweiten Gleichung (4.154) gleich

$$-\mu_0 \sum_{k=0}^{3} F_{ki} S^k = \mu_0 \sum_{k=0}^{3} F_{ik} S^k = \mu_0 p_i \,,$$

die beiden übrigen lassen sich in die Form

$$\frac{1}{2} \sum_{j,k=0}^{3} \left(\frac{\partial F_{jk}}{\partial x_i} - \frac{\partial F_{ik}}{\partial x_j} - \frac{\partial F_{ik}}{\partial x_j} \right) F^{kj}$$

bringen. Beachtet man jetzt noch

$$- \sum_{j,k=0}^{3} \frac{\partial F_{ik}}{\partial x_j} F^{kj} = - \sum_{j,k=0}^{3} \frac{\partial F_{ij}}{\partial x_k} F^{jk} = \sum_{j,k=0}^{3} \frac{\partial F_{ij}}{\partial x_k} F^{kj} \,,$$

worin zunächst nur die Rollen der Indizes j und k vertauscht wurden, so erhält man für die Summe der beiden übrigen Terme

$$\frac{1}{2} \sum_{j,k=0}^{3} \left(\frac{\partial F_{jk}}{\partial x_i} - \frac{\partial F_{ik}}{\partial x_j} + \frac{\partial F_{ij}}{\partial x_k} \right) F^{kj} = 0 \,,$$

denn die Ausdrücke in den Klammern sind die Koordinaten der Rotation des Feldtensors, deren Verschwinden die erste Gleichung (4.154) verlangt. Führt man die Verschiebung **D** und die magnetische Feldstärke **H** wieder ein, so hat der kontravariante Feldtensor die Koordinatenmatrix

$$\{F^{ij}\} = \mu_0 \begin{pmatrix} 0 & -D_1 & -D_2 & -D_3 \\ D_1 & 0 & -H_3 & H_2 \\ D_2 & H_3 & 0 & -H_1 \\ D_3 & -H_2 & H_1 & 0 \end{pmatrix} ;$$

damit berechnet man die Koordinatenmatrix $\{S^i_j\}$ des gemischten Energietensors zu

$$\begin{pmatrix} E & -P_1 & -P_2 & -P_3 \\ \frac{1}{c^2} P_1 & E_1 D_1 + H_1 B_1 - E & E_1 D_2 + H_1 B_2 & E_1 D_3 + H_1 B_3 \\ \frac{1}{c^2} P_2 & E_2 D_1 + H_2 B_1 & E_2 D_2 + H_2 B_2 - E & E_2 D_3 + H_2 B_3 \\ \frac{1}{c^2} P_3 & E_3 D_1 + H_3 B_1 & E_3 D_2 + H_3 B_2 & E_3 D_3 + H_3 B_3 - E \end{pmatrix},$$

worin

$$E = \tfrac{1}{2} \mathbf{E} \cdot \mathbf{D} + \tfrac{1}{2} \mathbf{H} \cdot \mathbf{B}$$

die Maxwellsche Energiedichte des elektromagnetischen Feldes ist; die drei Größen P_i sind die Koordinaten des sogenannten *Poynting-Vektors*

$$\mathbf{P} = \mathbf{E} \times \mathbf{H} \,.$$

Um dessen Bedeutung zu erkennen, bildet man am besten seine Divergenz; berücksichtigt man hiefür die Maxwellschen Gleichungen, so findet man

$$\operatorname{div} \mathbf{P} = -\frac{dE}{dt} - \mathbf{E} \cdot \mathbf{S} \,.$$

Ist daher $\mathfrak{B}$ ein räumlicher Bereich, der von der geschlossenen Fläche $\mathfrak{F}$ mit ins Innere von $\mathfrak{B}$ weisender Normalen berandet wird, so liefert der Integralsatz von Gauß

$$-\frac{d}{dt}\int\limits_{\mathfrak{B}} E\,d\tau + \oint\limits_{\mathfrak{F}} \mathbf{P}\cdot do = \int\limits_{\mathfrak{B}} \mathbf{E}\cdot\mathbf{S}\,d\tau\,.$$

Die rechte Seite dieser Gleichung gibt die pro Zeiteinheit im Bereich $\mathfrak{B}$ geleistete Arbeit an — sie tritt in Joulescher Wärme in Erscheinung, in welcher Form sie dem Feld als Energie entnommen wird. Dieser Energieverlust wird aufgebracht von der Feldenergie im Inneren von $\mathfrak{B}$ und der dem Feld von Außen her zuströmenden Energie, die durch das Flächenintegral auf der linken Seite ausgedrückt wird. Dies zeigt, daß der Poynting-Vektor $\mathbf{P}$ als *Energiestrom* aufzufassen ist.

Der symmetrische Tensor $\boldsymbol{S}$ ist das elektrodynamische Analogon zum Energie-Impuls-Tensor $c^2\boldsymbol{T}$ der Materie. Seine (negative) Divergenz ist die Kraftdichte im Feld, sie verschwindet im leeren Raum ($\sigma = 0$). —

Der Raum der speziellen Relativitätstheorie ist die vierdimensionale pseudo-euklidische Welt $\mathfrak{W}^4$. Sie ist als affiner Raum noch immer absolut im Sinne NEWTONs, doch anders als in der Newtonschen Welt sind die charakteristischen Differentialoperatoren im Minkowski-Raum von der Art, daß sich Feldwirkungen im Raum mit endlicher Geschwindigkeit fortpflanzen. Die spezielle Relativitätstheorie erhebt dies für jede Art von physikalischer Wirkung ins Prinzip.

Die Gleichungen des elektrostatischen Feldes wie auch des magnetischen Feldes stationärer Ströme im euklidischen Raum $\mathfrak{E}^3$ bestehen aus jeweils vier linearen partiellen Differentialgleichungen erster Ordnung. Die Potentiale der Feldgrößen genügen alle der gleichen linearen partiellen Differentialgleichung zweiter Ordnung, der Poissonschen Gleichung, die mit dem Laplace-Operator zu bilden ist,

$$-\triangle\,\omega = s\,;$$

darin stehen auf der rechten Seite die das Feld verursachenden Quellen. Der Laplace-Operator $\triangle$ erweist sich dabei als invariant gegenüber affinen Transformationen des Raumes, die ein kartesisches Koordinatensystem wieder in ein solches überführen, d.h. er ist in einem kartesischen Koordinatensystem stets von derselben Bauart. Sein Aufbau zeigt schon, daß er die aus der euklidischen Maßbestimmung des Raumes hervorgehende quadratische Form

$$x_1^2 + x_2^2 + x_3^2$$

ungeändert läßt.[22] Man bezeichnet diese Eigenschaft des Laplaceschen Differentialoperators als *Orthogonalinvarianz*. Sie verträgt sich sowohl mit der

[22] Es ist übrigens keine Schwierigkeit zu zeigen, daß der allgemeinste lineare partielle Differentialoperator zweiter Ordnung, der invariant ist gegenüber affinen Transformationen des $\mathfrak{E}^3$, die den Übergang von einem kartesischen Koordinatensystem auf ein ebenfalls kartesisches Koordinatensystem beschreiben, die Form $\alpha\triangle + \beta$ mit konstanten Koeffizienten α und β haben muß.

Isotropie des Raumes, worunter man die Gleichberechtigung aller Richtungen im Raum versteht, als auch mit der *Homogenität*; damit ist gemeint, daß der Raum in allen seinen Punkten dieselben Eigenschaften hat.

Im Minkowski-Raum $\mathfrak{W}^4$, in dem Galileische Koordinaten die Rolle der kartesischen Koordinaten des euklidischen Raumes $\mathfrak{E}^3$ übernehmen, tritt nun der Laplace-Beltrami-Operator in Form des D'Alembert-Operators an die Stelle des Laplace-Operators, die Poisson-Gleichung ist durch die Wellengleichung

$$\Box \omega = s$$

zu ersetzen. Dem D'Alembert-Operator kommt damit im Minkowski-Raum $\mathfrak{W}^4$ jene Rolle zu, die der negativ genommene Laplace-Operator im dreidimensionalen euklidischen Raum innehat. Aus physikalischer Sicht bedeutet das Auftreten der Wellengleichung, daß sich Feldwirkunge im leeren Raumn mit der endlichen Geschwindigkeit des Lichtes ausbreiten. An der Verwandtschaft des D'Alembert-Operators hinsichtlich seines Aufbaus mit der sich aus der pseudo-euklidischen Maßbestimmung des Minkowski-Raumes $\mathfrak{W}^4$ ergebenden quadratischen Form

$$x_0^2 - x_1^2 - x_2^2 - x_3^2$$

läßt sich schon seine Invarianz gegenüber den Lorentz-Transformationen des pseudo-euklidischen Minkowski-Raumes $\mathfrak{W}^4$ ablesen, die jetzt an die Stelle der orthogonalen Transformationen des $\mathfrak{E}^3$ treten. Sie bedeutet mathematisch, daß dieser in jedem Galileischen Koordinatensystem dieselbe Bauart hat, und physikalisch, daß sich Feldwirkungen in jedem Bezugssystem mit Geschwindigkeit des Lichtes fortpflanzen.

Läßt man im D'Alembert-Operator

$$\Box = \frac{1}{c^2}\frac{\partial^2}{\partial t^2} - \frac{\partial^2}{\partial x_1^2} - \frac{\partial^2}{\partial x_2^2} - \frac{\partial^2}{\partial x_3^2}$$

die Geschwindigkeit c anwachsen, so wird die Zeit in zunehmenden Maße „absoluter", und in der Grenze $c = \infty$ erreicht sie schließlich den Absolutheitsgrad, den ihr NEWTON zugedacht hat. Dabei geht der D'Alembert-Operator in den negativen Laplace-Operator über, die der Wellengleichung genügenden Feldgrößen werden Lösungen der Poisson-Gleichung. Dies aber würde den Zerfall des elektromagnetischen Feldes in das elektrische und in das magnetische Feld bedeuten, eine gegenseitige Beeinflussung wäre nicht mehr gegeben. Die Zeit würde zu einem bloßen Parameter herabsinken, der in die Feldgleichungen eingeht und nur mehr im Hinblick auf den *Ablauf* der Dinge eine Rolle spielt, aber sonst keine Aufgabe hat. Feldwirkungen treten „instantan" in Form von eingeprägten Kräften auf, es gibt keine Fortpflanzung, und wenn man schon von einer Ausbreitung des Feldes sprechen will, so müßte eine solche mit unendlicher Geschwindigkeit erfolgen. Dies ist gerade die in den Gesetzen der Fernwirkung verankerte Auffassung NEWTONS, die keine Schranken für Geschwindigkeiten kennt. Das Prinzip EINSTEINS, das der Geschwindigkeit des Lichtes den Charakter einer Grenzgeschwindigkeit zuerkennt, ist mit der Absolutheit der Zeit nicht vereinbar. Aber diese ist eben auch nicht das Wesen der Zeit.

4.5 Übungsbeispiele

119. Im Minkowski-Raum $\mathfrak{W}^4$ sei ein Koordinatensystem eingeführt, in dem der Maßtensor die Form

$$\mathfrak{g} = dx_0 \otimes dx_1 + dx_1 \otimes dx_0 + dx_2 \otimes dx_2 + dx_3 \otimes dx_3$$

hat. Man berechne die Divergenz des Vektorfeldes

$$\varphi = dx_0 + f_1\, dx_1 + f_2\, dx_2 + f_3\, dx_3\,,$$

worin f_i Funktionen der räumlichen Koordinaten x_1, x_2, x_3 sind.

120. Man berechne mit Hilfe des Kalküls der Differentialformen, wenn ω und ω_1 Skalarfelder, u und v Vektorfelder (im euklidischen Raum $\mathfrak{E}^3$) sind:

(i) $\operatorname{div}\operatorname{grad}\omega$ (ii) $\operatorname{div}(\omega v)$ (iii) $\operatorname{div}(\omega \operatorname{grad}\omega_1)$

(iv) $\operatorname{rot}(\omega v)$ (v) $\operatorname{rot}(\omega \operatorname{grad}\omega_1)$ (vi) $\operatorname{div}(u \times \operatorname{rot} v)$

121. Sei im dreidimensionalen euklidischen Raum ein Vektorfeld in der Form $v = \operatorname{grad}\omega + \operatorname{rot} u$ $(= d\omega + *du)$ dargestellt. Man berechne die Divergenz und die Rotation des Vektorfeldes v.

122. Sei $\mathfrak{F}$ eine geschlossene (glatte) Fläche im dreidimensionalen euklidischen Raum $\mathfrak{E}^3$ und $\mathfrak{G}$ das Innere von $\mathfrak{F}$. Eine vektorielle Feldgröße F sei in $\mathfrak{G}$ differenzierbar und auf der Randfläche $\mathfrak{F}$ stetig; das Äußere von $\mathfrak{F}$ sei feldfrei: $\mathsf{F} = 0$. Bezeichnet $\mathfrak{B} \subseteq \mathfrak{E}^3$ jenen abgeschlossenen und beschränkten Bereich, der aus den Punkten von $\mathfrak{G}$ und $\mathfrak{F}$ besteht, so gilt

$$\int_{\mathfrak{B}} \operatorname{div}\mathsf{F}\, d\tau + \oint_{\mathfrak{F}} \operatorname{Div}\mathsf{F}\, do = 0 \quad \text{und} \quad \int_{\mathfrak{B}} \operatorname{rot}\mathsf{F}\, d\tau + \oint_{\mathfrak{F}} \operatorname{Rot}\mathsf{F}\, do = 0\,.$$

Was bedeuten diese Gleichungen an Hand des elektrostatischen und des magnetostatischen Feldes?

123. Sei (im euklidischen Raum $\mathfrak{E}^3$ in Bezug auf kartesische Koordinaten x, y und z)

$$\varphi = \frac{1}{\left(\sqrt{x^2 + y^2 + z^2}\right)^3}\left(x\, dx + y\, dy + z\, dz\right)$$

der (kovariante) Vektor des elektrischen Feldes einer (stationären) Ladung mit dem Sitz im Koordinatenursprung (da dieser eine singuläre Stelle des Feldes darstellt, ist die 1-Form φ im Gebiet $\mathfrak{G} = \{(x, y, z) \mid x^2 + y^2 + z^2 > 0\}$ gegeben). Gibt es eine 0-Form ψ mit der Eigenschaft $\varphi = d\psi$?

124. Sei (im euklidischen Raum $\mathfrak{E}^3$ in Bezug auf kartesische Koordinaten x, y und z)

$$\varphi = \frac{1}{x^2 + y^2}\left(x\, dz \wedge dx - y\, dy \wedge dz\right)$$

der Tensor des magnetischen Feldes eines stationären Stromes längs der z-Achse (die Punkte der z-Achse sind singuläre Stellen des Feldes, weshalb die 2-Form φ im Gebiet $\mathfrak{G} = \{(x, y, z) \mid x^2 + y^2 > 0\}$ gegeben ist). Man bestätige $\delta\varphi = 0$ und $d\varphi = 0$ in $\mathfrak{G}$. Gibt es eine 3-Form χ in $\mathfrak{G}$, sodaß $\varphi = \delta\chi$ gilt? Gibt es eine 1-Form ψ in $\mathfrak{G}$, sodaß $\varphi = d\psi$ gilt?

125. Man zeige, daß die Galilei-Transformationen eine Gruppe bilden.

126. Man verallgemeinere die spezielle Lorentz-Transformation (4.104) auf ein gleichförmig bewegtes Koordinatensystem $\bar{\mathcal{K}}$ mit zu $\mathcal{K}$ parallelen Achsen. Die Richtung sei bezüglich $\mathcal{K}$ durch den Vektor n_i gegeben, $v_i = vn_i$ sei die Geschwindigkeit des Ursprungs von $\bar{\mathcal{K}}$ in $\mathcal{K}$.

127. Man gebe die affinen Transformation des Minkowski-Raumes $\mathfrak{M}^4$ an, die Galileische Koordinaten wieder in solche überführen (allgemeine Lorentz-Transformation). Man schreibe sie in Matrizenform

$$\begin{pmatrix} \bar{t} \\ \bar{\mathbf{x}} \end{pmatrix} = \begin{pmatrix} \alpha & \mathbf{a} \\ \mathbf{b} & \mathbf{A} \end{pmatrix} \cdot \begin{pmatrix} t \\ \mathbf{x} \end{pmatrix} + \begin{pmatrix} t_o \\ \mathbf{x}_o \end{pmatrix}$$

und gebe Bedingungen für die Matrixelemente $\alpha, \mathbf{a}, \mathbf{b}, \mathbf{A}$ an. Wieviele Größen sind in der Koeffizientenmatrix frei wählbar?

128. Man zeige, daß die Lorentz-Transformationen eine Gruppe bilden.

129. Man berechne den Unterschied zwischen der Zeitangabe der Uhren auf einem Planeten und dem Zentralgestirn, den ein Beobachter auf diesem nach einem Umlauf des Planeten feststellt. Man setze die Daten des Merkur ein (siehe S. 250); um wieviel ist nach einem Jahr für den Beobachter auf der Sonne die Uhr auf dem Planeten Merkur zurückgeblieben?

130. Man berechne die aus dem Faraday-Tensor $\mathcal{F}$ hervorgehenden Invarianten

(i) $*(\mathcal{F} \wedge \mathcal{F})$ (ii) $*(\mathcal{F} \wedge *\mathcal{F})$ (iii) $*(*\mathcal{F} \wedge *\mathcal{F})$.

131. Im Raum $\mathfrak{M}^4$ konstatiert ein Beobachter relativ zu ihm in Ruhe sowohl eine elektrische Ladung q als auch einen infinitesimalen Ringstrom mit dem Moment M in Richtung eines Einsvektors n, beide am selben Ort. Wie lautet der Feldtensor $\mathcal{F}$ für diesen Beobachter, wenn er den Ursprung in den Sitz der Ladung und des Ringstromes legt? Wie beurteilt dies ein Beobachter, der sich relativ zum Ort der Ladung und des Ringstromes mit konstanter Geschwindigkeit v in Richtung des Einsvektors n bewegt, und zwar an Hand des Vierer-Stromes σ? (Man lege die Richtung n in die 1-Achse eines Koordinatensystems $\bar{\mathcal{K}}$).

132. Man stelle den Energie-Impuls-Tensor des Feldes einer punktförmigen Ladung vom Standpunkt eines relativ zur Ladung ruhenden Beobachters auf. (Man lege den Sitz der Ladung in den Ursprung eines Galileischen Koordinatensystems des Minkowski-Raumes $\mathfrak{M}^4$).

133. Sind im Minkowski-Raum $\mathfrak{M}^4$ Galileische Koordinaten t, x_1, x_2, x_3 eingeführt, so zeige man für eine beliebige Funktion f mit stetiger zweiter Ableitung, daß

(i) $\omega = f(ct - n_1x_1 - n_2x_2 - n_3x_3)$, $n_1^2 + n_2^2 + n_3^2 = 1$, („Ebene Welle")

(ii) $\omega = \frac{1}{r} f(ct - r)$, $r = \sqrt{x_1^2 + x_2^2 + x_3^2}$, („Kugelwelle")

eine Lösung der Gleichung $\Box\,\omega = 0$ ist.

5 Tensoren in gekrümmten Räumen

Die von MAXWELL vollzogene Vereinigung von Elektrizität und Magnetismus hat den Sturz der absoluten Raum-Zeit-Welt NEWTONs mit ihrer Galilei-Struktur eingeleitet. Die Zeit mußte relativiert werden, übrig blieb jedoch, mit all den ungelösten Fragen, der absolute Raum, auf den sich auch die spezielle Relativitätstheorie beruft.

NEWTON, und vor ihm schon GALILEI, hat die Bedeutung der Trägheit und der Beschleunigung klar erkannt. Indem er aber den Begriff der reinen Trägheitsbewegung von dem der beschleunigten Bewegung absonderte, scheint er doch einen grundsätzlichen Unterschied in der Natur der beiden Erscheinungsformen von Bewegung gesehen zu haben. Mit diesem Standpunkt, der sich aber nur vertreten läßt, wenn eine Bewegung nicht relativ, z.B. gegenüber fernen Massen, sondern absolut verstanden wird, begründet NEWTON seine Lehre vom absoluten Raum. Die darin ausdrücklich geforderte Beziehungslosigkeit zu jedwedem äußeren Gegenstand steht allerdings nicht im Einklang mit dem aus guten Gründen zu erhebenden Prinzip, alles nicht-objektivierbare aus den Naturgesetzen und ihrem Umfeld zu entfernen. Schließlich kann den Punkten eines „absoluten“ Raumes auch keine physikalische Wirklichkeit beigemessen werden — eine solche haben nur relative Orte im Raum und folglich auch nur relative Bewegungen. Es ist aus diesem Grund auch nicht möglich, ein im Sitz von Massen verankertes Bezugssystem in voller Strenge als Inertialsystem einzustufen.

Daß auch der absolute Raum eine Fiktion ist, zu dieser Erkenntnis hat die für das Verständnis der Welt notwendige Relativierung der Zeit entscheidend beigetragen. Die Revision des Raumbegriffs lag mit der Abkehr vom Zeitverständnis NEWTONs bereits in der Luft.

5.1 Differenzierbare Mannigfaltigkeiten

Mit dem Begriff der Mannigfaltigkeit wird ein Raum konzipiert, der weder im Ganzen noch in Teilbereichen eine euklidische bzw. eine affine Struktur hat, aber im Kleinen wie ein euklidischer Raum aussieht, genauso wie sich für den Menschen, der nicht über seinen Horizont auf der Erde hinausgreift, die unmittelbare Umgebung seines Ortes auf der Erdoberfläche als euklidische Ebene darbietet. Ein Beobachter kann immer nur eine gewisse Umgebung seines augenblicklichen Standortes koordinatenmäßig in

Form einer Landkarte erfassen, seine Welt ist ihm durch eine globale Beschreibung mittels Koordinaten unzugänglich. Ein solcher Raum ist also in keiner Weise „absolut“, Koordinatensysteme werden nur lokal errichtet, sodaß ein Punkt des Raumes immer nur mit den Punkten einer gewissen Umgebung in Beziehung steht.

I. *Eine Mannigfaltigkeit ist zunächst ein topologischer Raum.*

Unter einem *topologischen Raum* $\mathfrak{T}$ versteht man eine nicht-leere Menge von Objekten, im folgenden „Punkte“ genannt, wenn unter den Teilmengen von $\mathfrak{T}$ eine Familie[1] $\mathcal{O}$ durch folgende drei Eigenschaften ausgezeichnet ist:

(i) Sowohl die leere Menge $\emptyset$ als auch die Menge $\mathfrak{T}$ sind Elemente in $\mathcal{O}$:

$$\emptyset \in \mathcal{O} \text{ und } \mathfrak{T} \in \mathcal{O}\,;$$

(ii) Der Durchschnitt zweier und damit *endlich* vieler Teilmengen in $\mathcal{O}$ ist Element in $\mathcal{O}$:

$$\mathfrak{U}_1 \in \mathcal{O} \text{ und } \mathfrak{U}_2 \in \mathcal{O} \;\Rightarrow\; \mathfrak{U}_1 \cap \mathfrak{U}_2 \in \mathcal{O}\,;$$

(iii) Die Vereinigung *beliebig* vieler Teilmengen in $\mathcal{O}$ ist wieder Element in $\mathcal{O}$, d.h. es soll gelten, wenn I eine beliebige Indexmenge ist:

$$\mathfrak{U}_i \in \mathcal{O} \text{ für } i \in I \;\Rightarrow\; \bigcup_{i \in I} \mathfrak{U}_i \in \mathcal{O}\,.$$

Die der Familie $\mathcal{O}$ angehörigen Teilmengen von $\mathfrak{T}$ werden, um ihre Sonderstellung mit einem Beiwort hervorzuheben, *offen* genannt. Jeder Punkt von $\mathfrak{T}$ ist in wenigstens einer Menge der Familie $\mathcal{O}$ enthalten, d.h. ist $P \in \mathfrak{T}$ ein beliebiger Punkt, so gibt es eine offene Menge $\mathfrak{U} \in \mathcal{O}$ mit $P \in \mathfrak{U}$, z.B. die Menge $\mathfrak{T}$ selbst. Eine Menge $\mathfrak{U} \in \mathcal{O}$ heißt deshalb eine *offene Umgebung* für jeden Punkt von $\mathfrak{T}$, der in $\mathfrak{U}$ enthalten ist. Unter einer *Umgebung* eines Punktes P versteht man eine den Punkt P enthaltende Teilmenge $\mathfrak{V} \subseteq \mathfrak{T}$, welche eine offene Umgebung von P enthält.

Die Mengenfamilie $\mathcal{O}$ heißt eine *Topologie auf* $\mathfrak{T}$.[2]

Die Bezeichnung „offen“ für eine Menge hat ihren Ursprung in gewissen Eigenschaften von Mengen reeller Zahlen. Ist $\mathcal{U} \subseteq \mathbb{R}$ und $x_o \in \mathcal{U}$, so heißt x_o ein *innerer Punkt* von $\mathcal{U}$, wenn mit x_o auch gleich eine gewisse *ε-Umgebung* $\mathcal{U}(x_o, \varepsilon) = \{x \,|\, |x - x_o| < \varepsilon\}$ in $\mathcal{U}$ enthalten ist. Eine Menge $\mathcal{O} \subseteq \mathbb{R}$ wird dann *offen* genannt, wenn jeder ihrer Punkte ein innerer Punkt ist. Eine solche Menge enthält keinen ihrer Randpunkte; dabei heißt ein Punkt $x' \in \mathbb{R}$ *Randpunkt* einer Menge $\mathcal{U} \subseteq \mathbb{R}$, wenn jede ε-Umgebung um x' sowohl Punkte aus $\mathcal{U}$ als auch nicht zu $\mathcal{U}$ gehörige Punkte enthält. Die offenen Mengen der Zahlengeraden haben nun gerade die drei Eigenschaften, die für einen topologischen Raum gefordert werden. Die leere Menge $\emptyset$ muß unter die offenen Mengen aufgenommen werden,

---

1) Das ist eine Teilmenge der Menge aller Teilmengen.

2) Griech. τόπος (topos), Ort, Lage, Örtlichkeit. Eine ältere Bezeichnung für die *Topologie* ist die „analysis situs“, die Geometrie der Lage. Die Topologie befaßt sich mit der lokalen Struktur des Raumes.

weil sonst das zweite Axiom des topologischen Raumes keine uneingeschränkte Gültigkeit hätte; als Teilmenge von $\mathbb{R}$ ist die leere Menge auch deshalb offen, weil die Aussage „$x \in \emptyset \Rightarrow x$ ist innerer Punkt von $\emptyset$" auf Grund der offensichtlich falschen Voraussetzung $x \in \emptyset$ richtig ist (*„ex falso quodlibet"*).

Die einfachsten Vertreter offener Mengen auf der Zahlengeraden sind die offenen Intervalle $]a, b[= \{x \mid a < x < b\}$. Der Durchschnitt endlich vieler solcher Intervalle ist eine offene Menge, und die Vereinigung beliebig vieler offener Intervalle führt auf eine offene Menge. Da sich umgekehrt jede offene Menge als Vereinigung durchschnittsfremder offener Intervalle darstellen läßt, können die offenen Intervalle als „Bausteine" der offenen Mengen angesehen werden. Darin zeigt sich jetzt auch, daß das System der offenen Mengen „abgeschlossen" ist gegenüber beliebigen Vereinigungen und endlichen Durchschnittsbildungen.

Die Bedeutung der offenen Mengen auf der Zahlengeraden $\mathbb{R}$, insbesondere der offenen Umgebung eines Punktes, tritt im Begriff der Stetigkeit und in der Differentialrechnung reeller Funktionen einer reellen Veränderlichen zutage. Stetigkeit und Differenzierbarkeit sind lokale Eigenschaften einer Funktion, also solche, die erst Substanz haben, wenn eine Funktion in allen Punkten einer Umgebung des Argumentes definiert ist, z.B. in einer ε-Umgebung mit hinreichend kleinem $\varepsilon > 0$. In allgemeinen Räumen steht aber das Konzept des offenen Intervalls nicht zur Verfügung. Deshalb abstrahiert man von diesem Begriff, indem man seine charakteristischen Eigenschaften, durch welche sein Wesen erfaßt wird, in den Rang von Axiomen erhebt.

Die Menge der geordneten N-tupel $\mathbf{x} = (x_1, x_2, \ldots, x_N)$ reeller Zahlen bezeichnet man mit $\mathbb{R}^N$. Führt man mit $\rho(\mathbf{x}, \mathbf{y}) = \sqrt{\sum_i (x_i - y_i)^2}$ den euklidischen Abstand zweier N-tupel $\mathbf{x}$ und $\mathbf{y}$ ein, so wird die Menge $\mathbb{R}^N$ zu einem *metrischen Raum*. Sinngemäß nennt man die Teilmenge $\{\mathbf{x} \mid \rho(\mathbf{x}, \mathbf{x}_o) < \varepsilon\} \subseteq \mathbb{R}^N$ die (offene) Kugel um $\mathbf{x}_o$ mit dem Radius ε; sie ist eine von vielen Möglichkeiten, den Begriff der ε-Umgebung auf der Zahlengeraden auf den $\mathbb{R}^N$ zu übertragen. Ist $\mathcal{U} \subseteq \mathbb{R}^N$ eine beliebige Teilmenge, die den Punkt $\mathbf{x}_o$ enthält, so heißt $\mathbf{x}_o$ ein *innerer* Punkt von $\mathcal{U}$, wenn $\mathcal{U}$ auch eine Kugel um $\mathbf{x}_o$ von hinlänglich kleinem Radius enthält. Besteht eine Teilmenge $\mathcal{U}$ nur aus inneren Punkten, so ist sie *offen*, d.h. sie ist Mitglied einer Familie von Teilmengen des $\mathbb{R}^N$, welche den genannten drei Forderungen Genüge leisten. Damit wird der metrische Raum $\mathbb{R}^N$ zu einem topologischen Raum; die auf diese Weise eingeführte Topologie nennt man auch die „gewöhnliche" Topologie des $\mathbb{R}^N$. Diese ist stets gemeint, wenn im folgenden auf den $\mathbb{R}^N$ als topologischen Raum Bezug genommen wird.

Ein topologischer Raum ist von derart allgemeiner Natur, daß selbst einer Folge von Punkten ein Grenzpunkt nicht eindeutig zugeordnet werden kann. Man wird den Punkt $P \in \mathfrak{T}$ als Grenzpunkt einer Folge P_1, P_2, ... von Punkten in $\mathfrak{T}$ einführen, wenn *jede* Umgebung von P, also auch jede den Punkt P enthaltende offene Menge von $\mathfrak{T}$, *fast alle* Punkte der Folge enthält. Dies setzt aber voraus, daß zwei verschiedene Punkte immer durch zwei disjunkte offene Umgebungen voneinander „getrennt" werden können. Da dies durch die Grundgesetze des topologischen Raumes a priori nicht gewährleistet ist, fordert man das sogenannte *Trennungsaxiom*:

(iv) Zu zwei beliebigen Punkten $P_1 \in \mathfrak{T}$ und $P_2 \in \mathfrak{T}$ existieren stets zwei *disjunkte* offene Mengen $\mathfrak{U}_1$ und $\mathfrak{U}_2$, welche die beiden Punkte P_1 und P_2 enthalten:

$$\forall P_1, P_2 \in \mathfrak{T} \;\Rightarrow\; \exists\, \mathfrak{U}_1, \mathfrak{U}_2 \in \mathcal{O}, P_1 \in \mathfrak{U}_1, P_2 \in \mathfrak{U}_2 \text{ und } \mathfrak{U}_1 \cap \mathfrak{U}_2 = \emptyset .$$

Wird das Trennungsaxiom (iv) in einem topologischen Raum zusätzlich als Forderung erhoben, so kann es zu einer Folge P_1, P_2, ... von Punkten aus $\mathfrak{T}$ nur *höchstens* einen Punkt $P \in \mathfrak{T}$ geben, der die Voraussetzung erfüllt, daß in *jeder* Umgebung von P fast alle Punkte der Folge liegen.

Ein topologischer Raum, dem das Trennungsaxiom zu den drei Grundaxiomen hinzugefügt wird, heißt *separiert* oder ein *Hausdorff-Raum.*

Hat man auf einer Punktmenge auf Grund irgendwelcher gemeinsamer Merkmale Teilmengen ausgesondert, welche das Attribut „offen" bekommen, so sagt man, auf der Punktmenge ist eine Topologie „eingeführt" worden, wenn diese Familie von Teilmengen den Forderungen (i) bis (iii) für einen topologischen Raum bzw. auch noch (iv) für einen Hausdorff-Raum Genüge leistet.

Immer wieder tritt der Fall ein, daß Untersuchungen von Objekten in einem topologischen Raum $\mathfrak{T}$ durch gewisse Einschränkungen auf einer Teilmenge $\mathfrak{S}$ durchgeführt werden müssen, welche dann die Rolle des topologischen Raumes $\mathfrak{T}$ zu übernehmen hat. Dies erfordert, die Teilmenge $\mathfrak{S}$ zu einem topologischen Raum zu machen, aber nicht willkürlich, sondern unter solchen Umständen in Verbindung mit der Topologie in $\mathfrak{T}$. Der natürliche Weg, die Teilmenge $\mathfrak{S}$ mit Hilfe der Topologie in $\mathfrak{T}$ zu einem topologischen Raum zu machen, besteht darin, jede Menge in $\mathfrak{S}$ offen zu nennen, wenn sie als Durchschnitt einer offenen Menge in $\mathfrak{T}$ und der Teilmenge $\mathfrak{S}$ dargestellt werden kann,

$$\mathfrak{U} \subseteq \mathfrak{S} \text{ offen in } \mathfrak{S} \iff \exists\, \mathfrak{V} \subseteq \mathfrak{T} \text{ offen in } \mathfrak{T} \text{ und } \mathfrak{U} = \mathfrak{V} \cap \mathfrak{S}\,.$$

Man hebt diesen Sachverhalt durch die Sprechweise „die Menge $\mathfrak{U}$ ist offen in $\mathfrak{S}$" hervor (die Menge $\mathfrak{U}$ braucht nicht offen in $\mathfrak{T}$ zu sein, aber sie ist es, wenn $\mathfrak{S}$ offen in $\mathfrak{T}$ ist). Die Topologie in $\mathfrak{S}$ ist somit die Mengenfamilie

$$\mathcal{O}' = \{\mathfrak{U} \mid \mathfrak{U} = \mathfrak{V} \cap \mathfrak{S},\ \mathfrak{V} \in \mathcal{O}\}\,,$$

wenn darin $\mathcal{O}$ die Topologie in $\mathfrak{T}$ ist. Diese Topologie nennt man die in $\mathfrak{S}$ durch $\mathfrak{T}$ *induzierte* oder die (bezüglich $\mathfrak{T}$) *relative* Topologie; mit dieser Topologie versehen heißt $\mathfrak{S}$ ein *topologischer Teilraum* von $\mathfrak{T}$.

Aus $\mathfrak{S} \subseteq \mathfrak{T}$ folgt $\mathfrak{S} = \mathfrak{T} \cap \mathfrak{S}$, somit ist $\mathfrak{S} \in \mathcal{O}'$ wegen $\mathfrak{T} \in \mathcal{O}$; auf Grund von $\emptyset \in \mathcal{O}$ und $\emptyset = \emptyset \cap \mathfrak{S}$ ist auch $\emptyset \in \mathcal{O}'$ und daher die Bedingung (i) für die Mengenfamilie $\mathcal{O}'$ erfüllt. Sind $\mathfrak{U}_1$ und $\mathfrak{U}_2$ zwei Mengen der Familie $\mathcal{O}'$, so gibt es zwei Mengen $\mathfrak{V}_1$ und $\mathfrak{V}_2$ in $\mathcal{O}$ mit $\mathfrak{U}_1 = \mathfrak{V}_1 \cap \mathfrak{S}$ und $\mathfrak{U}_2 = \mathfrak{V}_2 \cap \mathfrak{S}$; daher ist der Durchschnitt

$$\mathfrak{U}_1 \cap \mathfrak{U}_2 = (\mathfrak{V}_1 \cap \mathfrak{S}) \cap (\mathfrak{V}_2 \cap \mathfrak{S}) = (\mathfrak{V}_1 \cap \mathfrak{V}_2) \cap \mathfrak{S}$$

in $\mathcal{O}'$ enthalten, denn $\mathfrak{V}_1 \cap \mathfrak{V}_2$ gehört der Familie $\mathcal{O}$ an. Somit ist auch der Bedingung (ii) Genüge getan. Sind schließlich die Mengen $\mathfrak{U}_i$ für $i \in I$ in $\mathcal{O}'$ enthalten, also $\mathfrak{U}_i = \mathfrak{V}_i \cap \mathfrak{S}$ mit Mengen $\mathfrak{V}_i \in \mathcal{O}$, so folgt aus

$$\bigcup_{i\in I} \mathfrak{U}_i = \bigcup_{i\in I} (\mathfrak{V}_i \cap \mathfrak{S}) = \Big(\bigcup_{i\in I} \mathfrak{V}_i\Big) \cap \mathfrak{S}\,,$$

daß auch die Vereinigung der Mengen $\mathfrak{U}_i$ der Familie $\mathcal{O}'$ angehört, da ja die Vereinigung der in $\mathfrak{T}$ offenen Mengen $\mathfrak{V}_i$ eine offene Menge ist. Somit ist auch die Forderung (iii) für die Mengen der Familie $\mathcal{O}'$ erfüllt und folglich $\mathcal{O}'$ eine Topologie auf $\mathfrak{S}$.

Ein topologischer Teilraum $\mathfrak{S}$ eines Hausdorff-Raumes $\mathfrak{T}$ ist gleichfalls ein Hausdorff-Raum. Sind nämlich P_1 und P_2 zwei beliebige Punkte in $\mathfrak{S}$, so gibt es zwei disjunkte offene Mengen $\mathfrak{V}_1$ und $\mathfrak{V}_2$ in $\mathfrak{T}$ mit $P_1 \in \mathfrak{V}_1$ und $P_2 \in \mathfrak{V}_2$. Dann enthalten die beiden in $\mathfrak{S}$ offenen Mengen $\mathfrak{U}_1 = \mathfrak{V}_1 \cap \mathfrak{S}$ und $\mathfrak{U}_2 = \mathfrak{V}_2 \cap \mathfrak{S}$ die Punkte P_1 bzw. P_2 und sind durchschnittsfremd,

$$\mathfrak{U}_1 \cap \mathfrak{U}_2 = (\mathfrak{V}_1 \cap \mathfrak{V}_2) \cap \mathfrak{S} = \emptyset \cap \mathfrak{S} = \emptyset\,.$$

Einen affinen Raum $\mathfrak{A}^N$ kann man mit Hilfe des Kartenbegriffs und der Topologie des $\mathbb{R}^N$ zu einem topologischen Raum machen. Ist κ eine Karte für $\mathfrak{A}^N$, so heißt die Menge $\mathfrak{V} \subseteq \mathfrak{A}^N$ offen im $\mathfrak{A}^N$, wenn die Menge $\mathcal{U} = \kappa^{-1}(\mathfrak{V}) \subseteq \mathbb{R}^N$ offen im $\mathbb{R}^N$ ist. Wie a.a.O. gezeigt wurde, ist diese Eigenschaft für $\mathfrak{V}$ unabhängig vom Koordinatensystem im $\mathfrak{A}^N$, d.h. ist $\kappa^{-1}(\mathfrak{V})$ für eine gewisse Karte offen im $\mathbb{R}^N$, so ist $\kappa^{-1}(\mathfrak{V})$ für jede Karte κ offen im $\mathbb{R}^N$.

Wegen $\kappa^{-1}(\emptyset) = \emptyset$ und $\kappa^{-1}(\mathfrak{A}^N) = \mathbb{R}^N$ ist die Forderung (i) jedenfalls erfüllt, denn die leere Menge $\emptyset$ und der $\mathbb{R}^N$ selbst sind offene Mengen des $\mathbb{R}^N$. Wenn $\mathfrak{V}_1$ und $\mathfrak{V}_2$ zwei beliebige im $\mathfrak{A}^N$ offene Mengen sind, so ist wegen

$$\kappa^{-1}(\mathfrak{V}_1 \cap \mathfrak{V}_2) = \kappa^{-1}(\mathfrak{V}_1) \cap \kappa^{-1}(\mathfrak{V}_2)$$

der Durchschnitt zweier im $\mathfrak{A}^N$ offener Mengen wieder offen im $\mathfrak{A}^N$, da die rechte Seite dieser Gleichung als Durchschnitt zweier offener Mengen eine offene Menge des $\mathbb{R}^N$ ist. Damit ist auch der Forderung (ii) Genüge getan. Die Forderung (iii) ist ebenfalls erfüllt, da die rechte Seite der Gleichung

$$\kappa^{-1}\Big(\bigcup_{i\in I} \mathfrak{V}_i\Big) = \bigcup_{i\in I} \kappa^{-1}(\mathfrak{V}_i)$$

als Vereinigung beliebig vieler im $\mathbb{R}^N$ offener Mengen eine im $\mathbb{R}^N$ offene Menge ist. Damit ist $\mathfrak{A}^N$ ein topologischer Raum. Schließlich ist auch das Trennungsaxiom (iv) erfüllt, denn der mit der gewöhnlichen Topologie versehene $\mathbb{R}^N$ ist ein Hausdorff-Raum. Sind nämlich P_1 und P_2 zwei beliebige Punkte im $\mathfrak{A}^N$ und ist $r > 0$ eine reelle Zahl, für welche $2r \leq |\kappa^{-1}(P_1) - \kappa^{-1}(P_2)|$ gilt, so sind die beiden offenen Kugelumgebungen $\mathcal{K}_i = \{\mathbf{x} \mid |\mathbf{x}-\kappa^{-1}(P_i)| < r\}$ disjunkt, denn wäre $\mathbf{x} \in \mathcal{K}_1 \cap \mathcal{K}_2$, so würde die Dreiecksungleichung den Widerspruch

$$2r \leq |\kappa^{-1}(P_1) - \kappa^{-1}(P_2)| \leq |\mathbf{x} - \kappa^{-1}(P_1)| + |\mathbf{x} - \kappa^{-1}(P_2)| < 2r$$

ergeben. Wie die — auf Grund der Injektivität der Funktion κ — für beliebige Teilmengen $\mathcal{A}, \mathcal{B} \subseteq \mathbb{R}^N$ gültige Beziehung

$$\kappa(\mathcal{A}) \cap \kappa(\mathcal{B}) = \kappa(\mathcal{A} \cap \mathcal{B})$$

zeigt, sind dann die offenen Umgebungen $\mathfrak{K}_i = \kappa(\mathcal{K}_i)$ der beiden Punkte P_i disjunkt,

$$\mathfrak{K}_1 \cap \mathfrak{K}_1 = \kappa(\mathcal{K}_1 \cap \mathcal{K}_2) = \kappa(\emptyset) = \emptyset\,.$$

Damit ist der affine Raum $\mathfrak{A}^N$ ein Hausdorff-Raum.

Ist $\mathfrak{F} \subseteq \mathfrak{A}$ eine Teilmenge eines affinen Raumes $\mathfrak{A}$, so induziert die Topologie in $\mathfrak{A}$ eine Topologie in $\mathfrak{F}$, indem jede Teilmenge $\mathfrak{U} \subseteq \mathfrak{F}$ offen in $\mathfrak{F}$ genannt wird, wenn sie der Durchschnitt von $\mathfrak{F}$ mit einer in $\mathfrak{A}$ offenen Menge $\mathfrak{V}$ ist: $\mathfrak{U} = \mathfrak{V} \cap \mathfrak{F}$. Eine „Fläche“ $\mathfrak{F} \subseteq \mathfrak{A}^3$ im dreidimensionalen affinen Raum wird auf diese Weise zu einem topologischen Raum, desgleichen eine „Kurve“ $\mathfrak{C} \subseteq \mathfrak{A}^3$.

Sind $\mathfrak{T}_1$ und $\mathfrak{T}_2$ zwei topologische Räume, so heißt eine Abbildung $f : \mathfrak{T}_1 \to \mathfrak{T}_2$ *stetig* im Punkt $P \in \mathfrak{T}_1$, wenn das Urbild jeder Umgebung $\mathfrak{V} \subseteq \mathfrak{T}_2$ von $Q = f(P)$ eine Umgebung $\mathfrak{U} \subseteq \mathfrak{T}_1$ von P enthält,

$$\mathfrak{U} \subseteq f^{-1}(\mathfrak{V}).$$

Eine Abbildung $f : \mathfrak{T}_1 \to \mathfrak{T}_2$ heißt stetig auf $\mathfrak{T}_1$, wenn sie in jedem Punkt von $\mathfrak{T}_1$ stetig ist. Hat $f : \mathfrak{T}_1 \to \mathfrak{T}_2$ als Abbildung topologischer Räume mit der Topologie $\mathcal{O}_1$ bzw. $\mathcal{O}_2$ die Eigenschaft $f^{-1}(\mathfrak{V}) \in \mathcal{O}_1$ für $\mathfrak{V} \in \mathcal{O}_2$, so ist sie klarerweise stetig auf $\mathfrak{T}_1$. Da eine offene Menge $\mathfrak{V}$ Umgebung jedes ihrer Punkte ist und für eine auf $\mathfrak{T}_1$ stetige Funktion f auch das Urbild $f^{-1}(\mathfrak{V})$ mit jedem ihrer Punkte auch eine Umgebung enthält, ist das Urbild offener Mengen in $\mathfrak{T}_2$ offen in $\mathfrak{T}_1$. Also ist f genau dann stetig auf $\mathfrak{T}_1$, wenn

$$\forall \mathfrak{V} \in \mathcal{O}_2 \;\Rightarrow\; f^{-1}(\mathfrak{V}) \in \mathcal{O}_1 .$$

Die Stetigkeit einer Abbildung hängt also von der Wahl der Topologie sowohl im Definitionsbereich als auch im Bildbereich ab. Wählt man für eine reelle Funktion $f : \mathcal{D} \to \mathcal{B}$ einer reellen Veränderlichen die gewöhnliche Topologie der Zahlengeraden, so ist die topologische Konzeption der Stetigkeit mit der üblichen identisch. Sei $\varepsilon > 0$ und $\mathcal{U}(y_0, \varepsilon)$ die ε-Umgebung um den Bildpunkt $y_o = f(x_o)$ von x_o unter der Abbildung f. Dann ist $\mathcal{U}(y_o, \varepsilon) \cap \mathcal{B}$ offen in Bildbereich $\mathcal{B}$, wenn dieser mit der induzierten Topologie versehen wird. Die Stetigkeit von f im Punkt x_o verlangt jetzt die Existenz einer im Definitionsbereich $\mathcal{D}$ liegenden offenen Umgebung $\mathcal{U}$ von x_o, für welche $f(\mathcal{U}) \subseteq \mathcal{U}(y_o, \varepsilon) \cap \mathcal{B}$ gilt. Diese ist dann von der Form $\mathcal{U} = \mathcal{V} \cap \mathcal{D}$, worin $\mathcal{V}$ eine in der Topologie der Zahlengeraden offene Menge ist. Wegen $x_o \in \mathcal{U}$ gilt dabei $x_o \in \mathcal{V}$, weshalb es eine Zahl $\delta > 0$ geben muß mit der Eigenschaft $\mathcal{U}(x_o, \delta) \subseteq \mathcal{V}$, wobei

$$f\big(\mathcal{U}(x_o, \delta) \cap \mathcal{D}\big) \subseteq \mathcal{U}(y_o, \varepsilon) \cap \mathcal{B}$$

zu verlangen ist bzw. in Form von Ungleichungen

$$x \in \mathcal{D} \text{ und } |x - x_o| < \delta \;\Rightarrow\; |f(x) - f(x_o)| < \varepsilon .$$

Eine Abbildung $f : \mathfrak{T}_1 \to \mathfrak{T}_2$ heißt ein *Homöomorphismus*,[3] wenn f bijektiv ist und sowohl f als auch die Umkehrfunktion f^{-1} stetige Funktionen sind. Zwei topologische Räume $\mathfrak{T}_1$ und $\mathfrak{T}_2$ heißen *homöomorph* oder *topologisch äquivalent*, in Zeichen $\mathfrak{T}_1 \cong \mathfrak{T}_2$, wenn ein Homöomorphismus $f : \mathfrak{T}_1 \to \mathfrak{T}_2$ existiert. Da die identische Abbildung $\iota : \mathfrak{T} \to \mathfrak{T}$ klarerweise stetig ist, gilt $\mathfrak{T} \cong \mathfrak{T}$, d.h. die Relation $\cong$ ist reflexiv. Gilt $\mathfrak{T}_1 \cong \mathfrak{T}_2$, so ist auch $\mathfrak{T}_2 \cong \mathfrak{T}_1$, denn die Umkehrung eines Homöomorphismus ist wieder ein Homöomorphismus; also ist die Relation $\cong$ symmetrisch. Wenn schließlich $\mathfrak{T}_1 \cong \mathfrak{T}_2$ und $\mathfrak{T}_2 \cong \mathfrak{T}_3$ ist, so gilt auch $\mathfrak{T}_1 \cong \mathfrak{T}_3$, denn die Zusammensetzung $f_2 \circ f_1$ zweier Homöomorphismen $f_1 : \mathfrak{T}_1 \to \mathfrak{T}_2$ und $f_2 : \mathfrak{T}_2 \to \mathfrak{T}_3$ ist wieder ein Homöomorphismus. Daher ist die Relation $\cong$ auch transitiv.[4]

[3] Griech. ὁμοῖος (homoios), ähnlich, gemeinsam, beide Teile betreffend.

[4] Sind $\mathcal{A}$ und $\mathcal{B}$ „Räume" mit mathematischen Strukturen, so sieht man diese Räume als nicht wesentlich verschieden voneinander an, wenn es eine strukturerhaltende bijektive Abbildung $f : \mathcal{A} \to \mathcal{B}$ gibt. Handelt es sich bei $\mathcal{A}$ und $\mathcal{B}$ um lineare Vektorräume und somit um algebraische Strukturen, so sind es die Isomorphismen, welche die algebraische Struktur erhalten. Im Falle topologischer Räume übernehmen die Homöomorphismen die Rolle jener Abbildungen, welche die topologische Struktur erhalten, denn es ist $\mathcal{X}$ offen in $\mathcal{A} \iff f(\mathcal{X})$ offen in $\mathcal{B}$.

In einem affinen Raum $\mathfrak{A}^N$ ist jede Karte κ ein Homöomorphismus einer offenen Menge $\mathcal{K} \subseteq \mathbb{R}^N$ auf eine offene Menge $\kappa(\mathcal{K}) = \mathfrak{K} \subseteq \mathfrak{A}^N$. Ist nämlich κ eine beliebige Karte, so sind wegen der Bijektivität der Funktion κ die Gleichungen $\kappa(\mathcal{K}) = \mathfrak{K}$ und $\kappa^{-1}(\mathfrak{K}) = \mathcal{K}$ äquivalent. Der Raum $\mathbb{R}^N$ aller Zahlen-N-tupel (mit der gewöhnlichen Topologie) und ein affiner Raum $\mathfrak{A}^N$ (mit der Topolgie, die alle Mengen $\mathfrak{V} \subseteq \mathfrak{A}^N$ als offen erklärt, für welche $\kappa^{-1}(\mathfrak{V})$ offen in $\mathbb{R}^N$ ist), sind im topologischen Sinn äquivalent, die Stetigkeit einer jeden Karte, ebenso die ihrer Umkehrfunktion, ist in der sich auf den Kartenbegriff stützenden Art der Festlegung, welche Mengen in $\mathfrak{A}^N$ offen sind, bereits enthalten.

Eine Teilmenge $\mathfrak{F}$ eines topologischen Raumes $\mathfrak{T}$ heißt *abgeschlossen*, wenn ihr Komplement[5)] in $\mathcal{O}$ liegt,

$$\mathfrak{T} \setminus \mathfrak{F} \in \mathcal{O},$$

also eine offene Menge ist.

Ein abgeschlossenes Intervall $[a, b] = \{x \mid a \leq x \leq b\}$ ist in der Topologie der Zahlengeraden eine abgeschlossene Menge, denn das Intervall $[a, b]$ ist das Komplement einer offenen Menge, nämlich der Vereinigung der beiden offenen Intervalle $]-\infty, a[$ und $]b, \infty[$. Wie aus den allgemeingültigen Beziehungen

$$\mathbb{R} \setminus \bigcup_{i \in I} \mathcal{U}_i = \bigcap_{i \in I} (\mathbb{R} \setminus \mathcal{U}_i), \quad \mathbb{R} \setminus \bigcap_{i \in I} \mathcal{U}_i = \bigcup_{i \in I} (\mathbb{R} \setminus \mathcal{U}_i)$$

hervorgeht, ist der Durchschnitt beliebig vieler und die Vereinigung endlich vieler abgeschlossener Mengen eine abgeschlossene Menge. Als Komplement von $\mathbb{R}$ ist die leere Menge $\emptyset$, als Komplement von $\emptyset$ ist die ganze Zahlengerade abgeschlossen. Dieser Sachverhalt gilt unverändert in allgemeinen topologischen Räumen. Es besteht also ein gewisser Dualismus zwischen den Begriffen „offen" und „abgeschlossen" bezüglich der Vereinigung und Durchschnittsbildung.

Eine Teilmenge eines topologischen Raumes $\mathfrak{T}$, welche nicht offen ist, braucht deshalb nicht abgeschlossen zu sein, und umgekehrt muß eine Teilmenge von $\mathfrak{T}$, welche nicht abgeschlossen ist, keineswegs offen sein. Die Begriffe „offen" und „abgeschlossen" schließen einander aber auch nicht aus, es gibt sehr wohl Teilmengen in $\mathfrak{T}$, welche *sowohl* offen *als auch* abgeschlossen sind, nämlich die leere Menge $\emptyset$ und die Menge $\mathfrak{T}$ selbst: die leere Menge $\emptyset$ und der ganze Raum $\mathfrak{T}$ sind nach Forderung (i) einerseits offene Mengen, andererseits sind sie aber auch abgeschlossen, da die eine das Komplement der anderen ist.

Sind aber $\emptyset$ und $\mathfrak{T}$ die einzigen Mengen in $\mathcal{O}$, die sowohl offen als auch abgeschlossen sind, so heißt $\mathfrak{T}$ *zusammenhängend*; andernfalls wird $\mathfrak{T}$ *unzusammenhängend* genannt. Ein unzusammenhängender topologischer Raum ist also daran zu erkennen, daß es zwei nicht-leere offene Mengen $\mathfrak{U}_1, \mathfrak{U}_2 \subset \mathfrak{T}$ gibt mit den Eigenschaften $\mathfrak{U}_1 \cap \mathfrak{U}_2 = \emptyset$ und $\mathfrak{U}_1 \cup \mathfrak{U}_2 = \mathfrak{T}$. Es ist dann nämlich $\mathfrak{U}_1$ das Komplement von $\mathfrak{U}_2$ und umgekehrt, sodaß die beiden Mengen $\mathfrak{U}_1$ und $\mathfrak{U}_2$ auch abgeschlossen sind.

[5)] Das Komplement einer Menge $\mathcal{A}$ bezüglich einer $\mathcal{A}$ umfassenden Menge $\mathcal{B}$ ist die Menge aller nicht in $\mathcal{A}$ enthaltenen Elemente von $\mathcal{B}$, symbolisch $\mathcal{B} \setminus \mathcal{A}$. Es gilt dann $\mathcal{A} \cup (\mathcal{B} \setminus \mathcal{A}) = \mathcal{B}$ und $\mathcal{A} \cap (\mathcal{B} \setminus \mathcal{A}) = \emptyset$.

Eine nicht-leere Teilmenge $\mathfrak{U} \subseteq \mathfrak{T}$ eines topologischen Raumes heißt zusammenhängend, wenn $\mathfrak{U}$ als Teilraum von $\mathfrak{T}$ zusammenhängend ist. Eine offene und zusammenhängende Teilmenge eines topologischen Raumes heißt ein *Gebiet.*

Von Bedeutung ist, daß stetige Funktionen zusammenhängende Räume auf zusammenhängende Räume abbilden, d.h. ist $f : \mathfrak{T}_1 \to \mathfrak{T}_2$ stetig auf $\mathfrak{T}_1$, so ist das Bild $\mathfrak{W} = f(\mathfrak{T}_1) \subseteq \mathfrak{T}_2$ ein zusammenhängender Teilraum von $\mathfrak{T}_2$, wenn $\mathfrak{T}_1$ zusammenhängend ist. Wäre $\mathfrak{W}$ nicht zusammenhängend, so gibt es zwei nicht-leere in $\mathfrak{W}$ offene Mengen $\mathfrak{U}_1$ und $\mathfrak{U}_2$ mit der Eigenschaft

$$\mathfrak{U}_1 \cup \mathfrak{U}_2 = \mathfrak{W}, \quad \mathfrak{U}_1 \cap \mathfrak{U}_2 = \emptyset .$$

Auf Grund der für Abbildungen allgemein gültigen Beziehungen

$$f^{-1}(\mathcal{A} \cap \mathcal{B}) = f^{-1}(\mathcal{A}) \cap f^{-1}(\mathcal{B}), \quad f^{-1}(\mathcal{A} \cup \mathcal{B}) = f^{-1}(\mathcal{A}) \cup f^{-1}(\mathcal{B})$$

hat dies, da die in $\mathfrak{W}$ offenen Mengen $\mathfrak{U}_1$ und $\mathfrak{U}_2$ der Durchchschnitt

$$\mathfrak{U}_1 = \mathfrak{V}_1 \cap \mathfrak{W}, \quad \mathfrak{U}_2 = \mathfrak{V}_2 \cap \mathfrak{W}$$

von $\mathfrak{W}$ mit zwei gewissen nicht-leeren disjunkten in $\mathfrak{T}_2$ offenen Mengen $\mathfrak{V}_1$ und $\mathfrak{V}_2$ sind, die Gleichung

$$\begin{aligned} \mathfrak{T}_1 &= f^{-1}(\mathfrak{W}) = f^{-1}(\mathfrak{V}_1 \cap \mathfrak{W}) \cup f^{-1}(\mathfrak{V}_2 \cap \mathfrak{W}) \\ &= \left[f^{-1}(\mathfrak{V}_1) \cap f^{-1}(\mathfrak{W})\right] \cup \left[f^{-1}(\mathfrak{V}_2) \cap f^{-1}(\mathfrak{W})\right] \\ &= f^{-1}(\mathfrak{V}_1) \cup f^{-1}(\mathfrak{V}_2) \end{aligned}$$

zur Folge. Da die nicht-leeren Mengen $f^{-1}(\mathfrak{V}_1)$ und $f^{-1}(\mathfrak{V}_2)$ als Urbilder offener Mengen in $\mathfrak{T}_2$ offene Mengen in $\mathfrak{T}_1$ sind, wäre dadurch, wenn man schließlich noch

$$\emptyset = f^{-1}(\emptyset) = f^{-1}(\mathfrak{U}_1 \cap \mathfrak{U}_2) = f^{-1}(\mathfrak{V}_1) \cap f^{-1}(\mathfrak{V}_2)$$

beachtet, der topologische Raum $\mathfrak{T}_1$ als Vereinigung disjunkter nicht-leerer offener Mengen dargestellt.

Da das Bild eines zusammenhängenden topologischen Raumes unter einer stetigen Funktion zusammenhängend ist, sind zwei homöomorphe topologische Räume entweder beide zusammenhängend oder beide nicht zusammenhängend. Deshalb ist der Zusammenhang eine „topologische Invariante".

Mit dem Begriff des Zusammenhangs wird auf topologische Räume eine Eigenschaft übertragen, welche den zusammenhängenden Mengen der Zahlengeraden $\mathbb{R}$ und des $\mathbb{R}^N$ im sprachlichen und anschaulichen Sinn zukommt.

Ein beschränktes oder unbeschränktes Intervall der Zahlengeraden ist als topologischer Teilraum zusammenhängend.

Dem Beweis dieser Aussage sei vorausgeschickt, daß eine nicht-leere wenigstens zweipunktige Menge $I \subseteq \mathbb{R}$ genau dann ein Intervall ist, wenn mit zwei beliebigen Punkten $x_1, x_2 \in I$ stets $]x_1, x_2[\subseteq I$ gilt.

Sei I ein Intervall und $I = I_1 \cup I_2$, $I_1 \cap I_2 = \emptyset$, worin I_1 und I_2 zwei nichtleere in I offene Mengen sind. Es ist dann $I_1 = J_1 \cap I$, $I_2 = J_2 \cap I$ für zwei gewisse in $\mathbb{R}$ offene Mengen J_1 und J_2. Da die beiden Mengen I_1 und I_2 nichtleer sind, gibt es zwei Punkte x_1 und x_2 in I mit $x_1 \in I_1$, $x_2 \in I_2$, wobei $x_1 < x_2$ angenommen sei. Da I ein Intervall ist, gilt $[x_1, x_2] \subseteq I$; ferner ist die in I offene Menge $I' = I_1 \cap]-\infty, x_2[$ beschränkt, nämlich mit x_2. Folglich existiert das Supremum $\xi = \sup I'$; wegen $x_1 \le \xi \le x_2$ ist $\xi \in I$. Die Supremumseigenschaft von ξ hat nun zur Folge, daß ξ weder in I_1 noch in I_2 liegen kann. Wäre $\xi \in I_2$, so liegt ξ in J_2; da diese Menge in $\mathbb{R}$ offen ist, gibt es eine positive Zahl ε_o mit der Eigenschaft $]\xi - \varepsilon_o, \xi + \varepsilon_o[\subseteq J_2$. Ist ε die kleinere der beiden positiven Zahlen ε_o und $\xi - x_1$ (die Annahme $\xi \in I_2$ bedingt ja $\xi > x_1$), so gilt jedenfalls $\xi - \varepsilon \in I \cap J_2$ und somit $]\xi - \varepsilon, \xi] \subseteq I_2$. Auf Grund der Supremumseigenschaft von ξ gibt es aber zu *jedem* $\varepsilon > 0$ einen Punkt $x' \in I_1$, sodaß $\xi - \varepsilon < x' \le \xi$ gilt. Damit führt die Annahme $\xi \in I_2$ auf einen Widerspruch zur Forderung $I_1 \cap I_2 = \emptyset$. Also muß $\xi \in I_1$ und insbesondere $\xi < x_2$ gelten. Wenn aber ξ in I_1 liegt, so gilt auch $\xi \in J_1$; es existiert daher eine positive Zahl ε_o mit der Eigenschaft $]\xi - \varepsilon_o, \xi + \varepsilon_o[\subseteq J_1$. Ist dann ε die kleinere der beiden Zahlen ε_o und $x_2 - \xi$, so ist $\xi + \varepsilon \in I \cap J_1$ und somit $[\xi, \xi + \varepsilon[\subseteq I_1$ im Widerspruch dazu, daß für ξ als Supremum der Menge I' insbesondere $x \le \xi$ für alle $x \in I_1$ gelten muß. Dieser neuerliche Widerspruch zeigt die Unmöglichkeit auf, ein Intervall der Zahlengeraden als Vereinigung disjunkter offener Mengen darzustellen.

Von dieser Behauptung gilt auch die Umkehrung: *Ist $I \subseteq \mathbb{R}$ eine zusammenhängende Menge, die wenigstens zwei Punkte enthält, so ist I ein Intervall der Zahlengeraden.* Wäre nämlich I kein Intervall, so gibt es zwei Punkte $x_1, x_2 \in I$ und einen dazwischen liegenden Punkt $\xi \in \mathbb{R}$, der nicht zu I gehört, sodaß $x_1 < \xi < x_2$ gilt. Dann sind aber die Mengen $I_1 =]-\infty, \xi[\cap I$ und $I_2 =]\xi, \infty[\cap I$ in I offen, disjunkt, und ihre Vereinigung ergibt klarerweise I. Dies steht aber im Widerspruch dazu, daß I als zusammenhängend vorausgesetzt wurde.

Es gilt also: *Die zusammenhängenden Mengen reeller Zahlen, die wenigstens zwei Punkte enthalten, sind genau die Intervalle der Zahlengeraden.*

Sind $\mathbf{x}_0, \mathbf{x}_1, \ldots, \mathbf{x}_n$ verschiedene Punkte des $\mathbb{R}^N$, so heißt der durch geradlinige Verbindung dieser Punkte in der angegebenen Reihenfolge entstehende Weg ein *Polygonzug*. Es gilt: *Eine offene Menge $\mathcal{O} \subseteq \mathbb{R}^N$ ist genau dann zusammenhängend, wenn sich je zwei Punkte stets durch einen in $\mathcal{O}$ liegenden Polygonzug verbinden lassen.*

Sei also $\mathcal{O} \subseteq \mathbb{R}^N$ eine Menge mit der Eigenschaft, daß sich je zwei Punkte von $\mathcal{O}$ stets durch einen ganz in $\mathcal{O}$ liegenden Polygonzug verbinden lassen. In indirekter Schlußweise sei angenommen, daß $\mathcal{O}$ nicht zusammenhängend ist. Dies bedeutet also, daß es zwei in $\mathcal{O}$ offene Mengen $\mathcal{O}_1$ und $\mathcal{O}_2$ gibt, welche disjunkt sind und vereinigt $\mathcal{O}$ ergeben. Sind nun $\mathbf{x}_1$ und $\mathbf{x}_2$ zwei Punkte in $\mathcal{O}$, $\mathbf{x}_1 \in \mathcal{O}_1$ und $\mathbf{x}_2 \in \mathcal{O}_2$, so lassen sich diese voraussetzungsgemäß durch einen Polygonzug $\Pi \subset \mathcal{O}$ verbinden. Mißt man dessen Länge im $\mathbb{R}^N$, etwa vom Punkt $\mathbf{x}_1$ aus, zu ℓ, so ist die Abbildung $\gamma : [0, \ell] \to \Pi$, welche dem Argument $s \in [0, \ell]$ jenen Punkt auf Π zuordnet, der vom Punkt $\mathbf{x}_1$ auf Π den Abstand s hat, jedenfalls surjektiv; dabei gewährleistet die in $\Pi \subset \mathcal{O} \subseteq \mathbb{R}^N$ induzierte Topologie, daß γ stetig ist, wenn im Definitionsintervall $[0, \ell] \subset \mathbb{R}$ die induzierte Topologie genommen wird. Da das Intervall $[0, \ell]$ ein zusammenhängender topologischer Raum ist, muß Π als stetiges Bild zusammenhängend sein. Nun ist aber $\mathbf{x}_1 \in \mathcal{O}_1 \cap \Pi$ und $\mathbf{x}_2 \in \mathcal{O}_2 \cap \Pi$, weshalb die beiden in Π offenen Mengen $\mathcal{O}_1 \cap \Pi$ und $\mathcal{O}_2 \cap \Pi$ nicht leer sind; sie sind disjunkt,

$$(\mathcal{O}_1 \cap \Pi) \cap (\mathcal{O}_2 \cap \Pi) = (\mathcal{O}_1 \cap \mathcal{O}_2) \cap \Pi = \emptyset \cap \Pi = \emptyset ,$$

und ihre Vereinigung ist wegen $\Pi \subset \mathcal{O}$ gleich

$$(\mathcal{O}_1 \cap \Pi) \cup (\mathcal{O}_2 \cap \Pi) = (\mathcal{O}_1 \cup \mathcal{O}_2) \cap \Pi = \mathcal{O} \cap \Pi = \Pi .$$

Dies bedeutet aber, daß der Polygonzug Π als Vereinigung durchschnittsfremder (in der Topologie von Π) offener Mengen dargestellt ist, im Widerspruch zur eben bewiesenen Tatsache, daß der Polygonzug Π zusammenhängend sein muß. Also muß die Menge $\mathcal{O}$ zusammenhängend sein. (Für die Beweisführung in dieser Richtung muß die Menge $\mathcal{O}$ nicht als offen vorausgesetzt werden).

Um die Umkehrung dieser Aussage zu beweisen, sei $\mathcal{O} \subseteq \mathbb{R}^N$ eine zusammenhängende offene Menge und $\mathbf{x}_o \in \mathcal{O}$ ein beliebiger Punkt. Dann lassen sich die Punkte einer geeigneten in $\mathcal{O}$ enthaltenen Umgebung von $\mathbf{x}_o$ durch einen Polygonzug mit $\mathbf{x}_o$ verbinden. Deshalb ist die Menge $\mathcal{V} \subseteq \mathcal{O}$ aller Punkte in $\mathcal{O}$, welche sich mit $\mathbf{x}_o$ durch einen in $\mathcal{O}$ liegenden Polygonzug verbinden lassen, nicht leer. Diese Teilmenge $\mathcal{V}$ ist offen. Ist nämlich $\mathbf{x}_1 \in \mathcal{V}$, so gibt es eine ε-Umgebung $\mathcal{U}(\mathbf{x}_1, \varepsilon) \subseteq \mathcal{O}$; ist $\mathbf{x} \in \mathcal{U}(\mathbf{x}_1, \varepsilon)$ ein beliebiger Punkt, so liegt die geradlinige Verbindungsstrecke von $\mathbf{x}$ mit $\mathbf{x}_1$ in $\mathcal{U}(\mathbf{x}_1, \varepsilon)$, also in $\mathcal{O}$, d.h. aber, es läßt sich der Punkt $\mathbf{x}_o$ auch mit dem Punkt $\mathbf{x}$ durch einen in $\mathcal{O}$ liegenden Polygonzug verbinden, indem man dem Polygonzug von $\mathbf{x}_o$ nach $\mathbf{x}_1$ die geradlinige Verbindungsstrecke von $\mathbf{x}_1$ nach $\mathbf{x}$ hinzufügt. Somit ist also $\mathcal{U}(\mathbf{x}_1, \varepsilon) \subseteq \mathcal{V}$ und $\mathbf{x}_1$ ein innerer Punkt von $\mathcal{V}$. Es ist aber auch das Komplement $\mathcal{O} \setminus \mathcal{V}$ offen. Ist $\mathbf{x}_1 \in \mathcal{O} \setminus \mathcal{V}$, so läßt sich der Punkt $\mathbf{x}_1$ nicht durch einen in $\mathcal{O}$ liegenden Polygonzug mit $\mathbf{x}_o$ verbinden. Als Punkt von $\mathcal{O}$ gibt es eine Umgebung $\mathcal{U}(\mathbf{x}_1, \varepsilon)$ von $\mathbf{x}_1$, die in $\mathcal{O}$ enthalten ist. Klarerweise läßt sich kein Punkt in $\mathcal{U}(\mathbf{x}_1, \varepsilon)$ mit $\mathbf{x}_o$ durch einen Polygonzug verbinden, weshalb $\mathcal{U}(\mathbf{x}_1, \varepsilon) \subseteq \mathcal{O} \setminus \mathcal{V}$ gilt. Wäre dann $\mathcal{V} \subset \mathcal{O}$, d.h. $\mathcal{O} \setminus \mathcal{V} \neq \emptyset$, so ist $\mathcal{O}$ die Vereinigung der offenen und disjunkten Mengen $\mathcal{V}$ und $\mathcal{O} \setminus \mathcal{V}$, im Widerspruch zur Annahme, daß $\mathcal{O}$ zusammenhängend ist.

Ist $\mathfrak{T}$ ein zusammenhängender topologischer Raum und $f : \mathfrak{T} \to \mathbb{R}$ eine stetige nicht konstante Funktion, so ist das Bild $f(\mathfrak{T}) \subseteq \mathbb{R}$ eine zusammenhänge Menge, also ein Intervall. Daraus ergibt sich der *Zwischenwertsatz*: *Ist $f : \mathfrak{T} \to \mathbb{R}$ eine stetige Funktion auf dem zusammenhängenden topologischer Raum $\mathfrak{T}$, so nimmt f jeden Wert zwischen zwei beliebigen Funktionswerten wenigstens einmal an.*

II. *Eine differenzierbare Mannigfaltigkeit ist ein Hausdorff-Raum, der einem affinen Raum „lokal" homöomorph ist.*

In einem affinen Raum wird durch Wahl eines Koordinatenursprungs und einer Basis im Tangentialraum ein Koordinatensystem errichtet, welches den Raum in Form der zugehörigen Karte „parametrisiert", indem jedem Punkt in umkehrbar eindeutiger Weise Koordinaten zugeordnet werden. Diese Art der Einführung von Koordinaten für die Raumpunkte ergibt sich durch die Struktur des affinen Raumes und kann auf topologische Räume nicht übertragen werden. Soll ein topologischer Raum durch Koordinaten für seine Punkte parametrisiert werden, so muß die Möglichkeit hiefür eigens gefordert werden. Der Struktur eines topologischen Raumes entspricht es aber, wenn solche Parametrisierungen nur „lokal", für eine offene Umgebung jedes Punktes, in Betracht gezogen werden. Für das Folgende sei $\mathfrak{T}$ ein Hausdorff-Raum.

Sind $\mathcal{K} \subseteq \mathbb{R}^N$ und $\mathfrak{U} \subseteq \mathfrak{T}$ offene Mengen in der jeweiligen Topologie, so heißt ein Homöomorphismus $\kappa : \mathcal{K} \to \mathfrak{U}$ ein *(lokales) N-dimensionales*

Koordinatensystem in $\mathfrak{T}$ oder eine *(lokale) Karte*; man spricht auch von einer *lokalen Parametrisierung* durch die Karte κ. Die Zahlen $x_1, x_2, \ldots, x_N$ nennt man die *Koordinaten* des Punktes $\kappa(\mathbf{x}) = P \in \mathfrak{T}$ in Bezug auf die Karte κ. Eine Karte $\kappa : \mathcal{K} \to \mathfrak{T}$, die eine offene Menge $\mathcal{K}$ des $\mathbb{R}^N$ auf den ganzen Raum $\mathfrak{T}$ abbildet, heißt eine *globale Karte* bzw. eine *globale Parametrisierung* des Raumes $\mathfrak{T}$. Mit der Sprechweise „$\kappa : \mathcal{K} \to \mathfrak{U}$ ist eine Karte um den Punkt $P \in \mathfrak{U}$" soll zum Ausdruck gebracht werden, daß durch κ ein lokales Koordinatensystem um den Punkt $P \in \mathfrak{U}$ errichtet ist.

Seien $\kappa_1 : \mathcal{K}_1 \to \mathfrak{U}_1$ und $\kappa_2 : \mathcal{K}_2 \to \mathfrak{U}_2$ zwei Karten für einander überlappende offene Mengen mit dem somit nicht-leeren Durchschnitt $\mathfrak{U} = \mathfrak{U}_1 \cap \mathfrak{U}_2$. Die offene Menge $\mathfrak{U}$ wird dann durch beide Karten koordinatenmäßig erfaßt, die Karte κ_1 bildet die offene Menge $\kappa_1^{-1}(\mathfrak{U}) \subseteq \mathcal{K}_1$, die Karte κ_2 die offene Menge $\kappa_2^{-1}(\mathfrak{U}) \subseteq \mathcal{K}_2$ homöomorph auf $\mathfrak{U}$ ab. Daher ist die Abbildung $\kappa_2^{-1} \circ \kappa_1 : \kappa_1^{-1}(\mathfrak{U}) \to \kappa_2^{-1}(\mathfrak{U})$ ein Homöomorphismus der beiden offenen Mengen $\kappa_1^{-1}(\mathfrak{U})$ und $\kappa_2^{-1}(\mathfrak{U})$. Die beiden Karten κ_1 und κ_2 heißen *verträglich*, wenn der Homöomorphismus $\kappa = \kappa_2^{-1} \circ \kappa_1$ ein *Diffeomorphismus* (einer Klasse C^k) ist[6]. Zwei Karten κ_1 und κ_2 für zwei einander nicht überlappende offene Teilmengen von $\mathfrak{T}$ gelten automatisch als verträglich. Zwei einander überlappende Karten müssen die gleiche Dimension haben, was für zwei einander nicht überlappende Karten nicht zu gelten braucht. Für das Folgende seien aber nur solche topologische Räume in Betracht gezogen, für die zwei beliebige Karten stets dieselbe Dimension haben. Man nennt diese dann die *Dimension* des Raumes $\mathfrak{T}$.

Sind κ und $\bar{\kappa}$ zwei Karten um $P \in \mathfrak{T}$, so nennt man den Übergang von den Koordinaten x_i der Karte κ zu den Koordinaten $\bar{x}_i$ der Karte $\bar{\kappa}$, der durch den C^k-Diffeomorphismus $\bar{\kappa}^{-1} \circ \kappa$ vermittelt wird, einen *Kartenwechsel* oder eine *Koordinatentransformation*. Beim Studium von Objekten, die sich auf Koordinaten beziehen, ist stets zu untersuchen, welchen Einfluß bzw. welche Auswirkungen Koordinatentransformationen haben.

Eine Menge $\mathcal{A}$ verträglicher Karten heißt ein *Atlas* für den N-dimensionalen Hausdorff-Raum $\mathfrak{T}$, wenn jeder Punkt von $\mathfrak{T}$ samt einer gewissen Umgebung durch wenigstens eine Karte abgebildet wird, d.h. zu jedem Punkt $P \in \mathfrak{T}$ gibt es eine Karte $\kappa : \mathcal{K} \to \mathfrak{U}$ mit $P \in \mathfrak{U}$. Da jeder Punkt von $\mathfrak{T}$ auf wenigstens einer Karte liegt, überdecken alle Karten eines Atlas den topologischen Raum $\mathfrak{T}$,

$$\bigcup_{\kappa \in \mathcal{A}} \kappa(\mathcal{K}) = \mathfrak{T}.$$

Zwei Atlanten $\mathcal{A}_1$ und $\mathcal{A}_2$ heißen dabei äquivalent, in Zeichen $\mathcal{A}_1 \sim \mathcal{A}_2$, wenn die Vereinigung $\mathcal{A}_1 \cup \mathcal{A}_2$ der Karten des Atlas $\mathcal{A}_1$ mit denen des Atlas

[6] Sind $\mathcal{A} \subseteq \mathbb{R}^N, \mathcal{B} \subseteq \mathbb{R}^N$ zwei offene Mengen, so heißt ein Homöomorphismus $f : \mathcal{A} \to \mathcal{B}$ ein *Diffeomorphismus*, wenn f und f^{-1} differenzierbare Funktionen sind. Sind die partiellen Ableitungen von f und f^{-1} bis einschließlich einer Ordnung $k \geq 1$ vorhanden und stetige Funktionen, so spricht man von einem Diffeomorphismus der *Klasse* C^k.

$\mathcal{A}_2$ wieder ein Atlas ist, oder anders ausgedrückt, wenn *jede* Karte des Atlas $\mathcal{A}_1$ mit *allen* Karten des Atlas $\mathcal{A}_2$ verträglich ist. Die auf diese Weise eingeführte Relation $\sim$ zwischen den Atlanten für einen Hausdorff-Raum $\mathfrak{T}$ ist eine Äquivalenzrelation. Die Reflexivität und die Symmetrie sind nahezu triviale Eigenschaften, die Transitivität ergibt sich aus folgender Betrachtung. Seien $\mathcal{A}_1$, $\mathcal{A}_2$ und $\mathcal{A}_3$ drei Atlanten, wobei $\mathcal{A}_1 \sim \mathcal{A}_2$ und $\mathcal{A}_2 \sim \mathcal{A}_3$ ist. Wenn $\kappa_1 : \mathcal{K}_1 \to \mathfrak{U}_1$ und $\kappa_3 : \mathcal{K}_3 \to \mathfrak{U}_3$ zwei beliebige Karten aus $\mathcal{A}_1$ bzw. $\mathcal{A}_3$ bezeichnen, so sind diese automatisch verträglich, wenn $\mathfrak{U}_1 \cap \mathfrak{U}_3 = \emptyset$ ist. Sei demnach $\mathfrak{U} = \mathfrak{U}_1 \cap \mathfrak{U}_3 \neq \emptyset$ und $P \in \mathfrak{U}$. Dann gibt es im Atlas $\mathcal{A}_2$ eine Karte $\kappa_2 : \mathcal{K}_2 \to \mathfrak{U}_2$ um den Punkt $P \in \mathfrak{U}$. Daher ist $\mathfrak{U} \cap \mathfrak{U}_2 \neq \emptyset$. Da die Karten der Atlanten $\mathcal{A}_1$ und $\mathcal{A}_2$, ebenso jene der beiden Atlanten $\mathcal{A}_2$ und $\mathcal{A}_3$, verträglich sind, ist $\kappa_2^{-1} \circ \kappa_1$ ein C^k-Diffeomorphismus einer gewissen Umgebung $\bar{\mathcal{K}}_1 \subseteq \mathcal{K}_1$ des Punktes $\kappa_1^{-1}(P)$ und einer Umgebung $\bar{\mathcal{K}}_2 \subseteq \mathcal{K}_2$ des Punktes $\kappa_2^{-1}(P)$, desgleichen $\kappa_2^{-1} \circ \kappa_3$ für eine gewisse Umgebung $\bar{\mathcal{K}}_3 \subseteq \mathcal{K}_3$ des Punktes $\kappa_3^{-1}(P)$ und der Umgebung $\bar{\mathcal{K}}_2$ des Punktes $\kappa_2^{-1}(P)$. Infolgedessen ist die Zusammensetzung

$$(\kappa_2^{-1} \circ \kappa_3)^{-1} \circ (\kappa_2^{-1} \circ \kappa_1) = \kappa_3^{-1} \circ \kappa_1$$

ein C^k-Diffeomorphismus der Umgebungen $\bar{\mathcal{K}}_1$ und $\bar{\mathcal{K}}_3$, d.h. aber, die Karten κ_1 und κ_3 aus den beiden Atlanten $\mathcal{A}_1$ und $\mathcal{A}_3$ sind verträglich. Also ist die Relation $\sim$ eine Äquivalenzrelation.

Ist $\mathcal{A}$ ein Atlas für den Hausdorff-Raum $\mathfrak{T}$, so ist $\mathcal{A}$ Vertreter einer Äquivalenzklasse $[\mathcal{A}]$. Da die Vereinigung der Atlanten einer Äquivalenzklasse $[\mathcal{A}]$ wieder ein zu $\mathcal{A}$ äquivalenter Atlas ist, stellt die Zusammenfassung aller Karten der in $[\mathcal{A}]$ enthaltenen Atlanten zu einem Atlas eine Vervollständigung des gegebenen Atlas $\mathcal{A}$ dar; in diesem Sinne heißt

$$\mathcal{A}_o = \bigcup_{\mathcal{A}_i \in [\mathcal{A}]} \mathcal{A}_i$$

ein *vollständiger* Atlas, der den Atlas $\mathcal{A}$ enthält. Nach dieser Konstruktion ist ein vollständiger Atlas durch die Karten eines Atlas, die er enthält, eindeutig bestimmt. Die Bedeutung des vollständigen Atlas liegt darin, jede Willkür bei der Zulassung von sinnvollen Koordinatensystemen auszuschalten, um so Ergebnisse, die ihre Aussage in allen zugelassenen, d.h. einem vollständigen Atlas anhörigen Karten beibehalten, auf ein gesichertes Fundament zu stellen.

Ein N-dimensionaler Hausdorff-Raum, der durch einen vollständigen Atlas parametrisiert ist, heißt eine *N-dimensionale differenzierbare Mannigfaltigkeit.*[7)]

[7)] Genauer wäre es, von einer Mannigfaltigkeit der Klasse C^k zu sprechen, wenn verlangt wird, daß jeder Kartenwechsel ein C^k-Diffeomorphismus ist. Eine Mannigfaltigkeit der Klasse C^0 heißt eine *topologische* Mannigfaltigkeit, eine solche der Klasse C^∞ wird *analytisch* genannt. Im folgenden soll mit dem Beiwort „differenzierbar" stets ein gewisser C^k-Diffeomorphismus mit $1 \leq k \leq \infty$ verstanden werden; da die Ordnung k in der Regel unerheblich ist, meint man meist eine C^∞-Klasse.

Die Namensgebungen für die in diesen Definitionen enthaltenen Begriffe sind natürlich nicht ohne Bewandtnis mit der Bedeutung dieser Wörter im gewöhnlichen Sprachgebrauch. Ein Atlas ist die Zusammenfassung von Karten auf einzelnen Seiten, auf einer Karte bildet man zusammenhängende Bereiche der Erdoberfläche homöomorph, also umkehrbar eindeutig unter Inkaufnahme gewisser stetiger Verzerrungen auf Teile einer Ebene ab. Die Verzerrungen sind dabei umso größer, je umfassender die Karte ist, wie aus dem Vergleich eines Stadtplanes mit einer Karte für den europäischen Kontinent ohne weiteres verständlich wird. Man denke dabei auch an die unterschiedlichen Formen der kartographischen Beschreibung der Erdoberfläche, an Karten, in denen die Linien konstanter geographischer Breite oder Länge kreisbogenförmig gekrümmt sind oder als gerade Linien abgebildet werden. Was die Orientierung auf Landkarten mit Hilfe von Längen- und Breitengraden, den Koordinaten der Orte, anlangt, so ist zu beachten, daß keinerlei Bezugnahme auf irgendwelche Koordinaten der betreffenden Orte als Punkte in einem dreidimensionalen Raum, den das Weltall oder wenigstens eine gewisse Umgebung der Erde verkörpert, erforderlich ist.

Eine differenzierbarbare Mannigfaltigkeit wird durch einen Atlas vollständig „kartographiert", er leistet dieselben Dienste, wie ein Weltatlas zur Orientierung auf der Erdoberfläche.

Während ein affiner Raum stets durch eine „Weltkarte" — d.h. durch eine globale Karte — parametrisiert werden kann, braucht dies für eine Mannigfaltigkeit nicht zu gelten. Auch hiefür ist die Erdkugel ein anschauliches Beispiel, denn es gibt keine Weltkarte, auf der einerseits jeder Punkt genau einmal aufscheint, andererseits immer auch eine gewisse Umgebung kartographisch erfaßt ist, sodaß ein Ort stets im „Inneren" der Weltkarte aufzusuchen ist. Um dies zu erreichen, benötigt man mindestens zwei Karten, z.B. eine für die nördliche und eine für die südliche Halbkugel, die beide jeweils ein bißchen über den Äquator hinausreichen. Es braucht nicht eigens ausgeführt zu werden, daß derart große Karten nicht für alle Zwecke geeignet sind; bei Verkleinerung der Maßstäbe werden aber die abgebildeten Landstriche immer kleiner, die Anzahl der erforderlichen Karten wird größer. Entscheidend ist letztlich, daß *jeder Punkt samt einer gewissen Umgebung* auf *wenigstens* einer Karte aufgefunden werden kann, also auf eine offene Teilmenge des $\mathbb{R}^2$ abgebildet werden kann. Insofern ist eine Mannigfaltigkeit $\mathfrak{M}$ einem affinen Raum $\mathfrak{A}$, wie ihn eine Kartenebene darstellt, auf der aber der Kartenausschnitt selbst nur ein kleiner Bezirk, eine offene Umgebung für jeden seiner Punkte ist, nur lokal homoömorph.

Da eine Karte eine offene Umgebung jedes Punktes auf den $\mathbb{R}^N$ abbildet, dessen euklidische Struktur eine Längen- und Winkelmessung ermöglicht, ist man berechtigt zu sagen, daß eine Mannigfaltigkeit „lokal euklidisch" ist. Davon macht man beispielsweise zur Messung der Entfernung zwischen zwei Orten auf der Erdoberfläche Gebrauch, sofern die Punkte hinlänglich benachbart und der Maßstab der hiefür benützten Karte nicht zu groß ist. Dies darf aber nicht dazu verleiten, benachbarten Punkten einer Mannigfaltigkeit auf diese Weise einen Abstand zuzuordnen. Hiefür ist die Mannigfaltigkeit mit einer geeigneten Struktur zu versehen, über welche der Abstand benachbarter Punkte erst eingeführt wird. Dies wird auch ohne weiteres verständlich, wenn man daran denkt, daß zwei Orten auf der Erdoberfläche ein Abstand längs eines Weges mit Hilfe der Geometrie im dreidimensionalen euklidischen Raum zugewiesen wird, in den die Erdoberfläche „eingebettet" ist, wobei der Weg auf einem Großkreis die kürzeste Verbindung herstellt. —

Die einfachsten Vertreter differenzierbarer Mannigfaltigkeiten sind die Zahlengerade $\mathbb{R}$ und der mit der gewöhnlichen Topologie versehene Raum $\mathbb{R}^N$.

Es wurde schon ausgeführt, daß eine Fläche $\mathfrak{F} \subset \mathfrak{A}^3$ ein Hausdorff-Raum ist, wenn die Topologie auf $\mathfrak{F}$ jene durch die Topologie in $\mathfrak{A}^3$ induzierte ist. Sei nun eine solche Fläche implizit durch die Gleichung $F(\xi_1, \xi_2, \xi_3) = 0$ gegeben, worin ξ_i die Koordinaten in $\mathfrak{A}^3$ bezüglich einer Karte $\hat{\kappa}$ sind, und $P_o = \hat{\kappa}(\xi_1^o, \xi_2^o, \xi_3^o)$ ein Punkt auf $\mathfrak{F}$. Ist $F_{\xi_3} \neq 0$ in P_o, so gibt es in einer offenen Umgebung $\mathcal{K}$ von $(\xi_1^o, \xi_2^o) \in \mathbb{R}^2$ eine lokale Auflösung[8] $\xi_3 = f(\xi_1, \xi_2)$ der Gleichung $F(\xi_1, \xi_2, \xi_3) = 0$ nach der Variablen ξ_3, und die durch diese Auflösung in der Umgebung $\mathcal{K}$ des Punktes $(\xi_1^o, \xi_2^o) \in \mathbb{R}^2$ definierte Funktion $\kappa(x_1, x_2) = \hat{\kappa}(x_1, x_2, f(x_1, x_2))$ ist eine Karte um P_o. Das gleiche gilt für die Funktion $\bar{\kappa}(\bar{x}_1, \bar{x}_2) = \hat{\kappa}(\bar{x}_1, g(\bar{x}_1, \bar{x}_2), \bar{x}_2)$, wenn darin $g(\xi_1, \xi_3)$ die unter der Bedingung $F_{\xi_2} \neq 0$ vorhandene lokale Auflösung der Gleichung $F(\xi_1, \xi_2, \xi_3) = 0$ nach der Variablen ξ_2 ist. Der Kartenwechsel $\kappa \to \bar{\kappa}$ bedeutet also den Übergang von den Koordinaten x_i zu den Koordinaten $\bar{x}_i$, der durch die Funktion $\bar{\kappa}^{-1} \circ \kappa$ mit den Koordinaten

$$\bar{x}_1 = x_1, \quad \bar{x}_2 = f(x_1, x_2)$$

vermittelt wird; die Umkehrung $\kappa^{-1} \circ \bar{\kappa}$ ist durch die Funktionen

$$x_1 = \bar{x}_1, \quad x_2 = g(\bar{x}_1, \bar{x}_2)$$

gegeben. Die beiden Karten sind Beispiele *lokaler* Parametrisierungen der Fläche $\mathfrak{F}$ um einen Punkt $P \in \mathfrak{F}$.

Ist $\mathfrak{A}$ ein N-dimensionaler affiner Raum, bezogen auf eine Karte $\hat{\kappa}$ mit den Koordinaten ξ_i, so wird durch n Gleichungen

$$F_i(\xi_1, \xi_2, \ldots, \xi_N) = 0, \quad i = 1, 2, \ldots, n, \tag{5.1}$$

eine $N - n = m$-dimensionale Mannigfaltigkeit $\mathfrak{M}$ definiert, wenn die Funktionen F_i Differenzierbarkeitseigenschaften aufweisen und die Matrix $\left\{\frac{\partial F_i}{\partial \xi_j}\right\}$ in jedem Punkt des (gemeinsamen) Definitionsbereiches der Funktionen F_i surjektiv ist. Diese Forderung ist zu stellen, damit eine lokale Auflösung der n Gleichungen (5.1) nach n Variablen als Funktionen der übrigen $m = N - n$ Veränderlichen in jedem Punkt existiert, dessen Koordinaten den Gleichungen (5.1) genügen. Ist $\xi_i = f_i(\xi_{n+1}, \ldots, \xi_N)$, $i = 1, 2, \ldots, n$, eine solche Auflösung um einen Punkt $P \in \mathfrak{M}$ mit den Koordinaten ξ_i^o, so ist, wenn für $\xi_{n+1} = x_1, \ldots, \xi_N = x_m$ gesetzt wird,

$$\kappa(x_1, \ldots, x_m) = \hat{\kappa}(x_1, \ldots, x_m, f_1(x_1, \ldots, x_m), \ldots, f_n(x_1, \ldots, x_m))$$

eine Karte um den Punkt $P \in \mathfrak{M}$.

Ein affiner N-dimensionaler Raum $\mathfrak{A}^N$ ist eine N-dimensionale Mannigfaltigkeit. Ist $\mathcal{K} = \{\mathcal{O}, \mathcal{B}\}$ ein affines Koordinatensystem, so ist die zugehörige Karte κ eine globale Karte und somit ein Atlas. Ein vollständiger Atlas besteht daher aus allen globalen Karten affiner Koordinatensysteme für $\mathfrak{A}^N$, aber nicht nur aus diesen, sondern aus allen Karten, welche irgendeinen durch differenzierbare Funktionen hergestellten Zusammenhang mit affinen Koordinaten haben. So läßt sich der affine dreidimensionale Raum $\mathfrak{A}^3$, wenn auch nicht mehr global, durch Kugelkoordinaten $\bar{x}_1 = r$, $\bar{x}_2 = \theta$, $\bar{x}_3 = \phi$ parametrisieren,

$$x_1 = r \sin\theta \cos\phi, \quad x_2 = r \sin\theta \sin\phi, \quad x_3 = r \cos\theta,$$

die ihren Namen allerdings erst in euklidischen Räumen verdienen (wenn dabei x_1, x_2, x_3 kartesische Koordinaten sind). Wenn man auf solche Weise an Stelle affiner Koordinaten *lokal* irgendwelche andere Koordinaten einführt, ist der affine Raum $\mathfrak{A}^N$ als differenzierbare Mannigfaltigkeit zu betrachten.

---

[8] Man beachte hiezu, daß die Existenz solcher Auflösungen auf Grund des Satzes über implizite Funktionen nur *lokal* gewährleistet ist.

III. *Jedem Punkt einer differenzierbaren Mannigfaltigkeit ist ein linearer Vektorraum, der „Tangentialraum“, zugeordnet.*

Man sagt, eine Kurve $\mathfrak{C}$ im dreidimensionalen Raum wird in einem Punkt durch ihre Tangente, eine Fläche $\mathfrak{F}$ durch ihre Tangentialebene „berührt“. In der Sprache der Differential- und Integralrechnung drückt man damit aus, daß der Fehler bei der Approximation der Kurve bzw. der Fläche durch ihre Tangente bzw. Tangentialebene von höherer als erster Ordnung klein wird. Faßt man Kurve und Fläche als topologischen Raum, Tangente und Tangentialebene als ein- bzw. zweidimensionale affine Räume auf, so ist es gerechtfertigt zu sagen, die Kurve bzw. die Fläche wird in Form der Tangente bzw. der Tangentialebene von einem affinen Raum berührt. Das Bindeglied zwischen dem berührenden affinen Raum und der Mannigfaltigkeit, welche eine Kurve oder eine Fläche darstellt, ist der Tangentialraum des affinen Raumes, dessen Vektoren als Tangentenvektoren an die Kurve oder die Fläche anzusehen sind, wenn ihr Fußpunkt an den Berührungspunkt gebunden wird.

Dieses Bild erfordert die Einbettung einer Mannigfaltigkeit in einen affinen Raum. Um sich davon frei zu machen, muß der Tangentialraum der Tangentenvektoren an eine Mannigfaltigkeit als *eigenständiges* Element der Mannigfaltigkeit in jedem Punkt eingeführt werden und insofern aus der Konzeption einer Mannigfaltigkeit selbst hervorgehen.

Sei eine Abbildung $\gamma : [a,b] \to \mathfrak{M}$ gegeben. In jedem Punkt $t \in [a,b]$ möge die Funktion $\kappa^{-1} \circ \gamma : [a,b] \to \mathbb{R}^N$, worin κ eine beliebige Karte um $P = \gamma(t)$ ist, stetig differenzierbar[9] sein, wobei aber die Ableitung in keinem Punkt $t \in [a,b]$ gleich der Nullmatrix ist, d.h. es sollen die Ableitungen der Koordinaten in keinem Punkt gleichzeitig verschwinden. Dann heißt γ eine *glatte Kurve auf* $\mathfrak{M}$. Für die Kurve als Punktmenge auf $\mathfrak{M}$ stehe im folgenden $\mathfrak{C} = \gamma([a,b])$; gelegentlich wird der bequemeren Sprechweise halber einfach von einer Kurve $\mathfrak{C}$ gesprochen. In Anlehnung an die Vorstellung von einer Kurve auf einer glatten Fläche im Raum wird man durch die Ableitung der Funktion $\gamma_\kappa = \kappa^{-1} \circ \gamma : [a,b] \to \mathbb{R}^N$, die wie üblich mit $\dot{\gamma}_\kappa$ bezeichnet wird, zum Begriff des Tangentenvektors an die Kurve $\mathfrak{C}$ geführt. Bezeichnet $\dot{\gamma}_k = \mathbf{h}$ das N-tupel der Ableitungen im Punkt P, so wird dieses, unter Bezugnahme auf die Karte κ, repräsentativ für den Tangentenvektor an $\mathfrak{C}$, der die Kurve und damit auch die Mannigfaltigkeit „berührt“.

Sind die Ableitungen $h^i = \dot{\gamma}^i_\kappa(t_o)$ der Koordinaten $\gamma^i_\kappa(t)$ der Funktion $\gamma_\kappa = \kappa^{-1} \circ \gamma$ Repräsentanten des Tangentenvektors bezüglich des Koordinatensystems der Karte κ um den Punkt $P = \gamma(t_o)$, so sind es bezüglich des Koordinatensystems einer Karte $\bar{\kappa}$ um P die Ableitungen $\bar{h}^i = \dot{\gamma}^i_{\bar{\kappa}}(t_o)$ der Koordinaten $\gamma^i_{\bar{\kappa}}(t)$ der Funktion $\gamma_{\bar{\kappa}} = \bar{\kappa}^{-1} \circ \gamma$. Wegen

$$\bar{\kappa}^{-1} \circ \gamma = (\bar{\kappa}^{-1} \circ \kappa) \circ (\kappa^{-1} \circ \gamma),$$

[9] In den Randpunkten des Intervalls ist entsprechende einseitige Differenzierbarkeit zu verlangen.

worin die Funktion $\bar{\mathbf{x}} = \bar{\kappa}^{-1} \circ \kappa(\mathbf{x})$ den Übergang von den Koordinaten x_i zu den Koordinaten $\bar{x}_i$ beschreibt, besteht dabei auf Grund der Kettenregel der Zusammenhang

$$\bar{h}^i = \sum_{j=1}^{N} \frac{\partial \bar{x}_i}{\partial x_j} h^j . \tag{5.2}$$

Das N-tupel $\bar{\mathbf{h}}$ steht also ebenso für den Tangentenvektor wie das N-tupel $\mathbf{h}$. Daher ist die Angabe des N-tupels $\mathbf{h}$, zusammen mit dem Hinweis auf jene Karte κ um P, bezüglich der das N-tupel $\mathbf{h}$ durch Differentiation der Funktion $\kappa^{-1} \circ \gamma$ hervorgeht, repräsentativ für den Tangentenvektor an die Kurve $\mathfrak{C}$ im Punkt P. Mathematisch beschreibt man diesen Sachverhalt durch ein geordnetes Paar $(\mathbf{h}, \kappa)$ mit $\mathbf{h} \in \mathbb{R}^N$ und $\kappa \in \mathcal{A}_P$, wenn $\mathcal{A}_P \subseteq \mathcal{A}$ die Gesamtheit aller Karten um den Punkt P aus dem vollständigen Atlas $\mathcal{A}$ für $\mathfrak{M}$ bezeichnet. Zwei solche Paare $(\mathbf{h}, \kappa) \in \mathbb{R}^N \times \mathcal{A}_P$ und $(\bar{\mathbf{h}}, \bar{\kappa}) \in \mathbb{R}^N \times \mathcal{A}_P$ stehen also für denselben Tangentenvektor und sind damit äquivalente Formen der Beschreibung, wenn nur die beiden N-tupel $\mathbf{h}$ und $\bar{\mathbf{h}}$ den Koordinatengleichungen (5.2) genügen. Durch diese Forderung ist, wie ohne weiteres zu sehen ist, auch tatsächlich eine Äquivalenzrelation gegeben. Diese teilt die Menge aller Paare aus $\mathbb{R}^N \times \mathcal{A}_P$ in Äquivalenzklassen ein, jedes Element in $\mathbb{R}^N \times \mathcal{A}_P$ ist Repräsentant eines gewissen Tangentenvektors. Ist nämlich $\mathbf{h} \in \mathbb{R}^N$ ein beliebiges N-tupel und $\kappa \in \mathcal{A}_P$ irgendeine Karte um den Punkt P, so beschreibt, wenn $x_1^\circ, x_2^\circ, \ldots, x_N^\circ$ die Koordinaten des Punktes P bezüglich der Karte κ bedeuten, die Funktion $\gamma(t) = \kappa\big(\mathbf{x}_o + (t - t_o)\mathbf{h}\big)$ ein Kurvenstück um den Punkt P, dem dabei der Parameterwert t_o entspricht. Da γ die Zusammensetzung der Funktion κ mit der Funktion $\gamma^*(t) = \mathbf{x}_o + (t - t_o)\mathbf{h}$ ist, wird

$$\gamma_\kappa(t) = \kappa^{-1} \circ \gamma(t) = \kappa^{-1} \circ \kappa \circ \gamma^*(t) = \gamma^*(t)$$

und folglich

$$\dot{\gamma}_\kappa(t) = \mathbf{h} .$$

Im folgenden sei für eine Äquivalenzklasse $\boldsymbol{t} = \big[(\mathbf{h}, \kappa)\big]$ geschrieben, wenn das N-tupel $\mathbf{h}$ zusammen mit der Karte κ ein Vertreter dieser Klasse ist. Erklärt man jetzt die Summe $\boldsymbol{t}_1 + \boldsymbol{t}_2$ zweier Äquivalenzklassen $\boldsymbol{t}_1 = \big[(\mathbf{h}_1, \kappa)\big]$ und $\boldsymbol{t}_2 = \big[(\mathbf{h}_2, \kappa)\big]$ über

$$\big[(\mathbf{h}_1, \kappa)\big] + \big[(\mathbf{h}_2, \kappa)\big] := \big[(\mathbf{h}_1 + \mathbf{h}_2, \kappa)\big]$$

und sinngemäß das Produkt einer Äquivalenzklasse $\boldsymbol{t} = \big[(\mathbf{h}, \kappa)\big]$ mit einer reellen Zahl λ entsprechend

$$\lambda\big[(\mathbf{h}, \kappa)\big] := \big[(\lambda\mathbf{h}, \kappa)\big] ,$$

so erhält die Gesamtheit aller Äquivalenzklassen die Struktur eines linearen Vektorraumes. Der Nullvektor ist dabei die Gesamtheit aller Paare $(\mathbf{o}, \kappa)$ für $\kappa \in \mathcal{A}_P$, wenn $\mathbf{o}$ das nur aus Nullen bestehende N-tupel bezeichnet; hiefür ist nämlich zu beachten, daß die Transformationsmatrix $\left\{\frac{\partial \bar{x}_i}{\partial x_j}\right\}$ in der

Gleichung (5.2) eine reguläre Matrix ist, sodaß $\mathbf{h} = \mathbf{o}$ stets $\bar{\mathbf{h}} = \mathbf{o}$ zur Folge hat und umgekehrt. Der auf diese Weise dem Punkt P der Mannigfaltigkeit $\mathfrak{M}$ zugeordnete lineare Vektorraum heißt der *Tangentialraum* an $\mathfrak{M}$ im Punkt P und wird symbolisch mit $\mathcal{T}_P(\mathfrak{M})$ oder kurz mit $\mathcal{T}_P$ bezeichnet. Die Vektoren in $\mathcal{T}_P(\mathfrak{M})$ heißen *Tangentenvektoren* an $\mathfrak{M}$ im Punkt P. Der Dualraum des Tangentialraumes heißt der *Kotangentialraum* und wird mit $\mathcal{T}_P^*(\mathfrak{M})$ bezeichnet.

Ist $\mathfrak{M}$ eine N-dimensionale Mannigfaltigkeit, so ist in jedem Punkt P der Tangentialraum $\mathcal{T}_P(\mathfrak{M})$ ein N-dimensionaler Vektorraum.

Zum Beweis hiefür bezeichne $\kappa \in \mathcal{A}_P$ eine beliebige Karte um P, $\mathcal{V}$ einen N-dimensionalen Vektorraum und $\mathcal{B} = \{e_1, \ldots, e_N\}$ eine feste Basis für $\mathcal{V}$. Dann ist die (von der Karte κ und der Basis $\mathcal{B}$ abhängige) Abbildung

$$\sigma : \begin{cases} \mathcal{T}_P(\mathfrak{M}) \to \mathcal{V}\,, \\ [(\mathbf{h}, \kappa)] \to \sum\limits_{i=1}^{N} h^i e_i \end{cases}$$

ein Isomorphismus der beiden linearen Vektorräume. Zur Feststellung der Linearität der Abbildung σ ist von der Vorschrift zur Bildung der Summe zweier Äquivalenzklassen auszugehen,

$$\begin{aligned} \sigma\Big(\lambda\big[(\mathbf{h}, \kappa)\big] + \mu\big[(\mathbf{k}, \kappa)\big]\Big) &= \sigma\big[(\lambda\mathbf{h} + \mu\mathbf{k}, \kappa)\big] = \sum_{i=1}^{N}(\lambda h^i + \mu k^i)e_i \\ &= \lambda\sum_{i=1}^{N} h^i e_i + \mu\sum_{i=1}^{N} k^i e_i = \lambda\sigma\big[(\mathbf{h}, \kappa)\big] + \mu\sigma\big[(\mathbf{k}, \kappa)\big]\,. \end{aligned}$$

Da die Gleichung

$$\sigma\big[(\mathbf{h}, \kappa)\big] = o \in \mathcal{V}$$

offensichtlich nur durch $\mathbf{h} = \mathbf{o}$ erfüllt werden kann, ist σ eine injektive Abbildung. Schließlich ist σ auch surjektiv, denn für $h = \sum_i h^i e_i$ folgt $\sigma\big[(\mathbf{h}, \kappa)\big] = h$. Die beiden linearen Vektorräume $\mathcal{T}_P(\mathfrak{M})$ und $\mathcal{V}$ sind daher isomorph und folglich von gleicher Dimension.

Die N-tupel $\mathbf{e}_1$, $\mathbf{e}_2$, ..., $\mathbf{e}_N$ mit

$$\mathbf{e}_i = (0, \ldots, 0, 1, 0, \ldots, 0)\,,$$

worin die Eins die i-te Position innehat, liegen — unter Bezugnahme auf eine festgewählte Karte κ — sämtlich in verschiedenen Äquivalenzklassen $\boldsymbol{t}_i = \big[(\mathbf{e}_i, \kappa)\big]$, welche linear unabhängig sind, denn aus

$$\sum_{i=1}^{N} \lambda_i \boldsymbol{t}_i = \sum_{i=1}^{N} \lambda_i\big[(\mathbf{e}_i, \kappa)\big] = \Big[\Big(\sum_{i=1}^{N} \lambda_i \mathbf{e}_i, \kappa\Big)\Big] = \big[(\mathbf{o}, \kappa)\big]$$

folgt zwingend $\lambda_1 = \cdots = \lambda_N = 0$. Daher bilden die N Tangentenvektoren $\boldsymbol{t}_i$ eine Basis des Tangentialraumes $\mathcal{T}_P(\mathfrak{M})$. Es handelt sich dabei um die

Tangentenvektoren an die „Koordinatenlinien" durch den Punkt P, welche durch die N Funktionen

$$\gamma_i(t) = \kappa\big(\overset{\circ}{x}_1, \ldots, \overset{\circ}{x}_{i-1}, t, \overset{\circ}{x}_{i+1}, \ldots, \overset{\circ}{x}_N\big) \tag{5.3}$$

gegeben sind und jeweils für eine gewisse Umgebung von $t = \overset{\circ}{x}_i$ ein Kurvenstück durch den Punkt P definieren. Es ist daher gerechtfertigt zu sagen, daß die Tangentenvektoren an die Koordinatenlinien einer Karte im gemeinsamen Schnittpunkt P jene Rolle übernehmen, welche die Vektoren der Basis $\mathcal{B}$ eines Koordinatensystems $\mathcal{K} = \{O, \mathcal{B}\}$ für einen affinen Raum innehaben. Ist v ein Vektor aus dem Tangentialraum des Punktes P, so versteht man unter seinen Koordinaten bezüglich der Karte κ sinngemäß die Koordinaten von v bezüglich dieser Basisvektoren.

Eine Fläche $\mathfrak{F}$ im dreidimensionalen affinen Raum $\mathfrak{A}^3$ ist eine zweidimensionale Mannigfaltigkeit. Ist κ eine Karte um den Punkt $P \in \mathfrak{F}$ mit den Koordinaten $\overset{\circ}{x}_1, \overset{\circ}{x}_2$, so beschreiben die jeweils in einer Umgebung von $t = \overset{\circ}{x}_1$ bzw. $t = \overset{\circ}{x}_2$ definierten Funktionen $\gamma_1(t) = \kappa(t, \overset{\circ}{x}_2)$ bzw. $\gamma_2(t) = \kappa(\overset{\circ}{x}_1, t)$ die sich im Punkt P kreuzenden Koordinatenlinien $\mathfrak{C}_1$ und $\mathfrak{C}_2$. Im Koordinatensystem der Karte κ ist das Tupel $(1,0)$ Repräsentant des Tangentenvektors t_1 an $\mathfrak{C}_1$, das Tupel $(0,1)$ Repräsentant des Tangentenvektors t_2 an $\mathfrak{C}_2$ im Schnittpunkt P.

Sieht man einen affinen Raum $\mathfrak{A}^N$ als N-dimensionale Mannigfaltigkeit an, so können die Tangentialräume in den Punkten von $\mathfrak{A}^N$ auf Grund der Struktur der Parallelverschiebung identifiziert und durch den Vektorraum $\mathcal{T}$, über dem der affine Raum errichtet ist, repräsentiert werden. Damit erhält die zunächst nicht ganz einsichtige Bezeichnung „Tangentialraum" für den Vektorraum $\mathcal{T}$ ihre nachträgliche Rechtfertigung.

Ist $\mathcal{K} = \{O, \mathcal{B}\}$ ein affines Koordinatensystem für den affinen Raum $\mathfrak{A}^N$ und κ die zugehörige Karte, so werden die Koordinatenlinien durch einen Punkt $\kappa(\mathbf{x}_o)$ in diesem Koordinatensystem durch die Funktionen $\gamma_i(t) = \kappa(\overset{\circ}{x}_1, \ldots, t, \ldots, \overset{\circ}{x}_n)$ beschrieben. Da die Koordinaten eines Punktes die Koordinaten des Ortsvektors vom Ursprung O zum jeweiligen Punkt sind, gilt für die Punkte P auf $\gamma_i(t)$

$$\overrightarrow{OP} = \overset{\circ}{x}_1 e_1 + \cdots + t\, e_i + \cdots + \overset{\circ}{x}_N e_N\,,$$

worin e_i die Vektoren der Basis $\mathcal{B}$ sind. Es handelt es sich also um Geraden, deren Richtungen durch die Vektoren der Basis $\mathcal{B}$ angegeben werden.

Die Gesamtheit aller Tangentenvektoren an $\mathfrak{M}$,

$$\mathcal{T}(\mathfrak{M}) := \bigcup_{P \in \mathfrak{M}} \mathcal{T}_P(\mathfrak{M})\,,$$

nennt man das *Tangentialbündel* an $\mathfrak{M}$. Es besitzt die natürliche Struktur einer differenzierbaren Mannigfaltigkeit, deren „Punkte" die Tangentenvektoren an $\mathfrak{M}$ sind. Eine lokale Parametrisierung für $\mathcal{T}(\mathfrak{M})$ erhält man auf folgende Weise. Die Abbildung $\pi : \mathcal{T}(\mathfrak{M}) \to \mathfrak{M}$, die dem Tangentenvektor $t \in \mathcal{T}(\mathfrak{M})$ an $\mathfrak{M}$ jenen Punkt $P \in \mathfrak{M}$ zuordnet, in welchem er die Mannigfaltigkeit $\mathfrak{M}$ berührt, wird die *natürliche Projektion* genannt; es ist dann $\pi^{-1}(P) = \mathcal{T}_P(\mathfrak{M})$ (den Tangentialraum $\mathcal{T}_P(\mathfrak{M})$ bezeichnet man in diesem Zusammenhang auch als die zum Punkt P von $\mathfrak{M}$ gehörige *Faser* des Tangentialbündels $\mathcal{T}(\mathfrak{M})$). Um zu gewährleisten, daß die Abbildung π stetig ist, wird $\mathcal{T}(\mathfrak{M})$ mit der Topologie versehen, in der jede Menge $\pi^{-1}(\mathfrak{U})$ offen ist, wenn $\mathfrak{U}$ in $\mathfrak{M}$ offen ist. Stellt dann $\kappa : \mathcal{K} \to \mathfrak{U}$ eine Karte für $\mathfrak{M}$ dar, so ist die Funktion $\breve{\kappa} : \mathcal{K} \times \mathbb{R}^N \to \pi^{-1}(\mathfrak{U})$, die einem $2N$-tupel $(\mathbf{x}, \mathbf{h}) \in \mathcal{K} \times \mathbb{R}^N$ jenen Tangentenvektor an $\mathfrak{M}$ zuordnet, der $\mathfrak{M}$ im Punkt $\kappa(\mathbf{x})$ berührt und bezüglich der Karte κ die Koordinaten h^i hat, eine Karte für $\mathcal{T}(\mathfrak{M})$. Somit bestimmt jeder Atlas für $\mathfrak{M}$ einen Atlas für $\mathcal{T}(\mathfrak{M})$. Die Gesamtheit der Tangentenvektoren einer N-dimensionalen Mannigfaltigkeit wird auf diese Weise zu einer $2N$-dimensionalen Mannigfaltigkeit.

IV. *Der Aufbau der Differentialrechnung auf Mannigfaltigkeiten gründet sich auf den Tangentialraum.*

Die Grundidee der Differentialrechnung auf Mannigfaltigkeiten besteht in der Approximation von *glatten* Objekten durch *lineare* Objekte, wofür der Tangentialraum den Zugang schafft. Unter „glatt“ ist dabei eine Eigenschaft gemeint, die in der stetigen Differenzierbarkeit ihren Ausdruck findet.

Eine reelle Funktion $\omega : \mathfrak{M} \to \mathbb{R}$ heißt differenzierbar auf $\mathfrak{M}$, wenn die Zusammensetzung $\omega \circ \kappa$ von ω mit jeder Karte κ aus dem vollständigen Atlas $\mathcal{A}$ für $\mathfrak{M}$ eine differenzierbare Funktion ist.[10)] Eine differenzierbare Funktion heißt auch ein *Skalarfeld* auf $\mathfrak{M}$. Die Skalarfelder auf einer Mannigfaltigkeit $\mathfrak{M}$ bilden mit den binären Operationen der Addition und Multiplikation einen Ring, der fortan mit $\mathbb{F}(\mathfrak{M})$ oder kurz $\mathbb{F}$ bezeichnet wird.

Ist $\omega : \mathfrak{M} \to \mathbb{R}$ ein Skalarfeld auf $\mathfrak{M}$, so heißt

$$\boldsymbol{t}(\omega) := \sum_{i=1}^{N} h^i \, \frac{\partial(\omega \circ \kappa)}{\partial x_i} \tag{5.4}$$

die *Richtungsableitung* der Funktion ω im Punkt P in Richtung des Tangentenvektors $\boldsymbol{t} \in \mathcal{T}_P$, der durch seine auf die Karte κ bezogenen Koordinaten h^i in (5.4) eingeht. Die Richtungsableitung ist unabhängig vom verwendeten Koordinatensystem und somit eine Invariante; da der Beweis hiefür denselben Wortlaut hat wie jener für die Richtungsableitung (3.15) in affinen Räumen, kann auf eine Ausführung verzichtet werden.

Die Richtungsableitung ist eine lineare Vorschrift,

$$\boldsymbol{t}(\alpha_1\omega_1 + \alpha_2\omega_2) = \alpha_1 \boldsymbol{t}(\omega_1) + \alpha_2 \boldsymbol{t}(\omega_2)\,, \tag{5.5}$$

die wie in affinen Räumen der *Produktregel*

$$\boldsymbol{t}(\omega_1\omega_2) = \boldsymbol{t}(\omega_1)\omega_2 + \omega_1 \boldsymbol{t}(\omega_2) \tag{5.6}$$

genügt, deren Beweis gleichlautend ist mit jenem für (3.17). Die Ableitungen eines Skalarfeldes ω in Richtung der Tangentenvektoren $\boldsymbol{t}_i$ an die Koordinatenlinien (5.3), welche eine Basis im Tangentialraum $\mathcal{T}_P(\mathfrak{M})$ bilden, bestimmen sich dabei zu

$$\boldsymbol{t}_i(\omega) = \frac{\partial(\omega \circ \kappa)}{\partial x_i}\,.$$

10) Genauer sollte man sagen, daß die partiellen Ableitungen bis einschließlich einer Ordnung k existieren und stetig sind, wenn $\mathfrak{M}$ eine Mannigfaltigkeit der Klasse C^k ist. Diese Bedeutung soll im folgenden der Differenzierbarkeit ohne weiteren Hinweis beigemessen werden.

Dies bedeutet, daß die Ableitung in Richtung der Basisvektoren $\boldsymbol{t}_i$ des Koordinatensystems der Karte κ mit der Operation

$$\frac{\partial(\square \circ \kappa)}{\partial x_i} : \omega \to \boldsymbol{t}_i(\omega)$$

identisch ist, was zum Anlaß dafür genommen wird, an Stelle der Symbole $\boldsymbol{t}_i$ für die Tangentenvektoren an die Koordinatenlinien (5.3) der Karte κ die Symbole $\frac{\partial}{\partial x_i}$ einzuführen,[11)] sodaß

$$\sum_{i=1}^{N} h^i \frac{\partial}{\partial x_i}$$

jener Tangentenvektor an $\mathfrak{M}$ im Punkt P ist, der in Bezug auf das Koordinatensystem der Karte κ die Koordinaten h^i hat. Mit dieser Übereinkunft schreiben sich die Transformationsgleichungen (5.2) für einen durch die Koordinatentransformation $\kappa \to \bar{\kappa}$ bedingten Basiswechsel in $\mathcal{T}_P$ in der an die Kettenregel erinnernden Form

$$\frac{\partial}{\partial \bar{x}_i} = \sum_{j=1}^{N} \frac{\partial x_j}{\partial \bar{x}_i} \frac{\partial}{\partial x_j} \,. \tag{5.7}$$

Ist I ein Intervall der Zahlengeraden und $\gamma : I \to \mathfrak{M}$ eine Kurve auf $\mathfrak{M}$, so ist die Funktion $\gamma_\kappa = \kappa^{-1} \circ \gamma : I \to \mathbb{R}^N$ mit den Koordinaten $x_i(t)$ auf I differenzierbar, die Differentialquotienten $\frac{dx_i}{dt}$ sind die Koordinaten des Tangentenvektors

$$\boldsymbol{t} = \sum_{i=1}^{N} \frac{dx_i}{dt} \frac{\partial}{\partial x_i}$$

an die Kurve γ im Koordinatensystem der Karte κ.

Sind $\mathfrak{M}$ und $\mathfrak{N}$ zwei Mannigfaltigkeiten der Dimension N bzw. n, so ist die Stetigkeit einer Abbildung $f : \mathfrak{M} \to \mathfrak{N}$ noch eine Eigenschaft von f als Abbildung topologischer Räume. Anders verhält es sich mit dem Begriff der Differenzierbarkeit, für den der Tangentialraum als Bestandteil der Struktur einer Mannigfaltigkeit benötigt wird.

Seien $\mathfrak{M}$ und $\mathfrak{N}$ zwei Mannigfaltigkeiten mit den Dimensionen N bzw. n und $f : \mathfrak{M} \to \mathfrak{N}$ eine stetige Abbildung der beiden Mannigfaltigkeiten. Dann ist die reelle Funktion $\omega \circ f : \mathfrak{M} \to \mathbb{R}$ für jede differenzierbare Funktion $\omega \in \mathbb{F}(\mathfrak{N})$ eine stetige Funktion auf $\mathfrak{M}$. Die Abbildung f wird nun im Punkt $P \in \mathfrak{M}$ *differenzierbar* genannt, wenn die Funktion $\omega \circ f$ für *jede* Funktion $\omega \in \mathbb{F}(\mathfrak{N})$ differenzierbar ist. Das *Differential* der Abbildung $f : \mathfrak{M} \to \mathfrak{N}$ im Punkt P ist die *lineare* Abbildung

$$df_P : T_P(\mathfrak{M}) \to T_{f(P)}(\mathfrak{N}) \,, \tag{5.8}$$

11) Im Hinblick auf eine kürzere Schreibweise soll an Stelle von $\frac{\partial}{\partial x_i}$ auch kurz ∂_i geschrieben werden. Sinngemäß ist dann $\frac{\partial}{\partial \bar{x}_i}$ mit $\bar{\partial}_i$ abzukürzen.

welche dem Vektor $\boldsymbol{t} \in \mathcal{T}_P(\mathfrak{M})$ jenen Tangentenvektor $\boldsymbol{t}' = df_P\boldsymbol{t} \in \mathcal{T}_{f(P)}(\mathfrak{N})$ zuordnet, der einem Skalarfeld $\omega \in \mathbb{F}(\mathfrak{N})$ als Richtungsableitung im Punkt $f(P)$ die Ableitung der reellen Funktion $\omega \circ f$ in Richtung des Vektors $\boldsymbol{t}$ zuweist,

$$df_P\boldsymbol{t}(\omega) = \boldsymbol{t}(\omega \circ f)\,. \tag{5.9}$$

Sind x_i die Koordinaten in $\mathfrak{M}$, y_i die Koordinaten in $\mathfrak{N}$ und $\kappa(\mathbf{x})$ bzw. $\hat{\kappa}(\mathbf{y})$ zwei Karten um $P \in \mathfrak{M}$ bzw. $Q = f(P) \in \mathfrak{N}$, so ist die Ableitung der Funktion $\omega \circ f$ in Richtung des Tangentenvektors $\boldsymbol{t} = \sum_i h^i \frac{\partial}{\partial x_i}$

$$\begin{aligned} \boldsymbol{t}(\omega \circ f) &= \sum_{i=1}^{N} h^i \,\frac{\partial(\omega \circ f \circ \kappa)}{\partial x_i} = \sum_{i=1}^{N} h^i \,\frac{\partial(\omega \circ \hat{\kappa} \circ \mathbf{f})}{\partial x_i} \\ &= \sum_{i=1}^{N}\sum_{j=1}^{n} h^i \,\frac{\partial(\omega \circ \hat{\kappa})}{\partial y_j}\,\frac{\partial y_j}{\partial x_i}\,, \end{aligned}$$

worin die Funktion $\mathbf{f} = \hat{\kappa}^{-1} \circ f \circ \kappa$ mit den Koordinaten $y_i = f_i(x_1, \ldots, x_N)$ eine Umgebung des Punktes $\kappa^{-1}(P) \in \mathbb{R}^N$ auf eine Umgebung des Punktes $\hat{\kappa}^{-1}(Q) \in \mathbb{R}^n$ abbildet. Setzt man

$$k^j = \sum_{i=1}^{N} \frac{\partial y_j}{\partial x_i}\, h^i \tag{5.10}$$

und ist $\boldsymbol{t}' = \sum_j k^j \frac{\partial}{\partial y_j}$, so ist die Ableitung von ω in Richtung von $\boldsymbol{t}'$ gerade

$$\boldsymbol{t}'(\omega) = \sum_{j=1}^{n} k^j \,\frac{\partial(\omega \circ \hat{\kappa})}{\partial y_j} = \boldsymbol{t}(\omega \circ f)\,,$$

d.h. es ist $\boldsymbol{t}' = df\boldsymbol{t}$. Schreibt man diese Gleichung in den Koordinaten einer Karte in $\mathfrak{M}$ und $\mathfrak{N}$ an, so erhält man

$$df_P\Big(\sum_{i=1}^{N} h^i \frac{\partial}{\partial x_i}\Big) = \sum_{j=1}^{n} k^j \frac{\partial}{\partial y_j}\,, \tag{5.11}$$

worin der Zusammenhang zwischen den Koordinaten der Tangentenvektoren bezüglich der verwendeten Karten durch die Gleichungen (5.10) gegeben ist. Die Matrix der linearen Abbildung (5.8) bezüglich des Koordinatensystems der Karte κ in $\mathfrak{M}$ und des Koordinatensystems der Karte $\hat{\kappa}$ in $\mathfrak{N}$ ist die Ableitung $\mathbf{f}' = \left\{\frac{\partial y_i}{\partial x_j}\right\}$ der Funktion $\mathbf{f} = \hat{\kappa}^{-1} \circ f \circ \kappa$.

Da die Zahlengerade $\mathbb{R}$ auch eine Mannigfaltigkeit ist, ordnen sich die reellen Funktionen $f : \mathfrak{M} \to \mathbb{R}$ in dieses Konzept der Differenzierbarkeit ein. Verwendet man in $\mathbb{R}$ die globale Karte $\hat{\kappa}(y) = y$, so ist $\frac{d}{dy}$ ein Basisvektor im Tangentialraum $T_{f(P)}(\mathbb{R})$. Infolgedessen ist auf Grund von (5.10) und (5.11)

$$df_P \frac{\partial}{\partial x_i} = \frac{\partial y}{\partial x_i}\,\frac{d}{dy}\,.$$

Da aber

$$\frac{\partial y}{\partial x_i} = \frac{\partial(\hat{\kappa}^{-1} \circ f \circ \kappa)}{\partial x_i} = \frac{\partial(f \circ \kappa)}{\partial x_i}$$

die Ableitung von f in Richtung des Tangentenvektors $\frac{\partial}{\partial x_i}$ ist, folgt weiter

$$df_P t = t(f)\,\frac{d}{dy}$$

für jeden Tangentenvektor $t \in T_P(\mathfrak{M})$. Identifiziert man kraft der Abbildung $\omega \frac{d}{dy} \to \omega$ den Tangentialraum von $\mathbb{R}$ mit $\mathbb{R}$ als Mannigfaltigkeit, so ist das Differential df_P einer reellen Funktion $f : \mathfrak{M} \to \mathbb{R}$ eine Linearform, also ein Vektor des Kotangentialraumes $T_P^*(\mathfrak{M})$. Dieser ordnet daher jedem Tangentenvektor $t \in T_P(\mathfrak{M})$ die Ableitung von f in der Richtung von t zu,

$$\langle df_P, t\rangle = t(f)\,. \tag{5.12}$$

Insbesondere ergibt sich für die Basisvektoren $\frac{\partial}{\partial x_i}$ von $T_P(\mathfrak{M})$ bezüglich einer Karte κ

$$\left\langle df_P, \frac{\partial}{\partial x_i}\right\rangle = \frac{\partial(f \circ \kappa)}{\partial x_i}\,. \tag{5.13}$$

Ist κ eine Karte um den Punkt P mit den Koordinaten x_k, so erhält man, wenn an Stelle von f die j-te Koordinatenfunktion ϕ_j von κ^{-1} genommen wird, unter Berücksichtigung von $x_j = \phi_j \circ \kappa(\mathbf{x})$ und unter Benützung der Kurzform ∂_i für die Symbole $\frac{\partial}{\partial x_i}$

$$\langle dx_j, \partial_i\rangle = \frac{\partial x_j}{\partial x_i} = \delta_i^j\,. \tag{5.14}$$

Diese Gleichung besagt, daß die Koordinatendifferentiale dx_i eine Basis des Kotangentialraumes $T_P^*(\mathfrak{M})$ sind, und zwar die zur Basis $\frac{\partial}{\partial x_i}$ von $T_P(\mathfrak{M})$ *duale* Basis. Ist α eine Linearform auf dem Tangentialraum eines Punktes P, so versteht man unter den Koordinaten A_i von α bezüglich der Karte κ sinngemäß die Koordinaten bezüglich der Koordinatendifferentiale.

Mit dieser Basis im Dualraum des Tangentialraums von $\mathfrak{M}$ an P wird

$$df = \sum_{i=1}^{N} \frac{\partial(f \circ \kappa)}{\partial x_i}\, dx_i \tag{5.15}$$

für jede differenzierbare reelle Funktion f auf $\mathfrak{M}$. Aus dieser Gleichung geht das Transformationsgesetz für den Wechsel von der Karte κ mit den Koordinaten x_i auf eine Karte $\bar{\kappa}$ mit den Koordinaten $\bar{x}_i$ hervor. Setzt man in (5.15) für f die j-te Koordinatenfunktion $\bar{\phi}_j$ von $\bar{\kappa}^{-1}$ ein, so erhält man wegen $\bar{x}_j = \bar{\phi}_j \circ \kappa(\mathbf{x})$ die Regel

$$d\bar{x}_j = \sum_{i=1}^{N} \frac{\partial \bar{x}_j}{\partial x_i}\, dx_i\,. \tag{5.16}$$

Die Bildung des Differentials ist eine lineare Vorschrift auf dem Ring $\mathbb{F}$ (als Vektorraum der reellen Funktionen auf $\mathfrak{M}$), die hinsichtlich der Multiplikation in $\mathbb{F}$ der Produktregel genügt (vgl. (5.5) und (5.6)).

Eine „glatte" Fläche im dreidimensionalen Raum hat schon mehrfach zur Veranschaulichung der Dinge als Beispiel für eine differenzierbare Mannigfaltigkeit gedient. Es liegt es nahe, eine solche Teilmenge des dreidimensionalen Raumes als Teilmannigfaltigkeit desselben aufzufassen, indem auch der dreidimensionale Raum als eine Mannigfaltigkeit angesehen wird. Dabei ist zu unterscheiden, ob die Topologie auf der Fläche durch die Topologie im dreidimensionalen Raum induziert ist oder nicht; im ersten Fall nennt man die Fläche eine *Teilmannigfaltigkeit*, im zweiten Fall sagt man, die Fläche ist in den dreidimensionalen Raum *„eingebettet"*.

Sind $\mathfrak{M}$ und $\mathfrak{N}$ zwei Mannigfaltigkeiten, so heißt $\mathfrak{M}$ eine *Untermannigfaltigkeit* oder *Teilmannigfaltigkeit* von $\mathfrak{N}$, wenn folgende Voraussetzungen zutreffen:

(i) die Mannigfaltigkeit $\mathfrak{M}$ ist als topologischer Raum ein Teilraum der Mannigfaltigkeit $\mathfrak{N}$;

(ii) die *Inklusionsabbildung* $\jmath : \mathfrak{M} \to \mathfrak{N}$, die jedem Punkt $P \in \mathfrak{M}$ den Punkt P als Punkt von $\mathfrak{N}$ zuordnet (vgl. (3.7)), ist als Abbildung von Mannigfaltigkeiten differenzierbar;

(iii) das Differential $d\jmath : T_P(\mathfrak{M}) \to T_P(\mathfrak{N})$ ist in jedem Punkt $P \in \mathfrak{M}$ eine injektive Abbildung.

Ist $\mathfrak{M}$ eine Teilmannigfaltigkeit von $\mathfrak{N}$, so kann der Tangentialraum $\mathcal{T}_P(\mathfrak{M})$ an $\mathfrak{M}$ im Punkt P mit dem Teilraum $d\jmath(\mathcal{T}_P(\mathfrak{M}))$ von $\mathcal{T}_P(\mathfrak{N})$ identifiziert werden, denn $d\jmath$ ist als lineare injektive Abbildung von $\mathcal{T}_P(\mathfrak{M})$ auf $d\jmath(\mathcal{T}_P(\mathfrak{M}))$ ein auf natürliche Weise gegebener Isomorphismus.

Sei $\mathfrak{N}$ der dreidimensionale affine Raum $\mathfrak{A}^3$ und $\mathfrak{M} = \mathfrak{F} \subseteq \mathfrak{A}^3$ eine „glatte" Fläche, z.B. gegeben durch eine Bedingung $F(\xi_1, \xi_2, \xi_3) = 0$ für die Koordinaten ξ_i in $\mathfrak{A}^3$ bezüglich der Karte $\hat{\kappa}$ eines affinen Koordinatensystems. Durch die Topologie im $\mathfrak{A}^3$ wird die Fläche $\mathfrak{F}$ zu einem topologischen Teilraum von $\mathfrak{A}^3$. Sei $P \in \mathfrak{F}$ ein Punkt auf der Fläche und $\kappa : \mathcal{K} \to \mathfrak{U}$ eine Karte um diesen Punkt mit den Koordinaten x_1°, x_2°. Da die Inklusionsabbildung $\jmath$ ein Homöomorphismus von $\mathfrak{F}$ auf $\jmath(\mathfrak{F})$ ist, bildet die Funktion

$$\jmath \circ \kappa(x_1, x_2)$$

die Umgebung $\mathcal{K} \subseteq \mathbb{R}^2$ von $\kappa^{-1}(P)$ homöomorph auf die Menge $\mathfrak{U} = \mathfrak{V} \cap \mathfrak{F} \subset \mathfrak{A}^3$ ab, worin $\mathfrak{V}$ eine offene Umgebung von P in $\mathfrak{A}^3$ ist. Mit den Bezeichnungen $\mathcal{F} = \hat{\kappa}^{-1}(\mathfrak{F}) \subset \mathbb{R}^3$ und $\mathcal{V} = \hat{\kappa}^{-1}(\mathfrak{V}) \subset \mathbb{R}^3$ ist wegen

$$\hat{\kappa}^{-1}(\mathfrak{V} \cap \mathfrak{F}) = \hat{\kappa}^{-1}(\mathfrak{V}) \cap \hat{\kappa}^{-1}(\mathfrak{F}) = \mathcal{V} \cap \mathcal{F}$$

der Homöomorphismus $\jmath \circ \kappa$ in der Form

$$\hat{\kappa} \circ \mathbf{j}(x_1, x_2)$$

darstellbar, worin $\mathbf{j} : \mathcal{K} \to \mathcal{V} \cap \mathcal{F}$ ein Homöomorphismus von $\mathcal{K}$ auf die in $\mathcal{F}$ offene Menge $\mathcal{U} = \mathcal{V} \cap \mathcal{F}$ ist. Es gilt also

$$\hat{\kappa} \circ \mathbf{j} = \jmath \circ \kappa .$$

Die Koordinaten der Funktion $\mathbf{j}$ liefern eine lokale Parametrisierung der Fläche $\mathfrak{F}$ als Punktmenge im $\mathfrak{A}^3$ unter Benützung der Koordinaten im $\mathfrak{A}^3$,

$$\xi_1 = j_1(x_1, x_2), \quad \xi_2 = j_2(x_1, x_2), \quad \xi_3 = j_3(x_1, x_2).$$

Insofern beschreibt die Funktion $\mathbf{j}$ die Einschränkung der Koordinaten im $\mathfrak{A}^3$ durch die Gleichung $F(\xi_1, \xi_2, \xi_3) = 0$, denn es gilt $F \circ \mathbf{j} = 0$ auf $\mathcal{K}$.

Die Differenzierbarkeit der Abbildung $\jmath$ muß schon mit Rücksicht auf die Existenz des Differentials $d\jmath : \mathcal{T}_P(\mathfrak{F}) \to \mathcal{T}_{\jmath(P)}(\mathfrak{A}^3) = \mathcal{T}$ gefordert werden. Die Matrix der linearen Abbildung $d\jmath$ bezüglich der Karte κ um den Punkt $P \in \mathfrak{F}$ bzw. der Karte $\hat{\kappa}$ um $P \in \mathfrak{A}^3$ ist die Ableitung der Funktion $\mathbf{j} = \hat{\kappa}^{-1} \circ \jmath \circ \kappa$ (vgl. (5.10) und (5.11)), also die (3×2)-Matrix

$$\mathbf{j}' = \begin{pmatrix} \frac{\partial \xi_1}{\partial x_1} & \frac{\partial \xi_1}{\partial x_2} \\ \frac{\partial \xi_2}{\partial x_1} & \frac{\partial \xi_2}{\partial x_2} \\ \frac{\partial \xi_3}{\partial x_1} & \frac{\partial \xi_3}{\partial x_2} \end{pmatrix} .$$

Die Injektivität des Differentials $d\jmath$ ist genau dann gegeben, wenn die Matrix $\mathbf{j}'$ injektiv ist, also den maximalen Rang 2 hat.

Ist durch $\gamma : [a, b] \to \mathfrak{F} \subset \mathfrak{A}^3$ eine Kurve $\mathfrak{C}$ auf $\mathfrak{F}$ gegeben, so wird der Tangentenvektor t an $\mathfrak{C}$ im Punkt $P = \gamma(t_o)$ im Koordinatensystem der Karte κ durch das Tupel $(\dot{x}_1^\circ, \dot{x}_2^\circ)$ repräsentiert, worin $\dot{x}_i^\circ$ die Ableitungen der Koordinaten $x_i(t)$ der Funktion $p(t) = \kappa^{-1} \circ \gamma(t)$ im Punkt t_o sind. Die Abbildung γ bestimmt aber auch eine Kurve im $\mathfrak{A}^3$, welche durch die Funktion $\jmath \circ \gamma : [a, b] \to \mathfrak{A}^3$ gegeben ist. Sind $\xi_i(t)$ die Koordinaten der Funktion

$$q = \hat{\kappa}^{-1} \circ \jmath \circ \gamma = \mathbf{j} \circ p ,$$

so ist das Tripel $\big(\dot{\xi}_1(t_o), \dot{\xi}_2(t_o), \dot{\xi}_3(t_o)\big)$ bezüglich der Karte $\hat{\kappa}$ Repräsentant des Tangentenvektors t' im Punkt P auf $\mathfrak{C}$ als Kurve im $\mathfrak{A}^3$. Durch Anwendung der Kettenregel findet man

$$\dot{q} = \mathbf{j}' \cdot \dot{p} .$$

Diese Gleichung lehrt, daß die drei Ableitungen $\dot{\xi}_i(t_o)$ nicht alle gleichzeitig verschwinden können, denn einerseits sind die Ableitungen $\dot{x}_1(t_o)$, $\dot{x}_2(t_o)$ nicht beide gleich Null, andererseits ist die Matrix $\mathbf{j}'$ injektiv. Deshalb wird durch die Funktion $\jmath \circ \gamma : [a, b] \to \mathfrak{A}^3$ auch wirklich eine Kurve im $\mathfrak{A}^3$ beschrieben. Die beiden Tupel $(1, 0)$ und $(0, 1)$ repräsentieren die Tangentenvektoren t_1 und t_2 an die Koordinatenlinien $\kappa(t, x_2^\circ)$ und $\kappa(x_1^\circ, t)$ im Koordinatensystem der Karte κ auf $\mathfrak{F}$, die Tangentenvektoren t_1' und t_2' an die beiden Kurven $\jmath \circ \kappa(t, x_2^\circ)$ und $\jmath \circ \kappa(x_1^\circ, t)$ als Linien im $\mathfrak{A}^3$ werden bezüglich der Karte $\hat{\kappa}$ durch die Ableitungen der Funktionen $\mathbf{j}(t, x_2^\circ)$ und $\mathbf{j}(x_1^\circ, t)$ repräsentiert, also durch die beiden Tripel

$$\left(\frac{\partial \xi_1}{\partial x_1}, \frac{\partial \xi_2}{\partial x_1}, \frac{\partial \xi_3}{\partial x_1}\right) \quad \text{und} \quad \left(\frac{\partial \xi_1}{\partial x_2}, \frac{\partial \xi_2}{\partial x_2}, \frac{\partial \xi_3}{\partial x_2}\right),$$

welche auf Grund der Injektivität der Matrix $\mathbf{j}'$ linear unabhängig sind. Zu diesen beiden Tripeln gelangt man auch, wenn man in der obigen Gleichung für $\dot{p}$ die Repräsentanten $(1, 0)$ und $(0, 1)$ der Tangentenvektoren t_1 und t_2 einsetzt, entsprechend $d\jmath(t_1) = t_1'$ und $d\jmath(t_2) = t_2'$ (vgl. (5.10)).

Vom anschaulichen Bild der Fläche im Raum ausgehend liegt es nahe, die Tangentenvektoren an die Koordinatenlinien auf der Fläche mit den Tangentenvektoren an diese Linien als Kurven im Raum zu identifizieren. Während die Tangentenvektoren t_1 und t_2 an $\mathfrak{F}$ eine Basis des Tangentialraumes bilden, spannen die Tangentenvektoren $t_1' = d\jmath(t_1)$ und $t_2' = d\jmath(t_2)$ einen Teilraum $\mathcal{T}_P = \langle t_1', t_2' \rangle \subset \mathcal{T}$ auf. Das Differential der Inklusionsabbildung ist daher als injektive lineare Abbildung von $\mathcal{T}_P(\mathfrak{F})$ auf diesen Teilraum $\mathcal{T}_P$ des Tangentialraumes von $\mathfrak{A}^3$ ein auf natürliche Weise gegebener Isomorphismus. Diesen Sachverhalt nimmt man zum Anlaß, den Tangentialraum an die Fläche $\mathfrak{F}$ im Punkt P mit dem Teilraum $\mathcal{T}_P$ von $\mathcal{T}$ zu identifizieren. Dieser Teilraum ist aber von Punkt zu Punkt auf $\mathfrak{F}$ ein anderer, es sei denn, die Fläche $\mathfrak{F}$ ist ein Ebenenstück oder eine Ebene, in welchem Fall sie dann ein affiner Teilraum ist.

Sind $\mathfrak{M}$ und $\mathfrak{N}$ zwei beliebige Mannigfaltigkeiten und ist $\sigma : \mathfrak{M} \to \mathfrak{N}$ eine injektive differenzierbare Abbildung, so heißt σ eine *Einbettung* von $\mathfrak{M}$ in $\mathfrak{N}$, wenn σ als Abbildung von $\mathfrak{M}$ in ihr Bild $\sigma(\mathfrak{M}) \subseteq \mathfrak{N}$ ein Homöomorphismus (bezüglich der in $\sigma(\mathfrak{M})$ durch $\mathfrak{N}$ induzierten Topologie) und die Ableitung $d\sigma$ in jedem Punkt von $\mathfrak{M}$ eine injektive lineare Abbildung der Tangentialräume ist. Man sagt, die Mannigfaltigkeit $\mathfrak{M}$ ist durch σ in die Mannigfaltigkeit $\mathfrak{N}$ „eingebettet“. Eine Teilmannigfaltigkeit $\mathfrak{M}$ einer Mannigfaltigkeit $\mathfrak{N}$ ist daher stets in $\mathfrak{N}$ eingebettet.

V. *Das Summationsübereinkommen.*

Bevor im weiteren die Grundzüge der Tensoranalysis auf Mannigfaltigkeiten entwickelt werden, soll eine Vereinbarung getroffen werden, die zu teilweise erheblich verminderter Schreibarbeit führt und deshalb — wenn auch nach einer kurzen Eingewöhnungsphase — die Übersichtlichkeit erhöht. Sie betrifft die Notation im Zusammenhang mit Summenbildungen, die in der Tensoranalysis auf affinen und euklidischen Räumen einen gerade noch zumutbaren Aufwand verlangte, der sich allerdings auf Mannigfaltigkeiten nicht unbeträchtlich erhöht. Obwohl zur Offenlegung von Strukturen jenem Weg der Vorzug zu geben ist, der „koordinatenfrei“ sich an Abbildungen und anderen geeigneten Objekten orientiert und auf diese Weise das willkürliche Element des Koordinatensystems aus den Gesetzen eliminiert, lassen sich Koordinaten, die in der Regel zu umfangreichen Summenbildungen führen, natürlich nicht vollständig verdrängen.

In den bisherigen Untersuchungen traten die verschiedensten Summenbildungen auf: Summen über Permutationen, meist im Zusammenhang mit Determinanten, Summen über Kombinationen im Zusammenhang mit schiefsymmetrischen Tensoren und — zum überwiegenden Teil — einfache und mehrfache Summen, bei denen mehrere Indizes unabhängig voneinander von 1 bis N, der Dimension des Raumes laufen. Das Charakteristische an diesen mehrfachen Summen ist, daß stets über ein *Paar* gleichnamiger Indizes summiert wird, von denen einer tiefgestellt, der andere hochgestellt ist. Tritt in einem Ausdruck ein Index nur einfach auf, sozusagen als freie Variable, die für eine natürliche Zahl von 1 bis N steht, so wird über ihn auch nicht summiert; mehr als zweifach tritt ein Index nur in Ausnahmefällen auf. Dieses gemeinsame Merkmal in solchen Summenbildungen veranlaßt nun, das Summenzeichen in derartigen Fällen — als *Symbol*, samt der Angabe des Summationsbeginns und des Summationsendes, da ja ohnedies immer von 1 bis N summiert wird — einfach wegzulassen, wobei die Vereinbarung getroffen wird, über ein Paar gleichnamiger Indizes, von denen der eine hochgestellt, der andere tiefgestellt ist, unabhängig von anderen Summationen *automatisch* von 1 bis N zu summieren. So schreibt man z.B. an Stelle von

$$C^k = \sum_{i,j=1}^{N} A^i_j B^{jk}_i$$

einfach

$$C^k = A^i_j B^{jk}_i \,.$$

Die *einzige* Ausnahme von dieser Regel bilden die Koordinaten x_i von Punkten des Raumes und die Koordinatendifferentiale dx_i. Im Grunde sind Punktkoordinaten kontravarianter Natur und somit auch die Koordinatendifferentiale, die sich ja auch wie die Koordinaten eines Vektors transformieren. Treten sie in einer Summenbildung auf, so ist ihr Index hochgestellt zu denken, sodaß im Zusammenhang mit einem zweiten tiefgestellten Index stets zu summieren ist. So ist anstatt

$$dB^j = \sum_{i=1}^{N} A_i^j dx_i$$

einfach

$$dB^j = A_i^j dx_i$$

zu schreiben. Sehr oft hat man es dabei mit Summenbildungen zu tun, in denen partielle Differentialquotienten wie

$$\frac{\partial \bar{x}_i}{\partial x_j}$$

auftreten, für die eine Kennzeichnung der Koordinatenindizes als „hochgestellt" und „tiefgstellt" keinen unmittelbaren Sinn hat. Wie aber das Auftreten solcher partieller Differentialquotienten im Zusammenhang mit Tensorkoordinaten zu erkennen gibt, ist das Merkmal des Index im „Zähler" dasjenige eines hochgestellten, das Merkmal des Index im „Nenner" dasjenige eines tiefgestellten. Daraus ergibt sich schon eine einfache Merkregel, die im Zusammenhang mit partiellen Differentialquotienten zu berücksichtigen ist. So wird also eine Beziehung

$$\bar{A}^i = \sum_{j=1}^{N} \frac{\partial \bar{x}_i}{\partial x_j} A^j \quad \text{kurz} \quad \bar{A}^i = \frac{\partial \bar{x}_i}{\partial x_j} A^j$$

geschrieben. Stehen im „Zähler" Tensorkoordinaten wie in

$$\frac{\partial A_i}{\partial x_j} \quad \text{oder} \quad \frac{\partial V^i}{\partial x_j} \quad \text{oder} \quad \frac{\partial \Phi_k^i}{\partial x_j},$$

so behalten Indizes ihr Merkmal als tiefgestellt bzw. hochgestellt.

So einfach dies alles klingt, ein bißchen Vorsicht und Übung ist dennoch geboten, dieses Summationsübereinkommen ist nicht ohne Tücken. In einem euklidischen Raum, der auf ein kartesisches Koordinatensystem bezogen ist, kann die Unterscheidung zwischen kovarianten und kontravarianten Koordinaten entfallen, weshalb hochgestellte Indizes heruntergesetzt werden können und somit zu vereinbaren ist, daß über ein Paar von Indizes stets automatisch zu summieren ist. So ist $A_i A_i$ das Quadrat der Länge eines Vektors, was jetzt nicht dazu verleiten darf, einfach A_i^2 zu schreiben, denn in diesem Ausdruck tritt der Index i nur einfach auf, weshalb über ihn nicht zu summieren wäre. Man kann die Gefahr zu solchen Mißverständnissen bannen, indem man grundsätzlich Potenzen von Koordinaten vermeidet. Am besten ist es, wenn man stets an ein beliebiges Koordinatensystem denkt, in dem eben zwischen kovarianten und kontravarianten Koordinaten unterschieden werden muß, und die Indizes der Natur der auftretenden Größen entsprechend stellt.

In einzelnen Termen darf ein Symbol als Index höchstens zweimal auftreten — darauf ist bei der Benennung von Indizes stets zu achten. Tritt ein Index zweifach auf, wird automatisch summiert, tritt ein Index einfach auf, so steht er als freie Variable. Es bedeutet dies aber nicht, daß es gelegentlich nicht dennoch zu Summenbildungen über Ausdrücke kommen kann, in denen ein Index dreifach auftritt, wie z.B. im Falle

$$\sum_{i=1}^{N} \lambda_i A_i A^i \,.$$

In solchen Fällen wird das Summenzeichen nicht fortgelassen, sondern, wie bisher üblich, angeführt. Die Verwendung von Potenzen sollte man tunlichst auch dann vermeiden, nicht zuletzt mit Rücksicht auf mögliche mißverständliche Deutungen als Index oder als Exponent. Gleichfalls weiterhin angeschrieben wird das Summenzeichen, wenn über einen zweifach auftretenden Index in gleicher Stellung summiert werden soll, wie z.B. im Fall der Summe

$$\sum_{i=1}^{N} A_i B_i \,.$$

Abgesehen davon, daß das Zustandekommen solcher Summenbildungen ein Hinweis auf mögliche Fehler sein kann, berührt dies nicht eventuelle andere Summationen im selben Term, für die das Summenzeichen weggelassen wird. In Ausdrücken schließlich, in denen ein Index hochgestellt, der andere tiefgestellt ist, über den aber *nicht* summiert werden soll, wie z.B. wenn Größen

$$\eta_j \delta^j_k$$

auftreten, welche als Matrix angeordnet eine Diagonalmatrix bilden, deren Hauptdiagonale mit den Zahlen η_k besetzt ist, wird der betreffende Index eingeklammert, d.h. an Stelle des obigen Ausdruckes wird sicherheitshalber

$$\eta_{[j]} \delta^{[j]}_k$$

geschrieben. Schließlich soll diese Summen-Konvention auch dann Gültigkeit haben, wenn ein Summationszeiger der Nummern-Index eines Vektors oder einer Linearform ist, wie z.B. bei der Darstellung $\sum_i V^i \partial_i$ eines Vektors mit Hilfe von Basisvektoren, wofür einfach $V^i \partial_i$ geschrieben werden soll. Die Art der Numerierung von Vektoren und Linearformen unter Berücksichtigung der Ausnahmeregel für Koordinatendifferentiale ordnet sich dem Prinzip dieser Summen-Konvention unter.

Diese Vereinbarung, das Summenzeichen bei der Summation über ein Paar von Indizes, von denen der eine hochgestellt, der andere tiefgestellt ist, einfach fortzulassen, wird *Einsteinsches Summationsübereinkommen* genannt.

5.2 Tensorfelder

Die Konzeption von Tensorfeldern auf differenzierbaren Mannigfaltigkeiten orientiert sich an der jeweiligen Begriffsbildung, wie sie für affine Räume eingeführt wurde. Beim Übergang von affinen Räumen auf Mannigfaltigkeiten ist lediglich zu beachten, daß auf Mannigfaltigkeiten Koordinatensysteme lokal errichtet werden, weshalb die folgende Darstellung kurz gehalten werden kann. Der Raum ist eine N-dimensionale differenzierbare Mannigfaltigkeit $\mathfrak{M}$ einer Klasse C^k. Mit der Forderung der Differenzierbarkeit, die ohne weiteren Hinweis von allen Objekten verlangt wird, soll daher stets die Zugehörigkeit zu einer Klasse C^k verbunden sein. Wie in affinen Räumen soll im Koordinatensystem einer Karte $\kappa(\mathbf{x})$ abkürzend $\frac{\partial \square}{\partial x_i}$ für $\frac{\partial(\square \circ \kappa)}{\partial x_i}$ geschrieben werden, wenn darin das Zeichen $\square$ stellvertretend für eine ortsabhängige Größe steht. Mit $\mathbb{F}(\mathfrak{M})$ oder kurz $\mathbb{F}$ wird der Ring der differenzierbaren reellen Funktionen $\omega : \mathfrak{M} \to \mathbb{R}$ bezeichnet.

Ein Skalarfeld $\omega \in \mathbb{F}$ heißt ein *Tensorfeld nullter Stufe*. Der Funktionswert $\omega(P)$ wird ein *Skalar* oder eine *Invariante* genannt, womit wieder zum Ausdruck gebracht werden soll, daß dieser unabhängig vom lokalen Koordinatensystem ist.

Da einer differenzierbaren Mannigfaltigkeit in jedem Punkt ein Tangentialraum zugeordnet wird, läßt sich in jedem Punkt ein Vektor aus dem zugehörigen Tangentialraum anheften. Man gelangt so auf natürliche Weise zum Konzept des Vektorfeldes auf einer Mannigfaltigkeit.

Unter einem *Vektorfeld* auf einer Mannigfaltigkeit $\mathfrak{M}$ versteht man eine Abbildung, die jedem Punkt $P \in \mathfrak{M}$ einen Vektor $v(P)$ aus dem Tangentialraum $T_P(\mathfrak{M})$ zuordnet.

Im Koordinatensystem einer Karte κ um den Punkt P kann ein Vektorfeld v in der Form

$$v = V^i(P)\,\partial_i$$

(man beachte das Summationsübereinkommen!) angeschrieben werden; die Koordinaten sind die Skalarprodukte

$$V^i(P) = \langle dx_i, v\rangle = v(x_i)\,.$$

Sie transformieren sich bei einem Wechsel $\kappa \to \bar{\kappa}$ des Koordinatensystems nach der Vorschrift (5.2),

$$\bar{V}^i(P) = \frac{\partial \bar{x}_i}{\partial x_j} V^j(P)\,.$$

Der Unterschied zur Situation in einem affinen Raum zeigt sich jetzt darin, daß die Matrixelemente $\frac{\partial \bar{x}_i}{\partial x_j}$ nicht wie dort konstante Größen sind.

Indem jeder Vektor aus dem Tangentialraum eines Punktes der Mannigfaltigkeit $\mathfrak{M}$ einem Skalarfeld auf $\mathfrak{M}$ über die Richtungsableitung (5.4) eine Invariante zuordnet, weist ein Vektorfeld v einem Skalarfeld $\omega \in \mathbb{F}$ in jedem Punkt von $\mathfrak{M}$ eine Invariante zu, sodaß

$$v(\omega)(P) := V^i(P) \frac{\partial(\omega \circ \kappa)}{\partial x_i}\bigg|_{\kappa^{-1}(P)}$$

eine reelle Funktion auf $\mathfrak{M}$ ist. Ist diese differenzierbar, handelt es sich also um ein Skalarfeld, so heißt das Vektorfeld v differenzierbar. Ein differenzierbares Vektorfeld ordnet daher einem Skalarfeld über die Richtungsableitung ein Skalarfeld zu, und zwar ist (vgl. (5.12))

$$v(\omega) = d\omega(v)\,. \tag{5.17}$$

Diese Abbildung $v : \mathbb{F} \to \mathbb{F}$ ist linear und genügt der Produktregel (vgl. (5.5) und (5.6)). Vektorfelder auf einer Mannigfaltigkeit $\mathfrak{M}$ können daher auch als lineare Abbildungen von $\mathbb{F}(\mathfrak{M})$ in $\mathbb{F}(\mathfrak{M})$ eingeführt werden, die bezüglich der Multiplikation im Ring $\mathbb{F}(\mathfrak{M})$ der Produktregel gehorchen.

Sei P ein Punkt mit den Koordinaten x_i und Q ein benachbarter Punkt mit den Koordinaten $x_i + \Delta x_i$. In einem affinen Raum zeigt der Vektor t mit den Koordinaten Δx_i exakt in den den Punkt Q, wenn sein Fußpunkt in P liegt. Auf einer Mannigfaltigkeit verbindet man die beiden Punkte durch die Kurve $\kappa(\mathbf{x} + t\Delta\mathbf{x})$, $0 \leq t \leq 1$; dann ist $t = \Delta x_i \partial_i \in \mathcal{T}_P(\mathfrak{M})$ der Tangentenvektor an diese Kurve im Punkt $P \in \mathfrak{M}$. Dies veranschaulicht die Sprechweise „der Tangentenvektor mit den Koordinaten Δx_i zeigt vom Punkt mit den Koordinaten x_i zum Punkt mit den Koordinaten $x_i + \Delta x_i$“.

Ist ω ein Skalarfeld und v ein Vektorfeld, so erhält man für die Differenz von ω in benachbarten Punkten P und Q mit den Koordinaten x_i und $x_i + \eta V^i(P)$

$$\Delta\omega = \omega(Q) - \omega(P) = \omega \circ \kappa(\mathbf{x} + \eta\mathbf{V}) - \omega \circ \kappa(\mathbf{x}) = \eta V^i(P)\, \frac{\partial(\omega \circ \kappa)}{\partial x_i}\bigg|_{\kappa^{-1}(P)} + \cdots,$$

worin der durch die Punkte angedeutete Fehler von höherer als erster Ordnung mit η gegen Null geht. Deshalb ist das Differential von ω mit $\eta v(P)$ Argument bzw. die Ableitung von ω in Richtung von $\eta v(P)$, der Ausdruck

$$\eta v(\omega)(P) = \eta V^i(P)\, \frac{\partial(\omega \circ \kappa)}{\partial x_i}\bigg|_{\kappa^{-1}(P)},$$

eine in η lineare Näherung für die Differenz $\Delta\omega$.

Ein differenzierbares Vektorfeld auf $\mathfrak{M}$ wird ein *kontravariantes Tensorfeld erster Stufe* auf $\mathfrak{M}$ genannt.

Die Grundrechnungsarten in linearen Vektorräumen, die Addition von Vektoren und die Multiplikation mit einer Zahl aus dem Grundkörper, führen zu einer Summenbildung von Vektorfeldern und zu einem Produkt von Vektorfeldern mit Skalarfeldern. So ist die Summe zweier Vektorfelder u und v ein Vektorfeld, das in jedem Punkt durch Vektoraddition

$$(u + v)(P) := u(P) + v(P)$$

zu bilden ist, das Produkt eines Vektorfeldes v mit einem Skalarfeld ω ist das Vektorfeld

$$(\omega v)(P) := \omega(P)v(P)\,.$$

Sind u und v differenzierbare Vektorfelder, so sind auch $u + v$ und ωv differenzierbar. Die differenzierbaren Vektorfelder auf einer Mannigfaltigkeit $\mathfrak{M}$

bilden daher mit der Addition und der Multiplikation mit Skalarfeldern einen Modul über dem Ring der Skalarfelder, der im folgenden mit $\mathfrak{v}(\mathfrak{M})$ oder kurz mit $\mathfrak{v}$ bezeichnet wird.

Sind u und v zwei Vektorfelder auf $\mathfrak{M}$, so lassen sie sich als Abbildungen von $\mathbb{F}$ in $\mathbb{F}$ zusammensetzen,

$$(u \circ v)(\omega) := u\big(v(\omega)\big) = u\big(d\omega(v)\big) = d\big(d\omega(v)\big)(u)\,.$$

In den Koordinaten einer Karte κ für eine offene Menge $\mathfrak{U}$ auf $\mathfrak{M}$ gilt dabei

$$(u \circ v)(\omega) = U^i \frac{\partial}{\partial x_i}\left(V^j \frac{\partial \omega}{\partial x_j}\right) = U^i V^j \frac{\partial^2 \omega}{\partial x_i \partial x_j} + U^i \frac{\partial V^j}{\partial x_i}\frac{\partial \omega}{\partial x_j}\,.$$

Vertauschen der Rollen von u und v ergibt

$$(v \circ u)(\omega) = U^j V^i \frac{\partial^2 \omega}{\partial x_i \partial x_j} + V^i \frac{\partial U^j}{\partial x_i}\frac{\partial \omega}{\partial x_j}$$

und deshalb auf Grund der Gleichheit der gemischten partiellen Differentialquotienten

$$\big(u \circ v - v \circ u\big)(\omega) = \left(U^i \frac{\partial V^j}{\partial x_i} - V^i \frac{\partial U^j}{\partial x_i}\right)\frac{\partial \omega}{\partial x_j}\,.$$

Die rechte Seite dieser Gleichung ist als Skalarfeld die Richtungsableitung von ω nach einem gewissen Vektorfeld, und zwar nach dem Vektorfeld mit den lokalen Koordinaten

$$U^i \frac{\partial V^j}{\partial x_i} - V^i \frac{\partial U^j}{\partial x_i}\,.$$

Damit ist eine Vorschrift gegeben, die zwei Vektorfeldern u und v ein drittes Vektorfeld zuordnet. Die für diese Abbildung gebräuchliche Symbolik

$$[\square,\square] : \mathfrak{v}(\mathfrak{M}) \times \mathfrak{v}(\mathfrak{M}) \to \mathfrak{v}(\mathfrak{M})$$

nennt man *Lie-* oder *Jacobi-Klammern*, das Vektorfeld

$$[u,v] = \left(U^i \frac{\partial V^j}{\partial x_i} - V^i \frac{\partial U^j}{\partial x_i}\right)\frac{\partial}{\partial x_j} \tag{5.18}$$

heißt das *Lie-Produkt* der beiden Vektorfelder u und v auf $\mathfrak{M}$. Diese Produktbildung ist bilinear,

$$\begin{aligned} [\lambda u + \mu v, w] &= \lambda[u,w] + \mu[v,w]\,, \\ [u, \lambda v + \mu w] &= \lambda[u,v] + \mu[u,w]\,, \end{aligned} \tag{5.19}$$

schiefsymmetrisch,

$$[u,v] = -[v,u]\,, \tag{5.20}$$

und für ein Skalarfeld ω gilt

$$[\omega u, v] = \omega[u,v] - v(\omega)u\,. \tag{5.21}$$

Auf ein Produkt von Skalarfeldern angewendet ist

$$\begin{aligned} [u,v](\omega_1\omega_2) &= (u \circ v)(\omega_1\omega_2) - (v \circ u)(\omega_1\omega_2) = u\big(v(\omega_1\omega_2)\big) - v\big(u(\omega_1\omega_2)\big) \\ &= u\big(v(\omega_1)\omega_2 + \omega_1 v(\omega_2)\big) - v\big(u(\omega_1)\omega_2 + \omega_1 u(\omega_2)\big)\,, \end{aligned}$$

worin von (5.5) und (5.6) Gebrauch gemacht wurde. Nochmalige Anwendung dieser Eigenschaften der Richtungsableitung führt zur Produktregel

$$[u,v](\omega_1\omega_2) = \big([u,v](\omega_1)\big)\omega_2 + \omega_1\big([u,v](\omega_2)\big)\,. \tag{5.22}$$

Ferner gilt die sogenannte *Jacobi-Identität*

$$\big[u,[v,w]\big] + \big[v,[w,u]\big] + \big[w,[u,v]\big] = 0\,. \tag{5.23}$$

Beachtet man hiefür

$$\big[u,[v,w]\big] = u\circ(v\circ w - w\circ v) - (v\circ w - w\circ v)\circ u\,,$$

so erhält man durch zyklisches Vertauschen $u,v,w \to v,w,u \to w,u,v$ und anschließende Addition die Gleichung (5.23). Bezüglich des Koordinatensystems einer Karte κ mit den Basisvektoren ∂_i erhält man

$$[\partial_i,\partial_j](\omega) = \partial_i\big(\partial_j(\omega)\big) - \partial_j\big(\partial_i(\omega)\big) = \frac{\partial}{\partial x_i}\frac{\partial\omega}{\partial x_j} - \frac{\partial}{\partial x_j}\frac{\partial\omega}{\partial x_i} = 0\,,$$

also

$$[\partial_i,\partial_j] = 0\,. \tag{5.24}$$

Die Lieschen Klammersymbole (5.18) spielen in vielen Zusammenhängen eine wichtige Rolle.

Eine Veranschaulichung der Lie-Klammern zweier Vektorfelder in einem *affinen* Raum $\mathfrak{A}$ zeigt Abb. 5.1. Seien u und v zwei Vektorfelder auf $\mathfrak{A}$ und O ein Punkt von $\mathfrak{A}$, der als Ursprung eines Koordinatensystems angenommen sei, sodaß $x_i = 0$ seine Koordinaten bezüglich der Karte κ dieses Bezugssystems sind. Wenn dann Δa und Δb (ihrem Betrag nach) gegenüber 1 sehr kleine Zahlen bezeichnen, so weist der Vektor $\Delta a u(O)$ zum Nachbarpunkt P mit den Koordinaten $\Delta a U^i$, der dort angeheftete Vektor $\Delta b v(P)$ zeigt vom Punkt P aus zum Punkt P' mit den Koordinaten

$$\Delta a U^i + \Delta b V^i(\Delta a U^j) = \Delta a U^i + \Delta b V^i + \Delta a\Delta b\,\frac{\partial V^i}{\partial x_j}\,U^j + \cdots\,.$$

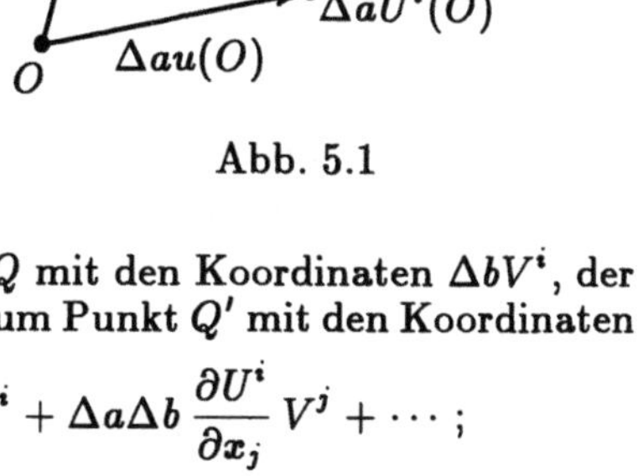

Abb. 5.1

Dagegen zeigt der Vektor $\Delta b v(O)$ zum Punkt Q mit den Koordinaten $\Delta b V^i$, der im Punkt Q angeheftete Vektor $\Delta a u(Q)$ weist zum Punkt Q' mit den Koordinaten

$$\Delta b V^i + \Delta a U^i(\Delta b V^j) = \Delta b V^i + \Delta a U^i + \Delta a\Delta b\,\frac{\partial U^i}{\partial x_j}\,V^j + \cdots\,;$$

infolgedessen sind

$$\Delta a\Delta b\Big(U^j\,\frac{\partial V^i}{\partial x_j} - V^j\,\frac{\partial U^i}{\partial x_j}\Big)$$

die Koordinaten eines Vektors im Punkt O, der, parallel in den Punkt Q' verschoben, eine in Δa und Δb lineare Näherung für den vom Punkt Q' zum Punkt P' zeigenden Vektor ist. Der Vektor $[u,v]$ schließt aus dieser Sicht den Polygonzugzug $Q' \to Q \to O \to P \to P'$.

Zur Übertragung dieses Bildes auf Mannigfaltigkeiten bedient man sich eines Skalarfeldes ω und fragt nach einer in Δa und Δb linearen Näherung für die Differenz $\omega(P') - \omega(Q')$. Diese setzt sich zusammen aus den vier Differenzen

$$\omega(P') - \omega(P), \quad \omega(P) - \omega(O), \quad \omega(O) - \omega(Q), \quad \omega(Q) - \omega(Q').$$

Nun ergibt sich für

$$\begin{aligned} \omega(P') - \omega(P) &= \Delta b v(\omega)(P) + \cdots, \\ \omega(P) - \omega(O) &= \Delta a u(\omega)(O) + \cdots \end{aligned}$$

und analog

$$\begin{aligned} \omega(Q') - \omega(Q) &= \Delta a u(\omega)(Q) + \cdots, \\ \omega(Q) - \omega(O) &= \Delta b v(\omega)(O) + \cdots, \end{aligned}$$

worin der durch die Punkte angedeutete Fehler von höherer als erster Ordnung in Δa bzw. Δb gegen Null geht. Setzt man $\omega_1 = v(\omega)$, so ist

$$\begin{aligned} v(\omega)(P) - v(\omega)(O) = \omega_1(P) - \omega_1(O) &= \Delta a u(\omega_1)(O) + \cdots \\ &= \Delta a(u \circ v)(\omega)(O) + \cdots \end{aligned}$$

und mit $\omega_2 = u(\omega)$

$$\begin{aligned} u(\omega)(Q) - u(\omega)(O) = \omega_2(Q) - \omega_2(O) &= \Delta b v(\omega_2)(O) + \cdots \\ &= \Delta b(v \circ u)(\omega)(O) + \cdots. \end{aligned}$$

Somit ist

$$\omega(P') - \omega(Q') = \Delta a \Delta b[u, v](\omega)(O) + \cdots.$$

Unter einer *Linearform* auf einer Mannigfaltigkeit $\mathfrak{M}$ versteht man eine Abbildung, die jedem Punkt $P \in \mathfrak{M}$ eine Linearform $\alpha(P)$ aus dem Kotangentialraum $T_P^*(\mathfrak{M})$ zuordnet. Eine Linearform α wird differenzierbar auf $\mathfrak{M}$ genannt, wenn die reelle Funktion $P \to \langle \alpha(P), v(P) \rangle$ für jedes auf $\mathfrak{M}$ differenzierbare Vektorfeld v ein Skalarfeld auf $\mathfrak{M}$ ist. Ist κ eine Karte um den Punkt P mit den Koordinaten x_i, so kann α in der Form

$$\alpha = A_i(P)\, dx_i$$

dargestellt werden. Die Koordinaten

$$A_i(P) = \langle \alpha, \partial_i \rangle = \alpha(\partial_i)$$

transformieren sich bei einem Wechsel $\kappa \to \bar{\kappa}$ des Koordinatensystems wegen (5.16) nach der Vorschrift

$$\bar{A}_i(P) = \frac{\partial x_j}{\partial \bar{x}_i} A_j(P).$$

Auch dieses Transformationsgesetz hat dieselbe Gestalt wie dasjenige in affinen Räumen, nur sind die Matrixelemente $\frac{\partial x_j}{\partial \bar{x}_i}$ nicht konstant.

Eine Linearform auf $\mathfrak{M}$ ordnet jedem „Punkt“ des Tangentialbündels $\mathcal{T}(\mathfrak{M})$ — jedem Tangentenvektor an $\mathfrak{M}$ — eine reelle Zahl zu. Eine differenzierbare Linearform α kann daher auch eingeführt werden als differenzierbare Funktion $\alpha : \mathcal{T}(\mathfrak{M}) \to \mathbb{R}$, die in jeder Faser $\mathcal{T}_P(\mathfrak{M})$ des Tangentialbündels $\mathcal{T}(\mathfrak{M})$ linear ist; mit dieser Forderung ist gemeint, daß die Einschränkung von α auf jede Faser $\mathcal{T}_P(\mathfrak{M})$ eine Linearform auf $\mathcal{T}_P(\mathfrak{M})$ ist.

Eine differenzierbare Linearform auf $\mathfrak{M}$ wird ein *kovariantes Tensorfeld erster Stufe* auf $\mathfrak{M}$ genannt.

Die Summe zweier Linearformen α und β ist die Linearform

$$(\alpha+\beta)(P) := \alpha(P)+\beta(P),$$

das Produkt einer Linearform α mit einem Skalarfeld ω ist die Linearform

$$(\omega\,\alpha)(P) := \omega(P)\,\alpha(P).$$

Sind α und β differenzierbar, so ist $\alpha+\beta$ und $\omega\,\alpha$ differenzierbar. Daher bilden die differenzierbaren Linearformen auf einer Mannigfaltigkeit bezüglich der Addition und der Multiplikation mit Skalarfeldern einen Modul über dem Ring $\mathbb{F}$ der Skalarfelder, der mit $\mathfrak{v}^*(\mathfrak{M})$ oder kurz mit $\mathfrak{v}^*$ bezeichnet wird.

Ist $n \geq 1$ eine natürliche Zahl, so heißt eine multilineare Abbildung $\varphi : \mathfrak{v}^n \longrightarrow \mathbb{F}$ ein *kovariantes Tensorfeld* oder ein *kovarianter Tensor n-ter Stufe auf* $\mathfrak{M}$. Die Koordinaten eines kovarianten Tensors im lokalen Koordinatensystem einer Karte κ sind die Größen

$$\Phi_{i_1 i_2 \ldots i_n}(P) = \varphi(\partial_{i_1}, \partial_{i_2}, \ldots, \partial_{i_n});$$

sie transformieren sich beim Übergang auf eine Karte $\bar{\kappa}$ nach dem Gesetz (vgl. (5.7) und (3.25))

$$\bar{\Phi}_{i_1 i_2 \ldots i_n}(P) = \frac{\partial x_{j_1}}{\partial \bar{x}_{i_1}} \frac{\partial x_{j_2}}{\partial \bar{x}_{i_2}} \cdots \frac{\partial x_{j_n}}{\partial \bar{x}_{i_n}} \Phi_{j_1 j_2 \ldots j_n}(P). \tag{5.25}$$

Ist $m \geq 1$ eine natürliche Zahl, so heißt eine multilineare Abbildung $\psi : \mathfrak{v}^{*m} \longrightarrow \mathbb{F}$ ein *kontravariantes Tensorfeld* oder ein *kontravarianter Tensor m-ter Stufe auf* $\mathfrak{M}$. Die Koordinaten eines kontravarianten Tensors im lokalen Koordinatensystem einer Karte κ sind die Größen

$$\Psi^{i_1 i_2 \ldots i_m}(P) = \psi(dx_{i_1}, dx_{i_2}, \ldots, dx_{i_m}),$$

die sich beim Übergang auf eine Karte $\bar{\kappa}$ nach dem Gesetz (vgl. (5.16) und (3.26))

$$\bar{\Psi}^{i_1 i_1 \ldots i_m}(P) = \frac{\partial \bar{x}_{i_1}}{\partial x_{j_1}} \frac{\partial \bar{x}_{i_2}}{\partial x_{j_2}} \cdots \frac{\partial \bar{x}_{i_m}}{\partial x_{j_m}} \Psi^{j_1 j_2 \ldots j_q}(P) \tag{5.26}$$

transformieren.

Sind n und m natürliche Zahlen, so heißt eine multilineare Abbildung $\chi : \mathfrak{v}^{*m} \times \mathfrak{v}^n \longrightarrow \mathbb{F}$ ein *gemischtes Tensorfeld der Stufe* $n+m$, und zwar n-fach kovariant und m-fach kontravariant. Die Koordinaten dieses gemischten Tensorfeldes bezüglich einer Karte κ sind die Größen

$$\mathrm{X}^{i_1 \ldots i_m}_{j_1 \ldots j_n}(P) = \chi(dx_{i_1}, \ldots, dx_{i_m}, \partial_{j_1}, \ldots, \partial_{j_n}).$$

Beim Übergang von der Karte κ zu einer Karte $\bar{\kappa}$ transformieren sich diese nach der Regel (vgl. (3.27))

$$\bar{\mathrm{X}}^{i_1 \ldots i_m}_{j_1 \ldots j_n}(P) = \frac{\partial \bar{x}_{i_1}}{\partial x_{h_1}} \cdots \frac{\partial \bar{x}_{i_m}}{\partial x_{h_m}} \frac{\partial x_{k_1}}{\partial \bar{x}_{j_1}} \cdots \frac{\partial x_{k_n}}{\partial \bar{x}_{j_n}} \mathrm{X}^{h_1 \ldots h_m}_{k_1 \ldots k_n}(P). \tag{5.27}$$

Die Operationen mit Tensorfeldern auf einer Mannigfaltigkeit, und zwar die Summe $\varphi + \psi$ zweier gleichartiger Tensorfelder, das Produkt $\omega\varphi$ eines beliebigen Tensorfeldes φ mit einem Skalarfeld ω sowie das Tensorprodukt $\varphi \otimes \psi$ zweier beliebiger Tensorfelder werden durch gleichlautende Definitionen wie in affinen Räumen eingeführt. Die Tensorfelder gleicher kovarianter und kontravarianter Stufe bilden einen Modul über dem Ring der Skalarfelder, der mit $\mathfrak{t}_n^m(\mathfrak{M})$ bzw. kurz mit $\mathfrak{t}_n^m$ für n-fach kovariante und m-fach kontravariante Tensoren bezeichnet werden soll.

Das tensorielle Produkt ermöglicht wie in affinen Räumen eine Darstellung der Tensorfelder. So läßt sich ein kovariantes Tensorfeld $\varphi \in \mathfrak{t}_n$ bezüglich der Koordinaten x_i einer Karte κ in der Form

$$\varphi = \Phi_{i_1 i_2 \ldots i_n}(P)\, dx_{i_1} \otimes dx_{i_2} \otimes \cdots \otimes dx_{i_n}$$

darstellen, für ein kontravariantes Tensorfeld $\psi \in \mathfrak{t}^m$ erhält man

$$\psi = \Psi^{j_1 j_2 \ldots j_m}(P)\, \partial_{j_1} \otimes \partial_{j_2} \otimes \cdots \otimes \partial_{j_m} .$$

Ein Beispiel für ein gemischtes Tensorfeld $\chi \in \mathfrak{t}_2^1$ ist

$$\chi = \mathrm{X}^i_{jk}(P)\, \partial_i \otimes dx_j \otimes dx_k .$$

Sinngemäß ist die Operation der Verjüngung von Tensorfeldern zu übertragen. Sie ist nur auf gemischte Tensorfelder anwendbar und liefert ein Tensorfeld, dessen Stufe um zwei kleiner ist. Die Rolle, die der „konstante“ Tangentialraum dabei im affinen Raum spielt, übernimmt nun der „veränderliche“ Tangentialraum einer differenzierbaren Mannigfaltigkeit. Der rechnerische Vorgang ist jedoch derselbe, der verjüngte Tensor entsteht durch Identifikation eines kontravarianten Index und eines kovarianten Index mit anschließender Summation. Ist z.B. φ ein gemischtes einfach kontravariantes Tensorfeld vierter Stufe mit der Darstellung

$$\varphi = \Phi^i_{jkl}\, \partial_i \otimes dx_j \otimes dx_k \otimes dx_l$$

im Koordinatensystem einer Karte κ, so ist unter Benützung des Symbols $\mathbf{V}$ für das Verjüngen von Tensoren

$$\psi = \mathbf{V}\varphi = \Phi^i_{jki}\, dx_j \otimes dx_k$$

ein durch Verjüngung aus φ hervorgehendes rein kovariantes Tensorfeld zweiter Stufe.

Eine Sonderstellung nehmen wieder die kovarianten und kontravarianten Tensorfelder mit Symmetrieeigenschaften ein. Ein kovariantes oder kontravariantes Tensorfeld heißt *symmetrisch*, wenn die Vertauschung der Position zweier Argumente keine Änderung des Funktionswertes bewirkt. Äußert sich eine solche in einem bloßen Wechsel des Vorzeichens, so heißt das Tensorfeld *schiefsymmetrisch* oder *alternierend*. Auf schiefsymmetrische Tensorfelder überträgt sich das äußere oder alternierende Produkt mit gleichem Wortlaut. Jedes schiefsymmetrische Tensorfeld läßt sich mit Hilfe des äußeren Produktes in kanonischer Form darstellen, in welche nur die unabhängigen Koordinaten eingehen.

5.3 Differentialformen

Ein kovarianter schiefsymmetrischer Tensor n-ter Stufe auf einer N-dimensionalen Mannigfaltigkeit $\mathfrak{M}$ heißt eine *Differentialform n-ten Grades* oder kurz eine *n-Form* auf $\mathfrak{M}$. Ist κ ein lokales Koordinatensystem für $\mathfrak{M}$, so stellt

$$\varphi = \sum_{i_1<\cdots<i_n} \Phi_{i_1\ldots i_n}\, dx_{i_1} \wedge \cdots \wedge dx_{i_n}$$

die kanonische Darstellung der n-Form φ in diesem Koordinatensystem dar. Die Skalarfelder auf $\mathfrak{M}$ werden als Differentialformen nullten Grades einbezogen; die Differentialformen ersten Grades sind die Linearformen, die man in diesem Zusammenhang auch *Pfaffsche Formen* nennt. Wie in affinen Räumen sind die algebraischen Operationen mit Differentialformen die Addition und die äußere Multiplikation, wobei in letzterer die Multiplikation einer Differentialform mit einem Skalarfeld enthalten ist.

Zur Einführung der äußeren Ableitung von Differentialformen auf einer Mannigfaltigkeit muß ein anderer Weg als in affinen Räumen beschritten werden, weil sich die Differentiale der Koordinaten einer n-Form nicht wie die Koordinaten eines kovarianten Tensors transformieren,

$$d\bar{\Phi}_{i_1\ldots i_n} = \frac{\partial x_{j_1}}{\partial \bar{x}_{i_1}} \cdots \frac{\partial x_{j_n}}{\partial \bar{x}_{i_n}}\, d\Phi_{j_1\ldots j_n} + d\Big(\frac{\partial x_{j_1}}{\partial \bar{x}_{i_1}} \cdots \frac{\partial x_{j_n}}{\partial \bar{x}_{i_n}}\Big)\Phi_{j_1\ldots j_n}\,,$$

und zwar deshalb, weil die partiellen Differentialquotienten $\frac{\partial x_i}{\partial \bar{x}_j}$ auf Mannigfaltigkeiten nicht konstant sind. Dennoch ist der in Kap. 3, §5 eingeführte Tensor (3.48) bzw. (3.50) auch auf einer Mannigfaltigkeit eine Differentialform $(n+1)$-ten Grades. Die Begründung hiefür stützt sich darauf, daß die Bildung des Differentials im zweiten Term auf der rechten Seite zu Ausdrücken führt, die jeweils in zwei Indizes symmetrisch sind.

Es liegt nahe, die charakteristischen Eigenschaften des äußeren Differentials, die in den Rechenregeln (3.55) bis (3.57) sowie in der Definition des Differentials einer 0-Form ihren Ausdruck finden, zusammenzufassen und den Nachweis zu erbringen, daß es auf einer Mannigfaltigkeit $\mathfrak{M}$ genau eine Operation d gibt, die jeder n-Form auf $\mathfrak{M}$ eine $(n+1)$-Form auf $\mathfrak{M}$ zuordnet und dabei folgende Eigenschaften hat: die Vorschrift d ist linear,

$$d(\lambda\varphi + \mu\psi) = \lambda d\varphi + \mu d\psi\,, \tag{5.28}$$

für eine 0-Form ω ist $d\omega$ das Differential und deshalb

$$d\omega(v) = v(\omega)\,, \tag{5.29}$$

worin $v(\omega)$ die Richtungsableitung ist, sie genügt der Produktregel

$$d(\varphi \wedge \psi) = d\varphi \wedge \psi + (-1)^n \varphi \wedge \psi\,, \tag{5.30}$$

wobei n der Grad des ersten Faktors φ ist, und schließlich ist die zweifache Anwendung von d auf jede n-Form gleich Null,

$$d^2\varphi = 0\,. \tag{5.31}$$

Die durch diese Forderungen eindeutig bestimmte Differentialform $d\varphi$ heißt die *äußere Ableitung* bzw. das *äußere Differential* von φ.

Eine solche Vorschrift ist durch die genannten Forderungen eindeutig bestimmt. Sei φ eine beliebige n-Form auf $\mathfrak{M}$ und κ ein Karte für die offene Menge $\mathfrak{U} \subseteq \mathfrak{M}$ mit den Koordinaten x_i; dann ist auf $\mathfrak{U}$

$$\varphi = \sum_{i_1 < \cdots < i_n} \Phi_{i_1 \dots i_n} \, dx_{i_1} \wedge \cdots \wedge dx_{i_n} \, . \tag{5.32}$$

Aus den Forderungen (5.28) und (5.30) folgt dann

$$\begin{aligned} d\varphi &= d\Bigl(\sum_{i_1 < \cdots < i_n} \Phi_{i_1 \dots i_n} \, dx_{i_1} \wedge \cdots \wedge dx_{i_n} \Bigr) \\ &= \sum_{i_1 < \cdots < i_n} d(\Phi_{i_1 \dots i_n} \, dx_{i_1} \wedge \cdots \wedge dx_{i_n}) \\ &= \sum_{i_1 < \cdots < i_n} \bigl[d\Phi_{i_1 \dots i_n} \wedge dx_{i_1} \wedge \cdots \wedge dx_{i_n} + \Phi_{i_1 \dots i_n} d(dx_{i_1} \wedge \cdots \wedge dx_{i_n}) \bigr] \, . \end{aligned}$$

Nun erhält man aber durch wiederholte Anwendung von (5.30)

$$\begin{aligned} d(dx_{i_1} \wedge \cdots \wedge dx_{i_n}) &= d^2 x_{i_1} \wedge dx_{i_2} \wedge \cdots \wedge dx_{i_n} - dx_{i_1} \wedge d(dx_{i_2} \wedge \cdots \wedge dx_{i_n}) \\ &= -dx_{i_1} \wedge d(dx_{i_2} \wedge \cdots \wedge dx_{i_n}) \\ &= \cdots = (-1)^{n-1} dx_{i_1} \wedge dx_{i_2} \wedge \cdots \wedge dx_{i_{n-1}} \wedge d^2 x_{i_n} = 0 \end{aligned}$$

auf Grund der Forderung (5.31), sodaß

$$\begin{aligned} d\varphi &= \sum_{i_1 < \cdots < i_n} d\Phi_{i_1 \dots i_n} \wedge dx_{i_1} \wedge \cdots \wedge dx_{i_n} \\ &= \sum_{i_1 < \cdots < i_n} \frac{\partial \Phi_{i_1 \dots i_n}}{\partial x_l} \, dx_l \wedge dx_{i_1} \wedge \cdots \wedge dx_{i_n} \\ &= \sum_{i_0 < \cdots < i_n} \sum_{\mu=0}^{n} (-1)^{\mu} \frac{\partial \Phi_{i_0 \dots \widehat{i_\mu} \dots i_n}}{\partial x_{i_\mu}} \, dx_{i_0} \wedge \cdots \wedge dx_{i_n} \end{aligned} \tag{5.33}$$

ist, worin noch (5.29) verwendet wurde. Dadurch ist jetzt erwiesen, daß es nur eine solche Vorschrift d geben kann.

Zum Nachweis der Existenz der Operation d wird zunächst $d\varphi$ auf jeder Karte κ definiert. Sei also eine n-Form φ auf einer Karte κ für $\mathfrak{U} \subseteq \mathfrak{M}$ durch (5.32) gegeben und $d\varphi$ auf $\mathfrak{U}$ im Koordinatensystem der Karte κ durch (5.33) definiert. Ist ψ eine zweite n-Form auf $\mathfrak{U}$ mit den Koordinaten $\Psi_{i_1 \dots i_n}$ bezüglich der Karte κ, so ist wegen

$$d(\lambda \Phi_{i_1 \dots i_n} + \mu \Psi_{i_1 \dots i_n}) = \lambda \, d\Phi_{i_1 \dots i_n} + \mu \, d\Psi_{i_1 \dots i_n}$$

die Linearitätsforderung (5.28) erfüllt. Ebenso selbstverständlich ist die Gültigkeit von (5.29). Ist ψ eine beliebige m-Form mit den Koordinaten $\Psi_{j_1 \dots j_m}$ im Koordinatensystem der Karte κ für $\mathfrak{U}$, so ist der Ausdruck

$$d\Bigl[\sum_{i_1 < \cdots < i_n} \Phi_{i_1 \dots i_n} \, dx_{i_1} \wedge \cdots dx_{i_n} \wedge \sum_{j_1 < \cdots < j_m} \Psi_{j_1 \dots j_m} \, dx_{j_1} \wedge \cdots \wedge dx_{j_m} \Bigr]$$

auszuwerten; eine Rechnung, die ihrem Gang nach identisch mit jener ist, die zur Gleichung (3.56) geführt hat, erbringt den Nachweis für (5.30). Die Begründung für (5.31) ist schließlich dieselbe wie für (3.58), nämlich die Gleichheit der gemischten partiellen Differentialquotienten der Koordinaten der n-Form φ. Alle diese mehr oder minder mühsamen Rechnungen zeigen, daß durch (5.32) und (5.33) im Koordinatensystem einer Karte für eine offene Menge auf $\mathfrak{M}$ eine Zuordnung $\varphi \to d\varphi$ gegeben ist, welche die geforderten Eigenschaften hat. Es verbleibt somit nur mehr nachzuweisen, daß durch diese lokalen Definitionen einer n-Form φ eine $(n+1)$-Form $d\varphi$ auf $\mathfrak{M}$ zugeordnet wird. Dies läuft darauf hinaus, die Gleichheit zweier solcher $(n+1)$-Formen auf dem Durchschnitt von zwei einander überlappenden offenen Mengen nachzuweisen.

Seien κ und $\bar{\kappa}$ zwei Karten für zwei offene Mengen $\mathfrak{U}_1$ und $\mathfrak{U}_2$ mit dem gemeinsamen Durchschnitt $\mathfrak{U} = \mathfrak{U}_1 \cap \mathfrak{U}_2$. Dann sind durch die n-Form φ auf $\mathfrak{U}$ die beiden $(n+1)$-Formen

$$\psi_1 = \sum_{i_1<\cdots<i_n} d\Phi_{i_1\ldots i_n} \wedge dx_{i_1} \wedge \cdots \wedge dx_{i_n}$$

und

$$\psi_2 = \sum_{i_1<\cdots<i_n} d\bar{\Phi}_{i_1\ldots i_n} \wedge d\bar{x}_{i_1} \wedge \cdots \wedge d\bar{x}_{i_n}$$

gegeben, wobei die Koordinaten $\Phi_{i_1\ldots i_n}$ auf $\mathfrak{U}$ dem Transformationsgesetz

$$\bar{\Phi}_{i_1\ldots i_n} = \frac{\partial x_{j_1}}{\partial \bar{x}_{i_1}} \cdots \frac{\partial x_{j_n}}{\partial \bar{x}_{i_n}} \Phi_{j_1\ldots j_n}$$

für die Koordinaten kovarianter Tensoren genügen. Aus diesem folgt

$$\begin{aligned}
d\bar{\Phi}_{i_1\ldots i_n} \wedge d\bar{x}_{i_1} \wedge \cdots \wedge d\bar{x}_{i_n} &= \frac{\partial x_{j_1}}{\partial \bar{x}_{i_1}} \cdots \frac{\partial x_{j_n}}{\partial \bar{x}_{i_n}} d\Phi_{j_1\ldots j_n} \wedge d\bar{x}_{i_1} \wedge \cdots \wedge d\bar{x}_{i_n} \\
&\quad + \Phi_{j_1\ldots j_n} d\Big(\frac{\partial x_{j_1}}{\partial \bar{x}_{i_1}} \cdots \frac{\partial x_{j_n}}{\partial \bar{x}_{i_n}}\Big) \wedge d\bar{x}_{i_1} \wedge \cdots \wedge d\bar{x}_{i_n} \\
&= d\Phi_{j_1\ldots j_n} \wedge dx_{j_1} \wedge \cdots \wedge dx_{j_n} \\
&\quad + \Phi_{j_1\ldots j_n} d\Big(\frac{\partial x_{j_1}}{\partial \bar{x}_{i_1}} \cdots \frac{\partial x_{j_n}}{\partial \bar{x}_{i_n}}\Big) \wedge d\bar{x}_{i_1} \wedge \cdots \wedge d\bar{x}_{i_n} .
\end{aligned}$$

Nun ist aber nach der Regel für die Ableitung eines Produktes

$$\begin{aligned}
&d\Big(\frac{\partial x_{j_1}}{\partial \bar{x}_{i_1}} \cdots \frac{\partial x_{j_n}}{\partial \bar{x}_{i_n}}\Big) \wedge d\bar{x}_{i_1} \wedge \cdots \wedge d\bar{x}_{i_n} \\
&\quad = \sum_{k=1}^{n} \frac{\partial x_{j_1}}{\partial \bar{x}_{i_1}} \cdots \frac{\partial^2 x_{j_k}}{\partial \bar{x}_l \partial \bar{x}_{i_k}} \cdots \frac{\partial x_{j_n}}{\partial \bar{x}_{i_n}} d\bar{x}_l \wedge d\bar{x}_{i_1} \wedge \cdots \wedge d\bar{x}_{i_k} \wedge \cdots \wedge d\bar{x}_{i_n} = 0
\end{aligned}$$

auf Grund der Gleichheit der darin auftretenden gemischten partiellen Differentialquotienten. Also ist

$$\sum_{i_1<\cdots<i_n} d\bar{\Phi}_{i_1\ldots i_n} \wedge d\bar{x}_{i_1} \wedge \cdots \wedge d\bar{x}_{i_n} = \sum_{j_1<\cdots<j_n} d\Phi_{j_1\ldots j_n} \wedge dx_{j_1} \wedge \cdots \wedge dx_{j_n}$$

und somit $\psi_1 = \psi_2$ auf $\mathfrak{U}$.

Eine von Koordinaten unabhängige Darstellung des Differentials einer n-Form φ ermöglicht die Symbolik der Lie-Klammern (5.18). Es gilt

$$d\varphi(v_0, v_1, \ldots, v_n) = \sum_{\mu=0}^{n} (-1)^\mu v_\mu \big(\varphi(v_0, \ldots, \widehat{v_\mu}, \ldots, v_n)\big) + \sum_{\mu<\nu} (-1)^{\mu+\nu} \varphi\big([v_\mu, v_\nu], v_0, \ldots, \widehat{v_\mu}, \ldots, \widehat{v_\nu}, \ldots, v_n\big), \tag{5.34}$$

worin für $n = 0$ die zweite Summe leer ist; mit dem aufgesetzten Hütchen wird dabei wieder zum Ausdruck gebracht, daß die darunterstehenden Symbole fortzulassen sind. Dabei bezeichnet $v\big(\varphi(u, \ldots)\big)$ die Ableitung des Skalarfeldes $\varphi(u, \ldots)$ in Richtung von v.

So ist z.B. für eine 0-Form $d\varphi(v) = v(\varphi)$ und für eine 1-Form

$$d\varphi(u, v) = u\big[\varphi(v)\big] - v\big[\varphi(u)\big] - \varphi([u, v]) .$$

Für das zweite Differential einer 0-Form φ erhält man daraus

$$\begin{aligned} d^2\varphi(u, v) &= u\big(d\varphi(v)\big) - v\big(d\varphi(u)\big) - d\varphi([u, v]) \\ &= u\big(v(\varphi)\big) - v\big(u(\varphi)\big) - [u, v](\varphi) = [u, v](\varphi) - [u, v](\varphi) = 0 . \end{aligned}$$

Sei φ eine n-Form auf $\mathfrak{M}$ und κ eine Karte für eine Umgebung $\mathfrak{U}$ auf $\mathfrak{M}$. Für $n \geq 1$ genügt es, die Darstellung (5.34) für eine n-Form

$$\varphi = \Phi\, dx_1 \wedge \cdots \wedge dx_n$$

zu beweisen. Nun gilt (vgl. (2.23))

$$\begin{aligned} d\varphi(v_0, \ldots, v_n) &= (d\Phi \wedge dx_1 \wedge \cdots \wedge dx_n)(v_0, \ldots, v_n) \\ &= \frac{1}{n!} \sum_\pi \operatorname{sign}(\pi)\, d\Phi(v_{\pi(0)})(dx_1 \wedge \cdots \wedge dx_n)(v_{\pi(1)}, \ldots, v_{\pi(n)}) \\ &= \sum_{\mu=0}^{n} (-1)^\mu d\Phi(v_\mu)(dx_1 \wedge \cdots \wedge dx_n)(v_0, \ldots, \widehat{v_\mu}, \ldots, v_n) \\ &= \sum_{\mu=0}^{n} (-1)^\mu v_\mu(\Phi)(dx_1 \wedge \cdots \wedge dx_n)(v_0, \ldots, \widehat{v_\mu}, \ldots, v_n) . \end{aligned}$$

Die Anwendung der Produktregel auf

$$\begin{aligned} v_\mu\big(\varphi(v_0, \ldots, \widehat{v_\mu}, \ldots, v_n)\big) &= v_\mu\big((\Phi\, dx_1 \wedge \cdots \wedge dx_n)(v_0, \ldots, \widehat{v_\mu}, \ldots, v_n)\big) \\ &= v_\mu(\Phi)(dx_1 \wedge \cdots \wedge dx_n)(v_0, \ldots, \widehat{v_\mu}, \ldots, v_n) \\ &\quad + \Phi\, v_\mu\big((dx_1 \wedge \cdots \wedge dx_n)(v_0, \ldots, \widehat{v_\mu}, \ldots, v_n)\big) \end{aligned}$$

führt somit auf die Darstellung

$$\begin{aligned} d\varphi(v_0, v_1, \ldots, v_n) &= \sum_{\mu=0}^{n} (-1)^\mu v_\mu\big(\varphi(v_0, \ldots, \widehat{v_\mu}, \ldots, v_n)\big) \\ &\quad - \sum_{\mu=0}^{n} (-1)^\mu \Phi\, v_\mu\big((dx_1 \wedge \cdots \wedge dx_n)(v_0, \ldots, \widehat{v_\mu}, \ldots, v_n)\big) . \end{aligned}$$

Formt man die zweite Summe auf der rechten Seite von (5.34) im Hinblick auf diese Gleichung um, so erhält man

$$\sum_{\mu=0}^{n}\sum_{\nu=\mu+1}^{n}(-1)^{\mu+\nu}\varphi\big([v_\mu,v_\nu],v_0,\dots,\widehat{v_\mu},\dots,\widehat{v_\nu},\dots,v_n\big)$$

$$=\sum_{\mu<\nu}(-1)^{\mu+1}\Phi\big(dx_1\wedge\dots\wedge dx_n\big)\big(v_0,\dots,\widehat{v_\mu},\dots,[v_\mu,v_\nu],\dots,v_n\big)$$

$$=\sum_{\mu<\nu}(-1)^{\mu+1}\Phi\sum_{\pi}\operatorname{sign}(\pi)\,dx_{\pi(1)}(v_0)\cdots dx_{\pi(\nu)}\big([v_\mu,v_\nu]\big)\cdots dx_{\pi(n)}(v_n)\,.$$

Wegen

$$dx_\alpha\big([v_\mu,v_\nu]\big)=[v_\mu,v_\nu](x_\alpha)=v_\mu\big(dx_\alpha(v_\nu)\big)-v_\nu\big(dx_\alpha(v_\mu)\big)$$

ist deshalb weiter

$$=\sum_{\mu<\nu}(-1)^{\mu+1}\Phi\sum_{\pi}\operatorname{sign}(\pi)\,dx_{\pi(1)}(v_0)\cdots v_\mu\big(dx_{\pi(\nu)}(v_\nu)\big)\cdots dx_{\pi(n)}(v_n)$$

$$+\sum_{\mu<\nu}(-1)^{\mu}\Phi\sum_{\pi}\operatorname{sign}(\pi)\,dx_{\pi(1)}(v_0)\cdots v_\nu\big(dx_{\pi(\nu)}(v_\mu)\big)\cdots dx_{\pi(n)}(v_n)\,.$$

Vertauscht man in der letzten Summe die Rollen von μ und ν, stellt man ferner die Permutationen in der inneren Summe mit Hilfe der Permutation $\tau_{\mu\nu}=\left(\begin{smallmatrix}1\dots\nu & \nu+1\dots\mu-1 & \mu & \mu+1\dots n\\ 1\dots\nu & \nu+2\dots\ \mu & \nu+1 & \mu+1\dots n\end{smallmatrix}\right)$ in der Form $\pi=\sigma\circ\tau_{\mu\nu}$ dar, so durchläuft mit π auch σ alle Permutationen; mit $\operatorname{sign}(\tau_{\mu\nu})=(-1)^{\mu-\nu-1}$ ist dann weiter

$$=\sum_{\mu=0}^{n-1}(-1)^{\mu+1}\Phi\sum_{\pi}\operatorname{sign}(\pi)\,dx_{\pi(1)}(v_0)\cdots v_\mu\big(dx_{\pi(\mu+1)}(v_{\mu+1})\cdots dx_{\pi(n)}(v_n)\big)$$

$$+\sum_{\mu=1}^{n}(-1)^{\mu+1}\Phi\sum_{\sigma}\operatorname{sign}(\sigma)\,v_\mu\big(dx_{\sigma(1)}(v_0)\cdots dx_{\sigma(\mu)}(v_{\mu-1})\big)\cdots dx_{\sigma(n)}(v_n)$$

$$=\sum_{\mu=0}^{n}(-1)^{\mu+1}\Phi\,v_\mu\Big(\sum_{\sigma}\operatorname{sign}(\sigma)\,dx_{\sigma(1)}(v_0)\cdots dx_{\sigma(n)}(v_n)\Big)$$

$$=-\sum_{\mu=0}^{n}(-1)^{\mu}\Phi\,v_\mu\big((dx_1\wedge\dots\wedge dx_n)(v_0,\dots,\widehat{v_\mu},\dots,v_n)\big).$$

Eine Differentialform φ heißt *geschlossen* auf $\mathfrak{G}\subseteq\mathfrak{M}$, wenn $d\varphi=0$ ist auf $\mathfrak{G}$, sie heißt *exakt* oder *integrabel* auf $\mathfrak{G}\subseteq\mathfrak{M}$, wenn auf $\mathfrak{G}$ eine Differentialform ψ mit um 1 verminderter Gradzahl existiert, welche die Gleichung $\varphi=d\psi$ auf $\mathfrak{G}$ erfüllt. Ob das Verschwinden des äußeren Differentials einer n-Form φ auf $\mathfrak{G}\subseteq\mathfrak{M}$ zur Folge hat, daß φ selbst das äußere Differential einer $(n-1)$-Form ψ ist, also das Bestehen einer Gleichung $\varphi=d\psi$ auf $\mathfrak{G}$ nach sich zieht, hängt wie in affinen Räumen von der Menge $\mathfrak{G}$ ab. Die eine Eigenschaft, die einen solchen Rückschluß zuläßt, ist die Sternförmigkeit. Man nennt eine offene Menge $\mathfrak{G}\subseteq\mathfrak{M}$ *sternförmig* in Bezug auf einen Punkt

$P_o \in \mathfrak{G}$, wenn eine Karte $\kappa : \mathcal{K} \to \mathfrak{G}$ existiert und $\mathcal{K} \subseteq \mathbb{R}^N$ sternförmig in Bezug auf den Punkt $\kappa^{-1}(P_o)$ ist. Eine sternförmige offene Menge $\mathfrak{G}$ enthält also, wenn $\mathbf{x}_o$ das N-tupel der Koordinaten des Punktes P_o und $\mathbf{x}$ das N-tupel der Koordinaten eines beliebigen Punktes $Q \in \mathfrak{G}$ ist, alle Punkte $\kappa\big(\mathbf{x}+t(\mathbf{x}-\mathbf{x}_o)\big)$ für $0 \leq t \leq 1$. Ist also $\mathfrak{G} \subseteq \mathfrak{M}$ eine in diesem Sinne — in Bezug auf den Punkt mit den Koordinaten $x_i = 0$ bezüglich der Karte κ für $\mathfrak{G}$ — sternförmige offene Menge und ist die n-Form φ auf $\mathfrak{G}$ geschlossen, so ist sie auf $\mathfrak{G}$ integrabel, es gilt $\varphi = d\psi$ auf $\mathfrak{G}$ mit

$$\psi = \sum_{i_1<\cdots<i_{n-1}} \left(\sum_{k=1}^{N} x_k \int_0^1 t^{n-1} \Phi_{k i_1 \ldots i_{n-1}}(t\mathbf{x})\, dt\right) dx_{i_1} \wedge \cdots \wedge dx_{i_{n-1}}$$

(vgl. (3.62)). Der Beweis, der in Kap. 3, §5 für die entsprechende Aussage in affinen Räumen gegeben wurde, kann wörtlich auf Mannigfaltigkeiten übertragen werden.

Eine zweite Eigenschaft einer offenen Menge $\mathfrak{G}$, durch welche gewährleistet ist, daß aus $d\varphi = 0$ auf $\mathfrak{G}$ stets die Existenz einer Differentialform ψ mit der Eigenschaft $\varphi = d\psi$ folgt, ist die Kontrahierbarkeit von $\mathfrak{G}$ auf einen Punkt von $\mathfrak{G}$. Eine offene Menge $\mathfrak{G} \subseteq \mathfrak{M}$ heißt ***kontrahierbar*** auf einen Punkt $P_o \in \mathfrak{G}$, wenn es eine stetige Abbildung $\jmath : [0,1] \times \mathfrak{G} \to \mathfrak{G}$ mit der Eigenschaft

$$\jmath(0,P) = P_o\,, \quad \jmath(1,P) = P$$

gibt. Es gilt dann das Lemma von POINCARÉ in der Form: *Ist $\mathfrak{G} \subseteq \mathfrak{M}$ sternförmig oder kontrahierbar, so ist jede auf $\mathfrak{G}$ geschlossene Differentialform auf $\mathfrak{G}$ integrabel.* Dabei kann an die Stelle der offenen Menge $\mathfrak{G}$ die Mannigfaltigkeit $\mathfrak{M}$ selbst treten, wenn diese auf einen Punkt P_o kontrahierbar ist. Unter diesen Umständen hat das Lemma von POINCARÉ den globalen Charakter wie im Falle affiner Räume, wenn eine Differentialform auf dem ganzen Raum geschlossen ist. Lokal aber gilt das Lemma von POINCARÉ immer, und zwar in folgendem Sinn. Ist φ eine auf $\mathfrak{M}$ geschlossene n-Form, $P \in \mathfrak{M}$ ein beliebiger Punkt und $\kappa : \mathcal{K} \to \mathfrak{U}$ eine Karte für die Umgebung $\mathfrak{U}$ von P, so gibt es, da $\mathcal{K} \subseteq \mathbb{R}^N$ eine im $\mathbb{R}^N$ offene Menge ist, um den Punkt $\kappa^{-1}(P)$ eine offene Kugelumgebung $\mathcal{K}_r = \{\, \mathbf{x} \mid |\mathbf{x}-\kappa^{-1}(P)| < r \,\}$, welche einerseits in $\mathcal{K}$ enthalten ist, andererseits sternförmig in Bezug auf den Punkt $\kappa^{-1}(P)$ ist. Deshalb ist das Bild $\kappa(\mathcal{K}_r) = \mathfrak{V} \subseteq \mathfrak{U}$ eine sternförmige offene Menge auf $\mathfrak{M}$ und folglich $d\varphi = \psi$ mit einer geeigneten $(n-1)$-Form ψ auf der Umgebung $\mathfrak{V}$ des Punktes P. Ist somit eine Differentialform φ auf der Mannigfaltigkeit $\mathfrak{M}$ geschlossen, so kann das Lemma von POINCARÉ *lokal* angewendet werden, d.h. es gibt um jeden Punkt $P \in \mathfrak{M}$ eine Umgebung, auf welcher φ integrabel ist. —

Ist eine affine Abbildung zweier affiner Räume gegeben, so läßt sich jeder Differentialform auf dem Bildraum eine Differentialform desselben Grades auf dem Urbildraum zuordnen. Diese Konstruktion (vgl. (3.65) und (3.66)) läßt sich auf Mannigfaltigkeiten übertragen.

Sind $\mathfrak{M}$ und $\mathfrak{N}$ zwei Mannigfaltigkeiten mit den Dimensionen M bzw. $N \geq M$ und ist $f : \mathfrak{M} \to \mathfrak{N}$ eine differenzierbare Abbildung, so bestimmt jede n-Form auf $\mathfrak{N}$ eine n-Form auf $\mathfrak{M}$. Ist φ eine n-Form auf $\mathfrak{N}$, so sei im Falle $n = 0$

$$f^*\varphi := \varphi \circ f \tag{5.35}$$

gesetzt, für $n \geq 1$ im Punkt $P \in \mathfrak{M}$

$$f^*\varphi(v_1, \ldots, v_n) := \varphi(f'v_1, \ldots, f'v_n)\,, \qquad v_i \in T_P(\mathfrak{M})\,, \tag{5.36}$$

worin mit Rücksicht auf bessere Lesbarkeit f' für die lineare Abbildung $df : T_P(\mathfrak{M}) \to T_{f(P)}(\mathfrak{N})$ geschrieben wurde. Diese Zuordnung $\varphi \to f^*\varphi$ ist linear,

$$f^*(\lambda\varphi + \mu\psi) = \lambda f^*\varphi + \mu f^*\psi\,, \qquad \lambda, \mu \in \mathbb{R}\,, \tag{5.37}$$

sie vertauschbar mit der äußeren Multiplikation,

$$f^*(\varphi \wedge \psi) = f^*\varphi \wedge f^*\psi\,, \tag{5.38}$$

und mit der äußeren Differentiation,

$$df^*\varphi = f^*d\varphi\,. \tag{5.39}$$

Die Linearität (5.37) ist evident, den Nachweis für die Gültigkeit von (5.38) und (5.39) kann der Leser nach dem Muster der Beweisführung für (3.68) und (3.69) erbringen. Sind x_i die Koordinaten einer Karte κ um den Punkt $P \in \mathfrak{M}$, y_i die Koordinaten einer Karte $\hat{\kappa}$ um den Punkt $Q = f(P) \in \mathfrak{N}$, so ordnet f^* der n-Form

$$\varphi = \sum_{j_1 < \cdots < j_n} \Phi_{j_1 \ldots j_n}\, dy_{j_1} \wedge \cdots \wedge dy_{j_n}$$

auf $\mathfrak{N}$ die n-Form

$$f^*\varphi = \sum_{i_1 < \cdots < i_n} \Phi^*_{i_1 \ldots i_n}\, dx_{i_1} \wedge \cdots \wedge dx_{i_n}$$

auf $\mathfrak{M}$ zu. Schreibt man abkürzend $\Phi_{j_1 \ldots j_n}(\mathbf{y}) = \Phi_{j_1 \ldots j_n} \circ \hat{\kappa}(\mathbf{y})$ für die Koordinaten von φ bezüglich der Karte $\hat{\kappa}$ bzw. $\Phi^*_{i_1 \ldots i_n}(\mathbf{x}) = \Phi^*_{i_1 \ldots i_n} \circ \kappa(\mathbf{x})$ für die Koordinaten der n-Form $f^*\varphi$ bezüglich der Karte κ und setzt man für $\mathbf{y} = \mathbf{f}(\mathbf{x}) = \hat{\kappa}^{-1} \circ f \circ \kappa(\mathbf{x})$, so lautet der Zusammenhang zwischen den Koordinaten

$$\Phi^*_{i_1 \ldots i_n}(\mathbf{x}) = \sum_{j_1 < \cdots < j_n} \Phi_{j_1 \ldots j_n}(\mathbf{f}(\mathbf{x})) \begin{vmatrix} \frac{\partial y_{j_1}}{\partial x_{i_1}} & \cdots & \frac{\partial y_{j_1}}{\partial x_{i_n}} \\ \vdots & \ddots & \vdots \\ \frac{\partial y_{j_n}}{\partial x_{i_1}} & \cdots & \frac{\partial y_{j_n}}{\partial x_{i_n}} \end{vmatrix}\,,$$

d.h. man erhält die n-Form $f^*\varphi$, indem man für $y_i = f_i(x_1, \ldots, x_N)$ in die Darstellung für φ einsetzt. Speziell für $n = M \leq N$ ist

$$f^*\varphi = \Phi^*\, dx_1 \wedge \cdots \wedge dx_M$$

eine M-Form auf $\mathfrak{M}$, worin für die Koordinate Φ^* im Koordinatensystem der Karte κ

$$\Phi^*(\mathbf{x}) = \sum_{j_1 < \cdots < j_M} \Phi_{j_1 \ldots j_M}(\mathbf{f}(\mathbf{x})) \begin{vmatrix} \frac{\partial y_{j_1}}{\partial x_1} & \cdots & \frac{\partial y_{j_1}}{\partial x_M} \\ \vdots & \ddots & \vdots \\ \frac{\partial y_{j_M}}{\partial x_1} & \cdots & \frac{\partial y_{j_M}}{\partial x_M} \end{vmatrix} \tag{5.40}$$

einzusetzen ist. Schließlich wird im Falle $N = M$ der N-Form

$$\varphi = \Phi\, dy_1 \wedge \cdots \wedge dy_N$$

auf $\mathfrak{N}$ die N-Form

$$f^*\varphi = \Phi^*\, dx_1 \wedge \cdots \wedge dx_N$$

auf $\mathfrak{M}$ zugeordnet; ihre einzige unabhängige Koordinate ist

$$\Phi^* = \Phi \circ f \det\left\{\frac{\partial y_j}{\partial x_i}\right\}.$$

Für $\mathfrak{M} = \mathfrak{N}$ ist dies das Transformationsgesetz für die Koordinaten der Differentialform φ, wenn f die identische Abbildung auf $\mathfrak{M}$ ist.

Die N-Formen auf einer N-dimensionalen Mannigfaltigkeit $\mathfrak{M}$ ermöglichen den Zugang zu einer *Orientierung* von $\mathfrak{M}$. Hiefür sei zunächst daran erinnert, daß ein affiner Raum $\mathfrak{A}^N$ durch Auswahl einer der beiden Äquivalenzklassen von Determinantenfunktionen im Tangentialraum orientiert wird (vgl. Kap. 1, §6). Dies führte im weiteren dazu, die Orientierung eines N-dimensionalen affinen Raumes durch eine N-Form festzulegen, und zwar durch eine solche, welche in jedem Raumpunkt eine Determinantenfunktion der ausgewählten Äquivalenzklasse ist. Da die triviale Determinantenfunktion keiner der beiden Äquivalenzklassen angehört, hat diese N-Form die Eigenschaft, in keinem Raumpunkt zu verschwinden. Beim Übergang auf Mannigfaltigkeiten folgt man dieser Konzeption, nur ist hiefür zu beachten, daß die Existenz einer N-Form auf einer N-dimensionalen Mannigfaltigkeit, die in keinem Raumpunkt die triviale Determinantenfunktion im zugehörigen Tangentialraum ist, anders als in affinen Räumen keineswegs gesichert ist und deshalb eigens gefordert werden muß. Für das Folgende sei der Einfachheit halber angenommen, daß die N-dimensionale Mannigfaltigkeit als topologischer Raum zusammenhängend ist.

Eine N-dimensionale Mannigfaltigkeit $\mathfrak{M}$ heißt *orientierbar*, wenn es eine N-Form auf $\mathfrak{M}$ gibt, welche in keinem Punkt aus $\mathfrak{M}$ verschwindet. Ist $\mathfrak{M}$ orientierbar, so ist die Menge der auf $\mathfrak{M}$ nirgends verschwindenden N-Formen nicht-leer; sind ϵ_1 und ϵ_2 zwei N-Formen, die in keinem Punkt die triviale Determinantenfunktion im Tangentialraum von $\mathfrak{M}$ sind, so gilt

$$\epsilon_1 = \omega\, \epsilon_2\,,$$

worin $\omega \in \mathbb{F}$ ein Skalarfeld ist. Wäre $\omega(P_o) = 0$ in einem Punkt $P_o \in \mathfrak{M}$, so wäre ϵ_1 im Tangentialraum an $\mathfrak{M}$ im Punkt P_o die triviale Determinantenfunktion, im Widerspruch zu der über ϵ_1 gemachten Voraussetzung. Also ist $\omega \neq 0$ auf $\mathfrak{M}$. Dann hat aber ω auf $\mathfrak{M}$ beständig dasselbe Vorzeichen. Da nämlich einerseits das Bild eines zusammenhängenden topologischen Raumes unter einer stetigen Funktion selbst wieder zusammenhängend ist, andererseits die mehrpunktigen zusammenhängenden Mengen auf der Zahlengeraden die Intervalle sind, müßte das Intervall $\omega(\mathfrak{M}) \subseteq \mathbb{R}$, wenn es zwei Punkte P und Q mit $\omega(P) > 0$ und $\omega(Q) < 0$ gibt, den Ursprung der Zahlengeraden enthalten, weshalb es dann auch einen Punkt $P_o \in \mathfrak{M}$ geben müßte, für den $\omega(P_o) = 0$ wäre.

Zwei nirgends verschwindende N-Formen auf $\mathfrak{M}$ unterscheiden sich daher um eine reelle Funktion, welche auf $\mathfrak{M}$ beständig dasselbe Vorzeichen hat. Infolgedessen ist

$$\epsilon_1 \sim \epsilon_2 \iff \epsilon_1 = \omega\,\epsilon_2,\ \omega \in \mathbb{F},\ \omega > 0\,,$$

eine Äquivalenzrelation, durch welche die Menge der auf $\mathfrak{M}$ nirgends verschwindenden N-Formen in zwei Klassen eingeteilt wird. Jede dieser beiden Äquivalenzklassen heißt eine *Orientierung* auf $\mathfrak{M}$.

Ist eine Mannigfaltigkeit $\mathfrak{M}$ orientierbar, so können die Basen der Tangentialräume orientiert werden, wobei man zwischen einer positiven und einer negativen Orientierung unterscheiden kann. Das Koordinatensystem einer Karte $\kappa : \mathcal{K} \to \mathfrak{U}$ heißt dabei *positiv orientiert*, wenn für eine orientierungsgerechte N-Form ϵ in allen Punkten von $\mathfrak{U}$

$$\epsilon(\partial_1, \partial_2, \ldots, \partial_N) > 0$$

gilt, und *negativ orientiert* im Falle, daß stets das negative Vorzeichen auftritt. Sind $\kappa : \mathcal{K}_1 \to \mathfrak{U}_1$ und $\bar{\kappa} : \mathcal{K}_2 \to \mathfrak{U}_2$ mit $\mathfrak{U} = \mathfrak{U}_1 \cap \mathfrak{U}_2 \neq \emptyset$ zwei Karten, so folgt aus (5.7) in allen Punkten von $\mathfrak{U}$

$$\epsilon(\partial_1, \ldots, \partial_N) = \det\left\{\frac{\partial \bar{x}_i}{\partial x_j}\right\} \epsilon(\bar{\partial}_1, \ldots, \bar{\partial}_N)\,. \tag{5.41}$$

Deshalb sind die beiden Karten genau dann gleichartig orientiert, wenn

$$\det\left\{\frac{\partial \bar{x}_i}{\partial x_j}\right\} > 0 \tag{5.42}$$

in allen Punkten von $\mathfrak{U}$ gilt. Zwei solche Karten heißen — im Sinne einer Orientierung von $\mathfrak{M}$ — *verträglich*. Ein Atlas $\mathcal{A}$ für $\mathfrak{M}$, der nur aus verträglichen Karten besteht, wird *einheitlich* genannt.

Ist $\mathfrak{M}$ orientierbar, so gibt es stets einen einheitlichen Atlas für $\mathfrak{M}$. Sei ϵ eine auf $\mathfrak{M}$ nirgends verschwindende N-Form und $\mathcal{A}$ ein Atlas, dessen Karten $\kappa : \mathcal{K} \to \mathfrak{U}$ von der Beschaffenheit sind, daß die Teilmenge $\mathfrak{U} \subseteq \mathfrak{M}$ als topologischer Teilraum von $\mathfrak{M}$ (also mit der durch $\mathfrak{M}$ induzierten Topologie) zusammenhängend ist. Einen solchen Atlas muß es immer geben. Der Konstruktion eines einheitlichen Atlas aus den Karten von $\mathcal{A}$ liegt die Idee zugrunde, aus jeder Karte $\kappa \in \mathcal{A}$ eine Karte $\tilde{\kappa}$ für $\mathfrak{U}$ zu bilden, sodaß alle diese Karten $\tilde{\kappa}$ untereinander verträglich sind. Hiefür bezeichne π eine beliebige Permutation und $p_\pi : \mathbb{R}^N \to \mathbb{R}^N$ jene Abbildung, welche die Rolle der Koordinaten im $\mathbb{R}^N$ in ihrer Reihenfolge abändert, und zwar soll die Rolle von $x_{\pi(i)}$ durch x_i übernommen werden, d.h. es ist $x_i = \tilde{x}_{\pi(i)}$ die i-te Koordinate der Funktion $\mathbf{x} = p_\pi(\tilde{\mathbf{x}})$. Sei nun $\kappa : \mathcal{K} \to \mathfrak{U}$ eine beliebige Karte des Atlas $\mathcal{A}$. Dann ist $\omega = \epsilon(\partial_1, \ldots, \partial_N)$ eine auf $\mathfrak{U}$ stetige reelle Funktion. Die Bildmenge $\omega(\mathfrak{U})$ ist auf Grund des Zwischenwertsatzes ein Intervall der Zahlengeraden — hier geht die Voraussetzung ein, daß die in $\mathfrak{M}$ offene Menge $\mathfrak{U}$ zusammenhängend ist —; dieses Intervall kann, da ϵ auf $\mathfrak{M}$ und somit auch auf $\mathfrak{U}$ nirgends verschwindet, die Zahl 0 nicht enthalten, weil ω das Vorzeichen auf $\mathfrak{U}$ nicht wechselt. Deshalb ist die Funktion ω auf

$\mathfrak{U}$ entweder überall positiv oder überall negativ. Ist nun $\widetilde{\mathcal{K}} = p_\pi^{-1}(\mathcal{K})$ für eine beliebige Permutation π gesetzt, so ist $\tilde{\kappa} = \kappa \circ p_\pi : \widetilde{\mathcal{K}} \to \mathfrak{U}$ eine Karte, für welche

$$\epsilon(\tilde{\partial}_1, \dots, \tilde{\partial}_N) = \operatorname{sign}(\pi)\, \epsilon(\partial_1, \dots, \partial_N)$$

wegen

$$\det\left\{\frac{\partial x_i}{\partial \tilde{x}_j}\right\} = \operatorname{sign}(\pi)$$

gilt. Ist also $\omega = \epsilon(\partial_1, \dots, \partial_N) > 0$ auf $\mathfrak{U}$, so nimmt man für π eine Permutation mit geradem Vorzeichen, im anderen Fall eine solche mit ungeradem Vorzeichen, sodaß für jede Karte $\tilde{\kappa}$

$$\epsilon(\tilde{\partial}_1, \dots, \tilde{\partial}_N) > 0$$

gilt auf $\mathfrak{U}$. Hat man auf diese Weise aus jeder Karte $\kappa \in \mathcal{A}$ eine Karte $\tilde{\kappa} = \kappa \circ p_\pi$ gebildet, so ist die Gesamtheit all dieser Karten ein einheitlicher Atlas $\widetilde{\mathcal{A}}$ für $\mathfrak{M}$. Daß es sich dabei um einen Atlas handelt, ist evident; zu zeigen ist nur, daß alle Karten des Atlas $\widetilde{\mathcal{A}}$ verträglich sind. Stellen — unter Verzicht auf das Zeichen $\tilde{}$ für Karten und Koordinaten des Atlas $\widetilde{\mathcal{A}}$ — κ und $\bar{\kappa}$ zwei Karten für $\mathfrak{U}_1$ und $\mathfrak{U}_2$ mit nicht-leerem Durchschnitt $\mathfrak{U} = \mathfrak{U}_1 \cap \mathfrak{U}_2$ dar, so besteht in $\mathfrak{U}$ zwischen den auf $\mathfrak{U}$ positiven Funktionen $\epsilon(\partial_1, \dots, \partial_N)$ und $\epsilon(\bar{\partial}_1, \dots, \bar{\partial}_N)$ der Zusammenhang (5.41), was aber nur möglich ist, wenn die Ungleichung (5.42) Gültigkeit hat.

Da, wie ohne Beweis angeführt sei, die Existenz eines einheitlichen Atlas auch umgekehrt die Orientierbarkeit einer Mannigfaltigkeit nach sich zieht, ist eine Mannigfaltigkeit $\mathfrak{M}$ genau dann orientierbar, wenn es einen einheitlichen Atlas für $\mathfrak{M}$ gibt.

Eine nirgends verschwindende orientierungsgerechte N-Form ϵ auf $\mathfrak{M}$ heißt ein *Volumelement* auf $\mathfrak{M}$.

Das Beispiel einer in den dreidimensionalen affinen Raum $\mathfrak{A}^3$ eingebetteten Fläche $\mathfrak{F}$ möge wieder zur Veranschaulichung der Dinge beitragen. Die Fläche $\mathfrak{F}$ sei als Teilmannigfaltigkeit von $\mathfrak{A}^3$ zusammenhängend und in einem Gebiet $\mathfrak{G}$ von $\mathfrak{A}^3$ enthalten: $\mathfrak{F} \subset \mathfrak{G} \subset \mathfrak{A}^3$. Der affine Raum $\mathfrak{A}^3$ möge auf ein affines Koordinatensystem mit der Karte $\hat{\kappa}$ und den Koordinaten ξ_i bezogen sein; $\mathcal{T}$ sei der Tangentialraum von $\mathfrak{A}^3$. Eine nirgends verschwindende 3-Form auf $\mathfrak{A}^3$ — und somit ein Volumelement für $\mathfrak{A}^3$ — ist (vgl. (3.79))

$$\epsilon_{\mathfrak{A}} = \gamma\, d\xi_1 \wedge d\xi_2 \wedge d\xi_3 \,. \tag{5.43}$$

Sind nämlich a_1, a_2, a_3 drei linear unabhängige Vektoren aus dem Tangentialraum $\mathcal{T}$ mit dem Fußpunkt $Q \in \mathfrak{A}$ und den Koordinaten A_1^i, A_2^i, A_3^i, so ist

$$\epsilon_{\mathfrak{A}}(a_1, a_2, a_3) = \gamma \det\{A_i^j\} \neq 0 \,.$$

Sei jetzt n ein Vektorfeld auf $\mathfrak{G}$ mit der Eigenschaft $n(P) \notin \mathcal{T}_P(\mathfrak{F})$ in allen Punkten von $\mathfrak{F}$. Mit Hilfe eines solchen Vektorfeldes gelingt die Konstruktion einer auf $\mathfrak{F}$ nirgends verschwindenden 2-Form. Zunächst ist

$$\epsilon(u, v) := \epsilon_{\mathfrak{A}}(n, u, v)\,, \qquad u, v \in \mathfrak{v}(\mathfrak{G})\,,$$

eine 2-Form auf $\mathfrak{G}$. Für zwei beliebige Vektorfelder $u, v \in \mathfrak{v}(\mathfrak{G})$ ist

$$\epsilon(u,v) = \gamma\,(d\xi_1 \wedge d\xi_2 \wedge d\xi_3)(n,u,v) = \gamma \begin{vmatrix} d\xi_1(n) & d\xi_2(n) & d\xi_3(n) \\ d\xi_1(u) & d\xi_2(u) & d\xi_3(u) \\ d\xi_1(v) & d\xi_2(v) & d\xi_3(v) \end{vmatrix}$$

$$= \gamma\left[d\xi_1(n)\, d\xi_2 \wedge d\xi_3 + d\xi_2(n)\, d\xi_3 \wedge d\xi_1 + d\xi_3(n)\, d\xi_1 \wedge d\xi_2\right](u,v)$$

und somit, wenn n^i die Koordinaten des Vektors n bezüglich der Karte $\hat{\kappa}$ sind,

$$\epsilon = \gamma\left(n^1 d\xi_2 \wedge d\xi_3 + n^2 d\xi_3 \wedge d\xi_1 + n^3 d\xi_1 \wedge d\xi_2\right). \tag{5.44}$$

Da $\mathfrak{F}$ eine Teilmannigfaltigkeit von $\mathfrak{A}^3$ sein soll, ist die Inklusionsabbildung $\jmath : \mathfrak{F} \to \mathfrak{A}^3$ differenzierbar, das Differential $d\jmath$ ist in jedem Punkt von $\mathfrak{F}$ injektiv. Ist κ eine Karte um den Punkt $P \in \mathfrak{F}$, so stellt die Funktion $\mathbf{j} = \hat{\kappa}^{-1} \circ \jmath \circ \kappa$ eine lokale Parametrisierung von $\mathfrak{F}$ um den Punkt P in den Koordinaten des $\mathfrak{A}^3$ dar, wobei ihre 2-spaltige Ableitungsmatrix $\mathbf{j}'$ mit den Elementen $\frac{\partial \xi_i}{\partial x_\alpha}$ überall den Rang 2 hat. Deshalb sind, wenn man den Tangentialraum an $\mathfrak{F}$ im Punkt P mit einem Teilraum des Tangentialraumes $\mathcal{T}$ von $\mathfrak{A}^3$ identifiziert, die beiden Tangentenvektoren $\frac{\partial \xi_i}{\partial x_\alpha}$ linear unabhängig; sie spannen die Tangentialebene $\mathfrak{T}_P$ im Punkt $P \in \mathfrak{F}$ auf, die ein durch den Punkt P und den Teilraum $\mathcal{T}_P(\mathfrak{F}) \subset \mathcal{T}$ eindeutig bestimmter affiner Teilraum von $\mathfrak{A}^3$ ist. Die Abbildung $\jmath$ ordnet jeder 2-Form auf $\mathfrak{A}^3$ eine 2-Form auf $\mathfrak{F}$ zu, der 2-Form ϵ auf $\mathfrak{G}$ die 2-Form $\epsilon_{\mathfrak{F}} = \jmath^* \epsilon$,

$$\epsilon_{\mathfrak{F}}(u,v) = \epsilon\big(d\jmath(u), d\jmath(v)\big) = \epsilon_{\mathfrak{A}}\big(n, d\jmath(u), d\jmath(v)\big)\,, \qquad u, v \in \mathfrak{v}(\mathfrak{F}). \tag{5.45}$$

Diese 2-Form verschwindet in keinem Punkt von $\mathfrak{F}$ und ist somit ein Volumelement auf $\mathfrak{F}$, welches im Sprachgebrauch der Geometrie im dreidimensionalen Raum als *Flächenelement* bezeichnet wird. Die Identifikation des Tangentialraumes $\mathcal{T}_P(\mathfrak{F})$ mit einem Teilraum von $\mathcal{T}$ bedeutet, daß durch das Differential $d\jmath$ jeder Vektor aus $\mathcal{T}_P(\mathfrak{F})$ auf sich selbst als Vektor in $\mathcal{T}$ abgebildet wird, die Ableitung der Funktion $\mathbf{j}$ ordnet dem Koordinatentupel eines Tangentenvektors bezüglich der Basis $\{\partial_1, \partial_2\}$ das Koordinatentripel dieses Tangentenvektors bezüglich der Basis in $\mathcal{T}$ zu. Sind jetzt u, v zwei linear unabhängige Vektoren in $\mathcal{T}_P(\mathfrak{F})$, so sind es auch die beiden Vektoren $d\jmath(u)$ und $d\jmath(v)$; wären die drei Vektoren $n, d\jmath(u), d\jmath(v) \in \mathcal{T}$ linear abhängig, so müßte $n \in \mathcal{T}_P(\mathfrak{F})$ gelten, also n ein Vektor in der Tangentialebene $\mathfrak{T}_P$ sein, was der Voraussetzung $n \notin \mathcal{T}_P(\mathfrak{F})$ widerspricht. Also ist die rechte Seite in (5.45) für zwei linear unabhängige Vektoren $u, v \in \mathcal{T}_P(\mathfrak{F})$ von Null verschieden und damit $\epsilon_{\mathfrak{F}}$ auf $\mathfrak{F}$ nirgends trivial.

Setzt man in (5.44) für $d\xi_i = \frac{\partial \xi_i}{\partial x_1}\, dx_1 + \frac{\partial \xi_i}{\partial x_2}\, dx_2$ ein, so erhält man

$$\epsilon_{\mathfrak{F}} = \gamma \begin{vmatrix} n^1 & n^2 & n^3 \\ \frac{\partial \xi_1}{\partial x_1} & \frac{\partial \xi_2}{\partial x_1} & \frac{\partial \xi_3}{\partial x_1} \\ \frac{\partial \xi_1}{\partial x_2} & \frac{\partial \xi_2}{\partial x_2} & \frac{\partial \xi_3}{\partial x_2} \end{vmatrix} dx_1 \wedge dx_2\,.$$

Eine Änderung der Orientierung des Vektorfeldes n, der Übergang von n zu $-n$, bewirkt einen Vorzeichenwechsel und somit den Wechsel der Orientierung von $\mathfrak{F}$.

Ist $\mathfrak{A}^3 = \mathfrak{E}^3$ ein euklidischer Raum, so zeichnet die euklidische Geometrie im $\mathfrak{E}^3$ ein spezielles Volumelement aus (vgl. (3.81)),

$$\epsilon_{\mathfrak{E}} = \sqrt{g}\, d\xi_1 \wedge d\xi_2 \wedge d\xi_3\,.$$

Das dadurch auf $\mathfrak{F}$ induzierte Volumelement ist

$$\epsilon_{\mathfrak{F}} = \sqrt{g} \begin{vmatrix} n^1 & n^2 & n^3 \\ \frac{\partial \xi_1}{\partial x_1} & \frac{\partial \xi_2}{\partial x_1} & \frac{\partial \xi_3}{\partial x_1} \\ \frac{\partial \xi_1}{\partial x_2} & \frac{\partial \xi_2}{\partial x_2} & \frac{\partial \xi_3}{\partial x_2} \end{vmatrix} dx_1 \wedge dx_2\,. \tag{5.46}$$

Gewöhnlich nimmt man darin für n einen auf die Länge 1 normierten Vektor, welcher in jedem Punkt von $\mathfrak{F}$ senkrecht auf die Tangentialebene steht und *Flächennormalenvektor* genannt wird. Er repräsentiert den durch die Orientierung der Tangentialräume auf der Fläche festgelegten Drehsinn in der Weise, daß sich zusammen mit einer Fortbewegung in Richtung der Normalen ein Schraubsinn ergibt, welcher der Orientierung im euklidischen Einbettungsraum $\mathfrak{E}^3$ entspricht. Die Orientierbarkeit einer Fläche bedeutet, daß der Drehsinn um einen Punkt der Fläche, wenn man ihn, einem beliebigen Weg auf der Fläche folgend, in einen anderen Flächenpunkt transportiert, mit dem dortigen zur Deckung kommt. Deshalb kann man auf einer orientierbaren Fläche durch die Stellung des sich stetig ändernden Normalenvektors zwei „Seiten", jeweils mit dem entgegengesetzten Drehsinn, unterscheiden.[12)]

Ist der euklidische Raum $\mathfrak{E}^3$ auf ein kartesisches Koordinatensystem bezogen, so ist $g = 1$, die Determinanten

$$D_1 = \begin{vmatrix} \frac{\partial \xi_2}{\partial x_1} & \frac{\partial \xi_3}{\partial x_1} \\ \frac{\partial \xi_2}{\partial x_2} & \frac{\partial \xi_3}{\partial x_2} \end{vmatrix}, \quad D_2 = \begin{vmatrix} \frac{\partial \xi_3}{\partial x_1} & \frac{\partial \xi_1}{\partial x_1} \\ \frac{\partial \xi_3}{\partial x_2} & \frac{\partial \xi_1}{\partial x_2} \end{vmatrix}, \quad D_3 = \begin{vmatrix} \frac{\partial \xi_1}{\partial x_1} & \frac{\partial \xi_2}{\partial x_1} \\ \frac{\partial \xi_1}{\partial x_2} & \frac{\partial \xi_2}{\partial x_2} \end{vmatrix}$$

sind die Koordinaten des äußeren Produktes der beiden linear unabhängigen Tangentenvektoren $\frac{\partial \xi_i}{\partial x_1}$ und $\frac{\partial \xi_i}{\partial x_2}$. Da dieser Vektor auf die Tangentialebene senkrecht steht und somit kollinear mit dem Normalenvektor n ist, folgt aus (5.46)

$$\epsilon_{\mathfrak{F}} = \pm\sqrt{D_1^2 + D_2^2 + D_3^2}\, dx_1 \wedge dx_2 \,, \tag{5.47}$$

wobei die Wurzel positiv zu ziehen ist, wenn das äußere Produkt der beiden Tangentenvektoren, der Vektor $D_1 e_1 + D_2 e_2 + D_3 e_3$, dieselbe Orientierung hat wie der auf die Länge 1 normierte Normalenvektor n; andernfalls ist das negative Vorzeichen zu nehmen. Für die Karten eines einheitlichen Atlas für die Fläche $\mathfrak{F}$ tritt dabei stets dasselbe Vorzeichen auf, denn es gilt, wenn $\bar{D}_i$ die obigen Determinanten mit Bezug auf die Karte $\bar{\kappa}$ sind,

$$\sqrt{D_1^2 + D_2^2 + D_3^2} = \begin{vmatrix} \frac{\partial x_1}{\partial \bar{x}_1} & \frac{\partial x_1}{\partial \bar{x}_2} \\ \frac{\partial x_2}{\partial \bar{x}_1} & \frac{\partial x_2}{\partial \bar{x}_2} \end{vmatrix} \sqrt{\bar{D}_1^2 + \bar{D}_2^2 + \bar{D}_3^2} \,,$$

worin die Determinante auf der rechten Seite für miteinander verträgliche Karten κ und $\bar{\kappa}$ positiv ist. Da gewöhnlich die Stellung des auf die Fläche senkrecht stehenden Vektors $D_1 e_1 + D_2 e_2 + D_3 e_3$ die Orientierung der Fläche versinnbildlichen soll, ist jener einheitliche Atlas Repräsentant der Orientierung von $\mathfrak{F}$, für den die Wurzel in (5.47) positiv zu ziehen ist, da dann die Normale n und der Vektor $D_1 e_1 + D_2 e_2 + D_3 e_3$ in dieselbe Richtung zeigen. Wenn speziell $\xi_1 = x$, $\xi_2 = y$, $\xi_3 = f(x, y)$ eine Parametrisierung der Fläche $\mathfrak{F}$ um den Punkt P durch eine explizite Darstellung $\xi_3 = f(\xi_1, \xi_2)$ ist, so erhält das Flächenelement (5.47) die Form

$$\epsilon_{\mathfrak{F}} = \sqrt{1 + f_x^2 + f_y^2}\, dx \wedge dy \,. \tag{5.48}$$

Eine Fläche im dreidimensionalen Raum ist also orientierbar, wenn in jedem Punkt der Fläche ein Vektor angeheftet werden kann, der die Einschränkung

[12)] Ein berühmtes Beispiel für eine nicht orientierbare Fläche ist das sogenannte *Möbius'sche Band*, welches man erhält, wenn man einen Streifen an seinen Enden nicht zu einer zylindrischen Fläche zusammenklebt, sondern andersherum. Verfolgt man einen Drehsinn, z.B. längs der Mittellinie, so kommt man nach einem Umlauf in den Ausgangspunkt zurück, wobei sich der ursprüngliche Drehsinn umgekehrt hat.

eines differenzierbaren Vektorfeldes um die Fläche ist und stets nach einer Seite der Fläche zeigt. Damit ist die in der Vektoranalysis übliche Orientierung einer Fläche durch die Stellung des Flächennormalenvektors in den Orientierungsbegriff einer Mannigfaltigkeit einbezogen.

Eine eindimensionale Teilmannigfaltigkeit $\mathfrak{C}$ des dreidimensionalen affinen Raumes $\mathfrak{A}^3$ ist eine glatte Kurve im Raum. Sie kann durch zwei Funktionen $F(\xi_1, \xi_2, \xi_3) = 0$ und $G(\xi_1, \xi_2, \xi_3) = 0$ gegeben sein, womit sie als Schnittgebilde zweier Flächen erscheint. Unter der Bedingung der Surjektivität der Matrix

$$\begin{pmatrix} \frac{\partial F}{\partial \xi_1} & \frac{\partial F}{\partial \xi_2} & \frac{\partial F}{\partial \xi_3} \\ \frac{\partial G}{\partial \xi_1} & \frac{\partial G}{\partial \xi_2} & \frac{\partial G}{\partial \xi_3} \end{pmatrix}$$

kann man die beiden Gleichungen $F(\xi_1, \xi_2, \xi_3) = 0$ und $G(\xi_1, \xi_2, \xi_3) = 0$ um einen Punkt P_o mit den Koordinaten ξ_i° nach zwei der Variablen ξ_i als Funktion der dritten auflösen, z.B. $\xi_1 = f(x)$, $\xi_2 = g(x)$, wenn für $\xi_3 = x$ gesetzt wird. Dann ist $\kappa(x) = \hat{\kappa}(f(x), g(x), x)$ eine Karte um den Punkt $P_o \in \mathfrak{C}$. Bezeichnet $\jmath : \mathfrak{C} \to \mathfrak{A}^3$ die Inklusionsabbildung, so ist die einspaltige Ableitung

$$\mathrm{j}' = \begin{pmatrix} \frac{d\xi_1}{dx} \\ \frac{d\xi_2}{dx} \\ \frac{d\xi_3}{dx} \end{pmatrix}$$

der Funktion $\mathrm{j} = \hat{\kappa}^{-1} \circ \jmath \circ \kappa$ eine injektive Matrix, weshalb sie in keinem Punkt die nur aus Nullen bestehende Spalte sein kann. Da bei einem Kartenwechsel $\kappa \to \bar{\kappa}$

$$\sqrt{\left(\frac{d\xi_1}{dx}\right)^2 + \left(\frac{d\xi_2}{dx}\right)^2 + \left(\frac{d\xi_3}{dx}\right)^2} = \frac{d\bar{x}}{dx}\sqrt{\left(\frac{d\xi_1}{d\bar{x}}\right)^2 + \left(\frac{d\xi_2}{d\bar{x}}\right)^2 + \left(\frac{d\xi_3}{d\bar{x}}\right)^2}$$

gilt, ist

$$\epsilon_{\mathfrak{C}} = \sqrt{\xi_1'^2 + \xi_2'^2 + \xi_3'^2}\, dx \tag{5.49}$$

eine nirgends verschwindende 1-Form und somit ein Volumelement auf $\mathfrak{C}$, welches man das *Linienelement* oder *Bogenelement* der Kurve $\mathfrak{C}$ nennt. Die 1-Form $\epsilon_{\mathfrak{C}}$ legt einen *Durchlaufsinn* der Kurve $\mathfrak{C}$ fest insofern, als jeder Tangentenvektor, für den $\epsilon_{\mathfrak{C}}$ positiv ist, in die Durchlaufrichtung der Kurve zeigt.

Eine glatte Kurve im dreidimensionalen Raum wird also durch einen Durchlaufsinn orientiert, der durch die Richtung der Tangentenvektoren für die Karten aus einem einheitlichen Atlas repräsentiert wird.

5.4 Integration der Differentialformen

Das Integral einer Differentialform über eine Mannigfaltigkeit faßt die Kurven- und Flächenintegrale der gewöhnlichen Vektoranalysis, aber auch die Integrale über räumliche Bereiche, die, unter Zugrundelegung des natürlichen Volumelementes im $\mathbb{R}^N$, als die Bereichsintegrale eingeführt werden, in einem gemeinsamen Oberbegriff zusammen. Dieses Integral ist wieder die Umkehrung der äußeren Ableitung insofern, als der Satz von STOKES den Fundamentalsatz der Differential- und Integralrechnung verallgemeinert. In der folgenden — als Einstieg gedachten — Einführung wird das Integral einer Differentialform auf die Integration in affinen Räumen zurückgeführt.

Integrale vektorwertiger Funktionen über orientierbare Kurven und Flächen im euklidischen Raum $\mathfrak{E}^3$ werden als Grenzwerte eingeführt. Sei $\mathfrak{C}$ eine glatte Kurve im Raum, parametrisiert durch eine stetig differenzierbare Funktion $\gamma : [a, b] \to \mathfrak{C}$, deren Ableitung in keinem Punkt auf $\mathfrak{C}$ verschwindet. Die Kurve $\mathfrak{C}$ ist dann orientierbar, wobei die Orientierung der Auswahl eines Durchlaufsinnes entspricht. Die Parametrisierung γ soll diesem Durchlaufsinn Rechnung tragen, womit gemeint ist, daß der Durchlaufsinn des Parameterintervalls $[a, b]$ von kleineren zu größeren Werten durch die Parametrisierung γ auf $\mathfrak{C}$ übertragen wird.

Sei nun φ eine 1-Form, definiert auf einer offenen Menge $\mathfrak{G} \subseteq \mathfrak{E}^3$, welche die Kurve $\mathfrak{C}$ enthält: $\mathfrak{C} \subset \mathfrak{G}$. Im ersten Schritt zur Einführung des Integrals der 1-Form φ über die orientierte Kurve $\mathfrak{C}$ unterteilt man $\mathfrak{C}$ durch Auswahl von Teilungspunkten in endlich viele Teilbögen und ersetzt die Kurve $\mathfrak{C}$ zwischen je zwei aufeinanderfolgenden Teilungspunkten durch die geradlinige Verbindungsstrecke, welche ein 1-Simplex im $\mathfrak{E}^3$ ist. Auf diese Weise wird die Kurve $\mathfrak{C}$ durch eine Kette eindimensionaler Simplizes angenähert; die Unterteilung der Kurve $\mathfrak{C}$ in Teilbögen sei dabei so fein gewählt, daß jedes Teilsimplex und somit auch deren Zusammensetzung zu einer Kette in der offenen Menge $\mathfrak{G}$ enthalten ist. Sind also $P_1, P_2, \ldots, P_{n-1}$ die $n-1$ Teilungspunkte und setzt man P_0 für den Anfangspunkt, P_n für den Endpunkt, der im Falle einer geschlossenen Kurve mit P_0 zusammenfällt, so sind $\mathfrak{S}_i = \langle P_{i-1}, P_i \rangle$, $i = 1, 2, \ldots, n$, die Teilsimplizes der Zerlegung von $\mathfrak{C}$, $\mathfrak{K} = \mathfrak{S}_1 + \cdots + \mathfrak{S}_n$ ist ihre Zusammensetzung zu einer Kette, deren Orientierung sinngemäß jener der Kurve $\mathfrak{C}$ entspricht. Das Integral der 1-Form φ über die Kette $\mathfrak{K}$,

$$\int_{\mathfrak{K}} \varphi = \sum_{i=1}^{n} \int_{\mathfrak{S}_i} \varphi ,$$

ist in diesem ersten Schritt als Näherung für das Integral der 1-Form φ über die Kurve $\mathfrak{C}$ anzusehen. Im zweiten Schritt verbessert man diese Näherungen durch immer feiner werdende Zerlegungen von $\mathfrak{C}$ in Teilbögen, um schließlich durch den Grenzwert einer solchen Folge von Näherungen das Integral der 1-Form φ über die Kurve $\mathfrak{C}$ zu erklären. Man bestimmt also eine Folge von Ketten $\mathfrak{K}_n$, welche die Kurve $\mathfrak{C}$ immer besser annähern, was man durch die Forderung erreicht, daß der Inhalt des größten Teilsimplex der Kette $\mathfrak{K}_n$, den man die *Feinheit* der Kette $\mathfrak{K}_n$ nennt, gegen Null strebt. Da $\mathfrak{C}$ eine glatte Kurve sein soll, d.h. eine solche mit sich stetig ändernder Tangente, streben die Integrale der 1-Form φ über die Ketten $\mathfrak{K}_n$ ein und demselben Grenzwert zu, den man das Integral der 1-Form φ über die Kurve $\mathfrak{C}$ nennt,

$$\int_{\mathfrak{C}} \varphi := \lim_{n \to \infty} \int_{\mathfrak{K}_n} \varphi .$$

Ist $\hat{\kappa}$ eine Karte für den euklidischen Raum $\mathfrak{E}^3$ mit den Koordinaten ξ_i, so streben, wenn kurz $\xi_i(t)$ für die Koordinaten der Funktion $p = \hat{\kappa}^{-1} \circ \gamma$

geschrieben wird, die Integrale der 1-Form $\varphi = \Phi_1 d\xi_1 + \Phi_2 d\xi_2 + \Phi_3 d\xi_3$ über die Ketten $\mathfrak{K}_n$ gegen das bestimmte Integral der stetigen Funktion

$$f(t) = (\Phi_1 \circ \gamma)\,\dot{\xi}_1 + (\Phi_2 \circ \gamma)\,\dot{\xi}_2 + (\Phi_3 \circ \gamma)\,\dot{\xi}_3$$

über das Parameterintervall $[a, b]$,

$$\int\limits_{\mathfrak{C}} \varphi = \int_a^b f(t)\,dt\,.$$

Diese Grenzwertbeziehung läßt jetzt folgende Deutung zu. Die Funktion γ bildet das eindimensionale orientierte Simplex $S = \langle a, b\rangle$ des eindimensionalen Raumes, den die Zahlengerade darstellt, orientierungsgerecht auf die Kurve $\mathfrak{C}$ ab; bei dieser Abbildung wird der 1-Form φ auf $\mathfrak{C}$ die 1-Form $\gamma^*\varphi = f(t)\,dt$ auf S zugeordnet, d.h. es ist

$$\int\limits_{\mathfrak{C}} \varphi = \int\limits_{\gamma(S)} \varphi = \int\limits_{S} \gamma^*\varphi = \int_a^b f(t)\,dt\,.$$

Das Integral eines Vektorfeldes über eine Fläche im Raum ist als Integral einer 2-Form anzusehen. Es läßt sich folgendermaßen durch einen Grenzwert einführen. Sei Π ein konvexes Polyeder in der Parameterebene $\mathbb{R}^2$, enthalten in einer offenen Menge $\mathcal{O} \subseteq \mathbb{R}^2$, und $\gamma : \mathcal{O} \to \mathfrak{E}^3$ eine stetig differenzierbare Abbildung von der Art, daß die Ableitungsmatrix der Funktion $p = \hat{\kappa}^{-1} \circ \gamma$ in jedem Punkt den maximalen Rang 2 hat, also injektiv ist.[13)] Die Einschränkung von γ auf das Polyeder Π ist die Parameterdarstellung einer glatten Fläche $\mathfrak{F} = \gamma(\Pi)$, welche orientierbar sei, d.h. auf der Fläche läßt sich ein Drehsinn angeben, der in Verbindung mit der Stellung des sich stetig ändernden Flächennormalenvektors zu einem Schraubsinn führt, welcher der Orientierung des euklidischen Raumes $\mathfrak{E}^3$ entspricht. Weiter sei vorausgesetzt, daß der durch die Orientierung auf der Fläche $\mathfrak{F}$ vorgegebene Drehsinn mit demjenigen übereinstimmt, der durch die Orientierung der Parameterebene $\mathbb{R}^2$ über die Funktion γ auf die Fläche $\mathfrak{F}$ übertragen wird.

Sei nun $\mathfrak{G} \subseteq \mathfrak{E}^3$ eine offene das Bild $\gamma(\mathcal{O})$ enthaltende Menge und $\psi = \Psi_1 d\xi_2 \wedge d\xi_3 + \Psi_2 d\xi_3 \wedge d\xi_1 + \Psi_3 d\xi_1 \wedge d\xi_2$ eine 2-Form auf $\mathfrak{G}$. Der erste Schritt zur Definition des Integrals der 2-Form ψ besteht nun wieder in der Konstruktion von Näherungswerten. Hiefür wird das Polyeder Π in Teilsimplizes S_i zerlegt. Die Eckpunkte jedes dieser Teilsimplizes unter der Abbildung γ liegen auf der Fläche $\mathfrak{F}$, die drei Seiten eines solchen Teilsimplex werden dabei auf gewisse Verbindungskurven abgebildet, sodaß das Bild des Randes ∂S_i des Teilsimplex S_i unter γ ein krummlinig berandetes

[13)] Um Schwierigkeiten im Zusammenhang mit der Existenz der partiellen Differentialquotienten am Rand des Polyeders Π auszuweichen, ist als Definitionsbereich von γ eine Π umfassende offene Menge angenommen worden. Im eindimensionalen Fall kann man noch die Existenz der einseitigen Differentialquotienten voraussetzen.

Dreieck $\Delta\mathfrak{F}_i$ auf $\mathfrak{F}$ begrenzt. Durch die Zerlegung des Polyeders Π wird daher die Fläche $\mathfrak{F}$ in endlich viele solcher krummlinig berandeter Dreiecke $\Delta\mathfrak{F}_i$ zerlegt. Ersetzt man nun jedes der dreieckförmigen Flächenstücke $\Delta\mathfrak{F}_i$ durch das Simplex $\mathfrak{S}_i$ seiner Eckpunkte, unter Übertragung der Orientierung des jeweiligen Teilsimplex der Zerlegung von Π, welche sinngemäß dem Drehsinn auf der Fläche entspricht, so wird die Fläche $\mathfrak{F}$ durch die Kette $\mathfrak{K} = \mathfrak{S}_1 + \cdots + \mathfrak{S}_n$ orientierungsgerecht angenähert, entsprechend einer Zerlegung $\Pi = S_1 + \cdots + S_n$ des Polyeders Π. Dabei ist durch die Feinheit der Zerlegung von Π Vorsorge zu treffen, daß die Kette $\mathfrak{K}$ in $\mathfrak{G}$ enthalten ist. Dementsprechend ist jetzt das Integral der 2-Form ψ über die Kette $\mathfrak{K}$,

$$\int\limits_{\mathfrak{K}} \psi = \sum_{i=1}^{n} \int\limits_{\mathfrak{S}_i} \psi ,$$

als Näherungswert für das Integral der 2-Form ψ über die Fläche $\mathfrak{F}$ aufzufassen. Diese Näherungswerte werden durch eine Folge immer feiner werdender simplizialer Zerlegungen des Polyeders Π verbessert. Solche Zerlegungen bestimmen eine Folge von Ketten $\mathfrak{K}_n$, welche die Fläche $\mathfrak{F}$ immer besser annähern. Wird bei den Zerlegungen dieser Folge der Inhalt des größten Teilsimplex der Kette $\mathfrak{K}_n$ mit wachsendem n beliebig klein, was durch entsprechende simpliziale Zerlegungen des konvexen Polyeders Π stets erreicht werden kann, so streben die Integrale der 2-Form ψ über die Ketten $\mathfrak{K}_n$ ein und demselben Grenzwert zu, den man das Integral der 2-Form ψ über die Fläche $\mathfrak{F}$ nennt,

$$\int\limits_{\mathfrak{F}} \psi = \lim_{n\to\infty} \int\limits_{\mathfrak{K}_n} \psi .$$

In der Vektoranalysis wird gezeigt, daß die Integrale der 2-Form ψ über die Ketten $\mathfrak{K}_n$ gegen das Bereichsintegral der Funktion

$$f(t_1,t_2) = (\Psi_1\circ\gamma)\begin{vmatrix} \frac{\partial\xi_2}{\partial t_1} & \frac{\partial\xi_2}{\partial t_2} \\ \frac{\partial\xi_3}{\partial t_1} & \frac{\partial\xi_3}{\partial t_2} \end{vmatrix} + (\Psi_2\circ\gamma)\begin{vmatrix} \frac{\partial\xi_3}{\partial t_1} & \frac{\partial\xi_3}{\partial t_2} \\ \frac{\partial\xi_1}{\partial t_1} & \frac{\partial\xi_1}{\partial t_2} \end{vmatrix} + (\Psi_3\circ\gamma)\begin{vmatrix} \frac{\partial\xi_1}{\partial t_1} & \frac{\partial\xi_1}{\partial t_2} \\ \frac{\partial\xi_2}{\partial t_1} & \frac{\partial\xi_2}{\partial t_2} \end{vmatrix}$$

über das Polyeder Π streben,

$$\int\limits_{\mathfrak{F}} \psi = \int\limits_{\Pi} f(t_1,t_2)\, dt_1 dt_2 .$$

Dieses Integral läßt jetzt folgende Lesart zu. Die Parametrisierung $\gamma:\Pi \to \mathfrak{F}$ der Fläche $\mathfrak{F}$ ordnet der 2-Form ψ auf $\mathfrak{F}$ die 2-Form

$$\gamma^*\psi = f(t_1,t_2)\, dt_1 \wedge dt_2$$

auf Π zu, und dies bedeutet

$$\int\limits_{\mathfrak{F}} \psi = \int\limits_{\gamma(\Pi)} \psi = \int\limits_{\Pi} \gamma^*\psi = \iint\limits_{\Pi} f(t_1,t_2)\, dt_1 dt_2 .$$

Diese Skizze, die den Zusammenhang der Integration von Differentialformen mit den Kurven- und Flächenintegralen der gewöhnlichen Vektoranalysis herstellen soll, gibt nun Anlaß zu folgenden Begriffsbildungen. Dabei sei $\mathfrak{M}$ eine beliebige N-dimensionale Mannigfaltigkeit und φ eine n-Form auf $\mathfrak{M}$.

Sei $\mathcal{S} = \langle \mathbf{t}_0, \mathbf{t}_1, \ldots, \mathbf{t}_n \rangle$ ein n-Simplex im $\mathbb{R}^n$, $\mathcal{O}$ eine im $\mathbb{R}^n$ offene das Simplex $\mathcal{S}$ enthaltende Menge und $\gamma : \mathcal{O} \to \mathfrak{M}$ eine differenzierbare Abbildung.[14)] Drei derartige Objekte, das Simplex $\mathcal{S}$, die offene Menge $\mathcal{O}$ und die Abbildung γ, als Tripel $(\mathcal{S}, \mathcal{O}, \gamma)$ geschrieben, repräsentieren ein *n-dimensionalen Simplex* oder kurz ein *n-Simplex* auf $\mathfrak{M}$, welches jetzt die Rolle des Simplex in affinen Räumen als „Baustein" für Integrationsbereiche auf Mannigfaltigkeiten übernimmt. Seien $(\mathcal{S}_1, \mathcal{O}_1, \gamma_1)$ und $(\mathcal{S}_2, \mathcal{O}_2, \gamma_2)$ Repräsentanten für zwei Simplizes auf $\mathfrak{M}$, so handelt es sich um ein und dasselbe Simplex, wenn sowohl $\gamma_1(\mathcal{S}_1) = \gamma_2(\mathcal{S}_2)$ als auch $\gamma_1(\mathbf{t}'_i) = \gamma_2(\mathbf{t}''_i)$ gilt, wobei $\mathbf{t}'_i$ bzw. $\mathbf{t}''_i$ die Eckpunkte der Simplizes $\mathcal{S}_1$ und $\mathcal{S}_2$ sind, durch deren Reihenfolge diese orientiert werden. Auf diese Weise wird die Menge der Tripel $(\mathcal{S}, \mathcal{O}, \gamma)$ in Äquivalenzklassen eingeteilt; jede solche Äquivalenzklasse $\mathfrak{S} = [(\mathcal{S}, \mathcal{O}, \gamma)]$ heißt ein n-dimensionales *Simplex* auf $\mathfrak{M}$. Jedes Simplex auf $\mathfrak{M}$ ist durch die Orientierung des Simplex $\mathcal{S}$ in einem Repräsentanten $(\mathcal{S}, \mathcal{O}, \gamma)$ orientiert, das Simplex mit der umgekehrten Orientierung, für welches das Tripel $(-\mathcal{S}, \mathcal{O}, \gamma)$ ein Vertreter ist, wird wie üblich mit $-\mathfrak{S}$ bezeichnet. Ergänzend sei festgehalten, daß jedes Simplex auf $\mathfrak{M}$ durch ein Tripel repräsentiert wird, in welchem das Standard-Simplex im $\mathbb{R}^n$ auftritt (siehe die Abb. 3.6 auf S. 160). Dies ergibt sich aus der Tatsache, daß sich jedes Simplex im $\mathbb{R}^n$ unter Beibehaltung der Reihenfolge der Eckpunkte umkehrbar eindeutig auf das Standard-Simplex abbilden läßt.

Ist $\mathfrak{S}$ ein durch das Tripel $(\mathcal{S}, \mathcal{O}, \gamma)$ repräsentiertes n-dimensionales Simplex auf $\mathfrak{M}$, so wird durch die Abbildung γ einer n-Form φ auf $\mathfrak{M}$ die n-Form

$$\gamma^* \varphi = f(t_1, \ldots, t_n)\, dt_1 \wedge \cdots \wedge dt_n$$

auf $\mathcal{O}$ zugeordnet (vgl. (5.40)). Das Integral der n-Form φ über das durch das Tripel $(\mathcal{S}, \mathcal{O}, \gamma)$ repräsentierte n-dimensionale Simplex $\mathfrak{S}$ wird nun über ein Bereichsintegral

$$\int_{\mathfrak{S}} \varphi = \int_{\gamma(\mathcal{S})} \varphi := \int_{\mathcal{S}} \gamma^* \varphi = \underbrace{\int \cdots \int}_{\mathcal{S}} f(t_1, \ldots, t_n)\, dt_1 \ldots dt_n \tag{5.50}$$

eingeführt. Sind zwei Tripel $(\mathcal{S}_1, \mathcal{O}_1, \gamma_1)$ und $(\mathcal{S}_2, \mathcal{O}_2, \gamma_2)$ Repräsentanten eines Simplex $\mathfrak{S}$, so ergibt die Substitutionsformel für Bereichsintegrale

$$\int_{\mathfrak{S}} \varphi = \int_{\mathcal{S}_1} \gamma_1^* \varphi = \int_{\mathcal{S}_2} \gamma_2^* \varphi ,$$

14) Exakter sollte man von einer differenzierbaren Abbildung der Teilmannigfaltigkeit $\mathcal{O}$ des $\mathbb{R}^n$ auf die Mannigfaltigkeit $\mathfrak{M}$ sprechen.

d.h. das Integral über ein Simplex auf einer Mannigfaltigkeit ist unabhängig von dessen Parametrisierung. Nimmt man in (5.50) jenen Repräsentanten für $\mathfrak{S}$, der mit dem Standard-Simplex gebildet ist, so erhält man

$$\int_{\mathfrak{S}} \varphi = \int_{\substack{0 \leq t_1 + \cdots + t_n \leq 1 \\ t_1 \geq 0, \ldots, t_n \geq 0}} \cdots \int f(t_1, \ldots, t_n)\, dt_1 \ldots dt_n .$$

Auf Grund der Eigenschaften (3.98) und (3.99) des Integrals in affinen Räumen gelten entsprechende Regeln für das Integral über Simplizes auf einer Mannigfaltigkeit.

Sei jetzt $\Pi \subseteq \mathbb{R}^n$ ein n-dimensionales konvexes Polyeder, $\mathcal{O} \supseteq \Pi$ eine offene Menge des $\mathbb{R}^n$ und $\gamma : \mathcal{O} \to \mathfrak{M}$ eine differenzierbare injektive Abbildung. Da sich das konvexe Polyeder Π in endlich viele Simplizes S_i zerlegen läßt, ist $\Pi = \sum_i S_i$ eine n-dimensionale Kette. Jedes Teilsimplex S_i dieser Kette ist in $\mathcal{O}$ enthalten und wird durch die Funktion γ auf $\mathfrak{M}$ abgebildet, d.h. jedes Simplex S_i bestimmt zusammen mit γ ein n-dimensionales Simplex $\mathfrak{S}_i$ auf $\mathfrak{M}$. Die Zusammensetzung der Simplizes $\mathfrak{S}_i$ nennt man eine *n-dimensionale Kette* auf $\mathfrak{M}$,

$$\mathfrak{K} = \sum_i \mathfrak{S}_i .$$

Solche Ketten übernehmen die Rolle des Integrationsbereiches einer n-Form auf $\mathfrak{M}$. Da Teilbereiche desselben auch mehrfach „durchlaufen" werden können, gegebenenfalls auch mit geänderter Orientierung, wird man Zusammensetzungen der Art $\sum \pm \mathfrak{S}$ zulassen; bezeichnet v die Differenz der positiven und der negativen Vorzeichen in dieser Summe, so schreibt man statt der Summe einfach $v\mathfrak{S}$, wobei die ganze Zahl v die *Vielfachheit* des Simplex $\mathfrak{S}$ als Bestandteil des Integrationsbereiches genannt wird. Eine n-dimensionale Kette auf $\mathfrak{M}$ besteht dann aus der Zusammensetzung solcher Bereiche, die man symbolisch durch die formale Summe

$$\mathfrak{K} = \sum_i v_i \mathfrak{S}_i \tag{5.51}$$

ausdrückt. Es gibt dies Anlaß, das Integral einer n-Form φ über die n-dimensionale Kette (5.51) durch

$$\int_{\mathfrak{K}} \varphi = \int_{\sum_i v_i \mathfrak{S}_i} \varphi := \sum_i v_i \int_{\mathfrak{S}_i} \varphi \tag{5.52}$$

einzuführen. Da die Zusammensetzung zweier n-dimensionaler Ketten $\mathfrak{K}_1$ und $\mathfrak{K}_2$ wieder eine n-dimensionale Kette $\mathfrak{K} = \mathfrak{K}_1 + \mathfrak{K}_2$ auf $\mathfrak{M}$ ergibt, ist auf Grund der Konstruktion (5.52)

$$\int_{\mathfrak{K}_1 + \mathfrak{K}_2} \varphi = \int_{\mathfrak{K}_1} \varphi + \int_{\mathfrak{K}_2} \varphi . \tag{5.53}$$

Das Integral über eine Kette hängt linear von der zur Integration gelangenden Differentialform ab, d.h. es gilt

$$\int_{\mathfrak{K}} (\lambda\varphi + \mu\psi) = \lambda \int_{\mathfrak{K}} \varphi + \mu \int_{\mathfrak{K}} \psi \tag{5.54}$$

für beliebige reelle Zahlen λ und μ, weil diese Eigenschaft für jedes Simplex der Kette $\mathfrak{K}$ gilt. Eine Änderung der Orientierung einer Kette durch Umkehrung der Orientierung sämtlicher Teilsimplizes bewirkt einen Vorzeichenwechsel des Integrals,

$$\int_{-\mathfrak{K}} \varphi = -\int_{\mathfrak{K}} \varphi\,. \tag{5.55}$$

Sei $\mathfrak{K}$ die Kugel $\xi_1^2 + \xi_2^2 + \xi_3^2 = 1$ im dreidimensionalen Raum $\mathfrak{E}^3$, der auf ein kartesisches Koordinatensystem bezogen ist. Die in den einzelnen Oktanten liegenden Teile der Kugelfläche sind Simplizes, sodaß die ganze Kugel die Zusammensetzung von 8 Simplizes wird. Greift man nämlich einen solchen Teil heraus, z.B. jenen im ersten Oktanten, so läßt sich dieser als Bild eines 2-dimensionalen Simplex darstellen. Legt man durch die Schnittpunkte P_1, P_2, P_3 der Kugel mit den positiven Koordinatenachsen eine Ebene $\mathcal{E}$, so ist jener Teil dieser Ebene, der im ersten Oktanten liegt, ein Dreieck mit den Eckpunkten P_1, P_2, P_3, also ein 2-Simplex $\mathcal{S} = \langle P_1, P_2, P_3 \rangle$. Dieses Simplex kann auf den Teil der Kugelfläche im ersten Oktanten abgebildet werden, und zwar auf folgende Weise. Eine durch den Koordinatenursprung gehende Halbgerade, welche im ersten Oktanten verläuft oder in einer der begrenzenden Koordinatenebenen, durchsetzt die Ebene $\mathcal{E}$ und den im ersten Oktanten liegenden Teil der Kugel jeweils in genau einem Punkt P bzw. Q: diese Schnittpunkte werden einander zugewiesen und legen damit die Abbildung γ fest (Abb. 5.2). Legt man den Koordinatenursprung der Ebene $\mathcal{E}$ in den Punkt P_1 auf der ξ_1-Achse, die t_1-Achse der Ebene $\mathcal{E}$ in die Schnittlinie von $\mathcal{E}$ mit der (ξ_1, ξ_2)-Ebene und orientiert man sie derart, daß der Punkt P_2 des Simplex $\mathcal{S}$ auf der positiven t_1-Achse liegt, erteilt man weiter der Ebene eine Orientierung so, daß der Punkt P_3 des Simplex $\mathcal{S}$ in den ersten Quadraten zu liegen kommt, entsprechend dem Drehsinn des Simplex $\mathcal{S}$, so wird durch die Abbildung γ das Simplex so orientiert, daß die Flächennormale der Kugel in deren Äußeres zeigt.

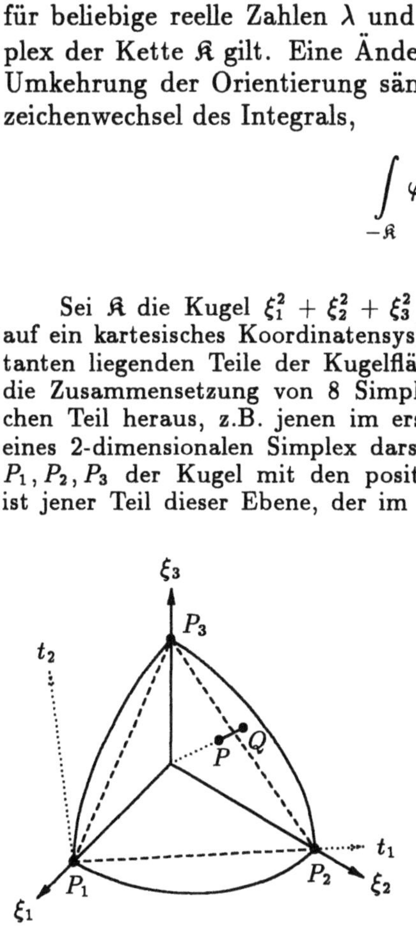

Abb. 5.2

Mit Hilfe der Formeln

$$d\xi_2 \wedge d\xi_3 = r^2 \sin^2\theta \cos\phi \; d\theta \wedge d\phi + r \sin\theta \cos\theta \cos\phi \; d\phi \wedge dr - r \sin\phi \; dr \wedge d\theta\,,$$

$$d\xi_3 \wedge d\xi_1 = r^2 \sin^2\theta \sin\phi \; d\theta \wedge d\phi + r \sin\theta \cos\theta \sin\phi \; d\phi \wedge dr + r \cos\phi \; dr \wedge d\theta\,,$$

$$d\xi_1 \wedge d\xi_2 = r^2 \sin\theta \cos\theta \; d\theta \wedge d\phi - r \sin^2\theta \; d\phi \wedge dr$$

rechnet man eine in den kartesischen Koordinaten ξ_i gegebene 2-Form im $\mathfrak{E}^3$ auf Kugelkoordinaten r, θ, ϕ um,

$$\varphi = \Phi_r(r,\theta,\phi)\, d\theta \wedge d\phi + \Phi_\theta(r,\theta,\phi)\, d\phi \wedge dr + \Phi_\phi(r,\theta,\phi)\, dr \wedge d\theta\,.$$

Bezeichnet $\mathfrak{S}$ das im ersten Oktanten liegende Simplex der Kugel $\mathfrak{K}$, so ist

$$\int\limits_{\mathfrak{S}} \varphi = \int\limits_0^1 dt_1 \int\limits_0^{1-t_1} f(t_1,t_2)\, dt_2\,.$$

Durch die Substitution $t_1 = u_1(\theta,\phi)$, $t_2 = u_2(\theta,\phi)$, welche dem Punkt (t_1,t_2) auf dem Standard-Simplex der (t_1,t_2)-Ebene die Polhöhe θ und das Azimut ϕ des Punktes Q auf der Kugel bezüglich des Koordinatensystems im euklidischen Raum $\mathfrak{E}^3$ zuordnet, geht dieses Integral über in

$$\int\limits_{\mathfrak{S}} \varphi = \int\limits_0^{\pi/2} d\phi \int\limits_0^{\pi/2} f \circ u(\theta,\phi) \begin{vmatrix} \frac{\partial t_1}{\partial \theta} & \frac{\partial t_1}{\partial \phi} \\ \frac{\partial t_2}{\partial \theta} & \frac{\partial t_2}{\partial \phi} \end{vmatrix} d\theta = \int\limits_0^{\pi/2} d\phi \int\limits_0^{\pi/2} \Phi_r(1,\theta,\phi)\, d\theta\,.$$

Der Rand des Simplex $\mathfrak{S}$ besteht aus den drei Viertelkreisen in den Koordinatenebenen. Die Orientierung dieser geschlossenen Kurve sei derart, daß ihr Durchlaufsinn mit der Richtung der ins Äußere der Kugel weisenden Normalen eine Rechtsschraubung ergibt, entsprechend der Orientierung des $\mathfrak{E}^3$. Deshalb läuft auf dem Viertelkreis von P_1 nach P_2, auf dem $r = 1$ und $\theta = \pi/2$ ist, das Azimut ϕ von 0 nach $\pi/2$; auf dem anschließenden Viertelkreis vom Punkt P_2 zum Punkt P_3 ist $r = 1$ und $\phi = \pi/2$, die Polhöhe θ fällt von $\pi/2$ bis 0; auf dem dritten Viertelkreis vom Punkt P_3 zurück zum Ausgangspunkt P_1 sind $r = 1$ und $\phi = 0$ ebenfalls konstant, nur steigt auf ihm die Polhöhe von 0 bis $\pi/2$ an. Deshalb ist das Integral einer 1-Form ψ, deren Umrechnung auf Kugelkoordinaten

$$\psi = \Psi_r(r,\theta,\phi)\, dr + \Psi_\theta(r,\theta,\phi)\, d\theta + \Psi_\phi(r,\theta,\phi)\, d\phi$$

ergibt, über den Rand des Simplex $\mathfrak{S}$ erstreckt gleich

$$\int\limits_{\partial\mathfrak{S}} \psi = \int\limits_0^{\pi/2} \Psi_\phi(1,\tfrac{\pi}{2},\phi)\, d\phi + \int\limits_{\pi/2}^{0} \Psi_\theta(1,\theta,\tfrac{\pi}{2})\, d\theta + \int\limits_0^{\pi/2} \Psi_\theta(1,\theta,0)\, d\theta\,.$$

Diese Konstruktionen lassen sich auf jede geschlossene Fläche anwenden, die einen räumlichen Bereich der Art berandet, daß jede Halbgerade durch einen festen Punkt im Inneren, den man zum Koordinatenursprung machen kann, die Randfläche in genau einem Punkt schneidet.

Ein n-dimensionales Simplex $\mathcal{S} = \langle \mathbf{t}_0, \ldots, \mathbf{t}_n \rangle \subseteq \mathbb{R}^N$ wird von $n+1$ Simplizes $\mathcal{S}_i = (-1)^i \langle \mathbf{t}_0, \ldots, \widehat{\mathbf{t}_i}, \ldots, \mathbf{t}_n \rangle$ berandet, der Rand des Simplex $\mathcal{S}$ ist die Kette

$$\partial\mathcal{S} = \sum_{i=0}^{n} \mathcal{S}_i$$

(vgl. (3.88)). Ist jetzt $(\mathcal{S}, \mathcal{O}, \gamma)$ Repräsentant eines n-dimensionalen Simplex $\mathfrak{S}$, so liefert die Einschränkung γ_i der Abbildung γ auf ein Randsimplex $\mathcal{S}_i$ von $\mathcal{S}$, wenn dieses in eine offene Umgebung $\mathcal{O}_i$ des $\mathbb{R}^{n-1}$ eingebettet wird, ein $(n-1)$-dimensionales durch das Tripel $(\mathcal{S}_i, \mathcal{O}_i, \gamma_i)$ repräsentiertes

Simplex $\mathfrak{S}_i$ auf $\mathfrak{M}$, das ein *Randsimplex* von $\mathfrak{S}$ genannt wird; dementsprechend heißt die $(n-1)$-dimensionale Kette

$$\partial\mathfrak{S} = \sum_{i=0}^{n} \mathfrak{S}_i$$

der *Rand* des n-dimensionalen Simplex $\mathfrak{S}$. Man bestätigt auf Grund der Tatsache, daß der Rand des Randes eines Simplex in einem affinen Raum leer ist (vgl. (3.91)), auch für Simplizes auf einer Mannigfaltigkeit

$$\partial(\partial\mathfrak{S}) = \partial^2\mathfrak{S} = \emptyset\,. \tag{5.56}$$

Als Rand einer n-dimensionalen Kette $\mathfrak{K} = \sum_i v_i\mathfrak{S}_i$ auf $\mathfrak{M}$ bezeichnet man jene Kette, die aus den Simplizes des Randes der Teilsimplizes unter Berücksichtigung ihrer Vielfachheiten aufzubauen ist,

$$\partial\mathfrak{K} = \sum_i v_i \partial\mathfrak{S}_i\,. \tag{5.57}$$

Eine Kette auf $\mathfrak{M}$, deren Rand leer ist, heißt ein *Zyklus* auf $\mathfrak{M}$. Den Zyklen auf einer Mannigfaltigkeit kommt jene Rolle zu, welche die geschlossenen Kurven bzw. die geschlossenen Flächen im dreidimensionalen Raum innehaben. Wegen (5.56) ist der Rand einer Kette immer ein Zyklus. Eine Kette heißt ein *Randzyklus*, wenn sie der Rand einer Kette ist.

Ist φ eine $(n-1)$-Form auf $\mathfrak{M}$ und $\mathfrak{S}$ ein n-dimensionales Simplex auf $\mathfrak{M}$ mit dem Vertreter $(S, \mathcal{O}, \gamma)$, so erhält man über die Abbildung γ die $(n-1)$-Form $\gamma^*\varphi$ auf $\mathcal{O}$. Auf Grund des Satzes von STOKES in affinen Räumen (vgl. (3.103)) gilt dabei

$$\int_S d\gamma^*\varphi = \int_{\partial S} \gamma^*\varphi\,.$$

Wegen (5.39) ist $d\gamma^*\varphi = \gamma^* d\varphi$; erstreckt man also das Integral der n-Form $d\varphi$ über das Simplex $\mathfrak{S}$, so erhält man

$$\int_{\mathfrak{S}} d\varphi = \int_S \gamma^* d\varphi = \int_{\partial S} \gamma^*\varphi\,.$$

Ist jetzt S_i ein Randsimplex von S, so gilt, wenn wie vorhin γ_i die Einschränkung der Abbildung γ auf S_i bezeichnet,

$$\int_{\mathfrak{S}_i} \varphi = \int_{\gamma_i(S_i)} \varphi = \int_{S_i} \gamma_i^*\varphi$$

und folglich

$$\int_{\partial S} \gamma^*\varphi = \sum_i \int_{S_i} \gamma_i^*\varphi = \sum_i \int_{\gamma_i(S_i)} \varphi = \sum_i \int_{\mathfrak{S}_i} \varphi = \int_{\partial\mathfrak{S}} \varphi\,.$$

Beachtet man noch (5.52), so ist bewiesen der

Satz von Stokes. *Ist φ eine $(n-1)$-Form auf der N-dimensionalen Mannigfaltigkeit $\mathfrak{M}$ und $\mathfrak{K}$ eine n-dimensionale Kette auf $\mathfrak{M}$, so gilt*

$$\int_{\mathfrak{K}} d\varphi = \int_{\partial\mathfrak{K}} \varphi\,. \tag{5.58}$$

Setzt man im obigen Beispiel für $\varphi = d\psi$, so erhält man aus

$$d\psi = \Big(\frac{\partial\Psi_\phi}{\partial\theta} - \frac{\partial\Psi_\theta}{\partial\phi}\Big)d\theta\wedge d\phi + \Big(\frac{\partial\Psi_r}{\partial\phi} - \frac{\partial\Psi_\phi}{\partial r}\Big)d\phi\wedge dr + \Big(\frac{\partial\Psi_\theta}{\partial r} - \frac{\partial\Psi_r}{\partial\theta}\Big)dr\wedge d\theta$$

wegen $dr = 0$ die Gleichung

$$\int_{\mathfrak{S}} d\psi = \int_0^{\pi/2} d\phi \int_0^{\pi/2} \Big(\frac{\partial\Psi_\phi}{\partial\theta} - \frac{\partial\Psi_\theta}{\partial\phi}\Big)d\theta$$

$$= \int_0^{\pi/2} \Psi_\phi(1,\tfrac{\pi}{2},\phi)\,d\phi - \int_0^{\pi/2} \big[\Psi_\theta(1,\theta,\tfrac{\pi}{2}) - \Psi_\theta(1,\theta,0)\big]\,d\theta = \int_{\partial\mathfrak{S}} \psi$$

wegen $\Psi_\phi(1,0,\phi) = 0$.

Ist $\mathfrak{K}$ ein Zyklus, so ist $\partial\mathfrak{K} = \emptyset$, weshalb das Integral der Ableitung einer n-Form über einen Zyklus verschwindet,

$$\int_{\mathfrak{K}} d\varphi = \int_{\emptyset} \varphi = 0\,.$$

Daß der Rand des Randes einer Kette leer ist, steht dabei wieder im Zusammenhang mit dem Verschwinden des zweiten äußeren Differentials,

$$\int_{\mathfrak{K}} d^2\varphi = \int_{\partial\mathfrak{K}} d\varphi = \int_{\partial^2\mathfrak{K}} \varphi\,.$$

Die Integration von Differentialformen über Ketten auf Mannigfaltigkeiten, wie sie eben vorgestellt wurde, stützt sich auf die Integration in affinen Räumen und ist damit nicht der allgemeinste Gesichtspunkt der Integration. Wenngleich durch Ketten, wie das Beispiel der Einheitskugel zeigen sollte, doch eine größere Klasse von Integrationsbereichen erfaßt wird, als es im ersten Augenblick den Anschein haben mag, entspricht die Integration über Ketten nicht der strukturellen Konzeption einer Mannigfaltigkeit. Im Hinblick auf diese sind zwei Punkte zu beachten: einerseits der Umstand, daß eine Mannigfaltigkeit i.a. nur lokal parametrisiert werden kann, andererseits, namentlich mit Rücksicht auf den Satz von STOKES, das Konzept des *Randes* einer Mannigfaltigkeit, der selbst wieder als Mannigfaltigkeit anzusehen ist. Eine weitere Voraussetzung ist die Orientierbarkeit der Mannigfaltigkeit und ihres Randes, dem seine Orientierung über jene der Mannigfaltigkeit aufgeprägt wird. Unter gewissen Voraussetzungen, die u.a. die Existenz der Integrale gewährleisten, läßt sich über eine lokale Konstruktion der globale Begriff des Integrals einer Differentialform über eine Mannigfaltigkeit einführen; ist die Mannigfaltigkeit berandet, so kann dann der Satz von STOKES übertragen werden.

5.5 Parallelverschiebung

Sosehr eine differenzierbare Mannigfaltigkeit einem affinen Raum im Kleinen auch ähnelt, so geht eine Grundstruktur des affinen Raumes, weder lokal geschweige denn global, durch den Homöomorphismus der Karten eines Atlas nicht auf Mannigfaltigkeiten über: die Parallelverschiebung. Die Konzeption einer Mannigfaltigkeit enthält nichts darüber, wie die Vektoren aus dem Tangentialraum eines Punktes auf eine durch ihre Strukturen vorgeschriebene Weise in den Tangentialraum benachbarter Punkte zu transportieren wären, was man als Parallelverschiebung zu verstehen hätte. Soll die Möglichkeit hiezu bestehen, so hat man ihr durch eine zusätzliche Struktur Rechnung zu tragen. Dabei wird man auf Grund der topologischen Eigenschaften einer Mannigfaltigkeit davon auszugehen haben, eine solche Verpflanzung der Tangentenvektoren durch eine „infinitesimale" Parallelverschiebung einzuführen.

I. *Wie verschiebt man Tangentenvektoren auf einer Fläche parallel?*

Vor welcher Situation man steht, kann man sich am Beispiel einer Fläche im dreidimensionalen euklidischen Raum $\mathfrak{E}^3$ veranschaulichen. Es seien x, y, z kartesische Koordinaten im $\mathfrak{E}^3$, die Fläche $\mathfrak{F}$ sei durch eine Gleichung $z = f(x,y)$ in einer Umgebung $\mathfrak{U}$ des Flächenpunktes P mit den Koordinaten x_o, y_o, $z_o = f(x_o, y_o)$ beschrieben. Die Normalenrichtung auf die Tangentialebene in einem Punkt von $\mathfrak{U}$ werde durch den Einheitsvektor n angegeben, die Tangentialebene selbst wird von zwei linear unabhängigen Vektoren a und b aus dem Tangentialraum $\mathcal{T}$ von $\mathfrak{E}^3$ aufgespannt. Der Tangentialraum $\mathcal{T}_P$ an $\mathfrak{F}$ im Punkt P werde im folgenden mit dem Teilraum $\langle a, b\rangle \subset \mathcal{T}$ des Tangentialraumes von $\mathfrak{E}^3$, der linearen Hülle der Tangentenvektoren a und b identifiziert. Mit Rücksicht auf das gewählte Koordinatensystem im $\mathfrak{E}^3$ und auf $\mathfrak{F}$ — x und y sind lokale Koordinaten auf der Fläche $\mathfrak{F}$ — kommt dabei den Vektoren

$$a = \begin{pmatrix} 1 \\ 0 \\ f_x \end{pmatrix}, \quad b = \begin{pmatrix} 0 \\ 1 \\ f_y \end{pmatrix}, \quad n = \frac{1}{w}\begin{pmatrix} -f_x \\ -f_y \\ 1 \end{pmatrix},$$

worin für

$$w = \sqrt{1 + f_x^2 + f_y^2}$$

gesetzt wurde, eine Sonderstellung zu. Da a und b die Tangentenvektoren in den Koordinatenrichtungen der lokalen Karte auf $\mathfrak{U}$ sind, entspricht a als Vektor im $\mathfrak{E}^3$ dem Basisvektor $\partial_x = \frac{\partial}{\partial x} \in \mathcal{T}_P$, analog b dem Basisvektor $\partial_y = \frac{\partial}{\partial y} \in \mathcal{T}_P$. Ist jetzt Q ein Nachbarpunkt von P mit den Koordinaten $x_o + \Delta x$ und $y_o + \Delta y$, so liegt der Vektor

$$\overrightarrow{PQ} = \begin{pmatrix} \Delta x \\ \Delta y \\ \Delta z \end{pmatrix}, \quad \Delta z = f(x_o + \Delta x, y_o + \Delta y) - f(x_o, y_o),$$

i.a. nicht in der Tangentialebene im Punkt P; die bestmögliche Wahl eines Vektors aus $\mathcal{T}_P$, dessen Endpunkt dem Flächenpunkt Q am nächsten kommt, ist wegen

$$\Delta z = f_x \Delta x + f_y \Delta y + \cdots$$

der Vektor

$$\begin{pmatrix} \Delta x \\ \Delta y \\ f_x \Delta x + f_y \Delta y \end{pmatrix} = \Delta x\, a + \Delta y\, b\,. \tag{5.59}$$

Geht man zu infinitesimalen Ortsänderungen über, so sind die Differenzen Δx und Δy durch die Koordinatendifferentiale dx und dy zu ersetzen, wobei diese jetzt nicht als die Koordinaten einer infinitesimalen Ortsänderung aufgefaßt werden sollen, sondern als 1-Formen auf $\mathfrak{U}$. Die „vektorwertige" Differentialform ersten Grades

$$dP = dx\, a + dy\, b\,, \tag{5.60}$$

deren „Koordinaten" die 1-Formen dx und dy der zu $\{\partial_x, \partial_y\}$ dualen Basis sind, ordnet jedem Tangentenvektor aus $\mathcal{T}_P$ sich selbst als Vektor im Tangentialraum des $\mathfrak{E}^3$ zu, denn wegen $dP(\partial_x) = a$ und $dP(\partial_y) = b$ ist das Bild des Tangentenvektors $\Delta x\, \partial_x + \Delta y\, \partial_y$ der zum Nachbarpunkt Q hin zeigende Vektor (5.59),

$$dP(\Delta x\, \partial_x + \Delta y\, \partial_y) = \Delta x\, dP(\partial_x) + \Delta y\, dP(\partial_y) = \Delta x\, a + \Delta y\, b\,.$$

Die Basisvektoren der Tangentialebene sowie die Normale im Nachbarpunkt Q erhält man aus den jeweiligen Vektoren im Punkt P, indem man diesen geeignete Korrekturen Δa, Δb, Δn hinzufügt und so verändert parallel in den Punkt Q verschiebt. Beim Übergang zu infinitesimalen Ortszuwächsen werden aus diesen Änderungen die vektorwertigen 1-Formen

$$da = d\begin{pmatrix} 1 \\ 0 \\ f_x \end{pmatrix} = \begin{pmatrix} 0 \\ 0 \\ df_x \end{pmatrix}, \quad db = \begin{pmatrix} 0 \\ 0 \\ df_y \end{pmatrix}, \quad dn = \begin{pmatrix} -d(f_x/w) \\ -d(f_y/w) \\ d(1/w) \end{pmatrix},$$

die dem Punkt P zuzuordnen sind und auf Tangentenvektoren im Punkt P wirken. So ordnet die 1-Form da den Tangentenvektoren ∂_x und ∂_y wegen

$$df_x(\partial_x) = f_{xx} dx(\partial_x) + f_{xy} dy(\partial_x) = f_{xx}\,, \quad df_x(\partial_y) = f_{xy}$$

die Vektoren

$$da(\partial_x) = \begin{pmatrix} 0 \\ 0 \\ f_{xx} \end{pmatrix}, \quad da(\partial_y) = \begin{pmatrix} 0 \\ 0 \\ f_{xy} \end{pmatrix}$$

im Tangentialraum von $\mathfrak{E}^3$ zu, weshalb

$$da(\Delta x\, \partial_x + \Delta y\, \partial_y) = \Delta x \begin{pmatrix} 0 \\ 0 \\ f_{xx} \end{pmatrix} + \Delta y \begin{pmatrix} 0 \\ 0 \\ f_{xy} \end{pmatrix} = \begin{pmatrix} 0 \\ 0 \\ f_{xx}\Delta x + f_{xy}\Delta y \end{pmatrix}$$

jener Vektor ist, der dem Vektor a hinzuzufügen ist, um, euklidisch parallel in den Nachbarpunkt Q verschoben, den dortigen Basisvektor a bestmöglich anzunähern.

Die vektorwertigen 1-Formen da, db und dn lassen sich mit Hilfe der linear unabhängigen Vektoren a, b und n darstellen,

$$\begin{aligned} da &= \frac{f_x df_x}{w^2}\,a + \frac{f_y df_x}{w^2}\,b + \frac{df_x}{w}\,n\,, \\ db &= \frac{f_x df_y}{w^2}\,a + \frac{f_y df_y}{w^2}\,b + \frac{df_y}{w}\,n\,, \\ dn &= -d\Big(\frac{f_x}{w}\Big)a - d\Big(\frac{f_y}{w}\Big)b\,. \end{aligned} \tag{5.61}$$

Der Umstand, daß die vektorwertige 1-Form dn keine Komponente in Richtung der Flächennormalen n hat, ist nur eine Konsequenz aus der Annahme, daß die Normale n ein Einsvektor ist, denn aus der Gleichung $n\cdot n = 1$ folgt auf Grund der Produktregel $n \cdot dn + dn \cdot n = 0$, also $n \cdot dn = 0$ und somit $dn \in \mathcal{T}_P$.

Sei nun $v = U(x,y)\,a + V(x,y)\,b$ ein Vektorfeld auf $\mathfrak{U} \subseteq \mathfrak{F}$. Welche Änderung in Richtung des Tangentenvektors mit den Koordinaten Δx und Δy nimmt ein an die Fläche gebundener Beobachter wahr? Aus der Sicht eines Beobachters im euklidischen Raum $\mathfrak{E}^3$ beschreibt diese die vektorwertige 1-Form

$$\begin{aligned} dv &= d(U a + V b) = d(U a) + d(V b) = dU a + U da + dV b + V db \\ &= \Big(dU + U\frac{f_x df_x}{w^2} + V\frac{f_x df_y}{w^2}\Big)a + \Big(dV + U\frac{f_y df_x}{w^2} + V\frac{f_y df_y}{w^2}\Big)b \\ &\quad + \Big(U\frac{df_x}{w} + V\frac{df_y}{w}\Big)n\,. \end{aligned}$$

Sie enthält, wenn nicht $df_x = df_y = 0$ ist im Punkt P, auch eine Änderung in Richtung der Flächennormalen n. Genau diese aber nimmt der an die Fläche gebundene Beobachter nicht wahr, für ihn sind nur die Änderungen in Richtung der Basisvektoren in der Tangentialebene erkennbar. Setzt man abkürzend

$$\begin{aligned} \mathfrak{d}U &:= dU + U\frac{f_x df_x}{w^2} + V\frac{f_x df_y}{w^2}\,, \\ \mathfrak{d}V &:= dV + U\frac{f_y df_x}{w^2} + V\frac{f_y df_y}{w^2}\,, \end{aligned} \tag{5.62}$$

so ist für den Beobachter auf der Fläche $\mathfrak{F}$ die vektorwertige 1-Form

$$\mathfrak{d}v := \mathfrak{d}U\,\partial_x + \mathfrak{d}V\,\partial_y$$

das Mittel zur Bestimmung der Änderung des Vektors v, die er natürlich in Bezug auf seine Basisvektoren angibt; er stellt dabei keine Änderung fest, wenn

$$\mathfrak{d}U = \mathfrak{d}V = 0 \tag{5.63}$$

ist. Aus seiner Sicht ist daher verständlich, wenn er in diesem Fall von *parallelen* Vektoren spricht, so, als würde der Vektor $v(Q)$ aus dem Tangentialraum des Punktes Q durch *Parallelverschiebung* des Vektors $v(P)$ in Richtung des Tangentenvektors $\Delta x\,\partial_x + \Delta y\,\partial_y$ hervorgehen.

Sei jetzt $\mathfrak{C}$ eine durch die Funktionen $x(t)$ und $y(t)$ parametrisierte Kurve durch den Punkt $P \in \mathfrak{U}$. In jedem Punkt auf $\mathfrak{C}$ sei ein Vektor v aus dem jeweiligen Tangentialraum angeheftet — man spricht dann von einem *Vektorfeld auf* $\mathfrak{C}$. Sind $U(t)$ und $V(t)$ die Koordinaten des Vektors v im Kurvenpunkt mit den Koordinaten $x(t)$ und $y(t)$, so ist

$$v = U(t)\,a + V(t)\,b\,.$$

Das Vektorfeld v heißt *parallel auf* $\mathfrak{C}$, wenn es sich längs $\mathfrak{C}$ aus der Sicht eines auf der Fläche lebenden Beobachters nicht ändert, wenn also auf $\mathfrak{C}$

$$\begin{pmatrix} dU(t) \\ dV(t) \end{pmatrix} + \frac{1}{w^2} \begin{pmatrix} f_x df_x & f_x df_y \\ f_y df_x & f_y df_y \end{pmatrix} \cdot \begin{pmatrix} U(t) \\ V(t) \end{pmatrix} = \begin{pmatrix} 0 \\ 0 \end{pmatrix}$$

gilt; darin sind in die partiellen Differentialquotienten von f die Funktionen $x(t)$, $y(t)$ einzusetzen und die Differentiale gemäß

$$df_x = f_{xx}dx + f_{xy}dy = (f_{xx}\dot{x} + f_{xy}\dot{y})dt \quad \text{usw.}$$

zu bilden. Die Koordinaten eines längs der Kurve $\mathfrak{C}$ parallelen Vektorfeldes genügen infolgedessen einem linearen System von gewöhnlichen Differentialgleichungen erster Ordnung,

$$\begin{pmatrix} \dot{U} \\ \dot{V} \end{pmatrix} = -\frac{1}{w^2} \begin{pmatrix} f_x(f_{xx}\dot{x} + f_{xy}\dot{y}) & f_x(f_{yx}\dot{x} + f_{yy}\dot{y}) \\ f_y(f_{xx}\dot{x} + f_{xy}\dot{y}) & f_y(f_{yx}\dot{x} + f_{yy}\dot{y}) \end{pmatrix} \cdot \begin{pmatrix} U \\ V \end{pmatrix}. \tag{5.64}$$

Umgekehrt kann man über diese Differentialgleichungen auf einer Kurve ein paralleles Vektorfeld konstruieren. Löst man sie nämlich unter Vorgabe einer die Punkte P und P_1 verbindenden Kurve $\mathfrak{C} \subset \mathfrak{U}$, welche durch die Funktion $\gamma : [t_o, t_1] \to \mathfrak{U}$ mit den Koordinaten $x(t)$ und $y(t)$ parametrisiert wird, sowie unter Vorgabe eines Vektors $v(P) \in \mathcal{T}_P$ mit den Koordinaten $U(t_o)$ und $V(t_o)$, so liefert die Lösung der Anfangswertaufgabe (5.64) das Koordinatenpaar $U(t)$, $V(t)$ eines Tangentenvektors aus $\mathcal{T}_{\gamma(t)}$, der das Ergebnis der *Parallelverschiebung des Vektors* $v(P)$ in den Punkt $\gamma(t)$ längs des im Punkt P seinen Anfang nehmenden Weges $\mathfrak{C}$ ist.

Diese Art der Parallelverschiebung eines Vektors aus dem Tangentialraum eines Punktes P in den Tangentialraum eines Punktes Q längs einer diese beiden Punkte verbindenden Kurve ist aber *vom Verlauf der Kurve abhängig*! Verschiebt man den Vektor $v(P)$ längs einer anderen Kurve in den Tangentialraum des Punktes Q, so ist das Resultat i.a. ein anderes. Es zeigt dies sowohl eine geometrische Überlegung als auch eine nähere Untersuchung des Systems (5.64). Wäre die Parallelverschiebung vom Weg unabhängig, so müßte sie insbesondere längs geschlossener Kurven zum selben Vektor zurückführen. Für solche Kurven hätte die Koeffizientenmatrix in (5.64) (bei periodischer Fortsetzung der Koordinatenfunktionen $x(t)$ und $y(t)$, indem die geschlossene Kurve wiederholt durchlaufen wird) periodische Elemente, und die Wegunabhängigkeit der Parallelverschiebung würde als notwendige Bedingung erfordern, daß *jede* Lösung von (5.64) periodisch ist, und zwar mit derselben Periode, wie sie die Elemente der Koeffizientenmatrix aufweisen. Dies aber trifft nur unter ganz besonderen Voraussetzungen zu. Da schon die Existenz *einzelner* periodischer Lösungen eines linearen Systems von Differentialgleichungen mit periodischer Koeffizientenmatrix die Ausnahme und nicht die Regel ist, gilt dies erst recht mit Rücksicht auf die Forderung, daß *alle* Lösungen von (5.64) periodisch sind.[15] Mit dem Bild einer Fläche im dreidimensionalen Raum vor Augen, wird man wohl ihre Abweichung von einer Ebene, also die Krümmungsverhältnisse der Fläche $\mathfrak{F}$ für die Wegabhängigkeit der Parallelverschiebung verantwortlich zu machen haben.

Ein spezielles Vektorfeld auf einer Kurve $\mathfrak{C}$ ist dasjenige der Tangentenvektoren an $\mathfrak{C}$. Die Koordinaten des Tangentenvektors im Punkt $x(t)$, $y(t)$ sind $\dot{x}(t)$ und $\dot{y}(t)$; ändert sich der Tangentenvektor aus der Sicht eines auf der Fläche lebenden Beobachters nicht, so wird diesem der Tangentenvektor im jedem Kurvenpunkt Q als das Ergebnis einer Parallelverschiebung des Tangentenvektors vom Punkt P in den Punkt Q erscheinen. Solche Kurven auf $\mathfrak{F}$ nehmen, da dieses Merkmal in affinen bzw. euklidischen Räumen nur den Geraden zukommt, eine Sonderstellung ein. Die Gleichungen zu ihrer Bestimmung lauten

$$\begin{pmatrix} \ddot{x} \\ \ddot{y} \end{pmatrix} = -\frac{1}{w^2} \begin{pmatrix} f_x(f_{xx}\dot{x} + f_{xy}\dot{y}) & f_y(f_{xx}\dot{x} + f_{xy}\dot{y}) \\ f_x(f_{yx}\dot{x} + f_{yy}\dot{y}) & f_y(f_{yx}\dot{x} + f_{yy}\dot{y}) \end{pmatrix} \cdot \begin{pmatrix} \dot{x} \\ \dot{y} \end{pmatrix}. \tag{5.65}$$

Jede Kurve auf $\mathfrak{F}$, die in irgendeiner Parametrisierung dieser Gleichung genügt, wird eine *geodätische Linie* oder kurz *Geodätische* auf $\mathfrak{F}$ genannt. Diese Kurven übernehmen auf der Fläche $\mathfrak{F}$ die Rolle, welche die geraden Linien in affinen bzw. euklidischen Räumen innehaben. Wie diese sind sie auch dadurch ausgezeichnet, daß sie die kürzeste Verbindung zwischen zwei Punkten auf der Fläche — natürlich im Sinne der Geometrie des dreidimensionalen euklidischen Einbettungsraumes — herstellen. So gesehen sind sie gewissermaßen die „geradesten" Linien auf der Fläche $\mathfrak{F}$.

Die Lösung des Systems (5.65) kann entweder als Anfangswertaufgabe oder als Randwertaufgabe angegangen werden. Die Lösung der Anfangswertaufgabe erfordert die Vorgabe der Koordinaten $x(t_o)$, $y(t_o)$ des Punktes P, durch den die Geodätische hindurchgehen soll, sowie einer Richtung in diesem Punkt P in Form von Anfangswerten $\dot{x}(t_o)$ und $\dot{y}(t_o)$ für die Ableitungen der Koordinatenfunktionen. Die Lösung als Randwertaufgabe dagegen verlangt die Vorgabe der Koordinatenpaare $x(t_o), y(t_o)$ und $x(t_1), y(t_1)$ zweier Flächenpunkte P und Q, welche durch eine geodätische Linie verbunden werden sollen. Unter entsprechenden Differenzierbarkeitseigenschaften der die Fläche $\mathfrak{F}$ lokal beschreibenden Funktion f geht daher durch jeden Punkt genau eine Geodätische, die entweder einen vorgegebenen Tangentenvektor hat oder eine Verbindung dieses Punktes mit einem bestimmten anderen Punkt der Fläche herstellt. Dies entspricht auch völlig den Bestimmungsmerkmalen einer Geraden durch einen Punkt in einem affinen oder euklidischen Raum. Eine Gerade durch einen Punkt ist ja eindeutig festgelegt, wenn man entweder ihre Richtung vorgibt, oder wenn man verlangt, daß sie durch einen gewissen zweiten Punkt hindurchgeht.

[15] Vgl. z.B. M. FARKAS, *Periodic Motions*, Applied Mathematical Sciences, Vol. 104, Springer-Verlag 1994.

Mit Rücksicht auf die Struktur der Gleichungen (5.62) bis (5.65) empfiehlt sich für eine Zusammenfassung, Koordinaten und Vektoren zu numerieren, also x_1, x_2 an Stelle von x, y zu schreiben, a_1 bzw. a_2 für a bzw. b. Setzt man

$$\gamma^i_j := \frac{1}{w^2} f_{x_i} df_{x_j} \,, \tag{5.66}$$

so schreiben sich die Gleichungen (5.62) in der Form

$$\mathfrak{d}V^i = dV^i + V^j \gamma^i_j \,; \tag{5.67}$$

entwickelt man die 1-Formen (5.66) nach den Basisformen dx_i,

$$\gamma^i_j = \Gamma^i_{jk} dx_k \,, \tag{5.68}$$

worin für

$$\Gamma^i_{jk} = \frac{1}{w^2} f_{x_i} f_{x_j x_k} dx_k \tag{5.69}$$

zu setzen ist, so erhält man für (5.67)

$$\mathfrak{d}V^i = dV^i + \Gamma^i_{jk} V^j dx_k \,. \tag{5.70}$$

Die Gleichungen (5.63) der Parallelverschiebung gehen dabei über in

$$\mathfrak{d}V^i = dV^i + \Gamma^i_{jk} V^j dx_k = 0 \tag{5.71}$$

beziehungsweise

$$\dot{V}^i = -\Gamma^i_{jk} \dot{x}_k V^j \,, \tag{5.72}$$

die Differentialgleichungen (5.65) für die geodätischen Linien lauten

$$\ddot{x}_i + \Gamma^i_{jk} \dot{x}_j \dot{x}_k = 0 \,. \tag{5.73}$$

Sie sind invariant unter affinen Transformationen $t \to \alpha t + \beta$ des Kurvenparameters.

Verschiebt man die Gesamtheit aller Tangentenvektoren im Flächenpunkt P längs einer Kurve $\mathfrak{C}$ parallel in den Punkt Q, so geht ein Vektor $v \in \mathcal{T}_P$ in einen wohlbestimmten Vektor $v' \in \mathcal{T}_Q$ über. Diese Abbildung ist auf Grund der Struktur der Gleichungen (5.71) linear, sie ist umkehrbar eindeutig, denn verschiebt man das Ergebnis v' der Parallelverschiebung des Vektors v von P nach Q längs $\mathfrak{C}$ in umgekehrter Richtung wieder zurück, so muß dies wieder zum Vektor v führen. Sind demnach die Vektoren $u(P)$ und $v(P)$ linear unabhängig, so sind es auch die in $\mathcal{T}_Q$ parallel verschobenen Vektoren $u'(Q)$ und $v'(Q)$, denn wäre $\lambda u'(Q) + \mu v'(Q) = o$ mit geeigneten Zahlen λ und μ, die nicht beide gleich Null sind, so hätte dies $\lambda u(P) + \mu v(P) = o$ zur Folge. Diese — von der die Punkte P und Q verbindenden Kurve $\mathfrak{C}$ abhängige — Abbildung ist daher ein Isomorphismus der Vektorräume $\mathcal{T}_P$ und $\mathcal{T}_Q$. Durch diesen Isomorphismus ist insbesondere eine affine Abbildung der Tangentialebenen in den Punkten P und Q bestimmt, wenn z.B. verlangt wird, daß dabei die Punkte P und Q einander entsprechen. Man bezeichnet diesen Sachverhalt als *affinen Zusammenhang* der Fläche $\mathfrak{F}$, die Größen Γ^i_{jk} in (5.68) heißen die *Koeffizienten* des affinen Zusammenhangs.

Um die Struktur der Parallelverschiebung auf einer Fläche $\mathfrak{F}$ besser hervortreten zu lassen, erweist sich mit Rücksicht auf eine größere Übersichtlichkeit jetzt doch die Matrizensymbolik geeigneter als die Schreibweise mit indizierten Größen.[16] Es bezeichne:

- dx die *Zeile* der Koordinatendifferentiale dx_i,
- $\mathbf{a}$ bzw. $\boldsymbol{\partial}$ die *Spalte* der Basisvektoren a_i bzw. ∂_i,[17]
- Γ die *Matrix* der 1-Formen $\gamma_j^i = \frac{1}{w^2} f_{x_i} df_{x_j}$,
- β die *Zeile* der 1-Formen $\frac{1}{w} df_{x_i}$,
- γ die *Zeile* der 1-Formen $d(f_{x_i}/w)$,
- $\mathbf{G}$ die (symmetrische) *Matrix* mit den Elementen $a_i \cdot a_j$

und mit Rücksicht auf die Sonderstellung des Normalenvektors n der Fläche

- $\binom{\mathbf{a}}{n}$ die *Spalte*, deren Elemente die Spalte $\mathbf{a}$ und die Normale n sind.

Dabei bestehen die Beziehungen

$$d\mathbf{G} = \Gamma \cdot \mathbf{G} + \mathbf{G} \cdot \Gamma^\dagger \tag{5.74}$$

und

$$\beta = \gamma \cdot \mathbf{G}\,, \tag{5.75}$$

worin mit dem hochgestellten Symbol † das Transponieren einer Matrix, also die Vertauschung der Rolle von Zeilen und Spalten angedeutet werden soll.

Die Gleichungen (5.60) und (5.61) schreiben sich mit Hilfe dieses Formalismus in der Form

$$dP = dx \cdot \mathbf{a} \tag{5.76}$$

und

$$d\begin{pmatrix} \mathbf{a} \\ n \end{pmatrix} = \begin{pmatrix} \Gamma & \beta^\dagger \\ -\gamma & 0 \end{pmatrix} \cdot \begin{pmatrix} \mathbf{a} \\ n \end{pmatrix}. \tag{5.77}$$

---

[16] Unter *Zeilen* bzw. *Spalten* sind Matrizen mit einer Zeile bzw. einer Spalte zu verstehen. Für das Folgende sei dabei vereinbart, die Zeilen von Matrizen mit tiefgestellten, die Spalten mit hochgestellten Indizes zu numerieren; eine Ausnahme hievon bilden wieder die Indizes zur Numerierung der Koordinatendifferentiale, welche hochgestellt zu denken sind und solcherart Indizes zur Numerierung von Spalten sind. Sinngemäß wird an Stelle des Malpunktes · zur Produktbildung von Matrizen das Zeichen ∧ verwendet, wenn die Elemente beider Faktoren Differentialformen sind, weshalb bei der Multiplikation solcher Matrizen streng auf die Reihenfolge der Faktoren zu achten ist; handelt es sich bei einem der Faktoren um eine Matrix, deren Elemente keine Differentialformen sind, so wird weiterhin das Zeichen · der Matrizenmultiplikation verwendet. Das Summationsübereinkommen soll jedoch im bisherigen Sinn weiter in Kraft bleiben.

[17] Die Elemente dieser Spalte sind die *Vektoren*, nicht deren Koordinaten!

Aus der Gleichheit der gemischten zweiten partiellen Differentialquotienten der Funktion f folgt nun

$$\sum_{i,j} f_{x_i x_j}\, dx_i \wedge dx_j = 0 \tag{5.78}$$

und daraus sowohl

$$dx \wedge \Gamma = 0 \tag{5.79}$$

als auch

$$dx \wedge \beta^\dagger = 0\,. \tag{5.80}$$

Infolgedessen ist

$$dx \wedge d\mathbf{a} = dx \wedge (\Gamma \cdot \mathbf{a} + \beta^\dagger n) = 0$$

und wegen $d^2x = 0$ auch[18]

$$d^2P = d^2x \cdot \mathbf{a} - dx \wedge d\mathbf{a} = 0\,.$$

Da die Koordinaten der vektorwertigen 1-Formen da_i und dn selbst Ableitungen von 0-Formen sind, ist

$$d^2\begin{pmatrix}\mathbf{a}\\ n\end{pmatrix} = 0$$

und deshalb

$$\begin{aligned} 0 &= \begin{pmatrix} d\Gamma & d\beta^\dagger \\ -d\gamma & 0 \end{pmatrix} \cdot \begin{pmatrix}\mathbf{a}\\ n\end{pmatrix} - \begin{pmatrix} \Gamma & \beta^\dagger \\ -\gamma & 0 \end{pmatrix} \wedge d\begin{pmatrix}\mathbf{a}\\ n\end{pmatrix} \\ &= \left[\begin{pmatrix} d\Gamma & d\beta^\dagger \\ -d\gamma & 0 \end{pmatrix} - \begin{pmatrix} \Gamma & \beta^\dagger \\ -\gamma & 0 \end{pmatrix} \wedge \begin{pmatrix} \Gamma & \beta^\dagger \\ -\gamma & 0 \end{pmatrix}\right] \cdot \begin{pmatrix}\mathbf{a}\\ n\end{pmatrix}. \end{aligned}$$

Aus dieser Gleichung ergeben sich, weil wegen der linearen Unabhängigkeit der Vektoren der Spalte $\mathbf{a}$ und der Flächennormalen n in der eckigen Klammer die Nullmatrix stehen muß, die folgenden Beziehungen zwischen den in (5.77) auftretenden 1-Formen,

$$\begin{aligned} d\Gamma &= \Gamma \wedge \Gamma - \beta^\dagger \wedge \gamma\,, \\ d\gamma &= \gamma \wedge \Gamma\,, \\ 0 &= \gamma \wedge \beta^\dagger\,. \end{aligned} \tag{5.81}$$

Geht man — unter Beibehaltung der lokalen Koordinaten x_i — zu anderen Basisvektoren $\bar{a}_i$ in den Tangentialräumen an $\mathfrak{F}$ in der Umgebung $\mathfrak{U}$ des Punktes P über, so bestehen zwischen den Vektoren $\bar{a}_i$ und a_i Beziehungen der Art $\bar{a}_i = T_i^j a_j$, die sich unter Benützung der Matrizensymbolik in Form der Gleichung

$$\bar{\mathbf{a}} = \mathbf{T} \cdot \mathbf{a} \tag{5.82}$$

[18] Dabei ist unter der Bildung des Differentials der vektorwertigen 1-Form dP die „koordinatenweise“ Anwendung von d auf die 1-Formen zu verstehen, welche die Koordinaten von dP sind. Hiefür ist natürlich die Produktregel (3.56) zu berücksichtigen.

anschreiben lassen. Die Matrix $\mathbf{T}$ muß auf $\mathfrak{U}$ regulär sein, da sie den Übergang von einer Basis auf eine andere beschreibt. Bei diesem Basiswechsel transformiert sich die Matrix $\mathbf{G}$ gemäß

$$\bar{\mathbf{G}} = \mathbf{T} \cdot \mathbf{G} \cdot \mathbf{T}^{\dagger} .$$

Aus (5.76) ergibt sich dann

$$dP = dx \cdot \mathbf{a} = dx \cdot \mathbf{T}^{-1} \cdot \bar{\mathbf{a}} = \alpha \cdot \bar{\mathbf{a}} ,$$

worin α die Zeile der 1-Formen $dx \cdot \mathbf{T}^{-1}$ ist. Entsprechen den Vektoren $\bar{a}_i$ die Tangentenvektoren $\boldsymbol{t}_i \in \mathcal{T}_P$, so ist

$$\bar{a}_i = dP(\boldsymbol{t}_i) = \alpha(\boldsymbol{t}_i) \cdot \bar{\mathbf{a}}$$

beziehungsweise

$$\alpha^i(\boldsymbol{t}_j) = \delta^i_j ,$$

d.h. die Linearformen α^i bilden die zur Basis der Vektoren $\boldsymbol{t}_i$ duale Basis. Setzt man für

$$d\mathbf{a} = d\mathbf{T}^{-1} \cdot \bar{\mathbf{a}} + \mathbf{T}^{-1} \cdot d\bar{\mathbf{a}}, \quad dn = -\gamma \cdot \mathbf{T}^{-1} \cdot \bar{\mathbf{a}}$$

in die Gleichung (5.77) ein, so erhält man aus

$$d\mathbf{a} = d\mathbf{T}^{-1} \cdot \bar{\mathbf{a}} + \mathbf{T}^{-1} \cdot d\bar{\mathbf{a}} = \Gamma \cdot \mathbf{T}^{-1} \cdot \bar{\mathbf{a}} + \beta^{\dagger} \cdot n$$

unter Berücksichtigung von

$$\mathbf{O} = d\mathbf{E} = d\big(\mathbf{T} \cdot \mathbf{T}^{-1}\big) = d\mathbf{T} \cdot \mathbf{T}^{-1} + \mathbf{T} \cdot d\mathbf{T}^{-1}$$

und der daraus folgenden Beziehung

$$d\mathbf{T}^{-1} = -\mathbf{T}^{-1} \cdot d\mathbf{T} \cdot \mathbf{T}^{-1} \tag{5.83}$$

die Änderungen der Vektoren $\bar{a}_i$,

$$d\bar{\mathbf{a}} = \big(\mathbf{T} \cdot \Gamma \cdot \mathbf{T}^{-1} + d\mathbf{T} \cdot \mathbf{T}^{-1}\big) \cdot \bar{\mathbf{a}} + \mathbf{T} \cdot \beta^{\dagger} n .$$

Man gelangt so zu Gleichungen mit derselben Struktur wie (5.77), nämlich

$$d\begin{pmatrix} \bar{\mathbf{a}} \\ n \end{pmatrix} = \begin{pmatrix} \bar{\Gamma} & \bar{\beta}^{\dagger} \\ -\bar{\gamma} & 0 \end{pmatrix} \cdot \begin{pmatrix} \bar{\mathbf{a}} \\ n \end{pmatrix} ,$$

wenn für

$$\begin{aligned} \bar{\Gamma} &= \mathbf{T} \cdot \Gamma \cdot \mathbf{T}^{-1} + d\mathbf{T} \cdot \mathbf{T}^{-1} , \\ \bar{\beta} &= \beta \cdot \mathbf{T}^{\dagger} , \\ \bar{\gamma} &= \gamma \cdot \mathbf{T}^{-1} \end{aligned} \tag{5.84}$$

gesetzt wird. Somit behalten die Gleichungen (5.81) auch für die transformierten Größen $\bar{\Gamma}$, $\bar{\beta}$ und $\bar{\gamma}$ ihre Gültigkeit, nur an die Stelle von (5.79) und (5.80) treten wegen

$$0 = d^2P = d\alpha \cdot \bar{\mathbf{a}} - \alpha \cdot d\bar{\mathbf{a}} = (d\alpha - \alpha \wedge \bar{\Gamma}) \cdot \bar{\mathbf{a}} - \alpha \wedge \bar{\beta}^{\dagger} n$$

die Beziehungen

$$d\alpha - \alpha \wedge \bar{\Gamma} = 0$$

und

$$\alpha \wedge \bar{\beta}^{\dagger} = 0\,.$$

Sind die Vektoren $\bar{a}_i$ bei einem Basiswechsel (5.82) als Vektoren des euklidischen Raumes $\mathfrak{E}^3$ paarweise orthogonal und auf die Länge 1 normiert, so ist $\bar{\mathbf{G}} = \mathbf{E}$, $d\bar{\mathbf{G}} = 0$ und daher $\bar{\Gamma}$ wegen (5.74) eine antisymmetrische Matrix, d.h. es ist in diesem Fall $\bar{\Gamma} = -\bar{\Gamma}^{\dagger}$; wie die Beziehung (5.75) zeigt, ist unter diesen Umständen $\bar{\beta} = \bar{\gamma}$.

Die Parallelverschiebung bleibt von einem Basiswechsel (5.82) im Tangentialraum unberührt. Ist $v = V^i a_i = V \cdot \mathbf{a}$ ein beliebiger Vektor, wobei V für die Zeile seiner Koordinaten in Bezug auf die Basis der Vektoren a_i steht, so erhält man mit (5.77)

$$dv = dV \cdot \mathbf{a} + V \cdot d\mathbf{a} = dV \cdot \mathbf{a} + V \cdot \begin{pmatrix} \Gamma & \beta^{\dagger} \end{pmatrix} \cdot \begin{pmatrix} \mathbf{a} \\ n \end{pmatrix} \tag{5.85}$$

und daraus

$$\boldsymbol{dv} = (dV + V \cdot \Gamma) \cdot \boldsymbol{\partial}\,. \tag{5.86}$$

Die Transformation (5.82) bewirkt nun

$$v = V \cdot \mathbf{a} = V \cdot \mathbf{T}^{-1} \cdot \bar{\mathbf{a}} = \bar{V} \cdot \bar{\mathbf{a}}\,,$$

also

$$\bar{V} = V \cdot \mathbf{T}^{-1}\,;$$

da auch die Spalte $\boldsymbol{\partial}$ dem Transformationsgesetz (5.82) unterliegt, ergibt sich unter Benützung des Transformationsgesetzes für die Elemente der Matrix Γ, der ersten Gleichung (5.84)

$$\begin{aligned} \boldsymbol{dv} &= (d\bar{V} + \bar{V} \cdot \bar{\Gamma}) \cdot \bar{\boldsymbol{\partial}} \\ &= \left[dV \cdot \mathbf{T}^{-1} + V \cdot d\mathbf{T}^{-1} + V \cdot \mathbf{T}^{-1} \cdot (\mathbf{T} \cdot \Gamma \cdot \mathbf{T}^{-1} + d\mathbf{T} \cdot \mathbf{T}^{-1})\right] \cdot \mathbf{T} \cdot \boldsymbol{\partial} \\ &= \left[dV + V \cdot d\mathbf{T}^{-1} \cdot \mathbf{T} + V \cdot \Gamma + V \cdot \mathbf{T}^{-1} \cdot d\mathbf{T}\right] \cdot \boldsymbol{\partial} \\ &= (dV + V \cdot \Gamma) \cdot \boldsymbol{\partial}\,, \end{aligned} \tag{5.87}$$

worin wieder (5.83) verwendet wurde.

Eine analoge Wirkung hat ein Wechsel der lokalen Koordinaten auf $\mathfrak{F}$. Geht man mittels zweier Funktionen $x_i = x_i(\bar{x}_1, \bar{x}_2)$ zu anderen Koordinaten $\bar{x}_1, \bar{x}_2$ über, so ist die oben eingeführte Transformationsmatrix $\mathbf{T}$ durch die Matrix der partiellen Ableitungen dieser Transformationsgleichungen gegeben; die Rolle der 1-Formen α^i übernehmen dabei die Koordinatendifferentiale $d\bar{x}_i$, es gilt

$$d\bar{x} = dx \cdot \mathbf{T}^{-1} \quad \text{mit} \quad T^i_j = \frac{\partial x_i}{\partial \bar{x}_j}\,.$$

Daraus geht nun auch hervor, daß die Parallelverschiebung auf einer Fläche im Raum, wie sie oben vorgestellt wurde, unabhängig vom verwendeten lokalen Koordinatensystem auf $\mathfrak{F}$ ist. Die 1-Formen (5.70),

$$\eth V^i = dV^i + \Gamma^i_{jk} V^j dx_k = \Big(\frac{\partial V^i}{\partial x_k} + \Gamma^i_{jk} V^j\Big) dx_k\,, \tag{5.88}$$

welche die Änderungen der Koordinaten eines Vektorfeldes beschreiben, transformieren sich wie die Koordinaten eines kontravarianten Vektors, denn aus der Gleichung (5.87) folgt

$$\eth \bar{V} = d\bar{V} + \bar{V} \cdot \bar{\Gamma} = (dV + V \cdot \Gamma) \cdot \mathbf{T}^{-1} = \eth V \cdot \mathbf{T}^{-1}$$

beziehungsweise

$$\eth \bar{V}^i = \frac{\partial \bar{x}_i}{\partial x_j} \eth V^j\,.$$

In affinen Räumen leisten dies die Koordinatendifferentiale

$$dV^i = \frac{\partial V^i}{\partial x_k} dx_k\,. \tag{5.89}$$

Ebenso wie sich die partiellen Differentialquotienten $\frac{\partial V^i}{\partial x_k}$ in affinen Räumen wie die Koordinaten eines gemischten Tensorfeldes zweiter Stufe transformieren, genügen jetzt die Größen

$$\frac{\eth V^i}{\eth x_k} := \frac{\partial V^i}{\partial x_k} + \Gamma^i_{jk} V^j \tag{5.90}$$

dem Transformationsgesetz für einen gemischten Tensor zweiter Stufe auf $\mathfrak{F}$. Sie übernehmen auf der Mannigfaltigkeit $\mathfrak{F}$ jene Rolle, welche in affinen Räumen die partiellen Differentialquotienten $\frac{\partial V^i}{\partial x_k}$ innehaben und sind insofern als deren Verallgemeinerungen für Vektorfelder auf $\mathfrak{F}$ anzusehen. Unter Benützung der Symbolik (5.90) schreiben sich dann die Gleichungen (5.88) in der (5.89) verallgemeinernden Form

$$\eth V^i = \frac{\eth V^i}{\eth x_k} dx_k\,. \tag{5.91}$$

Man kann sich nun die Frage stellen, ob es nicht ein Koordinatensystem gibt, in dem die Gleichungen der Parallelverschiebung in einem Punkt P der Fläche $\mathfrak{F}$ einfach

$$\eth V^i = dV^i$$

lauten, mit anderen Worten, ob es nicht möglich ist, in einem geeignet gewählten Koordinatensystem $\bar{x}_i$ einer Karte $\bar{\kappa}$ die 1-Formen γ_i^j in einem beliebigen Punkt P sämtlich zum Verschwinden zu bringen. Dies ist bei dieser Art der Parallelverschiebung auf der Fläche $\mathfrak{F}$ auch tatsächlich möglich und soll weiter unten nachgewiesen werden. Dagegen ist es i.a. aber nicht möglich, die 1-Formen β und γ in einem Punkt auf der Fläche zum Verschwinden zu bringen. Die Ursache für das Auftreten dieser 1-Formen ist allein die Änderung der Normalen an die Fläche, weshalb ein Zusammenhang mit der Krümmung der Fläche bestehen muß. Auf Grund der ersten Gleichung (5.81) sind die Elemente der Matrix $\boldsymbol{\rho} = d\Gamma - \Gamma \wedge \Gamma$, die 2-Formen

$$\rho_j^i = d\gamma_j^i - \gamma_j^l \wedge \gamma_l^i \tag{5.92}$$

gleichermaßen dafür verantwortlich. Entwickelt man sie nach den Basisformen dx_i, indem man aus (5.68) einsetzt, so erhält man

$$\rho_j^i = \Big(\frac{\partial \Gamma_{jl}^i}{\partial x_k} - \Gamma_{hl}^i \Gamma_{jk}^h\Big) dx_k \wedge dx_l\,;$$

geht man zur kanonischen Darstellung dieser 2-Formen über,

$$\begin{aligned}\rho_j^i &= \sum_{k<l} \Big(\frac{\partial \Gamma_{jl}^i}{\partial x_k} - \Gamma_{hl}^i \Gamma_{jk}^h\Big) dx_k \wedge dx_l + \sum_{l<k} \Big(\frac{\partial \Gamma_{jl}^i}{\partial x_k} - \Gamma_{hl}^i \Gamma_{jk}^h\Big) dx_k \wedge dx_l \\ &= \sum_{k<l} \Big(\frac{\partial \Gamma_{jl}^i}{\partial x_k} - \frac{\partial \Gamma_{jk}^i}{\partial x_l} + \Gamma_{hk}^i \Gamma_{jl}^h - \Gamma_{hl}^i \Gamma_{jk}^h\Big) dx_k \wedge dx_l\,,\end{aligned}$$

und setzt man

$$R_{jkl}^i = \frac{\partial \Gamma_{jl}^i}{\partial x_k} - \frac{\partial \Gamma_{jk}^i}{\partial x_l} + \Gamma_{hk}^i \Gamma_{jl}^h - \Gamma_{hl}^i \Gamma_{jk}^h\,, \tag{5.93}$$

so schreiben sich die Elemente der Matrix $\boldsymbol{\rho}$ in der Form

$$\rho_j^i = \tfrac{1}{2} R_{jkl}^i\, dx_k \wedge dx_l = \sum_{k<l} R_{jkl}^i\, dx_k \wedge dx_l\,. \tag{5.94}$$

Die Größen (5.93) sind, wie sich später erweisen wird, die Koordinaten eines einfach kontravarianten und dreifach kovarianten Tensors, den man den *Krümmungstensor* des durch die 1-Formen (5.66) auf $\mathfrak{F}$ gegebenen affinen Zusammenhangs nennt.

Auf Grund der besonderen Struktur der Koeffizienten (5.66) eines affinen Zusammenhangs läßt sich die Matrix der Krümmungsformen (5.92) ohne größeren Aufwand bestimmen. Bezeichnet f die Zeile der partiellen Ableitungen f_{x_i}, so ist

$$\Gamma = \frac{1}{w^2}\, df^\dagger \cdot f\,.$$

Die Zeile f steht auch in engem Zusammenhang mit der Größe w, und zwar gilt

$$w\,dw = \tfrac{1}{2} d(w^2) = df \cdot f^\dagger = f \cdot df^\dagger\,.$$

Bildet man jetzt das Quadrat der Matrix Γ, so erhält man

$$\begin{aligned}\Gamma \wedge \Gamma &= \frac{1}{w^4}\, df^\dagger \cdot f \wedge df^\dagger \cdot f = \frac{1}{w^4}\, df^\dagger \wedge (f \cdot df^\dagger) \cdot f = -\frac{dw}{w^3} \wedge df^\dagger \cdot f \\ &= -\frac{dw}{w} \wedge \Gamma \\ &= \frac{1}{w^4}\, df^\dagger \wedge (df \cdot f^\dagger) \cdot f = -\frac{1}{w^2}\, \sigma \cdot \mathbf{F}\,,\end{aligned}$$

worin mit $\sigma = -\frac{1}{w^2} df^\dagger \wedge df$ und $\mathbf{F} = f^\dagger \cdot f$ die Matrizen mit den Elementen

$$F_{ij} = f_{x_i} f_{x_j}\,, \quad \sigma_{ij} = d\Big(\frac{f_{x_j}}{w}\Big) \wedge d\Big(\frac{f_{x_i}}{w}\Big)$$

eingeführt wurden; die Matrix σ ist schiefsymmetrisch, die Matrix $\mathbf{F}$ symmetrisch. Die Ableitung der Matrix Γ bestimmt sich zu

$$\begin{aligned} d\Gamma &= d\Big(\frac{1}{w^2}\Big) \wedge df^\dagger \cdot f + \frac{1}{w^2}\, d^2 f^\dagger \cdot f - \frac{1}{w^2}\, df^\dagger \wedge df \\ &= -2\,\frac{dw}{w} \wedge \Gamma + \sigma = \frac{1}{w^2}\, \sigma \cdot (w^2 \mathbf{E} - 2\mathbf{F}), \end{aligned}$$

woraus schließlich

$$\rho = \frac{1}{w^2}\, \sigma \cdot (w^2 \mathbf{E} - \mathbf{F}) = \sigma \cdot \mathbf{G}^{-1} \tag{5.95}$$

folgt, letzteres wegen $\mathbf{G} = \mathbf{E} + \mathbf{F}$ und $\mathbf{F} \cdot \mathbf{F} = (w^2 - 1)\mathbf{F}$. So ist, um konkret auf die Fläche $\mathfrak{F}$ im dreidimensionalen Raum $\mathfrak{E}^3$ zurückzukommen,

$$\sigma = -\frac{1}{w^2} \begin{pmatrix} df_x \\ df_y \end{pmatrix} \wedge \begin{pmatrix} df_x & df_y \end{pmatrix} = \frac{1}{w^2} \begin{pmatrix} 0 & -1 \\ 1 & 0 \end{pmatrix} df_x \wedge df_y = w^2 K \begin{pmatrix} 0 & -1 \\ 1 & 0 \end{pmatrix} dx \wedge dy\,, \tag{5.96}$$

worin

$$K = \frac{f_{xx} f_{yy} - f_{xy}^2}{\left(1 + f_x^2 + f_y^2\right)^2} \tag{5.97}$$

gesetzt ist, und somit

$$\rho = w^2 K \begin{pmatrix} 0 & -1 \\ 1 & 0 \end{pmatrix} \cdot \mathbf{G}^{-1}\, dx \wedge dy\,. \tag{5.98}$$

Die Größe (5.97) heißt die *Gaußsche Krümmung* der Fläche $\mathfrak{F}$. Sie tritt auch in der Gleichung

$$\gamma_1 \wedge \gamma_2 = d\Big(\frac{f_x}{w}\Big) \wedge d\Big(\frac{f_y}{w}\Big) = \frac{1}{w^4}\, df_x \wedge df_y = K\, dx \wedge dy$$

auf, was sie auf folgende Weise zu deuten erlaubt. Variiert ein Punkt auf der Fläche $\mathfrak{F}$, so bewegt sich der Endpunkt des Normalenvektors n, wenn dessen Fußpunkt vom Punkt auf der Fläche in den Ursprung O des $\mathfrak{E}^3$ verlegt wird, auf der Einheitskugel $\mathfrak{K}$ im $\mathfrak{E}^3$, d.h. einem Punkt $P \in \mathfrak{F}$ wird jener Punkt $Q \in \mathfrak{K}$ zugeordnet, für den $n = \overrightarrow{OQ}$ gilt, wenn dabei n die Normale im Flächenpunkt P ist. Auf diese Weise wird eine Umgebung $\mathfrak{U}$ des Punktes P auf der Fläche $\mathfrak{F}$ auf eine Umgebung $\mathfrak{V}$ des Bildpunktes Q auf der Kugel $\mathfrak{K}$ abgebildet, die man das *sphärische Bild* von $\mathfrak{U} \subseteq \mathfrak{F}$ nennt — sind x, y die Koordinaten eines Punktes in $\mathfrak{U}$, so sind $\xi = -f_x/w$, $\eta = -f_y/w$, $\zeta = 1/w$ die Koordinaten des Bildpunktes im sphärischen Bild $\mathfrak{V}$ der Umgebung $\mathfrak{U}$ des Flächenpunktes P. Auf Grund der Konstruktion dieser Abbildung verläuft die Tangentialebene in einem Punkt aus $\mathfrak{U}$ parallel zur Tangentialebene des Bildpunktes im sphärischen Bild $\mathfrak{V}$, da der Normalenvektor in beiden Punkten derselbe ist. Nun ist (vgl. (5.48))

$$\epsilon_{\mathfrak{F}} = \|a \times b\|\, dx \wedge dy = w\, dx \wedge dy$$

das Flächenelement auf der Fläche $\mathfrak{F}$. Bildet man das adäquate Flächenelement auf der Kugel $\mathfrak{K}$, so hat man, da zur Parametrisierung von $\mathfrak{V}$ auf Grund der Stellung der Tangentialebene eine explizite Darstellung $\zeta = g(\xi, \eta)$ der selben Art wie für das Urbild $\mathfrak{U} \subseteq \mathfrak{F}$ zugrundegelegt werden kann, wegen $g_\xi = -\xi/\zeta$ und $g_\eta = -\eta/\zeta$ von den Vektoren

$$\begin{pmatrix} 1 \\ 0 \\ -\xi/\zeta \end{pmatrix} = \begin{pmatrix} 1 \\ 0 \\ f_x \end{pmatrix} = a\,, \quad \begin{pmatrix} 0 \\ 1 \\ -\eta/\zeta \end{pmatrix} = \begin{pmatrix} 0 \\ 1 \\ f_y \end{pmatrix} = b$$

auszugehen. Deshalb ist

$$\epsilon_{\mathfrak{K}} = \|a \times b\|\, d\xi \wedge d\eta$$

das mit demselben Maß wie $\epsilon_{\mathfrak{F}}$ auf $\mathfrak{F}$ messende Flächenelement auf der Einheitskugel $\mathfrak{K}$. Diesem Flächenelement auf $\mathfrak{K}$ entspricht bei der Abbildung $\jmath$ von $\mathfrak{U}$ auf das sphärische Bild $\mathfrak{V}$ die 2-Form

$$\jmath^* \epsilon_{\mathfrak{K}} = \|a \times b\| \gamma_1 \wedge \gamma_2 = K \epsilon_{\mathfrak{F}}$$

auf $\mathfrak{U}$. Die Gaußsche Krümmung K erscheint auf diese Weise als der Kehrwert des Verhältnisses der Flächeninhalte einer infinitesimalen Umgebung von P auf $\mathfrak{F}$ und deren sphärischem Bild auf der Einheitskugel $\mathfrak{K}$. Da die 1-Formen γ_1 und γ_2 die Änderung der Flächennormalen beschreiben, ist die Gaußsche Krümmung eine Größe, die nur von der Gestalt der Fläche im Raum abhängt.

II. *Ein affiner Zusammenhang macht den Vergleich von Vektoren durch Parallelverschiebung möglich.*

Die Konstruktion der Parallelverschiebung auf einer Fläche gründet sich auf die Parallelverschiebung im dreidimensionalen Raum $\mathfrak{E}^3$, in den sie eingebettet ist, und auf dessen affine Struktur. Man kann sie in Worten kurz so zusammenfassen: ein Tangentenvektor im Punkt P wird — als Vektor des euklidischen Raumes $\mathfrak{E}^3$ — zunächst *parallel* in den *infinitesimal* benachbarten Punkt Q verschoben und dort *normal* auf die Tangentialebene projiziert; oder anders ausgedrückt: die in der Tangentialebene im Punkt Q liegende Komponente des nach Q parallel verschobenen Tangentenvektors ist das Ergebnis der Parallelverschiebung auf der Fläche. Da die Strukturgleichungen keinen direkten Hinweis auf die Raumdimension enthalten, kann man diese Konstruktion der Parallelverschiebung ohne weiteres auf eine Mannigfaltigkeit übertragen, wenn diese durch eine Gleichung $\xi_N = f(\xi_1, \ldots, \xi_{N-1})$ oder $F(\xi_1, \ldots, \xi_N) = 0$ zwischen den Koordinaten in einem euklidischen Raum $\mathfrak{E}^N$ gegeben ist; man spricht dann von einer *Hyperfläche* im $\mathfrak{E}^N$. Im weiteren läßt sie sich auf jeder Mannigfaltigkeit einführen, die in einen euklidischen Raum eingebettet ist. Diese Vorschrift zur Parallelverschiebung geht auf T. Levi-Cività zurück und ist sehr anschaulich, doch nicht zwingend die einzige Art der Parallelverschiebung.

Ist auf einer Mannigfaltigkeit $\mathfrak{M}$ eine Vorschrift zur Parallelverschiebung von Tangentenvektoren längs einer zwei Punkte P und Q verbindenden Kurve $\mathfrak{C}$ gegeben, so lassen sich die Tangentenvektoren des Tangentialraumes $\mathcal{T}_P(\mathfrak{M})$ auf die Tangentenvektoren des Tangentialraumes $\mathcal{T}_Q(\mathfrak{M})$ abbilden, indem man einem Tangentenvektor aus $\mathcal{T}_P(\mathfrak{M})$ denjenigen Tangentenvektor aus $\mathcal{T}_Q(\mathfrak{M})$ zuordnet, mit dem er durch Parallelverschiebung längs der Kurve $\mathfrak{C}$ zur Deckung kommt. Diese Zuordnung ist linear und umkehrbar eindeutig und daher ein — von der die Punkte P und Q verbindenden Kurve abhängiger — Isomorphismus der Tangentialräume $\mathcal{T}_P(\mathfrak{M})$ und $\mathcal{T}_Q(\mathfrak{M})$, der sozusagen auf „natürliche“ Weise durch die Struktur der Parallelverschiebung gegeben ist. Dadurch wird es möglich, die Vektoren eines Vektorfeldes v auf $\mathfrak{M}$ in zwei verschiedenen Punkten, sofern sich diese durch eine Kurve verbinden lassen, miteinander zu vergleichen, indem man den Vektor $v(P)$ parallel in den Punkt Q verschiebt und dem dortigen Vektor $v(Q)$ gegenüberstellt. Man nennt eine Mannigfaltigkeit, die mit einer solcher Struktur ausgestattet ist, *affin zusammenhängend*, man spricht von einem *affinen Zusammenhang* auf der Mannigfaltigkeit.

Die Parallelverschiebung auf der in den euklidischen Raum $\mathfrak{E}^3$ eingebetteten Fläche stützt sich auf vektorwertige Differentialformen. Dabei ist die Änderung eines Vektors als Vektor der Änderungen seiner Koordinaten zu verstehen. Der Übergang von der Parallelverschiebung im euklidischen Einbettungsraum zur Parallelverschiebung auf der Fläche besteht formal darin, in den diesbezüglichen Gleichungen alle Größen, die auf die Fläche im Raum Bezug nehmen, herauszustreichen, was von den Änderungen (5.85), die ein Beobachter im Raum wahrnimmt, zu den Änderungen (5.86) für einen Beobachter auf der Fläche führt. Für diesen nehmen deshalb von den charakteristischen Größen nur die Elemente der Matrix Γ, die 1-Formen γ_i^j auf die Parallelverschiebung Einfluß. Da diese 1-Formen auf einer Mannigfaltigkeit durch nichts gegeben sind, wird man von ihrer konkreten Bedeutung auf der Fläche abstrahieren und sie auf einer beliebigen Mannigfaltigkeit über *Definitionen* einführen, im Hinblick darauf, der Parallelverschiebung auf einer Mannigfaltigkeit, wie schon auf der Fläche im dreidimensionalen euklidischen Raum, den Kalkül der vektorwertigen Differentialformen zugrundezulegen. Hiefür müssen die vektorwertigen Differentialformen (5.60) und (5.61) aus dem euklidischen Einbettungsraum herausgelöst und auf Mannigfaltigkeiten übertragen werden.

Unter einer *vektorwertigen Differentialform* n-ten Grades auf einer Mannigfaltigkeit $\mathfrak{M}$ versteht man eine multilineare und schiefsymmetrische Abbildung $\vec{\alpha}: \mathfrak{v}^n \to \mathfrak{v}$. Eine solche Abbildung $\vec{\alpha}$ ist in jedem Punkt $P \in \mathfrak{M}$ eine multilineare schiefsymmetrische Abbildung $\vec{\alpha}_P : \left[\mathcal{T}_P(\mathfrak{M})\right]^n \to \mathcal{T}_P(\mathfrak{M})$. Ist κ eine Karte für die offene Menge $\mathfrak{U} \subseteq \mathfrak{M}$, so ist der Wert einer vektorwertigen n-Form $\vec{\alpha}$ auf n Vektorfeldern $v_1, v_2, \ldots, v_n$ das Vektorfeld

$$\vec{\alpha}(v_1, \ldots, v_n) = \alpha^i(v_1, \ldots, v_n)\,\partial_i\,.$$

Daher sind die „Koordinaten“ α^i einer vektorwertigen n-Form $\vec{\alpha}$ *reellwertige* Differentialformen n-ten Grades. Bei einem Wechsel der Koordinaten ist dabei

$$\vec{\alpha} = \alpha^i \partial_i = \bar{\alpha}^j \bar{\partial}_j = \bar{\alpha}^j \frac{\partial x_i}{\partial \bar{x}_j}\,\partial_i\,,$$

weshalb sich die Koordinaten einer vektorwertigen n-Form wie

$$\alpha^i = \frac{\partial x_i}{\partial \bar{x}_j}\,\bar{\alpha}^j\,, \tag{5.99}$$

also wie die Koordinaten eines Vektorfeldes transformieren. So wie Skalarfelder als reellwertige Differentialformen 0-ten Grades aufgefaßt werden, sind die Vektorfelder die vektorwertigen Differentialformen 0-ten Grades. Jede vektorwertige Differentialform $\vec{\alpha}$ definiert über das Skalarprodukt

$$\boldsymbol{\mathcal{A}}(\varphi, v_1, \ldots, v_n) := \big\langle \varphi, \vec{\alpha}(v_1, \ldots, v_n)\big\rangle$$

ein einfach kontravariantes und n-fach kovariantes Tensorfeld auf $\mathfrak{M}$ mit den lokalen Koordinaten

$$A^i_{j_1 \ldots j_n} = \alpha^i(\partial_{j_1}, \ldots, \partial_{j_n})\,.$$

Die Darstellung einer vektorwertigen Differentialform ist aber nicht auf die Basisvektoren einer Karte für eine Umgebung $\mathfrak{U}$ auf $\mathfrak{M}$ beschränkt. Sind $u_1, u_2, \ldots, u_N$ linear unabhängige Vektorfelder auf $\mathfrak{M}$ (damit ist gemeint, daß für jeden Punkt $P \in \mathfrak{M}$ die Vektoren $u_1(P), u_2(P), \ldots, u_N(P)$ linear unabhängig sind und somit eine Basis des Tangentialraumes $\mathcal{T}_P(\mathfrak{M})$ bilden), so bestimmt eine vektorwertige Differentialform $\vec{\alpha}$ auf eindeutige Weise N reellwertige Differentialformen $\xi^1, \xi^2, \ldots, \xi^N$, sodaß

$$\vec{\alpha} = \xi^i u_i$$

gilt. Mit Hilfe linear unabhängiger Vektorfelder erreicht man eine von lokalen Koordinaten unabhängige Darstellung vektorwertiger Differentialformen. Im folgenden wird meist auf die Basisvektoren eines lokalen Koordinatensystems Bezug genommen; die Ausdehnung der Resultate auf die Verwendung von Vektorfeldern liegt auf der Hand.

Es liegt nahe, den Kalkül der reellwertigen Differentialformen so weit wie möglich auf die vektorwertigen zu übertragen. Die Summe zweier vektorwertiger Differentialformen $\vec{\alpha}$ und $\vec{\beta}$ wird über

$$(\vec{\alpha} + \vec{\beta})(v_1, \ldots, v_n) := \vec{\alpha}(v_1, \ldots, v_n) + \vec{\beta}(v_1, \ldots, v_n)$$

eingeführt, das Produkt der n-Form $\vec{\alpha}$ mit einer Zahl $\lambda \in \mathbb{R}$ ist

$$(\lambda\vec{\alpha})(v_1, \ldots, v_n) := \lambda\vec{\alpha}(v_1, \ldots, v_n)\,.$$

Sind α^i bzw. β^i die Koordinaten von $\vec{\alpha}$ bzw. $\vec{\beta}$, so sind $\alpha^i + \beta^i$ die Koordinaten von $\vec{\alpha} + \vec{\beta}$ und $\lambda\alpha^i$ die Koordinaten von $\lambda\vec{\alpha}$. Das äußere Produkt einer reellwertigen Differentialform α mit dem Grad p und einer vektorwertigen Differentialform $\vec{\beta}$ mit dem Grad q wird erklärt durch

$$\begin{aligned}(\alpha \wedge \vec{\beta})&(v_1, v_2, \ldots, v_{p+q}) :\\ &= \frac{1}{p!\,q!}\sum_{\pi} \operatorname{sign}(\pi)\,\alpha(v_{\pi(1)}, \ldots, v_{\pi(p)})\vec{\beta}(v_{\pi(p+1)}, \ldots, v_{\pi(p+q)})\end{aligned}$$

und ist eine vektorwertige Differentialform $p + q = n$-ten Grades. Sind β^i die Koordinaten der n-Form $\vec{\beta}$, so sind $\alpha \wedge \beta^i$ die Koordinaten des Produktes

$$\alpha \wedge \vec{\beta} = \alpha \wedge (\beta^i \partial_i) = (\alpha \wedge \beta^i)\,\partial_i\,.$$

Für das Produkt einer reellwertigen Differentialform α mit einer vektorwertigen 0-Form v schreibt man einfach αv an Stelle von $\alpha \wedge v$, ebenso weist die Schreibweise $\omega\vec{\beta}$ auf das Produkt einer reellen 0-Form ω mit einer vektorwertigen n-Form $\vec{\beta}$ hin.

Die äußere Ableitung läßt sich nicht so ohne weiteres auf vektorwertige Differentialformen übertragen, und zwar aus folgendem Grund. Das Differential df einer reellwertigen 0-Form f, also einer reellen Funktion, ist die Änderung von f in Richtung von v,

$$df(v) = v(f)\,.$$

Dabei gelten die Produktregeln

$$d(\omega f)(v) = f\,v(\omega) + \omega\, v(f) \quad \text{und} \quad df(\omega v) = \omega\, v(f)\,.$$

Das äußere Differential vektorwertiger Differentialformen müßte daher — an die Stelle der reellen Funktion f tritt jetzt ein Vektorfeld u — eine Vorschrift ∇ mit analogen Eigenschaften sein: die Anwendung auf ein Vektorfeld u mit einem Vektorfeld v als Argument ergibt ein Vektorfeld

$$\nabla u(v) = w\,,$$

womit das äußere Differential einer vektorwertigen 0-Form zu einer Abbildung der Art

$$\nabla : \begin{cases} \mathfrak{v} \times \mathfrak{v} \to \mathfrak{v} \\ (u, v) \to \nabla_v u := \nabla(u, v) \end{cases}$$

wird, die einerseits additiv in beiden Argumenten ist,

$$\begin{aligned} \nabla_{v+w} u &= \nabla_v u + \nabla_w u\,, \\ \nabla_w (u + v) &= \nabla_w u + \nabla_w v\,, \end{aligned} \tag{5.100}$$

andererseits für $\omega \in \mathbb{F}$ den Regeln

$$\nabla_v(\omega u) = v(\omega)\, u + \omega\, \nabla_v u \tag{5.101}$$

und

$$\nabla_{\omega v} u = \omega \nabla_v u \tag{5.102}$$

genügt. Eine solche Abbildung ∇ ist als die Änderung des ersten Argumentes in Richtung des zweiten Argumentes in jedem Punkt der Mannigfaltigkeit anzusehen.

Eine Abbildung ∇ mit den Eigenschaften (5.100) bis (5.102) heißt ein *affiner Zusammenhang* auf $\mathfrak{M}$, da über eine solche Abbildung eine Parallelverschiebung auf $\mathfrak{M}$ eingeführt wird. Man nennt das Paar $(\mathfrak{M}, \nabla)$ eine *affin zusammenhängende Mannigfaltigkeit.* Es ist evident, daß ein affiner Zusammenhang durch nichts gegeben ist und eigens definiert werden muß. Ist κ ein Koordinatensystem für die offene Menge $\mathfrak{U} \subseteq \mathfrak{M}$, so gilt mit gewissen Größen Γ^i_{jk}

$$\nabla_{\partial_j} \partial_i := \Gamma^k_{ij}\, \partial_k\,. \tag{5.103}$$

Man nennt sie die *Koeffizienten* des affinen Zusammenhangs ∇,

$$\Gamma^k_{ij} = \langle dx_k, \nabla_{\partial_j} \partial_i \rangle\,. \tag{5.104}$$

Dabei gilt bei einem Wechsel des Koordinatensystems $\kappa \to \bar\kappa$

$$\nabla_{\bar\partial_j} \bar\partial_i = \bar\Gamma^k_{ij}\, \bar\partial_k\,.$$

Nun ist $\bar\partial_p = \frac{\partial x_q}{\partial \bar x_p}\, \partial_q$ und folglich wegen (5.100), (5.101) und (5.102)

$$\begin{aligned} \nabla_{\bar\partial_j} \bar\partial_i &= \frac{\partial x_q}{\partial \bar x_j} \nabla_{\partial_q} \Big(\frac{\partial x_l}{\partial \bar x_i} \partial_l \Big) = \frac{\partial x_q}{\partial \bar x_j} \Big(\frac{\partial}{\partial x_q} \frac{\partial x_l}{\partial \bar x_i} \partial_l + \frac{\partial x_l}{\partial \bar x_i} \nabla_{\partial_q} \partial_l \Big) \\ &= \Big(\frac{\partial x_q}{\partial \bar x_j} \frac{\partial \bar x_p}{\partial x_q} \frac{\partial^2 x_l}{\partial \bar x_p \partial \bar x_i} + \frac{\partial x_q}{\partial \bar x_j} \frac{\partial x_p}{\partial \bar x_i} \Gamma^l_{pq} \Big) \partial_l = \bar\Gamma^k_{ij}\, \bar\partial_k = \bar\Gamma^k_{ij} \frac{\partial x_l}{\partial \bar x_k}\, \partial_l\,. \end{aligned}$$

Daraus läßt sich das Transformationsgesetz

$$\bar{\Gamma}^k_{ij} = \frac{\partial x_p}{\partial \bar{x}_i}\frac{\partial x_q}{\partial \bar{x}_j}\frac{\partial \bar{x}_k}{\partial x_l}\Gamma^l_{pq} + \frac{\partial \bar{x}_k}{\partial x_l}\frac{\partial^2 x_l}{\partial \bar{x}_j \partial \bar{x}_i} \tag{5.105}$$

für die Koeffizienten des affinen Zusammenhangs ∇ ablesen. Setzt man

$$\gamma^i_j = \Gamma^i_{jk} dx_k\,, \tag{5.106}$$

so lautet es

$$\bar{\gamma}^i_j = \frac{\partial x_p}{\partial \bar{x}_j}\frac{\partial \bar{x}_i}{\partial x_q}\gamma^q_p + \frac{\partial \bar{x}_i}{\partial x_l} d\Big(\frac{\partial x_l}{\partial \bar{x}_j}\Big) \tag{5.107}$$

bzw. mit Hilfe von Matrizen, wenn Γ die Matrix der 1-Formen γ^i_j ist und $\mathbf{T}$ die Matrix mit den Elementen $T^i_j = \frac{\partial \bar{x}_i}{\partial x_j}$ bezeichnet,

$$\bar{\Gamma} = \mathbf{T}\cdot\Gamma\cdot\mathbf{T}^{-1} + d\mathbf{T}\cdot\mathbf{T}^{-1}\,; \tag{5.108}$$

unter Zuhilfenahme der Gleichung (5.83) kann es auch in der Form

$$\bar{\Gamma} = \mathbf{T}\cdot\Gamma\cdot\mathbf{T}^{-1} - \mathbf{T}\cdot d\mathbf{T}^{-1}$$

geschrieben werden.

Ist $u = U^i\partial_i$ ein beliebiges Vektorfeld, so ist auf Grund der ersten Forderung (5.100) sowie der Bedingung (5.102)

$$\nabla_u \partial_j = U^k \nabla_{\partial_k}\partial_j = U^k \Gamma^i_{jk}\partial_i\,; \tag{5.109}$$

ist $v = V^k\partial_k$ ein zweites Vektorfeld, so folgt aus (5.101) und der zweiten Forderung (5.100) mit der Setzung (5.103)

$$\nabla_{\partial_j} v = \nabla_{\partial_j}(V^i\partial_i) = \partial_j(V^i)\partial_i + V^i\nabla_{\partial_j}\partial_i = \Big(\frac{\partial V^k}{\partial x_j} + V^i\Gamma^k_{ij}\Big)\partial_k\,. \tag{5.110}$$

Kombiniert man diese beiden Ergebnisse unter Berücksichtigung der Forderung (5.102), so erhält man

$$\nabla_u v = U^j\Big(\frac{\partial V^k}{\partial x_j} + V^i\Gamma^k_{ij}\Big)\partial_k\,. \tag{5.111}$$

Dies ist die Änderung des Vektorfeldes v in der Richtung von u im Koordinatensystem einer Karte κ um den Punkt $P \in \mathfrak{M}$. Man beachte hiezu, daß diese vom Verhalten des Vektorfeldes v *in einer Umgebung* des Punktes P, hinsichtlich des Vektorfeldes u *nur* von dem im Punkt P angehefteten Vektor $u(P)$ abhängig ist.

Ein affiner Zusammenhang ∇ auf einer Mannigfaltigkeit $\mathfrak{M}$ bestimmt auf jeder durch eine Karte κ parametrisierten offenen Menge $\mathfrak{U}$ eine Matrix Γ von 1-Formen. Aus einem Tupel $(\kappa, \mathfrak{U})$ wird durch eine solche Struktur ein Tripel $(\kappa, \mathfrak{U}, \Gamma)$, wobei die Matrix Γ bei einem Kartenwechsel dem Transformationsgesetz (5.108) genügt. Ist umgekehrt für jede Karte aus einem Atlas für $\mathfrak{M}$ eine Matrix Γ gegeben, welche sich bei einem Koordinatenwechsel nach der Regel (5.108) transformiert, so ist auf diese Weise ein affiner Zusammenhang, also eine Abbildung $\nabla : \mathfrak{v}\times\mathfrak{v} \to \mathfrak{v}$ mit den Eigenschaften (5.100) bis (5.102) auf $\mathfrak{M}$ festgelegt.

Ist auf einer Mannigfaltigkeit $\mathfrak{M}$ ein affiner Zusammenhang ∇ gegeben, so läßt sich das äußere Differential auf vektorwertige Differentialformen übertragen: *Ist $\mathfrak{M}$ eine Mannigfaltigkeit mit affinen Zusammenhang ∇, so gibt es genau eine Abbildung $\boldsymbol{d}_\nabla$, die einer vektorwertigen n-Form eine vektorwertige $(n+1)$-Form zuordnet, und zwar mit folgenden Eigenschaften: die Vorschrift $\boldsymbol{d}_\nabla$ ist linear,*

$$\boldsymbol{d}_\nabla(\lambda\vec{\alpha} + \mu\vec{\beta}) = \lambda \boldsymbol{d}_\nabla \vec{\alpha} + \mu \boldsymbol{d}_\nabla \vec{\beta}\,,$$

sie stimmt für vektorwertige 0-Formen u und v mit der Abbildung ∇ überein,

$$\boldsymbol{d}_\nabla u(v) = \nabla_v u\,, \qquad (5.112)$$

und sie genügt der Produktregel

$$\boldsymbol{d}_\nabla(\alpha \wedge \vec{\beta}) = d\alpha \wedge \vec{\beta} + (-1)^n \alpha \wedge \boldsymbol{d}_\nabla \vec{\beta}\,, \qquad (5.113)$$

worin n der Grad der reellwertigen Differentialform α ist. Die Abbildung $\boldsymbol{d}_\nabla$ ist vom affinen Zusammenhang ∇ abhängig und durch diesen eindeutig bestimmt. Sie ist die Verallgemeinerung der äußeren Ableitung reellwertiger n-Formen auf vektorwertige Differentialformen.

Um die Eindeutigkeit der Abbildung $\boldsymbol{d}_\nabla$ zu zeigen, erweist sich wieder die Matrizensymbolik als bequemer. Es bezeichne

- dx die Zeile der Koordinatendifferentiale dx_i,
- $\boldsymbol{\partial}$ die Spalte der Basisvektoren ∂_i,
- Γ die Matrix der 1-Formen γ^i_j des affinen Zusammenhangs ∇,
- α die Zeile der Koordinaten α^i einer vektorwertigen n-Form $\vec{\alpha}$,
- $\mathbf{T}$ die Transformationsmatrix mit den Elementen $T^i_j = \frac{\partial x_i}{\partial \bar{x}_j}$ bei einem Koordinatenwechsel $\kappa \to \bar{\kappa}$.

Sei κ ein Koordinatensystem für die offene Menge $\mathfrak{U} \subseteq \mathfrak{M}$. Dann folgt aus (5.109) für ein beliebiges Vektorfeld $u = U^i \partial_i$ wegen $U^i = dx_i(u)$

$$\boldsymbol{d}_\nabla \partial_j(u) = \nabla_u \partial_j = dx_k(u)\Gamma^i_{jk}\partial_i$$

und deshalb mit (5.106)

$$\boldsymbol{d}_\nabla \partial_j = \gamma^i_j \partial_i \qquad (5.114)$$

beziehungsweise symbolisch

$$\boldsymbol{d}_\nabla \boldsymbol{\partial} = \Gamma \cdot \boldsymbol{\partial}\,.$$

Sei nun

$$\vec{\alpha} = \alpha^i \partial_i = \alpha \cdot \boldsymbol{\partial}$$

eine vektorwertige n-Form auf $\mathfrak{U}$. Dann ergibt sich aus den Forderungen für $\boldsymbol{d}_\nabla$

$$\begin{aligned}\boldsymbol{d}_\nabla \vec{\alpha} &= \boldsymbol{d}_\nabla(\alpha \cdot \boldsymbol{\partial}) = \boldsymbol{d}_\nabla(\alpha \wedge \boldsymbol{\partial})\\ &= d\alpha \wedge \boldsymbol{\partial} + (-1)^n \alpha \wedge \boldsymbol{d}_\nabla \boldsymbol{\partial} = \big[d\alpha + (-1)^n \alpha \wedge \Gamma\big] \wedge \boldsymbol{\partial}\,,\end{aligned}$$

also

$$\boldsymbol{d}_\nabla \vec{\alpha} = \left[d\alpha + (-1)^n \alpha \wedge \Gamma\right] \cdot \boldsymbol{\partial} \tag{5.115}$$

oder mit Hilfe der 1-Formen γ^i_j in (5.114)

$$\boldsymbol{d}_\nabla \vec{\alpha} = \left[d\alpha^i + (-1)^n \alpha^j \wedge \gamma^i_j\right] \partial_i \,. \tag{5.116}$$

Damit ist die Eindeutigkeit gezeigt. Zum Nachweis der Existenz ist wie in §3 dieses Kapitels bei der Einführung der äußeren Ableitung reellwertiger Differentialformen vorzugehen. Die Linearitätseigenschaft ist evident, denn sind $\vec{\alpha}$ und $\vec{\beta}$ zwei vektorwertige n-Formen, so ist wegen

$$\lambda\left[d\alpha + (-1)^n \alpha \wedge \Gamma\right] + \mu\left[d\beta + (-1)^n \beta \wedge \Gamma\right] = d\left[\lambda\alpha + \mu\beta\right] + (-1)^n \left[\lambda\alpha + \mu\beta\right] \wedge \Gamma$$

die Forderung der Linearität erfüllt. Für zwei beliebige Vektorfelder u und v ergibt sich aus (5.116) mit $\alpha^i = V^i$

$$\begin{aligned}\boldsymbol{d}_\nabla v(u) &= dV^i(u)\partial_i + V^i \gamma^j_i(u)\partial_j = \Big(\frac{\partial V^i}{\partial x_k} + V^j \Gamma^i_{jk}\Big) dx_k(u)\partial_i \\ &= U^k \Big(\frac{\partial V^i}{\partial x_k} + V^j \Gamma^i_{jk}\Big)\partial_i = \nabla_u v \,.\end{aligned}$$

Ist weiter α eine reellwertige p-Form und $\vec{\beta}$ eine vektorwertige q-Form mit den Koordinaten β^i, so ist

$$\begin{aligned}\boldsymbol{d}_\nabla(\alpha \wedge \vec{\beta}) &= \boldsymbol{d}_\nabla\left[(\alpha \wedge \beta^i)\,\partial_i\right] = \left[d(\alpha \wedge \beta^i) + (-1)^{p+q}(\alpha \wedge \beta^j) \wedge \gamma^i_j\right]\partial_i \\ &= (d\alpha \wedge \beta^i)\,\partial_i + (-1)^p(\alpha \wedge d\beta^i)\partial_i + (-1)^{p+q}(\alpha \wedge \beta^j) \wedge \gamma^i_j\,\partial_i \\ &= \alpha \wedge \beta^i)\,\partial_i + (-1)^p \alpha \wedge \left[d\beta^i + (-1)^q \beta^j \wedge \gamma^i_j\right]\partial_i \\ &= d\alpha \wedge \vec{\beta} + (-1)^p \alpha \wedge \boldsymbol{d}_\nabla \vec{\beta} \,.\end{aligned}$$

Damit ist der Nachweis erbracht, daß die lokale Definition (5.116) den geforderten Eigenschaften genügt. Es verbleibt nur mehr zu zeigen, daß (5.116) aus einem Wechsel $\kappa \to \bar{\kappa}$ der Koordinaten ungeändert hervorgeht. Hiefür ist es jetzt bequemer, die Matrizensymbolik heranzuziehen.

Da sich die Matrix Γ nach der Regel (5.108) transformiert, das Transformationsgesetz für die Zeile α entsprechend (5.99) durch

$$\alpha = \bar{\alpha} \cdot \mathbf{T}$$

gegeben ist und schließlich die Spalte der Basisvektoren gemäß

$$\bar{\boldsymbol{\partial}} = \mathbf{T} \cdot \boldsymbol{\partial}$$

zu transformieren ist, erhält man mit Bezug auf die Koordinatensysteme zweier Karten κ und $\bar{\kappa}$ für die offene Menge $\mathfrak{U}$

$$\begin{aligned}&\left[d\bar{\alpha} + (-1)^n \bar{\alpha} \wedge \bar{\Gamma}\right] \cdot \bar{\boldsymbol{\partial}} \\ &\quad = \left[d(\alpha \cdot \mathbf{T}^{-1}) + (-1)^n \alpha \cdot \mathbf{T}^{-1} \wedge (\mathbf{T} \cdot \Gamma + d\mathbf{T}) \cdot \mathbf{T}^{-1}\right] \cdot \mathbf{T} \cdot \boldsymbol{\partial} \\ &\quad = \left[d\alpha + (-1)^n \alpha \wedge d\mathbf{T}^{-1} \cdot \mathbf{T} + (-1)^n \alpha \wedge \Gamma + (-1)^n \alpha \cdot \mathbf{T}^{-1} \wedge d\mathbf{T}\right] \cdot \boldsymbol{\partial} \\ &\quad = \left[d\alpha + (-1)^n \alpha \wedge \Gamma\right] \cdot \boldsymbol{\partial} \,,\end{aligned}$$

worin wieder (5.83) verwendet wurde.

Die koordinatenfreie Darstellung (5.34) des Differentials einer reellwertigen n-Form besitzt ein Analogon für vektorwertige Differentialformen. Ist $\vec{\alpha}$ eine vektorwertige n-Form, so gilt

$$\begin{aligned} \boldsymbol{d}_\nabla \vec{\alpha}(v_0, \dots, v_n) &= \sum_{\mu=0}^{n} \nabla_{v_\mu} \big(\vec{\alpha}(v_0, \dots, \widehat{v_\mu}, \dots, v_n)\big) \\ &\quad + \sum_{\mu<\nu} (-1)^{\mu+\nu} \vec{\alpha}\big([v_\mu, v_\nu], v_0, \dots, \widehat{v_\mu} \dots, \widehat{v_\nu}, \dots, v_n\big) . \end{aligned} \tag{5.117}$$

Ist $\vec{\alpha} = \alpha^i \partial_i$ im Koordinatensystem einer Karte κ, so folgt aus (5.116)

$$\begin{aligned} &\boldsymbol{d}_\nabla \vec{\alpha}(v_0, \dots, v_n) \\ &= \Big[d\alpha^i(v_0, \dots, v_n) + (-1)^n \sum_{\mu=0}^{n} (-1)^{n-\mu} \alpha^j(v_0, \dots, \widehat{v_\mu}, \dots, v_n) \gamma^i_j(v_\mu)\Big] \partial_i \\ &= \sum_{\mu=0}^{n} (-1)^\mu \big[v_\mu\big(\alpha^i(v_0, \dots, \widehat{v_\mu}, \dots, v_n)\big) + \alpha^j(v_0, \dots, \widehat{v_\mu}, \dots, v_n) \gamma^i_j(v_\mu)\big] \partial_i \\ &\qquad + \sum_{\mu<\nu} (-1)^{\mu+\nu} \alpha^i\big([v_\mu, v_\nu], v_0, \dots, \widehat{v_\mu}, \dots, \widehat{v_\nu}, \dots, v_n\big) \partial_i \\ &= \sum_{\mu=0}^{n} (-1)^\mu \nabla_{v_\mu} \big(\alpha^i(v_0, \dots, \widehat{v_\mu}, \dots, v_n) \partial_i\big) \\ &\qquad + \sum_{\mu<\nu} (-1)^{\mu+\nu} \vec{\alpha}\big([v_\mu, v_\nu], v_0, \dots, \widehat{v_\mu}, \dots, \widehat{v_\nu}, \dots, v_n\big) , \end{aligned}$$

worin die entsprechende Aussage (5.34) für reellwertige n-Formen benützt und von den Eigenschaften (5.100) und (5.101) der Abbildung ∇ Gebrauch gemacht wurde.

Die Regel betreffend das Verschwinden des zweiten äußeren Differentials läßt sich für vektorwertige Differentialformen auf Mannigfaltigkeiten mit affinem Zusammenhang *nicht* aufrecht erhalten. Die nähere Untersuchung wird weiter unten zutage fördern, daß affin zusammenhängenden Mannigfaltigkeiten, auf denen das zweite Differential einer vektorwertigen Differentialform ausnahmslos verschwindet, eine Sonderstellung einzuräumen ist, die insbesondere affinen Räumen mit ihrer a priori gegebenen Struktur der Parallelverschiebung zukommt.

Mit Rücksicht auf die Schreibarbeit soll künftig kurz $\boldsymbol{d}$ an Stelle von $\boldsymbol{d}_\nabla$ geschrieben werden, was kaum zu Mißverständnissen führen kann, da die Differentiation vektorwertiger Differentialformen stets in Verbindung mit einem bestimmten affinen Zusammenhang auf $\mathfrak{M}$ zu verstehen ist.

Durch einen affinen Zusammenhang ∇ ist auf einer Mannigfaltigkeit die Möglichkeit zur Parallelverschiebung gegeben. Transportiert man einen Vektor v um ein infinitesimales Stück in den durch den Vektor u markierten

Nachbarpunkt, so liefert der Vergleich mit dem dortigen Vektor

$$\nabla_u v = dv(u) = \mathfrak{d}V^j(u)\partial_j ,$$

worin wieder abkürzend

$$\mathfrak{d}V^i := dV^i + V^j\gamma^i_j = dV^i + \Gamma^i_{jk}V^j dx_k = \left(\frac{\partial V^i}{\partial x_k} + \Gamma^i_{jk}V^j\right)dx_k$$

gesetzt wurde. Daher beschreibt das Differential

$$dv = \mathfrak{d}V^i\,\partial_i \tag{5.118}$$

die Änderung des Vektorfeldes v in der durch u angegebenen Richtung. Benützt man die Symbolik (5.90) für die „verallgemeinerten partiellen Differentialquotienten", so schreibt sich (5.118) in der Form

$$dv = \frac{\mathfrak{d}V^j}{\mathfrak{d}x_k}\,dx_k\,\partial_j .$$

Ein Vektorfeld v heißt *konstant* auf $\mathfrak{M}$ (bezüglich des affinen Zusammenhangs ∇), wenn

$$dv = 0$$

ist auf $\mathfrak{M}$, d.h. wenn die Änderungen der Koordinaten in jeder Richtung gleich Null sind. Die Koordinaten eines solchen Vektorfeldes genügen auf einer durch die Karte κ parameterisierten Umgebung $\mathfrak{U}$ den partiellen Differentialgleichungen

$$\frac{\mathfrak{d}V^i}{\mathfrak{d}x_k} = \frac{\partial V^i}{\partial x_k} + \Gamma^i_{jk}V^j = 0 .$$

Sinngemäß ist der Begriff des längs einer Kurve parallelen Vektorfeldes zu übertragen. Sei $\gamma : I \to \mathfrak{M}$ eine Kurve auf $\mathfrak{M}$ und v ein Vektorfeld auf $\mathfrak{M}$. Die Einschränkung des Vektorfeldes v auf die Kurve $\mathfrak{C} = \gamma(I)$ bestimmt ein Vektorfeld längs $\mathfrak{C}$. Dieses heißt *parallel längs* $\mathfrak{C}$, wenn der Vektor $v(Q)$ in einem beliebigen Kurvenpunkt $Q \in \mathfrak{C}$ durch Parallelverschiebung eines beliebigen anderen Vektors $v(P)$ längs des die beiden Punkte P und Q verbindenden Bogens hervorgeht. Ein Vektorfeld v ist also parallel längs $\mathfrak{C}$, wenn in jedem Punkt auf $\mathfrak{C}$

$$\nabla_{\dot\gamma} v = 0$$

bzw. in lokalen Koordinaten

$$\frac{dV^i(t)}{dt} + \Gamma^i_{jk}V^j(t)\,\frac{dx_k(t)}{dt} = 0 \tag{5.119}$$

gilt (vgl. (5.72)); darin bezeichnet $V^i(t) = V^i \circ \gamma(t)$ die Koordinaten von v längs $\mathfrak{C}$ bezüglich einer Karte κ und $x_i(t)$ die i-te Koordinate der Funktion $\kappa^{-1} \circ \gamma(t)$. Die Parallelverschiebung eines Vektors längs einer Kurve hängt i.a. vom Verlauf der Kurve ab, d.h. sie führt zu unterschiedlichen Ergebnissen längs zweier dieselben Punkte verbindenden Kurven. Die Aufgabe, umgekehrt ein längs $\mathfrak{C}$ paralleles Vektorfeld zu konstruieren, indem ein Vektor $v(P_o)$ längs der durch den Punkt P_o hindurchgehenden Kurve $\mathfrak{C}$ parallel verschoben wird, führt auf das System (5.119) von Differentialgleichungen erster Ordnung, das unter Vorgabe der Anfangswerte, der Koordinaten des Vektors $v(P_o)$, eindeutig lösbar ist.

Ein Vektorfeld besonderer Art längs einer Kurve $\mathfrak{C}$ ist dasjenige der Tangentenvektoren. Sind diese parallel längs $\mathfrak{C}$, so heißt die Kurve $\mathfrak{C}$ eine *Geodätische* auf $\mathfrak{M}$. Ist durch die Funktion $\gamma(t)$ für $t \in I$ eine Geodätische auf $\mathfrak{M}$ gegegeben, so genügen die Koordinaten $x_i(t)$ der Funktion $\kappa^{-1} \circ \gamma(t)$ für jede in Betracht kommende Karte κ auf dem Intervall I den gewöhnlichen Differentialgleichungen zweiter Ordnung

$$\ddot{x}_i + \Gamma^i_{jk}\dot{x}_j\dot{x}_k = 0 \tag{5.120}$$

(vgl. (5.73)); diese Kurven sind invariant gegenüber affinen Transformationen $t \to \alpha t + \beta$ des Parameters. Durch jeden Punkt P der Mannigfaltigkeit geht genau eine Geodätische mit vorgegebenem Tangentenvektor in P.

III. *Der Torsionstensor und die Geometrie im Kleinen.*

Geometrisches Interesse kommt jener vektorwertigen Differentialform zu, die einem Vektorfeld v im Punkt $P \in \mathfrak{M}$ den im Punkt P angehefteten Vektor v_P zuordnet,

$$dP(v) = v\,. \tag{5.121}$$

Sie übernimmt jetzt die Rolle, welche (5.60) im $\mathfrak{E}^3$ innehatte. In lokalen Koordinaten ist

$$dP = dx_i\,\partial_i\,. \tag{5.122}$$

Sind $u_1, u_2, \ldots, u_N$ beliebige linear unabhängige Vektorfelder, so ist

$$dP = \xi^i u_i\,; \tag{5.123}$$

darin sind die 1-Formen ξ^i die zu den Vektorfeldern u_i dualen Linearformen,

$$\xi^i(u_j) = \delta^i_j\,,$$

denn nur diese leisten

$$dP(v) = \xi^i(v)u_i = v$$

für jedes Vektorfeld v. Die vektorwertige 1-Form dP ist in jedem Punkt $P \in \mathfrak{M}$ die Identität auf dem Tangentialraum $\mathcal{T}_P(\mathfrak{M})$ und somit die identische Abbildung des Tangentialbündels $\mathcal{T}(\mathfrak{M})$. Für dP ergibt (5.116)

$$\boldsymbol{d}(dP) = \big(d^2x_i - dx_j \wedge \gamma^i_j\big)\partial_i = -dx_j \wedge \gamma^i_j\,\partial_i\,.$$

Diese vektorwertige 2-Form ist jetzt aber i.a. von Null verschieden, anders als auf der Fläche $\mathfrak{F}$ im $\mathfrak{E}^3$, wo dies auf Grund der Gleichung (5.78) eintritt, die jetzt natürlich hinfällig ist. Die 2-Formen

$$\begin{aligned}\tau^j &= -dx_i \wedge \gamma^j_i = \Gamma^j_{ik}\,dx_k \wedge dx_i = \tfrac{1}{2}\big(\Gamma^j_{ki} - \Gamma^j_{ik}\big)dx_i \wedge dx_k \\ &= \sum_{i<k} T^j_{ik}\,dx_i \wedge dx_k\end{aligned} \tag{5.124}$$

heißen die *Torsionsformen*, die Größen

$$T^j_{ik} = \Gamma^j_{ki} - \Gamma^j_{ik} \tag{5.125}$$

die *Torsionskoeffizienten.* Mit diesen Begriffsbildungen ist

$$\boldsymbol{d}(dP) = \tau^i \partial_i \, ; \tag{5.126}$$

die Zeile $\boldsymbol{\tau}$ der Torsionsformen τ^i stellt sich als Produkt

$$\boldsymbol{\tau} = -dx \wedge \Gamma \tag{5.127}$$

dar. Der einfach kontravariante und zweifach kovariante Tensor

$$\boldsymbol{T}(\varphi, u, v) := \langle \varphi, \boldsymbol{d}(dP)(u, v) \rangle \tag{5.128}$$

wird der *Torsionstensor* des affinen Zusammenhangs ∇ genannt. Ein affiner Zusammenhang heißt *torsionsfrei,*[19] wenn sämtliche Torsionsformen τ^i verschwinden; wegen (5.125) ist ein solcher affiner Zusammenhang ∇ durch die Symmetrie seiner Koeffizienten in den unteren Indizes gekennzeichnet,

$$\Gamma^i_{jk} = \Gamma^i_{kj} \, ,$$

oder auch durch die Vertauschbarkeitsbeziehung

$$\nabla_{\partial_j} \partial_i = \nabla_{\partial_i} \partial_j \, .$$

Man spricht deshalb auch von einem *symmetrischen* affinen Zusammenhang.

Eine von Koordinaten unabhängige Darstellung des Differentials der Identität dP erhält man mit Hilfe von (5.117),

$$\begin{aligned} \boldsymbol{d}(dP)(u, v) &= \nabla_u \big(dP(v)\big) - \nabla_v \big(dP(u)\big) - dP\big([u, v]\big) \\ &= \nabla_u v - \nabla_v u - [u, v] \, ; \end{aligned}$$

setzt man daher

$$\mathfrak{t}(u, v) := \nabla_u v - \nabla_v u - [u, v] \, , \tag{5.129}$$

so ist

$$\boldsymbol{d}(dP)(u, v) = \mathfrak{t}(u, v) \, . \tag{5.130}$$

Der Torsionstensor läßt sich somit auch in der Form

$$\boldsymbol{T}(\varphi, u, v) = \langle \varphi, \mathfrak{t}(u, v) \rangle \tag{5.131}$$

darstellen. Da in lokalen Koordinaten wegen (5.24)

$$\mathfrak{t}(\partial_j, \partial_k) = \nabla_{\partial_j} \partial_k - \nabla_{\partial_k} \partial_j = (\Gamma^i_{kj} - \Gamma^i_{jk}) \partial_i = T^i_{jk} \partial_i$$

gilt, sind seine Koordinaten

$$\boldsymbol{T}(dx_i, \partial_j, \partial_k) = \langle dx_i, \mathfrak{t}(\partial_j, \partial_k) \rangle = T^i_{jk} \, .$$

Auf Grund der offenkundigen Schiefsymmetrie der bilinearen Abbildung $\mathfrak{t} : \mathfrak{v}(\mathfrak{M}) \times \mathfrak{v}(\mathfrak{M}) \to \mathfrak{v}(\mathfrak{M})$ ist der Torsionstensor alternierend in den beiden kontravarianten Argumenten,

$$\boldsymbol{T}(\varphi, u, v) = -\boldsymbol{T}(\varphi, v, u) \, ; \tag{5.132}$$

an Hand der Torsionskoeffizienten äußert sich diese Antisymmetrie in den Gleichungen

$$T^i_{jk} = \Gamma^i_{kj} - \Gamma^i_{jk} = -T^i_{kj} \, .$$

---

[19] Mit einem deutschen Wort wird $\boldsymbol{T}$ auch der *Windungstensor* genannt; verschwindet er, so heißt der affine Zusammenhang *windungsfrei.*

Die geometrische Bedeutung der Torsion zeigt sich in folgendem. Sind u und v zwei Vektorfelder in einem affinen Raum $\mathfrak{A}$, so nähert der Vektor $\Delta a \Delta b[u,v]$ die Lücke, um die sich das von den Vektoren $\Delta a u(O)$, $\Delta b v(O)$, $\Delta a u(P)$ und $\Delta b v(Q)$ gebildete Polygon öffnet, mit einem Fehler an, der auch im Verhältnis zum Produkt $\Delta a \Delta b$ beliebig klein wird (vgl. die Abb. 5.1 auf S. 299 und Abb. 5.3, in der Δa, Δb unterdrückt ist). Betrachtet man die Änderungen der Vektoren, so nähert die Differenz

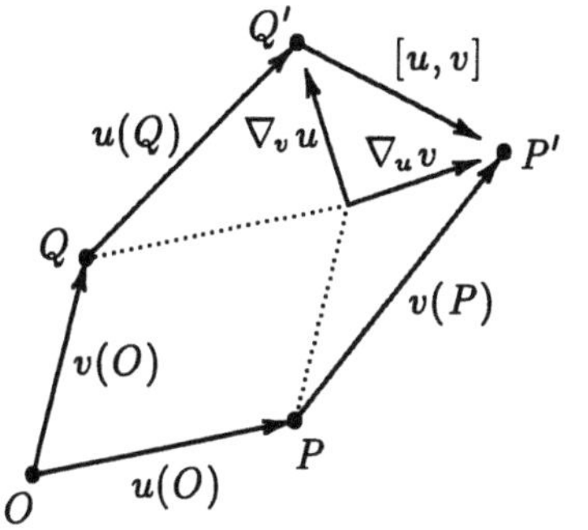

Abb. 5.3

$$\nabla_{\Delta a u} \Delta b v - \nabla_{\Delta b v} \Delta a u ,$$

da diese wegen

$$\nabla_{\Delta a u} \Delta b v = \Delta a \Delta b dV^i(u)\partial_i ,$$

$$\nabla_{\Delta b v} \Delta a u = \Delta a \Delta b dU^i(v)\partial_i$$

in affinen Räumen exakt

$$= \Delta a \Delta b [u,v]$$

ist, den Vektor vom Punkt Q' zum Punkt P' gleichfalls mit dieser Fehlerqualität an. Auf einer Mannigfaltigkeit mit affinem Zusammenhang gilt dies i.a. nicht mehr, es sei denn, der affine Zusammenhang ist torsionsfrei. Ist ω ein Skalarfeld, so gilt

$$\Delta\omega = \omega(P') - \omega(Q') = (\omega(P') - \omega(O)) - (\omega(Q') - \omega(O)) = \Delta a \Delta b [u,v](\omega)(O) + \cdots$$

und man erhält mit

$$\omega(P') - \omega(O) = \Delta a \Delta b \Big[(\nabla_u v)(\omega)(O) + \Big(\frac{\partial^2 \omega}{\partial x_j \partial x_k} - \frac{\partial \omega}{\partial x_i} \Gamma^i_{kj} \Big) U^j V^k \Big] + \cdots$$

sowie einem analogen Ausdruck für $\omega(Q') - \omega(O)$ mit vertauschten Rollen von $\Delta a u$ und $\Delta b v$ die Gleichung

$$\begin{aligned} \Delta a \Delta b (\nabla_u v - \nabla_v u)(\omega)(O) - \Delta\omega &= \Delta a \Delta b \frac{\partial \omega}{\partial x_i} (\Gamma^i_{kj} - \Gamma^i_{jk}) U^j V^k + \cdots \\ &= \Delta a \Delta b \mathcal{T}(d\omega, u, v) + \cdots , \end{aligned}$$

worin der durch die Punkte angedeutete Fehler schneller gegen Null geht als das Produkt $\Delta a \Delta b$. Die Torsionsfreiheit hat insbesondere zur Folge, daß sich das Vektorparallelogramm infinitesimal benachbarter paralleler Geodätischer schließt (d.h. der Fehler geht dabei schneller als das Produkt $\Delta a \Delta b$ gegen Null).

Ist durch die 1-Formen γ_i^j ein affiner Zusammenhang ∇ gegeben, so transformieren sich die 1-Formen

$$\tilde{\gamma}_i^j = \gamma_i^j + \tfrac{1}{2} T^j_{ik}\, dx_k$$

gleichfalls nach (5.107) bzw. (5.108), da die Torsionskoeffizienten die Koordinaten eines Tensors sind. Sie bestimmen deshalb einen affinen Zusammenhang $\tilde{\nabla}$ auf $\mathfrak{M}$, der auf Grund der Symmetrie der zugehörigen Koeffizienten

$$\tilde{\Gamma}^j_{ik} = \Gamma^j_{ik} + \tfrac{1}{2} T^j_{ik} = \tfrac{1}{2}\big(\Gamma^j_{ki} + \Gamma^j_{ik}\big) = \tilde{\Gamma}^j_{ki}$$

torsionsfrei ist. Auf einer Mannigfaltigkeit $\mathfrak{M}$ läßt sich also aus jedem affinen Zusammenhang ∇ ein torsionsfreier affiner Zusammenhang $\tilde{\nabla}$ ableiten. Obwohl die Geodätischen des affinen Zusammenhangs $\tilde{\nabla}$ dieselben sind wie jene bezüglich ∇, handelt es sich dennoch um eine andere Vorschrift zur Parallelverschiebung, nämlich

$$\tilde{\nabla}_v u = \nabla_v u + \tfrac{1}{2}\mathfrak{t}(u,v) = \tfrac{1}{2}\big(\nabla_v u + \nabla_u v + [v,u]\big) .$$

Eine bedeutsame geometrische Konsequenz aus der Torsionsfreiheit eines affinen Zusammenhangs beinhaltet der

Satz 1. *Ist $\mathfrak{M}$ eine Mannigfaltigkeit mit torsionsfreiem affinen Zusammenhang, so gibt es um jeden Punkt $P \in \mathfrak{M}$ ein Koordinatensystem, bezüglich dessen im Punkt P sämtliche Zusammenhangskoeffizienten verschwinden.*

Ein solches Koordinatensystem wird *geodätisch* im Punkt P genannt.

Sei $P_o \in \mathfrak{M}$ ein beliebiger Punkt und κ eine Karte für eine Umgebung $\mathfrak{U}$ dieses Punktes. Über die Gleichungen

$$x_i = x_i^\circ + \bar{x}_i - \tfrac{1}{2}\, a^i_{jk}\bar{x}_j\bar{x}_k\,, \tag{5.133}$$

worin für $a^i_{jk} = \Gamma^i_{jk}(P_o)$ gesetzt ist und x_i° die Koordinaten des Punktes P_o sind, wird eine Karte $\bar{\kappa}$ konstruiert, auf welcher der Punkt P_o die Koordinaten $\bar{x}_i^\circ = 0$ hat, sodaß P_o der Ursprung des Koordinatensystems der Karte $\bar{\kappa}$ ist. Auf Grund der Torsionsfreiheit ist $a^i_{jk} = a^i_{kj}$ und folglich

$$\frac{\partial x_i}{\partial \bar{x}_l} = \delta^i_l - \tfrac{1}{2}\, a^i_{jk}(\delta^j_l \bar{x}_k + \delta^k_l \bar{x}_j) = \delta^i_l - a^i_{lk}\bar{x}_k\,.$$

Diese Gleichung besagt wegen der Regularität der Matrix $\{\frac{\partial x_i}{\partial \bar{x}_l}\}$ im Punkt P_o, daß sich die Gleichungen (5.133) in einer gewissen Umgebung des Punktes P_o nach den Variablen $\bar{x}_i$ eindeutig auflösen lassen, sodaß auf diese Weise auch tatsächlich ein lokales Koordinatensystem um P_o gegeben ist. Bildet man die zweiten partiellen Differentialquotienten, so erhält man

$$\frac{\partial^2 x_i}{\partial \bar{x}_h \partial \bar{x}_l} = -a^i_{lh}\,.$$

Dann ergeben die Transformationsgleichungen (5.105) in der Form

$$\frac{\partial x_h}{\partial \bar{x}_j}\,\bar{\Gamma}^j_{ik} = \frac{\partial x_p}{\partial \bar{x}_i}\frac{\partial x_q}{\partial \bar{x}_k}\,\Gamma^h_{pq} + \frac{\partial^2 x_h}{\partial \bar{x}_i \partial \bar{x}_k}$$

durch Einsetzen der Koordinaten des Punktes P_o

$$\bar{\Gamma}^h_{ik} = \Gamma^h_{ik} - a^h_{ik} = 0\,.$$

In einer hinreichend kleinen Umgebung des Punktes P_o gelten deshalb die Ungleichungen $|\bar{\Gamma}^i_{jk}| < \varepsilon$, sodaß die Geodätischen des affinen Zusammenhangs durch den Punkt P_o in dieser Umgebung angenähert durch die Kurven $\gamma(t) = \bar{\kappa}(\mathbf{a}t)$ für $|t| < \delta$ und $\mathbf{a} \in \mathbb{R}^N$ beschrieben werden; insbesondere gilt dies für die Koordinatenlinien $\bar{x}_i = \text{const}$. Die infinitesimale Parallelverschiebung vom Punkt P_o aus ergibt für einen beliebigen Vektor v die Änderungen

$$dV^i = 0\,.$$

Diese Situation bleibt bei einem Koordinatenwechsel $\bar{x}_i \to \tilde{x}_i$ durch ganze lineare Funktionen $\tilde{x}_i = a^i_j \bar{x}_j + b^i$ als eine einfache Folgerung aus den Transformationsgleichungen (5.105) erhalten, da darin die zweiten partiellen Ableitungen verschwinden. Geodätische Koordinaten um einen Punkt P_o verhalten sich also in einer kleinen Umgebung von P_o wie affine Koordinaten.

Eine Mannigfaltigkeit mit torsionsfreiem affinen Zusammenhang sieht also lokal wie ein affiner Raum aus.

Ein affiner Raum ist als Mannigfaltigkeit mit dem affinen Zusammenhang der a priori gegebenen Struktur der Parallelverschiebung natürlich torsionsfrei, denn es verschwinden in jedem affinen Koordinatensystem sämtliche Zusammenhangskoeffizienten. Während diese aber in nicht-affinen Bezugssystemen i.a. von Null verschiedene Werte haben, verschwinden die Torsionskoeffizienten, die Koordinaten des Torsionstensors $\mathcal{T}$ in *jedem* Koordinatensystem. *Demnach muß eine Mannigfaltigkeit torsionsfrei sein, wenn sie lokal das Aussehen eines affinen Raumes haben soll.*

Von ebenso großer Bedeutung wie Satz 1 ist der

Satz 2. *Sind $u_1, u_2, \ldots, u_N$ linear unabhängige und konstante Vektorfelder auf einer Mannigfaltigkeit $\mathfrak{M}$ mit torsionsfreiem affinen Zusammenhang, so gibt es um jeden Punkt von $\mathfrak{M}$ eine gewisse Umgebung und eine Karte für diese, sodaß die Vektorfelder u_i die Basisvektoren dieses Koordinatensystems sind.*

Sind N linear unabhängige und konstante Vektorfelder $u_1, u_2, \ldots, u_N$ auf $\mathfrak{M}$ gegeben, so bilden sie in jedem Punkt von $\mathfrak{M}$ eine Basis des jeweiligen Tangentialraumes; deren duale Basen bestimmen N linear unabhängige 1-Formen ξ^1, ξ^2, ..., ξ^N, d.h. es gilt $\xi^i(u_j) = \delta^i_j$ und $\boldsymbol{d}u_j = 0$ wegen der Konstanz der Vektorfelder u_i. Schreibt man die Identität dP in der Form (5.123) an, so verlangt die Torsionsfreiheit des affinen Zusammenhangs

$$\boldsymbol{d}(dP) = \boldsymbol{d}(\xi^i u_i) = d\xi^i u_i - \xi^i \wedge \boldsymbol{d}u_i = d\xi^i u_i = 0\,,$$

also, da die Vektoren u_i linear unabhängig sind,

$$d\xi^i = 0\,.$$

Wendet man nun das Lemma von POINCARÉ lokal an, so präsentieren sich die 1-Formen ξ^i in einer gewissen Umgebung $\mathfrak{U}$ eines Punktes P_o als Differentiale reeller Funktionen $f^i : \mathfrak{U} \to \mathbb{R}$,

$$\xi^i = df^i\,.$$

Dadurch wird jedem Punkt $P \in \mathfrak{U}$ ein N-tupel reeller Zahlen $x_i = f^i(P)$ zugeordnet. Da die 1-Formen ξ^i linear unabhängig sind, läßt sich die Funktion $\mathbf{f} : \mathfrak{U} \to \mathcal{K}$, $\mathcal{K} = \mathbf{f}(\mathfrak{U}) \subseteq \mathbb{R}^N$, mit den Koordinaten f^i in einer gewissen Umgebung des Punktes P_o umkehren; diese Umkehrung $\kappa = \mathbf{f}^{-1}$ ist eine Karte κ um den Punkt P_o. Die Basisvektoren dieses Koordinatensystems sind

$$\partial_j = dP(\partial_j) = \xi^i(\partial_j) u_i = dx_i(\partial_j) u_i = u_j\,.$$

IV. *Der Krümmungstensor und die Abhängigkeit der Parallelverschiebung vom Weg.*

Es wurde schon darauf hingewiesen, daß sich die Regel über das Verschwinden des zweiten äußeren Differentials auf vektorwertige Differentialformen nicht übertragen läßt. Deshalb ist der Beantwortung der Frage, unter welchen Gegebenheiten dies dennoch zutrifft, vom Standpunkt der Geometrie auf Mannigfaltigkeiten besonderes Interesse beizumessen.

Ist κ eine Karte für eine Umgebung $\mathfrak{U}$ auf $\mathfrak{M}$ und $\vec{\alpha} = \alpha^i \partial_i$ eine vektorwertige Differentialform n-ten Grades, so folgt aus (5.115) auf Grund der Produktregel (5.113)

$$\begin{aligned} \boldsymbol{d}^2\vec{\alpha} &= d\big[d\alpha + (-1)^n \alpha \wedge \Gamma\big] \cdot \boldsymbol{\partial} + (-1)^{n+1}\big[d\alpha + (-1)^n \alpha \wedge \Gamma\big] \wedge \boldsymbol{d\partial} \\ &= \big[d^2\alpha + (-1)^n d\alpha \wedge \Gamma + \alpha \wedge d\Gamma + (-1)^{n+1} d\alpha \wedge \Gamma - \alpha \wedge \Gamma \wedge \Gamma\big] \cdot \boldsymbol{\partial} \end{aligned}$$

und somit

$$\boldsymbol{d}^2\vec{\alpha} = \alpha \wedge (d\Gamma - \Gamma \wedge \Gamma) \cdot \boldsymbol{\partial} . \tag{5.134}$$

Die Elemente der Matrix

$$\rho = d\Gamma - \Gamma \wedge \Gamma , \tag{5.135}$$

die 2-Formen (vgl. (5.94))

$$\begin{aligned} \rho^i_j &= d\gamma^i_j - \gamma^k_j \wedge \gamma^i_k \\ &= \tfrac{1}{2} R^i_{jkl}\, dx_k \wedge dx_l = \sum_{k<l} R^i_{jkl}\, dx_k \wedge dx_l , \end{aligned} \tag{5.136}$$

heißen die *Krümmungsformen* des affinen Zusammenhangs ∇; ihre Koeffizienten sind

$$R^i_{jkl} = \frac{\partial \Gamma^i_{jl}}{\partial x_k} - \frac{\partial \Gamma^i_{jk}}{\partial x_l} + \Gamma^i_{hk}\Gamma^h_{jl} - \Gamma^i_{hl}\Gamma^h_{jk} . \tag{5.137}$$

Das zweite Differential einer vektorwertigen Differentialform lautet dann unter Benützung der Krümmungsformen

$$\boldsymbol{d}^2\vec{\alpha} = \alpha \wedge \rho \cdot \boldsymbol{\partial} \tag{5.138}$$

und gibt auf diese Weise zu erkennen, daß das zweite Differential einer vektorwertigen Differentialform — gleich welchen Grades — genau dann gleich Null ist, wenn sämtliche Krümmungsformen verschwinden.

Ist w ein beliebiges Vektorfeld und ω ein Skalarfeld auf $\mathfrak{M}$, so stellt das in seinen beiden Argumenten bilineare zweite Differential wegen

$$\begin{aligned} \boldsymbol{d}^2(\omega w) &= \boldsymbol{d}\big[\boldsymbol{d}(\omega w)\big] = \boldsymbol{d}(d\omega\, w + \omega\, \boldsymbol{d}w) \\ &= d^2\omega\, w - d\omega \wedge \boldsymbol{d}w + d\omega \wedge \boldsymbol{d}w + \omega\, \boldsymbol{d}^2 w = \omega\, \boldsymbol{d}^2 w \end{aligned}$$

eine trilineare Funktion von $\mathfrak{v}^3(\mathfrak{M}) \to \mathfrak{v}(\mathfrak{M})$ dar, weshalb

$$\boldsymbol{\mathcal{K}}(\varphi, w, u, v) := \big\langle \varphi, \boldsymbol{d}^2 w(u,v) \big\rangle \tag{5.139}$$

ein einfach kontravarianter und dreifach kovarianter Tensor auf $\mathfrak{M}$ ist. Seine Koordinaten

$$\begin{aligned} \boldsymbol{\mathcal{K}}(dx_i, \partial_j, \partial_k, \partial_l) &= \big\langle dx_i, \boldsymbol{d}^2\partial_j(\partial_k, \partial_l)\big\rangle = \big\langle dx_i, \rho^h_j(\partial_k, \partial_l)\partial_h\big\rangle \\ &= \rho^i_j(\partial_k, \partial_l) = R^i_{jkl} \end{aligned} \tag{5.140}$$

sind die Koeffizienten der Krümmungsformen (5.136). Der Tensor $\boldsymbol{\mathcal{K}}$ wird der *Krümmungstensor* des affinen Zusammenhangs auf $\mathfrak{M}$ genannt.

Eine von Koordinaten unabhängige Darstellung des zweiten Differentials einer vektorwertigen 0-Form, also eines Vektorfeldes erhält man mit Hilfe von (5.112) und (5.117),

$$\boldsymbol{d}^2 w(u,v) = \nabla_u\big(\boldsymbol{d}w(v)\big) - \nabla_v\big(\boldsymbol{d}w(u)\big) - \boldsymbol{d}w\big([u,v]\big)$$
$$= \nabla_u\nabla_v w - \nabla_v\nabla_u w - \nabla_{[u,v]}w\,.$$

Führt man die Operationsvorschrift $\mathfrak{k} : \mathfrak{v}^2(\mathfrak{M}) \times \mathfrak{v}(\mathfrak{M}) \to \mathfrak{v}(\mathfrak{M})$ ein,

$$\mathfrak{k}(u,v) := \nabla_u\nabla_v - \nabla_v\nabla_u - \nabla_{[u,v]}\,, \tag{5.141}$$

so ist

$$\boldsymbol{d}^2 w(u,v) = \mathfrak{k}(u,v)w\,. \tag{5.142}$$

Der Operator $\mathfrak{k}$ ist offenkundig schiefsymmetrisch in seinen Argumenten,

$$\mathfrak{k}(u,v) = -\mathfrak{k}(v,u)\,, \tag{5.143}$$

als Abbildung von $\mathfrak{v}^3(\mathfrak{M}) \to \mathfrak{v}(\mathfrak{M})$ ist $\mathfrak{k}(u,v)w$ trilinear und führt zur Darstellung

$$\boldsymbol{\mathcal{K}}(\varphi,w,u,v) = \big\langle \varphi, \mathfrak{k}(u,v)w \big\rangle \tag{5.144}$$

des Krümmungstensors. Dabei ist unter Berücksichtigung von (5.24)

$$\mathfrak{k}(\partial_k,\partial_l)\partial_j = \nabla_{\partial_k}\nabla_{\partial_l}\partial_j - \nabla_{\partial_l}\nabla_{\partial_k}\partial_j = \nabla_{\partial_k}\big(\Gamma^p_{jl}\partial_p\big) - \nabla_{\partial_l}\big(\Gamma^p_{jk}\partial_p\big)$$
$$= \frac{\partial\Gamma^p_{jl}}{\partial x_k}\,\partial_p + \Gamma^p_{jl}\Gamma^q_{pk}\partial_q - \frac{\partial\Gamma^p_{jk}}{\partial x_l}\,\partial_p - \Gamma^p_{jk}\Gamma^q_{pl}\partial_q = R^p_{jkl}\,\partial_p\,.$$

Die geometrische Bedeutung des Krümmungstensor tritt in der Abhängigkeit der Parallelverschiebung vom Weg zutage; seine Abhängigkeit von den kontravarianten Argumenten präzisiert dies als quantitative Ergänzung. Die Wegabhängigkeit bedeutet dabei, daß die Parallelverschiebung eines Vektors längs einer — auch infinitesimal kleinen — geschlossenen Kurve nicht zum selben Vektor im Ausgangspunkt zurückführt.

Um diesen Sachverhalt darzustellen, möge sich der Leser die Abb. 5.1 in Erinnerung rufen. Gegeben seien zwei Vektorfelder u und v sowie zwei infinitesimal kleine Zahlen Δa und Δb. Ein Vektor w_o aus dem Tangentialraum des Ursprungs O soll längs eines geschlossenen die Punkte $O \to P \to P' \to Q' \to Q \to O$ verbindenden Weges parallel verschoben und mit dem Vektor im Ausgangspunkt O verglichen werden. Am bequemsten ist es hiefür, sich eines beliebigen Vektorfeldes w zu bedienen, indem man in den Tangentialräumen der Punkte des Weges die Differenz

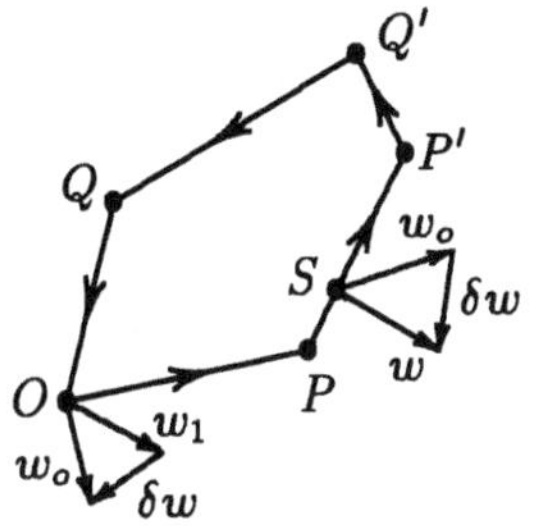

Abb. 5.4

$$\delta w = w(S) - w_o(S)$$

verfolgt, wobei $w_o(S)$ der in den Punkt S parallel verschobene Vektor und $w(S)$ der Feldvektor daselbst ist (Abb. 5.4); von dem Vektorfeld w wird dabei vorausgesetzt, daß $w(O) = w_o$ der Vektor im Ausgangspunkt O ist. Man erhält dann am Ende des Weges, in den Ausgangspunkt O zurückgekehrt, die Differenz des Feldvektors und des Ergebnisses der Parallelverschiebung nach einem einmaligen Durchlauf,

$$\delta w = w(O) - w_1\,,$$

worin w_1 das Ergebnis der Parallelverschiebung von w_o längs des geschlossenen Weges ist. Da $w(O) = w_o$ der Vektor im Ausgangspunkt ist, stellt

$$\delta w = w_o - w_1$$

jenen Vektor dar, um den sich das Ergebnis der Parallelverschiebung nach einem einmaligen Umlauf vom Vektor im Ausgangspunkt unterscheidet.

Um die Differenz δw im Tangentialraum des Punktes P zu bekommen, bildet man im Punkt O die Änderungen

$$\partial W^i(\Delta a u)\partial_i = \Delta a \nabla_u w\,,$$

addiert sie im Tangentialraum $\mathcal{T}_O$ zum Vektor $w(O)$ hinzu und verschiebt das Ergebnis parallel in den Punkt P; das Resultat nähert den Vektor $w(P) \in \mathcal{T}_P$ von höherer als erster Ordnung an. Gleichzeitig transportiert man den Vektor $w_o = w(O)$, sodaß die Differenz $\delta w(P) \in \mathcal{T}_P$ in (bezüglich der infinitesimal kleinen Zahl Δa) linearer Näherung durch das Ergebnis der Parallelverschiebung des Vektors $\Delta a \nabla_u w \in \mathcal{T}_O$ in den Tangentialraum $\mathcal{T}_P$ approximiert wird.

Eine analoge Argumentation gibt zu erkennen, daß durch das Ergebnis der Parallelverschiebung des Vektors

$$w(Q) + \nabla_{-\Delta b v} w - w_o(Q) \in \mathcal{T}_Q$$

in $\mathcal{T}_O$ die Differenz $w(O) - w_1 = w_o - w_1$ angenähert wird. Verschiebt man umgekehrt den Vektor $w_1 \in \mathcal{T}_O$ in den Punkt Q zurück, so wird die Differenz $\delta w \in \mathcal{T}_Q$ linear in Δb durch den in $\mathcal{T}_Q$ parallel verschobenen Vektor

$$w_o + \Delta b \nabla_v w - w_1 \in \mathcal{T}_O$$

angenähert. Deshalb ist $\delta w \in \mathcal{T}_Q$ näherungsweise das Ergebnis der Parallelverschiebung des in den Punkt Q transportierten Vektors $w_o + \Delta b \nabla_v w - w_1 \in \mathcal{T}_O$; das Wegstück von Q zurück nach O liefert somit als Beitrag $-\Delta b \nabla_v w + \cdots$.

Die beiden „gegenüberliegenden" Seiten $P \to P'$ und $Q \to O$ tragen durch die Differenz von $\Delta b \nabla_v w$ (längs $P \to P'$) und $\Delta b \nabla_v w$ (längs $O \to Q$) bei, welche gleich

$$\nabla_{\Delta a u}(\Delta b \nabla_v w) + \cdots = \Delta a \Delta b \nabla_u \nabla_v w + \cdots$$

ist, wobei der Fehler schneller gegen Null geht als das Produkt $\Delta a \Delta b$. Von den beiden Seiten $O \to P$ und $Q' \to Q$ rührt der Beitrag

$$-\nabla_{\Delta b v}(\Delta a \nabla_u w) + \cdots = -\Delta a \Delta b \nabla_v \nabla_u w + \cdots$$

mit derselben Fehlerqualität wie von den beiden anderen Seiten her; die Verbindung $P' \to Q'$ liefert schließlich als Beitrag den Vektor

$$-\Delta a \Delta b \nabla_{[u,v]} w + \cdots$$

mit einem Fehler von derselben Größenordnung, wie ihn die Fehler bei den einander gegenüberliegenden Seiten haben. Summiert man über alle Wegstücke auf, so erhält man

$$\delta w = \Delta a \Delta b (\nabla_u \nabla_v - \nabla_v \nabla_v - \nabla_{[u,v]}) w + \cdots = \Delta a \Delta b\, \mathfrak{k}(u,v) w + \cdots .$$

Sieht man im Produkt $\Delta a \Delta b$ ein Maß für den Inhalt des vom dem geschlossenen Weg berandeten Bereiches, so erhält man in der Grenze, wenn dieser Weg auf einen Punkt zusammengezogen wird,

$$\lim_{\substack{\Delta a \to 0 \\ \Delta b \to 0}} \frac{\delta w}{\Delta a \Delta b} = \mathfrak{k}(u,v) w = d^2 w(u,v)\,.$$

Dieses Ergebnis läßt sich auf beliebige geschlossene infinitesimale Kurven ausdehen: *Die Änderung eines Vektors w bei Parallelverschiebung längs einer geschlossenen infinitesimalen Kurve, die in einer von zwei Vektorfeldern u und v „aufgespannten Ebene" liegt, ist in erster Annäherung proportional dem Inhalt und proportional dem Vektor $\mathfrak{k}(u,v)w = R^i_{jkl} W^j U^k V^l \partial_i$.*

Dem Krümmungstensor einer affin zusammenhängenden Mannigfaltigkeit kommt ein besonderes Interesse zu. Die Krümmungsformen, die Abbildung $\mathfrak{k}$ und das zweite Differential eines Vektorfeldes sind nur verschiedene Möglichkeiten zur Charakterisierung dessen, was der Krümmungstensor zum Ausdruck bringt.

Satz 3. *Ist* $\mathfrak{M}$ *eine Mannigfaltigkeit mit affinem Zusammenhang* ∇, *so ist*

$$\boldsymbol{\rho} = 0 \iff \boldsymbol{d}^2 w = 0 \iff \mathfrak{k}(u,v) = 0 \iff \boldsymbol{\mathcal{K}} = 0 .$$

Zum Beweis dieser Äquivalenzen schließt man von $\boldsymbol{\rho} = 0$ auf $\boldsymbol{d}^2 w = 0$ (Gleichung (5.138)), von $\boldsymbol{d}^2 w(u,v) = 0$ auf $\mathfrak{k}(u,v) = 0$ (Gleichung (5.142)), von $\mathfrak{k}(u,v) = 0$ auf $\boldsymbol{\mathcal{K}} = 0$ (Gleichung (5.144)) und von $\boldsymbol{\mathcal{K}} = 0$ auf $\boldsymbol{\rho} = 0$ (Gleichung (5.140)).

Ist der affine Zusammenhang ∇ torsionsfrei, so hat der Krümmungstensor $\boldsymbol{\mathcal{K}}$ die Eigenschaft der zyklischen Symmetrie,

$$\boldsymbol{\mathcal{K}}(\varphi, w, u, v) + \boldsymbol{\mathcal{K}}(\varphi, u, v, w) + \boldsymbol{\mathcal{K}}(\varphi, v, w, u) = 0 , \tag{5.145}$$

ausgedrückt in lokalen Koordinaten

$$R^k_{ilj} + R^k_{lji} + R^k_{jil} = 0 .$$

Ferner ist

$$\boldsymbol{\mathcal{K}}(\varphi, w, u, v) = -\boldsymbol{\mathcal{K}}(\varphi, w, v, u) \tag{5.146}$$

beziehungsweise

$$R^i_{jkl} = -R^i_{jlk} .$$

Diese letzte Eigenschaft folgt unmittelbar aus (5.143).

Der zyklischen Symmetrie liegt die Jacobi-Identität zugrunde, und zwar in Form der für je drei Vektorfelder u, v, w unter der Bedingung der Torsionsfreiheit gültigen Gleichung

$$\mathfrak{k}(u,v)w + \mathfrak{k}(v,w)u + \mathfrak{k}(w,u)v = 0 .$$

Auf Grund der Torsionsfreiheit des affinen Zusammenhangs ist nämlich

$$\nabla_u v - \nabla_v u = [u,v] \tag{5.147}$$

und deshalb

$$\nabla_w [u,v] = \nabla_w \nabla_u v - \nabla_w \nabla_v u .$$

Durch zyklisches Vertauschen erhält man daraus

$$\nabla_u [v,w] = \nabla_u \nabla_v w - \nabla_u \nabla_w v , \quad \nabla_v [w,u] = \nabla_v \nabla_w u - \nabla_v \nabla_u w$$

und durch Addition aller drei Gleichungen

$$\begin{aligned} &\nabla_u [v,w] + \nabla_v [w,u] + \nabla_w [u,v] \\ &\quad = (\nabla_v \nabla_w - \nabla_w \nabla_v) u + (\nabla_w \nabla_u - \nabla_u \nabla_w) v + (\nabla_u \nabla_v - \nabla_v \nabla_u) w \\ &\quad = \mathfrak{k}(v,w)u + \mathfrak{k}(w,u)v + \mathfrak{k}(u,v)w + \nabla_{[v,w]} u + \nabla_{[w,u]} v + \nabla_{[u,v]} w . \end{aligned}$$

Berücksichtigt man jetzt noch

$$\nabla_u [v,w] - \nabla_{[v,w]} u = \big[u, [v,w]\big] ,$$

wie sich aus der Forderung (5.147) für $[v,w]$ an Stelle von v ergibt, und analoge Gleichungen durch zyklisches Vertauschen, so erhält man schließlich

$$\begin{aligned}&\mathfrak{k}(v,w)u+\mathfrak{k}(w,u)v+\mathfrak{k}(u,v)w\\&\quad=\nabla_u[v,w]+\nabla_v[w,u]+\nabla_w[u,v]-\nabla_{[v,w]}u-\nabla_{[w,u]}v-\nabla_{[u,v]}w\\&\quad=\big[u,[v,w]\big]+\big[v,[w,u]\big]+\big[w,[u,v]\big]=0\end{aligned}$$

auf Grund der Jacobi-Identität (5.23).

Satz 4. *Ist $\mathfrak{M}$ eine affin zusammenhängende Mannigfaltigkeit mit verschwindendem Krümmungstensor $\mathbf{K}$, so gibt es um jeden Punkt eine Umgebung $\mathfrak{U}$ und N konstante Vektorfelder $u_1, u_2, \ldots, u_N$ auf $\mathfrak{U}$, die in jedem Punkt von $\mathfrak{U}$ linear unabhängig sind.*

Verschwindet der Krümmungstensor in einer Umgebung $\mathfrak{U}$ des Punktes P, so erfüllt die Matrix Γ des Tripels $(\kappa, \mathfrak{U}, \Gamma)$ die Gleichung

$$d\Gamma=\Gamma\wedge\Gamma\,. \tag{5.148}$$

Ist $\mathbf{A}$ eine beliebige in jedem Punkt von $\mathfrak{U}$ reguläre Matrix, so ist die Matrix $\mathbf{B}=d\mathbf{A}\cdot\mathbf{A}^{-1}$ eine Lösung dieser Gleichung, denn es ist

$$d\mathbf{B}=d\big(d\mathbf{A}\cdot\mathbf{A}^{-1}\big)=d^2\mathbf{A}\cdot\mathbf{A}^{-1}-d\mathbf{A}\wedge d\mathbf{A}^{-1}=-d\mathbf{A}\wedge d\mathbf{A}^{-1}$$

und

$$\mathbf{B}\wedge\mathbf{B}=d\mathbf{A}\cdot\mathbf{A}^{-1}\wedge d\mathbf{A}\cdot\mathbf{A}^{-1}=-d\mathbf{A}\wedge d\mathbf{A}^{-1}\,,$$

worin wieder (5.83) verwendet worden ist. Den Schluß in der umgekehrten Richtung erlaubt ein Satz aus der Theorie der Differentialformen, auf dessen Beweis hier verzichtet sei:[20] *Zu einer gegebenen Matrix Γ von 1-Formen hat die Gleichung*

$$d\mathbf{X}=\Gamma\cdot\mathbf{X} \tag{5.149}$$

genau dann eine Lösung durch eine reguläre Matrix reeller Funktionen, wenn die Matrix Γ die Gleichung (5.148) erfüllt. Die Lösung ist eindeutig, wenn verlangt wird, daß ihre Elemente in einem gewissen Punkt vorgegebene Werte annehmen.

Sei $\mathbf{A}$ eine durch das Verschwinden des Krümmungstensors garantierte Lösung der Gleichung (5.149), durch welche dann die Matrix Γ des Tripels $(\kappa, \mathfrak{U}, \Gamma)$ auf $\mathfrak{U}$ in der Form $\Gamma=d\mathbf{A}\cdot\mathbf{A}^{-1}$ dargestellt werden kann. Zu den linear unabhängigen 1-Formen ξ^i der Zeile $dx\cdot\mathbf{A}$ gehören dann N Vektorfelder $u_1, u_2, \ldots, u_N$ auf $\mathfrak{U}$, deren duale Basisformen der Tangentialräume von $\mathfrak{U}$ gerade die 1-Formen $\xi^1, \xi^2, \ldots, \xi^N$ sind. Als Basisvektoren in den Tangentialräumen der Punkte von $\mathfrak{U}$ sind diese Vektorfelder insbesondere linear unabhängig. Faßt man sie zu einer Spalte $\boldsymbol{u}$ zusammen, so gilt $\boldsymbol{\partial}=\mathbf{A}\cdot\boldsymbol{u}$. Deshalb ist

$$\begin{aligned}d\boldsymbol{u}&=d\big(\mathbf{A}^{-1}\cdot\boldsymbol{\partial}\big)=d\mathbf{A}^{-1}\cdot\boldsymbol{\partial}+\mathbf{A}^{-1}\cdot d\boldsymbol{\partial}=d\mathbf{A}^{-1}\cdot\boldsymbol{\partial}+\mathbf{A}^{-1}\cdot\Gamma\cdot\boldsymbol{\partial}\\&=\big(d\mathbf{A}^{-1}+\mathbf{A}^{-1}\cdot d\mathbf{A}\cdot\mathbf{A}^{-1}\big)\cdot\boldsymbol{\partial}=\big(d\mathbf{A}^{-1}-d\mathbf{A}^{-1}\big)\cdot\boldsymbol{\partial}=0\,.\end{aligned}$$

---

[20] Siehe z.B. H. FLANDERS, *Differential Forms.*

Eine Mannigfaltigkeit $\mathfrak{M}$ mit affinem Zusammenhang heißt *flach*, wenn sowohl der Torsionstensor $\boldsymbol{\mathcal{T}}$ als auch der Krümmungstensor $\boldsymbol{\mathcal{K}}$ auf $\mathfrak{M}$ verschwindet.

Eine flache Mannigfaltigkeit $\mathfrak{M}$ ist somit durch die Eigenschaften

$$[u, v] = \nabla_u v - \nabla_v u\,, \quad \nabla_{[u,v]} = \nabla_u \nabla_v - \nabla_v \nabla_u$$

des affinen Zusammenhangs auf $\mathfrak{M}$ gekennzeichnet. Kombiniert man die Aussage von Satz 2 über torsionsfreie Mannigfaltigkeiten mit jener von Satz 4 über Mannigfaltigkeiten mit verschwindendem Krümmungstensor, so ist bewiesen der

Satz 5. *Ist $\mathfrak{M}$ eine flache Mannigfaltigkeit, so gibt es um jeden Punkt $P \in \mathfrak{M}$ eine Umgebung $\mathfrak{U}$ und eine Karte κ für diese Umgebung, sodaß die Basisvektoren ∂_i dieser Karte auf $\mathfrak{U}$ konstant sind.*

Dies bedeutet wegen $\boldsymbol{d\partial} = \Gamma \cdot \boldsymbol{\partial} = 0$, daß in dieser Karte die Koeffizienten des affinen Zusammenhangs verschwinden. Flache Mannigfaltigkeiten haben deshalb eine besonders einfache Geometrie, welche, zumindest in gewissen Raumbezirken, der Geometrie in affinen Räumen ähnelt. Da es um jeden Punkt $P \in \mathfrak{M}$ stets eine Umgebung $\mathfrak{U}$ und eine Karte κ für diese gibt, sodaß die Matrix Γ der 1-Formen des affinen Zusammenhangs auf $\mathfrak{U}$ bezüglich der Karte κ gleich der Nullmatrix ist, lauten wegen $\mathfrak{d}V^i = dV^i$ die Gleichungen der Parallelverschiebung wie in affinen Räumen einfach

$$dV^i = 0\,,$$

d.h. die Parallelverschiebung ist auf $\mathfrak{U}$ wegunabhängig. Eine flache Mannigfaltigkeit hat demnach im Kleinen dieselbe Struktur wie ein affiner Raum.

Sei $\mathfrak{M}$ eine zweidimensionale affin zusammenhängende Mannigfaltigkeit und $\kappa : \mathcal{K} \to \mathfrak{U}$ eine Karte für eine Umgebung $\mathfrak{U} \subseteq \mathfrak{M}$. Der affine Zusammenhang auf $\mathfrak{M}$ sei für die Umgebung $\mathfrak{U}$ in den Koordinaten x_1 und x_2 der Karte κ über die Matrix

$$\Gamma = \begin{pmatrix} 0 & x_1^{-1}\,dx_2 \\ -x_1\,dx_2 & x_1^{-1}\,dx_1 \end{pmatrix}$$

gegeben. Daher sind

$$\Gamma^2_{12} = \Gamma^2_{21} = \frac{1}{x_1}\,, \quad \Gamma^1_{22} = -x_1$$

die einzigen von Null verschiedenen Zusammenhangskoeffizienten. Da sie ersichtlich symmetrisch in den unteren Indizes sind, ist der affine Zusammenhang auf $\mathfrak{M}$ torsionsfrei. Wegen

$$\Gamma \wedge \Gamma = -\begin{pmatrix} 0 & x_1^{-2} \\ 1 & 0 \end{pmatrix} dx_1 \wedge dx_2 \quad \text{und} \quad d\Gamma = -\begin{pmatrix} 0 & x_1^{-2} \\ 1 & 0 \end{pmatrix} dx_1 \wedge dx_2$$

verschwindet auch die Matrix der Krümmungsformen,

$$\rho = d\Gamma - \Gamma \wedge \Gamma = 0\,.$$

Daher ist die offene Menge $\mathfrak{U}$ ein flacher Bezirk der Mannigfaltigkeit $\mathfrak{M}$. Es gibt daher ein Koordinatensystem für $\mathfrak{U}$, in welchem die Zusammenhangskoeffizienten sämtlich verschwinden. Ist $\bar{\kappa}$ die Karte für dieses Koordinatensystem, so sind

$$d\bar{x}_i = \frac{\partial \bar{x}_i}{\partial x_j}\,dx_j = A^i_j\,dx_j$$

die Koordinatendifferentiale der Funktion $\bar{\mathbf{x}} = \bar{\kappa}^{-1} \circ \kappa(\mathbf{x})$. Die Matrix $\mathbf{A}$ mit den Elementen A^i_j genügt dabei der Matrizengleichung

$$\Gamma \cdot \mathbf{A} = d\mathbf{A} ,$$

die nach Ausführung der Multiplikation durch Vergleich der Matrixelemente in die vier Gleichungen

$$\begin{aligned}
\frac{1}{x_1} A^1_2 dx_2 &= dA^1_1 = \frac{\partial A^1_1}{\partial x_1} dx_1 + \frac{\partial A^1_1}{\partial x_2} dx_2 , \\
\frac{1}{x_1} A^2_2 dx_2 &= dA^2_1 = \frac{\partial A^2_1}{\partial x_1} dx_1 + \frac{\partial A^2_1}{\partial x_2} dx_2 , \\
\frac{1}{x_1} A^1_2 dx_1 - x_1 A^1_1 dx_2 &= dA^1_2 = \frac{\partial A^1_2}{\partial x_1} dx_1 + \frac{\partial A^1_2}{\partial x_2} dx_2 , \\
\frac{1}{x_1} A^2_2 dx_1 - x_1 A^2_1 dx_2 &= dA^2_2 = \frac{\partial A^2_2}{\partial x_1} dx_1 + \frac{\partial A^2_2}{\partial x_2} dx_2
\end{aligned}$$

zerfällt. Aus den ersten beiden ergibt sich einerseits

$$\frac{\partial A^1_1}{\partial x_1} = 0 , \quad \frac{\partial A^2_1}{\partial x_1} = 0 ,$$

sodaß

$$A^1_1 = f(x_2) , \quad A^2_1 = g(x_2)$$

für zunächst unbekannte Funktionen f und g gelten muß, andererseits

$$\frac{1}{x_1} A^1_2 = \frac{\partial A^1_1}{\partial x_2} , \quad \frac{1}{x_1} A^2_2 = \frac{\partial A^2_1}{\partial x_2} ,$$

was dann

$$A^1_2 = x_1 f'(x_2) , \quad A^2_2 = x_1 g'(x_2)$$

zur Folge hat. Um die noch nicht benützten Gleichungen

$$\frac{1}{x_1} A^1_2 = \frac{\partial A^1_2}{\partial x_1} , \quad \frac{1}{x_1} A^2_2 = \frac{\partial A^2_2}{\partial x_1} , \quad -x_1 A^1_1 = \frac{\partial A^1_2}{\partial x_2} , \quad -x_1 A^2_1 = \frac{\partial A^2_2}{\partial x_2}$$

zu erfüllen, müssen beide Funktionen f und g Lösungen der Differentialgleichung

$$y'' + y = 0$$

sein. Mit ihrer allgemeinen Lösung, separat für die beiden Funktionen f und g, wird

$$\mathbf{A} = \begin{pmatrix} \cos x_2 & \sin x_2 \\ -x_1 \sin x_2 & x_1 \cos x_2 \end{pmatrix} \cdot \begin{pmatrix} \alpha_1 & \beta_1 \\ \alpha_2 & \beta_2 \end{pmatrix}$$

die allgemeine Lösung der Gleichung (5.148). Der konstante Matrixfaktor rechts ermöglicht die freie Vorgabe der Matrixelemente A^j_i in einem beliebigen Punkt und garantiert so die eindeutige Lösbarkeit der Anfangswertaufgabe. Sein Auftreten war auch deshalb zu erwarten, weil mit $\mathbf{A}$ auch das Produkt $\mathbf{A} \cdot \mathbf{C}$ eine Lösung der Gleichung (5.148) ist, worin zum Ausdruck kommt, daß die Koordinaten, in denen die Zusammenhangskoeffizienten verschwinden, bis auf eine affine Transformation bestimmt sind.

Die Wahl $\alpha_1 = \beta_2 = 1$, $\alpha_2 = \beta_1 = 0$ ergibt

$$\mathbf{A} = \begin{pmatrix} \cos x_2 & \sin x_2 \\ -x_1 \sin x_2 & x_1 \cos x_2 \end{pmatrix}$$

und führt auf die Koordinaten

$$\bar{x}_1 = x_1 \cos x_2 , \quad \bar{x}_2 = x_1 \sin x_2 .$$

Es ist dies der Fall, daß der ebene affine zweidimensionale Raum, aufgefaßt als Mannigfaltigkeit, mit Ausnahme des Koordinatenursprungs durch Polarkoordinaten — die ihre geometrische Bedeutung freilich erst in einem euklidischen Raum erhalten — parametrisiert wird.

Sei v ein konstantes Vektorfeld auf der durch die Karte κ parametrisierten offenen Menge $\mathfrak{U}$. Die Koordinaten V^1 und V^2 bezüglich des Koordinatensystems der Karte κ müssen dann die Bedingungen

$$\eth V^1 = dV^1 + V^1\gamma_1^1 + V^2\gamma_2^1 = 0\,,$$
$$\eth V^2 = dV^1 + V^2\gamma_1^2 + V^2\gamma_2^2 = 0$$

beziehungsweise

$$x_1 V^2 dx_2 = dV^1 = \frac{\partial V^1}{\partial x_1}\, dx_1 + \frac{\partial V^1}{\partial x_2}\, dx_2\,,$$
$$-\frac{1}{x_1} V^2 dx_1 - \frac{1}{x_1} V^1 dx_2 = dV^2 = \frac{\partial V^2}{\partial x_1}\, dx_1 + \frac{\partial V^2}{\partial x_2}\, dx_2$$

erfüllen. Sie bestehen aus den vier Gleichungen

$$\frac{\partial V^1}{\partial x_1} = 0\,, \quad \frac{\partial V^1}{\partial x_2} = x_1 V^2\,, \quad \frac{\partial V^2}{\partial x_1} = -\frac{1}{x_1} V^2\,, \quad \frac{\partial V^2}{\partial x_2} = -\frac{1}{x_1} V^1\,,$$

von denen die ersten beiden die Setzungen

$$V^1 = f(x_2)\,, \quad V^2 = \frac{1}{x_1} f'(x_2)$$

erforderlich machen. Die beiden übrigen können nur erfüllt werden, wenn die Funktion f der Differentialgleichung

$$f'' + f = 0$$

genügt. Mit dem allgemeinen Integral dieser Gleichung wird

$$V^1 = A^1 \cos x_2 + A^2 \sin x_2\,, \quad V^2 = \frac{1}{x_1}\Big(-A^1 \sin x_2 + A^2 \cos x_2\Big)$$

mit zwei beliebigen Konstanten A^1 und A^2: Ein konstantes Vektorfeld auf $\mathfrak{U}$ hat bezüglich der Karte κ notwendig diese Koordinaten. Rechnet man sie auf die Koordinaten $\bar{x}_1 = x_1 \cos x_2$ und $\bar{x}_2 = x_1 \sin x_2$ der Karte $\bar{\kappa}$ um, so erhält man

$$\bar{V}^1 = A^1\,, \quad \bar{V}^2 = A^2\,.$$

Auf Grund der Torsionsfreiheit gibt es zu zwei konstanten und linear unabhängigen Vektorfeldern stets eine Karte, sodaß diese Vektorfelder die Basisvektoren des Koordinatensystems dieser Karte sind. Nimmt man für

$$v_1 = \cos x_2\, \partial_1 - \frac{1}{x_1} \sin x_2\, \partial x_2\,, \quad v_2 = \sin x_2\, \partial_1 + \frac{1}{x_1} \cos x_2\, \partial x_2\,,$$

so sind die dualen Linearformen

$$\alpha^1 = \cos x_2\, dx_1 - x_1 \sin x_2\, dx_2 = d\bar{x}_1\,, \quad \alpha^2 = \sin x_2\, dx_1 + x_1 \cos x_2\, dx_2 = d\bar{x}_2\,.$$

Das Koordinatensystem, in welchem die beiden Vektorfelder v_1 und v_2 die Basisvektoren sind, ist also dasjenige der Karte $\bar{\kappa}$.

Um jetzt nicht den Eindruck enstehen zu lassen, eine flache Mannigfaltigkeit sei notwendig ein affiner Raum oder ein Bezirk desselben, sei mit folgendem Beispiel dieses Thema abgeschlossen.

Der dreidimensionale euklidische Raum $\mathfrak{E}^3$ möge auf kartesische Koordinaten ξ_1, ξ_2, ξ_3 bezogen sein. Die Gleichung $F(\xi_1, \xi_2, \xi_3) = 1 - \xi_1^2 - \xi_3^2 = 0$ beschreibt eine kreiszylindrische Fläche $\mathfrak{Z}$, deren Mittellinie in der ξ_2-Achse des kartesischen

Koordinatensystems im $\mathfrak{E}^3$ liegt. Setzt man $x_1 = \xi_1$ und $x_2 = \xi_2$, so ist die auf $\mathfrak{Z}$ durch die affine Struktur des euklidischen Einbettungsraumes induzierte Parallelverschiebung durch die Matrix

$$\Gamma = \begin{pmatrix} -\frac{1}{2} d \ln(1 - x_1^2) & 0 \\ 0 & 0 \end{pmatrix}$$

gegeben. Man verifiziert ohne Schwierigkeiten

$$\tau = dx \wedge \Gamma = 0\,, \qquad \rho = d\Gamma - \Gamma \wedge \Gamma = 0$$

wegen $d\Gamma = \Gamma \wedge \Gamma = 0$. Die zylindrische Fläche $\mathfrak{Z}$ ist daher eine flache Mannigfaltigkeit. Eine Lösung der Gleichung

$$\Gamma \cdot \mathbf{A} = d\mathbf{A}$$

liefert die reguläre Matrix

$$\mathbf{A} = \begin{pmatrix} \dfrac{1}{\sqrt{1 - x_1^2}} & 0 \\ 0 & 1 \end{pmatrix},$$

welche auf die Koordinatentransformation

$$x_1 = \sin \bar{x}_1\,, \qquad x_2 = \bar{x}_2$$

führt. In diesem Koordinatensystem verschwindet die Matrix der 1-Formen des affinen Zusammenhangs auf $\mathfrak{Z}$. Zum Nachweis dessen ist mit $\bar{\Gamma} = 0$ die Transformationsgleichung (5.108) zu bestätigen: man findet mit

$$\mathbf{T} = \begin{pmatrix} \cos \bar{x}_1 & 0 \\ 0 & 1 \end{pmatrix}$$

als der Matrix der Transformation auch wirklich

$$\begin{aligned} \bar{\Gamma} &= (\mathbf{T} \cdot \Gamma + d\mathbf{T}) \cdot \mathbf{T}^{-1} \\ &= \left[\begin{pmatrix} \cos \bar{x}_1 & 0 \\ 0 & 1 \end{pmatrix} \cdot \begin{pmatrix} \tan \bar{x}_1 \, d\bar{x}_1 & 0 \\ 0 & 0 \end{pmatrix} + \begin{pmatrix} -\sin \bar{x}_1 \, d\bar{x}_1 & 0 \\ 0 & 0 \end{pmatrix} \right] \cdot \begin{pmatrix} \frac{1}{\cos \bar{x}_1} & 0 \\ 0 & 1 \end{pmatrix} = 0\,. \end{aligned}$$

Die konstanten Vektorfelder auf der zylindrischen Fläche $\mathfrak{Z}$ haben — im Koordinatensystem der Karte κ — notwendig die Koordinaten

$$V^1 = A^1 \sqrt{1 - x_1^2}\,, \qquad V^2 = A^2$$

mit zwei beliebigen Konstanten A^1 und A^2: Diese sind auch die Koordinaten des Vektorfeldes v im Koordinatensystem der Karte $\bar{\kappa}$. Der Leser veranschauliche sich diese Situation auf der zylindrischen Fläche! Den Kartenwechsel $\kappa \to \bar{\kappa}$ kann man sich dabei als „Abwickeln" der zylindrischen Fläche, d.h. als ihr Ausbreiten in der (ξ_1, ξ_2)-Ebene des Koordinatensystems im euklidischen Raum $\mathfrak{E}^3$ vorstellen.

Aus dem Krümmungstensor $\mathcal{K}$ läßt sich durch Verjüngung ein zweistufiger rein kovarianter Tensor $\mathcal{R}$ mit den Koordinaten

$$R_{ij} = R^k_{ikj} = \frac{\partial \Gamma^k_{ij}}{\partial x_k} - \frac{\partial \Gamma^k_{ik}}{\partial x_j} + \Gamma^k_{hk} \Gamma^h_{ij} - \Gamma^k_{hj} \Gamma^h_{ik} \tag{5.150}$$

in einem lokalen Bezugssystem ableiten. Er wird der *Ricci-Tensor* des affinen Zusammenhangs ∇ genannt. Er ist von zentraler Bedeutung für die Theorie der Gravitation, sowohl nach NEWTON als auch nach EINSTEIN.

Abschließend sei noch auf die Beziehungen zwischen den Torsionsformen und den Krümmungsformen hingewiesen, die sich durch Bildung der äußeren Ableitung ergeben. Zunächst ist

$$\begin{aligned} d\boldsymbol{\tau} &= -d(dx \wedge \Gamma) = -d^2x \wedge \Gamma + dx \wedge d\Gamma \\ &= dx \wedge d\Gamma = dx \wedge (\boldsymbol{\rho} + \Gamma \wedge \Gamma) = dx \wedge \boldsymbol{\rho} + dx \wedge \Gamma \wedge \Gamma\,, \end{aligned}$$

also unter Berücksichtigung von (5.127)

$$d\boldsymbol{\tau} = dx \wedge \boldsymbol{\rho} - \boldsymbol{\tau} \wedge \Gamma\,. \tag{5.151}$$

Bildet man die äußere Ableitung der Matrix $\boldsymbol{\rho}$, so erhält man

$$\begin{aligned} d\boldsymbol{\rho} &= d^2\Gamma - d\Gamma \wedge \Gamma + \Gamma \wedge d\Gamma = -d\Gamma \wedge \Gamma + \Gamma \wedge d\Gamma \\ &= -(\boldsymbol{\rho} + \Gamma \wedge \Gamma) \wedge \Gamma + \Gamma \wedge (\boldsymbol{\rho} + \Gamma \wedge \Gamma)\,, \end{aligned}$$

somit

$$d\boldsymbol{\rho} = \Gamma \wedge \boldsymbol{\rho} - \boldsymbol{\rho} \wedge \Gamma\,. \tag{5.152}$$

5.6 Differentiation der Tensorfelder

Die Parallelverschiebung von Vektoren in affinen Räumen ermöglicht es, Vektoren in benachbarten Punkten miteinander zu vergleichen und eine Ableitung von Vektorfeldern einzuführen, analog der Richtungsableitung von Skalarfeldern. Dieser Ableitungsbegriff ließ sich auf eindeutige Weise zu einer Tensor-Ableitung erweitern, indem drei Forderungen gestellt wurden, nämlich die Eigenschaft der Linearität, die Gültigkeit der Produktregel und die Vertauschbarkeit mit Verjüngungen. Diese Konzeption der Tensor-Differentiation läßt sich auf Mannigfaltigkeiten übertragen, wenn ein affiner Zusammenhang ∇ und damit die Möglichkeit zur Parallelverschiebung von Vektoren gegeben ist.

Ist auf einer Mannigfaltigkeit $\mathfrak{M}$ ein affiner Zusammenhang ∇ gegeben, so hat es einen Sinn, von der Änderung eines Vektors zu sprechen, indem man ihn durch infinitesimale Parallelverschiebung in Richtung eines Tangentenvektors jenem Vektor gegenüberstellt, der dem in dieser Richtung infinitesimal benachbarten Punkt zugeordnet ist. Unter Bezugnahme auf eine Karte κ um den Punkt $P \in \mathfrak{M}$ ist

$$\nabla_u v = \mathfrak{d}V^i(u)\,\partial_i = \Big(\frac{\partial V^i}{\partial x_j} + V^k\Gamma^i_{kj}\Big)U^j\,\partial_i$$

die von P aus in der Richtung $u \in \mathcal{T}_P(\mathfrak{M})$ auftretende Änderung eines Vektorfeldes v (vgl. (5.111)); sie verallgemeinert die Änderung (3.35) eines Vektorfeldes in einem affinen Raum, ist aber nicht wie dort durch eine Grundstruktur gegeben, sondern durch den affinen Zusammenhang auf der

Mannigfaltigkeit $\mathfrak{M}$, der eigens eingeführt werden muß. Dieser Richtungsableitung für Vektorfelder, ebenso der Richtungsableitung

$$\nabla_u \omega := d\omega(u) = u(\omega)$$

eines Skalarfeldes, kommen alle Eigenschaften zu, die der in (3.35) eingeführte Operator ∇_u in affinen Räumen besitzt. Es liegt deshalb nahe, da in affinen Räumen die Änderung eines Vektorfeldes auf eindeutige Weise zu einer Tensor-Differentiation erweitert werden kann, die Richtungsableitung eines Skalar- bzw. Vektorfeldes zu einer Differentiation von Tensorfeldern auf Mannigfaltigkeiten auszudehnen, indem man den durch den affinen Zusammenhang auf $\mathfrak{M}$ gegebenen Operator ∇_u in eine Vorschrift „einbettet", welche einem Tensorfeld beliebiger Stufe und Art ein wohlbestimmtes Tensorfeld derselben Stufe und Art zuordnet.

Unter einer *Tensor-Ableitung* auf einer Mannigfaltigkeit $\mathfrak{M}$ versteht man eine Familie von Abbildungen $\mathbf{d} : \mathfrak{t}^m_n(\mathfrak{M}) \to \mathfrak{t}^m_n(\mathfrak{M})$ mit folgenden drei grundlegenden Eigenschaften: Die Abbildungen $\mathbf{d}$ sind linear, d.h. es gilt für $\varphi, \psi \in \mathfrak{t}^m_n(\mathfrak{M})$ und für beliebige Zahlen $\lambda, \mu \in \mathbb{R}$

$$\mathbf{d}(\lambda\varphi + \mu\psi) = \lambda\mathbf{d}\varphi + \mu\mathbf{d}\psi\,, \tag{5.153}$$

sie genügen für $\varphi \in \mathfrak{t}^m_n(\mathfrak{M})$, $\psi \in \mathfrak{t}^q_p(\mathfrak{M})$ der Produktregel

$$\mathbf{d}(\varphi \otimes \psi) = \mathbf{d}\varphi \otimes \psi + \varphi \otimes \mathbf{d}\psi \tag{5.154}$$

und sie sind mit Verjüngungen vertauschbar,

$$\mathbf{dV}\varphi = \mathbf{Vd}\varphi\,. \tag{5.155}$$

Die Frage, ob ein affiner Zusammenhang auf $\mathfrak{M}$ eine Tensor-Ableitung festlegt, wird durch folgende Aussage positiv beantwortet:

Ist auf einer Mannigfaltigkeit $\mathfrak{M}$ ein affiner Zusammenhang ∇ gegeben, so läßt sich die Richtungsableitung $\nabla_u v$ auf genau eine Weise zu einer Tensor-Ableitung erweitern insofern, als es zu jedem Vektorfeld u auf $\mathfrak{M}$ eine Tensor-Ableitung $\nabla_u : \mathfrak{t}^m_n(\mathfrak{M}) \to \mathfrak{t}^m_n(\mathfrak{M})$ gibt, welche für ein Skalarfeld ω die Ableitung von ω in der Richtung von u,

$$\nabla_u \omega = u(\omega) = d\omega(u)\,, \tag{5.156}$$

für ein Vektorfeld v die Ableitung von v in der Richtung von u ist,

$$\nabla_u v = \mathfrak{d}V^i(u)\,\partial_i\,, \tag{5.157}$$

und schließlich die Forderung

$$\nabla_{\omega u}\varphi = \omega\nabla_u\varphi \tag{5.158}$$

für jedes Skalarfeld ω und jedes Tensorfeld φ erfüllt (vgl. (3.36) bis (3.41)). Der Tensor $\mathbf{d}\varphi = \nabla_u\varphi$ heißt die *kovariante Ableitung* von φ bezüglich des Vektorfeldes u.[21)]

[21)] Das Beiwort „kovariant" hat in diesem Zusammenhang nicht dessen Bedeutung im bisherigen Sprachgebrauch, vielmehr soll damit auf den Tensorcharakter von $\nabla_u\varphi$ hingewiesen werden; dementsprechend versteht man unter „kovarianter Formulierung" von Gesetzmäßigkeiten eine solche mit Hilfe tensorieller Größen.

Der Ausgangspunkt zur Konstruktion der kovarianten Ableitung eines Tensorfeldes auf einer Mannigfaltigkeit mit affinen Zusammenhang ∇ ist derselbe ist wie bei der Ableitung von Tensorfeldern in affinen Räumen, nämlich die Richtungsableitung von Skalar- und Vektorfeldern, wobei letztere jetzt durch den affinen Zusammenhang gegeben ist. Da der kovarianten Differentiation, wie jeder Tensor-Ableitung, dieselben Forderungen zugrundeliegen, führt die koordinatenfreie Darstellung der kovarianten Ableitung eines Tensorfeldes wie in affinen Räumen auf (vgl. (3.42))

$$(\nabla_u\varphi)(\alpha^1,\ldots,v_n) = \nabla_u\varphi(\alpha^1,\ldots,v_n) \\ - \varphi(\nabla_u\alpha^1,\ldots,v_n) - \cdots - \varphi(\alpha^1,\ldots,\nabla_u v_n)\,.$$

Ein Tensorfeld φ heißt ***kovariant konstant***, wenn $\nabla_u\varphi = 0$ für jedes Vektorfeld u gilt.

Die Vorschrift zur Bestimmung der Koordinaten des Tensors $\nabla_u\varphi$ ist nicht mehr so einfach wie in affinen Räumen. Sie hängt einerseits linear von den Koordinatendifferentialen des Tensors φ ab, andererseits aber auch, im Unterschied zur Situation in affinen Räumen, von den Koordinaten selbst; das Vektorfeld u geht dabei wieder nur durch seine Koordinaten ein, und zwar auf lineare Weise. Auf den vollständigen Beweis dieses Existenz- und Eindeutigkeitssatzes, dessen Grundgedanke in Kap. 3, §4 bei der Lösung derselben Aufgabe in affinen Räumen schon entwickelt wurde, kann jetzt verzichtet werden, vielmehr soll das Bildungsgesetz zur Bestimmung der Koordinaten der kovarianten Ableitung von Tensorfeldern diverser Stufe und Art in den Vordergrund rücken.

Die Ableitung eines Skalarfeldes bzw. eines kontravarianten Vektorfeldes ist durch (5.156) und (5.157) bereits gegeben. Die kovariante Ableitung einer Linearform ist

$$(\nabla_u\varphi)(v) = \nabla_u\varphi(v) - \varphi(\nabla_u v)\,.$$

Der Nachweis, daß die rechte Seite dieser Gleichung eine Linearform darstellt, ist gleichlautend mit demjenigen in affinen Räumen. In lokalen Koordinaten lautet die rechte Seite dieser Gleichung

$$\frac{\partial(\Phi_i V^i)}{\partial x_k}U^k - \Phi_i\frac{\mathfrak{d}V^i}{\mathfrak{d}x_k}U^k = \frac{\partial\Phi_i}{\partial x_k}V^iU^k + \frac{\partial V^i}{\partial x_k}\Phi_iU^k - \Phi_i\Big(\frac{\partial V^i}{\partial x_k}U^k - \Gamma^i_{jk}V^jU^k\Big) \\ = \Big(\frac{\partial\Phi_i}{\partial x_k} - \Phi_j\Gamma^j_{ik}\Big)V^iU^k\,,$$

sodaß

$$\Big(\frac{\partial\Phi_i}{\partial x_k} - \Gamma^j_{ik}\Phi_j\Big)U^k$$

die Koordinaten der kovarianten Ableitung $\nabla_u\varphi$ sind. Setzt man für Koordinaten kovarianter Vektorfelder

$$\frac{\mathfrak{d}\Phi_i}{\mathfrak{d}x_k} := \frac{\partial\Phi_i}{\partial x_k} - \Gamma^j_{ik}\Phi_j$$

und

$$\mathfrak{d}\Phi_i := d\Phi_i - \Gamma^j_{ik}\Phi_j\, dx_k = \frac{\mathfrak{d}\Phi_i}{\mathfrak{d}x_k}\, dx_k\,,$$

so schreibt sich die kovariante Ableitung einer Linearform in Koordinaten[22])

$$\nabla_u(\Phi_i\, dx_i) = \frac{\mathfrak{d}\Phi_i}{\mathfrak{d}x_k}\, U^k dx_i = \mathfrak{d}\Phi_i(u)\, dx_i\,. \tag{5.159}$$

Die Anwendung von $\nabla_u\varphi$ auf ein Vektorfeld v ergibt

$$(\nabla_u\varphi)(v) = \langle\nabla_u\varphi, v\rangle = U^k V^i\, \frac{\mathfrak{d}\Phi_i}{\mathfrak{d}x_k} = U^k V^i\Big(\frac{\partial\Phi_i}{\partial x_k} - \Gamma^j_{ik}\Phi_j\Big)\,. \tag{5.160}$$

Die Verallgemeinerungen der partiellen Differentialquotienten für die Koordinaten ko- und kontravarianter Vektorfelder genügen der gewöhnlichen Produktregel zur Bildung partieller Ableitungen. Erklärt man für Skalarfelder

$$\frac{\mathfrak{d}\omega}{\mathfrak{d}x_k} := \frac{\partial\omega}{\partial x_k}\,,$$

so können, wenn $\varphi = \Phi_i dx_i$ eine Linearform und $v = V^i\partial_i$ ein Vektorfeld ist, die partiellen Differentialquotienten des Skalarfeldes $\varphi(v) = \Phi_i V^i$ über eine Produktregel der kovarianten partiellen Differentiation gebildet werden,

$$\begin{aligned}\frac{\mathfrak{d}(\Phi_i V^i)}{\mathfrak{d}x_k} &= \frac{\partial(\Phi_i V^i)}{\partial x_k} = \frac{\partial\Phi_i}{\partial x_k}\, V^i + \Phi_i\, \frac{\partial V^i}{\partial x_k} \\ &= \Big(\frac{\mathfrak{d}\Phi_i}{\mathfrak{d}x_k} + \Gamma^j_{ik}\Phi_j\Big)V^i + \Phi_i\Big(\frac{\mathfrak{d}V^i}{\mathfrak{d}x_k} - \Gamma^i_{jk}V^j\Big) = \frac{\mathfrak{d}\Phi_i}{\mathfrak{d}x_k}\, V^i + \Phi_i\, \frac{\mathfrak{d}V^i}{\mathfrak{d}x_k}\,.\end{aligned}$$

Die kovariante Ableitung eines kontravarianten Tensorfeldes φ der Stufe zwei lautet

$$(\nabla_u\varphi)(\alpha,\beta) = \nabla_u\varphi(\alpha,\beta) - \varphi(\nabla_u\alpha,\beta) - \varphi(\alpha,\nabla_u\beta)\,.$$

Ist $\varphi = \Phi^{ij}\,\partial_i \otimes \partial_j$ in lokalen Koordinaten, so ergibt sich für die rechte Seite dieser Gleichung unter Berücksichtigung von $\varphi(\alpha,\beta) = \Phi^{ij}A_iB_j$ sowie der Regel (5.159) für die Ableitung einer Linearform

$$\begin{aligned}&\frac{\partial(\Phi^{ij}A_iB_j)}{\partial x_k}\, U^k - \Phi^{ij}\, \frac{\mathfrak{d}A_i}{\mathfrak{d}x_k}\, B_jU^k - \Phi^{ij}A_i\, \frac{\mathfrak{d}B_j}{\mathfrak{d}x_k}\, U^k \\ &= \frac{\partial(\Phi^{ij}A_iB_j)}{\partial x_k}\, U^k - \Phi^{ij}B_j\Big(\frac{\partial A_i}{\partial x_k} - A_l\Gamma^l_{ik}\Big)U^k - \Phi^{ij}A_i\Big(\frac{\partial B_j}{\partial x_k} - B_l\Gamma^l_{jk}\Big)U^k \\ &\qquad = \Big(\frac{\partial\Phi^{ij}}{\partial x_k} + \Gamma^i_{lk}\Phi^{lj} + \Gamma^j_{lk}\Phi^{il}\Big)A_iB_jU^k\,;\end{aligned}$$

22) Man beachte, daß die 1-Formen $\mathfrak{d}\Phi_i$ für *kovariante* Koordinaten einem anderen Bildungsgesetz unterliegen als die 1-Formen $\mathfrak{d}V^i$ für *kontravariante* Koordinaten!

somit ist

$$\nabla_u(\Phi^{ij}\partial_i \otimes \partial_j) = \Big(\frac{\partial \Phi^{ij}}{\partial x_k} + \Gamma^i_{lk}\Phi^{lj} + \Gamma^j_{lk}\Phi^{il}\Big)U^k\,\partial_i \otimes \partial_j \tag{5.161}$$

die Koordinatendarstellung der kovarianten Ableitung eines kontravarianten Tensors zweiter Stufe. Führt man durch

$$\frac{\mathfrak{d}\Phi^{ij}}{\mathfrak{d}x_k} := \frac{\partial \Phi^{ij}}{\partial x_k} + \Gamma^i_{lk}\Phi^{lj} + \Gamma^j_{lk}\Phi^{il}$$

die kovarianten partiellen Ableitungen für die Koordinaten kontravarianter zweistufiger Tensorfelder ein, so ist für $\varphi = v \otimes w$, also $\Phi^{ij} = V^iW^j$,

$$\begin{aligned}\frac{\mathfrak{d}(V^iW^j)}{\mathfrak{d}x_k} &= \frac{\partial(V^iW^j)}{\partial x_k} + \Gamma^i_{lk}V^lW^j + \Gamma^j_{lk}V^iW^l\\ &= \frac{\partial V^i}{\partial x_k}W^j + V^i\frac{\partial W^j}{\partial x_k} + \Gamma^i_{lk}V^lW^j + \Gamma^j_{lk}V^iW^l\\ &= \Big(\frac{\partial V^i}{\partial x_k} + \Gamma^i_{lk}V^l\Big)W^j + V^i\Big(\frac{\partial W^j}{\partial x_k} + \Gamma^j_{lk}W^l\Big) = \frac{\mathfrak{d}V^i}{\mathfrak{d}x_k}W^j + V^i\frac{\mathfrak{d}W^j}{\mathfrak{d}x_k}\,.\end{aligned}$$

Die kovariante Ableitung eines gemischten Tensors φ der Stufe zwei lautet

$$(\nabla_u\varphi)(\alpha, v) = \nabla_u\varphi(\alpha, v) - \varphi(\nabla_u\alpha, v) - \varphi(\alpha, \nabla_u v)\,.$$

Ist in lokalen Koordinaten $\varphi = \Phi^i_j\,\partial_i \otimes dx_j$, so erhält man für die rechte Seite dieser Gleichung mit $\varphi(\alpha, v) = \Phi^i_jA_iV^j$ sowie den Regeln (5.157) und (5.159)

$$\begin{aligned}&\frac{\partial(\Phi^i_jA_iV^j)}{\partial x_k}U^k - \Phi^i_j\frac{\mathfrak{d}A_i}{\mathfrak{d}x_k}V^jU^k - \Phi^i_jA_i\frac{\mathfrak{d}V^j}{\mathfrak{d}x_k}U^k\\ &= \frac{\partial(\Phi^i_jA_iV^j)}{\partial x_k}U^k - \Phi^i_jV^j\Big(\frac{\partial A_i}{\partial x_k} - A_l\Gamma^l_{ik}\Big)U^k - \Phi^i_jA_i\Big(\frac{\partial V^j}{\partial x_k} + V^l\Gamma^j_{lk}\Big)U^k\\ &= \Big(\frac{\partial \Phi^i_j}{\partial x_k} + \Gamma^i_{lk}\Phi^l_j - \Gamma^l_{jk}\Phi^i_l\Big)A_iV^jU^k\,,\end{aligned}$$

woraus sich nun die lokale Darstellung

$$\nabla_u(\Phi^i_j\,\partial_i \otimes dx_j) = \Big(\frac{\partial \Phi^i_j}{\partial x_k} + \Gamma^i_{lk}\Phi^l_j - \Gamma^l_{jk}\Phi^i_l\Big)U^k\,\partial_i \otimes dx_j \tag{5.162}$$

der kovarianten Ableitung eines gemischten Tensors zweiter Stufe ergibt. Führt man durch

$$\frac{\mathfrak{d}\Phi^i_j}{\mathfrak{d}x_k} := \frac{\partial \Phi^i_j}{\partial x_k} + \Gamma^i_{lk}\Phi^l_j - \Gamma^l_{jk}\Phi^i_l$$

die kovarianten partiellen Differentialquotienten für Koordinaten gemischter Tensorfelder zweiter Stufe ein, so ist für $\varphi = \alpha \otimes v$

$$\frac{\mathfrak{d}(A_jV^i)}{\mathfrak{d}x_k} = \frac{\mathfrak{d}A_j}{\mathfrak{d}x_k}V^i + A_j\frac{\mathfrak{d}V^i}{\mathfrak{d}x_k}\,.$$

Schließlich lautet die kovariante Ableitung eines kovarianten Tensorfeldes zweiter Stufe

$$(\nabla_u \varphi)(v, w) = \nabla_u \varphi(v, w) - \varphi(\nabla_u v, w) - \varphi(v, \nabla_u w) .$$

Ist $\varphi = \Phi_{ij}\, dx_i \otimes dx_j$ eine Darstellung von φ in lokalen Koordinaten, so ergibt die rechte Seite

$$\begin{aligned} &\frac{\partial(\Phi_{ij} V^i W^j)}{\partial x_k} U^k - \Phi_{ij} \frac{\mathfrak{d} V^i}{\mathfrak{d} x_k} W^j U^k - \Phi_{ij} V^i \frac{\mathfrak{d} W^j}{\mathfrak{d} x_k} U^k \\ &\qquad = \Big(\frac{\partial \Phi_{ij}}{\partial x_k} - \Gamma^l_{ik} \Phi_{lj} - \Gamma^l_{jk} \Phi_{il}\Big) V^i W^j U^k \end{aligned}$$

und somit

$$\nabla_u \big(\Phi_{ij}\, dx_i \otimes dx_j\big) = \Big(\frac{\partial \Phi_{ij}}{\partial x_k} - \Gamma^l_{ik} \Phi_{lj} - \Gamma^l_{jk} \Phi_{il}\Big) U^k\, dx_i \otimes dx_j . \qquad (5.163)$$

Setzt man für die kovarianten partiellen Differentialquotienten kovarianter zweistufiger Tensoren

$$\frac{\mathfrak{d} \Phi_{ij}}{\mathfrak{d} x_k} := \frac{\partial \Phi_{ij}}{\partial x_k} - \Gamma^l_{ik} \Phi_{lj} - \Gamma^l_{jk} \Phi_{il} ,$$

so gilt, wenn φ das Tensorprodukt $\alpha \otimes \beta$ zweier Linearformen ist,

$$\frac{\mathfrak{d}(A_i B_j)}{\mathfrak{d} x_k} = \frac{\mathfrak{d} A_i}{\mathfrak{d} x_k} B_j + A_i \frac{\mathfrak{d} B_j}{\mathfrak{d} x_k} .$$

Eine analoge Vorgangsweise führt zu lokalen Darstellungen der Ableitungen von Tensoren höherer Stufe. Die bisherigen Ergebnisse aber lassen das Bildungsgesetz bereits erkennen. Sind $\Phi^{i_1 \dots i_p}_{j_1 \dots j_q}$ lokale Koordinaten für φ, so ist zur Bestimmung der Koordinaten von $\nabla_u \varphi$ den gewöhnlichen partiellen Differentialquotienten

$$\frac{\partial \Phi^{i_1 \dots i_p}_{j_1 \dots j_q}}{\partial x_k} U^k$$

für jeden kontravarianten Index $\Phi^{\dots i \dots}_{\dots \dots}$ ein Term

$$\Phi^{\dots l \dots}_{\dots \dots} \Gamma^i_{lk} U^k$$

hinzuzuzählen, für jeden kovarianten Index $\Phi^{\dots \dots}_{\dots j \dots}$ ist ein Term

$$\Phi^{\dots \dots}_{\dots l \dots} \Gamma^l_{jk} U^k$$

abzuziehen. Mit der Setzung

$$\frac{\mathfrak{d} \Phi^{i_1 \dots i_p}_{j_1 \dots j_q}}{\mathfrak{d} x_k} := \frac{\partial \Phi^{i_1 \dots i_p}_{j_1 \dots j_q}}{\partial x_k} + \sum_{\mu=1}^{p} \Gamma^{i_\mu}_{lk} \Phi^{i_1 \dots l \dots i_p}_{j_1 \dots j_q} - \sum_{\nu=1}^{q} \Gamma^l_{j_\nu k} \Phi^{i_1 \dots i_p}_{j_1 \dots l \dots j_q} \qquad (5.164)$$

beziehungsweise

$$\mathfrak{d} \Phi^{i_1 \dots i_p}_{j_1 \dots j_q} := d\Phi^{i_1 \dots i_p}_{j_1 \dots j_q} + \Big(\sum_{\mu=1}^{p} \Gamma^{i_\mu}_{lk} \Phi^{i_1 \dots l \dots i_p}_{j_1 \dots j_q} - \sum_{\nu=1}^{q} \Gamma^l_{j_\nu k} \Phi^{i_1 \dots i_p}_{j_1 \dots l \dots j_q}\Big) dx_k \quad (5.165)$$

sind

$$\frac{\partial \Phi^{i_1 \dots i_p}_{j_1 \dots j_q}}{\partial x_k} U^k = \partial \Phi^{i_1 \dots i_p}_{j_1 \dots j_q}(u)$$

die Koordinaten des Tensors $\nabla_u \varphi$. Die Größen (5.165) heißen die ***kovarianten Differentiale*** der Koordinaten des Tensors φ; sie transformieren sich nach demselben Gesetz wie die Koordinaten von φ. Für die gewöhnlichen und die ***kovarianten partiellen Ableitungen*** (5.164) sind auch Schreibweisen wie

$$\frac{\partial \Phi^{i_1 \dots i_p}_{j_1 \dots j_q}}{\partial x_k} = \Phi^{i_1 \dots i_p}_{j_1 \dots j_q , k} \, , \qquad \frac{\partial \Phi^{i_1 \dots i_p}_{j_1 \dots j_q}}{\partial x_k} = \Phi^{i_1 \dots i_p}_{j_1 \dots j_q ; k} = \Phi^{i_1 \dots i_p}_{j_1 \dots j_q | k}$$

gebräuchlich. Sind φ und ψ beliebige Tensoren, so gilt die Produktregel

$$\frac{\partial (\Phi^{i_1 \dots i_p}_{j_1 \dots j_q} \Psi^{h_1 \dots h_n}_{k_1 \dots k_m})}{\partial x_l} = \frac{\partial \Phi^{i_1 \dots i_p}_{j_1 \dots j_q}}{\partial x_l} \Psi^{h_1 \dots h_n}_{k_1 \dots k_m} + \Phi^{i_1 \dots i_p}_{j_1 \dots j_q} \frac{\partial \Psi^{h_1 \dots h_n}_{k_1 \dots k_m}}{\partial x_l} \, , \tag{5.166}$$

entsprechend der Produktregel zur Bildung „gewöhnlicher" partieller Differentialquotienten. Der Produktregel (5.154) der Tensor-Differentiation entspricht in lokalen Koordinaten eine Produktregel zur Bildung kovarianter partieller Ableitungen, welche formal mit jener der gewöhnlichen partiellen Differentiation identisch ist. Die kovarianten Differentiale bzw. die kovarianten partiellen Ableitungen übernehmen auf einer affin zusammenhängenden Mannigfaltigkeit jene Rolle, welche die gewöhnlichen Differentiale bzw. die gewöhnlichen partiellen Differentialquotienten in affinen Räumen innehaben. Zu beachten ist dabei allerdings, daß dem Operator $\frac{\partial}{\partial x_i}$ je nach der Natur des Objektes, auf das er angewendet werden soll, eine individuelle Rechenvorschrift zugrunde liegt.

Wie die gewöhnliche partielle Differentiation ist die kovariante partielle Differentiation linear, d.h. vertauschbar mit der Addition und der Multiplikation mit Zahlen, und wie diese genügt sie einer Produktregel. Ein wichtiges Merkmal geht allerdings nicht auf die kovarianten partiellen Differentialquotienten über: die Gleichheit der gemischten Ableitungen. Dieser Umstand hängt eng mit der Torsion und der Krümmung des Raumes zusammen.

Bildet man in lokalen Koordinaten die kovariante Ableitung des Differentials eines Skalarfeldes,

$$\nabla_v d\omega = V^j \frac{\partial}{\partial x_j} \frac{\partial \omega}{\partial x_i} dx_i = V^j \frac{\partial^2 \omega}{\partial x_j \partial x_i} dx_i \, ,$$

so ergibt die Anwendung auf ein zweites Vektorfeld u mit (5.160)

$$(\nabla_v d\omega)(u) = U^i V^j \frac{\partial^2 \omega}{\partial x_j \partial x_i} \, .$$

Vertauscht man die Rollen von u und v, so erhält man durch Bildung der Differenz

$$(\nabla_v d\omega)(u) - (\nabla_u d\omega)(v) = \left(\frac{\partial^2 \omega}{\partial x_j \partial x_i} - \frac{\partial^2 \omega}{\partial x_i \partial x_j} \right) U^i V^j \, .$$

Auf Grund der Produktregel sowie der Vertauschbarkeit mit Verjüngungen ist

$$\nabla_u d\omega(v) = \nabla_u\langle d\omega, v\rangle = \langle\nabla_u d\omega, v\rangle + \langle d\omega, \nabla_u v\rangle$$

und deshalb

$$\begin{aligned}(\nabla_v d\omega)(u) - (\nabla_u d\omega)(v) &= \nabla_v d\omega(u) - \langle d\omega, \nabla_v u\rangle - \nabla_u d\omega(v) + \langle d\omega, \nabla_u v\rangle \\ &= v\big(d\omega(u)\big) - d\omega(\nabla_v u) - u\big(d\omega(v)\big) + d\omega(\nabla_u v) \\ &= (v \circ u)(\omega) - (u \circ v)(\omega) + d\omega(\nabla_u v - \nabla_v u)\,,\end{aligned}$$

also

$$(\nabla_v d\omega)(u) - (\nabla_u d\omega)(v) = d\omega\big(\mathfrak{t}(u,v)\big)\,,$$

worin $\mathfrak{t}$ die bilineare Abbildung (5.129) ist. Nun folgt mit (5.131) weiter

$$d\omega\big(\mathfrak{t}(u,v)\big) = \big\langle d\omega, \mathfrak{t}(u,v)\big\rangle = \boldsymbol{T}(d\omega, u, v)$$

und daher

$$(\nabla_v d\omega)(u) - (\nabla_u d\omega)(v) = \boldsymbol{T}(d\omega, u, v)$$

bzw. in lokalen Koordinaten

$$\frac{\mathfrak{d}^2\omega}{\mathfrak{d}x_j\mathfrak{d}x_i} - \frac{\mathfrak{d}^2\omega}{\mathfrak{d}x_i\mathfrak{d}x_j} = T^l_{ij}\,\frac{\partial\omega}{\partial x_l}\,. \tag{5.167}$$

Infolgedessen sind schon die gemischten kovarianten partiellen Differentialquotienten eines Skalarfeldes einander i.a. nicht gleich, es sei denn, der affine Zusammenhang der Mannigfaltigkeit $\mathfrak{M}$ ist torsionsfrei.

Für das Folgende erweist es sich als zweckdienlich, die Operationsvorschrift (5.141) auf beliebige Tensorfelder auszudehnen. Damit wird $\mathfrak{k}$ zu einer Abbildung

$$\mathfrak{k} : \mathfrak{v}^2(\mathfrak{M}) \times \mathfrak{t}^m_n(\mathfrak{M}) \to \mathfrak{t}^m_n(\mathfrak{M})\,, \quad n, m \geq 0\,,$$

die offenkundig in allen ihren Argumenten linear ist; dabei gilt für $n = m = 0$, also für ein Skalarfeld

$$\begin{aligned}\mathfrak{k}(u,v)\omega &= \nabla_u\nabla_v\omega - \nabla_v\nabla_u\omega - \nabla_{[u,v]}\omega \\ &= \nabla_u d\omega(v) - \nabla_v d\omega(u) - d\omega\big([u,v]\big) = d^2\omega(u,v) = 0\end{aligned} \tag{5.168}$$

wegen (5.156) und der Darstellung (5.34) des Differentials einer reellwertigen Differentilaform. Ist φ eine beliebige Linearform, w ein beliebiges Vektorfeld, so ergibt die Ableitung des Skalarfeldes $\varphi(w) = \langle\varphi, w\rangle$ bezüglich eines Vektorfeldes v auf Grund der Regeln (5.154) und (5.155)

$$\nabla_v\langle\varphi, w\rangle = \langle\nabla_v\varphi, w\rangle + \langle\varphi, \nabla_v w\rangle\,,$$

nochmalige Ableitung bezüglich eines zweiten Vektorfeldes u

$$\nabla_u\nabla_v\langle\varphi, w\rangle = \langle\nabla_u\nabla_v\varphi, w\rangle + \langle\nabla_v\varphi, \nabla_u w\rangle + \langle\nabla_u\varphi, \nabla_v w\rangle + \langle\varphi, \nabla_u\nabla_v w\rangle\,.$$

Durch Vertauschen der Rollen von u und v und anschließende Subtraktion beider Gleichungen wird daraus, wenn man vom Ergebnis noch die darüberstehende Gleichung mit $[u,v]$ an Stelle von v abzieht,

$$\mathfrak{k}(u,v)\langle\varphi, w\rangle = \big\langle\mathfrak{k}(u,v)\varphi, w\big\rangle + \big\langle\varphi, \mathfrak{k}(u,v)w\big\rangle\,,$$

also wegen (5.168) und (5.143)

$$\langle \mathfrak{k}(v,u)\varphi, w\rangle = \langle \varphi, \mathfrak{k}(u,v)w\rangle\,. \tag{5.169}$$

Somit ist auf Grund der Gleichung (5.144)

$$\big(\mathfrak{k}(v,u)\varphi\big)(w) = \langle \mathfrak{k}(v,u)\varphi, w\rangle = \mathcal{K}(\varphi, w, u, v)$$

oder

$$\mathfrak{k}(v,u)\varphi = \mathcal{K}(\varphi, \square, u, v)\,.$$

Ist φ ein beliebiges Tensorfeld mit Koordinaten $\Phi^{\cdots}_{\cdots}$, so sind

$$V^l \,\frac{\partial \Phi^{\cdots}_{\cdots}}{\partial x_l}$$

die Koordinaten des Tensors $\nabla_v\varphi$ und deshalb

$$U^l \,\frac{\partial}{\partial x_l}\Big(V^k \,\frac{\partial \Phi^{\cdots}_{\cdots}}{\partial x_k}\Big)$$

die Koordinaten von $\nabla_u\nabla_v\varphi$; ferner sind

$$U^l \,\frac{\partial V^k}{\partial x_l}\,\frac{\partial \Phi^{\cdots}_{\cdots}}{\partial x_k}$$

die Koordinaten von $\nabla_{\nabla_u v}\varphi$. Faßt man zusammen, so erhält man mit Hilfe der Produktregel der kovarianten partiellen Differentiation die Ausdrücke

$$U^l \,\frac{\partial}{\partial x_l}\Big(V^k \,\frac{\partial \Phi^{\cdots}_{\cdots}}{\partial x_k}\Big) - U^l \,\frac{\partial V^k}{\partial x_l}\,\frac{\partial \Phi^{\cdots}_{\cdots}}{\partial x_k} = U^l V^k \,\frac{\partial^2 \Phi^{\cdots}_{\cdots}}{\partial x_l \partial x_k}$$

für die Koordinaten des Tensorfeldes $(\nabla_u\nabla_v - \nabla_{\nabla_u v})\varphi$. Vertauscht man die Rollen von u und v, so findet man für die Koordinaten des Tensorfeldes

$$\big(\nabla_u\nabla_v - \nabla_v\nabla_u - \nabla_{\nabla_u v} + \nabla_{\nabla_v u}\big)\varphi = \big(\mathfrak{k}(u,v) - \nabla_{\mathfrak{t}(u,v)}\big)\varphi$$

die Ausdrücke

$$\Big(\frac{\partial^2 \Phi^{\cdots}_{\cdots}}{\partial x_l \partial x_k} - \frac{\partial^2 \Phi^{\cdots}_{\cdots}}{\partial x_k \partial x_l}\Big) U^l V^k\,.$$

Dies läßt erkennen, daß die gemischten kovarianten partiellen Differentialquotienten genau dann gleich sind, wenn

$$\mathfrak{k}(u,v) = \nabla_{\mathfrak{t}(u,v)}$$

gilt, was nur dann zutrifft, wenn sowohl der Torsionstensor $\mathcal{T}$ als auch der Krümmungstensor $\mathcal{K}$ verschwindet, der Raum also flach ist.

Für eine Linearform φ mit den lokalen Koordinaten Φ_i ergibt die obige Formel mit einem beliebigen Vektorfeld w neben u und v

$$\begin{aligned}\Big\langle \big(\mathfrak{k}(u,v) - \nabla_{\mathfrak{t}(u,v)}\big)\varphi, w\Big\rangle &= U^l V^k W^j \Big(\frac{\partial^2 \Phi_j}{\partial x_l \partial x_k} - \frac{\partial^2 \Phi_j}{\partial x_k \partial x_l}\Big)\\ &= \big\langle \nabla_{\mathfrak{t}(v,u)}\varphi, w\big\rangle + \big\langle \varphi, \mathfrak{k}(v,u)w\big\rangle\\ &= T^i_{kl} V^k U^l W^j \,\frac{\partial \Phi_j}{\partial x_i} + R^i_{jkl}\Phi_i W^j V^k U^l\,,\end{aligned}$$

wegen (5.169) und $\mathfrak{t}(u,v) = T^i_{lk} U^l V^k \partial_i$, sodaß

$$\frac{\partial^2 \Phi_j}{\partial x_l \partial x_k} - \frac{\partial^2 \Phi_j}{\partial x_k \partial x_l} = T^i_{kl} \frac{\partial \Phi_j}{\partial x_i} + R^i_{jkl} \Phi_i \,. \tag{5.170}$$

Ist ψ eine beliebige Linearform mit den Koordinaten Ψ_i und das Tensorfeld φ ein Vektorfeld w, so erhält man

$$\begin{aligned}\langle \psi, (\mathfrak{k}(u,v) - \nabla_{\mathfrak{t}(u,v)}) w \rangle &= \Psi_i U^l V^k \Big(\frac{\partial^2 W^i}{\partial x_l \partial x_k} - \frac{\partial^2 W^i}{\partial x_k \partial x_l} \Big) \\ &= \langle \psi, \nabla_{\mathfrak{t}(v,u)} w \rangle + \mathbf{K}(\psi, w, u, v) \\ &= T^j_{kl} \Psi_i U^l V^k \frac{\partial W^i}{\partial x_j} + R^i_{jlk} \Psi_i W^j U^l V^k\end{aligned}$$

und somit, wenn man mit Rücksicht auf die nachfolgende Erweiterung auf beliebige Tensorfelder von der Schiefsymmetrie (5.146) des Krümmungstensors Gebrauch macht,

$$\frac{\partial^2 W^i}{\partial x_l \partial x_k} - \frac{\partial^2 W^i}{\partial x_k \partial x_l} = T^j_{kl} \frac{\partial W^i}{\partial x_j} - R^i_{jkl} W^j \,.$$

Ähnliche, jedoch kompliziertere Gleichungen erhält man zur Darstellung der Differenzen gemischter kovarianter partieller Differentialquotienten von Tensorfeldern höherer Stufe und allgemeiner Art. Ist $\varphi \in \mathfrak{t}^m_n(\mathfrak{M})$ ein Tensorfeld mit Koordinaten $\Phi^{\cdots}_{\cdots}$, so ist bei der Auswertung der Differenz

$$\frac{\partial^2 \Phi^{\cdots}_{\cdots}}{\partial x_l \partial x_k} - \frac{\partial^2 \Phi^{\cdots}_{\cdots}}{\partial x_k \partial x_l} = T^i_{kl} \frac{\partial \Phi^{\cdots}_{\cdots}}{\partial x_i} + \cdots \tag{5.171}$$

für jeden kontravarianten Index $\Phi^{\cdots i \cdots}_{\cdots\ \cdots}$ auf der rechten Seite ein Term

$$R^i_{jkl} \Phi^{\cdots j \cdots}_{\cdots\ \cdots}$$

abzuziehen, für jeden kovarianten Index $\Phi^{\cdots\ \cdots}_{\cdots j \cdots}$ ist ein Term

$$R^i_{jkl} \Phi^{\cdots\ \cdots}_{\cdots i \cdots}$$

hinzuzuzählen. —

Neben der kovarianten Differentiation von Tensorfeldern ist eine zweite Tensor-Differentiation von Bedeutung. Obwohl auch sie vom Vergleich von Vektoren in benachbarten Punkten ausgeht, unterscheidet sie sich grundlegend von der kovarianten Differentiation, die auf der infinitesimalen Parallelverschiebung beruht. Sie benötigt deshalb auch nicht die Struktur eines affinen Zusammenhangs.

Sei v ein beliebiges Vektorfeld auf $\mathfrak{M}$. Dann heißt die diesem Vektorfeld zugeordnete Abbildung $\mathcal{L}_v : \mathfrak{v}(\mathfrak{M}) \to \mathfrak{v}(\mathfrak{M})$,

$$\mathcal{L}_v u := [v, u] \,, \tag{5.172}$$

die *Lie-Ableitung* von u bezüglich des Vektorfeldes v. Für ein Skalarfeld ω setzt man

$$\mathcal{L}_v \omega := v(\omega) = d\omega(v) \,. \tag{5.173}$$

Ist auf einer Mannigfaltigkeit $\mathfrak{M}$ ein Vektorfeld v gegeben, so kann man fragen, ob es eine „Strömung“ auf $\mathfrak{M}$ gibt, deren Geschwindigkeitsfeld gerade das Vektorfeld v ist. Mit anderen Worten, es wird nach Kurven auf $\mathfrak{M}$ gesucht, deren Tangentenvektor in jedem Punkt $P \in \mathfrak{M}$ der Feldvektor $v(P)$ ist. Diese Kurven sind als die „Stromlinien“ bzw. „Feldlinien“ des Vektorfeldes v anzusehen und werden *Integralkurven* des Vektorfeldes v genannt.

Ist $\gamma : I \to \mathfrak{M}$ eine solche Integralkurve und κ ein lokales Koordinatensystem für $\mathfrak{U} \subseteq \mathfrak{M}$, so müssen, wenn der Tangentenvektor in jedem Punkt $P \in \mathfrak{M}$ der Feldvektor $v(P)$ sein soll, die Koordinaten $x_i(t)$ der Funktion $x = \kappa^{-1} \circ \gamma$ das Differentialgleichungssystem

$$\frac{dx_i}{dt} = V^i(x_1, \ldots, x_N), \qquad i = 1, 2, \ldots, N, \tag{5.174}$$

lösen. Der Existenz- und Eindeutigkeitssatz für Systeme gewöhnlicher Differentialgleichungen erster Ordnung gewährleistet nun umgekehrt, daß es zu vorgegebenen Anfangswerten der Systemgrößen x_i, welche die Lösungsfunktionen für einen festen Wert t_o des Kurvenparameters annehmen sollen, genau ein System von Lösungsfunktionen in einem bestimmten Intervall um t_o gibt, durch das diese Anfangsbedingungen und die Differentialgleichungen (5.174) erfüllt werden. Deshalb geht durch jeden Punkt der Mannigfaltigkeit $\mathfrak{M}$ genau eine Integralkurve, zwei Integralkurven können sich weder berühren noch kreuzen. Da der Kurvenparameter t in den Differentialgleichungen (5.174) explizit nicht aufscheint, kann man ohne Beschränkung der Allgemeinheit für $t_o = 0$ setzen. Es bezeichne für das Folgende $x(t; \mathbf{x})$ jene in einem gewissen Intervall $]-\delta, \delta[$ definierte Lösung des Systems (1.158), welche die Anfangsbedingung $x(0; \mathbf{x}) = \mathbf{x}$ erfüllt; dann ist durch die Funktion $\kappa \circ x(t; \mathbf{x})$ ein gewisses Stück der Integralkurve durch den Punkt $P = \kappa(\mathbf{x})$ gegeben, wobei die Parametrisierung so eingerichtet ist, daß dem Punkt P der Wert $t = 0$ des Kurvenparameters entspricht.

Sei also $P \in \mathfrak{U}$ ein beliebiger Punkt und $x(t; \mathbf{x})$ eine auf dem Intervall $]-\delta, \delta[$ gegebene Lösung des Systems (5.174). Erteilt man dem Kurvenparameter einen festen Wert $t \in]-\delta, \delta[$, so wird dem Punkt P der Punkt $Q = \kappa \circ x(t; \mathbf{x}) \in \mathfrak{U}$ zugeordnet; er liegt auf der Integralkurve durch den Punkt P und hat bezüglich der Karte κ angenähert die Koordinaten $x_i + tV^i(\mathbf{x})$. Auf diese Weise ist für alle hinlänglich kleinen Werte des Kurvenparameters t eine Abbildung $\phi_t : \mathfrak{U} \to \mathfrak{U}$ gegeben, die man den *Fluß* des Vektorfeldes v nennt. Sie hat auf Grund ihrer Konstruktion die Eigenschaft $\phi_0(P) = P$; da ferner

$$x(t_1 + t_2; \mathbf{x}_o) = x(t_1; x(t_2; \mathbf{x}_o))$$

für für alle hinreichend kleinen Werte von t_1, t_2 gilt, ist

$$\phi_{t_1 + t_2} = \phi_{t_1} \circ \phi_{t_2} .$$

Setzt man darin für $t_1 = -t_2 = t$, so ergibt sich, wie es ja auch aus der Konstruktion der Abbildung ϕ_t her klar ist, ihre Umkehrbarkeit, und zwar erhält man, da ϕ_0 die identische Abbildung ist, die Umkehrung durch Ersetzen von t durch $-t$,

$$\phi_t^{-1} = \phi_{-t} .$$

Die Abbildung ϕ_t ist, ebenso wie ihre Umkehrung, differenzierbar. Durch das Differential $d\phi_t : \mathcal{T}_P \to \mathcal{T}_{\phi_t(P)}$ wird jedem Vektor aus dem Tangentialraum des Punktes P ein Vektor aus dem Tangentialraum des benachbarten Punktes $\phi_t(P)$ zugeordnet, umgekehrt transferiert das Differential $d\phi_{-t} : \mathcal{T}_{\phi_t(P)} \to \mathcal{T}_P$ jeden Vektor aus dem Tangentialraum des Punktes $\phi_t(P)$ in den Tangentialraum des Punktes P zurück. Auf diese Weise läßt sich der Feldvektor $u(\phi_t(P)) \in \mathcal{T}_{\phi_t(P)}$ mit dem Vektor $u(P) \in \mathcal{T}_P$ vergleichen, indem man ihn mittels der Abbildung $d\phi_{-t}$ in den Tangentialraum des Punktes P bringt und die Differenz

$$d\phi_{-t}(u[\phi_t(P)]) - u(P) \tag{5.175}$$

der beiden Vektoren im Tangentialraum $\mathcal{T}_P$ bildet. Nach Division durch t und Grenzübergang $t \to 0$ erhält man dann

$$\pounds_v u = \lim_{t\to 0} \frac{d\phi_{-t}\big(u[\phi_t(P)]\big) - u(P)}{t}\,. \tag{5.176}$$

Zur Berechnung dieses Grenzwertes ist zunächst die Differenz (5.175) nach Potenzen von t zu entwickeln, wobei man sich auf die in t linearen Terme beschränken kann. Bezeichnet

$$\bar{x}_i = x_i(t;\mathbf{x}) = x_i + tV^i(\mathbf{x}) + \cdots$$

die Koordinaten des Punktes $\phi_t(P)$ bezüglich der Karte κ, so ist zunächst

$$U^i(\bar{\mathbf{x}}) = U^i\big(\mathbf{x} + t\mathbf{V}(\mathbf{x}) + \cdots\big) = U^i(\mathbf{x}) + t\,\frac{\partial U^i}{\partial x_j}\,V^j(\mathbf{x}) + \cdots\,,$$

worin die partiellen Ableitungen im Punkt P zu nehmen sind. Da

$$\frac{\partial \bar{x}_i}{\partial x_j} = \delta^i_j + t\,\frac{\partial V^i}{\partial x_j} + \cdots$$

die Elemente der Matrix von $d\phi_t$ sind, erhält man über die Entwicklungen

$$\delta^i_j - t\,\frac{\partial V^i}{\partial x_j} + \cdots$$

die Elemente ihrer Inversen, also die Matrix von $d\phi_{-t}$ im Koordinatensystem der Karte κ. Infolgedessen beginnt die Entwicklung der i-ten Koordinate des Vektors $d\phi_{-t}\big(u[\phi_t(P)]\big)$ mit

$$\Big(\delta^i_j - t\,\frac{\partial V^i}{\partial x_j} + \cdots\Big)\Big(U^j + t\,\frac{\partial U^j}{\partial x_k}\,V^k + \cdots\Big) = U^i + t\Big(\frac{\partial U^i}{\partial x_j}\,V^j - U^j\,\frac{\partial V^i}{\partial x_j}\Big) + \cdots\,.$$

Daher ist

$$t\Big(\frac{\partial U^i}{\partial x_j}\,V^j - U^j\,\frac{\partial V^i}{\partial x_j}\Big) + \cdots$$

die i-te Koordinate der Differenz (5.175); nach Division durch t führt der Grenzübergang $t \to 0$ in (5.176) auf den Vektor $[v,u] = \pounds_v u$.

Die Lie-Ableitung eines Vektorfeldes kann man sich durch folgendes Bild veranschaulichen. Ein Beobachter im Raum, der in Richtung einer Integralkurve von einem Punkt P aus einen infinitesimalen Schritt macht, registriert im benachbarten Punkt andere Werte für die Koordinaten eines Vektorfeldes und faßt diesen Sachverhalt als einen Wechsel $x_i \to \bar{x}_i$ der Koordinaten auf, indem er bei diesem Schritt sozusagen sein Koordinatensystem mitgenommen hat. Er transformiert auf seine Koordinaten zurück und vergleicht das Ergebnis mit den Werten der Koordinaten in seinem mitgenommenen Bezugssystem: die Änderung, die sich für ihn dabei ergibt, ist die Lie-Ableitung des Vektorfeldes.

Verschwindet die Lie-Ableitung eines Vektorfeldes, so stellt der Beobachter keine Änderungen bei einer infinitesimalen Ortsänderung in Richtung der Integralkurve durch seinen Standort fest. Man veranschauliche sich dies an Hand der Beziehungen

$$\pounds_v v = [v,v] = 0 \quad \text{und} \quad \pounds_{\partial_i}\partial_j = [\partial_i, \partial_j] = 0\,!$$

Die Lie-Ableitung eines Skalarfeldes ist die Änderung des Skalars bei infinitesimalem Fortschreiten längs einer Integralkurve,

$$\begin{aligned}\pounds_v\omega &= \lim_{t\to 0} \frac{\omega\big(\phi_t(P)\big) - \omega(P)}{t} = \lim_{t\to 0} \frac{\omega\big(\mathbf{x} + t\mathbf{V}(\mathbf{x}) + \cdots\big) - \omega(\mathbf{x})}{t} \\ &= \lim_{t\to 0} \frac{1}{t}\Big(\omega(\mathbf{x}) + t\,\frac{\partial\omega}{\partial x_j}\,V^j(\mathbf{x}) + \cdots - \omega(\mathbf{x})\Big) = \frac{\partial\omega}{\partial x_j}\,V^j = v(\omega) = d\omega(v)\,.\end{aligned}$$

Es liegt nahe, die Lie-Ableitung für Skalar- und Vektorfelder zu einer Tensor-Ableitung zu verallgemeinern. Wie bei der kovarianten Differentiation reichen die Definitionen (5.172) und (5.173) hiefür aus:

Zu jedem Vektorfeld v auf einer Mannigfaltigkeit $\mathfrak{M}$ gibt es genau eine Tensor-Ableitung $\mathcal{L}_v : \mathfrak{t}_n^m(\mathfrak{M}) \to \mathfrak{t}_n^m(\mathfrak{M})$, welche für ein Skalarfeld ω mit der Richtungsableitung (5.173) übereinstimmt und für ein Vektorfeld u das Lie-Produkt (5.172) ist. Der Tensor $\mathbf{d}\varphi = \mathcal{L}_v\varphi$ heißt die *Lie-Ableitung* des Tensorfeldes φ bezüglich des Vektorfeldes v.

Der Beweis für diesen Existenz- und Eindeutigkeitssatz verläuft nach dem Muster wie jener für die kovariante Differentiation, sodaß die folgende Darstellung kurz gehalten werden kann. Ist $\varphi = \Phi_i dx_i$ eine Linearform und $u = U^i\partial_i$ ein Vektorfeld, so ergibt die Anwendung von $\mathcal{L}_v$ auf das Skalarfeld $\varphi(u) = \langle\varphi, u\rangle = \mathbf{V}(\varphi \otimes u)$

$$\begin{aligned}\mathcal{L}_v\varphi(u) &= v\big(\varphi(u)\big) = \mathbf{V}(\mathcal{L}_v\varphi \otimes u) + \mathbf{V}(\varphi \otimes \mathcal{L}_v u)\\ &= (\mathcal{L}_v\varphi)(u) + \varphi(\mathcal{L}_v u)\,,\end{aligned}$$

woraus

$$(\mathcal{L}_v\varphi)(u) = \mathcal{L}_v\varphi(u) - \varphi(\mathcal{L}_v u)$$

folgt. Die rechte Seite ist in lokalen Koordinaten wegen (5.172)

$$\frac{\partial(\Phi_i U^i)}{\partial x_j}V^j - \Phi_i\Big(V^j\frac{\partial U^i}{\partial x_j} - U^j\frac{\partial V^i}{\partial x_j}\Big) = \Big(V^j\frac{\partial\Phi_i}{\partial x_j} + \Phi_j\frac{\partial V^j}{\partial x_i}\Big)U^i\,,$$

d.h. es ist

$$\mathcal{L}_v\varphi = \mathcal{L}_v(\Phi_i dx_i) = \Big(V^j\frac{\partial\Phi_i}{\partial x_j} + \Phi_j\frac{\partial V^j}{\partial x_i}\Big)dx_i\,. \tag{5.177}$$

Die Herleitung der Lie-Ableitung von Tensorfeldern höherer als erster Stufe erfolgt nun auf demselben Weg wie jene der kovarianten Ableitung. Ist φ ein beliebiges Tensorfeld, so wendet man die Lie-Ableitung (5.173) auf das Skalarfeld $\varphi(\alpha^1,\dots,u_n) = \mathbf{V}(\varphi\otimes\alpha^1\otimes\cdots\otimes u_n)$ an und erhält auf diese Weise

$$\begin{aligned}(\mathcal{L}_v\varphi)(\alpha^1,\dots,u_n) &= \mathcal{L}_v\varphi(\alpha^1,\dots,u_n)\\ &\quad - \varphi(\mathcal{L}_v\alpha^1,\dots,u_n) - \cdots - \varphi(\alpha^1,\dots,\mathcal{L}_v u_n)\,,\end{aligned} \tag{5.178}$$

worin der erste Term auf der rechten Seite die Richtungsableitung der Invariante $\varphi(\alpha^1,\dots,u_n)$ ist, die ja mit der Lie-Ableitung identisch ist. So ist für ein zweistufiges kovariantes Tensorfeld φ

$$(\mathcal{L}_v\varphi)(x,y) = \mathcal{L}_v\varphi(x,y) - \varphi(\mathcal{L}_v x, y) - \varphi(x, \mathcal{L}_v y)\,;$$

in lokalen Koordinaten lautet die rechte Seite

$$\begin{aligned}&\frac{\partial(\Phi_{ij}X^iY^j)}{\partial x_k}V^k - \Phi_{ij}Y^j\Big(V^k\frac{\partial X^i}{\partial x_k} - X^k\frac{\partial V^i}{\partial x_k}\Big) - \Phi_{ij}X^i\Big(V^k\frac{\partial Y^j}{\partial x_k} - Y^k\frac{\partial V^j}{\partial x_k}\Big)\\ &\quad = \Big(\frac{\partial\Phi_{ij}}{\partial x_k}V^k + \Phi_{il}\frac{\partial V^l}{\partial x_j} + \Phi_{lj}\frac{\partial V^l}{\partial x_i}\Big)X^iY^j\,.\end{aligned}$$

Schreibt man kurz $\pounds_v\Phi^{\cdots}_{\cdots}$ für die lokalen Koordinaten der Lie-Ableitung eines Tensorfeldes φ mit den Koordinaten $\Phi^{\cdots}_{\cdots}$, so sind demzufolge

$$\pounds_v\Phi_{ij} = \frac{\partial\Phi_{ij}}{\partial x_k} V^k + \Phi_{lj}\frac{\partial V^l}{\partial x_i} + \Phi_{il}\frac{\partial V^l}{\partial x_j}$$

die Koordinaten des kovarianten zweistufigen Tensors $\pounds_v\varphi$. Für ein gemischtes Tensorfeld zweiter Stufe erhält man

$$(\pounds_v\varphi)(\alpha,u) = \pounds_v\varphi(\alpha,u) - \varphi(\pounds_v\alpha,u) - \varphi(\alpha,\pounds_v u)$$

und in analoger Kurzschreibweise

$$\pounds_v\Phi^i_j = \frac{\partial\Phi^i_j}{\partial x_k} V^k - \Phi^l_j\frac{\partial V^i}{\partial x_l} + \Phi^i_l\frac{\partial V^l}{\partial x_j}\,;$$

die Koordinaten der Lie-Ableitung eines kontravarianten Tensorfeldes sind

$$\pounds_v\Phi^{ij} = \frac{\partial\Phi^{ij}}{\partial x_k} V^k - \Phi^{lj}\frac{\partial V^i}{\partial x_l} - \Phi^{il}\frac{\partial V^j}{\partial x_l}\,.$$

Diese Regeln lassen das allgemeine Bildungsgesetz bereits erkennen: Ist φ ein beliebiges Tensorfeld mit den Koordinaten $\Phi^{i_1\cdots i_n}_{j_1\cdots j_m}$, so ist dem Ausdruck

$$\frac{\partial\Phi^{i_1\ldots i_n}_{j_1\ldots j_m}}{\partial x_k} V^k$$

für jeden kovarianten Index $\Phi^{\cdots\;\cdots}_{\cdots j\cdots}$ ist ein Term

$$\Phi^{\cdots\;\cdots}_{\cdots l\cdots}\frac{\partial V^l}{\partial x_j}$$

hinzuzufügen, für jeden kontravarianten Index $\Phi^{\cdots i\cdots}_{\cdots\;\cdots}$ ist ein Term

$$\Phi^{\cdots l\cdots}_{\cdots\;\cdots}\frac{\partial V^i}{\partial x_l}$$

abzuziehen, d.h. es sind

$$\pounds_v\Phi^{i_1\ldots i_n}_{j_1\ldots j_m} = \frac{\partial\Phi^{i_1\ldots i_n}_{j_1\ldots j_m}}{\partial x_k} V^k + \sum_{\mu=1}^{m}\Phi^{i_1\ldots i_n}_{j_1\ldots l\ldots j_m}\frac{\partial V^l}{\partial x_{j_\mu}} - \sum_{\nu=1}^{n}\Phi^{i_1\ldots l\ldots i_n}_{j_1\ldots j_m}\frac{\partial V^{i_\nu}}{\partial x_l} \qquad (5.179)$$

die Koordinaten des Tensors $\pounds_v\varphi$. Anders als bei der kovarianten Differentiation, in die das Vektorfeld v nur mit seinen Koordinaten eingeht, nimmt auf die Lie-Ableitung das Vektorfeld v in einer Umgebung des jeweiligen Punktes Einfluß.

Das Wesen der Lie-Ableitung, wie es für Skalar- Vektorfelder weiter oben vorgestellt wurde, bleibt bei dieser Übertragung auf allgemeine Tensorfelder erhalten.

Ein Beobachter, der von seinem Standort P mit den Koordinaten x_i einen infinitesimalen Schritt in Richtung der Integralkurve des Vektorfeldes v macht, nimmt im benachbarten Punkt mit den Koordinaten $\bar{x}_i = x_i + t\,V^i(\mathbf{x}) + \cdots$ andere Koordinaten $\Phi^{i_1\cdots i_n}_{j_1\cdots j_m}(\bar{\mathbf{x}})$ des Tensorfeldes φ wahr. Indem er dies als Koordinatentransformation $x_i \to \bar{x}_i$ auffaßt und zurücktransformiert, bietet sich ihm der

Vergleich mit den Koordinaten $\Phi^{i_1\ldots i_n}_{j_1\ldots j_m}(\mathbf{x})$ in seinem mitgenommenen Koordinatensystem an,

$$\frac{\partial \bar{x}_{h_1}}{\partial x_{j_1}}\cdots\frac{\partial x_{i_n}}{\partial \bar{x}_{k_n}}\,\Phi^{k_1\ldots k_n}_{h_1\ldots h_m}(\mathbf{x}+t\,\mathbf{V}(\mathbf{x})+\cdots)-\Phi^{i_1\ldots i_n}_{j_1\ldots j_m}(\mathbf{x})=t\,\mathcal{L}_v\Phi^{i_1\ldots i_n}_{j_1\ldots j_m}+\cdots,$$

worin er für

$$\frac{\partial x_i}{\partial \bar{x}_k}=\delta^i_k-t\,\frac{\partial V^i}{\partial x_k}+\cdots,\qquad \frac{\partial \bar{x}_h}{\partial x_j}=\delta^h_j+t\,\frac{\partial V^h}{\partial x_j}+\cdots$$

einsetzt.

Bemerkenswert ist, daß die gewöhnlichen partiellen Ableitungen in den Koordinaten (5.179) der Lie-Ableitung eines allgemeinen Tensorfeldes durch die kovarianten ersetzt werden können, wenn auf $\mathfrak{M}$ ein torsionsfreier affiner Zusammenhang gegeben ist. Bildet man nach (5.164)

$$\frac{\partial \Phi^{i_1\ldots i_n}_{j_1\ldots j_m}}{\partial x_k}=\frac{\mathfrak{d}\Phi^{i_1\ldots i_n}_{j_1\ldots j_m}}{\mathfrak{d}x_k}+\sum_{\mu=1}^{m}\Gamma^l_{j_\mu k}\Phi^{i_1\ldots i_n}_{j_1\ldots l\ldots j_m}-\sum_{\nu=1}^{n}\Gamma^{i_\nu}_{lk}\Phi^{i_1\ldots l\ldots i_n}_{j_1\ldots j_m}$$

und

$$\sum_{\mu=1}^{m}\Phi^{i_1\ldots i_n}_{j_1\ldots l\ldots j_m}\frac{\partial V^l}{\partial x_{j_\mu}}-\sum_{\nu=1}^{n}\Phi^{i_1\ldots l\ldots i_n}_{j_1\ldots j_m}\frac{\partial V^{i_\nu}}{\partial x_l}$$

$$=\sum_{\mu=1}^{m}\Phi^{i_1\ldots i_n}_{j_1\ldots l\ldots j_m}\left(\frac{\mathfrak{d}V^l}{\mathfrak{d}x_{j_\mu}}-\Gamma^l_{kj_\mu}V^k\right)-\sum_{\nu=1}^{n}\Phi^{i_1\ldots l\ldots i_n}_{j_1\ldots j_m}\left(\frac{\mathfrak{d}V^{i_\nu}}{\mathfrak{d}x_l}-\Gamma^{i_\nu}_{kl}V^k\right),$$

so erhält man durch Addition die Ausdrücke

$$\frac{\mathfrak{d}\Phi^{i_1\ldots i_n}_{j_1\ldots j_m}}{\mathfrak{d}x_k}V^k+\sum_{\mu=1}^{m}\Phi^{i_1\ldots i_n}_{j_1\ldots l\ldots j_m}\left(\frac{\mathfrak{d}V^l}{\mathfrak{d}x_{j_\mu}}-\Gamma^l_{kj_\mu}V^k+\Gamma^l_{j_\mu k}V^k\right)$$

$$-\sum_{\nu=1}^{n}\Phi^{i_1\ldots l\ldots i_n}_{j_1\ldots j_m}\left(\frac{\mathfrak{d}V^{i_\nu}}{\mathfrak{d}x_l}-\Gamma^{i_\nu}_{kl}V^k+\Gamma^{i_\nu}_{lk}V^k\right)$$

$$=\frac{\mathfrak{d}\Phi^{i_1\ldots i_n}_{j_1\ldots j_m}}{\mathfrak{d}x_k}V^k+\sum_{\mu=1}^{m}\Phi^{i_1\ldots i_n}_{j_1\ldots l\ldots j_m}\frac{\mathfrak{d}V^l}{\mathfrak{d}x_{j_\mu}}-\sum_{\nu=1}^{n}\Phi^{i_1\ldots l\ldots i_n}_{j_1\ldots j_m}\frac{\mathfrak{d}V^{i_\nu}}{\mathfrak{d}x_l}.$$

Im Rahmen der Lie-Ableitung nehmen die Differentialformen in mehrfacher Hinsicht eine Sonderstellung ein. Zunächst ist die Lie-Ableitung einer Differentialform selbst wieder eine Differentialform. Aus (5.178), ebenso aus den lokalen Koordinaten

$$\frac{\partial \Phi_{i_1\ldots i_n}}{\partial x_l}V^l+\sum_{\mu=1}^{n}\Phi_{i_1\ldots l\ldots i_n}\frac{\partial V^l}{\partial x_{i_\mu}}$$

der Lie-Ableitung einer n-Form φ erkennt man ohne Schwierigkeiten, daß es sich dabei wieder um einen schiefsymmetrischen kovarianten Tensor handelt. Die Lie-Ableitung ist aber auch mit den Operationen für Differentialformen verträglich: sie ist vertauschbar mit der äußeren Differentiation,

$$\mathcal{L}_v d\varphi=d\mathcal{L}_v\varphi\,,\tag{5.180}$$

und sie genügt der Produktregel

$$\pounds_v(\varphi \wedge \psi) = \pounds_v\varphi \wedge \psi + \varphi \wedge \pounds_v\psi\,. \tag{5.181}$$

Anders als die Produktregel der äußeren Differentiation ist sie formal identisch mit der Produktregel (5.154) einer Tensor-Ableitung, wenn darin das Tensorprodukt $\otimes$ durch das äußere Produkt $\wedge$ ersetzt wird.

Zum Beweis der Produktregel wendet man (5.178) auf das äußere Produkt (vgl. (2.23))

$$\begin{aligned}&(\varphi \wedge \psi)(u_1, \ldots, u_{n+m})\\ &\quad = \frac{1}{n!\,m!}\sum_\pi \operatorname{sign}(\pi)\,\varphi(u_{\pi(1)}, \ldots, u_{\pi(n)})\psi(u_{\pi(n+1)}, \ldots, u_{\pi(n+m)})\end{aligned}$$

einer n-Form φ und einer m-Form ψ an,

$$\begin{aligned}\pounds_v(\varphi \wedge \psi)(u_1, \ldots, u_{n+m}) &= \frac{1}{n!\,m!}\sum_\pi \operatorname{sign}(\pi)\Big[\pounds_v\varphi(u_{\pi(1)}, \ldots, u_{\pi(n)})\\ &\quad - \sum_{\mu=1}^{n}\varphi(u_{\pi(1)}, \ldots, \pounds_v u_{\pi(\mu)}, \ldots, u_{\pi(n)})\Big]\psi(u_{\pi(n+1)}, \ldots, u_{\pi(n+m)})\\ &+ \frac{1}{n!\,m!}\sum_\pi \operatorname{sign}(\pi)\,\varphi(u_{\pi(1)}, \ldots, u_{\pi(n)})\Big[\pounds_v\psi(u_{\pi(n+1)}, \ldots, u_{\pi(n+m)})\\ &\quad - \sum_{\mu=n+1}^{n+m}\psi(u_{\pi(n+1)}, \ldots, \pounds_v u_{\pi(\mu)}, \ldots, u_{\pi(n+m)})\Big]\\ &= (\pounds_v\varphi \wedge \psi)(u_1, \ldots, u_{n+m}) + (\varphi \wedge \pounds_v\psi)(u_1, \ldots, u_{n+m})\,.\end{aligned}$$

Die Vertauschbarkeit der äußeren Differentiation d mit der Bildung der Lie-Ableitung $\pounds_v$ ergibt sich für eine 0-Form aus (5.177) für $\varphi = d\omega$,

$$\pounds_v d\omega = \Big(V^j\frac{\partial^2\omega}{\partial x_j\partial x_i} + \frac{\partial\omega}{\partial x_j}\frac{\partial V^j}{\partial x_i}\Big)dx_i = \frac{\partial}{\partial x_i}\Big(V^j\frac{\partial\omega}{\partial x_j}\Big)dx_i = d\pounds_v\omega\,.$$

Ist φ eine beliebige n-Form mit $n > 0$ und v ein beliebiges Vektorfeld auf $\mathfrak{M}$, so sei $\mathrm{i}_v\varphi$ die $(n-1)$-Form

$$\mathrm{i}_v\varphi(u_1, \ldots, u_{n-1}) := \varphi(v, u_1, \ldots, u_{n-1})\,,$$

die man auch das *innere Produkt* der n-Form φ mit dem Vektorfeld v nennt. Im Koordinatensystem einer Karte κ für $\mathfrak{M}$ ist

$$\mathrm{i}_v\varphi = \sum_{i_1<\cdots<i_{n-1}} V^l\,\Phi_{l i_1\ldots i_{n-1}}\,dx_{i_1} \wedge \cdots \wedge dx_{i_{n-1}}\,.$$

Daher sind

$$\frac{\partial\Phi_{i_1\ldots i_n}}{\partial x_l}V^l - \sum_{\mu=1}^{n}V^l\frac{\partial\Phi_{i_1\ldots l\ldots i_n}}{\partial x_{i_\mu}}\,,$$

worin der Index l die Position des Index i_μ einnimmt, die Koordinaten der n-Form $\mathrm{i}_v d\varphi$ und

$$\sum_{\mu=1}^{n}(-1)^{\mu-1}V^l \frac{\partial\Phi_{li_1\ldots\widehat{i_\mu}\ldots i_n}}{\partial x_{i_\mu}} + \sum_{\mu=1}^{n}\Phi_{i_1\ldots l\ldots i_n}\frac{\partial V^l}{\partial x_{i_\mu}}$$

die Koordinaten der n-Form $d\mathrm{i}_v\varphi$. Bildet man die Summe, so erhält man durch Vergleich mit (5.179)

$$\mathcal{L}_v\varphi = \mathrm{i}_v d\varphi + d\mathrm{i}_v\varphi\,.$$

Infolgedessen ist

$$d\mathcal{L}_v\varphi = d\mathrm{i}_v d\varphi = \mathcal{L}_v d\varphi\,.$$

Da die Lie-Ableitung einer Differentialform auf eine Differentialform desselben Grades führt, ist die Lie-Ableitung einer N-Form wieder eine N-Form. Ist die Mannigfaltigkeit $\mathfrak{M}$ orientierbar und ϵ ein Volumelement für $\mathfrak{M}$, so ist $\mathcal{L}_v\epsilon$ eine N-Form auf $\mathfrak{M}$. Da sich zwei N-Formen auf einer N-dimensionalen Mannigfaltigkeit um eine Invariante unterscheiden, ist in

$$\mathcal{L}_v\epsilon = \lambda\epsilon$$

die Größe λ ein — vom Vektorfeld v abhängiges — Skalarfeld auf $\mathfrak{M}$. Ist

$$\epsilon = \gamma\, dx_1 \wedge \cdots \wedge dx_N$$

eine lokale Darstellung des Volumelementes im Koordinatensystem einer Karte κ, so folgt mit $\epsilon(\partial_1,\ldots,\partial_N) = \gamma$ nach (5.178)

$$\mathcal{L}_v\epsilon(\partial_1,\ldots,\partial_N) = v(\gamma) - \epsilon(\mathcal{L}_v\partial_1,\partial_2,\ldots,\partial_N) - \cdots - \epsilon(\partial_1,\ldots,\partial_{N-1},\mathcal{L}_v\partial_N)\,.$$

Setzt man darin für

$$\mathcal{L}_v\partial_j = [v,\partial_j] = -\frac{\partial V^i}{\partial x_j}\,\partial_i$$

ein, so erhält man unter Berücksichtigung dessen, daß $\gamma \neq 0$ ist auf $\mathfrak{M}$,

$$\mathcal{L}_v\epsilon(\partial_1,\ldots,\partial_N) = \Big(\frac{\partial V^i}{\partial x_i} + \frac{1}{\gamma}\frac{\partial\gamma}{\partial x_i}\,V^i\Big)\epsilon(\partial_1,\ldots,\partial_N)\,.$$

Die durch das Vektorfeld v bestimmte Invariante λ ist der in der Klammer stehende Ausdruck, der die *Divergenz* des Vektorfeldes v genannt wird,

$$\mathcal{L}_v\epsilon = \operatorname{div} v\,\epsilon\,. \tag{5.182}$$

Als Geschwindigkeitsvektor einer Strömung auf $\mathfrak{M}$ ist die Divergenz eines Vektorfeldes die pro Zeiteinheit gemessene relative Volumenänderung in Richtung der Strömung. Im Koordinatensystem einer Karte κ ist

$$\operatorname{div} v := \frac{\partial V^i}{\partial x_i} + \frac{1}{\gamma}\frac{\partial\gamma}{\partial x_i}\,V^i = \frac{1}{\gamma}\frac{\partial(\gamma V^i)}{\partial x_i}\,. \tag{5.183}$$

Ergänzend sei in diesem Zusammenhang vermerkt, daß die *Rotation* wie in affinen Räumen für kovariante schiefsymmetrische Tensorfelder über die äußere Ableitung eingeführt wird,

$$\operatorname{rot}\varphi := d\varphi\,.$$

Ist ω ein Skalarfeld, so heißt $d\omega$ der *Gradient* von ω.

5.7 Riemannsche Räume

Ein affiner Raum wird durch Einführung eines inneren Produktes im Tangentialraum zu einem euklidischen oder pseudo-euklidischen Raum, je nachdem, ob das innere Produkt definit oder indefinit ist. Versieht man eine Mannigfaltigkeit mit der Struktur eines inneren Produktes, indem man in den Tangentialräumen ein inneres Produkt einführt, dessen Index in jedem Punkt derselbe ist, so wird die Mannigfaltigkeit zu einem Riemannschen Raum.

I. *Der Riemannsche Raum verallgemeinert den euklidischen Raum.*

Sei für jeden Punkt P einer differenzierbaren Mannigfaltigkeit $\mathfrak{M}$ ein inneres Produkt

$$(\square,\square)_P : \mathcal{T}_P(\mathfrak{M}) \times \mathcal{T}_P(\mathfrak{M}) \to \mathbb{R} \tag{5.184}$$

im Tangentialraum $\mathcal{T}_P(\mathfrak{M})$ gegeben. Stimmt der Index in allen Punkten von $\mathfrak{M}$ überein und ist für zwei beliebige Vektorfelder u und v die reelle Funktion $(u,v)_P$ auf $\mathfrak{M}$ differenzierbar, so heißt (5.184) ein *inneres Produkt auf* $\mathfrak{M}$. Der gemeinsame Index von (5.184) in den Tangentialräumen heißt der *Index* des inneren Produktes $(\square,\square)$ auf $\mathfrak{M}$.

Ein Riemannscher Raum $\mathfrak{R}$ *ist eine differenzierbare Mannigfaltigkeit mit innerem Produkt.* Ist das innere Produkt positiv definit, so heißt $\mathfrak{R}$ ein Riemannscher Raum im eigentlichen Sinn, ist es indefinit, so wird $\mathfrak{R}$ ein *pseudo-Riemannscher Raum* genannt;[23] Ist r der Index des inneren Produktes, so spricht man auch von einem *pseudo-Riemannschen Raum mit dem Index* r. Einen pseudo-Riemannschen Raum mit dem Index 1 nennt man auch eine *Lorentz-Mannigfaltigkeit*. Die Dimension von $\mathfrak{R}$ als Mannigfaltigkeit wird die Dimension von $\mathfrak{R}$ als Riemannscher Raum genannt; mit der Schreibweise $\mathfrak{R}^N$ soll wie üblich über den Exponenten N auf die Dimension des Raumes hingewiesen werden.

Das innere Produkt in einem Riemannschen Raum $\mathfrak{R}$ ist ein kovariantes zweistufiges Tensorfeld $\mathfrak{g}$. Die Koordinaten dieses Tensorfeldes bezüglich einer Karte κ für eine Umgebung $\mathfrak{U}$ eines Punktes $P \in \mathfrak{R}$ sind

$$g_{ij} = (\partial_i, \partial_j)\,.$$

Das innere Produkt auf $\mathfrak{R}$ induziert in jedem Punkt ein inneres Produkt im Kotangentialraum, und zwar ist im Punkt $P \in \mathfrak{R}$

$$(\varphi,\psi)_* = \langle\varphi,\iota^{-1}\psi\rangle = (\iota^{-1}\varphi,\iota^{-1}\psi)\,,$$

worin $\iota{:}\mathcal{T}_P(\mathfrak{R}) \to \mathcal{T}^*_P(\mathfrak{R})$ der durch das innere Produkt in $\mathcal{T}_P(\mathfrak{R})$ bestimmte Isomorphismus von Tangentialraum und Kotangentialraum ist. Dieses innere Produkt ist ein kontravariantes Tensorfeld $\widehat{\mathfrak{g}}$, dessen Koordinaten im Bezugssystem einer Karte κ durch die Zahlen

$$g^{ij} = (dx_i, dx_j)_*$$

---

[23] Ein pseudo-Riemannscher Raum wird auch ein *semi-Riemannscher Raum* genannt.

gegeben sind. Zwischen dem Isomorphismus ι und den Vektoren der zueinander dualen Basen $\{dx_1, \ldots, dx_N\}$ und $\{\partial_1, \ldots, \partial_N\}$ einer Karte für $\mathfrak{R}$ besteht dabei der Zusammenhang (vgl. (1.53) und (1.54))

$$\iota\partial_i = g_{ij}\, dx_j\,, \quad \iota^{-1} dx_i = g^{ij}\, \partial_j\,,$$

dem wieder zu entnehmen ist, daß die Matrizen $\{g_{ij}\}$ und $\{g^{ij}\}$ zueinander invers sind. Schließlich ist das Skalarprodukt der Räume $\mathcal{T}_P(\mathfrak{R})$ und $\mathcal{T}_P^*(\mathfrak{R})$ ein gemischtes Tensorfeld mit den Koordinaten

$$g^i{}_j = \langle dx_i, \partial_j \rangle = \delta^i_j\,;$$

das gleiche gilt für das Skalarprodukt der Räume $\mathcal{T}_P^*(\mathfrak{R})$ und $\mathcal{T}_P^{**}(\mathfrak{R})$,

$$g_i{}^j = \langle \partial_i, dx_j \rangle_* = \langle dx_j, \partial_i \rangle = \delta^j_i\,.$$

Diese vier Tensorfelder sind Repräsentanten eines einzigen Tensorfeldes, nämlich des kovarianten Tensors

$$\mathfrak{g} = g_{ij}\, dx_i \otimes dx_j\,,$$

aus dem sie hervorgehen: er heißt der *Maßtensor* oder der *metrische Fundamentaltensor* auf $\mathfrak{R}$. Die Größen g_{ij} sind seine kovarianten, die Größen g^{ij} seine kontravarianten und die Größen $g^i{}_j = g_i{}^j = g^i_j = \delta^i_j$ seine gemischten Koordinaten. Sind $u = U^i\partial_i$ und $v = V^i\partial_i$ zwei beliebige Vektorfelder, so ist ihr inneres Produkt

$$(u,v) = \mathfrak{g}(u,v) = g_{ij}\, U^i V^j = U^i V_j = U_i V^j = g^{ij}\, U_i V_j\,.$$

Wie in euklidischen Räumen ist durch das innere Produkt ein Maß für die Länge von Vektoren sowie für den Winkel zweier von einem Raumpunkt ausgehenden Richtungen gegeben.

Zwei Vektoren $u \in \mathcal{T}_P$ und $v \in \mathcal{T}_P$ aus dem Tangentialraum eines Punktes $P \in \mathfrak{R}$ heißen *orthogonal*, wenn ihr inneres Produkt verschwindet,

$$(u,v) = 0\,.$$

Sinngemäß heißt eine Basis $u_1, u_2, \ldots, u_N$ von $\mathcal{T}_P$ orthogonal, wenn

$$(u_i, u_j) = 0 \quad \text{für} \quad i \neq j\,.$$

Man spricht von orthogonalen Vektorfeldern $u_1, u_2, \ldots, u_N$ auf $\mathfrak{R}$, wenn diese Gleichungen für jeden Punkt gelten. Stimmen sie für die Basisvektoren ∂_i einer Karte κ für eine Umgebung $\mathfrak{U}$ eines Punktes von $\mathfrak{R}$, so nennt man das Koordinatensystem der Karte κ orthogonal. Schließlich heißt eine Basis von N Vektoren $u_i \in \mathcal{T}_P$ *orthonormal*, wenn

$$(u_i, u_j) = \eta_{ij}$$

ist, wobei η_{ij} die Elemente der Diagonalmatrix mit den Hauptdiagonalelementen $\eta_{ii} = \eta_i = \pm 1$ sind, deren Bedeutung in (1.62) vereinbart wurde.

Ist φ ein beliebiges Tensorfeld n-ter Stufe auf $\mathfrak{R}$, so bilden die einschließlich φ insgesamt 2^n Tensorfelder, die durch φ nach dem Muster von Kap. 3, §6 auf $\mathfrak{R}$ gegeben sind, eine Familie zueinander assoziierter

Tensorfelder auf $\mathfrak{R}$, denen wieder ein gemeinsamer Familienname gegeben wird. Der Übergang von einem Familienmitglied zu einem anderen besteht im Hinauf- und Herunterziehen einer oder mehrerer Indizes der Koordinaten der jeweiligen Tensorfelder. Da der Leser mit dieser Technik mittlerweile bestens vertraut ist, kann jetzt auf eine Darstellung in Riemannschen Räumen verzichtet werden.

Durch das innere Produkt auf $\mathfrak{R}$ wird die quadratische Form

$$\psi(v) = (v, v) = V^i V^j (\partial_i, \partial_j) = g_{ij}\, V^i V^j$$

eingeführt. Ist dabei $\mathfrak{R}$ ein pseudo-Riemannscher Raum, so unterscheidet man wie in pseudo-euklidischen Räumen, wenn $v \in \mathcal{T}_P(\mathfrak{R})$ nicht der Nullvektor ist, zwischen *zeitartigen* ($\psi(v) > 0$), *lichtartigen* ($\psi(v) = 0$) und *raumartigen* Vektoren ($\psi(v) < 0$). Sind x_i die Koordinaten einer Karte für $\mathfrak{R}$ und deutet man die Koordinatendifferentiale dx_i als Koordinaten eines infinitesimalen Ortszuwachses dx mit der Länge ds, so wird

$$\psi(dx) = ds^2 = g_{ij}\, dx_i dx_j\,. \tag{5.185}$$

Man nennt ds das *Bogenelement* oder *Linienelement* auf $\mathfrak{R}$; die quadratische Form (5.185) heißt *metrische Fundamentalform* auf $\mathfrak{R}$.

Diese Bezeichnungsweise hat ihren Ursprung in folgendem. Ist eine Mannigfaltigkeit $\mathfrak{M}$ in einen euklidischen Raum $\mathfrak{E}$ eingebettet, so wird sie durch das innere Produkt im Einbettungsraum auf natürliche Weise zu einem Riemannschen Raum. Identifiziert man in jedem Punkt P der Mannigfaltigkeit den Tangentialraum $\mathcal{T}_P(\mathfrak{M})$ mit einem gewissen Teilraum des Tangentialraumes von $\mathfrak{E}$, so ist durch diesen Teilraum und durch den jeweiligen Punkt P ein affiner Teilraum $\mathfrak{E}_P$ des Einbettungsraumes $\mathfrak{E}$ bestimmt; dieser Teilraum geht durch den Punkt P hindurch und „berührt" — wie die Tangente eine Kurve und die Tangentialebene eine Fläche — die Mannigfaltigkeit $\mathfrak{M}$ im Punkt P. Durch ein definites inneres Produkt im Einbettungsraum wird jeder Teilraum $\mathfrak{E}_P$ zu einem euklidischen Raum im eigentlichen Sinn. Die Identifikation des Tangentialraumes $\mathcal{T}_P(\mathfrak{M})$ mit dem Tangentialraum von $\mathfrak{E}_P$ hat dann zur Folge, daß sich das innere Produkt des Einbettungsraumes $\mathfrak{E}$ über den berührenden euklidischen Teilraum $\mathfrak{E}_P$ auf die Mannigfaltigkeit überträgt. Die solcherart zu einem Riemannschen Raum gewordene Mannigfaltigkeit wird in einer Umgebung des Punktes P durch den euklidischen Raum $\mathfrak{E}_P$ angenähert insofern, als im Koordinatensystem einer Karte κ um den Punkt P mit den Koordinaten x_i ein Tangentenvektor $\Delta x = \Delta x_i \partial_i$ im Punkt P näherungsweise zum Nachbarpunkt Q mit den Koordinaten $x_i + \Delta x_i$ zeigt. Deshalb ist

$$\Delta s^2 = g_{ij} \Delta x_i \Delta x_j$$

als Näherung für das Quadrat des Abstandes der Punkte P und Q anzusehen. Beim Übergang zu differentiell kleinen Ortsänderungen geht dabei die quadratische Form (5.185) hervor.

Ist auf einem Riemannschen Raum als Mannigfaltigkeit ein affiner Zusammenhang gegeben, so stellt sich naturgemäß die Frage, ob die Parallelverschiebung mit der Längen- und Winkelmessung insofern im Einklang ist, als Längen und Winkel, dem Verständnis der Parallelität entsprechend, bei Parallelverschiebung von Vektoren längs eines Kurvenbogens nicht verändert werden. Um diesen Sachverhalt hervorzuheben, nennt man einen affinen Zusammenhang *verträglich* mit dem inneren Produkt, wenn die Längen von Vektoren sowie die Winkel, die sie miteinander einschließen, bei Parallelverschiebung erhalten bleiben, wenn also für zwei durch Parallelverschiebung längs eines Kurvenbogens $\mathfrak{C}$ hervorgehende Vektorfelder u und v

$$d(u,v) = 0$$

gilt längs $\mathfrak{C}$. Diese Forderung bedeutet, daß der durch die Parallelverschiebung gegebene Isomorphismus

$$\tau_{\mathfrak{C}} : \mathcal{T}_P(\mathfrak{M}) \to \mathcal{T}_Q(\mathfrak{M})$$

der Tangentialräume zweier durch eine Kurve $\mathfrak{C}$ verbundener Punkte P und Q eine Isometrie ist (vgl. (1.81)). Es gilt nun: *Ein affiner Zusammenhang* ∇ *ist genau dann mit dem inneren Produkt auf* $\mathfrak{M}$ *verträglich, wenn mit drei beliebigen Vektorfeldern* u, v *und* w *auf* $\mathfrak{M}$ *die Produktregel*

$$w(u,v) = (\nabla_w u, v) + (u, \nabla_w v) \tag{5.186}$$

gilt.[24] Diese Bedingung ist offensichtlich hinreichend, denn sind u und v längs einer Kurve $\mathfrak{C}$ parallele Vektorfelder, so gilt, wenn w der Tangentenvektor in einem beliebigen Punkt auf $\mathfrak{C}$ ist, sowohl $\nabla_w u = 0$ als auch $\nabla_w v = 0$, also wegen (5.186) auch $w(u,v) = 0$. Das heißt aber, es ist $d(u,v) = 0$ längs $\mathfrak{C}$.

Sei umgekehrt ∇ mit dem inneren Produkt auf $\mathfrak{M}$ verträglich. Dann ist für jede zwei Punkte P und Q verbindende Kurve der durch Parallelverschiebung längs $\mathfrak{C}$ gegebene Isomorphismus $\tau_{\mathfrak{C}} : \mathcal{T}_P \to \mathcal{T}_Q$ eine isometrische Abbildung. Ist deshalb e_1, e_2, ..., e_N eine orthonormale Basis in $\mathcal{T}_P$, so führt die Parallelverschiebung dieser Vektoren in die Tangentialräume der Punkte von $\mathfrak{C}$ zu orthonormalen Basen. Seien nun u, v und w drei beliebige Vektorfelder, $\mathfrak{C}$ eine durch die Funktion $\gamma(t)$ parametrisierte Kurve durch den Punkt $P = \gamma(t_o)$, wobei die Kurve $\mathfrak{C}$ so ausgewählt sein möge, daß $w(P)$ ihr Tangentenvektor im Punkt P ist. Verschiebt man die orthonormalen Basisvektoren $e_i \in \mathcal{T}_P$ parallel in die Tangentialräume der in einer Umgebung von P liegenden Punkte $\gamma(t)$ auf $\mathfrak{C}$, so bilden sie in $\mathcal{T}_{\gamma(t)}$ eine orthonormale Basis $e_1(t)$, $e_2(t)$, ..., $e_N(t)$. Längs $\mathfrak{C}$ lassen sich dann die Vektoren u und v in der Form $u(\gamma(t)) = \xi^i(t)e_i(t)$ bzw. $v(\gamma(t)) = \eta^j(t)e_j(t)$ darstellen, ihr inneres Produkt ist

$$(u,v) = \xi^i(t)\eta^i(t) .$$

Nun ist im Punkt $P = \gamma(t_o)$

$$\nabla_w u = \nabla_w(\xi^i e_i) = w(\xi^i)e_i + \xi^i \nabla_w e_i = w(\xi^i)e_i = \frac{d\xi^i}{dt} e_i$$

wegen $\nabla_w e_i = 0$, analog $\nabla_w v = \frac{d\eta^j}{dt} e_j$, und somit

$$w(u,v) = \left(\frac{d\xi^i}{dt}\eta^j + \xi^i \frac{d\eta^j}{dt} \right)\delta_{ij} = (\nabla_w u, v) + (u, \nabla_w v) .$$

---

[24] Mit $w(u,v)$ ist hier — und im folgenden — die Ableitung des Skalarfeldes (u,v) in Richtung von w gemeint, an Stelle der korrekteren Schreibweise $w((u,v))$.

Auf den eben bewiesenen Sachverhalt stützt sich die wichtige Aussage von

Satz 1. *Auf einem Riemannschen Raum gibt es genau einen torsionsfreien mit dem inneren Produkt verträglichen affinen Zusammenhang. Sind g_{ij} die Koordinaten des Maßtensors $\mathfrak{g}$ im Koordinatensystem einer Karte κ, so lauten seine Koeffizienten in diesem lokalen Bezugssystem*

$$\Gamma^i_{jk} = \frac{1}{2} g^{il}\left(\frac{\partial g_{lj}}{\partial x_k} + \frac{\partial g_{lk}}{\partial x_j} - \frac{\partial g_{jk}}{\partial x_l}\right). \tag{5.187}$$

Dieser eindeutig bestimmte affine Zusammenhang auf einem Riemannschen Raum $\mathfrak{R}$ wird *Riemannscher Zusammenhang* genannt. Er ist ohne weiteren Hinweis stets gemeint, wenn auf einem Riemannschen Raum von einem affinen Zusammenhang die Rede ist.

Zum Beweis von Satz 1 genügt es auf Grund des oben Bewiesenen, die Existenz eines torsionsfreien affinen Zusammenhanges ∇ nachzuweisen, für den die Produktregel (5.186) Gültigkeit hat. Sei also ∇ ein torsionsfreier affiner Zusammenhang auf $\mathfrak{R}$. Dann gilt auf Grund der Torsionsfreiheit

$$\nabla_u v - \nabla_v u = [u, v]$$

für je zwei Vektorfelder u und v. Mit w an Stelle von u folgt aus dieser Bedingung durch Einsetzen für $\nabla_w v$ in (5.186)

$$(\nabla_w u, v) + (u, \nabla_v w) = w(u, v) - \big(u, [w, v]\big). \tag{5.188}$$

Durch zyklisches Vertauschen erhält man daraus die Gleichungen

$$(\nabla_u v, w) + (v, \nabla_w u) = u(v, w) - \big(v, [u, w]\big)$$

und

$$(\nabla_v w, u) - (w, \nabla_u v) = v(w, u) - \big(w, [v, u]\big).$$

Addiert man die beiden letzten Gleichungen und zieht man vom Ergebnis die darüberstehende Gleichung ab, so erhält man unter Berücksichtigung der Symmetrie des inneren Produktes

$$\begin{aligned} 2(\nabla_u v, w) &= u(v, w) + v(w, u) - w(u, v) \\ &\quad + \big(u, [w, v]\big) - \big(v, [u, w]\big) - \big(w, [u, v]\big). \end{aligned} \tag{5.189}$$

Dieser Gleichung muß der affine Zusammenhang ∇ für drei beliebige Vektorfelder u, v und w genügen. Es bleibt zu klären, ob die Bedingung (5.189) nicht im Widerspruch zu den Eigenschaften (5.100) bis (5.102) steht, die ein affiner Zusammenhang jedenfalls erfüllen muß. Daß dies nicht der Fall ist, zeigt folgende Betrachtung — womit dann die Existenz und Eindeutigkeit eines torsionsfreien mit dem inneren Produkt in $\mathfrak{R}$ verträglichen affinen Zusammenhangs nachgewiesen ist.

Hiefür ist zunächst zu beachten, daß durch die Gleichung (5.189), da in deren rechte Seite der Operator ∇ nicht eingeht, eine wohlbestimmte Abbildung $\nabla : \mathfrak{v} \times \mathfrak{v} \to \mathfrak{v}$ definiert wird: dies ergibt sich aus der Tatsache, daß ein inneres Produkt nicht ausgeartet ist. Der Nachweis, daß es sich bei dieser Abbildung auch wirklich um einen affinen Zusammenhang handelt, besteht in der Verifikation der Forderungen (5.100) bis (5.102). Diese etwas mühevollen Rechnungen seien hier ausgelassen und dem Leser zur Übung empfohlen. Ist durch eine Karte κ ein lokales Koordinatensystem errichtet, so führt die Gleichung (5.189) auf

$$2(\partial_i, \nabla_{\partial_k}\partial_j) = \frac{\partial(\partial_i,\partial_j)}{\partial x_k} + \frac{\partial(\partial_i,\partial_k)}{\partial x_j} - \frac{\partial(\partial_j,\partial_k)}{\partial x_i} = \frac{\partial g_{ij}}{\partial x_k} + \frac{\partial g_{ik}}{\partial x_j} - \frac{\partial g_{jk}}{\partial x_i}\,.$$

Setzt man für

$$\Gamma_{ijk} = (\partial_i, \nabla_{\partial_k}\partial_j) = \frac{1}{2}\Big(\frac{\partial g_{ij}}{\partial x_k} + \frac{\partial g_{ik}}{\partial x_j} - \frac{\partial g_{jk}}{\partial x_i}\Big)\,, \tag{5.190}$$

so ist (vgl. (5.104))

$$\Gamma^i_{jk} = \langle dx_i, \nabla_{\partial_k}\partial_j\rangle = (\iota^{-1}dx_i, \nabla_{\partial_k}\partial_j) = g^{il}(\partial_l, \nabla_{\partial_k}\partial_j)\,,$$

also

$$\Gamma^i_{jk} = g^{il}\Gamma_{ljk}\,; \tag{5.191}$$

umgekehrt ergibt

$$(\partial_i, \nabla_{\partial_k}\partial_j) = \langle \iota\partial_i, \nabla_{\partial_k}\partial_j\rangle = g_{il}\langle dx_l, \nabla_{\partial_k}\partial_j\rangle$$

und deshalb

$$\Gamma_{ijk} = g_{il}\Gamma^l_{jk}\,. \tag{5.192}$$

Auf Grund der Torsionsfreiheit ist $\nabla_{\partial_k}\partial_j = \nabla_{\partial_j}\partial_k$ und folglich

$$\Gamma_{ijk} = \Gamma_{ikj}\,. \tag{5.193}$$

Damit folgt aus der Gleichung (5.186) mit $u = \partial_i$, $v = \partial_j$ und $w = \partial_k$ wegen (5.24)

$$\frac{\partial g_{ij}}{\partial x_k} = (\nabla_{\partial_k}\partial_i, \partial_j) + (\partial_i, \nabla_{\partial_k}\partial_j) = \Gamma_{jik} + \Gamma_{ikj}\,,$$

also wegen der Symmetrieeigenschaft (5.193)

$$\frac{\partial g_{ij}}{\partial x_k} = \Gamma_{jik} + \Gamma_{ijk}\,. \tag{5.194}$$

Bezeichnet $\gamma^i_j = \Gamma^i_{jk}dx_k$ die 1-Formen des durch die Gleichung (5.189) gegebenen affinen Zusammenhangs ∇, so ist

$$dg_{ij} = g_{kj}\gamma^k_i + g_{ik}\gamma^k_j \tag{5.195}$$

eine äquivalente Fassung dieser Beziehungen; unter Benützung der Matrizensymbolik schreibt sie sich

$$d\mathbf{G} = \Gamma\cdot\mathbf{G} + \mathbf{G}\cdot\Gamma^\dagger\,,$$

worin $\mathbf{G}$ die Matrix der Koordinaten des kovarianten Maßtensors $\hat{\mathfrak{g}}$ und Γ die Matrix der 1-Formen γ^j_i ist. Multipliziert man diese Gleichung von links und von rechts mit der Inversen der Matrix **G** und berücksichtigt man dabei die Beziehung (5.83) zwischen dem Differential einer Matrix und dem Differential ihrer Inversen, so erhält man

$$d\mathbf{G}^{-1} + \mathbf{G}^{-1} \cdot \Gamma + \Gamma^{\dagger} \cdot \mathbf{G}^{-1} = \mathbf{O}$$

beziehungsweise

$$dg^{ij} + g^{ik}\gamma_k^j + g^{kj}\gamma_k^i = 0\,. \tag{5.196}$$

Setzt man

$$\gamma_{ji} = \Gamma_{ijk}dx_k = g_{il}\gamma_j^l\,,$$

so ist die Matrix $\widehat{\Gamma}$ dieser 1-Formen das Produkt

$$\widehat{\Gamma} = \Gamma \cdot \mathbf{G}$$

und somit

$$d\mathbf{G} = \widehat{\Gamma} + \widehat{\Gamma}^{\dagger}\,.$$

Mit Hilfe des Transformationsgesetzes (5.107) für die 1-Formen γ_j^i erhält man dann das Transformationsgesetz für die 1-Formen γ_{ji},

$$\bar{\gamma}_{ji} = \frac{\partial x_h}{\partial \bar{x}_j}\frac{\partial x_k}{\partial \bar{x}_i}\gamma_{hk} + g_{hk}\frac{\partial x_h}{\partial \bar{x}_i}d\left(\frac{\partial x_k}{\partial \bar{x}_j}\right),$$

sodaß die Größen Γ_{ijk} nach der Regel

$$\bar{\Gamma}_{ijl} = \frac{\partial x_h}{\partial \bar{x}_i}\frac{\partial x_p}{\partial \bar{x}_j}\frac{\partial x_q}{\partial \bar{x}_l}\Gamma_{hpq} + g_{hk}\frac{\partial x_h}{\partial \bar{x}_i}\frac{\partial^2 x_k}{\partial \bar{x}_j \partial \bar{x}_l}$$

zu transformieren sind.

Schreibt man das innere Produkt (u,v) als (zweifache) Verjüngung des Maßtensors $\mathfrak{g}$ mit den beiden Vektorfeldern u und v,

$$(u,v) = \mathfrak{g}(u,v) = \mathbf{V}(\mathfrak{g} \otimes u \otimes v)\,,$$

so erhält man nach den Regeln der Tensordifferentiation für ein beliebiges Vektorfeld w

$$\begin{aligned} w(u,v) = \nabla_w(u,v) &= \mathbf{V}(\nabla_w\mathfrak{g} \otimes u \otimes v) + \mathbf{V}(\mathfrak{g} \otimes \nabla_w u \otimes v) + \mathbf{V}(\mathfrak{g} \otimes u \otimes \nabla_w v) \\ &= (\nabla_w\mathfrak{g})(u,v) + (\nabla_w u, v) + (u, \nabla_w v)\,. \end{aligned}$$

Vergleicht man dieses Ergebnis mit der Produktregel (5.186), so folgt das Verschwinden der kovarianten Ableitung des Maßtensors:

Satz 2. *Ein torsionsfreier affiner Zusammenhang auf einem Riemannschen Raum ist genau dann mit dem inneren Produkt verträglich, wenn die kovariante Ableitung des Maßtensors verschwindet,*

$$\nabla_w\mathfrak{g} = 0\,.$$

In lokalen Koordinaten wird dieser geometrisch einleuchtende Sachverhalt durch die Gleichungen (5.195) zum Ausdruck gebracht,

$$\frac{\mathfrak{d}g_{ij}}{\mathfrak{d}x_k} = 0\,.$$

Es verschwindet aber auch die kovariante Ableitung des kontravarianten Maßtensors, wie aus den Gleichungen (5.196) hervorgeht,

$$\frac{\eth g^{ij}}{\eth x_k} = 0 .$$

Die kovariante Ableitung des gemischten Maßtensors verschwindet dagegen automatisch,

$$\frac{\eth g^i_j}{\eth x_k} = \frac{\partial \delta^i_j}{\partial x_k} + \Gamma^i_{lk}\delta^l_j - \Gamma^l_{jk}\delta^i_l = \Gamma^i_{jk} - \Gamma^i_{jk} = 0 .$$

Auf Grund der Produktregel (5.166) für die kovariante partielle Differentiation können deshalb die Koordinaten des Maßtensors bezüglich der Bildung des kovarianten Differentials als konstant betrachtet werden. Insbesondere ist

$$\frac{\eth \Phi^{\cdots i \cdots}_{\cdots\;\cdots}}{\eth x_k} = \frac{\eth\left(g^{ij}\Phi^{\cdots\;\cdots}_{\cdots j \cdots}\right)}{\eth x_k} = g^{ij}\,\frac{\eth \Phi^{\cdots\;\cdots}_{\cdots j \cdots}}{\eth x_k}$$

und

$$\frac{\eth \Phi^{\cdots\;\cdots}_{\cdots i \cdots}}{\eth x_k} = \frac{\eth\left(g_{ij}\Phi^{\cdots j \cdots}_{\cdots\;\cdots}\right)}{\eth x_k} = g_{ij}\,\frac{\eth \Phi^{\cdots j \cdots}_{\cdots\;\cdots}}{\eth x_k} ,$$

d.h. die kovariante partielle Differentiation ist mit dem Hinauf- und Herunterziehen von Indizes vertauschbar.

Der Maßtensor auf Riemannschen Räumen ist also wie in euklidischen Räumen konstant. Man beachte aber, daß seine Koordinaten, anders als in euklidischen Räumen, ortsabhängig sind!

Die Größen (5.190) heißen wegen der auf CHRISTOFFEL zurückgehenden Originalschreibweise

$$\Gamma_{ijl} = \begin{bmatrix} jl \\ i \end{bmatrix} = [jl, i]$$

Christoffel-Klammern erster Art, die Größen (5.187), die ursprünglich als Klammer-Symbole

$$\Gamma^k_{ij} = \left\{ \begin{matrix} k \\ ij \end{matrix} \right\} = \{ij, k\}$$

eingeführt wurden, werden *Christoffel-Klammern zweiter Art* genannt. Die Klammer-Symbolik, die in älterer Literatur zu finden ist, erweist sich im Zusammenhang mit dem Summationsübereinkommen als nicht zweckmäßig, wohingegen die Γ-Symbole diesem vollkommen gerecht werden.

Obwohl die Christoffel-Klammern keine Tensoren sind, verhalten sie sich dennoch in mancher Hinsicht wie Tensoren dritter Stufe, die Γ^i_{jk} einfach kontravariant und zweifach kovariant, die Γ_{ijk} rein kovariant, was auch der Stellung der Indizes entspricht. Bemerkt sei hiezu, daß dem Übergang von den „eckigen“ zu den „geschwungenen“ Klammern wie in der Gleichung (5.191) das Hinaufziehen des ersten unteren Index zu einem kontravarianten

Index entspricht, dem Übergang von den geschwungenen zu den eckigen Klammern wie in Gleichung (5.192) das Herunterziehen des kontravarianten Index zu einem kovarianten. Ferner kann man in einem Produkt

$$\Gamma^i_{jk}\Gamma_{ihl}$$

den Index i im ersten Faktor herunterziehen, wenn er gleichzeitig im zweiten Faktor hinaufgezogen wird,

$$\Gamma^i_{jk}\Gamma_{ihl} = g^{ip}\Gamma_{pjk}\Gamma_{ihl} = \Gamma_{pjk}\Gamma^p_{hl}\,.$$

Die Christoffel-Klammern zweiter Art sind als Koeffizienten eines torsionsfreien affinen Zusammenhangs symmetrisch in den beiden unteren Indizes; infolge der Beziehungen mit den Christoffel-Klammern zweiter Art sind deshalb die Christoffel-Klammern erster Art symmetrisch in den beiden letzten Indizes. Infolgedessen brauchen von den jeweils insgesamt N^3 Christoffel-Klammern nur $\frac{N^2(N+1)}{2}$ berechnet zu werden. In diesem Zusammenhang sei schließlich noch auf eine nützliche Formel hingewiesen, und zwar

$$\Gamma^j_{ij} = \frac{1}{2}g^{kl}\frac{\partial g_{kl}}{\partial x_i} = \frac{1}{2g}\frac{\partial g}{\partial x_i} = \frac{\partial}{\partial x_i}\ln\sqrt{|g|}\,, \qquad g = \det\{g_{ij}\}\,. \tag{5.197}$$

Hiefür ist zu beachten, daß gg^{kl} das algebraische Komplement des Elementes g_{kl} in der Matrix der Koordinaten des kovarianten Maßtensors ist. Nach der Regel zur Differentiation von Determinanten erhält man dann

$$dg = dg_{k1}\big(gg^{k1}\big) + dg_{k2}\big(gg^{k2}\big) + \cdots + dg_{kN}\big(gg^{kN}\big) = gg^{kl}dg_{kl}\,,$$

also

$$\frac{1}{g}\frac{\partial g}{\partial x_i} = g^{kl}\frac{\partial g_{kl}}{\partial x_i}\,.$$

Ist ein Riemannscher Raum $\mathfrak{R}$ als Mannigfaltigkeit orientierbar, so ist ein Volumelement vor allen anderen durch das innere Produkt auf $\mathfrak{R}$ ausgezeichnet, nämlich

$$\epsilon_{\mathfrak{R}} = \sqrt{|g|}\,dx_1\wedge\cdots\wedge dx_N\,, \quad g = \det\{g_{ij}\}\,. \tag{5.198}$$

Diese N-Form, die in keinem Punkt von $\mathfrak{R}$ trivial ist, da auf Grund der Forderungen, die ein inneres Produkt (5.184) erfüllen muß, stets $g \neq 0$ sein muß, heißt *Riemannsches Volumelement.*

Eine Fläche $\mathfrak{F}$, die in den dreidimensionalen euklidischen Raum $\mathfrak{E}^3$ eingebettet ist, wird durch Identifikation ihrer Tangentialräume mit gewissen Teilräumen des Tangentialraumes von $\mathfrak{E}^3$ zu einem Riemannschen Raum.

Bei der Herleitung der Gleichungen (5.61), welche die Änderungen der Basisvektoren beschreiben und damit den affinen Zusammenhang auf $\mathfrak{F}$, wurde zwar nicht vom einem inneren Produkt auf $\mathfrak{F}$ Gebrauch gemacht, sehr wohl aber vom inneren Produkt im Einbettungsraum, und zwar in Form des Normalenvektors an $\mathfrak{F}$. Der affine Zusammenhang, der sich dabei über die 1-Formen

$$\gamma^i_j = \frac{1}{w^2}f_{x_i}df_{x_j} = \frac{1}{w^2}f_{x_i}f_{x_jx_k}dx_k$$

ergab (vgl. (5.66)), ist gerade jener torsionsfreie mit der Metrik auf $\mathfrak{F}$ verträgliche affine Zusammenhang, der oben vorgestellt wurde; seine Koeffizienten sind die Größen (vgl. (5.69))

$$\Gamma^i_{jk} = \frac{1}{w^2} f_{x_i} f_{x_j x_k} .$$

Die drei unabhängigen Koordinaten des kovarianten Maßtensors auf einer Fläche $\mathfrak{F}$ heißen die ***Fundamentalgrößen der Flächentheorie*** und werden mit E, F, G bezeichnet,

$$\{g_{\alpha\beta}\} = \begin{pmatrix} E & F \\ F & G \end{pmatrix} .$$

Die metrische Fundamentalform lautet dann, wenn x_1 und x_2 lokale Koordinaten auf $\mathfrak{F}$ sind,

$$ds^2 = E\,dx_1^2 + 2F\,dx_1 dx_2 + G\,dx_2^2 .$$

Bezeichnet ξ_i kartesische Koordinaten im euklidischen Einbettungsraum $\mathfrak{E}^3$ und sind $x_1 = \xi_1$, $x_2 = \xi_2$ lokale Koordinaten auf $\mathfrak{F}$, so erhält man die Koordinaten des kovarianten Maßtensors auf der durch eine Gleichung $\xi_3 = f(\xi_1, \xi_2)$ gegebenen Fläche $\mathfrak{F}$ aus[25])

$$\begin{aligned} ds^2 &= d\xi_1^2 + d\xi_2^2 + d\xi_3^2 = dx_1^2 + dx_2^2 + (f_{x_1} dx_1 + f_{x_2} dx_2)^2 \\ &= (1 + f_{x_1}^2) dx_1^2 + 2 f_{x_1} f_{x_2} dx_1 dx_2 + (1 + f_{x_2}^2) dx_2^2 \\ &= g_{\alpha\beta}\, dx_\alpha dx_\beta \end{aligned}$$

durch Koeffizientenvergleich

$$E = 1 + f_{x_1}^2 , \quad F = f_{x_1} f_{x_2} , \quad G = 1 + f_{x_2}^2 .$$

Wählt man für die Fläche $\mathfrak{F}$ eine lokale Parametrisierung der Art $\xi_i = \phi_i(x_1, x_2)$, so spannen die beiden Tangentenvektoren $\frac{\partial \xi_i}{\partial x_1}$ und $\frac{\partial \xi_i}{\partial x_2}$ aus dem Tangentialraum von $\mathfrak{E}^3$ die Tangentialebene auf, ein Tangentenvektor an $\mathfrak{F}$ mit den Koordinaten V^1, V^2 bezüglich der Basis $\{\partial_1, \partial_2\}$ hat im $\mathfrak{E}^3$ die Koordinaten

$$\frac{\partial \xi_i}{\partial x_\alpha} V^\alpha .$$

Die Übertragung des inneren Produktes im $\mathfrak{E}^3$ auf die Fläche $\mathfrak{F}$ durch Identifikation der Tangentialräume an $\mathfrak{F}$ mit bestimmten Teilräumen des Tangentialraumes von $\mathfrak{E}^3$ bedingt nun

$$\frac{\partial \xi_i}{\partial x_\alpha} \frac{\partial \xi_i}{\partial x_\beta} V^\alpha V^\beta = g_{\alpha\beta} V^\alpha V^\beta$$

und, da diese Gleichung für jeden Tangentenvektor Gültigkeit hat,

$$g_{\alpha\beta} = (\partial_\alpha, \partial_\beta) = \frac{\partial \xi_i}{\partial x_\alpha} \frac{\partial \xi_i}{\partial x_\beta} .$$

Infolgedessen lauten die drei Fundamentalgrößen in dieser allgemeineren Art der Flächendarstellung

$$E = \frac{\partial \xi_i}{\partial x_1} \frac{\partial \xi_i}{\partial x_1} , \quad F = \frac{\partial \xi_i}{\partial x_1} \frac{\partial \xi_i}{\partial x_2} , \quad G = \frac{\partial \xi_i}{\partial x_2} \frac{\partial \xi_i}{\partial x_2} .$$

---

[25]) Über griechische Buchstaben als Indizes soll im folgenden stets von 1 bis 2 summiert werden, über lateinische, auch wenn sie beide hoch- oder tiefgestellt sind, stets von 1 bis 3.

Die Änderungen der Basisvektoren als Vektoren des Einbettungsraumes bestimmen den affinen Zusammenhang entsprechend

$$d\Big(\frac{\partial \xi_i}{\partial x_\alpha}\Big) = \frac{\partial^2 \xi_i}{\partial x_\gamma \partial x_\alpha}\, dx_\gamma = \gamma_\alpha^\beta \frac{\partial \xi_i}{\partial x_\beta} + \omega^i n^i \,,$$

worin n^i die Koordinaten der Normalen an $\mathfrak{F}$ und ω^i gewisse 1-Formen sind (über den Index i wird nicht summiert). Überschiebt man mit $\frac{\partial \xi_i}{\partial x_\delta}$, so erhält man

$$\gamma_\alpha^\beta g_{\beta\delta} = \frac{\partial \xi_i}{\partial x_\delta}\, d\Big(\frac{\partial \xi_i}{\partial x_\alpha}\Big) = dg_{\alpha\delta} - \frac{\partial \xi_i}{\partial x_\alpha}\, d\Big(\frac{\partial \xi_i}{\partial x_\delta}\Big) = dg_{\alpha\delta} - \gamma_\delta^\beta g_{\beta\alpha}$$

wegen $n_i \frac{\partial \xi_i}{\partial x_\delta} = 0$, also

$$dg_{\alpha\delta} = \gamma_\alpha^\beta g_{\beta\delta} + \gamma_\delta^\beta g_{\beta\alpha} \,.$$

Bezeichnet Γ die zweireihige Matrix der 1-Formen γ_i^j, $\mathbf{G}$ die Koordinatenmatrix des kovarianten Maßtensors, so lautet die allgemeine Lösung dieser Gleichung

$$\Gamma = \frac{1}{2}\, d\mathbf{G}\cdot \mathbf{G}^{-1} + \omega\, \frac{1}{w^2}\, \mathbf{G}\cdot \begin{pmatrix} 0 & -1 \\ 1 & 0 \end{pmatrix},$$

worin $w^2 = EG - F^2$ und ω eine zunächst beliebige 1-Form ist; mit

$$\mathbf{G}\cdot \begin{pmatrix} 0 & -1 \\ 1 & 0 \end{pmatrix}\cdot \mathbf{G} = w^2 \begin{pmatrix} 0 & -1 \\ 1 & 0 \end{pmatrix}$$

folgt daraus

$$\widehat{\Gamma} = \Gamma\cdot \mathbf{G} = \frac{1}{2}\, d\mathbf{G} + \frac{1}{2}\,\omega \begin{pmatrix} 0 & -1 \\ 1 & 0 \end{pmatrix}.$$

Die Torsionsfreiheit verlangt jetzt $dx \wedge \widehat{\Gamma} = 0$, also

$$(\, dx_1 \quad dx_2\,) \wedge \begin{pmatrix} dE & dF - \omega \\ dF + \omega & dG \end{pmatrix} = (\,0 \quad 0\,),$$

wodurch man auf die beiden Bestimmungsgleichungen

$$dx_1 \wedge dE + dx_2 \wedge (dF + \omega) = 0\,,$$
$$dx_1 \wedge (dF - \omega) + dx_2 \wedge G = 0$$

für die 1-Form ω geführt wird. Mit dem Ansatz

$$\omega = \xi_1 dx_1 + \xi_2 dx_2$$

erhält man

$$\frac{\partial E}{\partial x_2} - \frac{\partial F}{\partial x_1} - \xi_1 = 0\,, \qquad \frac{\partial F}{\partial x_2} - \frac{\partial G}{\partial x_1} - \xi_2 = 0$$

und daraus

$$\omega = \Big(\frac{\partial E}{\partial x_2} - \frac{\partial F}{\partial x_1}\Big) dx_1 + \Big(\frac{\partial F}{\partial x_2} - \frac{\partial G}{\partial x_1}\Big) dx_2 \,.$$

Die Matrix Γ bestimmt sich damit zu

$$\Gamma = \frac{1}{2w^2} \begin{pmatrix} GdE - FdF + F\omega & EdF - FdE - E\omega \\ GdF - FdG + G\omega & EdG - FdF - F\omega \end{pmatrix}.$$

Parametrisiert man die Oberfläche der Kugel $\xi_1^2 + \xi_2^2 + \xi_2^3 = r^2$ durch die Polhöhe $x_1 = \theta$ und das Azimut $x_2 = \phi$,

$$\xi_1 = r\cos\phi\sin\theta\,, \quad \xi_2 = r\sin\phi\sin\theta\,, \quad \xi_3 = r\cos\theta\,,$$

so ist

$$ds^2 = d\xi_1^2 + d\xi_2^2 + d\xi_3^2 = r^2 d\theta^2 + r^2 \sin^2\theta\, d\phi^2\,,$$

also

$$E = r^2\,, \quad F = 0\,, \quad G = r^2 \sin^2\theta\,.$$

Der Umstand, daß $F = 0$ gilt, zeigt dabei, daß durch θ und ϕ orthogonale Koordinaten auf der Kugel eingeführt wurden. Da sich die 1-Form ω zu

$$\omega = -r^2 \sin 2\theta \, d\phi$$

bestimmt, ist

$$\Gamma = \begin{pmatrix} 0 & \cot\theta \, d\phi \\ -\sin\theta\cos\theta \, d\phi & \cot\theta \, d\theta \end{pmatrix}.$$

Von den insgesamt 8 Christoffel-Klammern zweiter Art sind folglich nur von Null verschieden

$$\Gamma^2_{21} = \cot\theta = \Gamma^2_{12}\,, \quad \Gamma^1_{22} = -\sin\theta\cos\theta\,.$$

Die Gleichungen der Parallelverschiebung lauten

$$\begin{pmatrix} \dot V^1 \\ \dot V^2 \end{pmatrix} = \begin{pmatrix} 0 & \dot\phi \sin\theta\cos\theta \\ -\dot\phi\cot\theta & -\dot\theta\cot\theta \end{pmatrix} \cdot \begin{pmatrix} V^1 \\ V^2 \end{pmatrix},$$

worin $\theta(t), \phi(t)$ eine Parametrisierung der Kurve $\mathfrak{C}$ ist, längs der parallel verschoben wird; schließlich sind

$$\begin{pmatrix} \ddot\theta \\ \ddot\phi \end{pmatrix} = \begin{pmatrix} 0 & \dot\phi \sin\theta\cos\theta \\ -\dot\phi\cot\theta & -\dot\theta\cot\theta \end{pmatrix} \cdot \begin{pmatrix} \dot\theta \\ \dot\phi \end{pmatrix}$$

beziehungsweise

$$\ddot\theta = \dot\phi^2 \sin\theta\cos\theta\,, \quad \ddot\phi = -2\dot\theta\dot\phi\cot\theta$$

die Differentialgleichungen für die geodätischen Linien. Eliminiert man aus diesen beiden Gleichungen das Azimut ϕ, so erhält man für die Funktion $\theta(\phi)$ die Differentialgleichung

$$\theta'' - 2\theta'^2 \cot\theta - \sin\theta\cos\theta = 0\,,$$

deren allgemeine Lösung durch

$$\theta = \arctan \frac{1}{\alpha\cos\phi + \beta\sin\phi}$$

gegeben ist. Somit ist

$$A\sin\theta\cos\phi + B\sin\theta\sin\phi + C\cos\theta = 0$$

mit geeigneten Konstanten A, B und C, d.h. die Geodätischen auf einer Kugel verlaufen in Ebenen durch den Kugelmittelpunkt, bestehen also aus Teilen von Großkreisen.

Die Fundamentalgrößen E, F, G bestimmen die Riemannsche Geometrie auf Flächen, die Längen- und Winkelmessung mit Hilfe der metrischen Fundamentalform

$$ds^2 = E\,dx_1^2 + F\,dx_1\,dx_2 + G\,dx_2^2\,,$$

die Inhaltsmessung von Teilbereichen mit Hilfe des Volumelementes

$$\epsilon_{\mathfrak{F}} = \sqrt{EG - F^2}\, dx_1 \wedge dx_2$$

(vgl. (5.48)), das gewöhnlich als *Flächenelement* bezeichnet und in der Form

$$do = \sqrt{EG - F^2}\, dx_1\, dx_2$$

geschrieben wird.

II. *Ein Riemannscher Raum sieht lokal wie ein euklidischer Raum aus.*

In einem euklidischen Raum läßt sich stets ein Koordinatensystem errichten, in dem die metrische Fundamentalform *global* die Gestalt

$$ds^2 = \eta_{ij}\, dx_i dx_i \tag{5.199}$$

hat, worin die Zahlen η_{ij} die Elemente der Diagonalmatrix mit den Hauptdiagonalelementen $\eta_i = \pm 1$ ist, deren Bedeutung in (1.62) vereinbart wurde. Um dies zu erreichen, braucht man im Tangentialraum, der ein euklidischer Vektorraum ist, nur ein Orthonormalsystem auszuwählen und mit einem solchen ein Koordinatensystem aufzubauen. In einem Riemannschen Raum ist dies weder lokal geschweige denn global möglich, wohl aber kann die metrische Fundamentalform *in jedem Punkt* auf die Gestalt (5.199) transformiert werden.

Sei $P_o \in \mathfrak{M}$ ein beliebiger Punkt und κ eine Karte um diesen Punkt; dabei sei angenommen, daß der Punkt P_o der Ursprung dieses Bezugssystems ist, sodaß $x_i = 0$ seine Koordinaten sind. Bezeichnet $\mathbf{G}_o$ die Matrix der Koordinaten von $\mathfrak{g}$ im Punkt P_o und ist $\mathbf{T}$ jene Matrix, in deren Spalten der Reihe nach die Eigenvektoren der symmetrischen Matrix $\mathbf{G}_o$ stehen, so ist $\mathbf{T}^{-1} \cdot \mathbf{G}_o \cdot \mathbf{T}$ die Diagonalmatrix, in deren Hauptdiagonale die rellen Eigenwerte λ_i der Matrix $\mathbf{G}_o$ stehen, entsprechend der Anordnung der zugehörigen Eigenvektoren in der Matrix $\mathbf{T}$. Da $\mathbf{G}_o$ eine reguläre Matrix ist, sind alle Eigenwerte $\lambda_i \neq 0$; die Anzahl der positiven Eigenwerte ist dabei gleich dem Index des inneren Produktes. Also führt die durch $x_i = T_i^j \tilde{x}_j$ vermittelte Transformation $x_i \to \tilde{x}_i$ die metrische Fundamentalform in $\sum_i \lambda_i d\tilde{x}_i d\tilde{x}_i$ über. Durch den neuerlichen Kartenwechsel $\tilde{x}_i \to \bar{x}_i = \sqrt{|\lambda_i|}\,\tilde{x}_i$ erhält man dann im Punkt P_o die Form (5.199). Wie die Konstruktion des Koordinatenwechsels $\kappa \to \bar{\kappa}$ zeigt, trifft dies aber nur für den Punkt P_o zu und i.a. nicht für die Punkte in einer Umgebung des Punktes P_o.

Es gilt indessen aber mehr: *In einem Riemannschen Raum läßt sich um jeden Punkt ein Koordinatensystem errichten, sodaß in diesem Punkt einerseits die Matrix der Koordinaten des kovarianten Maßtensors Diagonalgestalt mit Hauptdiagonalelementen* ± 1 *hat, andererseits alle partiellen Differentialquotienten der Koordinaten des Maßtensors* $\mathfrak{g}$ *gleich Null sind,*

$$g_{ij} = \eta_{ij}\,, \quad \frac{\partial g_{ij}}{\partial x_k} = 0\,.$$

Man braucht hiefür nur, von einem lokalen Koordinatensystem ausgehend, nach dem Muster der Transformation (5.133) geodätische Koordinaten um P einzuführen, was durch die Torsionsfreiheit des Riemannschen Zusammenhangs möglich ist. Die anschließende Transformation auf die Gestalt (5.199) erfolgt durch eine Koordinatentransformation, die durch ganze lineare Funktionen vermittelt wird. Bei einer solchen bleibt aber das Merkmal geodätischer Koordinaten erhalten.

Es gibt daher um jeden Punkt P eine Karte κ, sodaß die Taylor-

Entwicklungen der Koordinaten des Maßtensors um den Punkt P mit

$$g_{ij}(\mathbf{x}) = \eta_{ij} + \frac{1}{2}\,\frac{\partial^2 g_{ij}}{\partial x_k \partial x_l}\, x_k x_l + \cdots \tag{5.200}$$

beginnen.

III. ***In einem Riemannschen Raum tritt der Krümmungstensor als Fundamentaltensor neben den Maßtensor.***

Der Krümmungstensor des affinen Zusammenhangs (5.189) wird *Riemann-Christoffel-Tensor* oder *Riemannscher Krümmungstensor* genannt. Auf Grund der Torsionsfreiheit des Riemannschen Zusammenhangs beschreibt er allein die Abweichung von einer flachen Mannigfaltigkeit. Verschwindet der Riemannsche Krümmungstensor, so gibt es um jeden Punkt P eine Umgebung $\mathfrak{U}$ sowie eine Karte κ für $\mathfrak{U}$, deren Basisvektoren auf $\mathfrak{U}$ konstant sind. Ferner verschwinden auf $\mathfrak{U}$ die Koeffizienten des affinen Zusammenhangs (5.187) bezüglich dieses Koordinatensystems; da eine lineare Koordinatentransformation daran nichts ändert, kann man die Karte κ noch dazu so wählen, daß das Koordinatensystem der Karte κ in *jedem* Punkt von $\mathfrak{U}$ geodätisch ist. Wie eine flache Mannigfaltigkeit lokal affine Struktur hat, so besitzt ein flacher Riemannscher Raum lokal eine euklidische Struktur.

Jeder euklidische Raum kann als Riemannscher Raum angesehen werden, denn ein affiner Raum wird als Mannigfaltigkeit zu einem Riemannschen Raum, wenn man den „konstanten" Tangentialraum mit der Struktur eines inneren Produktes versieht. In der Auffassung als affiner Raum ist sinngemäß nur auf affine Koordinatensysteme zurückzugreifen, während in der Auffassung als Mannigfaltigkeit jede nur denkbare Parametrisierung zugelassen ist. Diesen Schritt vollzieht man, wenn man z.B. im dreidimensionalen euklidischen Raum Kugelkoordinaten, Zylinderkoordinaten u.a. einführt. Die im euklidischen Raum als Grundstruktur gegebene Parallelverschiebung überträgt sich dabei auf den Raum als Mannigfaltigkeit und bestimmt gerade jenen durch die Bedingungen der Torsionsfreiheit und der Verträglichkeit mit dem inneren Produkt ausgezeichneten affinen Zusammenhang. Während die Koeffizienten dieses affinen Zusammenhangs sämtlich verschwinden, wenn ein affines Koordinatensystem eingeführt wird, nehmen sie bei Einführung „krummliniger" Koordinaten gewisse Werte an, die nicht alle gleich Null sind. Was sich aber nicht ändert, das ist die Torsion und die Krümmung des Raumes. Da die Koordinaten eines Tensors in jedem Koordinatensystem verschwinden, wenn dies auch nur in einem einzigen zutrifft, sind die Koordinaten des Torsions- und Krümmungstensors eines affinen oder euklidischen Raumes in jedem Koordinatensystem gleich Null, denn sie verschwinden in einem affinen Koordinatensystem, in welchem die Zusammenhangskoeffizienten identisch Null sind. Es ist deshalb gerechtfertigt, im Falle eines affinen oder euklidischen Raumes von einem „ebenen" Raum zu sprechen. Damit meint man aber den „absoluten" unendlich ausgedehnten Raum, während das Beiwort „flach" eine allgemeinere Bedeutung hat. Klarerweise ist jeder ebene Raum eine flache Mannigfaltigkeit, aber eine flache Mannigfaltigkeit muß nicht unbedingt ein ebener Raum sein, wie das Beispiel der (beschränkten oder beidseitig sich ins Unendliche erstreckenden) Zylinderfläche gezeigt hat. Ob dies zutrifft, hängt von der Topologie ab. Verwendet man auf einer flachen Mannigfaltigkeit ein lokales Koordinatensystem mit konstanten Koordinatenrichtungen, so führt eine affine Transformation der Koordinaten wieder zu einem Koordinatensystem dieser Art; in einem ebenen Raum sind die Koordinatensysteme mit konstanten Koordinatenrichtungen gerade die affinen Koordinatensysteme.

In einem Riemannschen Raum ist dem Krümmungstensor (5.144) der rein kovariante Tensor

$$\boldsymbol{K}(x,y,u,v) = \langle \iota x, \mathfrak{k}(u,v)y \rangle = \big(x, \mathfrak{k}(u,v)y\big) \tag{5.201}$$

mit den lokalen Koordinaten

$$R_{ijkl} = \big(\partial_i, \mathfrak{k}(\partial_k, \partial_l)\partial_j\big) = g_{ih} R^h_{jkl} \,.$$

zugeordnet. Sie lassen sich wegen

$$g_{ih} \frac{\partial \Gamma^h_{jl}}{\partial x_k} = \frac{\partial \Gamma_{ijl}}{\partial x_k} - \Gamma^h_{jl} \frac{\partial g_{ih}}{\partial x_k} = \frac{\partial \Gamma_{ijl}}{\partial x_k} - \Gamma^h_{jl}\big(\Gamma_{hik} + \Gamma_{ihk}\big)$$
$$= \frac{\partial \Gamma_{ijl}}{\partial x_k} - \Gamma^h_{jl}\Gamma_{hik} - g_{ih}\Gamma^h_{pk}\Gamma^p_{jl}$$

mit Hilfe der Christoffel-Klammern erster Art darstellen,

$$R_{ijkl} = \frac{\partial \Gamma_{ijl}}{\partial x_k} - \frac{\partial \Gamma_{ijk}}{\partial x_l} + \Gamma^h_{jk}\Gamma_{hil} - \Gamma^h_{jl}\Gamma_{hik} \,, \tag{5.202}$$

und sind die Koordinaten der 2-Formen

$$\sigma_{ji} = \sum_{k<l} R_{ijkl}\, dx_k \wedge dx_l \,,$$

deren schiefsymmetrische Matrix $\boldsymbol{\sigma}$ der Gleichung

$$\boldsymbol{\sigma} = \boldsymbol{\rho} \cdot \mathbf{G}$$

genügt, wenn darin $\mathbf{G}$ die Koordinatenmatrix des Maßtensors $\mathfrak{g}$ ist.

Die zyklische Symmetrie

$$\boldsymbol{K}(x,y,u,v) + \boldsymbol{K}(x,u,v,y) + \boldsymbol{K}(x,v,y,u) = 0 \tag{5.203}$$

kommt dem kovarianten Krümmungstensor $\boldsymbol{K}$ zu, weil sie der Krümmungstensor $\mathcal{K}$ auf Grund des torsionsfreien Riemannschen Zusammenhangs hat (vgl. (5.145)), desgleichen die Schiefsymmetrie

$$\boldsymbol{K}(x,y,u,v) = -\boldsymbol{K}(x,y,v,u) \tag{5.204}$$

in den beiden letzten Argumenten (vgl. (5.146)). Als zusätzliche Symmetrie besitzt er die Eigenschaft der Schiefsymmetrie in den beiden ersten Argumenten,

$$\boldsymbol{K}(x,y,u,v) = -\boldsymbol{K}(y,x,u,v) \,, \tag{5.205}$$

aus der sich die weitere Symmetrie

$$\boldsymbol{K}(x,y,u,v) = \boldsymbol{K}(u,v,x,y) \tag{5.206}$$

ergibt. Zum Beweis von (5.205) ersetzt man in (5.186) $w \to u$, $u \to x$, $v \to \nabla_v y$ und erhält

$$(x, \nabla_u \nabla_v y) + (\nabla_u x, \nabla_v y) = u(x, \nabla_v y) \,;$$

nochmalige Anwendung von (5.186) liefert mit $w \to v$, $v \to \nabla_u x$, $u \to y$

$$(\nabla_v y, \nabla_u x) + (y, \nabla_v \nabla_u x) = v(y, \nabla_u x) \,.$$

Subtrahiert man beide Gleichungen, so ergibt sich

$$(x, \nabla_u \nabla_v y) - (y, \nabla_v \nabla_u x) = u(x, \nabla_v y) - v(y, \nabla_u x)$$

und durch Rollentausch von u und v mit anschließender Subtraktion

$$\begin{aligned}\big(x, (\nabla_u \nabla_v - \nabla_v \nabla_u) y\big) &+ \big(y, (\nabla_u \nabla_v - \nabla_v \nabla_u) x\big) \\ &= u(x, \nabla_v y) + u(y, \nabla_v x) - v(y, \nabla_u x) - v(x, \nabla_u y) \\ &= (u \circ v)(x, y) - (v \circ u)(x, y) = [u, v](x, y)\,,\end{aligned}$$

worin die Produktregel (5.186) verwendet wurde. Beachtet man schließlich noch

$$(x, \nabla_{[u,v]} y) + (y, \nabla_{[u,v]} x) = [u, v](x, y)\,,$$

so erhält man, wenn man diese Gleichung von der obigen abzieht,

$$\big(x, \mathfrak{k}(u, v) y\big) + \big(y, \mathfrak{k}(u, v) x\big) = 0$$

und damit (5.205). Benützt man jetzt die Eigenschaft der zyklischen Symmetrie, indem man die Gleichung (5.203) für die zyklisch vertauschten Vektorfelder x, v, y, u viermal anschreibt, so erhält man man durch Addition unter Benützung der Symmetrien (5.204) und (5.205)

$$2\boldsymbol{K}(x, y, u, v) - 2\boldsymbol{K}(u, v, x, y) = 0$$

und damit die Symmetrieeigenschaft (5.206).

Während man durch Auswahl eines geeigneten Koordinatensystems die ersten partiellen Ableitungen der Koordinaten des Maßtensors in einem festen Punkt alle zum Verschwinden bringen kann, ist es nicht möglich, dies gleichzeitig auch für die zweiten partiellen Differentialquotienten zu erreichen, es sei denn, der Raum ist flach. Der Grund hiefür liegt darin, daß sich die zweiten partiellen Ableitungen in einem entsprechenden Koordinatensystem auf lineare Weise allein mit Hilfe der Koordinaten des Krümmungstensors ausdrücken lassen. Dies bedeutet, daß jeder Tensor, dessen Koordinaten von den zweiten partiellen Ableitungen des Maßtensors in linearer Weise abhängen (auf die ersten partiellen Ableitungen kommt es dabei nicht an, da sie bei Wahl geeigneter Koordinaten verschwinden), *in linearer Weise mit Hilfe des Maßtensors* $\mathfrak{g}$ *und des Krümmungstensors* $\mathcal{K}$ *dargestellt werden kann.* Nicht zuletzt auch deshalb kommt dem Riemann-Christoffel-Tensor der Rang eines Fundamentaltensors zu.

Sei durch κ ein geodätisches Koordinatensystem um den Punkt P_o errichtet, sodaß sowohl die Gamma-Symbole als auch die ersten partiellen Differentialquotienten der Koordinaten des Maßtensors in diesem Punkt verschwinden. Hat der Punkt P_o bezüglich der Karte κ die Koordinaten x_i°, so bestimmen die in den unteren Indizes symmetrischen Größen

$$a^i_{jkl} = \frac{1}{3}\left(\frac{\partial \Gamma^i_{kl}}{\partial x_j} + \frac{\partial \Gamma^i_{jl}}{\partial x_k} + \frac{\partial \Gamma^i_{jk}}{\partial x_l}\right)\bigg|_{x_i = x_i^\circ}$$

über die Gleichungen

$$x_i = x_i^\circ + \bar{x}_i - \tfrac{1}{3!}\, a^i_{jkl} \bar{x}_j \bar{x}_k \bar{x}_l \tag{5.207}$$

einen Kartenwechsel $\kappa \to \bar{\kappa}$, bei dem der Punkt P_o die Koordinaten $\bar{x}_i^\circ = 0$ zugewiesen bekommt. Da in P_o

$$\frac{\partial x_i}{\partial \bar{x}_j} = \delta^i_j\,, \qquad \frac{\partial^2 x_i}{\partial \bar{x}_k \partial \bar{x}_j} = 0\,, \qquad \frac{\partial^3 x_i}{\partial \bar{x}_j \partial \bar{x}_k \partial \bar{x}_l} = -a^i_{jkl} \tag{5.208}$$

gilt, ist durch (5.207) auch wirklich eine Koordinatentransformation gegeben. Die Werte der ersten und zweiten partiellen Ableitungen der Funktionen (5.207) im Punkt P_o zeigen dabei, daß auch das Koordinatensystem der Karte $\bar{\kappa}$ geodätisch im Punkt P_o ist. Bringt man das Transformationsgesetz (5.105) der Gamma-Symbole auf die Form

$$\bar{\Gamma}^h_{ij} \frac{\partial x_k}{\partial \bar{x}_h} = \Gamma^k_{pq} \frac{\partial x_p}{\partial \bar{x}_i} \frac{\partial x_q}{\partial \bar{x}_j} + \frac{\partial^2 x_k}{\partial \bar{x}_i \partial \bar{x}_j}\,,$$

so erhält man durch Bildung der partiellen Differentialquotienten

$$\frac{\partial \bar{\Gamma}^h_{ij}}{\partial \bar{x}_l} \frac{\partial x_k}{\partial \bar{x}_h} + \bar{\Gamma}^h_{ij} \frac{\partial^2 x_k}{\partial \bar{x}_l \partial \bar{x}_h} = \frac{\partial \Gamma^k_{pq}}{\partial x_h} \frac{\partial x_h}{\partial \bar{x}_l} \frac{\partial x_p}{\partial \bar{x}_i} \frac{\partial x_q}{\partial \bar{x}_j} + \Gamma^k_{pq} \frac{\partial^2 x_p}{\partial \bar{x}_l \partial \bar{x}_i} \frac{\partial x_q}{\partial \bar{x}_j}$$
$$+ \Gamma^k_{pq} \frac{\partial x_p}{\partial \bar{x}_i} \frac{\partial^2 x_q}{\partial \bar{x}_l \partial \bar{x}_j} + \frac{\partial^3 x_k}{\partial \bar{x}_l \partial \bar{x}_i \partial \bar{x}_j}\,.$$

Setzt man darin die Koordinaten des Punktes P_o ein, so erhält man unter Berücksichtigung von (5.208) sowie der Annahme, daß die Gamma-Symbole im Punkt P_o bezüglich der Karte κ verschwinden,

$$\frac{\partial \bar{\Gamma}^k_{ij}}{\partial \bar{x}_l} = \frac{\partial \Gamma^k_{ij}}{\partial x_l} - a^k_{ijl}\,. \tag{5.209}$$

Aus dieser Gleichung ergibt sich mit (5.137) wegen des Verschwindens der Gamma-Symbole und der Symmetrie der Koeffizienten a^i_{jkl}

$$\bar{R}^k_{ilj} = \frac{\partial \bar{\Gamma}^k_{ij}}{\partial \bar{x}_l} - \frac{\partial \bar{\Gamma}^k_{il}}{\partial \bar{x}_j} = \frac{\partial \Gamma^k_{ij}}{\partial x_l} - \frac{\partial \Gamma^k_{il}}{\partial x_j} = R^k_{ilj}\,, \tag{5.210}$$

d.h. der Koordinatenwechsel $\kappa \to \bar{\kappa}$ läßt die Koordinaten des Krümmungstensors im Punkt P_o ungeändert. Weiter folgt aus (5.209) im Punkt P_o

$$\frac{\partial \bar{\Gamma}^k_{ij}}{\partial \bar{x}_l} + \frac{\partial \bar{\Gamma}^k_{lj}}{\partial \bar{x}_i} + \frac{\partial \bar{\Gamma}^k_{li}}{\partial \bar{x}_j} = \frac{\partial \Gamma^k_{ij}}{\partial x_l} + \frac{\partial \Gamma^k_{lj}}{\partial x_i} + \frac{\partial \Gamma^k_{li}}{\partial x_j} - 3a^k_{ijl} = 0\,; \tag{5.211}$$

setzt man die sich aus (5.210) ergebenden Beziehungen

$$\frac{\partial \bar{\Gamma}^k_{ij}}{\partial \bar{x}_l} = \bar{R}^k_{ilj} + \frac{\partial \bar{\Gamma}^k_{il}}{\partial \bar{x}_j}\,, \qquad \frac{\partial \bar{\Gamma}^k_{lj}}{\partial \bar{x}_i} = \bar{R}^k_{lij} + \frac{\partial \bar{\Gamma}^k_{il}}{\partial \bar{x}_j}\,;$$

in (5.211) ein, so führt dies auf die Gleichung

$$\bar{R}^k_{ilj} + \bar{R}^k_{lij} + 3\,\frac{\partial \bar{\Gamma}^k_{il}}{\partial \bar{x}_j} = 0\,,$$

aus welcher

$$\bar{R}_{hilj} + \bar{R}_{hlij} + 3\,\frac{\partial \bar{\Gamma}_{hil}}{\partial \bar{x}_j} = 0$$

folgt, weil die partiellen Differentialquotienten $\frac{\partial \bar{g}_{ij}}{\partial \bar{x}_j}$ im Punkt P_o verschwinden. Benützt man schließlich die Gleichungen

$$\frac{\partial^2 \bar{g}_{hi}}{\partial \bar{x}_j \partial \bar{x}_l} = \frac{\partial \bar{\Gamma}_{hil}}{\partial \bar{x}_j} + \frac{\partial \bar{\Gamma}_{ihl}}{\partial \bar{x}_j} ,$$

so erhält man die angekündigte Darstellung

$$\frac{\partial^2 \bar{g}_{hi}}{\partial \bar{x}_j \partial \bar{x}_l} = -\tfrac{1}{3}\left(\bar{R}_{hilj} + \bar{R}_{hlij} + \bar{R}_{ihlj} + \bar{R}_{ilhj}\right) = \tfrac{1}{3}\left(\bar{R}_{ijlh} + \bar{R}_{iljh}\right) .$$

Sie zeigt, daß es um jeden Punkt P eine Karte κ mit P als Ursprung gibt, sodaß die Taylor-Entwicklungen der Koordinaten des Maßtensors die Form

$$g_{ij} = \eta_{ij} + \tfrac{1}{3} R_{iklj}(P) x_k x_l + \cdots . \tag{5.212}$$

haben (vgl. (5.200)). Diese Entwicklungen haben zur Voraussetzung, daß durch die Karte κ einerseits ein geodätisches Koordinatensystem im Punkt P errichtet ist, andererseits verlangen sie die Gültigkeit der Gleichungen

$$\frac{\partial \Gamma^k_{ij}}{\partial x_l} + \frac{\partial \Gamma^k_{lj}}{\partial x_i} + \frac{\partial \Gamma^k_{li}}{\partial x_j} = 0$$

im Punkt P. Eine Karte κ um einen Punkt P, für welche diese Bedingungen erfüllt sind, heißt ein ***Riemannsches Koordinatensystem*** um den Punkt P.

Da über die Gleichungen (5.211) $N\binom{N+2}{3}$ unabhängige Beziehungen zwischen den insgesamt $\left(\frac{N^2+N}{2}\right)^2$ unabhängigen zweiten partiellen Differentialquotienten der Koordinaten des Maßtensors hergestellt werden, hat der kovariante Krümmungstensor $\left(\frac{N(N+1)}{2}\right)^2 - N\binom{N+2}{3} = \frac{N^2(N^2-1)}{12}$ unabhängige Koordinaten.

Aus den Symmetrieeigenschaften des Krümmungstensors $\mathcal{K}$ ergibt sich als bedeutsame Konsequenz, daß sich aus ihm durch Verjüngung nur auf eine Weise ein nicht verschwindender Tensor zweiter Stufe ableiten läßt, nämlich der Ricci-Tensor $\mathcal{R}$ mit den lokalen Koordinaten (vgl. (5.150))

$$R_{ij} = R^k_{ikj} = g^{lk} R_{likj} = \frac{\partial \Gamma^k_{ij}}{\partial x_k} - \frac{\partial \Gamma^k_{ik}}{\partial x_j} + \Gamma^k_{hk}\Gamma^h_{ij} - \Gamma^k_{hj}\Gamma^h_{ik} .$$

Ebenso wie in den Krümmungstensor gehen die zweiten partiellen Ableitungen linear in die insgesamt $\frac{N(N+1)}{2}$ unabhängigen Koordinaten ein,

$$\begin{aligned} R_{ij} = g^{kl}\,\frac{1}{2}\Big(&\frac{\partial^2 g_{ik}}{\partial x_j \partial x_l} + \frac{\partial^2 g_{lj}}{\partial x_k \partial x_i} - \frac{\partial^2 g_{ij}}{\partial x_k \partial x_l} - \frac{\partial^2 g_{lk}}{\partial x_j \partial x_i}\Big) \\ &+ g^{kh}\left(\Gamma^l_{hj}\Gamma_{lik} - \Gamma^l_{hk}\Gamma_{lij}\right) . \end{aligned} \tag{5.213}$$

Der Ricci-Tensor $\mathcal{R}$ ist symmetrisch, denn aus der Symmetrie (5.205) folgt

$$R^i_{ikl} = g^{ij} R_{ijkl} = -g^{ji} R_{jikl} = 0 \tag{5.214}$$

und damit auf Grund der zyklischen Symmetrie (5.145)

$$0 = R^i_{ikl} + R^i_{kli} + R^i_{lik} = R^i_{kli} + R^i_{lik} = -R_{kl} + R_{lk} .$$

Die Verjüngung

$$R = R_i^i = g^{ij} R_{ij} = g^{ij} g^{lk} R_{likj} \tag{5.215}$$

des gemischten Ricci-Tensors R_j^i heißt die *Krümmungsinvariante*.

Ist $\mathfrak{F}$ eine in den dreidimensionalen Raum eingebettete Fläche mit den Fundamentalgrößen E, F, G, so erhält man aus (5.98)

$$R_{112}^1 = KF\,, \quad R_{112}^2 = -KE\,, \quad R_{212}^1 = KG\,, \quad R_{212}^2 = -KF\,, \tag{5.216}$$

wobei K die Gaußsche Krümmung der Fläche ist (vgl. (5.97)). Es gilt

$$R_{\beta\gamma\delta}^{\alpha} = K\left(g_\gamma^\alpha g_{\beta\delta} - g_\delta^\alpha g_{\beta\gamma}\right),$$

wenn darin $g_\beta^\alpha = \delta_\beta^\alpha$ die Koordinaten des gemischten Maßtensors sind, und

$$R_{\alpha\beta} = R_{\alpha\gamma\beta}^{\gamma} = K\left(g_\gamma^\gamma g_{\alpha\beta} - g_\beta^\gamma g_{\alpha\gamma}\right) = K g_{\alpha\beta}\,,$$

womit die Krümmungsinvariante das 2-fache der Gaußschen Krümmung ist,

$$R = K g^{\alpha\beta} g_{\alpha\beta} = 2K\,.$$

Ist ρ die Matrix der Krümmungsformen, so ist $\sigma = \rho \cdot \mathbf{G}$ (vgl. (5.96) und (5.98)) die Matrix der 2-Formen

$$\sigma_{\beta\alpha} = \rho_\beta^\gamma g_{\gamma\alpha} = \sum_{\gamma<\delta} R_{\alpha\beta\gamma\delta}\, dx_\gamma \wedge dx_\delta\,,$$

d.h. die Koordinaten der 2-Formen $\sigma_{\alpha\beta}$ sind die Koordinaten des kovarianten Krümmungstensors

$$R_{\alpha\beta\gamma\delta} = K\left(g_{\alpha\gamma} g_{\beta\delta} - g_{\alpha\delta} g_{\beta\gamma}\right).$$

Von dessen $4^2 = 16$ Koordinaten sind nur 4 von Null verschieden, nämlich R_{1212}, R_{1221}, R_{2112}, R_{2121}; eine einzige Koordinate ist unabhängig, und zwar

$$R_{1212} = -R_{1221} = -R_{2112} = R_{2121} = Kg\,.$$

Daher läßt sich die Gaußsche Krümmung in der Form

$$K = \frac{R_{1212}}{EG - F^2}\,.$$

mit Hilfe des Krümmungstensors darstellen. Bemerkenswert daran ist, daß die Gaußsche Krümmung K durch die drei Fundamentalgrößen E, F und G vollkommen bestimmt ist. Bildet man

$$\begin{aligned} R_{212}^1 &= \frac{\partial \Gamma_{22}^1}{\partial x_1} - \frac{\partial \Gamma_{21}^1}{\partial x_2} + \Gamma_{11}^1 \Gamma_{22}^1 + \Gamma_{21}^1 \Gamma_{22}^2 - \Gamma_{12}^1 \Gamma_{21}^1 - \Gamma_{22}^1 \Gamma_{21}^2 \\ &= \frac{\partial \Gamma_{22}^1}{\partial x_1} - \frac{\partial \Gamma_{21}^1}{\partial x_2} + \Gamma_{22}^1 \Gamma_{1\alpha}^\alpha - \Gamma_{21}^1 \Gamma_{2\alpha}^\alpha + 2\left(\Gamma_{21}^1 \Gamma_{22}^2 - \Gamma_{22}^1 \Gamma_{12}^2\right) \end{aligned}$$

und formt man den Ausdruck in der Klammer folgendermaßen um,

$$2\left(\Gamma_{21}^1 \Gamma_{22}^2 - \Gamma_{22}^1 \Gamma_{12}^2\right) = \frac{2}{g_{22}}\left(\Gamma_{21}^1 \Gamma_{222} - \Gamma_{22}^1 \Gamma_{212}\right) = \frac{\partial \ln g_{22}}{\partial x_2} \Gamma_{21}^1 - \frac{\partial \ln g_{22}}{\partial x_1} \Gamma_{22}^1\,,$$

so erhält man unter Berücksichtigung von (5.197)

$$\frac{\partial \Gamma_{22}^1}{\partial x_1} + \Gamma_{22}^1\left(\Gamma_{1\alpha}^\alpha - \frac{\partial \ln g_{22}}{\partial x_1}\right) = \frac{g_{22}}{\sqrt{g}} \frac{\partial}{\partial x_1}\left(\frac{\sqrt{g}}{g_{22}} \Gamma_{22}^1\right)$$

und einen analogen Ausdruck für die übrigen Terme. Beachtet man jetzt noch die dritte Gleichung (5.216), so gelangt man zur Darstellung

$$K = \frac{1}{\sqrt{EG - F^2}}\left[\frac{\partial}{\partial x_1}\left(\frac{\sqrt{EG - F^2}}{G} \Gamma_{22}^1\right) - \frac{\partial}{\partial x_2}\left(\frac{\sqrt{EG - F^2}}{G} \Gamma_{21}^1\right)\right]$$

für die Gaußsche Krümmung[26]. Sie ist eine von vier Varianten, die man durch analoge Umformungen der von Null verschiedenen Koordinaten des Krümmungstensors erhält.

Die Krümmungsformen und die 1-Formen des affinen Zusammenhangs auf $\mathfrak{R}$ stehen zueinander in der Beziehung (5.152). Sie lautet ausführlich

$$\begin{aligned} d\rho_i^k &= \gamma_i^l \wedge \rho_l^k - \rho_i^l \wedge \gamma_l^k \\ &= \Gamma_{ih}^l dx_h \wedge \sum_{p<q} R_{lpq}^k \, dx_p \wedge dx_q - \sum_{p<q} R_{ipq}^l \, dx_p \wedge dx_q \wedge \Gamma_{lh}^k dx_h \\ &= \sum_{h<p<q} \left(\Gamma_{ih}^l R_{lpq}^k + \Gamma_{ip}^l R_{lqh}^k + \Gamma_{iq}^l R_{lhp}^k\right) dx_h \wedge dx_p \wedge dx_q \\ &\quad - \sum_{h<p<q} \left(\Gamma_{lh}^k R_{ipq}^l + \Gamma_{lp}^k R_{iqh}^l + \Gamma_{lq}^k R_{ihp}^l\right) dx_h \wedge dx_p \wedge dx_q \,. \end{aligned} \tag{5.217}$$

Bildet man nach den Ableitungsregeln (5.164) den Tensor

$$A_{ihpq}^k = \frac{\mathfrak{d} R_{ipq}^k}{\mathfrak{d} x_h} + \frac{\mathfrak{d} R_{iqh}^k}{\mathfrak{d} x_p} + \frac{\mathfrak{d} R_{ihp}^k}{\mathfrak{d} x_q}, \tag{5.218}$$

so erhält man

$$\begin{aligned} A_{ihpq}^k - \frac{\partial R_{ipq}^k}{\partial x_h} - \frac{\partial R_{iqh}^k}{\partial x_p} - \frac{\partial R_{ihp}^k}{\partial x_q} &= \Gamma_{lh}^k R_{ipq}^l - \Gamma_{ih}^l R_{lpq}^k + \Gamma_{lp}^k R_{iqh}^l \\ &\quad - \Gamma_{ip}^l R_{lqh}^k + \Gamma_{lq}^k R_{ihp}^l - \Gamma_{iq}^l R_{lhp}^k \,, \end{aligned}$$

denn die übrigen sechs Terme heben sich in dieser Summe gegenseitig auf. Die rechten Seiten dieser Gleichungen sind aber gerade die Koeffizienten in (5.217),

$$d\rho_i^k = \sum_{h<p<q} \left(\frac{\partial R_{ipq}^k}{\partial x_h} + \frac{\partial R_{iqh}^k}{\partial x_p} + \frac{\partial R_{ihp}^k}{\partial x_q} - A_{ihpq}^k\right) dx_h \wedge dx_p \wedge dx_q \,.$$

Da aber die Summen

$$\sum_{h<p<q} \left(\frac{\partial R_{ipq}^k}{\partial x_h} + \frac{\partial R_{iqh}^k}{\partial x_p} + \frac{\partial R_{ihp}^k}{\partial x_q}\right) dx_h \wedge dx_p \wedge dx_q$$

die äußeren Differentiale der Krümmungsformen ρ_i^k sind, folgt $A_{ihpq}^k = 0$, d.h. es ist

$$\frac{\mathfrak{d} R_{ipq}^k}{\mathfrak{d} x_h} + \frac{\mathfrak{d} R_{iqh}^k}{\mathfrak{d} x_p} + \frac{\mathfrak{d} R_{ihp}^k}{\mathfrak{d} x_q} = 0 \,. \tag{5.219}$$

Diese Beziehungen heißen die *Identitäten von* BIANCHI.

[26] Die Krümmungsverhältnisse einer Fläche werden durch eine zweite Grundform auf der Fläche beschrieben. Die Koeffizienten dieser zweiten Grundform bestimmen die sogenannte *mittlere Krümmung* und die *Gaußsche Krümmung* der Fläche. Danach hat es den Anschein, als würde die Gaußsche Krümmung nicht allein durch die ersten Fundamentalgrößen der Flächentheorie ausgedrückt werden können. Daß dies dennoch zutrifft, ist die Aussage des *Theorema egregium* der Flächentheorie.

Ein Riemannscher Raum, für den der Ricci-Tensor (5.213) ein Vielfaches des kovarianten Maßtensors ist,

$$\mathcal{R} = \lambda \mathsf{g}\,,$$

heißt ein *Einsteinscher Raum.* Die Invariante λ ergibt sich dabei wegen

$$R = g^{ij} R_{ij} = \lambda g^{ij} g_{ij} = \lambda \delta^i_i = \lambda N$$

zu $\lambda = \frac{R}{N}$, sodaß ein Einsteinscher Raum durch die Gleichung

$$\mathcal{R} = \tfrac{R}{N}\, \mathsf{g}$$

gekennzeichnet ist. Als *Einstein-Tensor* bezeichnet man den symmetrischen Tensor

$$\mathcal{G} := \mathcal{R} - \tfrac{R}{2}\, \mathsf{g} \tag{5.220}$$

mit den lokalen Koordinaten

$$G_{ij} = R_{ij} - \tfrac{R}{2}\, g_{ij}\,.$$

Der gemischte Tensor

$$G^i_j = g^{ik} G_{kj} = R^i_j - \tfrac{R}{2}\, \delta^i_j$$

hat die wichtige Eigenschaft, daß die Verjüngung seiner kovarianten Ableitung verschwindet,

$$\frac{\mathfrak{d} G^i_j}{\mathfrak{d} x_i} = 0\,. \tag{5.221}$$

Verjüngt man nämlich den Tensor (5.218) zu A^k_{ihkq}, so folgt aus den Bianchi-Identitäten (5.219)

$$\frac{\mathfrak{d} R_{iq}}{\mathfrak{d} x_h} - \frac{\mathfrak{d} R_{ih}}{\mathfrak{d} x_q} = -\frac{\mathfrak{d} R^k_{iqh}}{\mathfrak{d} x_k}$$

und weiter durch Überschieben mit g^{iq}

$$\frac{\mathfrak{d} R}{\mathfrak{d} x_h} - \frac{\mathfrak{d} R^q_h}{\mathfrak{d} x_q} = -g^{iq} \frac{\mathfrak{d} R^k_{iqh}}{\mathfrak{d} x_k} = -g^{iq} g^{kl} \frac{\mathfrak{d} R_{liqh}}{\mathfrak{d} x_k} = g^{iq} g^{kl} \frac{\mathfrak{d} R_{ilqh}}{\mathfrak{d} x_k} = g^{kl} \frac{\mathfrak{d} R_{lh}}{\mathfrak{d} x_k}$$
$$= \frac{\mathfrak{d} R^k_h}{\mathfrak{d} x_k}\,,$$

also

$$\frac{\mathfrak{d} R}{\mathfrak{d} x_h} = 2 \frac{\mathfrak{d} R^k_h}{\mathfrak{d} x_k}\,. \tag{5.222}$$

Bildet man nun die kovarianten partiellen Differentialquotienten der Koordinaten des Einstein-Tensors, so wird

$$\frac{\mathfrak{d} G_{ij}}{\mathfrak{d} x_h} = \frac{\mathfrak{d} R_{ij}}{\mathfrak{d} x_h} - \frac{1}{2} g_{ij} \frac{\mathfrak{d} R}{\mathfrak{d} x_h} = \frac{\mathfrak{d} R_{ij}}{\mathfrak{d} x_h} - g_{ij} \frac{\mathfrak{d} R^k_h}{\mathfrak{d} x_k}\,.$$

Durch Überschieben mit g^{ih} folgt daraus schließlich

$$\frac{\mathfrak{d} G^h_j}{\mathfrak{d} x_h} = \frac{\mathfrak{d} R^h_j}{\mathfrak{d} x_h} - \delta^h_j \frac{\mathfrak{d} R^k_h}{\mathfrak{d} x_k} = 0\,.$$

IV. *Symmetrien Riemannscher Räume.*

Ein euklidischer Raum ist homogen und isotrop. Dabei ist mit der *Homogenität* gemeint, daß kein Punkt einem anderen gegenüber bevorzugt ist, und unter der *Isotropie* versteht man die Gleichberechtigung aller Richtungen im Raum. Beide Merkmale faßt man im Oberbegriff der *Symmetrie* des Raumes zusammen. Man wird diese den ebenen Räumen eigenen Symmetrien intuitiv aber auch einer Kugelfläche zusprechen wollen, obgleich ein Symmetriebegriff für Riemannsche Räume in der auf ebene Räume zugeschnittenen Weise von vornherein nicht zur Verfügung steht.

Ist in einem ebenen Raum ein homogenes Vektorfeld gegeben, so kann man diese Art der Symmetrie als „Translationsinvarianz" bezeichnen, womit gemeint ist, daß Parallelverschiebungen das Bild des Vektorfeldes nicht verändern. Vor einer ähnlichen Situation steht man im Fall der Kugelsymmetrie, deren „Rotationsinvarianz" nichts anderes bedeutet, als daß Drehungen die Dinge unverändert lassen. Solche Symmetrien kann man auf beliebige Tensorfelder verallgemeinern. Dann läßt sich die Homogenität und die Isotropie eines ebenen Raumes auch dadurch kennzeichnen, daß die metrischen Verhältnisse translations- und rotationsinvariant sind. Will man einen Symmetriebegriff in dieser Weise auf Riemannsche Räume übertragen, so lassen sich Transformationen im „Großen" nicht verwenden, man muß sich auf Transformationen im „Kleinen" beschränken, indem man in jedem Raumpunkt ein infinitesimales Stück in einer gewissen charakteristischen Richtung fortschreitet. Gibt es solche ausgezeichnete Richtungen und lassen sie sich mit Hilfe von Vektorfeldern beschreiben, so hat man in diesen ein Mittel in der Hand, Riemannschen Räumen Symmetrien zuzusprechen, wenn ihre Sonderstellung eben dadurch gegeben ist, daß sich bei infinitesimalem Voranschreiten in den durch sie in jedem Raumpunkt angezeigten Richtungen die metrischen Verhältnisse nicht ändern.

Man wird also in einem Riemannschen Raum von einer Symmetrie sprechen, wenn es ein Vektorfeld v gibt, sodaß eine *infinitesimale Transformation*, die dem Punkt P mit den Koordinaten x_i bezüglich einer Karte κ, in welcher die metrische Fundamentalform gegeben ist, den Punkt Q mit den Koordinaten $\bar{x}_i = x_i + tV^i(\mathbf{x})$ zuordnet ($|t| \ll 1$) und dabei keine Änderung der metrischen Verhältnisse eintritt. Eine solche Transformation

$$x_i \to \bar{x}_i = x_i + tV^i(\mathbf{x})$$

kann man sich als *Bewegung* vorstellen, am Beispiel einer Fläche so, indem man sich 2 Exemplare der Fläche übereinandergelegt denkt und eines infinitesimal verschiebt, und zwar jeden Punkt in der Richtung, die durch den Vektor v angezeigt wird. Deutet man die Koordinatendifferentiale, wie es die metrische Fundamentalform (5.185) an sich beinhaltet, als infinitesimale Ortszuwächse, so ist die Fundamentalform

$$\begin{aligned} g_{ij}(\bar{\mathbf{x}})d\bar{x}_i d\bar{x}_j &= g_{ij}\big(\mathbf{x} + t\mathbf{V}(\mathbf{x})\big)\Big(dx_i + t\frac{\partial V^i}{\partial x_k}dx_k\Big)\Big(dx_j + t\frac{\partial V^j}{\partial x_k}dx_k\Big) \\ &= \Big(g_{ij}(\mathbf{x}) + t\frac{\partial g_{ij}}{\partial x_k}V^k + \cdots\Big)\Big(\delta_i^h + t\frac{\partial V^i}{\partial x_h}\Big)\Big(\delta_j^k + t\frac{\partial V^j}{\partial x_k}\Big)dx_h dx_k \end{aligned}$$

im infinitesimal benachbarten Punkt Q mit der Fundamentalform im Punkt P zu vergleichen,

$$g_{ij}(\bar{\mathbf{x}})\, d\bar{x}_i d\bar{x}_j - g_{hk}(\mathbf{x})\, dx_h dx_k$$
$$= t\Big(\frac{\partial g_{ij}}{\partial x_k} V^k + g_{lj} \frac{\partial V^l}{\partial x_i} + g_{il} \frac{\partial V^l}{\partial x_j}\Big) dx_i dx_j + \cdots .$$

Die metrischen Verhältnisse ändern sich bei infinitesimalem Fortschreiten vom Punkt P aus in der Richtung von v in erster Näherung nicht, wenn der Ausdruck in der Klammer verschwindet,

$$\frac{\partial g_{ij}}{\partial x_k} V^k + g_{lj} \frac{\partial V^l}{\partial x_i} + g_{il} \frac{\partial V^l}{\partial x_j} = 0 . \tag{5.223}$$

Beachtet man, daß die auf der linken Seite stehenden Größen die Koordinaten der Lie-Ableitung des Maßtensors sind (vgl. (5.178)), so kann diese Bedingung durch die sogenannte *Killing-Gleichung*

$$\mathcal{L}_v \mathfrak{g} = 0 \tag{5.224}$$

unabhängig von lokalen Koordinaten ausgesprochen werden. Da man in den Koordinaten der Lie-Ableitung die gewöhnlichen partiellen Differentialquotienten durch die kovarianten ersetzen kann, erhält man aus (5.223) wegen des Verschwindens der kovarianten Ableitung des Maßtensors die äquivalente Forderung

$$\mathcal{L}_v g_{ij} = g_{lj} \frac{\mathfrak{d} V^l}{\mathfrak{d} x_i} + g_{il} \frac{\mathfrak{d} V^l}{\mathfrak{d} x_j} = 0 .$$

Macht man noch davon Gebrauch, daß die kovariante Differentiation mit dem Hinauf- und Herunterziehen von Indizes vertauschbar ist, so nimmt die Killing-Gleichung (5.224) für die kovarianten Koordinaten des Vektorfeldes v die besonders einfache Form

$$\mathcal{L}_v g_{ij} = \frac{\mathfrak{d} V_j}{\mathfrak{d} x_i} + \frac{\mathfrak{d} V_i}{\mathfrak{d} x_j} = 0 \tag{5.225}$$

an. Bei diesen Gleichungen handelt es sich um ein System von $\frac{N(N+1)}{2}$ partiellen Differentialgleichungen erster Ordnung für die N Koordinaten des Vektorfeldes v.

Lösungen der Gleichung (5.224) werden *Killing-Vektorfelder* genannt. Solche Vektorfelder beschreiben auf *geometrisch-invariante* Weise Symmetrieeigenschaften des Raumes. Schon deshalb ist ihre Existenz allein ein Frage der Geometrie, desgleichen die Anzahl der unabhängigen Lösungen. Gibt es keine Killing-Vektorfelder, so hat der Raum auch keine Symmetrien; je mehr es davon gibt, umso mehr Symmetrien sind vorhanden.

Das Auftreten der Lie-Ableitung darf in diesem Zusammenhang nicht überraschen. Die Lie-Ableitung eines Tensorfeldes gibt ja die Änderung bei einer infinitesimalen Transformation in Richtung der Integralkurven an; das Verschwinden der Lie-Ableitung bedeutet daher die Invarianz des Tensorfeldes unter einer solchen Transformation.

Die metrische Fundamentalform einer Fläche $\mathfrak{F}$ im $\mathfrak{E}^3$ sei durch

$$ds^2 = E\,dr^2 + r^2\,d\phi^2$$

gegeben, wobei die erste Fundamentalgröße die Form $E = 1 + \left(f'(r)\right)^2$ haben möge. Dann ist $\mathfrak{F}$ eine Drehfläche, die durch Rotation der Kurve $z = f(x)$ um die z-Achse entsteht. Da die Koordinaten r und ϕ orthogonal sind, vereinfachen sich die Gleichungen (5.223) zu

$$U\,\frac{dE}{dr} + 2E\,\frac{\partial U}{\partial r} = 0\,, \quad r^2\,\frac{\partial V}{\partial r} + E\,\frac{\partial U}{\partial \phi} = 0\,, \quad U + r\,\frac{\partial V}{\partial \phi} = 0\,,$$

worin U, V für die beiden Koordinaten von Killing-Vektorfelder geschrieben wurde. Aus der ersten dieser drei Gleichungen folgt

$$U(r,\phi) = \frac{\alpha(\phi)}{\sqrt{E}}$$

mit einer willkürlichen Funktion $\alpha(\phi)$; dann ergeben die beiden anderen

$$\frac{\partial V}{\partial r} = -\frac{\alpha'\sqrt{E}}{r^2}\,, \quad \frac{\partial V}{\partial \phi} = -\frac{\alpha}{r\sqrt{E}}\,.$$

Für $\alpha(\phi) \equiv 0$ sind diese beiden Gleichungen jedenfalls lösbar, und zwar ist dann V konstant. Es gibt also auf jeden Fall einen Killing-Vektorfeld, nämlich $v = \partial_\phi$; es beschreibt die Invarianz der Fläche $\mathfrak{F}$ unter Drehungen um die z-Achse. Wenn es noch andere unabhängige Killing-Vektorfelder geben soll, so muß $\alpha(\phi) \not\equiv 0$ sein und

$$\frac{\partial^2 V}{\partial\phi\partial r} = -\frac{\alpha''\sqrt{E}}{r^2} = -\alpha\,\frac{d}{dr}\left(\frac{1}{r\sqrt{E}}\right) = \frac{\partial^2 V}{\partial r\partial\phi}$$

gelten, also

$$\frac{\alpha''}{\alpha} = \frac{r^2}{\sqrt{E}}\,\frac{d}{dr}\left(\frac{1}{r\sqrt{E}}\right) = \text{const.}$$

beziehungsweise

$$\alpha'' + C\alpha = 0\,, \quad E = \frac{1}{C + Dr^2}\,,$$

worin C und D willkürliche Konstanten sind. Aus Periodizitätsgründen muß $C = 1$ gelten, wegen $E > 1$ muß ferner $D < 0$ sein. Setzt man für $D = -1/\varrho^2$, so erhält man $f(r) = \pm\sqrt{\varrho^2 - r^2}$, wenn man von einer additiven Konstanten absieht, welche eine Parallelverschiebung der Fläche in Richtung der z-Achse bewirkt. Die Fläche $\mathfrak{F}$ muß daher, wenn es mehr als ein Killing-Vektorfeld geben soll, die Oberfläche einer Kugel sein, die allgemeine Lösung der Killing-Gleichung (5.224) lautet in diesem Fall

$$U(r,\phi) = \sqrt{\varrho^2 - r^2}\left(A\cos\phi + B\sin\phi\right)\,,$$

$$V(r,\phi) = -\frac{\sqrt{\varrho^2 - r^2}}{r}\left(A\sin\phi - B\cos\phi\right) + C$$

mit drei willkürlichen Konstanten A, B und C. Da die Lösungsschar drei Parameter enthält, gibt es drei Killing-Vektorfelder auf der Oberfläche einer Kugel, nämlich

$$v_1 = \left(\sqrt{\varrho^2 - r^2}\sin\phi\right)\partial_r + \left(\frac{\sqrt{\varrho^2 - r^2}}{r}\cos\phi\right)\partial_\phi\,,$$

$$v_2 = \left(\sqrt{\varrho^2 - r^2}\cos\phi\right)\partial_r - \left(\frac{\sqrt{\varrho^2 - r^2}}{r}\sin\phi\right)\partial_\phi\,,$$

$$v_3 = \partial_\phi\,.$$

Diese drei Killing-Vektorfelder, die unabhängig in dem Sinne sind, daß die Linearkombination $\lambda_1 v_1 + \lambda_2 v_2 + \lambda_3 v_3 = 0$ mit ***konstanten*** Koeffizienten λ_i nur für $\lambda_1 = \lambda_2 = \lambda_3 = 0$ bestehen kann, beschreiben die Invarianz der Kugelfläche gegenüber Drehungen, die eine dreiparametrige Schar bilden, entsprechend dem Umstand, daß eine orthogonale Matrix drei unabhängige Elemente enthält. In den kartesischen Koordinaten $x = r\cos\phi$, $y = r\sin\phi$, $z = f(r)$ des $\mathfrak{E}^3$ sind die Integralkurven dieser drei Killing-Vektorfelder die Schnittlinien der Fläche $\mathfrak{F}$ mit den Ebenen $x =$ const., $y =$ const. und $z =$ const. Darin kommt zum Ausdruck, daß eine Kugel durch beliebige Drehungen in sich übergeht.

Das Auftreten des Killing-Vektorfeldes ∂_ϕ ist offenbar auch eine Konsequenz des Umstandes, daß die Fundamentalgrößen E und G keine Abhängigkeit von der Flächenkoordinate ϕ aufweisen, denn im allgemeinen Fall (bei Verwendung orthogonaler Koordinaten, d.h. für $F = 0$) können die Killing-Gleichungen

$$U\frac{\partial E}{\partial r} + V\frac{\partial E}{\partial \phi} + 2E\frac{\partial U}{\partial r} = 0\,,\; G\frac{\partial V}{\partial r} + E\frac{\partial U}{\partial \phi} = 0\,,\; U\frac{\partial G}{\partial r} + V\frac{\partial G}{\partial \phi} + 2G\frac{\partial V}{\partial \phi} = 0$$

die Lösung $v = \partial_\phi$ nur im Falle $\frac{\partial E}{\partial \phi} = \frac{\partial G}{\partial \phi} = 0$ haben. Dieser Sachverhalt hat auch allgemeine Gültigkeit. Ist nämlich $v = \partial_p$ eine Lösung der Killing-Gleichungen (5.223), also $V^p = 1$ und $V^i = 0$ für $i \neq p$, so müssen die partiellen Ableitungen der Koordinaten des Maßtensors nach der Koordinate x_p verschwinden,

$$\frac{\partial g_{ij}}{\partial x_p} = 0\,.$$

Man sieht, wie Symmetrien auf diese Weise durch die Unabhängigkeit der Koordinaten des Maßtensors von gewissen Koordinaten zum Ausdruck kommen.

Da man davon ausgehen kann, daß eine Kugel maximale Symmetrie hat, ist zu erwarten, daß die Maximalzahl unabhängiger Killing-Vektorfelder in einem 2-dimensionalen Raum gleich 3 ist. Dies trifft tatsächlich zu, wie weiter unten gleich nachgewiesen werden soll.

Gleichfalls maximale Symmetrie ist im euklidischen oder pseudo-euklidischen Raum $\mathfrak{E}^N$ zu erwarten. Für diesen lauten die Killing-Gleichungen einfach

$$\frac{\partial V_j}{\partial x_i} + \frac{\partial V_i}{\partial x_j} = 0\,,$$

da die kovarianten Ableitungen mit den gewöhnlichen identisch sind. Sie besagen, daß die Matrix der partiellen Ableitungen der kovarianten Koordinaten eines Killing-Vektorfeldes schiefsymmetrisch ist. Dann lautet aber die allgemeine Lösung

$$V_i = \alpha_i + \beta_{ij} x_j\,, \quad \beta_{ij} = -\beta_{ji}\,.$$

Sie enthält $N + N\frac{N-1}{2} = \frac{N(N+1)}{2}$ willkürliche Konstanten, weshalb es $\frac{N(N+1)}{2}$ unabhängige Killing-Vektorfelder gibt. Im Fall $N = 3$ entsprechen den 6 Killing-Vektorfeldern die Parallelverschiebungen in den 3 Koordinatenrichtungen (die Homogenität des Raumes) und die dreiparametrige Schar der orthogonalen Transformationen (die Isotropie des Raumes).

Der folgende Fall eines pseudo-Riemannschen Raumes ist die Grundlage für die Diskussion der Symmetrieeigenschaften einer Lösung der Feldgleichungen für die vierdimensionale Raum-Zeit-Welt in der allgemeinen Relativitätstheorie.

Sei $\mathfrak{R}$ ein pseudo-Riemannscher Raum mit der metrischen Fundamentalform

$$ds^2 = c^2 f(r)\, dt^2 - \frac{1}{f(r)}\, dr^2 - r^2\left(d\vartheta^2 + \sin^2\vartheta\, d\varphi^2\right)\,,$$

in einer für $r > M$ gültigen Karte, worin für

$$f(r) = 1 - \frac{M}{r}$$

einzusetzen ist und M, ebenso wie c, eine positive Konstante ist. Da alle Koordinaten des metrischen Tensors von t unabhängig sind, ist ∂_t ein Killing-Vektorfeld, und ebenso ∂_φ, weil kein Abhängigkeit von der Koordinate φ besteht. Es gibt aber noch zwei weitere Killing-Vektorfelder, die von diesen beiden unabhängig sind.

Ist $v = T\partial_t + U\partial_r + V\partial_\vartheta + W\partial_\varphi$ ein Killing-Vektorfeld, so müssen die Koordinaten die folgenden 10 Gleichungen (5.223) erfüllen:

$$0 = f'U + 2f\,\frac{\partial T}{\partial t}\,, \tag{i}$$

$$0 = -\frac{1}{f}\frac{\partial U}{\partial t} + c^2 f\,\frac{\partial T}{\partial r}\,, \tag{ii}$$

$$0 = -r^2\,\frac{\partial V}{\partial t} + c^2 f\,\frac{\partial T}{\partial \vartheta}\,, \tag{iii}$$

$$0 = -r^2 \sin^2\vartheta\,\frac{\partial W}{\partial t} + c^2 f\,\frac{\partial T}{\partial \varphi}\,, \tag{iv}$$

$$0 = \frac{f'}{f^2}\,U - \frac{2}{f}\frac{\partial U}{\partial r}\,, \tag{v}$$

$$0 = -r^2\,\frac{\partial V}{\partial r} - \frac{1}{f}\frac{\partial U}{\partial \vartheta}\,, \tag{vi}$$

$$0 = -r^2 \sin^2\vartheta\,\frac{\partial W}{\partial r} - \frac{1}{f}\frac{\partial U}{\partial \varphi}\,, \tag{vii}$$

$$0 = -2rU - 2r^2\,\frac{\partial V}{\partial \vartheta}\,, \tag{viii}$$

$$0 = -r^2 \sin^2\vartheta\,\frac{\partial W}{\partial \vartheta} - r^2\,\frac{\partial V}{\partial \varphi}\,, \tag{ix}$$

$$0 = -2r\sin^2\vartheta\,U - 2r^2 \sin\vartheta\cos\vartheta\,V - 2r^2\sin^2\vartheta\,\frac{\partial W}{\partial \varphi}\,. \tag{x}$$

Aus Gleichung (v) folgt

$$U = \alpha(t,\vartheta,\varphi)\sqrt{f}\,,$$

aus Gleichung (vi)

$$V = -\frac{\partial \alpha}{\partial \vartheta}\int \frac{dr}{r^2\sqrt{f(r)}} + \beta(t,\vartheta,\varphi) = -\frac{2}{M}\frac{\partial \alpha}{\partial \vartheta}\sqrt{f} + \beta\,;$$

damit kann Gleichung (viii) nach Division durch $-2r$, nämlich

$$\alpha\sqrt{f} - \frac{2r}{M}\frac{\partial^2 \alpha}{\partial \vartheta^2}\sqrt{f} + r\,\frac{\partial \beta}{\partial \vartheta} = 0$$

nur erfüllt werden, wenn $\alpha = 0$ und $\beta = \beta(t,\varphi)$ ist. Jedenfalls muß $U = 0$ sein. Aus Gleichung (x) folgt schließlich nach Division durch $\sin\vartheta$

$$\beta\cot\vartheta + \frac{\partial W}{\partial \varphi} = 0\,,$$

aus Gleichung (ix)

$$\sin^2\vartheta\,\frac{\partial W}{\partial \vartheta} + \frac{\partial \beta}{\partial \varphi} = 0\,.$$

Differenziert man die vorletzte Gleichung nach ϑ, die letzte nach φ und eliminiert man die gemischte Ableitung von W, so folgt einerseits

$$\frac{\partial^2 \beta}{\partial \varphi^2} + \beta = 0\,,$$

andererseits, daß die dritte Koordinate eines Killing-Vektorfeldes die Form

$$W = \cot\vartheta \, \frac{\partial \beta}{\partial \varphi} + \gamma(t, \varphi)$$

haben muß, da sie, um die Gleichung (vii) zu erfüllen, von r nicht abhängen kann. Damit sind alle Gleichungen (v) bis (x) befriedigt. Die Gleichungen (i) und (ii) erfordern wegen $U = 0$ für $T = \delta(\vartheta, \varphi)$, die Gleichung (iii) ist dann nur für $\beta = \beta(\varphi)$ und $\delta = \delta(\varphi)$ lösbar; die letzte noch nicht befriedigte Gleichung (iv) verlangt dann die Konstanz der Funktionen γ und δ. Daher ist

$$\beta(\varphi) = A\cos\varphi + B\sin\varphi\,.$$

Dies ergibt zusammen mit den obigen Ergebnissen die allgemeine Lösung der Killing-Gleichungen

$$\begin{aligned} T &= D\,,\\ U &= 0\,,\\ V &= A\cos\varphi + B\sin\varphi\,,\\ W &= (B\cos\varphi - A\sin\varphi)\cot\vartheta + C \end{aligned}$$

mit vier willkürlichen Konstanten A, B, C und D. Es gibt daher 4 unabhängige Killing-Vektorfelder

$$\begin{aligned} v_0 &= \partial_t\,,\\ v_1 &= \sin\varphi\,\partial_\vartheta + \cos\varphi\cot\vartheta\,\partial_\varphi\,,\\ v_2 &= \cos\varphi\,\partial_\vartheta - \sin\varphi\cot\vartheta\,\partial_\varphi\,,\\ v_3 &= \partial_\varphi\,. \end{aligned} \tag{5.226}$$

Das Killing-Vektorfeld v_0 ist zeitartig, die drei übrigen sind raumartig. Auf die Bedeutung dieser Killing-Vektorfelder soll im §6 des Kap. 6 eingegangen werden.

Ist v ein beliebiges Vektorfeld auf dem N-dimensionalen Riemannschen Raum $\mathfrak{R}$, so gilt auf Grund der Differentiationsregel (5.170)

$$\begin{aligned} &\frac{\mathfrak{d}}{\mathfrak{d}x_i}\Big(\frac{\mathfrak{d}V_l}{\mathfrak{d}x_j} - \frac{\mathfrak{d}V_j}{\mathfrak{d}x_l}\Big) + \frac{\mathfrak{d}}{\mathfrak{d}x_j}\Big(\frac{\mathfrak{d}V_i}{\mathfrak{d}x_l} - \frac{\mathfrak{d}V_l}{\mathfrak{d}x_i}\Big) + \frac{\mathfrak{d}}{\mathfrak{d}x_l}\Big(\frac{\mathfrak{d}V_j}{\mathfrak{d}x_i} - \frac{\mathfrak{d}V_i}{\mathfrak{d}x_j}\Big)\\ &= \Big(\frac{\mathfrak{d}^2 V_i}{\mathfrak{d}x_j\mathfrak{d}x_l} - \frac{\mathfrak{d}^2 V_i}{\mathfrak{d}x_l\mathfrak{d}x_j}\Big) + \Big(\frac{\mathfrak{d}^2 V_j}{\mathfrak{d}x_l\mathfrak{d}x_i} - \frac{\mathfrak{d}^2 V_j}{\mathfrak{d}x_i\mathfrak{d}x_l}\Big) + \Big(\frac{\mathfrak{d}^2 V_l}{\mathfrak{d}x_i\mathfrak{d}x_j} - \frac{\mathfrak{d}^2 V_l}{\mathfrak{d}x_j\mathfrak{d}x_i}\Big)\\ &= \big(R^k_{ilj} + R^k_{jil} + R^k_{lji}\big)V_k = 0 \end{aligned}$$

infolge der zyklischen Symmetrie des Krümmungstensors. Wenn es sich speziell um ein Killing-Vektorfeld auf $\mathfrak{R}$ handelt, ergibt diese Gleichung

$$\frac{\mathfrak{d}^2 V_i}{\mathfrak{d}x_j\mathfrak{d}x_l} + \frac{\mathfrak{d}^2 V_j}{\mathfrak{d}x_l\mathfrak{d}x_i} + \frac{\mathfrak{d}^2 V_l}{\mathfrak{d}x_i\mathfrak{d}x_j} = 0\,.$$

Nun ist aber nach (5.170) und (5.225)

$$\frac{\mathfrak{d}^2 V_j}{\mathfrak{d}x_l\mathfrak{d}x_i} = \frac{\mathfrak{d}^2 V_j}{\mathfrak{d}x_i\mathfrak{d}x_l} + R^h_{jil}V_h = -\frac{\mathfrak{d}^2 V_l}{\mathfrak{d}x_i\mathfrak{d}x_j} + R^h_{jil}V_h$$

und deshalb unter Verwendung der Symmetrieeigenschaften (5.146)

$$\frac{\partial^2 V_i}{\partial x_j \partial x_l} = R^h_{jli} V_h \tag{5.227}$$

beziehungsweise (5.205) und (5.206)

$$\frac{\partial^2 V^i}{\partial x_j \partial x_l} = R^i_{ljh} V^h \,, \tag{5.228}$$

da das Hinauf-und Herunterziehen von Indizes mit der kovarianten Differentiation vertauschbar ist.

Die beiden äquivalenten Gleichungen (5.227) und (5.228) bringen die Koordinaten eines Killing-Vektorfeldes mit den zweiten kovarianten Ableitungen in Beziehung. Daraus ergibt sich insbesondere, daß die höheren partiellen Ableitungen durch die Koordinaten eines Killing-Vektorfeldes und dessen partielle Ableitungen bereits bestimmt sind. Dieser Sachverhalt läßt jetzt auch einen Rückschluß auf die Maximalzahl unabhängiger Killing-Vektorfelder zu: Da man N Koordinaten V^i und wegen (5.225) insgesamt nur $N\frac{N-1}{2}$ Ableitungen $\frac{\partial V_i}{\partial x_j}$ vorgeben kann, gibt es, sofern diese Vorgaben keinen weiteren Einschränkungen unterliegen, höchstens $N + N\frac{N-1}{2} = \frac{N(N+1)}{2}$ unabhängige Killing-Vektorfelder. Deshalb können auch die $\frac{N(N+1)}{2}$ Gleichungen (5.225) höchstens $\frac{N(N+1)}{2}$ unabhängige Lösungen haben. Um feststellen zu können, wieviele es nun wirklich gibt, hat man durch fortgesetzte Differentiation die *Integrabilitätsbedingungen* aufzustellen und das — u.U. aus unendlich vielen Gleichungen bestehende — lineare homogene Gleichungssystem der Koordinaten V_i und ihren Ableitungen $\frac{\partial V_i}{\partial x_j}$ auf Lösbarkeit bzw. im Hinblick darauf zu untersuchen, wieviele unabhängige Lösungen es gibt.

Die erste Integrabilitätsbedingung erhält man durch kovariante Differentiation von (5.227). Geht man von der allgemein gültigen Gleichung

$$\frac{\partial^3 V_i}{\partial x_k \partial x_j \partial x_l} - \frac{\partial^3 V_i}{\partial x_j \partial x_k \partial x_l} = R^h_{ijk} \frac{\partial V_h}{\partial x_l} + R^h_{ljk} \frac{\partial V_i}{\partial x_h}$$

aus (vgl. (5.171) für $\Phi_{il} = \frac{\partial V_i}{\partial x_l}$) und bildet man durch Differentiation von (5.227)

$$\frac{\partial^3 V_i}{\partial x_k \partial x_j \partial x_l} = \frac{\partial R^h_{jli}}{\partial x_k} V_h + R^h_{jli} \frac{\partial V_h}{\partial x_k}$$

sowie unter Benützung von (5.225)

$$-\frac{\partial^3 V_i}{\partial x_j \partial x_k \partial x_l} = \frac{\partial^3 V_l}{\partial x_j \partial x_k \partial x_i} = \frac{\partial R^h_{kil}}{\partial x_j} V_h + R^h_{kil} \frac{\partial V_h}{\partial x_j} \,,$$

so ergibt sich durch Addition

$$R^h_{ijk} \frac{\partial V_h}{\partial x_l} + R^h_{ljk} \frac{\partial V_i}{\partial x_h} = \left(\frac{\partial R^h_{jli}}{\partial x_k} + \frac{\partial R^h_{kil}}{\partial x_j} \right) V_h + R^h_{jli} \frac{\partial V_h}{\partial x_k} + R^h_{kil} \frac{\partial V_h}{\partial x_j} \,.$$

Zieht man den Index h in den Koordinaten des Krümmungstensors herunter und gleichzeitig in den Koordinaten des Killing-Vektorfeldes hinauf, so erhält man mit Hilfe der Identitäten (5.219) durch wiederholte Anwendung der Symmetrieeigenschaften des kovarianten Krümmungstensors

$$\frac{\partial R_{hjli}}{\partial x_k} + \frac{\partial R_{hkil}}{\partial x_j} = \frac{\partial R_{iljh}}{\partial x_k} + \frac{\partial R_{ilhk}}{\partial x_j} = -\frac{\partial R_{ilkj}}{\partial x_h} = \frac{\partial R_{iljk}}{\partial x_h},$$

wodurch die obige Gleichung die einfachere Form

$$\frac{\partial R_{iljk}}{\partial x_h} V^h + R_{hljk} \frac{\partial V^h}{\partial x_i} + R_{ihjk} \frac{\partial V^h}{\partial x_l} + R_{ilhk} \frac{\partial V^h}{\partial x_j} + R_{iljh} \frac{\partial V^h}{\partial x_k} = 0$$

annimmt. Da in den Koordinaten der Lie-Ableitung eines Tensorfeldes die gewöhnlichen partiellen Ableitungen durch die kovarianten ersetzt werden können, ist diese Bedingung nichts anderes als die Forderung, daß die Lie-Ableitung des kovarianten Krümmungstensors bezüglich des in Betracht genommenen Killing-Vektors v verschwindet,

$$\pounds_v \boldsymbol{K} = 0 . \tag{5.229}$$

Diese Integrabilitätsbedingung verlangt von einem Killing-Vektor, daß sich die Krümmungsverhältnisse bei einer Bewegung, d.h. bei einer infinitesimalen Transformation in der durch ihn angezeigten Richtung nicht ändern. Wenn sie identisch erfüllt ist, wenn also durch sie keinerlei Einschränkungen in der freien Wahl der Koordinaten V^i und ihrer kovarianten Ableitungen $\frac{\partial V^i}{\partial x_j}$ ausgesprochen werden, so gibt es im Raum die Maximalzahl unabhängiger Killing-Vektorfelder. Dann muß aber einerseits die kovariante Ableitung des Krümmungstensors verschwinden,

$$\frac{\partial R_{ijkl}}{\partial x_h} = 0 ,$$

andererseits muß

$$\left(\delta_i^p R_{hljk} + \delta_l^p R_{ihjk} + \delta_j^p R_{ilhk} + \delta_k^p R_{iljh}\right) \frac{\partial V^h}{\partial x_p} = 0$$

und folglich auch

$$\left(\delta_i^p R^h_{ljk} + \delta_l^p R^h_{ikj} + \delta_j^p R^h_{kil} + \delta_k^p R^h_{jli}\right) \frac{\partial V_h}{\partial x_p} = 0$$

gelten. Schreibt man diese Gleichungen mit vertauschten Rollen der Indizes h und p an und addiert man die entstehende Gleichung zur obigen hinzu, so ergibt sich unter Berücksichtigung von (5.225) hinsichtlich der Beschaffenheit des Raumes schließlich die Forderung

$$\delta_i^p R^h_{ljk} - \delta_i^h R^p_{ljk} + \delta_l^p R^h_{ikj} - \delta_l^h R^p_{ikj} + \delta_j^p R^h_{kil} - \delta_j^h R^p_{kil} + \delta_k^p R^h_{jli} - \delta_k^h R^p_{jli} = 0 .$$

Durch Verjüngung in den Indizes i und p erhält man als Konsequenz

$$\begin{aligned} N R^h_{ljk} - R^h_{ljk} + R^h_{lkj} - \delta_l^h R^i_{ikj} + R^h_{kjl} - \delta_j^h R_{kl} + R^h_{jlk} + \delta_k^h R_{jl} \\ = (N-1) R^h_{ljk} - \delta_j^h R_{kl} + \delta_k^h R_{jl} = 0 , \end{aligned}$$

wie sich aus der zyklischen Symmetrie (5.145) des Krümmungstensors $\mathcal{K}$ zusammen mit (5.214) ergibt. Überschiebt man die Gleichung

$$(N-1)R^h_{ljk} = \delta^h_j R_{kl} - \delta^h_k R_{jl}$$

mit g_{ih},

$$(N-1)R_{iljk} = g_{ij}R_{kl} - g_{ik}R_{jl} \, ,$$

und diese mit g^{kl}, so erhält man

$$(N-1)R_{ji} = (N-1)g^{kl}R_{kjli} = g_{ij}R - R_{ji} \, ,$$

worin R die Krümmungsinvariante (5.215) ist. Also ist

$$R_{ij} = \frac{R}{N} g_{ij}$$

und deshalb

$$R_{iljk} = \frac{R}{N(N-1)} \left(g_{ij}g_{kl} - g_{ik}g_{jl} \right) . \qquad (5.230)$$

Da verlangt wird, daß die kovariante Ableitung des Krümmungstensors verschwindet, muß die Krümmungsinvariante eine konstante Funktion sein. Die Form (5.230) des Krümmungstensors — mit ***konstanter*** Krümmungsinvariante — ist offenbar eine notwendige und hinreichende Bedingung dafür, um durch die Gleichung (5.229) keinerlei Einschränkungen in der Wahl sowohl der Koordinaten eines Killing-Vektors als auch deren kovarianten partiellen Ableitungen hinnehmen zu müssen.

Ein Riemannscher Raum, dessen Krümmungstensor in der einfachen Form (5.230) vom Maßtensor abhängt und dessen Krümmungsinvariante konstant ist, heißt ein Raum mit ***konstanter Krümmung***. Ein solcher Raum hat maximale Symmetrie, er besitzt die Höchstzahl von $\frac{N(N+1)}{2}$ unabhängigen Killing-Vektoren und ist homogen und isotrop in dem Sinne, wie diese Eigenschaften einem ebenen Raum zugesprochen werden. Kein Punkt ist einem anderen gegenüber ausgezeichnet und keine Richtung gegenüber einer anderen bevorzugt. Die freie Wahl der Koordinaten eines Killing-Vektors bedeutet dabei die Homogenität, die freie Wahl der unabhängigen kovarianten Ableitungen die Isotropie, entsprechend den $\frac{N(N-1)}{2}$ unabhängigen Parametern a^j_i einer Lorentz-Transformation $\bar{x}_i = a^i_j x_j$ im Ursprung eines Riemannschen Koordinatensystems.

Der Krümmungstensor einer Fläche im dreidimensionalen Raum hat stets die Gestalt (5.230). Doch erst dann, wenn die Krümmungsinvariante und damit die Gaußsche Krümmung konstant ist, handelt es sich um einen Raum mit konstanter Krümmung. Ist die Krümmung von Null verschieden, so muß die Fläche eine Kugel sein; deren Radius ist gleich dem Kehrwert der Gaußschen Krümmung. Die Eigenschaft der Homogenität und der Isotropie kommt daher einer Fläche im dreidimensionalen Raum, wenn ihre Gaußsche Krümmung ungleich Null ist, nur der Oberfläche einer Kugel zu.

V. *Duale Tensorfelder und das Kodifferential.*

Ist ein Riemannscher Raum orientierbar, so läßt sich der $*$-Operator und mit ihm das Kodifferential auf schiefsymmetrische kovariante Tensorfelder übertragen. Für das Folgende sei der N-dimensionale Riemannsche Raum $\mathfrak{R}$ durch die N-Form (5.198) orientiert.

Zur Einführung des dualen Tensorfeldes $*\varphi$ eines kovarianten schiefsymmetrischen Tensors φ ist wie in euklidischen Räumen vorzugehen. Dabei behalten alle Rechenregeln ihre Gültigkeit, namentlich die Darstellungen (3.104) und (3.105). Das *Kodifferential* ist der Operator (vgl. (3.106))

$$\delta = (-1)^n *^{-1} d* = (-1)^{Nn+r+1} *d* ,$$

der einer n-Form

$$\varphi = \sum_{i_1<\cdots<i_n} \Phi_{i_1\ldots i_n}\, dx_{i_1} \wedge \cdots \wedge dx_{i_n}$$

die $(n-1)$-Form

$$\begin{aligned} \delta\varphi &= - \sum_{l_1<\cdots<l_{n-1}} g^{jk} \frac{\mathfrak{d}\Phi_{jl_1\ldots l_{n-1}}}{\mathfrak{d}x_k}\, dx_{l_1} \wedge \cdots \wedge dx_{l_{n-1}} \\ &= - \sum_{l_1<\cdots<l_{n-1}} \frac{\mathfrak{d}\Phi^k_{l_1\ldots l_{n-1}}}{\mathfrak{d}x_k}\, dx_{l_1} \wedge \cdots \wedge dx_{l_{n-1}} \end{aligned} \tag{5.231}$$

zuordnet (vgl. (3.110)). Die Ableitung dieser Darstellung geht denselben Weg die jene für (3.110), nur ist dabei zu berücksichtigen, daß die Größe $\sqrt{|g|}$ jetzt nicht konstant ist. Deshalb tritt zur Bestimmung der n-Form $\psi = *d*\varphi$ an die Stelle von (3.109) zunächst

$$*\Psi^{l_1\ldots l_{n-1}} = (-1)^{Nn-r} \frac{1}{\sqrt{|g|}} \frac{\partial(\sqrt{|g|}\,\Phi^{kl_1\ldots l_{n-1}})}{\partial x_k} .$$

Nun ist einerseits

$$\begin{aligned} \frac{1}{\sqrt{|g|}} \frac{\partial(\sqrt{|g|}\,\Phi^{kl_1\ldots l_{n-1}})}{\partial x_k} &= \frac{1}{\sqrt{|g|}} \frac{\partial\sqrt{|g|}}{\partial x_k} \Phi^{kl_1\ldots l_{n-1}} + \frac{\partial\Phi^{kl_1\ldots l_{n-1}}}{\partial x_k} \\ &= \frac{\partial \ln\sqrt{|g|}}{\partial x_k} \Phi^{kl_1\ldots l_{n-1}} + \frac{\partial\Phi^{kl_1\ldots l_{n-1}}}{\partial x_k} \\ &= \Gamma^l_{kl} \Phi^{kl_1\ldots l_{n-1}} + \frac{\partial\Phi^{kl_1\ldots l_{n-1}}}{\partial x_k} , \end{aligned}$$

worin (5.197) verwendet wurde, andererseits aber

$$\frac{\mathfrak{d}\Phi^{kl_1\ldots l_{n-1}}}{\mathfrak{d}x_k} = \frac{\partial\Phi^{kl_1\ldots l_{n-1}}}{\partial x_k} + \Gamma^k_{hk} \Phi^{hl_1\ldots l_{n-1}} + \sum_{\nu=1}^{n-1} \Gamma^{l_\nu}_{hk} \Phi^{kl_1\ldots h\ldots l_{n-1}} .$$

Da φ schiefsymmetrisch ist, sind auch die kontravarianten Koordinaten von φ schiefsymmetrisch in allen Indizes, weshalb auf Grund der Symmetrie der

Gamma-Symbole in den unteren Indizes jede Summe

$$\Gamma^l_{hk}\Phi^{k\dots h\dots l_{n-1}} = \Gamma^l_{kh}\Phi^{k\dots h\dots l_{n-1}} = -\Gamma^l_{kh}\Phi^{h\dots k\dots l_{n-1}} = -\Gamma^l_{hk}\Phi^{k\dots h\dots l_{n-1}}$$

verschwindet. Infolgedessen ist

$$\frac{1}{\sqrt{|g|}}\,\frac{\partial(\sqrt{|g|}\,\Phi^{kl_1\dots l_{n-1}})}{\partial x_k} = \frac{\eth\Phi^{kl_1\dots l_{n-1}}}{\eth x_k}$$

und deshalb

$$*\Psi^{l_1\dots l_{n-1}} = (-1)^{Nn-r}\frac{\eth\Phi^{kl_1\dots l_{n-1}}}{\eth x_k}\,.$$

Da die kovariante partielle Differentiation mit dem Hinauf- und Herunterziehen von Indizes vertauschbar ist, ergibt sich daraus schließlich

$$*\Psi_{l_1\dots l_{n-1}} = (-1)^{Nn-r}\frac{\eth\Phi^k_{l_1\dots l_{n-1}}}{\eth x_k}\,.$$

Die Koordinaten der Differentialform $\psi = \delta\varphi$ sind also wie in euklidischen Räumen zu bilden, nur sind die gewöhnlichen partiellen Ableitungen durch die kovarianten zu ersetzen.

Die das Kodifferential betreffenden Rechenregeln (3.114) bis (3.119) bleiben auch in Riemannschen Räumen gültig. Ebenso aufrecht bleibt das Lemma von POINCARÉ in seiner lokalen Fassung. Ergänzend sei vermerkt, daß die zweimalige Anwendung des $*$-Operators auch hier die Unabhängigkeit des Operators δ von der Orientierung des Riemannschen Raumes $\mathfrak{R}$ zur Folge hat; zwar fällt die Größe $\sqrt{|g|}$ jetzt nicht heraus, wohl aber ihr geändertes Vorzeichen bei einem Orientierungswechsel.

Das Kodifferential einer 1-Form $\varphi = \sum_i \Phi_i dx_i$ ist die Invariante

$$\delta\varphi = -\frac{\eth\Phi^i}{\eth x_i} = -\frac{1}{\sqrt{|g|}}\,\frac{\partial(\sqrt{|g|}\,\Phi^i)}{\partial x_i}\,.$$

Vergleicht man dieses Ergebnis mit (5.183), so erhält man für $\gamma = \sqrt{|g|}$, wenn v das der Linearform φ assoziierte kontravariante Vektorfeld ist,

$$\operatorname{div} v = -\delta\varphi = \frac{\eth V^i}{\eth x_i}\,, \tag{5.232}$$

wodurch die Bezeichnung *Divergenzoperator* für das Kodifferential auch in Riemannschen Räumen gerechtfertigt ist. Die Divergenz symmetrischer Tensorfelder wird wie in euklidischen Räumen eingeführt, wobei statt der gewöhnlichen partiellen Ableitungen die kovarianten zu bilden sind.

Wie in euklidischen Räumen heißt

$$\mathbf{\Delta} := \delta d + d\delta$$

der *Laplace-Beltrami-Operator*. Ist ω eine 0-Form, so ist $\delta\omega = 0$ und

$$\begin{aligned}\mathbf{\Delta}\omega = \delta d\omega &= -g^{jk}\frac{\eth^2\omega}{\eth x_k\eth x_j} = -g^{jk}\frac{\eth}{\eth x_k}\frac{\partial\omega}{\partial x_j} = -\frac{\eth}{\eth x_k}\Big(g^{jk}\frac{\partial\omega}{\partial x_j}\Big)\\ &= -\frac{\partial}{\partial x_k}\Big(g^{jk}\frac{\partial\omega}{\partial x_j}\Big) - \Gamma^k_{lk}g^{jl}\frac{\partial\omega}{\partial x_j}\,,\end{aligned}$$

also wegen (5.197)

$$\boldsymbol{\Delta}\omega = -\frac{1}{\sqrt{|g|}}\frac{\partial}{\partial x_l}\left(\sqrt{|g|}\,g^{jl}\frac{\partial\omega}{\partial x_j}\right). \tag{5.233}$$

Um die Koordinaten von $\boldsymbol{\Delta}\varphi$ für eine n-Form φ mit $n > 1$ zu ermitteln, beachtet man am besten, daß die äußere Ableitung $d\varphi$ einer n-Form auch mit Hilfe der kovarianten Differentiale der Koordinaten dargestellt werden kann, d.h. man kann in (5.33) die gewöhnlichen Differentiale und die gewöhnlichen partiellen Differentialquotienten durch die kovarianten ersetzen,

$$\begin{aligned} d\varphi &= \sum_{l_1<\cdots<l_n} \mathfrak{d}\Phi_{l_1\ldots l_n} \wedge dx_{l_1} \wedge\cdots\wedge dx_{l_n} \\ &= \sum_{l_1<\cdots<l_n} \frac{\mathfrak{d}\Phi_{l_1\ldots l_n}}{\mathfrak{d}x_k}\, dx_k \wedge dx_{l_1} \wedge\cdots\wedge dx_{l_n} \\ &= \sum_{l_0<\cdots<l_n} \sum_{\mu=0}^{n} (-1)^\mu \frac{\mathfrak{d}\Phi_{l_0\ldots\widehat{l_\mu}\ldots l_n}}{\mathfrak{d}x_{l_\mu}}\, dx_{l_0} \wedge\cdots\wedge dx_{l_n}\,. \end{aligned}$$

Man erhält nämlich einerseits auf Grund der Differentiationsregel (5.164)

$$\begin{aligned} \frac{\mathfrak{d}\Phi_{l_0\ldots\widehat{l_\mu}\ldots l_n}}{\mathfrak{d}x_{l_\mu}} &= \frac{\partial\Phi_{l_0\ldots\widehat{l_\mu}\ldots l_n}}{\partial x_{l_\mu}} - \sum_{\nu=0}^{\mu-1} \Gamma^k_{l_\nu l_\mu}\Phi_{l_0\ldots l_{\nu-1}kl_{\nu+1}\ldots\widehat{l_\mu}\ldots l_n} \\ &\quad - \sum_{\nu=\mu+1}^{n} \Gamma^k_{l_\nu l_\mu}\Phi_{l_0\ldots\widehat{l_\mu}\ldots l_{\nu-1}kl_{\nu+1}\ldots l_n}\,, \end{aligned}$$

andererseits unter Berücksichtigung der Symmetrie der Gamma-Symbole in den unteren Indizes

$$\begin{aligned} \sum_{\mu=0}^{n}(-1)^\mu \frac{\mathfrak{d}\Phi_{l_0\ldots\widehat{l_\mu}\ldots l_n}}{\mathfrak{d}x_{l_\mu}} &= \sum_{\mu=0}^{n}(-1)^\mu \frac{\partial\Phi_{l_0\ldots\widehat{l_\mu}\ldots l_n}}{\partial x_{l_\mu}} \\ &\quad - \sum_{\nu<\mu}(-1)^{\mu+\nu}\Gamma^k_{l_\nu l_\mu}\Phi_{k\ldots\widehat{l_\nu}\ldots\widehat{l_\mu}\ldots l_n} - \sum_{\nu>\mu}(-1)^{\mu+\nu-1}\Gamma^k_{l_\nu l_\mu}\Phi_{k\ldots\widehat{l_\mu}\ldots\widehat{l_\nu}\ldots l_n}\,, \end{aligned}$$

und somit

$$\sum_{\mu=0}^{n}(-1)^\mu \frac{\mathfrak{d}\Phi_{l_0\ldots\widehat{l_\mu}\ldots l_n}}{\mathfrak{d}x_{l_\mu}} = \sum_{\mu=0}^{n}(-1)^\mu \frac{\partial\Phi_{l_0\ldots\widehat{l_\mu}\ldots l_n}}{\partial x_{l_\mu}}\,.$$

Bildet man auf diese Weise die äußere Ableitung von (5.231), so sind

$$\mathrm{X}_{l_1\ldots l_n} = \sum_{\mu=1}^{n}(-1)^\mu \frac{\mathfrak{d}^2\Phi^k_{l_1\ldots\widehat{l_\mu}\ldots l_n}}{\mathfrak{d}x_{l_\mu}\mathfrak{d}x_k}$$

die Koordinaten der n-Form $\chi = d\delta\varphi$.

Wendet man zuerst den Operator d und anschließend das Kodifferential δ an, so bestimmen sich die Koordinaten von $\psi = \delta d\varphi$ auf Grund des eben gewonnenen Ergebnisses zu

$$\Psi_{l_1\dots l_n} = -g^{jk}\frac{\partial^2 \Phi_{l_1\dots l_n}}{\partial x_k \partial x_j} + \sum_{\mu=1}^{n}(-1)^{\mu-1}\frac{\partial^2 \Phi^k{}_{l_1\dots\widehat{l_\mu}\dots l_n}}{\partial x_k \partial x_{l_\mu}}\,.$$

Da die gemischten kovarianten partiellen Differentialquotienten verschieden sind, fallen die Summen in $\delta d\varphi$ und $d\delta\varphi$ jetzt nicht heraus, vielmehr ist zur Bildung der Summe $\delta d\varphi + d\delta\varphi$ die Regel (5.171) heranzuziehen,

$$\begin{aligned}\sum_{\mu=1}^{n}(-1)^{\mu}\left(\frac{\partial^2 \Phi^k{}_{l_1\dots\widehat{l_\mu}\dots l_n}}{\partial x_{l_\mu}\partial x_k} - \frac{\partial^2 \Phi^k{}_{l_1\dots\widehat{l_\mu}\dots l_n}}{\partial x_k \partial x_{l_\mu}}\right)\\
= \sum_{\mu=1}^{n}(-1)^{\mu-1}R^k_{hkl_\mu}\Phi^h{}_{l_1\dots\widehat{l_\mu}\dots l_n} + \sum_{\nu<\mu}(-1)^{\mu+\nu-1}R^h_{l_\nu k l_\mu}\Phi^k{}_{hl_1\dots\widehat{l_\nu}\dots\widehat{l_\mu}\dots l_n}\\
+ \sum_{\nu>\mu}(-1)^{\mu+\nu}R^h_{l_\nu k l_\mu}\Phi^k{}_{hl_1\dots\widehat{l_\mu}\dots\widehat{l_\nu}\dots l_n}\,.\end{aligned}$$

Vertauscht man in der letzten Summe rechts die Rollen von ν und μ und macht man von den Symmetrieeigenschaften des kovarianten Krümmungstensors Gebrauch, so erhält man

$$\begin{aligned}\sum_{\mu=1}^{n}(-1)^{\mu}\left(\frac{\partial^2 \Phi^k{}_{l_1\dots\widehat{l_\mu}\dots l_n}}{\partial x_{l_\mu}\partial x_k} - \frac{\partial^2 \Phi^k{}_{l_1\dots\widehat{l_\mu}\dots l_n}}{\partial x_k \partial x_{l_\mu}}\right)\\
= \sum_{\mu=1}^{n}(-1)^{\mu-1}R^k_{hkl_\mu}\Phi^h{}_{l_1\dots\widehat{l_\mu}\dots l_n} + \sum_{\nu<\mu}(-1)^{\mu+\nu-1}R^h_{kl_\nu l_\mu}\Phi^k{}_{hl_1\dots\widehat{l_\nu}\dots\widehat{l_\mu}\dots l_n}\,,\end{aligned}$$

wobei für $n = 1$ die zweite Summe rechts leer ist. Daher sind im Falle $n = 1$

$$X_l = -g^{ij}\frac{\partial^2 \Phi_l}{\partial x_i \partial x_j} + R_{lh}\Phi^h \tag{5.234}$$

die Koordinaten der Linearform $\chi = \Delta\varphi$, für $n > 1$ bestimmen sie sich zu

$$\begin{aligned}X_{l_1\dots l_n} = -g^{ij}\frac{\partial^2 \Phi_{l_1\dots l_n}}{\partial x_i \partial x_j} + \sum_{\mu=1}^{n}(-1)^{\mu-1}R_{l_\mu h}\Phi^h{}_{l_1\dots\widehat{l_\mu}\dots l_n}\\
+ \sum_{\nu<\mu}(-1)^{\mu+\nu-1}R^h_{kl_\nu l_\mu}\Phi^k{}_{hl_1\dots\widehat{l_\nu}\dots\widehat{l_\mu}\dots l_n}\,.\end{aligned} \tag{5.235}$$

Anzumerken ist, daß der Laplace-Beltrami-Operator nicht nur unabhängig von der Orientierung des Raumes $\mathfrak{R}$ ist, sondern eine solche gar nicht mehr aufscheint. Der Laplace-Beltrami-Operator kann daher über (5.234) bzw. (5.235) auch in nicht-orientierbaren Riemannschen Räumen eingeführt werden.

Im dreidimensionalen euklidischen Raum lassen sich die Differentialoperatoren grad, rot, div und $\triangle$ auf bequeme Weise mit Hilfe des Operators d der äußeren Differentiation und des $*$-Operators darstellen. Will man diese Differentialoperatoren auf allgemeine Koordinaten umrechnen, so muß der euklidische Raum als Riemannscher Raum aufgefaßt werden, da dann auch krummlinige Koordinaten zugelassen sind. Hiefür wird jetzt die Summenkonvention außer Kraft gesetzt.

Bezeichnen ξ_i kartesische Koordinaten einer Karte $\hat{\kappa}$ im dreidimensionalen euklidischen Raum $\mathfrak{E}^3$, so bestimmen drei Gleichungen

$$\xi_i = f_i(x_1, x_2, x_3)$$

in der Umgebung eines Punktes P_o mit den Koordinaten ξ_i° und x_i° ein lokales Koordinatensystem κ mit den Koordinaten x_i, wenn die Matrix $\left\{\frac{\partial \xi_i}{\partial x_j}\right\}$ im Punkt P_o regulär ist; um die Verträglichkeit der beiden Karten κ und $\hat{\kappa}$ zu gewährleisten, ist $\det \left\{\frac{\partial \xi_i}{\partial x_j}\right\} > 0$ zu verlangen. Die Koordinaten g_{ij} des Maßtensors in diesem Koordinatensystem findet man aus

$$ds^2 = \sum_{i=1}^{3} d\xi_i^2 = \sum_{i=1}^{3} \sum_{j,k=1}^{3} \frac{\partial \xi_i}{\partial x_j} \frac{\partial \xi_i}{\partial x_k} dx_j dx_k = \sum_{j,k=1}^{3} g_{jk} dx_j dx_k$$

durch Vergleich,

$$g_{jk} = (\partial_j, \partial_k) = \sum_{i=1}^{3} \frac{\partial \xi_i}{\partial x_j} \frac{\partial \xi_i}{\partial x_k} .$$

Bilden die Koordinaten x_i ein orthogonales Koordinatensystem, was für das Folgende vorausgesetzt werde, so hat die Koordinatenmatrix $\{g_{ij}\}$ des kovarianten Maßtensors Diagonalgestalt, d.h. es gilt

$$g_{jk} = \sum_{i=1}^{3} \frac{\partial \xi_i}{\partial x_j} \frac{\partial \xi_i}{\partial x_k} = 0 \quad \text{für } j \neq k ,$$

insbesondere ist

$$g_{ii} > 0 , \quad g_{ii} g^{ii} = 1 .$$

Die Basisformen dx_i sind gleichfalls orthogonal, aber i.a. nicht orthonormal. Will man zu einem Orthonormalsystem übergehen, so ist auf die Basen

$$d\bar{x}_i = \sqrt{g_{ii}}\, dx_i \quad \text{bzw.} \quad \bar{\partial}_i = \sqrt{g^{ii}}\, \partial_i$$

umzurechnen, denn es gilt

$$(d\bar{x}_i, d\bar{x}_i)_* = g_{ii}(dx_i, dx_i)_* = g_{ii} g^{ii} = 1$$

und

$$(\bar{\partial}_i, \bar{\partial}_i) = g^{ii}(\partial_i, \partial_i) = g^{ii} g_{ii} = 1 .$$

Sei nun φ ein (kovarianter) Vektor mit den Koordinaten $\tilde{\Phi}_i$ im Koordinatensystem des $\mathfrak{E}^3$. Dann gilt

$$\begin{aligned} \varphi &= \tilde{\Phi}_1 d\xi_1 + \tilde{\Phi}_2 d\xi_2 + \tilde{\Phi}_3 d\xi_3 \\ &= \Phi_1 dx_1 + \Phi_2 dx_2 + \Phi_3 dx_3 = \bar{\Phi}_1 d\bar{x}_1 + \bar{\Phi}_2 d\bar{x}_2 + \bar{\Phi}_3 d\bar{x}_3 , \end{aligned}$$

worin

$$\Phi_i = \left(\frac{\partial \xi_1}{\partial x_i} \tilde{\Phi}_1 + \frac{\partial \xi_2}{\partial x_i} \tilde{\Phi}_2 + \frac{\partial \xi_3}{\partial x_i} \tilde{\Phi}_3 \right)$$

die Koordinaten von φ in Bezug auf die Karte κ sind. Wegen $\bar{g}_{ij} = \delta_{ij}$ sind

$$\bar{\Phi}_i = \bar{\Phi}^i = \frac{1}{\sqrt{g_{ii}}} \Phi_i = \sqrt{g_{ii}}\, \Phi^i$$

die Koordinaten von φ bezüglich der orthonormalen Basis der Karte κ.

Der Gradient eines Skalars ω ist der kovariante Vektor

$$d\omega = \sum_{i=1}^{3} \frac{\partial \omega}{\partial x_i}\, dx_i = \sum_{i=1}^{3} \frac{1}{\sqrt{g_{ii}}} \frac{\partial \omega}{\partial x_i}\, d\bar{x}_i \,,$$

d.h. die drei Größen

$$\bar{\Phi}_1 = \frac{1}{\sqrt{g_{11}}} \frac{\partial \omega}{\partial x_1}\,, \quad \bar{\Phi}_2 = \frac{1}{\sqrt{g_{22}}} \frac{\partial \omega}{\partial x_2}\,, \quad \bar{\Phi}_3 = \frac{1}{\sqrt{g_{33}}} \frac{\partial \omega}{\partial x_3}$$

sind die Koordinaten des Gradienten von ω bezüglich der orthonormalen Basis der Karte κ.

Die Rotation des Vektors φ ist der Vektor

$$*d\varphi = *\left[\left(\frac{\partial \Phi_3}{\partial x_2} - \frac{\partial \Phi_2}{\partial x_3}\right) dx_2 \wedge dx_3 + \left(\frac{\partial \Phi_1}{\partial x_3} - \frac{\partial \Phi_3}{\partial x_1}\right) dx_3 \wedge dx_1 \right.$$
$$\left. + \left(\frac{\partial \Phi_2}{\partial x_1} - \frac{\partial \Phi_1}{\partial x_2}\right) dx_1 \wedge dx_2 \right];$$

da die Linearformen $d\bar{x}_i$ orthonormal sind, ist nach (2.69)

$$*(d\bar{x}_2 \wedge d\bar{x}_3) = d\bar{x}_1\,, \quad *(d\bar{x}_3 \wedge d\bar{x}_1) = d\bar{x}_2\,, \quad *(d\bar{x}_1 \wedge d\bar{x}_2) = d\bar{x}_3$$

und somit wegen $g = \det\{g_{ij}\} = g_{11} g_{22} g_{33}$

$$*(dx_i \wedge dx_j) = \operatorname{sign}(ijk) \sqrt{\frac{g_{kk}}{g}}\, d\bar{x}_k \,.$$

Infolgedessen ist

$$*d\varphi = \sqrt{\frac{g_{11}}{g}} \left(\frac{\partial \Phi_3}{\partial x_2} - \frac{\partial \Phi_2}{\partial x_3}\right) d\bar{x}_1 + \sqrt{\frac{g_{22}}{g}} \left(\frac{\partial \Phi_1}{\partial x_3} - \frac{\partial \Phi_3}{\partial x_1}\right) d\bar{x}_2$$
$$+ \sqrt{\frac{g_{33}}{g}} \left(\frac{\partial \Phi_2}{\partial x_1} - \frac{\partial \Phi_1}{\partial x_2}\right) d\bar{x}_3$$

die Rotation des Vektors φ im orthonormalen Koordinatensystem, also

$$\operatorname{rot} \varphi = \begin{cases} \sqrt{\dfrac{g_{11}}{g}} \left(\dfrac{\partial(\sqrt{g_{33}}\,\bar{\Phi}_3)}{\partial x_2} - \dfrac{\partial(\sqrt{g_{22}}\,\bar{\Phi}_2)}{\partial x_3}\right), \\ \sqrt{\dfrac{g_{22}}{g}} \left(\dfrac{\partial(\sqrt{g_{11}}\,\bar{\Phi}_1)}{\partial x_3} - \dfrac{\partial(\sqrt{g_{33}}\,\bar{\Phi}_3)}{\partial x_1}\right), \\ \sqrt{\dfrac{g_{33}}{g}} \left(\dfrac{\partial(\sqrt{g_{22}}\,\bar{\Phi}_2)}{\partial x_1} - \dfrac{\partial(\sqrt{g_{11}}\,\bar{\Phi}_1)}{\partial x_2}\right). \end{cases}$$

Die Divergenz des kovarianten Vektors φ ist der Skalar $*d{*\varphi}$. Mit

$$*d\bar{x}_i = \operatorname{sign}(ijk)\, d\bar{x}_j \wedge d\bar{x}_k = \operatorname{sign}(ijk) \sqrt{g_{jj} g_{kk}}\, dx_j \wedge dx_k$$
$$= \operatorname{sign}(ijk) \sqrt{\frac{g}{g_{ii}}}\, dx_j \wedge dx_k$$

wird

$$*\varphi = *\left(\frac{\Phi_1}{\sqrt{g_{11}}}\, d\bar{x}_1 + \frac{\Phi_2}{\sqrt{g_{22}}}\, d\bar{x}_2 + \frac{\Phi_3}{\sqrt{g_{33}}}\, d\bar{x}_3\right)$$
$$= \left(\frac{\sqrt{g}}{g_{11}}\, \Phi_1\right) dx_2 \wedge dx_3 + \left(\frac{\sqrt{g}}{g_{22}}\, \Phi_2\right) dx_3 \wedge dx_1 + \left(\frac{\sqrt{g}}{g_{33}}\, \Phi_3\right) dx_1 \wedge dx_2$$
$$= (\sqrt{g}\, \Phi^1) dx_2 \wedge dx_3 + (\sqrt{g}\, \Phi^2) dx_3 \wedge dx_1 + (\sqrt{g}\, \Phi^3) dx_1 \wedge dx_2$$

und folglich

$$d{*}\varphi = \left(\frac{\partial(\sqrt{g}\,\Phi^1)}{\partial x_1} + \frac{\partial(\sqrt{g}\,\Phi^2)}{\partial x_2} + \frac{\partial(\sqrt{g}\,\Phi^3)}{\partial x_3}\right) dx_1 \wedge dx_2 \wedge dx_3 .$$

Berücksichtigt man jetzt noch (2.54), so wird

$$-\delta\varphi = {*}d{*}\varphi = \frac{1}{\sqrt{g}}\left(\frac{\partial(\sqrt{g}\,\Phi^1)}{\partial x_1} + \frac{\partial(\sqrt{g}\,\Phi^2)}{\partial x_2} + \frac{\partial(\sqrt{g}\,\Phi^3)}{\partial x_3}\right).$$

Der Übergang auf die orthonormale Basis ergibt den Ausdruck

$$\operatorname{div}\varphi = \frac{1}{\sqrt{g}}\left[\frac{\partial}{\partial x_1}\left(\frac{\sqrt{g}}{\sqrt{g_{11}}}\bar{\Phi}_1\right) + \frac{\partial}{\partial x_2}\left(\frac{\sqrt{g}}{\sqrt{g_{22}}}\bar{\Phi}_2\right) + \frac{\partial}{\partial x_3}\left(\frac{\sqrt{g}}{\sqrt{g_{33}}}\bar{\Phi}_3\right)\right]$$

für die Divergenz des Vektorfeldes φ. Setzt man $\varphi = d\omega$, so erhält man daraus die Divergenz eines Gradienten, den Laplaceschen Differentialausdruck in krummlinigen Koordinaten,

$$\triangle\,\omega = \frac{1}{\sqrt{g}}\left[\frac{\partial}{\partial x_1}\left(\frac{\sqrt{g}}{g_{11}}\frac{\partial\omega}{\partial x_1}\right) + \left(\frac{\sqrt{g}}{g_{22}}\frac{\partial\omega}{\partial x_2}\right) + \left(\frac{\sqrt{g}}{g_{33}}\frac{\partial\omega}{\partial x_3}\right)\right]$$

in Übereinstimmung mit (5.233),

$$\triangle\,\omega = -\boldsymbol{\Delta}\omega = \frac{\partial}{\partial x_1}\left(\frac{1}{g_{11}}\frac{\partial\omega}{\partial x_1}\right) + \frac{\partial}{\partial x_2}\left(\frac{1}{g_{22}}\frac{\partial\omega}{\partial x_2}\right) + \frac{\partial}{\partial x_3}\left(\frac{1}{g_{33}}\frac{\partial\omega}{\partial x_3}\right).$$

VI. *Harmonische Differentialformen.*

Sei $\mathfrak{R}$ ein N-dimensionaler orientierbarer Riemannscher Raum, welcher als Mannigfaltigkeit ein Zyklus ist, sodaß $\partial\mathfrak{R} = \emptyset$ ist. Dieses Merkmal trägt z.B. die Berandung jedes ganz im Endlichen liegenden räumlichen Bereiches im dreidimensionalen Raum und die geschlossene Randkurve eines beschränkten Bereiches in der Ebene.

Für festes n mit $0 \le n \le N = \dim\mathfrak{R}$ bilden die n-Formen auf einem Riemannschen Raum $\mathfrak{R}$ einen linearen Vektorraum, der mit $\Omega^n(\mathfrak{R})$ bezeichnet sei. Sind φ und ψ zwei n-Formen auf $\mathfrak{R}$, so ist die N-Form (vgl. (2.68))

$$\varphi \wedge {*}\psi = (\varphi, \psi)\,\epsilon ,$$

worin ϵ das Riemannsche Volumelement (5.198) ist, in jedem Punkt $P \in \mathfrak{R}$ das innere Produkt der n-Formen φ und ψ als Vektoren in $\wedge^n\mathcal{T}_P^*$, multipliziert mit der die Orientierung des Tangentialraumes $\mathcal{T}_P$ repräsentierenden Determinantenfunktion (2.52). Auf Grund der Eigenschaften des äußeren Produktes, des $*$-Operators und des Integrals ist

$$(\varphi, \psi) := \int_{\mathfrak{R}} \varphi \wedge {*}\psi \tag{5.236}$$

eine bilineare Funktion auf $\Omega^n(\mathfrak{R})$; sie ist wegen der in jedem Punkt gültigen Gleichung (2.67) überdies eine symmetrische bilineare Funktion. Da das innere Produkt in $\mathfrak{R}$ nicht-ausgeartet ist, kann auch die Bilinearform (5.236) nicht-ausgeartet sein; sie ist somit ein inneres Produkt auf dem Vektorraum $\Omega^n(\mathfrak{R})$. Für eine $(n-1)$-Form φ und eine n-Form ψ auf $\mathfrak{R}$ ist

$$(d\varphi, \psi) = \int_{\mathfrak{R}} d\varphi \wedge *\psi$$

das innere Produkt der beiden n-Formen $d\varphi$ und ψ; über die Produktregel der äußeren Differentiation erhält man dann

$$\begin{aligned} d(\varphi \wedge *\psi) &= d\varphi \wedge *\psi + (-1)^{n-1}\varphi \wedge d*\psi \\ &= d\varphi \wedge *\psi - (-1)^n \varphi \wedge **^{-1} d*\psi \\ &= d\varphi \wedge *\psi - \varphi \wedge *\delta\psi \end{aligned}$$

und daraus mit Hilfe des Satzes von STOKES

$$\int_{\mathfrak{R}} d(\varphi \wedge *\psi) = (d\varphi, \psi) - (\varphi, \delta\psi) = \int_{\partial\mathfrak{R}} \varphi \wedge *\psi = \int_{\emptyset} \varphi \wedge *\psi = 0\,,$$

also

$$(d\varphi, \psi) = (\varphi, \delta\psi)\,. \tag{5.237}$$

Damit wird nun auch die Vorzeichenkonvention bei der Einführung des Kodifferentials einer n-Form verständlich. Sind φ und ψ zwei n-Formen, so ist auf Grund von (5.237) mit $\psi \to d\varphi$, $\varphi \to \psi$

$$(\delta d\varphi, \psi) = (d\varphi, d\psi)$$

und mit $\varphi \to \delta\varphi$

$$(d\delta\varphi, \psi) = (\delta\varphi, \delta\psi)\,.$$

Die durch Addition entstehende Gleichung

$$(\Delta\varphi, \psi) = (d\varphi, d\psi) + (\delta\varphi, \delta\psi) \tag{5.238}$$

zeigt, daß der Laplace-Beltrami-Operator *positiv definit* ist, d.h. es gilt für jede Differentialform $\varphi \in \Omega^n(\mathfrak{R})$

$$(\Delta\varphi, \varphi) \geq 0\,.$$

Eine Differentialform $\varphi \in \Omega^n(\mathfrak{R})$ heißt *harmonisch* auf $\mathfrak{R}$, wenn

$$\Delta\varphi = 0$$

gilt auf $\mathfrak{R}$. Auf Grund der Gleichung (5.238) verschwindet das äußere Differential und das Kodifferential einer harmonischen Differentialform auf $\mathfrak{R}$. Ist umgekehrt $d\varphi = 0$ und $\delta\varphi = 0$ auf $\mathfrak{R}$, so ist auch $\Delta\varphi = 0$ auf $\mathfrak{R}$. Daher ist eine n-Form φ auf $\mathfrak{R}$ genau dann harmonisch, wenn sowohl ihr äußeres Differential als auch ihr Kodifferential verschwindet,

$$d\varphi = 0\,, \qquad \delta\varphi = 0\,.$$

Anders ausgedrückt, es verschwindet die Rotation und die Divergenz. Im dreidimensionalen euklidischen Raum ist dies gerade jene Formulierung, welche die Lösungen der Laplaceschen Differentialgleichung charakterisiert.

Eine weitere Folge der Gleichung (5.237) ist

$$(\delta d\varphi, \psi) = (d\varphi, d\psi) = (\varphi, \delta d\psi)$$

beziehungsweise

$$(d\delta\varphi, \psi) = (\delta\varphi, \delta\psi) = (\varphi, d\delta\psi)$$

und daher auch

$$(\boldsymbol{\Delta}\varphi, \psi) = (\varphi, \boldsymbol{\Delta}\psi) . \tag{5.239}$$

Der auf dem Vektorraum $\Omega^n(\mathfrak{R})$ lineare Laplace-Beltrami-Operator ist auf Grund dessen selbstadjungiert (vgl. (1.45)).

Eines der Hauptergebnisse der Theorie der harmonischen Differentialformen betrifft die Lösbarkeit der Gleichung

$$\boldsymbol{\Delta}\xi = \eta \tag{5.240}$$

für eine gegebene n-Form auf $\mathfrak{R}$. Diese ist genau dann gegeben, wenn

$$(\zeta, \eta) = 0$$

für jede harmonische n-Form $\zeta \in \Omega^n(\mathfrak{R})$ gilt. Daß diese Bedingung notwendig ist, folgt aus der Gleichung (5.239): Wenn $\xi \in \Omega^n(\mathfrak{R})$ die Gleichung (5.240) löst, so ist für eine beliebige harmonische n-Form ζ

$$(\zeta, \eta) = (\zeta, \boldsymbol{\Delta}\xi) = (\boldsymbol{\Delta}\zeta, \xi) = 0 .$$

Der Nachweis der Existenz einer Lösung stützt sich auf den folgenden *Zerlegungssatz* von HODGE: *Ist $\eta \in \Omega^n(\mathfrak{R})$ eine beliebige n-Form, so gibt es Differentialformen $\varphi \in \Omega^{n-1}(\mathfrak{R})$, $\psi \in \Omega^{n+1}(\mathfrak{R})$ und eine harmonische n-Form $\chi \in \Omega^n(\mathfrak{R})$, sodaß*

$$\eta = d\varphi + \delta\psi + \chi \tag{5.241}$$

gilt, wobei die drei n-Formen $d\varphi$, $\delta\psi$ und χ durch die n-Form η eindeutig bestimmt sind. Ist nun $(\eta, \zeta) = 0$ für jede harmonische n-Form ζ, so auch für $\zeta = \chi$; deshalb ist wegen (5.237), da äußeres Differential und Kodifferential einer harmonischen Differentialform auf $\mathfrak{R}$ verschwinden,

$$0 = (d\varphi + \delta\psi + \chi, \chi) = (\varphi, \delta\chi) + (\psi, d\chi) + (\chi, \chi) = (\chi, \chi) ,$$

d.h. es muß $\chi = 0$ sein. Also läßt die rechte Seite in (5.240) die Darstellung $\eta = d\varphi + \delta\psi$ zu. Zerlegt man entsprechend (5.241) die Differentialformen φ und ψ,

$$\varphi = d\varphi_1 + \delta\psi_1 + \chi_1 , \quad \psi = d\varphi_2 + \delta\psi_2 + \chi_2 ,$$

so wird $\eta = d\delta\psi_1 + \delta d\varphi_2$; zerlegt man weiter ψ_1 und φ_2,

$$\varphi_2 = d\varphi_3 + \delta\psi_3 + \chi_3 , \quad \psi_1 = d\varphi_4 + \delta\psi_4 + \chi_4 ,$$

so erhält man durch Einfügen von $d^2\varphi_4 = 0$ und $\delta^2\psi_3 = 0$

$$\begin{aligned}\eta &= d\delta d\varphi_4 + \delta d\delta\psi_3 = d\delta d\varphi_4 + \delta dd\varphi_4 + \delta d\delta\psi_3 + d\delta\delta\psi_3 \\ &= \boldsymbol{\Delta} d\varphi_4 + \boldsymbol{\Delta}\delta\psi_3 = \boldsymbol{\Delta}(d\varphi_4 + \delta\psi_3) .\end{aligned}$$

Somit ist die n-Form

$$\xi = d\varphi_4 + \delta\psi_3$$

eine Lösung der Gleichung (5.240).

5.8 Übungsbeispiele

134. Sei $\mathfrak{M}$ eine N-dimensionale Mannigfaltigkeit und $f : \mathfrak{M} \to \mathbb{R}$ eine differenzierbare reelle Funktion. Man zeige: Ist $df \neq 0$ auf $\mathfrak{M}$, so bildet die Gesamtheit aller Punkte $P \in \mathfrak{M}$ mit $f(P) = \text{const.}$ eine $N-1$-dimensionale Untermannigfaltigkeit $\mathfrak{N}$, die man eine „Hyperfläche" nennt.

Hinweis: Ist κ eine Karte um den Punkt $P \in \mathfrak{N}$ aus einem Atlas für $\mathfrak{M}$, so bilde man aus $f \circ \kappa(\mathbf{x}) = \text{const.}$ eine Karte um P als Punkt von $\mathfrak{N}$.

135. Seien

$$v_1 = z\partial_y - y\partial_z\,, \quad v_2 = x\partial_z - z\partial_x\,, \quad v_3 = y\partial_x - x\partial_y$$

drei Vektorfelder im euklidischen Raum $\mathfrak{E}^3$, der auf kartesische Koordinaten bezogen ist. Handelt es sich um linear unabhängige Vektorfelder (d.h. sind sie in jedem Punkt linear unabhängig)? Man rechne sie auf Kugelkoordinaten r, θ, ϕ um.

136. Sei $\mathfrak{M}$ eine zweidimensionale Mannnigfaltigkeit und $\kappa(x_1, x_2)$ eine Karte. Man man zeige, daß die Linearformen

$$\xi^1 = x_1\, dx_1 + x_2\, dx_2\,, \quad \xi^2 = x_1\, dx_2 - x_2\, dx_1$$

im Gebiet $\kappa(\mathcal{G})$, $\mathcal{G} = \{(x_1, x_2) \mid x_1^2 + x_2^2 > 0\}$ linear unabhängig sind und rechne sie auf die Koordinaten $x_1 = r\cos\phi, x_2 = r\sin\phi$ um.

137. Man rechne die 2-Form

$$\varphi = \xi_1\, d\xi_2 \wedge d\xi_3 + \xi_2\, d\xi_3 \wedge d\xi_1 + \xi_3\, dx_1 \wedge d\xi_2$$

in einem euklidischen Raum $\mathfrak{E}^3$ durch Einführung sphärischer Koordinaten θ, ϕ auf die Kugel $\xi_1^2 + \xi_2^2 + \xi_3^2 = r^2$ um.

138. Sei $\mathfrak{M}$ eine vierdimensionale Mannigfaltigkeit. Auf $\mathfrak{M}$ seien 4 Vektorfelder gegeben mit der Darstellung

$$\begin{aligned} v_0 &= \partial_0\,, \\ v_1 &= \sin x_3\, \partial_2 + \cos x_3 \cot x_2\, \partial_3\,, \\ v_2 &= \cos x_3\, \partial_2 - \sin x_3 \cot x_2\, \partial_3\,, \\ v_3 &= \partial_3 \end{aligned}$$

im Koordinatensystem einer Karte $\kappa(x_0, x_1, x_2, x_3)$. Sind sie linear unabhängig? Man berechne die Lie-Produkte $[v_i, v_j]$.

139. Sei $\mathfrak{K}$ die Kugelfläche $x^2 + y^2 + z^2 = 1$ in einem dreidimensionalen euklidischen Raum. Man verschiebe, indem man x und y als lokale Koordinaten auf der Kugel $\mathfrak{K}$ einführt, einen Tangentenvektor $v = U_o\partial_x + V_o\partial_y \in \mathcal{T}_{P_o}$ parallel längs der Schnittkurve der Kugel $\mathfrak{K}$ mit einer Ebene $z = z_o = \text{const.}$ Welchen Vektor erhält man als Ergebnis der Parallelverschiebung bei einem einmaligen Durchlauf dieses Kreises?

Hinweis: Man stelle das Differentialgleichungssystem (5.64) mit $x = r\sin t$, $y = r\cos t$ auf und führe durch $X = U\sin t - V\cos t$, $Y = U\cos t + V\sin t$ neue abhängige Veränderliche an Stelle von U und V ein.

140. Sei $\mathfrak{M}$ eine zweidimensionale Mannigfaltigkeit mit affinem Zusammenhang. Im Koordinatensystem einer Karte $\kappa(x_1, x_2)$ sei

$$\Gamma = \begin{pmatrix} x_1 x_2(x_2\, dx_1 - x_1\, dx_2) & x_2^2(x_2\, dx_1 - x_1\, dx_2) \\ x_1^2(x_1\, dx_2 - x_2\, dx_1) & x_1 x_2(x_1\, dx_2 - x_2\, dx_1) \end{pmatrix}$$

die Matrix der 1-Formen des affinen Zusammenhangs. Man bestimme die Zusammenhangskoeffizienten Γ^i_{jk} und die Geodätischen.

141. Sei $\mathfrak{M}$ die zweidimensionale affin zusammenhängende Mannigfaltigkeit von Bsp. 140. Man berechne die Koordinaten des Torsionstensors und des Krümmungstensors.

Hinweis: Man bestimme die Torsionsformen und die Krümmungsformen des affinen Zusammenhangs.

142. Sei $\mathfrak{M}$ eine zweidimensionale Mannigfaltigkeit mit affinem Zusammenhang. Im Koordinatensystem einer Karte $\kappa(x, y)$ sei

$$\Gamma = \frac{1}{(x^2+y^2)^2} \begin{pmatrix} xy(y\, dx - x\, dy) & y^2(y\, dx - x\, dy) \\ x^2(x\, dy - y\, dx) & xy(x\, dy - y\, dx) \end{pmatrix}$$

die Matrix der 1-Formen des affinen Zusammenhangs. Man verifiziere, daß es sich um eine flache Mannigfaltigkeit handelt und führe ein lokales Koordinatensystem ein, in dem die 1-Formen des affinen Zusammenhangs verschwinden.

Hinweis: Man benütze hiefür, daß das allgemeine Integral der partiellen Differentialgleichung $x\frac{\partial z}{\partial x} + y\frac{\partial z}{\partial y} = 0$ durch $z = f\left(\frac{y}{x}\right)$ mit einer willkürlichen reellen Funktion f einer reellen Veränderlichen gegeben ist.

143. Sei $\mathfrak{M}$ die zweidimensionale Mannigfaltigkeit mit dem affinen Zusammenhang von Bsp. 140 und $v = x\,\partial_x + 2y\,\partial_y$ ein Vektorfeld. Man bestimme die kovariante Ableitung $\nabla_v \varphi$ der folgenden Tensorfelder:

(i) $\varphi = 2x\, dx + y\, dy$

(ii) $\varphi = y\,\partial_x \otimes dy + x\,\partial_y \otimes dx$

(iii) $\varphi = xy^2\, dx \otimes dy + x^2 y\, dy \otimes dx$

(iv) $\varphi = \frac{1}{2}(x^2 - y^2)\partial_x \otimes \partial_x + xy\,\partial_x \otimes \partial_y + \frac{1}{2}(x^2 + y^2)\partial_y \otimes \partial_y$

(v) $\varphi = \partial_x \otimes \partial_x \otimes dy$.

144. Sei $\mathfrak{M}$ eine zweidimensionale Mannigfaltigkeit. Man bestimme die Lie-Ableitung $\mathcal{L}_v \varphi$ bezüglich des Vektorfeldes $v = y^2\partial_x - 2xy\,\partial_y$ für:

(i) $\varphi = x^2 y\, dx + xy^2\, dy$

(ii) $\varphi = (x+y)(x\,\partial_x + y\,\partial_y) \otimes dx$

(iii) $\varphi = x^2 y\,\partial_x \otimes \partial_y + xy^2\,\partial_y \otimes \partial_x$

(iv) $\varphi = x^2\,\partial_x \otimes \partial_y \otimes dx + y^2\,\partial_y \otimes \partial_x \otimes dy$

(v) $\varphi = (x^2 y + xy^2)dx \otimes dx + (x^3 + y^3)dx \otimes dy + xy^2 dy \otimes dx$

(vi) $\varphi = xy(x+y)dx \wedge dy$.

145. Sei $\mathfrak{M}$ eine Mannigfaltigkeit mit affinem Zusammenhang. Man zeige, daß für ein beliebiges Tensorfeld φ mit Koordinaten $\Phi^{\dots}_{\dots}$ die Gleichheit

$$\frac{\partial\Phi^{\dots}_{\dots}}{\partial x_i \partial x_j} = \frac{\partial\Phi^{\dots}_{\dots}}{\partial x_j \partial x_i}$$

genau dann besteht, wenn die Mannigfaltigkeit $\mathfrak{M}$ flach ist.

146. Sei ∇ ein affiner Zusammenhang auf einer Mannigfaltigkeit $\mathfrak{M}$ mit den Koeffizienten Γ^i_{jk}. Man zeige, daß dann auch

$$\tilde{\nabla}_v u = \tfrac{1}{2}\big(\nabla_v u + \nabla_u v + [v,u]\big)$$

ein affiner Zusammenhang ist. Man bestimme die Koeffizienten von $\tilde{\nabla}$ und den Torsionstensor $\tilde{\boldsymbol{T}}$.

147. Man zeige, daß sich die Zeile der Torsionsformen bei einem Wechsel der Koordinaten wie

$$\bar{\boldsymbol{\tau}} = \boldsymbol{\tau} \cdot \mathbf{T}^{-1}, \quad T^i_j = \frac{\partial x_i}{\partial \bar{x}_j},$$

transformiert.

148. Man zeige, daß sich die Matrix der Krümmungsformen bei einem Wechsel der Koordinaten wie

$$\bar{\boldsymbol{\rho}} = \mathbf{T} \cdot \boldsymbol{\rho} \cdot \mathbf{T}^{-1}, \quad T^i_j = \frac{\partial x_i}{\partial \bar{x}_j},$$

transformiert.

149. Sei $\mathfrak{M}$ eine vierdimensionale Mannigfaltigkeit mit affinem Zusammenhang, der in einer Karte κ durch die Matrix Γ gegeben sei. Man bestimme die Matrix $\bar{\Gamma}$ bei einem Koordinatenwechsel

$$x_1 = f(\bar{x}_1, \bar{x}_2), \ x_2 = g(\bar{x}_1, \bar{x}_2), \ x_3 = \bar{x}_3, \ x_4 = \bar{x}_4.$$

Welche von den 1-Formen des affinen Zusammenhangs sind von diesem Wechsel der Koordinaten nicht betroffen? Wie sieht dies für die Matrix der Krümmungsformen aus?

Hinweis: Zur Bestimmung der Matrix $\bar{\Gamma}$ unterteile man die auftretenden Matrizen in Blöcke zweireihiger Matrizen!

150. Kann man von den Gleichungen der Geodätischen bezüglich des Koordinatensystems einer Karte $\kappa(\mathbf{x})$ durch Einsetzen aus $\mathbf{x} = \kappa^{-1} \circ \bar{\kappa}(\bar{\mathbf{x}})$ zu den Gleichungen der Geodätischen im Koordinatensystem der Karte $\bar{\kappa}(\bar{\mathbf{x}})$ übergehen?

151. Seien $v_1, v_2, \dots, v_N$ linear unabhängige Vektorfelder auf einer Mannigfaltigkeit $\mathfrak{M}$, in ihrer Anzahl gleich der Dimension von $\mathfrak{M}$. Man zeige: Notwendig und hinreichend dafür, daß es lokale Koordinaten um jeden Punkt $P \in \mathfrak{M}$ gibt, für welche $v_i = \partial_i$ gilt, ist die Bedingung $[v_i, v_j] = 0$.

Hinweis: Man bestimme die äußeren Differentiale der zu den Vektorfeldern v_i dualen Linearformen ξ^j und ziehe (5.34) heran!

152. Sei $\mathfrak{M}$ eine zweidimensionale Mannigfaltigkeit. Man überprüfe, ob im Koordinatensystem einer Karte $\kappa : \{(x,y) \mid x^2 + y^2 > 0\} \to \mathfrak{M}$ durch den zweistufigen kovarianten Tensor φ ein inneres Produkt auf $\mathfrak{M}$ gegeben ist und bestimme gegebenenfalls den Index:

(i) $\varphi = (x^2 - xy\sqrt{2} + y^2)dx \otimes dx + (x^2 + xy\sqrt{2} + y^2)dy \otimes dy$

(ii) $\varphi = x^2\, dx \otimes dx + xy\, dx \otimes dy + xy\, dy \otimes dx + y^2\, dy \otimes dy$

(iii) $\varphi = (1-y)dx \otimes dx - 2\, dx \otimes dy$

(iv) $\varphi = (1-y)dx \otimes dx - dx \otimes dy - dy \otimes dx$.

153. Welcher der folgenden Riemannschen Räume mit dem Linienelement

(i) $ds^2 = (1 + x^2 - xy + y^2)dx^2 + (1 + x^2 + xy + y^2)dy^2$

(ii) $ds^2 = (1 + y^2)dx^2 + (1 + x^2)dy^2$

(iii) $ds^2 = (1 + y^2)dx^2 + 2xy\, dx dy + (1 + x^2)dy^2$

kann durch eine Fläche $z = f(x,y)$ im dreidimensionalen euklidischen auf kartesische Koordinaten x, y, z bezogenen Raum veranschaulicht werden?

154. Sei $\mathfrak{R}$ ein dreidimensionaler Riemannscher Raum, dessen metrische Fundamentalform in einem bestimmten Koordinatensystem r, θ, ϕ durch

$$ds^2 = dr^2 + r^2(d\theta^2 + \sin^2\theta\, d\phi^2)$$

gegeben ist. Man bestimme in diesen Koordinaten die Matrix des affinen Zusammenhangs und die Matrix der Krümmungsformen.

155. Sei $\mathfrak{R}$ ein Riemannscher Raum mit der metrischen Fundamentalform

$$ds^2 = (1 + x^2)dx^2 + 2xy\, dx dy + (1 + y^2)dy^2 + (1 + z^2)dz^2 .$$

Man berechne die kovariante Ableitung der Tensorfelder

(i) $\varphi = yz\, dx + xz\, dy + xy\, dz$

(ii) $\varphi = yz\, \partial_x + xz\, \partial_y + xy\, \partial_z$

(iii) $\varphi = xy\, \partial_x \otimes dy + xz\, \partial_z \otimes dx + yz \partial_y \otimes dz$

bezüglich des Vektorfeldes $v = x\, \partial_x + y\, \partial_y + z\, \partial_z$.

156. Sei $\mathfrak{R}$ der Riemannsche Raum von Bsp. 155. Man berechne den Ricci-Tensor $\mathcal{R}$ und die Krümmungsinvariante R.

157. Sei $\mathfrak{R}$ ein Riemannscher Raum mit dem Maßtensor g. Man zeige, daß durch

$$\begin{aligned}(\nabla_u v, w) :=& \tfrac{1}{2}\{u(\mathrm{g}(v,w)) + v(\mathrm{g}(w,u)) - w(\mathrm{g}(u,v))\} \\ &- \tfrac{1}{2}\{\mathrm{g}(u,[v,w]) - \mathrm{g}(v,[w,u]) + \mathrm{g}(w,[u,v])\}\end{aligned}$$

(die Gleichung (5.189)) eine Abbildung $\nabla : \mathfrak{v}(\mathfrak{R}) \times \mathfrak{v}(\mathfrak{R}) \to \mathfrak{v}(\mathfrak{R})$ gegeben ist, welche sämtliche Forderungen erfüllt, die für einen affinen Zusammenhang erhoben werden.

158. Man zeige: Ist $\mathfrak{R}$ ein zwei- oder dreidimensionaler Riemannscher Raum, so ist $\mathcal{R} = 0$ genau dann, wenn $\mathcal{K} = 0$ gilt.

159. Seien u, v und w drei beliebige Vektorfelder auf einer Mannigfaltigkeit $\mathfrak{M}$. Man berechne das Vektorfeld $\pounds_w[u,v] - \pounds_u[w,v]$.

160. Man bestimme die Killing-Vektorfelder auf der zylindrischen Fläche

$$x^2 + y^2 = 1$$

im euklidischen Raum $\mathfrak{E}^3$.

161. Man bestimme die Killing-Vektorfelder auf der Kugeloberfläche

$$x^2 + y^2 + z^2 = 1$$

im euklidischen Raum $\mathfrak{E}^3$.

162. Sei φ ein Tensorfeld auf einer Mannigfaltigkeit $\mathfrak{M}$. Man beweise

$$\pounds_u \pounds_v \varphi - \pounds_v \pounds_u \varphi = \pounds_{[u,v]} \varphi\,.$$

163. Sind u und v zwei Killing-Vektorfelder auf einem Riemannschen Raum $\mathfrak{R}$, so ist auch $[u,v]$ ein Killing-Vektorfeld auf $\mathfrak{R}$.

164. Sei v ein Killing-Vektorfeld auf dem Riemannschen Raum $\mathfrak{R}$ und $\boldsymbol{t}$ der Tangentenvektor einer Geodätischen. Dann ist $\mathfrak{g}(v,\boldsymbol{t}) = (v,\boldsymbol{t}) = \text{const.}$ längs dieser Geodätischen.

165. Man zeige: Ist v ein Killing-Vektorfeld auf $\mathfrak{R}$, so ist

$$U^i \frac{\partial^2 V^k}{\partial x_k \partial x_i} = \boldsymbol{\mathcal{R}}(u,v)\,.$$

166. Man zeige: Ist v ein Killing-Vektorfeld auf $\mathfrak{R}$, so ist

$$U^j X^k Y^l \frac{\partial^2 V_l}{\partial x_j \partial x_k} = \boldsymbol{K}(v,u,x,y)\,.$$

167. Man zeige: Ist v ein Killing-Vektorfeld auf dem Riemannschen Raum $\mathfrak{R}$, so gilt für beliebige Vektorfelder x und y

$$v\big(\mathfrak{g}(x,y)\big) = \mathfrak{g}(\pounds_v x, y) + \mathfrak{g}(x, \pounds_v y)\,.$$

168. Es sei v ein Killing-Vektorfeld und w ein beliebiges Vektorfeld auf einem Riemannschen Raum $\mathfrak{R}$. Dann gilt für die Linearform $\varphi_w(u) = \mathfrak{g}(w,u)$

$$(\pounds_v \varphi_w)(u) = \mathfrak{g}\big(\pounds_v w, u\big)\,.$$

169. Sind $u = U^i \partial_i$ und $v = V^i \partial_i$ Vektorfelder auf einer Mannigfaltigkeit mit torsionsfreiem affinen Zusammenhang, so gilt

$$\pounds_v \frac{\partial U^i}{\partial x_j} - \frac{\partial(\pounds_v U^i)}{\partial x_j} = R^i_{jkl} V^k U^l + U^k \frac{\partial^2 V^i}{\partial x_k \partial x_j}\,.$$

170. Ist $v = V^i \partial_i$ ein Vektorfeld auf einer Mannigfaltigkeit mit torsionsfreiem affinen Zusammenhang, so gilt

$$\frac{\partial R^i_{jkh} V^h}{\partial x_l} - \frac{\partial R^i_{jlh} V^h}{\partial x_k} + \left(\frac{\partial^2}{\partial x_k \partial x_l} - \frac{\partial^2}{\partial x_l \partial x_k}\right) \frac{\partial V^i}{\partial x_j} = \pounds_v R^i_{jkl}\,.$$

171. Die Differentialgleichungen der Parallelverschiebung eines Vektors von einem Punkt P aus längs einer durch die Funktion $\gamma(t)$ parametrisierten Kurve $\mathfrak{C}$ lauten im Koordinatensystem einer Karte κ um den Punkt P

$$\dot{V}^i(t) = -\left[\Gamma^i_{jk} \circ \gamma(t) \dot{\phi}_k(t)\right] V^j(t) \,, \qquad (*)$$

worin $\phi_i(t)$ die Koordinaten der Funktion $\kappa^{-1} \circ \gamma(t)$ sind. Führt die Kurve $\mathfrak{C}$ in den Ausgangspunkt P zurück und durchläuft man sie mehrfach nach Belieben, so sind die Funktionen $\phi_i(t)$ periodisch. Man zeige, daß die Differentialgleichungen $(*)$ genau dann ausschließlich periodische Lösungen besitzen, wenn die Matrix Γ der 1-Formen $\gamma^i_j = \Gamma^i_{jk} \dot{x}_k$ die Gestalt $\Gamma = d\mathbf{X} \cdot \mathbf{X}^{-1}$ hat, worin $\mathbf{X}$ eine um den Punkt P reguläre Matrix ist, deren Elemente Funktionen der Koordinaten x_i der Karte κ sind.

Hinweis: Man benütze hiefür den Hauptsatz über Systeme linearer homogener Differentialgleichungen mit periodischer Koeffizientenmatrix: *Jede Fundamentalmatrix des Systems $\dot{\mathbf{x}} + \mathbf{A} \cdot \mathbf{x} = \mathbf{o}$ mit T-periodischer Koeffizientenmatrix $\mathbf{A}(t)$ hat die Gestalt $\mathbf{P}(t) \cdot e^{\mathbf{R}t}$, worin $\mathbf{P}(t)$ eine T-periodische und $\mathbf{R}$ eine konstante Matrix ist.*

172. Sei $\mathfrak{E}^3$ ein euklidischer Raum mit dem durch die Parallelverschiebung gegebenen affinen Zusammenhang. Man stelle die metrische Fundamentalform in Zylinderkoordinaten r, ϕ, z und Kugelkoordinaten r, θ, ϕ auf und schreibe die Divergenz und die Rotation eines Vektorfeldes in diesen Koordinaten an.

173. Sei $\mathfrak{R}$ der dreidimensionale Riemannsche Raum von Bsp. 155. Man bestimme die Divergenz des Vektorfeldes $v = x^2 \partial_x + y^2 \partial_y + z^2 \partial_z$.

174. Sei $\mathfrak{R}$ ein dreidimensionaler Riemannscher Raum mit der metrischen Fundamentalform

$$ds^2 = \left(1 + x_1^2\right) dx_1^2 + 2x_1 x_2 \, dx_1 dx_2 + \left(1 + x_2^2\right) dx_2^2 + \left(1 + x_3^2\right) dx_3^2$$

(vgl. Bsp. 155). Ausgehend von dem (symmetrischen) kontravarianten Tensorfeld

$$\varphi = x_1^2 \partial_1 \otimes \partial_1 + x_1 x_2 (\partial_1 \otimes \partial_2 + \partial_2 \otimes \partial_1) + x_3^2 \partial_3 \otimes \partial_3$$

mit den von Null verschiedenen Koordinaten $\Phi^{12} = \Phi^{21} = x_1 x_2$, $\Phi^{33} = x_3^2$ bestimme man das Vektorfeld

$$\psi = \frac{\partial \Phi^{ij}}{\partial x_i} \partial_j = \frac{\partial \Phi^{21}}{\partial x_2} \partial_1 + \frac{\partial \Phi^{12}}{\partial x_1} \partial_2 + \frac{\partial \Phi^{33}}{\partial x_3} \partial_3 \,.$$

175. Sei $\mathfrak{R}$ der Riemannsche Raum von Bsp. 174. Man berechne

$$\mathbf{\Delta}(x_1 \, dx_1 + x_2 \, dx_2 + x_3 \, dx_3) \,.$$

176. Sei $\mathfrak{R}$ ein Riemannscher Raum und φ eine beliebige Differentialform auf $\mathfrak{R}$. Man zeige:

(i) $d\mathbf{\Delta}\varphi = \mathbf{\Delta} d\varphi$

(ii) $\delta\mathbf{\Delta}\varphi = \mathbf{\Delta}\delta\varphi$

(iii) $*\mathbf{\Delta}\varphi = \mathbf{\Delta}*\varphi$.

6 Allgemeine Relativitätstheorie

Die allgemeine Relativitätstheorie ist eine geometrische Theorie der Gravitation. Über die Schwere, über das geheimnisvolle Wesen der Newtonschen Massenanziehungskräfte ist auch in der speziellen Relativitätstheorie nichts enthalten. Das Weltbild dieser Theorie, die Relativität bezüglich gleichförmiger Translationsbewegung fordert, ist von der Elektrodynamik geprägt, zu der man den Zugang anfänglich durch Fernwirkungen im Newtonschen Sinne suchte. Während aber die auf den *Feldbegriff* gestützten bahnbrechenden Ideen FARADAYS und MAXWELLS eine Entwicklung der Elektrodynamik auslösten, an deren Ende eine Theorie von vollendeter Schönheit stand, die zu einem tieferen Verständnis der Welt führte, mußte die Mechanik NEWTONS nur einige Anpassungen über sich ergehen lassen. Sie betrafen das Phänomen der Massenanziehung nicht, die Erscheinung der Gravitation machte das in der Elektrodynamik vollzogene Umdenken von der Fernwirkung zur Feldwirkung nicht mit.

NEWTONS Theorie der Gravitation geht vom Begriff der „eingeprägten" Kraft aus. Mit diesem Beiwort wird der Schwerkraft, wenn überhaupt, nur eine unendlich schnelle Fortpflanzung, also eine *instantane* Wirkung am Ort der unter dem Einfluß der Schwere stehenden Massen zugesprochen. Diese Auffassung widerspricht der grundlegenden Erkenntnis der speziellen Relativitätstheorie, die von jeglicher Art physikalischer Wirkung eine Fortpflanzung mit *endlicher* Geschwindigkeit verlangt. Ganz anders verhält es sich mit der Faraday-Maxwellschen Theorie der Elektrodynamik, deren Formulierung durch *Feldgleichungen* von vornherein eine Ausbreitung der elektromagnetischen Wirkungen mit endlicher Geschwindigkeit beinhaltet. Darin liegt auch der wesentliche Unterschied zu den Gesetzen der Fernwirkung. Sie sind, historisch gesehen, als erster Schritt gewiß notwendig gewesen und haben auch zu sehr präzisen Vorhersagen geführt, aber den Blick auf den physikalischen Untergrund geben sie nicht frei. Als eine in die Ferne wirkende Kraft muß deshalb die Schwere ein Rätsel bleiben. Den Versuch, sie durch eine Feldwirkung zu erklären, die von den Massen ausgeht und sich mit endlicher Geschwindigkeit fortpflanzt, unternimmt die allgemeine Relativitätstheorie. Diese Theorie, die so genannt wird, weil sie Relativität bezüglich *jeder* Art von Relativbewegung — auch beschleunigter — verlangt, revolutioniert neuerlich die Auffassung von Raum und Zeit. Sie führt die Erscheinungen der Schwere auf die von den Massen geprägte Geometrie eines nun nicht mehr ebenen, sondern gekrümmten Raumes zurück und gibt damit auch eine Anwort auf die noch immer ungelösten Fragen im Zusammenhang mit dem Raumbegriff.

ISAAC NEWTON ist der Begründer der Theorie der Gravitation als ordnende Kraft im Sonnensystem. Sein Werk wäre allerdings nicht denkbar ohne die Astronomie vor seiner Zeit, die seit dem klassischen Altertum von geometrischen Vorstellungen geprägt war. Um VAN DER WAERDEN zu zitieren:[1] *„...alle Entwicklungslinien, die sich bei* NEWTON *vereinigen — die der Mathematik, der Mechanik und der Astronomie — fangen in Griechenland an."*

6.1 Gravitation

Mit den Kulturen des vorderen Orients im 3. Jahrtausend v. Chr. beginnt die Geschichte der Astronomie. Obwohl ihre Wurzeln im Religiösen gelegen sein dürften und ihre Anfänge deshalb keineswegs frei von mystischen Einflüssen waren, hatte die babylonische und ägyptische Auseinandersetzung mit dem Geschehen am Himmel auch durchaus praktische Zwecke verfolgt, sodaß astrologische Spekulation und astronomisches Wissen von Anbeginn die Entwicklung formten. Zu den herausragendsten Leistungen, welche die Sternkunde vor dem Zeitalter der Griechen dank eines umfangreichen Beobachtungsmaterials der Planetenbewegung erbringen konnte, zählt die Vorhersage von Mond- und Sonnenfinsternissen sowie der Kalender, der in Form seiner Jahreseinteilung in 12 Monate und des Zeitmaßes in seiner Grundkonzeption bis heute gebräuchlich ist. Eine Wissenschaft im eigentlichen Sinn des Wortes war die babylonisch-ägyptische Astronomie jedoch nicht, denn eine Erklärung der Vorgänge durch ein übergeordnetes Prinzip setzte sie sich nicht zum Ziel, sie erschöpfte sich in tabellarischen Aufzeichnungen. Ein von Harmonie in den Vorgängen geleitetes Streben nach Erfassung der Gesetzmäßigkeiten war diesen Kulturen noch nicht eigen.

Eine letzte Hochblüte erreichte die Astronomie in Babylon, als das Reich schon längs im Niedergang begriffen war. Währenddessen wandelte sich in der Hand der Griechen, die eine starke Neigung zu theoretischer Betrachtung besaßen, das Wissenswerte zur Wissenschaft. Die griechische Wissenschaft trug in der Mathematik die Züge der analytischen Untersuchung, indem sie Aussagen nur zuließ, wenn sie durch Beweiseskraft gestützt wurden, in der Astronomie galt ihr Anliegen den Zusammenhängen im Großen. Als reiches und befruchtendes Erbe erwies sich dabei das umfangreiche in vielen Jahrhunderten gesammelte empirische Beobachtungsmaterial der babylonisch-ägyptischen Sternkunde. Doch ihr Drang nach Einblick in den Bauplan der Welt ging auch am Detail nicht vorbei. So bezeugt PLATON im *Phaidon* mit den Worten des Dichters und Philosophen, daß man die Erde als kugelförmig ansah, was der Überlieferung nach schon PYTHAGORAS VON SAMOS lehrte. Daß auch die Sonne und der Mond

[1] B.L. VAN DER WAERDEN, *Erwachende Wissenschaft*, Bd. 1, Ägyptische, Babylonische und Griechische Mathematik, Birkhäuser Verlag Basel und Stuttgart, 1966.

Kugelgestalt haben, gehörte zur Allgemeinbildung der griechischen Gelehrtenwelt. Auf ERATOSTHENES VON KYRENE geht die erste Messung des Erdumfanges zurück, die — wenn das griechische Wegmaß richtig weitergegeben worden ist — ein Ergebnis von verblüffender Genauigkeit erbrachte. ARISTARCHOS VON SAMOS wendete die euklidische *Geo*metrie (!) zur Bestimmung der Entfernung der Erde von der Sonne an, wie ARCHIMEDES in seinem *Sandrechner* der Nachwelt überliefert hat.

Das erste geozentrische Weltbild entwarf EUDOXOS VON KNIDOS. Sein „Sphärenmodell" besteht aus einer Aneinanderreihung von Kugelschalen, die sich auf komplizierte Weise drehen, um ein Abbild der Planetenbewegung geben zu können. Dieses Weltsystem, das die Erde ins Zentrum setzte, entsprach dem Verständnis der Zeit, daß der Mensch im Mittelpunkt des Geschehens steht. ARISTOTELES, der große Philosoph der Antike, der die Himmelskörper von kristallenen Sphären getragen sah, gab diesem Weltbild seinen letzten Schliff. Er mutete dabei der Sonne, dem Mond und den Planeten nur die vollkommenste aller Bewegungsformen, die gleichförmige Bewegung auf Kreisen zu, die zu einem Grundsatz der antiken Astronomie wurde. Der geozentrische Standpunkt blieb aber nicht der einzige, der dem griechischen Streben nach Erkenntnis entsprang. Eine der auffälligsten Erscheinungen für den sich im Zentrum der Welt wähnenden Beobachter des Himmels ist die vor- und rückläufige Bewegung der äußeren Planeten. Die Schleifen, welche diese für einen irdischen Beobachter am nächtlichen Himmel ziehen, wenn die Erde auf ihrer Bahn die weiter von der Sonne entfernt kreisenden langsameren Planeten überholt, müssen in der Tat merkwürdig anmuten, solange man ein geozentrisches Weltbild hat, sie werden aber ohne weiteres verständlich, wenn man von einem heliozentrischen Weltbild ausgeht. Und so verwundert es nicht, daß dieses von den Griechen, mehr als bloß im Ansatz, schon entworfen wurde. HERAKLEIDES VON PONTOS sieht den Fixsternhimmel als fest an und erklärt seine tägliche Bewegung durch die Drehung der Erde um eine Achse; Sonne und Erde läßt er, einander gegenüberstehend, gleichlaufend um ein immaterielles Weltzentrum kreisen, die beiden sonnennächsten Planeten Merkur und Venus um die Sonne herum innerhalb, Mars, Jupiter und Saturn außerhalb der Erdbahn. ARISTARCH verwarf jenes Zentrum als immateriellen Punkt und setzte die Sonne an seine Stelle, womit er das heliozentrische Weltbild aus der Taufe hob. Diese Auffassungen konnten sich jedoch gegen die Lehre des großen ARISTOTELES nicht durchsetzen. Da das Trägheitsgesetz nicht bekannt war, vielmehr ARISTOTELES die Meinung vertrat, daß es zur Aufrechterhaltung einer Bewegung auch einer Kraft bedürfe, wendete man u.a. dagegen ein, daß alles, was sich auf der bewegten Erde befindet und mit ihr nicht fest verbunden ist, hinter ihr zurückbleiben müsse.

Die Blütezeit der griechischen Astronomie löste die Planeten von den kristallenen Sphären des ARISTOTELES ab und wies ihnen Bahnen in einem Kosmos zu. Am geozentrischen Weltbild und am Prinzip der gleichförmigen Kreisbewegung festhaltend, werden die Bahnen der um die Erde kreisenden Wandelsterne sowie der Sonne und des Mondes durch eine komplizierte Ineinanderschachtelung kreisförmiger Bewegungen erklärt, durch auf

Kreise aufgesetzte Kreise, die man „Epizykel" nennt. HIPPARCHOS VON NIKAIA, einer der bedeutendsten griechischen Astronomen, der u.a. auch einen Sternkatalog verfaßte, läßt dabei die Sonne auf einem exzentrischen Kreis um die Erde laufen. Dieses Weltbild der griechischen Wissenschaft in ihrer neuen Heimat in Alexandria brachte KLAUDIOS PTOLEMAIOS zur Vollendung. Sein Handbuch der Astronomie, die berühmte σύνταξις,[2] bildete den Höhepunkt und den Abschluß der griechischen Astronomie. Das 13 Bände umfassende Werk erhielt später den Beinamen μεγίστη,[3] der im Arabischen zu *„Almagest"* verballhornt wurde. Unter diesem Titel wurde das Werk des PTOLEMAIOS im 12. Jh. aus dem Arabischen ins Lateinische übersetzt und fand so Eingang in die abendländische Welt. Es blieb die Bibel der Astronomen, solange das Ptolemäische Weltsystem unangefochten war. Das Ende seiner Ära begann sich abzuzeichnen, als Mängel durch verbesserte Meßmethoden immer offenkundiger wurden und erste Zweifel an ihm hochkamen. Den Schlußpunkt hinter eine von zunehmender Kritik gekennzeichnete Entwicklung setzte schließlich der Frauenburger Domherr NIKOLAUS KOPPERNICK, genannt COPERNICUS, mit der Synthese der heliozentrischen Ideen des ARISTARCH und der Epizykeltheorie der Alexandriner HIPPARCHOS und PTOLEMAIOS, dem antiken Prinzip der gleichförmigen Bewegung auf Kreisen noch immer treu bleibend.

Die mit der Verfeinerung der Instrumente zur Bahnbestimmung am Ptolemäischen Tafelwerk aufgekommenen Zweifel, die keineswegs zufällig bei den Bahnen der beiden Planeten Mars und Merkur besondere Berechtigung hatten[4] und die sich auch das kopernikanische Weltsystem gefallen lassen mußte, veranlaßten den dänischen Astronomen TYCHO BRAHE, der von Kaiser Rudolf II. zum Hofastronomen nach Prag bestellt worden war, die Bahn des Planeten Mars neu zu vermessen. Ihn aber, der noch im antiken Weltbild verhaftet war, brachte der Tod um die Früchte seiner Arbeit. Sein Werk vollendete JOHANNES KEPLER, der mit BRAHE in enger Verbindung stand und ihm in seinem Amte nachfolgte. Die Berechnungen KEPLERS zeigten alsbald, daß der Grundsatz der gleichförmigen Kreisbewegung nicht länger aufrecht zu erhalten war. KEPLER sah sich auf Grund der außerordentlich genauen Messungen BRAHES, die er nicht anzuzweifeln wagte, zum Bruch mit dem antiken Dogma genötigt und setzte damit den Beginn eines neuen Zeitalters in der Geschichte der Astronomie. Nach ihm bewegen sich die Planeten auf Ellipsen um die in einem der beiden Brennpunkte ruhende Sonne. KEPLER, dem das Trägheitsgesetz nicht bekannt war und der hinsichtlich der Aufrechterhaltung einer Bewegung noch die aristotelische Auffassung vertrat, befaßte sich wohl auch mit den Kräften, sein eigentliches Anliegen galt aber der Geometrie der Bahnen. Aus seiner Vorstellung von Ordnung und Harmonie erklärt sich sein Bemühen, die

---

[2] Zusammenstellung, Zusammenfassung.

[3] Superlativ von μεγάλη, die große, mächtige, erhabene, viel vermögende.

[4] Sie weisen von den fünf damals bekannten Planeten die größte Exzentrizität auf: die des Merkur beträgt 0.2506, die der Venus 0.0068, die der Erde 0.0167, die des Mars 0.0934, die des Jupiter 0.0484 und die des Saturn 0.0557.

fünf regelmäßigen platonischen Polyeder mit den Bahnen der sechs damals bekannten Planeten in Beziehung zu bringen. Sein drittes Gesetz ist in gewisser Weise aus diesem Bestreben hervorgegangen. Tiefgläubig wie er war, verkörperte die Geometrie für ihn noch immer das göttliche Werk.

GALILEO GALILEI ist der Begründer der Mechanik als Wissenschaft. Er erkannte die Bedeutung der beschleunigten Bewegung und unterschied diese im Beharrungsgesetz von der Bewegung infolge der Trägheit. Obwohl seine grundlegenden Untersuchungen über die Gesetze des freien Falles und der Wurfbewegung, die später für ISAAC NEWTON richtungsweisend waren, sich nur mit terrestrischer Mechanik befaßten, lieferte er bedeutende Beiträge zu den astronomischen Entdeckungen seiner Zeit. Als überzeugter Verfechter des kopernikanischen Weltbildes sah er im System des Jupiter und seiner vier klassischen Monde, deren Entdeckung ihm zuzuschreiben ist, ein Abbild des Aufbaues der Welt, das ihm den Weg zur Wahrheit über die Sonne und ihre Planeten nur im heliozentrischen Prinzip finden ließ.

Die ersten Untersuchungen über die Dynamik der Kreisbewegung gehen auf den Holländer CHRISTIAAN HUYGENS zurück. Er fand, daß die gleichförmige Bewegung auf einem Kreis eine zum Mittelpunkt weisende Zentripetalbeschleunigung bewirkt, welche umgekehrt proportional dem Radius des Kreises und proportional dem Quadrat der Geschwindigkeit ist. Damit hat auch er, gemeinsam mit GALILEI, wie Friedrich Schiller von KEPLER sagt, dem Engländer ISAAC NEWTON *die Fackel vorangetragen*...

NEWTON greift nun alle diese Ergebnisse auf und begründet damit die Himmelsmechanik. Die Galileischen Gesetze zeigen ihm, daß die Erdschwere die lenkende Kraft bei Bewegungen von Massen ist. Er überträgt die Untersuchungen von HUYGENS auf allgemeine krummlinige Bahnen und findet, daß sich die Beschleunigung b zerlegen läßt, und zwar in eine zum Krümmungsmittelpunkt weisende Komponente, die proportional dem Quadrat der Geschwindigkeit v und umgekehrt proportional zum Krümmungsradius ρ ist, sowie in eine Komponente in Richtung der Tangente, die gleich der zeitlichen Änderung $\dot{v}$ der Geschwindigkeit ist, weshalb die resultierende Beschleunigung b bei *nicht* konstanter Geschwindigkeit auch nicht mehr in den Krümmungsmittelpunkt K zeigt (Abb. 6.1). Indem er schließlich die Keplerschen Bahnellipsen in diese Betrachtungen einbezieht, folgert er unter Zuhilfenahme des zweiten Keplerschen Gesetzes, dem Flächensatz, daß die Beschleunigung stets die Richtung zu der in einem der beiden Brennpunkte der Bahnellipse ruhenden Sonne hat und umgekehrt proportional dem Quadrat des Abstandes des Planeten von der Sonne ist,

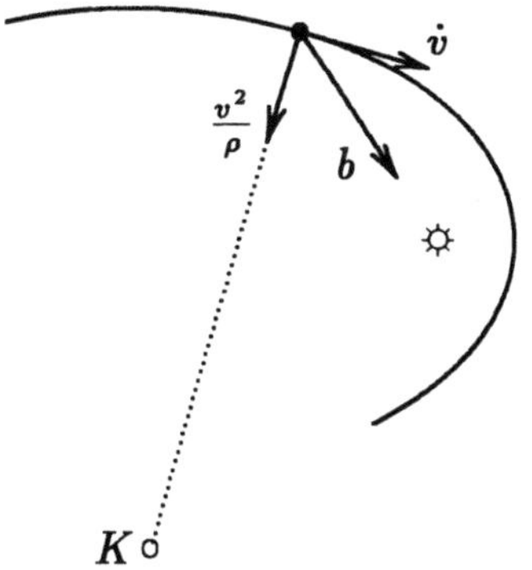

Abb. 6.1

$$b = \frac{C_S}{r^2}\,.$$

Das in dieser Gleichung bereits enthaltene Newtonsche Gravitationsgesetz ist also die Synthese der Werke von GALILEI, HUYGENS und KEPLER. Dabei darf natürlich die Bedeutung des heliozentrischen Weltbildes und dessen Einflußnahme auf das Wirken KEPLERS nicht geringgeschätzt werden. COPERNICUS stellte, auf die Astronomie der Griechen zurückgreifend, die These auf, *daß* die Planeten sich um die Sonne bewegen, KEPLER präzisierte, *wie* sie die Sonne umlaufen und NEWTON schließlich erklärte, *warum* sie auf solchen Bahnen ihren Weg um die Sonne zu nehmen gezwungen sind.

Im Gegensatz zur *kinematischen* oder, wie man auch zu sagen pflegt, *phoronomischen* Denkweise KEPLERS ließ sich NEWTON bei der Planetenbewegung von einer rein *dynamischen* Auffassung leiten, für ihn ist die Schwere jene Kraft, welche die Bahnen der Planeten formt. Aber nicht nur die der Planeten, sondern auch die des Mondes und überhaupt von Massen im Umfeld der Erde. Die kühne Idee, daß die Kräfte, welche eine Masse auf der Erde zu Boden ziehen, *denselben* Ursprung haben wie jene, die einen die Sonne umkreisenden Planeten in seine Bahn zwingen und Monde in ihrer Bahn um Planeten halten, was er am Erdmond auch nachvollzog, ist eine seiner unsterblichen Leistungen.

Zufolge des zweiten Gesetzes der Newtonschen Mechanik wirkt auf einen Planeten in jedem Punkt seiner Bahn die von der Sonne ausgehende Anziehungskraft

$$K = mb = m\,\frac{C_S}{r^2}\,, \tag{6.1}$$

worin die Konstante C_S nur von den Merkmalen der Sonne, nicht aber von denen des Planeten abhängig ist, der mit seiner Masse m in das Attraktionsgesetz eingeht. Da auch der Planet als Massenkörper die Sonne nach dem Prinzip der wechselseitigen Schwere mit einer Kraft

$$K' = M\,\frac{C_P}{r^2}$$

anzieht, worin jetzt M die Sonnenmasse und C_P eine nur vom Planeten abhängige konstante Größe ist, muß nach dem Prinzip von Wirkung und Gegenwirkung $K = K'$ gelten, d.h. es ist

$$MC_P = mC_S$$

beziehungsweise

$$\frac{C_P}{m} = \frac{C_S}{M}\,. \tag{6.2}$$

Dies bedeutet aber, daß die Quotienten (6.2) gleich einer *universellen* — d.h. von Sonne *und* Planeten unabhängigen — Konstanten sein müssen,

$$\gamma := \frac{C_P}{m} = \frac{C_S}{M}\,.$$

Sie heißt die *Newtonsche Gravitationskonstante*. Es gilt infolgedessen

$$C_S = \gamma M\,,$$

womit das *Newtonsche Gravitationsgesetz* (6.1) die endgültige Form

$$K = \gamma \frac{mM}{r^2} \tag{6.3}$$

annimmt. Bemerkenswert daran ist die völlige mathematische Übereinstimmung mit dem Coulombschen Gesetz (4.21). Physikalisch besteht allerdings der bedeutsame Unterschied, daß zwischen Massen ausschließlich Anziehungskräfte wirksam sind, während die Träger elektrischer Ladungen einander anziehen und abstoßen können, je nachdem, ob sie ungleichnamig oder gleichnamig geladen sind.

Die Einführung des *Newtonschen Gravitationspotentials*

$$V = -\gamma \frac{M}{r} \tag{6.4}$$

im Zusammenhang mit Fragen der Energie der Bewegung geht auf den Schweizer D. BERNOULLI zurück. Hiezu bemerkte LAGRANGE, daß die Kraft K, mit der ein Körper der Masse m im Gravitationsfeld einer Einzelmasse M von dieser angezogen wird, die Darstellung

$$K = -m \operatorname{grad} V \tag{6.5}$$

erlaubt; er erweiterte das Gravitationsgesetz (6.3) auf endlich ausgedehnte Körper mit stetiger Massendichte μ, indem er in (6.5) an Stelle des Potentials (6.4) die Funktion

$$V = -\gamma \int \frac{\mu}{r}\, d\tau \tag{6.6}$$

einsetzte. LAPLACE zeigte, daß die Funktion (6.4) mit Ausnahme jenes Punktes, in dem die Masse M konzentriert ist, die Differentialgleichung

$$\triangle V = 0 \tag{6.7}$$

erfüllt und fügte diesem Ergebnis hinzu, daß auch das Potential (6.6) der Gleichung (6.7) genügt, und zwar im Äußeren des Körpers mit der stetigen Massendichte μ. Daran anknüpfend bemerkte POISSON, daß dem Integral (6.6) auch dann ein Sinn gegeben werden kann, wenn sich der Aufpunkt im Inneren des Massenkörpers befindet; schließlich erbrachte er den Nachweis, daß die Funktion (6.6) im ganzen Raum die Differentialgleichung

$$\triangle V = 4\pi\gamma\mu \tag{6.8}$$

löst. Sie ist, zusammen mit dem Lagrangeschen Ansatz (6.5), nur eine andere Fassung des Newtonschen Gravitationsgesetzes (6.3) und diesem insofern gleichwertig, als der mit der Masse m multiplizierte negative Gradient ihrer — unter gewissen Bedingungen, die das Abklingen der Gravitationswirkungen in großen Abständen von den das Schwerefeld erzeugenden Massen betreffen — einzigen Lösung (6.6) sofort auf (6.3) zurückführt. Obwohl durch eine Differentialgleichung formuliert, ist (6.8) ein „pseudo-Feldwirkungsgesetz" der Gravitation, denn von einer Ausbreitung der Gravitationswirkungen kann nicht die Rede sein, da die Zeit in der hiefür charakteristischen Weise nicht eingeht. —

Isaac Newton hat in den „Prinzipien", wie sein berühmtes Werk *Philosophiae naturalis principia mathematica*[5] mit Hochachtung zitiert wird, den drei Grundgesetzen der Mechanik eingehende Betrachtungen über Raum und Zeit vorausgeschickt. Schon das erste Gesetz über die Bewegung eines unter dem alleinigen Einfluß der Trägheit stehenden Massenkörpers hat ohne den festen Hintergrund des absoluten Raumes und der absoluten Zeit überhaupt keinen Sinn. Newton unterscheidet ferner streng zwischen *Trägheitskraft* (*„vis inertiae"*) und *eingeprägter* Kraft (*„vis impressa"*) wie jener der Massenanziehung, und im Kampf der beiden sieht er die Ursache dafür, daß sich die sonst gerade Weltlinie eines Massenkörpers krümmt.

Einer merkwürdigen Tatsache, deren Entdeckung schon auf Galilei zurückgeht, hat auch Newton kein besonderes Augenmerk geschenkt. Es handelt sich um die in den Gesetzen des freien Falles enthaltene Gleichheit von „träger" und „schwerer" Masse: *Alle Körper fallen, unabhängig von ihrer Gestalt und Masse, gleich schnell.* Dies bedeutet, daß jedem Körper im Schwerefeld der Erde die *gleiche* Beschleunigung erteilt wird.

Die *träge* Masse ist ein Maß für den Widerstand eines materiellen Körpers, den dieser einer Beschleunigung unter der Einwirkung einer Kraft entgegensetzt, die *schwere* Masse ist Merkmal eines materiellen Körpers, das in einem Gravitationsfeld in Erscheinung tritt. Bringt man einen elektrisch geladenen Körper mit träger Masse m in ein elektrisches Feld, so ist die Kraft auf diesen Körper proportional seiner Ladung q und proportional der elektrischen Feldstärke $\mathbf{E}$: $k = q\mathbf{E}$. Diese Kraft beschleunigt den Körper entsprechend dem zweiten Newtonschen Gesetz $mb = k = q\mathbf{E}$. Materielle Körper mit *gleicher* träger Masse, aber unterschiedlichen Ladungen werden daher *ungleich* beschleunigt, sie bewegen sich im Raum auf anders geformten Bahnen. Nur jenen Körpern, bei denen träge Masse und Ladung dasselbe Verhältnis haben, wird durch die Kraftwirkung des elektrischen Feldes auch die gleiche Beschleunigung erteilt. In ganz analoger Weise ist die Bewegung eines Körpers in einem Gravitationsfeld zu sehen. Die Kraft k, die ein materieller Körper in einem Schwerefeld erfährt, kann in einen Faktor g, der nur vom Massenkörper abhängt, und in eine Wirkung $\mathbf{G}$ aufgespaltet werden, in der sich das Schwerefeld äußert: $k = g\mathbf{G}$. In Analogie zur Kraftwirkung in einem elektrischen Feld könnte man die dem Körper eigentümliche Größe g seine „Gravitationsladung" nennen. Sie bestimmt auf der Erdoberfläche das Gewicht des Körpers, sie ist diesem proportional und wird die *schwere* Masse des Körpers genannt. Die Beschleunigung, die einem Körper mit der trägen Masse m und der schweren Masse g im Schwerefeld $\mathbf{G}$ erteilt wird, ist dann der Gleichung $mb = k = g\mathbf{G}$ zu entnehmen. Aus der bemerkenswerten Gleichheit[6] $m = g$ folgt nun, daß die

[5] „Die mathematischen Prinzipien der Naturwissenschaften".

[6] Schon aus Gründen physikalischer Einheiten läßt sich nur die Proportionalität von träger und schwerer Masse im Experiment nachweisen. Indem man diese Proportionalitätskonstante als dimensionslose Größe gleich 1 setzt, legt man die Einheit der schweren Masse fest; dadurch ist die Newtonsche Gravitationskonstante γ als dimensionsbehaftete Größe bestimmt. Beschreibt man hingegen die

Bewegung eines Massenkörpers in einem Gravitationsfeld unabhängig von seinen Massenmerkmalen ist. Genauso wie der Weg, auf dem ein Körper im Schwerefeld der Erde zu Boden fällt, von seiner Masse nicht abhängt, ist auch die Gestalt der Bahn eines Planeten unabhängig von dessen Masse, als wäre sie nur eine Frage der Geometrie wie die Bewegung infolge der Trägheit. Dieser Satz von der Gleichheit der trägen und schweren Masse ist das sogenannte *Äquivalenzprinzip*. Es fügt sich den Newtonschen Gesetzen der Dynamik einem Kuriosum gleich ohne innere Bindung an diese an. Die Mechanik NEWTONS könnte durchaus bestehen, wären schwere und träge Masse eines Körpers ungleich, es würden sich eben nur unterschiedlich schwere Massen mit gleicher Trägheit und gleich schwere Massen mit verschiedenen Trägheitseigenschaften in der oben geschilderten Art auf anderen Bahnen bewegen. Doch in der *Gleichheit* liegt ein Rätsel, verbindet sie doch auf geheimnisvolle Art und Weise die Trägheitskräfte mit den Gravitationskräften, die NEWTON so sorgfältig voneinander unterschied.

Auf Grund des Äquivalenzprinzips haben Trägheitskraft und Schwerkraft ein zweites Merkmal gemein — sie lassen sich „wegtransformieren", d.h. in einem geeigneten Bezugssystem treten sie nicht in Erscheinung. Für die Trägheitskräfte ist dies ohne weiteres verständlich, man denke nur an den geradlinig und gleichförmig bewegten Zug, in dem die Reisenden keinerlei aus der Bewegung herrührende Kraftwirkungen auf sich selbst und auf die Gegenstände in ihrer Umgebung feststellen können. Um die Schwerkraft aufzuheben, bedarf es allerdings *beschleunigter* Bezugssysteme. Dem Leser dürften die Bilder aus dem Inneren eines um die Erde kreisenden Weltraumlabors bekannt sein. Wäre das Äquivalenzprinzip nicht gültig, so würden sich Gegenstände wie Besatzungsmitglieder je nach dem Verhältnis ihrer trägen Masse zu ihrer Gravitationsladung unterschiedlich verhalten. Ist dieses Verhältnis kleiner als ein bestimmtes Maß, das durch den Quotienten aus träger und schwerer Masse des Labors gegeben wäre, so würden sie auf den der Erde zugewendeten Boden fallen, andernfalls aber gegen die Decke streben. Daß dem nicht so ist, vielmehr — relativ zum Weltraumlabor — alles im Ruhezustand verharrt, solange nicht Kräfte wirksam sind, die ihre Quellen nicht in der Schwere haben, ist eine Folge der Proportionalität von träger und schwerer Masse. In einem solchen Weltraumlabor ist daher im Kleinen verwirklicht, was im Großen ein Inertialsystem genannt wird. Die Besatzung, die im „schwerelosen" Zustand ihr eigenes irdisches Gewicht nicht spürt, wäre durch keinerlei Experiment in der Lage, einen Rückschluß auf ihren Bewegungszustand zu ziehen, d.h. eine Anwort auf die Frage zu geben, ob sie sich in Ruhe bzw. in gleichförmiger Bewegung in einem gravitationsfreien Weltbezirk befindet, oder ob ihr Labor in Richtung

Proportionalität von träger und schwerer Masse durch die Gleichung $g = \sqrt{\gamma}\, m$, so kann in allen diesbezüglichen Formeln die Newtonsche Gravitationskonstante durch 1 ersetzt werden, wenn dabei an Stelle der trägen Masse materieller Körper die schwere Masse eingesetzt wird, sofern sie dessen Rolle übernommen hat.

Die Proportionalität von träger und schwerer Masse kann natürlich keine Forderung im Sinne eines Postulats sein. Es handelt sich um einen empirisch festgestellten Sachverhalt, der aufs genaueste experimentell überprüft worden ist.

eines Gravitationsfeldes beschleunigt wird, wodurch eben die Schwerkraft aufgehoben wird; ihren physischen Zustand während der Startphase wird sie nur durch den gesunden Menschenverstand auf die hohe Beschleunigung zurückführen und nicht auf das Eintauchen in ein starkes Gravitationsfeld. Dies bedeutet, daß Schwere und Beschleunigung in ihrer Wirkung objektiv voneinander nicht unterschieden werden können. Hätte GALILEI in einem solchen Labor seine Fallversuche angestellt, so wäre er zu dem Ergebnis gekommen, daß es überhaupt erst ein Anstoßes bedarf, um einen materiellen Körper in Bewegung zu versetzen, und in den kleinen Abmessungen des Weltraumlabors wäre an die Stelle der Wurfparabeln eine Bahnkurve getreten, die ihm in der verhältnismäßig kurzen Dauer der Bewegung als geradlinig und gleichförmig erschienen wäre. NEWTON hätte seine Grundgesetze aufgestellt, nur wäre ihm die Schwerkraft verborgen geblieben. Auch die endliche Ausbreitungsgeschwindigkeit des Lichtes wäre entdeckt worden, desgleichen ihr Merkmal als Grenzgeschwindigkeit. ALBERT EINSTEIN wäre also auch in dem kleinen Weltraumlabor zu seiner speziellen Relativitätstheorie gekommen.

Die Bilder aus dem Weltraumlabor geben zu erkennen, daß sich ein Gravitationsfeld durch beschleunigte Bezugssysteme aufheben läßt, wenn man sich auf hinlänglich kleine Zeiträume und Raumbezirke beschränkt, in denen das Schwerefeld im Raum-zeitlichen Sinn als *homogen* angesehen werden kann. Die Kompensation der Gravitationskräfte, die der schweren Masse proportional sind, erfolgt dabei durch die der trägen Masse proportionalen Zentrifugalkräfte. Solche Kraftwirkungen bezeichnet man auch als „Scheinkräfte", denn die Ursache ihres Auftretens liegt nicht in der Massenanziehung oder anderen Kraftquellen physikalischer Natur, sondern in der beschleunigten Bewegung. Die *globale* Gleichheit von träger und schwerer Masse hat daher die *lokale* Äquivalenz der Schwerkraft mit den gleichfalls massenproportionalen Scheinkräften zur Folge. Das Schwerefeld der Erde läßt sich aber nicht *global* zum Verschwinden bringen, ein Umstand, den die Besatzung eines Raumlabors mit Abmessungen, die nicht mehr klein im Verhältnis zum Radius der Umlaufbahn sind, auf unterschiedliche Art zu spüren bekommen würde, denn die Schwerelosigkeit gilt ja exakt nur auf einer bestimmten konzentrischen Fläche um die Erde.

Das Beispiel des die Erde umkreisenden Weltraumlabors macht aber auch deutlich, daß sich die Welt seiner Besatzung genauso darbietet wie dem Bewohner der Erde, nur mit dem Unterschied, daß die Schwere unbekannt ist. Für einen Beobachter auf der Erde ist dabei das Inertialsystem der Besatzung im Labor gegenüber dem eigenen beschleunigt, und den gleichen Standpunkt nimmt die Mannschaft im Labor gegenüber dem irdischen Beobachter ein. Der Tatbestand, daß die Gesetze der Physik jedoch in beiden Bezugssystemen gültig sind, gibt Anlaß zu fragen, ob diese, in entsprechender Fassung, nicht in jedem *beliebigen* Bezugssystem auf die gleiche Weise auszusprechen sind, und zwar unter der Bedingung, daß bei einem Wechsel des Koordinatensystems das Erscheinungsbild der Trägheit *in Verbindung* mit dem der Schwerkraft den Übergang auf das andere Bezugssystem mitmacht. Läßt man dieses *Prinzip der allgemeinen Relativität* gelten, so wird man allerdings zu einem radikalen Umdenken gezwungen.

Jede geradlinige und gleichförmige Trägheitsbewegung erscheint aus der Sicht eines beschleunigten Bezugssystems als krummlinig und daher ungleichförmig, als wären Gravitationskräfte hiefür verantwortlich. Da in kleinen Raumbezirken ein Schwerefeld als homogen angesehen werden kann, läßt sich auch umgekehrt, zumindest in kurzen Zeitabschnitten, eine Bewegung auf gekrümmter Bahn in eine geradlinige verwandeln, wenn man zu einem geeignet beschleunigten Bezugssystem übergeht. Damit verliert aber der Begriff der geradlinigen Bewegung seinen Inhalt, und das Beiwort krummlinig für die Bahn eines materiellen Körpers, der unter dem Einfluß der Schwere steht, ist überflüssig. Eine durch Trägheit und Schwerkraft geformte Bahn erscheint aus der Sicht zweier Bezugssysteme das eine Mal als gerade, das andere Mal als gekrümmte Linie. Indem man sich auf diesen Standpunkt stellt, verschmelzen aber die Newtonschen Begriffe der reinen Trägheitsbewegung sowie der Bewegung durch Einwirkung der Schwerkraft, die Bewegung eines materiellen Körpers wird zu einer Trägheitsbewegung in einem allgemeineren Sinn. Wenn aber zwischen der Wirkung der Trägheit und der Gravitation kein Unterschied mehr besteht und somit schwere und träge Masse auch *begrifflich* nicht mehr auseinanderzuhalten sind, muß in der Trägheit und der Gravitation phänomenologisch eine *gemeinsame in den Eigenschaften des Raumes begründete Ursache* gesehen werden. Jetzt fällt ein reifer Apfel nicht mehr vom Baum, weil die von der Erdkugel ausgehenden „eingeprägten" Kräfte ihn zu Boden ziehen, sondern vielmehr deshalb, weil keine Kräfte ihn am Fallen hindern.

Mit einer solchen Auffassung sind bedeutsame Konsequenzen verbunden. Indem man durch die Zulassung beschleunigter Bezugssysteme den Begriff der geradlinigen und krummlinigen Bewegung relativiert, läßt man beliebige Transformationen der Koordinaten im Raum zu und hebt damit die Beschränkung auf die in den Koordinaten linearen affinen Transformationen, namentlich jene der Galilei- bzw. der Poincaré-Gruppe auf. Die alleinige Zulassung solcher Transformationen ist ja gerade der mathematische Ausdruck dafür, daß zur Beschreibung einer Bewegung unter dem Einfluß der Trägheit und der Gravitation nur Inertialsysteme herangezogen werden dürfen, wie es die Welt NEWTONS und MINKOWSKIS auf Grund ihres Standpunktes gegenüber der Schwere als eingeprägter Kraft verlangt. Damit ist die Welt nicht länger als affiner Raum zu behandeln, sie muß vielmehr als vierdimensionale Mannigfaltigkeit gesehen werden, deren Tangentialräume mit Rücksicht auf die spezielle Relativitätstheorie mit einer pseudo-euklidischen Struktur ausgestattet sind. Solange man aber die Parallelverschiebung in Form eines affinen Zusammenhangs auf ihr beibehält, solange ist die Welt im Grunde noch immer dieselbe. Sie ist flach, es gibt stets ein Inertialsystem, gekennzeichnet durch das Verschwinden der Zusammenhangskoeffizienten, und in einem beschleunigten Bezugssystem treten diese in den von der Geschwindigkeit abhängigen Scheinkräften zutage. Verbindet man aber Trägheit und Schwere zu *einer* Erscheinungsform, so kann dieses Weltbild nicht länger aufrecht erhalten werden.

Die Trägheitsbewegung NEWTONS auf den geraden Linien seiner absoluten Welt kann man sich vorstellen als eine von Punkt zu Punkt erfolgende Parallelverschiebung, gewissermaßen so, als wäre die infinitesimal wirksame Beharrungstendenz in einem Zwang begründet, durch den ein materieller Körper transportiert wird, indem sein Geschwindigkeitsvektor *parallel* in der von ihm selbst vorgegebenen Richtung verschoben wird. Dabei ändert sich seine Maßzahl nicht, entsprechend der im Trägheitsgesetz ausgesprochenen Forderung, daß sich ein Körper *gleichförmig* auf gerader Bahn bewegt, wenn keine Kräfte auf ihn einwirken. Die Grundstruktur des affinen Raumes, die Parallelverschiebung von Vektoren, ist also eine Art „Führungsfeld" im absoluten Raum, dem jede Trägheitsbewegung im Sinne NEWTONS unterworfen ist. Die Verschmelzung von Trägheit und Gravitation zu einer Eigenschaft des Raumes läßt aber nicht mehr zu, daß die Welt den affinen Zusammenhang trägt, den sie ohne die Erscheinung der Schwere hat, nämlich jenen des affinen Weltuntergrundes. Vielmehr muß die vierdimensionale Mannigfaltigkeit, zu welcher die Welt durch die Zulassung beschleunigter Bezugssysteme geworden ist, mit einem gewissen anderen Gesetz der infinitesimalen Parallelverschiebung ausgestattet sein, soll das Prinzip der allgemeinen Relativität Gültigkeit haben. Diese Auffassung von den Dingen bedeutet zwar den bestimmt nicht leicht zu bewältigenden Verzicht auf die seit der Antike heilige euklidische Geometrie, aber man ist auch mit einem Schlage weg von dem seit jeher unbefriedigenden Begriff des „absoluten" Raumes der klassischen Mechanik und der speziellen Relativitätstheorie sowie von den Inertialsystemen, deren Sonderstellung ja nur durch die Unterscheidung zwischen Trägheitskräften und eingeprägten Kräften wie der Gravitation gegeben war, die jetzt ihre Bedeutung als Newtonsche Kräfte verloren haben. Der affine Zusammenhang der Welt übernimmt die Rolle der Parallelverschiebung in der affinen absoluten Welt NEWTONS, er ist das Führungsfeld dieser Welt. Wird ein Massenkörper losgelassen, so wird er dem Führungsfeld übergeben, er bewegt sich unter dem Einfluß seiner Trägheit, indem sein Geschwindigkeitsvektor von Punkt zu Punkt parallel verschoben wird. Damit folgt der Massenkörper den „geradesten" Linien im Raum, den Geodätischen

$$\ddot{x}_i + \Gamma^i_{jk}\dot{x}_j\dot{x}_k = 0$$

des affinen Zusammenhangs. Sie treten an die Stelle der geraden Linien, auf denen eine Trägheitsbewegung im Newtonschen Sinne vor sich geht.

In dieser Auffassung von Trägheit und Schwere ist die Raum-Zeit-Welt als vierdimensionale Mannigfaltigkeit mit affinem Zusammenhang zu sehen. Trägheit und Schwere sind aber nicht die einzigen Erscheinungsbilder physikalischer Wirkungen, es ist auch jener Teil der Physik einzubinden, mit dem sich die spezielle Relativitätstheorie befaßt. Ihre überaus eindrucksvolle experimentelle Bestätigung läßt keinen Weg an ihr vorbeiführen, sie legt aber der Welt eine pseudo-euklidische Struktur zugrunde, die sich natürlich nicht aufrecht erhalten läßt. Es ist aber notwendig und auch vernünftig zu verlangen, daß die Welt der speziellen Relativitätstheorie zumindest im Kleinen weiterbesteht.

Die Forderung, daß in der Welt der allgemeinen Relativitätstheorie die Aussagen der speziellen Relativitätstheorie *lokal* ihre Gültigkeit behalten, hat zwei wichtige Konsequenzen im Hinblick auf die Geometrie der vierdimensionalen Welt. Indem man die pseudo-euklidische Struktur des Minkowski-Raumes der speziellen Relativitätstheorie lokal überträgt, wird dem Tangentialraum der vierdimensionalen Welt in jedem Punkt ein inneres Produkt beigegeben, wodurch die Welt zu einem pseudo-Riemannschen Raum mit dem Index 1 wird, dessen Geometrie durch den affinen Zusammenhang und eine metrische Fundamentalform

$$ds^2 = c^2 d\tau^2 = g_{ij}\, dx_i dx_j$$

gegeben ist, worin τ die *Eigenzeit* genannt wird und die universelle Konstante c den Normalwert der Lichtgeschwindigkeit bezeichnet.

Die zweite Konsequenz betrifft das Führungsfeld, den affinen Zusammenhang der Welt. Durch den Fundamentaltensor ist ja ein affiner Zusammenhang besonders ausgezeichnet, nämlich der torsionsfreie mit dem inneren Produkt verträgliche Riemannsche Zusammenhang. Folgende Gründe sprechen für ihn als den affinen Zusammenhang der Welt.

Vergegenwärtigt man sich noch einmal die Bilder aus dem Inneren des Raumlabors, so wird verständlich, wenn deren Besatzung die Bahn eines materiellen Körpers unter Berufung auf die spezielle Relativitätstheorie durch die Differentialgleichungen

$$\frac{d^2 x_i}{d\tau^2} = 0$$

beschreibt. Im Sinne der allgemeinen Relativitätstheorie kann dies natürlich nur eine Näherung in den kleinen Abmessungen des Labors für kurze Zeitspannen sein. Die Berechtigung hiefür hat die Mannschaft im Labor, wenn das Gravitationsfeld sehr schwach ist. Doch das schlagkräftigste Argument für diese Näherung ist, zumal ja auch in Bezirken mit stärkerer Gravitationswirkung Schwerelosigkeit herbeigeführt werden kann, wenn sich die Mannschaft im Labor auf ein Koordinatensystem um einen Punkt als Ursprung beziehen kann, in dem sämtliche Zusammenhangskoeffizienten verschwinden, sodaß sie in einer Umgebung noch klein sind. Gerade diese Situation ist aber für den Schwerpunkt des Labors gegeben, der sich exakt im schwerelosen Zustand befindet. Indem die Besatzung der Geometrie in ihrer kleinen Welt die metrische Fundamentalform

$$ds^2 = dx_0^2 - dx_1^2 - dx_2^2 - dx_3^2 \tag{6.9}$$

einer pseudo-euklidischen Minkowski-Welt zugrundelegt, bezieht sie sich auf *geodätische* Koordinaten um den Schwerpunkt ihres Labors. Eine reine Trägheitsbewegung sieht sie als geradlinig und gleichförmig an, das Innere des Labors erscheint ihr als affine Welt, die affine Geometrie bleibt für sie aufrecht. Die Existenz geodätischer Koordinaten bedeutet aber, da diese Forderung für jeden Punkt erhoben wird, die Torsionsfreiheit des affinen Zusammenhangs: *In der Torsionsfreiheit des affinen Zusammenhangs der Welt steckt die lokale Äquivalenz der Schwere mit den massenproportionalen Scheinkräften und damit das Äquivalenzprinzip.*

Für die Verträglichkeit des torsionsfreien affinen Zusammenhangs der Welt mit dem inneren Produkt spricht neben prinzipiellen Erwägungen der Umstand, daß nur in diesem Fall zur Parametrisierung der Geodätischen, auf denen sich materielle Körper unter dem Einfluß der Trägheit bewegen, die Eigenzeit τ herangezogen werden kann.

Die metrische Fundamentalform der vierdimensionalen Welt hat aber nur in jenen Punkten im Labor die Form (6.9), in denen die Schwerelosigkeit durch die beschleunigte Bewegung des Labors *exakt* besteht. Da an anderen Orten die Erdschwere durch die Zentrifugalkraft nicht kompensiert wird, wenn auch nur mit einem sehr geringen Fehlbetrag, werden materielle Körper, die sich anfänglich nicht genau im schwerelosen Zustand befunden haben, mit der Zeit doch am Boden oder an der Decke des Labors landen, allerdings erst nach einer längeren Zeitspanne. Die Koordinaten des Maßtensors um einen als Ursprung für die Besatzung des Labors dienenden gravitationsfreien Punktes haben in geodätischen Koordinaten die Form

$$g_{ij} = \eta_{ij} + \phi_{ij} \,, \tag{6.10}$$

worin die Größen η_{ij} die Elemente der Diagonalmatrix mit den Hauptdiagonalelementen $1, -1, -1, -1$ sind. Diese Zerlegung kann im Sinne der Mechanik der speziellen Relativitätstheorie als Aufspaltung in ein *Trägheitsfeld*, beschrieben durch die Matrix $\{\eta_{ij}\}$, und in ein *Schwerefeld* aufgefaßt werden, das durch die Funktionen ϕ_{ij} repräsentiert wird, die in dem als Ursprung angenommenen Punkt einschließlich ihrer partiellen Ableitungen verschwinden. Sie sind daher klein und ändern sich auch nur geringfügig, wenn man sich auf die unmittelbare Umgebung beschränkt. Die (angenähert bestehende) Homogenität des Schwerefeldes in den kleinen Abmessungen des Labors bedeutet daher, daß in seinem Inneren der Raum sehr flach ist, die Geometrie des pseudo-euklidischen Weltuntergrundes wird durch ein schwaches Schwerefeld nur geringfügig gestört, in kleinen Weltbezirken gilt die euklidische Geometrie im Einklang mit der Erfahrung. Daran ändert auch eine Lorentz-Transformation im Labor nichts, da eine solche geodätische Koordinaten um den Ursprung wieder in solche verwandelt.

Nach der Einsteinschen Auffassung ist die Welt also ein vierdimensionaler pseudo-Riemannscher Raum mit dem Index 1, der absolute Raum NEWTONS und MINKOWSKIS ist gefallen. Damit hat das klassische Galileische Trägheitsgesetz ausgedient, an seine Stelle tritt ein allgemeines Gesetz der Gravitation. Hinfällig wird auch der Begriff des Inertialsystems und dessen Sonderstellung, es werden vielmehr *alle* Bezugssysteme gleichberechtigt, die Grundgesetze der Physik sollen in beliebigen Koordinatensystemen in gleicher Weise gelten.[7)] Dabei verlieren die Koordinaten der Weltpunkte ihre physikalisch-geometrische Bedeutung, die sie in der pseudo-euklidischen Welt der speziellen Relativitätstheorie noch hatten.

[7)] Die Feldgleichungen (4.154) der Elektrodynamik erfüllen diese Forderung bereits, wenn man die pseudo-euklidische Geometrie des Raumes der speziellen Relativitätstheorie durch die pseudo-Riemannsche der allgemeinen Relativitätstheorie ersetzt.

Dies ist der Kern der *allgemeinen Relativitätstheorie* EINSTEINS, die eine geometrische Theorie der Gravitation ist, eine Verschmelzung der Mechanik mit der euklidischen Geometrie, gewissermaßen die Synthese der Gesetze NEWTONS und des PYTHAGORAS. Physik ist insofern zur Geometrie geworden, als die Newtonsche Theorie der Gravitation und die euklidische Geometrie der dreidimensionalen Welt in der Riemannschen Geometrie des Raumes der physikalischen Welt aufgehen. Im Gegensatz zur Theorie NEWTONS ist die Einsteinsche Theorie der Gravitation aber *feldwirkungstheoretischer* Art, begründet in einer — lokal euklidischen — Riemannschen Geometrie, die man auch eine „Nahewirkungsgeometrie" nennen könnte. Die Invarianz der Grundgesetze der Physik gegenüber beliebigen Koordinatentransformationen wird das *allgemeine Relativitätsprinzip* genannt — es herrscht Relativität bezüglich beliebiger Bezugssysteme.

Ein allgemeines Gesetz der Trägheit bzw. der Gravitation muß das Führungsfeld mit den die Geometrie der Welt bestimmenden Einflüssen in Verbindung bringen. Aus den weiter oben dargelegten Gründen ist der affine Zusammenhang aber eindeutig durch den Maßtensor bzw. durch die metrische Fundamentalform bestimmt. Es liegt daher nahe, in einem allgemeinen Gravitationsgesetz die *Raumgeometrie*, das *metrische Feld* des Maßtensors $\mathfrak{g}$ mit den Quellen der Schwere in Verbindung zu bringen. Indem man die Bestimmungsgleichungen

$$\Gamma^i_{jk} = g^{il}\Gamma_{ljk} = g^{il}\,\frac{1}{2}\left(\frac{\partial g_{lj}}{\partial x_k} + \frac{\partial g_{lk}}{\partial x_j} - \frac{\partial g_{jk}}{\partial x_l}\right)$$

für die Koeffizienten des Führungsfeldes als Verallgemeinerung der Beziehung (6.5) zwischen Kraft und Potential ansieht, übernehmen die Koordinaten des metrischen Tensors die Rolle von *Gravitationspotentialen*, der metrische Tensor $\mathfrak{g}$ die Rolle des Potentials. Auf einen Körper mit der Masse m wirkt lokal die Vierer-Kraft

$$-m\,\Gamma^i_{jk} w^j w^k\,,$$

analog der Vierer-Kraft

$$q\,F^i_j w^j$$

(vgl. (4.143)), die eine Ladung q in einem elektromagnetischen Feld erfährt. Wie diese hängt sie von der Geschwindigkeit ab, ganz anders als in der Newtonschen Theorie, die zwar eine Abhängigkeit der Scheinkräfte, aber keine der eingeprägten Kräfte von der Geschwindigkeit kennt.

Die Antwort auf die Frage, worin nun die phänomenologischen Ursachen des Führungsfeldes liegen, lautet nach EINSTEIN: *Die Verteilung der Massen im Raum. Durch den Einfluß der Materie auf das Führungsfeld, den affinen Zusammenhang der Welt, sind die Erscheinungen der Gravitation zu erklären.* Damit werden die in der speziellen Relativitätstheorie zu einer Raum-Zeit-Welt verbundenen Begriffe von Raum und Zeit mit der *Materie* in innige Beziehung gebracht. Aber mehr noch: Raum und Zeit sind nur Abstraktionen, physikalische Wirklichkeit hat die Synthese von *Raum, Zeit und Materie.*

6.2 Die vierdimensionale gekrümmte Welt

Der Riemannsche Raum ist aus mathematischer Sicht eine natürliche Verallgemeinerung des euklidischen Raumes. Er sieht lokal wie ein euklidischer Raum aus; in geeigneten Koordinaten verschwinden in einem beliebigen Raumpunkt die Koeffizienten des Riemannschen Zusammenhangs, woran sich bei einen Koordinatenwechsel durch lineare Funktionen nichts ändert. Die Tatsache, daß dem messenden Physiker der im Verhältnis zu kosmischen Dimensionen kleine Raumbezirk im Umfeld der Sonne als eben erscheint, widerspricht daher dem Standpunkt nicht, die Welt als gekrümmten Raum zu sehen. Die Abweichungen von einer ebenen Welt sind so geringfügig, daß sie in der Regel nicht zu Buche schlagen, wiewohl es Ausnahmen hievon gibt, wie etwa die bis zur Zeit EINSTEINS ungeklärte, aber einwandfrei feststehende Periheldrehung des innersten Planeten Merkur.

Es ist wichtig festzuhalten, daß Koordinaten x_0, x_1, x_2, x_3 für einen Weltbezirk keinerlei physikalische Bedeutung zukommt, sie sind bloße Namensgebungen für die Ereignisse in der Raum-Zeit-Welt $\mathfrak{R}^4$. Allerdings gilt es zu bedenken, daß durch die Wahl der Koordinaten Einfluß darauf genommen wird, welche Weltbezirke die zugehörige Karte überdeckt. Wenn für gewöhnlich x_0 die Rolle der Zeit spielt, die eine Uhr mit beliebiger Art der Zeitmessung im Punkt mit den „Raumkoordinaten" x_1, x_2, x_3 zur Markierung eines Ereignisses anzeigt, so geschieht dies, in Anlehnung an die Notation in der speziellen Relativitätstheorie, mit einem Appell an die Vorstellung, daß in jedem „Raumpunkt" eine Uhr zur Charakterisierung von Ereignissen in der vierdimensionalen Welt angebracht ist. Die Größe t in $x_0 = ct$ wird dann auch die *Koordinatenzeit* genannt.

Damit soll aber nicht gesagt sein, daß gewissen Koordinaten durch Symmetrien und andere geometrische Merkmale der $\mathfrak{R}^4$ nicht doch eine Sonderstellung einzuräumen ist, namentlich auf Grund des Auftretens von Killing-Vektorfeldern, in denen sich geometrische Eigenschaften des Raumes widerspiegeln.

Die nur mehr lokale Gültigkeit der speziellen Relativitätstheorie nimmt Einfluß auf die Kausalität der vierdimensionalen Welt $\mathfrak{R}^4$. Zwei infinitesimal benachbarte Ereignisse x_i und $x_i + dx_i$ bezeichnet man als *aufeinanderfolgend*, wenn

$$ds^2 = g_{ij}\, dx_i dx_j > 0$$

gilt. Finden sie am selben Ort des Raumes statt, so ist $dx_1 = dx_2 = dx_3 = 0$, $dx_0 \neq 0$ und

$$ds^2 = g_{00}\, dx_0^2 > 0\,.$$

Mit der Eigenzeit $d\tau = \frac{1}{c}\, ds$ und der Koordinatenzeit $t = \frac{1}{c}\, x_0$ schreibt sich diese Ungleichung in der Form $d\tau^2 = g_{00}\, dt^2 > 0$; aus ihr folgt

$$g_{00} > 0\,.$$

Ist diese Ungleichung in jenem Bezirk erfüllt, der durch die Karte κ parametrisiert wird, so heißt die Koordinate x_0 *zeitartig*; offenbar bedeutet dies

$$(\partial_0, \partial_0) > 0\,.$$

Die „wahre“ Zeitspanne zwischen zwei aufeinanderfolgenden Ereignissen mißt die Eigenzeit $d\tau = \frac{1}{c}\,ds$; im Falle der Zeitartigkeit der Koordinatenzeit ergibt deren Verknüpfung mit der Eigenzeit

$$d\tau = \sqrt{g_{00}}\,dt\,.$$

Sinngemäß heißt eine Koordinate x_i *raumartig* bzw. *lichtartig*, entsprechend dem Vorzeichen von (∂_i, ∂_i). Diese Klassifizierung der Koordinaten bedeutet aber nicht, daß eine von den vier Koordinaten zeitartig und die drei anderen raumartig sein müssen. Die einzige Bedingung, die zu erfüllen ist, betrifft die Matrix der Koordinaten des Maßtensors $\mathfrak{g}$, die in jedem Punkt einen positiven und drei negative Eigenwerte aufzuweisen hat.

Grundlegend für die Geometrisierung der Schwere ist die Forderung, daß eine reine Trägheitsbewegung, worunter man die Bewegung eines materiellen Körpers ohne die Einwirkung von Kräften wie z.B. elektromagnetischer Natur versteht, auf den Geodätischen des Raumes erfolgt. Da sie das Äquivalenzprinzip zur Voraussetzung hat, wird der doppelte Sinn der „quantitas materiae“ als träge und schwere Masse aufgehoben. In dieser Auffassung kommt dem Äquivalenzprinzip, anders als in der Mechanik NEWTONS, eine fundamentale Bedeutung zu.

Da in den Gleichungen der Geodätischen der Kurvenparameter t explizit nicht auftritt, kann zur Vorgabe der Anfangsbedingungen ein beliebiger Wert t_o als Parameter desjenigen Punktes P_o genommen werden, durch den eine Geodätische mit einer bestimmten Richtung hindurchgehen soll,

$$x_i(t_o) = x_i^\circ\,, \quad \dot{x}_i(t_o) = \dot{x}_i^\circ\,.$$

Der Existenz- und Eindeutigkeitssatz für Systeme gewöhnlicher Differentialgleichungen garantiert die Existenz eines Intervalls $I =]t_o - \eta, t_o + \eta[$ um t_o sowie eindeutig bestimmter Funktionen $x_i(t)$, welche die Anfangsbedingungen erfüllen und auf I Lösungen der Gleichungen für die Geodätischen sind. Wählt man an Stelle von t_o einen anderen Wert t'_o und gibt man die Richtung im Punkt P_o durch $\dot{x}_i(t'_o) = \dot{x}'_i$ vor, so erhält man Lösungen $x_i(t')$ in einem gewissen Intervall $J =]t'_o - \eta', t'_o + \eta'[$. Dadurch ist eine umkehrbar eindeutige Abbildung $t = h(t')$ der Intervalle I und J gegeben. Wegen

$$\frac{dx_i}{dt'} = \frac{dx_i}{dt}\frac{dt}{dt'}\,, \qquad \frac{d^2x_i}{dt'^2} = \frac{d^2x_i}{dt^2}\Big(\frac{dt}{dt'}\Big)^2 + \frac{dx_i}{dt}\frac{d^2t}{dt'^2}$$

ist

$$\frac{d^2x_i}{dt'^2} + \Gamma^i_{jk}\frac{dx_j}{dt'}\frac{dx_k}{dt'} = \Big(\frac{d^2x_i}{dt^2} + \Gamma^i_{jk}\frac{dx_j}{dt}\frac{dx_k}{dt}\Big)\Big(\frac{dt}{dt'}\Big)^2 + \frac{dx_i}{dt}\frac{d^2t}{dt'^2}$$

und deshalb

$$\frac{d^2t}{dt'^2} = 0\,,$$

sodaß die beiden Kurvenparameter t und t' durch die Gleichung

$$t = \alpha t' + \beta$$

mit gewissen Konstanten α und β miteinander verknüpft sind. Umgekehrt ist leicht zu sehen, daß die Gleichungen der Geodätischen gegenüber einem solchen Wechsel des Kurvenparameters invariant sind. Daher ist durch die Gleichungen der Geodätischen der Kurvenparameter bis auf eine affine Transformation durch eine ganze lineare Funktion festgelegt.

Von Bedeutung ist die Frage, ob zur Parametrisierung Geodätischer die Eigenzeit τ herangezogen werden kann. Trifft dies zu, so gelten für die Parametrisierung $x_i(\tau)$ die Gleichungen der Geodätischen und

$$\left(\frac{ds}{d\tau}\right)^2 = c^2 = g_{ij}\,\frac{dx_i}{d\tau}\,\frac{dx_j}{d\tau}\,.$$

Durch Differentiation erhält man daraus die Gleichung

$$\begin{aligned} 0 &= \frac{\partial g_{ij}}{\partial x_k}\,\frac{dx_k}{d\tau}\,\frac{dx_i}{d\tau}\,\frac{dx_j}{d\tau} + g_{ij}\,\frac{d^2x_i}{d\tau^2}\,\frac{dx_j}{d\tau} + g_{ij}\,\frac{dx_i}{d\tau}\,\frac{d^2x_j}{d\tau^2} \\ &= \left(\frac{\partial g_{ij}}{\partial x_k} - g_{lj}\Gamma^l_{ik} - g_{il}\Gamma^l_{jk}\right)\frac{dx_i}{d\tau}\,\frac{dx_j}{d\tau}\,\frac{dx_k}{d\tau}\,, \end{aligned}$$

deren Gültigkeit nur gewährleistet ist, wenn die 1-Formen des affinen Zusammenhangs die Gleichung (5.195) erfüllen. Ist umgekehrt $x_i(t)$ die Parametrisierung einer Geodätischen, so wird im Falle, daß $g_{ij}\dot{x}_i\dot{x}_j > 0$ längs dieser Geodätischen gilt, durch die Gleichung

$$c^2\left(\frac{d\tau}{dt}\right)^2 = g_{ij}\big(\mathbf{x}(t)\big)\,\dot{x}_i(t)\dot{x}_j(t)$$

bei Erhalt der Orientierung eine umkehrbar eindeutige Beziehung zwischen dem Parameter t und der Eigenzeit τ hergestellt. Ist der affine Zusammenhang mit dem inneren Produkt verträglich, so ergibt sich durch Differentiation $\frac{d^2\tau}{dt^2} = 0$, d.h. die Eigenzeit τ ist ein zulässiger Parameter. Dies zeigt, daß zur Parametrisierung Geodätischer mit zeitartigem Tangentenvektor die Eigenzeit τ genau dann herangezogen werden kann, wenn der affine Zusammenhang torsionsfrei und mit dem inneren Produkt verträglich ist.

Längs einer Geodätischen $x_i(t)$ gilt auf Grund der Eigenschaften des Riemannschen Zusammenhangs

$$g_{ij}\dot{x}_i\dot{x}_j = \text{const.}$$

Die Bahnen des Lichtes sind jene Geodätischen, deren Tangentenvektor immer ein lichtartiger Vektor ist, d.h. es gilt $g_{ij}\dot{x}_i\dot{x}_j = 0$. Solche geodätische Linien bezeichnet man als *Nullgeodätische*. Von einer *raumartigen* Geodätischen spricht man, wenn $g_{ij}\dot{x}_i\dot{x}_j < 0$ gilt, von einer *zeitartigen* im Falle $g_{ij}\dot{x}_i\dot{x}_j > 0$. Ein materieller Körper bewegt sich im Raum, wenn sonst keine Kräfte wirken, stets auf einer zeitartigen Geodätischen, da eine Bewegung aus aufeinanderfolgenden Ereignissen besteht.

Bewegt sich ein materieller Körper unter dem Einfluß seiner Trägheit auf einer Geodätischen, so heißt der zeitartige Tangentenvektor $w^i = \frac{dx_i}{d\tau}$ der durch die Eigenzeit τ parametrisierten Geodätischen $x_i(\tau)$ seine *Vierer-Geschwindigkeit.* Dabei gilt auf Grund der obigen Betrachtungen einerseits

$$g_{ij}w^iw^j = c^2\,, \tag{6.11}$$

andererseits

$$\frac{dw^i}{d\tau} = -\Gamma^i_{jk} w^j w^k .$$

In den Koeffizienten des affinen Zusammenhangs der Welt manifestiert sich die „Feldstärke“ der Gravitation, der Trägheit eines materiellen Körpers der Masse m hält die von der Geschwindigkeit abhängige „Vierer-Kraft“

$$-m\Gamma^i_{jk} w^j w^k$$

das Gleichgewicht. Rechnet man die „Vierer-Beschleunigung“ auf die kovarianten Koordinaten um,

$$\begin{aligned} \frac{dw_i}{d\tau} &= \frac{d(g_{ij}w^j)}{d\tau} = \frac{\partial g_{ij}}{\partial x_k} w^k w^j + g_{ij} \frac{dw^j}{d\tau} = \frac{\partial g_{ij}}{\partial x_k} w^k w^j - g_{il}\Gamma^l_{jk} w^j w^k \\ &= \Gamma_{jik} w^j w^k , \end{aligned}$$

worin (5.194) verwendet wurde, so erhält man durch Einsetzen aus (5.190) die Gleichungen

$$\frac{dw_i}{d\tau} = \frac{1}{2} \frac{\partial g_{lk}}{\partial x_i} w^l w^k = \sum_l \frac{\partial g_{ll}}{\partial x_i} (w^l)^2 + \sum_{l<k} \frac{\partial g_{lk}}{\partial x_i} w^l w^k ,$$

welche rechtfertigen, die Koordinaten des Maßtensors $\mathfrak{g}$ als Potentiale des Gravitationsfeldes anzusehen.

Ist P ein beliebiger Punkt der vierdimensionalen Raum-Zeit-Welt, so lautet die metrische Fundamentalform nach Einführung eines Riemannschen Koordinatensystems mit P als Ursprung

$$ds^2 = \left(\eta_{ij} + \tfrac{1}{3} R_{iklj}(P) x_k x_l + \cdots\right) dx_i dx_j$$

(vgl. (5.212)), worin $\eta_{ij} = 0$ für $i \neq j$ und $\eta_{00} = -\eta_{11} = -\eta_{22} = -\eta_{33} = 1$ gesetzt ist. Es gilt $\Gamma^i_{jk}(P) = 0$ und aus Stetigkeitsgründen $|\Gamma^i_{jk}| < \varepsilon$ in einem hinreichend kleinen Bezirk um P; deshalb können die Geodätischen durch den Punkt P in einer raum-zeitlichen Umgebung durch die Lösungen der Differentialgleichungen

$$\frac{dw^i}{d\tau} = 0$$

angenähert werden. Ein solches Koordinatensystem repräsentiert also ein Inertialsystem im Kleinen und wird deshalb ein im Punkt P *inertiales* Koordinatensystem genannt. Ruht ein Beobachter in einem Inertialsystem, so liest er auf seiner Uhr die Eigenzeit τ ab.

Durch Symmetrien des Raumes werden gewisse Koordinatensysteme besonders ausgezeichnet. Ihre Einführung bringt vielfach Erleichterungen und eine bessere Überschaubarkeit der Zusammenhänge (genauso wie zur Lösung der Laplace-Gleichung auf einem Rechteck kartesischen Koordinaten, auf einem Kreis aber Polarkoordinaten der Vorzug zu geben ist). Das Mittel zur Feststellung von Symmetrien sind Killing-Vektorfelder; je mehr es davon gibt, umso mehr Symmetrien besitzt der Raum. Ein Killing-Vektorfeld v wird dabei *raumartig* bzw. *lichtartig* bzw. *zeitartig* genannt, je nachdem, ob $v(P)$ in jedem Punkt $P \in \mathfrak{R}^4$ ein raumartiger bzw. lichtartiger bzw. zeitartiger Vektor ist.

Ein Gravitationsfeld heißt *zeitunabhängig* oder *stationär*, wenn es ein Bezugssystem gibt mit der Besonderheit, daß in ihm die Koordinaten des Maßtensors $\mathfrak{g}$ unabhängig von der — als zeitartig angenommenen — Koordinate x_0 sind. In diesem Fall ist $v = \partial_0$ ein zeitartiges Killing-Vektorfeld, d.h. es gilt $g_{ij}V^iV^j = (\partial_0, \partial_0) = g_{00} > 0$. Ist umgekehrt v ein zeitartiges Killing-Vektorfeld, so gibt es um jeden Punkt ein Koordinatensystem $\bar{x}_i$, dessen Koordinate $\bar{x}_0$ zeitartig ist und in welchem die Koordinaten des Maßtensors von $\bar{x}_0$ unabhängig sind. Die geometrisch-invariante Formulierung der Zeitunabhängigkeit eines Gravitationsfeldes ist daher die Existenz eines zeitartigen Killing-Vektorfeldes.

Sei v ein zeitartiges Killing-Vektorfeld mit den Koordinaten V^i im Bezugssystem der Koordinaten x_i und P ein Raumpunkt, der die Koordinaten x_i° haben möge. Der Einfachheit halber sei ferner $V^0(P) \neq 0$ angenommen.[8)] Bezeichnet $y_i = f_i(\sigma)$ eine Lösung des Systems von Differentialgleichungen

$$\frac{dy_i}{d\sigma} = V^i(y_0, y_1, y_2, y_3), \quad i = 0, 1, 2, 3,$$

z.B. zu den Anfangsbedingungen $y_i(x_0^\circ) = x_i^\circ$, so wird durch

$$x_0 = f_0(\bar{x}_0), \quad x_i = \bar{x}_i + f_i(\bar{x}_0)$$

eine Koordinatentransformation definiert, denn die Matrix

$$\left\{\frac{\partial x_i}{\partial \bar{x}_i}\right\} = \begin{pmatrix} V^0 & 0 & 0 & 0 \\ V^1 & 1 & 0 & 0 \\ V^2 & 0 & 1 & 0 \\ V^3 & 0 & 0 & 1 \end{pmatrix}$$

ist im Punkt P regulär. Dabei transformieren sich die Koordinaten des Killing-Vektorfeldes v gemäß

$$\bar{V}^i = \frac{\partial \bar{x}_i}{\partial x_j} V^j,$$

sodaß

$$\bar{V}^0 = 1, \quad \bar{V}^1 = \bar{V}^2 = \bar{V}^3 = 0$$

dessen Koordinaten im Bezugssystem der Koordinaten $\bar{x}_i$ sind. Da die Killing-Gleichung $\mathcal{L}_v \mathfrak{g} = 0$ invariant ist, lautet sie im System der Koordinaten $\bar{x}_i$

$$0 = \frac{\partial \bar{g}_{ij}}{\partial \bar{x}_0} \bar{V}^0 = \frac{\partial \bar{g}_{ij}}{\partial \bar{x}_0}.$$

Dabei ist $\bar{g}_{00} > 0$ wegen

$$0 < g_{ij}V^iV^j = \bar{g}_{ij}\bar{V}^i\bar{V}^j = \bar{g}_{00}$$

und somit $\bar{x}_0$ eine zeitartige Koordinate.

---

8) Ist $V^0 = 0$, aber, da ja nicht alle Koordinaten des Vektorfeldes v im Punkt P verschwinden können, z.B. $V^l \neq 0$, so erreicht man diese Situation durch die Koordinatentransformation $\bar{x}_0 = x_l$, $\bar{x}_l = x_0$; die beiden anderen Koordinaten werden davon nicht berührt.

Ein stationäres Gravitationsfeld wird ***statisch*** genannt, wenn sich die metrische Fundamentalform bei einer Zeitumkehr nicht ändert, d.h. wenn diese bei einer Ersetzung von x_0 durch $-x_0$ unverändert hervorgeht. Offenbar ist ein statisches Feld daran zu erkennen, daß

$$\frac{\partial g_{ij}}{\partial x_0} = 0\,, \quad g_{00} > 0\,, \quad g_{i0} = 0\,, \quad i = 1,2,3\,, \tag{6.12}$$

in einem gewissen Bezugssystem gilt. Zur geometrisch-invarianten Definition des statischen Gravitationsfeldes bedient man sich des Begriffs der Hyperfläche.

Ist $f : \mathfrak{R}^4 \to \mathbb{R}$ ein Skalarfeld, so bildet die Gesamtheit aller Ereignisse $f(P) = \text{const.}$ eine Teilmannigfaltigkeit des $\mathfrak{R}^4$, welche man eine ***Hyperfläche*** nennt. Ein Tangentenvektor $\boldsymbol{t}$ an eine solche Hyperfläche liegt im Kern der Linearform df,

$$\langle df, \boldsymbol{t} \rangle = 0\,.$$

Ist nämlich $\gamma : I \to \mathfrak{R}^4$ eine Kurve auf einer Hyperfläche $f = \text{const.}$, so ist die Funktion $f\big(\gamma(t)\big)$ auf I konstant und deshalb

$$0 = \frac{d(f \circ \gamma)}{dt} = \frac{\partial (f \circ \kappa)}{\partial x_i} \frac{dx_i}{dt} = \langle df, \boldsymbol{t} \rangle\,.$$

Der Vektor $\boldsymbol{n}$ mit den Koordinaten $n^j = g^{ji} \frac{\partial f}{\partial x_i}$ ist daher als der Normalenvektor an die Hyperfläche $f = \text{const.}$ anzusehen.

Indem man den Funktionswert des Skalarfeldes f variiert, erhält man eine Schar von Hyperflächen und solcherart ein Normalenvektorfeld mit den kovarianten Koordinaten $\frac{\partial f}{\partial x_i}$ im Bezugssystem einer Karte κ.

Ein Vektorfeld v wird ***hyperflächenorthogonal*** genannt, wenn es eine Schar von Hyperflächen $f = \text{const.}$ gibt und der Vektor $v(P)$ im eben erläuterten Sinn senkrecht auf die durch den Punkt P hindurchgehende Hyperfläche steht, also kollinear zum jeweiligen Normalenvektor ist. Es gilt dann

$$V^i = \lambda g^{ij} \frac{\partial f}{\partial x_j}$$

oder in kovarianten Koordinaten

$$V_i = \lambda \frac{\partial f}{\partial x_i}\,,$$

worin λ eine von Punkt zu Punkt veränderliche Invariante ist. Leitet man ab,

$$\frac{\partial V_i}{\partial x_j} = \frac{\partial \lambda}{\partial x_j} \frac{\partial f}{\partial x_i} + \lambda \frac{\partial^2 f}{\partial x_j \partial x_i}\,,$$

und multipliziert man mit V_k, so ergibt sich

$$V_k \frac{\partial V_i}{\partial x_j} = \lambda \frac{\partial \lambda}{\partial x_j} \frac{\partial f}{\partial x_i} \frac{\partial f}{\partial x_k} + \lambda^2 \frac{\partial f}{\partial x_k} \frac{\partial^2 f}{\partial x_j \partial x_i}\,.$$

Indem man diese Gleichung mit vertauschten Rollen der Indizes i und k anschreibt, erhält man durch Subtraktion

$$V_k \frac{\partial V_i}{\partial x_j} - V_i \frac{\partial V_k}{\partial x_j} = \lambda^2 \Big(\frac{\partial f}{\partial x_k} \frac{\partial^2 f}{\partial x_j \partial x_i} - \frac{\partial f}{\partial x_i} \frac{\partial^2 f}{\partial x_j \partial x_k} \Big) .$$

Durch zyklische Vertauschung der Indizes wird man nach Addition der entstehenden Gleichungen auf die Bedingung

$$V_k \frac{\partial V_i}{\partial x_j} - V_i \frac{\partial V_k}{\partial x_j} + V_i \frac{\partial V_j}{\partial x_k} - V_j \frac{\partial V_i}{\partial x_k} + V_j \frac{\partial V_k}{\partial x_i} - V_k \frac{\partial V_j}{\partial x_i} = 0 \qquad (6.13)$$

geführt, welche offenbar notwendig dafür ist, daß v in jedem Punkt senkrecht auf das jeweilige Mitglied einer gewissen Schar von Hyperflächen steht. Dabei ist wegen der Torsionsfreiheit des affinen Zusammenhangs

$$V_k \Big(\frac{\mathfrak{d} V_i}{\mathfrak{d} x_j} - \frac{\mathfrak{d} V_j}{\mathfrak{d} x_i} \Big) = V_k \Big(\frac{\partial V_i}{\partial x_j} - \Gamma^l_{ij} V_l - \frac{\partial V_j}{\partial x_i} + \Gamma^l_{ji} V_l \Big) = V_k \Big(\frac{\partial V_i}{\partial x_j} - \frac{\partial V_j}{\partial x_i} \Big) ,$$

sodaß in (6.13) die gewöhnlichen partiellen Differentialquotienten durch die kovarianten ersetzt werden dürfen,

$$V_i \Big(\frac{\mathfrak{d} V_j}{\mathfrak{d} x_k} - \frac{\mathfrak{d} V_k}{\mathfrak{d} x_j} \Big) + V_j \Big(\frac{\mathfrak{d} V_k}{\mathfrak{d} x_i} - \frac{\mathfrak{d} V_i}{\mathfrak{d} x_k} \Big) + V_k \Big(\frac{\mathfrak{d} V_i}{\mathfrak{d} x_j} - \frac{\mathfrak{d} V_j}{\mathfrak{d} x_i} \Big) = 0 .$$

Die Bedingung (6.13) sowie ihre äquivalente Formulierung mittels der kovarianten partiellen Ableitungen ist i.a. nur notwendig dafür, daß v ein hyperflächenorthogonales Vektorfeld ist. Wenn es sich aber um ein (zeitartiges oder raumartiges) Killing-Vektorfeld handelt, so ist sie auch hinreichend. Sie lautet dann wegen (5.225)

$$V_i \frac{\mathfrak{d} V_j}{\mathfrak{d} x_k} + V_j \frac{\mathfrak{d} V_k}{\mathfrak{d} x_i} + V_k \frac{\mathfrak{d} V_i}{\mathfrak{d} x_j} = 0 ,$$

und nach Multiplikation mit V^l bei anschließender Verjüngung in den Indizes l und k

$$V^l V_i \frac{\mathfrak{d} V_j}{\mathfrak{d} x_l} + V^l V_j \frac{\mathfrak{d} V_l}{\mathfrak{d} x_i} + V^l V_l \frac{\mathfrak{d} V_i}{\mathfrak{d} x_j} = 0 .$$

Durch Umformung des ersten Terms mit Hilfe von (5.225) erhält man

$$-V^l V_i \frac{\mathfrak{d} V_l}{\mathfrak{d} x_j} + V^l V_j \frac{\mathfrak{d} V_l}{\mathfrak{d} x_i} + V^l V_l \frac{\mathfrak{d} V_i}{\mathfrak{d} x_j} = 0 ;$$

formt man darin auch den dritten Term entsprechend um,

$$-V^l V_i \frac{\mathfrak{d} V_l}{\mathfrak{d} x_j} + V^l V_j \frac{\mathfrak{d} V_l}{\mathfrak{d} x_i} - V^l V_l \frac{\mathfrak{d} V_j}{\mathfrak{d} x_i} = 0 ,$$

so ergibt sich durch Addition der beiden letzten Gleichungen

$$V_j \frac{\mathfrak{d}(V_l V^l)}{\mathfrak{d} x_i} - V_i \frac{\mathfrak{d}(V_l V^l)}{\mathfrak{d} x_j} + V_l V^l \Big(\frac{\mathfrak{d} V_i}{\mathfrak{d} x_j} - \frac{\mathfrak{d} V_j}{\mathfrak{d} x_i} \Big) = 0 .$$

In dieser Gleichung können die kovarianten partiellen Ableitungen wieder durch die gewöhnlichen ersetzt werden,

$$V_j \frac{\partial(V_l V^l)}{\partial x_i} - V_i \frac{\partial(V_l V^l)}{\partial x_j} + V_l V^l \Big(\frac{\partial V_i}{\partial x_j} - \frac{\partial V_j}{\partial x_i}\Big) = 0 ,$$

und eine auf der Quotientenregel fußende Umformung führt auf die Bedingung

$$(V_l V^l)^2 \frac{\partial}{\partial x_j}\Big(\frac{V_i}{V_l V^l}\Big) = (V_l V^l)^2 \frac{\partial}{\partial x_i}\Big(\frac{V_j}{V_l V^l}\Big) ,$$

die wegen $V_l V^l \neq 0$ besagt, daß es sich bei den kovarianten Koordinaten des Vektorfeldes $\frac{v}{(v,v)}$ um die Ableitungen einer reellen Funktion handeln muß,

$$\frac{V_i}{V_l V^l} = \frac{\partial f}{\partial x_i} .$$

Damit ist der Nachweis erbracht, daß ein die notwendige Bedingung (6.13) erfüllendes zeitartiges oder raumartiges Killing-Vektorfeld hyperflächenorthogonal ist.

Sei nun v ein zeitartiges hyperflächenorthogonales Killing-Vektorfeld. Nach den Ausführungen von weiter oben gibt es dann um jeden Punkt eine Karte κ, bezüglich der das Killing-Vektorfeld v die Koordinaten $V^0 = 1$, $V^1 = V^2 = V^3 = 0$ hat, $V_l V^l = g_{00} > 0$ ist und die Koordinaten des Maßtensors von der Koordinate x_0 nicht abhängen. Da v hyperflächenorthogonal ist, gilt darüber hinaus

$$g_{00} \frac{\partial(f \circ \kappa)}{\partial x_i} = V_i = g_{ij} V^j = g_{i0}$$

für ein gewisses Skalarfeld f. Für $i = 0$ bedeuten diese Gleichungen

$$\frac{\partial(f \circ \kappa)}{\partial x_0} = 1 ,$$

sodaß für

$$f \circ \kappa = x_0 + \psi(x_1, x_2, x_3)$$

zu setzen ist, wobei die Funktion ψ die Bedingungen

$$\frac{\partial \psi}{\partial x_i} = \frac{g_{i0}}{g_{00}} , \qquad i = 1,2,3 ,$$

erfüllen muß. Geht man nun zu Koordinaten

$$\bar{x}_0 = f \circ \kappa(\mathbf{x}) = x_0 + \psi(x_1, x_2, x_3) , \quad \bar{x}_i = x_i , \quad i = 1,2,3 ,$$

über, so gilt im Koordinatensystem der Karte $\bar{\kappa}$

$$\bar{g}_{i0} = g_{kl} \frac{\partial x_k}{\partial \bar{x}_i} \frac{\partial x_l}{\partial \bar{x}_0} = g_{k0} \frac{\partial x_k}{\partial \bar{x}_i} = g_{00} \frac{\partial x_0}{\partial \bar{x}_i} + g_{i0} = 0 , \quad i = 1,2,3 ,$$

und

$$\bar{g}_{00} = g_{kl} \frac{\partial x_k}{\partial \bar{x}_0} \frac{\partial x_l}{\partial \bar{x}_0} = g_{00} > 0 ,$$

womit schließlich feststeht, daß auch die Koordinate $\bar{x}_0$ zeitartig ist. Die Koordinaten des Maßtensors sind auch im Bezugssystem der Karte $\bar{\kappa}$ unabhängig von der Koordinate $\bar{x}_0$,

$$\frac{\partial \bar{g}_{ij}}{\partial \bar{x}_0} = \frac{\partial}{\partial \bar{x}_0}\left(g_{kl}\frac{\partial x_k}{\partial \bar{x}_i}\frac{\partial x_l}{\partial \bar{x}_j}\right) = \frac{\partial x_h}{\partial \bar{x}_0}\frac{\partial g_{kl}}{\partial x_h}\frac{\partial x_k}{\partial \bar{x}_i}\frac{\partial x_l}{\partial \bar{x}_j} = \frac{\partial g_{kl}}{\partial x_0}\frac{\partial x_k}{\partial \bar{x}_i}\frac{\partial x_l}{\partial \bar{x}_j} = 0\,.$$

Gelten umgekehrt die Beziehungen (6.12) im Koordinatensystem einer gewissen Karte κ, so ist das Vektorfeld $v = \partial_0$ ein zeitartiges Killing-Vektorfeld; da seine Koordinaten in der Karte κ konstante Funktionen sind, ist es auch hyperflächenorthogonal, und zwar auf die Schar der Hyperflächen $f = x_0 \circ \kappa^{-1} = \text{const}$.

Die geometrische, von Koordinaten unabhängige Charakterisierung eines statischen Gravitationsfeldes besteht daher in der Forderung, daß ein zeitartiges hyperflächenorthogonales Killing-Vektorfeld existiert. Es läßt sich dann stets ein Koordinatensystem angeben, in welchem die metrische Fundamentalform die Gestalt

$$ds^2 = g_{00}\,dx_0^2 - g_{\alpha\beta}\,dx_\alpha dx_\beta$$

hat (die griechischen Indizes im zweiten Term laufen dabei von 1 bis 3). Als Funktionswert eines gewissen Skalarfeldes hat die Koordinate x_0 dabei eine gewisse Verwandtschaft mit der absoluten Zeit NEWTONs, es gibt in einem statischen Gravitationsfeld so etwas wie eine „Weltzeit“, die Hyperflächen $f = \text{const}$. sind die Räume der gleichzeitigen Ereignisse in dieser Zeitmessung. Diese Weltzeit t ist mit der Eigenzeit τ über die Gleichung

$$\tau = \sqrt{g_{00}}\,t$$

verknüpft.

Die Begriffe „stationär“ und „statisch“ sind streng zu unterscheiden. Stationär bedeutet zeitunabhängig, statisch setzt stationär voraus, entsprechend der Forderung, daß ein zeitartiges Killing-Vektorfeld existiert, das die Eigenschaft der Hyperflächen-Orthogonalität besitzt.

Man kann sich diesen Unterschied am Beispiel einer Strömung klarmachen. Sei $v_i(t, \mathbf{x})$ das Geschwindigkeitsfeld einer inkompressiblen Flüssigkeit, z.B. eine Lösung der Navier-Stokes-Gleichungen (4.136) und (4.137) mit unveränderbarer Massendichte. Dabei ist $v_i(t, \mathbf{x})$ der Geschwindigkeitsvektor jenes Teilchens, das sich zum Zeitpunkt t am Ort $\mathbf{x}$ befindet. Sind die Kräfte K_i auf der rechten Seite von (4.136) von der Zeit abhängig, so wird auch das Geschwindigkeitsfeld der Strömung zeitabhängig sein, man spricht von einer *instationären* Strömung. Trifft dies nicht zu, so wird es, unter gewissen Anfangs- und Randbedingungen, Lösungen geben, die von der Zeit explizit nicht abhängen — wann auch immer ein Teilchen sich am Ort $\mathbf{x}$ befindet, es hat dort die Geschwindigkeit $v_i(\mathbf{x})$. Jetzt spricht man von einem *stationären* Feld; es handelt sich aber immer noch um einen dynamischen Vorgang. Kehrt man die Richtung der Zeit um, läßt man gewissermaßen eine filmische Aufnahme rückwärts ablaufen, so ergibt sich eine physikalisch durchaus legitime Entwicklung, doch mit der Zeitumkehr hat sich das Bild der Strömung geändert, denn die Geschwindigkeit v_i hat ihre Orientierung umgekehrt. Erst wenn dieser Fall nicht eintritt, eine Zeitumkehr dasselbe Strömungsbild ergibt, spricht man von einem *statischen* Feld. Offenbar ist diese Situation nur für $v_i = 0$ gegeben, d.h. wenn die Flüssigkeit ruht.

6.3 Die Newtonsche Gravitationstheorie

Einem materiellen Körper mit der trägen Masse m wird im Schwerefeld von Massen, die im Raum mit der Dichte μ verteilt sind, auf Grund der Gleichheit von träger und schwerer Masse die Beschleunigung

$$b = -\operatorname{grad} V$$

erteilt, worin für V aus (6.6) einzusetzen ist. Daher lauten die Bahngleichungen der Bewegung

$$\frac{d^2 x_i}{dt^2} = -\frac{\partial V}{\partial x_i} . \tag{6.14}$$

Ein besonders einfacher Fall liegt vor, wenn die das Schwerefeld erzeugenden Massen kugelsymmetrisch verteilt sind, d.h. wenn sie eine Kugel vom Radius r_o ausfüllen und ihre Dichte μ eine Funktion des Abstandes vom Mittelpunkt ist. Legt man diesen in den Ursprung des Koordinatensystems, so liegt Rotationsinvarianz vor, die Bahngleichungen (6.14) sind gleichlautend bei einer Transformation $x_i = S^i_j \bar{x}_j$ mit einer orthogonalen Matrix $\{S^j_i\}$. Das Schwerefeld ist kugelsymmetrisch, sein Potential V hängt nur vom Abstand r des Aufpunktes zum Koordinatenursprung ab und ist für $r > r_o$ eine kugelsymmetrische Lösung der Laplaceschen Gleichung (6.7),

$$V = \frac{C}{r} + D .$$

Da in unendlich großem Abstand von den felderzeugenden Massen keine Gravitationswirkungen mehr auftreten, sind diese Lösungen der Bedingung

$$\lim_{r \to \infty} V(r) = 0$$

zu unterwerfen, weshalb $D = 0$ sein muß. Die Konstante C erhält man über die Entwicklung des Integrals (6.6), die nach dem ersten Glied abbrechen muß, wobei sich nach Einführung von Kugelkoordinaten für

$$C = -\gamma \iiint \rho^2 \mu(\rho)\, d\rho\, d\theta\, d\phi = -\gamma M$$

ergibt, worin M die Gesamtmasse ist. Daher ist für $r > r_o$

$$V = -\frac{\gamma M}{r} \tag{6.15}$$

das Newtonsche Gravitationspotential einer kugelsymmetrischen Massenverteilung. Es hat im Äußeren der Kugel mit dem Radius r_o dieselbe Wirkung, als wäre die Gesamtmasse in ihrem Mittelpunkt konzentriert. Deshalb können materielle Körper mit kugelsymmetrischer Massendichte in der Newtonschen Theorie exakt als punktförmig behandelt werden.[9)]

---

9) Da die Entwicklung des Integrals (6.6) nach Potenzen des Kehrwertes von r nur für eine kugelsymmetrische Massenverteilung mit dem Term (6.15) abbricht, ist dieser für beliebige Massenkonzentrationen in großen Entfernungen von diesen zumindest als Näherung brauchbar.

Die Auffassung NEWTONS von Raum, Zeit und Gravitation führt auf die sehr bündigen Gleichungen (6.8) und (6.14), deren Aufstellung aber die Wahl eines speziellen — nämlich kartesischen — Koordinatensystems erforderlich macht. Versucht man die Theorie NEWTONS *geometrisch* zu fassen, indem man das Äquivalenzprinzip an die Spitze stellt und in den Erscheinungsbildern der Trägheit und Gravitation (unter Ausklammerung der Schwere als Kraft) eine einzige in den Eigenschaften des Raumes verankerte Ursache sieht, so zeigen die Gleichungen (6.8) und (6.14) zwar den Weg, die *Struktur* der nicht-relativistischen absoluten Welt NEWTONS läßt sich aus ihnen aber nicht ablesen. Erst eine koordinatenunabhängige Formulierung der Newtonschen Theorie legt den Blick auf diese Welt frei.

Sieht man die Welt NEWTONS als vierdimensionale Mannigfaltigkeit mit torsionsfreiem affinen Zusammenhang an, in der die Bahnen materieller Körper unter dem Einfluß ihrer Trägheit die Geodätischen des affinen Zusammenhangs sind, und geht man weiter davon aus, daß die drei Bahngleichungen (6.14) zusammen mit der Gleichung $\frac{d^2x_0}{dt^2} = 0$ (welche die Lösung $x_0 = \alpha t + \beta$ hat, wobei ein Beobachter α durch die Wahl seiner Zeiteinheit und β durch den Beginn seiner Zeitmessung festlegt) die geodätischen Linien *exakt* beschreiben, wenn die Ereignispunkte der Welt durch die absolute Zeit $t = x_0$ und drei räumliche kartesische Koordinaten x_1, x_2, x_3 markiert werden, so verschwinden, wie der Vergleich von (6.14) mit den Gleichungen für Geodätische zeigt, alle Zusammenhangskoeffizienten bis auf

$$\Gamma^i_{00} = \frac{\partial V}{\partial x_i}, \qquad i = 1, 2, 3. \tag{6.16}$$

Demnach sind

$$\gamma^i_0 = \frac{\partial V}{\partial x_i}\, dx_0, \qquad i = 1, 2, 3, \tag{6.17}$$

die einzigen von Null verschiedenen 1-Formen des affinen Zusammenhangs, ihre Matrix ist

$$\Gamma = \begin{pmatrix} 0 & \gamma^1_0 & \gamma^2_0 & \gamma^3_0 \\ 0 & 0 & 0 & 0 \\ 0 & 0 & 0 & 0 \\ 0 & 0 & 0 & 0 \end{pmatrix}. \tag{6.18}$$

Wegen $\Gamma \wedge \Gamma = 0$ lautet daher die Matrix der Krümmungsformen

$$\boldsymbol{\rho} = d\Gamma = \begin{pmatrix} 0 & d\gamma^1_0 & d\gamma^2_0 & d\gamma^3_0 \\ 0 & 0 & 0 & 0 \\ 0 & 0 & 0 & 0 \\ 0 & 0 & 0 & 0 \end{pmatrix}, \tag{6.19}$$

sodaß von den Koordinaten des Krümmungstensors $\boldsymbol{K}$ nur $R^i_{0..} \neq 0$ ist für $i = 1, 2, 3$, und zwar ergibt sich wegen

$$\rho^i_0 = d\gamma^i_0 = \frac{\partial^2 V}{\partial x_j \partial x_i}\, dx_j \wedge dx_0 \tag{6.20}$$

für

$$R^i_{0j0} = \frac{\partial^2 V}{\partial x_j \partial x_i}, \qquad j = 1,2,3. \tag{6.21}$$

Alle anderen $R^i_{0..}$ verschwinden. Aus diesem Grund hat der Ricci-Tensor $\mathcal{R}$ (vgl. (5.150)) als einzige von Null verschiedene Koordinate

$$R_{00} = \sum_{i=1}^{3} \frac{\partial^2 V}{\partial x_i^2} = \triangle V. \tag{6.22}$$

Die über die Poissonsche Gleichung (6.8) mit dem Gravitationspotential V verknüpfte Massendichte μ ergibt dann für

$$R_{00} = 4\pi\gamma\mu. \tag{6.23}$$

Diese mehr formale Ableitung zeigt, daß auch in der Newtonschen Auffassung von Raum und Zeit die Welt als vierdimensionaler Raum gesehen werden kann, der durch Materie und ihre Verteilung gekrümmt wird. Anders als in NEWTONS Dynamik ist jedoch die Gleichheit von träger und schwerer Masse eine grundlegende Voraussetzung für diese Sicht der Welt.

Die Welt NEWTONS unter Absonderung der Schwere von der Trägheit ist eine vierdimensionale *affine* Welt $\mathfrak{A}^4$. Die absolute Zeit repräsentiert ein Skalarfeld, dessen Differential konstant ist und ein lineares Funktional auf dem Tangentialraum bestimmt. Reine Trägheitsbewegungen verlaufen gleichförmig auf geraden Linien, den Geodätischen einer affinen Welt. Jede „Momentanaufnahme" der Welt ist ein euklidischer dreidimensionaler Raum $\mathfrak{E}_t$; die Räume $\mathfrak{E}_t$ zu verschiedenen — nach der absoluten Zeit gemessenen — Zeitpunkten sind parallel.

Die Synthese von Trägheit und Schwere erfordert es, an die Stelle der affinen Welt $\mathfrak{A}^4$ eine vierdimensionale affin zusammenhängende Mannigfaltigkeit $\mathfrak{M}^4$ treten zu lassen. Das Trägheitsgesetz, das eine gleichförmige und geradlinige Bewegung unter dem Einfluß der Trägheit ausspricht, wird durch die Forderung ersetzt, daß materielle Körper bei einer Trägheitsbewegung in dem verallgemeinerten Sinn, wie ihn die Verbindung von Schwere und Trägheit in sich birgt, den Geodätischen dieser Raum-Zeit-Welt folgen. Den Lauf der Zeit beschreibt wieder ein Skalarfeld $f : \mathfrak{M}^4 \to \mathbb{R}$, es ist $t = f(P)$ jener Punkt auf der Skala der „wahren" und „universellen" Zeit t, welcher als Maß für jenen Zeitpunkt dient, zu dem das Ereignis $P \in \mathfrak{M}^4$ stattfindet. Das Differential der Zeit ist eine Linearform $\tau = df$, von der man, um dem Gang der Zeit ohne Bezugnahme auf einen äußeren Gegenstand gerecht zu werden, die Konstanz verlangt, die jetzt im Sinne der kovarianten Differentiation zu verstehen ist. Ferner sind die euklidischen Teilräume $\mathfrak{E}_t$ von $\mathfrak{A}^4$ durch die Hyperflächen $\mathfrak{M}_t$ von $\mathfrak{M}^4$ aller gleichzeitigen Ereignisse $t = f(P) = \text{const.}$ zu ersetzen, wobei die Forderung erhoben wird, daß diese Räume in einem gewissen Sinn flach und sämtlich parallel sind. Die Erfüllung dieser beiden Bedingungen setzt ganz bestimmte Krümmungsverhältnisse voraus, die durch den affinen Zusammenhang auf $\mathfrak{M}^4$ gewährleistet werden müssen. Schließlich ist der Euklidizität der Räume

$\mathfrak{E}_t$ durch ein positiv definites inneres Produkt auf den Vektorfeldern in jedem Teilraum $\mathfrak{N}_t$, das mit dem affinen Zusammenhang auf $\mathfrak{N}^4$ verträglich sein muß, zu entsprechen.

Von diesen Vorstellungen ausgehend sind an das Skalarfeld f und den affinen Zusammenhang ∇ folgende Forderungen zu stellen:

N$_1$. Der affine Zusammenhang ∇ ist torsionsfrei, d.h. es gilt

$$\nabla_u v - \nabla_v u = [u, v]$$

für jedes Paar von Vektorfeldern u und v auf $\mathfrak{N}^4$.

N$_2$. Das Differential $\tau = df$ des Skalarfeldes $f : \mathfrak{N}^4 \to \mathbb{R}$ ist kovariant konstant, d.h. es gilt

$$\nabla_u \tau = 0 \tag{6.24}$$

für jedes Vektorfeld u auf $\mathfrak{N}^4$. Ein Vektorfeld v auf $\mathfrak{N}^4$ wird *räumlich* genannt, wenn $\langle \tau, v \rangle = 0$ gilt. Für ein räumliches Vektorfeld v ist daher wegen

$$\nabla_u \langle \tau, v \rangle = \langle \nabla_u \tau, v \rangle + \langle \tau, \nabla_u v \rangle \tag{6.25}$$

stets

$$\langle \tau, \nabla_u v \rangle = 0 \tag{6.26}$$

für jedes Vektorfeld u auf $\mathfrak{N}^4$.

N$_3$. Die Krümmungsverhältnisse sind der Bedingung

$$\boldsymbol{d}^2 w(u, v) = \mathfrak{k}(u, v) w = 0 \tag{6.27}$$

(vgl. (5.141)) unterworfen, wenn

— entweder u *und* v ein räumliches Vektorfeld ist
— oder w ein räumliches Vektorfeld ist.

N$_4$. Der Ricci-Tensor $\mathcal{R}$ des affinen Zusammenhangs ∇ auf $\mathfrak{N}^4$ ist

$$\mathcal{R} = 4\pi\gamma\mu\, \tau \otimes \tau\,, \tag{6.28}$$

worin μ die Dichte der in der Welt verteilten Materie ist.

N$_5$. Für räumliche Vektorfelder u und v gibt es ein positiv definites inneres Produkt $(u \cdot v)$, wobei

$$\nabla_w (u \cdot v) = (\nabla_w u \cdot v) + (u \cdot \nabla_w v) \tag{6.29}$$

für jedes Vektorfeld w gilt. Bezeichnet

$$\mathfrak{j}(u, v) w = \tfrac{1}{2} \left[\mathfrak{k}(w, u) v + \mathfrak{k}(w, v) u \right],$$

so ist für räumliche Vektorfelder u und v stets

$$\big(u \cdot \mathfrak{j}(x, y) v\big) = \big(\mathfrak{j}(x, y) u \cdot v\big) \tag{6.30}$$

für jedes Paar beliebiger Vektorfelder x und y auf $\mathfrak{N}$ (hiefür gilt es zu beachten, daß $\mathfrak{j}(x, y) u$ stets ein räumliches Vektorfeld ist).

Dieses Modell der Welt beschreibt auf geometrische Weise die Newtonsche Theorie der Gravitation. Die Grundlage ist das Äquivalenzprinzip, anders als in der Fassung NEWTONs, die ohne die Gleichheit von träger und schwerer Masse auskommen könnte.

Mit der Torsionsfreiheit wird verlangt, daß die Welt zumindest im Kleinen affin ist, wie es auch allen Erfahrungstatsachen entspricht. Errichtet man in einem Punkt ein geodätisches Koordinatensystem, so verschwinden in diesem Punkt sämtliche Zusammenhangskoeffizienten, und die Weltline eines Massenkörpers, der z.B. in einem freien fallenden Aufzug oder in einem Raumlabor losgelassen wird, kann in einer hinlänglich kleinen Umgebung dieses Punkes durch die Lösungen der Differentialgleichungen

$$\frac{d^2 x_i}{dt^2} = 0$$

in guter Näherung beschrieben werden.

Das zweite Axiom $\mathbf{N}_2$ verallgemeinert das Funktional τ auf dem Tangentialraum $\mathcal{T}$ der ebenen Newtonschen Welt als konstante Linearform auf dem affinen vierdimensionalen Raum $\mathfrak{A}^4$. Auf Grund der Regeln (5.154) und (5.155) gilt für zwei beliebige Vektorfelder u und v

$$\nabla_u \langle \tau, v \rangle = \langle \nabla_u \tau, v \rangle + \langle \tau, \nabla_u v \rangle$$

und deshalb

$$\langle \tau, \nabla_u v \rangle = \nabla_u \langle \tau, v \rangle \tag{6.31}$$

mit Rücksicht auf die Forderung $\nabla_u \tau = 0$. Ist $\langle \tau, v \rangle = 0$ und somit v ein *räumliches* Vektorfeld, so gilt für jedes *beliebige* Vektorfeld u

$$\langle \tau, \nabla_u v \rangle = 0 \,,$$

d.h. die Änderung eines räumlichen Vektorfeldes ist auch räumlich. Verschiebt man daher einen räumlichen Vektor v von einem Punkt P aus parallel längs einer beliebigen Kurve, so ist das Ergebnis im Endpunkt dieser Kurve wieder ein räumlicher Vektor. Die räumlichen Vektorfelder sind gewissermaßen die Vektorfelder auf den Hyperflächen $\mathfrak{N}_t$ der gleichzeitigen Ereignisse.

Eine weitere Folgerung aus der Konstanz der Linearform τ ist

$$\mathcal{K}(\tau, w, u, v) = \big\langle \tau, \mathfrak{k}(u,v)w \big\rangle = 0 \,, \tag{6.32}$$

die für beliebige Vektorfelder u, v und w gültig ist. Aus (6.31) folgt

$$\langle \tau, \nabla_u \nabla_v w \rangle = \nabla_u \langle \tau, \nabla_v w \rangle = \nabla_u \nabla_v \langle \tau, w \rangle \,;$$

vertauscht man darin die Rollen von u und v, so erhält man durch Bildung der Differenz

$$\begin{aligned} \big\langle \tau, (\nabla_u \nabla_v - \nabla_v \nabla_u) w \big\rangle &= (\nabla_u \nabla_v - \nabla_v \nabla_u) \langle \tau, w \rangle = [u,v]\big(\langle \tau, w \rangle\big) \\ &= \nabla_{[u,v]} \langle \tau, w \rangle \end{aligned}$$

und daraus

$$\big\langle \tau, \mathfrak{k}(u,v)w \big\rangle = \nabla_{[u,v]} \big\langle \tau, w \big\rangle - \big\langle \tau, \nabla_{[u,v]} w \big\rangle = 0 \,.$$

Das Vektorveld $\mathfrak{k}(u,v)w$ ist deshalb immer räumlich. Insbesondere ist daher auch $\mathfrak{j}(u,v)w$ ein räumliches Vektorfeld,

$$\big\langle \tau, \mathfrak{j}(u,v)w \big\rangle = 0 \,. \tag{6.33}$$

Das dritte Axiom $\mathbf{N}_3$ beinhaltet die Forderung $\mathfrak{k}(u,v) = 0$ für zwei räumliche Vektorfelder u und v. Es bedeutet dies

$$\mathcal{K}(\alpha, w, u, v) = 0 \tag{6.34}$$

für eine *beliebige* Linearform α und ein *beliebiges* Vektorfeld w. Damit wird verlangt, daß die Parallelverschiebung eines beliebigen Vektors von einem Punkt P aus in einen infinitesimal benachbarten Punkt längs einer „räumlichen" Kurve — d.h. einer solchen, deren Tangentenvektoren in allen Punkten der Kurve räumlich sind und die daher in einer Hyperfläche $\mathfrak{N}_t$ liegt — vom Weg unabhängig ist. Dann ist aber die Parallelverschiebung eines beliebigen Vektors vom einem beliebigen Raumpunkt aus längs einer räumlichen Kurve wegunabhängig.

Für zwei *beliebige* Vektorfelder u und v verlangt das dritte Axiom das Bestehen der Gleichung (6.27), wenn w ein *räumliches* Vektorfeld ist. Deshalb ist die Parallelverschiebung eines räumlichen Vektors längs einer zwei infinitesimal benachbarte Punkte verbindende Kurve unabhängig vom Verlauf der Kurve. Hiefür gilt es zu beachten, daß die Parallelverschiebung eines räumlichen Vektors wieder zu einem räumlichen Vektor führt. Durch einen evidenten Schluß vom Kleinen zum Großen ergibt sich daraus die Wegunabhängigkeit der Parallelverschiebung eines räumlichen Vektors.

Wählt man daher in einem Punkt P drei räumliche Vektoren e_1, e_2 und e_3, die eine Basis des Kerns der Linearform τ im Tangentialraum $\mathcal{T}_P(\mathfrak{N}^4)$ bilden, und verschiebt man sie parallel in alle Raumpunkte, so erhält man drei konstante linear unabhängige räumliche Vektorfelder,

$$\nabla_u e_i = 0\,, \qquad i = 1,2,3\,. \tag{6.35}$$

Darin kommt zum Ausdruck, daß die Hyperflächen $\mathfrak{N}_t$ „eben" und zueinander „parallel" sind.

Sei jetzt $\mathfrak{C}$ eine Kurve, welche mit jeder Hyperfläche $\mathfrak{N}_t$ genau einen Punkt gemeinsam hat und deren Tangentenvektoren nirgends räumlich sind. Es liegt auf der Hand, diese Kurve mit Hilfe der „wahren" Zeit t zu parametrisieren, sodaß $P = \gamma(t)$ jener Punkt auf $\mathfrak{C}$ ist, für welchen $f(P) = t$ gilt und der somit auf $\mathfrak{N}_t$ liegt. Nun wird jeder Tangentenvektor an $\mathfrak{C}$ vom Schnittpunkt mit $\mathfrak{N}_t$ aus längs räumlicher Kurven parallel in $\mathfrak{N}_t$ verschoben; auf Grund der in Axiom $\mathbf{N}_3$ gestellten Bedingung ist diese Parallelverschiebung vom Weg unabhängig. Bezeichnet e_0 das auf diese Weise auf $\mathfrak{N}^4$ gegebene Vektorfeld, so gilt

$$\langle \tau, e_0 \rangle = 1\,. \tag{6.36}$$

Führt man nämlich über eine Karte κ lokale Koordinaten x_i ein, so gilt im Schnittpunkt $P = \gamma(t)$ der Kurve $\mathfrak{C}$ mit $\mathfrak{N}_t$

$$\langle \tau, e_o \rangle = \frac{\partial (f \circ \kappa)}{\partial x_i} \frac{dx_i}{dt} = \frac{df}{dt} = \frac{dt}{dt} = 1\,.$$

Auf Grund der Konstanz der Linearform τ ist das Skalarfeld $\langle \tau, e_0 \rangle$ konstant, denn für ein räumliches Vektorfeld u ist $\nabla_u e_0 = 0$ und folglich

$$\nabla_u \langle \tau, e_o \rangle = \langle \tau, \nabla_u e_o \rangle = 0\,.$$

Daher gilt $\langle \tau, e_o \rangle = 1$ auf jeder Hyperfläche $\mathfrak{N}_t$ und somit im ganzen Raum.

Von den vier linear unabhängigen Vektorfeldern e_0, e_1, e_2 und e_3, die durch diese Konstruktion im Raum gegeben sind, ist jedes der drei räumlichen konstant. Auf das Vektorfeld e_0 trifft dies aber nicht zu, es gilt eingeschränkt

$$\nabla_{e_i} e_0 = 0\,, \qquad i = 1, 2, 3\,, \tag{6.37}$$

da das Vektorfeld e_0 durch Parallelverschiebung längs räumlicher Kurven gebildet wird. Ferner ist $\nabla_u e_0$ für jedes Vektorfeld u räumlich, denn aus der Gleichung (6.31) folgt mit (6.36) für $v = e_0$

$$\langle \tau, \nabla_u e_0 \rangle = 0 \tag{6.38}$$

für jedes Vektorfeld u.

Die vier linear unabhängigen Vektorfelder e_0, e_1, e_2 und e_3 bestimmen vier duale Linearformen ξ^0, ξ^1, ξ^2 und ξ^3,

$$\langle \xi^i, e_j \rangle = \delta^i_j\,.$$

Dabei ist offenbar $\xi^0 = \tau$. Dann lautet die vektorwertige 1-Form (5.121)

$$dP = \tau\, e_0 + \xi^1\, e_1 + \xi^2\, e_2 + \xi^3\, e_3$$

(vgl. (5.123)). Auf Grund der Torsionsfreiheit des affinen Zusammenhangs ∇ verschwindet ihr Differential,

$$\begin{aligned} \boldsymbol{d}(dP) &= d\tau\, e_0 + d\xi^1\, e_1 + d\xi^2\, e_2 + d\xi^3\, e_3 \\ &\quad - \tau \wedge \boldsymbol{d}e_0 - \xi^1 \wedge \boldsymbol{d}e_1 - \xi^2 \wedge \boldsymbol{d}e_2 - \xi^3 \wedge \boldsymbol{d}e_3 = 0\,. \end{aligned}$$

Da die räumlichen Vektorfelder e_i konstant sind, ist $\boldsymbol{d}e_i = 0$ für $i = 1, 2, 3$ und deshalb

$$d\xi^1\, e_1 + d\xi^2\, e_2 + d\xi^3\, e_3 = \tau \wedge \boldsymbol{d}e_0$$

wegen $d\tau = d^2 f = 0$. Nun ist für zwei beliebige Vektorfelder u und v

$$\begin{aligned} (\tau \wedge \boldsymbol{d}e_0)(u, v) &= \tau(u)\boldsymbol{d}e_0(v) - \tau(v)\boldsymbol{d}e_0(u) \\ &= \langle \tau, u \rangle \nabla_v e_0 - \langle \tau, v \rangle \nabla_u e_0\,. \end{aligned}$$

Zerlegt man die beiden Vektorfelder u und v in einen „zeitlichen“ und einen „räumlichen“ Anteil,

$$u = u_{\mathrm{t}} + u_{\mathrm{r}} = U e_0 + u_{\mathrm{r}}\,, \qquad v = v_{\mathrm{t}} + v_{\mathrm{r}} = V e_0 + v_{\mathrm{r}}\,,$$

so ist wegen (6.37)

$$\nabla_u e_0 = \nabla_{U e_0 + u_{\mathrm{r}}} e_0 = \nabla_{U e_0} e_0 + \nabla_{u_{\mathrm{r}}} e_0 = U \nabla_{e_0} e_0$$

und wegen (6.36)

$$\langle \tau, u \rangle = \langle \tau, U e_0 \rangle + \langle \tau, u_{\mathrm{r}} \rangle = U \langle \tau, e_0 \rangle = U\,.$$

Analoge Beziehungen gelten für das Vektorfeld v; sie ergeben

$$(\tau \wedge \boldsymbol{d}e_0)(u, v) = UV \nabla_{e_0} e_0 - VU \nabla_{e_0} e_0 = 0$$

und somit

$$\tau \wedge \boldsymbol{d}e_0 = 0\,.$$

Infolgedessen ist wegen der linearen Unabhängigkeit der räumlichen Vektorfelder e_1, e_2 und e_3

$$d\xi^i = 0 .$$

Es gibt daher auf Grund des Lemmas von POINCARÉ um jeden Punkt von $\mathfrak{M}^4$ eine Umgebung $\mathfrak{V}$, in welcher die reellwertigen 1-Formen ξ^i Differentiale reeller Funktionen $f^i : \mathfrak{V} \to \mathbb{R}$ sind,

$$\xi^i = df^i .$$

Ist daher $P_o \in \mathfrak{M}^4$ ein beliebiger Punkt, so gibt es eine Umgebung $\mathfrak{U} \subseteq \mathfrak{M}^4$ und eine Karte κ für diese, wobei die Koordinaten eines Punktes $P \in \mathfrak{U}$ die „wahre“ Zeit $x_0 = f(P)$ und die „räumlichen“ Koordinaten $x_i = f^i(P)$ sind; die Tangentenvektoren ∂_i an die Koordinatenlinien $x_i =$ const. sind die Vektoren e_i (vgl. hiezu die Beweisführung von Satz 2 in Kap. 5, §5).

Erklärt man schließlich ein inneres Produkt im Kern (bezüglich der Linearform τ) des Tangentialraumes jenes Punktes, der Ausgangspunkt der gesamten Konstruktion war, und zwar durch die Setzung

$$(e_i \cdot e_j) := \delta_{ij} , \qquad i,j = 1,2,3 , \tag{6.39}$$

so wird dieses durch Parallelverschiebung in die Tangentialräume der Punktes des Raumes übertragen; die Gleichung (6.39) bleibt dann für jeden Raumpunkt gültig. Ein räumlicher Vektor $v \in \tau^{-1}\{o\} \subseteq T_P(\mathfrak{M}^4)$ aus dem Tangentialraum eines Punktes P hat die Länge

$$\|v\| := \sqrt{(v \cdot v)} = \sqrt{(V^1)^2 + (V^2)^2 + (V^3)^2} ,$$

wenn darin V^i seine Koordinaten bezüglich der Vektorfelder e_i sind; das innere Produkt ist durch

$$(u \cdot v) := U^1 V^1 + U^2 V^2 + U^3 V^3$$

gegeben, der Cosinus des Winkels α, den zwei Vektoren u und v miteinander einschließen, berechnet sich zu

$$\cos \alpha := \frac{(u \cdot v)}{\|u\| \, \|v\|} .$$

Dabei heißen zwei Vektoren orthogonal, wenn ihr inneres Produkt verschwindet. Die Produktregel (6.29) gewährleistet dabei, daß Längen räumlicher Vektoren und Winkel, die zwei räumliche Vektoren miteinander einschließen, bei Parallelverschiebung erhalten bleiben.

Was die Matrix Γ des affinen Zusammenhangs bezüglich der auf $\mathfrak{U}$ gegebenen Karte κ anlangt, so folgt aus (5.104) und den Gleichungen (6.35)

$$\Gamma^i_{jk} = \langle dx_i, \nabla_{\partial_k} \partial_j \rangle = 0 \quad \text{für } i,k = 0,1,2,3 \text{ und } j = 1,2,3 ,$$

sodaß

$$\gamma^i_j = 0 \quad \text{für } i = 0,1,2,3 \text{ und } j = 1,2,3$$

gilt. Mit (6.38) erhält man dann, wenn jetzt $dt = dx_0 = \tau$ geschrieben wird,

$$\gamma^0_0 = \Gamma^0_{0k}\, dx_k = \langle dt, \nabla_{\partial_k} \partial_0 \rangle dx_k = 0$$

und mit (6.37)

$$\gamma_0^i = \langle dx_i, \nabla_{\partial_k}\partial_0\rangle dx_k = \langle dx_i, \nabla_{\partial_0}\partial_0\rangle dx_0 = \Gamma_{00}^i dt\,.$$

Die Matrix Γ der 1-Formen des affinen Zusammenhangs ∇ hat demnach bezüglich der Karte κ auf $\mathfrak{U}$ die besondere Gestalt (6.18), die Matrix ρ der Krümmungsformen ist durch (6.19) gegeben.

Aus dem Axiom $\mathbf{N}_5$ erhält man

$$\mathfrak{j}(\partial_j, \partial_k)\partial_l = \tfrac{1}{2}\left[\mathfrak{k}(\partial_l, \partial_j)\partial_k + \mathfrak{k}(\partial_l, \partial_k)\partial_j\right] = \tfrac{1}{2}\left(R_{klj}^i + R_{jlk}^i\right)\partial_i\,.$$

Da es sich bei den Vektorfeldern $\mathfrak{k}(u,v)w$ wegen (6.32) stets um räumliche Vektorfelder handelt, besagt die Bedingung (6.30) mit $x = y = \partial_0$, $u = \partial_i$ und $v = \partial_j$

$$R_{0j0}^i = R_{0i0}^j\,, \qquad i,j = 1,2,3\,.$$

Nun ist für $i = 1,2,3$

$$\rho_0^i = d\gamma_0^i = d\left(\Gamma_{00}^i dx_0\right) = \frac{\partial \Gamma_{00}^i}{\partial x_j} dx_j \wedge dx_0 = R_{0j0}^i dx_j \wedge dx_0$$

und deshalb

$$\frac{\partial \Gamma_{00}^i}{\partial x_j} = R_{0j0}^i = R_{0i0}^j = \frac{\partial \Gamma_{00}^j}{\partial x_i}\,.$$

Aus dieser Gleichung folgt jetzt lokal die Existenz einer reellen Funktion V, für welche (6.16) und somit auch (6.17) gilt. Auf Grund dessen sind R_{0j0}^i (für $i,j = 1,2,3$) die einzigen von Null verschiedenen Koordinaten des Krümmungstensors $\mathcal{K}$, die mit Hilfe der Funktion V in der Gleichung (6.21) ausgedrückt werden. Als weitere Konsequenz ergibt sich, daß in diesem lokalen Koordinatensystem auf $\mathfrak{U}$ der Ricci-Tensor $\mathcal{R}$ nur eine einzige von Null verschiedene Koordinate hat, nämlich die Koordinate R_{00}; ihre Verknüpfung mit der Funktion V kommt in der Gleichung (6.22) zum Ausdruck. Mit diesem Ergebnis verbindet das letzte noch nicht herangezogene Axiom $\mathbf{N}_4$ die Funktion V über die Gleichung (6.23) mit der Dichte μ der im Raum verteilten Massen.

Befindet sich im Raum $\mathfrak{N}^4$ keine Materie, so ist $\mu = 0$ und somit $\mathcal{R} = 0$. Daher ist $V = 0$; als Folge davon verschwinden alle Zusammenhangskoeffizienten, der Raum $\mathfrak{N}^4$ ist flach und geht in die affine Welt $\mathfrak{A}^4$ über.

Die Gravitationstheorie NEWTONs läßt sich also geometrisch durch die 5 Axiome zusammen mit der Forderung beschreiben, daß sich materielle Körper, die außer der Schwere, die ja jetzt in der Geometrie des Raumes verankert ist, keinen weiteren Kräften unterworfen sind, auf den Geodätischen des Raumes bewegen. Die Raum-Zeit $\mathfrak{N}^4$ ist eine vierdimensionale Mannigfaltigkeit mit affinem Zusammenhang; auf den Hyperflächen $\mathfrak{N}_t$ der gleichzeitigen Ereignisse existiert so etwas wie eine „räumliche" Metrik, die Raum-Zeit $\mathfrak{N}^4$ selbst besitzt aber keine Metrik.

Diese geometrische Fassung der Gravitation nach NEWTON unter Verbindung von Trägheit und Schwere geht auf E. CARTAN zurück. —

So glänzende Erfolge NEWTONS Theorie der Gravitation auch zu verzeichnen hatte, sieht man einmal von dem unerklärbaren Phänomen der Periheldrehung des Planeten Merkur ab, so sind durch das Prinzip der Relativität doch schwerwiegende Einwände gegen NEWTONS Gesetz der Massenanziehung vorzubringen, die ihm den Rang eines Naturgesetzes absprechen.

In das Newtonsche Gesetz (6.3) der Massenanziehung geht neben den — begrifflich auch nicht ganz unproblematischen — Quantitäten der gravitierenden Massen auch deren Abstand ein (wie dies für Fernwirkungsgesetze an sich typisch ist). NEWTON meint damit die Entfernung der beiden materiellen Körper zu einem gegebenen Zeitpunkt und kann sich dabei auf seine Auffassung von Raum und Zeit berufen, die Abständen und Zeitspannen, namentlich der Gleichzeitigkeit, eine absolute Bedeutung beimißt. Mit dem Prinzip der Relativität ist dies aber nicht in Einklang zu bringen. Abstände und Zeitspannen sind relativ und daher insofern subjektive Begriffsbildungen, als sie vom Bewegungszustand des jeweiligen Beobachters abhängen. Das Newtonsche Gesetz der Gravitation — und jedes andere Fernwirkungsgesetz — liefert daher unterschiedlich bewegten Beobachtern *prinzipiell* nicht dieselben Resultate. Somit kann das Gesetz NEWTONS, auch wenn die Abweichungen noch so klein sein mögen, nur eine subjektive Bedeutung haben, weshalb es schwerlich als kosmisches Naturgesetz an die Spitze einer Theorie der Gravitation gestellt werden kann.

Es liegt aber nahe zu versuchen, zumal jede neue physikalische Theorie das bislang anerkannte Weltbild, das durch sie abgelöst werden soll, in einem gewissen Sinn enthalten muß, die alte Theorie in der Konzeption der neuen als Näherung oder als Grenzfall zu formulieren, schon deshalb, weil der neuen Theorie eine gänzlich andere Auffassung zur Erklärung des Phänomens der Schwere zugrundeliegt. Angesichts dessen, daß die Voraussagen der Newtonschen Theorie in fast allen Fragen der Planetenbewegung einer Überprüfung in hervorragender Weise standhalten, sollte es auch möglich sein, die klassischen Bahnen der Planeten, die Keplerschen Ellipsen, im Sinne EINSTEINS durch die Geometrie in einer pseudo-Riemannschen Welt zu erklären, indem man die Raum-Zeit-Welt NEWTONS in größeren Abständen von gravitierenden Massen als Näherung für einen schwach gekrümmten Raum ansieht, durch dessen geodätische Linien die Bahnen der Planeten nach der Newtonschen Theorie wenigstens angenähert wiedergegeben werden.

Beruft man sich also auf die Erfahrung, daß die Raumgeometrie in der weiteren Umgebung der als Gravitationszentrum wirkenden Sonne in guter Näherung euklidisch ist, so stützt man damit die Annahme, daß der Raum in jenen Bezirken, in denen die Planeten ihre Bahnen ziehen, bereits sehr flach ist. Deshalb ist es gerechtfertigt, die Matrixelemente ϕ_{ij} im Ansatz (6.10) für die Koordinatenmatrix des Maßtensors als sehr klein gegenüber 1 anzunehmen, da ja in diesen Größen die Abweichung von einer ebenen Welt zum Ausdruck kommt. Weiters kann man davon ausgehen, daß die Koordinaten des Maßtensors von $x_0 = ct$ unabhängig sind, weil das Gravitationsfeld der Sonne nahezu statisch ist. Der sehr flache Raum am Orte der Planeten und die relativ zur Lichtgeschwindigkeit c langsame Bewegung der Planeten auf ihrer Bahn um die Sonne rechtfertigen es dann, die Eigenzeit τ durch die Koordinatenzeit t zu ersetzen, sodaß die Koordinaten w^i der Vierer-Geschwindigkeit angenähert gleich

$$w^0 = \frac{dx_0}{d\tau} \approx \frac{dx_0}{dt} = c\,, \quad w^i = \frac{dx_i}{d\tau} \approx \frac{dx_i}{dt} = v^i\,, \qquad i = 1,2,3,$$

sind. Wegen $|v_i| \ll c$ können ferner in den Gleichungen der Geodätischen

$$\frac{d^2x_i}{d\tau^2} + \Gamma^i_{jk}\frac{dx_j}{d\tau}\frac{dx_k}{d\tau} = 0$$

für $i = 1,2,3$ alle Summationsbeiträge, in denen die Indizes j und k größer als Null sind, gegenüber jenem für $j = k = 0$ vernachlässigt werden, sodaß

$$\frac{d^2x_i}{dt^2} + c^2\Gamma^i_{00} = 0\,, \qquad i = 1,2,3, \tag{6.40}$$

als Näherung an die Stelle von (6.14) treten kann. Nun gilt für $i = 1,2,3$

$$\Gamma^i_{00} = g^{ij}\Gamma_{j00} \approx -\Gamma_{i00} = -\frac{\partial g_{i0}}{\partial x_0} + \frac{1}{2}\frac{\partial g_{00}}{\partial x_i} = \frac{1}{2}\frac{\partial g_{00}}{\partial x_i}\,,$$

letzteres wegen der Zeitunabhängigkeit der g_{ij}, sodaß für (6.40)

$$\frac{d^2x_i}{dt^2} = -\frac{c^2}{2}\frac{\partial g_{00}}{\partial x_i} = -\frac{c^2}{2}\frac{\partial \phi_{00}}{\partial x_i}$$

geschrieben werden kann. Zieht man jetzt den Vergleich mit (6.14), so muß

$$\phi_{00} = \frac{2V}{c^2} \tag{6.41}$$

gesetzt werden, und dies bedeutet, wenn der Einfluß aller übrigen Elemente der Matrix $\{\phi_{ij}\}$ in (6.10) angesichts der relativ zur Lichtgeschwindigkeit c langsamen Bewegungen vernachlässigt wird, daß die Bahnen der Planeten nach der Newtonschen Theorie angenähert durch die geodätischen Linien der Geometrie der metrischen Fundamentalform

$$ds^2 = c^2d\tau^2 = c^2\Big(1 + \frac{2V}{c^2}\Big)dt^2 - dx_1^2 - dx_2^2 - dx_3^2 \tag{6.42}$$

wiedergegeben werden. Im Fall einer kugelsymmetrischen Massenverteilung mit der Gesamtmasse M ist entsprechend (6.15)

$$ds^2 = c^2d\tau^2 = c^2\Big(1 - \frac{2\gamma M}{c^2r}\Big)dt^2 - dx_1^2 - dx_2^2 - dx_3^2\,. \tag{6.43}$$

Für die Sonne als Gravitationszentrum läßt sich die Größe γM mit Hilfe des dritten Keplerschen Gesetzes bestimmen,[10)] demzufolge sich die Quadrate

[10)] Die Newtonsche Gravitationskonstante γ tritt in der Himmelsmechanik immer nur in Verbindung mit der Masse des als Gravitationszentrum wirksamen Zentralkörpers auf. Deshalb erfordert die Bestimmung von γ eine terrestrische Meßanordnung.

der Umlaufzeiten T wie die Kuben der Halbachsen a verhalten. So ist für die Erde mit $a = 1.496 \times 10^{13}$ [cm] und $T = 3.1556 \times 10^7$ [s]

$$\gamma M = 4\pi^2 \frac{a^3}{T^2} = 1.3274 \times 10^{26} \left[\frac{cm^3}{s^2}\right]$$

und somit

$$\frac{2\gamma M}{c^2} = 2.9538 \times 10^5 \, [cm] \, .$$

Da der Sonnenradius angenähert 6.96×10^{10} [cm] beträgt, sind schon in der unmittelbaren Umgebung der Sonne die Abweichungen von einer Größenordnung, die kleiner ist als 10^{-5}, was nachträglich als Rechtfertigung für den Ansatz (6.10) angeführt werden kann.

Die Gleichung (6.41) lehrt des weiteren

$$\triangle g_{00} = \frac{8\pi\gamma}{c^2} \mu \, , \tag{6.44}$$

d.h. die Dichte μ der Massenverteilung hängt linear von den zweiten partiellen Differentialquotienten der Koordinate g_{00} des Maßtensors ab. Deshalb muß sich die Massendichte μ in linearer Weise durch Koordinaten des Krümmungstensors der durch die metrische Fundamentalform (6.42) gegebenen Raumgeometrie ausdrücken lassen.

Von den 1-Formen γ_i^j des affinen Zusammenhangs der Geometrie (6.42) sind nur die Elemente in der ersten Zeile und ersten Spalte der Matrix Γ von Null verschieden. Das Diagonalelement lautet

$$\gamma_0^0 = \Gamma_{0j}^0 dx_j = g^{00} \Gamma_{00j} dx_j = \frac{1}{2} \frac{1}{g_{00}} \frac{\partial g_{00}}{\partial x_j} dx_j = d \ln \sqrt{g_{00}} \, ,$$

die Formen in der ersten Zeile für $i = 1, 2, 3$ sind

$$\begin{aligned} \gamma_0^i &= \Gamma_{0j}^i dx_j = g^{ik} \Gamma_{k0j} dx_j = -\Gamma_{i0j} dx_j \\ &= \frac{1}{2} \frac{\partial g_{00}}{\partial x_i} dx_0 = \frac{1}{c^2} \frac{\partial V}{\partial x_i} dx_0 \end{aligned}$$

und diejenigen in der ersten Spalte

$$\begin{aligned} \gamma_i^0 &= \Gamma_{ij}^0 dx_j = g^{0k} \Gamma_{kij} dx_j = \frac{1}{g_{00}} \Gamma_{0ij} dx_j \\ &= \frac{1}{c^2 g_{00}} \frac{\partial V}{\partial x_i} dx_0 \, . \end{aligned}$$

Als Folge davon sind alle Krümmungsformen $\rho_j^i = 0$ für $i, j = 1, 2, 3$; für diejenigen in der ersten Zeile der Matrix ρ der Krümmungsformen erhält man

$$\begin{aligned} \rho_0^0 &= d\gamma_0^0 - \gamma_0^i \wedge \gamma_i^0 = \sum_{k<l} R_{0kl}^0 dx_k \wedge dx_l \\ &= d^2 \ln \sqrt{g_{00}} - d \ln \sqrt{g_{00}} \wedge d \ln \sqrt{g_{00}} - \frac{1}{c^4 g_{00}} \sum_{i=1}^{3} \left(\frac{\partial V}{\partial x_i}\right)^2 dx_0 \wedge dx_0 = 0 \end{aligned}$$

und für $i = 1,2,3$

$$\begin{aligned}\rho_0^i &= d\gamma_0^i - \gamma_0^j \wedge \gamma_j^i = d\gamma_0^i - \gamma_0^0 \wedge \gamma_0^i = \sum_{k<l} R^i_{0kl} dx_k \wedge dx_l \\ &= \frac{1}{c^2}\frac{\partial^2 V}{\partial x_j \partial x_i} dx_j \wedge dx_0 - \frac{1}{c^4}\frac{1}{1+\frac{2V}{c^2}}\frac{\partial V}{\partial x_i}\frac{\partial V}{\partial x_j} dx_0 \wedge dx_j \\ &\approx +\frac{1}{c^2}\sum_{j=1}^{3}\frac{\partial^2 V}{\partial x_i \partial x_j} dx_0 \wedge dx_j\,.\end{aligned}$$

Es gilt daher $R^0_{0ik} = 0$ und für $i = 1,2,3$ angenähert

$$R^i_{0j0} = -R^i_{00j} = \frac{1}{c^2}\frac{\partial^2 V}{\partial x_j \partial x_i}\,.$$

Den gesuchten Zusammenhang zwischen der Massendichte μ und den Koordinaten des Krümmungstensors erhält man jetzt durch Bildung von

$$R_{00} = \frac{1}{c^2}\sum_{i=1}^{3}\frac{\partial^2 V}{\partial x_i^2} = \frac{1}{c^2}\triangle V \tag{6.45}$$

unter Berücksichtigung der Poissonschen Gleichung (6.8),

$$R_{00} = \frac{4\pi\gamma\mu}{c^2}\,. \tag{6.46}$$

Die Geometrie der Fundamentalform (6.42) enthält also für Bewegungen, die im Verhältnis zur Lichtgeschwindigkeit sehr langsam sind, die Theorie NEWTONS als nicht-relativistischen Grenzfall. Für schnelle Bewegungen, namentlich für die Bahnen des Lichtes, werden doch merkbare Abweichungen eintreten, weil dann die Gamma-Terme in den Gleichungen der geodätischen Linien für Indizes j und k, die nicht beide gleich Null sind, gegenüber jenem für $j = k = 0$ nicht mehr vernachlässigbar sein werden; auch wird die Eigenzeit nicht mehr durch die Koordinatenzeit ersetzt werden können. Unter diesen Umständen wären aber, wenn man bei orthogonalen Koordinaten bleibt, in (6.42) entsprechende Korrekturen ϕ_{ii} im räumlichen Anteil des Maßtensors zu berücksichtigen, wobei man davon wird ausgehen können, daß sie von derselben Größenordnung wie ϕ_{00} sind. Der unter Einbeziehung solcher Elemente ϕ_{ii} gegebene affine Zusammenhang der Welt unterscheidet sich dann natürlich von jenem, der oben aus der Metrik (6.42) berechnet wurde, auch wenn er für langsame Bewegungen angenähert dieselben Geodätischen wie die durch (6.42) gegebene Geometrie liefert. Deshalb wird beim Übergang von (6.42) auf eine Geometrie unter Berücksichtigung der „räumlichen Korrekturen" des metrischen Feldes zwar keine grundlegende Änderung der Koordinate R_{00} des Ricci-Tensors zu erwarten sein, sehr wohl aber für die übrigen Koordinaten.

In einer Welt mit der Geometrie (6.42) (oder einer allgemeineren, in der die Abweichung von der ebenen Welt auch in den räumlichen Koordinaten zutage tritt), haben Uhren je nach ihrem Ort im Gravitationsfeld einen unterschiedlichen Gang.

Sei T_∞ die Schwingungsdauer einer im feldfreien Raum ruhenden Atomuhr, z.B. in unendlicher Entfernung von einer Zentralmasse. Der raum-zeitliche Abstand der aufeinanderfolgenden Ereignisse, zwischen denen die Atomuhr eine Schwingung anzeigt, indem sie den Zeiger um eine Einheit weiterrückt, ist dann

$$s^2 = c^2 T_\infty^2 .$$

Bringt man die Uhr tiefer ins Gravitationsfeld an einen Ort, in dem das Gravitationspotential gleich V_o ist, so zeigt die Uhr einen Gang mit der Schwingungsdauer T_o, welche durch die Gleichung

$$s^2 = c^2 T_\infty^2 = g_{00}\, c^2 T_o^2 = c^2 \left(1 + \frac{2V_o}{c^2}\right) T_o^2$$

gegeben ist, da der raum-zeitliche Abstand zwischen den beiden Ereignissen invariant ist. Daher ist

$$T_o = T_\infty \frac{1}{\sqrt{1 + \frac{2V_o}{c^2}}} \approx T_\infty \left(1 - \frac{V_o}{c^2}\right) .$$

Wegen $V_o < 0$ ist darin $T_o > T_\infty$, und dies bedeutet, daß sich der Gang einer Uhr verlangsamt, wenn die Uhr aus einem feldfreien Raumbezirk heraus der Gravitation ausgesetzt wird, und zwar umso mehr, je näher man sie an die gravitierende Zentralmasse heranbringt. Für zwei benachbarte Raumpunkte P und P_o mit dem Potentialunterschied $\Delta V = V - V_o$ gilt daher

$$\frac{T}{T_o} = \sqrt{\frac{1 + \frac{2V_o}{c^2}}{1 + \frac{2V}{c^2}}} \approx \left(1 - \frac{V}{c^2}\right)\left(1 + \frac{V_o}{c^2}\right) \approx 1 - \frac{\Delta V}{c^2} ,$$

und deshalb

$$\frac{\Delta T}{T_o} = \frac{T - T_o}{T_o} \approx -\frac{\Delta V}{c^2} .$$

Liegt der Punkt P „höher" im Gravitationsfeld, so ist $\Delta V > 0$ und daher $\Delta T < 0$; die Uhr im Punkt P geht daher gegenüber der Uhr im Punkt P_o voraus (der langsamere Gang der Uhr im Punkt P_o ist allerdings für einen Beobachter in diesem Punkt nicht feststellbar, er ergibt sich nur für einen Beobachter im höher gelegenen Punkt P, von wo aus alles Geschehen im näher dem Gravitationszentrum liegenden Punkt P_o im Zeitlupentempo abläuft). Was das Verhältnis der Frequenzen anlangt, so ist

$$\frac{\nu}{\nu_o} = \sqrt{\frac{1 + \frac{2V}{c^2}}{1 + \frac{2V_o}{c^2}}} \approx 1 + \frac{\Delta V}{c^2} .$$

Der unterschiedliche Gang von Uhren steht im Einklang mit der sogenannten *Rotverschiebung* von Signalen. Man stelle sich vor, daß in den beiden Punkten P und P_o von gleichartigen Atomen getriebene Uhren zur Zeitmessung angebracht sind. Die Uhr im Punkt P_o möge in jedem Schaltpunkt, der den Zeiger um eine Einheit weiterrücken läßt, also nach jeder Periode T_o ein Lichtsignal der Frequenz ν_o aussenden. Da auf dem Weg von P_o nach P keine Schwingung verloren geht und zwei Wellenberge immer den gleichen Weg zurücklegen, also für einen Beobachter im Punkt P in gleichen Zeitabständen T eintreffen, empfängt dieser Licht mit der Frequenz $\nu_o = \frac{1}{T_o}$; zieht er den Vergleich mit der Frequenz ν, mit der seine Uhr schwingt, so ergibt sich für ihn der Unterschied

$$\frac{\Delta \nu}{\nu} = \frac{\nu - \nu_o}{\nu} \approx \frac{\Delta V}{c^2}$$

zwischen der erwarteten Frequenz ν und der tatsächlich festgestellten Frequenz ν_o. Daher werden alle Schwingungen, die aus der Tiefe eines Gravitationsfeldes einen Beobachter in einem flacheren Raumbezirk erreichen, wegen $\Delta V > 0$ eine Verschiebung in Richtung kleinerer Frequenzen, also in den langwelligeren Bereich zum Roten hin aufweisen. Für Licht, das von der Sonne emittiert wird, ist wegen $|V_{♁}| \ll |V_{☼}|$

$$\frac{\Delta\nu}{\nu} \approx \frac{\gamma M}{c^2 R} \approx 2 \times 10^{-6},$$

worin R der Radius der Sonne ist. Dieser Effekt ist auf der Erde auch beobachtet worden.

Die Frequenzverschiebung läßt sich aber auch ohne die Raumgeometrie in der Newtonschen Näherung (6.42) direkt aus dem Äquivalenzprinzip ableiten, indem man davon ausgeht, daß Licht der Frequenz ν aus Quanten (Photonen) der Energie $E = h\nu$ besteht, wobei $h = 1.054 \times 10^{-27}\,[g\,cm^2\,s^{-1}]$ das *Plancksche Wirkungsquantum* ist. Lichtquanten haben daher die träge Masse

$$m = \frac{E}{c^2} = \nu\,\frac{h}{c^2},$$

die nach dem Äquivalenzprinzip gleich der gravitierenden schweren Masse ist. Wird daher aus der Tiefe des Gravitationsfeldes im Punkt P_o Licht der Frequenz ν_o ausgesendet, so kommt das Lichtquant im Punkt P mit der geringeren Energie $E = h\nu$ an, denn auf dem Weg von P_o nach P ist die Energie $E_o - E$ in Form der beim Aufstieg geleisteten Arbeit $\Delta A = m\Delta V > 0$ verbraucht worden. Infolgedessen ist

$$\frac{\Delta\nu}{\nu_o} = \frac{\nu_o - \nu}{\nu_o} = \frac{\Delta V}{c^2}.$$

Die Rotverschiebung von Signalen, die von gravitierenden Massen emittiert werden, ist daher kein eigentlicher Test für die geometrischen Vorstellungen der allgemeinen Relativitätstheorie, sondern eine Bestätigung des Äqivalenzprinzips.

Um den Einfluß der Erdschwere auf den Gang von Uhren nachzuweisen, haben J. HAFELE und R. KEATING ein Experiment durchgeführt, bei dem sie von folgender Überlegung ausgingen. Eine Uhr in der Höhe h über der Erdoberfläche zeigt gegenüber einer auf dem Niveau der Erdoberfläche befindlichen Uhr die Zeit

$$t'_s \approx \left(1 + \frac{\Delta V}{c^2}\right) t'_o$$

an, worin t'_o die von der Uhr auf der Erde registrierte Zeit ist, solange sie die Erdrotation nicht mitmacht. Bewegt sich jetzt die Uhr in der Höhe h über der Erdoberfläche auf einer Kreisbahn um den Erdmittelpunkt mit der konstanten Geschwindigkeit v_s, so zeigt sie auf Grund der Ergebnisse der speziellen Relativitätstheorie nicht die Zeit t'_s, sondern die Zeit

$$t_s = t'_s\sqrt{1 - \frac{v_s^2}{c^2}} \approx \left(1 - \frac{v_s^2}{2c^2}\right) t'_s$$

an, und das gleiche gilt, wenn die Uhr auf der Erde die Eigenrotation der Erde mitmacht und deshalb mit der konstanten Geschwindigkeit v_o bewegt wird,

$$t_o = t'_o\sqrt{1 - \frac{v_o^2}{c^2}} \approx \left(1 - \frac{v_o^2}{2c^2}\right) t'_o.$$

Infolgedessen ist, wenn man noch von der Näherung $\Delta V \approx gh$ für den Potentialunterschied im nahezu homogenen Schwerefeld der Erde bei nicht zu großen Höhen h Gebrauch macht,

$$t_s \approx \left(1 + \frac{gh}{c^2}\right)\left(1 - \frac{v_s^2}{2c^2}\right)\left(1 + \frac{v_o^2}{2c^2}\right) \approx \left(1 + \frac{gh}{c^2} + \frac{v_o^2 - v_s^2}{2c^2}\right) t_o.$$

Führt man die Relativgeschwindigkeit $v_r = v_s - v_o$ ein, die wie v_s positiv zu zählen ist, wenn der Umlauf die der Erdrotation entsprechende Orientierung hat, so wird daraus

$$t_s \approx \left(1 + \frac{gh}{c^2} - \frac{v_r(2v_o + v_r)}{2c^2}\right)t_o\,.$$

Bezeichnet ω die Winkelgeschwindigkeit und R den Radius der Erdkugel, so ist mit $v_o = R\omega$ und den Daten

$$\omega = 7.27 \times 10^{-5}\,[s^{-1}]\,, \quad R = 6.378 \times 10^{8}\,[cm]\,, \quad g = 980.6\,[cm\,s^{-2}]$$

bei einer Relativgeschwindigkeit $v_r = \pm 900$ kmh in einer Höhe $h = 10$ km eine Situation gegeben, wie man sie bei einem gewöhnlichen Linienflug vorfindet und

$$t_s \approx (1 - 5.5 \times 10^{-13})t_o$$

bei einem Flug in Richtung Osten ($v_r > 0$) ergibt,

$$t_s \approx (1 + 2 \times 10^{-12})t_o$$

bei einem Westflug in entgegengesetzter Richtung ($v_r < 0$). Um diese Effekte messen zu können, bedarf es Atomuhren mit einer relativen Ganggenauigkeit von 10^{-14}, wie sie HAFELE und KEATING, die das Experiment in normalen Verkehrsflugzeugen duchführten, zur Verfügung standen. Dabei konnte Übereinstimmung mit der theoretischen Vorhersage auf 10% genau festgestellt werden.

Diese Betrachtungen zeigen, daß sich die Newtonsche Gravitationstheorie geometrisch in der Konzeption der Einsteinschen Theorie als nichtrelativistischer Grenzfall formulieren läßt. Die auf das Äquivalenzprinzip gegründete Synthese von Trägheit und Schwere in der allgemeinen Relativitätstheorie führt zu einer Raum-Metrik, welche die Newtonsche Theorie für langsame Bewegungen in guter Näherung wiedergibt. Das Newtonsche Gravitationspotential tritt darin als „Korrekturterm" auf, der für das Schwerefeld verantwortlich ist und die Abweichung von der ebenen Welt beschreibt.

6.4 Das Einsteinsche Gravitationsgesetz

Ebensowenig wie sich die an der Spitze der Elektrodynamik stehenden Feldgleichungen MAXWELLS aus einem übergeordneten Prinzip logisch ableiten lassen, gibt es auch keine Gesetze, aus denen ein zwingender Schluß auf die Feldgleichungen der Gravitation gezogen werden kann. Während sich aber die Maxwellschen Gleichungen durch Erfahrungstatsachen und in die Tiefe gehende Experimente sehr gut absichern lassen, ist über die Schwere weder auf experimentellem Wege noch durch andere Erfahrungen mehr bekannt ist als die in die Ferne wirkende Newtonsche Massenanziehungskraft. Dieser Umstand scheint aufs erste den Zugang zu einem feldtheoretischen Verständnis der Gravitation zu erschweren, im Grunde aber ist er für die Physik gar nicht so neu und auch kein Hindernis dafür, eine grundlegende Idee mit einigen vernünftigen Forderungen, physikalisch-mathematische Strukturen und Prinzipien allgemeiner Art betreffend, zu verbinden und zu einer Theorie der Gravitation auszugestalten, wie es ALBERT EINSTEIN durch einen Gedanken von genialer Einfachheit gelang.

Der Grundgedanke der Einsteinschen Theorie der Gravitation ist die Erklärung des Phänomens der Schwere durch eine von der Geometrie des Raumes ausgehende Wirkung. Schwere ist als eingeprägte Massenanziehungskraft nicht vorhanden, sie äußert sich vielmehr in einem Führungsfeld, welches Massen eine Bahn auf den „geradesten" Linien im Raum aufzwingt, den Geodätischen einer vierdimensionalen pseudo-Riemannschen Welt $\mathfrak{R}^4$ bezüglich eines wohlbestimmten affinen Zusammenhangs ∇, der mathematischer Ausdruck für diese Art von Führung ist.

Das Führungsfeld, der torsionsfreie mit dem inneren Produkt verträgliche affine Zusammenhang der Welt ist in einem Koordinatensystem durch seine insgesamt 40 unabhängigen Koeffizienten bestimmt. Da sich diese mit Hilfe der Koordinaten des Maßtensors ausdrücken lassen, liegt der Gedanke nahe, den Zugang zum Führungsfeld über die Raumgeometrie zu suchen. In die Feldgleichungen sollen daher die Koordinaten des Maßtensors $\mathfrak{g}$ als Unbekannte eingehen und mit der Verteilung der Massen im Raum, den Quellen der Gravitation in Beziehung gebracht werden. Um den Übergang von der Newtonschen Fernwirkung zu einer Feldwirkung der Gravitation zu vollziehen, wird man, da dies aus mathematischer Sicht für alle Feldwirkungsgesetze typisch ist, partielle Differentialgleichungen ansetzen, denen die Koordinaten des Maßtensors zu genügen haben. Da es sich bei allen Feldgleichungen der mathematischen Physik um Differentialgleichungen zweiter Ordnung handelt, mit der Besonderheit, daß die zweiten partiellen Differentialquotienten *linear* eingehen, ist es schließlich plausibel zu verlangen, daß auch die Feldgleichungen der Gravitation von diesem Typus sind. Dies nicht zuletzt auch deshalb, weil das Newtonsche Gravitationsgesetz, in der pseudo-feldwirkungstheoretischen Formulierung durch die Poissonsche Differentialgleichung (6.8), in welcher der lineare Laplace-Operator auftritt, als nicht-relativistischer Grenzfall aus dieser Raumgeometrie hervorgehen soll. Insofern soll das gesuchte Gravitationsgesetz, die Newtonsche Theorie verallgemeinernd, an die Stelle der Poissonschen Gleichung (6.8) treten, die das Potential des Schwerefeldes mit der Dichte der Materie in Verbindung bringt; dabei ist im materiefreien Raum das Schwerepotential eine Lösung der Laplaceschen Gleichung (6.7).

Einen ersten grundlegenden Hinweis auf die Struktur der Feldgleichungen liefert die Forderung, daß es sich um partielle Differentialgleichungen zweiter Ordnung handeln soll, die in den zweiten Ableitungen *linear* sind. Mit Rücksicht auf eine tensorielle Fassung sind deshalb die beiden Fundamentaltensoren des Raumes, der Krümmungstensor $\mathcal{K}$ und der Maßtensor $\mathfrak{g}$ heranzuziehen, wobei der Krümmungstensor, wie a.a.O. (vgl. Kap. 5, §7, S. 395) ausgeführt wurde, linear eingehen muß, wenn die Feldgleichungen linear in den zweiten partiellen Ableitungen sein sollen. Geht man von der Vorstellung aus, daß die Krümmung des Raumes ihre Ursache in der Materie hat, so scheint es fürs erste naheliegend zu sein, in Weltbezirken ohne Massen das Verschwinden des Krümmungstensors zu verlangen,

$$\mathcal{K} = 0 .$$

Diese Forderung erweist sich aber sofort als unhaltbar. Sie würde nämlich bedeuten, da ja der gesuchte affine Zusammenhang von vornherein torsionsfrei ist, daß der Raum überall dort flach ist, wo sich keine Massen befinden. In solchen Weltbezirken verschwinden die Zusammenhangskoeffizienten in einem geeigneten Koordinatensystem, was nur eine anderer Ausdruck dafür ist, daß die Welt in solchen Bezirken gravitationsfrei ist, es würden ferne Massen keine Wirkung auf materielle Körper ausüben. Aus formalen Gründen ist gegen eine solche linke Seite des Gravitationsgesetzes auch einzuwenden, daß die insgesamt 20 unabhängigen Koordinaten, die der Krümmungstensor in einem vierdimensionalen Raum hat, zu 20 Gleichungen für die 10 unabhängigen Koordinaten des Maßtensors führen würde, weshalb das Gravitationsgesetz aus nicht mehr als 10 Gleichungen bestehen sollte. Man wird deshalb die linke Seite der Feldgleichungen in Form eines symmetrischen Tensors zweiter Stufe ansetzen, zumal ein solcher wie der Maßtensor nur 10 unabhängige Koordinaten hat; dieser Tensor muß, sollen die Feldgleichungen linear in den zweiten Ableitungen sein, durch lineare Operationen aus dem Krümmungstensor hervorgehen. Die einzige Möglichkeit aber, auf solche Weise aus den beiden Fundamentaltensoren einen symmetrischen Tensor abzuleiten, besteht, von additiven Termen abgesehen, in der Verjüngung des Krümmungstensors. Auf Grund der Symmetrieeigenschaften des Krümmungstensors gibt es hiefür aber nur einen Weg, und dieser führt zum Ricci-Tensor $\mathcal{R}$ mit den lokalen Koordinaten (5.213). Diese prinzipiellen mathematischen Struktureigenschaften von Feldgleichungen einerseits, der Standpunkt EINSTEINs zur Erklärung der Schwere als von Materie hervorgerufener Feldwirkung andererseits, sind die Beweggründe für das Gravitationsgesetz

$$\mathcal{R} = 0 \tag{6.47}$$

in materiefreien Weltbezirken, durch das eine schwächere Forderung als das Verschwinden des Krümmungstensors erhoben wird. Die Bedingung (6.47), für die auch die Ergebnisse des vorangegangenen Paragraphen einen Hinweis liefern, ist als Verallgemeinerung der Laplaceschen Gleichung (6.7) aufzufassen.

Soweit sie nicht im Ricci-Tensor auftreten, brauchen die ersten partiellen Ableitungen der Koordinaten des Maßtensors nicht mehr eigens berücksichtigt werden. Bei ihnen handelt es sich nicht um die Koordinaten eines Tensors, denn sie können in einem geeigneten Koordinatensystem zum Verschwinden gebracht werden. Der Maßtensor selbst kann aber noch in das Gravitationsgesetz eingehen, und zwar in der einfachsten Form als additiver Term, womit an die Stelle von (6.47) die Gleichung

$$\mathcal{R} + \omega \mathsf{g} = 0$$

tritt, in der ω ein Skalarfeld ist. Dieses ist allerdings nicht völlig frei wählbar, es ist vielmehr bis auf eine Konstante bestimmt. Da nämlich auch der gemischte Tensor $R_i^{\,j} + \omega\delta_i^{\,j}$ verschwinden muß, ist insbesondere die Verjüngung der kovarianten Ableitung gleich Null. Nun ist aber

$$\frac{\partial R_i^{\,j}}{\partial x_j} = \frac{1}{2}\frac{\partial R}{\partial x_i},$$

worin R die Krümmungsinvariante ist (vgl. (5.222) und (5.215)); infolgedessen führt die unter Berücksichtigung der Konstanz des metrischen Tensors g auszuführende kovariante partielle Differentiation des gemischten Tensors $R_i^j + \omega\delta_i^j$ und anschließende Verjüngung auf die Gleichung

$$0 = \frac{\eth R_i^j}{\eth x_j} + \frac{\eth(\omega\delta_i^j)}{\eth x_j} = \frac{1}{2}\frac{\eth R}{\eth x_i} + \frac{\eth\omega}{\eth x_j}\delta_i^j = \frac{1}{2}\frac{\partial R}{\partial x_i} + \frac{\partial\omega}{\partial x_i},$$

weshalb

$$\omega = -\tfrac{R}{2} + \lambda$$

gesetzt werden muß, worin λ eine Konstante ist. Greift man also auf den Einstein-Tensor (5.220) zurück, so führt diese Erweiterung von (6.47) für leere Weltbezirke auf das Gesetz

$$\mathcal{G} + \lambda\mathsf{g} = 0\,. \tag{6.48}$$

Die universelle Konstante λ wird ***kosmologische Konstante*** genannt.[11] Sieht man von ihr ab, so ist das Verschwinden des Einstein-Tensors, die Gleichung

$$\mathcal{G} = 0\,, \tag{6.49}$$

das Gravitationsgesetz für Weltbezirke, in denen keine Massen verteilt sind. Diese Formulierung ist mit (6.47) gleichwertig, denn verschwindet der Ricci-Tensor, so auch die Krümmungsinvariante und damit auch der Einstein-Tensor; gilt umgekehrt (6.49), so folgt durch Invariantenbildung

$$0 = g^{ij}G_{ij} = g^{ij}R_{ij} - \tfrac{R}{2}\,g_{ij}g^{ij} = R - \tfrac{R}{2}\,4 = -R\,,$$

also $R_{ij} = G_{ij} = 0$. Die beiden Tensoren, der Ricci-Tensor $\mathcal{R}$ und der Einstein-Tensor $\mathcal{G}$, verschwinden also gleichzeitig oder sie sind beide von Null verschieden. Deshalb kann der leere Raum sowohl durch das Verschwinden des Ricci-Tensors als auch durch das Verschwinden des Einstein-Tensors charakterisiert werden.

Ist der Raum mit Masse der Dichte μ erfüllt, so tritt in der Newtonschen Theorie an die Stelle der Laplaceschen Gleichung (6.7) die Poissonsche Gleichung (6.8), deren rechte Seite die Quellen der Massenanziehungskräfte beschreibt. Ein adäquater Ausdruck hat nun, um jene Bereiche zu erfassen, in denen Massen verteilt sind, auf die rechte Seite von (6.49) (bzw.

[11] Die Einführung dieser Konstanten erfolgt zunächst aus rein mathematischen Gründen. Diese Abänderung wurde von EINSTEIN nachträglich vorgenommen und diskutiert, jedoch später von ihm wieder verworfen; die kosmologische Konstante hatte im weiteren eine sehr wechselvolle Geschichte, die mit den zahlreichen astronomischen Entdeckungen in diesem Jahrhundert verknüpft ist. Wird an Stelle von (6.49) die Gleichung (6.48) verwendet, so hieße dies, daß auch ein vollkommen leerer Raum gekrümmt ist. Durch Verjüngung des gemischten Tensors auf der linken Seite von (6.48) erhält man nämlich die Gleichung $-R+4\lambda = 0$, die zu erkennen gibt, daß unter diesen Umständen die Krümmungsinvariante $R \neq 0$ ist. Sollte die kosmologische Konstante berechtigt sein, so muß sie jedenfalls eine sehr kleine positive Größe sein. Auf die Planetentheorie der Sonne nimmt sie deshalb auch keinen Einfluß, ihre Bedeutung liegt in kosmologischen Modellen.

(6.48)) zu treten. Behält man den Einstein-Tensor als linke Seite bei, so muß es sich dabei wegen

$$\frac{\partial G_i^j}{\partial x_j} = 0$$

(vgl. (5.221)) um einen symmetrischen Tensor zweiter Stufe mit verschwindender Divergenz handeln. Einen Anhaltspunkt hiefür liefern die Navier-Stokesschen Gleichungen (4.136) zusammen mit der Kontinuitätsgleichung (4.137), durch welche die Bewegung kontinuierlich verteilter Masse unter der Wirkung von Schwerekräften beschrieben wird. Fehlt die Schwerkraft und sind auch keine andere Einflüsse vorhanden, so ist der Massentensor $\mathcal{T}$ mit den kontravarianten Koordinaten

$$T^{ij} = \mu \frac{dx_i}{ds}\frac{dx_j}{ds} = \mu \frac{1}{c^2}\frac{dx_i}{d\tau}\frac{dx_j}{d\tau} \tag{6.50}$$

(vgl. (4.138)), worin μ die Ruhemasse und τ die Eigenzeit ist, und ebenso der Energie-Impuls-Tensor $c^2\mathcal{T}$ der Materie quellenfrei; er enthält nur Ruheenergie einer stetig verteilten Masse ohne Einfluß von Kräften nichtgravitativer Natur und ohne innere Wechselwirkungen wie Spannungen oder Drücke. Im allgemeinen Fall sind die Koordinaten T^{ij} gegebenenfalls um Terme zu erweitern, die — im Sinne der Äquivalenz von Masse und Energie — andere Energieformen mit einschließen.

Die Übertragung der Gleichungen (4.139) auf die vierdimensionale Welt ergibt, da Schwere als eingeprägte Kraft nicht mehr vorhanden ist,

$$\frac{\partial T^{ij}}{\partial x_j} = 0\,. \tag{6.51}$$

Der Einfluß der Gravitation tritt jetzt in der Geometrie des Raumes in Erscheinung, und dies findet seinen mathematischen Ausdruck in der Ersetzung der gewöhnlichen durch die kovariante partielle Differentiation. Die Gleichung (6.51) besagt insbesondere das Verschwinden der Divergenz des Massentensors.

Der in leeren Weltbezirken verschwindende Massentensor $\mathcal{T}$ mit den kontravarianten Koordinaten (6.50) ist in der speziellen Relativitätstheorie das Analogon zur Massendichte der klassischen Mechanik. Er tritt auf die rechte Seite der für leere Weltbezirke gültigen Gleichung (6.49) zur Beschreibung der Einflußnahme von Materie auf die Raumgeometrie,

$$\mathcal{G} = \kappa \mathcal{T}\,. \tag{6.52}$$

Dies ist das *Einsteinsche Gravitationsgesetz*. Die aus Gründen physikalischer Einheiten notwendige universelle Konstante κ heißt die *Einsteinsche Gravitationskonstante*. Sie ergibt sich schließlich aus der Forderung, daß im nicht-relativistischen Grenzfall das Gravitationsgesetz (6.52) in die Poissonsche Gleichung (6.8) der Newtonschen Theorie übergehen soll. Nun läßt sich wegen

$$g^{ij}G_{ij} = R - \tfrac{R}{2}4 = -R = \kappa g^{ij}T_{ij} = \kappa T$$

die Gleichung (6.52) in der Form

$$\mathcal{R} = \kappa(\mathcal{T} - \tfrac{T}{2}\mathrm{g}) \tag{6.53}$$

schreiben. Um die Konstante κ daraus zu bestimmen, genügt es, allein die Koordinate R_{00} des Ricci-Tensors $\mathcal{R}$ ins Auge zu fassen, da, entsprechend den Überlegungen des vorangegangenen Paragraphen, alle übrigen Koordinaten gegenüber R_{00} sehr klein sind. Es folgt also aus (6.45)

$$\frac{1}{2}\sum_{i=1}^{3}\frac{\partial^2 g_{00}}{\partial x_i^2} = \frac{1}{c^2}\triangle V \approx R_{00} = \kappa\left(T_{00} - \tfrac{1}{2}\,g_{00}T\right).$$

Für die rechte Seite findet man unter Berücksichtigung von $v \ll c$ zunächst

$$T_{i0} \approx T^{i0} \approx \mu\frac{v_i}{c}, \quad T_{ij} \approx T^{ij} \approx \mu\frac{v_i v_j}{c^2}, \quad i,j = 1,2,3,$$

und

$$T_{00} \approx T^{00} \approx \mu\,.$$

Wegen $|v_i| \ll c$ ist daher die Koordinate T_{00} als einzige dominant, man erhält mit $g_{00} = 1 + \frac{2}{c^2}V$

$$T = g^{ij}T_{ij} = g_{ij}T^{ij} \approx g_{00}T^{00} \approx \mu\left(1 + \frac{2V}{c^2}\right).$$

Infolgedessen ist

$$T_{00} - \tfrac{1}{2}\,g_{00}T \approx \mu - \frac{\mu}{2}\left(1 + \frac{2V}{c^2}\right)^2 \approx \frac{\mu}{2}$$

unter Vernachlässigung der quadratischen Terme, und angenähert

$$R_{00} \approx \frac{1}{c^2}\triangle V \approx \kappa\frac{\mu}{2},$$

weshalb wegen $\triangle V = 4\pi\gamma\mu$

$$\kappa = \frac{8\pi\gamma}{c^2} \tag{6.54}$$

gesetzt werden muß. Der numerische Wert der Einsteinsche Gravitationskonstanten ist

$$\kappa = 1.865 \times 10^{-27}\left[\frac{cm}{g}\right].$$

Somit lautet das Einsteinsche Gravitationsgesetz

$$\mathcal{G} = \frac{8\pi\gamma}{c^2}\mathcal{T}. \tag{6.55}$$

Die linke Seite könnte noch um das kosmologische Glied $\lambda\mathrm{g}$ erweitert werden. Wegen des Verschwindens der Divergenz sowohl des Massentensors als auch des Einstein-Tensors ändert dies nichts daran, daß λ notwendigerweise eine Konstante sein muß.

Da die Divergenz des Einstein-Tensors $\mathcal{G}$ verschwindet, sind die Feldgleichungen (6.55), auch wenn ihre linke Seite um das kosmologische Glied erweitert wird, nur dann widerspruchsfrei, wenn auch der Massentensor $\mathcal{T}$ quellenfrei ist.[12] Diese Bedingung ist aber a priori nicht überprüfbar, da die Divergenz des Massentensors ja bezüglich jenes affinen Zusammenhangs im Raum verschwinden muß, zu dem man erst durch die Lösung der Feldgleichungen den Zugang erhält. Während man in der Newtonschen Theorie die Massenverteilung zu einem bestimmten Zeitpunkt vorgeben und daraus das Gravitationspotential zum selben Zeitpunkt bestimmen kann, ist es in der Einsteinschen Theorie grundsätzlich *nicht* möglich, die Verteilung der Massen im Raum und ihre Bewegung, also den Massentensor, vorzugeben. Dies leuchtet auch ein, wenn man sich vor Augen hält, daß bewegte Materie auf die Raumgeometrie zurückwirkt, wodurch wiederum die Materie in ihrer Bewegung beeinflußt wird. Der Raum ist eben nicht eine Form der Anschauung, von Anbeginn an präsent und der bloße Ort des Geschehens, in dem die Dinge ihren Lauf nehmen, vielmehr bestimmen die physikalischen Gesetze den Raum und in der Wechselwirkung mit der Materie formt sich dessen Geometrie.

Die Tensor-Gleichung (6.55) besteht aus 10 nichtlinearen partiellen Differentialgleichungen zweiter Ordnung, die in den zweiten partiellen Ableitungen linear sind. Das Verschwinden der Divergenz auf beiden Seiten der Feldgleichungen (6.55) verringert allerdings die Anzahl der unabhängigen Gleichungen um 4, sodaß von den 10 Gleichungen (6.55) in Wirklichkeit nur 6 unabhängig sind. Dies muß auch so sein, da die freie Wahl der Koordinaten noch keine Berücksichtigung gefunden hat. Wären die Koordinaten des Maßtensors als Lösungen der Feldgleichungen in einem gewissen Koordinatensystem bereits bekannt, so muß ein Koordinatenwechsel, der durch 4 Gleichungen zu beschreiben ist, auf Grund des tensoriellen Charakters der Feldgleichungen zum *selben* metrischen Fundamentaltensor führen, obwohl es sich bei dessen Koordinaten dann um andere Lösungsfunktionen der Feldgleichungen handelt. Ohne Freiheit in der Wahl der Koordinaten hat es offenbar keinen Sinn, die Lösungsfunktionen der Feldgleichungen als Tensorkoordinaten anzusehen, denn es ließe sich kein Tensor aus ihnen bestimmen. Aus diesem Grund muß die allgemeine Lösung der Feldgleichungen 4 willkürliche Funktionen enthalten, durch deren Auftreten sichergestellt werden kann, daß Lösungsfunktionen als Tensorkoordinaten, wenn man zu beliebigen anderen Koordinaten übergeht, auch in diesen neuen Koordinaten Lösungen der Feldgleichungen sind. Die 4 Freiheitsgrade, die in den Feldgleichungen (6.55) durch das Verschwinden der Divergenz auf beiden Seiten enthalten sind, berücksichtigen also die in freiem Ermessen stehende Wahl der Koordinaten.

---

[12] Vor derselben Situation steht man auch bei der zweiten Gleichung (4.154) des elektromagnetischen Feldes. Die Divergenz der linken Seite verschwindet identisch, sodaß diese Gleichung nur dann in sich widerspruchsfrei ist, wenn die rechte Seite, der Vierer-Strom, quellenfrei ist. Ähnlich wie in der Elektrodynamik die Quellenfreiheit des Energie-Impuls-Tensors im leeren Raum eine Folgerung aus den Maxwellschen Feldgleichungen ist, ergibt sich das Verschwinden der Divergenz des Massen- bzw. des Energie-Impuls-Tensors, wenn man die Gleichungen (6.55) an die Spitze der Theorie der Gravitation stellt.

In der Theorie EINSTEINS ist die Welt ein vierdimensionaler pseudo-Riemannscher Raum mit dem Index 1, die Erscheinungen der Gravitation werden durch das Gesetz (6.55) geometrisch beschrieben. Welch ein Unterschied zur nicht-relativistischen Raum-Zeit-Welt NEWTONS mit ihrem verhältnismäßig komplizierten Axiomensystem!

6.5 Das linearisierte Gravitationsgesetz. Gravitationswellen

Die 10 nichtlinearen partiellen Differentialgleichungen des Einsteinschen Gravitationsgesetzes sind auf äußerst komplizierte Art gekoppelt. Diese Koppelung, aber natürlich auch die Nichtlinearität der Feldgleichungen, erschwert das Auffinden geschlossener Lösungen, ja macht sie nur in wenigen Fällen möglich. Diese Situation ist aus der Theorie der Systeme nichtlinearer gewöhnlicher Differentialgleichungen her wohl bekannt; ohne Unterschied, ob sie in den höchsten vorkommenden Ableitungen linear sind oder nicht, sie lassen sich nicht so ohne weiteres entkoppeln und haben i.a. auch komplizierte Lösungen. Anders verhält es sich mit Systemen *linearer* (gewöhnlicher) Differentialgleichungen mit konstanten Koeffizienten, die sich stets durch Eliminationsprozesse entkoppeln lassen. Ein Sonderfall liegt auch vor, wenn in den Gleichungen eines nichtlinearen Systems die unabhängige Veränderliche explizit nicht auftritt. Dann erhält man durch Streichung aller Glieder, deren Ordnung größer als eins ist, ein System linearer Differentialgleichungen mit konstanten Koeffizienten; die Lösungen dieses „linearisierten" Systems nähern in gewissen Grenzen die Lösungen des originalen nichtlinearen Systems an, wenn einerseits die Nichtlinearitäten „schwach" sind, andererseits die Systemgrößen selbst und, im Falle, daß es sich um Differentialgleichungen zweiter Ordnung handelt, auch deren Änderungen klein sind. Auf diese Weise lassen sich nichtlineare Differentialgleichungen durch Linearisierung einer angenäherten Lösung zuführen. Die Voraussetzungen hiefür sind, um zu den Feldgleichungen der Gravitation zurückzukehren, ein sehr flacher, d.h. nur sehr wenig von einer ebenen Welt abweichender Raum mit Änderungen in der Geometrie, die im gleichen Maße geringfügig sind.

Beschränkt man sich also bei der Lösung der Feldgleichungen (6.55) auf sehr flache Raumbezirke, so läßt sich, bei Wahl geeigneter Koordinaten, die Matrix der Koordinaten des Maßtensors in der Form (6.10) aufspalten, in der die Größen ϕ_{ij} für die Abweichung von der ebenen Welt stehen. Je kleiner ihre Beträge gegenüber 1 sind, umso besser wird die Raumgeometrie durch die Lösungen jener Gleichungen angenähert, die man durch Einsetzen von (6.10) in (6.55) nach Streichung aller Glieder höherer als erster Ordnung erhält. Diese *linearisierten Feldgleichungen*, die schon von EINSTEIN untersucht worden sind, lassen sich durch Wahl geeigneter Koordinaten entkoppeln. Ihre Lösungen beschreiben die Verhältnisse aber nur in sehr flachen Weltbezirken weitab von Massenkonzentrationen, ein Rückschluß auf stärker gekrümmte Bezirke des Raumes ist nicht so ohne weiteres möglich. Im folgenden ist der Gebrauch des Gleichheitszeichens im Sinne der Annäherung durch Linearisierung zu verstehen.

Obwohl die Größen η_{ij}, ebenso die ϕ_{ij}, keine Tensorkoordinaten sind, erweist sich der Kalkül des Hinauf- und Herunterziehen von Indizes an ihnen für das Folgende als zweckmäßig. Setzt man die Koordinaten des kontravarianten Maßtensors in der Form

$$g^{ij} = \eta^{ij} + \chi^{ij}$$

an, so gilt rein rechnerisch im Sinne der Linearisierung[13)]

$$\eta^{ij} = \eta_{ij}\,, \quad \chi^{ij} = \chi^{ji} = \begin{cases} \phi_{ij} & \text{für } i = 0,\ j = 1,2,3, \\ -\phi_{ij} & \text{für } i > 0,\ j = 1,2,3, \\ -\phi_{00} & \text{für } i = 0,\ j = 0. \end{cases}$$

Die Abweichungen der kontravarianten Koordinaten des Maßtensors von der ebenen Welt sind also in derselben Größenordnung wie jene der kovarianten Koordinaten. Sinngemäß ist

$$\phi_i^j = g^{jk}\phi_{ik} = \eta^{jk}\phi_{ik}$$

und folglich

$$\frac{\partial \phi_i^j}{\partial x_l} = \eta^{jk}\frac{\partial \phi_{ik}}{\partial x_l} = g^{jk}\frac{\partial \phi_{ik}}{\partial x_l}\,, \qquad \frac{\partial^2 \phi_i^j}{\partial x_h \partial x_l} = \eta^{jk}\frac{\partial^2 \phi_{ik}}{\partial x_h \partial x_l} = g^{jk}\frac{\partial^2 \phi_{ik}}{\partial x_h \partial x_l}\,.$$

Das Hinauf- und Herunterziehen von Indizes ist also mit den Größen η^{ij} bzw. η_{ij} in Übereinstimmung mit der Linearsierung zu bewerkstelligen. Auf Grund dessen ist

$$\begin{aligned} R_{ij} &= \frac{1}{2} g^{kl}\left(\frac{\partial^2 g_{ik}}{\partial x_j \partial x_l} + \frac{\partial^2 g_{lj}}{\partial x_k \partial x_i} - \frac{\partial^2 g_{ij}}{\partial x_k \partial x_l} - \frac{\partial^2 g_{kl}}{\partial x_j \partial x_i}\right) \\ &= -\tfrac{1}{2}\,\Box\,\phi_{ij} + \frac{1}{2} g^{kl}\left(\frac{\partial^2 \phi_{ik}}{\partial x_j \partial x_l} + \frac{\partial^2 \phi_{lj}}{\partial x_k \partial x_i} - \frac{\partial^2 \phi_{kl}}{\partial x_j \partial x_i}\right), \end{aligned}$$

worin $\Box$ der D'Alembert-Operator ist. Setzt man zur Abkürzung

$$\psi_j^l = \phi_j^l - \tfrac{1}{2}\,\phi_k^k \delta_j^l\,,$$

---

13) Ist $\mathbf{D}$ eine Diagonalmatrix, deren Hauptdiagonalelemente gleich ± 1 sind, $\mathbf{X}$ eine Matrix, deren Elemente hinreichend klein sind, dem Betrage nach jedenfalls kleiner als der Kehrwert ihrer Reihenzahl, so ist

$$(\mathbf{D} + \mathbf{X})^{-1} = \mathbf{D}^{-1}\cdot[\mathbf{E} - \mathbf{X}\cdot\mathbf{D}^{-1} + (\mathbf{X}\cdot\mathbf{D}^{-1})^2 - + \cdots] = \mathbf{D} - \mathbf{D}\cdot\mathbf{X}\cdot\mathbf{D} + - \cdots$$

wegen $\mathbf{D}^2 = \mathbf{E}$; wenn also, wie im gegenständlichen Fall, die Elemente der Matrix $\mathbf{X}$ sehr klein gegenüber 1 sind, so ist im Sinne der linearen Näherung $\mathbf{D} - \mathbf{D}\cdot\mathbf{X}\cdot\mathbf{D}$ die Inverse der Matrix $\mathbf{D} + \mathbf{X}$.

so wird

$$\frac{1}{2}g^{kl}\Big(\frac{\partial^2\phi_{ik}}{\partial x_j\partial x_l}+\frac{\partial^2\phi_{lj}}{\partial x_k\partial x_i}-\frac{\partial^2\phi_{kl}}{\partial x_j\partial x_i}\Big)$$
$$=\frac{1}{2}\Big[\frac{\partial}{\partial x_i}\Big(\frac{\partial\phi^k_j}{\partial x_k}-\frac{1}{2}\frac{\partial\phi^k_k}{\partial x_j}\Big)+\frac{\partial}{\partial x_j}\Big(\frac{\partial\phi^l_i}{\partial x_l}-\frac{1}{2}\frac{\partial\phi^k_k}{\partial x_i}\Big)\Big]$$
$$=\frac{1}{2}\frac{\partial^2\psi^k_j}{\partial x_i\partial x_k}+\frac{1}{2}\frac{\partial^2\psi^l_i}{\partial x_j\partial x_l}$$

und folglich

$$R_{ij}=-\tfrac{1}{2}\Box\phi_{ij}+\frac{1}{2}\frac{\partial^2\psi^k_j}{\partial x_i\partial x_k}+\frac{1}{2}\frac{\partial^2\psi^l_i}{\partial x_j\partial x_l}.$$

Daraus ergibt sich durch Hinaufziehen eines der beiden Indizes und anschließende Verjüngung die Krümmungsinvariante

$$R=-\tfrac{1}{2}\Box\phi^k_k+\frac{\partial^2\psi^{hk}}{\partial x_h\partial x_k}.$$

Faßt man jetzt zusammen, so erhält man die linearisierten Feldgleichungen

$$-\tfrac{1}{2}\Box\psi_{ij}+\frac{1}{2}\Big(\frac{\partial^2\psi^k_j}{\partial x_i\partial x_k}+\frac{\partial^2\psi^l_i}{\partial x_j\partial x_l}-\eta_{ij}\frac{\partial^2\psi^{hk}}{\partial x_h\partial x_k}\Big)=\kappa T_{ij} \tag{6.56}$$

beziehungsweise in der Fassung (6.53)

$$\Box\phi_{ij}-\frac{\partial^2\psi^k_j}{\partial x_i\partial x_k}+\frac{\partial^2\psi^l_i}{\partial x_j\partial x_l}=-2\kappa\big(T_{ij}-\tfrac{1}{2}T^l_l\eta_{ij}\big). \tag{6.57}$$

Die Gleichungen (6.56) bzw. (6.57) lassen sich jetzt sofort entkoppeln, wenn man von der Gültigkeit der vier Beziehungen

$$\frac{\partial\psi^l_i}{\partial x_l}=0 \tag{6.58}$$

ausgehen kann. Dies ist in der Tat möglich, und zwar durch Einführung geeigneter Koordinaten. Es entspricht dies der Ausnützung der 4 Freiheitsgrade, die in den Feldgleichungen noch enthalten sind. Man gewinnt derartige Koordinaten aus gegebenen Koordinaten x_i durch eine Transformation der Art

$$\bar{x}_i=x_i+f^i(x_j), \tag{6.59}$$

worin die Funktionen $f^i(x_j)$ von derselben Größenordnung wie die ϕ_{ij} sind, weshalb man eine solche Transformation „infinitesimal“ nennt. Unter Streichung quadratischer Terme transformieren sich dabei die Koordinaten des Maßtensors wie

$$\eta_{ij}+\phi_{ij}=g_{ij}=\frac{\partial\bar{x}_k}{\partial x_i}\frac{\partial\bar{x}_l}{\partial x_j}\bar{g}_{kl}=\Big(\delta^k_i+\frac{\partial f^k}{\partial x_i}\Big)\Big(\delta^l_j+\frac{\partial f^l}{\partial x_j}\Big)\Big(\eta_{kl}+\bar{\phi}_{kl}\Big)$$
$$=\eta_{ij}+\bar{\phi}_{ij}+\eta_{il}\frac{\partial f^l}{\partial x_j}+\eta_{jl}\frac{\partial f^l}{\partial x_i}.$$

Diesen Gleichungen entnimmt man der Reihe nach

$$\phi_{ij} - \bar{\phi}_{ij} = \eta_{il}\,\frac{\partial f^l}{\partial x_j} + \eta_{jl}\,\frac{\partial f^l}{\partial x_i}\,,$$

$$\phi_i^k - \bar{\phi}_i^k = \eta^{jk}\eta_{il}\,\frac{\partial f^l}{\partial x_j} + \frac{\partial f^k}{\partial x_i}\,,$$

$$\phi_k^k - \bar{\phi}_k^k = 2\,\frac{\partial f^l}{\partial x_l}\,;$$

beachtet man noch

$$\frac{\partial\bar{\phi}_{ij}}{\partial x_k} = \frac{\partial\bar{\phi}_{ij}}{\partial\bar{x}_l}\,\frac{\partial\bar{x}_l}{\partial x_k} = \frac{\partial\bar{\phi}_{ij}}{\partial\bar{x}_l}\left(\delta_k^l + \frac{\partial f^l}{\partial x_k}\right) = \frac{\partial\bar{\phi}_{ij}}{\partial\bar{x}_k}\,,$$

so findet man durch Bildung der partiellen Differentialquotienten

$$\frac{\partial\phi_i^k}{\partial x_h} - \frac{\partial\bar{\phi}_i^k}{\partial\bar{x}_h} = \eta^{jk}\eta_{il}\,\frac{\partial^2 f^l}{\partial x_h\partial x_j} + \frac{\partial^2 f^k}{\partial x_h\partial x_i}$$

und daraus durch Verjüngung

$$\frac{\partial\phi_i^k}{\partial x_k} - \frac{\partial\bar{\phi}_i^k}{\partial\bar{x}_k} = \eta_{il}\,\Box f^l + \frac{1}{2}\frac{\partial}{\partial x_i}\left(\phi_k^k - \bar{\phi}_k^k\right),$$

d.h. aber

$$\frac{\partial\psi_i^k}{\partial x_k} - \frac{\partial\bar{\psi}_i^k}{\partial\bar{x}_k} = \eta_{il}\,\Box f^l\,.$$

Wenn also die Gleichungen (6.58) in den neuen Koordinaten $\bar{x}_i$ gelten sollen, so sind die Funktionen f^j aus den Gleichungen

$$\Box f^j = \frac{\partial\psi^{jk}}{\partial x_k}$$

zu errechnen.

Durch Einführung geeigneter Koordinaten (6.59) lassen sich also die Feldgleichungen (6.52) entkoppeln, und zwar ist

$$\Box\psi_{ij} = -2\kappa T_{ij} \tag{6.60}$$

beziehungsweise in der Fassung (6.53)

$$\Box\phi_{ij} = -2\kappa\left(T_{ij} - \tfrac{1}{2}\,T_l^l\eta_{ij}\right) = \kappa S_{ij}\,. \tag{6.61}$$

Diese Gleichungen werden durch retardierte Potentiale (vgl. (4.86) bzw. (4.87)) gelöst; bezeichnet r den „räumlichen“ Abstand des Aufpunktes vom Sitz der die Störung auslösenden Massen und führt man über $x_0 = ct$ die Koordinatenzeit t ein, so ist

$$\phi_{ij} = \frac{\kappa}{4\pi}\iiint\frac{S_{ij}\left(t - \frac{r}{c}\right)}{r}\,dx_1dx_2dx_3\,. \tag{6.62}$$

Daraus ist der bemerkenswerte Schluß zu ziehen, daß sich Änderungen in der Materieverteilung mit endlicher Geschwindigkeit fortpflanzen, wie es der Auffassung einer Feldwirkung der Gravitation entsprechen muß. Insbesondere ergibt sich — in schwach gekrümmten Raumbezirken! — eine Fortpflanzung von Gravitationsstörungen, die in der Materie ihren Ursprung haben, mit der Geschwindigkeit des Lichtes, im Einklang mit den Ergebnissen der speziellen Relativitätstheorie. Sind die Koordinaten des Massentensors unabhängig von der Zeit, so gehen die Größen ϕ_{ij}, in denen die Abweichung von der ebenen (gravitationsfreien) Welt zutage tritt, in gewöhnliche Newtonsche Potentiale über.

Eine zur Zeit t auftretende Änderung der Massenverteilung ruft also eine Gravitationswirkung hervor, die im Aufpunkt, dessen räumlicher Abstand von jenem Raumpunkt, in dem die Störung aufgetreten ist, gleich r ist, nach der Zeitspanne $\frac{r}{c}$ ein. Ein besonderer Fall liegt vor, wenn felderzeugende Materie periodischen zeitlichen Änderungen unterworfen ist und somit von schwingenden Massen gesprochen werden kann; die Gravitationsstörungen, die sie hervorrufen, bezeichnet man als *Gravitationswellen.* Sie haben sich auf Grund ihrer schwachen Wirkung bisher allerdings der Beobachtung entzogen, ein einwandfrei gesicherter direkter Nachweis ist bis heute nicht erbracht.

Die Situation ist übrigens völlig analog jener der Ausbreitung des elektromagnetischen Feldes, die ebenfalls durch eine Gleichung wie (6.52) beschrieben wird. An die Stelle des Vierer-Stromes tritt der Massentensor, an die Stelle des Vierer-Potentials treten die Gravitationspotentiale, die Koordinaten des Maßtensors; schwingende Ladungen bzw. veränderliche Ströme erzeugen elektromagnetische Wellen, schwingende Massen Gravitationswellen. Ebenso wie das Coulombsche Fernwirkungsgesetz der Anziehung bzw. Abstoßung von Ladungen einer feldwirkungstheoretischen Auffassung in Form der Maxwellschen Gleichungen in ihrer relativistischen Fassung weichen mußte, erhält nun auch das Newtonsche Gesetz der Massenanziehung, das ja dem Coulombschen Gesetz völlig analog ist, ein feldwirkungstheoretisches Gewand; die unbefriedigende Auffassung der Fernwirkung seit NEWTON ist nun auch in der Theorie der Gravitation beseitigt, ebenso wie elektromagnetische Wirkungen pflanzen sich auch Gravitationswirkungen im Raum mit endlicher Geschwindigkeit fort.

Die linearisierten Feldgleichungen müssen natürlich den Newtonschen Grenzfall in sehr flachen Bezirken, also in größerem Abstand von gravitierenden Massen beinhalten. Da im nicht-relativistischen Grenzfall sämtliche Koordinaten des Massentensors sehr klein gegenüber $T_{00} \approx \mu$ sind, solange die Geschwindigkeiten klein sind und keine größeren Spannungen und Drücke auftreten, können alle Koordinaten des Massentensors bis auf T_{00} vernachlässigt werden, sodaß man für die rechte Seite von (6.61)

$$S_{ij} = -T_{00}\delta_{ij} = -\mu\delta_{ij}$$

erhält; damit ergibt (6.61)

$$\Box\,\phi_{ii} = -\frac{8\pi\gamma\mu}{c^2}\,.$$

Im statischen Fall ist folglich

$$\phi_{ii} = -\frac{2\gamma}{c^2}\iiint \frac{\mu}{r}\,dx_1 dx_2 dx_3 = \frac{2V}{c^2}$$

das Newtonsche Gravitationspotential. Die Gleichungen für die Hauptdiagonalelemente führen daher zu denselben Lösungsfunktionen

$$\phi_{00} = \phi_{11} = \phi_{22} = \phi_{33} = \frac{2V}{c^2};$$

da die Gleichungen $\Box\,\phi_{ij} = 0$ für $i \neq j$ durch $\phi_{ij} = 0$ gelöst werden, ist die Raummetrik näherungsweise durch die sogenannte *Newtonsche Näherung*

$$ds^2 = \left(1 + \frac{2V}{c^2}\right)c^2 dt^2 - \left(1 - \frac{2V}{c^2}\right)\left(dx_1^2 + dx_2^2 + dx_3^2\right) \tag{6.63}$$

gegeben. Diese unterscheidet sich allerdings von (6.42) durch den Korrekturterm $\left(1-\frac{2V}{c^2}\right)$. Solange $V \ll c^2$ ist, also in hinreichend großen Abständen von gravitierenden Massen, sind die Abweichungen von der ebenen Welt gering, sodaß (6.63) eine gute Annäherung der Raumgeometrie darstellt, wie sich im folgenden für den Fall des Gravitationsfeldes einer Einzelmasse herausstellen wird. Da in größerem Abstand von gravitierenden Massen der Dichte μ die Feldwirkung in guter Näherung gleich jener einer kugelförmigen Materieverteilung mit der Gesamtmasse M ist, kommt dem Feld einer Einzelmasse natürlich besondere Bedeutung zu.

6.6 Das Gravitationsfeld einer Einzelmasse

Auf den Physiker und Astronomen K. SCHWARZSCHILD geht eine geschlossene Lösung des Gravitationsgesetzes (6.47) für den materiefreien Raum zurück, die dem Gravitationsfeld im Außenraum einer einzelnen in Ruhe befindlichen Masse wie z.B. der Sonne entspricht und solcherart das Äquivalent zum Potential $-\frac{\gamma M}{r}$ einer kugelförmigen Zentralmasse der Newtonschen Theorie darstellt. Dieses Potential genügt im materiefreien Raum der Laplaceschen Differentialgleichung und ist deren einzige kugelsymmetrische Lösung, wenn man noch die Forderung erhebt, daß die Gravitationswirkungen mit zunehmendem Abstand vom Gravitationszentrum abklingen. Mit einer kugelförmigen Zentralmasse liegt sicherlich die einfachste Situation für die Newtonsche Theorie vor, aber auch, wie im folgenden dargelegt werden soll, für die Einsteinsche Theorie. Die Lösung der an die Stelle der Laplace-Gleichung tretenden Feldgleichungen (6.47) führt unter der Voraussetzung der Kugelsymmetrie zu einer statischen Raumgeometrie; sie ist, wie im Fall der Newtonschen Theorie, die einzige kugelsymmetrische Lösung der Feldgleichungen für den leeren Raum.

Bei der Lösung der Feldgleichungen (6.47) sind zwei Gesichtspunkte zu beachten. Zum einen ist für eine erfolgreiche Bewältigung der Integrationsaufgabe die Wahl geeigneter Koordinaten von entscheidender Bedeutung. Denn so einfach die theoretische Formulierung des Gravitationsgesetzes auch ist, die nichtlinearen partiellen Differentialgleichungen hingegen, deren Lösung (6.47) erfordert, können sehr verwickelt sein und sich der Integration entziehen, wenn man nicht von Anbeginn an ausgiebig von der freien Wahl der Koordinaten Gebrauch macht. Zum anderen wird man um gewisse physikalische Grundannahmen nicht herumkommen. Ebenso wie man bei der Lösung der Laplace-Gleichung auf unüberwindbare Schwierigkeiten stößt, wenn man das allgemeine Integral sucht, aber durch eine physikalische Annahme wie der Kugelsymmetrie über den Ansatz $V = V(r)$ eine elementare Aufgabe vor sich hat, muß auch den Feldgleichungen (6.47) eine entsprechend einfache physikalische Situation zugrundeliegen, wenn sie der Integration zugänglich werden sollen; dadurch erhält man in der Regel auch Hinweise auf die Wahl angepaßter Koordinaten. Eine adäquate Forderung ist nun jene der Kugelsymmetrie, die sinngemäß auf die Verhältnisse in der vierdimensionalen Welt übertragen werden muß. Unter dieser Annahme ist nun, analog dem Ansatz $V = V(r)$ in der Newtonschen Theorie, die metrische Fundamentalform anzusetzen, wobei man bestrebt sein wird, durch Einführung geeigneter Koordinaten möglichst weitgehende Vereinfachungen zu erzielen. Dabei muß man sich stets vor Augen halten, daß ja den Koordinaten keine eigentliche physikalische Bedeutung zukommt.

Gesucht ist also eine kugelsymmetrische Lösung der Feldgleichungen (6.47), die mit gutem Grund als das Gravitationsfeld im Außenraum einer kugelförmigen Massenverteilung anzusehen ist. Anschaulich formuliert in Anlehnung an die Verhältnisse im dreidimensionalen „Ortsraum" versteht man unter Kugelsymmetrie eines Gravitationsfeldes die Invarianz der metrischen Fundamentalform unter Transformationen

$$x_0 = \bar{x}_0 \,, \quad \mathbf{x} = \mathbf{S} \cdot \bar{\mathbf{x}} \,, \tag{6.64}$$

worin $\mathbf{x}$ für die Spalte der Ortskoordinaten x_1, x_2, x_3 steht und $\mathbf{S}$ eine orthogonale Matrix ist, also der Bedingung

$$\mathbf{S}^\dagger = \mathbf{S}^{-1}$$

unterworfen ist. Genauer ist dabei unter Invarianz der metrischen Fundamentalform gegenüber Transformationen (6.64) gemeint, daß der Übergang $x_i \to \bar{x}_i$ die metrische Fundamentalform in ihrer Gestalt nicht ändert, d.h. es soll

$$g_{ij}(x_0, \mathbf{x})\, dx_i dx_j = g_{ij}(\bar{x}_0, \bar{\mathbf{x}})\, d\bar{x}_i d\bar{x}_j$$

beziehungsweise

$$\bar{g}_{ij}(\bar{x}_0, \bar{\mathbf{x}}) = g_{ij}(\bar{x}_0, \bar{\mathbf{x}}) \tag{6.65}$$

gelten. Zu beachten ist dabei, daß bei einer Transformation (6.64) die Größe

$$\rho^2 = \mathbf{x}^\dagger \cdot \mathbf{x} = \bar{\mathbf{x}}^\dagger \cdot \mathbf{S}^\dagger \cdot \mathbf{S} \cdot \bar{\mathbf{x}} = \bar{\mathbf{x}}^\dagger \cdot \bar{\mathbf{x}}$$

invariant ist. Um die allgemeinste metrische Fundamentalform zu finden, die in diesem Sinne invariant gegenüber Transformationen (6.64) ist, erweist sich der Matrizenkalkül als zweckmäßig. Schreibt man die Koordinatenmatrix des Maßtensors in Blockform an,

$$\{g_{ij}\} = \begin{pmatrix} g_{00} & \mathbf{g} \\ \mathbf{g}^\dagger & \mathbf{G} \end{pmatrix},$$

worin $\mathbf{g}$ eine Zeile mit 3 Elementen und $\mathbf{G}$ eine dreireihige (symmetrische) Matrix ist, so ergibt eine Transformation (6.64)

$$\{\bar{g}_{ij}\} = \begin{pmatrix} g_{00} & \mathbf{g}\cdot\mathbf{S} \\ (\mathbf{g}\cdot\mathbf{S})^\dagger & \mathbf{S}^\dagger\cdot\mathbf{G}\cdot\mathbf{S} \end{pmatrix}.$$

Um die Bedingungen (6.65) zu erfüllen, müssen die Koordinaten der metrischen Fundamentalform notwendig die Form

$$g_{00} = T(x_0,\rho)\,,\ \mathbf{g} = -\tfrac{1}{2}U(x_0,\rho)\,\frac{\mathbf{x}^\dagger}{\rho}\,,\ \mathbf{G} = -V(x_0,\rho)\,\mathbf{E} - R(x_0,\rho)\,\frac{\mathbf{x}\cdot\mathbf{x}^\dagger}{\rho^2}$$

aufweisen, worin $\mathbf{E}$ die dreireihige Einheitsmatrix ist und U, V, T und R willkürliche Funktionen der Variablen x_0 und $\rho = \sqrt{\mathbf{x}^\dagger\cdot\mathbf{x}}$ sind. Man überzeugt sich leicht, daß in diesem Fall die gestellten Bedingungen (6.65) erfüllt sind. Eine Fundamentalform, durch welche eine kugelsymmetrische Welt beschrieben wird, hat daher in geeigneten Koordinaten die Gestalt

$$\begin{aligned} ds^2 &= T(x_0,\rho)\,dx_0^2 - U(x_0,\rho)\,dx_0\,\frac{\mathbf{x}^\dagger\cdot d\mathbf{x}}{\rho} - V(x_0,\rho)\,d\mathbf{x}^\dagger\cdot d\mathbf{x} \\ &\quad - R(x_0,t)\Big(\frac{\mathbf{x}^\dagger\cdot d\mathbf{x}}{\rho}\Big)^2. \end{aligned} \tag{6.66}$$

Führt man an Stelle von x_0 über die Gleichung $x_0 = ct$ die Koordinatenzeit t ein und Kugelkoordinaten ρ, ϑ und φ anstatt der „Ortskoordinaten“ x_1, x_2, x_3, so erhält man unter Berücksichtigung von

$$\mathbf{x}^\dagger\cdot d\mathbf{x} = \rho\,d\rho\,,\quad d\mathbf{x}^\dagger\cdot d\mathbf{x} = d\rho^2 + \rho^2(d\vartheta^2 + \sin^2\!\vartheta\,d\varphi^2)\,,$$

wenn $T(t,\rho)$ für $T(ct,\rho)$ usw. geschrieben wird,

$$\begin{aligned} ds^2 &= c^2T(t,\rho)\,dt^2 - cU(t,\rho)\,dtd\rho - \big(V(t,\rho) + R(t,\rho)\big)\,d\rho^2 \\ &\quad - V(t,\rho)\rho^2(d\vartheta^2 + \sin^2\!\vartheta\,d\varphi^2)\,. \end{aligned}$$

Stellt man diese Form der metrischen Fundamentalform jener der flachen Minkowski-Welt $\mathfrak{W}^4$ gegenüber, die in Galileischen Koordinaten durch Einführung von Kugelkoordinaten die Gestalt

$$ds^2 = c^2dt^2 - dr^2 - r^2(d\vartheta^2 + \sin^2\!\vartheta\,d\varphi^2)$$

annimmt, so liegt die Transformation

$$\bar{\rho}^2 = \rho^2V(t,\rho)$$

mit der Umkehrung[14] $\rho = h(\bar{\rho},t)$ nahe, schon auch mit Rücksicht auf den

[14] Die Bedingung für die Umkehrbarkeit ist $\frac{\partial}{\partial\rho}\big[\rho^2V(t,\rho)\big] \neq 0$, also die Forderung, daß die Funktion V nicht die Gestalt $V(t,\rho) = \frac{c(t)}{\rho^2}$ besitzt. Es läßt sich zeigen, daß ein solcher Ansatz für die Lösung der Gleichungen (6.47) nicht in Frage kommt.

Vergleich der Geometrie in großen Abständen vom Gravitationszentrum. Schreibt man nach Ausführung der Transformation wieder ρ an Stelle von $\bar{\rho}$, $T(t,\rho)$ bzw. $U(t,\rho)$ an Stelle von $T\big(t,h(\rho,t)\big)$ bzw. $U\big(t,h(\rho,t)\big)$ und $R(t,\rho)$ für $V\big(t,h(\rho,t)\big)+R\big(t,h(\rho,t)\big)$, so geht die obige Form über in

$$ds^2 = c^2T(t,\rho)\,dt^2 - cU(t,\rho)\,dtd\rho - R(t,\rho)\,d\rho^2 - \rho^2(d\vartheta^2 + \sin^2\!\vartheta\,d\varphi^2)\,,$$

worin T, U und R willkürliche positive Funktionen in den Koordinaten t und ρ sind. Schließlich kann man durch eine Transformation der Koordinatenzeit noch eine weitere Vereinfachung erzielen, und zwar dahingehend, daß der gemischte Term herausfällt; eine solche Abänderung der Koordinatenzeit bedeutet die Bezugnahme auf orthogonale Koordinaten. Setzt man hiefür

$$t = f(\bar{t},\rho)$$

an, so ergibt sich, wenn $\bar{T}(\bar{t},\rho) = T\big(f(\bar{t},\rho),\rho\big)$ usw. gesetzt wird,

$$\begin{aligned} ds^2 &= c^2\bar{T}(\bar{t},\rho)\Big[\Big(\frac{\partial f}{\partial \bar{t}}\Big)^2 d\bar{t}^{\,2} + 2\,\frac{\partial f}{\partial \bar{t}}\,\frac{\partial f}{\partial \rho}\,dtd\rho + \Big(\frac{\partial f}{\partial \rho}\Big)^2 d\rho^2\Big] \\ &\quad - c\bar{U}(\bar{t},\rho)\Big[\frac{\partial f}{\partial \bar{t}}\,dtd\rho + \frac{\partial f}{\partial \rho}\,d\rho^2\Big] - \bar{R}(\bar{t},\rho)\,d\rho^2 - \rho^2(d\vartheta^2 + \sin^2\!\vartheta\,d\varphi^2)\,. \end{aligned}$$

Wählt man nun die Funktion f so, daß die Gleichung

$$2c\bar{T}(\bar{t},\rho)\,\frac{\partial f}{\partial \rho} - \bar{U}(\bar{t},\rho) = 0$$

erfüllt ist, also

$$f(\bar{t},\rho) = \frac{1}{2c}\int \frac{\bar{U}(\bar{t},\rho)}{\bar{T}(\bar{t},\rho)}\,d\rho + v(\bar{t})\,,$$

worin $v(\bar{t})$ eine beliebige Funktion der neuen Koordinatenzeit ist, so nimmt mit neuerlich geänderten Bezeichnungen für die willkürlichen Koeffizienten die metrische Fundamentalform für eine kugelsymmetrische Welt die endgültige Gestalt

$$ds^2 = c^2T(t,\rho)\,dt^2 - R(t,\rho)\,d\rho^2 - \rho^2(d\vartheta^2 + \sin^2\!\vartheta\,d\varphi^2) \qquad (6.67)$$

an. Darin sind T und R willkürliche positive Funktionen in den Koordinaten t und ρ, welche zur Erfüllung des Gravitationsgesetzes (6.47) für den leeren Raum im folgenden bestimmt werden sollen. Um der Bedeutung des Vorzeichens der beiden Funktionen T und R Rechnung zu tragen, schreibt man (6.67) in der Form

$$ds^2 = c^2e^{2\alpha}dt^2 - e^{2\beta}\,d\rho^2 - \rho^2(d\vartheta^2 + \sin^2\!\vartheta\,d\varphi^2)\,, \qquad (6.68)$$

was sich im weiteren auch bei der Integrationsaufgabe als vorteilhaft erweisen wird. Dabei bedeutet es keine Beschränkung der Allgemeinheit zu verlangen, daß die Funktion $\alpha(\rho,t)$ keinen additiven von ρ unabhängigen Term enthält, denn wäre $\alpha(\rho,t)$ von der Form $f(\rho,t)+c(t)$, so ließe sich der additive Term $c(t)$, auch im Fall, daß es sich um eine Konstante handelt, durch die Transformation der Koordinatenzeit

$$e^{c(t)}dt = d\bar{t}$$

wegbringen. Soll bei unbeschränktem Anwachsen der Koordinate ρ, die intuitiv die Nähe zum Gravitationszentrum mißt, die Welt in eine pseudoeuklidische $\mathfrak{W}^4$ übergehen, so müssen die beiden Funktionen α und β den Grenzwertbeziehungen

$$\lim_{\rho\to\infty} \alpha(t,\rho) = \lim_{\rho\to\infty} \beta(t,\rho) = 0$$

genügen. Diese Forderung wird aber nicht eigens erhoben, ihr wird von selbst Genüge getan. Ihre physikalische Bedeutung ist darin zu sehen, daß weitab vom Zentrum die Feldwirkungen abklingen, entsprechend $V \to 0$ in der Newtonschen Theorie.

Zur Bestimmung des Ricci-Tensors benötigt man zunächst die Matrix der 1-Formen des affinen Zusammenhangs, der durch den Ansatz (6.68) gegeben ist; man erhält (mit $x_0 = ct$, $x_1 = \rho$, $x_2 = \vartheta$, $x_3 = \varphi$)

$$\Gamma = \begin{pmatrix} d\alpha & \frac{c^2}{\gamma}\frac{\partial\alpha}{\partial\rho}dt + \frac{\partial\beta}{\partial t}d\rho & 0 & 0 \\ \frac{\partial\alpha}{\partial\rho}dt + \frac{\gamma}{c^2}\frac{\partial\beta}{\partial t}d\rho & d\beta & \frac{1}{\rho}\,d\vartheta & \frac{1}{\rho}\,d\varphi \\ 0 & -\rho e^{-2\beta}d\vartheta & \frac{1}{\rho}\,d\rho & \cot\vartheta\,d\varphi \\ 0 & -e^{-2\beta}\rho\sin^2\vartheta\,d\varphi & -\frac{1}{2}\sin 2\vartheta\,d\varphi & \frac{1}{\rho}\,d\rho + \cot\vartheta\,d\vartheta \end{pmatrix},$$

worin für $\gamma = e^{2(\beta-\alpha)}$ gesetzt wurde, und kann daraus die Zusammenhangskoeffizienten Γ^i_{jk} ohne Mühe ablesen. Die Koordinaten des Ricci-Tensors schließlich bestimmen sich zu

$$\begin{aligned} R_{00} &= c^2 e^{2(\alpha-\beta)}\Big(\alpha_{\rho\rho} + \alpha_\rho^2 - \alpha_\rho\beta_\rho + \frac{2\alpha_\rho}{\rho}\Big) - \beta_{tt} - \beta_t^2 + \alpha_t\beta_t\,, \\ R_{11} &= -\alpha_{\rho\rho} - \alpha_\rho^2 + \alpha_\rho\beta_\rho + \frac{2\beta_\rho}{\rho} + \frac{1}{c^2}e^{2(\beta-\alpha)}\big(\beta_{tt} + \beta_t^2 - \beta_t\alpha_t\big)\,, \\ R_{22} &= 1 + e^{-2\beta}\big[\rho(\beta_\rho - \alpha_\rho) - 1\big]\,, \\ R_{33} &= \sin^2\vartheta\Big(1 + e^{-2\beta}\big[\rho(\beta_\rho - \alpha_\rho) - 1\big]\Big) = \sin^2\vartheta\,R_{22}\,, \\ R_{01} &= \frac{2}{\rho}\frac{\partial\beta}{\partial t}\,, \end{aligned}$$

für alle übrigen gilt $R_{ij} = 0$. Da das Verschwinden des Einstein-Tensors mit dem Verschwinden des Ricci-Tensors gleichbedeutend ist, genügt es, die Koordinaten des Ricci-Tensors gleich Null zu setzen. Die erste bedeutsame Konsequenz ergibt sich jetzt aus der Gleichung $R_{01} = 0$, die offenbar nur erfüllt werden kann, wenn die Funktion β von t unabhängig ist, also eine Funktion von ρ allein ist. Deshalb müssen zur Lösung von (6.47), wenn jetzt β' für β_ρ geschrieben wird, die einfacheren Differentialgleichungen

$$\begin{aligned} \alpha_{\rho\rho} + \alpha_\rho^2 - \alpha_\rho\beta' + \frac{2\alpha_\rho}{\rho} &= 0\,, \\ -\alpha_{\rho\rho} - \alpha_\rho^2 + \alpha_\rho\beta' + \frac{2\beta'}{\rho} &= 0\,, \\ 1 + e^{-2\beta}\big[\rho(\beta' - \alpha_\rho) - 1\big] &= 0 \end{aligned}$$

erfüllt werden. Bildet man hiefür die Summe aus der ersten und zweiten Gleichung, so erhält man

$$\alpha_\rho + \beta' = 0$$

und somit

$$\alpha(\rho, t) = -\beta(\rho) + c(t) .$$

Da aber ein ortsunabhängiger additiver Term in der Funktion α durch eine geeignete Transformation der Koordinatenzeit stets weggebracht werden kann, bedeutet es keinen Verlust an Allgemeinheit, für $c(t) = 0$ zu setzen. Somit können beide Funktionen α und β als Funktionen von ρ allein angesetzt werden, insbesondere ist von

$$\alpha(\rho) = -\beta(\rho)$$

auszugehen. Die Gleichung $R_{22} = 0$, die mit $R_{33} = 0$ äquivalent ist, liefert dann die Differentialgleichung

$$e^{2\alpha}\left(2\rho\alpha' + 1\right) = 1 ,$$

deren allgemeine Lösung durch die Funktion

$$\alpha = \frac{1}{2} \ln\left(1 - \frac{2m}{\rho}\right)$$

gegeben ist, in der die Größe $2m$ die willkürliche Integrationskonstante bezeichnet. Man überzeugt sich nun leicht, daß diese Funktion auch eine Lösung der Differentialgleichung

$$\alpha'' + 2\alpha'^2 + \frac{2\alpha'}{\rho} = 0$$

ist, denn diese entsteht durch Differentiation der obigen Gleichung für α. Dadurch sind schließlich auch die Gleichungen $R_{00} = R_{11} = 0$ und somit alle Feldgleichungen (6.47) erfüllt. Diese Lösung der Feldgleichungen wurde von K. SCHWARZSCHILD kurze Zeit, nachdem EINSTEIN die Feldgleichungen aufgestellt hatte, gefunden; sie ist auch nach ihm benannt und lautet

$$ds^2 = c^2\left(1 - \frac{2m}{\rho}\right)dt^2 - \frac{1}{1 - \frac{2m}{\rho}}\, d\rho^2 - \rho^2\left(d\vartheta^2 + \sin^2\vartheta\, d\varphi^2\right) . \tag{6.69}$$

Die Integrationskonstante $2m$ hat die Dimension einer Länge und wird der *Gravitationsradius* oder *Schwarzschild-Radius* der Gravitationsquelle genannt. Vergleicht man die Metrik (6.69) weitab vom Gravitationszentrum ($\rho \gg 2m$) mit der Metrik (6.43), so erhält man den Zusammenhang

$$m = \frac{\gamma M}{c^2} \tag{6.70}$$

zwischen dem Schwarzschild-Radius und der Zentralmasse in der Newtonschen Theorie. Die Lösung der linearisierten Vakuum-Feldgleichungen, die Newtonsche Näherung (6.63), wird sich in schwach gekrümmten Raumbezirken als Näherung erster Ordnung für die Geometrie (6.69) erweisen. Mit zunehmender Entfernung vom Gravitationszentrum geht die Raum-Zeit-Welt $\mathfrak{R}^4$ in eine pseudo-euklidische Welt $\mathfrak{W}^4$ über, man sagt, die Raum-Zeit-Welt $\mathfrak{R}^4$ ist ***asymptotisch flach***.

Die Metrik (6.69) enthält im Grunde zwei Lösungen der Vakuum-Feldgleichungen (6.47). Da sie für $\rho = 2m$ gar nicht definiert ist, liefert sie eine Lösung für $\rho > 2m$ und eine weitere für $0 < \rho < 2m$. Identifiziert man den Variabilitätsbereich der „Winkel" ϑ und φ mit den Punkten der Einheitskugel S im dreidimensionalen Raum, so kann der Definitionsbereich der Karte für eine kugelsymmetrische Metrik symbolisch als kartesisches Produkt $\mathcal{H} \times S$ geschrieben werden, wenn darin $\mathcal{H} \subseteq \mathbb{R}^2$ jener Bereich ist, in denen die radiale und die zeitartige Koordinate variiert. Da $\mathcal{H}$ der eigentlich informative Teil ist und S automatisch auftritt, kann die Angabe von S unterdrückt werden.

Die „äußere" Lösung (6.69), deren Definitionsbereich die Halbebene $\mathcal{H} = \{(t, \rho) \mid \rho > 2m\}$ ist, stellt das Gravitationsfeld um ein kugelsymmetrisches Zentralgestirn mit dem Radius $R > 2m$ dar. Die andere im Streifen $\{(t, \rho) \mid 0 < \rho < 2m\}$ gegebene Lösung ist erst später verstanden worden, nachdem man ihr ursprünglich keine physikalische Bedeutung beigemessen hatte. Auf sie soll im nächsten Paragraphen eingegangen werden.

Die Symmetrien der Geometrie (6.69) fördern die Killing-Vektorfelder zutage. Es sind dies die vier Vektorfelder (5.226), die in Kap. 5, §7 bereits bestimmt worden sind. Das Auftreten des für $\rho > 2m$ zeitartigen Killing-Vektorfeldes $v_0 = \partial_t$ zeigt, daß die Geometrie der Schwarzschild-Lösung für $\rho > 2m$ stationär ist (während sie für $\rho < 2m$ instationär ist, weil dann das Killing-Vektorfeld ∂_t raumartig ist). Das Vektorfeld ∂_t ist für $\rho > 2m$ hyperflächenorthogonal auf die Schar t = const., worin geometrisch zum Ausdruck kommt, daß die äußere Lösung (6.69) ein statisches Gravitationsfeld liefert. Darin liegt die Bedeutung der Koordinate t, die man die *Schwarzschild-Zeit* nennt. Die drei anderen Killing-Vektorfelder in (5.226) sind wegen $(v_i, v_i) < 0$ raumartig und Kennzeichen der Kugelsymmetrie, indem sie die Gleichungen

$$[v_1, v_2] = v_3\,, \quad [v_3, v_1] = v_2\,, \quad [v_2, v_3] = v_1 \tag{6.71}$$

erfüllen. Man nimmt dies zum Anlaß, die Kugelsymmetrie eines Gravitationsfeldes geometrisch-invariant durch die Forderung zu charakterisieren, daß drei raumartige Killing-Vektorfelder existieren, welche den Gleichungen (6.71) Genüge leisten.

Angesichts der Kugelsymmetrie ist der Sinn der „Winkel" ϑ und φ evident; die „radiale" Koordinate ρ besitzt das geometrische Merkmal, daß die Sphäre t = const., ρ = const. den Inhalt $4\pi\rho^2$ hat. Die Bedeutung der Koordinaten $t, \rho, \vartheta, \varphi$, die man auch „sphärische" Schwarzschild-Koordinaten nennt, ist auch an der für die schwach gekrümmten Raumbezirke ($\rho \gg 2m$) bestehenden Affinität von (6.69) zur pseudo-euklidischen Metrik der Minkowski-Welt $\mathfrak{W}^4$ nach Einführung von Kugelkoordinaten zu messen. Solche Analogien sind aber nur in flachen Bezirken der Welt zulässig, in stärker gekrümmten Raumbezirken versagen sie radikal.

Die Geometrie der metrischen Fundamentalform (6.69) nennt man die *Schwarzschild-Geometrie*. Als Satz von BIRKHOFF bezeichnet man die Aussage, *daß jede kugelsymmetrische Lösung der Vakuum-Feldgleichungen (6.47) einen Weltbezirk der Schwarzschild-Geometrie erfaßt.*

Sei $\mathfrak{K}$ die Kugelfläche $\xi_1^2 + \xi_2^2 + \xi_3^2 = R^2$ im euklidischen Raum $\mathfrak{E}^3$, versehen mit der induzierten Metrik, die nach Einführung von Kugelkoordinaten die Form

$$ds^2 = R^2(d\vartheta^2 + \sin^2\vartheta\, d\varphi^2)$$

annimmt. Löst man die Killing-Gleichung (5.224), so erhält man nach einer kurzen Rechnung die drei Killing-Vektorfelder

$$v_1 = \sin\varphi\, \partial_\vartheta + \cos\varphi \cot\vartheta\, \partial_\varphi\,, \quad v_2 = \cos\varphi\, \partial_\vartheta - \sin\varphi \cot\vartheta\, \partial_\varphi\,, \quad v_3 = \partial_\varphi\,.$$

Werden sie geeignet orientiert, so erfüllen sie die Gleichungen (6.71). Man mache sich die Bedeutung der drei Killing-Vektorfelder an Hand der Abb. 5.1 auf S. 299 klar!

Sind v_1, v_2, v_3 drei raumartige Killing-Vektorfelder der vierdimensionalen Welt $\mathfrak{M}^4$ und genügen sie den drei Gleichungen (6.71), so lassen sie sich in einer Karte κ als lineare (oder ganze lineare) Funktionen der Koordinaten x_i darstellen,

$$v_1 = \begin{pmatrix} 0 \\ \mathbf{v}_1 \end{pmatrix}, \quad v_2 = \begin{pmatrix} 0 \\ \mathbf{v}_2 \end{pmatrix}, \quad v_3 = \begin{pmatrix} 0 \\ \mathbf{v}_3 \end{pmatrix},$$

wobei mit $\mathbf{x}$ als der Spalte der drei Koordinaten x_1, x_2 und x_3

$$\mathbf{v}_1 = \mathbf{A}_1 \cdot \mathbf{x}\,, \quad \mathbf{v}_2 = \mathbf{A}_2 \cdot \mathbf{x}\,, \quad \mathbf{v}_3 = \mathbf{A}_3 \cdot \mathbf{x}$$

gilt. Damit die Vektoren v_1, v_2 und v_3 auch wirklich die Gleichungen (6.71) erfüllen, müssen die dreireihigen Matrizen $\mathbf{A}_1$, $\mathbf{A}_2$ und $\mathbf{A}_3$ über die Gleichungen

$$\begin{aligned} \mathbf{A}_1 &= \mathbf{A}_3 \cdot \mathbf{A}_2 - \mathbf{A}_2 \cdot \mathbf{A}_3\,, \\ \mathbf{A}_2 &= \mathbf{A}_1 \cdot \mathbf{A}_3 - \mathbf{A}_3 \cdot \mathbf{A}_1\,, \\ \mathbf{A}_3 &= \mathbf{A}_2 \cdot \mathbf{A}_1 - \mathbf{A}_1 \cdot \mathbf{A}_2 \end{aligned}$$

verknüpft sein. Es läßt sich nun zeigen, daß unter diesen Umständen jede dieser drei Matrizen dasselbe charakteristische Polynom hat, nämlich $p(\lambda) = -\lambda^3 - \lambda$, weshalb nur die Eigenwerte 0, i und $-i$ auftreten können. Die speziellen Lösungen

$$\mathbf{A}_1 = \begin{pmatrix} 0 & 0 & 0 \\ 0 & 0 & 1 \\ 0 & -1 & 0 \end{pmatrix}, \quad \mathbf{A}_2 = \begin{pmatrix} 0 & 0 & -1 \\ 0 & 0 & 0 \\ 1 & 0 & 0 \end{pmatrix}, \quad \mathbf{A}_3 = \begin{pmatrix} 0 & 1 & 0 \\ -1 & 0 & 0 \\ 0 & 0 & 0 \end{pmatrix},$$

haben besondere Symmetrie, sodaß bei dieser Koordinatenwahl

$$v_1 = x_3\partial_2 - x_2\partial_3\,, \quad v_2 = x_1\partial_3 - x_3\partial_1\,, \quad v_3 = x_2\partial_1 - x_1\partial_2$$

gilt. Da es sich um Killing-Vektorfelder handelt, müssen die Koordinaten dieser Vektorfelder den Killing-Gleichungen (5.223) genügen. Sieht man diese als Gleichungen für die Koordinaten g_{ij} des metrischen Tensors an, indem man die Killing-Vektorfelder v_1, v_2 und v_3 einsetzt, so erhält man 30 partielle Differentialgleichungen erster Ordnung für die insgesamt 10 unabhängigen Koordinaten des Maßtensors. Der Mut, sie anzuschreiben, wird mit vielen Symmetrien belohnt, welche die Lösbarkeit dieses überbestimmten Systems gewährleisten und das allgemeine Integral sehr schnell zutage fördern.

Der Schlüssel zur Lösung des Systems dieser 30 partiellen Differentialgleichungen besteht darin, die jeweils drei Gleichungen

$$\mathcal{L}_{v_1} g_{ij} = 0\,, \quad \mathcal{L}_{v_2} g_{ij} = 0\,, \quad \mathcal{L}_{v_3} g_{ij} = 0$$

für festgehaltene Indizes i und j der Reihe nach mit x_1, x_2 und x_3 zu multiplizieren und anschließend zu addieren. Benötigt wird ferner das allgemeine Integral eines Systems partieller Differentialgleichungen

$$\frac{\partial y}{\partial x_1} x_2 = \frac{\partial y}{\partial x_2} x_1\,, \quad \frac{\partial y}{\partial x_2} x_3 = \frac{\partial y}{\partial x_3} x_2\,, \quad \frac{\partial y}{\partial x_3} x_1 = \frac{\partial y}{\partial x_1} x_3\,, \qquad (*)$$

für eine Funktion $y = f(t, x_1, x_2, x_3)$, das mit einer willkürlichen Funktion Φ der beiden Veränderlichen t und $\rho = \sqrt{x_1^2 + x_2^2 + x_3^2}$ durch $y = \Phi(t, \rho)$ gegeben ist.

Unmittelbar auf dieses Differentialgleichungssystem führen die drei Gleichungen $\mathcal{L}_{v_i} g_{00} = 0$, weshalb notwendigerweise

$$g_{00} = p(t, \rho)$$

ist. Für $j = 1, 2, 3$ erhält man nach Addition der jeweils 3 Gleichungen $\mathcal{L}_{v_k} g_{0j} = 0$

$$x_2 g_{03} - x_3 g_{02} = 0\,, \quad -x_1 g_{03} + x_3 g_{01} = 0\,, \quad x_1 g_{02} - x_2 g_{01} = 0\,,$$

woraus

$$\frac{g_{01}}{x_1} = \frac{g_{02}}{x_2} = \frac{g_{03}}{x_3} = q$$

folgt, wobei die Funktion q, um alle 9 Gleichungen zu erfüllen, den Differentialgleichungen (∗) genügen muß, somit eine willkürliche Funktion von t und ρ ist. Für $i = 1$ und $j = 1, 2, 3$ ergibt sich

$$\begin{aligned} x_2 g_{13} - x_3 g_{12} &= 0\,, \\ -x_1 g_{13} + x_2 g_{32} + x_3(g_{11} - g_{22}) &= 0\,, \\ x_1 g_{12} + x_2(g_{33} - g_{22}) - x_3 g_{23} &= 0\,, \end{aligned}$$

für $i = 2$ und $j = 2, 3$

$$-x_1 g_{23} + x_3 g_{21} = 0\,, \quad x_1(g_{22} - g_{33}) - x_2 g_{21} + x_3 g_{31} = 0$$

und für $i = j = 3$

$$x_1 g_{32} - x_2 g_{31} = 0\,.$$

Von diesen letzten 6 Gleichungen enthalten 3 die Diagonalglieder g_{ii} nicht,

$$\frac{g_{13}}{x_3} = \frac{g_{12}}{x_2}\,, \quad \frac{g_{23}}{x_3} = \frac{g_{21}}{x_1}\,, \quad \frac{g_{31}}{x_1} = \frac{g_{32}}{x_2}\,,$$

weshalb mit drei Funktionen α_1, α_2 und α_3

$$g_{1i} = x_i \alpha_1\,, \; g_{2j} = x_j \alpha_2\,, \; g_{3k} = x_k \alpha_3\,, \quad i \neq 1,\; j \neq 2,\; k \neq 3\,,$$

gelten muß. Auf Grund der Symmetrie der g_{ij} ist weiter

$$\frac{\alpha_1}{x_1} = \frac{\alpha_2}{x_2} = \frac{\alpha_3}{x_3} = k$$

mit einer willkürlichen Funktion k und deshalb

$$g_{ij} = x_i x_j k\,, \quad i \neq j\,, \; i, j = 1, 2, 3\,.$$

Die drei übrigen Gleichungen lauten unter Berücksichtigung dieses Ergebnisses

$$(x_2^2 - x_1^2)k + g_{11} - g_{22} = 0\,, \; (x_1^2 - x_3^2)k + g_{33} - g_{11} = 0\,, \; (x_3^2 - x_2^2)k + g_{22} - g_{33} = 0$$

beziehungsweise

$$g_{11} - x_1^2 k = g_{22} - x_2^2 k = g_{33} - x_3^2 k = l\,.$$

Die beiden Funktionen k und l sind natürlich nicht völlig frei wählbar. Damit für $i, j = 1, 2, 3$ die 18 Gleichungen $\mathcal{L}_{v_k} g_{ij} = 0$ erfüllt sind, muß sowohl die Funktion k als auch die Funktion l eine Lösung des Differentialgleichungssystems (∗) und somit eine willkürliche Funktion der beiden Veränderlichen t und ρ sein. Daher lautet das allgemeine Integral der Differentialgleichungen $\mathcal{L}_{v_i} g_{jk} = 0$

$$g_{00} = p(t, \rho)\,, \quad g_{0\alpha} = q(t, \rho) x_\alpha\,, \quad g_{\alpha\beta} = k(t, \rho) x_\alpha x_\beta + l(t, \rho)\delta_{\alpha\beta}$$

in Übereinstimmung mit dem Ausgangspunkt zur Herleitung der Schwarzschild-Metrik (6.69). Um die Zeitartigkeit der Koordinate t zu gewährleisten, ist

$$p(t, \rho) > 0\,,$$

im Hinblick auf die Raumartigkeit der vorgegebenen Killing-Vektorfelder v_i ist

$$l(t, \rho) < 0$$

zu fordern. Damit es sich um eine pseudo-Riemannsche Metrik mit dem Index 1 handelt, ist im Falle $qk \neq 0$ noch die Bedingung

$$p(\rho^2 k + l) < \rho^2 q^2$$

hinzuzufügen.

Aus der Matrix der 1-Formen

$$\Gamma = \begin{pmatrix} \frac{m}{\rho(\rho-2m)}\,d\rho & \frac{mc^2}{\rho^2}\left(1-\frac{2m}{\rho}\right)dt & 0 & 0 \\ \frac{m}{\rho(\rho-2m)}\,dt & -\frac{m}{\rho(\rho-2m)}\,d\rho & \frac{1}{\rho}\,d\vartheta & \frac{1}{\rho}\,d\varphi \\ 0 & (2m-\rho)d\vartheta & \frac{1}{\rho}\,d\rho & \cot\vartheta\,d\varphi \\ 0 & (2m-\rho)\sin^2\vartheta\,d\varphi & -\frac{1}{2}\sin 2\vartheta\,d\varphi & \frac{1}{\rho}\,d\rho+\cot\vartheta\,d\vartheta \end{pmatrix}$$

lassen sich die Koeffizienten des affinen Zusammenhangs im Hinblick auf die Bestimmung der Geodätischen der Schwarzschild-Metrik (6.69) leicht ablesen. Die Gleichungen für diese lauten der Reihe nach in den Koordinaten t, ρ, ϑ und φ, wenn σ den Bahnparameter bezeichnet,

$$\begin{aligned} &\frac{d^2t}{d\sigma^2} + \frac{2m}{\rho^2}\frac{1}{1-\frac{2m}{\rho}}\frac{dt}{d\sigma}\frac{d\rho}{d\sigma} = 0\,, \\ &\frac{d^2\rho}{d\sigma^2} + \frac{mc^2}{\rho^2}\left(1-\frac{2m}{\rho}\right)\left(\frac{dt}{d\sigma}\right)^2 - \frac{m}{\rho^2}\frac{1}{1-\frac{2m}{\rho}}\left(\frac{d\rho}{d\sigma}\right)^2 \\ &\qquad - \rho\left(1-\frac{2m}{\rho}\right)\left(\frac{d\vartheta}{d\sigma}\right)^2 - \rho\sin^2\vartheta\left(1-\frac{2m}{\rho}\right)\left(\frac{d\varphi}{d\sigma}\right)^2 = 0\,, \\ &\frac{d^2\vartheta}{d\sigma^2} + \frac{2}{\rho}\frac{d\rho}{d\sigma}\frac{d\vartheta}{d\sigma} - \sin\vartheta\cos\vartheta\left(\frac{d\varphi}{d\sigma}\right)^2 = 0\,, \\ &\frac{d^2\varphi}{d\sigma^2} + \frac{2}{\rho}\frac{d\rho}{d\sigma}\frac{d\varphi}{d\sigma} + 2\cot\vartheta\frac{d\vartheta}{d\sigma}\frac{d\varphi}{d\sigma} = 0\,. \end{aligned} \tag{6.72}$$

Aus der ersten dieser vier Gleichungen folgt sofort

$$\left(1-\frac{2m}{\rho}\right)\frac{dt}{d\sigma} = A\,. \tag{6.73}$$

Schreibt man für die Koordinate ϑ die Anfangsbedingungen $\vartheta(\sigma_o) = \vartheta_o = \frac{\pi}{2}$ und $\vartheta'(\sigma_o) = \vartheta'_o = 0$ vor, so verschwinden auf Grund der dritten Gleichung (6.72) sämtliche Ableitungen von $\vartheta(\sigma)$ für $\sigma = \sigma_o$, d.h. es ist $\vartheta(\sigma)$ konstant gleich $\frac{\pi}{2}$. Dann läßt sich die vierte Gleichung (6.72) in der Form

$$\frac{1}{\rho^2}\frac{d}{d\sigma}\left(\rho^2\frac{d\varphi}{d\sigma}\right) = 0$$

schreiben, woraus durch Integration

$$\rho^2\frac{d\varphi}{d\sigma} = C \tag{6.74}$$

folgt. Unter Berücksichtigung dieser zwei Ergebnisse lautet dann die zweite der vier Gleichungen (6.72) für die Geodätischen der Schwarzschild-Metrik

$$\frac{d^2\rho}{d\sigma^2} + \frac{m}{\rho^2}\frac{1}{1-\frac{2m}{\rho}}\left[c^2A^2 - \left(\frac{d\rho}{d\sigma}\right)^2\right] - \frac{C^2}{\rho^3}\left(1-\frac{2m}{\rho}\right) = 0\,. \tag{6.75}$$

Ein erstes Integral läßt sich aus ihr so ohne weiteres nicht ablesen. Ihre Lösungen müssen aber noch eine andere Gleichung, nämlich

$$g_{ij}\frac{dx_i}{d\sigma}\frac{dx_j}{d\sigma} = \text{const.} > 0$$

erfüllen, im gegenständlichen Fall mit einer vom Parameter σ abhängigen Konstanten B

$$c^2\Big(1-\frac{2m}{\rho}\Big)\Big(\frac{dt}{d\sigma}\Big)^2-\frac{1}{1-\frac{2m}{\rho}}\Big(\frac{d\rho}{d\sigma}\Big)^2-\rho^2\Big[\Big(\frac{d\vartheta}{d\sigma}\Big)^2+\sin^2\vartheta\Big(\frac{d\varphi}{d\sigma}\Big)^2\Big]=B^2\,. \quad (6.76)$$

Berücksichtigt man zur Lösung dieser Gleichung die Ergebnisse (6.73) und (6.74) sowie den Umstand, daß die Geodätischen auf Grund der Anfangsbedingungen $\vartheta_o=\frac{\pi}{2}$, $\vartheta'_o=0$ in der „Äquatorebene" $\vartheta(\sigma)=\frac{\pi}{2}$ liegen,

$$\frac{c^2A^2}{1-\frac{2m}{\rho}}-\frac{1}{1-\frac{2m}{\rho}}\Big(\frac{d\rho}{d\sigma}\Big)^2-\frac{C^2}{\rho^2}=B^2\,, \quad (6.77)$$

so wird man durch Differentiation auf die Gleichung (6.75) geführt, d.h. (6.77) ist ein erstes Integral der Gleichung (6.75).

Gibt man für eine Geodätische der Schwarzschild-Geometrie (6.69) verschwindende Anfangswerte für ϑ' und φ' vor, so zeigen die beiden letzten Gleichungen (6.72), daß dann $\vartheta(\sigma)=$ const. und $\varphi(\sigma)=$ const. gilt. Dies rechtfertigt es, in einem solchen Fall von einer *radialen* Geodätischen zu sprechen; handelt es sich um eine lichtartige Geodätische, so spricht man von einer *radialen Nullgeodätischen*. Auf einer radialen Geodätischen ist in (6.74) $C=0$, weshalb die Gleichungen für radiale Geodätische

$$\Big(1-\frac{2m}{\rho}\Big)\frac{dt}{d\sigma}=A\,,\quad c^2A^2-\Big(\frac{d\rho}{d\sigma}\Big)^2=B^2\Big(1-\frac{2m}{\rho}\Big) \quad (6.78)$$

lauten. Für die radialen Nullgeodätischen ist $B=0$ und daher $\frac{d\rho}{d\sigma}=$ const., weshalb die Koordinate ρ als Bahnparameter verwendet werden kann,

$$\frac{dt}{d\rho}=\pm\frac{1}{1-\frac{2m}{\rho}}\,. \quad (6.79)$$

Unter einer *einlaufenden* radialen Geodätischen versteht man jene, deren Orientierung ins Zentrum $\rho=0$ weist, die Orientierung einer *auslaufenden* ist vom Zentrum weggerichtet. In Schwarzschild-Koordinaten ist $d\rho<0$ längs einlaufender und $d\rho>0$ längs auslaufender radialer Geodätischer, während wegen des Laufes der Zeit $dt>0$ gilt.

Da ϑ und φ längs radialer Geodätischer konstant sind, lassen sich diese bequem in einer Zeichenebene mit einer vertikalen Achse für die Zeit und einer horizontalen Achse für den Ort veranschaulichen, indem man die Lage eines radial einfallenden Körpers in Abhängigkeit von der Koordinatenzeit oder der Eigenzeit in diese einträgt. Diese Zeichenebene enthält auch den wesentlichen Teil des Definitionsbereiches der Karte für die jeweilige Metrik. Die Abb. 6.2 zeigt solche Zusammenhänge an Hand der äußeren Schwarzschild-Metrik (6.69); sie haben konkrete Bedeutung und werden später dazu dienen, auf einen bedeutsamen Sachverhalt hinzuweisen.

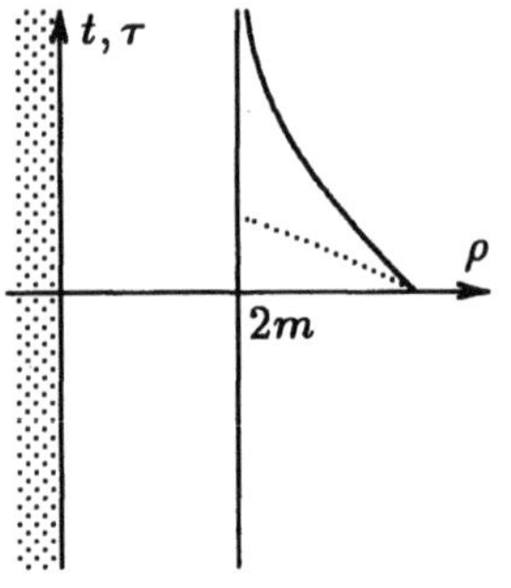

Abb. 6.2

Die strenge Lösung (6.69) der Einsteinschen Feldgleichungen (6.47) für das Äußere einer kugelsymmetrischen Massenverteilung erlaubt es, die Einsteinsche Theorie einem ersten Test zu unterziehen, denn durch die äußere Schwarzschild-Metrik wird gerade der für die Geometrie im Umfeld der Sonne wichtige Fall beschrieben. Da der Schwarzschild-Radius der Sonne ca. 3 km beträgt, die Entfernung des innersten Planeten Merkur von der Sonne aber in der Größenordnung von 60 Millionen km liegt, sind jene Bezirke des Raumes, in denen sich die Planeten bewegen, schon sehr flach. Deshalb werden die Keplerschen Ellipsen durch die Einsteinsche Theorie auch sehr genau bestätigt. Auf das Versagen der Newtonschen Theorie der Gravitation im Zusammenhang mit dem durch die Beobachtung gesicherten und am innersten Planeten Merkur besonders ausgeprägten Vorrücken des Perihels, für das auch die spezielle Relativitätstheorie keine zufriedenstellende Erklärung gibt, wurde in Kap. 4 schon hingewiesen; so bleibt zu prüfen, ob es durch die Einsteinsche Theorie erfaßt wird.

Die äußere Schwarzschild-Lösung beschreibt das Gravitationsfeld der Sonne, wenn man davon ausgeht, daß die Störung durch die Massenkonzentration im Weltraum auf Grund der Entfernungen der Fixsterne unmerklich ist und daher vernachlässigt werden kann. Wenn die Masse eines Körpers, der sich im Gravitationsfeld eines Zentralgestirns bewegt, sehr klein gegenüber jener des Zentrums ist — das Massenverhältnis von Erde und Sonne beträgt ca. 3×10^{-6} —, kann man auch die Störung des Gravitationsfeldes durch die Eigenmasse der sich bewegenden Materie vernachlässigen. Unter diesen Annahmen ist die Bahn eines Planeten um die Sonne eine zeitartige Geodätische der Schwarzschild-Geometrie, seine Weltlinie wird durch die vier Gleichungen (6.72) bzw. durch die ersten Integrale (6.73), (6.74) und (6.77) beschrieben, wenn sie durch geeignete Anfangsbedingungen in die Äquatorebene $\vartheta = \frac{\pi}{2}$ gelegt wird.

Die Bedeutung der Gleichung (6.76) erkennt man am besten, wenn man an Stelle des Bahnparameters σ die Eigenzeit τ einführt. Die Integrationskonstante C in Gleichung (6.74) (die, wie auch A und B, vom Bahnparameter abhängt) übernimmt die Rolle der gleichnamigen Konstanten im Flächensatz (4.123); wegen (6.11) ist bei Benützung der Eigenzeit als Bahnparameter in (6.77) für die Konstante $B = c$ zu setzen. Berücksichtigt man jetzt noch die Gleichung (6.73), so erhält man

$$\frac{c^2 A^2}{1 - \frac{2m}{\rho}} - \frac{1}{1 - \frac{2m}{\rho}}\left(\frac{d\rho}{d\tau}\right)^2 - \rho^2\left[\left(\frac{d\vartheta}{d\tau}\right)^2 + \sin^2\vartheta\left(\frac{d\varphi}{d\tau}\right)^2\right] = c^2$$

bzw. nach Multiplikation mit $1 - \frac{2m}{\rho}$

$$\left(\frac{d\rho}{d\tau}\right)^2 + \rho^2\left(1 - \frac{2m}{\rho}\right)\left[\left(\frac{d\vartheta}{d\tau}\right)^2 + \sin^2\vartheta\left(\frac{d\varphi}{d\tau}\right)^2\right] - \frac{2mc^2}{\rho} = (A^2 - 1)c^2 . \qquad (6.80)$$

In dieser Form entspricht ihr in der Newtonschen Theorie die Gleichung

$$\left(\frac{dr}{dt}\right)^2 + r^2\left[\left(\frac{d\vartheta}{dt}\right)^2 + \sin^2\vartheta\left(\frac{d\varphi}{dt}\right)^2\right] - \frac{2\gamma M}{r} = 2E , \qquad (6.81)$$

worin die Konstante E die Gesamtenergie pro Masseneinheit — die Summe aus potentieller und kinetischer Energie — ist. Für $\frac{2m}{\rho} \ll 1$ sind die linken Seiten beider Gleichungen nahezu identisch, die rechte Seite wird es für

$$E = \tfrac{1}{2}c^2(A^2 - 1) .$$

Aus dieser Sicht erscheint die Gleichung (6.76) (bzw. (6.11)) als Energieintegral.

Berücksichtigt man $\vartheta = \frac{\pi}{2}$ und (6.74), so wird aus (6.80)

$$\frac{1}{2}\left(\frac{d\rho}{d\tau}\right)^2 = E + \frac{mc^2}{\rho} - \frac{C^2}{2\rho^2} + \frac{mC^2}{\rho^3}\,. \tag{6.82}$$

Zieht man den Vergleich mit der durch

$$\frac{1}{2}\left(\frac{dr}{dt}\right)^2 = E + \frac{\gamma M}{r} - \frac{C^2}{2r^2} \tag{6.83}$$

beschriebenen Newtonschen Bewegung, so kann man die Gleichung (6.82) als Bewegung unter dem Einfluß eines Gravitationspotentials

$$V = -\frac{\gamma M}{r} - \frac{\gamma M C^2}{c^2}\frac{1}{r^3}$$

auffassen. Der erste Term darin ist das klassische Newtonsche Potential, der zweite Term liefert eine Korrektur, deren Wirkung erst in der näheren Umgebung der Zentralmasse spürbar wird.

Durch Einführung des Winkels φ unter Benützung von $\rho^2 d\varphi = C\,d\tau$ und Substitution $u = \frac{1}{\rho}$ geht die Gleichung (6.82) in

$$\left(\frac{du}{d\varphi}\right)^2 = \frac{2E}{C^2} + \frac{2mc^2}{C^2}u - u^2 + 2mu^3 \tag{6.84}$$

über, die durch Differentiation daraus hervorgehende Gleichung

$$\frac{d^2u}{d\varphi^2} + u = \frac{mc^2}{C^2} + 3m\,u^2 \tag{6.85}$$

tritt in der Einsteinschen Theorie an die Stelle von (4.125).

Um die Planetenbahnen aufzufinden, ist die Gleichung (6.84) mit entsprechenden Anfangsbedingungen zu lösen. Bezeichnet $p(u)$ das Polynom dritten Grades auf der rechten Seite von (6.84) und $u(\varphi)$ eine beliebige Lösung dieser Gleichung, so erhält man durch Integration zunächst die Umkehrfunktion als unbestimmtes Integral

$$\varphi = \pm \int \frac{1}{\sqrt{p(u)}}\,du\,. \tag{6.86}$$

Diese Gleichung zeigt, daß die Funktion $u(\varphi)$ mit Hilfe der von WEIERSTRASS eingeführten $\wp$-Funktion ausgedrückt werden kann,

$$u(\varphi) = \alpha + \beta\wp(\varphi)\,,$$

d.h. die Funktion $u(\varphi)$ ist jetzt — zum Unterschied von der Bahn nach NEWTON sowie jener nach der speziellen Relativitätstheorie, in welchen Fällen sie eine harmonische Funktion ist — eine sogenannte *elliptische* Funktion. Als komplexe Funktion einer komplexen Veränderlichen z wird $\wp(z)$ als Funktion zweier komplexer Perioden ω_1 und ω_2 mit $\Im(\frac{\omega_1}{\omega_2}) \neq 0$ eingeführt. Jede solche Funktion genügt der Differentialgleichung

$$\wp'^2 = 4\wp^3 - g_2\wp - g_3\,,$$

wobei die Koeffizienten g_2 und g_3 durch die beiden Perioden bestimmt werden.[15] Eine solche Funktion heißt eine ***elliptische Funktion.*** Als Funktion einer reellen Veränderlichen ist $\wp(\varphi)$ eine im üblichen Sinn periodische Funktion.

[15] Vgl. z.B. HURWITZ-COURANT, *Funktionentheorie*, Die Grundlehren der mathematischen Wissenschaften, Bd. 3, Springer Verlag Berlin·Göttingen·Heidelberg, 4. Aufl. 1964.

Unter den für die Bewegung der Planeten interessierenden Verhältnissen hat die Gleichung $p(u) = 0$ drei reelle Lösungen u_0, u_1 und u_2, von denen auf jeden Fall zwei positiv sind, da unter diesen Gegebenheiten die Gleichung $p'(u) = 0$ zwei positive Lösungen hat; wegen $E < 0$ ist $p(0) < 0$ und somit auch die dritte Lösung positiv.[16] Infolgedessen ist

$$p(u) = 2m(u - u_0)(u - u_1)(u - u_2).$$

Der Planet pendelt daher zwischen zwei Nullstellen hin und her, denn es muß $p(u) \geq 0$ gelten. Vereinbart man $u_0 < u_1 < u_2$, so bewegt sich der Planet zwischen den Nullstellen u_0 und u_1 (die andere Möglichkeit, für die stets $p(u) \geq 0$ gilt, entspricht offenbar der Bahn eines im Gravitationszentrum abgefeuerten Geschoßes, das bis in eine Höhe von $1/u_2$ fliegt und danach wieder in das Gravitationszentrum zurückfällt). Ist $u = u_1$, so befindet sich der Planet im Perihel, ist $u = u_0$, so befindet er sich im Aphel, dem der Sonne am entferntesten gelegenen Punkt der Bahn. Da für eine elliptische Umlaufbahn nach der Newtonschen Theorie der Kehrwert der Entfernung im Perihel gleich $\frac{1-e}{p} = \frac{1}{a(1-e)}$, jener im Aphel gleich $\frac{1+e}{p} = \frac{1}{a(1-e)}$ ist, erweisen sich die Setzungen

$$u_0 = \frac{1}{a(1+e)}, \quad u_1 = \frac{1}{a(1-e)}$$

im Hinblick auf den Vergleich der Bahnen, namentlich der Bewegung des Perihels, als zweckmäßig. Es ist dann

$$u_0 + u_1 = \frac{2}{a(1-e^2)},$$

während die Summe aller drei Nullstellen den mit -1 multiplizierten Koeffizienten von u^2 ergibt,

$$u_0 + u_1 + u_2 = \frac{1}{2m}.$$

Auf dem Weg vom Perihel ins Aphel nimmt der Kehrwert des Abstandes des Planeten von der Sonne beständig ab, weshalb im Integral (6.86), das jetzt zwischen den Grenzen u_1 bis u_0 zu erstrecken ist, die Wurzel negativ gezogen werden muß. Folglich ist auf diesem Teil der Bahn

$$-\int_{u_1}^{u_0} \frac{1}{\sqrt{p(z)}}\,dz$$

der vom Radiusvektor überstrichene positiv gezählte Winkel. Auf dem Rückweg ins Perihel ist dagegen die Wurzel positiv zu ziehen, denn jetzt nimmt ρ ab und folglich u zu, sodaß auf diesem Teil der Bahn der Winkel um

$$\int_{u_0}^{u_1} \frac{1}{\sqrt{p(z)}}\,dz$$

16) Man beachte, daß die Gesamtenergie der Newtonschen Bewegung auf einer Ellipse negativ ist. Da auf einer solchen die Ableitung $\dot{r}$ in (6.83) zwei (periodisch wiederkehrende) Nullstellen hat, muß das rechterhand stehende Polynom in $\frac{1}{r}$ zwei reelle positive Nullstellen haben, was aber nur möglich ist, wenn $E < 0$ gilt. Dagegen ist auf hyperbolischen Bahnen stets $E > 0$, auf parabolischen $E = 0$. Auf den elliptischen oder kreisförmigen Bahnen überwiegt die potentielle, auf den hyperbolischen die kinetische Energie.

vergrößert wird. Insgesamt also nimmt der Winkel φ zwischen zwei Perihel-durchgängen um

$$2\int_{u_0}^{u_1}\frac{1}{\sqrt{p(z)}}\,dz$$

zu. Substituiert man nun in diesem Integral für

$$z=\frac{u_0+u_1}{2}-\frac{u_0-u_1}{2}\cos\psi\,,$$

so ist

$$p(z)=m(2u_2-u_0-u_1)\Big(\frac{u_0-u_1}{2}\Big)^2(1-k^2\cos\psi)\sin^2\psi\,,\quad k^2=\frac{u_1-u_0}{2u_2-u_0-u_1}\,,$$

und folglich

$$2\int_{u_0}^{u_1}\frac{1}{\sqrt{p(z)}}\,dz=\frac{2}{\sqrt{m(2u_2-u_0-u_1)}}\int_0^{\pi}\frac{1}{\sqrt{1-k^2\cos\psi}}\,d\psi\,.$$

Entwickelt man den Integranden nach Potenzen von k^2,

$$\frac{1}{\sqrt{1-k^2\cos\psi}}=1+\frac{k^2}{2}\cos\psi+\frac{3k^2}{8}\cos^2\psi+\cdots\,,$$

so erhält man

$$2\int_{u_0}^{u_1}\frac{1}{\sqrt{p(z)}}\,dz=\frac{2\pi}{\sqrt{m(2u_2-u_0-u_1)}}\Big(1+\frac{3k^4}{16}+\cdots\Big)\,.$$

Da für die Bahnen der Planeten $k^2\ll 1$ ist (für den Planeten Merkur ist beispielsweise $k^2\approx 10^{-8}$), findet man mit

$$m(2u_2-u_0-u_1)=m\big[2(u_2+u_1+u_0)-3(u_0+u_1)\big]=1-\frac{6m}{a(1-e^2)}$$

für den Zuwachs des Perihels

$$\delta\varphi\approx 2\pi\left(\frac{1}{\sqrt{1-\frac{6m}{a(1-e^2)}}}-1\right)\approx\pi\,\frac{6m}{a(1-e^2)}\approx\pi\,\frac{24a^2\pi^2}{c^2T^2(1-e^2)}\,.$$

Diese Näherung ergibt das 6-fache jenes Wertes, den die spezielle Relativitätstheorie liefert, nämlich $\delta\varphi\approx 43$ Bogensekunden im Jahrhundert; die Bahn des Planeten ist der in Abb. 4.4 gezeigten Rosettenbahn sehr verwandt. Diese Vorhersage der allgemeinen Relativitätstheorie stimmt mit den Messungen[17)] nahezu vollkommen überein!

Die zweite glänzende Bestätigung der Einsteinschen Theorie sagt voraus, daß ein Lichtstrahl im Gravitationsfeld der Sonne stärker abgelenkt wird als zufolge der Newtonschen Theorie.

[17)] Zwei Ursachen, die eine Bewegung des Planetenperihels zur Folge haben, können durch die Newtonsche Theorie erklärt werden: die Abplattung des Planeten und Störungen durch andere Planeten. Berücksichtigt man alle zu einer Perihelbewegung führenden Effekte in dem gemessenen Wert von 5599.74 ± 0.41 Bogensekunden, um den sich das Merkurperihel in 100 Jahren verschiebt, so bleibt ein unerklärbarer Rest, der nach dem heutigen Wissensstand 43.11 Bogensekunden pro Jahrhundert beträgt und mit einem Fehler von ± 0.5 Bogensekunden behaftet ist.

Nach der Newtonschen Theorie sind die Bahnen des Lichtes Hyperbeln. Um sie zu bestimmen, ist nur zu beachten, daß die „Schwere" des Lichtes derart ist, daß die Geschwindigkeit im Unendlichen gleich dem Normalwert c der Lichtgeschwindigkeit ist. Ist mit den Bezeichnungen von Kap. 4, §3

$$r = \frac{1}{u} = \frac{p}{1 + e\cos\varphi}, \quad -\arccos\left(-\frac{1}{e}\right) < \varphi < \arccos\left(-\frac{1}{e}\right),$$

die hyperbolische Bahn des Lichtes ($e > 1$), so erhält man mit

$$v^2 = \dot{r}^2 + r^2\dot{\varphi}^2 = (u'^2 + u^2)C^2$$

durch Grenzübergang $\varphi \to \arccos(-\frac{1}{e})$

$$\frac{1 + 2e\cos\varphi + e^2}{p^2} C^2 \;\to\; \frac{e^2 - 1}{p^2} C^2 = c^2 .$$

Daraus folgt einerseits für

$$C = ca\sqrt{e^2 - 1},$$

andererseits aber ist

$$C^2 = \gamma M p = \gamma M a(e^2 - 1),$$

d.h. die Halbachse a der Hyperbel bestimmt sich zu

$$a = \frac{\gamma M}{c^2} = m .$$

Diese Forderung allein charakterisiert die Bahnen des Lichtes nach der Newtonschen Theorie. Die zweite Halbachse b bleibt offen und wird z.B. festgelegt durch die Vorgabe der Periheldistanz $a(e-1)$. Aus der Energiegleichung

$$\frac{v^2}{2} - \frac{\gamma M}{r} = E$$

findet man durch den Grenzübergang $r \to \infty$ für $E = \frac{c^2}{2}$ und mit $r = \frac{1}{u}$ schließlich

$$u'^2 = \frac{1}{pa} + \frac{2}{p}u - u^2 = q(u).$$

Das Polynom $q(u)$ hat die beiden reellen Nullstellen

$$u_0 = -\frac{1}{a(e+1)} = \frac{1-e}{p}, \quad u_1 = \frac{1}{a(e-1)} = \frac{1+e}{p}.$$

Die erste dieser beiden Nullstellen ist negativ, die zweite ist der Kehrwert des Abstandes im Perihel. Den kleineren der beiden Winkel, den die Asymptoten der hyperbolischen Bahn miteinander einschließen, bezeichnet man als ***Ablenkungswinkel***; er ist, wenn $R = \frac{1}{u_1}$ den Abstand im Perihel bezeichnet, auf Grund der sehr großen Exzentrizität e der Lichtbahn angenähert gleich

$$\delta = 2\arcsin\frac{1}{e} \approx \frac{2}{e} \approx \frac{2m}{R}.$$

Nach der Einsteinschen Theorie ergibt sich wohl qualitativ ein ähnliches Bild, doch werden merkbare Abweichungen gegenüber der Newtonschen Theorie vorhergesagt.

Da die Weltlinie eines Lichtstrahles eine Nullgeodätische ist, muß jetzt die Gleichung (6.77) mit $B = 0$ herangezogen werden. Nach Einführung des Winkels φ über die Gleichung $\rho^2 d\varphi = C\,d\sigma$ und Substitution für $\rho = \frac{1}{u}$ erhält man aus ihr

$$\left(\frac{du}{d\varphi}\right)^2 = \frac{c^2A^2}{C^2} - u^2 + 2mu^3 = q(u). \tag{6.87}$$

Unter den numerischen Verhältnissen, die bei der Beobachtung der Lichtablenkung im Nahfeld der Sonne vorliegen, hat das Polynom $q(u)$ hat drei reelle Nullstellen, von denen zwei positiv sind, da die Ableitung $q'(u)$ die Nullstellen $u = 0$ und $u = \frac{1}{3m}$ hat; wegen $q(0) > 0$ ist daher die dritte Nullstelle negativ. Sei also $u_0 < 0 < u_1 < u_2$. Mögliche Bewegungen gibt es daher nur für $0 \leq u \leq u_1$ sowie $u_2 \leq u < \infty$. Die erste dieser beiden Arten von Bahnkurven entspricht, da $u = 0$ jetzt möglich ist, hyperbelartigen Bahnen mit der Periheldistanz u_1, die zweite der Bewegung eines im Gravitationsfeld der Sonne gezündeten Lichtblitzes, der seine größte Entfernung für $u = u_2$ erreicht und danach wieder auf die Sonne zurückfällt. Kommt ein Lichtstrahl aus dem Unendlichen ($u = 0$), so erreicht er sein Perihel in einem Punkt, in dem der Kehrwert des Abstandes zur Sonne gleich u_1 ist; der Winkel, den der Radiusvektor auf diesem Weg überstreicht, ist

$$\int_0^{u_1} \frac{1}{\sqrt{q(z)}}\, dz\,,$$

da auf diesem Wege sowohl φ als auch u zunimmt, mithin $d\varphi \geq 0$ ist und folglich die Wurzel positiv zu ziehen ist. Nach Erreichen des Perihels verschwindet er wieder im Unendlichen, wobei der Winkel auf diesem Teil der Bahnkurve um

$$-\int_{u_1}^{0} \frac{1}{\sqrt{q(z)}}\, dz$$

zunimmt, denn jetzt wird u kleiner, während φ weiter wächst. Somit ist zusammengenommen

$$2\int_0^{u_1} \frac{1}{\sqrt{q(z)}}\, dz$$

der Winkel, der vom Radiusvektor auf der aus dem Unendlichen kommenden und wieder ins Unendliche zurücklaufenden Bahnkurve überstrichen wird. Daraus ergibt sich jetzt der Ablenkungswinkel

$$\delta = 2\int_0^{u_1} \frac{1}{\sqrt{q(z)}}\, dz - \pi\,.$$

Für das darin auftretende Integral erhält man nach einer Rechnung, die der obigen zur Bestimmung der Perihelbewegung vollkommen analog ist,

$$\frac{2}{\sqrt{m(2u_2 - u_0 - u_1)}} \int_0^{\Phi} \frac{1}{\sqrt{1 - k^2 \cos\psi}}\, d\psi\,, \qquad \Phi = \arccos\frac{u_0 + u_1}{u_0 - u_1}\,.$$

Die in der Bahngleichung (6.87) auftretende Konstante $\frac{C}{cA} = R$ ist der Normalabstand der Asymptoten vom Koordinatenursprung. Man erhält so mit den Setzungen

$$\eta = \frac{2m}{R}\,, \qquad \tan\phi = 3\eta\sqrt{3}\,\frac{\sqrt{1 - \frac{27}{4}\eta^2}}{1 - \frac{27}{2}\eta^2}$$

die Nullstellen des Polynoms $q(z)$ in der Form

$$u_k = \frac{1}{6m}\left(1 + 2\cos\frac{\phi + 2\pi(k+1)}{3}\right), \quad k = 0, 1, 2\,.$$

Für die beobachtbaren Fälle der Lichtablenkung ist R größenordnungsmäßig gleich dem Sonnenradius; aus diesem Grund ist η sehr klein, $\tan\phi \approx \phi \approx 3\eta\sqrt{3}$, also

$$\Phi = \arccos\Big(-\frac{1}{\sqrt{3}}\tan\frac{\phi}{6}\Big) \approx \arccos\Big(-\frac{\eta}{2}\Big) = \frac{\pi}{2} + \arcsin\Big(\frac{\eta}{2}\Big) \approx \frac{\pi+\eta}{2}$$

und weiter

$$m(2u_2 - u_0 - u_1) = \cos\frac{\phi}{3} \approx 1\,, \quad k^2 = \frac{\sqrt{3}}{3}\tan\frac{\phi}{3} \approx \eta\,.$$

Damit erhält man schließlich

$$\int_0^{u_1} \frac{1}{\sqrt{q(z)}}\,dz \approx \frac{1}{\sqrt{\cos\frac{\phi}{3}}}\Big(\Phi + \frac{\eta}{2}\sin\Phi\Big) \approx \frac{\pi}{2} + \eta$$

und somit

$$\delta \approx \frac{4m}{R}\,.$$

Demnach ergibt sich für die Ablenkung des Lichtes im Gravitationsfeld einer Zentralmasse der doppelte Wert im Vergleich mit jenem, den die Newtonsche Theorie vorhersagt. Wegen

$$u_1 \approx \frac{1}{6m}\sqrt{3}\,\frac{\phi}{3} = \frac{\eta}{2m} = \frac{1}{R}$$

ist der Normalabstand R angenähert gleich der Periheldistanz. Dies eröffnet die Möglichkeit einer experimentellen Überprüfung. Setzt man für einen an der Sonnenoberfläche vorbeistreichenden Lichtstrahl die entsprechenden Werte für den Schwarzschild-Radius $2m = 2.95 \times 10^5$ [cm] bzw. für den Radius der Sonne $R = 6.96 \times 10^{10}$ [cm] ein, so ergibt sich der Wert

$$\delta = 8.477 \times 10^{-6}\,,$$

im Gradmaß 1.75 Bogensekunden. Zwei englische Expeditionen, die eine nach Sobral in Brasilien, die andere auf die vor der Westküste Afrikas gelegene Insel Principe, haben im Mai des Jahres 1919 anläßlich einer totalen Sonnenfinsternis auf der südlichen Erdhalbkugel die Gelegenheit wahrgenommen, diese Vorhersage durch den Vergleich zweier photographischer Aufnahmen jener Himmelsgegend in der Zone der Totalität, die eine am nächtlichen Himmel, die andere zur Zeit der Sonnenfinsternis, experimentell zu überprüfen. Großes Aufsehen erregte das Resultat, das eindeutig zugunsten der Einsteinschen Theorie ausfiel; auch spätere Messungen blieben im Rahmen der Vorhersage EINSTEINs. Während hinsichtlich der Periheldrehung des Planeten Merkur noch eingewendet werden kann, daß auch die Abplattung des Planeten ein Vorrücken des Perihels bewirkt, so war doch der weitgehenden Übereinstimmung von Theorie und Experiment im Zusammenhang mit der Lichtablenkung kaum Vernünftiges entgegenzuhalten. Die experimentelle Bestätigung der vorhergesagten Ablenkung der Lichtstrahlen durch reine Massenwirkung ist eigentlich der erste wirkliche Nachweis für die Krümmung des Raumes, die umso merkbarer wird in der näheren Umgebung der Sonne und dort die „gerade“ Bahn des Lichtes verbiegt. In Abb. 6.3 ist eine Lösung der Bahngleichung skizziert.

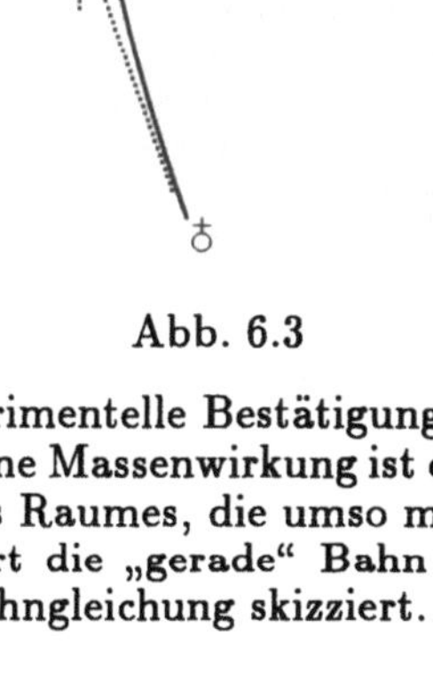

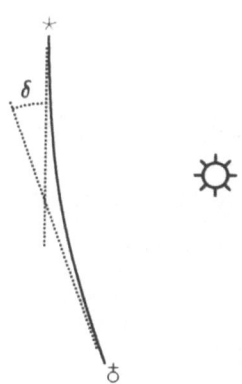

Abb. 6.3

6.7 Schwarzschild-Geometrie

Ist der metrische Tensor $\mathfrak{g}$ in gewissen Koordinaten durch die metrische Fundamentalform gegeben, so kann es vorkommen, daß durch Einsetzen der Koordinaten eines Punktes die Matrix $\{g_{ij}\}$ nicht mehr die Bedingung erfüllt, daß einer ihrer Eigenwerte positiv ist und die drei übrigen negativ sind, während dies für die Punkte einer gewissen Umgebung durchaus zutrifft. Auch kann der Fall eintreten, daß die Koordinaten des Maßtensors für die Koordinaten des in Betracht gezogenen Punktes gar nicht definiert sind. Es stellt sich daher die Frage, ob diese Situation dadurch zustande kommt, daß die Wahl der Koordinaten ungeeignet ist (genauso wie die euklidische Metrik im dreidimensionalen Raum bei Einführung von Kugelkoordinaten r, θ, ϕ in den Punkten der z-Achse ausgeartet ist, die auf einer Kugelfläche induzierte Metrik im Nord- und Südpol, also für $\theta = 0, \pi$, obwohl diese Punkte angesichts der Willkürlichkeit des Koordinatensystems keine ausgezeichnete Stellung einnehmen), oder, ob es sich um einen Punkt handelt, in dem eine wirkliche „Singularität“ des Feldes vorliegt, die, physikalisch gesehen, Ursache für das Feld ist (wie in der Newtonschen Theorie der Sitz punktförmiger Massen). Während diesem Fall physikalisches Interesse beizumessen ist, kann man bei Ausartung der Metrik versuchen, eine „Koordinatensingularität“ durch Einführung besser geeigneter Koordinaten zu beheben.

Bei der Schwarzschild-Metrik (6.69) findet man diese Situation für $\vartheta = 0$, $\vartheta = \pi$, $\rho \neq 0$, $\rho \neq 2m$, t, φ beliebig und $\rho = 0$, $\rho = 2m$ bei jedem Wert für ϑ, φ und t vor. Die Division durch Null in (6.69) für $\rho = 2m$ läßt sich durch Einführung einer neuen radialen Koordinate r an Stelle von ρ aufheben, und zwar durch die Transformation

$$\rho = r\left(1 + \frac{m}{2r}\right)^2,$$

welche (6.69) in

$$ds^2 = c^2\left(\frac{1 - \frac{m}{2r}}{1 + \frac{m}{2r}}\right)^2 dt^2 - \left(1 + \frac{m}{2r}\right)^4 \left[dr^2 + r^2(d\vartheta^2 + \sin^2\vartheta\, d\varphi^2)\right]$$

überführt. Setzt man, in Anlehnung an kartesische Koordinaten, für

$$x_1 = r \sin\vartheta \cos\varphi, \quad x_2 = r \sin\vartheta \sin\varphi, \quad x_3 = r \cos\vartheta,$$

so wird sie auf die Form

$$ds^2 = c^2\left(\frac{1 - \frac{m}{2r}}{1 + \frac{m}{2r}}\right)^2 dt^2 - \left(1 + \frac{m}{2r}\right)^4 \left[dx_1^2 + dx_2^2 + dx_3^2\right]. \tag{6.88}$$

gebracht. Jetzt liegt nur mehr eine Singularität für $r = 0$ und $r = \frac{m}{2}$ vor, also im Punkt $x_1 = x_2 = x_3 = 0$ und auf der Hyperfläche

$$x_1^2 + x_2^2 + x_3^2 = \left(\frac{m}{2}\right)^2,$$

die $\rho = 2m$ entspricht.

Da diese Koordinaten untereinander gleichberechtigt sind, werden x_1, x_2, x_3 *isotrope* Koordinaten genannt. Die drei räumlichen Killing-Vektorfelder (5.226) der Schwarzschild-Geometrie lauten in isotropen Koordinaten

$$v_1 = x_3\partial_2 - x_2\partial_3\,, \quad v_2 = x_3\partial_1 - x_1\partial_3\,, \quad v_3 = x_1\partial_2 - x_2\partial_1\,.$$

Die Schwarzschild-Metrik in isotropen Koordinaten führt für große Werte von r zur Newtonschen Näherung (6.63) einer punktförmigen Masse mit dem Potential $V = -\frac{\gamma M}{r}$. Auf Grund der asymptotischen Beziehungen

$$\left(1 \pm \frac{m}{2r}\right)^a \approx 1 \pm \frac{am}{2r}\,, \qquad r \gg \frac{m}{2}\,,$$

wird (6.88) für $r \gg \frac{m}{2}$ durch die Metrik

$$ds^2 = c^2\left(1 - \frac{2m}{r}\right)dt^2 - \left(1 + \frac{2m}{r}\right)\left[dx_1^2 + dx_2^2 + dx_3^2\right]$$

angenähert, die mit jener übereinstimmt, die aus den linearisierten Feldgleichungen hervorgeht. Die Koordinaten t, x_1, x_2, x_3 werden auch „kartesische" Schwarzschild-Koordinaten genannt.

Es zeigt sich also, daß die Koordinatenwerte $\vartheta = 0$ und $\vartheta = \pi$ in (6.69) eine bloße Koordinatensingularität sind; $\rho = 2m$ ist nach wie vor ein kritischer Wert. Interessant ist dabei, daß für $0 < \rho < 2m$ die Koordinaten ρ und t einen Rollentausch vornehmen, denn dann ist ρ eine zeitartige und t eine raumartige Koordinate.

Man stelle sich den freien Fall eines Beobachters vor. Solange sich dieser an Orten mit $\rho > 2m$ befindet, nimmt die Zeit t zu, während ρ fällt. Beim Durchgang durch die „Schwarzschild-Sphäre" $\rho = 2m$ gelangt der Reisende in einen Weltbezirk, dessen Metrik durch

$$ds^2 = \frac{1}{\frac{2m}{\rho} - 1}\, d\rho^2 - c^2\left(\frac{2m}{\rho} - 1\right)dt^2 - \rho^2\left(d\vartheta^2 + \sin^2\!\vartheta\, d\varphi^2\right)$$

gegeben ist. Der weitere Fall der nunmehr zeitartigen Koordinate ρ ist Ausdruck für den Lauf der Zeit! Da diesen niemand umkehren kann, wird der Astronaut und alles, was die Schwarzschild-Sphäre quert, unaufhaltsam ins Zentrum $\rho = 0$ gezogen! Währenddessen registriert ein dem Reisenden fernab von den Geschehnissen nachblickender Beobachter, daß die Zeit zunehmend langsamer vergeht und auf der Schwarzschild-Sphäre zum Stillstand kommt (er bekommt allerdings keinen Einblick, denn nach seiner Uhr erreicht der Astronaut die Schwarzschild-Sphäre nie).

Der Normalenvektor auf die Hyperflächen $\rho = \text{const.}$ hat die Koordinaten $n_\rho = \frac{2m}{\rho} - 1$, $n_t = n_\vartheta = n_\varphi = 0$ und ist für $\rho > 2m$ raumartig, für $0 < \rho < 2m$ zeitartig, für $\rho = 2m$ erweist er sich als lichtartig. Die Schwarzschild-Sphäre $\rho = 2m$, die man deshalb auch eine lichtartige Hyperfläche nennt, teilt die Welt in zwei Bezirke, die nicht zusammenhängen.

Ein Argument für die Behauptung, das singuläre Verhalten der Metrik (6.69) wäre nur durch ungeeignete Koordinaten bedingt, liefert das Volumelement

$$\epsilon = c\rho^2 \sin\vartheta\, dt \wedge d\rho \wedge d\vartheta \wedge d\varphi\,.$$

Es geht stetig durch die Hyperfläche $\rho = 2m$ hindurch und ist nur für $\rho = 0$ singulär.

Die Vermutung, daß es sich bei $\rho = 2m$ um eine Koordinatensingularität handelt, trifft in der Tat zu. Allerdings ist sie nicht von der Art wie etwa bei $\vartheta = 0, \pi$, vielmehr kommt ihr eine physikalische Bedeutung als „Ereignishorizont" zu. Auf die Gravitationswirkungen im Umfeld der Sonne hat das Verständnis der „inneren" Lösung keinen Einfluß. Der Schwarzschild-Radius der Sonne und ihrer Planeten ist klein gegenüber den Radien dieser Himmelskörper — für die Sonne beträgt er ca. 3 Kilometer, für die Erde gar nur 9 Millimeter. Die Singularität $\rho = 2m$ liegt daher tief im Inneren der Materie, wo (6.69) keine Gültigkeit hat. Wäre der Radius der Sonne gleich ihrem Schwarzschild-Radius, so müßte ihre Dichte das 1.3×10^{16}-fache ihres (augenblicklichen) Wertes, nämlich 1.85×10^{13} Kilogramm/cm^3 betragen!

Einen Hinweis auf die Bedeutung des Schwarzschild-Radius liefert schon die Newtonsche Gravitationstheorie. Wird ein materieller Körper von der Oberfläche einer kugelförmigen Zentralmasse M, die den Halbmesser R haben möge, mit der Geschwindigkeit v_o „abgefeuert", so schlägt er eine elliptische, gegebenenfalls eine kreisförmige Bahn ein, wenn seine Energie pro Massenheit

$$E = \frac{1}{2}v_o^2 - \frac{\gamma M}{R}$$

negativ ist; die Bahn wird parabolisch im Falle $E = 0$ und hyperbolisch für $E > 0$, wobei in allen Fällen der Zentralkörper in einem Brennpunkt des jeweilgen Kegelschnitts liegt. Aus der Konstanz der Energie ergibt sich nämlich, wenn das Projektil ins Unendliche fliegt und deshalb der Abstand r vom Gravitationszentrum beliebig große Werte annimmt,

$$E = \lim_{r\to\infty} E = \lim_{r\to\infty}\left(\frac{1}{2}v^2 - \frac{\gamma M}{r}\right) = \lim_{r\to\infty}\frac{1}{2}v^2 \geq 0\,.$$

Ist die Geschwindigkeit im Unendlichen gleich Null, so fliegt es auf einer parabolischen Bahn. Daher darf, wenn das Geschoß das Schwerefeld der Zentralmasse M verlassen soll, die Energie, die ihm durch die Anfangsgeschwindigkeit v_o erteilt wird, nicht negativ sein, und dies bedeutet für

$$v_o \geq \sqrt{\frac{2\gamma M}{R}} = c\sqrt{\frac{2m}{R}}\,.$$

Man nennt die Größe

$$v_f = c\sqrt{\frac{2m}{R}}$$

die *Fluchtgeschwindigkeit*; sie beträgt für den Erdmond 2.37 km/s, für die Erde 11.2 km/s und für die Sonne 617.3 km/s. Wenn nun die kugelförmige Zentralmasse einen Halbmesser hat, der gleich dem Schwarzschild-Radius ist, wenn also $2m = R$ gilt, so beträgt die Fluchtgeschwindigkeit $v_f = c$, d.h. nur mehr das Licht kann von der Oberfläche entweichen, da c die höchste in der Natur vorkommende Geschwindigkeit ist. Wenn aber $2m > R$ gilt, so kann auch das Licht nicht mehr eine ins Unendliche führende Bahn einschlagen, ein auf der Oberfläche abgegebener Lichtblitz fällt ins Gravitationszentrum zurück. Da keine Bewegung schneller als das Licht ist, kann somit *nichts* dem Gravitationsfeld dieses Körpers entrinnen. Er verschluckt fremdes Licht, das auf ihn geworfen wird, bleibt also trotz Beleuchtung unsichtbar und reflektiert auch sonst keinerlei Signal!

Auf diesen Sachverhalt hat schon LAPLACE hingewiesen. Er stellte im Jahre 1795 die kühne Behauptung auf, daß die Wirkung der Schwere auf der Oberfläche eines Körpers mit einer Dichte gleich jener der Erde und einem Halbmesser gleich dem 250-fachen des Sonnenradius ein Ausmaß erreicht, um selbst das Licht am Entweichen zu hindern, sodaß ein an sich leuchtender Stern unsichtbar bleibt.

Das Auftreten von „echten" Singularitäten ist bei nicht-linearen Feldgleichungen natürlich zu erwarten. Auch entspricht es dem Konzept einer Mannigfaltigkeit, daß durch die Wahl der Koordinaten, also einer Karte für die Welt, i.a. nicht der ganze Raum erfaßt wird; es ist übrigens auch keineswegs gesichert, daß es überhaupt eine globale Karte geben muß. Dennoch liegt die Frage nahe, ob es nicht eine umfassendere Karte für die Welt gibt als jene, die der äußeren Schwarzschild-Metrik zugrundeliegt, und zwar in folgendem Sinn. Es bezeichne $\kappa : \mathcal{K} \to \mathfrak{R}^4$ die Karte für den Außenraum der Schwarzschild-Lösung (6.69) in den Koordinaten $t, \rho, \vartheta, \varphi$. Gibt es eine Karte $\bar{\kappa} : \bar{\mathcal{K}} \to \mathfrak{R}^4$ für Koordinaten $\bar{t}, \bar{\rho}, \vartheta, \varphi$, welche bewirkt, daß beim Kartenwechsel $\bar{\kappa}^{-1} \circ \kappa : \mathcal{K} \to \bar{\mathcal{K}}$ die Inklusion $\bar{\kappa}^{-1} \circ \kappa(\mathcal{K}) \subset \bar{\mathcal{K}}$ eine echte ist, die Karte $\bar{\kappa}$ also *alle* Raumpunkte erfaßt, die auch auf der Karte κ liegen, aber darüber hinausragt? Die Schwarzschild-Metrik in der Karte $\bar{\kappa}$ wäre dann als „Fortsetzung" von (6.69) anzusehen (vergleichbar der analytischen Fortsetzung holomorpher Funktionen, wenn zwei Funktionselemente in einem gewissen Gebiet übereinstimmen, eines von beiden aber in einem umfassenderen Gebiet holomorph ist), die Schwarzschild-Sphäre $\rho = 2m$ wäre für die auf die Karte $\bar{\kappa}$ bezogene Metrik (6.69) keine Singularität mehr. Indem man durch eine solche Erweiterung die Singularität $\rho = 2m$ behebt, läßt sich ein Zugang in das Innere der Schwarzschild-Sphäre vom Äußeren her schaffen.

Die Idee zur Konstruktion solcher Erweiterungen besteht darin, die Geodätischen des Außenraumes der Lösung (6.69) durch Einführung passender Koordinaten soweit fortzusetzen, bis sie entweder in einer echten Singularität enden oder sich im Unendlichen verlieren. In Anbetracht der Kugelsymmetrie erweisen sich hiefür die direkt ins Zentrum führenden radialen Geodätischen als besonders geeignet. Die Kugelsymmetrie erlaubt es auch, sich auf Transformationen

$$t = f(\bar{t}, \bar{\rho}), \quad \rho = g(\bar{t}, \bar{\rho})$$

der zeitartigen und der radialen Koordinate unter Beibehaltung der Koordinaten ϑ und φ beschränken zu können. An der charakteristischen Form der Metrik einer kugelsymmetrischen Geometrie ändert dies offenbar nichts. Sie nimmt nach einer solchen Transformation der Zeit und der radialen Koordinate mit $\bar{x}_0 = c\bar{t}$ und $\bar{x}_1 = \bar{\rho}$ die Form

$$ds^2 = \bar{g}_{00} c^2 d\bar{t}^{\,2} + 2\bar{g}_{01} c\, d\bar{t} d\bar{\rho} + \bar{g}_{11} d\bar{\rho}^{\,2} + \rho^2 (d\vartheta^2 + \sin^2\vartheta\, d\varphi^2)$$

an. Die Gleichung für die radialen Nullgeodätischen lautet daher

$$\bar{g}_{00} c^2 d\bar{t}^{\,2} + 2\bar{g}_{01} c\, d\bar{t} d\bar{\rho} + \bar{g}_{11} d\bar{\rho}^{\,2} = 0\,.$$

Die Anzahl der Killing-Vektorfelder kann sich klarerweise nur verringern; es kann aber nur das zeitartige Killing-Vektorfeld verloren gehen, denn die drei raumartigen die Kugelsymmetrie kennzeichnenden Killing-Vektorfelder werden von einer Transformation der zeitartigen und der radialen Koordinate nicht berührt. Auf Grund des Satzes von BIRKHOFF sind die bei solchen Erweiterungen neu hinzukommenden Raumbezirke Teile der Welt der Schwarzschild-Geometrie.

Nimmt man die Eigenzeit τ als Bahnparameter für eine zeitartige radiale Geodätische, so ist wegen (6.78) und $B = c$ bei einem freien Fall in Richtung Zentrum

$$\frac{d\rho}{d\tau} = -c\sqrt{A^2 - \left(1 - \frac{2m}{\rho}\right)}\,.$$

Die Zeitspanne, die ein frei fallender Beobachter bei einem Sturz in Richtung Zentrum von $\rho = \rho_o > 2m$ bis zum Erreichen der Schwarzschild-Sphäre $\rho = 2m$ auf seiner Uhr abliest, ist demnach

$$\Delta\tau = \frac{1}{c}\int\limits_{2m}^{\rho_o} \frac{1}{\sqrt{A^2 - \left(1 - \frac{2m}{\rho}\right)}}\, d\rho < \infty\,.$$

Verwendet man an Stelle der Eigenzeit τ die Koordinatenzeit t, so wird

$$\frac{d\rho}{dt} = -c\left(1 - \frac{2m}{\rho}\right)\sqrt{1 - \omega^2\left(1 - \frac{2m}{\rho}\right)}\,, \qquad \omega = \frac{B}{cA}\,, \tag{6.89}$$

und die Dauer bis zum Erreichen der Schwarzschild-Sphäre beträgt daher nach diesem Zeitmaß

$$\Delta t = \frac{1}{c}\int\limits_{2m}^{\rho_o} \frac{1}{\left(1 - \frac{2m}{\rho}\right)\sqrt{1 - \omega^2\left(1 - \frac{2m}{\rho}\right)}}\, d\rho = \infty\,, \tag{6.90}$$

denn das rechterhand stehende Integral ist offenkundig divergent. Dies bedeutet, daß der frei in Richtung Zentrum fallende Testkörper aus der Sicht eines zurückgebliebenen Beobachters, der auf seiner Uhr die Schwarzschild-Zeit abliest, die Hyperfläche $\rho = 2m$ nie erreicht! Die Linien in Abb. 6.2 auf S. 484 zeigen, wann sich der ins Zentrum fallende Körper am selben Ort befindet: die ausgezogene Linie bezieht sich auf das Maß der Schwarzschild-Zeit t, die ein dem Körper nachblickender Beobachter in flachen Weltbezirken auf seiner Uhr abliest, die punktierte Linie auf die Eigenzeit τ, die einem mit dem Körper fallenden Beobachter auf dessen Uhr angezeigt wird.

Für Photonen, die Partikel des Lichtes, gilt Ähnliches, sie bewegen sich nur auf einer radialen Nullgeodätischen, für welche jetzt die Gleichung (6.79) heranzuziehen oder im Integral (6.90) für $\omega = 0$ zu setzen ist. An der Divergenz dieses Integrals ändert dies nichts,

$$\Delta t = \int\limits_{2m}^{\rho_o} \frac{1}{1 - \frac{2m}{\rho}}\, d\rho = \infty\,.$$

Es zeigt dies, daß die Koordinaten t, ρ, namentlich die Schwarzschild-Zeit t, zur Beschreibung der Geodätischen in der Nähe der Schwarzschild-Sphäre $\rho = 2m$ ungeeignet sind.

Um diese Situation zu beheben, führt man an die Bewegung frei fallender Beobachter „angepaßte" Koordinaten t', ρ' ein, womit gemeint ist, daß die zu radialen zeitartigen Geodätischen gehörigen Linien $f(t', \rho') = \text{const.}$

„geradegebogen" werden. Setzt man in (6.90) für $\omega = 1$, so wird für die einlaufenden Geodätischen

$$\frac{d\rho}{dt} = -c\left(1 - \frac{2m}{\rho}\right)\sqrt{\frac{2m}{\rho}} \tag{6.91}$$

und

$$ct + f(\rho) = \text{const.},$$

worin

$$f(\rho) = 2m\ln\left|\frac{1-\sqrt{\frac{2m}{\rho}}}{1+\sqrt{\frac{2m}{\rho}}}\right| + 2\sqrt{2m\rho} + \frac{2\rho}{3}\sqrt{\frac{\rho}{2m}}$$

eine Stammfunktion des Integranden in (6.90) (für $\omega = 1$) ist. Führt man neue Koordinaten ρ' und t' an Stelle von ρ und t ein,

$$t' = t + \frac{1}{c}\left(f(\rho) - \frac{2\rho}{3}\sqrt{\frac{\rho}{2m}}\right), \quad \rho' = ct + f(\rho), \tag{6.92}$$

so erreicht man in diesen Koordinaten $\rho' = \text{const.}$ für einlaufende Geodätische, die somit durch gerade Linien dargestellt werden. Die Umkehrung von (6.92) lautet

$$t = t' - \frac{1}{c}\left(f(\rho) - \frac{2\rho}{3}\sqrt{\frac{\rho}{2m}}\right), \quad \rho = \left(\frac{3\sqrt{2m}}{2}(\rho' - ct')\right)^{\frac{2}{3}},$$

und ergibt durch Einsetzen von

$$dt = \frac{1}{c}\frac{1}{1-\frac{2m}{\rho}}\left(c\,dt' - \frac{2m}{\rho}\,d\rho'\right), \quad d\rho = \sqrt{\frac{2m}{\rho}}\left(d\rho' - c\,dt'\right)$$

in (6.69) die auf LEMAÎTRE zurückgehende Metrik

$$ds^2 = c^2 dt'^2 - \frac{2m}{\rho}\,d\rho'^2 - \rho^2\left(d\vartheta^2 + \sin^2\vartheta\,d\varphi^2\right). \tag{6.93}$$

Die Gleichungen (6.92) bilden die Halbebene $\mathcal{H}_o = \{(\rho,t) \mid \rho > 2m\}$, den Definitionsbereich der Karte κ_o für die Schwarzschild-Metrik (6.69), auf die Halbebene $\mathcal{H} = \{(\rho',t') \mid \rho' - ct' > \frac{4m}{3}\}$ umkehrbar eindeutig ab. Die Metrik (6.93) ist aber für $\rho' - ct' > 0$ sinnvoll; bezeichnet κ' die Karte für die Metrik (6.93) mit dem Definitionsbereich $\mathcal{H}' = \{(\rho',t') \mid \rho' - ct' > 0\}$, so ist $\kappa'^{-1} \circ \kappa_o(\mathcal{H}_o) = \mathcal{H} \subset \mathcal{H}'$ und (6.93) eine über $\rho = 2m$ hinausreichende Fortsetzung von (6.69). Die Gerade $\rho' = ct'$ entspricht dabei der Singularität $\rho = 0$. Die Transformation (6.92) hat auch für $0 < \rho < 2m$ einen Sinn und bildet dann den Definitionsbereich der Karte für die zweite Lösung (6.69) auf den Streifen zwischen den beiden

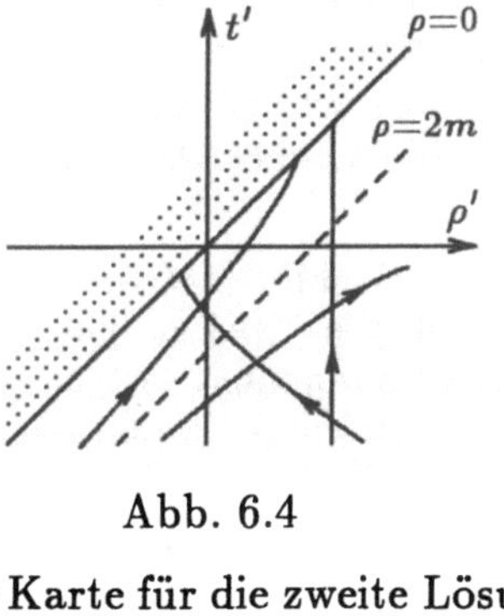

Abb. 6.4

Geraden $\rho' - ct' = 0$ und $\rho' - ct' = \frac{4m}{3}$ ab. Dies bedeutet, daß die Metrik (6.93) das Innere der Schwarzschild-Sphäre überdeckt und somit auch jenen Weltbezirk, der durch die zweite Lösung (6.69) erfaßt wird.

Die Fortsetzung (6.93) von (6.69) ist nicht mehr stationär (die Metrik (6.69) ist es ja für $0 < \rho < 2m$ wegen des Fehlens eines zeitartigen Killing-Vektorfeldes auch nicht). Eine Besonderheit an ihr ist, daß die Koordinatenzeit t' die Eigenzeit ist (weil in (6.93) $g'_{00} = c^2$ ist). Diesem Vorzug der Lemaître-Metrik steht aber als Nachteil die Zeitabhängigkeit der Koordinaten des Maßtensors gegenüber. Ein im Koordinatensystem der Lemaître-Metrik ruhender Beobachter ($\rho' = \text{const.}$, $\vartheta = \text{const.}$, $\varphi = \text{const.}$) befindet sich im freien Fall in Richtung Zentrum (er liest ja auch auf seiner Uhr die Eigenzeit ab), denn seine Weltlinie ist eine Koordinatenlinie der Zeit, bei der es sich im Fall der Lemaître-Metrik um eine zeitartige Geodätische handelt.

Da die Koordinatenzeit t' die Eigenzeit ist, lautet die Gleichung für die radialen zeitartigen Geodätischen

$$c^2 - \frac{2m}{\rho}\left(\frac{d\rho'}{dt'}\right)^2 = c^2 ,$$

woraus

$$\frac{d\rho'}{dt'} = 0$$

für radial einlaufende Geodätische folgt, was ja durch die Transformation (6.92) auch erzwungen wird. Die Gleichung der radialen Nullgeodätischen hingegen ist

$$\frac{d\rho'}{dt'} = \pm c\sqrt{\frac{\rho}{2m}} .$$

Die Lösungen sind in Abb. 6.4 skizziert. Der Singularität $\rho = 0$ entspricht bei der Transformation (6.92) die Gerade $\rho' = ct'$, der Schwarzschild-Sphäre $\rho = 2m$ die Gerade $\rho' - ct' = \frac{4m}{3}$. Die vertikale Linie stellt eine zeitartige Geodätische dar, die gekrümmten Linien veranschaulichen die Nullgeodätischen; die direkt einlaufende Linie ist eine Lösung für das negative Vorzeichen, die beiden anderen sind Lösungen für das positive Vorzeichen. Man sieht, daß im Bereich zwischen den beiden Geraden $\rho' - ct' = 0$ und $\rho' - ct' = \frac{4m}{3}$, der dem Inneren der Schwarzschild-Sphäre entspricht, alle radialen Geodätischen ins Zentrum laufen, das nach einer endlichen Zeitspanne (nach dem Zeitmaß der mit der Eigenzeit identischen Koordinatenzeit t') erreicht wird.

Ein anderer Weg zur Fortsetzung der Schwarzschild-Metrik besteht in der Einführung solcher Koordinaten $\bar{t}, \bar{\rho}$, welche die den Nullgeodätischen zuzuordnenden Linien $f(\bar{t}, \bar{\rho}) = \text{const.}$ geradlinig machen. Eine solche Transformation hat den Vorzug, daß die radiale Koordinate ρ beibehalten werden kann. Prinzipiell besteht die Möglichkeit zur Wahl, den einlaufenden oder den auslaufenden Nullgeodätischen dieses Merkmal zukommen zu lassen.

Da in Schwarzschild-Koordinaten für einlaufende Nullgeodätische wegen $d\rho < 0$

$$dt = -\frac{1}{c}\frac{1}{1-\frac{2m}{\rho}}\,d\rho$$

gilt, erreicht man deren Ausrichtung durch Einführung der neuen Zeitkoordinate

$$\bar{t} = t + \frac{1}{c}\int \frac{1}{1-\frac{2m}{\rho}}\,d\rho = t + \frac{1}{c}\Big[\rho + 2m\ln\Big(\frac{\rho}{2m} - 1\Big)\Big],$$

denn dann ist $\bar{t} = \text{const.}$ längs dieser Nullgeodätischen; bei dieser Transformation wird die radiale Koordinate ρ nicht abgeändert, sie erhält aber das Merkmal der Lichtartigkeit. Setzt man für

$$dt = d\bar{t} + \frac{1}{c}\frac{1}{1-\frac{2m}{\rho}}\,d\rho$$

in (6.69) ein, so erhält man die nach EDDINGTON und FINKELSTEIN benannte Form der Schwarzschild-Metrik

$$ds^2 = c^2\Big(1 - \frac{2m}{\rho}\Big)d\bar{t}^{\,2} - 2c\,d\bar{t}d\rho - \rho^2\big(d\vartheta^2 + \sin^2\!\vartheta\,d\varphi^2\big). \tag{6.94}$$

Jetzt bilden die Transformationsgleichungen die Halbebene $\{(t,\rho)\,|\,\rho > 2m\}$ umkehrbar eindeutig auf die Halbebene $\{(\bar{t},\rho)\mid \rho > 2m\}$ ab, diese ist aber enthalten in der Halbebene $\{(\bar{t},\rho)\mid \rho > 0\}$, welche der Definitionsbereich für die Karte der Metrik (6.94) ist. Das Verschwinden der zu $d\bar{t}^{\,2}$ gehörigen Koordinate für $\rho = 2m$ täuscht nur eine Singularität vor, in Wirklichkeit erfüllt die Matrix der Koordinaten des Maßtensors für $\rho > 0$ die Bedingung, daß von den vier Eigenwerten einer positiv ist und die drei anderen negativ sind (wenn man von der Koordinatensingularität bei $\vartheta = 0, \pi$ absieht). Damit ist (6.94) eine Fortsetzung der äußeren Schwarzschild-Metrik (6.69), die einzige echte Singularität ist $\rho = 0$.

Ändert man die Transformation der Koordinatenzeit durch einen Vorzeichenwechsel im Argument des Logarithmus ab,

$$t \to \bar{t} = t + \frac{1}{c}\Big[\rho + 2m\ln\Big(1 - \frac{\rho}{2m}\Big)\Big],$$

so ist sie für $0 < \rho < 2m$ gültig und bildet jetzt den Definitionsbereich der Karte für die zweite Lösung (6.69), den Streifen $\{(t,\rho)\,|\,0 < \rho < 2m\}$ auf den Streifen $\{(\bar{t},\rho)\mid 0 < \rho < 2m\}$ ab, weshalb durch diese Modifikation die „innere" Schwarzschild-Lösung (6.69) in (6.94) übergeführt wird. Daher überdeckt wie die Lemaître-Metrik auch die Eddington-Finkelstein-Metrik den Weltbezirk der zweiten in (6.69) enthaltenen Lösung.

Die Tatsache, daß die Koordinaten des Maßtensors der Eddington-Finkelstein-Metrik von der Koordinatenzeit unabhängig sind, darf jetzt nicht dazu verleiten, das Gravitationsfeld als stationär anzusehen, denn die Zeitartigkeit der Koordinate $\bar{t}$ ist für $\rho < 2m$ nicht mehr gegeben. Bestimmt man die Killing-Vektorfelder auf dem durch die Metrik (6.94) erfaßten Weltbezirk, so zeigt sich, daß dieser nicht stationär, geschweige denn statisch ist. Hiefür braucht man nur die vier Vektorfelder (5.226) auf die Koordinaten der Metrik (6.94) zu transformieren. Sie bleiben dabei unverändert, nur an die Stelle des ersten Vektorfeldes tritt $v_0 = \partial_{\bar{t}}$. Wegen $(\partial_{\bar{t}}, \partial_{\bar{t}}) = \left(1 - \frac{2m}{\rho}\right)$ ist es für $\rho > 2m$ zeitartig, für $\rho < 2m$ raumartig. Dies bedeutet, daß in dem durch die Metrik (6.94) erfaßten Weltbezirk kein zeitartiges Killing-Vektorfeld existiert. Außerhalb der Schwarzschild-Sphäre ist die Welt immer noch statisch, denn das für $\rho > 2m$ zeitartige Killing-Vektorfeld $v_0 = \partial_{\bar{t}}$ erfüllt die Bedingung (6.13) für hyperflächenorthogonale Vektorfelder (die Bestimmung dieser Hyperflächen führt zur Schwarzschild-Zeit zurück). Der Umstand, daß ein kugelsymmetrisches Gravitationsfeld im Inneren der Schwarzschild-Sphäre instationär ist, während es außerhalb sogar statisch ist, erklärt auf geometrische Weise die Unzulänglichkeit der Schwarzschild-Koordinaten zur Beschreibung der Welt über die Schwarzschild-Sphäre $\rho = 2m$ hinaus. Die Verbindung des statischen Äußeren der Schwarzschild-Sphäre mit dem instationären Inneren machen die Schwarzschild-Koordinaten nicht mit.

Die Differentialgleichung der radialen Nullgeodätischen

$$c^2\left(1 - \frac{2m}{\rho}\right)d\bar{t}^{\,2} - 2c\,d\bar{t}d\rho = 0$$

zerfällt in die beiden expliziten Gleichungen

$$\frac{d\bar{t}}{d\rho} = 0\,, \qquad \frac{d\bar{t}}{d\rho} = \frac{c}{2}\,\frac{1}{1 - \frac{2m}{\rho}}\,.$$

Die Lösungen der ersten beschreiben die geradlinig ausgerichteten radial einfallenden Nullgeodätischen $d\bar{t} = \text{const.}$, das allgemeine Integral der zweiten lautet

$$c\bar{t} - 2\rho - 4m\ln\left|\frac{\rho}{2m} - 1\right| = \text{const.}$$

Die Lösungen beider Gleichungen für Nullgeodätische sind in Abb. 6.5 skizziert (wobei $c = 1$ gesetzt ist). Für einen Anfangswert $\rho_o > 2m$ handelt es sich um auslaufende Nullgeodätische, für $\rho_o < 2m$ laufen sie in Richtung Zentrum; für $\rho_o = 2m$ ist die Lösung konstant. Dies bedeutet, daß die Hyperfläche $\rho = 2m$ wie ein Ventil wirkt, das den Weg zum Zentrum freigibt, den Weg vom Inneren ins Äußere aber versperrt. Photonen, die sich im Inneren befinden, können durch die Schwarzschild-Sphäre nicht ins Äußere hindurchtreten, während Photonen im Außenraum nichts in den Weg gelegt wird, ins Innere vorzudringen oder sich in Richtung flacher Weltbezirke zu entfernen. Deshalb nennt man die Schwarzschild-Sphäre $\rho = 2m$ einen *Ereignishorizont*. Einem Beobachter im Äußeren der Schwarzschild-Sphäre bleibt jegliches Geschehen im Inneren verborgen, da er von dort keine Signale empfangen kann.

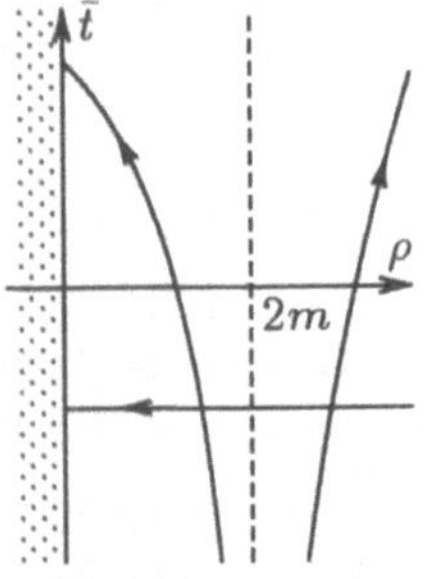

Abb. 6.5

Der Umstand, daß innerhalb der Schwarzschild-Sphäre jede lichtartige radiale Geodätische ins Zentrum führt, überträgt sich erst recht auf zeitartige radiale Geodätische und auch auf nicht-radiale lichtartige oder zeitartige Geodätische, denn die radialen Nullgeodätischen stellen einen Extremfall dar. Im instationären Inneren der Schwarzschild-Sphäre ist alles in Bewegung, selbst ein Stillstand ist nicht möglich. Was sich im Inneren befindet, wird unweigerlich ins Zentrum hineingezogen, während es im Außenraum immer möglich ist, der Anziehung in Richtung Zentrum entgegenzuwirken. Ein Astronaut in einem Raumschiff kann, solange er die Schwarzschild-Sphäre nicht überschritten hat, der Gravitationswirkung des Zentrums durch die Kraft seiner Raketenmotoren standhalten. Ist er aber einmal ins Innere vorgestoßen, so helfen ihm auch die stärksten Motoren nicht, es gibt für ihn kein Mittel mehr, den Sturz ins Zentrum zu verhindern, geschweige daß ihm eine Rückkehr möglich ist. Die Singularität $\rho = 0$, die sich dem Astronauten als schwarze Scheibe vor dem Hintergrund des Sternenhimmels darbieten würde, wird deshalb ein *Schwarzes Loch* genannt.

Damit erweist sich die in (6.69) für $0 < \rho < 2m$ enthaltene Lösung der Vakuum-Feldgleichungen als das Gravitationsfeld um ein Schwarzes Loch.

Da die Eddington-Finkelstein-Metrik (6.94) einen gemischten Term enthält, führt die Zeitumkehr $\bar{t} \to -\bar{t}$ zu einer neuen Lösung der Vakuum-Feldgleichungen. Man erhält diese aus (6.69) auch durch die Transformation

$$\bar{t} = t - \frac{1}{c}\left[\rho + 2m \ln\left(\frac{\rho}{2m} - 1\right)\right],$$

welche die auslaufenden Geodätischen geraderichtet. Sie führt die Metrik (6.69), entsprechend $\bar{t} \to -\bar{t}$, in

$$ds^2 = c^2\left(1 - \frac{2m}{\rho}\right)d\bar{t}^{\,2} + 2c\,d\bar{t}d\rho - \rho^2\left(d\vartheta^2 + \sin^2\vartheta\,d\varphi^2\right) \tag{6.95}$$

über. Die Gleichungen für die Nullgeodätischen lauten jetzt

$$\frac{d\bar{t}}{d\rho} = 0\,, \qquad \frac{d\bar{t}}{d\rho} = -\frac{c}{2}\frac{1}{1 - \frac{2m}{\rho}}\,.$$

Es liegen gerade die umgekehrten Verhältnisse wie bei (6.94) vor, die Orientierungen der Kurven in Abb. 6.5 drehen sich um. Wieder wirkt die Schwarzschild-Sphäre $\rho = 2m$ wie ein Ventil, nur in umgekehrter Richtung. Photonen im Inneren können ohne weiteres heraus, während für solche im Äußeren der Eintritt in das Innere unmöglich ist. Die durch den Ereignishorizont $\rho = 2m$ abgeschirmte Singularität $\rho = 0$ ist das genaue Gegenstück zum Schwarzen Loch und wird ein *Weißes Loch* genannt: was sich im Inneren befindet, wird vom Zentrum weggeschleudert, ein Passieren der Schwarzschild-Sphäre vom Außenraum her ist unmöglich.

Die Metrik (6.94) heißt auch *avancierte*, (6.95) *retardierte* Eddington-Finkelstein-Metrik, weil $\bar{t} = t \pm \frac{1}{c}\int\left(1 - \frac{2m}{\rho}\right)^{-1} d\rho$ für das positive Vorzeichen als „avancierte", für das negative als „retardierte" Zeit bezeichnet wird.

Die beiden Eddington-Finkelstein-Metriken sind klarerweise Lösungen der Vakuum-Feldgleichungen und geben so zu der Vermutung Anlaß, daß die Schwarzschild-Lösung (6.69) zwei Universen beinhaltet. Jedes aus einem asymptotisch flachen Bezirk bestehend ist das eine, metrisch gesehen, ein Ebenbild des anderen, die Fortsetzungen aber führen zu einer Singularität mit unterschiedlicher Natur — das eine Mal ein Schwarzes Loch, das alles verschluckt, das andere Mal ein Weißes Loch, das alles von sich wegstößt. Es gibt dann die beiden Möglichkeiten, daß entweder jedes der beiden Universen eine eigenständige Welt ist, die sich nicht weiter fortsetzen läßt, oder daß jedes eine Fortsetzung des anderen darstellt. Die Klärung der kausalen Struktur, die in diesem Fall bestehen muß, bringt eine Transformation, welche das konstruktive Merkmal des Übergangs von (6.69) auf (6.94) und (6.95), die Geradlinigkeit der einlaufenden Nullgeodätischen bei (6.94) und der auslaufenden bei (6.95), zu einem einzigen vereinigt: sowohl die einlaufenden als auch die auslaufenden Nullgeodätischen sollen durch Wahl geeigneter Koordinaten geradlinig werden.

Zu diesem Zweck transformiert man zuerst die Schwarzschild-Lösung für das Äußere der Schwarzschild-Sphäre im Hinblick darauf, daß die einlaufenden und die auslaufenden radialen Nullgeodätischen geradlinig sind. Dies bewirkt die Transformation

$$\rho \to r = \int \frac{1}{1-\frac{2m}{\rho}}\, d\rho = \rho + 2m \ln\left(\frac{\rho}{2m} - 1\right)$$

der radialen Koordinate, wodurch (6.69) in

$$ds^2 = \left(1 - \frac{2m}{\rho}\right)\left(c^2 dt^2 - dr^2\right) - \rho^2\left(d\vartheta^2 + \sin^2\vartheta\, d\varphi^2\right)$$

übergeführt wird; die radialen Nullgeodätischen sind dann

$$r \pm ct = \text{const.}$$

Der Gültigkeitsbereich wird damit aber nicht über $\rho > 2m$ hinaus erstreckt, die Schwarzschild-Sphäre ist in dieser Form noch immer eine Koordinatensingularität. Man kann versuchen, durch Einführung neuer Koordinaten

$$u = u(t,r)\,, \quad v = v(t,r)$$

diese Singularität zu beheben, aber so, daß einerseits die spezielle Gestalt

$$ds^2 = \Phi^2\left(dv^2 - du^2\right) - \rho^2\left(d\vartheta^2 + \sin^2\vartheta\, d\varphi^2\right)$$

erhalten bleibt, welche die Geradlinigkeit der ein- und ausfallenden Nullgeodätischen gewährleistet, andererseits die Funktion Φ^2 diese Singularität nicht mehr aufweist. Setzt man für

$$du = \frac{\partial u}{\partial t}\, dt + \frac{\partial u}{\partial r}\, dr\,, \quad dv = \frac{\partial v}{\partial t}\, dt + \frac{\partial v}{\partial r}\, dr$$

ein, so erhält man

$$\Phi^2\left(dv^2 - du^2\right) = \Phi^2\left[\left(\frac{\partial v}{\partial t}\right)^2 - \left(\frac{\partial u}{\partial t}\right)^2\right] dt^2 + \Phi^2\left[\left(\frac{\partial v}{\partial r}\right)^2 - \left(\frac{\partial u}{\partial r}\right)^2\right] dr^2$$
$$+ 2\Phi^2\left[\frac{\partial v}{\partial t}\frac{\partial v}{\partial r} - \frac{\partial u}{\partial t}\frac{\partial u}{\partial r}\right] dt\,dr$$

und durch Vergleich mit

$$\left(1-\frac{2m}{\rho}\right)(c^2dt^2-dr^2)$$

die an die Funktionen u und v zu stellenden Bedingungen

$$\Phi^2\left[\left(\frac{\partial v}{\partial t}\right)^2-\left(\frac{\partial u}{\partial t}\right)^2\right]=c^2\left(1-\frac{2m}{\rho}\right),$$

$$\Phi^2\left[\left(\frac{\partial v}{\partial r}\right)^2-\left(\frac{\partial u}{\partial r}\right)^2\right]=-\left(1-\frac{2m}{\rho}\right),$$

$$\Phi^2\left[\frac{\partial v}{\partial t}\frac{\partial v}{\partial r}-\frac{\partial u}{\partial t}\frac{\partial u}{\partial r}\right]=0\,.$$

Sie reduzieren sich mit dem Ansatz

$$u=\alpha(r+ct)+\beta(r-ct)\,,\qquad v=\alpha(r+ct)-\beta(r-ct)$$

auf eine einzige durch die Funktionen α und β zu erfüllende Forderung

$$4\Phi^2\alpha'\beta'=1-\frac{2m}{\rho}\,.$$

Die Funktionen α und β sind aber so zu wählen, daß die Funktion Φ^2 beim einseitigen Grenzübergang $\rho\to 2m+$ einem endlichen und von Null verschiedenen Wert zustrebt; d.h. es wird verlangt, daß der Quotient

$$\frac{1-\frac{2m}{\rho}}{\alpha'(r+ct)\beta'(r-ct)}$$

beim Grenzübergang $\rho\to 2m+$, der $r\to-\infty$ entspricht, gegen einen positiven Wert strebt. Dies wird erreicht durch die Wahl

$$\alpha(x)=\lambda e^{\nu x}\,,\quad \beta(y)=\mu e^{\nu y}\,,\quad \nu=\frac{1}{4m}\,,$$

worin λ und μ Konstante sind, die nach Belieben gewählt werden können. Unter diesen Umständen ist

$$\lim_{\rho\to 2m+}\frac{1-\frac{2m}{\rho}}{\alpha'(r+ct)\beta'(r-ct)}=\frac{16m^2}{\lambda\mu}\lim_{\rho\to 2m+}\left(1-\frac{2m}{\rho}\right)e^{-2\nu r}$$

$$=\frac{16m^2}{\lambda\mu}\lim_{\rho\to 2m+}\frac{2m}{\rho}e^{-2\nu\rho}=\frac{16m^2}{\lambda\mu e}$$

wegen $\exp\left(\frac{r}{2m}\right)=\left(\frac{\rho}{2m}-1\right)\exp\left(\frac{\rho}{2m}\right)$. Setzt man noch $\lambda=\mu=\frac{1}{2}$, so erhält man

$$\Phi^2=\frac{1-\frac{2m}{\rho}}{4\alpha'\beta'}=16m^2\left(1-\frac{2m}{\rho}\right)\exp\left(-\frac{r}{2m}\right)=\frac{32m^3}{\rho}\exp\left(-\frac{\rho}{2m}\right).$$

Damit lautet die gesuchte Transformation

$$\begin{aligned}u&=\sqrt{\frac{\rho}{2m}-1}\,\exp\left(\frac{\rho}{4m}\right)\cosh\left(\frac{ct}{4m}\right),\\ v&=\sqrt{\frac{\rho}{2m}-1}\,\exp\left(\frac{\rho}{4m}\right)\sinh\left(\frac{ct}{4m}\right),\end{aligned}\qquad(6.96)$$

die von der Schwarzschild-Metrik auf die nach KRUSKAL und SZEKERES benannte Metrik

$$ds^2 = \frac{32m^3}{\rho}\exp\left(-\frac{\rho}{2m}\right)\left(dv^2 - du^2\right) - \rho^2\left(d\vartheta^2 + \sin^2\vartheta\, d\varphi^2\right) \qquad (6.97)$$

führt.

Die Funktionen (6.96) bilden die Halbebene $\{(t,\rho) \mid \rho > 2m\}$ umkehrbar eindeutig auf den Winkelraum $\mathcal{W}_o = \{(u,v) \mid -u < v < u, u > 0\}$ der (u,v)-Ebene ab. Man erkennt dies an Hand der Beziehungen

$$u^2 - v^2 = \left(\frac{\rho}{2m} - 1\right)\exp\left(\frac{\rho}{2m}\right),$$

$$\frac{v}{u} = \tanh\left(\frac{t}{4m}\right),$$

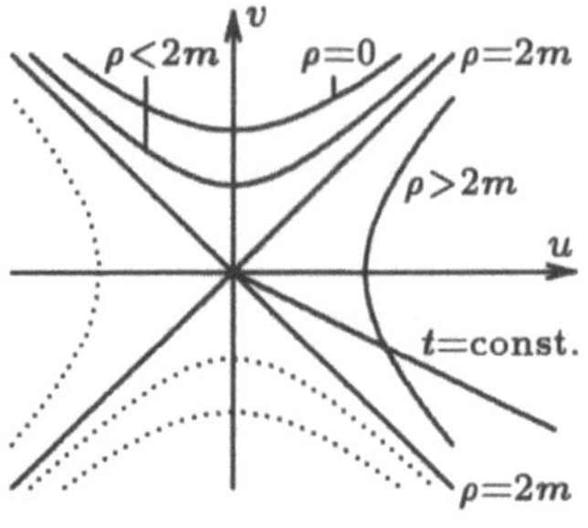

Abb. 6.6

die übrigens zeigen, daß die Umkehrung der Transformation (6.96) durch elementare Funktionen nicht bewerkstelligt werden kann. Sie geben aber auch zu erkennen, daß sich der eine Teil der Umkehrung von (6.96), die Funktion $\rho(u,v)$, aus dem Winkelraum $\mathcal{W}_o$ in

$$\mathcal{K} = \left\{(u,v) \;\middle|\; |v| < \sqrt{1+u^2}, u \in \mathbb{R}\right\}$$

fortsetzen läßt. Den Koordinatenlinien $\rho = \text{const.} > 2m$ in der Halbebene $\{(t,\rho) \mid \rho > 2m\}$ entsprechen im Winkelraum $\mathcal{W}_o$ der (u,v)-Ebene die Hyperbeläste

$$u^2 - v^2 = \left(\frac{\rho}{2m} - 1\right)\exp\left(\frac{\rho}{2m}\right), \quad u > 0\,. \qquad (6.98)$$

Läuft dabei t von $-\infty$ nach ∞, so folgt man dem Hyperbelast von unten nach oben, denn die Koordinatenlinien $t = \text{const.}$ werden auf die Halbgeraden $v = u\tanh\left(\frac{t}{4m}\right)$ $(u > 0)$ abgebildet. Für $\rho \to 2m+$ streben die Hyperbeläste (6.98) gegen den Rand des Winkelraumes $\mathcal{W}_o$, der aus den beiden Asymptoten $v = \pm u$ $(u > 0)$ besteht und somit das Bild der Schwarzschild-Sphäre $\rho = 2m$ ist. Verkleinert man ρ über $2m$ hinaus, so „kippen" diese Hyperbeläste um, da jetzt die rechte Seite in (6.98) negativ wird. Für $\rho \to 0+$ wird eine Grenzlage eingenommen, nämlich die Hyperbel

$$u^2 - v^2 = -1\,, \qquad (6.99)$$

die somit der Singularität $\rho = 0$ entspricht. Daher läßt sich die Funktion $\rho(u,v)$ in die (u,v)-Ebene fortsetzen, und zwar in den Bereich $\mathcal{K}$ zwischen den beiden Hyperbelästen $v = \pm\sqrt{1+u^2}$. Zur effektiven Bestimmung des Funktionswertes $\rho(u_o,v_o)$ eines Punktes $(u_o,v_o) \in \mathcal{K}$ ist jene Hyperbel aufzusuchen, auf welcher dieser Punkt liegt,

$$u^2 - v^2 = u_o^2 - v_o^2 > -1\,.$$

Da die streng monoton steigende Funktion $f(\rho) = \left(\frac{\rho}{2m} - 1\right)\exp\left(\frac{\rho}{2m}\right)$ das Intervall $[0,\infty[$ umkehrbar eindeutig auf das Intervall $[-1,\infty[$ abbildet, hat die Gleichung

$$u_o^2 - v_o^2 = \left(\frac{\rho}{2m} - 1\right)\exp\left(\frac{\rho}{2m}\right)$$

genau eine positive Lösung ρ_o, die dem Punkt (u_o, v_o) zugeordnet wird. Diese ist in (6.97) zur Berechnung der Koordinaten des Maßtensors für den Punkt (u_o, v_o) einzusetzen. Liegt der Punkt (u_o, v_o) auf einer der Geraden $v = \pm u$, den Asymptoten der Hyperbeln (6.98), so ist $\rho = 2m$, liegt er auf der Hyperbel (6.99), so ist $\rho_o = 0$. Die beiden Hyperbeläste (6.99) repräsentieren daher die Singularität $\rho = 0$ des Feldes.

Die Kruskal-Szekeres-Metrik ist eine maximale analytische Fortsetzung der Lösung (6.69) der Vakuum-Feldgleichungen (6.47), und zwar insofern, als beim Durchlauf einer Geodätischen, die in einem gewissen Punkt ihren Anfang nimmt, der Bahnparameter unbeschränkt wächst, oder die Geodätische endet, und zwar für einen endlichen Wert des Bahnparameters, in der einzigen Singularität, im Zentrum $\rho = 0$. Die Metrik (6.97) ist nicht stationär, ein zeitartiges Killing-Vektorfeld ist nicht vorhanden. Die Umrechnung des Killing-Vektorfeldes ∂_t auf die Koordinaten der Kruskal-Szekeres-Metrik ergibt $\partial_t = \frac{c}{4m}(u\,\partial_v + v\,\partial_u)$; es handelt sich wegen $(\partial_t, \partial_t) = \left(1 - \frac{2m}{\rho}\right)$ für $\rho > 2m$ um ein zeitartiges, für $\rho < 2m$ um ein raumartiges Vektorfeld. Die drei anderen Killing-Vektorfelder (5.226) sind auch in den neu hinzukommenden Weltbezirken raumartig und weisen die Lösung (6.97) der Vakuum-Feldgleichungen als kugelsymmetrisch aus.

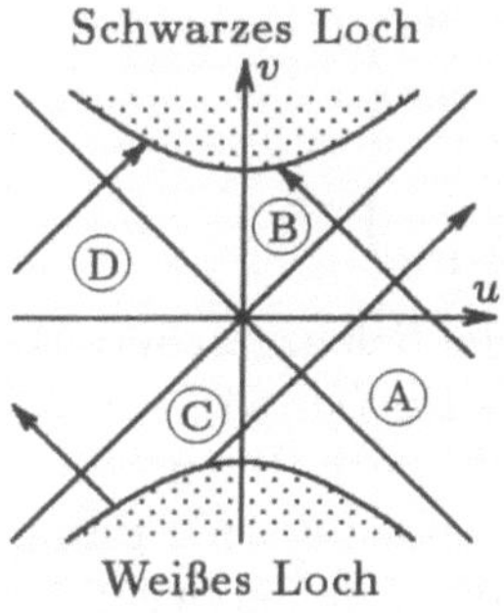

Abb. 6.7

Durch die Metrik (6.97) wird die Welt in vier Bezirke eingeteilt, die in Abb. 6.7 mit A, B, C und D bezeichnet sind. Es handelt sich um die vier Winkelräume, in welche die (u, v)-Ebene durch das Geradenpaar $v = u$ und $v = -u$ zerlegt wird. Wie weiter oben schon dargelegt wurde, entspricht dem Bezirk A jener Teil der Welt, der durch die Schwarzschild-Lösung für das Äußere der Schwarzschild-Sphäre erfaßt wird.

Der Streifen $\{(t,\rho) \mid 0 < \rho < 2m\}$, der Definitionsbereich der zweiten in (6.69) enthaltenen Lösung der Vakuum-Feldgleichungen, wird durch die Funktionen

$$u = \sqrt{1 - \frac{\rho}{2m}}\,\exp\left(\frac{\rho}{4m}\right)\sinh\left(\frac{ct}{4m}\right),$$

$$v = \sqrt{1 - \frac{\rho}{2m}}\,\exp\left(\frac{\rho}{4m}\right)\cosh\left(\frac{ct}{4m}\right)$$

auf den Bereich B der Kruskal-Ebene abgebildet, sodaß diesem das Innere der Scharzschild-Sphäre entspricht; die Vereinigung der beiden Bereiche A und B, enthalten in der einen Hälfte $\{(v,u) \mid v > u\} \cap \mathcal{K}$ der Kruskal-Ebene, läßt sich umkehrbar eindeutig auf die Halbebene $\{(\bar{t},\rho) \mid \rho > 0\}$, den Definitionsbereich der Karte für die avancierte Eddington-Finkelstein-Metrik abbilden, sodaß durch diese jener Weltbezirk erfaßt wird, dem in der Kruskal-Ebene die beiden Bereiche A und B entsprechen. Die Halbebene $\{(t,\rho) \mid \rho > 2m\}$ wird durch die Funktionen

$$u = -\sqrt{\frac{\rho}{2m} - 1}\, \exp\Big(\frac{\rho}{4m}\Big) \cosh\Big(\frac{ct}{4m}\Big),$$
$$v = -\sqrt{\frac{\rho}{2m} - 1}\, \exp\Big(\frac{\rho}{4m}\Big) \sinh\Big(\frac{ct}{4m}\Big)$$

auf den Bereich D der Kruskal-Ebene abgebildet, der Bereich C schließlich ist das Bild des Streifens $\{(t,\rho) \mid 0 < \rho < 2m\}$ unter der Transformation

$$u = -\sqrt{1 - \frac{\rho}{2m}}\, \exp\Big(\frac{\rho}{4m}\Big) \sinh\Big(\frac{ct}{4m}\Big),$$
$$v = -\sqrt{1 - \frac{\rho}{2m}}\, \exp\Big(\frac{\rho}{4m}\Big) \cosh\Big(\frac{ct}{4m}\Big).$$

Bei diesen beiden letzten Transformationen geht die Schwarzschild-Metrik in die Kruskal-Metrik über. Da sich die andere Hälfte $\{(v,u) \mid v < u\} \cap \mathcal{K}$ der Kruskal-Ebene, die den Bereich C und den Bereich D enthält, umkehrbar eindeutig auf den Definitionsbereich der retardierten Eddington-Finkelstein-Metrik abbilden läßt, überdeckt diese die den Bereichen C und D entsprechenden Weltbezirke.

Die Vakuum-Feldgleichungen enthalten nichts über die Topologie der Raum-Zeit-Welt, sie legen nur die lokale Geometrie fest. Um sich eine Vorstellung von der Kruskal-Mannigfaltigkeit mit ihren beiden asymptotisch flachen Universen zu verschaffen, bedient man sich zeitlicher Schnitte $v = \text{const.}$ und betrachtet die Geometrie auf der diese dreidimensionale Welt in zwei Hälften teilenden Äquatorebene $\vartheta = \frac{\pi}{2}$ mit der Metrik

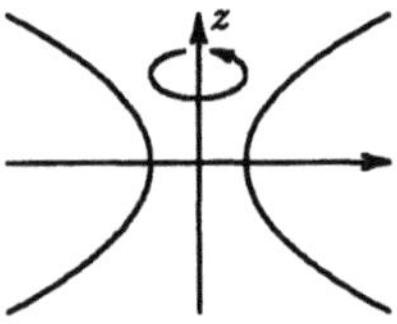

Abb. 6.8

$$ds^2 = -\Phi^2 du^2 - \rho^2 d\varphi^2\,,$$

indem man ihr eine Drehfläche $z = f(\rho)$, $x = \rho\cos\varphi$, $y = \rho\sin\varphi$ im dreidimensionalen euklidischen Raum mit gleichlautender metrischer Fundamentalform gegenüberstellt (auf das negative Vorzeichen kommt es dabei nicht an). Zur Bestimmung der Funktionen $f(\rho)$, welche diese Drehflächen für verschiedene Werte von v darstellen, sind die metrischen Fundamentalformen zu vergleichen,

$$dx^2 + dy^2 + dz^2 = d\rho^2 + \rho^2 d\varphi^2 + \big(f'(\rho)\big)^2 d\rho^2 = \big(\Phi(\rho)\big)^2 du^2 + \rho^2 d\varphi^2\,,$$

worin bei $v = \text{const.}$, $v^2 \le 1$ für $u^2 = \big(\frac{\rho}{2m} - 1\big)\exp\big(\frac{\rho}{2m}\big) + v^2$ einzusetzen ist. Dies ergibt mit

$$2u\,du = \frac{\rho}{4m}\exp\Big(\frac{\rho}{2m}\Big)d\rho$$

die Gleichung

$$\left(f'(\rho)\right)^2 + 1 = \frac{\Phi^2}{u^2}\frac{1}{64m^2}\,\rho^2 \exp\left(\frac{\rho}{m}\right) = \frac{1}{u^2}\frac{\rho}{2m}\exp\left(\frac{\rho}{2m}\right),$$

beziehungsweise

$$f'(\rho) = \pm\sqrt{\frac{1 - v^2 e^{-\xi}}{\xi - 1 + v^2 e^{-\xi}}}, \qquad \xi = \frac{\rho}{2m}.$$

Deren Integration ist für $v = 0$ elementar und führt auf die in Abb. 6.8 skizzierte parabolische Drehfläche

$$f(\rho) = \pm\sqrt{8m(\rho - 2m)}.$$

Durch Drehung dieser Parabel um die z-Achse des euklidischen Einbettungsraumes entsteht eine Fläche, deren Geometrie die Verhältnisse auf der Äquatorebene der Kruskal-Mannigfaltigkeit zum Zeitpunkt $v = 0$ veranschaulicht. Die (x, y)-Ebene trennt diese Drehfläche in zwei Hälften, von denen jede zu einem der beiden Universen gehört. Zum Zeitpunkt $v = 0$ stoßen die beiden Universen in der Äquatorebene an ihrem Schwarzschild-Radius aneinander (dieser Schnitt entspricht der Einbettung der Äquatorebene der äußeren Schwarzschild-Lösung (6.69) für $t =$ const. nach dem Maß der Schwarzschild-Zeit t). Läßt man v von 0 an wachsen, so bleibt die parabolische Form dieser Drehfläche erhalten, nur die aus der Gleichung

$$\xi - 1 + v^2 e^{-\xi} = 0$$

zu bestimmenden Scheitel $\rho = 2m\xi$ rücken näher an den Ursprung heran. Diese Flächen sind jetzt im Inneren ihres Schwarzschild-Radius miteinander verbunden. Wird $v = 1$, so stoßen die beiden Universen in ihrer Singularität aneinander. Für größere Werte von v lösen sich die beiden Universen voneinander, wobei jede von ihnen die Singularität $\rho = 0$ mitnimmt.[18)]

Der zeitliche Ablauf dieser Entwicklung ist in Abb. 6.9 schematisch dargestellt, wobei um die punktiert gezeichnete Achse zu drehen ist. Da die Kruskal-Szekeres-Metrik symmetrisch in der Koordinatenzeit v ist, läuft die Entwicklung symmetrisch bezüglich $v = 0$ ab. Die beiden zunächst getrennten Universen vereinigen sich in ihrer Singularität, wachsen sodann zusammen, bis ihre Verbindung die Schwarzschild-Sphäre erreicht hat. Ab diesem Zeitpunkt ist die Entwicklung rückläufig, die beiden Universen lösen sich wieder voneinander.

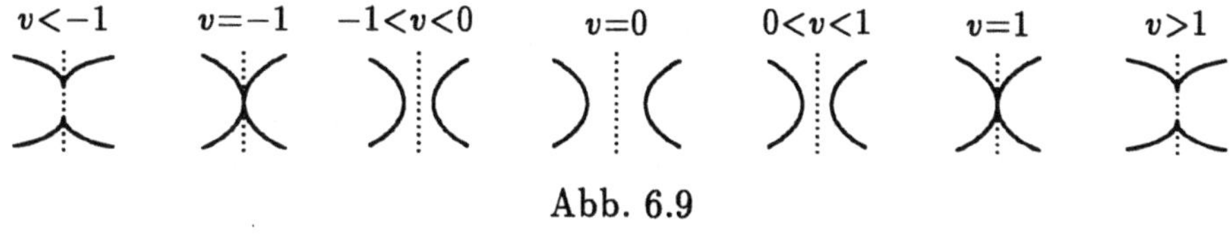

Abb. 6.9

Diese Skizzen zeigen die Schwarzschild-Metrik als dynamische Geometrie, die zunächst „expandiert“ und dann wieder „kollabiert“. Dieser Vorgang

---

18) Siehe MISNER et. al. zur Topologie der Schwarzschild-Geometrie.

geht so schnell vor sich, daß weder Partikel materieller Natur noch Photonen vom asymptotisch flachen Bezirk des einen Universums in denjenigen des anderen übersetzen können, ohne der Gefangennahme durch die Singularität, die sich beim Zusammenschnüren ausbildet, entgehen zu können und damit der Zerstörung anheim zu fallen.

Um die kausalen Zusammenhänge der Teilbezirke A, B, C und D aufzudecken, sind die radialen Nullgeodätischen der Metrik (6.97) in das Kruskal-Diagramm einzutragen. Sie genügen den Gleichungen $dv^2 - du^2 = 0$, sind also die Geraden

$$v \pm u = \text{const.}$$

Die Orientierung ist dabei derart, daß beim Durchlauf v zunimmt, denn v übernimmt als zeitartige Koordinate die Rolle der Zeit. Somit zeigt sich, daß die radialen Nullgeodätischen entweder ins Unendliche laufen und die flachen Raumbezirke erreichen, oder in den Winkelraum B eintreten. Aus diesem Bezirk laufen keine Geodätischen aus, es gibt nur einfallende, und diese enden alle auf dem Hyperbelast

$$v = \sqrt{1 + u^2}\,.$$

Die durch diesen repräsentierte Singularität $\rho = 0$ ist ein Schwarzes Loch. Jedes Partikel, das in den Bereich B gelangt sind, trifft nach endlicher Eigenzeit in dieser Singularität ein.

Die auslaufenden Geodätischen in den Bereichen A und D weisen sämtlich ins Unendliche. Daher erreichen vom Zentrum weggerichtete Signale die flachen Weltbezirke. In den Bereich C laufen keine Geodätischen ein, es gibt nur ausfallende, und diese nehmen ihren Anfang auf dem Hyperbelast

$$v = -\sqrt{1 + u^2}\,.$$

Die durch diesen repräsentierte Singularität $\rho = 0$ ist ein Weißes Loch. Partikel, die sich in C befinden, müssen vor endlicher Eigenzeit aus dieser Singularität gekommen sein.

Beobachter in den Bereichen A und D können Signale aus dem Bereich C empfangen, die sie in endlicher Eigenzeit erreichen, und sie können Signale nach B senden, wo sie nach endlicher Eigenzeit eintreffen. Ein Beobachter in B kann sowohl Signale aus A als auch aus D empfangen, er kann aber mit den angrenzenden Bezirken von sich aus nicht in Verbindung treten. Genau umgekehrt verhält es sich mit einem Beobachter in C, der Signale nach A und D abschicken kann, aber aus diesen Bezirken nicht erreichbar ist. Da keine Geodätische, die ein Wegstück in A verläuft, in den Bereich D gelangt und umgekehrt, besteht zwischen den asymptotisch flachen Weltbezirken der beiden Universen keine kausale Verbindung. Deshalb können Beobachter in A und D nicht miteinander kommunizieren.

Welche Bedeutung hat dieses Bild der Welt für die im Weltbezirk A beheimatete Menschheit? Wie schon erwähnt, kann sich ein Astronaut frei im Bezirk A bewegen. Ein Überschreiten der Schwarzschild-Sphäre ist nur auf der Grenze zwischen A und B möglich (für die zurückgebliebene Menschheit würde der Reisende diese Grenze allerdings nie erreichen, er wäre für sie für alle Zeiten verschwunden, während dieser auf seiner Uhr bereits nach einer endlichen Zeitspanne in diese Welt eingetreten ist). Abgesehen von dem Bild, das sich ihm vorher bietet — als wäre in den von Sternen übersäten Himmel ein kreisrundes Loch geschnitten, das ihm entgegenkommt und die Tendenz hat, sich über ihn zu stülpen —, wird ihm beim Passieren der Grenze zunächst nichts Besonderes auffallen, er wird den Eintritt aber sehr bald daran merken, daß er keinerlei Bewegungsfreiheit mehr besitzt. Ohne sich auch nur im geringsten dagegen wehren zu können, fällt er in das Schwarze Loch hinein; dabei wird er mitsamt seinem Raumschiff noch vor dem Aufprall durch Gezeitenkräfte zerstört, die in radialer Richtung in zunehmendem Maße dehnen und senkrecht dazu quetschen.

Da der Sturz ins Schwarze Loch das unabwendbare Schicksal jedes Reisenden ist, der in das Innere der Schwarzschild-Sphäre eindringt, kann es zu einem Übertritt der Grenze zwischen B und D gar nicht erst kommen. So bliebe für eine Reise von A nach D nur der Weg über den Bezirk C, von wo es ein Leichtes wäre, nach D zu gelangen. Doch die Schwarzschild-Sphäre des Weißen Loches erweist sich für einen Vorstoß von A in den Weltbezirk C als unüberwindbares Hindernis. Ein Astronaut im Bezirk A kann sich zwar mit dem Ziel auf den Weg machen, diese Grenze zu erreichen, doch wird ihm dies trotz noch so großer Anstrengung nicht gelingen. Der Zugang zum Weltbezirk D liegt von A aus nicht im Bereich der Möglichkeiten, der Weltbezirk D ist der Menschheit unabänderlich verschlossen. —

Nach dem Stand der astrophysikalischen Wissenschaft entsteht ein Stern aus einer Wasserstoff enthaltenden Gaswolke, die sich infolge der Gravitationswirkung zusammenzieht. Mit steigender Dichte erhöht sich dabei die Temperatur, die schließlich ein solches Ausmaß erreicht, daß der Wasserstoff durch Kernfusion wie bei einer kontrollierten Wasserstoffbomben-Explosion in Helium umgewandelt werden kann. In diesem lange Zeit andauernden Stadium befindet sich der Stern in einem stabilen Gleichgewicht, wie dies z.B. für die Sonne gegenwärtig zutrifft. Ist der gesamte Vorrat an Wasserstoff verbraucht, so kollabiert der Stern, und sein Endzustand hängt u.a. von der dem Stern verbliebenen Masse ab. Ist diese kleiner als etwa das $1\frac{1}{2}$-fache der Sonnenmasse, so beendet der Stern sein Leben als *weißer Zwerg* (mit einem Radius von einigen 1000 km und einer Massendichte in der Größenordnung von $10^{7\pm1}$ $[g/cm^3]$). Relativistische Effekte sind nicht sehr ausgeprägt, da das Verhältnis des Schwarzschild-Radius zum Radius eines weißen Zwerges $\approx 10^{-4}$ ist. Größere Sterne können nach Versiegen ihrer Vorräte an Kernenergie einen stabilen Endzustand als *Neutronenstern* (mit einem Radius von einigen 10 km und einer Dichte von $10^{16\pm1}$ $[g/cm^3]$) einnehmen, vorausgesetzt, es wird während des Zusammenbruchs genügend Masse abgestoßen. Auch bei einem Neutronenstern ist die Schwarzschild-Sphäre noch im Inneren der Materie, doch ist das Verhältnis des Schwarzschild-Radius zum Radius eines Neutronensterns in der Größenordnung ≈ 1, weshalb relativistische Effekte deutlich merkbar werden.

Anders verhält es sich am Ende der thermo-nuklearen Entwicklung eines Sterns, wenn während des Zusammenbruchs nicht genügend viel an Masse abgestoßen wird. Es gibt dann keinen stabilen Endzustand vergleichbar dem eines weißen Zwerges oder Neutronensterns. Der Stern erleidet einen *Gravitationskollaps*, da der Druck im Sterninneren der hohen Gravitationswirkung nicht standhalten kann. Er zieht sich unter dem Einfluß der eigenen Schwerkraft immer mehr zusammen und taucht schließlich in seine Schwarzschild-Sphäre ein. In diesem Augenblick ist der vollständige Zusammenbruch nicht mehr aufzuhalten. Seine Oberfläche und somit auch sein Volumen schrumpft auf Null, während die Dichte und damit die Krümmung des Raumes unbegrenzt wächst. Alle Materie ist am Ende dieses Prozesses in einem Punkt konzentriert. Der Stern endet, von seiner Schwarzschild-Sphäre gegenüber der Außenwelt abgeschirmt, als Schwarzes Loch.

Stünde der beobachtenden Menschheit ein ideales optisches Instrumentarium zur Verfügung, so wäre, läßt man Beeinträchtigungen durch die Erdathmospäre einmal beiseite, ein Schwarzes Loch nie wirklich ganz schwarz. Während der Kontraktionsphase sendet der kollabierende Stern Licht aus, das, solange der Schwarzschild-Radius nicht erreicht ist, immer längere Zeitspannen benötigt, um in flachere Weltbezirke zu gelangen, wo sie von Beobachtern der Sternkatastrophe empfangen werden können. Das Licht, das im Augenblick des Eintauchens in die Schwarzschild-Sphäre emittiert wird, braucht nach den Uhren der Menschheit hiefür unendlich lange Zeit. Deshalb würde der Kollaps eines Sternes für einen Beobachter im Äußeren der Schwarzschild-Sphäre kein Ende nehmen, der Stern durch sein Licht immer gegenwärtig sein. Da jedoch die Helligkeit des Sterns während der Kontraktionsphase infolge der zunehmenden Rotverschiebung des Lichtes nach einem Exponentialgesetz abnimmt, wird durch die beschränkten Möglichkeiten zur Beobachtung des kollabierenden Sterns dieser sehr bald aus dem Blickfeld der Menschheit verschwinden.

Die Existenz weißer Zwergsterne ist unumstritten, sie dürften im Kosmos sogar weitverbreitet sein. Ein prominenter Vertreter ist der Begleiter des Sirius, eines der hellsten Sterne am Firmament. Er wurde schon von F. W. BESSEL vorausgesagt, der die Pendelbewegung des Sirius auf die Existenz eines massereichen Begleiters zurückführte. Als schnell rotierende Neutronensterne werden die Pulsare angesehen, deren Radien auf Grund der hohen Eigenrotation in der für Neutronensterne vorhergesagten Größenordnung liegen müssen. Der berühmte Crab-Nebel im Sternbild des Stieres dürfte sich aus der Materie gebildet haben, die bei einer von chinesischen Astronomen im Jahre 1054 beobachteten Supernova-Explosion von einem kollabierenden Stern ausgeschleudert wurde. An dieser Stelle im Zentrum des Crab-Nebels befindet sich heute ein Pulsar, der eine so hohe Eigenrotation aufweist, daß sein Radius deutlich unter 1000 km liegen muß.

Einhellig ist die Meinung über die Existenz Schwarzer Löcher. Obwohl es eine ganze Reihe von Kandidaten für ein Schwarzes Loch gibt, u.a. auch im Zentrum der Milchstraße, ist der einwandfreie Nachweis bislang jedoch nicht erbracht.

6.8 Übungsbeispiele

177. Sei

$$ds^2 = dudv - \tfrac{1}{4}(u-v)^2(d\vartheta^2 + \sin^2\vartheta\, d\varphi^2)$$

die Metrik einer vierdimensionalen Raum-Zeit-Welt. Man diskutiere diese Welt.

178. In welchen Bezirken der vierdimensionalen Welt mit der Metrik

$$ds^2 = \left(1 - \frac{2m}{\rho}\right)c^2dt^2 - \frac{4mc}{\rho}\,dtd\rho - \left(1 + \frac{2m}{\rho}\right)d\rho^2 - \rho^2(d\vartheta^2 + \sin^2\vartheta\, d\varphi^2)$$

ist die Geometrie stationär bzw. statisch? Man suche für jene Weltbezirke, in denen die Geometrie insbesondere statisch ist, geeignete Koordinaten, in denen $g_{01} = g_{02} = g_{03} = 0$ ist.

179. Ist die Geometrie der Metrik

$$ds^2 = \left(1 - \frac{2m}{\rho}\right)c^2dt^2 + \frac{4mc}{\rho}\,dtd\rho - \left(1 + \frac{2m}{\rho}\right)d\rho^2 - \rho^2(d\vartheta^2 + \sin^2\vartheta\, d\varphi^2)$$

kugelsymmetrisch?

180. Man bestimme alle Killing-Vektorfelder des pseudo-Riemannschen Raumes mit der metrischen Fundamentalform

$$ds^2 = \left(1 + \frac{2V}{c^2}\right)dx_0^2 - dx_1^2 - dx_2^2 - dx_3^2\,,$$

wenn $V = V(r)$ eine Funktion der Veränderlichen $r = \sqrt{x_1^2 + x_2^2 + x_3^2}$ ist.

181. Man führe in der Metrik von Bsp. 178 durch $\bar{t} = t + \frac{\rho}{c}$, in der Metrik von Bsp. 179 durch $\bar{t} = t - \frac{\rho}{c}$ die Koordinatenzeit $\bar{t}$ ein.

182. Man berechne die Matrix $\boldsymbol{\rho}$ der Krümmungsformen der Schwarzschild-Geometrie in Schwarzschild-Koordinaten $t, \rho, \vartheta, \varphi$. Welche der von Null verschiedenen Koordinaten des Krümmungstensors $\boldsymbol{\mathcal{K}}$ sind unabhängig?

183. Man berechne in Schwarzschild-Koordinaten die Invariante

$$I = R_{ijkl}R^{ijkl} = g^{ip}g^{jq}g^{kr}g^{ls}R_{ijkl}R_{pqrs}\,.$$

184. Man berechne die Matrix Γ des affinen Zusammenhangs der Schwarzschild-Geometrie in den isotropen Koordinaten der metrischen Fundamentalform (6.88), schreibe die Gleichungen der Geodätischen an und bestimme die Matrix der Krümmungsformen.

185. Man berechne in Schwarzschild-Koordinaten

(ii) $\nabla_{\partial_t}\partial_t$ (ii) $\nabla_{\partial_t}\partial_\rho$ (iii) $\nabla_{\partial_\rho}\partial_\rho$ (iv) $\nabla_{\partial_t}(T\partial_t + R\partial_\rho + \Theta\partial_\vartheta + \Phi\partial_\varphi)$.

186. Man berechne in Schwarzschild-Koordinaten

(i) $\mathfrak{k}(\partial_t, \partial_\rho)\partial_t$ (ii) $\mathfrak{k}(\partial_t, \partial_\rho)\partial_\rho$ (iii) $\mathfrak{k}(u, v)w$

für drei Vektorfelder $u = U^t\partial_t + U^\rho\partial_\rho$, $v = V^t\partial_t + V^\rho\partial_\rho$, $w = W^t\partial_t + W^\rho\partial_\rho$.

187. Man wende den Laplace-Beltrami-Operator $\boldsymbol{\Delta}$ auf ein Skalarfeld ω und eine Linearform $\Omega = \Omega_t dt + \Omega_\rho d\rho + \Omega_\vartheta d\vartheta + \Omega_\varphi d\varphi$ in Schwarzschild-Koordinaten an. (Man beachte das Verschwinden des Ricci-Tensors!)

188. Die Gleichungen für Geodätische können in orthogonalen Koordinaten in der Form

$$\frac{d}{d\sigma}\left(g_{jj}\frac{dx_j}{d\sigma}\right) = \frac{1}{2}\sum_{i=0}^{3}\frac{\partial g_{ii}}{\partial x_j}\left(\frac{dx_i}{d\sigma^2}\right)^2$$

angeschrieben werden. Man bestätige dies an Hand der Gleichungen (6.72) für die Geodätischen der Schwarzschild-Geometrie.

189. Man zeige, daß in der Schwarzschild-Geometrie der Metrik (6.69) die freie Bewegung materieller Körper auf kreisförmigen Bahnen mit — nach dem Maß der Schwarzschild-Zeit t — konstanter Winkelgeschwindigkeit ($\rho = a = \text{const.}$, $\frac{d\varphi}{dt} = \omega = \text{const.}$) möglich ist und bestätige die Gültigkeit des dritten Keplerschen Gesetzes $a^3\omega^2 = \gamma M$.

190. Man führe Koordinaten für die Schwarzschild-Metrik (6.69) ein, in denen die auslaufenden zeitartigen Geodätischen geradlinig sind. Welches Merkmal trägt die Singularität $\rho = 0$?

191. Man führe in der Schwarzschild-Metrik (6.69) an Stelle von t und ρ die Koordinaten

$$x = \sqrt{\frac{\rho}{2m} - 1}\,\exp\left(\frac{\rho - ct}{4m}\right), \quad y = \sqrt{\frac{\rho}{2m} - 1}\,\exp\left(\frac{\rho + ct}{4m}\right)$$

ein. Wie lauten in diesen Koordinaten die Gleichungen der Nullgeodätischen?

192. Sei

$$ds^2 = f(\rho)c^2dt^2 - \frac{1}{f(\rho)}d\rho^2 - \rho^2(d\vartheta^2 + \sin^2\vartheta\, d\varphi^2), \quad f(\rho) = 1 - \frac{1}{\rho}F(\rho),$$

das Linienelement einer vierdimensionalen Raum-Zeit-Welt. Man berechne die Koordinaten G^i_j des gemischten Einstein-Tensors $\boldsymbol{\mathcal{G}}$.

193. Man löse im $\mathfrak{R}^4$ die Gleichung $-\boldsymbol{\Delta}\varphi = \mu_0 c^2 q\delta(\rho)dt$ (die Potentialgleichung für eine Ladung q in $\rho = 0$), bilde den Feldtensor $\boldsymbol{\mathcal{F}} = d\varphi$ und den Energie-Impuls-Tensor $\boldsymbol{\mathcal{S}} = \frac{1}{\mu_0}\left(F_{ik}F^{kj} + \frac{1}{4}\delta^j_i F_{kl}F^{kl}\right)\partial_j \otimes dx_i$.

194. Man berechne den Einstein-Tensor $\boldsymbol{\mathcal{G}}$ der Metrik

$$ds^2 = \left(1 - \frac{2m}{\rho} + \frac{Q}{\rho^2}\right)c^2dt^2 - \frac{1}{1 - \frac{2m}{\rho} + \frac{Q}{\rho^2}}d\rho^2 - \rho^2(d\vartheta^2 + \sin^2\vartheta\, d\varphi^2)$$

und zeige die Proportionalität $\boldsymbol{\mathcal{G}} \propto \boldsymbol{\mathcal{S}}$ mit dem Energie-Impuls-Tensor $\boldsymbol{\mathcal{S}}$ des elektromagnetischen Feldes einer punktförmigen Ladung (REISSNER-NORDSTRØM-Universum einer elektrisch geladenen Masse).

195. Man zeige, daß die Metrik

$$ds^2 = \left(1 - \frac{2m}{\rho} - \frac{\rho^2}{a^2}\right)c^2dt^2 - \frac{1}{1 - \frac{2m}{\rho} - \frac{\rho^2}{a^2}}d\rho^2 - \rho^2(d\vartheta^2 + \sin^2\vartheta\, d\varphi^2)$$

eine kugelsymmetrische Lösung der Feldgleichungen (6.48) mit dem kosmologischen Glied $\lambda = \frac{3}{a^2}$ ist (DE SITTER-Universum).

Anhang

Mit $\mathbb{N}$ wird die Menge der natürlichen Zahlen, mit $\mathbb{R}$ die Menge der reellen Zahlen, mit $\mathbb{C}$ die Menge der komplexen Zahlen bezeichnet.

Matrizen werden in der Regel in Fettdruck $\mathbf{A}, \mathbf{B}, \ldots$ oder, um ihre Elemente hervorzuheben, in der Form $\{a_i^j\}, \{b_i^j\}, \ldots$ geschrieben. Die Zuordnung der Indizes als Zeilen- bzw. Spaltennummer erfolgt nach Zweckmäßigkeit und mit Rücksicht auf andere Gewohnheiten; nur wenn Indizierungen von Matrixelementen durch zwei hochgestellte oder zwei tiefgestellte Indizes wie in a_{ij} oder b^{ij} vorgenommen werden, so steht der erste Index für die Zeilennummer, der zweite für die Spaltennummer. Die Matrizenmultiplikation wird durch einen Malpunkt $\cdot$ angedeutet,

$$\mathbf{A} \cdot \mathbf{B} = \mathbf{C} \quad \text{bzw.} \quad \{a_i^j\} \cdot \{b_i^j\} = \{c_i^j\} ;$$

die Elemente der Produktmatrix sind

$$c_i^j = \sum_{k=1}^{n} a_k^j b_i^k ,$$

wenn darin n die Spaltenzahl des ersten Faktors $\{a_i^j\}$ und die Zeilenzahl des zweiten Faktors $\{b_i^j\}$ ist.

Funktion. Sind $\mathcal{D}$ und $\mathcal{B}$ zwei Mengen, so heißt eine Vorschrift f, die *jedem* Element von $\mathcal{D}$ ein *wohlbestimmtes* Element der Menge $\mathcal{B}$ zuordnet, symbolisch

$$f : \mathcal{D} \to \mathcal{B} ,$$

eine *Funktion* oder *Abbildung von* $\mathcal{D}$ *in* $\mathcal{B}$. Die Menge $\mathcal{D}$ heißt der *Definitionsbereich*, die Menge $\mathcal{B}$ der *Bildbereich*. Sind $f : \mathcal{D} \to \mathbb{R}$ und $g : \mathcal{D} \to \mathbb{R}$ reelle Funktionen, so ist ihre Summe

$$(f+g)(x) := f(x) + g(x)$$

eine reelle Funktion, ebenso das Produkt

$$(fg)(x) := f(x)g(x)$$

und das Vielfache

$$(\lambda f)(x) := \lambda f(x) .$$

Sind $f : \mathcal{A} \to \mathcal{B}$ und $g : \mathcal{B} \to \mathcal{C}$ zwei beliebige Funktionen, so ist ihre Zusammensetzung

$$(g \circ f)(x) := g\big(f(x)\big)$$

eine Funktion $g \circ f : \mathcal{A} \to \mathcal{C}$.

Kartesisches Produkt. Sind $\mathcal{A}$ und $\mathcal{B}$ zwei Mengen, so versteht man unter dem *kartesischen Produkt* der Mengen $\mathcal{A}$ und $\mathcal{B}$ die Menge $\mathcal{A} \times \mathcal{B}$, deren Elemente die *geordneten* Zahlenpaare (a, b) sind, worin $a \in \mathcal{A}$ und $b \in \mathcal{B}$ ist. Sinngemäß versteht man unter dem n-fachen Produkt

$$\mathcal{A}_1 \times \mathcal{A}_2 \times \cdots \times \mathcal{A}_n$$

von n Mengen $\mathcal{A}_i$ die Menge aller geordneten n-Tupel $(a_1, a_2, \ldots, a_n)$ von Elementen der Mengen $\mathcal{A}_i$, wobei das Element an der i-ten Stelle $a_i \in \mathcal{A}_i$ ist. Ist $\mathcal{A}_1 = \mathcal{A}_2 = \cdots = \mathcal{A}_n = \mathcal{A}$, so schreibt man für das n-fache Produkt der Menge $\mathcal{A}$ einfach $\mathcal{A}^n$.

Das n-fache Produkt der Menge $\mathbb{R}$ der reellen Zahlen ist $\mathbb{R}^n$; ihre Elemente sind die geordneten Zahlen-n-tupel $(x_1, x_2, \ldots, x_n)$, die in diesem Text abkürzend mit dem entsprechenden Buchstabensymbol $\mathbf{x}$ in Fettdruck geschrieben werden.

Relation. Ist $\mathcal{A}$ eine Menge, so heißt eine Teilmenge $\mathcal{R} \subseteq \mathcal{A} \times \mathcal{A}$ eine *Relation* (genauer eine *binäre* Relation) in $\mathcal{A}$. Ist $(a, b) \in \mathcal{R}$, so sagt man, $a \in \mathcal{A}$ steht zu $b \in \mathcal{A}$ in Relation, symbolisch

$$a \operatorname{Rel} b \,.$$

Eine Relation Rel (genauer $\mathcal{R} \subseteq \mathcal{A} \times \mathcal{A}$) in $\mathcal{A}$ heißt eine

reflexive Relation, wenn für jedes Element $a \in \mathcal{A}$ das Paar $(a, a) \in \mathcal{R}$ ist, sodaß

$$a \operatorname{Rel} a$$

für jedes $a \in \mathcal{R}$ gilt. $\mathcal{R}$ heißt eine

symmetrische Relation, wenn mit $(a, b) \in \mathcal{R}$ stets auch $(b, a) \in \mathcal{R}$ folgt, sodaß

$$a \operatorname{Rel} b \implies b \operatorname{Rel} a$$

gilt. Eine Relation $\mathcal{R}$ heißt eine

antisymmetrische Relation, wenn aus $(a, b) \in \mathcal{R}$ und $(b, a) \in \mathcal{R}$ stets $a = b$ folgt, d.h. wenn

$$a \operatorname{Rel} b \quad \text{und} \quad b \operatorname{Rel} a \implies a = b$$

gilt. Schließlich heißt $\mathcal{R}$ eine

transitive Relation, wenn mit $(a, b) \in \mathcal{R}$ und $(b, c) \in \mathcal{R}$ stets $(a, c) \in \mathcal{R}$ ist, d.h.

$$a \operatorname{Rel} b \quad \text{und} \quad b \operatorname{Rel} c \implies a \operatorname{Rel} c \,.$$

Die Ordnungsrelation $\leq$ in der Menge der reellen Zahlen ist reflexiv (es gilt stets $a \leq a$), sie ist antisymmetrisch (aus $a \leq b$ und $b \leq a$ folgt $a = b$) und transitiv (aus $a \leq b$ und $b \leq c$ folgt $a \leq c$).

Eine reflexive, antisymmetrische und transitive Relation heißt eine *teilweise* Ordnung oder *Halbordnung*. Gilt für zwei *beliebige* Elemente $a, b \in \mathcal{A}$ stets entweder $a < b$ (d.h. $a \leq b$ und $a \neq b$), $a = b$ oder $b < a$ (Eigenschaft der *„Trichotomie“*), so heißt die Menge $\mathcal{A}$ *vollständig geordnet*. Eine

Äquivalenzrelation in $\mathcal{A}$ ist eine reflexive, symmetrische und transitive Relation. Man schreibt symbolisch

$$a \equiv b$$

und sagt, *a ist äquivalent b*, wenn $(a, b) \in \mathcal{R}$. Durch eine Äquivalenzrelation in $\mathcal{A}$ werden die Elemente der Menge $\mathcal{A}$ in disjunkte Klassen eingeteilt, die man *Äquivalenzklassen* nennt. Zur Kennzeichnung dieser Klassen gebraucht man vielfach eine Schreibweise wie $[x]$ und meint damit jene Klasse, in der das Element $x \in \mathcal{A}$ enthalten ist; das Element x wird dann ein *Vertreter* dieser Äquivalenzklasse genannt, in der Klasse $[x]$ befinden sich alle Elemente von $\mathcal{A}$, die zu x äquivalent sind. Die Reflexivität hat zur Folge, daß jedes Element von $\mathcal{A}$ in einer Klasse enthalten ist, die Symmetrie besagt, wenn a in der Klasse liegt, in der b enthalten ist, so liegt b in der Klasse, in der sich a befindet, und schließlich die Transitivität, daß zwei Äquivalenzklassen disjunkt sind. Sind nämlich $[a]$ und $[b]$ zwei verschiedene Klassen (also $a \not\equiv b$) und $c \in [a] \cap [b]$, so ist $c \equiv a$ und $c \equiv b$, also $a \equiv b$ auf Grund der Symmetrie und Transitivität, sodaß $[a] \cap [b] = \emptyset$ ist. Auf Grund dieser drei Forderungen liegt jedes Element von $\mathcal{A}$ in genau einer Äquivalenzklasse.

Die ganzen Zahlen werden durch die Äquivalenzrelation: „n ist äquivalent m, wenn $n-m$ durch 3 teilbar ist", in drei Äquivalenzklassen eingeteilt: $[0]$, $[1]$ und $[2]$. Dabei heißt die ganze Zahl n teilbar durch 3 mit Rest r, wenn $n = 3q + r$ und q jene eindeutig bestimmte ganze Zahl ist, für die $r = 0$, 1 oder 2 ist. Die Klasse $[0]$ faßt jene ganzen Zahlen zusammen, die durch 3 teilbar sind, die Klasse $[1]$, wenn bei der Division durch 3 der Rest 1 bleibt, und die Klasse $[2]$, wenn bei der Division durch 3 der Rest 2 bleibt. Man schreibt eine solche Äquivalenzrelation oft in der Form

$$n \equiv m \pmod 3$$

und sagt, „n ist äquivalent m modulo 3".

Binäre Operation. Ist $\mathcal{A}$ eine Menge, so heißt eine Funktion $\square : \mathcal{A} \times \mathcal{A} \to \mathcal{A}$ eine *binäre Operation in* $\mathcal{A}$. Eine binäre Operation $\square$ in $\mathcal{A}$ heißt

assoziativ, wenn für je drei Elemente a, b, $c \in \mathcal{A}$ stets

$$a \square (b \square c) = (a \square b) \square c$$

gilt. Ist eine binäre Operation $\square$ assoziativ, so kann die Verknüpfung endlich vieler Elemente $a_i \in \mathcal{A}$ durch die binäre Operation $\square$ einfach in der Form

$$a_1 \square a_2 \square \cdots \square a_n$$

geschrieben werden. Eine binäre Operation $\square$ in $\mathcal{A}$ heißt

kommutativ, wenn für je zwei Elemente a, $b \in \mathcal{A}$ stets

$$a \square b = b \square a$$

folgt. Die Addition $+$ in der Menge $\mathbb{N}$ der natürlichen Zahlen ist eine assoziative und kommutative binäre Operation, das gleiche gilt für die Multiplikation $\cdot$ in der Menge $\mathbb{N}$ der natürlichen Zahlen.

Gruppoid. Ein *Gruppoid* $(\mathcal{G}, \square)$ ist eine Menge $\mathcal{G}$, auf der eine binäre Operation $\square$ erklärt ist.

Halbgruppe. Eine *Halbgruppe* ist ein Gruppoid $(\mathcal{G}, \square)$ mit einer *assoziativen* binären Operation $\square$.

Die reellen Funktionen, die ein Intervall der Zahlengeraden auf sich abbilden, haben bezüglich der Zusammensetzung von Funktionen die Struktur einer Halbgruppe, weil die Zusammensetzung von Funktionen assoziativ ist. Aus diesem Grund bilden auch die quadratischen n-reihigen Matrizen bezüglich der Multiplikation eine Halbgruppe.

Gruppe. Eine Halbgruppe $(\mathcal{G}, \square)$ heißt eine *Gruppe*, wenn die Gleichungen

$$a \square x = b \quad \text{und} \quad y \square a = b \qquad (*)$$

für beliebige Elemente $a, b \in \mathcal{G}$ stets eindeutig lösbar sind. Indem man darin für $b = a$ einsetzt, gibt es stets eine Lösung $x = o = y$ dieser Gleichungen, für die $a \square o = o \square a = a$ ist: diese wird das *neutrale* Element bezüglich der binären Operation $\square$ genannt. Sie ist eindeutig bestimmt, denn ist o' die Lösung von $a \square o' = a$, o'' jene der Gleichung $o'' \square a = a$, so erhält man, indem in der ersten dieser Gleichungen für $a = o''$, in der zweiten für $a = o'$ eingesetzt wird,

$$o' = o'' \square o' = o'' .$$

Für $b = o$ liefern die Gleichungen zu jedem Element $a \in \mathcal{G}$ eine Lösung $x = a'$ und eine Lösung $y = a''$; diese beiden Lösungen müssen auf Grund der Assoziativität der binären Operation $\square$ übereinstimmen,

$$a' = o \square a' = (a'' \square a) \square a' = a'' \square (a \square a') = a'' \square o = a'' .$$

Diese gemeinsame Lösung beider Gleichungen wird mit a^{-1} bezeichnet und die *Inverse* von $a \in \mathcal{G}$ bezüglich der binären Operation $\square$ genannt. Man spricht von einer

kommutativen oder **abelschen** Gruppe, wenn die binäre Operation $\square$ kommutativ ist. In einer kommutativen Gruppe haben die beiden Gleichungen $(*)$ stets dieselbe Lösung.

Die quadratischen n-reihigen Matrizen bilden bezüglich der Addition eine abelsche Gruppe. Da das Produkt regulärer Matrizen stets wieder regulär ist, bilden die *regulären* Matrizen bezüglich der Multiplikation eine Gruppe; diese ist nicht kommutativ, da die Matrizenmultiplikation nicht kommutativ ist. Die Gesamtheit aller auf einem gemeinsamen Intervall stetigen reellwertigen Funktionen bildet bezüglich der Addition von Funktionen eine abelsche Gruppe. Keine Gruppe bilden die regulären Matrizen bezüglich der Addition, da es kein (reguläres!) neutrales Element gibt.

Eine umkehrbar eindeutige Abbildung $\pi : \{1 \ldots n\} \to \{1 \ldots n\}$ heißt eine *Permutation* von n Elementen. Man schreibt eine Permutation π auch in der Form

$$\pi = \begin{Bmatrix} 1 & 2 & \ldots & n \\ \pi(1) & \pi(2) & \ldots & \pi(n) \end{Bmatrix} .$$

Mit $\mathcal{S}_n$ wird die Menge der insgesamt $n!$ Permutationen von n Elementen bezeichnet. Sind π und ρ zwei Permutationen, so sei

$$\pi \square \rho := \begin{Bmatrix} 1 & 2 & \ldots & n \\ \pi[\rho(1)] & \pi[\rho(2)] & \ldots & \pi[\rho(n)] \end{Bmatrix}$$

ihr „Produkt". Da die Zusammensetzung von Funktionen assoziativ ist, wird $(\mathcal{S}_n, \Box)$ zur Halbgruppe. Die binäre Operation $\Box$ besitzt ein neutrales Element ι, nämlich die Permutation $\iota(k) = k$. Jede Permutation π hat ein inverses Element π^{-1}; man erhält dieses, wenn man im obigen Klammersymbol für π die untere Reihe in die natürliche Reihenfolge bringt, die hiefür durchzuführenden Vertauschungen gleichzeitig auf die obere Reihe anwendet und anschließend das Schema umkippt. Also ist $(\mathcal{S}_n, \Box)$ eine Gruppe. Diese Gruppe ist nicht kommutativ, da die Zusammensetzung von Funktionen nicht kommutativ ist.

Ring. Eine Menge $\mathcal{R}$, in der zwei binäre Operationen, eine „Addition" $+$ und eine „Multiplikation" $\cdot$ erklärt sind, heißt ein *Ring*, symbolisch als Tripel $(\mathcal{R}, +, \cdot)$, wenn $(\mathcal{R}, +)$ eine kommutative Gruppe ist und die beiden

distributiven Gesetze

$$a \cdot (b + c) = a \cdot b + a \cdot c, \quad (a + b) \cdot c = a \cdot c + b \cdot c$$

erfüllt sind. Ist die Multiplikation $\cdot$ assoziativ, so heißt $\mathcal{R}$ ein *assoziativer Ring*, ist sie kommutativ, so heißt $\mathcal{R}$ ein *kommutativer Ring*; besitzt ein assoziativer Ring bezüglich der Multiplikation ein neutrales Element — das neutrale Element der Addition wird bei Verwendung von $+$ üblicherweise mit 0 bezeichnet, das neutrale Element der Multiplikation bei Verwendung von $\cdot$ mit 1 —, d.h. ein Element, das den Gleichungen $a \cdot x = a = x \cdot a$ genügt, so heißt $\mathcal{R}$ ein *assoziativer Ring mit Einselement.* Wenn es ein solches Einselement in einem assoziativen Ring gibt, so ist es eindeutig. In einem Ring kann aus einer Gleichung $a \cdot b = 0$ nicht gefolgert werden, daß entweder $a = 0$ oder $b = 0$ ist — die Kürzungsregel gilt also nicht! Eine Element $a \in \mathcal{R}$ wird ein *Nullteiler* genannt, wenn es ein Element $b \in \mathcal{R}$ gibt, sodaß $a \cdot b = 0$ ist.

Die Menge der ganzen Zahlen bildet mit der gewöhnlichen Addition und der gewöhnlichen Multiplikation einen kommutativen, assoziativen und nullteilerfreien Ring mit Einselement. Die quadratischen n-reihigen Matrizen bilden gegenüber der Matrizenaddition und der Matrizenmultiplikation einen assoziativen Ring mit Einselement; dieser Ring ist nicht kommutativ und besitzt Nullteiler. Die Menge aller auf einem Intervall stetigen Funktionen mit den Operationen der Addition und Multiplikation von Funktionen ist ein assoziativer Ring mit Einselement. Auch dieser Ring besitzt Nullteiler!

Integritätsbereich. Ein assoziativer, kommutativer und nullteilerfreier Ring mit Einselement wird ein *Integritätsbereich* genannt. In einem Integritätsbereich gilt die Kürzungsregel, die Multiplikation muß nicht umkehrbar sein.

Schiefkörper. Ein assoziativer und nullteilerfreier Ring, in dem die Gleichungen $a \cdot x = b$ und $y \cdot a = b$ *für* $a \neq 0$ stets lösbar sind, heißt ein *Schiefkörper.* Ein Schiefkörper besitzt ein Einselement, alle vom neutralen Element 0 der Addition verschiedenen Elemente besitzen eine Inverse.

Körper. Ein Schiefkörper, dessen Multiplikation kommutativ ist, heißt ein *Körper*.

Einem Zahlenkörper ist in diesem Text das Symbol $\mathbb{K}$ reserviert.

In einem Körper $\mathbb{K}$ folgt aus $a \cdot b = 0$ für $a \neq 0$ stets $b = 0$. Die n-fache Summe eines von 0 verschiedenen Elementes a,

$$na := \underbrace{a + a + \cdots + a}_{n \text{ mal}},$$

kann aber durchaus das Nullelement 0 ergeben.

Folgendes Beispiel möge diesen Sachverhalt illustrieren. Durch die Äquivalenzrelation

$$n \equiv m \pmod 3$$

werden die ganzen Zahlen in 3 Äquivalenzklassen $[0]$, $[1]$ und $[2]$ eingeteilt. Sei $[a] + [b] := [a + b]$ und $[a] \cdot [b] := [a \cdot b]$. Diese Definitionen sind eindeutig, denn sind n und m beliebige ganze Zahlen, von denen die eine bei der Division durch 3 den Rest a, die andere den Rest b hat, so hat die Summe $n + m$ der beiden Zahlen einen Rest, der äquivalent $a + b$ modulo 3 ist, also in derselben Restklasse liegt wie die ganze Zahl $a + b$; ähnlich verhält es sich mit der Multiplikation. Die drei Restklassen bilden eine kommutative Gruppe bezüglich der Addition, das neutrale Element bezüglich der Addition ist die Restklasse $[0]$, das inverse Element von $[0]$ ist klarerweise die Klasse $[0]$, die Inverse von $[1]$ ist die Klasse $[2]$, die Inverse von $[2]$ ist die Klasse $[1]$. Da die Distributivgesetze erfüllt sind, bilden die drei Äquivalenzklassen einen bezüglich der so erklärten Addition und Multiplikation einen Ring. Dieser ist assoziativ und kommutativ, weil die gewöhnliche Addition und Multiplikation diese Eigenschaften hat. Er ist auch nullteilerfrei, denn wäre $[n] \cdot [m] = [nm] = [0]$, so muß das Produkt nm durch 3 teilbar sein; dann muß aber entweder $[n]$ oder $[m]$ durch 3 teilbar sein, d.h. eine der beiden Klassen $[n]$ und $[m]$ muß die Klasse $[0]$ sein. Dieser Ring besitzt auch ein Einselement, nämlich die Klasse $[1]$. Also ist dieser Ring ein Integritätsbereich. Da die Multiplikation umkehrbar ist — die Gleichung $[a] \cdot [x] = [b]$ hat für $b = 0$ die Lösung $[0]$, für $b = 1$ und $a = 1$ bzw. $a = 2$ die Lösungen $[1]$ bzw. $[2]$, für $b = 2$ und $a = 1$ bzw. $a = 2$ die Lösungen $[2]$ bzw. $[1]$ —, liegt ein Körper vor. In diesem Körper gilt

$$[1] + [1] + [1] = [3] = [0].$$

Man sagt, ein Körper $\mathbb{K}$ hat die *Charakteristik* k, wenn die n-fache Summe eines von 0 verschiedenen Körperelementes genau dann gleich 0 ist, wenn

$$n \equiv 0 \pmod k$$

gilt, also n durch k teilbar ist. Ist die n-fache Summe eines beliebigen Körperelementes $x \neq 0$ stets ungleich 0, so sagt man, der Körper $\mathbb{K}$ hat die *Charakteristik Null.*

Die rationalen Zahlen, die reellen Zahlen und die komplexen Zahlen sind Zahlenkörper mit der Charakteristik Null.

Lösungen der Übungsbeispiele

— Zu Kapitel 1 —

3. Die Summe stetiger Funktionen ist stetig, ebenso das Produkt stetiger Funktionen mit einer Zahl. **4.** Die Summe stetig differenzierbarer Funktionen ist stetig differenzierbar, ebenso das Produkt stetig differenzierbarer Funktionen mit einer Zahl. **5.** (i) linear abhängig; (ii) linear abhängig; (iii) linear unabhängig; (iv) linear unabhängig. **6.** (i) Ja (ii); Nein. **7.** Eine Basis bilden die N Potenzen $x^0 = 1$, x, ..., x^{N-1}. **8.** $\dim \mathcal{M}_m^n = nm$. Eine Basis bilden diejenigen Matrizen mit m Zeilen und n Spalten, deren Elemente sämtlich Null sind bis auf dasjenige in der i-ten Zeile und in der j-ten Spalte (das z.B. gleich 1 ist). **9.** Bezeichnet $\mathbf{A}_1, \ldots, \mathbf{A}_6$ und $\mathbf{B}_1, \mathbf{B}_2, \mathbf{B}_3$ diese Matrizen in der Reihenfolge, wie sie im Text angegeben ist, so gilt $\{X_{ij}\} = X_{11}\mathbf{A}_1 + X_{22}\mathbf{A}_2 + X_{33}\mathbf{A}_3 + \frac{1}{2}(X_{12} + X_{21})\mathbf{A}_4 + \frac{1}{2}(X_{13} + X_{31})\mathbf{A}_5 + \frac{1}{2}(X_{23} + X_{32})\mathbf{A}_6 + \frac{1}{2}(X_{12} - X_{21})\mathbf{B}_1 + \frac{1}{2}(X_{13} - X_{31})\mathbf{B}_2 + \frac{1}{2}(X_{23} - X_{32})\mathbf{B}_3$ für eine beliebige dreireihige Matrix mit Elementen X_{ij}.

10. I.a. nicht, nur im Falle $a = 0$.

11. $\mathcal{U} + \mathcal{V} = \langle(1,0,1,0), (1,1,1,1), (1,-1,1,1)\rangle$, $\mathcal{U} \cap \mathcal{V} = \langle(0,1,0,1)\rangle$.

12. (i) $\mathcal{U} \oplus \mathcal{V} = \mathbb{R}^4$; (ii) $\mathcal{U} + \mathcal{V} \subset \mathbb{R}^4$, $\mathcal{U} \cap \mathcal{V} = \langle(2,0,1,1)\rangle$; (iii) $\mathcal{U} + \mathcal{V} = \mathbb{R}^4$, $\mathcal{U} \cap \mathcal{V} = \langle(2,-1,1,1)\rangle$.

13. $\mathcal{U} = \langle \mathbf{x}_1, \mathbf{x}_2 \rangle$ mit $\mathbf{x}_1 = (-1,3,5,0)$ und $\mathbf{x}_2 = (1,2,0,-5)$; $\dim \mathcal{U} = 2$. Ergänzt man die Basis $\{\mathbf{x}_1, \mathbf{x}_2\}$ von $\mathcal{U}$ z.B. durch die Wahl $\mathbf{x}_3 = (0,0,1,0)$ und $\mathbf{x}_4 = (0,0,0,1)$ zu einer Basis von $\mathbb{R}^4$, so ist $\{[\mathbf{x}_3], [\mathbf{x}_4]\}$ eines Basis des Faktorraumes $\mathbb{R}^4/\mathcal{U}$. Ergänzt man die Basis $\{\mathbf{x}_1, \mathbf{x}_2\}$ durch zwei Vektoren $\bar{\mathbf{x}}_3 = \sum_i \lambda_i \mathbf{x}_i$, $\bar{\mathbf{x}}_4 = \sum_i \mu_i \mathbf{x}_i$ zu einer Basis des $\mathbb{R}^4$, so muß $\lambda_3\mu_4 \neq \lambda_4\mu_3$ gelten (da sonst die Vektoren $\mathbf{x}_1, \mathbf{x}_2, \bar{\mathbf{x}}_3, \bar{\mathbf{x}}_4$ keine Basis des $\mathbb{R}^4$ bilden), und es bestehen die Beziehungen $[\bar{\mathbf{x}}_3] = \lambda_3[\mathbf{x}_3] + \lambda_4[\mathbf{x}_4]$, $[\bar{\mathbf{x}}_4] = \mu_3[\mathbf{x}_3] + \mu_4[\mathbf{x}_4]$.
14. Ja. **15.** (i) linear; (ii) nicht linear; (iii) nicht linear; (iv) linear. **16.** (i) surjektiv, nicht injektiv; (ii) weder injektiv noch surjektiv; (iii) injektiv, nicht surjektiv; (iv) weder injektiv noch surjektiv; (v) bijektiv. **17.** (i) $\operatorname{def} \tau = 0$, $\operatorname{rg} \tau = 3$; (ii) $\operatorname{def} \tau = 0$, $\operatorname{rg} \tau = 3$; (iii) $\operatorname{def} \tau = 2$, $\operatorname{rg} \tau = 2$. **21.** Nein. Nur im Falle $\dim \mathcal{U} = \dim \mathcal{V} = N$ ist die Eindeutigkeit möglich, und zwar genau dann, wenn τ ein Isomorphismus ist. Die Inverse τ^{-1} ist diese Linksinverse und gleichzeitig auch die Rechtsinverse. **25.** $\varepsilon^1 = (1,0,\ldots,0)$, $\varepsilon^2 = (0,1,\ldots,0), \ldots, \varepsilon^n = (0,0,\ldots,1)$. **26.** $\mathcal{U}^\perp = \langle(1,-1,1)\rangle$.
28. Hinweis: Man setze für $\mathbf{B}$ insbesondere die Transponierte von $\mathbf{A}$ ein!
29. $\bar{\varepsilon}^1 = \frac{1}{2}(-\varepsilon^1 + \varepsilon^2 + \varepsilon^3)$, $\bar{\varepsilon}^2 = \frac{1}{2}(\varepsilon^1 - \varepsilon^2 + \varepsilon^3)$, $\bar{\varepsilon}^3 = \frac{1}{2}(\varepsilon^1 + \varepsilon^2 - \varepsilon^3)$.
30. $\tau^*\mathbf{b} = \mathbf{b} \cdot \mathbf{T}$ **31.** $\pi_i^*\xi = \langle \xi, e_i \rangle \varepsilon^i$. **32.** Hinweis: Man wende die Gleichung (1.32) zweifach an! **33.** Man wende die Aussage von Bsp. 32 mit $\sigma = \tau^{-1}$ an! **34.** Jede Basis von $\mathcal{U}_1$ ist eine Basis von $\mathcal{U}_2$! **35.** Man zeige $\mathcal{W} \subseteq (\mathcal{W}^\perp)^\perp$ und schließe Dimensionsbetrachtungen an! **36.** Man zeige (i) und verwende für (ii) die Aussage von Bsp. 35! **37.** Man verwende die Aussage (ii) von Bsp. 36! **38.** Man verwende die Gleichung (1.35)! **40.** Die

Anzahl der positiven Eigenwerte der Matrix **B** ist der Index. Nur wenn alle Eigenwerte von **B** positiv sind, handelt es sich um einen euklidischen Raum im eigentlichen Sinn. Die Eigenwerte der Matrix **B** sind -1 (zweifach) und 8, also ist $r = 1, s = -1$. **41.** Einen direkten Zugang ermöglicht die Lösung der Eigenwertaufgabe: $\mathbf{e}_1 = \frac{1}{\sqrt{72}}(2,1,-2)$, $\mathbf{e}_2 = \frac{1}{\sqrt{2}}(1,0,1)$, $\mathbf{e}_3 = \frac{1}{\sqrt{18}}(-1,4,1)$. **42.** Man wähle z.B. für $\mathbf{B} = \mathbf{A}$! **43.** Man nehme die Basis von Bsp. 9! **44.** $\left(\frac{-a+b+c}{2}, \frac{a-b+c}{2}, \frac{a+b-c}{2}\right)$, $(\beta+\gamma, \alpha+\gamma, \alpha+\beta)$.

— Zu Kapitel 2 —

45. $\{\bar{A}^i_j\} = \frac{1}{2}\begin{pmatrix} 3 & 1 & -2 \\ 1 & -1 & 2 \\ -3 & 1 & 0 \end{pmatrix}$ **46.** Wegen $\sum_{i=1}^{N} A^{ii} = \sum_{i,k,l=1}^{N} a^i_k a^i_l \bar{A}^{kl} \neq \sum_{i=1}^{N} \bar{A}^{ii}$ handelt es sich nicht um eine Invariante! **48.** Man setze in

$$\sum_{i,j=1}^{N} A(i,j)B^iB^j = \sum_{i<j}\left[A(i,j) + A(j,i)\right]B^iB^j + \sum_{i=1}^{N} A(i,i)B^iB^i = 0$$

geeignet für B^i ein! **49.** Die $A(i;j,k)$ sind i.a. keine Tensorkoordinaten, da nicht garantiert ist, daß die Klammerausdrücke in

$$\sum_{p,q=1}^{N}\left(\sum_{i,j=1}^{N} \bar{A}(k;i,j)\breve{a}^i_p\breve{a}^j_q - \sum_{l=1}^{N} A(l;p,q)\breve{a}^k_l\right)B^pB^q = 0$$

verschwinden. Die Ausdrücke in den Klammern müssen nur dann gleich Null sein, wenn sie schiefsymmetrisch in den Indizes p und q sind; daher transformieren sich die Größen $A(k;i,j) + A(k;j,i)$ wie die Koordinaten eines einfach kontravarianten und zweifach kovarianten Tensors. **50.** Im ersten Fall transformieren sich die Größen $A(i,j) + A(j,i)$, im zweiten Fall die Größen $A(i,j) - A(j,i)$ wie die Koordinaten eines kovarianten Tensors zweiter Stufe. **52.** Setze für $D(i,k) = \sum_{j,l=1}^{N} A(i,j,k,l)C^jC^l$. **54.** $A(i,j,k) = -A(j,i,k) = -A(j,k,i) = A(k,j,i) = A(k,i,j) = -A(i,k,j) = -A(i,j,k)$.
55. und **56.** Man schreibe die Koordinaten des jeweiligen Tensorproduktes an und verjünge! **57.** $e_1 = \frac{1}{\sqrt{6}}\bar{e}_1 + \frac{1}{\sqrt{2}}\bar{e}_2 + \frac{1}{\sqrt{6}}\bar{e}_3$, $e_2 = \frac{2}{\sqrt{6}}\bar{e}_1 - \frac{1}{\sqrt{6}}\bar{e}_3$, $e_3 = \frac{1}{\sqrt{6}}\bar{e}_1 - \frac{1}{\sqrt{2}}\bar{e}_2 + \frac{1}{\sqrt{6}}\bar{e}_3$; der Index des inneren Produktes ist $r = 1$.
58. $\alpha = e_1 \otimes \varepsilon^1 + e_1 \otimes \varepsilon^2 + 2e_1 \otimes \varepsilon^3 + 3e_2 \otimes \varepsilon^1 + e_2 \otimes \varepsilon^2 + e_3 \otimes \varepsilon^2 + 4e_3 \otimes \varepsilon^3$
59. $\tilde{\alpha} = -\varepsilon^1 \otimes \varepsilon^1 - \varepsilon^1 \otimes \varepsilon^2 + 2\varepsilon^1 \otimes \varepsilon^3 + \varepsilon^2 \otimes \varepsilon^2 + \varepsilon^3 \otimes \varepsilon^1 - 2\varepsilon^3 \otimes \varepsilon^2$,
$\breve{\alpha} = -e_1 \otimes e_1 + e_1 \otimes e_3 - e_2 \otimes e_2 + \frac{3}{2}e_3 \otimes e_1 + \frac{1}{2}e_3 \otimes e_2 - \frac{1}{2}e_3 \otimes e_3$.
60. $\alpha = \varepsilon^1 \wedge \varepsilon^2 - \varepsilon^1 \wedge \varepsilon^3 + 2\varepsilon^1 \wedge \varepsilon^4 + \varepsilon^2 \wedge \varepsilon^3 + 3\varepsilon^2 \wedge \varepsilon^4$,
$\alpha \wedge \alpha = 4\varepsilon^1 \wedge \varepsilon^2 \wedge \varepsilon^3 \wedge \varepsilon^4$
61. $\tilde{\alpha} = \varepsilon^1 \wedge (A\varepsilon^2 + B\varepsilon^3 + C\varepsilon^4) + F\varepsilon^2 \wedge \varepsilon^3 - E\varepsilon^2 \wedge \varepsilon^4 + D\varepsilon^3 \wedge \varepsilon^4$
62. Man schreibe die Gleichungen der zyklischen Symmetrie mit zyklisch vertauschten Indizes $i \to j \to k \to l$ viermal an! Im Hinblick auf die Symmetrie des Tensors B_{ij} beweise man erstens: die Eigenschaft der zyklischen

Symmetrie für den gemischten Tensor $A^i{}_{jkl}$ und zweitens: $\sum_i A^i{}_{ijk} = 0$! **63.** $\sum_i(\sum_j g^{ij} A^{\cdots\,\cdots}_{\cdots j \cdots} B^{\cdots\,\cdots}_{\cdots i \cdots}) = \sum_j A^{\cdots\,\cdots}_{\cdots j \cdots}(\sum_i g^{ji} B^{\cdots\,\cdots}_{\cdots i \cdots})$ **64.** (i) $4\varepsilon^1 \wedge \varepsilon^2 \wedge \varepsilon^3$; (ii) $-2\varepsilon^1 \wedge \varepsilon^2 \wedge \varepsilon^3$; (iii) 0. **65.** $(-1)^{N-r} \sum_i A_i B^i = (-1)^{N-r}(\alpha, \beta)_*$. **66.** Man zeige zunächst für $\alpha \in \wedge^2 \mathcal{E}^*$, $\beta \in \mathcal{E}^*$ (was unter $\widehat{\ }$ steht, wird fortgelassen)

$$*\alpha \wedge \beta = \sqrt{|g|} \sum_{j=1}^{N} (-1)^{N+j} \Big(\sum_{i=1}^{N} A^{ij} B_i \Big)\, \varepsilon^1 \wedge \varepsilon^2 \wedge \cdots \wedge \widehat{\varepsilon^j} \wedge \cdots \wedge \varepsilon^N \in \wedge^{N-1} \mathcal{E}^*.$$

68. (i) $(-1)^r \big[(\alpha,\beta)_* \gamma - (\alpha,\gamma)_* \beta\big]$; (ii) $(-1)^{N-r}\big[(\alpha,\gamma)_*(\beta,\delta)_* - (\alpha,\delta)_*(\beta,\gamma)_*\big]$.
69. $\xi = (-1)^{n(n-1)/2} n!\, \alpha^1 \wedge \cdots \wedge \alpha^n \wedge \beta^1 \wedge \cdots \wedge \beta^n$.
70. $(A_{12}B_{34} + A_{13}B_{24} + A_{14}B_{23} + A_{23}B_{14} + A_{24}B_{13} + A_{34}B_{12})\varepsilon^1 \wedge \varepsilon^2 \wedge \varepsilon^3 \wedge \varepsilon^4$.
71. Ist $1 \le i_1 < \cdots < i_n \le N$ eine beliebige Kombination der natürlichen Zahlen $1, 2 \ldots, N$, so sei $1 \le i_{n+1} < \cdots < i_N \le N$ die komplementäre Kombination, sodaß die Indizes $i_1, i_2, \ldots, i_N$ eine Permutation der natürlichen Zahlen $1, 2, \ldots, N$ sind. Bezeichnet man mit $D^{k_1 \ldots k_m}_{l_1 \ldots l_m}$ jene m-reihige Unterdeterminante der Matrix $\{A^i_j\}$, deren Elemente in den Kreuzungspunkten der Spalten $k_1, k_2, \ldots, k_m$ und der Zeilen $l_1, l_2, \ldots, l_m$ stehen, so ergibt sich für

$$\det\{A^i_j\} = \sum_{i_1 < \cdots < i_n} \operatorname{sign}(i_1 \ldots i_n i_{n+1} \ldots i_N) D^{12\ldots n}_{i_1 \ldots i_n} D^{n+1 \ldots N}_{i_{n+1} \ldots i_N}\,.$$

Dabei ist $\operatorname{sign}(i_1 \ldots i_n i_{n+1} \ldots i_N) = (-1)^p$ mit $p = \frac{n(n+1)}{2} + i_1 + i_1 + \cdots + i_n$.
72. (i) $6\varepsilon^1 \wedge \varepsilon^2 \wedge \varepsilon^3 + 7\varepsilon^1 \wedge \varepsilon^2 \wedge \varepsilon^4 + 8\varepsilon^1 \wedge \varepsilon^3 \wedge \varepsilon^4 + 9\varepsilon^2 \wedge \varepsilon^3 \wedge \varepsilon^4$;
(ii) $6\varepsilon^1 \wedge \varepsilon^2 + 3\varepsilon^1 \wedge \varepsilon^3 - 2\varepsilon^1 \wedge \varepsilon^4 - 4\varepsilon^2 \wedge \varepsilon^4 - 2\varepsilon^3 \wedge \varepsilon^4$;
(iii) $4\varepsilon^1 + 2\varepsilon^2 + \varepsilon^3 + 2\varepsilon^4$. **73.** $\breve{\alpha} = -e_1 \wedge e_2 + 2e_1 \wedge e_4 + e_3 \wedge e_4$.
75. $\tau^{-1}\{o\} = \langle v_1, \ldots, v_{n-1} \rangle$, $\tau \mathcal{V} = \langle v_n \wedge a, \ldots, v_N \wedge a \rangle$, wenn die Vektoren $v_n, \ldots, v_N$ die Vektoren $v_1, \ldots, v_{n-1}$ zu einer Basis von $\mathcal{V}$ ergänzen.

— Zu Kapitel 3 —

80. (i) $\kappa_o(\mathbf{y}) = \kappa(y_1 + 1, y_1 + y_2 + 2, -2y_1 + y_2, y_2 - 1)$;
(ii) $\kappa_o(\mathbf{y}) = \kappa(y_2 + y_3 + 1, y_1 + y_3, y_1 + y_2 + y_3 - 1, y_1 + y_2 + 1)$;
(iii) $\kappa_o(\mathbf{y}) = \kappa(y_1 + 2, 2y_1 - 1, y_1 + 1, -3y_1 + 2)$.
82. $v(\omega) = -4x_2^2 - 4x_1x_2 + x_1x_3 - x_2x_3$
83. $u\big(v(\omega)\big) = 4x_1x_2x_3(x_1 + x_2 + x_3) + x_1^3(x_2 + x_3) + x_2^3(x_1 + x_3) + x_3^3(x_1 + x_2)$
85. $\xi^1 = \dfrac{x_1}{x_1^2 + x_2^2}\varepsilon^1 + \dfrac{x_2}{x_1^2 + x_2^2}\varepsilon^2$, $\xi^2 = \dfrac{x_2}{x_1^2 + x_2^2}\varepsilon^1 - \dfrac{x_1}{x_1^2 + x_2^2}\varepsilon^2$
87. $\nabla_u v = 2x_2^2 x_3\, e_1 + 2x_1x_2(x_1 + x_3)e_2 + x_1x_3(x_1 + 2x_3)e_3$,
$\nabla_v u = 2x_1x_2^2 e_1 + 3x_1x_2x_3\, e_2 + 4x_1x_3^2 e_3$

88. $$\nabla_u v - \nabla_v u = \sum_{i=1}^{N} \Big[\sum_{j=1}^{N} \Big(U^j \frac{\partial V^i}{\partial x_j} - V^j \frac{\partial U^i}{\partial x_j} \Big) \Big] e_i$$

89. $\nabla_u \varphi = 2x_1^3 x_2\, e_1 \otimes \varepsilon^1 + x_2^3 x_3\, e_1 \otimes \varepsilon^3 + x_1x_2x_3(x_1 + x_2)e_2 \otimes \varepsilon^1 + 2x_2^2 x_3^2\, e_3 \otimes \varepsilon^3$
90. $\nabla_u \psi = 2x_1^2(3x_2x_3 - x_1^2)e_1 \otimes \varepsilon^1 - 3x_1x_2^2x_3 e_1 \otimes \varepsilon^3 + (2x_1x_2x_3 - x_1^3)e_2 \otimes \varepsilon^1 -$
$4x_1x_2^2x_3 e_3 \otimes \varepsilon^3$ **91.** $\Psi^{\cdots}_{\cdots} = \sum_{j=1}^{N} \dfrac{\partial \Phi^{\cdots}_{\cdots}}{\partial x_j} W^j$, $w = \sum_{i=1}^{N} \Big(U^i \dfrac{\partial V^j}{\partial x_i} - V^i \dfrac{\partial U^j}{\partial x_i} \Big) e_j$

92. (i) $-x_1 dx_1 \wedge dx_2 + 2x_1 dx_1 \wedge dx_3 - x_4 dx_2 \wedge dx_3 + (x_4 - x_3) dx_2 \wedge dx_4 - 2x_3 dx_3 \wedge dx_4$; (ii) $-x_4 dx_1 \wedge dx_2 \wedge dx_3 + x_3 dx_1 \wedge dx_2 \wedge dx_4 + 2x_2 dx_1 \wedge dx_3 \wedge dx_4$; (iii) $x_1 x_4^2(2x_3^2 + x_2^2) dx_1 \wedge dx_2 \wedge dx_3 \wedge dx_4$; (iv) $\sum\limits_{i<j<k} (x_i - x_j + x_k) dx_i \wedge dx_j \wedge dx_k$.
93. (i) $df \wedge dg = (x-y) dx \wedge dy + (x-z) dx \wedge dz + (y-z) dy \wedge dz$; (ii) $df \wedge dh = z(x-y) dx \wedge dy + y(x-z) dx \wedge dz + x(y-z) dy \wedge dz$; (iii) $dg \wedge dh = z^2(x-y) dx \wedge dy + y^2(x-z) dx \wedge dz + x^2(y-z) dy \wedge dz$;
94. $f(x,y,z) = \frac{1}{2} yz^2 + c(x,y)$, $c(x,y)$ beliebig.
95. $2 \sum\limits_{i<j<k} \left[x_i^2(x_k - x_j) + x_j^2(x_i - x_k) + x_k^2(x_j - x_i)\right] dx_i \wedge dx_j \wedge dx_k$
97. $f(x,y,z) = 2xy + 3x^2 z + c(x)$, $c(x)$ beliebig. **98.** $f(\xi) = C\xi + \text{const.}$, $g(\eta) = C\eta + \text{const.}$, $h(\zeta) = C\zeta + \text{const.}$ **99.** (i) $\omega(x,y) = \frac{1}{3}x^3 + xy^2 + \text{const.}$ (ii) $\omega(x,y) = xy + \frac{1}{4}(x^2+y^2)^2 + \text{const.}$ (iii) $\omega(x,y) = x(x+y)\sin xy + \text{const.}$ (iv) $\omega(x,y,z) = x + 2y - z + 3xy - xz + 2yz + \text{const.}$ (v) $\omega(x,y,z) = xe^z - xyz + y^2 + \text{const.}$ **100.** Ja: $\omega(x,y) = \ln\sqrt{x^2+y^2} + \text{const.}$
101. Nein! **102.** $A_{ij} = A_{ji}$; $\omega(x_1, x_2, \ldots, x_N) = \frac{1}{2} \sum\limits_{i,j=1}^{N} A_{ij} x_i x_j + \text{const.}$
103. $\psi = \frac{1}{4}\left[-(x^2 y + y^3 + 2z^2 y) dx + (x^3 + xy^2 + 2xz^2 - yz^2) dy + y^2 z\, dz\right] + d\omega$
106. $\psi = (x_3 F + x_4 G) dx_1 \wedge dx_2 + (F dx_3 + G dx_4) \wedge (x_2 dx_1 - x_1 dx_2)$, wenn $\dfrac{\partial f}{\partial x_4} = \dfrac{\partial g}{\partial x_3}$ gilt; dabei ist $F(\mathrm{x}) = \int_0^1 t^2 f(t\mathrm{x}) dt$ und $G(\mathrm{x}) = \int_0^1 t^2 g(t\mathrm{x}) dt$.
107. Wenn $\mathfrak{G}$ einfach zusammenhängend oder sternförmig ist; $\chi = d \ln |\psi|$.
109. $\bar{x}_1 = \frac{1}{\sqrt{2}}(x_1 - x_3)$, $\bar{x}_2 = \frac{2}{\sqrt{6}}(x_1 + x_2 + x_3)$, $\bar{x}_3 = \frac{1}{\sqrt{6}}(x_1 - 2x_2 + x_3)$; der Index ist $r = 2$. **110.** $\bar{x}_1 = \frac{1}{\sqrt{2}}(x_1 - x_2)$, $\bar{x}_2 = \frac{1}{\sqrt{2}}(x_1 + x_2)$, $\bar{x}_3 = x_3$, $\bar{x}_4 = x_4$; der Index ist $r = 3$. **111.** $I = \frac{33}{2}$ **112.** $I = \frac{25}{2}$ **113.** $I = \frac{5}{4}(e^3 - 4e^2 + 5e)$, $\bar{\kappa}(\bar{\mathrm{x}}) = \kappa(\bar{x}_2 + \bar{x}_3 + 1, 2\bar{x}_1 + \bar{x}_2 - 1, -3\bar{x}_1 - \bar{x}_2 - 2\bar{x}_3 + 2)$
114. $\displaystyle\int_{\langle P,Q,R\rangle} d\varphi = \frac{1}{3}$, $\displaystyle\int_{\langle P,Q\rangle} \varphi = -\frac{5}{3}$, $\displaystyle\int_{\langle Q,R\rangle} \varphi = -\frac{1}{3}$, $\displaystyle\int_{\langle R,P\rangle} \varphi = \frac{7}{3}$. **115.** $I = -\dfrac{85}{6}$
116. (i) $\delta\varphi = -x_1^2(x_2 + x_3) + x_2^2(x_1 + x_3) - x_3^2(x_1 + x_2)$; (ii) $\delta\varphi = \frac{1}{2}\left[(x_2 + x_3 - 2x_1) dx_1 + (x_3 - x_1) dx_2 + (2x_3 - x_1 - x_2) dx_3\right]$; (iii) $\delta\varphi = -x_1\, dx_1 \wedge dx_2 + x_2\, dx_1 \wedge dx_3 - x_3\, dx_2 \wedge dx_3$. **117.** (i) $\boldsymbol{\Delta}\varphi = -1$; (ii) $\boldsymbol{\Delta}\varphi = (x_3^2 - 4x_2 x_3 - x_2^2) dx_1 + (4x_1 x_3 - x_1^2 - x_3^2) dx_2 + (x_1^2 - 4x_1 x_2 - x_2^2) dx_3$; (iii) $\boldsymbol{\Delta}\varphi = 0$.
118. (i) $\delta\varphi = -(x_1^2 + x_2^2 + x_3^2 + x_4^2)$, $\boldsymbol{\Delta}\varphi = -4x_1\, dx_1 - 4x_2\, dx_2 - 2x_3\, dx_3 - 2x_4\, dx_4$ (ii) $\delta\varphi = -2(x_1 + x_2) dx_3 - 2x_2\, dx_4$, $\boldsymbol{\Delta}\varphi = -2\, dx_2 \wedge dx_3 - 2\, dx_1 \wedge dx_4$; (iii) $\delta\varphi = -(x_3 + 2x_3 x_4 + x_3^2) dx_1 \wedge dx_2 + (2x_1 + x_2) dx_1 \wedge dx_4 - (x_1 + 2x_2) dx_2 \wedge dx_4$, $\boldsymbol{\Delta}\varphi = -2(1 + x_3 + x_4) dx_1 \wedge dx_2 \wedge dx_4$.

— Zu Kapitel 4 —

119. $\operatorname{div} v = \dfrac{\partial f_2}{\partial x_2} + \dfrac{\partial f_3}{\partial x_3}$ **120.** (i) $*d*d\omega = \triangle\omega$; (ii) $*(d\omega \wedge *v) + \omega * d * v$ bzw. $v \cdot \operatorname{grad}\omega + \omega \operatorname{div} v$; (iii) $*(d\omega \wedge *d\omega_1) + \omega * d * d\omega_1$ bzw. $\operatorname{grad}\omega \cdot \operatorname{grad}\omega_1 + \omega \triangle \omega_1$;

(iv) $*(d\omega \wedge v) + \omega * dv$ bzw. $\operatorname{grad}\omega \times v + \omega \operatorname{rot} v$; (v) $*(d\omega \wedge d\omega_1)$ bzw. $\operatorname{grad}\omega \times \operatorname{grad}\omega_1$; (vi) $*\big(*dv \wedge *(*du)\big) - *\big(u \wedge *(*d*dv)\big) = *\big(*dv \wedge *(*du)\big) - *\big(u \wedge *(d*d* - \triangle)v\big)$ bzw. $\operatorname{rot} v \cdot \operatorname{rot} u - u \cdot \operatorname{grad}\operatorname{div} v + u \cdot \triangle v$.
121. $*d*v = \triangle\omega$ bzw. $\operatorname{div} v = \triangle\omega$, $*dv = *d*du = d(*d*u) - \triangle u$ bzw. $\operatorname{rot} v = \operatorname{grad}\operatorname{div} u - \triangle u$. **122.** Die Summe räumlich und flächenhaft verteilter Ladungen bzw. Ströme ist Null. **123.** Ja: $\psi = -\dfrac{1}{\sqrt{x^2+y^2+z^2}}$
124. Eine 3-Form χ mit $\delta\chi = \varphi$ gibt es nicht (vgl. Bsp. 101), eine 1-Form ψ mit $\varphi = d\psi$ hingegen gibt es: $\psi = \dfrac{z}{x^2+y^2}(x\,dx + y\,dy) = z\,d\ln\sqrt{x^2+y^2}$ — ein Magnetfeld stationärer Ströme hat ein Vektorpotential!

126. $\bar{t} = \beta\Big(t - \dfrac{1}{c^2}\sum\limits_{j=1}^{3} v_j x_j\Big)$, $\bar{x}_i = x_i - v_i t + v_i(\beta - 1)\Big(-t + \dfrac{1}{v^2}\sum\limits_{j=1}^{3} v_j x_j\Big)$
$v^2 = v_1^2 + v_2^2 + v_3^2$. **127.** $c^2\alpha^2 - \mathbf{b}^\dagger \cdot \mathbf{b} = c^2$, $c^2\alpha\mathbf{a} - \mathbf{b}^\dagger \cdot \mathbf{A} = \mathbf{o}$, $\mathbf{A}^\dagger \cdot \mathbf{A} - c^2\mathbf{a}^\dagger \cdot \mathbf{a} = \mathbf{E}$; 10 der 20 Größen sind frei wählbar, 4 für den inhomogenen, 6 für den homogenen Anteil. **129.** Mit den Bezeichnungen wie im Text ist $\Delta T = T - \bar{T} = \displaystyle\int_0^T dt - \int_0^T \frac{1}{\beta}\,dt = \frac{1}{\hat{C}}\int_0^{2\pi/\omega} (\beta - 1) r^2 d\varphi =$

$\dfrac{2\pi\hat{p}}{\omega\hat{C}\sqrt{1-\hat{e}^2}}\Big(\dfrac{(K-1)\hat{p}}{1-\hat{e}^2} + \dfrac{\gamma M}{c^2}\Big) = \dfrac{1}{c^2}\dfrac{2a^2\pi^2}{T} + \cdots \approx 40''$. **130.** (i) $\frac{2}{c}\sum_i E_i B_i$; (ii) $\frac{1}{c^2}\sum_i E_i^2 - \sum_i B_i^2$; (iii) $-\frac{2}{c}\sum_i E_i B_i$.

$$\mathbf{131.}\ \{F_{ij}\} = \begin{pmatrix} 0 & c_e\dfrac{\partial U}{\partial x_1} & c_e\dfrac{\partial U}{\partial x_2} & c_e\dfrac{\partial U}{\partial x_3} \\ -c_e\dfrac{\partial U}{\partial x_1} & 0 & c_m\dfrac{\partial^2 U}{\partial x_1 \partial x_3} & -c_m\dfrac{\partial^2 U}{\partial x_1 \partial x_2} \\ -c_e\dfrac{\partial U}{\partial x_2} & -c_m\dfrac{\partial^2 U}{\partial x_1 \partial x_3} & 0 & -c_m\Big(\dfrac{\partial^2 U}{\partial x_2^2} + \dfrac{\partial^2 U}{\partial x_3^2}\Big) \\ -c_e\dfrac{\partial U}{\partial x_3} & c_m\dfrac{\partial^2 U}{\partial x_1 \partial x_2} & c_m\Big(\dfrac{\partial^2 U}{\partial x_2^2} + \dfrac{\partial^2 U}{\partial x_3^2}\Big) & 0 \end{pmatrix},$$

$U = -\dfrac{1}{4\pi}\dfrac{1}{\sqrt{x_1^2 + x_2^2 + x_3^2}}$, $c_e = \dfrac{q}{\varepsilon_o}$, $c_m = \mu_o M$, $\dfrac{c_e}{c_m} = c^2\dfrac{q}{M}$;
$\sigma = c^2 q\bar{f}\,d\bar{t} + vq\bar{f}\,d\bar{x}_1 - \dfrac{M}{\beta}\dfrac{\partial\bar{f}}{\partial\bar{x}_3}d\bar{x}_2 + \dfrac{M}{\beta}\dfrac{\partial\bar{f}}{\partial\bar{x}_2}d\bar{x}_3$, $\bar{f} = \delta(\bar{x}_1 + v\bar{t})\delta(\bar{x}_2)\delta(\bar{x}_3)$.

$$\mathbf{132.}\ \boldsymbol{S} = \frac{q^2}{(4\pi)^2\varepsilon_0}\frac{1}{r^4}\Big[\frac{1}{2}e_0 \otimes \varepsilon^0 + \sum_{i,j=1}^{3}\Big(\frac{x_i x_j}{r^2} - \frac{1}{2}\delta_{ij}\Big)e_i \otimes \varepsilon^j\Big].$$

— Zu Kapitel 5 —

134. Ist z.B. $\frac{\partial f}{\partial x_N} \neq 0$ in einem Punkt $P \in \mathfrak{M}$, dessen Koordinaten x_i^o der Gleichung $f(x_1^o, \ldots, x_N^o) = C = \text{const.}$ genügen, und ist $x_N = g(x_1, \ldots, x_{N-1})$ eine (lokale) Auflösung der Gleichung $f(x_1, \ldots, x_N) = C$ nach der Koordinate x_N, so ist $\kappa_o(x_1, \ldots, x_{N-1}) = \kappa\big(x_1, \ldots, x_{N-1}, g(x_1, \ldots, x_{N-1})\big)$ eine

Karte um den Punkt $P \in \mathfrak{N}$.
135. $v_1 = \sin\phi\partial_\theta + \cot\theta\cos\phi\,\partial_\phi$, $v_2 = -\cos\phi\,\partial_\theta + \cot\theta\sin\phi\,\partial_\phi$, $v_3 = -\partial_\phi$.
136. $\xi^1 = r\,dr$, $\xi^2 = r^2 d\phi$. **137.** $\varphi = r^3 \sin\theta\, d\theta \wedge d\phi$ **138.** Sie sind linear abhängig; $[v_0, v_1] = [v_0, v_2] = [v_0, v_3] = 0$, $[v_1, v_2] = v_3$, $[v_3, v_1] = v_2$, $[v_2, v_3] = v_1$. **139.** In der Notation der Differentialgleichungen (5.64):

$$U(2\pi) = U_o \cos 2\pi z_o + V_o z_o \sin 2\pi z_o\,, \quad V(2\pi) = -U_o \frac{\sin 2\pi z_o}{z_o} + V_o \cos 2\pi z_o$$

für $z_0 \neq 0$ und $U(2\pi) = U_o$, $V(2\pi) = V_o - 2\pi U_o$ für $z_o = 0$.
140. $\Gamma^1_{11} = x_1 x_2^2$, $\Gamma^1_{22} = x_1^3$, $\Gamma^2_{11} = x_2^3$, $\Gamma^2_{22} = x_1^2 x_2$, $\Gamma^1_{12} = \Gamma^1_{21} = -x_1^2 x_2$, $\Gamma^2_{12} = \Gamma^2_{21} = -x_1 x_2^2$; die Geodätischen sind: $x_1(t) = A_1 \cos\omega t + B_1 \sin\omega t$, $x_2 = A_2 \cos\omega t + B_2 \sin\omega t$, $A_1 B_2 - A_2 B_1 = 1$ für $\omega \neq 0$ beliebig, bzw. $x_1(t) = A_1 t + B_1$, $x_2(t) = A_2 t + B_2$, $A_1 B_2 - A_2 B_1 = 0$ für $\omega = 0$ (man beachte hiefür $\ddot{x}_2 x_1 - \ddot{x}_1 x_2 = 0$ bzw. $\dot{x}_2 x_1 - \dot{x}_1 x_2 = \omega = \text{const.}$).
141. $T^i_{jk} = 0$, $R^1_{112} = -4x_1x_2$, $R^1_{212} = 4x_1^2$, $R^2_{112} = -4x_2^2$, $R^2_{212} = 4x_1x_2$.
142. Die allgemeine Lösung der Gleichung (5.149) lautet

$$\mathbf{A} = \frac{1}{\sqrt{x^2+y^2}} \begin{pmatrix} x \arctan\frac{y}{x} - y & x \\ y \arctan\frac{y}{x} + x & y \end{pmatrix} \cdot \begin{pmatrix} \alpha & \beta \\ \gamma & \delta \end{pmatrix}$$

mit vier Konstanten $\alpha, \beta, \gamma, \delta$; für $\alpha\delta \neq \beta\gamma$ ist jede Matrix dieser Schar regulär. Durch Einführung der Koordinaten $\bar{x} = \sqrt{x^2+y^2}\big(\alpha \arctan\frac{y}{x} + \gamma\big)$, $\bar{y} = \sqrt{x^2+y^2}\big(\beta \arctan\frac{y}{x} + \delta\big)$ verschwinden die Koeffizienten des affinen Zusammenhangs in jedem sternförmigen (oder einfach zusammenhängenden) Gebiet der (x,y)-Ebene, das den Ursprung nicht enthält.

143. (i) $(2x + 2x^3y^2 + xy^4)dx + (2y - 2x^4y - x^2y^3)dy$;
(ii) $2(y - x^2y^3)\partial_x \otimes dy + (x + 2x^3y^2)\partial_y \otimes dx$;
(iii) $5xy^2 dx \otimes dy + 4x^2y dy \otimes dx$; (iv) $(x^2 - 2y^2 + x^2y^4)\partial_x \otimes \partial_x +$ $[3xy + \frac{1}{2}xy(x^4+y^4)]\partial_x \otimes \partial_y + (x^2 + 2y^2 + x^4y^2)\partial_y \otimes \partial_y$; (v) $-3x^2y^2\, \partial_x \otimes \partial_x \otimes dy$.
144. (i) $-2x^3y\, dx + (y^4 - 4x^2y^2)dy$; (ii) $(y^3 + 2x^2y)(\partial_y - \partial_x) \otimes dx$;
(iii) $2xy^3 \partial_x \otimes \partial_y + (y^4 - 2x^2y^2)\partial_y \otimes \partial_x$; (iv) $2x(y^2+x^2)\partial_x \otimes \partial_y \otimes dx -$ $4xy^2 \partial_y \otimes \partial_x \otimes dy$; (v) $-y(y^3 + 4x^3 + 4x^2y)dx \otimes dx + x(5xy^2 - 6y^3 - 2x^3)dx \otimes dy +$ $y(y^3 - 4x^2y + 2xy^2)dy \otimes dx$; (vi) $(y^4 - 4x^3y - 6x^2y^2 + 2xy^3)dx \wedge dy$.

145. Die Gleichheit der gemischten kovarianten Differentialquotienten bedingt für ein Skalarfeld zunächst $\boldsymbol{T} = 0$. **146.** $\widetilde{\Gamma}^i_{jk} = \frac{1}{2}\big(\Gamma^i_{jk} + \Gamma^i_{kj}\big)$; $\widetilde{\boldsymbol{T}} = 0$.
149. Schreibt man die Matrizen Γ, $\bar{\Gamma}$, $\mathbf{T}$ in Blöcken zweireihiger Matrizen

$$\Gamma = \begin{pmatrix} \Gamma_1 & \Gamma_2 \\ \Gamma_3 & \Gamma_4 \end{pmatrix}, \ \mathbf{T} = \begin{pmatrix} \mathbf{T}_1 & \mathbf{O} \\ \mathbf{O} & \mathbf{E} \end{pmatrix}, \ \mathbf{T}_1 = \begin{pmatrix} \frac{\partial x_1}{\partial \bar{x}_1} & \frac{\partial x_2}{\partial \bar{x}_1} \\ \frac{\partial x_1}{\partial \bar{x}_2} & \frac{\partial x_2}{\partial \bar{x}_2} \end{pmatrix}, \text{ so transformiert}$$

sich $\bar{\Gamma}_1 = \mathbf{T}_1 \cdot \Gamma_1 \cdot \mathbf{T}_1^{-1} - \mathbf{T}_1 \cdot d\mathbf{T}_1^{-1}$, $\bar{\Gamma}_2 = \mathbf{T}_1 \cdot \Gamma_2$, $\bar{\Gamma}_3 = \Gamma_3 \cdot \mathbf{T}_1^{-1}$, $\bar{\Gamma}_4 = \Gamma_4$. Die 1-Formen des Blockes Γ_4 lassen sich duch Einsetzen aus den Transformationsgleichungen ermitteln. Ähnliches gilt für die Krümmungsformen (vgl. Bsp. 148): $\bar{\boldsymbol{\rho}}_1 = \mathbf{T}_1 \cdot \boldsymbol{\rho}_1 \cdot \mathbf{T}_1^{-1}$, $\bar{\boldsymbol{\rho}}_2 = \mathbf{T}_1 \cdot \boldsymbol{\rho}_2$, $\bar{\boldsymbol{\rho}}_3 = \boldsymbol{\rho}_3 \cdot \mathbf{T}_1^{-1}$, $\bar{\boldsymbol{\rho}}_4 = \boldsymbol{\rho}_4$.
150. Ja — dies ist durch das Transformationsgesetz der Koeffizienten des

affinen Zusammenhangs gewährleistet. **151.** $d\xi^i(v_k, v_l) = 0 \Rightarrow \xi^i = d\bar{x}_i$. **152.** (i) Ja; der Index ist $r = 2$. (ii) Nein. (iii) Nein — der Tensor ist nicht symmetrisch! (iv) Ja; der Index ist $r = 1$. **153.** (i) Nein. (ii) Nein. (iii) Ja: $z = xy$.

$$\mathbf{154.}\ \Gamma = \begin{pmatrix} 0 & \frac{d\theta}{r} & \frac{d\phi}{r} \\ -r\,d\theta & \frac{dr}{r} & \cot\theta\,d\theta \\ -r\sin^2\theta\,d\phi & -\sin\theta\cos\theta\,d\phi & \frac{dr}{r} + \cot\theta\,d\theta \end{pmatrix}, \ \rho = 0.$$

$$\mathbf{155.}\ \Gamma = \begin{pmatrix} \frac{x\,dx}{1+x^2+y^2} & \frac{y\,dx}{1+x^2+y^2} & 0 \\ \frac{x\,dy}{1+x^2+y^2} & \frac{y\,dy}{1+x^2+y^2} & 0 \\ 0 & 0 & \frac{z\,dz}{1+z^2} \end{pmatrix}, \rho = \frac{dx \wedge dy}{(1+x^2+y^2)^2} \begin{pmatrix} xy & -1-x^2 & 0 \\ 1+y^2 & -xy & 0 \\ 0 & 0 & 0 \end{pmatrix}.$$

(i) $2yz\frac{1+y^2}{1+x^2+y^2}dx + 2xz\frac{1+x^2}{1+x^2+y^2}dy + xy\frac{2+z^2}{1+z^2}dz$; (ii) $2yz\frac{1+2x^2+y^2}{1+x^2+y^2}\partial_x + 2xz\frac{1+x^2+2y^2}{1+x^2+y^2}\partial_y + xy\frac{2+3z^2}{1+z^2}\partial_z$ (iii) $xy\frac{2+3x^2+y^2}{1+x^2+y^2}\partial_x \otimes dy + xz\left(\frac{1+y^2}{1+x^2+y^2} + \frac{1+2z^2}{1+z^2}\right)\partial_z \otimes dx + yz\left(\frac{1+x^2+2y^2}{1+x^2+y^2} - \frac{1}{1+z^2}\right)\partial_y \otimes dz$.

156. $\mathcal{R} = \frac{1}{D^2}\left[(1+x^2)dx \otimes dx + xy(dx \otimes dy + dy \otimes dx) + (1+y^2)dy \otimes dy\right]$, $R = \frac{2}{D^2}$, $D = 1 + x^2 + y^2$.

158. Man stelle die $\frac{n(n+1)}{2}$ Gleichungen $R_{ij} = g^{kl}R_{kilj} = 0$ auf, entsprechend den $\frac{n(n+1)}{2}$ unabhängigen Koordinaten des Ricci-Tensors, und gehe in diese, unter Bezugnahme auf orthogonale Koordinaten, nur mit den unabhängigen Koordinaten des kovarianten Krümmungstensors (im Falle $n = 2$ ist nur eine Koordinate, nämlich R_{1212}, unabhängig, im Falle $n = 3$ sind dies die 6 Koordinaten R_{1212}, R_{1213}, R_{1223}, R_{1313}, R_{1323}, R_{2323})! **159.** $[[w,u],v]$ **160.** In Zylinderkoordinaten r, ϕ, z ist $ds^2 = dr^2 + r^2 d\phi^2 + dz^2$ und $v_1 = \partial_\phi, v_2 = \partial_z$. **161.** In sphärischen Koordinaten θ, ϕ ist $ds^2 = d\theta^2 + \sin^2\theta\,d\phi^2$ und $v_1 = \sin\phi\,\partial_\theta + \cot\theta\cos\phi\,\partial_\phi$, $v_2 = \cos\phi\,\partial_\theta - \cot\theta\sin\phi\,\partial_\phi$, $v_3 = \partial_\phi$. **162.** Man wende (5.178) zweimal an! **163.** Siehe Bsp. 162 für $\varphi = \mathrm{g}$! **164.** Bilde $\frac{d}{dt}(g_{ij}V^i\dot{x}_j)$! **165.** und **166.** Kombiniere die Gleichungen (5.170) und (5.225)! **167.** und **168.** Benütze die Gleichung (5.178) für $\varphi = \mathrm{g}$! **169.** Drücke die Lie-Ableitung des Krümmungstensors durch die kovarianten Differentialquotienten aus und ziehe die Bianchi-Identitäten (5.219) heran! **171.** Ein System $\dot{\mathbf{x}} + \mathbf{A} \cdot \mathbf{x} = \mathbf{o}$ mit T-periodischer Koeffizientenmatrix hat genau dann nur T-periodische Lösungen, wenn sich die Koeffizientenmatrix in der Form $\mathbf{A} = -\dot{\mathbf{P}} \cdot \mathbf{P}^{-1}$ mit einer T-periodischen regulären Matrix $\mathbf{P}$ darstellen läßt. **172.** (i) In Zylinderkoordinaten r, ϕ, z ist $ds^2 = dr^2 + r^2 d\phi^2 + dz^2$, $\operatorname{div} v = \frac{1}{r}\frac{\partial(rV_r)}{\partial r} + \frac{1}{r}\frac{\partial V\phi}{\partial \phi} + \frac{\partial V_z}{\partial z}$,

$(\operatorname{rot} v)_r = \frac{1}{r}\frac{\partial V_z}{\partial \phi} - \frac{\partial V_\phi}{\partial z}$, $(\operatorname{rot} v)_\phi = \frac{\partial V_r}{\partial z} - \frac{\partial V_z}{\partial r}$, $(\operatorname{rot} v)_z = \frac{1}{r}\frac{\partial (rV_\phi)}{\partial r} - \frac{1}{r}\frac{\partial V_r}{\partial \phi}$;
(ii) in Kugelkoordinaten r, θ, ϕ ist $ds^2 = dr^2 + r^2 d\theta^2 + r^2 \sin^2\theta \, d\phi^2$,
$\operatorname{div} v = \frac{1}{r^2}\frac{\partial (r^2 V_r)}{\partial r} + \frac{1}{r\sin\theta}\frac{\partial(\sin\theta \, V_\theta)}{\partial\theta} + \frac{1}{r\sin\theta}\frac{\partial V_\phi}{\partial\phi}$,
$(\operatorname{rot} v)_r = \frac{1}{r\sin\theta}\frac{\partial(\sin\theta\, V_\phi)}{\partial\theta} - \frac{1}{r\sin\theta}\frac{\partial V_\theta}{\partial\phi}$, $(\operatorname{rot} v)_\theta = \frac{1}{r\sin\theta}\frac{\partial V_r}{\partial\phi} - \frac{1}{r}\frac{\partial(rV_\phi)}{\partial r}$,
$(\operatorname{rot} v)_\phi = \frac{1}{r}\frac{\partial(rV_\theta)}{\partial r} - \frac{1}{r}\frac{\partial V_r}{\partial\theta}$. **173.** $\frac{(x+y)(3x^2+3y^2-xy+2)}{1+x^2+y^2} + \frac{3z^3+2z}{1+z^2}$

174. $x_1\left(\frac{1+x_1^2+2x_2^2}{1+x_1^2+x_2^2}\right)\partial_1 + x_2\left(\frac{1+3x_1^2+x_2^2}{1+x_1^2+x_2^2}\right)\partial_2 + 2x_3\left(\frac{1+2x_3^2}{1+x_3^2}\right)\partial_3$

175. $2\frac{3+x_1^2+x_2^2}{(1+x_1^2+x_2^2)^3}\left(x_1\,dx_1 + x_2\,dx_2\right) + 4\frac{1}{(1+x_3^2)^3}x_3\,dx_3$.

—— Zu Kapitel 6 ——

177. Es gibt das zeitartige Killing-Vektorfeld $v = \partial_u + \partial_v$, sodaß es sich um eine stationäre Welt handelt. Die Transformation $u = x$, $v = y + x$ bringt die Metrik auf die Form $ds^2 = dx^2 + dx dy - \frac{1}{4}y^2(d\vartheta^2 + \sin^2\vartheta\, d\varphi^2)$, wobei jetzt $v = \partial_x$ ist. Dieses Killing-Vektorfeld ist hyperflächenorthogonal auf $f(x, y, \vartheta, \varphi) = x + \frac{1}{2}y$, womit das Linienelement durch die Transformation $\bar{x} = x + \frac{1}{2}y$, $\bar{y} = y$ in $ds^2 = d\bar{x}^2 - \frac{1}{4}d\bar{y}^2 - \frac{1}{4}d\bar{y}^2(d\vartheta^2 + \sin^2\vartheta\, d\varphi^2)$ übergeführt wird. Setzt man noch $\bar{x} = ct$, $\bar{y} = 2\rho$, so erhält man die Metrik der Minkowski-Welt $\mathfrak{M}^4$.
178. Da die Koordinaten des metrischen Tensors von der Koordinate t unabhängig sind, ist $v = \partial_t$ ein Killing-Vektorfeld. Es ist für $\rho > 2m$ zeitartig, sodaß es sich für $\rho > 2m$ um ein stationäres Universum handelt; da das zeitartige Killing-Vektorfeld ∂_t hyperflächenorthogonal ist, und zwar auf die Hyperfläche $f(t, \rho, \vartheta, \varphi) = t - \frac{2m}{c}\int\frac{d\rho}{\rho - 2m} = t - \frac{2m}{c}\ln(\rho - 2m) = \text{const.}$, ist die Welt dieser Metrik statisch (die Transformation $t \to t - \frac{2m}{c}\ln(\rho - 2m)$ führt auf die Schwarzschild-Metrik (6.69)).
179. Ja. Es gibt 4 Killing-Vektorfelder, ein zeitartiges $v_0 = \partial_t$ und drei raumartige $v_1 = \sin\varphi\,\partial_\vartheta + \cos\varphi\cot\vartheta\,\partial_\varphi$, $v_2 = \cos\varphi\,\partial_\vartheta - \sin\varphi\cot\vartheta\,\partial_\varphi$, $v_3 = \partial_\varphi$, durch welche die Forderungen (6.71) erfüllt werden.
180. $v_0 = \partial_0$, $v_1 = x_3\partial_2 - x_2\partial_3$, $v_2 = x_3\partial_1 - x_1\partial_3$, $v_3 = x_1\partial_2 - x_2\partial_1$.
181. (i) $ds^2 = \left(1 - \frac{2m}{\rho}\right)c^2 d\bar{t}^{\,2} - 2c\,d\bar{t}d\rho - \rho^2(d\vartheta^2 + \sin^2\vartheta\, d\varphi^2)$
(ii) $ds^2 = \left(1 - \frac{2m}{\rho}\right)c^2 d\bar{t}^{\,2} + 2c\,d\bar{t}d\rho - \rho^2(d\vartheta^2 + \sin^2\vartheta\, d\varphi^2)$

182. $\rho = \frac{m}{\rho^3}\{g_{ij}\}\cdot\begin{pmatrix} 0 & 2dt\wedge d\rho & -dt\wedge d\vartheta & -dt\wedge d\varphi \\ -2dt\wedge d\rho & 0 & -d\rho\wedge d\vartheta & -d\rho\wedge d\varphi \\ dt\wedge d\vartheta & d\rho\wedge d\vartheta & 0 & 2d\vartheta\wedge d\varphi \\ dt\wedge d\varphi & d\rho\wedge d\varphi & -2d\vartheta\wedge d\varphi & 0 \end{pmatrix}$; von den 20 unabhängigen Koordinaten sind 6 ungleich Null: $R^t_{\rho t\rho} = \frac{2m}{\rho^2(\rho - 2m)}$,

$R^t_{\vartheta t\vartheta} = R^\rho_{\vartheta\rho\vartheta} = -\frac{m}{\rho}$, $R^t_{\varphi t\varphi} = R^\rho_{\varphi\rho\varphi} = -\frac{m}{\rho}\sin^2\vartheta$, $R^\vartheta_{\varphi\vartheta\varphi} = \frac{2m}{\rho}\sin^2\vartheta$.

183. $I = \frac{48m^2}{\rho^6}$ **184.** $\Gamma = \begin{pmatrix} Xr\,dr & Yx_1dx_0 & Yx_2dx_0 & Yx_3dx_0 \\ Xx_1dx_0 & Zr\,dr & Z\alpha_3 & -Z\alpha_2 \\ Xx_2dx_0 & -Z\alpha_3 & Zr\,dr & Z\alpha_1 \\ Xx_3dx_0 & Z\alpha_2 & -Z\alpha_1 & Zr\,dr \end{pmatrix}$;

$X = \frac{m}{r^3}\frac{1}{1-\frac{m^2}{4r^2}}$, $Y = \frac{m}{r^3}\frac{1-\frac{m}{2r}}{\left(1+\frac{m}{2r}\right)^7}$, $Z = -\frac{m}{r^3}\frac{1}{1+\frac{m}{2r}}$, $r = \sqrt{x_1^2+x_2^2+x_3^2}$,

$\alpha_1 = x_2dx_3 - x_3dx_2$, $\alpha_2 = x_3dx_1 - x_1dx_3$, $\alpha_3 = x_1dx_2 - x_2dx_1$; die Differentialgleichungen der Geodätischen lauten:

$\ddot{x}_0 + 2X[x_1\dot{x}_1 + x_2\dot{x}_2 + x_3\dot{x}_3]\dot{x}_0 = 0$,

$\ddot{x}_1 + Yx_1\dot{x}_0^2 + Z\big[(x_1\dot{x}_1+x_2\dot{x}_2+x_3\dot{x}_3)\dot{x}_1 + (x_2\dot{x}_1-x_1\dot{x}_2)\dot{x}_2 + (x_3\dot{x}_1-x_1\dot{x}_3)\dot{x}_3\big] = 0$,

$\ddot{x}_2 + Yx_2\dot{x}_0^2 + Z\big[(x_1\dot{x}_2-x_2\dot{x}_1)\dot{x}_1 + (x_1\dot{x}_1+x_2\dot{x}_2+x_3\dot{x}_3)\dot{x}_2 + (x_3\dot{x}_2-x_2\dot{x}_3)\dot{x}_3\big] = 0$,

$\ddot{x}_3 + Yx_3\dot{x}_0^2 + Z\big[(x_1\dot{x}_3-x_3\dot{x}_1)\dot{x}_1 + (x_2\dot{x}_3-x_3\dot{x}_2)\dot{x}_2 + (x_1\dot{x}_1+x_2\dot{x}_2+x_3\dot{x}_3)\dot{x}_3\big] = 0$,

oder

$\ddot{x}_0 + 2X\dot{x}_0 r\dot{r} = 0$,

$\ddot{x}_1 + x_1\big[Y\dot{x}_0^2 - Z(\dot{x}_1^2+\dot{x}_2^2+\dot{x}_3^2)\big] + 2rZ\dot{x}_1\dot{r} = 0$,

$\ddot{x}_2 + x_2\big[Y\dot{x}_0^2 - Z(\dot{x}_1^2+\dot{x}_2^2+\dot{x}_3^2)\big] + 2rZ\dot{x}_2\dot{r} = 0$,

$\ddot{x}_3 + x_3\big[Y\dot{x}_0^2 - Z(\dot{x}_1^2+\dot{x}_2^2+\dot{x}_3^2)\big] + 2rZ\dot{x}_3\dot{r} = 0$.

Die Matrix der Krümmungsformen lautet

$$\rho = \frac{m}{r^5}\frac{1}{\left(1+\frac{m}{2r}\right)^6}\{g_{ij}\}\cdot\begin{pmatrix} 0 & \tau_1 & \tau_2 & \tau_3 \\ -\tau_1 & 0 & \sigma_3 & -\sigma_2 \\ -\tau_2 & -\sigma_3 & 0 & \sigma_1 \\ -\tau_3 & \sigma_2 & -\sigma_1 & 0 \end{pmatrix} \text{ mit den 2-Formen}$$

$\tau_1 = (2x_1^2 - x_2^2 - x_3^2)dx_0\wedge dx_1 + 3x_1x_2dx_0\wedge dx_2 + 3x_1x_3dx_0\wedge dx_2$,
$\tau_2 = 3x_1x_2dx_0\wedge dx_1 + (2x_2^2 - x_1^2 - x_3^2)dx_0\wedge dx_2 + 3x_2x_3dx_0\wedge dx_2$,
$\tau_3 = 3x_1x_3dx_0\wedge dx_1 + 3x_2x_3dx_0\wedge dx_2 + (2x_3^2 - x_1^2 - x_2^2)dx_0\wedge dx_2$,
$\sigma_1 = 3x_1x_3dx_1\wedge dx_2 + 3x_1x_2dx_3\wedge dx_1 + (2x_1^2 - x_2^2 - x_3^2)dx_2\wedge dx_3$,
$\sigma_2 = 3x_2x_3dx_1\wedge dx_2 + (2x_2^2 - x_1^2 - x_3^2)dx_3\wedge dx_1 + 3x_1x_2dx_2\wedge dx_3$,
$\sigma_3 = (2x_3^2 - x_1^2 - x_2^2)dx_1\wedge dx_2 + 3x_2x_3dx_3\wedge dx_1 + 3x_1x_3dx_2\wedge dx_3$
oder $\tau_i = 3x_ir\,dx_0\wedge dr - r^2dx_0\wedge dx_i$, $\sigma_i = 3x_i\beta - r^2dx_j\wedge dx_k$, worin $\beta = x_3dx_1\wedge dx_2 + x_2dx_3\wedge dx_1 + x_1dx_2\wedge dx_3$ und ijk eine Permutation mit geradem Vorzeichen ist.

185. (i) $\frac{mc^2}{\rho^2}\left(1-\frac{2m}{\rho}\right)\partial_\rho$; (ii) $\frac{m}{\rho^2}\frac{1}{1-\frac{2m}{\rho}}\partial_t$; (iii) $-\frac{m}{\rho^2}\frac{1}{1-\frac{2m}{\rho}}\partial_\rho$;

(iv) $\left(\frac{\partial T}{\partial t} + \frac{m}{\rho^2\left(1-\frac{2m}{\rho}\right)}R\right)\partial_t + \left(\frac{\partial R}{\partial t} + \frac{mc^2}{\rho^2}\left(1-\frac{2m}{\rho}\right)T\right)\partial_\rho + \frac{\partial\Theta}{\partial t}\partial_\vartheta + \frac{\partial\Phi}{\partial t}\partial_\varphi$.

186. (i) $\frac{2mc^2}{\rho^3}\left(1-\frac{2m}{\rho}\right)\partial_\rho$; (ii) $\frac{2m}{\rho^3\left(1-\frac{2m}{\rho}\right)}\partial_t$; (iii) $\frac{2m}{\rho^3}\big[(u,w)v - (v,w)u\big] =$
$(U^tV^\rho - U^\rho V^t)\frac{2m}{\rho^3}\left[\frac{1}{1-\frac{2m}{\rho}}W^\rho\partial_t + c^2\left(1-\frac{2m}{\rho}\right)W^t\partial_\rho\right]$.

187. (i) $\Delta\omega = -\frac{1}{c^2(1-\frac{2m}{\rho})}\frac{\partial^2\omega}{\partial t^2} + \frac{1}{\rho^2}\frac{\partial}{\partial\rho}\left[\rho^2\left(1-\frac{2m}{\rho}\right)\frac{\partial\omega}{\partial\rho}\right] + \frac{1}{\rho^2\sin\vartheta}\frac{\partial}{\partial\vartheta}\left(\sin\vartheta\frac{\partial\omega}{\partial\vartheta}\right) + \frac{1}{\rho^2\sin^2\vartheta}\frac{\partial^2\omega}{\partial\varphi^2}$; (ii) $(\Delta\Omega)_t = -\frac{1}{c^2(1-\frac{2m}{\rho})}\frac{\partial^2\Omega_t}{\partial t^2} + \frac{1-\frac{2m}{\rho}}{\rho^2}\frac{\partial}{\partial\rho}\left(\rho^2\frac{\partial\Omega_t}{\partial\rho}\right) + \frac{1}{\rho^2\sin\vartheta}\frac{\partial}{\partial\vartheta}\left(\sin\vartheta\frac{\partial\Omega_t}{\partial\vartheta}\right) + \frac{1}{\rho^2\sin^2\vartheta}\frac{\partial^2\Omega_t}{\partial\varphi^2}$; $(\Delta\Omega)_\rho = -\frac{1}{c^2(1-\frac{2m}{\rho})}\frac{\partial^2\Omega_\rho}{\partial t^2} + \frac{\partial}{\partial\rho}\left\{\frac{1}{\rho^2}\frac{\partial}{\partial\rho}\left(\rho^2\left[1-\frac{2m}{\rho}\right]\Omega_\rho\right)\right\} + \frac{1}{\rho^2\sin\vartheta}\frac{\partial}{\partial\vartheta}\left(\sin\vartheta\frac{\partial\Omega_\rho}{\partial\vartheta}\right) + \frac{1}{\rho^2\sin^2\vartheta}\frac{\partial^2\Omega_\rho}{\partial\varphi^2}$; $(\Delta\Omega)_\vartheta = -\frac{1}{c^2(1-\frac{2m}{\rho})}\frac{\partial^2\Omega_\vartheta}{\partial t^2} + \frac{\partial}{\partial\rho}\left[\left(1-\frac{2m}{\rho}\right)\frac{\partial\Omega_\vartheta}{\partial\rho}\right] + \frac{1}{\rho^2}\frac{\partial}{\partial\vartheta}\left[\frac{1}{\sin\vartheta}\frac{\partial}{\partial\vartheta}(\sin\vartheta\,\Omega_\vartheta)\right] + \frac{1}{\rho^2\sin^2\vartheta}\frac{\partial^2\Omega_\vartheta}{\partial\varphi^2}$; $(\Delta\Omega)_\varphi = -\frac{1}{c^2(1-\frac{2m}{\rho})}\frac{\partial^2\Omega_\varphi}{\partial t^2} + \frac{\partial}{\partial\rho}\left[\left(1-\frac{2m}{\rho}\right)\frac{\partial\Omega_\varphi}{\partial\rho}\right] + \frac{\sin\vartheta}{\rho^2}\frac{\partial}{\partial\vartheta}\left(\frac{1}{\sin\vartheta}\frac{\partial\Omega_\varphi}{\partial\vartheta}\right) + \frac{1}{\rho^2\sin^2\vartheta}\frac{\partial^2\Omega_\varphi}{\partial\varphi^2}$.

188. Die erste, dritte und vierte Gleichung (6.72) wird durch $\rho = a$, $\vartheta = \frac{\pi}{2}$, $\frac{d\varphi}{d\sigma} = \text{const.}$, $\frac{dt}{d\sigma} = \text{const.}$ erfüllt; die Gleichungen (6.73) und (6.74) liefern für $\omega = \frac{d\varphi}{dt} = \frac{C}{a^2A}\left(1-\frac{2m}{a}\right)$, die zweite Gleichung (6.72) führt mit dieser Setzung auf die Behauptung.

190. Für die auslaufenden Geodätischen ist $f(\rho) - ct = \text{const.}$ (hinsichtlich der Funktion $f(\rho)$ siehe S. 497); mit $t = t' + \frac{1}{c}\left(f(\rho) - \frac{2\rho}{3}\sqrt{\frac{\rho}{2m}}\right)$, $\rho = \left(\frac{3\sqrt{2m}}{2}(\rho' + ct')\right)^{\frac{2}{3}}$ wird $ds^2 = c^2dt'^2 - \frac{2m}{\rho}d\rho'^2 - \rho^2(d\vartheta^2 + \sin^2\vartheta\,d\varphi^2)$; dem Inneren der Schwarzschild-Sphäre entspricht der Streifen zwischen den beiden Geraden $\rho' + ct' = 0$ und $\rho' + ct' = \frac{4m}{3}$ (vgl. Abb. 6.4), alle Geodätischen in diesem Streifen laufen vom Zentrum $\rho = 0$ weg, die Singularität $\rho = 0$ ist ein Weißes Loch.

191. $ds^2 = -\frac{32m^3}{\rho}\exp\left(-\frac{\rho}{2m}\right)dx\,dy - \rho^2(d\vartheta^2 + \sin^2\vartheta\,d\varphi^2)$; die Gleichungen für die Nullgeodätischen lauten $dx = 0$ und $dy = 0$. **192.** $G^t_t = G^\rho_\rho = \frac{1}{\rho^2}F'(\rho)$, $G^\vartheta_\vartheta = G^\varphi_\varphi = \frac{1}{2\rho}F''(\rho)$. **193.** $\varphi = \frac{q}{4\pi\varepsilon_0}\frac{1}{\rho}dt$, $\boldsymbol{\mathcal{F}} = d\varphi = \frac{q}{4\pi\varepsilon_0}\frac{1}{\rho^2}dt\wedge d\rho$, $\boldsymbol{S} = \frac{q^2}{2(4\pi)^2\varepsilon_0}\frac{1}{\rho^4}(\partial_t\otimes dt + \partial_\rho\otimes d\rho - \partial_\vartheta\otimes d\vartheta - \partial_\varphi\otimes d\varphi)$.

194. $\boldsymbol{G} = Q\frac{1}{\rho^4}(\partial_t\otimes dt + \partial_\rho\otimes d\rho - \partial_\vartheta\otimes d\vartheta - \partial_\varphi\otimes d\varphi)$; setzt man $\boldsymbol{G} = \frac{\kappa}{c^2}\boldsymbol{S}$ (der Tensor $\boldsymbol{S}$ hat die Dimension einer Energiedichte!), so ist $Q = \frac{\kappa\mu_0 q^2}{2(4\pi)^2}$.

195. Mit $F(\rho) = 2m + \frac{\rho^3}{a^2}$ (vgl. Bsp. 192) folgt $G^t_t = G^\rho_\rho = G^\vartheta_\vartheta = G^\varphi_\varphi = \frac{3}{a^2}$.

Literatur

R. BECKER, *Electromagnetic fields and Interactions*, Dover Publications, Inc. 1964

W. BLASCHKE, H. REICHART, *Vorlesungen über Differentialgeometrie*, Springer-Verlag Berlin, 1960.

M. BORN, *Die Relativitätstheorie Einsteins*, Heidelberger Taschenbücher, Springer-Verlag, 1964.

M. P. DO CARMO, *Riemannian Geometry*, Birkhäuser 1994.

H. CARTAN, *Differentialrechnung*, Bibliographisches Institut, 1974.

H. CARTAN, *Differentialformen*, Bibliographisches Institut, 1974.

L. CONLON, *Differentiable Manifolds*, Birkhäuser 1994.

W. D. CURTIS, F. R. MILLER, *Differential Manifolds and Theoretical Physics*, Academic Press, 1985.

G. DE RHAM, *Variétés differentiables*, Hermann Paris, 1960.

C. T. J. DODSON, T. POSTON, *Tensor Geometry*, Pitman, 1979.

A. EINSTEIN, H. A. LORENTZ, H. WEYL, H. MINKOWSKI, *The Principle of Relativity*, Dover Publications, 1952.

H. M. EDWARDS, *Advanced Calculus*, Birkhäuser 1994.

L. P. EISENHART, *Riemannian Geometry*, Princeton University Press, 1949.

H. FLANDERS, *Differential Forms*, Academic Press, 1963.

V. FOCK, *Theorie von Raum, Zeit und Gravitation*, Akademie-Verlag Berlin, 1960.

W. H. GREUB, *Linear Algebra*, Die Grundlehren der mathematischen Wissenschaften in Einzeldarstellungen, Bd. 97, Springer-Verlag, 1967.

W. H. GREUB, *Multilinear Algebra*, Die Grundlehren der mathematischen Wissenschaften in Einzeldarstellungen, Bd. 136, Springer-Verlag, 1967.

S. W. HAWKING, *Eine kurze Geschichte der Zeit*, Rowohlt-Verlag 1994.

H. HOLMANN, *Lineare und multilineare Algebra I*, Bibliographisches Institut, 1970.

H. HOLMANN, H. RUMMLER, *Alternierende Differentialformen*, Bibliographisches Institut, 1972.

K. JÄNICH, *Vektoranalysis*, Springer-Verlag Berlin, 1992.

H. A. LORENTZ, A. EINSTEIN, H. MINKOWSKI, *Das Relativitätsprinzip*, B. G. Teubner Verlagsgesellschaft, 1958.

D. LOVELOCK, H. RUND, *Tensors, Differential Forms and Variational Principles*, John Wiley & Sons, 1975.

CH. W. MISNER, K. S. THORNE, J. A. WHEELER, *Gravitation*, Freeman, New Vork 1973.

B. O'NEILL, *Semi-Riemannian Geometry*, Academic Press, 1983.

I. NOVIKOV, *Black holes and the Universe*, Cambridge 1990.

E. SCHOLZ, *Geschichte des Mannigfaltigkeitsbegriffs von Riemann bis Poincaré*, Birkhäuser 1980.

H. SCHUBERT, *Topologie*, B.G. Teubner, Stuttgart 1974.

H. STEPHANI, *Allgemeine Relativitätstheorie*, VEB Deutscher Verlag der Wissenschaften, Berlin 1977.

W. THIRRING, *Lehrbuch der mathematischen Physik*, Bd. 1, Klassische dynamische Systeme, Springer-Verlag Wien, 1977.

W. THIRRING, *Lehrbuch der mathematischen Physik*, Bd. 2, Klassische Feldtheorie, Springer-Verlag Wien, 1978.

F. W. WARNER, *Foundations of differentiable manifolds and Lie-groups*, London 1971.

C. v. WESTENHOLZ, *Differential Forms in Mathematical Physics*, North-Holland Publishing Company, 1981.

H. WEYL, *Raum·Zeit·Materie*, Springer Verlag, 1964.

Index

Q

R

S

Springer-Verlag und Umwelt

Als internationaler wissenschaftlicher Verlag sind wir uns unserer besonderen Verpflichtung der Umwelt gegenüber bewußt und beziehen umweltorientierte Grundsätze in Unternehmensentscheidungen mit ein.

Von unseren Geschäftspartnern (Druckereien, Papierfabriken, Verpackungsherstellern usw.) verlangen wir, daß sie sowohl beim Herstellungsprozeß selbst als auch beim Einsatz der zur Verwendung kommenden Materialien ökologische Gesichtspunkte berücksichtigen.

Das für dieses Buch verwendete Papier ist aus chlorfrei hergestelltem Zellstoff gefertigt und im pH-Wert neutral.

MIX
Papier aus verantwortungsvollen Quellen
Paper from responsible sources
FSC® C105338

If you have any concerns about our products,
you can contact us on
ProductSafety@springernature.com

In case Publisher is established outside the EU,
the EU authorized representative is:
Springer Nature Customer Service Center GmbH
Europaplatz 3, 69115 Heidelberg, Germany

Printed by Libri Plureos GmbH
in Hamburg, Germany